第二版

流暢的 Python
清晰、簡潔、高效的程式設計

SECOND EDITION

Fluent Python
Clear, Concise, and
Effective Programming

Luciano Ramalho　著

賴屹民　譯

Para Marta, com todo o meu amor.

目錄

第二部分　函式即物件

第 7 章　函式是一級物件 235

第 8 章　函式中的型態提示 257

第 12 章　sequence 的特殊方法 405

第 13 章　介面、協定與 ABC 439

第 15 章　再談型態提示 527

第 18 章　with、match 與 else 區塊 667

第五部分　超編程

第 22 章　動態屬性與 property 847

前言

計畫是這樣的：如果有人用了你看不懂的功能，那就直接斃了他，畢竟這樣做比學習新功能省事多了，而且不久後，倖存的程式設計師就只懂得編寫容易理解的、一小部分的 Python 0.9.6 了（眨眼）。[1]

—— 傳奇的核心開發者、*Zen of Python* 一文的作者，*Tim Peters*

「Python 是易學、強大的程式語言。」這是 Python 3.10 官方教學的第一句話（*https://fpy.li/p-2*），這句話說得沒錯，但問題在於，這種語言是如此易學和易用，使得很多實際撰寫 Python 的程式設計師都只用了它強大功能的一部分而已。

具備一定經驗的程式設計師可以在幾小時內寫出實用的 Python 程式，但隨著極富生產力的前幾個小時慢慢延伸成好幾星期或好幾個月，很多開發者會開始使用別種語言的「腔調」來撰寫 Python 程式。即使 Python 是你學會的第一種語言，教導你的學術機構和入門書籍也會小心翼翼地避免介紹它的獨特功能。

在指導用過其他語言的學生使用 Python 時，身為教師的我發現另一項問題：我們只記得已知的事情，而這也是本書想要解決的問題。用過其他語言的人應該猜得到 Python 支援正規表達式與查詢文件。但是如果你沒看過 tuple unpacking（拆箱）或 descriptor（描述器），你應該不會去搜尋它們，最終不會去使用那些功能…因為它們是 Python 的獨門功能。

本書不是包羅萬象的 Python 參考書，本書的重點是 Python 獨特的功能，或是在其他熱門語言裡找不到的功能。本書也偏重核心語言和它的程式庫。我幾乎不談不屬於標準程

1　出自 comp.lang.python Usenet group，2002 年 12 月 23 日：“Acrimony in c.l.p”（*https://fpy.li/p-1*）。

式庫的程式包，即使到目前為止，Python 程式包清單已經有超過 60,000 個程式庫，而且其中好多程式庫都好用得不得了。

適合本書的人

本書是為了那些想要熟練地掌握 Python 3 的 Python 實踐型程式設計師而寫的。我在 Python 3.10 中測試了書中的範例，也在 Python 3.9 和 3.8 中測試了其中的絕大多數。如果範例需要使用 Python 3.10，我會清楚地標示出來。

如果你不確定你的 Python 知識是否足以閱讀本書，你可以先複習 Python 官方教學（*https://fpy.li/p-3*）的各種主題。除了一些新功能之外，本書不會解釋該教學介紹過的主題。

不適合本書的人

如果你正準備開始學習 Python，你可能會覺得這本書難以消化，不僅如此，如果你在學習 Python 的旅程中，太早閱讀這本書，你可能會誤以為所有的 Python 程式都必須使用特殊的方法與超編程（metaprogramming）技巧來編寫，太早學習抽象的概念不是好事，這和太早進行最佳化一樣。

這是一本五合一的書籍

我建議所有人都閱讀第 1 章，「Python 資料模型」。本書的核心讀者在看完第 1 章之後，應該可以輕鬆地跳到任何其他部分閱讀了，但每一個部分通常都假設你已經看了之前的章節。請將第 1 單元到第 5 單元視為本書裡的五本書。

這本書強調，你應該先使用現成的東西，再研究如何建構自己的東西。例如，在第 1 單元，第 2 章介紹了現成的 sequence 型態，包括一些比較冷門的型態，例如 collections. deque。我只會在第 3 單元介紹如何建構自訂的 sequence，該單元也會介紹如何利用 collections.abc 提供的抽象基礎類別（abstract base class，ABC）。如何建立自己的 ABC 在第 3 單元的更後面介紹，因為我認為在建立自己的 ABC 之前，你應該先習慣使用它。

這種做法有一些優點。第一,知道有哪些現成的工具可以避免你重新發明輪子。我們經常使用現成的集合類別,而不是自行編寫它們,所以我們要把更多注意力放在使用現成的工具上,而不是討論如何創造新的工具。我們也較常繼承既有的 ABC,而不是從新編寫 ABC。最後,我認為先瞭解抽象化的實際行為比較容易瞭解它們。

但這種做法也有缺點,那就是參考資料將會分散在各章裡。希望你可以體諒我的本意。

本書架構

本書的主題如下:

第 1 單元,資料結構

第 1 章介紹 Python Data Model(Python 資料模型),並解釋為何特殊方法(例如 __repr__)是讓所有型態的物件具備一致行為的關鍵。本書各處會更詳細地介紹各種特殊方法。此單元的其餘章節將介紹如何使用 collection 型態,包括 sequence、mapping、set 以及 str vs. bytes 分割 —— 這是讓大多數的 Python 3 使用者備感慶幸,也是讓 Python 2 使用者在遷移程式碼庫(codebase,以下簡稱「碼庫」)時極其痛苦的主因。本單元也會討論標準程式庫的高階類別建構器:具名 tuple 工廠(named tuple factory),以及 @dataclass decorator(修飾器)。我們將在第 2、3 與 5 章的各節討論 Python 3.10 新增的模式比對,這幾章的主題是 sequence 模式、mapping 模式,及類別模式。第 1 單元的最後一章討論物件的生命週期:參考(reference)、可變性(mutability),及記憶體回收(garbage collection)。

第 2 單元,函式即物件

本單元將討論「在這種語言裡,函式是一級物件」的概念,包括這句話是什麼意思、它如何影響一些流行的設計模式,以及如何利用 closure 來實作函式 decorator。這個部分也會討論 Python 的 callable 概念、函式屬性、自檢(introspection)、參數注解(parameter annotation),及 Python 3 新增的 nonlocal 宣告。第 8 章會介紹重要的新主題:函式簽章內的型態提示。

第 3 單元,類別與協定

這裡的焦點是「手工」製作類別,而不是使用第 5 章介紹的類別建構器。如同所有物件導向(OO)語言,Python 有它自己的功能,那些功能或許也可以在你我學過的類別型語言裡找到,或許找不到。本章解釋如何建構自己的 collection、抽象基礎

類別（ABC）、協定，以及如何處理多重繼承、如何實作運算子多載（在合理的時機）。第 15 章繼續探討型態提示。

第 4 單元，控制流程

傳統控制流程是以條件式、迴圈和子程序構成的，這個單元將討論超越傳統控制流程的語言結構和程式庫。我們從 generator（產生器）看起，然後討論 context manager（環境管理器）與 coroutine（協同程序），包括有難度但功能強大的 yield from 語法。第 18 章透過一個重要的範例來教你在一個簡單但功能豐富的語言直譯器裡使用模式比對。第 19 章「Python 的並行模型」是新的一章，介紹 Python 中並行與平行處理的替代方案、它們的限制，以及軟體架構如何讓 Python 在網路規模上運行。我重寫了關於非同步設計的一章，以強調語言的核心功能，例如 await、async dev、async for 與 async with，並展示如何一起使用它們與 asyncio 和其他框架。

第 5 單元，超編程（*Metaprogramming*）

這個單元先回顧如何製作「可動態建立屬性的類別」，這種類別可以用來處理 JSON 資料組等半結構化資料。接下來討論熟悉的屬性機制，然後探討在 Python 的底層，物件屬性的存取如何透過 descriptor 來運作。本單元也會解釋函式、方法、descriptor 之間的關係。第 5 單元將一步一步地實作一個欄位驗證程式庫，來揭示一些微妙的問題，那些問題帶來最終章介紹的進階工具：類別 decorator 與 metaclass（元類別）。

實踐的方法

我們通常使用 Python 互動式主控台來探索這種語言及其程式庫。我認為應該強調這種學習工具的威力，尤其是對那些比較常使用靜態編譯型語言的讀者而言，因為那種語言通常不支援 read-eval-print（讀、執行、列印）迴路（REPL）。

doctest（*https://fpy.li/doctest*）是 Python 標準測試程式庫，它會模擬主控台執行階段，並驗證運算式的執行結果是否和所示的反應一致。我用 doctest 來檢查本書的大多數程式碼，包括主控台列表（listing）。你不需要使用 doctest 就可以跟著學習，甚至不需要知道它，doctest 的主要特點在於，它們看起來就像互動式 Python 主控台執行階段的紀錄，所以你可以輕鬆地自行嘗試範例。

為了解釋我們想要完成什麼事情，有時我會先展示 doctest，再展示可以讓它通過的程式碼。先確定我們要完成什麼工作，再思考怎麼完成它，可以幫助我們把注意力放在設計程式上。先寫測試程式是測試驅動開發法（TDD）的基礎，我發現它在教學時也很有用。如果你還不認識 doctest，你可以閱讀它的文件（*https://fpy.li/doctest*），以及探索本書的範例程式存放區（*https://fpy.li/code*）。

我也使用 pytest 來為一些比較大型的範例撰寫單元測試，我認為這種程式庫比標準程式庫的 unittest 模組更容易使用，功能也更強大。你可以在 OS 的命令 shell 裡輸入 `python3 -m doctest example_script.py` 或 pytest 來驗證本書大多數程式是否正確。位於範例程式存放區（*https://fpy.li/code*）的根目錄裡的 *pytest.ini* 組態檔確保 doctest 都是由 pytest 命令來收集並執行的。

肥皂箱：我的個人觀點

我從 1998 年以來，就一直在使用、教導及探討 Python，我很喜歡學習與比較各種程式語言、它們的設計，及它們背後的原理。在一些章節的結尾有「肥皂箱」專欄，用來表達我個人對 Python 與其他語言的觀點。如果你對這類討論沒有興趣，盡可跳過它們，它們絕對不是必要的內容。

本書網站：fluentpython.com

由於第二版介紹幾個新功能，包括型態提示、資料類別、模式比對，所以它比第一版多了將近 30% 的篇幅。為了讓這本書輕盈一些，我把一些內容移到 *fluentpython.com*。你會在某幾章的內容裡看到該網站文章的連結。這個網站也有一些配套章節。你可以從 O'Reilly Learning（*https://fpy.li/p-5*）訂閱服務取得完整的內容（*https://fpy.li/p-4*）。本書的範例程式存放區位於 GitHub（*https://fpy.li/code*）。

本書編排方式

以下是本書使用的字體規則：

斜體字（*Italic*）
　　代表新術語、URL、電子郵件地址、檔案名稱及副檔名。

定寬字（`Constant width`）

代表程式，並且在文章中代表程式元素，例如變數或函式名稱、資料庫、資料類型、環境變數、陳述式，與關鍵字。

請注意，如果使用 `constant_width`（定寬體）的字詞中有分行符號，我不會加入連字號，因為連字號可能會被誤以為是字詞的一部分。

定寬粗體字（**`Constant width bold`**）

代表指令，或應由使用者逐字輸入的文字。

定寬斜體字（*`Constant width italic`*）

代表應由使用者提供的值，或依上下文而決定的值。

 這個圖示代表提示或建議。

 這個圖示代表一般注意事項。

 這個圖示代表警告或小心。

使用範例程式

你可以在 GitHub 上的 Fluent Python 程式存放區（*https://fpy.li/code*）中取得本書的每一個腳本及大部分的程式碼。

如果你在使用範例程式時遇到問題，可寄 email 至 *bookquestions@oreilly.com*。

本者旨在協助你完成工作。一般來說，如果範例程式出自本書，你可以在你的程式或文件中使用它。除非你複製絕大部分的程式碼，否則你不需要請求我們許可。例如，用本書中的幾段程式來寫一個完整的程式不需要請求許可。販售或散布 O'Reilly 書籍的範例

需要我們的許可。引用本書內容和範例程式來回答問題不需要許可。在你的產品文件中使用大量的範例程式需要我們的許可。

如果你願意引用內容出處，我們將非常感激，但不勉強你這樣做，引用格式通常包括書名、作者、出版商、ISBN，例如 "Fluent Python, 2nd ed., by Luciano Ramalho（O'Reilly）。Copyright 2022 Luciano Ramalho, 978-1-492-05635-5."

如果你認為範例程式的用法可能不屬於合理使用或上述許可範圍，歡迎聯絡我們：*permissions@oreilly.com*。

誌謝

想不到在五年之後改寫一本 Python 書籍是如此繁重的工程。我的愛妻 Marta Mello 總是在我最需要的時候陪著我。親愛的朋友 Leonardo Rochael 從我開始寫作到最後的技術校閱都一直幫助我，包括整合和確認其他技術校閱、讀者、編輯提供的回饋。Marta 與 Leo，如果沒有你們的支持，我不知道能不能做到。非常感謝你們！

優秀的 Jürgen Gmach、Caleb Hattingh、Jess Males、Leonardo Rochael 組成第二版的技術校閱團隊。他們校閱了整本書籍。Bill Behrman、Bruce Eckel、Renato Oliveira 與 Rodrigo Bernardo Pimentel 則校閱了特定的幾章。他們從不同角度提出讓本書更好的建議。

很多讀者在早期發表階段提出了訂正或做出其他貢獻，包括：Guilherme Alves, Christiano Anderson, Konstantin Baikov, K. Alex Birch, Michael Boesl, Lucas Brunialti, Sergio Cortez, Gino Crecco, Chukwuerika Dike, Juan Esteras, Federico Fissore, Will Frey, Tim Gates, Alexander Hagerman, Chen Hanxiao, Sam Hyeong, Simon Ilincev, Parag Kalra, Tim King, David Kwast, Tina Lapine, Wanpeng Li, Guto Maia, Scott Martindale, Mark Meyer, Andy McFarland, Chad McIntire, Diego Rabatone Oliveira, Francesco Piccoli, Meredith Rawls, Michael Robinson, Federico Tula Rovaletti, Tushar Sadhwani, Arthur Constantino Scardua, Randal L. Schwartz, Avichai Sefati, Guannan Shen, William Simpson, Vivek Vashist, Jerry Zhang, Paul Zuradzki —— 此外還有一些不願意透露姓名的朋友在我送出草稿後寄來勘誤，也有一些我沒有記下名字而無法列出來的朋友，在此向你說聲抱歉！

在研究期間，與 Michael Albert, Pablo Aguilar, Kaleb Barrett, David Beazley, J. S. O. Bueno, Bruce Eckel, Martin Fowler, Ivan Levkivskyi, Alex Martelli, Peter Norvig, Sebastian Rittau, Guido van Rossum, Carol Willing 和 Jelle Zijlstra 交流的過程中，我學會了定型、並行、模式比對、超編程。

O'Reilly 編輯 Jeff Bleiel, Jill Leonard, 與 Amelia Blevins 建議我在很多地方改善了本書的流程。Jeff Bleiel 與製作編輯 Danny Elfanbaum 一直在這場漫長的馬拉松裡支持我。

他們每一個人的見解和建議都讓這本書變得更好、更準確。最終的產品中，難免有一些不小心寫出來的 bug，在此先向您說聲抱歉。

最後，由衷感謝 Thoughtworks Brazil 的同事，特別是我的贊助者 Alexey Bôas，你們一直用各種方式支持這個專案。

當然，幫助我瞭解 Python 和編寫本書第一版的所有人都應該獲得雙倍感謝。如果沒有第一版的成功，就不會有第二版。

第一版的誌謝

Josef Hartwig 設計的 Bauhaus 西洋棋是出色的設計典範，這一套棋子優美、簡單，且清楚。建築師之子，字體設計師的兄弟 Guido van Rossum 則創造了語言設計的傑作。我熱愛教導 Python，因為它很優美、簡單，且清楚。

Alex Martelli 與 Anna Ravenscroft 是最早看到本書大綱的人，他們鼓勵我交給 O'Reilly 出版。他們的書籍不但教我典型的 Python，也是清楚、準確、有深度的技術著作典範。Alex 的 5,000+ Stack Overflow 文章（*https://fpy.li/p-7*）是洞悉這種語言及其適當用法的基礎。

除了 Lennart Regebro 與 Leonardo Rochael 之外，Martelli 與 Ravenscroft 也是這本書的技術校閱。這個傑出的技術校閱團隊的成員至少有 15 年的 Python 經驗，對許多影響深遠的 Python 專案做出許多貢獻，並且與社群的開發者密切聯繫。他們告訴我數以百計的修正、建議、問題及意見，賦與本書巨大的價值。Victor Stinner 好心地校閱第 21 章，為技術校閱團隊貢獻了他身為 asyncio 維護者的專業知識。在過去幾個月中，與他們合作是非常榮幸且開心的事情。

編輯 Meghan Blanchette 是位優秀的導師，幫助我改善本書的結構與順序，讓我知道哪裡很無聊，並且避免我擔誤更多時間。當 Meghan 不在的時候，Brian MacDonald 編輯第 2 單元的章節。我很喜歡和他們及 O'Reilly 的所有人一起工作，包括 Atlas 開發與支援團隊（Atlas 是 O'Reilly 的書籍出版平台，很榮幸可以用它來寫這本書）。

從第一個初期版本開始，Mario Domenech Goulart 就提供許多詳細的建議。Dave Pawson、Elias Dorneles、Leonardo Alexandre Ferreira Leite、Bruce Eckel、J. S Bueno、Rafael Gonçalves、Alex Chiaranda、Guto Maia, Lucas Vido 與 Lucas Brunialti 也給我寶貴的回饋。

多年來有很多人鼓勵我出書，但最有說服力的人是 Rubens Prates、Aurelio Jargas、Rudá Moura 與 Rubens Altimari。Mauricio Bussab 為我開啟很多機會，包括第一次真正寫書的機會。一直以來，Renzo Nuccitelli 都支援這個專案，即使這意味著我們在 *python.pro. br* 的關係起步緩慢。

美妙的 Brazilian Python 社群是一個知識淵博、大方、有趣的地方。Python Brasil 社群（*https://fpy.li/p-9*）有成千上萬個成員，我們的國際研討會吸引了上百位參與者，但是在我的 Python 旅程中，最有影響力的人是 Leonardo Rochael、Adriano Petrich、Daniel Vainsencher、Rodrigo RBP Pimentel、Bruno Gola、Leonardo Santagada、Jean Ferri、Rodrigo Senra、J. S. Bueno、David Kwast、Luiz Irber、Osvaldo Santana、Fernando Masanori、Henrique Bastos、Gustavo Niemayer、Pedro Werneck、Gustavo Barbieri、Lalo Martins、Danilo Bellini 與 Pedro Kroger。

Dorneles Tremea 是一位很棒的朋友（慷慨地付出他的時間與知識）、令人讚歎的黑客（hacker）、Brazilian Python Association 最激勵人心的領袖。但他太早離開我們了。

這幾年來，我的學生透過他們的問題、見解、回饋與創造性的解決方案讓我學會很多事情。Érico Andrei 與 Simples Consultoria 是最初讓我把重心放在教導 Python 上面的人。

Martijn Faassen 是我的 Grok 導師，與我分享無價的 Python 與 Neanderthals 見解。他與 Paul Everitt、Chris McDonough、Tres Seaver、Jim Fulton、Shane Hathaway、Lennart Regebro、Alan Runyan、Alexander Limi、Martijn Pieters、Godefroid Chapelle，及其他來自 Zope、Plone 與 Pyramid 的人都對我的生涯造成決定性的影響。由於 Zope 和跟上第一波的 Web 浪潮，我能夠在 1998 年就開始用 Python 來謀生。José Octavio Castro Neves 是我在 Brazil 的第一個 Python 軟體工作室的夥伴。

廣大的 Python 社群中有太多大師，無法在此一一唱名，除了之前提過的朋友之外，我還要感謝 Steve Holden、Raymond Hettinger、A.M Kuchling、David Beazley、Fredrik Lundh、Doug Hellmann、Nick Coghlan、Mark Pilgrim、Martijn Pieters、Bruce Eckel、Michele Simionato、Wesley Chun、Brandon Craig Rhodes、Philip Guo、Daniel Greenfeld、Audrey Roy 與 Brett Slatkin 教導我新的、更棒的 Python 教學方式。

本書大部分的內容都是在我家的辦公室和兩個實驗室編寫的：CoffeeLab 與 Garoa Hacker Clube。CoffeeLab（*https://fpy.li/p-10*）是位於巴西聖保羅 Vila Madalena 的咖啡愛好者總部，Garoa Hacker Clube（*https://fpy.li/p-11*）是歡迎所有人的黑客空間，它是所有人都可以自由地嘗試新想法的社群實驗室。

Garoa 社群提供靈感、基本設施與充分的時間。我認為 Aleph 會很喜歡這本書。

我的母親 Maria Lucia 與我的父親 Jairo 一直都以各種方式支持我。我希望父親能夠看到這本書的問世，也很開心可以和母親分享這本書。

我的太太 Marta Mello 雖然一直忍耐他的丈夫不間斷地工作了 15 個月，卻在我擔心無法跑完這場馬拉松的關鍵時刻支持並指引我。

謝謝大家所做的一切事情。

資料結構

Python 資料模型

Guido 的語言設計美學很驚人。我認識的很多語言設計者都可以設計出理論上
很優美的語言,但沒有人願意使用它們。然而,Guido 是少數能夠設計出理論
上沒那麼優美的語言,卻可以讓人愉快地編寫程式的人。

— *Jython* 建構者,*AspectJ* 共同創造者,*.Net DLR* 架構師,
Jim Hugunin[1]

Python 最棒的性質之一就是它的一致性。在使用 Python 一段時間之後,你就可以明智
且正確地猜出新功能怎麼使用。

然而,如果你在學習 Python 之前學過其他的物件導向語言,你可能會覺得使用
len(collection) 而不是 collection.len() 很彆扭。這種明顯的彆扭只是冰山的一角,如
果用正確的方式來理解,它是讓一切都 *Pythonic*(很 Python)的關鍵。這座冰山稱為
Python 資料模型,它是讓我們自己的物件能夠和最典型的語言功能良好互動的 API。

你可以將資料模型想成將 Python 描述成框架的東西,它將這個語言的元素的介面正式
化,例如 sequence、函式、iterator、coroutine、類別、context manager…等等。

---

1   Samuele Pedroni 與 Noel Rappin 合著的 *Jython Essentials*(O'Reilly)的前言,「Story of Jython」(*https://
    fpy.li/1-1*)。

在使用框架時，我們會花很多時間來編寫被框架呼叫的方法。在利用 Python Data Model 來建構新類別時也一樣。Python 直譯器會呼叫特殊方法來執行基本的物件操作，這通常是以特殊語法來觸發的。特殊方法的名稱一定是以雙底線開頭，並以雙底線結尾。例如，obj[key] 語法是由 __getitem__ 特殊方法支援的。為了計算 my_collection[key]，直譯器會呼叫 my_collection.__getitem__(key)。

要讓我們的物件支援以下的語言基本結構，並與之互動，我們就要編寫特殊方法：

- 集合（collection）

- 屬性存取

- 迭代（包括使用 async for 來進行非同步迭代）

- 運算子多載

- 函式與方法呼叫

- 字串表示與格式化

- 使用 await 來編寫非同步程式

- 建構和解構物件

- 使用 with 或 async with 陳述式來管理的環境

魔術與 dunder

魔術方法是特殊方法的俗稱，但如何唸出 __getitem__ 這種特殊方法？我從作者和教師 Steve Holden 那裡知道，應稱之為 dunder-getitem。「dunder」是「double underscore before and after」的簡稱。這就是為什麼麼特殊方法也稱為 *dunder 方法*。*The Python Language Reference* 的「Lexical Analysis」（*https://fpy.li/1-3*）一章警告道：在任何環境下以任何方式使用 __*__ 這種名稱時，如果不遵守明確記載的用法，可能會在不提前警告的情況下發生故障。」

本章有哪些新內容

本章與第一版的差異不大，因為這是介紹 Python Data Model 的一章，而 Python Data Model 相當穩定。最主要的修改有：

- 在第 16 頁的「特殊方法概覽」的表格中，加入支援非同步程式設計與其他新功能的特殊方法。

- 在第 14 頁的「Collection API」中，我們在展示特殊方法用法的圖 1-2 裡加入 Python 3.6 新增的抽象基礎類別 collections.abc.Collection。

此外，在這裡與整本第二版裡，我採用 Python 3.6 新增的 f-string 語法，它比舊的字串格式化語法（使用 str.format() 方法與 % 運算子）更易讀，且通常更方便。

使用 my_fmt.format() 的理由之一在於，你必須在一個地方定義 my_fmt，但必須在另一個地方進行格式化操作。例如，當 my_fmt 有很多行，最好在常數裡定義時，或它一定來自組態檔或資料庫時。

很 Python 的撲克牌組

範例 1-1 很簡單，但它展示了僅實作 __getitem__ 與 __len__ 兩個特殊方法產生的強大效果。

範例 1-1　以撲克牌 sequence 來製作牌組

```
import collections

Card = collections.namedtuple('Card', ['rank', 'suit'])

class FrenchDeck:
    ranks = [str(n) for n in range(2, 11)] + list('JQKA')
    suits = 'spades diamonds clubs hearts'.split()

    def __init__(self):
        self._cards = [Card(rank, suit) for suit in self.suits
                                        for rank in self.ranks]

    def __len__(self):
        return len(self._cards)

    def __getitem__(self, position):
        return self._cards[position]
```

第一個要注意的是，我們使用 collections.namedtuple 來建構一個簡單的類別，以代表個別的撲克牌。我們使用 namedtuple 來建構物件的類別，它只有一堆屬性，沒有自訂的方

法，很像資料庫的紀錄。在這個範例裡，我們用它來表示牌組裡的每一張牌，例如這個主控台執行過程：

```
>>> beer_card = Card('7', 'diamonds')
>>> beer_card
Card(rank='7', suit='diamonds')
```

但是這個範例的重點是 FrenchDeck 類別。它很短，但發揮巨大的作用。首先，如同所有的標準 Python collection，牌組（deck）回傳它的摸克牌數量來回應 len() 函式：

```
>>> deck = FrenchDeck()
>>> len(deck)
52
```

讀取牌組的特定卡牌（例如第一張與最後一張）很簡單，因為 __getitem__ 方法提供這個功能：

```
>>> deck[0]
Card(rank='2', suit='spades')
>>> deck[-1]
Card(rank='A', suit='hearts')
```

需要另外寫一個方法來隨機抽牌嗎？不用。Python 已經有一個從 sequence 中隨機抽取項目的函式了：random.choice。我們用它來處理牌組實例：

```
>>> from random import choice
>>> choice(deck)
Card(rank='3', suit='hearts')
>>> choice(deck)
Card(rank='K', suit='spades')
>>> choice(deck)
Card(rank='2', suit='clubs')
```

我們看到，透過特殊方法來利用 Python Data Model 有兩項優點：

- 類別的使用者不需要記憶標準操作的方法名稱（如何獲得項目的數量？它是 .size()？.length()？還是別的名稱？）。

- 你比較容易受惠於豐富的 Python 標準程式庫，並且避免重新發明輪胎，例如 random.choice 函式。

但它有更多好處。

因為我們的 __getitem__ 將工作委託給 self._cards 的 [] 運算子，所以我們的牌組自動支援 slicing（切段）。下面是檢查全新牌組最上面三張牌的寫法，以及從索引值 12 開始選取 ACE，並且每次都跳過 13 張牌的寫法：

```
>>> deck[:3]
[Card(rank='2', suit='spades'), Card(rank='3', suit='spades'),
Card(rank='4', suit='spades')]
>>> deck[12::13]
[Card(rank='A', suit='spades'), Card(rank='A', suit='diamonds'),
Card(rank='A', suit='clubs'), Card(rank='A', suit='hearts')]
```

只要實作 __getitem__ 特殊方法，牌組就是 iterable（可迭代的）：

```
>>> for card in deck:  # doctest: +ELLIPSIS
...     print(card)
Card(rank='2', suit='spades')
Card(rank='3', suit='spades')
Card(rank='4', suit='spades')
...
```

我們也可以反向迭代牌組：

```
>>> for card in reversed(deck):  # doctest: +ELLIPSIS
...     print(card)
Card(rank='A', suit='hearts')
Card(rank='K', suit='hearts')
Card(rank='Q', suit='hearts')
...
```

在 doctest 裡的省略符號

可以的話，我會從 doctest（*https://fpy.li/doctest*）擷取 Python 主控台文字來確保準確性。當輸出太長時，我會用省略符號（...）來表示被省略的部分，例如上面程式的最後一行。在這種情況下，我會用 # doctest: +ELLIPSIS 指令來讓 doctest 可 pass。如果你在互動式主控台裡嘗試這些範例，可以完全省略 doctest 指令。

迭代通常是隱性的。如果 collection 沒有 __contains__ 方法，in 運算子會做循序掃描。典型的例子：我們的 FrenchDeck 類別可使用 in，因為它是可迭代的。我們來試一下：

```
>>> Card('Q', 'hearts') in deck
True
>>> Card('7', 'beasts') in deck
False
```

那排序呢？撲克牌的大小通常是按照數字大小（ace 最大）來排列，然後用花色來排列，依序是黑桃（最高）、紅心、方塊與梅花（最低）。下面是一個按照這個規則來定義撲克牌的點數大小的函式，對於梅花 2，它會回傳 0，對於黑桃 A 則回傳 51：

```python
suit_values = dict(spades=3, hearts=2, diamonds=1, clubs=0)

def spades_high(card):
    rank_value = FrenchDeck.ranks.index(card.rank)
    return rank_value * len(suit_values) + suit_values[card.suit]
```

我們可以用 spades_high 以遞增順序列出牌組：

```python
>>> for card in sorted(deck, key=spades_high):  # doctest: +ELLIPSIS
...         print(card)
Card(rank='2', suit='clubs')
Card(rank='2', suit='diamonds')
Card(rank='2', suit='hearts')
... (46 cards omitted)
Card(rank='A', suit='diamonds')
Card(rank='A', suit='hearts')
Card(rank='A', suit='spades')
```

雖然 FrenchDeck 隱性地繼承 object，但它大多數的功能都不是繼承來的，而是利用資料模型與組合（composition）。我們的 FrenchDeck 透過實作特殊方法 __len__ 與 __getitem__，展現出 Python 標準 sequence 的行為，並獲得 Python 語言的核心功能（即迭代與 slicing）與標準程式庫帶來的好處，例如範例中使用的 random.choice、reversed 與 sorted。拜組合之賜，__len__ 與 __getitem__ 可以將所有工作委託給 list 物件，self._cards。

洗牌呢？

目前的 FrenchDeck 不能洗牌，因為它是不可變的（immutable）（譯注：在 Python 裡，immutable 是指無法被修改或變更的特性，其相反詞為 mutable，本書將其分別譯為「不可變的」與「可變的」。）：卡牌及其位置不能更改，除非你違反封裝原則，直接修改 _cards 屬性。在第 13 章，我們會加入 oneline__setitem__ 來修改它。

特殊方法的用法

關於特殊方法，首先，要注意的是，它們是為了讓 Python 直譯器呼叫的，而不是讓你呼叫的。你不能寫成 my_object.__len__()，而是要寫成 len(my_object)，而且，如果 my_object 是使用者自訂類別實例，Python 會呼叫你寫的 __len__ 方法。

但是直譯器在處理 list、str、bytearray 等內建型態或 NumPy 陣列等擴展型態時會抄捷徑。在 Python 中，以 C 寫成的變數大小的 collection 有一個稱為 PyVarObject 的 struct，[2]它有一個保存 collection 裡的項目數量的 ob_size 欄位。所以，如果 my_object 是這種內建型態的實例，len(my_object) 會取出 ob_size 欄位的值，這比呼叫方法快多了。

特殊方法往往是私下呼叫的。例如，for i in x: 其實會讓 Python 呼叫 iter(x)，假設它是變數，接下來可能呼叫 x.__iter__()，或使用 x.__getitem__()，就像在 FrenchDeck 範例裡那樣。

一般情況下，你的程式不應該經常直接呼叫特殊方法。除非你要做大量的超編程，否則你應該較常編寫特殊方法，而不是直接呼叫它們。使用者的程式經常呼叫的特殊方法只有 __init__，呼叫它是為了在你自己寫的 __init__ 內呼叫超類別的初始化程式（initializer）。

如果你需要呼叫特殊方法，比較好的做法通常是呼叫相關的內建函式（例如 len、iter、str …等）。這些內建函式會呼叫對應的特殊方法，但通常會提供其他的服務，而且對內建的型態而言，呼叫它們比呼叫方法更快。例子參見第 602 頁，第 17 章的「一起使用 iter 與 Callable」。

在下一節，我們要來看幾個最重要的特殊方法用法：

- 模擬數值型態
- 物件的字串表示法
- 物件的布林值
- 實作 collection

2　C 的 struct 是一種紀錄型態，它裡面有具名欄位。

模擬數值型態

有一些特殊方法可讓使用者的物件對 + 之類的運算子做出回應。我們會在第 16 章詳細討論這個主題，但是在此的目標是透過另一個簡單的例子來進一步說明特殊方法的用法。

我們要寫出一個類別來表示二維的向量，也就是在數學與物理學裡使用的 Euclidean 向量（參見圖 1-1）。

 內建的 complex 型態可用來代表二維向量，但我們的類別經過擴展可以進一步表示 *n* 維向量。我們會在第 17 章做這件事。

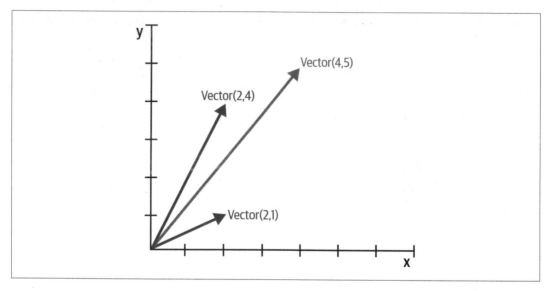

圖 1-1　二維向量加法，Vector(2, 4) + Vector(2, 1) 等於 Vector(4, 5)。

我們先藉著編寫一段主控台對話來設計這個類別的 API，之後可將這段對話當成 doctest 來使用。我們用下面的程式來檢查圖 1-1 的向量加法：

```
>>> v1 = Vector(2, 4)
>>> v2 = Vector(2, 1)
>>> v1 + v2
Vector(4, 5)
```

注意 + 運算子產生新的 Vector，並在主控台以貼心的方式顯示它。

內建的 abs 函式會回傳整數和浮點數的絕對值，以及複數的大小，所以為了保持一致，我們的 API 也使用 abs 來計算向量的大小：

```
>>> v = Vector(3, 4)
>>> abs(v)
5.0
```

我們也可以實作 * 來執行向量乘法（也就是將一個向量乘上一個數字，以產生同一個方向、大小加倍的新向量）：

```
>>> v * 3
Vector(9, 12)
>>> abs(v * 3)
15.0
```

範例 1-2 是實作上述操作的 Vector 類別，它使用特殊方法 __repr__、__abs__、__add__ 與 __mul__。

範例 1-2　簡單的二維向量類別

```
"""
vector2d.py: 展示一些特殊方法的極簡類別

我們為了教學而簡化它，所以沒有妥善的錯誤處理程式，
尤其是在 ``__add__`` 與 ``__mul__`` 方法裡。

稍後會大幅擴展這個範例。

Addition::

    >>> v1 = Vector(2, 4)
    >>> v2 = Vector(2, 1)
    >>> v1 + v2
    Vector(4, 5)

Absolute value::

    >>> v = Vector(3, 4)
    >>> abs(v)
    5.0

Scalar multiplication::

    >>> v * 3
    Vector(9, 12)
```

```
    >>> abs(v * 3)
    15.0

"""


import math

class Vector:

    def __init__(self, x=0, y=0):
        self.x = x
        self.y = y

    def __repr__(self):
        return f'Vector({self.x!r}, {self.y!r})'

    def __abs__(self):
        return math.hypot(self.x, self.y)

    def __bool__(self):
        return bool(abs(self))

    def __add__(self, other):
        x = self.x + other.x
        y = self.y + other.y
        return Vector(x, y)

    def __mul__(self, scalar):
        return Vector(self.x * scalar, self.y * scalar)
```

除了熟悉的 __init__ 之外,我們寫了五個特殊方法。注意,它們在這個類別裡都沒有被直接呼叫,在 doctest 所敘述的類別用法裡也沒有直接呼叫它們。如前所述,只有 Python 直譯器會經常呼叫大多數的特殊方法。

範例 1-2 實作兩個運算子:+ 與 *,以展示 __add__ 與 __mul__ 的基本用法。在這兩種用法中,方法會建立並回傳一個新的 Vector 實例,且不會修改它們的運算元 —— self 與 other 只被讀取。這是中綴(infix)運算子的預期行為,它的目的是建立新物件,不會碰觸它的運算元。我會在第 16 章進一步說明這件事。

 如前所述,範例 1-2 允許將 Vector 乘上一個數字,但無法將一個數字乘上 Vector,這個行為違反純量乘法的交換律。我們會在第 16 章使用特殊方法 __rmul__ 來修正這個問題。

在接下來的幾節裡，我們要討論 Vector 的其他特殊方法。

字串表示法

__repr__ 特殊方法是為了讓內建的 repr 呼叫的，目的是取得物件的字串表示法，以進行檢查。如果沒有自訂的 __repr__，Python 的主控台會顯示 Vector 實例 <Vector object at 0x10e100070>。

互動式主控台與偵錯器會針對運算式的執行結果呼叫 repr，正如使用 % 運算子的經典格式化語法中的 %r 占位符號，以及在 *f-string* str.format 方法中使用的新格式化字串語法（*https://fpy.li/1-4*）裡的 !r 轉換欄位所做的那樣。

注意，在 __repr__ 裡的 *f-string* 使用 !r 來取得想要顯示的屬性的標準表示法，這是很好的寫法，因為它會顯示 Vector(1, 2) 與 Vector('1', '2') 兩者之間最重要的差異 —— 後者無法在這個範例的背景下運作，因為建構式的引數必須是數字，而不是 str。

__repr__ 回傳的字串必須是明確的，而且應盡可能地符合原始碼，以便重新建立所表示的物件。這就是我們的 Vector 表示法看起來很像在呼叫類別的建構式（例如 Vector(3, 4)）的原因。

相較之下，__str__ 是讓 str() 內建方法呼叫的，而且 print 函式會私下使用它，所以應該回傳一個適合顯示給最終使用者看的字串。

讓 __repr__ 回傳同樣的字串有時很方便。你不需要編寫 __str__，因為繼承 object 類別的實作會將 __repr__ 當成回呼（callback）來呼叫。範例 5-2 是本書中具備自訂的 __str__ 的幾個例子之一。

用過具有 toString 方法的語言的程式設計師傾向實作 __str__ 而非 __repr__。如果你只想在 Python 中實作這些特殊方法之一，那就選擇 __repr__。

Python 鐵粉 Alex Martelli 與 Martijn Pieters 在 Stack Overflow 問題「What is the difference between __str__ and __repr__ in Python?（*https://fpy. li/1-5*」裡提供很棒的意見。

自訂型態的布林值

雖然 Python 有 bool 型態，但它接受布林背景下的任何物件，例如用來控制 if 或 while 陳述式的運算式，或 and、or、not 的運算元。Python 使用 bool(x) 來判斷 x 值可視為 *true* 還是 *false*，它只回傳 True 或 False。

在預設情況下，使用者自訂的類別的實例都被視為 true，除非它實作了 __bool__ 或 __len__。基本上，bool(x) 會呼叫 x.__bool__()，並使用它的結果。如果你沒有實作 __bool__，Python 會試著呼叫 x.__len__()，如果它回傳零，bool 會回傳 False，否則 bool 會回傳 True。

我們的 __bool__ 實作在概念上很簡單：如果向量的大小是零，那就回傳 False，否則回傳 True。因為 __bool__ 應回傳布林值，我們使用 bool(abs(self)) 來將大小轉換成布林值。在 __bool__ 方法之外的地方幾乎都不需要明確地呼叫 bool()，因為任何物件都可以在布林背景之下使用。

注意，特殊方法 __bool__ 使你的物件遵守 *The Python Standard Library* 文件中的「Built-in Types」一章（*https://fpy.li/1-6*）所定義的真值測試規則。

在實作 Vector.__bool__ 時，較快的寫法是：

```
def __bool__(self):
    return bool(self.x or self.y)
```

這種寫法比較難理解，但可避免經歷 abs、__abs__、平方，與平方根。之所以需要明確地轉換成 bool，是因為 __bool__ 必須回傳布林，而 or 會照原樣回傳其中一個運算元，例如 x or y 在 x 可視為 true 時，計算結果是 x，否則是 y，無論它是什麼。

Collection API

圖 1-2 是這個語言的基本 collection 型態的介面。圖中的類別都是 ABC，即抽象基礎類別。第 13 章會介紹 ABC 與 collections.abc。這一節的目的是綜述 Python 最重要的 collection 介面，介紹它們是怎麼用特殊方法來建構的。

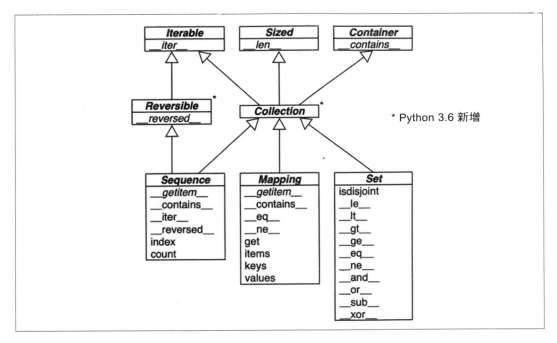

圖 1-2　基本 collection 型態的 UML 類別圖。名稱為斜體的類別是抽象的，所以它必須使用具體子類別來實作，例如 list 與 dict。其他的方法是具體實作，因此子類別可以繼承它們。

最上面的 ABC 都有一個特殊方法。Collection ABC（Python 3.6 新增）統合了每一個 collection 都應該實作的三個基本介面：

- 支援 for、unpacking（*https://fpy.li/1-7*）和其他迭代形式的 Iterable
- 支援 len 內建函式的 Sized
- 支援 in 運算子的 Container

Python 不要求具體類別實際繼承以上的任何一個 ABC。實作了 __len__ 的任何類別都滿足 Sized 介面。

Collection 有三個非常重要的專門類別：

- Sequence，將 list 與 str 等內建型態的介面正式化
- Mapping，由 dict、collections.defaultdict …等實作
- Set，set 與 frozenset 內建型態的介面

只有 Sequence 是 Reversible（可相反的），因為 sequence 允許內容按任意順序，但 mapping 與 set 不允許。

 Python 從 3.7 起正式定義 dict 型態是「有序的」，但這只意味著鍵的插入順序會被保留。你不能隨便重新排列 dict 的鍵的順序。

Set ABC 的特殊方法都實作了中綴運算子。例如，a & b 計算集合 a 與 b 的交集，它是在 __and__ 特殊方法裡實作的。

接下來的兩章將詳細介紹標準程式庫的 sequence、mapping 與 set。

接下來要討論 Python Data Model 定義的特殊方法的主要分類。

特殊方法概覽

The Python Language Reference 的「Data Model」一章（*https://fpy.li/dtmodel*）列出八十幾個特殊方法名稱。其中超過一半實作了算術、位元與比較運算子。我們在接下來的幾張表格列出可用的特殊方法。

表 1-1 是特殊方法名稱，不包括用來實作中綴運算子或核心數學函式（例如 abs）的那些。本書將介紹其中的大多數方法，包括最近加入的 __anext__ 等非同步特殊方法（於 Python 3.5 加入），以及類別自訂鉤點（hook），__init_subclass__（於 Python 3.6 加入）。

表 1-1　特殊方法名稱（不含運算子）

種類	方法名稱
字串 / bytes 表示法	__repr__ __str__ __format__ __bytes__ __fspath__
轉換成數字	__bool__ __complex__ __int__ __float__ __hash__ __index__
模擬 collection	__len__ __getitem__ __setitem__ __delitem__ __contains__
迭代	__iter__ __aiter__ __next__ __anext__ __reversed__
callable 或 coroutine 執行	__call__ __await__
環境管理	__enter__ __exit__ __aexit__ __aenter__
建立與銷毀實例	__new__ __init__ __del__
屬性管理	__getattr__ __getattribute__ __setattr__ __delattr__ __dir__
屬性 descriptor	__get__ __set__ __delete__ __set_name__

種類	方法名稱
抽象基礎類別	__instancecheck__ __subclasscheck__
類別超編程	__prepare__ __init_subclass__ __class_getitem__ __mro_entries__

表 1-2 是用特殊方法來支援的中綴與數值運算子。

其中,最近加入的名稱有 __matmul__、__rmatmul__ 與 __imatmul__,它們是在 Python 3.5 加入的,以支援將 @ 當成矩陣乘法的中綴運算子,第 16 章會詳細介紹。

表 1-2　運算子的特殊方法名稱與符號

運算子種類	符號	方法名稱
一元數值	- + abs()	__neg__ __pos__ __abs__
豐富比較	< <= == != > >=	__lt__ __le__ __eq__ __ne__ __gt__ __ge__
算術	+ - * / // % @ divmod() round() ** pow()	__add__ __sub__ __mul__ __truediv__ __floordiv__ __mod__ __matmul__ __divmod__ __round__ __pow__
反向算術	(將運算元對調的算術運算子)	__radd__ __rsub__ __rmul__ __rtruediv__ __rfloordiv__ __rmod__ __rmatmul__ __rdivmod__ __rpow__
擴增賦值算術	+= -= *= /= //= %= @= **=	__iadd__ __isub__ __imul__ __itruediv__ __ifloordiv__ __imod__ __imatmul__ __ipow__
位元	& | ^ << >> ~	__and__ __or__ __xor__ __lshift__ __rshift__ __invert__
反向位元	(將運算元對調的位元運算子)	__rand__ __ror__ __rxor__ __rlshift__ __rrshift__
擴增賦值位元	&= |= ^= <<= >>=	__iand__ __ior__ __ixor__ __ilshift__ __irshift__

如果 Python 無法對著第一個運算元使用特殊方法,它會對著第二個運算元呼叫對應的反向特殊方法。擴增賦值是結合中綴運算子與變數賦值的一種捷徑,例如 a += b。

第 16 章會詳細解釋反向運算子與擴增賦值。

為什麼 len 不是一種方法？

我在 2013 年向核心開發者 Raymond Hettinger 問了這個問題，他的回答大致上引用了「The Zen of Python」（*https://fpy.li/1-8*）的一句話：「practicality beats purity.（實用勝於純粹）」。我在第 9 頁的「特殊方法的用法」中說過，x 是內建型態的實例時，len(x) 跑得非常快。Python 不會幫 CPython 的內建物件呼叫任何方法，它會直接從 C struct 的欄位讀取長度。取得集合內的項目數量是一種常見的操作，所以對於這種基本型態及其他多樣型態（如 str、list、memoryview …等）而言，這項操作必須高效運作。

換句話說，len 不被當成方法來呼叫，而是作為 Python Data Model 的一部分獲得特殊待遇，就像 abs 一樣。但透過特殊方法 __len__，你也可以讓 len 和你自訂的物件合作。在「高效的內建物件」和「語言的一致性」之間，取得合理的妥協。「The Zen of Python」也有這句話：「Special cases aren't special enough to break the rules.（即使是特例，也沒有特殊到可以破壞規則。）」

 將 abs 與 len 想成一元運算子，而不是在物件導向語言裡常見的方法呼叫語法，也許會讓你比較容易體諒它們的函式外觀與感覺。事實上，ABC 語言（Python 的直系祖先，是 Python 的許多功能的源頭）有個相當於 len 的 # 運算子（寫法是 #s），將它當成中綴運算子來使用時的寫法是 x#s，此時會計算 x 在 s 裡面的數量，在 Python 中，這要用 s.count(x) 來取得，其中 s 是任意 sequence。

本章摘要

實作特殊方法可讓物件具備類似內建型態的的行為，可寫出富表現力的程式，進而讓社群認為你的程式「很 Python」。

Python 物件的基本要求是提供它自己的字串表示形式：一個用來進行除錯與記錄，另一個用來顯示給最終使用者看。這就是資料模型有特殊方法 __repr__ 與 __str__ 的原因。

模擬 sequence（像 FrenchDeck 範例中的那一個）是最常見的特殊方法用法之一。例如，資料庫程式庫通常將查詢結果包在類 sequence 的 collection 裡回傳。充分利用既有的 sequence 型態是第 2 章的主題。第 12 章會討論如何實作自己的 sequence，我們會在那裡建立 Vector 類別的多維延伸版本。

拜運算子多載之賜，Python 提供大量的數值型態，包括內建的型態，以及 `decimal.Decimal` 與 `fractions.Fraction`，全都支援中綴算術運算子。*NumPy* 資料科學程式庫支援矩陣與張量的中綴運算子。第 16 章會藉著改進 `Vector` 範例來展示如何實作運算子（包括反向運算子與擴增賦值）。

接下來將陸續討論大部分的 Python Data Model 特殊方法的用法與實作。

延伸讀物

The Python Language Reference 的「Data Model」一章（*https://fpy.li/dtmodel*）是本章與本書大多數內容的典範來源。

Alex Martelli、Anna Ravenscroft 與 Steve Holden 合著的 *Python in a Nutshell* 第 3 版（O'Reilly）對於資料模型做了精闢的介紹。他們對於屬性存取的介紹，是除了 CPython 的 C 原始碼之外，我所看過最權威的文獻。Martelli 也是 Stack Overflow 的多產貢獻者，他已經貼出 6,200 多個解答，他在 Stack Overflow 上的個人資訊位於 *https://fpy.li/1-9*。

David Beazley 有兩本書詳細討論在 Python 3 背景下的資料模型：0*Python Essential Reference* 第 4 版（Addison-Wesley），以及和 Brian K. Jones 合著的 *Python Cookbook* 第 3 版。

Gregor Kiczales、Jim desRivieres 與 Daniel G. Bobrow 合著的 *The Art of the Metaobject Protocol*（MIT Press）解釋了 metaobject 協定的概念，Python Data Model 是它的案例之一。

肥皂箱

資料模型還是物件模型？

大多數作者認為 Python 文件所說的「Python Data Model」是「Python object model（物件模型）」。Martelli、Ravenscroft 與 Holden 合著的 *Python in a Nutshell* 第三版，以及 David Beazley 的 *Python Essential Reference* 第四版是介紹 Python Data Model 的最佳著作，但他們將它稱為「object model」。在維基百科上，「object model」的第一個定義（*https://fpy.li/1-10*）是：「The properties of objects in general in a specific computer programming language.（特定計算機程式語言的一般物件屬性）」這也是 Python Data Model 的意義。我在本書裡使用「資料模型」，因為外界文件提到 Python 物件模型時喜歡使用這個詞，在 *The Python Language Reference* 裡，它也是與我們所討論的內容最相關的一章的標題（*https://fpy.li/dtmodel*）。

麻瓜方法

The Original Hacker's Dictionary（*https://fpy.li/1-11*）將 *magic* 定義成「尚未解釋的，或因為太複雜而無法解釋的」或「未被公開的功能，可做到本來不可能做到的事情。」

Ruby 社群將它們的特殊方法稱為魔術方法（*magic methods*）。Python 社群也有很多人使用這個名詞。我認為特殊方法並不是奇幻的魔術方法，Python 與 Ruby 都為它們的使用者提供了豐富的 metaobject 協定，那些協定都有完整的文件，讓你我這種麻瓜都能夠模仿語言直譯器的核心開發者可以使用的許多功能。

相較之下，以 Go 為例，這種語言的一些物件有一些魔術功能，但我們不能在自訂的型態裡模擬它們。例如，Go 的 array、string 與 map 可讓你用中括號來存取項目，例如 a[i]，但你無法讓你定義的新 collection 型態使用 []。更慘的是，Go 沒有使用者等級的 iterable 介面或 iterable 物件的概念，所以它的 for/range 語法只支援五個「魔法」內建型態，包括 array、string 與 map。

或許 Go 的設計者將來會改進它的 metaobject 協定，但目前它的功能比 Python 或 Ruby 所提供還要有限得多。

metaobject

The Art of the Metaobject Protocol（AMOP）是我最喜歡的電腦書籍。我提到它是因為 *metaobject* 協定有助於思考 Python Data Model 及其他語言的類似功能。*metaobject* 是指該語言本身的基本物件。在這個背景下，協定是介面的同義詞。所以 *metaobject* 協定是物件模型的華麗同義詞，即語言核心構件的 API。

豐富的 metaobject 協定可讓我們擴展語言，以支援新的程式設計範式。*AMOP* 的第一作者 Gregor Kiczales 後來成為剖面導向程式設計（aspect-oriented programming）的先驅，以及 AspectJ（實作該範式的 Java 延伸版本）的初始作者。用 Python 這種動態語言來進行剖面導向程式設計容易得多，也有一些框架可做這種事。最重要的例子是 *zope.interface*（*https://fpy.li/1-12*），它是 Plone 內容管理系統（*https://fpy.li/1-13*）所使用的框架的一部分。

## 第 2 章

Sequence 的陣列

你應該已經發現，之前談到的幾種操作都以相同的方式處理文字、串列和表格。文字、串列與表格統稱為 'trains'。[...] FOR 命令也可以用相同的方式來處理 trains。

— *Leo Geurts、Lambert Meertens 和 Steven Pembertonm，*
ABC Programmer's Handbook[1]

Guido 在創造 Python 之前是 ABC 語言的貢獻者，ABC 語言是一項為期 10 年的研究專案，其目的是設計供初學者使用的程式設計環境。ABC 採用許多現在被認為「很 Python」的想法：以相同的方式來操作不同種類的 sequence、內建 tuple 與 mapping 型態、用縮排來架構、不需要宣告變數的強定型…等。所以 Python 如此人性化不是偶然的。

Python 從 ABC 那裡繼承了 sequence 的統一處理方式。字串、list、byte sequence、array、XML 元素、資料庫結果都共用一組豐富的操作，包括迭代、slicing、排序、串接。

瞭解 Python 的各種 sequence 可以我們避免重新發明輪子，它們的共同介面也可以引領我們做出能夠支援與利用既有與未來的 sequence 型態的 API。

1　Leo Geurts、Lambert Meertens 與 Steven Pemberton，*ABC Programmer's Handbook*，p. 8。(Bosko Books)。

本章討論的內容大致上適用於各種 sequence，從熟悉的 list，到 Python 3 加入的 str、bytes 型態。本章會也討論關於 list、tuple、array、queue 的主題，但關於 Unicode 字串與 byte sequence 的細節將在第 4 章討論。此外，本章的目的是討論已經可以使用的 sequence 型態。建立自己的 sequence 型態是第 12 章的主題。

以下是本章將討論的主題：

- 串列生成式（list comprehension）與產生器運算式（generator expression）的基本知識

- 將 tuple 當成紀錄來使用 vs. 將 tuple 當成不可變的 list 來使用

- sequence 的 unpacking 與 sequence 模式

- 讀取和寫入 slice

- 專門的 sequence 型態，例如 array 與 queue

本章有哪些新內容

本章最重要的新內容是第 40 頁的「使用 sequence 來比對模式」。這是 Python 3.10 的新模式比對功能在這本第二版裡，初次亮相的地方。

其他的修改並未更新內容，而是改善第一版的內容：

- 用新圖表和說明來介紹 sequence 的內部，並拿它與容器（container）和平面 sequence 做比較。

- 簡單比較 list 與 tuple 的性能與儲存特性

- 包含可變元素的 tuple 有哪些注意事項，以及如何在需要時檢測它們

我將具名 tuple 的介紹移到第 169 頁第 5 章的「典型具名 tuple」，並在那裡拿它與 typing.NamedTuple 和 @dataclass 做比較。

 為了幫新內容騰出空間，並將頁數控制在合理範圍內，我將第一版的「使用 Bisect 來管理有序 sequence」放在 *fluentpython.com* 網站上（*https://fpy.li/bisect*）。

內建 sequence 列概述

標準程式庫提供豐富的 sequence 型態供你使用，它們是以 C 寫成的：

容器 *sequence*

可以保存不同型態的項目，包括嵌套容器，例如 list、tuple 與 collections.deque。

平面 *sequence*

保存一種簡單型態的項目。例如：str、bytes 與 array.array。

容器 *sequence* 保存它所容納的物件的參考，那些物件可能是任何型態，平面序列則是將內容的值存放在它自己的記憶體空間內，而不是存成不同的 Python 物件。參見圖 2-1。

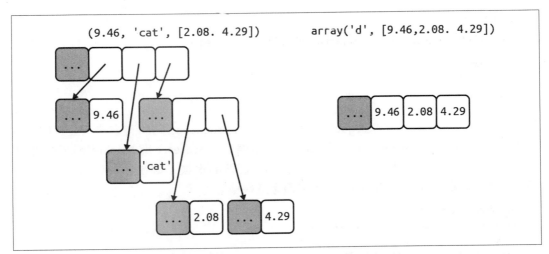

圖 2-1　tuple 與 array 的記憶體圖，分別有三個項目。灰色的格子代表每個 Python 物件在記憶體內的標頭，在此不按比例繪製。tuple 有一個由項目的參考組成的 array。每個項目都是不同的 Python 物件，可能保存其他 Python 物件的參考，就像那個雙項目的串列一樣。相較之下，Python array 是個單一物件，保存三個 double 的 C 語言 array。

因此，平面 sequence 比較緊湊，但它們僅能保存原始機器值，例如 bytes、整數及浮點數。

在記憶體裡的每一個 Python 物件都有一個包含詮釋資料（metadata）的標頭。最簡單的 Python 物件 float 有一個值欄位與兩個詮釋資料欄位：

- ob_refcnt：物件的參考數
- ob_type：指向物件型態的指標
- ob_fval：保存 float 的值的 C double

在 64-bit Python build 上，這些欄位都占去 8 bytes。這就是 float array 比 float tuple 更緊湊許多的原因，array 是一個保存 float 原始值的物件，而 tuple 是由多個物件構成的，包括 tuple 本身，以及它裡面的每一個 float 物件。

sequence 型態也可以根據可變性來分類：

可變的 *sequence*

例如 list、bytearray、array.array 與 collections.deque。

不可變的 *sequence*

例如 tuple、str 與 bytes。

從圖 2-2 可以看出，可變的 sequence 繼承不可變的 sequence 的所有方法，並實作了幾個額外的方法。Python 的內建具體 sequence 型態不是 Sequence 與 MutableSequence 抽象基礎類別（ABC）的子類別，而是向這些 ABC 註冊的虛擬子類別，我們將在第 13 章說明。作為虛擬子類別，tuple 與 list 可通過這些檢查：

```
>>> from collections import abc
>>> issubclass(tuple, abc.Sequence)
True
>>> issubclass(list, abc.MutableSequence)
True
```

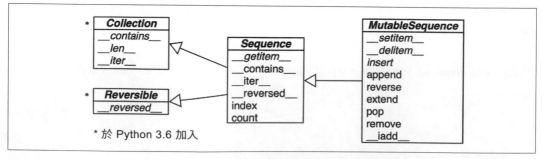

圖 2-2　來自 collections.abc 的幾個類別的 UML 簡化類別圖（超類別在左邊，箭頭從子類別指向超類別，斜體名稱代表它們是抽象類別或抽象方法）。

請記住以下的共同特徵：可變 vs. 不可變、容器 vs. 平面。它們可以幫助你根據你對某個 sequence 型態的知識來瞭解另一個型態。

最基本的 sequence 類型是 list，它是可變的容器。我想你應該很熟悉 list 了，所以我會直接討論 list comprehension（串列生成式），強大的串列生成式是一種經常沒有被充分運用的 list 建構手段，因為它的語法乍看之下不太常見。掌握串列生成式即可踏入產生器表達式（generator expression）之門，產生器表達式有很多功能，包括產生元素來填充任何型態的 sequence，兩者都是下一節的主題。

串列生成式與產生器表達式

串列生成式可以讓你快速地建構 sequence（如果目標是 list 的話）或產生器表達式（其他類型的 sequence）。如果你沒有天天使用這類的語法，你應該錯過不少寫出更易讀且更快速的程式碼的機會。

如果你懷疑這些結構「更易讀」的話，先看下去再說吧！我會試著說服你。

 為了簡化，很多 Python 程式設計師都將串列生成式稱為 *listcomps*，將產生器表達式稱為 *genexps*，接下來我也會沿用這種說法。

串列生成式與易讀性

你覺得哪一段程式比較易懂？範例 2-1 還是範例 2-2 ？

範例 *2-1　為一個字串建構它的 Unicode 碼位 list*

```
>>> symbols = '$¢£¥€¤'
>>> codes = []
>>> for symbol in symbols:
...     codes.append(ord(symbol))
...
>>> codes
[36, 162, 163, 165, 8364, 164]
```

範例 2-2　使用 *listcomp* 來為一個字串建構它的 *Unicode* 碼位 *list*

```
>>> symbols = '$¢£¥€¤'
>>> codes = [ord(symbol) for symbol in symbols]
>>> codes
[36, 162, 163, 165, 8364, 164]
```

只要是略懂 Python 的人都看得懂範例 2-1。但是，當我學會 listcomp 之後，我認為範例 2-2 更容易理解，因為它很明確地傳達意圖。

for 迴圈可以用來做很多不同的事情：掃描 sequence 以便進行計算或選取項目、進行彙總（計算總和、平均值），或是做任何其他工作。範例 2-1 是為了建構一個 list，相較之下，listcomp 比較明確，它的目標一定是建構一個新 list。

當然，有人可能會濫用串列生成式來編寫難以理解的程式。我看過有人在 Python 程式中只為了重覆執行一段程式以利用其副作用，而使用 listcomp。如果你不想用生成的 list 來做某些事情，你就不該使用這種語法。另外，盡量把程式寫短，如果串列生成式超過兩行，把它拆開，或使用一般的 for 迴圈可能比較好。做出最好的判斷，Python 和英文一樣，沒有簡單的硬規則可以指導你寫出清楚的內容。

語法提示

在 Python 的 []、{} 和 () 裡面的換行會被忽略。所以在建構多行的 list、listcomp、tuple、dict…等的時候，可以不使用 \ 續行轉義字元，不小心在 \ 後面加上空格會導致它失效。此外，當你使用這幾對符號來定義包含以逗號分隔的項目的常值（literal）時，最後面的逗號會被忽略。所以，舉例來說，在編寫多行的 list 常值時，你可以在最後一個項目之後加上一個逗號，以幫助以後的程式設計師更容易在 list 加入一個項目，並減少閱讀差異（reading diffs）造成的干擾。

在生成式和產生器表達式裡的局部作用域

在 Python 3 裡，串列生成式、產生器表達式及其姐妹 set 及 dict 生成式都有一個局部作用域，用來保存在 for 子句裡指派的變數。

但是，與函式裡的區域變數不同的是，使用「海象運算子」:= 來賦值的變數在這些生成式或表達式 return 之後仍然可供存取。根據 PEP 572 —— Assignment Expressions

---

（*https://fpy.li/pep572*）的定義，:= 的目標的作用域是封閉的函式（enclosing function），除非該目標使用 global 或 nonlocal 來宣告。[2]

```
>>> x = 'ABC'
>>> codes = [ord(x) for x in x]
>>> x        ❶
'ABC'
>>> codes
[65, 66, 67]
>>> codes = [last := ord(c) for c in x]
>>> last     ❷
67
>>> c        ❸
Traceback (most recent call last):
  File "<stdin>", line 1, in <module>
NameError: name 'c' is not defined
```

❶ x 沒有被改變，它仍然是 'ABC'。

❷ last 還在。

❸ c 不見了，它在 listcomp 裡存在。

listcomp 藉著過濾和轉換項目來將 sequence 或任何其他可迭代型態做成 list。你也可以結合內建的 filter 與 map 來做，但這種寫法不容易理解，等一下你會看到。

listcomp vs. map 與 filter

listcomp 可做 map 與 filter 函式能做的所有事情，而且不需要使用有挑戰性的 Python lambda。考慮範例 2-3。

範例 2-3　用 listcomp 與 map / filter 組合來建構同一個 list

```
>>> symbols = '$¢£¥€¤'
>>> beyond_ascii = [ord(s) for s in symbols if ord(s) > 127]
>>> beyond_ascii
[162, 163, 165, 8364, 164]
```

---

2 感謝讀者 Tina Lapine 指出這一點。

```
>>> beyond_ascii = list(filter(lambda c: c > 127, map(ord, symbols)))
>>> beyond_ascii
[162, 163, 165, 8364, 164]
```

我曾經以為 map 與 filter 比等效的 listcomp 還要快，但 Alex Martelli 說事實並非如此 —— 至少在上面的例子裡如此。在 *Fluent Python* 程式存放區裡的 *02-array-seq/listcomp_speed.py*（*https://fpy.li/2-1*）腳本簡單地比較了 listcomp 與 filter/map 的速度。

我會在第 7 章更深入討論 map 與 filter。接著要使用 listcomp 來計算笛卡兒積，它是一個包含許多 tuple 的 list，裡面的 tuple 是用兩個以上的 list 裡的項目建成的。

笛卡兒積

listcomp 可以用兩個以上的 iterable 的笛卡兒積來建構 list。在笛卡兒積裡面的項目是 tuple，那些 tuple 是由每一個輸入 iterable 的項目組成的。最終產生的 list 的長度等於輸入 iterable 的長度相乘。參見圖 2-3。

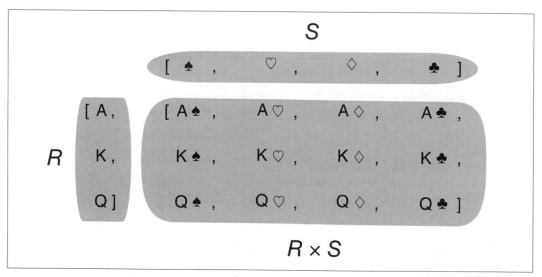

圖 2-3　3 個撲克牌數字與 4 個花色的笛卡兒積是包含 12 對項目的 sequence

例如，假設你要製作一個由兩種顏色與三種大小構成的 T 恤 list。範例 2-4 展示如何使用 listcomp 來產生該 list。最終的結果有六個項目。

範例 2-4　用串列生成式來產生笛卡兒積

```
>>> colors = ['black', 'white']
>>> sizes = ['S', 'M', 'L']
>>> tshirts = [(color, size) for color in colors for size in sizes]    ❶
>>> tshirts
[('black', 'S'), ('black', 'M'), ('black', 'L'), ('white', 'S'),
('white', 'M'), ('white', 'L')]
>>> for color in colors:    ❷
...     for size in sizes:
...         print((color, size))
...
('black', 'S')
('black', 'M')
('black', 'L')
('white', 'S')
('white', 'M')
('white', 'L')
>>> tshirts = [(color, size) for size in sizes    ❸
...                          for color in colors]
>>> tshirts
[('black', 'S'), ('white', 'S'), ('black', 'M'), ('white', 'M'),
('black', 'L'), ('white', 'L')]
```

❶ 產生由 tuple 組成的 list，tuple 的第一個元素是顏色，下一個是大小。

❷ 注意，在 list 裡的排列順序，和按照 listcomp 裡的順序來嵌套的 for 迴圈所產生的結果一樣。

❸ 只要重新排列 for 子句的順序，就可以讓項目先按照大小，再按照顏色排列。在 listcomp 內加入換行符號可以清楚地展示結果將如何排列。

我曾經在範例 1-1（第 1 章）使用下面的表達式和一個 list 來初始化一副牌，list 是由 52 張組成的，裡面有 4 種花色，每一種花色有 13 張牌，先按花色排列，再按大小排列：

```
        self._cards = [Card(rank, suit) for suit in self.suits
                                         for rank in self.ranks]
```

listcomp 是只有一個功能的工具：建構 list。若要為其他的 sequence 型態產生資料，你就要使用 genexp。下一節會簡單地討論如何使用 genexp 來建構非 list 的 sequence。

產生器表達式

你可以使用 listcomp 來初始化 tuple、array，及其他的 sequence 類型，但 genexp 可節省記憶體，因為它使用 iterator 協定來一一 yield 項目，而不是大費周章地一次建構整個 list，只為了將它傳給另一個建構式。

genexp 的語法與 listcomp 一樣，但它使用小括號，而不是中括號。

範例 2-5 是使用 genexp 來建構 tuple 與 array 的基本用法。

範例 2-5　用 genexp 來初始化 tuple 與 array

```
>>> symbols = '$¢£¥€¤'
>>> tuple(ord(symbol) for symbol in symbols)          ❶
(36, 162, 163, 165, 8364, 164)
>>> import array
>>> array.array('I', (ord(symbol) for symbol in symbols))     ❷
array('I', [36, 162, 163, 165, 8364, 164])
```

❶ 如果 genexp 是函式呼叫式的唯一引數，那就不需要使用兩組小括號。

❷ array 建構式有兩個引數，所以 genexp 必須加上小括號。array 建構式的第一個引數定義陣列內的數字的儲存型態，我們會在第 61 頁的「array」中說明。

範例 2-6 使用 genexp 及笛卡兒積來印出一份包含兩種顏色、三種大小的 T 恤清單。與範例 2-4 相較之下，這份包含六個項目的 T 恤 list 不在記憶體內建構，genexp 為 for 迴圈一次產生一個項目。如果笛卡兒積的兩個 list 各有 1,000 個項目，使用 genexp 可省下只為了傳送項目給 for 迴圈而建構 list 帶來的開銷，該 list 有多達上百萬個項目。

範例 2-6　用 genexp 來產生笛卡兒積

```
>>> colors = ['black', 'white']
>>> sizes = ['S', 'M', 'L']
>>> for tshirt in (f'{c} {s}' for c in colors for s in sizes):     ❶
...     print(tshirt)
...
black S
black M
black L
white S
white M
white L
```

❶ genexp 一次 yield 一個項目，這個範例不會產生包含全部的六種 T 恤的 list。

第 17 章會解釋產生器的工作原理,這個例子只是為了展示如何使用 genexp 來初始化非 list 的 sequence,以及如何產生不需要存放在記憶體裡的輸出。

接著要介紹另一種基本的 Python sequence 類型:tuple。

tuple 不僅僅是不可變的 list

有些 Python 的入門文獻說 tuple 是「不可變的 list」,但這只是簡化的說法。tuple 有兩種功能:它們可以當成不可變的 list 來使用,也可以當成無欄名的紀錄,第二種用法有時被忽視,所以我們從它談起。

將 tuple 當成紀錄

tuple 可保存紀錄,此時,tuple 內的每一個項目都保存一個欄位的資料,且項目的位置代表它的意思。

如果你只將 tuple 視為一種不可變的 list,那麼項目的數量與順序可能很重要,也可能不重要,視情況而定。但是當你將 tuple 當成欄位的集合來使用時,項目的數量通常是固定的,而且它們的順序一定很重要。

範例 2-7 是將 tuple 當成紀錄來使用的情況。注意,在每一個運算式中,排序 tuple 都會破壞資訊,因為每一個欄位的意義都是以它在 tuple 裡的位置來表示的。

範例 2-7　將 tuple 當成紀錄

```
>>> lax_coordinates = (33.9425, -118.408056)   ❶
>>> city, year, pop, chg, area = ('Tokyo', 2003, 32_450, 0.66, 8014)   ❷
>>> traveler_ids = [('USA', '31195855'), ('BRA', 'CE342567'),   ❸
...     ('ESP', 'XDA205856')]
>>> for passport in sorted(traveler_ids):   ❹
...     print('%s/%s' % passport)   ❺
...
BRA/CE342567
ESP/XDA205856
USA/31195855
>>> for country, _ in traveler_ids:   ❻
...     print(country)
...
```

```
USA
BRA
ESP
```

❶ 洛杉磯國際機場的緯度和經度。

❷ Tokyo 的資料，包括名稱、年份、人口（千）、人口變化（%）、面積（km²）。

❸ (country_code, passport_number) 格式的 tuple 串列。

❹ 在迭代 list 時，passport 會被設成每一個 tuple。

❺ % 格式化運算子可以理解 tuple，並將每一個項目視為獨立的欄位。

❻ for 迴圈知道如何取出 tuple 內的各個項目，這個動作稱為「unpacking」。在這個例子裡，我們對第二個項目沒有興趣，所以將它指派給假變數 _。

> 一般來說，用 _ 來代表假變數只是一種習慣，原因僅僅是它看起來很奇怪，但它是有效的變數名稱。然而，在 match/case 陳述式裡，_ 是可代表任何值而不限於特定值的萬用字元。參見第 40 頁的「使用 sequence 來比對模式」。在 Python 主控台裡，上述命令的結果會被指派給 _，除非結果是 None。

我們通常認為紀錄是包含具名欄位的資料結構。第 5 章會介紹兩種使用具名欄位來建構 tuple 的做法。

但我們通常不需要只為了幫欄位命名，而不辭辛勞地建立類別，尤其是當你想要利用 unpacking 並避免使用索引來存取欄位時。在範例 2-7 裡，我們用一個陳述式來將 ('Tokyo', 2003, 32_450, 0.66, 8014) 指派給 city、year、pop、chg 與 area。然後 % 運算子會將 passport tuple 內的每一個項目指派給 print 引數裡的格式化字串中的對應項目。它們是兩個 *tuple unpacking* 範例。

> Python 鐵粉喜歡使用 *tuple unpacking* 這個說法，但 *iterable unpacking* 也越來越受關注，例如 PEP 3132 的標題 —— ExtendedIterable Unpacking（ *https://fpy.li/2-2* ）。
>
> 第 36 頁的「unpack sequence 與 iterable」會介紹更多 unpacking 的知識，不僅僅是針對 tuple，也包括 sequence 與 iterable。

接下來，我們來討論將 tuple 類別當成不可變的 list 類別來使用的情況。

將 tuple 當成不可變的 list

Python 直譯器與標準程式庫經常將 tuple 當成不可變的 list 來使用，你也應該如此。這種做法有兩大好處：

明確

一旦你在程式中看到 tuple，你就知道它的長度絕不改變。

性能

tuple 使用的記憶體比等長的 list 還要少，而且它可讓 Python 做一些優化。

但是，請注意，tuple 的不可變性質僅僅是指它所儲存的參考。在 tuple 裡的參考不能被刪除或替換。但如果這些參考指向可變的物件，而且那個物件被更改了，那麼 tuple 的值將會改變。下一段程式藉著建立兩個最初相等的 tuple a 與 b 來說明這一點。圖 2-4 是 b tuple 在記憶體裡的初始布局。

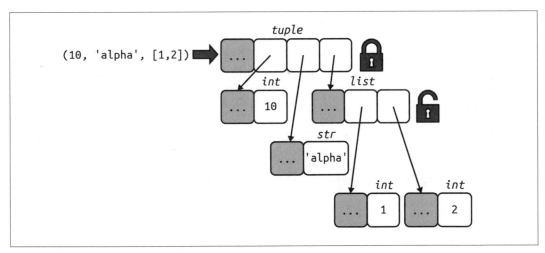

圖 2-4　tuple 本身的內容是不可變的，但這只是指 tuple 保存的參考始終指向同一組物件。然而，如果被參考的物件是可變的，例如 list，那麼它的內容可能會改變。

當 b 的最後一個項目被改變時，b 與 a 就變得不一樣了：

```
>>> a = (10, 'alpha', [1, 2])
>>> b = (10, 'alpha', [1, 2])
>>> a == b
True
>>> b[-1].append(99)
>>> a == b
False
>>> b
(10, 'alpha', [1, 2, 99])
```

儲存可變項目的 tuple 是 bug 的根源，我們將在第 86 頁的「何謂可雜湊化（hashable）？」看到，值不能更改的物件才 hashable（可雜湊化）。unhashable（不可雜湊化的）的 tuple 不能當成 dict 鍵或 set 元素插入。

如果你想要確定一個 tuple（或任何物件）是否有固定值，你可以使用內建的 hash 來建立一個這樣的 fixed 函式：

```
>>> def fixed(o):
...     try:
...         hash(o)
...     except TypeError:
...         return False
...     return True
...
>>> tf = (10, 'alpha', (1, 2))
>>> tm = (10, 'alpha', [1, 2])
>>> fixed(tf)
True
>>> fixed(tm)
False
```

我們會在第 211 頁的「tuple 的相對不可變性」進一步討論這個問題。

儘管需要注意這件事，tuple 仍被廣泛地當成不可變的 list 來使用。Python 核心開發者 Raymond Hettinger 在 StackOverflow 回答「Python 的 tuple 比 list 還要高效嗎？」這個問題時（*https://fpy.li/2-3*），解釋了它們帶來一些性能方面的優勢，Hettinger 的回答的重點如下：

- 在計算一個 tuple 常值時，Python 編譯器可用一次操作來為 tuple 常數產生 bytecode，但是在計算 list 常值時，生成的 bytecode 會將每一個元素當成個別的常數 push 至資料堆疊，再建構 list。

- 對 tuple t 而言，tuple(t) 僅回傳同一個 t 的參考，不需要進行複製。相較之下，對 list l 而言，list(l) 建構式一定會建立 l 的新副本。

- 因為 tuple 有固定的長度，所以 Python 會幫 tuple 實例配置剛好夠用的記憶體空間。另一方面，Python 會幫 list 的實例配置備用的空間，以應付將來擴展的需要。

- tuple 項目的參考被儲存在 tuple struct 內的 array 裡，而 list 保存一個指向他處的參考陣列的指標，Python 必須採取這種間接的做法，因為當 list 增長到超過當前所配置的空間時，Python 必須重新配置參考陣列來騰出空間。這個額外的間接關係使得 CPU 快取較低效。

比較 tuple 與 list 方法

當你將 tuple 當成 list 的不可變版本來使用時，知道它們的 API 有多麼相似可帶來一些幫助。如表 2-1 所示，除了涉及加入和移除項目的方法之外，tuple 幾乎支援所有的 list 方法，但有一個例外：tuple 沒有 __reversed__ 方法。然而，這只是為了優化；沒有它的話，reversed(my_tuple) 也有效。

表 1-2　list 和 tuple 的方法與屬性（為了簡化，我們省略由物件實作的方法）

	list	tuple	
s.__add__(s2)	●	●	s + s2 —— 串接
s.__iadd__(s2)	●		s += s2 —— 就地串接
s.append(e)	●		在最後一個元素後面加上一個元素
s.clear()	●		刪除所有項目
s.__contains__(e)	●	●	e in s
s.copy()	●		淺複製 list
s.count(e)	●	●	計算一個元素出現的次數
s.__delitem__(p)	●		移除在位置 p 的項目
s.extend(it)	●		附加 iterable it 的項目
s.__getitem__(p)	●	●	s[p] —— 取得某位置的項目
s.__getnewargs__()		●	支援優化的序列化（serialization），使用 pickle
s.index(e)	●	●	找到第一個 e 的位置
s.insert(p, e)	●		在位置 p 的項目前插入元素 e
s.__iter__()	●	●	iterator
s.__len__()	●	●	(s) —— 項目的數量
s.__mul__(n)	●	●	s * n —— 重覆串接

	list	tuple	
s.__imul__(n)	●		s *= n —— 就地重覆串接
s.__rmul__(n)	●	●	n * s —— 反向重覆串接 [a]
s.pop([p])	●		移除並回傳最後一個項目或位於 p 的項目
s.remove(e)	●		以值移除第一個元素 e
s.reverse()	●		就地反向排列項目
s.__reversed__()	●		取得從最後一個項目掃描到第一個的 iterator
s.__setitem__(p, e)	●		s[p] = e —— 將 e 放到位置 p，覆寫既有的項目 [b]
s.sort([key], [reverse])	●		使用選用的關鍵字型（keyword）引數 key 與 reverse 來就地排序項目

[a]　第 16 章會解釋反向操作。

[b]　也用來覆寫子 sequence。參見第 52 頁的「對 slice 賦值」。

接著來看典型 Python 設計的重要主題：tuple、list 與 iterable unpacking。

unpack sequence 與 iterable

unpacking 很重要，因為它可以避免沒必要地使用索引來提取 sequence 的元素，這個動作很容易出錯。此外，unpacking 可處理任何 iterable 資料源物件，包括不支援索引語法（[]）的 iterator。它唯一的要求在於，iterable 物件只能為收到的 tuple 裡的每個變數 yield 一個項目，除非你使用星號（*）來提取額外的項目，詳參見第 37 頁的「使用 * 來提取額外項目」。

unpacking 最明顯的形式是平行賦值，也就是將 iterable 提供的項目指派給變數 tuple，例如：

```
>>> lax_coordinates = (33.9425, -118.408056)
>>> latitude, longitude = lax_coordinates  # unpacking
>>> latitude
33.9425
>>> longitude
-118.408056
```

使用 unpacking 可以優雅地對調變數的值，而不必用到臨時變數：

```
>>> b, a = a, b
```

另一個 unpacking 的例子是在呼叫函式時，在引數前加上 * :

```
>>> divmod(20, 8)
(2, 4)
>>> t = (20, 8)
>>> divmod(*t)
(2, 4)
>>> quotient, remainder = divmod(*t)
>>> quotient, remainder
(2, 4)
```

上面的例子展示另一種 unpacking 的用法：讓函式以方便呼叫方的方式回傳多個值。舉另一個例子，os.path.split() 函式可用檔案系統路徑來建構 tuple (path, last_part)：

```
>>> import os
>>> _, filename = os.path.split('/home/luciano/.ssh/id_rsa.pub')
>>> filename
'id_rsa.pub'
```

在 unpacking 時僅使用某些項目的另一種方式是使用 * 語法，我們接著來看。

使用 * 來提取額外項目

使用 *args 來定義函式參數以抓取任意的額外引數是典型的 Python 功能。

Python 3 將這個概念進一步應用到平行賦值：

```
>>> a, b, *rest = range(5)
>>> a, b, rest
(0, 1, [2, 3, 4])
>>> a, b, *rest = range(3)
>>> a, b, rest
(0, 1, [2])
>>> a, b, *rest = range(2)
>>> a, b, rest
(0, 1, [])
```

在平行賦值的背景下，* 前綴只能套用到一個變數，但它可以出現在任何位置：

```
>>> a, *body, c, d = range(5)
>>> a, body, c, d
(0, [1, 2], 3, 4)
>>> *head, b, c, d = range(5)
>>> head, b, c, d
([0, 1], 2, 3, 4)
```

在函式呼叫與 sequence 常值中使用 * 來 unpack

PEP 448 —— Additional Unpacking Generalizations（*https://fpy.li/pep448*）加入更靈活的
iterable unpacking 語法，「What's New In Python 3.5」為它做了最好的總結（*https://fpy.
li/2-4*）。

在呼叫函式時，我們可以使用多次 *：

```
>>> def fun(a, b, c, d, *rest):
...     return a, b, c, d, rest
...
>>> fun(*[1, 2], 3, *range(4, 7))
(1, 2, 3, 4, (5, 6))
```

* 也可以在定義 list、tuple 或 set 常值時使用，例如這些來自「What's New In Python
3.5」（*https://fpy.li/2-4*）的範例：

```
>>> *range(4), 4
(0, 1, 2, 3, 4)
>>> [*range(4), 4]
[0, 1, 2, 3, 4]
>>> {*range(4), 4, *(5, 6, 7)}
{0, 1, 2, 3, 4, 5, 6, 7}
```

PEP 448 加入類似的新語法 **，我們將在第 82 頁的「unpack mapping」介紹。

最後，tuple unpacking 有一種強大的功能 —— 它可以在嵌套結構中使用。

unpack 嵌套結構

unpacking 的目標可以使用嵌套的結構，例如 a, b, (c, d))。如果值有相同的嵌套結
構，Python 會做正確的事情。範例 2-8 是 unpack 嵌套結構的寫法。

範例 2-8　*unpack 嵌套的 tuple 來取得經度*

```
metro_areas = [
    ('Tokyo', 'JP', 36.933, (35.689722, 139.691667)),   ❶
    ('Delhi NCR', 'IN', 21.935, (28.613889, 77.208889)),
    ('Mexico City', 'MX', 20.142, (19.433333, -99.133333)),
    ('New York-Newark', 'US', 20.104, (40.808611, -74.020386)),
    ('São Paulo', 'BR', 19.649, (-23.547778, -46.635833)),
]
```

```
def main():
    print(f'{"":15} | {"latitude":>9} | {"longitude":>9}')
    for name, _, _, (lat, lon) in metro_areas:      ❷
        if lon <= 0:      ❸
            print(f'{name:15} | {lat:9.4f} | {lon:9.4f}')

if __name__ == '__main__':
    main()
```

❶ 每個 tuple 都保存包含四個欄位的紀錄，最後一個欄位是一對經度。

❷ 將最後一個欄位指派給嵌套狀 tuple 來 unpack 座標。

❸ 用 lon <= 0: 來選出西半球的城市。

範例 2-8 的輸出為：

```
                | latitude | longitude
Mexico City     |  19.4333 |  -99.1333
New York-Newark |  40.8086 |  -74.0204
São Paulo       | -23.5478 |  -46.6358
```

unpacking 賦值的目標也可以是 list，但沒有什麼好的使用案例，我只知道的只有：如果資料庫查詢指令回傳一筆紀錄（例如包含 LIMIT 1 子句的 SQL 碼），你可以用這段程式同時進行 unpack 與確保只有一個結果：

```
>>> [record] = query_returning_single_row()
```

如果紀錄只有一個欄位，你可以直接取得它：

```
>>> [[field]] = query_returning_single_row_with_single_field()
```

它們都可以用 tuple 來寫，但不要忘了這個語法怪癖：只有一個項目的 tuple 必須在結尾加上逗號。所以，第一個目標要寫成 (record,)，第二個則是 ((field,),)。在這兩個例子中，忘記加上逗號會產生無聲的 bug。[3]

接下來要學習模式比對，它支援更強大的 sequence unpack 手段。

---

3 感謝技術校閱 Leonardo Rochael 提供這個範例。

使用 sequence 來比對模式

Python 3.10 最明顯的新功能是使用 match/case 陳述式來進行模式比對,它是由 PEP 634 —— Structural Pattern Matching:Specification(*https://fpy.li/pep634*)提出的功能。

 Python 核心開發者 Carol Willing 在「What's New In Python 3.10」(*https://fpy.li/2-7*)的「Structural Pattern Matching」一節(*https://fpy.li/2-6*)中對模式比對做了出色的介紹。你可以閱讀那一篇概要。在本書中,我根據模式類型將模式比對分成幾章,包括第 83 頁的「使用 mapping 來比對模式」,以及第 196 頁的「模式比對類別實例」。第 679 頁的「案例研究:在 lis.py 裡的模式比對」有一個延伸範例。

下面是第一個使用 match/case 來處理 sequence 的例子。想像你要設計一個機器人,它接收以 word 和數字 sequence 傳來的命令,例如 BEEPER 440 3。在拆開各個部分並解析數字後,你會得到一個類似 ['BEEPER', 440, 3] 的訊息。你可以使用這樣的方法來處理這種訊息:

範例 2-9　想像的 Robot 類別裡的一個方法

```python
def handle_command(self, message):
    match message:  ❶
        case ['BEEPER', frequency, times]:  ❷
            self.beep(times, frequency)
        case ['NECK', angle]:  ❸
            self.rotate_neck(angle)
        case ['LED', ident, intensity]:  ❹
            self.leds[ident].set_brightness(ident, intensity)
        case ['LED', ident, red, green, blue]:  ❺
            self.leds[ident].set_color(ident, red, green, blue)
        case _:  ❻
            raise InvalidCommand(message)
```

❶ 在 match 關鍵字後面的運算式是**主題**(*subject*)。主題是 Python 將在每一個 case 子句裡,拿模式來比對的資料。

❷ 這個模式匹配包含三個項目的主題 sequence,但第一個項目必須是 'BEEPER。第二個與第三個項目可以是任何東西,它們會被依序指派給變數 frequency 與 times。

❸ 這個模式匹配包含兩個項目,且第一個是 'NECK' 的主題。

❹ 這可以匹配包含三個項目且開頭為 'LED' 的主題。如果項目數量不符,Python 會進入下一個 case。

❺ 另一個開頭為 'LED' 的 sequence 模式,這次有五個項目,包括 'LED'。

❻ 這是預設 case。它可以匹配與之前的模式都不符的任何主題。_ 是特殊變數,等一下會介紹。

從表面上看,match/case 有點像 C 語言的 switch/case,但這僅僅是故事的一半。[4] match 優於 switch 的關鍵在於 *destructuring*(解構),它是進階版的 unpacking。在 Python 語彙中,destructuring 是新單字,但支援模式比對的語言的文件經常使用它,例如 Scala 與 Elixir。

作為 destructuring 的第一個例子,範例 2-10 使用 match/case 來改寫範例 2-8 的部分程式。

範例 2-10 destructure 嵌套 tuple,需要 Python 3.10 以上

```
metro_areas = [
    ('Tokyo', 'JP', 36.933, (35.689722, 139.691667)),
    ('Delhi NCR', 'IN', 21.935, (28.613889, 77.208889)),
    ('Mexico City', 'MX', 20.142, (19.433333, -99.133333)),
    ('New York-Newark', 'US', 20.104, (40.808611, -74.020386)),
    ('São Paulo', 'BR', 19.649, (-23.547778, -46.635833)),
]

def main():
    print(f'{"":15} | {"latitude":>9} | {"longitude":>9}')
    for record in metro_areas:
        match record:  ❶
            case [name, _, _, (lat, lon)] if lon <= 0:  ❷
                print(f'{name:15} | {lat:9.4f} | {lon:9.4f}')
```

❶ 這個 match 的主題是 record,也就是在 metro_areas 裡的每一個 tuple。

❷ 一個 case 有兩個部分:模式,以及選用的 if 防衛關鍵字。

---

4 我認為用一系列的 if/elif/elif/.../else 區塊來取代 switch/case 比較好,它沒有 fallthrough(*https://fpy.li/2-8*)和 dangling else(*https://fpy.li/2-9*)問題。有些語言設計者從 C 不合理地抄來這些問題,甚至在它們被視為無數 bug 的禍首之後的幾十年之後。

一般來說，sequence 模式若符合以下條件即可匹配這個主題：

1. 主題是個 sequence，且

2. 主題與模式有一樣多的項目，且

3. 每一個對應的項目都相符，包括嵌套的項目。

例如，範例 2-10 的模式 [name, _, _, (lat, lon)] 可匹配包含四個項目，且最後一個項目必須是雙項目 sequence 的 sequence。

sequence 模式可以寫成 tuple 或 list，或 tuple 和 list 的任何嵌套組合，但你使用的語法沒有任何不同：在序列模式裡，中括號與小括號的意思是一樣的。在範例 2-10 中，我在模式 list 中嵌入 2-tuple 是為了避免重複使用中括號或小括號。

sequence 模式可以比對 collections.abc.Sequence 的大多數實際或虛擬子類別的實例，除了 str、bytes 與 bytearray 之外。

 str、bytes 與 bytearray 在 match/case 的背景中不會被當成 sequence 來處理。這些型態的 match 主題被視為「原子」值，就像整數 987 被視為一個值，而不是一串數字。將這三種型態視為 sequence 可能會因為意外的匹配而導致 bug。如果你想要將這些型態的物件視為 sequence 主題，可在 match 子句中轉換它。例如下例中的 tuple(phone)：

```
match tuple(phone):
case ['1', *rest]: # 北美與加勒比海地區
...
case ['2', *rest]: # 非洲與其他地區
...
case ['3' | '4', *rest]: # 歐洲
...
```

標準程式庫內的，這些型態與 sequence 模式相容：

```
list      memoryview    array.array
tuple     range         collections.deque
```

與 unpacking 不同的是，模式不會 destructure 非 sequence 的 iterable（例如 iterator）。

_ 在模式裡是特殊符號，它可匹配在該位置的任何單一項目，但它不會被指派匹配項目的值。此外，_ 是可在一個模式中出現超過一次的唯一變數。

你可以使用 as 關鍵字來將模式的任何部分指派給變數：

```
case [name, _, _, (lat, lon) as coord]:
```

當主題是 ['Shanghai', 'CN', 24.9, (31.1, 121.3)] 時，下面的模式可匹配，並設定以下變數：

運算子變數	設定值
name	'Shanghai'
lat	31.1
lon	121.3
coord	(31.1, 121.3)

我們可以加入型態資訊來讓模式更具體，例如，下面的模式可匹配上面範例中的嵌套 sequence 結構，但第一個項目必須是 str 的實例，而且在 2-tuple 裡的兩個項目都須是 float 的實例：

```
case [name, _, _, (lat, lon) as coord]:
```

 str(name) 與 float(lat) 看起來很像呼叫建構式，我們會用它來將 name 與 lat 轉換成 str 與 float。但是在模式的背景下，該語法執行執行期型態檢查：上述的模式將匹配一個包含 4 個項目的 sequence，其中項目 0 必須是 str，項目 3 必須是一對浮點數。此外，項目 0 的 str 將被指派給 name 變數，項目 3 的浮點數將被分別指派給 lat 與 lon。所以，雖然 str(name) 借用了建構式呼叫語法，但是在模式背景下，它的語義全然不同。第 196 頁的「模式比對類別實例」會介紹如何在模式中使用任意類別。

另一方面，若要匹配 str 開頭，且以兩個浮點數序列結尾的任何主題 sequence，我們可以這樣寫：

```
case [str(name), *_, (float(lat), float(lon))]:
```

*_ 可匹配任意數量的項目，且不將它們指派給變數。使用 *extra 而不是 *_ 會將包含 0 個或更多項目的 list 指派給 extra。

以 if 開頭的選用防衛句只會在模式匹配時執行，它可以參考在模式中指派的變數，參見範例 2-10：

```
match record:
    case [name, _, _, (lat, lon)] if lon <= 0:
        print(f'{name:15} | {lat:9.4f} | {lon:9.4f}')
```

包含 print 陳述式的嵌套區塊只會在模式匹配，而且防衛句可視為 *true* 時執行。

使用模式來做 destructure 極富表現力，有時僅用一個 match 與一個 case 即可讓程式碼更簡單。Guido van Rossum 寫了一組 case/match 範例，其中有一個範例的標題為「A very deep iterable and type match with extraction」（*https://fpy.li/2-10*）。

範例 2-10 不是範例 2-8 的改善版本，它只是為了比較做同一件事的兩種方式。下一個範例將展示模式比對如何帶來更簡明、更高效的程式碼。

在直譯器裡的模式比對 sequence

lis.py（*https://fpy.li/2-11*）是 Stanford University 的 Peter Norvig 用 132 行優美易讀的 Python 程式碼編寫的 Lisp 語言 Scheme 方言子集直譯器。我將 Norvig 以 MIT 授權的原始碼改成 Python 3.10 來展示模式比對。在本節，我們要拿 Norvig 的程式碼的關鍵部分（它使用 if/elif 與 unpacking）與使用 match/case 來改寫的版本做比較。

parse 與 evaluate 是 *lis.py* 的兩個主要函式。[5] parser 接收帶括號的 Scheme 表達式，並回傳 Python list。以下是兩個例子：

```
>>> parse('(gcd 18 45)')
['gcd', 18, 45]
>>> parse('''
... (define double
...     (lambda (n)
...         (* n 2)))
... ''')
['define', 'double', ['lambda', ['n'], ['*', 'n', 2]]]
```

evaluator 接收這樣子的 list 並執行它們。第一個範例呼叫 gcd 函式並傳入引數 18 與 45，在計算時，它會算出引數的最大公因數：9。第二個範例是定義一個名為 double 的函

5 　後者在 Norvig 的程式中稱為 eval，我改變它的名稱，以免和 Python 內建的 eval 混淆。

式，它有一個參數 n。函式的主體是運算式 (* n 2)，在 Scheme 裡，呼叫函式會得到在這個主體裡的最後一個運算式的值。

我們在此的重點是 destructure sequence，所以我不會解釋 evaluator 的動作。關於 *lis.py* 如何運作的細節，可參見第 679 頁的「案例研究：在 lis.py 裡的模式比對」。

範例 2-11 是稍微修改後的 Norvig evaluator，在此僅展示 sequence 模式。

範例 2-11　不使用 match/case 來做模式比對

```python
def evaluate(exp: Expression, env: Environment) -> Any:
    "Evaluate an expression in an environment."
    if isinstance(exp, Symbol):      # variable reference
        return env[exp
    # ... 略
    elif exp[0] == 'quote':          # (quote exp)
        (_, x) = exp
        return x
    elif exp[0] == 'if':             # (if test conseq alt)
        (_, test, consequence, alternative) = exp
        if evaluate(test, env):
            return evaluate(consequence, env)
        else:
            return evaluate(alternative, env)
    elif exp[0] == 'lambda':         # (lambda (parm…) body…)
        (_, parms, *body) = exp
        return Procedure(parms, body, env)
    elif exp[0] == 'define':
        (_, name, value_exp) = exp
        env[name] = evaluate(value_exp, env)
    # ... 略
```

每一個 elif 子句都檢查 list 的第一個項目，然後 unpack list，忽略第一個項目。廣泛地使用 unpacking 意味著 Norvig 很喜歡使用模式比對，但他原本為是為 Python 2 寫那段程式的（儘管它現在也可以和任何 Python 3 一起使用）。

我們可以在 Python 3.10 以上使用 match/case 來重構 evaluate，如範例 2-12 所示。

範例 2-12　使用 match/case 來做模式比對，需要 Python 3.10 以上

```python
def evaluate(exp: Expression, env: Environment) -> Any:
    "Evaluate an expression in an environment."
    match exp:
    # ... 略
```

```
        case ['quote', x]:    ❶
            return x
        case ['if', test, consequence, alternative]:    ❷
            if evaluate(test, env):
                return evaluate(consequence, env)
            else:
                return evaluate(alternative, env)
        case ['lambda', [*parms], *body] if body:    ❸
            return Procedure(parms, body, env)
        case ['define', Symbol() as name, value_exp]:    ❹
            env[name] = evaluate(value_exp, env)
        # ... 略
        case _:    ❺
            raise SyntaxError(lispstr(exp))
```

❶ 若主題是開頭為 'quote' 的雙項目 sequence，則匹配。

❷ 若主題是開頭為 'if' 的四項目 sequence，則匹配。

❸ 若主題是開頭為 'lambda' 且項目有三個以上的 sequence，則匹配。用防衛句來確保 body 不是空的。

❹ 若主題是開頭為 'define'，且接下來是個 Symbol 實例的三項目 sequence，則匹配。

❺ 加入處理所有其他情況（catch-all）的 case 是個好習慣。在個例子中，如果 exp 未匹配任何模式，代表運算式是錯誤的，所以我發出 SyntaxError。

如果沒有 catch-all，當主題不匹配任何 case 時，整個 match 將不做任何事情，可能變成無聲的失敗。

為了讓程式容易瞭解，Norvig 故意避免在 *lis.py* 裡檢查錯誤。使用模式比對時，我們可以加入更多檢查，同時讓它維持容易理解。例如，在 'define' 模式裡，原始程式並未確保 name 是 Symbol 的實例，否則就要使用一個 if 區塊、呼叫一次 isinstance，並加入其他程式碼。範例 2-12 比範例 2-11 更簡短且更安全。

使用 lambda 的其他模式

這是在 Scheme 中的 lambda 語法，它使用習慣語法，用後綴…來表示元素可能出現零次以上：

```
(lambda (parms…) body1 body2…)
```

lambda case 'lambda' 的簡單模式可能寫成：

```
case ['lambda', parms, *body] if body:
```

但是，它可以匹配在 parms 位置的任何值，包括在這個無效主題裡的第一個 'x'：

```
['lambda', 'x', ['*', 'x', 2]]
```

在 Scheme 裡，位於 lambda 關鍵字後面的嵌套 list 保存函式的正規參數名稱，即使它只有一個元素也必須寫成 list。它也有可能是個空 list，如果函式不接收參數的話，就像 Python 的 random.random()。

在範例 2-12 中，我使用嵌套的 sequence 模式，來讓 'lambda' 模式更安全：

```
case ['lambda', [*parms], *body] if body:
    return Procedure(parms, body, env)
```

在 sequence 模式裡，* 只能在每個 sequence 裡出現一次。這裡有兩個 sequence —— 外面的和裡面的。

在 parms 周圍加上字元 [*] 讓模式看起來更像它所處理的 Scheme 語法，並提供額外的結構性檢查。

定義函式的快捷語法

Scheme 有另一種 define 語法可建立具名函式，而不需要使用嵌套的 lambda。語法如下：

```
(define (name parm…) body1 body2…)
```

在 define 關鍵字後面有一個 list，裡面有新函式的 name，以及零個以上的參數名稱。在那個 list 後面有函式主體，裡面有一個以上的運算式。

將這兩行加入 match 以處理實作：

```
case ['define', [Symbol() as name, *parms], *body] if body:
    env[name] = Procedure(parms, body, env)
```

我將這個 case 放在範例 2-12 的另一個 define case 後面。對此範例而言，在 define case 之間的順序並不重要，因為沒有主題能夠同時匹配這兩個模式，在原始的 define case 裡的第二個元素一定是 Symbol，但是在定義函式的快捷 define 裡，它一定是開頭為 Symbol 的 sequence。

接著來看一下，如果無法借助於範例 2-11 中的模式比對，我們該如何支援第二個 define 語法。match 陳述式做的事情比類 C 語言的 switch 還要多。

模式比對是宣告性（declarative）程式設計一個例子：用程式碼來描述你想要比對「什麼」，而不是「如何」比對它。下面的程式碼的外形（shape）遵循資料的外形，如表 2-2 所示。

表.2-2　一些 Scheme 語法形式，和處理它們的 case 模式

Scheme 語法	sequence 模式
(quote exp)	['quote', exp]
(if test conseq alt)	['if', test, conseq, alt]
(lambda (parms⋯) body1 body2⋯)	['lambda', [*parms], *body] if body
(define name exp)	['define', Symbol() as name, exp]
(define (name parms⋯) body1 body2⋯)	['define', [Symbol() as name, *parms], *body] if body

希望這個用模式比對來重構 Norvig 的 evaluate 的例子可以讓你相信 match/case 能夠讓你的程式碼更容易理解且更安全。

 第 679 頁的「案例研究：在 lis.py 裡的模式比對」會進一步討論 *lis.py*，在那裡，我們將查看 evaluate 的完整 match/case 範例。如果你想要進一步瞭解 Norvig 的 *lis.py*，你可以看一下他的好文章「(How to Write a (Lisp) Interpreter (in Python))」（*https://fpy.li/2-12*）。

以上就是關於 unpacking、destructuring 與 sequence 模式比對的第一部分內容。在接下來的章節裡，我們還會討論其他類型的模式。

每一位 Python 程式設計師都知道 sequence 可以用 s[a:b] 語法來分段（slice）。接下來要討論關於 slicing 的一些比較鮮為人知的事情。

slicing

Python 的 list、tuple、str 及所有 sequence 型態都支援 slicing 操作，它的功能比很多人知道的還要強大。

在這一節，我們要來討論這些 slicing 的高階形式。第 12 章會討論如何在使用者定義的類別裡實作它們，這是為了實踐本書理念：在第一部分介紹立即可用的類別，在第三部分建立新類別。

為何 Slice 與 Range 不含最後一個項目？

Python 的 silce 與 range 不含最後一個項目這種風格非常適合 Python、C 與許多其他語言所使用的索引機制：從零算起。這種做法的方便之處在於：

- 如果只有結束位置，你可以輕鬆地看出 slice 或 range 的長度：range(3) 與 my_list[:3] 都產生三個項目。

- 如果有開始與結束位置，你可以輕鬆地算出 slice 或 range 的長度，只要計算 stop - start 即可。

- 你可以在任何索引 x 使用 my_list[:x] 與 my_list[x:] 來將 sequence 輕鬆地分成兩個不重疊的部分。例如：

  ```
  >>> l = [10, 20, 30, 40, 50, 60]
  >>> l[:2]  # 在 2 拆開
  [10, 20]
  >>> l[2:]
  [30, 40, 50, 60]
  >>> l[:3]  # 在 3 拆開
  [10, 20, 30]
  >>> l[3:]
  [40, 50, 60]
  ```

荷蘭的電腦科學家 Edsger W. Dijkstra 為這種做法寫出很好的論據（參見第 73 頁的「延伸讀物」的最後一個文獻）。

我們來仔細看看 Python 是如何解譯 slice 標示法的。

slice 物件

雖然這件事不是秘密，但值得重述一下：s[a:b:c] 可以用來指定跨距 c，讓產生的 slice 跳過項目。跨距可以是負的，以反向回傳項目。這三個例子可以清楚地說明：

```
>>> s = 'bicycle'
>>> s[::3]
'bye'
>>> s[::-1]
'elcycib'
>>> s[::-2]
'eccb'
```

第一個例子在第 1 章，我們曾經使用 deck[12::13] 來取得未洗牌的牌堆裡的所有 ace：

```
>>> deck[12::13]
[Card(rank='A', suit='spades'), Card(rank='A', suit='diamonds'),
Card(rank='A', suit='clubs'), Card(rank='A', suit='hearts')]
```

a:b:c 這種表示法只能在 [] 裡面當成索引或下標（subscript）運算子來使用，它可產生一個 slice 物件：slice(a, b, c)。我們將在第 412 頁的「slicing 如何運作？」中看到，為了計算 seq[start:stop:step]，Python 會呼叫 seq.__getitem__(slice(start, stop, step))。就算你不實作自己的 sequence 型態，知道 slice 物件也很有幫助，因為它可以讓你指定 slice 名稱，就像在試算表裡面為某個範圍的儲存格命名一樣。

假設你需要解析平面的檔案資料，例如範例 2-13 的發票。你可以幫 slice 命名，而不是將它們寫死在程式碼裡。你可以在範例的結尾看到，這樣做可以讓 for 迴圈更容易理解。

範例 2-13　平面發票檔案的資料行

```
>>> invoice = """
... 0.....6.................................40........52...55........
... 1909   Pimoroni PiBrella                    $17.50    3    $52.50
... 1489   6mm Tactile Switch x20                $4.95    2     $9.90
... 1510   Panavise Jr. - PV-201               $28.00    1    $28.00
... 1601   PiTFT Mini Kit 320x240              $34.95    1    $34.95
... """
>>> SKU = slice(0, 6)
>>> DESCRIPTION = slice(6, 40)
>>> UNIT_PRICE = slice(40, 52)
>>> QUANTITY =  slice(52, 55)
>>> ITEM_TOTAL = slice(55, None)
>>> line_items = invoice.split('\n')[2:]
>>> for item in line_items:
...     print(item[UNIT_PRICE], item[DESCRIPTION])
...
    $17.50    Pimoroni PiBrella
     $4.95    6mm Tactile Switch x20
    $28.00    Panavise Jr. - PV-201
    $34.95    PiTFT Mini Kit 320x240
```

我們會在第 411 頁的「Vector 第 2 幕：可 slice 的 sequence」討論如何建構自己的 collection 時，回來討論 slice 物件。同時，從使用者的觀點來看，slicing 還有其他的功能，例如多維 slice 與省略符號（…）表示法。我們繼續看下去。

多維 slicing 與省略符號

[] 運算子也可以接收以逗號分隔的多個索引或 slice。處理 [] 運算子的 __getitem__ 與 __setitem__ 特殊方法只以 tuple 形式來接收 a[i, j] 裡面的索引。換句話說，在計算 a[i, j] 時，Python 會呼叫 a.__getitem__((i, j))。

舉例來說，使用外部的 NumPy 時，你可以用語法 a[i, j] 來取得二維的 numpy.ndarray 的項目，以及用 a[m:n, k:l] 之類的寫法來取得二維的 slice。本章稍後的範例 2-22 將展示這種表示法的用法。

除了 memoryview 之外，Python 的內建 sequence 型態都是一維的，所以它們只支援一個索引或 slice，而不是它們的 tuple。[6]

Python 解析器將省略符號（三個句點（...），而不是一個 …（Unicode U+2026））視為一種標記（token）。它是 Ellipsis 物件的別名，Ellipsis 是 ellipsis 類別的一個實例。[7] 因此，你可以將它當成引數傳給函式，或是在指定 slice 時使用它，寫成 f(a, ..., z) 或 a[i:...]。在 NumPy 裡 slicing 多維的 array 時，... 可以當成簡寫，例如，假設 x 是一個四維陣列，x[i, :, :, :,] 可以寫成 x[i, ...]。詳情請參考「NumPy quickstart」（*https://fpy.li/2-13*）。

在我寫這本書時，我還沒有看到 Python 標準程式庫使用 Ellipsis 和多維索引。如果你看到它們，請讓我知道。這些語法是為了支援使用者定義的型態與 NumPy 等擴充程式包而設計的。

slice 不是只能用來提取 sequence 中的資訊，它們也可以用來就地改變可變的 sequence，所以你不需要從頭建構它們。

6　我們將在第 64 頁的「記憶體視角（memory view）」裡展示專門建構的記憶體視圖可以有多個維度。

7　我沒有寫錯：ellipsis 類別名稱的確全部都是小寫，且實例的內建名稱是 Ellipsis，就像 bool 是小寫的，但它的實例是 True 與 False 一樣。

對 slice 賦值

你可以在賦值式的左邊或 del 陳述式的目標中使用 slice 表示法來搬動、移除，或以其他方式就地改變可變 sequence。接下來的幾個範例展示這種寫法的威力：

```
>>> l = list(range(10))
>>> l
[0, 1, 2, 3, 4, 5, 6, 7, 8, 9]
>>> l[2:5] = [20, 30]
>>> l
[0, 1, 20, 30, 5, 6, 7, 8, 9]
>>> del l[5:7]
>>> l
[0, 1, 20, 30, 5, 8, 9]
>>> l[3::2] = [11, 22]
>>> l
[0, 1, 20, 11, 5, 22, 9]
>>> l[2:5] = 100      ❶
Traceback (most recent call last):
  File "<stdin>", line 1, in <module>
TypeError: can only assign an iterable
>>> l[2:5] = [100]
>>> l
[0, 1, 100, 22, 9]
```

❶ 當賦值的目標是個 slice 時，右邊必須是個 iterable 物件，即使它只有一個項目。

所以人都知道串接對 sequence 而言是一種常見的操作，Python 的入門文獻都以這種用途來說明 + 與 * 的用法，但它們的運作方式有一些微妙的細節，我們來看一下。

對 sequence 使用 + 與 *

Python 程式設計師都知道 sequence 支援 + 與 *。通常 + 的兩個運算元都必須是同一種型態的 sequence，Python 不會修改兩者，而是產生一個同型態的新 sequence 作為結果。

若要串接多個同一個 sequence 的多個副本，我們只要將它乘以一個整數即可。同樣的，這會建立一個新 sequence：

```
>>> l = [1, 2, 3]
>>> l * 5
[1, 2, 3, 1, 2, 3, 1, 2, 3, 1, 2, 3, 1, 2, 3]
>>> 5 * 'abcd'
'abcdabcdabcdabcdabcd'
```

+ 與 * 一定建立新物件，且絕不會更改它們的運算元。

 當 sequence 裡面有可變的項目時，你要特別注意 a * n 之類的運算式，因為它可能產生令人意外的結果。例如，試著用 my_list = [[]] * 3 來初始化 list 的 list 產生的 list 裡面有三個指向相同的內部 list 的參考，這可能不是你想要的結果。

下一節會討論使用 * 來初始化 list 的 list 時有哪些陷阱。

建構 list 的 list

有時我們要將 list 的初始值設為某個數量的內嵌 list，例如，將學生指派給一系列的團隊，或代表棋盤上的方格。最適合做這件事的東西是 listcomp，如範例 2-14 所示。

範例 *2-14* 用一個包含三個長度為 *3* 的 *list* 的 *list* 來表示井字遊戲盤

```
>>> board = [['_'] * 3 for i in range(3)]    ❶
>>> board
[['_', '_', '_'], ['_', '_', '_'], ['_', '_', '_']]
>>> board[1][2] = 'X'    ❷
>>> board
[['_', '_', '_'], ['_', '_', 'X'], ['_', '_', '_']]
```

❶ 建立一個包含三個 list 的 list，其中的每個 list 都有三個項目，並檢查結構。

❷ 在第 1 列，第 2 行放一個記號，並檢查結果。

範例 2-15 是錯誤但吸引人的簡便寫法。

範例 *2-15* 包含三個指向相同 *list* 的參考的 *list* 是沒有用的

```
>>> weird_board = [['_'] * 3] * 3    ❶
>>> weird_board
[['_', '_', '_'], ['_', '_', '_'], ['_', '_', '_']]
>>> weird_board[1][2] = 'O'    ❷
>>> weird_board
[['_', '_', 'O'], ['_', '_', 'O'], ['_', '_', 'O']]
```

❶ 外部的 list 是由三個指向同一個內部 list 的參考構成的。它沒有被更改，所以看起來沒什麼問題。

❷ 在第 1 列，第 2 行放上一個標記後，可以看出每列都是指向同一個物件的別稱。

範例 2-15 的問題在於，本質上，它的行為就像這段程式：

```
row = ['_'] * 3
board = []
for i in range(3):
    board.append(row)    ❶
```

❶ 同一 row 被附加到 board 三次。

另一方面，範例 2-14 的 listcomp 相當於這段程式：

```
>>> board = []
>>> for i in range(3):
...     row = ['_'] * 3    ❶
...     board.append(row)
...
>>> board
[['_', '_', '_'], ['_', '_', '_'], ['_', '_', '_']]
>>> board[2][0] = 'X'
>>> board    ❷
[['_', '_', '_'], ['_', '_', '_'], ['X', '_', '_']]
```

❶ 每次迭代都會建立新 row，並將它附加到 board。

❷ 一如預期，只有第 2 列被更改。

 如果你還不明白本節的問題或解答，先不用著急，第 6 章的目的是釐清參考與可變的物件的機制和陷阱。

到目前為止，我們討論了使用 + 與 * 運算子來處理 sequence 的一般用法，但我們還有 += 與 *= 運算子，它們將根據目標 sequence 的可變性而產生非常不同的結果。接下來幾節將解釋它如何工作。

sequence 的 擴增賦值

擴增賦值運算子 += 與 *= 的行為會隨著第一個運算元的不同而有很大的差異。為了簡化討論，我們先把焦點放在擴增加法（+=），但它的概念也可以應用在 *= 及其他擴增賦值運算子上。

__iadd__ 是驅動 += 的特殊方法（iadd 是 in-place addition 的簡寫）。

但是，如果 __iadd__ 沒有被實作，Python 會回去呼叫 __add__。考慮這個簡單的運算式：

```
>>> a += b
```

如果 a 實作了 __iadd__，它會被呼叫。對可變 sequence 而言（例如 list、bytearray、array.array），a 會被就地更改（即，它的效果類似 a.extend(b)）。然而，如果 a 沒有實作 __iadd__，運算式 a += b 的效果與 a = a + b 一樣：先計算 a + b，產生一個新物件，再將該物件指派給 a。換句話說，被指派給 a 的物件的 ID 可能改變，也可能不會，取決於有沒有 __iadd__。

一般來說，你可以預設可變的 sequence 有實作 __iadd__，且 += 會就地執行。對不可變的 sequence 而言，這種情況顯然不會發生。

關於 += 的概念也適用於 *=，它是用 __imul__ 來實作的。第 16 章會討論 __iadd__ 與 __imul__ 特殊方法。下面的例子對著可變的 sequence 執行 *=，然後對著不可變的 sequence 執行：

```
>>> l = [1, 2, 3]
>>> id(l)
4311953800      ❶
>>> l *= 2
>>> l
[1, 2, 3, 1, 2, 3]
>>> id(l)
4311953800      ❷
>>> t = (1, 2, 3)
>>> id(t)
4312681568      ❸
>>> t *= 2
>>> id(t)
4301348296      ❹
```

❶ 初始 list 的 ID。

❷ 在執行乘法後，list 是附加新項目的同一個物件。

❸ 初始 tuple 的 ID。

❹ 在執行乘法後，Python 建立新 tuple。

重複地串接不可變的 sequence 很低效，因為直譯器必須複製整個目標 sequence 以建立一個加入新項目的 sequence，而不是只要附加新項目即可。[8]

以上是 += 的常見用例，下一節要展示一個有趣的特殊狀況，它清楚地說明「不可變」在 tuple 的背景下的真正含義。

動動腦：+= 賦值

請你直接回答這個問題，不能看主控台上的答案：範例 2-16 的兩個運算式的執行結果是什麼？[9]

範例 2-16　謎題

```
>>> t = (1, 2, [30, 40])
>>> t[2] += [50, 60]
```

接下來會怎樣？選出最佳的答案：

A. t 變成 (1, 2, [30, 40, 50, 60])。

B. 發出 TypeError，顯示訊息 'tuple' object does not support item assignment。

C. 兩者皆非。

D. A 與 B。

我看到這一題時非常確定答案是 B，但它其實是 D，「A 與 B」！範例 2-17 是在 Python 3.9 主控台上的實際輸出。[10]

範例 2-17　意外的結果：Python 不僅更改項目 t2，也發出例外

```
>>> t = (1, 2, [30, 40])
>>> t[2] += [50, 60]
Traceback (most recent call last):
  File "<stdin>", line 1, in <module>
```

8　str 除外。因為在實際的碼庫裡，在迴圈中使用 += 來建構字串極為常見，所以 CPython 已經為這個用案做了優化。Python 為 str 的實例配置額外的記憶體空間，所以串接不需要每次都複製整個字串。

9　感謝 Leonardo Rochael 與 Cesar Kawakami 在 2013 PythonBrasil Conference 分享這道題目。

10　有讀者建議，這個範例可以用 t[2].extend([50,60]) 來處理而不產生錯誤，這我知道，但是這個範例是為了討論 += 運算子的奇怪行為而設計的。

```
TypeError: 'tuple' object does not support item assignment
>>> t
(1, 2, [30, 40, 50, 60])
```

網路上的 Python Tutor（*https://fpy.li/2-14*）是很棒的網路工具，可將 Python 的運作狀況詳細地視覺化。圖 2-5 有兩張螢幕截圖，展示範例 2-17 的 tuple t 的初始與最終狀態。

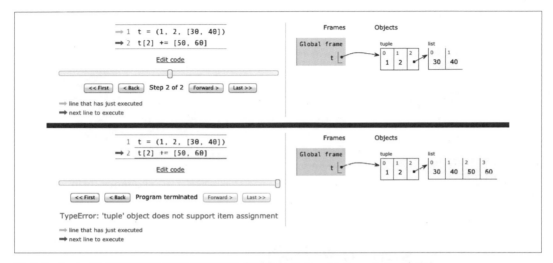

圖 2-5　tuple 賦值謎題的初始與最終狀態（本圖由 Online Python Tutor 產生）

看一下 Python 為 s[a] += b 運算式產生的 bytecode（範例 2-18）就能明白發生了什麼事。

範例 *2-18*　運算式 s[a] += b 的 *bytecode*

```
>>> dis.dis('s[a] += b')
  1           0 LOAD_NAME                0 (s)
              3 LOAD_NAME                1 (a)
              6 DUP_TOP_TWO
              7 BINARY_SUBSCR                        ❶
              8 LOAD_NAME                2 (b)
             11 INPLACE_ADD                          ❷
             12 ROT_THREE
             13 STORE_SUBSCR                         ❸
             14 LOAD_CONST               0 (None)
             17 RETURN_VALUE
```

❶ 將 s[a] 的值放到 TOS（Top Of Stack）。

❷ 執行 TOS += b。如果 TOS 引用可變的物件（在範例 2-17 中，它是一個 list），這可以成功執行。

❸ 指派 s[a] = TOS，如果 s 是不可變（在範例 2-17 中，它是 t tuple），這會執行失敗。

這個範例是極罕見的案例，在我使用 Python 的 20 年以來，我從未看過這個特殊的行為傷害任何人。

我從它得到三個教訓：

- 不要把可變的項目放入 tuple。

- 擴增賦值不是原子操作 —— 剛才它在完成部分的工作時丟出例外。

- 檢查 Python bytecode 不難，而且可以幫你看到底層發生的事情。

目睹使用 + 與 * 來串接的奧妙之後，我們把主題切換到另一個 sequence 的重要操作：排序。

list.sort vs. sorted 內建函式

list.sort 方法可以就地排序 list —— 也就是說，它不會製作副本。它回傳 None 來告知它改變了 receiver [11]，而且沒有建立新 list。這是一個重要的 Python API 慣例：可就地改變物件的函式或方法必須回傳 None，來讓呼叫方知道 receiver 未被改變，而且沒有新物件被做出來。例如，你可在 random.shuffle 函式中看到相同的行為，這個函式能夠就地洗亂可變的 sequence，並回傳 None。

 回傳 None 來提示就地更改的慣例有一項缺點：我們無法串接這些方法的呼叫式。相較之下，能回傳新物件的方法（例如所有的 str 方法）都可以用流利介面（fluent interface）風格來串接。詳情見維基百科的「Fluent interface」項目（*https://fpy.li/2-15*）。

11　receiver 是方法呼叫式的目標，在方法主體中，它是被指派給 self 的物件。

相較之下，內建的函式 sorted 會建立新 list 並回傳它。它可以接收任何 iterable 物件作為引數，包括不可變的 sequence 與 generator（參見第 17 章）。無論你傳給 sorted 的 iterable 是哪一個類型，它都會回傳一個新建立的 list。

list.sort 與 sorted 都接收兩種選用的限關鍵字（keyword-only）引數：

reverse

　　若為 True，則回傳降序排序的項目（也就是用相反的方式來比較）。預設值是 False。

key

　　它是個單引數函式，會被套用到每一個項目，以產生其排序鍵。例如，在排序一個字串 list 時，你可以用 key=str.lower 來執行不分大小寫的排序，用 key=len 來按照字元長度來排序字串。它的預設值是恆等函式（也就是拿項目與它自己做比較）。

 選用的關鍵字參數 key 也可以和 min() 與 max() 內建函式以及標準程式庫的其他函式一起使用（例如 itertools.groupby() 與 heapq.nlargest()）。

接下來的幾個例子清楚說明這些函式與關鍵字引數的用法。這些範例也展示 Python 的排序演算法很穩定（例如，它會保留比較結果相同的項目的相對順序）：[12]

```
>>> fruits = ['grape', 'raspberry', 'apple', 'banana']
>>> sorted(fruits)
['apple', 'banana', 'grape', 'raspberry']      ❶
>>> fruits
['grape', 'raspberry', 'apple', 'banana']      ❷
>>> sorted(fruits, reverse=True)
['raspberry', 'grape', 'banana', 'apple']      ❸
>>> sorted(fruits, key=len)
['grape', 'apple', 'banana', 'raspberry']      ❹
>>> sorted(fruits, key=len, reverse=True)
['raspberry', 'banana', 'grape', 'apple']      ❺
>>> fruits
['grape', 'raspberry', 'apple', 'banana']      ❻
>>> fruits.sort()                              ❼
>>> fruits
['apple', 'banana', 'grape', 'raspberry']      ❽
```

12　Python 的主排序演算法 Timsort 的名稱來自它的建構者 Tim Peters。第 75 頁的「肥皂箱」有關於 Timsort 的一些花絮。

❶ 產生一個按字典順序排列的新字串 list。[13]

❷ 檢查原始的 list 可以看到它沒有被更改。

❸ 這是之前的「字典」順序，它是反過來的。

❹ 新的字串 list，現在按長度來排序。因為排序演算法是穩定的，「grape」與「apple」的長度都是 5，所以它們按照原本的順序排列。

❺ 這是按長度降序排序的字串。它們不是前一個結果的相反，因為排序是穩定的，所以「grape」同樣在「apple」之前。

❻ 到目前為止，原始水果 list 的順序並未改變。

❼ 這會就地排序 list，並回傳 None（主控台會省略）。

❽ 現在 fruits 被排序了。

 在預設情況下，Python 按字元碼的字典順序來排序字串，這意味著，ASCII 大寫字母在小寫子母之前，而且非 ASCII 字元不會以合理的方式來排序。第 151 頁的「排序 Unicode 文本」會介紹以符合人類預期的方式來排序文字的方法。

將 sequence 排序之後，你就可以用很高的效率搜尋它們了。Python 標準程式庫的 bisect 模組有標準的二分搜尋演算法，該模組也有 bisect.insort 函式，你可以用它來確保排序好的 sequence 維持順序。在 *fluentpython.com* 網站裡的「Managing Ordered Sequences with Bisect」一文圖文並茂地介紹 bisect 模組（*https://fpy.li/bisect*）。

本章到目前為止介紹的內容都適用於一般的 sequence，而不是只適用於 list 和 tuple。Python 程式設計師有時會濫用 list 型態，因為它很方便 —— 我以前也這樣。例如，在處理大型的數字 list 時，你應該考慮改用 array。本章接下來的部分要專門討論 list 與 tuple 的替代方案。

---

13 這個範例的單字都按照字典順序排列，因為它們完全由小寫 ASCII 字元組成。請看一下範例後的警告。

當 list 不是解決方案時

list 型態很有彈性，也容易使用，但是有一些問題有更好的選項可以解決。例如，當你需要處理上百萬個浮點值時，array 可以節省很多的記憶體。另一方面，如果你經常在 list 的另一端加入和移除項目，deque（double-ended queue，雙端佇列）是更高效的 FIFO[14] 資料結構。

 如果你的程式經常檢查一個項目是否在 collection 裡（例如 item in my_collection），可考慮讓 my_collection 使用 set，尤其是它需要保存大量的項目時。set 是為了快速檢查成員而設計的，它們也是 iterable，但它們不是 sequence，因為 set 未指定項目的順序。我們會在第 3 章討論它們。

在本章剩餘的內容中，我們要討論可在許多情況下取代 list 的可變 sequence 型態，我們從 array 看起。

array

如果 list 裡面只有數字，array.array 是更高效的替代方案。array 支援可變的 sequence 的所有操作（包括 .pop、.insert 與 .extend），以及額外的方法，可快速進行載入與儲存，例如 .frombytes 與 .tofile。

Python 的 array 與 C 的 array 一樣精簡。如圖 2-1 所示，float 值的 array 並未保存功能完整的 float 實例，而是僅保存代表它們的機器值的封裝 bytes，類似 C 語言的 double array。在建立 array 時，你要提供一個 bytecode，它是一個字母，代表用來儲存 array 的各個項目的底層 C 型態。例如，b 是 C 稱為 signed char 的 typecode，這個型態是範圍為 –128 至 127 的整數。當你建立一個 array('b') 時，每一個項目都被存成一個 byte，並且被解讀成整數。對大型的數字 sequence 而言，它可以節省許多記憶體。Python 不會讓你將不符合型態的任何數字放入陣列。

範例 2-19 展示如何建立、儲存與載入一個擁有一千萬個隨機浮點數的 array。

---

14 代表先入先出，即佇列的預設行為。

範例 2-19　建立、儲存與載入一個大型的浮點陣列

```
>>> from array import array       ❶
>>> from random import random
>>> floats = array('d', (random() for i in range(10**7)))      ❷
>>> floats[-1]      ❸
0.07802343889111107
>>> fp = open('floats.bin', 'wb')
>>> floats.tofile(fp)       ❹
>>> fp.close()
>>> floats2 = array('d')       ❺
>>> fp = open('floats.bin', 'rb')
>>> floats2.fromfile(fp, 10**7)       ❻
>>> fp.close()
>>> floats2[-1]       ❼
0.07802343889111107
>>> floats2 == floats       ❽
True
```

❶　匯入 array 型態。

❷　用任意 iterable 物件來建立一個雙精度浮點數陣列（typecode 'd'），在本例中，該物件是個 genexp。

❸　檢視 array 的最後一個數字。

❹　將 array 存入二進制檔案。

❺　建立一個空的 double array。

❻　從二進制檔讀取一千萬個數字。

❼　檢查 array 的最後一個數字。

❽　確認陣列的內容相符。

如你所見，array.tofile 與 array.fromfile 都很容易使用。當你執行這個範例時，你會發現它們非常快速。做個簡單的實驗可以證明，array.fromfile 只需要用 0.1 秒，就可以從 array.tofile 所建立的二進制檔載入一千萬個雙精度浮點數。這大約比從文字檔讀取數字快 60 倍，讀取文字檔還需要使用內建的 float 來解析每一行。使用 array.tofile 來進行儲存，大約比將浮點數一行一行寫入文字檔還要快 7 倍。此外，存有一千萬個雙精度浮點數的二進制檔有 80,000,000 bytes（每個 double 有 8 bytes，沒有間接空間），而儲存相同資料的文字檔需要 181,515,739 bytes。

在遇到需要使用數字 array 來表示二進制資料（例如點陣圖像）的特殊情況時，Python 有 bytes 與 bytearray 型態可用，第 4 章會討論它們。

我們在表 2-3 裡比較 list 與 array.array 的功能，來總結本節關於 array 的討論。

表 2-3　可在 list 或 array 中找到的方法與屬性（為了簡化，我們省略被廢棄的 array 方法，以及 object 也有實作的方法）

	list	array	
s.__add__(s2)	●	●	s + s2 —— 串接
s.__iadd__(s2)	●	●	s += s2 —— 就地串接
s.append(e)	●	●	在最後一個元素後面附加一個元素
s.byteswap()		●	對調一個 array 裡的所有項目的 bytes，以進行 endian（位元組順序）轉換
s.clear()	●		刪除所有項目
s.__contains__(e)	●	●	e in s
s.copy()	●		淺複製 list
s.__copy__()		●	支援 copy.copy
s.count(e)	●	●	計算一個元素出現的次數
s.__deepcopy__()		●	優化支援 copy.deepcopy
s.__delitem__(p)	●	●	移除位置 p 的項目
s.extend(it)	●	●	附加 iterable it 的項目
s.frombytes(b)		●	附加 byte sequence 的項目，將之視為封裝的機器值
s.fromfile(f, n)		●	從二進制檔 f 附加 n 個項目，將之視為封裝的機器值
s.fromlist(l)		●	從 list 附加項目，如果有項目造成 TypeError，那就不附加任何項目
s.__getitem__(p)	●	●	s[p] —— 取得某位置的項目或 slice
s.index(e)	●	●	找到第一個 e 的位置
s.insert(p, e)	●	●	將元素 e 插入位置 p 之前
s.itemsize		●	每個 array 項目的 bytes 長
s.__iter__()	●	●	取得 iterator
s.__len__()	●	●	len(s) —— 項目的數量
s.__mul__(n)	●	●	s * n —— 重覆串接
s.__imul__(n)	●	●	s *= n —— 就地重複串接
s.__rmul__(n)	●	●	n * s —— 反向重覆串接 [a]

	list	array	
s.pop([p])	●	●	移除並回傳位置 p 的項目（預設最後一個）
s.remove(e)	●	●	按值移除第一個元素 e
s.reverse()	●	●	就地反向排列項目
s.__reversed__()	●		取得從最後一個項目掃描到第一個的 iterator
s.__setitem__(p, e)	●	●	s[p] = e —— 將 e 放到位置 p，覆寫既有的項目或 slice
s.sort([key], [reverse])	●		使用選用的關鍵字引數 key 與 reverse 來就地排序項目
s.tobytes()		●	將項目的機器值包在 bytes 物件裡並回傳
s.tofile(f)		●	封裝項目的機器值，並將它們存入二進制檔 f
s.tolist()		●	以數值物件的形式將項目放入 list 並回傳
s.typecode		●	單字元字串，代表項目的 C 型態

^a　第 16 章會解釋反向操作。

 截至 Python 3.10，array 型態還沒有像 list.sort() 這樣的就地 sort 方法。如果你需要排序陣列，你可以使用 sorted 內建函式來重組陣列：

```
a = array.array(a.typecode, sorted(a))
```

若要在添加項目之後讓陣列維持順序，可使用 bisect.insort 函式（*https://fpy.li/2-16*）。

如果你大量使用 array 卻不知道 memoryview，你會錯過很多好東西。見接下來的主題。

記憶體視角（memory view）

內建的 memoryview 類別是一種共享記憶體的 sequence 型態，可讓你處理 array 的 slice，而不需要複製 bytes。它的設計靈感來自 NumPy 程式庫（我會在第 66 頁的「NumPy」簡單說明）。對於「何時適合使用 memoryview？」（*https://fpy.li/2-17*）這個問題，NumPy 的領銜作者 Travis Oliphant 如此回答：

> 本質上，memoryview 是 Python 的一種廣義 NumPy array 結構（沒有數學）。它可以讓你在資料結構（例如 PIL 圖像、SQLlite 資料庫、NumPy array…等）之間共享記憶體，而不需要先做複製。這一點對大型的資料組來說非常重要。

memoryview.cast 方法採取類似 array 模組的寫法，可讓你改變讀取或寫入多個 bytes 的方式，而不需要到處移動 bit。memoryview.cast 會回傳另一個 memoryview 物件，它們始終共用同一塊記憶體。

範例 2-20 介紹如何為同樣的 6 bytes array 建立另一種 view，以便用 2×3 矩陣或 3×2 矩陣的形式操作它。

範例 2-20　用 1×6、2×3 與 3×2 的 view 來處理 6 bytes 的記憶體

```
>>> from array import array
>>> octets = array('B', range(6))    ❶
>>> m1 = memoryview(octets)    ❷
>>> m1.tolist()
[0, 1, 2, 3, 4, 5]
>>> m2 = m1.cast('B', [2, 3])    ❸
>>> m2.tolist()
[[0, 1, 2], [3, 4, 5]]
>>> m3 = m1.cast('B', [3, 2])    ❹
>>> m3.tolist()
[[0, 1], [2, 3], [4, 5]]
>>> m2[1,1] = 22    ❺
>>> m3[1,1] = 33    ❻
>>> octets    ❼
array('B', [0, 1, 2, 33, 22, 5])
```

❶ 建構一個 6 bytes 的 array（typecode 'B'）。

❷ 用那個 array 來建構 memoryview，然後將它匯出成 list。

❸ 用之前的 memoryview 建立新的 memoryview，但有 2 列與 3 行。

❹ 另一個 memoryview，這次有 3 列與 2 行。

❺ 將 m2 的第 1 列，第 1 行的 byte 改成 22。

❻ 將 m3 的第 1 列，第 1 行的 byte 改成 33。

❼ 顯示原始 array，證明 octets、m1、m2 與 m3 共享同一塊記憶體。

memoryview 的強大威力也有可能被濫用。範例 2-21 展示如何改變一個 16-bit 整數 array 裡的一個項目的一個 byte。

範例 2-21　更改一個 *16-bit* 整數 *array* 項目的一個 *byte*

```
>>> numbers = array.array('h', [-2, -1, 0, 1, 2])
>>> memv = memoryview(numbers)    ❶
>>> len(memv)
5
>>> memv[0]    ❷
-2
>>> memv_oct = memv.cast('B')    ❸
>>> memv_oct.tolist()    ❹
[254, 255, 255, 255, 0, 0, 1, 0, 2, 0]
>>> memv_oct[5] = 4    ❺
>>> numbers
array('h', [-2, -1, 1024, 1, 2])    ❻
```

❶　為一個包含 5 個 16-bit 帶正負號整數（typecode 'h'）的 array 建構 memoryview。

❷　memv 看到 array 中的同樣 5 個項目。

❸　將 memv 的元素轉型成 bytes（typecode 'B'）來建立 memv_oct。

❹　將 memv_oct 的元素匯出為 10 bytes 的 list，以便檢查。

❺　將值 4 指派給 byte 偏移量（offset）5。

❻　注意 numbers 的改變：在 2-byte 不帶正負號整數的最高有效 byte 裡的 4 是 1024。

 在 *fluentpython.com* 有一個使用 struct 程式包來檢查 memoryview 的例子：
「Parsing binary records with struct」（*https://fpy.li/2-18*）。

與此同時，如果你要在 array 中進行進階的數值處理，你應該使用 NumPy 程式庫。我們來簡單地討論它們。

NumPy

在這本書裡，我特別強調 Python 標準程式庫中已有的功能，以鼓勵你充分利用它們。但 NumPy 實在太棒了，讓我不得不改變方向。

Python 成為科學計算應用領域的主流語言的原因之一，就是 NumPy 提供的進階的陣列與矩陣操作。NumPy 實作了多維的、異質的 array 與矩陣型態，它們不但可以保存數字，也可以保存使用者自訂的紀錄，同時提供高效的逐元素操作。

SciPy 是一種基於 NumPy 的程式庫，它提供許多科學計算演算法，包括線性代數、數值微積分，以及統計。SciPy 既快速又可靠，因為它廣泛地使用 Netlib Repository（*https://fpy.li/2-19*）的 C 與 Fortran 碼庫。換句話說，SciPy 為科學家提供兩種領域最棒的工具：互動式提示與高階的 Python API，以及強大的工業級數值計算功能，它們是用 C 和 Fortran 來優化的。

範例 2-22 概要地展示 NumPy 的一些二維 array 基本運算。

範例 2-22　在 `numpy.ndarray` 中進行基本的列、欄操作

```
>>> import numpy as np  ❶
>>> a = np.arange(12)  ❷
>>> a
array([ 0,  1,  2,  3,  4,  5,  6,  7,  8,  9, 10, 11])
>>> type(a)
<class 'numpy.ndarray'>
>>> a.shape  ❸
(12,)
>>> a.shape = 3, 4  ❹
>>> a
array([[ 0,  1,  2,  3],
       [ 4,  5,  6,  7],
       [ 8,  9, 10, 11]])
>>> a[2]  ❺
array([ 8,  9, 10, 11])
>>> a[2, 1]  ❻
9
>>> a[:, 1]  ❼
array([1, 5, 9])
>>> a.transpose()  ❽
array([[ 0,  4,  8],
       [ 1,  5,  9],
       [ 2,  6, 10],
       [ 3,  7, 11]])
```

❶ 在安裝 NumPy 後匯入它（它不屬於 Python 標準程式庫）。習慣上，我們將 numpy 匯入為 np。

❷ 建構並檢查 numpy.ndarray，讓它儲存整數 0 至 11。

❸ 檢查 array 的維數：這是一個 1 維、12 個元素的 array。

❹ 更改 array 的外形，加入一個維度，接著檢查結果。

❺ 取得索引 2 的列。

❻ 取得索引 2, 1 的元素。

❼ 取得索引 1 的欄。

❽ 使用轉置（將欄與列對調）來建立新 array。

NumPy 也支援高階的操作，包括載入、儲存與操作 `numpy.ndarray` 的所有元素：

```
>>> import numpy
>>> floats = numpy.loadtxt('floats-10M-lines.txt')   ❶
>>> floats[-3:]   ❷
array([ 3016362.69195522,   535281.10514262,  4566560.44373946])
>>> floats *= .5   ❸
>>> floats[-3:]
array([ 1508181.34597761,   267640.55257131,  2283280.22186973])
>>> from time import perf_counter as pc   ❹
>>> t0 = pc(); floats /= 3; pc() - t0   ❺
0.03690556302899495
>>> numpy.save('floats-10M', floats)   ❻
>>> floats2 = numpy.load('floats-10M.npy', 'r+')   ❼
>>> floats2 *= 6
>>> floats2[-3:]   ❽
memmap([ 3016362.69195522,   535281.10514262,  4566560.44373946])
```

❶ 從文字檔載入 1000 萬個浮點數。

❷ 使用 sequence slicing 語法來檢查最後三個數字。

❸ 將 `floats` 陣列內的每一個元素乘以 .5，並再次檢視最後三個元素。

❹ 匯入高解析度的性能測量計時器（自 Python 3.3 起提供）。

❺ 將每個元素都除以 3，處理 1000 萬個浮點的時間不到 40 毫秒。

❻ 將 array 存入 .*npy* 二進制檔案。

❼ 以記憶體映像檔的形式，將資料載入另一個 array，以高效地處理 array 的 slice，即使它無法全部放入記憶體。

❽ 將每一個元素乘以 6 之後，檢查最後三個元素。

這只是一道開胃菜而已。

NumPy 與 SciPy 是非常強大的程式庫，也是其他很棒的工具的基礎，例如 Pandas（*https://fpy.li/2-20*）和 scikit-learn（*https://fpy.li/2-21*）。Pandas 實現了高效的 array 型態，

可保存非數字資料，並提供許多格式的匯入 / 匯出功能，例如 *.csv*、*.xls*、SQL dump、HDF5…等。scikit-learn 是目前最多人使用的機器學習工具組。大多數的 NumPy 與 SciPy 函式都是用 C 或 C++ 來實作的，而且可以利用所有的 CPU 核心，因為它們釋放了 Python 的 GIL（Global Interpreter Lock）。Dask（*https://fpy.li/dask*）專案支援在機器叢集之間平行執行 NumPy、Pandas 與 scikit-learn。這些程式包都可以用整本書來討論，而本書不屬於那些書籍。但如果沒有簡單地說明 NumPy array，關於 Python sequence 的討論就不夠完整。

看了平面 sequence（標準 array 與 NymPy array）之後，我們要來看完全不同的 list 替代物：佇列（queue）。

deque 與其他佇列

.append 與 .pop 方法可以讓你將 list 當成堆疊或佇列來使用（使用 .append 與 .pop(0) 即可獲得 FIFO 行為）。但是在 list 頭（索引值為 0 的那一端）插入和移除元素的代價很高，因為記憶體裡的整個 list 都必須移動。

collections.deque 類別是執行緒安全的雙頭佇列，它是為了快速地在兩端進行插入與移除而設計的。如果你需要維護一個保存「上一次看到的項目」的 list，或類似的東西，deque 也是最佳方案，因為你可以設定 deque 的界限，也就是用固定的最大長度來建立它。如果有界限的 deque 滿了，當你加入新項目時，它會將另一端的項目移除。範例 2-23 是針對 deque 執行的一些典型操作。

範例 *2-23　使用 deque*

```
>>> from collections import deque
>>> dq = deque(range(10), maxlen=10)    ❶
>>> dq
deque([0, 1, 2, 3, 4, 5, 6, 7, 8, 9], maxlen=10)
>>> dq.rotate(3)    ❷
>>> dq
deque([7, 8, 9, 0, 1, 2, 3, 4, 5, 6], maxlen=10)
>>> dq.rotate(-4)
>>> dq
deque([1, 2, 3, 4, 5, 6, 7, 8, 9, 0], maxlen=10)
>>> dq.appendleft(-1)    ❸
>>> dq
deque([-1, 1, 2, 3, 4, 5, 6, 7, 8, 9], maxlen=10)
>>> dq.extend([11, 22, 33])    ❹
>>> dq
```

```
deque([3, 4, 5, 6, 7, 8, 9, 11, 22, 33], maxlen=10)
>>> dq.extendleft([10, 20, 30, 40])  ❺
>>> dq
deque([40, 30, 20, 10, 3, 4, 5, 6, 7, 8], maxlen=10)
```

❶ 選用的 maxlen 引數可設定 deque 的實例最多可容納多少項目；這裡設定一個唯讀的
 maxlen 實例屬性。

❷ 使用 n > 0 來旋轉（rotate）會從右端取出項目，並將它們加到左端；如果 n < 0，項
 目從左端取出，並加到右端。

❸ 對一個已滿的 deque（len(d) == d.maxlen）進行附加會移除另一端的項目；注意在下
 一行，0 被移除了。

❹ 在右端加入三個項目會將最左邊的 -1、1 與 2 推出。

❺ 注意 extendleft(iter) 的做法是將 iter 引數的項目相繼附加到 deque 的左端，因此這
 些項目的最終位置是反過來的。

表 2-4 比較 list 與 deque 專屬的方法（未列入在 object 裡面也有的）。

留意 deque 實作了 list 的多數方法，並加入一些它的設計特有的方法，例如 popleft 與
rotate。但是它有一些隱含的代價：將 deque 中間的項目移除不會比較快。它其實最適合
在兩端進行附加與取出的動作。

append 與 popleft 是原子操作，所以 deque 可以在多執行緒應用程式中安全地當成 LIFO
佇列來使用，而不必使用軟體鎖。

表 2-4　list 和 deque 實作的方法（為了簡化，我們省略 object 也有實作的方法）

	list	deque	
s.__add__(s2)	●		s + s2 —— 串接
s.__iadd__(s2)	●	●	s += s2 —— 就地串接
s.append(e)	●	●	附加一個元素到右邊（在最後一個後面）
s.appendleft(e)		●	附加一個元素到左邊（在第一個前面）
s.clear()	●	●	刪除所有項目
s.__contains__(e)	●		e in s
s.copy()	●		淺複製 list
s.__copy__()		●	支援 copy.copy（淺複製）
s.count(e)	●	●	計算一個元素出現的次數

	list	deque	
s.__delitem__(p)	●	●	移除位置 p 的項目
s.extend(i)	●	●	將 iterable i 的項目附加到右邊
s.extendleft(i)		●	將 iterable i 的項目附加到左邊
s.__getitem__(p)	●	●	s[p] —— 取得某位置的項目或 slice
s.index(e)	●		找到第一個 e 的位置
s.insert(p, e)	●		在位置 p 的項目之前插入元素 e
s.__iter__()	●	●	取得 iterator
s.__len__()	●	●	len(s) —— 項目的數量
s.__mul__(n)	●		s * n —— 重覆串接
s.__imul__(n)	●		s *= n —— 就地重覆串接
s.__rmul__(n)	●		n * s —— 反向重覆串接 [a]
s.pop()	●	●	移除並回傳最後一個項目 [b]
s.popleft()		●	移除並回傳第一個項目
s.remove(e)	●	●	按值移除第一個元素 e
s.reverse()	●	●	就地反向排列項目
s.__reversed__()	●	●	取得從最後一個項目掃描到第一個的 iterator
s.rotate(n)		●	將 n 個項目從一端移到另一端
s.__setitem__(p, e)	●	●	s[p] = e —— 將 e 放到位置 p，覆寫既有的項目或 slice
s.sort([key], [reverse])	●		使用選用的關鍵字引數 key 與 reverse 來就地排序項目

[a] 第 16 章會解釋反向操作。

[b] a_list.pop(p) 可讓你移除位置 p 的項目，但 deque 不支援該選項。

除了 deque 之外，其他的 Python 標準程式庫也有實作佇列：

queue

提供同步的（即執行緒安全的）類別 SimpleQueue、Queue、LifoQueue 與 PriorityQueue。你可以用它們在執行緒之間安全地溝通。SimpleQueue 之外的類別都可以讓你傳遞一個大於 0 的 maxsize 引數給建構式來設定界限。但是，它們不會像 deque 一樣移除項目來挪出空間，當佇列被填滿時，插入新項目的動作會塞住，也就是它會等待其他執行緒從佇列取出一個項目以騰出空間，這可以幫助控制活躍的執行緒的數量。

multiprocessing

multiprocessing 實作了它自己的無界限 SimpleQueue 與有界限 Queue，兩者很像 queue 程式包裡面的類別，但它是為了進行程序之間的溝通而設計的。它也提供專門的 multiprocessing.JoinableQueue 來管理任務。

asyncio

提供 Queue、LifoQueue、PriorityQueue 與 JoinableQueue，它們的 API 參考 queue 與 multiprocessing 模組的類別，但為了在非同步程式中管理任務而經過修改。

heapq

相較於前面的三個模組，heapq 並未實作佇列類別，而是提供 heappush 與 heappop 等函式來讓你使用可變的 sequence 作為 heap 佇列或優先順序佇列。

以上就是 list 型態的替代物的簡介，以及關於 sequence 型態的探討 —— 不包括 str 與二進制 sequence，它們有自己的章節（第 4 章）。

本章摘要

熟悉標準程式庫的 sequence 型態是寫出簡明、高效、道地 Python 程式的先決條件。

Python sequence 通常被分成可變的和不可變的，但從不同的面向來考慮它也很有幫助，例如平面 sequence 與容器 sequence。前者比較緊湊、快速，且容易使用，但只能儲存原子資料，例如數字、字元，與 bytes。容器 sequence 比較靈活，但是用它們來保存可變的物件可能會發生意外，所以你必須謹慎、正確地使用它們來處理嵌套式資料結構。

不幸的是，Python 沒有防呆的不可變容器 sequence 型態，即使是「不可變的」tuple 也可能在容納可變的項目（例如 list 或使用者定義的物件）時改變它們的值。

listcomp 與 genexp 是強大的 sequence 建構與初始化語法。如果你還不習慣使用它們，務必花一點時間來掌握它們的基本用法，它們不難，所以你很快就會愛上它們。

Python 的 tuple 有兩種用途：當成包含無名欄位的紀錄，以及當成不可變的 list。在使用 tuple 作為不可變的 list 時，別忘了，tuple 值只有在所有項目都不可變的時候，才保證是固定的。對著 tuple 呼叫 hash(t) 可以快速地確定它的值是不是固定的。如果它裡面有可變的項目，你會看到 TypeError。

如果 tuple 被當成紀錄來使用，在取得它的欄位時，最安全且最容易理解的方式是使用 tuple unpacking。除了 tuple 之外，* 在許多背景之下也可以和 list 及 iterable 一起使用，PEP 448 —— Additional Unpacking Generalizations（*https://fpy.li/pep448*）有它在 Python 3.5 裡的一些用例。Python 3.10 用 `match/case` 來加入模式比對功能，支援更強大的 unpacking，稱為 destructuring。

sequence slicing 是一種流行的 Python 語法功能，很多人不知道它真正的威力。NumPy 的多維 slicing 和省略符號（...）語法也可以用使用者自訂的 sequence 來支援。對 slice 進行賦值可以用非常富表達性的方式來編輯可變的 sequence。

使用 `seq * n` 這種寫法來進行重複串接很方便，謹慎地使用時，可以用來將包含不可變項目的「list 的 list」初始化。在可變的與不可變的 sequence 中，+= 與 *= 擴增賦值有不同的行為。對後者而言，這些運算子一定會建構新的 sequence。但如果目標 sequence 是可變的，它通常會就地修改，但不是絕對如此，實際狀況取決於 sequence 的實作方式。

`sort` 方法與 `sorted` 內建函式很容易使用，也很靈活，因為它們有一個選用引數 `key`，它是一個計算排序準則的函式。對了，`key` 也可以和 `min` 及 `max` 內建函式一起使用。

除了 list 與 tuple 之外，Python 標準程式庫也提供 `array.array`。雖然 NumPy 與 SciPy 沒有被放在標準程式庫裡面，但如果你要用大型的資料組來做任何數字處理，即使只稍微瞭解這個程式庫也會讓你獲益良多。

最後，我們討論了多才多藝且執行緒安全的 `collections.deque`，用表 2-4 來比較它與 list 的 API，並介紹標準程式庫的其他佇列實作。

延伸讀物

David Beazley 與 Brian K. Jones 合著的 *Python Cookbook* 第三版（O'Reilly）的第一章「Data Structures」有很多專門討論 sequence 的參考方案，我在其中的「Recipe1.11. Naming a Slice」學會了範例 2-13 中，將 slice 指派給變數來加強可讀性的技巧。

Python Cookbook 第二版是為 Python 2.4 編寫的，但它裡面程式幾乎都可以在 Python 3 上執行，而且第 5 章與第 6 章有很多處理 sequence 的參考方案。這本書是由 Alex Martelli、Anna Ravenscroft 與 David Ascher 合著的，裡面有數十位 Python 鐵粉的貢獻。它的第三版是徹底重新編寫的，而且把重心放在語言的語義上，特別是在 Python 3 裡改變的部分，而舊版側重語用學（也就是如何用語言來解決實際的問題）。雖然第二

版的一些解決方案已經是最佳做法了，但我真心認為這兩個版本的 Python Cookbook 都值得擁有。

Python 官方的「Sorting HOW TO」（*https://fpy.li/2-22*）有 sorted 與 list.sort 的一些進階技巧範例。

PEP 3132 —— Extended Iterable Unpacking（*https://fpy.li/2-2*）是進一步瞭解在平行賦值式的左邊使用 *extra 新語法的經典來源。如果你想要看一看 Python 的演變，「Missing *-unpacking generalizations」（*https://fpy.li/2-24*）是個 bug 追蹤議題，它提出關於 iterable unpacking 語法的改善之道。PEP 448 —— Additional Unpacking Generalizations（*https://fpy.li/pep448*）是該議題的討論結果。

我在第 40 頁的「使用 sequence 來比對模式」說過，Carol Willing 的「What's New In Python 3.10」（*https://fpy.li/2-7*）的「Structural Pattern Matching」一節（*https://fpy.li/2-6*）用了大約 1,400 個字來詳細地介紹這個新功能（用 Firefox 來將 HTML 轉換成 PDF 的話，不到五頁）。PEP 636 —— Structural Pattern Matching: Tutorial（*https://fpy.li/pep636*）也很棒，但比較長。PEP 636 也有「Appendix A —— Quick Intro」（*https://fpy.li/2-27*），它比 Willing 的介紹更短，因為它省略了關於模式比對有什麼好處的高階考慮因素。如果你需要更多證據來說服自己或別人，「模式比對」對 Python 而言是好東西，可閱讀有 22 頁的 PEP 635 —— Structural Pattern Matching: Motivation and Rationale（*https://fpy.li/pep635*）。Eli Bendersky 的部落格文章「Less copies in Python with the buffer protocol and memoryviews」（*https://fpy.li/2-28*）有一個 memoryview 的簡要教學。

坊間有很多介紹 NumPy 的書，其中很多書的書名都沒有「NumPy」。例如 Jake VanderPlas 著作的免費書籍 *Python Data Science Handbook*（*https://fpy.li/2-29*），以及 Wes McKinney 的 Python for Data Analysis 第二版。

「NumPy is all about vectorization.」是 Nicolas P. Rougier 在免費書籍 *From Python to NumPy*（*https://fpy.li/2-31*）裡的第一句話。向量化操作就是對 array 的所有元素執行數學函式，而不明確地使用 Python 迴圈。向量化操作可以平行執行、使用現代 CPU 的特殊向量指令、利用多個核心，或委託工作給 GPU，依程式庫而定。在書中的第一個例子，Rougier 將一個利用 generator 方法的典型 Python 類別重構成一個呼叫幾個 NumPy 向量函式的精簡函式，將它的速度提升 500 倍。

若要瞭解如何使用 deque（與其他 collection），可參考 Python 文件裡的「Container datatypes」（*https://fpy.li/collec*）中的範例與實用方案。

Edsger W. Dijkstra 本人為 Python 排除範圍與 slice 的最後一個項目的做法寫了最好的辯護備忘錄,「Why Numbering Should Start at Zero」(*https://fpy.li/2-32*)。這篇備忘錄的主題是數學表示法,但它與 Python 有關,因為 Dijkstra 以嚴謹與幽默的方式解釋為何 2, 3, ..., 12 這類的 sequence 應該表示成 $2 \leq i < 13$。他反駁了其他合理的慣例,包括讓使用者自己選擇慣例的想法。這篇備忘錄的標題提到從零算起的索引,但內容其實是討論為何 'ABCDE'[1:3] 應該代表 'BC',而不是 'BCD',以及為何用 range(2, 13) 來產生 2, 3, 4, ..., 12 是完全合理的。(順道一提,這是一份手寫的備忘錄,但它很優雅,完全看得懂。由於 Dijkstra 的字跡很清晰,甚至有人用他的備忘錄來創造字體(*https://fpy.li/2-33*)。

肥皂箱

tuple 的本質

我曾經在 2012 年的 PyCon US 貼出一張關於 ABC 語言的海報。Guido van Rossum 在創造 Python 之前正在設計 ABC 直譯器,所以他過來看我的海報。我們談到很多事情,包括 ABC*compound*,很明顯它是 Python tuple 的先驅。compound 也支援平行賦值,而且被當成 dictionary(或稱為 *table*,按照 ABC 的說法)的複合鍵來使用。但是,compound 並非 sequence,它們不是 iterable,無法用索引來取出某個欄位,更不用說 slice 它們了。你只能一次處理整個 compound,或使用平行賦值來取出個別的欄位,就這樣。

我跟 Guido 說,這些限制讓 compound 的主要目的非常明顯:它們只是沒有欄名的紀錄。他說:「讓 tuple 的行為與 sequence 一樣是一種 hack(非正式的做法)。」

這句話說明了讓 Python 比 ABC 更實用且成功的實用主義方法。從語言製作者的角度來看,讓 tuple 的行為與 sequence 相同的代價很低,但如此一來會使得「將 tuple 當成紀錄」這個主要用例不那麼明顯,產生不可變的 list—即使它們的型態未被明確地命名為 frozenlist。

平面 vs. 容器 sequence

為了強調 sequence 型態的不同記憶體模式,我使用容器 *sequence* 與平面 *sequence* 這兩個詞。「容器」來自 Data Model 文件(*https://fpy.li/2-34*):

> 有些物件含有指向其他物件的參考,它們稱為容器。

我具體地使用「容器 sequence」來個名詞,因為 Python 還有其他非 sequence 的容器,例如 dict 與 set。容器 sequence 可以嵌套,因為它們可以容納任何型態的物件,包括它們自己的型態。

另一方面,平面 *sequence* 是無法嵌套的 sequence 型態,因為它們只能保存簡單的原子型態,例如整數、浮點數、字元。

之所以使用平面 *sequence* 是因為我想要與「容器 sequence」對比。

儘管官方文件曾經使用「container」這個字,但是在 collections.abc 裡面有一個稱為 Container 的抽象類別。那個 ABC 只有一個方法:__contains__,它是 in 運算子背後的特殊方法。這意味著字串與陣列(在傳統意義上,它們不是容器)是 Container 的虛擬子類別,因為它們實作了 __contains__。這只是另一個人類使用同一個單字來表示不同事情的例子。本書用中文的「容器」來表示「包含指向其他物件的參考的物件」,用定寬字體的 Container 來表示 collections.abc.Container。

混合的 list

Python 的入門書籍都會強調,list 可以容納混合型態的物件,但在實務上,這個特性不怎麼有用:我們把項目放入 list 是為了稍後處理它們,這意味著,所有項目都至少要支援一些共同的操作(即,無論它們是不是 100% 的鴨子,都必須會「呱呱叫」)。例如,除非 list 的項目都是可比較的,否則你無法在 Python 3 中排序該 list:

```
>>> l = [28, 14, '28', 5, '9', '1', 0, 6, '23', 19]
>>> sorted(l)
Traceback (most recent call last):
  File "<stdin>", line 1, in <module>
TypeError: unorderable types: str() < int()
```

與 list 不同的是,tuple 通常保存不同型態的項目,這是自然的結果:既然在 tuple 裡的每個項目都是一個欄位,那麼各個欄位都可能有不同的型態。

key 超棒的

list.sort、sorted、max 與 min 提供一個選用引數 key 是很棒的想法。其他語言會強迫你提供一個雙引數的比較函式,例如 Python 2 的 cmp(a, b) 函式,它已經被廢棄了。使用 key 不但比較簡單,也更有效率。它更簡單的原因是,你只要定義一個單引數的函式來取出項目或計算用來排序物件的規則即可,這比編寫一個雙引數函式來回傳 -1, 0, 1 還要容

易。它更有效率的原因是，Python 只為每個項目呼叫一次 key 函式，而雙引數比較函式在排序演算法每次比較兩個項目時都需要呼叫。當然，Python 也要在排序時比較 key，但那種比較是用優化的 C 來做的，而不是用你寫的 Python 函式。

順道一提，key 可以排序混合數字和類數字字串的串列，你只要指定該將所有項目當成整數還是字串即可：

```
>>> l = [28, 14, '28', 5, '9', '1', 0, 6, '23', 19]
>>> sorted(l, key=int)
[0, '1', 5, 6, '9', 14, 19, '23', 28, '28']
>>> sorted(l, key=str)
[0, '1', 14, 19, '23', 28, '28', 5, 6, '9']
```

Oracle、Google 與 Timbot 陰謀論

sorted 與 list.sort 使用的排序演算法是 Timsort，它是一種適應性（adaptive）演算法，可根據資料的排序狀況來決定該採用插入排序策略還是合併排序策略。這是很有效率的做法，因為現實的資料往往已經部分排序了。有一篇維基百科文章探討這件事：*https://fpy.li/2-35*。

CPython 在 2002 年初次使用 Timsort。從 2009 年開始，標準的 Java 與 Android 也使用 Timsort 來排序陣列，這件事情因為 Oracle 使用與 Timsort 有關的程式碼來證明 Google 侵犯 Sun 的智慧財產權而廣為人知。例如 William Alsup 法官在 2012 發出的命令（*https://fpy.li/2-36*）。在 2021 年，美國最高法院判決 Google 使用 Java 程式碼的行為是「合理使用」。

Timsort 是 Python 核心開發者 Tim Peters 發明的，他是如此多產，以致於很多人認為他其實是 AI，名為 Timbot。「Python Humor」提到這個陰謀論（*https://fpy.li/2-37*）。Tim 也寫了「The Zen of Python」，執行 import this 即可看到該文。

dictionary 與 set

Python 基本上是用大量的語法糖包裹的 dict。

—— *Lalo Martins*，早年的數位遊民和 *Python* 主義者

在所有的 Python 程式裡，我們都會使用 dictionary（字典，以下簡稱 dict），就算我們沒有直接使用它，也會間接使用它，因為 dict 型態是 Python 實作的基本元素。類別與實例屬性、模組名稱空間、函式關鍵字引數都是 Python 在記憶體裡面用 dict 來表示的核心結構。__builtins__.__dict__ 儲存了所有內建型態、物件與函式。

因為 Python 的 dict 很重要，所以它們被高度優化，而且還在持續改良。雜湊表（*hash table*）是高性能的 Python dict 背後的引擎。

用雜湊表來建構的內建型態還有 set 與 frozenset。它們提供的 API 與運算子比你用過的其他流行語言裡面的 set 還要豐富。特別要提的是，Python set 實作了集合理論的所有基本操作，例如聯集、交集、子集檢查…等，它們可以讓你用聲明性（declarative）的方式來表達演算法，避免許多嵌套的迴圈與條件式。

以下是本章的大綱：

- 建構與處理 dict 和 mapping 的現代語法，包括加強版的 unpacking 與模式比對
- mapping 型態的共同方法
- 用特殊的方式來處理缺漏的鍵

- 標準程式庫裡的 dict 變體

- set 與 frozenset 型態

- 雜湊表如何影響 set 與 dict 的行為

本章有哪些新內容

第二版的修改大都是關於 mapping 型態的新功能：

- 第 81 頁的「現代 dict 語法」討論加強版的 unpacking 語法，以及合併 mapping 的各種方式，包括 Python 3.9 之後的 dict 所支援的 | 與 |= 運算子。

- 第 83 頁的「使用 mapping 來比對模式」說明如何在 Python 3.10 之後使用 match/case 來處理 mapping。

- 第 98 頁的「collections.OrderedDict」的重點是 dict 與 OrderedDict 之間細微但重要的差異，考慮 Python 3.6 之後的 dict 會保存鍵的插入順序。

- 關於 dict.keys、dict.items 與 dict.values 所回傳的 view 物件的新小節：第 103 頁的「dictionary view」與第 113 頁的「對著 dict view 進行 set 操作」。

dict 與 set 的底層仍然依靠雜湊表，但 dict 程式碼有兩項重要的優化，可節省記憶體，並且在 dict 裡保留鍵的插入順序。第 105 頁的「dict 的運作方式造成的實際後果」與第 109 頁的「set 的運作方式造成的實際後果」將總結如何善用它們。

> 在第二版加入超過 200 頁之後，我將可選的小節「set 與 dict 的內在」
> （*https://fpy.li/hashint*）放到 *fluentpython.com*。這篇經過更新且增加內容
> 的文章有 18 頁（*https://fpy.li/hashint*），它說明以下主題，並整理了一些
> 圖表：
>
> - 雜湊表演算法與資料結構，從它在 set 裡的作用談起，這比較容易
>   理解。
> - 在 dict 實例裡保留鍵的插入順序的記憶體優化（自 Python 3.6
>   起）。
> - 保存實例屬性的 dict 鍵共享布局 —— 自訂的物件的 __dict__（這
>   個優化在 Python 3.3 實現）。

現代 dict 語法

接下來的小節將介紹建構、unpack 與處理 mapping 的進階語法功能。有些功能不是新的，但你可能沒有看過。有些需要 Python 3.9（例如 | 運算子）或 Python 3.10（例如 match/case）。我們從最好且最古老的功能看起。

dict 生成式

從 Python 2.7 開始，dict 生成式也採用 listcomp 與 genexp 的語法（set 生成式也是，很快就會介紹）。*dictcomp*（dict comprehension）可從任何 iterable 接收 key:value 來建構 dict 實例。範例 3-1 使用 dict 生成式來用同一個 tuple list 建構兩個 dict。

範例 3-1 dictcomp 範例

```
>>> dial_codes = [                                               ❶
...     (880, 'Bangladesh'),
...     (55,  'Brazil'),
...     (86,  'China'),
...     (91,  'India'),
...     (62,  'Indonesia'),
...     (81,  'Japan'),
...     (234, 'Nigeria'),
...     (92,  'Pakistan'),
...     (7,   'Russia'),
...     (1,   'United States'),
... ]
>>> country_dial = {country: code for code, country in dial_codes}  ❷
>>> country_dial
{'Bangladesh': 880, 'Brazil': 55, 'China': 86, 'India': 91, 'Indonesia': 62,
'Japan': 81, 'Nigeria': 234, 'Pakistan': 92, 'Russia': 7, 'United States': 1}
>>> {code: country.upper()                                       ❸
...     for country, code in sorted(country_dial.items())
...     if code < 70}
{55: 'BRAZIL', 62: 'INDONESIA', 7: 'RUSSIA', 1: 'UNITED STATES'}
```

❶ 像 dial_codes 這種可迭代的鍵 / 值可以直接傳給 dict 建構式，但是…

❷ …我們將成對的項目對調，將國家設為鍵，將代碼設為值。

❸ 按名稱排序 country_dial，再次對調鍵 / 值，並用 code < 70 篩出項目。

如果你用過 liscomp，dictcomp 用起來應該很自然，若非如此，有鑑於生成式語法的普及性，現在是熟練它的好時機。

unpack mapping

PEP 448 —— Additional Unpacking Generalizations（*https://fpy.li/pep448*）自 Python 3.5 起用兩種方式來加強對 mapping unpacking 的支援。

首先，我們可以在一個函式呼叫式裡對超過一個引數使用 **。當鍵都是字串，而且所有引數都不相同時可以這樣做（因為不能有重複的關鍵字引數）：

```
>>> def dump(**kwargs):
...     return kwargs
...
>>> dump(**{'x': 1}, y=2, **{'z': 3})
{'x': 1, 'y': 2, 'z': 3}
```

第二，你可以在 dict 常值裡使用 **，也可以多次使用：

```
>>> {'a': 0, **{'x': 1}, 'y': 2, **{'z': 3, 'x': 4}}
{'a': 0, 'x': 4, 'y': 2, 'z': 3}
```

在這個例子裡，你可以使用重複的鍵。後面的鍵會覆寫前面的鍵，例如在本例中，被對映到 x 的值。

這個語法也可以用來合併 mapping，但我們有其他的合併方式，見接下來的說明。

用 | 來合併 mapping

Python 3.9 支援使用 | 與 |= 來合併 mapping。這很合理，因為它們也是集合的聯集運算子。

| 運算子會建立新的 mapping：

```
>>> d1 = {'a': 1, 'b':3}
>>> d2 = {'a': 2, 'b': 4, 'c':6}
>>> d1 | d2
{'a': 2, 'b': 4, 'c':6}
```

通常新 mapping 的型態與左運算元（在這個例子裡是 d1）的型態相同，但如果使用自訂型態，它可能是第二個運算元的型態，取決於第 16 章介紹的運算子多載規則。

你可以使用 |= 來就地更新現有的 mapping。在之前的範例中，d1 沒有被更改，但現在它被更改了：

```
>>> d1 = {'a': 1, 'b': 3}
>>> d2 = {'a': 2, 'b': 4, 'c': 6}
>>> d1 | d2
{'a': 2, 'b': 4, 'c': 6}
```

 如果你需要維護在 Python 3.8 或之前運行的程式碼，PEP 584 —— Add Union Operators To dict（*https://fpy.li/pep584*）的「Motivation」小節（*https://fpy.li/3-1*）提供合併 mapping 的其他方式。

我們來看看如何將模式比對應用至 mapping。

使用 mapping 來比對模式

match/case 陳述式支援本身是 mapping 物件的比對對象（subject）。mapping 的模式看起來很像 dict 常值，但它們可以比對 collections.abc.Mapping 的任何一種實際的或虛擬的子類別的實例。[1]

第 2 章僅討論 sequence 模式，但我們可以結合與嵌套不同型態的模式。拜 destructuring 之賜，模式比對很適合處理嵌套的 mapping 與 sequence 等紀錄結構，我們經常需要從 JSON API 與具備半結構化 schema 的資料庫（例如 MongoDB、EdgeDB 或 PostgreSQL）中讀取它們。如範例 3-2 展示這件事。在 get_creators 裡的型態提示（type hint）表明它接收一個 dict，且回傳一個 list。

範例 3-2　creator.py：get_creators() 從媒體紀錄提取作者的名字

```
def get_creators(record: dict) -> list:
    match record:
        case {'type': 'book', 'api': 2, 'authors': [*names]}:    ❶
            return names
        case {'type': 'book', 'api': 1, 'author': name}:    ❷
            return [name]
        case {'type': 'book'}:    ❸
```

---

[1] 虛擬子類別是藉著呼叫 ABC 的 .register() 方法來註冊的類別，見第 468 頁的「ABC 的虛擬子類別」。用 Python/C API 來實作的型態如果被設定一個特殊的標記位元也符合資格。見 Py_TPFLAGS_MAPPING（*https://fpy.li/3-2*）。

```
            raise ValueError(f"Invalid 'book' record: {record!r}")
        case {'type': 'movie', 'director': name}:    ❹
            return [name]
        case _:    ❺
            raise ValueError(f'Invalid record: {record!r}')
```

❶ 比對出具有 'type': 'book', 'api' :2 且 'authors' 鍵對映至一個 sequence 的任何 mapping。以新 list 的形式回傳 sequence 的項目。

❷ 比對出具有 'type': 'book', 'api' :1 且 'author' 鍵對映至任何物件的任何 mapping。回傳 list 裡的物件。

❸ 具有 'type': 'book' 的任何其他 mapping 都無效，發出 ValueError。

❹ 比對出具有 'type': 'movie' 且 'director' 鍵對映至單一物件的任何 mapping。回傳 list 裡的物件。

❺ 任何其他對象都無效，發出 ValueError。

範例 3-2 展示處理半結構化的資料（例如 JSON 紀錄）的實用技巧：

- 加入一個欄位，用來說明紀錄的類型（例如 'type': 'movie'）

- 加入一個欄位來指出 schema 版本（例如 'api': 2'），讓公用 API 可繼續研發

- 使用 case 來處理特定類型（例如 'book'）的無效紀錄，以及當成 catch-all

我們來看看 get_creators 如何處理一些具體的 doctest：

```
>>> b1 = dict(api=1, author='Douglas Hofstadter',
...          type='book', title='Gödel, Escher, Bach')
>>> get_creators(b1)
['Douglas Hofstadter']
>>> from collections import OrderedDict
>>> b2 = OrderedDict(api=2, type='book',
...          title='Python in a Nutshell',
...          authors='Martelli Ravenscroft Holden'.split())
>>> get_creators(b2)
['Martelli', 'Ravenscroft', 'Holden']
>>> get_creators({'type': 'book', 'pages': 770})
Traceback (most recent call last):
    ...
ValueError: Invalid 'book' record: {'type': 'book', 'pages': 770}
>>> get_creators('Spam, spam, spam')
Traceback (most recent call last):
    ...
ValueError: Invalid record: 'Spam, spam, spam'
```

注意，在模式裡，鍵的順序無關緊要，即使對象是 b2 這種 OrderedDict。

相較於 sequence 模式，mapping 模式可進行部分比對。在 doctest 裡，b1 與 b2 這兩個對象有一個未出現在任何 'book' 模式裡的 'title' 鍵，但它們都成功匹配。

你不需要使用 **extra 來比對額外的鍵值，但如果你想要提取它們成為 dict，你可以在變數前加上 **。它必須放在模式的最後面，且禁止使用 **_，因為它會是多餘的。舉個簡單的例子：

```
>>> food = dict(category='ice cream', flavor='vanilla', cost=199)
>>> match food:
...     case {'category': 'ice cream', **details}:
...         print(f'Ice cream details: {details}')
...
Ice cream details: {'flavor': 'vanilla', 'cost': 199}
```

我們將在第 92 頁的「自動處理缺漏的鍵」研究 defaultdict 與其他 mapping，在那裡，透過 __getitem__ 可以成功地查詢鍵（即 d[key]），因為缺失的項目會被即時建立。唯有位於 match 陳述式頂部的對象已經有所需的鍵時，比對才會成功。

 因為模式比對一定使用 d.get(key, sentinel) 方法，所以不會自動處理缺漏的鍵，該方法的預設 sentinel 是一個特殊的標記值，它不可能出現在使用者的資料裡。

瞭解語法與結構後，我們來學習 mapping 的 API。

mapping 型態的 API

collections.abc 模組提供 Mapping 與 MutableMapping ABC，來定義 dict 的介面與類似的型態，參見圖 3-1。

ABC 主要的價值在於記錄與規範 mapping 的標準介面，並在需要支援廣義 mapping 的程式碼中，作為 isinstance 檢驗的標準：

```
>>> my_dict = {}
>>> isinstance(my_dict, abc.Mapping)
True
>>> isinstance(my_dict, abc.MutableMapping)
True
```

使用 isinstance 來檢查 ABC 通常比檢查一個函式引數是不是具體的 dict 型態更好，因為如此一來可以使用其他的 mapping 型態。我們會在第 13 章進一步討論。

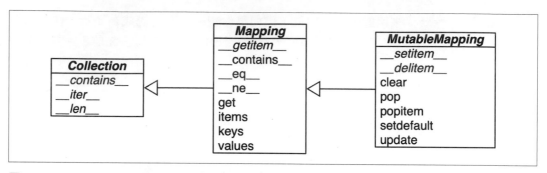

圖 3-1 　MutableMapping 及源自 collections.abc 超類別的簡化 UML 類別圖（繼承箭頭從子類別指向超類別，斜體名稱代表抽象類別與抽象方法）

在自訂 mapping 時，比較簡單的方法是 extend collections.UserDict，或使用組合（composition）來包裝 dict，而不是製作這些 ABC 的子類別。collections.UserDict 類別與標準程式庫的所有具體 mapping 類別在它們的實作中封裝了基本的 dict，而 dict 是用雜湊表來建構的。因此，它們都有相同的限制條件：鍵必須是 *hashable*（可雜湊化的）（值不需要 hashable，只有鍵）。如果你需要復習一下，見下一節的說明。

何謂可雜湊化（hashable）？

以下是 hashable 的定義，改編自 Python Glossary（*https://fpy.li/3-3*）：

> 如果物件有一個雜湊碼，且雜湊碼在物件的生命週期中絕不改變（它需要一個 __hash__() 方法），而且該物件可以和其他物件比較（它需要一個 __eq__() 方法），該物件就是 hashable。hashable 物件必須有相同雜湊碼才能視為相等。[2]

2　Python Glossary（*https://fpy.li/3-3*）的「hashable」項目使用「hash value（雜湊值）」而不是 *hash code*（雜湊碼）。我比較喜歡使用雜湊碼，因為它是在 mapping 的背景下經常討論的概念，在 mapping 裡，項目是由鍵值組成的，所以將雜湊碼說成雜湊值可能會令人困惑。本書僅用雜湊碼。

數字型態與不可變的平面型態 str 及 bytes 都是 hashable。如果容器型態是不可變的，而且裡面的物件都是 hashable，那麼該容器型態就是 hashable。

frozenset 一定可雜湊化，因為根據它們的定義，它們容納的每一個元素都必須是 hashable。tuple 只在它的所有項目都是 hashable 時，才是 hashable。看一下 tuple tt、tl 與 tf：

```
>>> tt = (1, 2, (30, 40))
>>> hash(tt)
8027212646858338501
>>> tl = (1, 2, [30, 40])
>>> hash(tl)
Traceback (most recent call last):
  File "<stdin>", line 1, in <module>
TypeError: unhashable type: 'list'
>>> tf = (1, 2, frozenset([30, 40]))
>>> hash(tf)
-4118419923444501110
```

物件的雜湊碼可能因 Python 版本、機器結構、*salt* 的不同而異。salt 是為了安全，在計算雜湊時加入的值。[3] 正確製作的物件的雜湊碼僅在單一 Python 程序中保證不變。

在預設情況下，自訂型態是 hashable，因為它們的雜湊碼是它們的 id()，而且從 object 類別繼承的 __eq__() 方法僅比較物件 ID。如果物件自訂 __eq__，而且會考慮它的內部狀態，那就只有在它的 __hash__() 始終回傳相同的雜湊碼時，它才是 hashable。在實務上，__eq__() 與 __hash__() 必須只考慮在物件的生命期中絕對不變的實例屬性。

接著，我們來回顧 Python 最常用的 mapping 型態的 API：dict、defaultdict 與 OrderedDict。

常見的 mapping 方法概覽

mapping 的基本 API 很豐富。表 3-1 是 dict 與兩種最常見的變體（defaultdict 與 OrderedDict）所實作的方法。這兩個變體都被定義在 collections 模組裡面。

3　關於安全問題和採取的解決方案，見 PEP 456 —— Secure and interchangeable hash algorithm（*https://fpy.li/pep456*）。

表 3-1　mapping 型態 dict、collections.defaultdict 與 collections.OrderedDict 的方法（為了簡化，省略常見的 object 方法）；在 […] 裡面的是選用引數

	dict	defaultdict	OrderedDict	
d.clear()	●	●	●	刪除所有項目
d.__contains__(k)	●	●	●	in d
d.copy()	●	●	●	淺複製
d.__copy__()		●		支援 copy.copy(d)
d.default_factory		●		讓 __missing__ 呼叫以設定不存在的值的 callable[a]
d.__delitem__(k)	●	●	●	del d[k] —— 移除鍵為 k 的項目
d.fromkeys(it, [initial])	●	●	●	用 iterable 的鍵來製作新 mapping，可使用初始值（預設為 None）
d.get(k, [default])	●	●	●	取得鍵為 k 的項目，若無則回傳 None
d.__getitem__(k)	●	●	●	d[k] —— 取得鍵為 k 的項目
d.items()	●	●	●	取得項目的 *view* —— (key, value)
d.__iter__()	●	●	●	取得迭代鍵的 iterator
d.keys()	●	●	●	取得鍵的 *view*
d.__len__()	●	●	●	*len(d)* —— 項目的數量
d.__missing__(k)		●		當 __getitem__ 無法找到鍵時呼叫
d.move_to_end(k, [last])			●	將 k 移至第一個或最後一個位置（last 的預設值是 True）
d.__or__(other)	●	●	●	支援 d1 | d2，以合併 d1 與 d2 來建立新 dict（Python 3.9 以上）
d.__ior__(other)	●	●	●	支援 d1 |= d2，來以 d2 更新 d1（Python 3.9 以上）
d.pop(k, [default])	●	●	●	移除並回傳位於 k 的值，若無，則回傳 default 或 None
d.popitem()	●	●	●	移除並以 (key, value) 回傳上一個插入的項目[b]

	dict	defaultdict	OrderedDict	
d.__reversed__()	●	●	●	支援 reverse(d) —— 回傳 iterator，可從上一個插入的鍵迭代到第一個插入的鍵。
d.__ror__(other)	●	●	●	支援 other | dd —— 反向聯集運算子（Python 3.9 以上）[c]
d.setdefault(k, [default])	●	●	●	若 k in d 則回傳 d[k]，否則設定 set d[k] = default 並回傳它
d.__setitem__(k, v)	●	●	●	d[k] = v —— 將 v 放到 k
d.update(m, [**kwargs])	●	●	●	將 d 改成 (key, value) mapping 或 iterable 的項目
d.values()	●	●	●	取得值的 *view*

[a] default_factory 不是方法，而是在實例化 defaultdict 時，由最終使用者設定的 callable 屬性。

[b] OrderedDict.popitem(last=False) 會移除第一個插入的項目（FIFO）。在最近的 Python 3.10b3 裡，dict 和 defaultdict 不支援 last 關鍵字引數。

[c] 第 16 章會解釋反向操作。

update 處理第一個引數 m 的做法是鴨定型（*duck typing*）的絕佳案例：它先檢查 m 有沒有 keys 方法，若有，則假定它是個 mapping，否則，update 退回去迭代 m，假設它的項目是 (key, value)。大多數的 Python mapping 的建構式都在內部使用 update() 的邏輯，這意味著，其他的 mapping 可以初始化它們，產生 (key, value) 的任何 iterable 物件也可以。

setdefault() 是一種微妙的 mapping 方法。當我們需要就地更新項目的值時，它可以避免多餘地查詢鍵。下一節要介紹如何使用它。

插入或更新可變的值

本著 Python 的快速失敗（*fail-fast*）的哲學，用 d[k] 來存取 dict 時，如果 k 不是現有的鍵，Python 會發出錯誤。Python 鐵粉都知道 d.get(k, default) 是 d[k] 的另一種寫法，在直接使用預設值比處理 KeyError 更方便時，可以使用它。然而，當你收到可變的值，而且想要更改它時，你可以採取更好的做法。

考慮一個檢索文字的腳本，它會產生一個 mapping，在裡面，每個鍵都是一個單字，每個值都是一個 list，list 裡面有該單字出現的位置，如範例 3-3 所示。

範例 3-3　用範例 3-4 來處理 Zen of Python 產生的部分輸出，每一行都有一個單字，以及一個由成對的位置（(line_number, column_number)）組成的 list

```
$ python3 index0.py zen.txt
a [(19, 48), (20, 53)]
Although [(11, 1), (16, 1), (18, 1)]
ambiguity [(14, 16)]
and [(15, 23)]
are [(21, 12)]
aren [(10, 15)]
at [(16, 38)]
bad [(19, 50)]
be [(15, 14), (16, 27), (20, 50)]
beats [(11, 23)]
Beautiful [(3, 1)]
better [(3, 14), (4, 13), (5, 11), (6, 12), (7, 9), (8, 11), (17, 8), (18, 25)]
...
```

範例 3-4 不是好程式，其目的是為了展示何時 dict.get 並非處理缺漏鍵的最佳選項。它是我根據 Alex Martelli 的一個範例改編的。[4]

範例 3-4　index0.py 使用 dict.get 來提取和更新一個 list，該 list 存放單字出現位置（更好的做法在範例 3-5）

```
"""建立 index，將單字對映至出現次數 list"""

import re
import sys

WORD_RE = re.compile(r'\w+')

index = {}
with open(sys.argv[1], encoding='utf-8') as fp:
    for line_no, line in enumerate(fp, 1):
        for match in WORD_RE.finditer(line):
            word = match.group()
            column_no = match.start() + 1
```

---

[4]　原始的腳本在 Martelli 的「Re-learning Python」簡報（*https://fpy.li/3-5*）的第 41 張投影片。他的腳本其實是為了展示 dict.setdefault，參見範例 3-5。

```
                location = (line_no, column_no)
                # 寫得得醜，這是為了說明問題
                occurrences = index.get(word, [])    ❶
                occurrences.append(location)         ❷
                index[word] = occurrences            ❸

# 按字典順序顯示
for word in sorted(index, key=str.upper):            ❹
    print(word, index[word])
```

❶ 取得 word 的出現位置 list，如果找不到，則得到 []。

❷ 將新的位置附加到 occurrences。

❸ 將更改後的 occurrences 放入 index dict；這需要對 index 進行第二次搜尋。

❹ 在 sorted 的 key= 引數中，我並未呼叫 str.upper，而是傳遞一個指向該方法的參考，讓 sorted 函式可以使用它來將單字正規化，以便排序。[5]

在範例 3-4 中處理 occurrences 的三行可以用 dict.setdefault 來改成一行。範例 3-5 較像 Alex Martelli 的程式。

範例 3-5　index.py 使用 dict.setdefault，以一行程式提取和更改單字位置 list。與範例 3-4 比較

```
""" 建立 index，將單字對映至出現位置 list"""

import re
import sys

WORD_RE = re.compile(r'\w+')

index = {}
with open(sys.argv[1], encoding='utf-8') as fp:
    for line_no, line in enumerate(fp, 1):
        for match in WORD_RE.finditer(line):
            word = match.group()
            column_no = match.start() + 1
            location = (line_no, column_no)
            index.setdefault(word, []).append(location)    ❶
```

5　這是個將方法當成一級函式來使用的案例，這是第 7 章的主題。

```
# 按字典順序顯示
for word in sorted(index, key=str.upper):
    print(word, index[word])
```

❶ 取得 word 的出現位置 list，如果沒有找到，就將它設為 []；setdefault 會回傳值，所以不需要做第二次搜尋就可以更新它。

換句話說，這一行的最終結果⋯

```
        my_dict.setdefault(key, []).append(new_value)
```

⋯與執行以下程式一樣⋯

```
    if key not in my_dict:
        my_dict[key] = []
    my_dict[key].append(new_value)
```

⋯但後者至少搜尋兩次 key（如果沒找到，還會搜尋第三次），而 setdefault 只要搜尋一次即可完成所有工作。

下一節的主題是在進行任何尋找時（而不是只有在插入時）處理缺漏的鍵。

自動處理缺漏的鍵

有時在找到缺漏的鍵時，讓 mapping 回傳虛構值很方便，你可以採取兩種做法，第一種是使用 defaultdict 而不是一般的 dict。另一種是繼承 dict 或任何其他的 mapping，並加入一個 __missing__ 方法。接下來會討論這兩種做法。

defaultdict：處理缺漏的鍵的另一種做法

在使用 d[k] 語法並找到缺漏的鍵時，collections.defaultdict 實例會根據需要即時使用預設值來建立項目。範例 3-6 使用 defaultdict 以優雅的另一種做法來處理範例 3-5 的單字檢索任務。

以下是它的工作方式：當你實例化 defaultdict 時，你要提供一個 callable，讓它在 __getitem__ 收到不存在的鍵引數時產生一個預設值。

例如，假設有個 defaultdict 是用 dd = defaultdict(list) 做出來的，如果 dd 裡沒有 'new-key'，dd['new-key'] 會執行以下的步驟：

1. 呼叫 list() 來建立新 list。

2. 以 'new-key' 為鍵，將 list 插入 dd。

3. 回傳那個 list 的參考。

產生預設值的 callable 被保存在名為 default_factory 的實例屬性裡。

範例 3-6 *index_default.py*：使用 defaultdict 而不是 setdefault 方法

```python
"""建立一個索引，將單字對映至出現位置 list"""

import collections
import re
import sys

WORD_RE = re.compile(r'\w+')

index = collections.defaultdict(list)      ❶
with open(sys.argv[1], encoding='utf-8') as fp:
    for line_no, line in enumerate(fp, 1):
        for match in WORD_RE.finditer(line):
            word = match.group()
            column_no = match.start() + 1
            location = (line_no, column_no)
            index[word].append(location)    ❷

# 按字典順序顯示
for word in sorted(index, key=str.upper):
    print(word, index[word])
```

❶ 建立 defaultdict，將 list 當成 default_factory。

❷ 如果 word 不在 index 裡，那就呼叫 default_factory 來產生缺漏值（在這個例子中，它是個空的 list），然後將它指派給 index[word] 並回傳，所以 .append(location) 操作一定成功。

如果未提供 default_factory，找到缺漏鍵時，同樣會發出 KeyError。

 defaultdict 的 default_factory 僅用來提供呼叫 __getitem__ 時的預設值，不供其他方法使用。例如，如果 dd 是 defaultdict，且 k 是缺漏的鍵，dd[k] 會呼叫 default_factory 來建立預設值，但 dd.get(k) 仍然回傳 None，且 k in dd 為 False。

藉著呼叫 default_factory 來讓 defaultdict 得以運作的機制是 __missing__ 特殊方法，接下來要討論這個功能。

__missing__ 方法

mapping 處理缺漏鍵的底層機制是名符其實的 __missing__ 方法。這個方法不是在 dict 基礎類別裡面定義的，但 dict 認識它，如果你繼承 dict 並提供一個 __missing__ 方法，標準的 dict.__getitem__ 會在找不到鍵時呼叫它，而不是發出 KeyError。

假如你想要讓 mapping 被查詢時，將鍵轉換成 str，例如 IoT 的設備程式庫[6]，它的可程式主機板的 I/O 接腳（例如 Raspberry Pi 或 Arduino）是用 Board 類別的 my_board.pins 屬性來表示的，該屬性是一個 mapping，可將實體接腳代碼對映到接腳軟體物件。實體接腳代碼可能只是一個數字，或類似 "A0" 或 "P9_12" 的字串。為了實現一致性，我們想讓 board.pins 的所有鍵都是字串，但是用數字來查詢接腳也很方便，例如 my_arduino.pin[13]，這可以避免新人想要點亮 Arduinos 的接腳 13 的 LED 時出錯。範例 3-7 展示這種 mapping 如何運作。

範例 3-7　在搜尋非字串鍵，且找不到它時，StrKeyDict0 會將它轉換成 str

Tests for item retrieval using `d[key]` notation::

```
>>> d = StrKeyDict0([('2', 'two'), ('4', 'four')])
>>> d['2']
'two'
>>> d[4]
'four'
>>> d[1]
Traceback (most recent call last):
  ...
KeyError: '1'
```

Tests for item retrieval using `d.get(key)` notation::

```
>>> d.get('2')
'two'
>>> d.get(4)
'four'
```

6　Pingo.io（*https://fpy.li/3-6*）是這種程式庫之一，但它已經不再被積極開發了。

```
>>> d.get(1, 'N/A')
'N/A'
```

Tests for the `in` operator::

```
>>> 2 in d
True
>>> 1 in d
False
```

範例 3-8 的類別 StrKeyDict0 可以通過上述的 doctests。

 若要建立自訂的 mapping 型態，比較好的做法是繼承 collections. UserDict，而不是 dict（我們將在範例 3-9 這樣做）。我們在此繼承 dict 是為了展示 __missing__ 是由內建的 dict.__getitem__ 方法支援的。

範例 3-8　在查詢時，StrKeyDict0 將非字串鍵轉換成 str（參見範例 3-7 的測試）

```
class StrKeyDict0(dict):  ❶

    def __missing__(self, key):
        if isinstance(key, str):  ❷
            raise KeyError(key)
        return self[str(key)]  ❸

    def get(self, key, default=None):
        try:
            return self[key]  ❹
        except KeyError:
            return default  ❺

    def __contains__(self, key):
        return key in self.keys() or str(key) in self.keys()  ❻
```

❶ StrKeyDict0 繼承 dict。

❷ 檢查 key 是否已經是 str。如果它是，而且找不到它，就發出 KeyError。

❸ 以 key 建構 str，並尋找它。

❹ get 方法使用 self[key] 來將工作委託給 __getitem__，使我們的 __missing__ 有機會展開行動。

❺ 如果發出 KeyError，代表 __missing__ 已經失敗了，所以回傳 default。

❻ 尋找未被修改的鍵（實例可能有非 str 的鍵），然後尋找用鍵來建構的 str。

稍微想一下，為何在 __missing__ 裡必須測試 isinstance(key, str)？

如果沒有這項測試，當 str(k) 產生現有的鍵時，任何鍵 k（無論是 str 還是非 str）都可以讓我們的 __missing__ 方法正常運作。但如果 str(k) 不是現有的鍵，我們就得到一個無窮遞迴。在 __missing__ 的最後一行，self[str(key)] 會呼叫 __getitem__，傳遞那個 str 鍵，進而再次呼叫 __missing__。

為了讓這個範例維持一致的行為，__contains__ 方法也必不可少，因為 k in d 會呼叫它，但是從 dict 繼承的方法不會退回去呼叫 __missing__。我們的 __contains__ 有一個奧妙的地方：我們不像道地的 Python 做法那樣檢查鍵（k in my_dict），因為 str(key) in self 會遞迴呼叫 __contains__。我們在 self.keys() 裡面明確地查詢鍵來避免這一點。

即使 mapping 極大，像 k in my_dict.keys() 這種搜尋方式在 Python 3 也很高效，因為 dict.keys() 回傳 view，它類似 set，第 113 頁的「對著 dict view 進行 set 操作」會說明。但是別忘了，k in my_dict 做的是同一件事，而且比較快，因為它不會在尋找 .keys 方法時查詢屬性。

我在範例 3-8 的 __contains__ 方法裡使用 self.keys() 是有原因的。為了避免錯誤，我必須檢查未修改的鍵（key in self.keys()），因為 StrKeyDict0 不強迫 dict 裡的所有鍵都必須是 str 型態。在這個簡單的範例中，我們的唯一目標是讓搜尋「更人性化」，而不是強制使用某些型態。

> 從標準程式庫的 mapping 衍生的自訂類別可能在 __getitem__、get 或 __contains__ 裡將 __missing__ 當成後備機制來使用，也可能不會，見下一節的說明。

標準程式庫並未一致地使用 __missing__

考慮以下的場景，以及它們如何影響尋找缺漏鍵：

dict 的子類別

 dict 的子類別只實作 __missing__，未實作其他方法。在這個情況下，__missing__ 可能只會在執行 d[k] 時呼叫，它會使用從 dict 繼承的 __getitem__。

collections.UserDict 的子類別

> 類似地，UserDict 的子類別只實作 __missing__，沒有實作其他方法。從 UserDict 繼承的 get 方法呼叫 __getitem__。這意味著 Python 可能呼叫 __missing__ 來處理以 d[k] 與 d.get(k) 進行的查詢。

abc.Mapping 的子類別使用最簡單的 __getitem__

> abc.Mapping 的極簡（minimal）子類別實作 __missing__ 與所需的抽象方法，包括不呼叫 __missing__ 的 __getitem__。在這個情況下，__missing__ 方法絕不會被觸發。

abc.Mapping 的子類別的 __getitem__ 呼叫 __missing__

> abc.Mapping 的極簡（minimal）子類別實作 __missing__ 與所需的抽象方法，包括呼叫 __missing__ 的 __getitem__。在這個情況下，使用 d[k]、d.get(k) 與 k in d 來查詢缺漏鍵會觸發 __missing__ 方法。

範例程式存放區的 *missing.py*（*https://fpy.li/3-7*）有以上情況的展示。

剛才提到的四種情況假設它們是最簡單的實作。如果你的子類別實作了 __getitem__、get 與 __contains__，那麼你可讓這些方法使用 __missing__ 或不使用它，取決於你的需求。本節的重點是讓你知道，當你編寫標準程式庫 mapping 的子類別來使用 __missing__ 時要很小心，因為基礎類別在預設情況下支援不同的行為。

別忘了，查詢鍵也會影響 setdefault 與 update 的行為。最後，取決於你的 __missing__ 的邏輯，你可能要在 __setitem__ 裡編寫特殊邏輯，以避免不一致或意外的行為。在第 100 頁的「製作 UserDict 的子類別而不是 dict 的子類別」有一個例子。

到目前為止，我們已經討論 dict 與 defaultdict mapping 型態了，但是標準程式庫還有其他的 mapping 實作，這是接下來的主題。

dict 的變體

這一節要概覽標準程式庫裡面的 mapping 型態，除了已經在第 92 頁的「defaultdict：處理缺漏的鍵的另一種做法」討論的 defaultdict 之外。

collections.OrderedDict

自 Python 3.6 起，內建的 dict 也會保持鍵的順序，使用 OrderedDict 最常見的理由是撰寫和以前的 Python 版本回溯相容的程式。話雖如此，Python 的文件列出 dict 與 OrderedDict 之間的一些其他差異，我在此引用那些內容，但我會按照日常使用的相關性重新排列項目：

- OrderedDict 的相等性操作會檢查比對順序。

- OrderedDict 的 popitem() 方法有不同的簽章。它接收一個選用的引數，以指定要 pop 哪個項目。

- OrderedDict 有一個 move_to_end() 方法，可高效地將元素移到一個端點。

- 常規的 dict 在設計上是為了高效地進行 mapping（對映）操作。追蹤插入順序是次要的工作。

- OrderedDict 在設計上是為了高效地進行重新排序操作。空間效率、迭代速度、更新操作的性能是次要的目標。

- 就演算法而言，OrderedDict 比 dict 更擅長處理頻繁的重新排序操作。所以它很適合追蹤最近的存取（例如，在 LRU 快取內的存取）。

collections.ChainMap

ChainMap 實例保存一個包含許多 mapping 的 list，我們可將它們視為一個整體，來進行搜尋。Python 會按照輸入的 mapping 出現在建構式呼叫式裡的順序，對它們執行查詢，只要在其中一個 mapping 找到鍵，就立刻成功。例如：

```
>>> d1 = dict(a=1, b=3)
>>> d2 = dict(a=2, b=4, c=6)
>>> from collections import ChainMap
>>> chain = ChainMap(d1, d2)
>>> chain['a']
1
>>> chain['c']
6
```

ChainMap 實例不複製輸入 mapping，而是保存它們的參考。對 ChainMap 進行更改或插入只會影響第一個輸入 mapping。延續之前的範例：

```
>>> chain['c'] = -1
>>> d1
{'a': 1, 'b': 3, 'c': -1}
>>> d2
{'a': 2, 'b': 4, 'c':6}
```

ChainMap 很適合用來實作具備嵌套作用域（nested scope）的語言的直譯器，此時會用每一個 mapping 來代表一個作用域環境，從最裡面的作用域到最外面的作用域。collections 文件的「ChainMap objects」小節（*https://fpy.li/3-8*）有一些 ChainMap 的使用範例，包括這一段受 Python 的變數查詢基本規則啟發的程式：

```
import builtins
pylookup = ChainMap(locals(), globals(), vars(builtins))
```

範例 18-14 有一個 ChainMap 子類別，其用途是為 Scheme 程式語言的子集合實作直譯器。

collections.Counter

mapping 為每一個鍵保存一個整數計數，一旦現有的鍵被更新，它的計數就會增加，它可以用來計數 hashable 物件的實例，或作為 multiset（本節稍後討論）。Counter 有合併統計數字的 + 與 - 運算子，以及其他實用的方法，例如 most_common([n]) 回傳一個有序的 tuple list，內含最常見的 *n* 個項目及其數量，詳情見文件（*https://fpy.li/3-9*）。我們用 Counter 來計數單字內的字母數：

```
>>> ct = collections.Counter('abracadabra')
>>> ct
Counter({'a': 5, 'b': 2, 'r': 2, 'c': 1, 'd': 1})
>>> ct.update('aaaaazzz')
>>> ct
Counter({'a': 10, 'z': 3, 'b': 2, 'r': 2, 'c': 1, 'd': 1})
>>> ct.most_common(3)
[('a', 10), ('z', 3), ('b', 2)]
```

注意，'b' 與 'r' 鍵都是第三名，但 ct.most_common(3) 僅顯示三個計數。

將 collections.Counter 當成 multiset 來使用時，我們可以把鍵想成 set（集合）裡的元素，把 count（計數）想成元素在 set 裡出現的次數。

shelve.Shelf

標準程式庫的 shelve 模組為這種 mapping 提供持久保存機制：將字串鍵對映到 pickle 二進制格式的 Python 物件。你只要想像泡菜（pickle）缸被放在架子（shelve）上，就可以理解為何使用 shelve 這個奇怪的名稱了。

shelve.open 模組級函式回傳一個 shelve.Shelf 實例，它是一個基於 dbm 模組的鍵值 DBM 資料庫，具有以下特點：

- shelve.Shelf 繼承 abc.MutableMapping，所以它提供 mapping 型態該有的基本方法。

- 此外，shelve.Shelf 提供一些其他的 I/O 管理方法，例如 sync 與 close。

- Shelf 實例是 context manager，所以你可以用 with 區塊來確保它被用完之後會被關閉。

- 有新值被指派給鍵時，鍵與值都會被儲存。

- 鍵必須是字串。

- 值必須是可用 pickle 模組來序列化的物件。

shelve（*https://fpy.li/3-10*）、dbm（*https://fpy.li/3-11*）與 pickle（*https://fpy.li/3-12*）模組的文件有更多細節和一些注意事項。

 雖然 Python 的 pickle 在簡單的案例中很容易使用，但它有一些缺點。在採用涉及 pickle 的任何解決方案之前，可先閱讀 Ned Batchelder 的「Pickle's nine flaws」（*https://fpy.li/3-13*）。在 Ned 的文章裡，他提到可以考慮的其他序列化格式。

OrderedDict、ChainMap、Counter 與 Shelf 都現成可用，但可以透過子類別化（subclassing）來自訂。相較之下，UserDict 只是一個用來擴展的基礎類別。

製作 UserDict 的子類別而不是 dict 的子類別

在建立新 mapping 型態時，比較好的做法是繼承 collections.UserDict，而不是 dict。當我們試著擴展範例 3-8 的 StrKeyDict0，以確保被加入 mapping 的鍵都被存為 str 時，就已經知道這一點了。

繼承 UserDict 比繼承 dict 更好的主要原因在於，內建類別有一些實作捷徑會強迫我們覆寫可以安全地從 UserDict 繼承的方法。[7]

注意，UserDict 未繼承 dict，而是使用組合（composition）：它有一個內部的 dict 實例稱為 data，該實例保存實際的項目。使用組合可以在編寫 __setitem__ 之類的特殊方法時，避免出現不想要的遞迴，而且與範例 3-8 相較之下，可簡化 __contains__ 的程式。

拜 UserDict 之賜，StrKeyDict（範例 3-9）比 StrKeyDict0（範例 3-8）更短，但它做更多事情：它將所有鍵存為 str，可避免在使用非字串鍵的資料建立或更新實例時發生不愉快的意外。

範例 3-9　在插入、更新與查詢的時候，StrKeyDict 一定將非字串鍵轉換成 str

```
import collections

class StrKeyDict(collections.UserDict):    ❶

    def __missing__(self, key):    ❷
        if isinstance(key, str):
            raise KeyError(key)
        return self[str(key)]

    def __contains__(self, key):
        return str(key) in self.data    ❸

    def __setitem__(self, key, item):
        self.data[str(key)] = item    ❹
```

❶ StrKeyDict 繼承 UserDict。

❷ __missing__ 與範例 3-8 一樣。

❸ __contains__ 更簡單了：我們可以假設已儲存的鍵都是 str，並且檢查 self.data，而不必像在 StrKeyDict0 裡那樣呼叫 self.keys()。

❹ __setitem__ 將任何 key 轉換成 str。當我們可以委託給 self.data 屬性時，覆寫這個方法比較簡單。

7　第 499 頁的「建立內建型態的子類別很麻煩」會說明製作 dict 與其他內建型態的子類別時問題。

由於 UserDict 擴展（extend）MutableMapping，所以可讓 StrKeyDict 成為完整 mapping 的其他方法都是從 UserDict、MutableMapping 或 Mapping 繼承來的。後者有一些實用的具體方法，雖然它是抽象基礎類別（ABC）。以下是特別值得關注的方法：

MutableMapping.update

> 這個強力的方法可以直接呼叫，但 __init__ 也用它來從其他 mapping、(key, value) iterable、關鍵字引數載入實例。因為它使用 self[key] = value 來添加項目，所以它最終會呼叫我們寫的 __setitem__。

Mapping.get

> 在 StrKeyDict0（範例 3-8）裡，我們寫了自己的 get 來回傳與 __getitem__ 相同的結果，但是在範例 3-9 裡，我們繼承了 Mapping.get，它的程式很像 StrKeyDict0.get（見 Python 原始碼（*https://fpy.li/3-14*））。

 Antoine Pitrou 寫了 PEP 455 —— Adding a key-transforming dictionary to collections（*https://fpy.li/pep455*），以及一個用 TransformDict 來加強 collections 模組的補丁，讓它比 StrKeyDict 更通用，並且在進行轉換之前，保留所提供的鍵。PEP 455 在 2015 年 5 月被拒絕了，見 Raymond Hettinger 的拒絕訊息（*https://fpy.li/3-15*）。為了實驗 TransformDict，我從 issue18986（*https://fpy.li/3-16*）提取 Pitrou 的補丁，做成一個獨立的模組（*03-dict-set/transformdict.py*）（*https://fpy.li/3-17*），放在 *Fluent Python* 第二版的程式存放區裡（*https://fpy.li/code*）。

我們知道 Python 有幾種不可變的 sequence 型態，那麼，有沒有不可變的 mapping？標準程式庫沒有這樣的 mapping，但有一個替身。這是接下來的主題。

不可變的 mapping

標準程式庫提供的 mapping 型態都是可變的，但你可能需要防止使用者不小心更改 mapping。我們同樣可以在第 94 頁的「__missing__ 方法」提到的 *Pingo* 這種硬體程式庫裡找到具體的用例，它用 board.pins mapping 來代表設備上的 GPIO 接腳，因此，防止不小心更改 board.pins 是個好主意，因為硬體不能用軟體來改變，所以對 mapping 進行的任何更改，都會使它與設備的實際情況不一致。

types 模組有一個稱為 MappingProxyType 的封裝類別，mappingproxy 是原始的 mapping 的唯讀動態代理，也就是說，針對原始的 mapping 所做的任何更改都會反映在 mappingproxy 上，但你不能透過 mappingproxy 來進行任何更改。見範例 3-9 的簡單示範。

範例 3-10　MappingProxyType 用 dict 來建構一個唯讀的 mappingproxy 實例

```
>>> from types import MappingProxyType
>>> d = {1: 'A'}
>>> d_proxy = MappingProxyType(d)
>>> d_proxy
mappingproxy({1: 'A'})
>>> d_proxy[1]  ❶
'A'
>>> d_proxy[2] = 'x'  ❷
Traceback (most recent call last):
  File "<stdin>", line 1, in <module>
TypeError: 'mappingproxy' object does not support item assignment
>>> d[2] = 'B'
>>> d_proxy  ❸
mappingproxy({1: 'A', 2: 'B'})
>>> d_proxy[2]
'B'
>>>
```

❶　在 d_proxy 裡面的項目可以用 d 來查看。

❷　不能用 d_proxy 來進行更改。

❸　d_proxy 是動態的，在 d 內的任何更改都會反應出來。

以下是實際的硬體程式設計場景：在 Board 具體子類別的建構式裡，我們將接腳物件放入私用的 mapping 裡，使用 mappingproxy 來實作 .pins 公用屬性，透過 .pins 來將接腳公開給 API 的用戶端。如此一來，用戶端就不會不小心添加、移除，或更改接腳了。

接下來，我們要來討論 view，它可讓你對著 dict 進行高效操作，而不需要複製資料。

dictionary view

dict 實例方法 .keys()、.values() 與 .items() 分別回傳 dict_keys、dict_values 與 dict_items 類別的實例。這些 dict view 是 dict 實作中使用的內部資料結構的唯讀投影。它們避免了 Python 2 中的相應方法帶來的記憶體開銷（那些方法回傳的 list 會複製目標 dict 已有的資料），它們也取代了回傳 iterator 的舊方法。

範例 3-11 是所有 dict view 都支援的基本操作。

範例 3-11 .values() 方法回傳 dict 裡的值的 view

```
>>> d = dict(a=10, b=20, c=30)
>>> values = d.values()
>>> values
dict_values([10, 20, 30])  ❶
>>> len(values)  ❷
3
>>> list(values)  ❸
[10, 20, 30]
>>> reversed(values)  ❹
<dict_reversevalueiterator object at 0x10e9e7310>
>>> values[0] 5
Traceback (most recent call last):
  File "<stdin>", line 1, in <module>
TypeError: 'dict_values' object is not subscriptable
```

❶ 用 view 物件的 repr 展示其內容。

❷ 我們可以查詢 view 的 len。

❸ view 是 iterable，所以用它們來建立 list 很簡單。

❹ view 實作了 __reversed__，可回傳自訂的 iterator。

❺ 我們不能使用 [] 來取得 view 的個別項目。

view 物件是一種動態代理，如果來源 dict 被改變，你可以立刻透過現有的 view 看到那些改變。延續範例 3-11：

```
>>> d['z'] = 99
>>> d
{'a': 10, 'b': 20, 'c': 30, 'z': 99}
>>> values
dict_values([10, 20, 30, 99])
```

dict_keys、dict_values 與 dict_items 是內部類別，你不能透過 __builtins__ 或任何標準程式庫模組來使用它們，即使你取得它們的參考，你也不能在 Python 程式裡，從零開始用它來建立 view：

```
>>> values_class = type({}.values())
>>> v = values_class()
Traceback (most recent call last):
```

```
    File "<stdin>", line 1, in <module>
TypeError: cannot create 'dict_values' instances
```

dict_values 類別是最簡單的 dict view，它只實作了 __len__、__iter__ 與 __reversed__ 特殊方法。除了這些方法之外，dict_keys 與 dict_items 也實作了幾個 set 方法，幾乎與 frozenset 類別一樣多。第 113 頁的「對著 dict view 進行 set 操作」會說明更多關於 dict_keys 和 dict_items 的事情。

我們來看一下 dict 的底層實作可以讓我們學到哪些規則和技巧。

dict 的運作方式造成的實際後果

Python 的 dict 的雜湊表極為高效，但瞭解這項設計的實際效應非常重要：

- 鍵必須是可雜湊化的物件。它們必須實作適當的 __hash__ 與 __eq__ 方法，如第 86 頁的「何謂可雜湊化（hashable）？」所述。

- 用鍵來存取項目非常快。dict 可能有上百萬個鍵，但 Python 可以藉著計算鍵的雜湊碼，以及算出雜湊表的索引偏移量來直接找到它，在尋找相符的項目時，可能需要做少量次數的嘗試。

- 鍵的順序會被保留，這是 CPython 3.6 的 dict 的緊湊記憶體布局的副作用，它在 3.7 成為正式的語言功能。

- 雖然 dict 有新的緊湊布局，但它難免使用大量的記憶體，對容器而言，最緊湊的內部資料結構是指向項目的指標陣列。[8] 相較之下，雜湊表的每個項目需要儲存更多資料，而且為了提升效率，Python 必須讓 1/3 以上的雜湊表列（row）是空的。

- 為了節省記憶體，避免在 __init__ 方法之外建立實例屬性。

與實例屬性有關的最後一點基於一個事實：Python 在預設情況下，會把實例屬性存放在特殊的 __dict__ 屬性裡，__dict__ 是被附加到每一個實例的 dict。[9] 自從 Python 3.3 實作 PEP 412 —— Key-Sharing Dictionary（*https://fpy.li/pep412*）之後，類別的實例可以共用同一個雜湊表（與類別存放在一起）。那個雜湊表將被符合以下條件的新實例的 __dict__ 共用：新實例的屬性名稱與該類別在 __init__ return 時的第一個實例的屬性

8　tuple 就是這樣儲存的。

9　除非類別有 __slots__ 屬性，參見第 392 頁的「用 __slots__ 來節省記憶體」的解釋。

名稱相同。各個實例 __dict__ 只能用簡單的指標陣列來保存它自己的屬性值。在 __init__ 之後加入實例屬性會迫使 Python 僅為那個實例的 __dict__ 而建立新的雜湊表（在 Python 3.3 之前，它是所有實例的預設行為）。根據 PEP 412，這項優化為物件導向程式降低 10% 至 20% 的記憶體使用量。

關於緊湊布局和鍵共享優化的細節相當複雜，若要進一步瞭解，可閱讀 *fluentpython.com* 上的「Internals of sets and dicts」（*https://fpy.li/hashint*）。

接著來討論 set。

集合（set）理論

雖然 set 不是 Python 的新功能，但它仍然沒有被充分利用，set 型態及不可變的姐妹型態 frozenset 最初是以模組的形式出現在 Python 2.3 的標準程式庫裡，後來變成 Python 2.6 的內建型態。

> 在本書中，「set」代表 set 與 frozenset 兩者。在具體提到 set 類別時，我會使用程式碼的定寬字體：set。

set 是不同物件的集合（collection）。它的基本用例之一是移除重複的項目：

```
>>> l = ['spam', 'spam', 'eggs', 'spam', 'bacon', 'eggs']
>>> set(l)
{'eggs', 'spam', 'bacon'}
>>> list(set(l))
['eggs', 'spam', 'bacon']
```

> 如果你想要移除重複項目，但也想保留每個項目第一次出現的順序，你可以使用一般的 dict：
>
> ```
> >>> dict.fromkeys(l).keys()
> dict_keys(['spam', 'eggs', 'bacon'])
> >>> list(dict.fromkeys(l).keys())
> ['spam', 'eggs', 'bacon']
> ```

set 的元素必須是 hashable，set 型態本身不是 hashable，所以你不能用嵌套的 set 實例來建構 set。但 frozenset 是 hashable，所以你可以在 set 裡面放 frozenset 元素。

set 型態除了確保沒有重複的元素之外，也使用中綴運算子來實作許多集合操作，所以，給定 set a 與 b，a ｜ b 會回傳它們的聯集，a & b 計算交集，a - b 是差集，a ^ b 是對稱差。巧妙地使用 set 運算可以減少 Python 程式的行數與執行時間，也會因為移除迴圈和條件邏輯，而讓程式更容易閱讀和理解。

例如，假設你有一個大型的 email 地址集合（haystack）與一個較小的地址集合（needles），你想計算 haystack 裡面有幾個 needles。拜 set 交集之賜（& 運算子），只要用一行程式就可以寫出來（參見範例 3-12）。

範例 *3-12*　計算 haystack 有多少個 needles，兩者皆為 *set* 型態

```
found = len(needles & haystack)
```

如果不使用交集運算子，你就要用範例 3-13 的程式來完成範例 3-12 的同一個工作。

範例 *3-13*　計算 haystack 有多少個 needles（最終結果與範例 *3-12* 一樣）

```
found = 0
for n in needles:
    if n in haystack:
        found += 1
```

範例 3-12 跑得比範例 3-13 快一些，另一方面，範例 3-13 可處理任何 iterable 物件 needles 與 haystack，而在範例 3-12 中，兩者都必須是 set。但是，如果你當下沒有 set，你隨時可以立刻建構它們，如範例 3-14 所示。

範例 *3-14*　計算 haystack 有多少個 needles，這幾行程式可處理任何 *iterable* 型態

```
found = len(set(needles) & set(haystack))

# 另一種寫法：
found = len(set(needles).intersection(haystack))
```

當然，用範例 3-14 的寫法來建構 set 需要付出額外的代價，但如果 needles 或 haystack 已經是 set，範例 3-14 的代價可能比 3-13 的更少。

上面的範例都可以用 0.3 毫秒左右的時間，在具有 10,000,000 個項目的 haystack 內搜尋 1,000 個元素，每一個元素大約只要 0.3 微秒。

除了非常快速的成員檢查（拜底層的雜湊表之賜）之外，set 與 frozenset 內建型態也提供豐富的 API，可用來建立新 set，或者，就 set 而言，可變既有的 set。我們很快就會討論這些操作，但在那之前，我們先來看一下語法。

set 常值

set 常值的語法（{1}、{1, 2} …等）看起來很像數學的寫法，但有一個重要的例外：Python 沒有空 set 的常值表示法，所以必須寫為 set()。

語法怪癖

別忘了，若要建立一個空 set，你必須使用無引數的建構式：set()。如果你使用 {}，那就代表你要建立一個空的 dict，這在 Python 3 中沒有改變。

在 Python 3，set 的標準字串表示法一定使用 {...}，除了空 set 之外：

```
>>> s = {1}
>>> type(s)
<class 'set'>
>>> s
{1}
>>> s.pop()
1
>>> s
set()
```

像 {1, 2, 3} 這種常值 set 語法不但比呼叫建構式（例如 set([1, 2, 3])）更快，也更容易閱讀。呼叫建構式的寫法比較慢，因為 Python 為了計算它，必須查詢 set 名稱以抓取建構式，再建構一個 list，最後將它傳給建構式。相較之下，在處理 {1, 2, 3} 這類的常值時，Python 會執行專用的 BUILD_SET bytecode。[10]

Python 沒有表示 frozenset 常值的特殊語法，你必須呼叫建構式來建立它們。Python 3 的標準字串表示法看起來很像呼叫 frozenset 建構式。注意主控台的對話輸出：

```
>>> frozenset(range(10))
frozenset({0, 1, 2, 3, 4, 5, 6, 7, 8, 9})
```

---

10 以下這件事很有趣，但不太重要。速度的提升只會在計算 set 常值時發生，而且每個 Python 程序最多只發生一次 —— 在最初編譯模組時。如果你好奇，可從 dis 模組匯入 dis 函式，然後用它來反編譯一個 set 常值的 bytecode（例如 dis('{1}')），與一個 set 呼叫式（dis('set([1])')）。

談到語法，Python 也採用 listcomp 的概念來建構 set。

set 生成式

set 生成式（set comprehension，以下寫成 *setcomp*）是在 Python 2.7 與 dictcomp 一起被加入的，我們曾經在第 81 頁的「dict 生成式」討論過 dictcomp。範例 3-15 說明用法。

範例 3-15   建構一個 Latin-1 字元的 set，在 set 裡面的字元的 Unicode 名稱裡都有「SIGN」

```
>>> from unicodedata import name  ❶
>>> {chr(i) for i in range(32, 256) if 'SIGN' in name(chr(i),'')}  ❷
{'§', '=', '¢', '#', '¤', '<', '¥', 'µ', '×', '$', ' ', '£', '©',
'°', '+', '÷', '±', '>', '¬', '®', '%'}
```

❶ 從 unicodedata 匯入 name 函式，以取得字元名稱。

❷ 建構代碼為 32 到 255 之間，名稱裡面有 'SIGN' 的字元 set。

因為我們使用第 86 頁的「何謂可雜湊化（hashable）？」中提到的 salt，所以不同的 Python 程序會輸出不同的順序。

接著來考慮 set 的行為。

set 的運作方式造成的實際後果

set 與 frozenset 型態都是用雜湊表來製作的，這會造成以下這些效應：

- set 元素必須是 hashable，它們必須實作適當的 __hash__ 與 __eq__ 方法，如第 86 頁的「何謂可雜湊化（hashable）？」所述。

- 成員測試非常有效率。set 可能有上百萬個元素，但 Python 可以藉著計算一個元素的雜湊碼並計算索引偏移量來直接找到它，但可能要做少量的嘗試來找到相符的元素，或搜尋所有元素。

- 與指向陣列元素的低階陣列指標相比，set 的記憶體開銷很大，而陣列指標比較緊湊，但是只要元素的數量開始多起來，它就會慢很多。

- 元素的順序依插入的順序而定，但不是以實用或可靠的方式來決定，如果兩個元素不相同，但有相同的雜湊碼，它們的位置將取決於哪個元素先被加入。

- 在 set 中加入元素，可能會改變現有元素的順序，因為一旦雜湊表超過 2/3 滿，演算法的效率就會降低，所以 Python 可能需要在元素增加時，移動和改變雜湊表的大小。發生這種情況時，元素會被重新插入，所以它們的相對順序可能會改變。

詳情可見 *fluentpython.com* 上的「Internals of sets and dicts」（*https://fpy.li/hashint*）。

接著來看一下 set 提供的各種操作。

set 的操作

圖 3-2 是你可以對著可變的 set 和不可變的 set 使用的方法，其中很多方法都是多載運算子的特殊方法，例如 & 與 >=。表 3-2 是對應 Python 的運算子或方法的數學集合運算子。注意，有些運算子與方法會對目標集合進行就地更改（例如 &=、difference_update …等）。在理想的數學集合領域中，這類的操作是毫無意義的，frozenset 未實作它們。

 表 3-2 的中綴運算子要求兩個運算元都是 set，但其他方法都接收一個以上的 iterator 引數。例如，若要產生四個 collection a、b、c、d 的聯集，你可以呼叫 a.union(b, c, d)，其中 a 必須是個 set，但 b、c、d 可為能夠產生 hashable 項目的任何型態的 iterable。如果你需要使用四個 iterable 的聯集來建立新 set，而不是更改現有的 set，自 Python 3.5 起，你可以使用 {*a, *b, *c, *d}，得益於 PEP 448 —— Additional Unpacking Generalizations（*https://fpy.li/pep448*）。

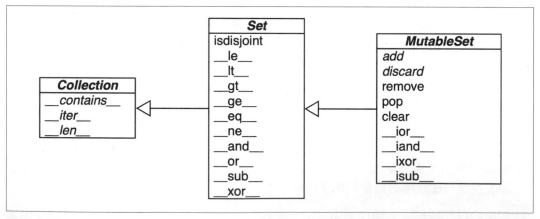

圖 3-2　MutableSet 與它的 collections.abc 超類別的 UML 類別圖（斜體名稱是抽象類別及抽象方法，為了簡化，省略反向運算方法）。

表 3-2 數學集合運算子：這些方法可能產生一個新的 set，或就地更改目標 set，如果它是可變的

數學符號	Python 運算子	方法	說明
S ∩ Z	s & z	s.__and__(z)	s 與 z 的交集
	z & s	s.__rand__(z)	& 運算子的相反
		s.intersection(it, …)	s 與使用 iterable it…等來建立的所有 set 的交集
	s &= z	s.__iand__(z)	將 s 改成 s 與 z 的交集
		s.intersection_update(it, …)	將 s 改成 s 與使用 iterable it…等來建立的所有 set 的交集
S ∪ Z	s | z	s.__or__(z)	s 與 z 的聯集
	z | s	s.__ror__(z)	| 的相反
		s.union(it, …)	s 與使用 iterable it…等來建立的所有 set 的聯集
	s |= z	s.__ior__(z)	將 s 改成 s 與 z 的聯集
		s.update(it, …)	將 s 改成 s 與使用 iterable it…等來建立的所有 set 的聯集
S \ Z	s - z	s.__sub__(z)	s 與 z 間的相對補集或差集
	z - s	s.__rsub__(z)	- 運算子的相反
		s.difference(it, …)	s 與使用 iterable it…等來建立的所有 set 的差集
	s -= z	s.__isub__(z)	將 s 改成 s 與 z 的差集
		s.difference_update(it, …)	將 s 改成 s 與使用 iterable it…等來建立的所有 set 的差集
S △ Z	s ^ z	s.__xor__(z)	對稱差集（交集 s & z 的補集）
	z ^ s	s.__rxor__(z)	^ 運算子的相反
		s.symmetric_difference(it)	s & set(it) 的補集
	s ^= z	s.__ixor__(z)	將 s 改成 s 與 z 的對稱差集
		s.symmetric_difference_update(it, …)	將 s 改成 s 與使用 iterable it…等來建立的所有 set 的對稱差集

表 3-3 是 set 條件敘述（predicate），條件敘述是回傳 True 或 False 的運算子與方法。

表 3-3　回傳 bool 的 setcomp 運算子與方法

數學符號	Python 運算子	方法	說明
S ∩ Z = ∅		s.isdisjoint(z)	s 與 z 不相交（沒有相同的元素）
e ∈ S	e in s	s.__contains__(e)	元素 e 是 s 的成員
S ⊆ Z	s <= z	s.__le__(z)	s 是 z set 的子集合
		s.issubset(it)	s 是用 iterator it 來建立的 set 的子集合
S ⊂ Z	s < z	s.__lt__(z)	s 是 z set 的真子集
S ⊇ Z	s >= z	s.__ge__(z)	s 是 z set 的超集合
		s.issuperset(it)	s 是用 iterable it 來建構的 set 的超集合
S ⊃ Z	s > z	s.__gt__(z)	s 是 z set 的真超集

除了來自數學集合理論的運算子與方法之外，set 型態也實作了其他實用的方法，見表 3-4。

表 3-4　其他的 set 方法

	set	frozenset	
s.add(e)	●		將元素 e 加入 s
s.clear()	●		移除 s 的所有元素
s.copy()	●	●	製作 s 的淺複本
s.discard(e)	●		將元素 e 移出 s，如果它存在的話
s.__iter__()	●	●	取得迭代 s 的 iterator
s.__len__()	●	●	len(s)
s.pop()	●		移除並回傳 s 的一個元素，如果 s 是空的，發出 KeyError
s.remove(e)	●		將元素 e 移出 s，如果 e 不在 s 裡，發出 KeyError

以上就是 set 功能的概要。正如我在第 103 頁的「dictionary view」承諾過的，接下來我們會看到兩種 dict view 型態的行為很像 frozenset。

對著 dict view 進行 set 操作

表 3-5 是 dict 的 .keys() 與 .items() 方法回傳的 view 物件，它們很像 frozenset。

表 3-5　frozenset、dict_keys 與 dict_items 實作的方法

	frozenset	dict_keys	dict_items	說明
s.__and__(z)	●	●	●	s & z（s 與 z 的交集）
s.__rand__(z)	●	●	●	& 運算子的相反
s.__contains__()	●	●	●	e in s
s.copy()	●			s 的淺複本
s.difference(it, …)	●			s 與 iterables it …等的差集
s.intersection(it, …)	●			s 與 iterables it …等的交集
s.isdisjoint(z)	●	●	●	s 與 z 不相交（無相同元素）
s.issubset(it)	●			s 是 iterable it 的子集合
s.issuperset(it)	●			s 是 iterable it 的超集合
s.__iter__()	●	●	●	取得迭代 s 的 iterator
s.__len__()	●	●	●	len(s)
s.__or__(z)	●	●	●	s | z（s 與 z 的聯集）
s.__ror__()	●	●	●	| 運算子的相反
s.__reversed__()		●	●	取得反向迭代 s 的 iterator
s.__rsub__(z)	●	●	●	- 運算子的相反
s.__sub__(z)	●	●	●	s - z（s 與 z 的差集）
s.symmetric_difference(it)	●			s & set(it) 的補集
s.union(it, …)	●			s 與 iterable it …等的聯集
s.__xor__()	●	●	●	s ^ z（s 與 z 的對稱差）
s.__rxor__()	●	●	●	^ 運算子的相反

值得一提的是，dict_keys 與 dict_items 實作了一些特殊方法來支援強大的 set 運算子 &（交集）、|（聯集）、-（差集）與 ^（對稱差）。

例如，使用 & 可以輕鬆地取得兩個 dict 都有的鍵：

```
>>> d1 = dict(a=1, b=2, c=3, d=4)
>>> d2 = dict(b=20, d=40, e=50)
>>> d1.keys() & d2.keys()
{'b', 'd'}
```

注意，& 的回傳值是 set。更棒的是，在 dict view 裡的 set 運算子與 set 實例相容。我們來試一下：

```
>>> s = {'a', 'e', 'i'}
>>> d1.keys() & s
{'a'}
>>> d1.keys() | s
{'a', 'c', 'b', 'd', 'i', 'e'}
```

 只有當 dict 裡面的值都是 hashable 時，dict_items view 的動作才會像 set。對著具有 unhashable 值的 dict_items view 執行 set 操作會引發 TypeError: unhashable type 'T'，其中 T 是違規值的型態。

另一方面，dict_keys view 始終可以當成 set 來使用，因為根據定義，每個鍵都是 hashable。

在程式中檢查 dict 的內容時，對著 view 使用 set 的運算子可節省許多迴圈和 if。請善用 Python 以 C 來實作的高效功能，來減輕你的工作負擔！

以上就是本章的內容。

本章摘要

dict 是 Python 的基石。幾年來，熟悉的 {k1: v1, k2: v2} 常值語法已被改良，以支援使用 **、模式比對、dictcomp 來進行 unpacking。

除了基本的 dict 之外，標準程式庫也提供方便、立即可用的專用 mapping，如 defaultdict、ChainMap 及 Counter，它們都被定義在 collections 模組內。有了新的 dict 之後，OrderedDict 不像以前那麼有用，但為了回溯相容，它應該繼續放在標準程式庫裡，它也有一些 dict 沒有的特性，例如在 == 比較式中考慮鍵的順序。collections 模組還有 UserDict，它是一種自訂 mapping 的基礎類別，很容易使用。

大多數的 mapping 都有兩種強大的方法：setdefault 與 update。setdefault 方法可以更改存有可變值的項目（例如存有 list 值的 dict），可避免重複搜尋相同的鍵。update 方法可以使用其他來源提供的項目來進行大規模的插入或改寫，那些來源包括任何其他 mapping、產生 (key, value) 的 iterable，以及關鍵字引數。mapping 建構式也在內部使用 update，讓實例可以用 mapping、iterable 或關鍵字引數來初始化。自 Python 3.9 起，

我們也可以使用 |= 運算子來更改 mapping，以及用 | 運算子來以兩個 mapping 的聯集來建立一個新的 mapping。

__missing__ 方法在 mapping API 裡是一個巧妙的鉤點（hook），在使用 d[k] 語法時（呼叫 __getitem__），可用來自行定義找不到鍵時該怎麼做。

collections.abc 模組提供了 Mapping 與 MutableMapping 抽象基礎類別作為標準介面，可用來進行執行期型態檢查。types 模組的 MappingProxyType 可以為 mapping 製作不可變的門面（façade），以防止它被不小心更改。Set 與 MutableSet 也有 ABC。

字典 view 是 Python 3 加入的好功能，可以節省 Python 2 的 .keys()、.values()、.items() 方法帶來的記憶體開銷，那些方法會用目標 dict 實例來建構具有重複資料的 list。此外，dict_keys 與 dict_items 類別支援 frozenset 最實用的運算子與方法。

延伸讀物

在 The Python Standard Library 文件的「collections —— Container datatypes」（*https://fpy.li/collec*）裡有一些使用幾種 mapping 型態的範例和實用配方。如果你想要製作新的 mapping 型態，或探索現有的 mapping 的邏輯，*Lib/collections/__init__.py* 模組的 Python 原始碼是很棒的參考。David Beazley 與 Brian K. Jones 合著的 *Python Cookbook* 第 3 版（O'Reilly）的第 1 章有 20 個方便且見解深刻的資料結構配方，它們以巧妙的方式使用 dict。

Greg Gandenberger 主張繼續使用 collections.OrderedDict，理由是「明確勝過隱晦（explicit is better than implicit）」、回溯相容性，以及有些工具和程式庫認為 dict 鍵的順序無關緊要，見他的文章「Python Dictionaries Are Now Ordered. Keep Using OrderedDict」（*https://fpy.li/3-18*）

PEP 3106 —— Revamping dict.keys(), .values() and .items()（*https://fpy.li/pep3106*）是 Guido van Rossum 為 Python 3 提出 dict view 功能的文件。他在摘要中寫道，這個想法來自 Java Collections Framework。

PyPy（*https://fpy.li/3-19*）是第一個實作 Raymond Hettinger 提出來的緊湊 dict 的 Python 直譯器，他在「Faster, more memory efficient and more ordered dictionaries on PyPy」（*https://fpy.li/3-20*）一文中提到它，指出 PHP 7 採用類似的布局，可在 PHP 的新 hashtable 實作（*https://fpy.li/3-21*）中看到。創作者願意引用先前的作品總是值得讚賞的。

在 PyCon 2017，Brandon Rhodes 提出「The Dictionary Even Mightier」(*https://fpy.li/3-22*)，這是他的經典動畫報告「The Mighty Dictionary」(*https://fpy.li/3-23*)的續集，裡面有雜湊碰撞（hash collisions）的動畫！關於 Python dict 的內部，Raymond Hettinger 的「Modern Dictionaries」(*https://fpy.li/3-24*)是另一部更深入的新影片，他在裡面提到，當他最初向 CPython 核心開發團隊推銷緊湊 dict 不成之後，他游說了 PyPy 團隊，他們接納該想法，且那個想法得到重視，最終被 INADA Naoki 貢獻給 CPython 3.6 (*https://fpy.li/3-25*)。關於所有的細節，可查看 Objects/dictobject.c (*https://fpy.li/3-26*) 的大量注解，以及設計文件 Objects/dictnotes.txt (*https://fpy.li/3-27*)。

在 Python 中加入 set 的理由被寫在 PEP 218 —— Adding a Built-In Set Object Type (*https://fpy.li/pep218*) 裡。當 PEP 218 被批准時，set 並未採用特殊的常值語法。set 常值是在 Python 3 製作的，並且連同 dict 與 set 生成式一起被移植回去 Python 2.7。我在 At PyCon 2019 簡報了「Set Practice: learning from Python's set types」(*https://fpy.li/3-29*)，說明 set 在實際程式中的用例，介紹它們的 API 設計，以及 uintset (*https://fpy.li/3-30*) 的實作，它是使用 bit 向量而不是雜湊表的整數元素 set 類別，該想法來自 Alan Donovan 與 Brian Kernighan（Addison-Wesley）合著的佳作 The Go Programming Language (*http://gopl.io*) 的第 6 章裡的範例。

IEEE 的 *Spectrum* 雜誌有一則關於 Hans Peter Luhn 的故事，這位多產的發明家為一種可以根據現有原料選擇雞尾酒配方的打孔卡申請了專利，此外還有各種發明，包括…雜湊表！見「Hans Peter Luhn and the Birth of the Hashing Algorithm」(*https://fpy.li/3-31*)。

肥皂箱

語法糖（Syntactic Sugar）

我的朋友 Geraldo Cohen 曾經評論 Python 是「簡單且正確的」。

程式語言純粹主義者經常輕視語法。

> *語法糖導致分號癌。*
> —— *Alan Perlis*

語法是程式語言的 UI，所以它其實很重要。

在知道 Python 之前，我用過 Perl、PHP 來編寫網路程式，那些語言的 mapping 語法很有用，每當我不得不使用 Java 或 C 時，我都非常想念它們。

在進行組態設定、使用表格、保存資料以製作雛型和進行測試時，良好的 mapping 常值語法非常方便。這正是 Go 的設計者從動態語言學到的教訓。Java 缺少在程式碼中表達結構化資料的好方法，迫使 Java 社群採用冗長且過於複雜的 XML 作為資料格式。

JSON 被當成「XML 的無脂替代品」（*https://fpy.li/3-32*）並獲得巨大的成功，在很多情況下取代 XML。簡明的 list 與 dict 語法讓它們成為一種優秀的資料交換格式。

PHP 與 Ruby 模仿 Perl 的雜湊語法，使用 => 來將鍵指派給值。JavaScript 和 Python 都使用：。既然使用一個字元就可以理解了，那又何必使用兩個？

JSON 來自 JavaScript，但它也幾乎是 Python 語法的子集合。除了 true、false 與 null 等值的寫法之外，JSON 與 Python 完全相容。

Armin Ronacher 在推特上說（*https://fpy.li/3-33*），他喜歡 hack Python 的全域名稱空間，為 Python 的 True、False 與 None 加入與 JSON 相容的別名，如此一來，他就可以直接將 JSON 貼入主控台了。他的基本想法是：

```
>>> true, false, null = True, False, None
>>> fruit = {
...     "type": "banana",
...     "avg_weight": 123.2,
...     "edible_peel": false,
...     "species": ["acuminata", "balbisiana", "paradisiaca"],
...     "issues": null,
... }
>>> fruit
{'type': 'banana', 'avg_weight': 123.2, 'edible_peel': False,
'species': ['acuminata', 'balbisiana', 'paradisiaca'], 'issues': None}
```

現在所有人用來交換資料的語法是 Python 的 dict 與 list 語法。現在我們擁有既優雅又方便的語法，同時又保留插入順序。

簡單而正確。

## 第 4 章

Unicode 文字 vs. bytes

人類使用文字，計算機使用 bytes。

—— *Esther Nam* 與 *Travis Fischer*，「*Character Encoding and Unicode in Python*」[1]

在 Python 3 中，人類的文本字串和原始 bytes 序列（sequence）之間的差異變得清晰。將 bytes 序列隱性地轉換成 Unicode 文本的情況已成過去。本章將討論 Unicode 字串、二進制 sequence，以及將其互相轉換的編碼。

根據你想要用 Python 來完成什麼工作，也許你認為瞭解 Unicode 並不重要。但事實不太可能如此，所有人都無法逃避 str 與 byte 之間的區分。額外的好處是，你將發現，專用的二進制 sequence 型態提供了 Python 2 的 str 型態未提供的「萬用」功能。

在這一章，我們將討論以下的主題：

- 字元、碼位，以及 byte 表示法
- bytes、bytearray 與 memoryview 等二進制 sequence 的獨特功能
- 完整的 Unicode 與舊字元集的編碼
- 避免編碼錯誤與處理編碼錯誤

---

[1] PyCon 2014 簡報「Character Encoding and Unicode in Python」的第 12 張投影片（投影片（*https://fpy.li/4-1*），影片（*https://fpy.li/4-2*））。

- 處理文本檔案的最佳做法

- 既有的編碼陷阱與標準的 I/O 問題

- 使用正規化來安全地比較 Unicode 文本

- 用來進行正規化、case folding（轉換成小寫）和強制移除變音符號的公用函式

- 使用 locale 與 *pyuca* 程式庫來正確排序 Unicdoe 文字

- Unicode 資料庫的字元詮釋資料

- 處理 str 與 bytes 的雙模式 API

本章有哪些新內容

Python 3 已完整且穩定地支援 Unicode 了，所以最值得注意的新內容是第 154 頁的「用名稱來尋找字元」，該節將介紹搜尋 Unicode 資料庫的工具，很適合在命令列裡尋找被圓圈圍起來的數字和笑臉貓符號。

有一個值得一提的小修改是 Windows 對 Unicode 的支援，它從 Python 3.6 起變得更好且更簡單了，我們將在第 136 頁的「留意預設的編碼」說明。

讓我們從沒那麼新，但很重要的字元、碼位，及 bytes 概念開始談起。

在第二版中，我擴充了關於 struct 模組的小節，並將它放在 *fluentpython. com* 網站的「Parsing binary records with struct」（*https://fpy.li/4-3*）。

你也可以在那裡找到「Building Multi-character Emojis」（*https://fpy.li/4-4*），這篇文章說明如何藉著結合 Unicode 字元，來製作國旗、彩虹、各種膚色的人偶和各種家庭小圖示。

字元問題

「字串（string）」的概念很簡單：字串就是字元 sequence。問題出在「字元（character）」的定義上。

在 2021 年，我們對於「字元」的最佳定義是 Unicode 字元。因此，從 Python 3 str 取出來的項目是 Unicode 字元，它就像 Python 2 的 unicode 物件的項目，而不是從 Python 2 的 str 取出來的原始 bytes。

Unicode 標準（standard）明確地將字元的 ID 與具體的 byte 表示法區分開來：

- 字元的 ID（它的碼位（*code point*））是從 0 到 1,114,111（底數為 10）的數字，Unicode 標準用前綴「U+」及 4 至 6 個十六進制數字來表示它們。例如，字母 A 的碼位是 U+0041，歐元符號是 U+20AC，音樂符號 G 譜號是 U+1D11E。在 Unicode 13.0.0 中，大約 13% 的有效碼位都被分給字元，Python 3.10.0b4 正是使用這個標準。

- 代表字元的實際 bytes 依所使用的編碼而定。編碼是一種將碼位與 bytes sequence 互相轉換的演算法。在 UTF-8 編碼中，字母 A（U+0041）的碼位被編碼成一個 byte \x41，在 UTF-16LE 編碼中，它是 bytes \x41\x00。舉另一個例子，UTF-8 用 3 bytes 來編碼歐元符號（U+20AC）—— \xe2\x82\xac，但是在 UTF-16LE，同一個碼位被編碼成 2 bytes —— \xac\x20。

將碼位轉換成 bytes 稱為編碼（*encoding*），將 bytes 轉換成碼位稱為解碼（*decoding*）。參見範例 4-1。

範例 *4-1*　編碼與解碼

```
>>> s = 'café'
>>> len(s)  ❶
4
>>> b = s.encode('utf8')  ❷
>>> b
b'caf\xc3\xa9'  ❸
>>> len(b)  ❹
5
>>> b.decode('utf8')  ❺
'café'
```

❶ str 'café' 有四個 Unicode 字元。

❷ 使用 UTF-8 編碼來將 str 編碼成 bytes。

❸ bytes 常值前綴 b。

❹ bytes b 有 5 bytes（在 UTF-8 裡，「é」的碼位被編碼成 2 bytes）。

❺ 使用 UTF-8 編碼來將 bytes 解碼為 str。

> 如果你需要記住如何區分 .decode() 與 .encode()，你可以告訴自己：byte sequence 是神秘的機器核心轉儲（dump），而 Unicode str 物件是「人類」的文字。這就可以合理地解釋，我們將 bytes 解碼成 str 來產生人類看得懂的文字，將 str 編碼成 bytes 來進行儲存或傳送。

雖然 Python 3 str 幾乎與 Python 2 unicode 型態一樣，只是換一個新名稱，但 Python 3 的 bytes 並非只是將舊的 str 換個名字，它也和 bytearray 型態有密切的關係。所以在探討編碼／解碼主題之前，我們先來看一下二進制 sequence 型態。

byte 要點

新的二進制 sequence 型態與 Python 2 的 str 有許多不同的地方。首先，二進制 sequence 有兩個基本的內建型態，包括在 Python 3 新增的不可變的 bytes 型態，以及在 Python 2.6[2] 新增的可變的 bytearray。Python 的文件有時使用籠統的詞彙「byte string」來稱呼 bytes 與 bytearray 兩者，我會避免使用這種語義不清的詞彙。

在 bytes 或 bytearray 內的每一個項目都是從 0 到 255 的整數，而不是像 Python 2 的 str 那樣的單字元字串。但是，二進制 sequence 的 slice 一定產生同一種型態的二進制 sequence，長度為 1 的 slice 也是如此。參見範例 4-2。

範例 *4-2* bytes 與 bytearray 型態的 *5-byte sequence*

```
>>> cafe = bytes('café', encoding='utf_8')   ❶
>>> cafe
b'caf\xc3\xa9'
>>> cafe[0]   ❷
99
>>> cafe[:1]   ❸
b'c'
>>> cafe_arr = bytearray(cafe)
>>> cafe_arr   ❹
bytearray(b'caf\xc3\xa9')
>>> cafe_arr[-1:]   ❺
bytearray(b'\xa9')
```

❶ bytes 可以用 str 來建構，此時你要傳入一個編碼。

❷ 每一個項目都是 range(256) 的整數。

❸ bytes 的 slice 也是 bytes，即使是單一 byte 的 slice。

❹ bytearray 沒有常值語法，Python 將它們顯示成 bytearray() 加上 byte 常值引數。

❺ bytearray 的 slice 也是 bytearray。

2　Python 2.6 與 2.7 也有 bytes，但它只是 str 型態的別名。

執行 my_bytes[0] 會得到 int，而執行 my_bytes[:1] 會得到一個長度為 1 的 bytes sequence。如果你覺得奇怪，那是因為你習慣了 Python 的 str 型態，對它來說，s[0] == s[:1]。對 Python 的所有其他 sequence 型態而言，第 1 個項目與長度為 1 的 slice 不一樣。

雖然二進制 sequence 其實是整數 sequence，但它們的常值表示法反應了一個事實：它們通常內嵌 ASCII 文字。因此，根據各個 byte 值，Python 使用四種不同的顯示方式：

- 對十進制碼為 32 至 126 的 bytes（從空格到 ~ 符號）而言，使用 ASCII 字元本身。

- 對於代表 tab、換行、歸位、與 \ 的位元組，使用轉義（escape）序列 \t、\n、\r 與 \\。

- 如果 byte sequence 裡面有字串分格符號 ' 與 "，那就用 ' 來分隔整個 sequence，在 sequence 裡的 ' 都轉義成 \'。[3]

- 對於所有其他 byte 值，使用十六進制轉義 sequence（例如，\x00 是 null byte）。

這就是你在範例 4-2 看到 b'caf\xc3\xa9' 的原因：前三個 bytes b'caf' 都在可列印的 ASCII 範圍內，後兩個不是。

bytes 與 bytearray 幾乎都支援每一種 str 方法，除了進行格式化的方法以及依 Unicode 資料而定的方法之外，前者包括 format 與 format_map，後者包括 casefold、isdecimal、isidentifier、isnumeric、isprintable 與 encode。也就是說，你可以對 sequence 使用熟悉的字串方法，像是 endswith、replace、strip、translate、upper 及數十種其他的方法，但必須使用 bytes，而非 str 引數。此外，在 re 模組裡的正規表達式函式也可以處理二進制 sequence，只要 regex 是用二進位 sequence 編寫的，而不是用 str。自 Python 3.5 起，% 運算子又可以和二進制 sequence 一起使用了。[4]

二進制 sequence 有一個 str 沒有的類別方法 —— fromhex，它可以解析成對的十六進制的數字來建構二進制 sequence，也可以使用空格來分隔那些數字：

```
>>> bytes.fromhex('31 4B CE A9')
b'1K\xce\xa9'
```

3　小知識：被 Python 當成預設字串分隔符號來使用的 ASCII「單引號」字元在 Unicode 標準裡的名稱其實是 APOSTROPHE。真正的單引號是對稱的，左邊是 U+2018，右邊是 U+2019。

4　它在 Python 3.0 與 3.4 無法使用，使得需要處理二進制資料的開發者非常痛苦，這個決策的逆轉過程被記錄在 PEP 461 —— Adding % formatting to bytes and bytearray（*https://fpy.li/pep461*）。

建構 bytes 或 bytearray 實例的另一種方法是呼叫它們的建構式，並傳入：

- 一個 str 與一個 encoding 關鍵字引數

- 一個 iterable 來提供值為 0 到 255 的項目

- 一個實作了緩衝協定（buffer protocol）的物件（例如 bytes、bytearray、memoryview、array.array），該物件可將來源物件的 bytes 複製到新製作的二進制 sequence

 你可以呼叫 bytes 或 bytearray 並傳入一個整數，來建立那個大小的二進制 sequence，並將其初始值設為 null bytes。Python 3.5 將這種簽章廢棄了，並在 Python 3.6 移除它。見 PEP 467 —— Minor API improvements for binary sequences（*https://fpy.li/pep467*）。

用類緩衝區（buffer-like）物件建立二進制 sequence 是一種低階的操作，可能涉及強制轉型。參見範例 4-3 的說明。

範例 *4-3　用陣列的原始資料來初始化 bytes*

```
>>> import array
>>> numbers = array.array('h', [-2, -1, 0, 1, 2])   ❶
>>> octets = bytes(numbers)   ❷
>>> octets
b'\xfe\xff\xff\xff\x00\x00\x01\x00\x02\x00'   ❸
```

❶ 型態碼 'h' 會建立一個短整數（16 bits）的 array。

❷ octets 保存了組成 numbers 的 bytes 的複本。

❸ 表示 5 個短整數的 10 bytes。

用任何類緩衝的來源來建立 bytes 或 bytearray 物件一定會複製 bytes。相較之下，memoryview 物件可讓你在二進制資料結構之間共用記憶體，如第 64 頁的「記憶體視角（memory view）」所述。

簡單地探討 Python 的二進制 sequence 型態後，我們來看看如何將它們轉換成字串，以及從字串轉換回來。

基本編碼 / 解碼器

Python 發行版包含了 100 多個 codec（編解碼器），可從文字轉換成 byte，以及進行反向轉換。每一種 codec 都有一個名稱，例如 'utf_8'，而且通常有個別名，例如 'utf8'、'utf-8' 與 'U8'，你可以在 open()、str.encode()、bytes.decode() …等函式中將它們當成編碼（encoding）引數來使用。範例 4-4 將同一段文字編碼成三個不同型態的 sequence。

範例 4-4　用三種 codec 來編碼字串「El Niño」會產生極不相同的 byte sequence

```
>>> for codec in ['latin_1', 'utf_8', 'utf_16']:
...     print(codec, 'El Niño'.encode(codec), sep='\t')
...
latin_1 b'El Ni\xf1o'
utf_8   b'El Ni\xc3\xb1o'
utf_16  b'\xff\xfeE\x00l\x00 \x00N\x00i\x00\xf1\x00o\x00'
```

圖 4-1 展示用各種 codec 來將字母「A」到 G 音譜符號…等字元轉換成 byte 的結果。注意，最後三種編碼是非固定長度的多 bytes 編碼。

字元	碼位	ascii	latin1	cp1252	cp437	gb2312	utf-8	utf-16le
A	U+0041	41	41	41	41	41	41	41 00
¿	U+00BF	*	BF	BF	A8	*	C2 BF	BF 00
Ã	U+00C3	*	C3	C3	*	*	C3 83	C3 00
á	U+00E1	*	E1	E1	A0	A8 A2	C3 A1	E1 00
Ω	U+03A9	*	*	*	EA	A6 B8	CE A9	A9 03
ఉ	U+06BF	*	*	*	*	*	DA BF	BF 06
"	U+201C	*	*	93	*	A1 B0	E2 80 9C	1C 20
€	U+20AC	*	*	80	*	*	E2 82 AC	AC 20
┌	U+250C	*	*	*	DA	A9 B0	E2 94 8C	0C 25
气	U+6C14	*	*	*	*	C6 F8	E6 B0 94	14 6C
氣	U+6C23	*	*	*	*	*	E6 B0 A3	23 6C
𝄞	U+1D11E	*	*	*	*	*	F0 9D 84 9E	34 D8 1E DD

圖 4-1　十二個字元、它們的碼位，以及用七種不同的編碼後的 byte 表示法（十六進制）（星號代表該字元無法用該編碼來表示）。

從圖 4-1 的星號可以清楚地看出有些編碼無法表示每一個 Unicode 字元，例如 ASCII，甚至多 byte 的 GB2312，但是，UTF 編碼是為了處理每一個 Unicode 碼位而的設計的。

圖 4-1 的編碼是具代表性的案例：

latin1，另稱 iso8859_1

它很重要，因為它是其他編碼的基礎，例如 cp1252 與 Unicode 本身（注意，latin1 bytes 值也出現在 cp1252 bytes 裡面，甚至在碼位裡面）。

cp1252

Microsoft 製作的 latin1 超集合，加入彎引號（curly quotes）及 €（歐元）等實用的符號；有些 Windows app 稱之為「ANSI」，但它不是真正的 ANSI 標準。

cp437

IBM PC 的原始字元集，內含繪製邊框的字元。它與後來出現的 latin1 不相容。

gb2312

這是用來編碼簡體中文的舊標準，它是幾種廣泛使用的亞洲語言多 bytes 編碼之一。

utf-8

在網路上最常見的 8 位元編碼，到 2021 年 7 月為止，「W3Techs: Usage statistics of character encodings for websites」（*https://fpy.li/4-5*）聲稱有 97% 的網站使用 UTF-8，比我在 2014 年 9 月寫本書第一版的這一段時的 81.4% 還要高。

utf-16le

16 位元編碼之一，所有的 UTF-16 編碼都使用名為「surrogate pairs」的轉義序列來支援 U+FFFF 之後的碼位。

> UTF-16 早在 1996 年就取代了最初的 16 位元 Unicode 1.0 編碼——UCS-2。儘管 UCS-2 在上個世紀就被廢棄了，但它仍然在許多系統中使用，因為它只支援 U+FFFF 以下的碼位。截至 2021 年，有超過 57% 的已分配碼位都在 U+FFFF 之上，包括所有重要的 emoji。

大致瞭解常見的編碼之後，我們來處理編碼與解碼操作中的問題。

瞭解編碼 / 解碼的問題

雖然 Python 有通用的 UnicodeError 例外，但 Python 回報的錯誤通常比較具體，可能是
UnicodeEncodeError（在將 str 轉換成二進制 sequence 時）或 UnicodeDecodeError（在將二
進制 sequence 讀入 str 時）。載入 Python 模組時也有可能發出 SyntaxError，如果來源編
碼和預期不符的話。接下來幾節將說明如何處理這些錯誤。

 當你看到 Unicode 錯誤時，首先要瞭解例外的類型，它是
UnicodeEncodeError、UnicodeDecodeError，還是指出某個編碼問題的其他錯
誤（例如 SyntaxError）？為了解決問題，你必須先瞭解它。

處理 UnicodeEncodeError

大多數的非 UTF codec 只能處理一小部分的 Unicode 字元。當你將文字轉換成 bytes
時，如果有一個字元是目標編碼沒有定義的，Python 就會發出 UnicodeEncodeError，除
非你傳遞一個 errors 引數給編碼方法或函式，來提供特殊的處理方式。範例 4-5 是錯誤
處理程式的行為。

範例 4-5　編碼為 bytes：處理成功和錯誤的情況

```
>>> city = 'São Paulo'
>>> city.encode('utf_8')  ❶
b'S\xc3\xa3o Paulo'
>>> city.encode('utf_16')
b'\xff\xfeS\x00\xe3\x00o\x00 \x00P\x00a\x00u\x00l\x00o\x00'
>>> city.encode('iso8859_1')  ❷
b'S\xe3o Paulo'
>>> city.encode('cp437')  ❸
Traceback (most recent call last):
  File "<stdin>", line 1, in <module>
  File "/.../lib/python3.4/encodings/cp437.py", line 12, in encode
    return codecs.charmap_encode(input,errors,encoding_map)
UnicodeEncodeError: 'charmap' codec can't encode character '\xe3' in
position 1: character maps to <undefined>
>>> city.encode('cp437', errors='ignore')  ❹
b'So Paulo'
>>> city.encode('cp437', errors='replace')  ❺
b'S?o Paulo'
>>> city.encode('cp437', errors='xmlcharrefreplace')  ❻
b'S&#227;o Paulo'
```

❶ UTF 編碼可處理任何 str。

❷ iso8859_1 也可以編碼 'São Paulo' 字串。

❸ cp437 無法編碼 'ã'（在 a 的上面有一條波狀號）。預設的錯誤處理程式（'strict'）會發出 UnicodeEncodeError。

❹ error='ignore' 會跳過無法編碼的字元，這通常不是好方法，會導致資料默默地遺失。

❺ 在編碼時，error='replace' 會將無法編碼的字元換成 '?'，資料也會遺失，但可讓使用者察覺異樣。

❻ 'xmlcharrefreplace' 會將無法編碼的字元換成 XML 實體。如果你無法使用 UTF，而且你不想遺失資料，這是唯一的選項。

> codec 的錯誤處理機制是可擴展的。你可以為 errors 引數註冊其他的字串，方法是將一個名稱與一個錯誤處理函式傳給 codecs.register_error 函式。見 codecs.register_error 文件（*https://fpy.li/4-6*）。

ASCII 是我所知的所有編碼的共同子集合，因此，如果文本完全由 ASCII 組成，各種編碼應該一定有效。Python 3.7 加入一個新的布林方法 str.isascii()（*https://fpy.li/4-7*），它可以檢查你的 Unicode 文本是不是 100% 純 ASCII。若是，你應該可以用任何編碼來將它編碼成 bytes，而不會出現 UnicodeEncodeError。

處理 UnicodeDecodeError

並非每一個 byte 都保存有效的 ASCII 字元，也並非每一個 byte sequence 都是有效的 UTF-8 或 UTF-16，因此，如果你將二進制 sequence 轉換成文字時，假設它是其中一種編碼，出現意外的 bytes 時，你會看到 UnicodeDecodeError。

另一方面，很多舊的 8 位元編碼，例如 'cp1252'、'iso8859_1' 與 'koi8_r' 都可以解碼任何 byte 串流，包括隨機的雜訊，而不會產生錯誤。因此，如果你的程式假設它所處理的是錯誤的 8 位元編碼，它會默默地解碼垃圾資訊。

> 亂七八糟的字元稱為 gremlins 或 mojibake（亂碼的日文「文字化け」的讀音）。

範例 4-6 展示使用錯誤的 codec 將如何產生亂碼或 UnicodeDecodeError。

範例 4-6　將 str 解碼成 *bytes*：成功的與錯誤的處理方式

```
>>> octets = b'Montr\xe9al'  ❶
>>> octets.decode('cp1252')  ❷
'Montréal'
>>> octets.decode('iso8859_7')  ❸
'Montrιal'
>>> octets.decode('koi8_r')  ❹
'Montrйal'
>>> octets.decode('utf_8')  ❺
Traceback (most recent call last):
  File "<stdin>", line 1, in <module>
UnicodeDecodeError: 'utf-8' codec can't decode byte 0xe9 in position 5:
invalid continuation byte
>>> octets.decode('utf_8', errors='replace')  ❻
'Montr�al'
```

❶　「Montréal」被編碼成 latin1；「'\xe9'」是「é」的 byte。

❷　之所以能夠使用 Windows 1252 來編碼，是因為它是 latin1 的超集合。

❸　ISO-8859-7 是為希臘文制定的，所以 '\xe9' byte 被誤解了，而且沒有發出錯誤訊息。

❹　KOI8-R 是為俄文制定的。現在 '\xe9' 代表斯拉夫字母「И」。

❺　'utf_8' codec 檢測到 octets 不是有效的 UTF-8，並發出 UnicodeDecodeError。

❻　使用 'replace' 來處理錯誤，將 \xe9 換成「�」（碼位為 U +FFFD），官方的 Unicode
REPLACEMENT CHARACTER 的目的是表示未知的字元。

載入內含未知編碼時，產生的 SyntaxError

UTF-8 是 Python 3 的預設原始編碼，就像 ASCII 是 Python 2 的預設原始編碼一樣。如
果你載入一個內含非 UTF-8 的資料而且沒有宣告編碼的 *.py* 模組，你會看到一個這樣的
訊息：

```
SyntaxError: Non-UTF-8 code starting with '\xe1' in file ola.py on line
  1, but no encoding declared; see https://python.org/dev/peps/pep-0263/
  for details
```

因為 UTF-8 被廣泛地部署在 GNU/Linux 與 macOS 系統裡，打開在 Windows 上用 cp1252 來建立的 *.py* 檔應該是常見的場景。注意，這項錯誤即使在 Windows 的 Python 中也會出現，因為在任何平台上，Python 3 原始碼的預設編碼都是 UTF-8。

你可以在檔案最上面加入一個神奇的 coding 注釋來修正這個問題，如範例 4-7 所示。

範例 *4-7 ola.py*：葡萄牙文的「*Hello, World!*」

```
# coding: cp1252

print('Olá, Mundo!')
```

 現在 Python 3 的原始碼不限於 ASCII，且預設使用很棒的 UTF-8 編碼，對使用 'cp1252' 這類舊編碼的原始碼而言，最佳的「修正」法就是將它們轉換成 UTF-8，而不是使用 coding 注釋。如果你的編輯器不支援 UTF-8，是時候換一個了。

假設你有一個文字檔，可能是原始碼或一首詩，但你不知道它的編碼，如何偵測實際的編碼？下一節告訴你答案。

如何找出 byte sequence 的編碼

如何找出 byte sequence 的編碼？簡短的答案是：沒辦法。必須有人告訴你。

有些通訊協定與檔案格式有標頭可以清楚地告訴你內容的編碼，例如 HTTP 與 XML。你可以確定有些 byte 流不是 ASCII，因為它們裡面有超過 127 的 byte 值，UTF-8 與 UTF-16 的設計也限制了可能的 byte sequence。

Leo 猜測 UTF-8 解碼的黑客手法

（接下來的內容來自技術校閱 Leonardo Rochael 在本書的草稿中提供的想法。）

按照 UTF-8 的設計方式，隨機的 bytes sequence，甚至非 UTF-8 編碼的非隨機 bytes sequence 都幾乎不可能被不小心編碼成 UTF-8 格式的垃圾訊息，而不引發 UnicodeDecodeError。

> 這是因為 UTF-8 轉義 sequence 從不使用 ASCII 字元，而且這些轉義 sequence 的位元模式會讓隨機資料很難意外成為有效的 UTF-8。
>
> 因此，如果你可以將一些包含代碼 >127 的 bytes 解碼成 UTF-8，它就可能是 UTF-8。
>
> 在處理巴西的線上服務時，有一些服務可能連到舊有的後端系統，有時我需要實作一種解碼策略，試圖使用 UTF-8 進行解碼，並在遇到 UnicodeDecodeError 時，藉著使用 cp1252 來解碼以處理它。雖然這種做法不優雅，但有效。

然而，考慮到人類語言也有其規則和限制，一旦你假設一個 bytes 串流是人類的純文字，你或許可以利用捷思法（heuristic）和統計學來研判其編碼。例如，如果你經常看到 b'\x00'，它可能是 16 或 32 位元編碼，而不是 8 位元格式，因為在一般文字中，null 字元是 bug。如果經常出現 byte 序列 b'\x20\x00'，它比較可能是 UTF-16LE 編碼的空白字元（U+0020），而不是冷門的 U +2000 EN QUAD 字元 —— 管它是什麼。

這就是 Chardet: The Universal Character Encoding Detector 程式包（*https://fpy.li/4-8*）可以分辨超過 30 種編碼的原理。Chardet 是一種可以在程式中使用的 Python 程式庫，但它也有一個命令列程式：chardetect。以下是它處理本章的內容檔案產生的結果：

```
$ chardetect 04-text-byte.asciidoc
04-text-byte.asciidoc: utf-8 with confidence 0.99
```

雖然已編碼的文本的二進制 sequence 通常不會明確提示其編碼，但 UTF 格式可能會在文本內容前加一個 byte 順序標記。

BOM：實用的 Gremlin

在範例 4-4 中，你可能已經發現，UTF-16 編碼序列的開頭有幾個額外的 bytes。我再次列出它們：

```
>>> u16 = 'El Niño'.encode('utf_16')
>>> u16
b'\xff\xfeE\x00l\x00 \x00N\x00i\x00\xf1\x00o\x00'
```

額外的 bytes 是 b'\xff\xfe'，它是 BOM（位元組順序標記，byte-order mark），代表 Intel CPU 的「little-endian」byte 排序。它是執行編碼的 CPU。

little-endian 機器表示每一個碼位時，會將最低有效位元組放在前面：字母 'E' 的碼位是 U+0045（十進制為 69），它在位元組的偏移量 2 與 3 的位置上被編碼成 69 與 0：

```
>>> list(u16)
[255, 254, 69, 0, 108, 0, 32, 0, 78, 0, 105, 0, 241, 0, 111, 0]
```

在 big-endian CPU 上，編碼方式相反，'E' 會被編碼成 0 與 69。

為了避免混淆，UTF-16 編碼會在被編碼的文本前面加上特殊的隱形字元 ZERO WIDTH NO-BREAK SPACE（U+FEFF）。在 little- endian 系統上，它被編碼成 b'\xff\xfe'（十進制 255, 254）。因為在設計上，Unicode 沒有 U+FFFE 字元，所以 byte sequence b'\xff\xfe' 在 little-endian 編碼中一定代表 ZERO WIDTH NO-BREAK SPACE，可讓 codec 知道該使用哪一種 byte 順序。

UTF-16 有一種 little-endian 變體 —— UTF-16LE，還有一種 big-endian 變體 —— UTF-16BE。使用它們的話，BOM 就不會被產生出來：

```
>>> u16le = 'El Niño'.encode('utf_16le')
>>> list(u16le)
[69, 0, 108, 0, 32, 0, 78, 0, 105, 0, 241, 0, 111, 0]
>>> u16be = 'El Niño'.encode('utf_16be')
>>> list(u16be)
[0, 69, 0, 108, 0, 32, 0, 78, 0, 105, 0, 241, 0, 111]
```

如果 BOM 存在，它應該由 UTF-16 編解碼器過濾掉，所以你只會得到檔案的實際文字內容，沒有開頭的 ZERO WIDTH NO-BREAK SPACE。Unicode 標準說，如果一個檔案是 UTF-16，而且沒有 BOM，那就應該假設它是 UTF-16BE（big-endian）。但是，Intel x86 架構是 little-endian，所以外界有很多無 BOM 的 little-endian UTF-16。

byte 順序（endianness）問題僅影響使用多個 bytes 的編碼，例如 UTF-16 和 UTF-32。UTF-8 有一種很大的優點：無論機器的 endian 是哪一種，它都會產生相同的 byte 序列，所以不需要使用 BOM。儘管如此，有一些 Windows 應用程式（特別是 Notepad）無論如何都為 UTF-8 檔案加上 BOM，而且 Excel 會用 BOM 來偵測 UTF-8 檔案，否則它會假設內容是用 Windows 內碼表（code page）來編碼的。Python 的 codec 註冊表將這種帶有 BOM 的 UTF-8 編碼稱為 UTF-8-SIG。U+FEFF 的 UTF-8-SIG 編碼是 3 個 byte 的序列 b'\xef\xbb\xbf'。所以如果檔案的開頭是這三個 byte，它可能是帶有 BOM 的 UTF-8 檔案。

Caleb 的 UTF-8-SIG 小技巧

技術校閱 Caleb Hattingh 建議在讀取 UTF-8 檔案時，一定要使用 UTF-8-SIG codec。這是有益無害的做法，因為 UTF-8-SIG 可以正確地讀取有 BOM 和無 BOM 的檔案，並且不回傳 BOM 本身。在寫作這本書時，我建議使用 UTF-8 來實現一般的互通性。例如，在 Unix 系統中，如果 Python 腳本的開頭是注釋 #!/usr/bin/env python3 的話，它就可以做成可執行檔，此時檔案的前兩個 bytes 必須是 b'#!' 才有效，但 BOM 會破壞該規範。如果你需要將資料匯給需要 BOM 的應用程式，你可以使用 UTF-8-SIG，但要注意，因為 Python 的 codec 文件（*https://fpy.li/4-9*）說：「不鼓勵在 UTF-8 裡使用 BOM，而且通常應避免這樣做。」

接著來看看如何在 Python 3 中處理文字檔案。

處理文字檔案

處理文字 I/O 的最佳做法是「Unicode 三明治」（圖 4-2）[5]，意思是說，輸入（例如，開啟一個檔案來讀取時）的 bytes 應該盡早解碼成 str。三明治的「餡」是程式的商業邏輯，只針對 str 物件進行文字處理工作。絕對不在處理其他事情期間進行編碼或解碼。輸出的 str 越晚編碼成 bytes 越好。大多數的 web 框架都採取這種做法，我們在使用它們時，很少接觸 bytes。例如，在 Django 中，你的畫面應輸出 Unicode str，Django 本身負責將回應編碼成 bytes，預設使用 UTF-8。

Python 3 可讓你輕鬆地遵循 Unicode 三明治的建議，因為內建的 open 會在進行讀取時進行必要的解碼，並在文字模式下寫入檔案時進行編碼，所以從 my_file.read() 取得的東西，及傳到 my_file.write(text) 的東西，都是 str 物件。

因此，使用文字檔案很簡單。但是，如果你需要使用預設的編碼，你就會遇到麻煩。

5　我是在 US PyCon 2012 的 Ned Batchelde 的簡報「Pragmatic Unicode」（*https://fpy.li/4-10*）中第一次知道「Unicode 三明治」的。

Unicode 三明治

bytes → str　　在輸入時解碼 bytes

100% str　　只處理文字

str → bytes　　在輸出時編碼文字

圖 4-2　Unicode 三明治：目前最佳的文字處理方式

考慮範例 4-8 的主控台對話。你可以看出 bug 嗎？

範例 4-8　平台編碼問題（當你在你的電腦上執行它時，可能會看到問題，也可能不會）

```
>>> open('cafe.txt', 'w', encoding='utf_8').write('café')
4
>>> open('cafe.txt').read()
'cafÃ©'
```

bug 是：我在寫入檔案時指定 UTF-8 編碼，但在讀取它時沒有這樣做，所以 Python 使用 Windows 預設的檔案編碼（code page 1252），將檔案結尾的 bytes 解碼成字元 'Ã©'，而不是 'é'。

範例 4-8 是在 Windows 10（build 18363）上的 Python 3.8.1 64 bits 版本執行的。在最近的 GNU/Linux 或 macOS 上，相同的程式可以正常運作，因為它們的預設編碼是 UTF-8，令人誤以為沒有任何問題。如果你在開啟檔案以進行寫入時省略 encoding 引數，Python 會使用本機的預設編碼，所以會使用相同的編碼，正確地讀取檔案。但以後，這段程式會根據平台甚至根據相同平台的本機設定來產生不同 byte 內容的檔案，造成相容性問題。

需要在多台機器或多種狀況下執行的程式絕不能使用預設的編碼。在開啟文字檔時，一定要明確地傳遞 encoding= 引數，因為預設值可能因機器而異，甚至每天都不一樣。

範例 4-8 有一個奇怪的細節在於，在第一個陳述式裡的 write 函式回報有 4 個字元被寫入，但是在下一行，有 5 個字元被讀取。範例 4-9 是範例 4-10 的延伸版本，解釋了這一點與其他的細節。

範例 4-9 進一步檢查在 *Windows* 執行的範例 *4-8*，以展示 *bug* 及修正方法

```
>>> fp = open('cafe.txt', 'w', encoding='utf_8')
>>> fp  ❶
<_io.TextIOWrapper name='cafe.txt' mode='w' encoding='utf_8'>
>>> fp.write('café')  ❷
4
>>> fp.close()
>>> import os
>>> os.stat('cafe.txt').st_size  ❸
5
>>> fp2 = open('cafe.txt')
>>> fp2  ❹
<_io.TextIOWrapper name='cafe.txt' mode='r' encoding='cp1252'>
>>> fp2.encoding  ❺
'cp1252'
>>> fp2.read() ❻
'cafÃ©'
>>> fp3 = open('cafe.txt', encoding='utf_8')  ❼
>>> fp3
<_io.TextIOWrapper name='cafe.txt' mode='r' encoding='utf_8'>
>>> fp3.read() ❽
'café'
>>> fp4 = open('cafe.txt', 'rb')  ❾
>>> fp4                            ❿
<_io.BufferedReader name='cafe.txt'>
>>> fp4.read()  ⓫
b'caf\xc3\xa9'
```

❶ 在預設情況下，open 使用文字模式，並回傳一個使用特定編碼的 TextIOWrapper 物件。

❷ TextIOWrapper 的 write 方法回傳被寫入的 Unicode 字元數量。

❸ os.stat 說檔案有 5 bytes；UTF-8 將 'é' 編碼成 2 bytes，即 0xc3 與 0xa9。

❹ 如果在開啟文字檔時沒有明確指定編碼，它會回傳一個使用本機預設編碼的 TextIOWrapper。

❺ TextIOWrapper 物件有一個可供檢查的編碼屬性：在此為 cp1252。

❻ 在 Windows cp1252 編碼中，0xc3 是「Ã」（有波浪符號的 A），而 0xa9 是版權符號。

❼ 使用正確的編碼來打開同一個檔案。

❽ 預期的結果：同樣的四個 'café' Unicode 字元。

❾ 'rb' 旗標開啟一個用二進制模式來讀取的檔案。

❿ 回傳的物件是 BufferedReader，而不是 TextIOWrapper。

⓫ 讀取該回傳的 bytes，一如預期。

除非你需要分析檔案內容來確定編碼，否則不要用二進制模式來打開文字檔，即使你要進行分析，你也要使用 Chardet，而不是重新發明輪子（見第 130 頁的「如何找出 byte sequence 的編碼」）。普通的程式碼只應該使用二進制模式來打開二進制檔案，例如點陣圖。

範例 4-9 的問題與打開一個文字檔案時依賴預設值有關，這些預設值有很多來源，我們在下一節討論。

留意預設的編碼

有些設定會影響 Python 的 I/O 的預設編碼。參見範例 4-10 的 *default_encodings.py* 腳本。

範例 *4-10 探索預設編碼*

```
import locale
import sys

expressions = """
        locale.getpreferredencoding()
        type(my_file)
        my_file.encoding
        sys.stdout.isatty()
        sys.stdout.encoding
        sys.stdin.isatty()
        sys.stdin.encoding
        sys.stderr.isatty()
        sys.stderr.encoding
        sys.getdefaultencoding()
```

```
          sys.getfilesystemencoding()
    """

my_file = open('dummy', 'w')

for expression in expressions.split():
    value = eval(expression)
    print(f'{expression:>30} -> {value!r}')
```

範例 4-10 在 GNU/Linux（Ubuntu 14.04）與 OSX（Mavericks 10.14）上輸出相同的結果，意味著這些系統在內部到處使用 UTF-8：

```
$ python3 default_encodings.py
 locale.getpreferredencoding() -> 'UTF-8'
                 type(my_file) -> <class '_io.TextIOWrapper'>
               my_file.encoding -> 'UTF-8'
            sys.stdout.isatty() -> True
           sys.stdout.encoding -> 'utf-8'
            sys.stdin.isatty() -> True
            sys.stdin.encoding -> 'utf-8'
           sys.stderr.isatty() -> True
           sys.stderr.encoding -> 'utf-8'
       sys.getdefaultencoding() -> 'utf-8'
     sys.getfilesystemencoding() -> 'utf-8'
```

然而，在 Windows 上的輸出是範例 4-11。

範例 4-11　在 Windows 10 PowerShell 上的預設編碼（輸出在 cmd.exe 上一樣）

```
> chcp  ❶
Active code page: 437
> python default_encodings.py  ❷
 locale.getpreferredencoding() -> 'cp1252'  ❸
                 type(my_file) -> <class '_io.TextIOWrapper'>
               my_file.encoding -> 'cp1252'  ❹
            sys.stdout.isatty() -> True  ❺
           sys.stdout.encoding -> 'utf-8'  ❻
            sys.stdin.isatty() -> True
            sys.stdin.encoding -> 'utf-8'
           sys.stderr.isatty() -> True
           sys.stderr.encoding -> 'utf-8'
       sys.getdefaultencoding() -> 'utf-8'
     sys.getfilesystemencoding() -> 'utf-8'
```

❶ chcp 可顯示主控台當前使用的 code page：437。

❷ 執行 *default_encodings.py*，並輸出至主控台。

❸ locale.getpreferredencoding() 是最重要的設定。

❹ 在預設情況下，文字檔使用 locale.getpreferredencoding()。

❺ 輸出會被送到主控台，所以 sys.stdout.isatty() 是 true。

❻ 因此，sys.stdout.encoding 與 chcp 回報的主控台 code page 不一樣！

在我編寫本書的第一版時，Windows 本身和 Windows 版的 Python 對 Unicode 的支援已經有所提升了。我用範例 4-11 來展示 Windows 7 上的 Python 3.4 的四種不同編碼。stdout、stdin 和 stderr 的編碼以前和 chcp 命令回報的 code page 相同，但現在它們都是 utf-8，因為 Python 3.6 實現了 PEP 528 —— Change Windows console encoding to UTF-8（*https://fpy.li/pep528*），且 *cmd.exe* 的 Power Shell 支援 Unicode（自 2018 年 10 月的 Windows 1809 起）。[6] 當標準輸出（stdout）將訊息寫入控制台時，chcp 和 sys.stdout.encoding 顯示不同的結果是很奇怪的事情，但很棒的是，現在我們可以在 Windows 上印出 Unicode 字串，而不會出現編碼錯誤 —— 除非使用者將輸出傳到檔案，等一下會討論這種情況。但這不意味著所有 emoji 都可以出現在主控台裡，因為那也取決於控制台使用的字型。

另一項改變是 PEP 529 —— Change Windows filesystem encoding to UTF-8（*https://fpy.li/pep529*），它也是在 Python 3.6 實現的，它改變了檔案系統的編碼（用來表示目錄和檔案的名稱），從 Microsoft 的獨家 MBCS 改成 UTF-8。

然而，若將範例 4-10 的輸出傳給一個檔案，像這樣：

```
Z:\>python default_encodings.py > encodings.log
```

那麼，sys.stdout.isatty() 的值會變成 False，且 sys.stdout.encoding 會被 locale.getpreferredencoding() 設定，在那台機器上是 'cp1252' —— 但是 sys.stdin.encoding 與 sys.stderr.encoding 依舊是 utf-8。

6　來源：「Windows Command-Line:Unicode and UTF-8 Output Text Buffer」（*https://fpy.li/4-11*）。

在範例 4-12 中，我在 Unicode 常值的開頭使用 '\N{}'，將字元的官方名稱寫在 \N{} 裡面。雖然這樣寫過於詳細，但既明確且安全：如果名稱不存在，Python 會發出 SyntaxError，這比寫一個可能是錯誤的十六進制數字，卻在很久之後才會發現還要好很多。你應該寫一個注釋來解釋這些字元碼，所以繁瑣的 \N{} 應該不難接受。

這意味著像範例 4-12 這樣的腳本在輸出到主控台時可以正確執行，但是在輸出到檔案時可能會出錯。

範例 4-12　*stdout_check.py*

```python
import sys
from unicodedata import name

print(sys.version)
print()
print('sys.stdout.isatty():', sys.stdout.isatty())
print('sys.stdout.encoding:', sys.stdout.encoding)
print()

test_chars = [
    '\N{HORIZONTAL ELLIPSIS}',        # 在 cp1252 裡存在，但是在 cp437 裡不存在
    '\N{INFINITY}',                   # 在 cp437 裡存在，但是在 cp1252 裡不存在
    '\N{CIRCLED NUMBER FORTY TWO}',   # 在 cp437 和 cp1252 裡都不存在
]

for char in test_chars:
    print(f'Trying to output {name(char)}:')
    print(char)
```

範例 4-12 展示 sys.stdout.isatty() 的結果、sys.stdout.encoding 的值，以及這三個字元：

- '…' HORIZONTAL ELLIPSIS —— 在 cp1252 裡存在，但是在 cp437 裡不存在

- '∞' INFINITY —— 在 cp437 裡存在，但是在 cp1252 裡不存在

- '㊷' CIRCLED NUMBER FORTY TWO —— 在 cp437 和 cp1252 裡都不存在

當我在 PowerShell 和 *cmd.exe* 執行 *stdout_check.py* 時，它像圖 4-3 一樣運作。

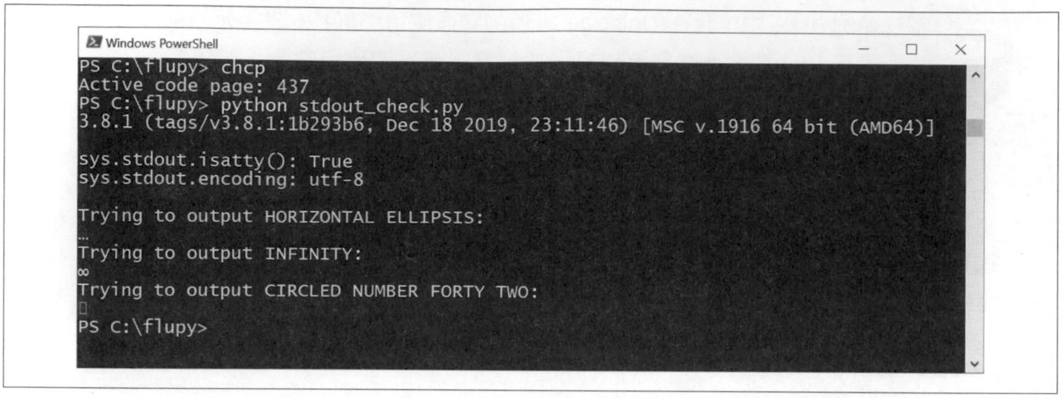

圖 4-3　在 PowerShell 執行 stdout_check.py

儘管 chcp 回報 active code 是 437，但 sys.stdout.encoding 是 UTF-8，所以 HORIZONTAL ELLIPSIS 與 INFINITY 都被正確地輸出。CIRCLED NUMBER FORTY TWO 被換成方塊，但沒有出現錯誤訊息。我們推測它被識為有效字元，但主控台的字形沒有字體可以顯示它。

然而，當我將 *stdout_check.py* 的輸出傳給檔案時，我得到圖 4-4。

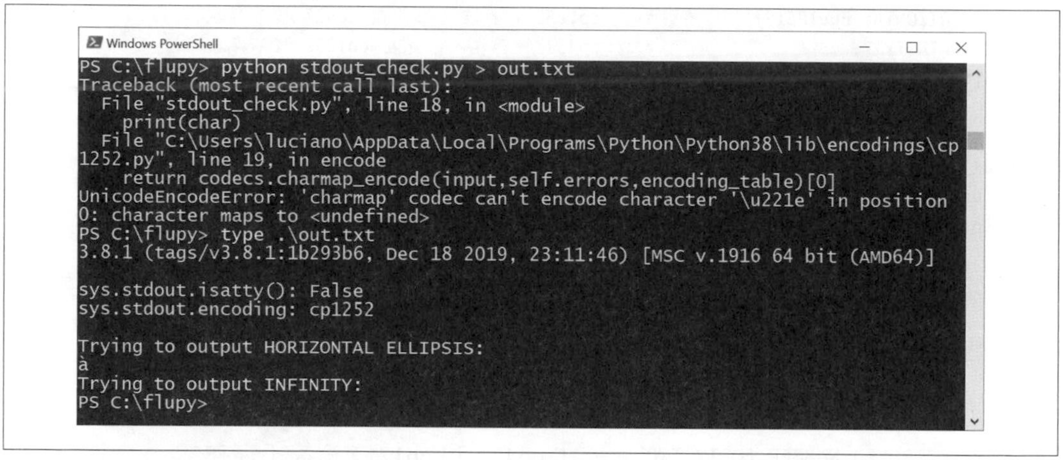

圖 4-4　在 PowerShell 執行 stdout_check.py，輸出至檔案

在圖 4-4 中，第一個問題是提到字元 '\u221e' 的 UnicodeEncodeError，因為 sys.stdout. encoding 是 'cp1252'，這個 code page 沒有 INFINITY 字元。

用 type 命令（或 VS Code 或 Sublime Text 等 Windows 編輯器）來讀取 *out.txt* 可以看到，我得到 'à'（LATIN SMALL LETTER A WITH GRAVE），而不是 HORIZONTAL ELLIPSIS。事實上，CP1252 的 0x85 值代表 '…'，但是在 CP437 裡，同一個 byte 值代表 'à'。活躍的 code page 確實發揮作用，但這種作用不是以明智的或有用的方式呈現，而是進行部分解釋，導致糟糕的 Unicode 體驗。

> 我使用一台為美國市場配置的筆電，在 Windows 10 OEM 上進行這些實驗。為其他國家本地化的 Windows 版本可能有不同的編碼配置。例如，在巴西，Windows 主控台預設使用 code page 850，而不是 437。

為了總結這些令人抓狂的預設編碼問題，最後，我們來看範例 4-11 中的各種不同編碼：

- 如果你在開啟檔案時省略 encoding 引數，預設值是由 locale.getpreferredencoding() 提供的（在範例 4-11 是 'cp1252'）。

- 在 Python 3.6 之前，sys.stdout|stdin|stderr 的編碼是由 PYTHONIOENCODING（*https://fpy.li/4-12*）環境變數設定的，現在那個變數會被忽略，除非 PYTHONLEGACYWINDOWSSTDIO（*https://fpy.li/4-13*）被設為非空字串。否則，對於互動式 I/O，標準 I/O 的編碼是 UTF-8，如果輸出 / 輸入被重新設為針對一個檔案或來自一個檔案，則由 locale.getpreferredencoding() 定義。

- Python 內部用 sys.getdefaultencoding() 來進行二進制資料與 str 之間的轉換。Python 不支援改變此設定。

- sys.getfilesystemencoding() 的用途是針對檔名進行編碼 / 解碼（不是檔案內容）。Python 會在 open() 取得檔名的 str 引數時會使用它，如果檔名是以 bytes 引數來提供，它會被原封不動地送給 OS API。

> GNU/Linux 和 macOS 都預設這些編碼是 UTF-8，而且已經行之有年了，因此 I/O 可以處理所有 Unicode 字元。Windows 不僅在同一個系統中使用不同的編碼，它使用的通常是 'cp850' 或 'cp1252' 這類的 code page，它們只支援 ASCII，而且有 127 個額外的字元，那些字元在不同的編碼裡也不相同。因此，Windows 的使用者比較容易遇到編碼錯誤，除非他們特別小心。

總之，最重要的編碼設定是 locale.getpreferredencoding() 回傳的設定：它是開啟文字檔的預設編碼，以及 sys.stdout/stdin/stderr 對檔案進行輸出時的預設編碼。但是，文件說（節錄）（*https://fpy.li/4-14*）：

> locale.getpreferredencoding(do_setlocale=True)
>
> > 根據使用者的偏好來回傳文字資料使用的編碼。不同的系統用不同的方式來表達使用者偏好，而且在某些系統上無法用程式取得，所以這個函式僅回傳推測的結果。[...]

因此，關於預設的編碼，我的建議是：不要依靠它們。

如果你遵循 Unicode 三明治的建議，並且在程式中明確地指定編碼，你將避免許多痛苦。不幸的是，就算你將 bytes 正確地轉換成 str，Unicode 仍然令人痛苦。下兩節將討論幾個在 ASCII 領域中很簡單，但是在 Unicode 星球上卻變成相當複雜的主題：文字正規化（即，將文本轉換成統一的表示法，以進行比較）和排序。

將 Unicode 正規化，以進行可靠的比較

比較字串很複雜，因為 Unicode 有組合字元，它會在一個字元後面附加變音符號和其他符號，在印出時合併成一個字元。

例如，「café」可以用兩種方式來組合，可使用四個或五個碼位，但結果看起來一樣：

```
>>> s1 = 'café'
>>> s2 = 'cafe\N{COMBINING ACUTE ACCENT}'
>>> s1, s2
('café', 'café')
>>> len(s1), len(s2)
(4, 5)
>>> s1 == s2
False
```

在 e 後面加上 COMBINING ACUTE ACCENT（U+0301）會顯示 é。在 Unicode 標準中，'é' 與 'e\u0301' 這種序列稱為「典型對價物」（canonical equivalents），應用程式應該將它們視為相等。但是在 Python 眼裡，它們是兩個不同的字碼序列，並將它們視為不相等。

解決方案是 unicodedata.normalize()。這個函式的第一個引數是以下四個字串之一：'NFC'、'NFD'、'NFKC' 與 'NFKD'。我們從前兩個字串談起。

Normalization Form C（NFC）將碼位組合成最短的等效字串，而 NFD 則進行分解，將字元組合展開為基本字元和單獨的組合字元。這些正規化可以讓比較的動作按預期進行：

```
>>> from unicodedata import normalize
>>> s1 = 'café'
>>> s2 = 'cafe\N{COMBINING ACUTE ACCENT}'
>>> len(s1), len(s2)
(4, 5)
>>> len(normalize('NFC', s1)), len(normalize('NFC', s2))
(4, 4)
>>> len(normalize('NFD', s1)), len(normalize('NFD', s2))
(5, 5)
>>> normalize('NFC', s1) == normalize('NFC', s2)
True
>>> normalize('NFD', s1) == normalize('NFD', s2)
True
```

鍵盤驅動程式通常產生組合字元，所以使用者輸入的文字在預設情況下是 NFC 形式。然而，為了安全起見，在儲存之前，最好使用 normalize('NFC', user_text) 來將字串正規化。NCF 也是 W3C 在「Character Model for the World Wide Web: String Matching and Searching」（*https://fpy.li/4-15*）中推薦的正規化形式。

有些單一字元在進行 NFC 正規化時，可能會被轉換成另一個單一字元，電阻單位 ohm（Ω）符號會被正規化為大寫的希臘字母 omega。雖然它們看起來一樣，但是在比較時，可能會被認為不相等，所以一定要進行正規化來避免意外：

```
>>> from unicodedata import normalize, name
>>> ohm = '\u2126'
>>> name(ohm)
'OHM SIGN'
>>> ohm_c = normalize('NFC', ohm)
>>> name(ohm_c)
'GREEK CAPITAL LETTER OMEGA'
>>> ohm == ohm_c
False
>>> normalize('NFC', ohm) == normalize('NFC', ohm_c)
True
```

另兩種正規化形式的 NFKC 與 NFKD，名稱裡的 K 代表「相容性（compatibility）」。它們是更強的正規化形式，會影響所謂的「相容字元」。雖然 Unicode 的目的之一，是為每一個字元定義一個「標準」的碼位，但為了與現有的標準保持相容性，有一些字元會出現多次。例如 MICRO SIGN（μ (U+00B5)）被加入 Unicode，以支援它與 latin1 之間的來回轉換。latin1 也有 MICRO SIGN，即使同一個字元也可以在希臘字母表（Greek alphabet）裡找到，其碼位為 U+03BC（GREEK SMALL LETTER MU）。所以，micro 符號是「相容字元」。

在 NFKC 與 NFKD 形式中，每一個相容字元都會被替換成一個具有一個或多個字元的「相容分解」，那些字元被視為「首選」的表示法，即使有一些格式化損失 —— 理想情況下，格式化應該由外部標記負責，而不是 Unicode 的一部分。舉例來說，二分之一符號 '1/2'（U+00BD）的相容分解是包含三個字元的序列 '1/2'，而 micro 符號 'µ'（U+00B5）的相容分解是小寫的 mu 'µ'（U+03BC）[7]。

以下是 NFKC 的實際工作情形：

```
>>> from unicodedata import normalize, name
>>> half = '\N{VULGAR FRACTION ONE HALF}'
>>> print(half)
½
>>> normalize('NFKC', half)
'1/2'
>>> for char in normalize('NFKC', half):
...     print(char, name(char), sep='\t')
...
1 DIGIT ONE
/ FRACTION SLASH
2 DIGIT TWO
>>> four_squared = '4²'
>>> normalize('NFKC', four_squared)
'42'
>>> micro = 'µ'
>>> micro_kc = normalize('NFKC', micro)
>>> micro, micro_kc
('µ', 'µ')
>>> ord(micro), ord(micro_kc)
(181, 956)
>>> name(micro), name(micro_kc)

('MICRO SIGN', 'GREEK SMALL LETTER MU')
```

雖然用 '1/2' 來取代 '½' 是合理的做法，而且 micro 符號的確是小寫的希臘字母 mu，但是將 '4²' 轉換成 '42' 會改變它的意思。應用程式可將 '4²' 存為 '4²'，但正

---

[7] 奇怪的是，micro 符號被視為「相容字元」，但歐姆符號不是。因此，NFC 不碰 micro 符號，但會將 ohm 符號改為大寫的 omega，而 NFKC 及 NFKD 都會將 ohm 與 micro 改為希臘字元。

規化函式不涉及格式化的處理。因此，NFKC 或 NFKD 可能會丟失或扭曲資訊，但它們可以產生方便的中間表示法，以供搜尋和檢索。

遺憾的是，與 Unicode 相關的一切往往比起初看起來的要複雜得多。對於 VULGAR FRACTION ONE HALF，NFKC 正規化以 FRACTION SLASH 連接 1 與 2，而不是以 SOLIDUS（即熟悉的 slash，ASCII 碼為十進制的 47）。因此，搜尋包含三個字元的 ASCII 序列 '1/2' 無法找到正規化的 Unicode 序列。

 NFKC 與 NFKD 正規化會導致資料遺失，只應該在特殊情況下使用，例如搜尋和檢索，不應該用來持久保存文本。

在準備供搜尋或索引的文本時，另一種操作也很有用：case folding，這是我們的下一個主題。

case folding

case folding 本質上就是將所有文字都轉換成小寫，並進行一些額外的轉換。它是由 str.casefold() 方法支援的。

對於所有只有 latin1 字元的任何字串，s.casefold() 會產生與 s.lower() 相同的結果，除了兩個例外 —— micro 符號 'μ' 會變成希臘文小寫 mu（它在大部分的字型中看起來一樣），而德文的 Eszett 即「sharp s」（ß）會變成「ss」：

```
>>> micro = 'μ'
>>> name(micro)
'MICRO SIGN'
>>> micro_cf = micro.casefold()
>>> name(micro_cf)
'GREEK SMALL LETTER MU'
>>> micro, micro_cf
('μ', 'μ')
>>> eszett = 'ß'
>>> name(eszett)
'LATIN SMALL LETTER SHARP S'
>>> eszett_cf = eszett.casefold()
>>> eszett, eszett_cf
('ß', 'ss')
```

有將近 300 個碼位會讓 str.casefold() 與 str.lower() 回傳不同的結果。

如同與 Unicode 有關的任何東西，case folding 是一項複雜的主題，有大量語言上的特殊情況，但 Python 核心團隊用心良苦地提供一個希望造福大多數使用者的解決方案。

在接下來幾節，我們將利用正規化知識，來開發公用程式。

比對正規化文字的公用函式

正如我們所見，NFC 和 NFD 是安全可靠的正規化形式，而且可以合理地比較 Unicode 字串。對大多數的應用程式而言，NFC 是最好的正規化形式。而 str.casefold() 是進行不分大小寫的比較的工具。

如果你要處理包含許多語言的文本，範例 4-13 的兩個函式 nfc_equal 與 fold_equal 很適合加入你的工具箱。

範例 *4-13 normeq.py：比較正規化的 Unicode 字串*

```
"""
Utility functions for normalized Unicode string comparison.

Using Normal Form C, case sensitive:

    >>> s1 = 'café'
    >>> s2 = 'cafe\u0301'
    >>> s1 == s2
    False
    >>> nfc_equal(s1, s2)
    True
    >>> nfc_equal('A', 'a')
    False

Using Normal Form C with case folding:

    >>> s3 = 'Straße'
    >>> s4 = 'strasse'
    >>> s3 == s4
    False
    >>> nfc_equal(s3, s4)
    False
    >>> fold_equal(s3, s4)
    True
    >>> fold_equal(s1, s2)
    True
    >>> fold_equal('A', 'a')
```

```
    True

"""

from unicodedata import normalize

def nfc_equal(str1, str2):
    return normalize('NFC', str1) == normalize('NFC', str2)

def fold_equal(str1, str2):
    return (normalize('NFC', str1).casefold() ==
            normalize('NFC', str2).casefold())
```

除了 Unicode 正規化與 case folding 之外（兩者都屬於 Unicode 標準），有時進行更深層的轉換是有意義的，例如將 'café' 改成 'cafe'。下一節會告訴你何時與如何進行這種轉換。

極端的「正規化」：移除變音符號

Google Search 暗中使用許多秘技，其中明顯的秘技之一是忽略變音符號（例如：重音、下變音符…等），至少會在某些情境下採取這種做法。移除變音符號不是適當的正規化形式，因為它經常改變單字的含義，在搜尋時可能產生誤判。但它有助於應對現實生活的一些事實：人們有時懶得使用變音符號或忽略它們，而拚寫規則也會隨著時間變化，這意味著變音符號在現存的語言裡，經常時而出現，時而消失。

除了搜尋之外，移除變音符號也可以讓 URL 更易讀，至少對 Latin 語系而言如此。看看維基百科的一篇關於 São Paulo 城市的文章的 URL：

    https://en.wikipedia.org/wiki/S%C3%A3o_Paulo

%C3%A3 是 URL 編碼的 UTF-8 表示法，代表帶有波浪符號的單一字母「ã」（「a」加上波狀符號）。下面的 URL 容易辨識許多，即使它沒有使用正確的拚法：

    https://en.wikipedia.org/wiki/S%C3%A3o_Paulo

你可以使用範例 4-14 的函式來將 str 的所有的變音符號移除。

範例 4-14　simplify.py：移除所有組合符號的函式

```
import unicodedata
import string


def shave_marks(txt):
```

```
    """Remove all diacritic marks"""
    norm_txt = unicodedata.normalize('NFD', txt)    ❶
    shaved = ''.join(c for c in norm_txt
                        if not unicodedata.combining(c))    ❷
    return unicodedata.normalize('NFC', shaved)    ❸
```

❶ 將所有字元分解成基本字元和組合符號。

❷ 移除所有組合符號。

❸ 重組所有字元。

範例 4-15 是 shave_marks 的一些用法。

範例 *4-15*　使用範例 *4-14* 的 *shave_marks* 的兩個例子

```
>>> order = ' "Herr Voß: • ½ cup of OEtker™ caffè latte • bowl of açaí." '
>>> shave_marks(order)
' "Herr Voß: • ½ cup of OEtker™ caffe latte • bowl of acai." '    ❶
>>> Greek = 'Ζέφυρος, Zéfiro'
>>> shave_marks(Greek)
'Ζεφυρος, Zefiro'    ❷
```

❶ 只有字母「è」、「ç」與「í」被替換。

❷ 「έ」與「é」都被替換了。

範例 4-14 的 shave_marks 函式把事情做得很好，但或許它好過頭了。移除變音符號通常是為了將 Latin 文字改成純 ASCII，但 shave_marks 也會改變非 Latin 字元（例如希臘字母），僅僅將它們的變音符號移除無法將它們變成 ASCII。所以合理的做法是分析每一個基本字元，並且在基本字元是 Latin 字母時，才移除附加的標記。這就是範例 4-16 的做法。

範例 *4-16*　移除 *Latin* 字元的組合符號的函式（省略 *import* 陳述式，因為這是範例 *4-14* 的 *sanitize.py* 模組的一部分）

```
def shave_marks_latin(txt):
    """Remove all diacritic marks from Latin base characters"""
    norm_txt = unicodedata.normalize('NFD', txt)    ❶
    latin_base = False
    preserve = []
    for c in norm_txt:
        if unicodedata.combining(c) and latin_base:    ❷
            continue  # ignore diacritic on Latin base char
```

```
        preserve.append(c)                                    ❸
        # if it isn't a combining char, it's a new base char
        if not unicodedata.combining(c):                      ❹
            latin_base = c in string.ascii_letters
    shaved = ''.join(preserve)
    return unicodedata.normalize('NFC', shaved)               ❺
```

❶ 將所有字元分解成基本字元和組合符號。

❷ 當基本字元是 Latin 時，跳過組合符號。

❸ 否則，維持當前的字元。

❹ 偵測新的基本字元，並判斷它是不是 Latin。

❺ 重組所有字元。

更激進的步驟是將西方文本常見的符號（例如：彎引號、長破折號、項目符號…等）轉換成 ASCII 的等價字元。這正是範例 4-17 的函式 asciize 的工作。

範例 4-17　將一些西方的排版符號轉換成 ASCII（這段程式也是範例 4-14 的 sanitize.py 的一部分）

```
single_map = str.maketrans(""",ƒ„ˆ‹ ‘ ’ “”•–—˜›""",     ❶
                           """'f"^<' ' ""---~>""")

multi_map = str.maketrans({                            ❷
    '€': 'EUR',
    '…': '...',
    'Æ': 'AE',
    'æ': 'ae',
    'Œ': 'OE',
    'œ': 'oe',
    '™': '(TM)',
    ' ': '<per mille>',
    ' ': '**',
    ' ': '***',
})

multi_map.update(single_map)                           ❸


def dewinize(txt):
    """Replace Win1252 symbols with ASCII chars or sequences"""
    return txt.translate(multi_map)                    ❹
```

```
def asciize(txt):
    no_marks = shave_marks_latin(dewinize(txt))     ❺
    no_marks = no_marks.replace('ß', 'ss')          ❻
    return unicodedata.normalize('NFKC', no_marks)  ❼
```

❶ 建立字元轉換為字元的對照表。

❷ 建立字元轉換為字串的對照表。

❷ 合併對照表。

❹ dewinize 不會去動 ASCII 或 latin1 文字,只會改變 Microsoft 在 cp1252 中加入的 latin1 文字。

❺ 執行 dewinize 並移除變音符號。

❻ 將 Eszett 換成「ss」(因為我們想要保留原本的大小寫,所以不使用 case folding)。

❼ 執行 NFKC 正規化來將字元和它們的相容碼位結合。

範例 4-18 是 asciize 的用法。

範例 4-18　以兩個例子來示範如何使用範例 4-17 的 asciize

```
>>> order = ' "Herr Voß: • ½ cup of OEtker™ caffè latte • bowl of açaí." '
>>> dewinize(order)
'"Herr Voß: - ½ cup of OEtker(TM) caffè latte - bowl of açaí."'    ❶
>>> asciize(order)
'"Herr Voss: - 1/2 cup of OEtker(TM) caffe latte - bowl of acai."'    ❷
```

❶ dewinize 將彎引號、圓點符號與 ™(商標符號)換掉。

❷ asciize 套用 dewinize,移除變音符號,並替換 'ß'。

不同的語言有它們移除變音符號的規則。例如,德語將 'ü' 改為 'ue'。我們的 asciize 函式沒有那麼精細,所以它不一定適合你的語言。不過它處理葡萄牙文的效果還不錯。

綜上所述,*sanitize.py* 裡面的函式遠遠超出標準的正規化,它們會對文字執行深度的手術,很有可能改變其含義。只有你可以決定要不要做到這個程度,這取決於目標語言、你的使用者,以及轉換後的文字將如何使用。

以上就是我們對正規化 Unicode 文字的討論。

接著來探討 Unicode 排序。

排序 Unicode 文本

Python 可藉著逐一比較序列內的項目來排序任何型態的序列。對字串而言，這意味著比較它們的碼位。不幸的是，對於使用非 ASCII 字元的人來說，這將產生無法接受的結果。

假設我們要排序一個巴西本土水果的 list：

```
>>> fruits = ['caju', 'atemoia', 'cajá', 'açaí', 'acerola']
>>> sorted(fruits)
['acerola', 'atemoia', 'açaí', 'caju', 'cajá']
```

不同地區使用的排序規則可能不相同，但是對於葡萄牙文和使用 Latin 字母的許多語文而言，在排序時，重音與下變音符幾乎不會影響排序結果。[8] 所以「cajá」會被視為「caja」來排序，一定會被排在「caju」之前。

排序後的 fruits list 應該是：

```
['açaí', 'acerola', 'atemoia', 'cajá', 'caju']
```

在 Python 中，排序非 ASCII 文字的標準做法是使用 locale.strxfrm 函式。locale 模組文件（*https://fpy.li/4-16*）說，它會「將一個字串轉換為可以用於「地區感知（locale-aware）」比較的字串」。

為了使用 locale.strxfrm，你必須先為你的應用程式設定一個合適的地區，然後祈禱 OS 支援它。你或許可以使用範例 4-19 的命令順序。

範例 *4-19*　*locale_sort.py*：將 *locale.strxfrm* 函式當成排序鍵

```
import locale
my_locale = locale.setlocale(locale.LC_COLLATE, 'pt_BR.UTF-8')
print(my_locale)
```

8　變音符號只會在極罕見的情況下影響排序，也就是當它是兩個單字之間唯一的差異時，此時，有變音符號的單字會被排在一般單字之後。

```
fruits = ['caju', 'atemoia', 'cajá', 'açaí', 'acerola']
sorted_fruits = sorted(fruits, key=locale.strxfrm)
print(sorted_fruits)
```

我在 GNU/Linux（Ubuntu 19.10）上安裝 pt_BR.UTF-8 語文並執行範例 4-19 可以得到正確的結果：

```
'pt_BR.UTF-8'
['açaí', 'acerola', 'atemoia', 'cajá', 'caju']
```

所以在排序時，你必須先呼叫 setlocale(LC_COLLATE, «your_locale»)，再使用 locale.strxfrm 來當成排序鍵。

但有些事情需要注意：

- 因為 locale 設定是全域性的，不建議你在程式庫裡呼叫 setlocale。你的應用程式或框架應該在程序開始時設定 locale，而且接下來不應該改變它。

- locale 必須在 OS 上安裝，否則 setlocale 會發出 ocale.Error: unsupported locale setting 例外。

- 你必須知道如何拚寫 locale 名稱。

- 作業系統的製造商必須正確地實作 locale。我曾經在 Ubuntu 19.10 成功執行，但是在 macOS 10.14 失敗了，在 macOS 上，setlocale(LC_COLLATE, 'pt_BR.UTF-8') 回傳字串 'pt_BR.UTF-8' 且未顯示錯誤訊息。但是 sorted(fruits, key=locale.strxfrm) 產生與 sorted(fruits) 相同的錯誤結果。我也在 macOS 試過 fr_FR、es_ES 與 de_DE locale，但 locale.strxfrm 從未完成其任務。[9]

所以標準程式庫的國際化排序解決方案是可行的，但看起來，只能在 GNU/Linux 正確地支援（也許在 Windows 也可以，如果你是專家的話）。即使如此，它也依區域（locale）設定而決定，這會在部署時造成令人頭痛的問題。

幸運的是，有一種更簡單的解決方案：*pyuca* 程式庫，可在 PyPI 上獲得。

9　我同樣無法找到解決方案，但發現別人也回報了相同的問題。技術校閱 Alex Martelli 在安裝了 OSX 10.9 的 Macintosh 上使用 setlocale 與 locale.strxfrm 沒有遇到問題。總之，你可能看到不同的結果。

用 Unicode Collation 演算法來排序

多產的 Django 貢獻者 James Tauber 應該是感受到痛苦才創作製作了 pyuca（*https://fpy. li/4-17*），pyuca 是完全用 Python 來編寫的 Unicode Collation Algorithm (UCA)。你可以從範例 4-20 看出它是多麼容易使用。

範例 *4-20* 　使用 pyuca.Collator.sort_key 方法

```
>>> import pyuca
>>> coll = pyuca.Collator()
>>> fruits = ['caju', 'atemoia', 'cajá', 'açaí', 'acerola']
>>> sorted_fruits = sorted(fruits, key=coll.sort_key)
>>> sorted_fruits
['açaí', 'acerola', 'atemoia', 'cajá', 'caju']
```

它很簡單，而且可在 GNU/Linux、macOS、Windows 上使用，至少對我的小樣本而言就是如此。

pyuca 不考慮 locale。如果你需要自訂排序法，你可以提供自訂的 collation 表的路徑給 Collator() 建構式。在預設情況下，它會使用專案隨附的 allkeys.txt（*https://fpy. li/4-18*），它其實是來自 *Unicode.org*（*https://fpy.li/4-19*）的 Default Unicode Collation Element Table 的複本。

PyICU：Miro 對於 Unicode 排序的建議

（技術校閱 Miroslav Šedivý 熟悉多種語言，也是 Unicode 的專家。以下是他對於 *pyuca* 的意見。）

pyuca 有一種排序演算法不遵循個別語言的排序順序，例如，德文的 Ä 在與 A 與 B 之間，但是在瑞典文裡，它在 Z 之後。從 PyICU（*https://fpy. li/4-20*）可以發現，這種做法類似 locale，但不更改程序的語言環境。如果你想要改變土耳其文的 iİ/ıI 的大小寫，你也要使用它。PyICU 有一個必須編譯的擴展程式，所以在某些系統中，它可能比本身僅僅是 Python 程式的 *pyuca* 更難安裝。

順便說一下，那個 collation 表是構成 Unicode 資料庫的諸多資料檔之一，Unicode 資料庫是下一個主題。

Unicode 資料庫

Unicode 標準提供了完整的資料庫（以幾個結構化的文字檔的形式呈現），裡面不但有將碼位對映至字元名稱的表格，也有關於個別字元和它們之間的關係的詮釋資料。例如，Unicode 資料庫記錄了一個字元能不能列印、是不是字母、是不是十進制數字，或是不是其他的數字符號。這就是 str 的方法 isalpha、isprintable、isdecimal 與 isnumeric 的工作方式。str.casefold 也使用 Unicode 表的資訊。

 unicodedata.category(char) 函式回傳的是 Unicode 資料庫的 char 的雙字母分類。較高階的 str 方法比較好用。例如，label.isalpha()（*https://fpy.li/4-21*）在 label 的每個字元都屬於以下的分類之一時回傳 True：Lm、Lt、Lu、Ll 或 Lo。若要進一步瞭解這些代表的意思，可參考英文維基百科的「Unicode character property」文章（*https://fpy.li/4-23*）裡的「General Category」（*https://fpy.li/4-22*）。

用名稱來尋找字元

unicodedata 模組有一些函式可提取字元詮釋資料，其中包括 unicodedata.name()，它會回傳字元在標準裡的官方名稱。圖 4-5 展示該函式。[10]

```
>>> from unicodedata import name
>>> name('A')
'LATIN CAPITAL LETTER A'
>>> name('ã')
'LATIN SMALL LETTER A WITH TILDE'
>>> name('♛')
'BLACK CHESS QUEEN'
>>> name('😸')
'GRINNING CAT FACE WITH SMILING EYES'
```

圖 4-5　在 Python 主控台中探索 unicodedata.name()

10　這是一張圖，不是程式碼，因為在我寫這本書時，O'Reilly 的數位出版工具鏈還沒有完整地支援 emoji。

你可以使用 name() 函式來建構 app，讓使用者用名稱來搜尋字元。圖 4-6 是 *cf.py* 命令列腳本，它接收一個以上的單字作為引數，並列出在官方 Unicode 名稱裡有這些單字的字元。範例 4-21 是 *cf.py* 的完整程式。

```
$ ./cf.py cat smiling
U+1F638 😸     GRINNING CAT FACE WITH SMILING EYES
U+1F63A 😺     SMILING CAT FACE WITH OPEN MOUTH
U+1F63B 😻     SMILING CAT FACE WITH HEART-SHAPED EYES
```

圖 4-6　使用 *cf.py* 來尋找笑臉貓

 許多作業系統和 app 都支援 emoji。近年來，macOS 終端機為 emoji 提供做好的支援，緊接其後的是現代的 GNU/Linux 圖形終端機。Windows *cmd.exe* 與 PowerShell 支援 Unicode 輸出，但是當我在 2020 年 1 月撰寫這一節時，它們仍然不能顯示 emoji —— 至少不是「開箱即用」。技術校閱 Leonardo Rochael 告訴我一種新的、開放原始碼的 Microsoft Windows Terminal（*https://fpy.li/4-24*），它對 Unicode 的支援應該比舊的 Microsoft 主控台更好。我還沒有時間試用它。

注意範例 4-21 的 find 函式裡的 if 陳述式使用 .issubset() 方法來快速地測試在 query 集合裡的單字是不是都出現在以字元名稱建立的單字串列裡。由於 Python 豐富的 set API，我們不需要使用嵌套的 for 迴圈或另一個 if 陳述式撰寫這項檢查。

範例 *4-21*　*cf.py*：尋找字元的工具程式

```python
#!/usr/bin/env python3
import sys
import unicodedata

START, END = ord(' '), sys.maxunicode + 1          ❶

def find(*query_words, start=START, end=END):       ❷
    query = {w.upper() for w in query_words}        ❸
    for code in range(start, end):
        char = chr(code)                            ❹
        name = unicodedata.name(char, None)         ❺
        if name and query.issubset(name.split()):   ❻
            print(f'U+{code:04X}\t{char}\t{name}')   ❼
```

```
def main(words):
    if words:
        find(*words)
    else:
        print('Please provide words to find.')

if __name__ == '__main__':
    main(sys.argv[1:])
```

❶ 設定要尋找的碼位的預設範圍。

❷ find 接受 query_words 與選用的限關鍵字（keyword-only）引數來限制搜尋的範圍，以方便測試。

❸ 將 query_words 轉換成一個大寫字串集合。

❹ 取得 code 的 Unicode 字元。

❺ 取得字元的名稱，如果它未被指定碼位，則回傳 None。

❻ 如果有名稱，將它分成單字串列，然後確定 query 集合是該串列的子集合。

❼ 印出包含 U+9999 格式的碼位、字元，及其名稱。

unicodedata 模組還有一些有趣的函式，接下來要介紹一些取得具有數值意義的字元資訊的函式。

字元的數值意義

unicodedata 模組有一些函式可檢查 Unicode 字元是否代表數字，若是，則為人們顯示它的數值，而不是它的碼位數字。例如，範例 4-22 是 unicodedata.name() 與 unicodedata.numeric() 的用法，以及 str 的 .isdecimal() 與 .isnumeric() 方法。

範例 4-22. 展示 Unicode 資料庫數字字元詮釋資料（呼叫函式以顯示輸出中的每一欄）

```
import unicodedata
import re

re_digit = re.compile(r'\d')

sample = '1\xbc\xb2\u0969\u136b\u216b\u2466\u2480\u3285'
```

```
for char in sample:
    print(f'U+{ord(char):04x}',                          ❶
          char.center(6),                                ❷
          're_dig' if re_digit.match(char) else '-',     ❸
          'isdig' if char.isdigit() else '-',            ❹
          'isnum' if char.isnumeric() else '-',          ❺
          f'{unicodedata.numeric(char):5.2f}',           ❻
          unicodedata.name(char),                        ❼
          sep='\t')
```

❶ 使用 `U+0000` 格式的碼位。

❷ 將字元放在長度為 6 的 `str` 的中央。

❸ 若字元符合 `r'\d'` regex，則顯示 `re_dig`。

❹ 若 `char.isdigit()` 為 `True`，則顯示 `isdig`。

❺ 若 `char.isnumeric()` 為 `True`，則顯示 `isnum`。

❻ 數值被格式化為寬度 5，小數點後 2 位。

❼ Unicode 字元名稱。

執行範例 4-22 會顯示圖 4-7，如果你的終端機字形有所有的字體的話。

```
$ python3 numerics_demo.py
U+0031  1       re_dig  isdig   isnum    1.00   DIGIT ONE
U+00bc  ¼       -       -       isnum    0.25   VULGAR FRACTION ONE QUARTER
U+00b2  ²       -       isdig   isnum    2.00   SUPERSCRIPT TWO
U+0969  ३       re_dig  isdig   isnum    3.00   DEVANAGARI DIGIT THREE
U+136b  ፫       -       isdig   isnum    3.00   ETHIOPIC DIGIT THREE
U+216b  Ⅻ       -       -       isnum   12.00   ROMAN NUMERAL TWELVE
U+2466  ⑦       -       isdig   isnum    7.00   CIRCLED DIGIT SEVEN
U+2480  ⒀       -       -       isnum   13.00   PARENTHESIZED NUMBER THIRTEEN
U+3285  ㊅       -       -       isnum    6.00   CIRCLED IDEOGRAPH SIX
$ 
```

圖 4-7　在 macOS 終端機顯示數值字元與關於它們的詮釋資料；`re_dig` 的意思是字元符合正規表達式 `r'\d'`。

圖 4-7 的第六欄是用該字元來呼叫 `unicodedata.numeric(char)` 的結果，這證明 Unicode 知道代表數字的符號的數值。所以如果你想要製作一個支援 Tamil 數字或 Roman 數字的試算表應用程式，儘管放手去做吧！

在圖 4-7 可以看到，正規表達式 r'\d' 可找到數字「1」與天城文（Devanagari）數字 3，但不能找到被 isdigit 函式視為數字的一些其他字元。re 模組處理 Unicode 的能力不如該有的那樣到位。PyPI 上的新 regex 模組在設計上是為了取代 re，並提供更好的 Unicode 支援。[11] 下一節會回來探討 re 模組。

在這一章，我們已經用了一些 unicodedata 函式了，但還有許多部分沒有討論。你可以參考 unicodedata 模組的標準程式庫文件（*https://fpy.li/4-25*）。

接著，我們要簡單地看一個雙模式 API，它的函式可接收 str 或 bytes 引數，並根據型態來進行特殊處理。

雙模式的 str 與 bytes API

Python 的標準程式庫有一些接收 str 或 bytes 引數，並根據型態來採取不同行為的函式。你可以在 re 與 os 模組中找到這類函式。

用正規表達式來表示 str 與 bytes

如果你用 bytes 來建立正規表達式，像 \d 與 \w 這種模式只能找到 ASCII 字元，相較之下，如果這些模式是用 str 來寫的，它們可以找到 ASCII 之外的 Unicode 數字或字母。範例 4-23 與圖 4-8 展示如何使用 str 與 bytes 模式來比對字母、ASCII 數字、上標與 Tamil 數字。

範例 *4-23 ramanujan.py*：比較簡單的 str 與 bytes 正規表達式的行為

```
import re

re_numbers_str = re.compile(r'\d+')        ❶
re_words_str = re.compile(r'\w+')
re_numbers_bytes = re.compile(rb'\d+')     ❷
re_words_bytes = re.compile(rb'\w+')

text_str = ("Ramanujan saw \u0be7\u0bed\u0be8\u0bef"  ❸
            " as 1729 = 1³ + 12³ = 9³ + 10³.")          ❹

text_bytes = text_str.encode('utf_8')      ❺
```

11　但它在這個例子裡不像 re 那麼擅長辨識數字。

```
print(f'Text\n  {text_str!r}')
print('Numbers')
print('  str  :', re_numbers_str.findall(text_str))      ❻
print('  bytes:', re_numbers_bytes.findall(text_bytes))  ❼
print('Words')
print('  str  :', re_words_str.findall(text_str))        ❽
print('  bytes:', re_words_bytes.findall(text_bytes))    ❾
```

❶ 前兩個正規表達式使用 str 型態。

❷ 後兩個使用 bytes 型態。

❸ 要搜尋的 Unicode 文本，裡面有 1729 的 Tamil 數字（程式邏輯到右括號為止）。

❹ 在編譯期，這一個字串會被接到前一個（見 *The Python Language Reference* 的「2.4.2. String literal concatenation」（*https://fpy.li/4-26*））。

❺ bytes 字串必須用 bytes 正規表達式來搜尋。

❻ str 模式 r'\d+' 可找到 Tamil 與 ASCII 數字。

❼ bytes 模式 rb'\d+' 只能找到數字的 ASCII bytes。

❽ str 模式 r'\w+' 可找到字母、上標、Tamil 及 ASCII 數字。

❾ bytes 模式 rb'\w+' 只能找到字母與數字的 ASCII bytes。

```
$ python3 ramanujan.py
Text
  'Ramanujan saw ௧௭௨௯ as 1729 = 1³ + 12³ = 9³ + 10³.'
Numbers
  str  : ['௧௭௨௯', '1729', '1', '12', '9', '10']
  bytes: [b'1729', b'1', b'12', b'9', b'10']
Words
  str  : ['Ramanujan', 'saw', '௧௭௨௯', 'as', '1729', '1³', '12³', '9³', '10³']
  bytes: [b'Ramanujan', b'saw', b'as', b'1729', b'1', b'12', b'9', b'10']
$
```

圖 4-8　執行範例 4-23 的 ramanujan.py 截圖

範例 4-23 是很簡單的例子，其目的只是為了說明一個問題：你可以用正規表達式來比對 str 與 bytes，但是在比對 bytes 時，超出 ASCII 範圍的 bytes 會被視為非數字及非單字（nonword）的字元。

str 正規表達式有一個 re.ASCII 旗標可讓 \w、\W、\b、\B、\d、\D、\s 與 \S 執行僅限 ASCII 的比對。詳情見 re 模組的文件（*https://fpy.li/4-27*）。

os 是另一種重要的雙模式模組。

在 os 函式裡的 str vs. bytes

GNU/Linux 核心（kernel）並未充分支援 Unicode，所以在現實中，你可能會看到由 byte 序列構成的檔名不符合任何一種編碼方案，也無法被解碼成 str。當檔案伺服器的不同用戶端使用各種 OS 時，特別容易遇到這個問題。

為了處理這個問題，只要能夠接收檔名或路徑名稱的 os 模組函式都可以接收 str 或 bytes 引數。若使用 str 引數來呼叫這種函式，該引數會被 sys.getfilesystemencoding() 所指定的轉碼器自動轉換，而且 OS 的回應會使用同一個轉碼器來進行解碼。這應該是我們想看到的結果，它符合 Unicode 三明治最佳做法。

但是如果你必須處理無法以這種方式來處理的檔名，或許還要修正它，你可以傳遞 bytes 引數給 os 函式，以取得 bytes 回傳值。這項功能可以用來處理任何檔案或路徑名稱，無論你可能找到多少亂碼字元。參見範例 4-24。

範例 *4-24* 讓 listdir 使用 str 與 bytes，及其結果

```
>>> os.listdir('.')    ❶
['abc.txt', 'digits-of-π.txt']
>>> os.listdir(b'.')   ❷
[b'abc.txt', b'digits-of-\xcf\x80.txt']
```

❶ 第二個檔名是「digits-of-π.txt」（有希臘字母 pi）。

❷ 提供 byte 引數時，listdir 會回傳包含 b'\xcf\x80' 的檔名，它是希臘字母 pi 的 UTF-8 編碼。

為了協助處理檔名或路徑名稱中的 str 或 bytes 序列，os 模組提供特殊的編碼與解碼函式 os.fsen code(name_or_path) 與 os.fsdecode(name_or_path)。這些函式都接收 str、bytes 型態的引數，或實作了 os.PathLike 介面的物件（Python 3.6 以後）。

Unicode 是個深不見底的兔子洞，充斥著非常複雜的細節。以上就是關於 str 與 bytes 的討論。

本章摘要

在本章的開頭，我們否定了 1 character == 1 byte 的概念。隨著世界普遍採用 Unicode，我們必須將「文本字串」的概念與在文件中表示它們的二進制序列分開，Python 3 強制區分這兩個概念。

簡單地看了二進制序列資料型態後（bytes、bytearray、memoryview），我們開始討論編碼與解碼，研究一些重要的 codec，並說明如何防止和處理 Python 原始檔案的錯誤編碼造成的 UnicodeEncodeError、UnicodeDecodeError 與 SyntaxError。

接著，我們討論了在沒有詮釋資料的情況下進行編碼檢測的理論和實踐，理論上，這不可能做到，但實際上，Chardet 可以相當正確地處理許多流行的編碼。接著介紹了 BOM，它是唯一經常在 UTF-16 和 UTF-32 文件中看到的編碼提示，有時也會在 UTF-8 文件中出現。

在下一節，我們展示如何開啟文字檔，這是一件簡單的工作，但是有一個陷阱：當你開啟文字檔時，雖然 encoding= 關鍵字引數不是強制使用的，你也要使用它。由於預設編碼互相衝突，如果你沒有指定編碼，你的程式將產生無法在不同的平台上相容的「純文字」。接著我們探討 Python 預設的各種編碼設定，及如何偵測它們。對 Windows 使用者來說，令人沮喪的是，這些設定在同一台機器上通常具有不同的值，而且那些值是互相不相容的；相較之下，GNU/Linux 與 macOS 的使用者幸福多了，幾乎所有地方都預設使用 UTF-8。

Unicode 提供多種方式來表示某些字元，因此正規化是進行文本比對的前提條件。我們除了解釋正規化與 case folding 之外，也介紹一些工具函式，你可以視需求使用它們，包括移除所有音調符號這樣的徹底轉換。然後我們看了如何使用標準的 locale 模組來正確地排序 Unicode 文字（但有一些注意事項），以及一種不依賴麻煩的區域設定的替代方案：外部的 *pyuca* 程式包。

我們利用 Unicode 資料庫來編寫一個命令列工具，可用名稱來搜尋字元，拜強大的 Python 之賜，我們只用了 28 行程式碼。我們簡單地討論了其他的 Unicode 詮釋資料，並介紹了一些雙模式 API，裡面有一些函式可以用 str 或 bytes 引數來呼叫，並產生不同的結果。

延伸讀物

Ned Batchelder 在 2012 PyCon US 做了一次很棒的演說「Pragmatic Unicode, or, How Do I Stop the Pain?」（*https://fpy.li/4-28*）。Ned 非常專業，除了提供投影片和影片之外，也提供了完整的演講稿。

「Character encoding and Unicode in Python: How to (ノ °□°)ノ ︵ ┻━┻ with dignity」（投影片：*https://fpy.li/4-1*，影片：*https://fpy.li/4-2*）是 Esther Nam 與 Travis Fischer 在 PyCon 2014 的傑出演說，我在那裡看到本章的精辟序言：「人類使用文字，計算機使用 bytes。」

Lennart Regebro（本書第一版的技術校閱之一）在「Unconfusing Unicode: What Is Unicode?」這篇短文中（*https://fpy.li/4-31*）分享他的「Useful Mental Model of Unicode (UMMU)」。Unicode 是個複雜的標準，所以 Lennart 的 UMMU 是很實用的起點。

Python 官方文件內的「Unicode HOWTO」（*https://fpy.li/4-32*）從幾個不同的角度來探討這個主題，包括歷史介紹、語法細節、codec、正規表達式、檔名，以及考慮 Unicode 的 I/O 的最佳做法（即，Unicode 三明治），每一節都有大量的參考資訊連結。Mark Pilgrim 的著作 *Dive into Python 3*（Apress）（*https://fpy.li/4-34*）的第 4 章「Strings」（*https://fpy.li/4-33*）也介紹 Python 3 對於 Unicode 的支援。同一本書的第 15 章（*https://fpy.li/4-35*）說明 Chardet 程式庫是怎麼從 Python 2 移植到 Python 3 的，這是一個寶貴的案例研究，因為將舊的 str 換成新的 bytes 是遷移的過程如此令人痛苦的原因，也是意圖偵測編碼的程式庫想處理的核心問題。

如果你瞭解 Python 2，但剛接觸 Python 3，Guido van Rossum 的「What's New in Python 3.0」（*https://fpy.li/4-36*）列舉了 15 個重點來總結它改變的地方，並加入許多連結。Guido 在一開始就直言不諱：「關於那些你認為你已經知道的二進制資料與 Unicode 的知識都已經改變了。」Armin Ronacher 的部落格文章「The Updated Guide to Unicode on Python」（*https://fpy.li/4-37*）進行深入的探討，並舉出一些 Python 3 的 Unicode 陷阱（Armin 不太喜歡 Python 3）。

David Beazley 與 Brian K. Jones 合著的 *Python Cookbook* 第 3 版（O'Reilly）有一些處理 Unicode 正規化、對文本進行消毒、對 byte 序列執行文本導向操作的做法。第 5 章介紹檔案與 I/O，裡面有「Recipe 5.17. Writing Bytes to a Text File」，展示任何文字檔的底層都有一個二進制流，可在需要時直接讀取。在該書的後面，struct 模組被放在「Recipe 6.11. Reading and Writing Binary Arrays of Structures」裡面。

Nick Coghlan 的「Python Notes」部落格有兩篇與本章有關的文章:「Python 3 and ASCII Compatible Binary Protocols」(*https://fpy.li/4-38*)與「Processing Text Files in Python 3」(*https://fpy.li/4-39*)。我強烈推薦它們。

你可以在 codecs 模組文件的「Standard Encodings」(*https://fpy.li/4-40*)中找到 Python 支援的編碼清單。如果你需要在程式中取得那一份清單,你可以在 CPython 原始碼的 */Tools/unicode/listcodecs.py*(*https://fpy.li/4-41*)腳本中看一下做法。

Jukka K. Korpela 著作的 *Unicode Explained*(O'Reilly)與 Richard Gillam 著作的 *Unicode Demystified*(Addison-Wesley)(*https://fpy.li/4-43*)不是專門討論 Python 的書籍,但是它們在我學習 Unicode 的概念時很有幫助。Victor Stinner 著作的 *Programming with Unicode*(*https://fpy.li/4-44*)是自費出版的免費書籍(Creative Commons BY-SA),它涵蓋一般的 Unicode 主題,以及在主要作業系統與一些程式語言的環境下的工具與 API,包括 Python。

W3C 網頁「Case Folding: An Introduction」(*https://fpy.li/4-45*)與「Character Model for the World Wide Web: String Matching」(*https://fpy.li/4-15*)介紹正規化概念,第一篇是平易近人的介紹,第二篇是用枯燥的標準用詞來撰寫的說明 —— 與「Unicode Standard Annex #15 —— Unicode Normalization Forms」(*https://fpy.li/4-47*)採用相同的語調。Unicode.org 的「Frequently Asked Questions, Normalization」(*https://fpy.li/4-48*)小節比較容易閱讀,Mark Davis 的 NFC FAQ(*https://fpy.li/4-50*)也是如此,他是一些 Unicode 演算法的作者,在我寫這本書時,他也是 Unicode Consortium 的主席。

在 2016 年,紐約的現代藝術博物館(MoMA)將原始的 emoji 加入館藏(*https://fpy.li/4-51*),它們是栗田穰崇在 1999 年為 NTT DOCOMO(日本電信業者)設計的 176 個 emoji。再往前回溯歷史,Emojipedia(*https://fpy.li/4-52*)曾經發表「Correcting the Record on the First Emoji Set」(*https://fpy.li/4-53*),指出日本的軟體銀行是最早在手機上部署 emoji 的公司,當時是 1977 年。軟體銀行的 emoji 是當今的 Unicode 裡的 90 個 emoji 的來源,包括 U+1F4A9(PILE OF POO)。Matthew Rothenberg 的 *emojitracker.com*(*https://fpy.li/4-54*)是即時更新的儀表板,展示在 Twitter 上使用的 emoji 數量。在我寫這本書時,FACE WITH TEARS OF JOY(U+1F602)是 Twitter 上最流行的 emoji,根據紀錄,已被使用超過 3,313,667,315 次。

肥皂箱

在原始碼裡的非 ASCII 名稱：你應該使用它們嗎？

Python 3 可讓你在原始碼中使用非 ASCII 代號：

```
>>> ação = 'PBR' # ação = stock
>>> ε = 10**-6 # ε = epsilon
```

有人不喜歡這種做法。堅持使用 ASCII 代號的人最常見的理由是為了讓每個人都可以輕鬆地閱讀和編輯程式碼。這個理由忽略了一件事：你希望原始碼的受眾能夠閱讀和編輯它，但受眾應該不是「所有人」。如果程式碼屬於一家跨國公司，或開放原始碼，而且你希望貢獻者來自世界各地，你就要使用英文代號，所以要使用 ASCII。

但是如果你是巴西的老師，你的學生可能認為閱讀葡萄牙文的變數與函式名稱比較容易，也更容易正確拚寫。他們也可以輕鬆地使用本地化的鍵盤來輸入下變音符（cedillas）及帶重音的母音。

現在 Python 能夠解析 Unicode 名稱，且 UTF-8 是預設的原始碼編碼，我認為在輸入葡萄牙文時，沒有必要去除重音符號了，那是我們在 Python 2 中出於無奈而做的事情，除非你也想讓程式在 Python 2 上執行，否則沒必要去除它們。如果名稱使用葡萄牙文，那麼省略口音不會讓任何人更容易理解程式。

這是我作為一位講葡萄牙語的巴西人的觀點，但我相信這個觀點適用不同國家與文化：選擇一種對團隊來說容易閱讀的人類語言，並使用正確的字元來拼寫。

什麼是「純文字」？

對每天都要處理非英文文本的人來說，「純文字（plain text）」不代表「ASCII」。Unicode Glossary（*https://fpy.li/4-55*）是這樣定義純文字的：

> 純文字是計算機所編碼的文本，僅由特定標準中的一系列碼位組成，
> 沒有其他的格式或結構資訊。

這個定義的開頭寫得很好，但是我不認同第二個逗點之後的部分。HTML 就是一個很好的例子，它是附帶格式與結構資訊的純文字格式，但它仍然是純文字，因為這種檔案內的每一個 byte 都是為了表示一個文字字元而存在的，通常使用 UTF-8。沒有任何一個 byte 有非文字（nontext）意義。反之，在 *.png* 或 *.xls* 文件中，大多數的 bytes 都代表打包的（packed）二進制值，例如 RGB 值與浮點數字。

我用一種純文字格式來寫這本書，它的名稱諷刺地稱為 AsciiDoc（*https://fpy.li/4-56*），它是 O'Reilly 優秀的 Atlas 書籍出版平台的工具鏈的一部分（*https://fpy.li/4-57*）。AsciiDoc 原始檔是純文字，但它們是 UTF-8，不是 ASCII。否則，這一章寫起來會很痛苦。姑且不論名稱，AsciiDoc 實在很棒。

Unicode 的世界正在不斷地擴張，但是有些邊緣情況不一定有完善的工具可以處理。我想展示的字元不一定能夠在本書的印刷字型中找到。這就是我不得不在本章的幾個範例中使用圖像而不是印出文字的原因。另一方面，Ubuntu 14.04 與 OSX 10.9 終端機可以正確地顯示大部分的 Unicode 文字，包括「mojibake」的日本字元：文字化け。

str 碼位在 RAM 中是如何表示的？

Python 官方文件沒有討論 str 的碼位在記憶體裡是怎麼儲存的，它是一個實作細節。理論上，這件事無關緊要，無論內部如何表示 str，在輸出中，每個 str 都必須編碼成 bytes。

Python 3 在記憶體裡將每個 str 存為碼位序列，每個碼位都使用固定數量的 bytes，以便對任何字元或 slice 進行高效的直接存取。

自 Python 3.3 起，當你建立一個新的 str 物件時，直譯器會檢查它裡面的字元，並選擇最適合那一個 str 且最經濟的記憶體配置：如果 str 只有 latin1 範圍內的字元，它的每個碼位都只使用一個 byte。否則，每個碼位可能會使用 2 個或 4 個 bytes，取決於 str。這只是簡化的說明，若要瞭解詳情，可參考 PEP 393 —— Flexible String Representation（*https://fpy.li/pep393*）。

這種靈活的字串表示法很像 Python 3 的 int 型態的工作方式：如果整數可放入機器 word，它就會被存成一個機器 word。否則，直譯器會切換成可變長度的表示法，就像 Python 2 的 long 型態那樣。好的想法被普及化真是一件好事。

然而，Armin Ronacher 總是可以找出 Python 3 的問題。他向我解釋了為什麼那個想法在實務上不是個好主意：只要一個 RAT（U+1F400）就可以把一個純 ASCII 文本膨脹成佔用大量記憶體的陣列，其中每個字元使用 4 bytes，但其實除了 RAT 之外的每一個字元都只需要使用 1 byte。此外，由於 Unicode 字元的各種組合方式，根據位置快速檢索任意字元的能力被高估了，從 Unicode 文本中提取任意的 slice 只是幼稚的想法，往往會產生亂碼。隨著 emoji 越來越流行，這些問題只會越來越嚴重。

## 第 5 章

資料類別建構器

資料類別就像孩子一樣，它們可以當成起點，但它們需要承擔一些責任才能成為成熟的物件。

—— *Martin Fowler* 與 *Kent Beck* [1]

Python 提供一些方法來建立簡單的類別，它只是欄位（field）的集合，幾乎沒有額外的功能。這個模式稱為「資料類別」，而 dataclasses 是支援這種模式的程式包之一。本章討論三種不同的類別建構器（class builder），它們可以當成編寫資料類別的捷徑：

collections.namedtuple

最簡單的手段，自 Python 2.6 起提供。

typing.NamedTuple

另一種方案，需要為欄位加上型態提示（type hint），自 Python 3.5 起提供，class 語法在 3.6 加入。

@dataclasses.dataclass

類別 decorator，比之前的方案提供更多自訂功能，加入許多選項及潛在的複雜性，自 Python 3.7 起提供。

1　來自 *Refactoring* 第一版（Addison- Wesley）第 3 章的「Bad Smells in Code, Data Class」小節，在第 87 頁。

在介紹這些類別建構器之後，我們將討論為何有一種程式碼異味（code smell）也稱為 *Data Class*。程式碼異味是較拙劣的物件導向設計的徵兆。

 typing.TypedDict 看起來很像另一種資料類別建構器，它使用相似的語法，Python 3.9 的 typing 模組文件（*https://fpy.li/5-1*）將它寫在 typing. NamedTuple 之後。

然而，TypedDict 不建立可以實例化的具體類別，它只是用來為函式參數或接收 mapping 值（鍵為欄名）的變數（當成紀錄來使用）編寫型態提示的語法。我們將在第 535 頁，第 15 章的「TypedDict」討論它們。

本章有哪些新內容

本章是 *Fluent Python* 第二版新增的一章，第 173 頁的「典型的 named tuple」一節在第一版被放在第 2 章裡，但本章的其餘內容都是全新的。

我們先從高階的角度概述三種類別建構器。

資料類別建構器概覽

考慮一個代表地理座標簡單類別，如範例 5-1 所示。

範例 5-1　*class/coordinates.py*

```
class Coordinate:

    def __init__(self, lat, lon):
        self.lat = lat
        self.lon = lon
```

Coordinate 類別的工作是保存緯度與經度屬性，所以編寫 __init__ 樣板碼（boilerplate）很快就會變成一件枯燥的事情，尤其當你的類別有不少屬性時 —— 你必須提到每一個屬性到三次！而且那些樣板碼並不能提供我們所期望的 Python 物件的基本功能：

```
>>> from coordinates import Coordinate
>>> moscow = Coordinate(55.76, 37.62)
>>> moscow
<coordinates.Coordinate object at 0x107142f10>  ❶
>>> location = Coordinate(55.76, 37.62)
>>> location == moscow  ❷
```

```
False
>>> (location.lat, location.lon) == (moscow.lat, moscow.lon)   ❸
True
```

❶ 從 object 繼承的 __repr__ 不太有用。

❷ 無意義的 ==，它是從 object 繼承的 __eq__ 方法，用途是比較物件 ID。

❸ 在比較兩個座標時必須明確地比較每一個屬性。

本章介紹的資料類別建構器可自動提供必要的 __init__、__repr__ 與 __eq__ 方法，以及其他有用的功能。

 本章討論的類別建構器都不依靠繼承來完成工作。collections.namedtuple 與 typing.NamedTuple 建構類別都是 tuple 的子類別，@dataclass 是類別 decorator，無論如何都不會影響類別的階層結構。它們分別使用不同的超編程技術來將方法與資料屬性注入你想建構的類別。

以下是用 namedtuple 來建構的 Coordinate 類別，namedtuple 是一種工廠（factory）函式，可用你提供的名稱和欄位來建構 tuple 的子類別：

```
>>> from collections import namedtuple
>>> Coordinate = namedtuple('Coordinate', 'lat lon')
>>> issubclass(Coordinate, tuple)
True
>>> moscow = Coordinate(55.756, 37.617)
>>> moscow
Coordinate(lat=55.756, lon=37.617)   ❶
>>> moscow == Coordinate(lat=55.756, lon=37.617)   ❷
True
```

❶ 實用的 __repr__。

❷ 有意義的 __eq__。

比較新的 typing.NamedTuple 提供相同的功能，並為每個欄位加入型態注解：

```
>>> import typing
>>> Coordinate = typing.NamedTuple('Coordinate',
...     [('lat', float), ('lon', float)])
>>> issubclass(Coordinate, tuple)
True
>>> typing.get_type_hints(Coordinate)
{'lat': <class 'float'>, 'lon': <class 'float'>}
```

建構有型態的 named tuple 時，你也可以用關鍵字引數來提供欄位：

```python
Coordinate = typing.NamedTuple('Coordinate', lat=float, lon=float)
```

這種寫法比較易懂，也可以讓你用 **fields_and_types 來提供欄位與型態的 mapping。

自 Python 3.6 起，typing.NamedTuple 也可以在 class 陳述式裡使用，此時型態注解採用 PEP 526 —— Syntax for Variable Annotations（*https://fpy.li/pep526*）所述的寫法。這種寫法更易讀，也可以讓你更輕鬆地覆寫方法或加入新方法。範例 5-2 是同一個 Coordinate 類別，它有一對 float 屬性與一個自訂的 __str__，用來顯示 55.8°N, 37.6°E 這種格式的座標。

範例 5-2 typing_namedtuple/coordinates.py

```python
from typing import NamedTuple

class Coordinate(NamedTuple):
    lat: float
    lon: float

    def __str__(self):
        ns = 'N' if self.lat >= 0 else 'S'
        we = 'E' if self.lon >= 0 else 'W'
        return f'{abs(self.lat):.1f}°{ns}, {abs(self.lon):.1f}°{we}'
```

雖然在 class 陳述式裡的 NamedTuple 看起來很像超類別，但它其實不是。typing.NamedTuple 使用 metaclass[2] 進階功能，來訂做使用者類別的建立方式。我們來試一下：

```python
>>> issubclass(Coordinate, typing.NamedTuple)
False
>>> issubclass(Coordinate, tuple)
True
```

在 typing.NamedTuple 生成的 __init__ 方法裡，欄位參數的順序與它們在 class 陳述式裡的順序相同。

---

2 metaclass 是第 24 章的「類別超編程」介紹的主題之一。

如同 typing.NamedTuple，dataclass decorator 支援使用 PEP 526（*https://fpy.li/pep526*）語法來宣告實例屬性。decorator 讀取變數注解，並自動為你的類別產生方法。為了進行比較，我們來看看等效的 Coordinate 類別，它是用 dataclass decorator 來寫的，如範例 5-3 所示。

範例 5-3　*dataclass/coordinates.py*

```
from dataclasses import dataclass

@dataclass(frozen=True)
class Coordinate:
    lat: float
    lon: float

    def __str__(self):
        ns = 'N' if self.lat >= 0 else 'S'
        we = 'E' if self.lon >= 0 else 'W'
        return f'{abs(self.lat):.1f}°{ns}, {abs(self.lon):.1f}°{we}'
```

注意，範例 5-2 與 5-3 的類別主體是一致的，它們之間的差異在於 class 陳述式本身。@dataclass decorator 不依靠繼承或 metaclass，所以不會干擾這些機制的使用。[3] 範例 5-3 的 Coordinate 類別是 object 的子類別。

主要功能

各種資料類別建構器有很多共同點，如表 5-1 所示。

表 5-1　比較三種資料類別建構器的功能，x 是該資料類別的實例

	namedtuple	NamedTuple	dataclass
實例是可變的	否	否	是
class 陳述式語法	無	有	有
建構 dict	x._asdict()	x._asdict()	dataclasses.asdict(x)
取得欄名	x._fields	x._fields	[f.name for f in dataclasses.fields(x)]

3　第 24 章的「類別超編程」會討論類別 decorator 以及 metaclass。它們都是自訂類別行為的手段，可實現繼承做不到的事情。

	namedtuple	NamedTuple	dataclass
取得預設值	x._field_defaults	x._field_defaults	[f.default for f in dataclasses. fields(x)]
取得欄位型態	N/A	x.__annotations__	x.__annotations__
改過的新實例	x._replace(…)	x._replace(…)	dataclasses.replace(x, …)
執行期的新類別	namedtuple(…)	NamedTuple(…)	dataclasses.make_dataclass(…)

 用 yping.NamedTuple 與 @dataclass 來建立的類別有一個 __annotations__ 屬性，它保存欄位的型態提示。但是，我不建議直接讀取 __annotations__，若要取得那些資訊，最佳做法是呼叫 inspect.get_annotations(MyClass)（*https://fpy.li/5-2*）（在 Python 3.10 加入）或 typing. get_ type_hints(MyClass)（Python 3.5 至 3.9）。因為這些函式提供了額外的服務，例如解析型態提示裡的前向參考（forward reference）。本書會回來探討這個主題，在第 546 頁的「在執行期使用注解的問題」。

我們來討論這些主要功能。

可變的實例

這些類別建構器之間的主要差異在於 collections.namedtuple 與 typing.NamedTuple 建構的是 tuple 的子類別，因此實例是不可變的。在預設情況下，@dataclass 會產生可變的類別。但是 decorator 接收關鍵字引數 frozen，如範例 5-3 所示，當 frozen=True 時，如果你在實例初始化之後試著賦值給欄位，類別會發出例外。

class 陳述式語法

只有 typing.NamedTuple 與 dataclass 支援常規的 class 陳述式語法，方便你在你建立的類別裡加入方法與 docstrings。

建構 dict

兩種 named tuple 變體都提供實例方法（._asdict），讓你可以使用資料類別實例的欄位來建構 dict 物件。dataclasses 模組有一個做這件事的函式：dataclasses.asdict。

取得欄名與預設值

三種類別建構器都可以讓你取得它們的欄名及預設值。在 named tuple 類別裡，詮釋資料被放在 ._fields 與 ._fields_defaults 類別屬性裡。你可以使用 dataclasses 模組的 fields 函式來取得被 dataclass 修飾的類別的同一種詮釋資料。它會回傳一個 Field 物件的 tuple，該物件有幾個屬性，包括 name 與 default。

取得欄位型態

使用 typing.NamedTuple 與 @dataclass 來定義的類別有一個將欄名對映至型態的 mapping：__annotations__ 類別屬性。如前所述，你應該使用 typing.get_type_hints 函式，而不是直接讀取 __annotations__。

改過的新實例

如果有一個 named tuple 實例 x，呼叫式 x._replace(**kwargs) 會根據指定的關鍵字引數，將一個新實例裡面的一些屬性值換掉並回傳新實例。模組級函式 dataclasses.replace(x, **kwargs) 可以為 dataclass 所修飾的類別的實例做同一件事。

執行期的新類別

雖然 class 陳述式語法比較易讀，但它是寫死的（hardcoded）。你可能要使用框架，才能在執行期動態建構資料類別。為此，你可以使用 collections.namedtuple 預設的函式呼叫語法，它同樣受到 typing.NamedTuple 支持。dataclasses 模組為同一個目的提供 make_dataclass 函式。

在簡單瞭解資料類別建構器的主要功能之後，我們來依序討論它們，從最簡單的看起。

典型的 named tuple

collections.namedtuple 函式是一個工廠，可建構改良版的 tuple 的子類別，在裡面加入欄位名稱、類別名稱，與資訊翔實的 __repr__。用 namedtuple 來建構的類別可在需要使用 tuple 的任何地方使用，事實上，Python 標準程式庫的許多函式曾經回傳 tuple，但是為了方便，現在都改成回傳 named tuple 了，這個改變完全不會影響使用者的程式。

用 namedtuple 來建構的類別的實例所占用的記憶體空間與 tuple 一模一樣，因為欄名被存放在類別裡。

範例 5-4 展示如何定義一個 named tuple 來保存城市的資訊。

範例 5-4　定義和使用 *named tuple* 型態

```
>>> from collections import namedtuple
>>> City = namedtuple('City', 'name country population coordinates')  ❶
>>> tokyo = City('Tokyo', 'JP', 36.933, (35.689722, 139.691667))  ❷
>>> tokyo
City(name='Tokyo', country='JP', population=36.933, coordinates=(35.689722,
139.691667))
>>> tokyo.population  ❸
36.933
>>> tokyo.coordinates
(35.689722, 139.691667)
>>> tokyo[1]
'JP'
```

❶ 建立 named tuple 需要兩個參數：類別名稱與欄名 list，可用字串的 iterable 來提供，或是用一個以空格分隔的字串來提供。

❷ 欄位值必須用單獨的位置型（positional）引數傳給建構式（相較之下，tuple 建構式接收一個 iterable）。

❸ 你可以用名稱或位置來存取欄位。

作為 tuple 的子類別，City 繼承了有用的方法，例如 __eq__，以及比較運算子的特殊方法，包括 __lt__，它可讓你排序 City 實例的 list。

named tuple 除了從 tuple 繼承屬性和方法之外，也提供了一些其他的屬性與方法。範例 5-5 展示最實用的幾種：_fields 類別屬性，類別方法 _make(iterable)，及 _asdict() 實例方法。

範例 5-5　*named tuple* 屬性與方法（續之前的範例）

```
>>> City._fields  ❶
('name', 'country', 'population', 'location')
>>> Coordinate = namedtuple('Coordinate', 'lat lon')
>>> delhi_data = ('Delhi NCR', 'IN', 21.935, Coordinate(28.613889, 77.208889))
>>> delhi = City._make(delhi_data)  ❷
```

```
>>> delhi._asdict()  ❸
{'name': 'Delhi NCR', 'country': 'IN', 'population': 21.935,
'location': Coordinate(lat=28.613889, lon=77.208889)}
>>> import json
>>> json.dumps(delhi._asdict())  ❹
'{"name": "Delhi NCR", "country": "IN", "population": 21.935,
"location": [28.613889, 77.208889]}'
```

❶ ._fields 是具有類別欄名的 tuple。

❷ ._make() 用 iterable 來建構 City，City(*delhi_data) 可做同一件事。

❸ ._asdict() 回傳一個用 named tuple 實例來建構的 dict。

❹ 舉例來說，._asdict() 適合用來將 JSON 格式的資料序列化。

 _asdict 在 Python 3.7 之前回傳 OrderedDict，自 Python 3.8 起，它回傳一個簡單的 dict，因為我們可以依靠鍵被插入的順序，所以這個改變沒問題。如果你必須取得 OrderedDict，_asdict 文件（*https://fpy.li/5-4*）建議用產生的結果來製作：OrderedDict(x._asdict())。

自 Python 3.7 起，namedtuple 接收 defaults 限關鍵字（keyword-only）引數，它是個 iterable，用來為類別最右邊的 N 個欄位提供 N 個預設值。範例 5-6 展示如何使用 reference 欄位的預設值來定義 Coordinate named tuple。

範例 5-6   *named tuple 屬性與方法*（續範例 5-5）

```
>>> Coordinate = namedtuple('Coordinate', 'lat lon reference', defaults=['WGS84'])
>>> Coordinate(0, 0)
Coordinate(lat=0, lon=0, reference='WGS84')
>>> Coordinate._field_defaults
{'reference': 'WGS84'}
```

在第 172 頁的「class 陳述式語法」中，我說使用 typing.NamedTuple 和 @dataclass 所支援的類別語法來編寫方法比較簡單。你也可以在 namedtuple 裡加入方法，但是這是一種黑客手法（hack）。如果你對 hack 沒興趣，可跳過接下來的專欄。

hack namedtuple 來注入方法

回想一下我們在第 1 章的範例 1-1 是如何建構 Card 類別的:

```
Card = collections.namedtuple('Card', ['rank', 'suit'])
```

在第 1 章的後面,我寫了 spades_high 函式來進行排序。如果可以把邏輯封裝在 Card 的方法裡會更好,但在不使用 class 陳述式的情況下,我們必須採取 hack 的手法,才能將 spades_high 加入 Card,那就是定義函式,然後將它指派給類別屬性。參見範例 5-7 的做法。

範例 5-7　frenchdeck.doctest:*在 Card 裡加入一個類別屬性與一個方法,它是第 5 頁的「很 Python 的撲克牌組」裡的 namedtuple*

```
>>> Card.suit_values = dict(spades=3, hearts=2, diamonds=1, clubs=0)  ❶
>>> def spades_high(card):                                            ❷
...     rank_value = FrenchDeck.ranks.index(card.rank)
...     suit_value = card.suit_values[card.suit]
...     return rank_value * len(card.suit_values) + suit_value
...
>>> Card.overall_rank = spades_high                                   ❸
>>> lowest_card = Card('2', 'clubs')
>>> highest_card = Card('A', 'spades')
>>> lowest_card.overall_rank()                                        ❹
0
>>> highest_card.overall_rank()
51
```

❶ 將類別屬性設成各個花色的值。

❷ spades_high 將變成一個方法。第一個引數不必是 self。無論如何,當它被當成方法來呼叫時,它都會獲得 receiver。

❸ 將函式指派給 Card 類別,成為名為 overall_rank 的方法。

❹ 它可以用!

為了提升易讀性和協助將來的維護,把方法寫在 class 陳述式裡面是更好很多的做法。但是知道有這種黑客手法也是一件好事,因為它可能派得上用場。[4]

這只是為了展示動態語言的威力的題外話。

---

[4] 如果你懂 Ruby,你應該知道對 Ruby 主義者而言,注入方法是一種眾所周知,但有爭議的技術。在 Python 裡,它不常見,因為它不與任何內建型態合作,例如 str、list …等。我把 Python 裡的這種限制視為一種福音。

接著來看 typing.NamedTuple 變體。

typed named tuple

範例 5-6 的那個包含預設欄位的 Coordinate 類別可以用 typing.NamedTuple 來寫,如範例 5-8 所示。

範例 5-8 typing_namedtuple/coordinates2.py

```
from typing import NamedTuple

class Coordinate(NamedTuple):
    lat: float           ❶
    lon: float
    reference: str = 'WGS84'  ❷
```

❶ 每一個實例欄位都必須注解型態。

❷ reference 實例欄位被注解型態與預設值。

用 typing.NamedTuple 來建立的類別除了 collections.namedtuple 也會產生的方法,以及從 tuple 繼承來的方法之外,沒有任何其他方法,兩者唯一的差異是 __annotations__ 類別 屬性的存在,在執行期,Python 會完全忽略它。

由於 typing.NamedTuple 的主要功能是型態注解,我們接下來先簡單地討論它們,再回來 探索資料類別建構器。

型態提示 101

型態提示(即型態注解)是宣告函式引數、回傳值、變數及屬性的期望型態的手段。

關於型態提示,你要知道的第一件事,就是 Python bytecode 編譯器和直譯器完全不會 強制執行它們。

 這個小節是非常簡略的型態提示介紹,只是為了讓你瞭解在 typing. NamedTuple 與 @dataclass 宣告式裡的注解的語法和意義。我們將在第 8 章 討論函式簽章的型態提示,在第 15 章介紹更進階的注解。在這裡,我們 看到的提示都使用簡單的內建型態,例如 str、int 與 float,它們應該是 最常被用來注解資料類別的欄位的型態。

在執行期沒有效果

你可以將 Python 的型態提示想成「可以用 IDE 和型態檢查程式來驗證的文件。」

因為型態提示不影響 Python 程式的執行期行為。參見範例 5-9。

範例 5-9　Python 在執行期不會執行型態提示

```
>>> import typing
>>> class Coordinate(typing.NamedTuple):
...     lat: float
...     lon: float
...
>>> trash = Coordinate('Ni!', None)
>>> print(trash)
Coordinate(lat='Ni!', lon=None)    ❶
```

❶　我說了：在執行期不會檢查型態！

如果你在一個 Python 模組裡輸入範例 5-9 的程式碼，它會執行並顯示無意義的 Coordinate，不會出現錯誤或警告：

```
$ python3 nocheck_demo.py
Coordinate(lat='Ni!', lon=None)
```

型態提示的主要目的是為了支援第三方的型態檢查器，例如 Mypy（*https://fpy.li/mypy*）或 PyCharm IDE（*https://fpy.li/5-5*）內建型態檢查器。它們都是統計分析工具，會檢查「靜止的」Python 原始碼，而不是運行中的程式碼。

若要觀察型態提示的效果，你必須用這些工具來跑你的程式碼，就像 linter 那樣。例如，這是 Mypy 對上一個的範例的評語：

```
$ mypy nocheck_demo.py
nocheck_demo.py:8: error: Argument 1 to "Coordinate" has
incompatible type "str"; expected "float"
nocheck_demo.py:8: error: Argument 2 to "Coordinate" has
incompatible type "None"; expected "float"
```

你可以看到，由於 Coordinate 的定義，Mypy 知道建立實例所使用的兩個引數都必須是 float 型態，但程式將 str 與 None 指派給 trash。[5]

5　在型態提示的背景下，None 不是 NoneType 的單例（singleton），而是 NoneType 本身的別名。仔細想想，雖然這件事很奇怪，但符合我們的直覺，也可讓函式回傳更易讀的注解，例如在回傳 None 的情況下。

我們來討論型態提示的語法與意義。

變數注解語法

typing.NamedTuple 與 @dataclass 都 使 用 PEP 526（*https://fpy.li/pep526*）定 義 的 變 數 注解。本節將快速地介紹在 class 陳述式中定義屬性時的語法。

變數注解的基本語法是：

```
var_name: some_type
```

PEP 484（*https://fpy.li/5-6*）的「Acceptable type hints」小節解釋了何謂可接受的型態，但是在定義資料類別的背景下，以下是比較可能有用的型態：

- 具體類別，例如 str 或 FrenchDeck。

- 參數化 collection 型態，例如 list[int]、tuple[str, float] …等。

- typing.Optional，例如 Optional[str]，以宣告一個可能是 str 或 None 的欄位。

你可以用一個值來將變數初始化。在 typing.NamedTuple 或 @dataclass 宣告式中，如果在呼叫建構式時忽略對應的引數，那個值將變成該屬性的預設值：

```
var_name: some_type = a_value
```

變數注解的意義

我們曾經在第 178 頁的「在執行期沒有效果」看過，型態提示在執行期沒有效果。但是在匯入期（模組被載入時），Python 會讀取它們，來建構 __annotations__ 字典，讓 typing.NamedTuple 與 @dataclass 用來加強類別。

我們從範例 5-10 的這個簡單類別開始討論，等一下你會看到 typing.NamedTuple 與 @dataclass 增加了哪些額外的功能。

範例 5-10　meaning/demo_plain.py：有型態提示的簡單類別

```
class DemoPlainClass:
    a: int          ❶
    b: float = 1.1  ❷
    c = 'spam'      ❸
```

❶ a 變成 __annotations__ 裡的一個項目，但其他地方會忽略它，在類別裡，不會建立名為 a 的屬性。

❷ b 被存為注解，也會變成值為 1.1 的類別屬性。

❸ c 只是傳統的類別屬性，不是注解。

我們可以在主控台裡驗證這件事，先讀取 DemoPlainClass 的 __annotations__，再試著取得它的屬性 a、b 與 c：

```
>>> from demo_plain import DemoPlainClass
>>> DemoPlainClass.__annotations__
{'a': <class 'int'>, 'b': <class 'float'>}
>>> DemoPlainClass.a
Traceback (most recent call last):
  File "<stdin>", line 1, in <module>
AttributeError: type object 'DemoPlainClass' has no attribute 'a'
>>> DemoPlainClass.b
1.1
>>> DemoPlainClass.c
'spam'
```

注意，__annotations__ 特殊屬性是直譯器建立的，目的是為了記錄出現在原始碼裡的型態提示，即使它在普通的類別裡。

a 只被當成注解，它不會變成類別屬性，因為它們沒有被賦值。[6] b 與 c 被存為類別屬性，因為它們都有被賦值。

這三個屬性都不會在 DemoPlainClass 的新實例裡面。如果你建立一個物件 o = DemoPlainClass()，o.a 將發出 AttributeError，而 o.b 與 o.c 會提取值為 1.1 和 'spam' 的類別屬性，那只是普通的 Python 物件行為。

檢查 typing.NamedTuple

接著來看 typing.NamedTuple 所建構的類別（範例 5-11），它使用與範例 5-10 的 DemoPlainClass 一樣的屬性與注解。

6　Python 沒有 *undefined* 的概念，它是 JavaScript 的設計中最蠢的錯誤之一。感恩 Guido ！

範例 5-11　*meaning/demo_nt.py*：用 typing.NamedTuple 來建構的類別

```
import typing

class DemoNTClass(typing.NamedTuple):
    a: int          ❶
    b: float = 1.1  ❷
    c = 'spam'      ❸
```

❶ a 變成注解，但也是實例屬性。

❷ b 是另一個注解，也變成實例屬性，其預設值為 1.1。

❸ c 只是傳統的類別屬性，沒有注解提到它。

檢查 DemoNTClass 可以得到：

```
>>> from demo_nt import DemoNTClass
>>> DemoNTClass.__annotations__
{'a': <class 'int'>, 'b': <class 'float'>}
>>> DemoNTClass.a
<_collections._tuplegetter object at 0x101f0f940>
>>> DemoNTClass.b
<_collections._tuplegetter object at 0x101f0f8b0>
>>> DemoNTClass.c
'spam'
```

我們看到 a 與 b 的注解與範例 5-10 的一樣。但是 typing.NamedTuple 建立 a 與 b 類別屬性。c 屬性只是值為 'spam' 的一般類別屬性。

a 與 b 屬性是 *descriptor*，我們將在第 23 章討論這個進階功能，現在可以先將它想成類似屬性 getter 的東西，它是不需要明確地使用 () 運算子來提取實例屬性的方法。在實務上，這意味著 a 與 b 將扮演唯讀實例屬性的角色，由於 DemoNTClass 實例只是特殊的 tuple，而 tuple 是不可變的，所以這是合理的。

DemoNTClass 也有自訂的 docstring：

```
>>> DemoNTClass.__doc__
'DemoNTClass(a, b)'
```

我們來看一下 DemoNTClass 的實例：

```
>>> nt = DemoNTClass(8)
>>> nt.a
8
```

```
>>> nt.b
1.1
>>> nt.c
'spam'
```

為了建構 nt，我們至少要將 a 引數傳給 DemoNTClass。建構式也接收 b 引數，但是它有預設值 1.1，所以它是選用的。一如預期，nt 物件有 a 與 b 屬性，它沒有 c 屬性，但 Python 像平常一樣從類別提取它。

如果你試著對 nt.a、nt.b、nt.c 甚至 nt.z 賦值，你會看到 AttributeError 例外，裡面有稍微不同的錯誤訊息。試一下，並想一下這些訊息的意思。

檢查用 dataclass 來修飾的類別

我們來看範例 5-12。

範例 *5-12　meaning/demo_dc.py*：用 *@dataclass* 來修飾的類別

```
from dataclasses import dataclass

@dataclass
class DemoDataClass:
    a: int          ❶
    b: float = 1.1  ❷
    c = 'spam'      ❸
```

❶ a 變成注解，它也是被 descriptor 控制的實例屬性。

❷ b 是另一個注解，但也變成有 descriptor 的實例屬性，其預設值為 1.1。

❸ c 只是傳統的類別屬性，沒有注解會提到它。

接著來檢查 DemoDataClass 的 __annotations__、__doc__ 及 a、b、c 屬性：

```
>>> from demo_dc import DemoDataClass
>>> DemoDataClass.__annotations__
{'a': <class 'int'>, 'b': <class 'float'>}
>>> DemoDataClass.__doc__
'DemoDataClass(a: int, b: float = 1.1)'
>>> DemoDataClass.a
Traceback (most recent call last):
  File "<stdin>", line 1, in <module>
AttributeError: type object 'DemoDataClass' has no attribute 'a'
```

```
>>> DemoDataClass.b
1.1
>>> DemoDataClass.c
'spam'
```

__annotations__ 與 __doc__ 不令人意外，但是 DemoDataClass 沒有名為 a 的屬性，相較之下，範例 5-11 的 DemoNTClass 有個 descriptor 從實例取得唯讀屬性 a（那個神秘的 <_collections._tuplegetter>）。原因是 a 屬性只會出現在 DemoDataClass 的實例裡。它將會成為我們所 get（取得）與 set（設定）的公用屬性，除非類別被凍結。但是 b 與 c 以類別屬性的形式存在，b 保存 b 實例屬性的預設值，c 只是一個不會被指派給實例的類別屬性。

我們來看 *DemoDataClass* 實例長怎樣：

```
>>> dc = DemoDataClass(9)
>>> dc.a
9
>>> dc.b
1.1
>>> dc.c
'spam'
```

a 與 b 同樣是實例屬性，c 是我們透過實例取得的類別屬性。

如前所述，DemoDataClass 實例是可變的，而且在執行期不做型態檢查：

```
>>> dc.a = 10
>>> dc.b = 'oops'
```

我們甚至可以做更蠢的賦值：

```
>>> dc.c = 'whatever'
>>> dc.z = 'secret stash'
```

現在 dc 實例有一個 c 屬性，但它不會改變 c 類別屬性。我們也可以加入新的 z 屬性，這是正常的 Python 行為：常規的實例可擁有它自己的屬性，只要類別沒有那個屬性。[7]

---

7 在 __init__ 之後設定屬性會破壞第 105 頁的「dict 的運作方式造成的實際後果」介紹的鍵共享記憶體優化。

關於 @dataclass 的其他資訊

目前我們只看了 @dataclass 的使用範例，decorator 接收幾個關鍵字引數，這是它的簽章：

```
@dataclass(*, init=True, repr=True, eq=True, order=False,
           unsafe_hash=False, frozen=False)
```

在第一個位置的 * 意味著其餘的參數都是限關鍵字型（keyword-only），表 5-2 是它們的介紹。

表 5-2　@dataclass decorator 接收的關鍵字參數

選項	意義	預設值	說明
init	產生 __init__	True	若使用者實作了 __init__，則忽略。
repr	產生 __repr__	True	若使用者實作了 __repr__，則忽略。
eq	產生 __eq__	True	若使用者實作了 __eq__，則忽略。
order	產生 __lt__, __le__, __gt__, __ge__	False	若被設為 True，那麼若 eq=False，或任何將生成的比較方法已被定義或繼承，則發出例外。
unsafe_hash	產生 __hash__	False	有複雜的語義和一些注意事項，參見 dataclass 的文件（*https://fpy.li/5-7*）。
frozen	讓實例「不可變」	False	實例可合理地防範意外的更改，但不是真正的不可變。[a]

[a]　@dataclass 藉著產生 __setattr__ 與 __delattr__ 來模擬不可變性，它會在使用者試著設定或刪除欄位時，發出 dataclass.FrozenInstanceError，它是 AttributeError 的子類別。

預設值就是對一般的用例而言最有用的設定，比較可能更改預設值的選項有：

frozen=True

　　防範類別實例被意外更改。

order=True

　　允許對資料類別的實例進行排序。

由於 Python 物件的動態性質，愛管閒事的程式設計師很容易繞過 frozen=True 提供的保護，但他們的手法在程式碼復審時很容易發現。

如果 eq 與 frozen 引數都是 True，@dataclass 會產生合適的 __hash__ 方法，所以實例將是 hashable。生成的 __hash__ 將使用未被分別排除的所有欄位的資料。第 185 頁的「欄

位選項」會介紹排除欄位的欄位選項。如果 frozen=False（預設值），@dataclass 會將 __hash__ 設為 None，以提示實例是 unhashable，從而覆寫來自任何超類別的 __hash__。

PEP 557 —— Data Classes（*https://fpy.li/pep557*）對於 unsafe_hash 有這段說明：

> 雖然不建議，但你可以強迫 DataClasses 使用 unsafe_hash=True 來建立一個 __hash__ 方法。之所以這樣做，可能是因為你的類別在邏輯上不可變，但實際上可被更改時。這是一種專門的用例，應再三考慮。

我對 unsafe_hash 的介紹到此為止，如果你必須使用該選項，可閱讀 dataclasses. dataclass 文件（*https://fpy.li/5-7*）。

你可以在欄位層面上進一步自訂生成的資料類別。

欄位選項

我們已經知道最基本的欄位選項了，也就是使用型態提示來提供（或不提供）預設值。你所宣告的實例欄位將變成生成的 __init__ 裡的參數。Python 不允許把無預設值的參數放在有預設值的參數後面，所以當你宣告有預設值的欄位之後，其餘的欄位也必須有預設值。

對 Python 初學者而言，可變的預設值是常見的 bug 根源。在函式定義裡，可變的預設值很容易在你呼叫函式並改變預設值時被破壞，進而改變後續呼叫的行為，我們將在第 218 頁的「將可變的型態當成參數預設值：糟透了」（第 6 章）討論這個問題。類別屬性通常被當成實例的預設屬性值，資料類別的也是如此。而且 @dataclass 使用型態提示的預設值來為 __init__ 產生有預設值的參數。為了防止 bug，@dataclass 拒絕範例 5-13 的類別定義。

範例 5-13　*dataclass/club_wrong.py*：這個類別發出 ValueError

```
@dataclass
class ClubMember:
    name: str
    guests: list = []
```

如果你載入包含 ClubMember 類別的模組，你會看到這個訊息：

```
$ python3 club_wrong.py
Traceback (most recent call last):
  File "club_wrong.py", line 4, in <module>
```

```
    class ClubMember:
  ...several lines omitted...
ValueError: mutable default <class 'list'> for field guests is not allowed:
use default_factory
```

ValueError 訊息解釋了問題之所在，並提出解決方案：使用 default_factory。範例 5-14
展示如何修正 ClubMember。

範例 5-14　*dataclass/club.py*：這個 ClubMember 定義可以執行

```python
from dataclasses import dataclass, field

@dataclass
class ClubMember:
    name: str
    guests: list = field(default_factory=list)
```

在範例 5-14 裡，我們不是將 guests 欄位設為常值 list，而是呼叫 dataclasses.field 函式
並設定 default_factory=list。

default_factory 參數可用來提供函式、類別或任何其他 callable，每次建立資料類別的
實例時，Python 將不用任何引數來呼叫它，以建構預設值。如此一來，ClubMember 的每
一個實例都有它自己的 list，而不是全部的實例都共用類別裡的同一個 list，這種做法很
可能不是我們想要的，而且通常是個 bug。

 雖然 @dataclass 拒絕欄位有 list 預設值的類別定義是不錯的做法，但注
意，這是不完整的解決方案，僅適用於 list、dict 與 set。@dataclass 不
會拒絕將預設值設為其他可變值的寫法。你必須知道問題之所在，並記得
使用預設工廠來設定可變的預設值。

在 dataclasses 模組文件裡（*https://fpy.li/5-9*），你可以看到有一個 list 欄位是用新語法
來定義的，參見範例 5-15。

範例 5-15　*dataclass/club_generic.py*：這個 ClubMember 定義更到位

```python
from dataclasses import dataclass, field

@dataclass
class ClubMember:
    name: str
    guests: list[str] = field(default_factory=list)  ❶
```

❶ list[str] 的意思是「一個 str 的 list」。

新語法 list[str] 是一種參數化泛型，自 Python 3.9 起，內建的 list 可以用中括號表示法來指定 list 項目的型態。

 在 Python 3.9 之前，內建的 collection 不支援泛型型態表示法。作為臨時變通辦法，在 typing 模組裡有對應的 collection 型態。如果你需要在 Python 3.8 或之前的版本使用參數化 list 型態提示，你必須從 typing 匯入 List 型態並使用它：List[str]。若要進一步瞭解這個主題，可參考第 278 頁的「支援舊程式，以及被廢棄的 collection 型態」。

我們會在第 8 章討論泛型。注意，範例 5-14 與 5-15 都是正確的寫法，且 Mypy 型態檢查器不會抱怨這兩個類別定義。

它們的差異在於 guests: list 意味著 guests 可以是任何一種物件的 list，而 guests: list[str] 代表 guests 是項目皆為 str 的 list，這樣寫可讓型態檢查器找出無效的項目被放入 list，或從 list 讀取無效項目的（一些）bug。

default_factory 應該是最常用的 field 函式選項，但它也有一些其他的選項，見表 5-3。

表 5-3　field 函式可接受的關鍵字引數

選項	意義	預設值
default	欄位的預設值	_MISSING_TYPE[a]
default_factory	用來產生預設值的 0 參數函式	_MISSING_TYPE
init	將參數內的欄位加入 __init__	True
repr	加入 __repr__ 裡的欄位	True
compare	在比較方法 __eq__、__lt__ …等裡使用欄位。	True
hash	在執行 __hash__ 計算時加入欄位	None[b]
metadata	對映使用者定義的資料，會被 @dataclass 忽略。	None

[a] dataclass._MISSING_TYPE 是指出選項未被提供的哨符值。它可讓我們將 None 當成實際的預設值來設定，這是常見的用例。

[b] 選項 hash=None 代表欄位在 compare=True 時才會被用在 __hash__ 裡面。

之所以有 default 選項，是因為 field 的呼叫取代了欄位注解中的預設值。如果你想要建立一個 athlete 欄位並將預設值設為 False，而且想讓 __repr__ 方法忽略那個欄位，你可以這樣寫：

```
@dataclass
class ClubMember:
    name: str
    guests: list = field(default_factory=list)
    athlete: bool = field(default=False, repr=False)
```

post-init 處理

@dataclass 生成的 __init__ 方法只接收你傳入的引數,並將它們(或它們的預設值,若沒有傳入引數的話)指派給本身是實例欄位的實例屬性。但是除了初始化實例之外,你可能還想做其他事情。若是如此,你可以提供 __post_init__ 方法。如果有這個方法,@dataclass 會在生成的 __init__ 裡加入程式碼,在最後一步呼叫 __post_init__。

__post_init__ 經常被用來進行驗證,以及根據其他的欄位計算欄位值。接下來的範例將使用 __post_init__ 來做這兩件事。

首先,我們來看 ClubMember 的子類別 HackerClubMember 的預期行為,參見範例 5-16 的 doctest。

範例 5-16 *dataclass/hackerclub.py:HackerClubMember 的 doctest*

```
"""
``HackerClubMember`` objects accept an optional ``handle`` argument::

    >>> anna = HackerClubMember('Anna Ravenscroft', handle='AnnaRaven')
    >>> anna
    HackerClubMember(name='Anna Ravenscroft', guests=[], handle='AnnaRaven')

If ``handle`` is omitted, it's set to the first part of the member's name::

    >>> leo = HackerClubMember('Leo Rochael')
    >>> leo
    HackerClubMember(name='Leo Rochael', guests=[], handle='Leo')

Members must have a unique handle. The following ``leo2`` will not be created,
because its ``handle`` would be 'Leo', which was taken by ``leo``::

    >>> leo2 = HackerClubMember('Leo DaVinci')
    Traceback (most recent call last):
      ...
    ValueError: handle 'Leo' already exists.

To fix, ``leo2`` must be created with an explicit ``handle``::
```

```
>>> leo2 = HackerClubMember('Leo DaVinci', handle='Neo')
>>> leo2
HackerClubMember(name='Leo DaVinci', guests=[], handle='Neo')
"""
```

注意，我們必須用關鍵字引數來提供 handle，因為 HackerClubMember 從 ClubMember 繼承 name 與 guests，並加入 handle 欄位。為 HackerClubMember 生成的 docstring 有建構式呼叫 式裡的欄位順序：

```
>>> HackerClubMember.__doc__
"HackerClubMember(name: str, guests: list = <factory>, handle: str = '')"
```

在此，<factory> 是個簡稱，表示某個 callable 將為 guests 生成的預設值（在這個例子 裡，factory 是 list 類別）。重點在於，若要提供 handle 但不提供 guests，就必須以關鍵 字引數來傳遞 handle。

dataclasses 模組文件的「Inheritance」小節（*https://fpy.li/5-10*）解釋了存在多層繼承 時，欄位的順序是如何計算的。

 在第 14 章，我們將討論繼承的濫用，尤其是超類別非抽象的情況。為資 料類別建立階層通常不是好事，但它可以幫助我們精簡範例 5-17，讓我 們把注意力放在 handle 欄位的宣告，以及 __post_init__ 驗證上。

範例 5-17 是實作程式。

範例 *5-17 dataclass/hackerclub.py：HackerClubMember 的程式碼*

```
from dataclasses import dataclass
from club import ClubMember

@dataclass
class HackerClubMember(ClubMember):               ❶
    all_handles = set()                           ❷
    handle: str = ''                              ❸

    def __post_init__(self):
        cls = self.__class__                      ❹
        if self.handle == '':                     ❺
            self.handle = self.name.split()[0]
        if self.handle in cls.all_handles:        ❻
```

```
            msg = f'handle {self.handle!r} already exists.'
            raise ValueError(msg)
        cls.all_handles.add(self.handle)                    ❼
```

❶ HackerClubMember 繼承 ClubMember。

❷ all_handles 是類別屬性。

❸ handle 是 str 型態的實例欄位,預設為空字串,所以它是選用的。

❹ 取得實例的類別。

❺ 如果 self.handle 是空字串,將它設成 name 的第一部分。

❻ 如果 self.handle 在 cls.all_handles 裡,發出 ValueError。

❼ 將新 handle 加入 cls.all_handles。

範例 5-17 按預期運行,但靜態型態檢查器對它不滿意,接下來,我們要討論為何如此,及如何修正。

有型態的類別屬性

用 Mypy 來檢查範例 5-17 的型態的話,我們會被它斥責:

```
$ mypy hackerclub.py
hackerclub.py:37: error: Need type annotation for "all_handles"
(hint: "all_handles: Set[<type>] = ...")
Found 1 error in 1 file (checked 1 source file)
```

不幸的是,Mypy(在我校閱到這裡時,它是 0.910 版)所顯示的提示在使用 @dataclass 的背景下沒有幫助。首先,它建議使用 Set,但我使用 Python 3.9,所以可以使用 set,不需要從 typing 匯入 Set。更重要的是,如果我們在 all_handles 加入 set[…] 這種型態提示,@dataclass 會發現那個注解,並讓 all_handles 成為實例欄位。我們曾經在第 182 頁的「檢查用 dataclass 來修飾的類別」看過這件事。

在 PEP 526 —— Syntax for Variable Annotations(*https://fpy.li/5-11*)裡定義的變通辦法很不優雅。為了編寫有型態提示的類別變數,我們要使用名為 typing.ClassVar 的虛擬型態,它利用泛型表示法 [] 來設定變數的型態,並宣告它是類別屬性。

為了取悅型態檢查器與 @dataclass,我們應該在範例 5-17 中這樣宣告 all_handles:

```
        all_handles: ClassVar[set[str]] = set()
```

這個型態提示指出：

all_handles 是個類別屬性，它的型態是 str 組成的 set，預設值是空的 set。

為了編寫這個注解，我們必須從 typing 模組匯入 ClassVar。

@dataclass decorator 通常不在乎注解裡的型態，除了兩種情況之外，上述的情況是第一種：如果型態是 ClassVar，那個屬性就不會有實例欄位被生成。

另一種情況是欄位的型態與 @dataclass 是相關的，這會在宣告 *init-only* 變數時發生。它是下一個主題。

初始化非欄位的變數

有時你可能需要傳遞非實例欄位的引數給 __init__，dataclasses 文件（*https://fpy.li/initvar*）將這種引數稱為 *init-only* 變數。為了宣告這種引數，dataclasses 模組提供了虛擬型態 InitVar，它的語法與 typing.ClassVar 的語法一樣。在文件裡的範例是一個用資料庫來初始化欄位的資料類別，那個資料庫物件必須傳給建構式。

範例 5-18 是「Init-only variables」（*https://fpy.li/initvar*）小節用來說明的程式碼。

*範例 5-18. 來自 dataclasses（*https://fpy.li/initvar*）模組文件的範例*

```
@dataclass
class C:
    i: int
    j: int = None
    database: InitVar[DatabaseType] = None

    def __post_init__(self, database):
        if self.j is None and database is not None:
            self.j = database.lookup('j')

c = C(10, database=my_database)
```

注意 database 屬性是怎麼宣告的。InitVar 可防止 @dataclass 將 database 視為常規的欄位。它不會被設成實例屬性，且 dataclasses.fields 函式不會列出它。但是，database 會成為生成的 __init__ 所接收的引數之一，它也會被傳給 __post_init__。如果你編寫那個方法，你必須在方法簽章裡加入相應的引數，如範例 5-18 所示。

這篇很長的 @dataclass 概述涵蓋了最實用的功能，有些被我放在之前的小節，例如第 171 頁的「主要功能」平行地討論了全部三種資料類別建構器。dataclasses 文件（*https://fpy.li/initvar*）與 PEP 526 —— Syntax for Variable Annotations（*https://fpy.li/pep526*）有所有的細節。

在下一節，我將展示一個長很多的 @dataclass 的範例。

@dataclass 範例：Dublin Core 資源紀錄

用 @dataclass 來建立的類別所擁有的欄位通常比目前為止展示的極短範例的欄位還要多。Dublin Core（*https://fpy.li/5-12*）為比較典型的 @dataclass 範例提供一個基礎。

> Dublin Core Schema 是小型的詞彙集，可用來描述數位資源（影片、圖像、網頁…等），及實體資源，例如書籍、CD，還有藝術品等物品。[8]
>
> —— 維基百科對 *Dublin Core* 的介紹

這個標準定義了 15 個選用欄位，範例 5-19 的 Resource 類別用了其中的 8 個。

範例 5-19 dataclass/resource.py：Resource 的程式碼，這是基於 *Dublin Core* 詞彙的類別

```python
from dataclasses import dataclass, field
from typing import Optional
from enum import Enum, auto
from datetime import date


class ResourceType(Enum):    ❶
    BOOK = auto()
    EBOOK = auto()
    VIDEO = auto()


@dataclass
class Resource:
    """Media resource description."""
    identifier: str                                    ❷
    title: str = '<untitled>'                          ❸
    creators: list[str] = field(default_factory=list)
```

8　來源：英文維基百科介紹 Dublin Core（*https://fpy.li/5-13*）的文章。

```
date: Optional[date] = None                        ❹
type: ResourceType = ResourceType.BOOK             ❺
description: str = ''
language: str = ''
subjects: list[str] = field(default_factory=list)
```

❶ 這個 Enum 將為 Resource.type 欄位提供型態安全的值。

❷ 只有 identifier 是必要的欄位。

❸ title 第一個欄位,有預設值。這迫使接下來的欄位都必須提供預設值。

❹ date 的值可以是 datetime.date 實例,或 None。

❺ type 欄位的預設值是 ResourceType.BOOK。

範例 5-20 是個 doctest,可展示 Resource 在程式碼裡面的樣子。

範例 5-20 *dataclass/resource.py*:Resource 的程式碼,這是基於 *Dublin Core* 詞彙的類別

```
>>> description = 'Improving the design of existing code'
>>> book = Resource('978-0-13-475759-9', 'Refactoring, 2nd Edition',
...     ['Martin Fowler', 'Kent Beck'], date(2018, 11, 19),
...     ResourceType.BOOK, description, 'EN',
...     ['computer programming', 'OOP'])
>>> book  # doctest: +NORMALIZE_WHITESPACE
Resource(identifier='978-0-13-475759-9', title='Refactoring, 2nd Edition',
creators=['Martin Fowler', 'Kent Beck'], date=datetime.date(2018, 11, 19),
type=<ResourceType.BOOK: 1>, description='Improving the design of existing code',
language='EN', subjects=['computer programming', 'OOP'])
```

@dataclass 生成的 __repr__ 可正常運作,但我們可以讓它更容易理解。

這是我們想從 repr(book) 得到的格式:

```
>>> book  # doctest: +NORMALIZE_WHITESPACE
Resource(
    identifier = '978-0-13-475759-9',
    title = 'Refactoring, 2nd Edition',
    creators = ['Martin Fowler', 'Kent Beck'],
    date = datetime.date(2018, 11, 19),
    type = <ResourceType.BOOK: 1>,
    description = 'Improving the design of existing code',
    language = 'EN',
    subjects = ['computer programming', 'OOP'],
)
```

範例 5-21 是 __repr__ 的程式碼，可產生上一段的格式。這個範例使用 dataclass.fields 來取得資料類別欄位的名稱。

範例 5-21 dataclass/resource_repr.py：*在範例 5-19 的 Resource 類別中實作的* __repr__ *方法*

```
def __repr__(self):
    cls = self.__class__
    cls_name = cls.__name__
    indent = ' ' * 4
    res = [f'{cls_name}(']                          ❶
    for f in fields(cls):                           ❷
        value = getattr(self, f.name)               ❸
        res.append(f'{indent}{f.name} = {value!r},') ❹

    res.append(')')                                 ❺
    return '\n'.join(res)                            ❻
```

❶ 建立 res list，以使用類別名稱與左括號來建構輸出字串。

❷ 為類別裡的各個欄位 f …

❸ …從實例取得具名屬性。

❹ 加入縮排的一行，包含欄名和 repr(value)，這就是 !r 的作用。

❺ 附加右括號。

❻ 用 res 來建立多行字串並回傳它。

關於 Python 資料類別建構器的討論，就在這個受 Dublin, Ohio 啟發的範例告一段落。

資料類別很方便，但如果你濫用它，你的專案將遇到大麻煩，見下一節的說明。

帶程式碼異味的資料類別

無論你是自行編寫所有的程式碼來實作資料類別，還是利用本章介紹的類別構建器，請小心，使用它可能是你的設計出問題的徵兆。

在 *Refactoring: Improving the Design of Existing Code* 第二版（Addison-Wesley）裡，Martin Fowler 與 Kent Beck 展示了許多種類的「程式碼異味」，也就是象徵程式可能需要重構的模式。「Data Class」項目的開頭是這樣說的：

這種類別有欄位、有讀取和設定欄位的方法，此外別無他物。這種類別只是簡單的資料容器，往往被其他類別以過於仔細的方式操控。

Fowler 的個人網站有一篇題為「Code Smell」（*https://fpy.li/5-14*）的啟發性文章。那篇文章與我們的討論有密切的關係，因為他將資料類別當成程式碼異味的例子，並建議如何處理它。以下是那篇文章的全文。[9]

Code Smell

Martin Fowler 著

程式碼異味是一種徵兆，通常指出系統的深層問題。這個詞是 Kent Beck 在協助我著作 Refactoring 一書（*https://fpy.li/5-15*）時發明的。

上述的定義包含幾個微妙的重點。首先，根據定義，異味是可以快速察覺的東西，或像我最近所說的那樣，可快速聞到。冗長的方法是異味的好例子，只要在程式中看到超過十幾行的 Java，我就會開始聞聞看有沒有異味。

其次，異味不一定代表問題，有些冗長的方法寫得很好。你必須更仔細地觀察，看看有沒有潛在的問題，異味本身沒有不好，它們通常可以指出問題，但它們不是問題本身。

最好的異味很容易發現，而且往往可以引導你找到真正有趣的問題。資料類別（全部都是資料且沒有行為的類別）就是一個好例子。當你看到它們時，你應該自問這個類別應該有什麼行為，然後開始重構，將那個行為移入。通常提出簡單的問題和最初的重構是將沒內涵的物件變得有品味的關鍵步驟。

異味有一個很棒的地方在於，沒經驗的人也能輕易地認出它們，即使他們缺乏足夠的知識來評估是否存在問題，或進行修正。我聽到有一些開發主管會選出「每週異味」，要求人們尋找這種異味，並回報給團隊的資深成員。一次處理一種異味可以逐漸培養團隊成員成為更好的程式設計師。

物件導向程式設計的主要理念是將行為和資料放在同一個程式碼單位裡，也就是放在類別裡。如果類別被廣泛使用，但它本身沒有明確的行為，那麼處理它的實例的程式碼可

9　我很幸運曾經在 Thoughtworks 和 Martin Fowler 共事，所以只花了 20 分鐘就獲得他的許可。

能遍布整個系統的方法和函式中，甚至有重複的程式碼，給維護工作帶來麻煩。正因為如此，Fowler 提出的重構法旨在將職責還給資料類別。

考慮到這一點，有幾種常見的情況很適合使用幾乎沒有行為的資料類別。

將資料類別當成鷹架

在這種情況下，資料類別是一種初始的、簡化的類別實作，用來啟動新專案或模組。隨著時間的過去，類別應該擁有自己的方法，而不是依靠其他類別的方法來操作它的實例。鷹架是暫時性的，最終你的自訂類別可能會從製作它的建構器獨立出去。

Python 也被用來快速解決問題和進行實驗，在這種情況下，你可以保留鷹架。

將資料類別當成中間表示法

資料類別可以用來建構將被匯出至 JSON 或其他交換格式的紀錄，或用來儲存剛被匯入且跨越一些系統邊界的資料。Python 的資料類構建器都有將實例轉換成普通 dict 的方法或函數，而且你始終可以用 dict 來呼叫建構式，使用 ** 運算子來將 dict 展開。這種 dict 很接近 JSON 紀錄。

在這個情況下，你應該將資料類別實例當成不可變的物件來處理，即使欄位是可變的。當它們處於這種中間形式時，你不應該修改它們，如果你修改它們，你將喪失將資料和行為緊密結合的重大好處。如果需要在匯入 / 匯出時改變值，你應該編寫自己的建構器方法，而不是使用所提供的「轉為 dict」的方法或標準建構式。

現在我們換個話題，看看如何寫出能夠匹配任意類別實例的模式，而非只是第 40 頁的「使用 sequence 來比對模式」和第 83 頁的「使用 mapping 來比對模式」介紹過的 sequence 與 mapping。

模式比對類別實例

類別模式的設計，是為了使用型態（可選地，與屬性）來比對類別實例。類別模式的對象可以是任何類別實例，而不是只有資料類別的實例。[10]

---

10 我把這段內容放在這裡的原因是，這是最早討論自訂類別的一章，我認為類別模式比對太重要了，不能到了本書的第二部分才討論。我認為，知道如何使用類別比知道如何定義類別更重要。

類別模式有三種變體：簡單（simple）、關鍵字（keyword）與位置（positional）。我們來依序認識它們。

簡單類別模式

我們曾經在第 40 頁的「使用 sequence 來比對模式」中看過一個例子使用簡單類別模式作為子模式：

```
case [str(name), _, _, (float(lat), float(lon))]:
```

該模式可找出一個包含四個項目的 sequence，sequence 的第一個項目必須是 str 的實例，最後一個項目必須是個包含兩個 float 實例的 2-tuple。

類別模式的語法看起來很像呼叫建構式。下面這個類別模式可匹配未被指派給變數的 float 值（case 主體可在必要時直接引用 x）：

```
match x:
    case float():
        do_something_with(x)
```

但是這可能是程式中的 bug：

```
match x:
    case float:  #  危險 !!!
        do_something_with(x)
```

在上面的範例中，case float: 可匹配任何對象，因為 Python 將 float 視為變數，然後將它綁定到對象。

float(x) 這種簡單的模式語法是個特例，僅適用於九種幸運的內建型態，PEP 634 —— Structural Pattern Matching: Specification 的「Class Patterns」（*ttps://fpy.li/5-16*）小節在結尾列出它們如下：

```
bytes   dict   float   frozenset   int   list   set   str   tuple
```

在這些類別裡，看似建構式引數的變數（例如 float(x) 裡的 x）會被指派給整個目標實例，或與子模式匹配的部分目標，就像之前看過的 sequence 模式裡的 str(name)：

```
case [str(name), _, _, (float(lat), float(lon))]:
```

如果類別不是這九個幸運的內建型態之一，那麼看起來像引數的變數，是用來比對該類別的實例的屬性的模式。

關鍵字類別模式

為了瞭解如何使用關鍵字類別模式，我們來看範例 5-22 的 City 類別與五個實例。

範例 5-22　City 類別與一些實例

```python
import typing

class City(typing.NamedTuple):
    continent: str
    name: str
    country: str


cities = [
    City('Asia', 'Tokyo', 'JP'),
    City('Asia', 'Delhi', 'IN'),
    City('North America', 'Mexico City', 'MX'),
    City('North America', 'New York', 'US'),
    City('South America', 'São Paulo', 'BR'),
]
```

使用這些定義，下面的函式可回傳一個亞洲城市的 list：

```python
def match_asian_cities():
    results = []
    for city in cities:
        match city:
            case City(continent='Asia'):
                results.append(city)
    return results
```

模式 City(continent='Asia') 可匹配 continent 屬性值等於 'Asia' 的任何 City 實例，無論其他屬性的值是什麼。

如果你想要收集 country 屬性的值，可以這樣寫：

```python
def match_asian_countries():
    results = []
    for city in cities:
        match city:
            case City(continent='Asia', country=cc):
                results.append(cc)
    return results
```

模式 City(continent='Asia', country=cc) 可匹配上述的同一組亞洲城市，但現在 cc 變數被指派給實例的 country 屬性。如果模式變數也稱為 country，下面的程式也有效：

```
match city:
    case City(continent='Asia', country=country):
        results.append(country)
```

關鍵字類別模式很容易理解，而且適用於具有公用實例屬性的任何類別，但它們有些繁瑣。

位置類別模式有時更加方便，但它們需要被目標類別明確支援，見接下來的說明。

位置類別模式

根據範例 5-22 的定義，下面的函式會回傳一個亞洲城市的 list，它使用位置類別模式：

```
def match_asian_cities_pos():
    results = []
    for city in cities:
        match city:
            case City('Asia'):
                results.append(city)
```

模式 City('Asia') 可匹配第一個屬性值是 'Asia' 的任何 City 實例，無論其他屬性的值是什麼。

如果你想要收集 country 屬性的值，可以這樣寫：

```
def match_asian_countries_pos():
    results = []
    for city in cities:
        match city:
            case City('Asia', _, country):
                results.append(country)
    return results
```

模式 City('Asia', _, country) 可匹配和之前一樣的城市，但現在 country 變數被指派給實例的第三個屬性。

我說了「第一個」與「第三個」屬性，那是什麼意思？

City 或任何類別之所以能夠使用位置模式，是因為它們有一個名為 __match_args__ 的特殊類別屬性，本章的類別建構器會自動建立它。這是 City 類別的 __match_args__ 的值：

```
>>> City.__match_args__
('continent', 'name', 'country')
```

如你所見，`__match_args__` 按照屬性在位置模式中的使用順序來宣告它們的名稱。

在第 384 頁的「支援位置模式比對」中，我們將為自己的類別定義 `__match_args__`，而不使用類別建構器。

 你可以在同一個模式中結合關鍵字引數與位置型引數。有一些（但不是所有）可供比對的實例屬性可能會被列在 `__match_args__` 裡，因此，有時你可能需要在模式中同時使用關鍵字引數與位置型引數。

是時候整理一下摘要了。

本章摘要

本章的主題是資料類別建構器 `collections.namedtuple`、`typing.NamedTuple` 與 `dataclasses.dataclass`。我們看到，每一種建構器都是藉著將敘述（description）當成引數傳給工廠函式，來產生資料類別，或者，就後兩者而言，使用 `class` 陳述式及型態提示來產生資料類別。特別值得一提的是，兩種 named tuple 的變體都產生 tuple 子類別，它們只加入以名稱來存取欄位的功能，並提供一個 `_fields` 類別屬性，以字串 tuple 的形式列出欄名。

接著，我們瞭解三種類別建構器的主要功能，包括如何以 `dict` 形式提取實例資料、如何取得欄位的名稱與預設值、如何用現有的實例來製作新實例。

這促使我們首次研究型態提示，尤其是在類別陳述式裡用來注解屬性的那些，使用 Python 3.6 根據 PEP 526 —— Syntax for Variable Annotations（*https://fpy.li/pep526*）加入的表示法。型態提示最令人驚訝的層面應該是它們在執行期完全沒有效果。Python 仍然是個動態語言。你必須透過外部的工具（例如 Mypy）來利用型態資訊和原始碼的統計分析來進行偵錯。在初步概覽 PEP 526 提出的語法後，我們研究了注解在一般類別中的效果，以及在 `typing.NamedTuple` 和 `@dataclass` 所建構的類別中的效果。

接下來，我們討論了 `@dataclass` 與 `dataclasses.field` 函式的 `default_factory` 選項提供的常用功能。我們也認識了特殊的虛擬型態提示 `typing.ClassVar` 與 `dataclasses.InitVar`，

它們在資料類別的背景下很重要。我們用一個基於 Dublin Core Schema 的範例來總結這個主題，說明如何使用 `dataclasses.fields` 在自訂的 `__repr__` 中迭代 Resource 實例的屬性。

然後我們警告資料類別可能被濫用，導致違反物件導向設計的一項基本原則：資料與接觸它的函式應該放在同一個類別裡。沒有邏輯的類別可能是邏輯錯誤的徵兆。

最後一節討論如何用模式比對來處理任何類別的實例對象，而不是只有本章介紹的類別建構器所建立的類別。

延伸讀物

我們看過的 Python 資料類別建構器標準文件是很棒的參考資料，裡面也有一些小範例。

PEP 557 —— Data Classes（*https://fpy.li/pep557*）的大部分內容都被複製到 `dataclasses` 模組文件（*https://fpy.li/5-9*）裡了，尤其是 `@dataclass`。但 PEP 557（*https://fpy.li/pep557*）有一些非複製內容的小節提供非常豐富的資訊，包括「Why not just use namedtuple?」（*https://fpy.li/5-18*）、「Why not just use typing.NamedTuple?」（*https://fpy.li/5-19*）與「Rationale」小節（*https://fpy.li/5-20*），它的結尾是這個 Q&A：

> 資料類別不適合在哪裡使用？
>
> 當 API 必須與 tuple 或 dict 相容時。需要 PEP 484 與 526 所提供的驗證之外的型態驗證，或需要對值進行驗證或轉換時。
>
> —— *Eric V. Smith, PEP 557 "Rationale"*

Geir Arne Hjelle 在 *RealPython.com* 寫了非常完整的「Ultimate guide to data classes in Python 3.7」（*https://fpy.li/5-22*）。

Raymond Hettinger 在 PyCon US 2018 簡報了「Dataclasses: The code generator to end all code generators」（影片）（*https://fpy.li/5-23*）。

若要瞭解更多的特性和高階功能，包括驗證，由 Hynek Schlawack 帶領導的 attrs 專案（*https://fpy.li/5-24*）比資料類別早出現幾年，它提供更多的功能，並承諾「幫你脫離實作物件協定（即 dunder 方法）的苦差事，使你重拾編寫類別的樂趣」。

Eric V. Smith 在 PEP 557 裡承認了 *attrs* 對 `@dataclass` 的影響，所影響的事情可能包括 Smith 最重要的 API 決定：使用類別 decorator 而不是基礎類別和／或 metaclass 來完成工作。

Glyph（Twisted 專案的創始人）在「The One Python Library Everyone Needs」一文中對 *attrs* 進行了出色的介紹（*https://fpy.li/5-25*）。*attrs* 文件有關於替代方案的討論（*https://fpy.li/5-26*）。

書籍作者、講師和瘋狂電腦科學家 Dave Beazley 寫出另一個資料類別產生器 *clubegen*（*https://fpy.li/5-27*）。如果你聽過 Dave 的講座，你就知道他是從第一原則出發的 Python 超編程大師。我發現 *cluegen README.md* 檔案是很有啟發性的學習對象，我從中學到，究竟是什麼具體用例促使他編寫 Python @dataclass 的替代方案，以及他的哲學：提出一種解決問題的方法，而不是提供一個工具。工具或許可以快速上手，但方法更靈活，可以讓你走得更遠。

關於發出程式碼異味的資料類別，我認為最佳資源是 Martin Fowler 的書籍 *Refactoring* 第 2 版。新的版本沒有本章序言的那句話：「資料類別就像孩子一樣…」，但除此之外，它是 Fowler 最有名的書籍的最佳版本，對 Python 鐵粉來說更是如此，因為這一版的例子是用現代的 JavaScript 編寫的，比第一版所使用的 Java 更接近 Python。

網站 *Refactoring Guru*（*https://fpy.li/5-28*）也有關於資料類別程式碼異味的探討（*https://fpy.li/5-29*）。

肥皂箱

在「The Jargon File」裡的「Guido」項目（*https://fpy.li/5-30*）指的是 Guido van Rossum。它說：

> Guido 最重要的象徵除了 Python 本身之外，就是他擁有一部時光機，原因來自於他能以驚人的頻率回應用戶對新功能的要求，並回覆「我昨晚剛剛實現了那個功能…」

在類別中以快速、標準的方式來宣告實例屬性是 Python 語法長久以來欠缺的一環。許多物件導向語言都有這個功能。以下是 Smalltalk 的 Point 類別的部分定義：

```
Object subclass: #Point
    instanceVariableNames: 'x y'
    classVariableNames: ''
    package: 'Kernel-BasicObjects'
```

第二行列出實例屬性 x 與 y 的名稱。如果有類別屬性，它們會被列在第三行。

Python 始終提供簡單的類別屬性宣告手段，如果它們有初始值的話。但實例屬性更常見，Python 程式設計師卻得查看 __init__ 方法才能找到它們，總是擔心有人在類別的其他地方建立實例屬性，甚至由外部函式或其他類別的方法建立。

現在我們有 @dataclass 了，耶！

但是它們也有一些問題。

首先，當你使用 @dataclass 時，型態提示不是選用的。自 PEP 484 —— Type Hints（*https://fpy.li/pep484*）發布以來的七年裡，Python 一直承諾我們，型態提示將永遠是選用的。現在我們有一個重要的新語言功能需要它們。如果你不喜歡整個靜態定型的趨勢，你可以改用 attrs（*https://fpy.li/5-24*）。

其次，用來注解實例與類別屬性的 PEP 526（*https://fpy.li/pep526*）語法顛覆了 class 陳述式的一個既定慣例，那就是在 class 區塊頂層宣告的東西都是類別屬性（方法也是類別屬性）。PEP 526 與 @dataclass 發表之後，在頂層使用型態提示來宣告的任何屬性都是實例屬性：

```
@dataclass
class Spam:
    repeat: int  # 實例屬性
```

這裡的 repeat 也是實例屬性：

```
@dataclass
class Spam:
    repeat: int = 99  # 實例屬性
```

但是如果沒有型態提示，突然間，你會回到以前那個美好的年代 —— 在 class 頂層宣告的東西都只屬於該類別：

```
@dataclass
class Spam:
    repeat = 99  # 類別屬性！
```

最後，如果你想要用型態來注解類別屬性，你不能使用常規的型態，因為如此一來，它將變成實例屬性。你必須使用虛擬型態 ClassVar 注解：

```
@dataclass
class Spam:
    repeat: ClassVar[int] = 99  # 厚！
```

在這裡，我們談論的是規則的例外的例外。我認為這很不 Python。

我並未參與導致 PEP 526 和 PEP 557 —— Data Classes（*https://fpy.li/pep557*）被發表的討論，但我希望語法改成：

```
@dataclass
class HackerClubMember:
    .name: str                              ❶
    .guests: list = field(default_factory=list)
    .handle: str = ''

    all_handles = set()                     ❷
```

❶ 實例屬性必須前綴 . 來宣告。

❷ 沒有前綴 . 的任何屬性名稱都是類別屬性（一如既往）。

為了配合這個改法，這個語言的語法將被迫改變。我認為這種語法相當易讀，而且可避免「例外的例外」這個問題。

好想跟 Guido 借一下時光機，回到 2017 年，向核心團隊推銷這個想法啊！

## 第 6 章

物件參考、可變性，
與資源回收

「你看起來很難過」騎士焦慮地說道：「我唱首歌來安慰你。[...] 這首歌的名字叫做『鱈魚眼睛』。」

「哦，那是歌的名稱嗎？」愛麗絲試圖表現出一些興趣。

「不，你不明白我說的」騎士有些惱怒地說道：「那只是大家稱呼它時使用的名稱。它真正的名字是『老老年人』。」

—— 改編自 *Lewis Carroll* 的 《*Through the Looking-Glass, and What Alice Found There*》

Alice 與騎士為本章即將介紹東西定下基調。本章的主題是物件和它們的名稱之間的區別。名稱不是物件，名稱是獨立的東西。

本章會先介紹一個關於 Python 變數的比喻：變數是標籤，不是盒子。如果參考變數對你來說不是新鮮事，那麼當你需要向人解釋別名問題時，這個比喻應該也很方便。

接著我們會討論物件身分、值，與別名的概念。我們將揭示 tuple 的一個驚奇的特質：雖然它們是不可變的，但它們的值可能改變。由此衍伸出淺複製與深複製的話題。我們的下一個主題是參考與函式參數，包括關於可變參數的預設值的問題，以及如何安全地處理函式用戶端傳來的可變引數。

本章的最後一節將討論記憶體回收，del 命令，以及 Python 處理不可變的物件的一些技巧。

雖然這是枯燥的一章，但接下來的主題關乎 Python 程式的許多微妙 bug 的核心。

本章有哪些新內容

本章介紹的主題非常基本也非常穩定。第二版沒有做什麼值得一提的修改。

我用一個新範例來介紹如何使用 is 來測試哨符物件，並在第 210 頁的「在 == 與 is 之間做選擇」的結尾警告不要亂用 is 運算子。

本章在上一版屬於第四部分，但這次我把它放前面一些，因為把它放在第二部分「資料結構」的結尾，比把它放在「物件導向習語」的開頭更好。

 本書第一版討論「弱參考」的小節被放在 *fluentpython.com* 上（*https://fpy. li/weakref*）。

首先，我們要忘了「變數就像儲存資料的盒子」這個概念。

變數不是盒子

我曾經在 1997 年於 MIT 參加了一個關於 Java 的暑假課程。課程教授 Lynn Stein 提出這樣的觀點 [1]：「變數是盒子」，這個常見的比喻實際上會阻礙我們瞭解物件導向語言的參考變數（reference variable）。Python 變數像 Java 的參考變數，所以較好的比喻，是把變數視為具有名稱，而且可被貼到物件的標籤。接下來的範例和圖表將協助你瞭解原因。

範例 6-1 這個簡單的互動無法用「變數是盒子」的概念來解釋。圖 6-1 說明為何用盒子來比喻對 Python 而言是錯的，但標籤可提供一個幫助瞭解變數如何運作的印象。

---

[1] Lynn Andrea Stein 是一位獲獎的計算機科學教育家，目前在 Olin College of Engineering（*https://fpy.li/6-1*）任教。

範例 *6-1*　變數 a 與 b 保存同一個 *list* 的參考，而不是 *list* 的複本

```
>>> a = [1, 2, 3]    ❶
>>> b = a            ❷
>>> a.append(4)      ❸
>>> b                ❹
[1, 2, 3, 4]
```

❶ 建立一個 list [1, 2, 3] 並將它指派給變數 a。

❷ 將 a 參考的值指派給變數 b。

❸ 修改 a 參考的 list，為它附加另一個項目。

❹ 你可以透過 b 變數來看到改變的效果，如果把 b 當成一個盒子，裡面有 a 的 [1, 2, 3] 的複本的話，這個行為就說不通了。

圖 6-1　把變數當成盒子無法解釋 Python 的賦值，但是把變數當成標籤可以輕鬆地解釋範例 6-1。

因此，b = a 陳述式並未將 a 的內容複製到 b 裡，它是將 b 這個標籤綁定（貼到）到已經有 a 這個標籤的物件上。

Stein 教授也用非常嚴謹的方式來談論賦值，例如，在談到模擬程式中的 seesaw 物件時，他是這樣說的：「變數 *s* 被指派給（assigned to）seesaw」，而不是「seesaw 被指派給變數 *s*」。在提到參考變數時，「變數被指派給物件」比較合理，而不是反過來說。畢竟，物件是在進行指派之前建立的。範例 6-2 證明賦值式的右邊會先發生。

因為人們以互相矛盾的方式使用動詞「指派（to assign）」，所以把它換成「bind（綁定）」比較有幫助：Python 的賦值陳述式 x = …將 x 名稱綁定右邊建立的物件或參考的物件。而且將名稱綁定物件之前，物件必須存在，參見範例 6-2 的證明。

範例 6-2 變數在物件被建立之後才能綁定物件

```
>>> class Gizmo:
...     def __init__(self):
...         print(f'Gizmo id: {id(self)}')
...
>>> x = Gizmo()
Gizmo id: 4301489152  ❶
>>> y = Gizmo() * 10  ❷
Gizmo id: 4301489432  ❸
Traceback (most recent call last):
  File "<stdin>", line 1, in <module>
TypeError: unsupported operand type(s) for *: 'Gizmo' and 'int'
>>>
>>> dir()  ❹
['Gizmo', '__builtins__', '__doc__', '__loader__', '__name__',
'__package__', '__spec__', 'x']
```

❶ 輸出 Gizmo id: … 是建立 Gizmo 實例的副作用。

❷ 拿 Gizmo 來計算乘法會造成例外。

❸ 這證明第二個 Gizmo 在計算乘法之前已經被實例化了。

❹ 但是變數 y 並未被建立,因為當 Python 計算賦值式的右邊時出現例外。

> 若要瞭解 Python 的賦值(assignment)一定要先看右邊,那是物件被建立或提取的地方。之後,左邊的變數會被綁定物件,就像把標籤貼在物件上面一樣。忘了盒子吧!

因為變數只是標籤,所以一個物件可被貼上很多標籤。這種情況會產生別名,它是下一個主題。

ID、相等性,與別名

Lewis Carroll 是 Prof. Charles Lutwidge Dodgson 的筆名。Mr. Carroll 不僅等於 Prof. Dodgson,他們還是同一個人。範例 6-3 用 Python 來表達這個概念。

範例 6-3　*charles* 與 *lewis* 指的是同一個物件

```
>>> charles = {'name': 'Charles L. Dodgson', 'born': 1832}
>>> lewis = charles  ❶
>>> lewis is charles
True
>>> id(charles), id(lewis)  ❷
(4300473992, 4300473992)
>>> lewis['balance'] = 950  ❸
>>> charles
{'name': 'Charles L. Dodgson', 'born': 1832, 'balance': 950}
```

❶ lewis 是 charleds 的別名。

❷ 用 is 運算子與 id 函式來確定這件事。

❸ 將一個項目加入 lewis 與將一個項目加入 charles 一樣。

但是，假設有一位冒充者，我們稱他為 Dr. Alexander Pedachenko，他謊稱自己是 Charles L. Dodgson，他也是在 1832 年出生，雖然 Dr. Pedachenko 的資歷可能相同，但他不是 Prof. Dodgson。圖 6-2 說明這個情況。

圖 6-2　charles 與 lewis 被貼到同一個物件；alex 被貼到有相同值的不同物件。

範例 6-4 實作並測試圖 6-2 描繪的 alex 物件。

範例 6-4　雖然 *alex* 與 *charles* 相等，但 *alex* 不是 *charles*

```
>>> alex = {'name': 'Charles L. Dodgson', 'born': 1832, 'balance': 950}  ❶
>>> alex == charles  ❷
True
>>> alex is not charles  ❸
True
```

❶ alex 所指的物件是被指派給 charles 的物件的複本。

❷ 這兩個物件之所以相等，是因為 dict 類別內的 __eq__。

❸ 但它們是不同的物件。比較符合 Python 風格的不相等比較寫為 a is not b。

範例 6-3 是一個別名的例子。在程式中，lewis 與 charles 都是別名，這兩個變數被綁定同一個物件。另一方面，alex 不是 charles 的別名，這兩個變數被綁定不同的物件。被指派給 alex 與 charles 的物件有一樣的值（這就是 == 所比較的事情），但是它們有不同的 ID。

The Python Language Reference 的「3.1. Objects, values and types」（*https://fpy.li/6-2*）說：

> 物件的 ID 在它被建立之後就不會改變了，你可以把它想成物件在記憶體內的位址。is 運算子比較兩個物件的 ID，id() 函式回傳一個代表其 ID 的整數。

物件的 ID 的真正含義取決於實作的方式。在 CPython 中，id() 回傳物件的記憶體位址，但是在其他的 Python 直譯器中，它可能回傳其他的東西。重點在於，ID 一定是唯一的整數標籤，而且在物件的生命週期內絕不會改變。

我們在實際編寫程式時很少用到 id()。ID 檢查通常使用 is 運算子，這個運算子比較的是物件的 ID，所以我們的程式不需要明確地呼叫 id()。接下來要討論 is 與 ==。

 對技術校閱 Leonardo Rochael 來說，id() 最常見的用途是偵錯，在兩個物件的 repr() 結果很相似，但你需要瞭解兩個參考究竟是別名，還是指向不同的物件時使用。如果參考位於不同的環境（例如不同的堆疊框），使用 is 運算子可能不合適。

在 == 和 is 之間做選擇

== 運算子會比較物件的值（它們保存的資料），而 is 會比較它們的 ID。

在寫程式時，我們通常比較在乎值，而不是 ID，所以在 Python 程式中，== 比 is 更常見。

但是，如果你要拿變數與單例（singleton）來比較的話，使用 is 比較合理。到目前為止，最常見的案例是檢查某個變數是否被綁定 None。我們建議這樣做：

```
x is None
```

這是否定形式的另一種寫法：

```
x is not None
```

None 是最常被 is 檢查的單例。哨符物件（sentinel object）是可能用 is 來檢查的另一種單例。下面是建立和測試哨符物件的寫法：

```
END_OF_DATA = object()
# ... 很多行
def traverse(...):
    # ... 很多行
    if node is END_OF_DATA:
        return
    # 略。
```

is 運算子比 == 更快，因為它無法被多載，所以 Python 不需要尋找及呼叫特殊方法來計算它，而且計算很簡單，只要比較兩個整數 ID 就可以了。相較之下，a == b 是 a.__eq__(b) 的語法糖。從 object 繼承來的 __eq__ 方法比較的是物件的 ID，所以它產生的結果與 is 的相同。但是大多數內建型態都會覆寫 __eq__ 並加入其他有意義的程式，以考慮物件屬性的值。計算相等性可會要做很多處理，例如在比較大型的 collection，或深層嵌套的結構時。

 我們通常比較想知道物件的相等性，而不是 ID 是否相同。檢查是否為 None 是使用 is 運算子的唯一常見用例。當我審查程式時，我所看過的其他用法通常都是錯的。如果你沒有把握，那就使用 ==，它通常是你想用的東西，而且它也可以比較 None，儘管沒那麼快。

為了總結關於 ID 與相等性的討論，我們來看一下，眾所周知不可變的 tuple 並不像你想像中的那樣不可變。

tuple 的相對不可變性

tuple 和大多數的 Python collection（包括 list、dict、set…等）一樣是一種容器，用來保存物件的參考。[2] 如果被參考的項目是可變的，即使 tuple 本身不可變，它們仍然可能改

2　相較之下，平面 sequence，例如 str、bytes 與 array.array 並非保存參考，而是直接在連續的記憶體中保存它們的內容，例如字元、bytes 與數字。

變。換句話說，tuple 的不可變特性其實是指 tuple 資料結構的物理內容（即，它所保存的參考），而不是指被參考的物件。

範例 6-5 說明這種情況：改變 tuple 所參考的可變物件時，tuple 的值也會改變。在 tuple 裡面，絕不會改變的是它所保存的項目的 ID。

範例 6-5　t1 與 t2 最初的比較結果是相等的，但是更改 *tuple* t1 內的可變項目之後，它們變成不相等

```
>>> t1 = (1, 2, [30, 40])   ❶
>>> t2 = (1, 2, [30, 40])   ❷
>>> t1 == t2   ❸
True
>>> id(t1[-1])   ❹
4302515784
>>> t1[-1].append(99)   ❺
>>> t1
(1, 2, [30, 40, 99])
>>> id(t1[-1])   ❻
4302515784
>>> t1 == t2   ❼
False
```

❶　t1 是不可變的，但 t1[-1] 是可變的。

❷　建立 tuple t2，讓它的項目與 t1 的相等。

❸　一如預期，雖然 t1 與 t2 是不同的物件，但它們是相等的。

❹　檢查 t1[-1] 的 ID。

❺　就地修改 t1[-1] list。

❻　t1[-1] 的 ID 不變，只有值被改變。

❼　現在 t1 與 t2 不一樣。

tuple 的相對不可變性是第 56 頁的謎題「動動腦：+= 賦值」背後的原因。它也是一些 tuple 不可雜湊化的原因，如第 86 頁的「何謂可雜湊化（hashable）？」所述。

當你需要複製物件時，相等性與 ID 之間的區別會造成進一步的影響。複本是 ID 不同的相等物件，但是如果物件裡面有其他物件，複本也需要複製內部物件嗎？還是可以共用它們？這個問題沒有統一的答案。請見接下來的探討。

在預設情況下，複製是淺的

要複製 list（或大多數的內建可變 collection），最簡單的做法是使用型態本身內建的建構式。例如：

```
>>> l1 = [3, [55, 44], (7, 8, 9)]
>>> l2 = list(l1)    ❶
>>> l2
[3, [55, 44], (7, 8, 9)]
>>> l2 == l1    ❷
True
>>> l2 is l1    ❸
False
```

❶ list(l1) 建立 l1 的複本。

❷ 複本是相等的…

❸ …但是指向兩個不同的物件。

對 list 與其他可變 sequence 而言，簡寫 l2 = l1[:] 也可以製作複本。

但是，使用建構式或 [:] 會產生一個淺複本（也就是說，Python 會複製最外面的容器，但是在複本裡面，會放入原始容器所保存的項目的參考）。這可以節省記憶體，而且當所有項目都是不可變時不會有任何問題。但是如果有可變的項目，這種做法可能會導致讓人不悅的意外。

在範例 6-6 中，我們建立一個 list 的淺複本，裡面有另一個 list 與一個 tuple，然後進行修改，看看它們如何影響所參考的物件。

 如果你有可上網的電腦，強烈建議你在 Online Python Tutor（*https://fpy.li/6-3*）看一下範例 6-6 的互動式動畫。當我寫這本書時，我還沒辦法穩定地直接連接 pythontutor.com 上預先準備好的範例，但是那個工具太棒了，所以值得你花點時間複製和貼上程式碼。

範例 6-6　淺複製一個包含其他 list 的 list，請在 Online Python Tutor 上複製並貼上這段程式，來看看它的動畫

```
l1 = [3, [66, 55, 44], (7, 8, 9)]
l2 = list(l1)       ❶
l1.append(100)      ❷
```

```
l1[1].remove(55)     ❸
print('l1:', l1)
print('l2:', l2)
l2[1] += [33, 22]    ❹
l2[2] += (10, 11)    ❺
print('l1:', l1)
print('l2:', l2)
```

❶ l2 是 l1 的淺複本。圖 6-3 描繪的是這個狀態。

❷ 將 100 附加到 l1 不影響 l2。

❸ 將內部的 list l1[1] 裡的 55 移除。這會影響 l2，因為 l2[1] 綁定與 l1[1] 一樣的 list。

❹ 對於可變的物件，例如 l2[1] 參考的 list，運算子 += 會就地改變 list。這個改變可在 l1[1] 看到，它是 l2[1] 的別名。

❺ 對 tuple 執行 += 會產生一個新 tuple，並且重新綁定變數 l2[2]，這樣做與執行 l2[2] = l2[2] + (10, 11) 一樣。現在 l1 與 l2 的最後一個位置的 tuple 已經不是同一個物件了。參見圖 6-4。

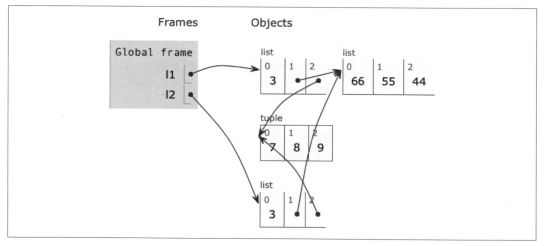

圖 6-3　執行範例 6-6 的 l2 = list(l1) 之後的程式狀態。l1 與 l2 參考不同 list，但是這兩個 list 參考相同的內部 list 物件 [66, 55, 44] 與 tuple (7, 8, 9)。(這是 Online Python Tutor 產生的圖表。)

範例 6-7 是範例 6-6 的輸出，且圖 6-4 是物件的最終狀態。

```
l1: [3, [66, 44], (7, 8, 9), 100]
l2: [3, [66, 44], (7, 8, 9)]
l1: [3, [66, 44, 33, 22], (7, 8, 9), 100]
l2: [3, [66, 44, 33, 22], (7, 8, 9, 10, 11)]
```

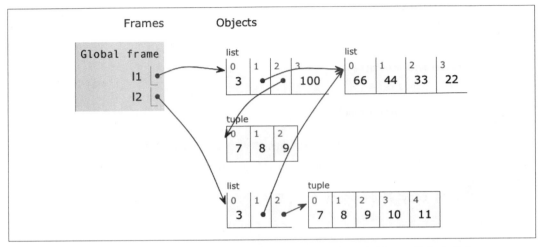

圖 6-4　l1 與 l2 的最終狀態：它們仍然參考相同的 list 物件，現在該 list 的內容是 [66, 44, 33, 22]，但是 l2[2] += (10, 11) 建立新 tuple，其內容為 (7, 8, 9, 10, 11)，這個 tuple 與 l1[2] 參考的 tuple (7, 8, 9) 無關。（這是 Online Python Tutor 產生的圖表）

現在你應該明白，淺複本很容易製作，但它們有可能是你想要的，也有可能不是。下一個主題是如何製作深複本。

任意物件的深複本與淺複本

使用淺複本並不一定是個問題，但有時你必須製作深複本（也就是未使用相同內部物件參考的複本）。copy 模組的 deepcopy 與 copy 函式可以回傳任意物件的深複本與淺複本。

為了說明 copy() 與 deepcopy() 的用法，範例 6-8 定義一個簡單的類別 Bus，代表一台載滿乘客的校車，它會沿途讓乘客上下車。

範例 6-8　接送乘客的巴士

```
class Bus:

    def __init__(self, passengers=None):
        if passengers is None:
            self.passengers = []
        else:
            self.passengers = list(passengers)

    def pick(self, name):
        self.passengers.append(name)

    def drop(self, name):
        self.passengers.remove(name)
```

在互動式範例 6-9 裡，我們將建立一個 bus 物件（bus1）與兩個分身 —— 一個淺複本（bus2）與一個深複本（bus3），來觀察當 bus1 讓一位學生下車時會發生什麼事情。

範例 6-9　使用 copy 與 deepcopy 的效果

```
>>> import copy
>>> bus1 = Bus(['Alice', 'Bill', 'Claire', 'David'])
>>> bus2 = copy.copy(bus1)
>>> bus3 = copy.deepcopy(bus1)
>>> id(bus1), id(bus2), id(bus3)
(4301498296, 4301499416, 4301499752)    ❶
>>> bus1.drop('Bill')
>>> bus2.passengers
['Alice', 'Claire', 'David']            ❷
>>> id(bus1.passengers), id(bus2.passengers), id(bus3.passengers)
(4302658568, 4302658568, 4302657800)    ❸
>>> bus3.passengers
['Alice', 'Bill', 'Claire', 'David']    ❹
```

❶ 使用 copy 與 deepcopy 來建立三個不同的 Bus 實例。

❷ 當 bus1 放下 'Bill' 之後，'Bill' 也會從 bus2 消失。

❸ 檢查 passengers 屬性可看到 bus1 與 bus2 使用同一個 list 物件，因為 bus2 是 bus1 的淺複本。

❹ bus3 是 bus1 的深複本，所以它的 passengers 屬性參考其他的 list。

注意，製作深複本通常不容易。物件可能會有循環參考，導致過於簡單的演算法進入無窮迴圈。deepcopy 函式可以記得已經被複製的物件，來優雅地處理循環參考。參見範例 6-10 的說明。

範例 6-10. 循環參考：b 參考 a，然後 b 被附加至 a

```
>>> a = [10, 20]
>>> b = [a, 30]
>>> a.append(b)
>>> a
[10, 20, [[...], 30]]
>>> from copy import deepcopy
>>> c = deepcopy(a)
>>> c
[10, 20, [[...], 30]]
```

另外，有時深複製可能做得太深了，例如，物件可能參考不應該複製的外部資源或單例。根據 copy 模組的文件（*https://fpy.li/6-4*），你可以編寫 __copy__() 與 __deepcopy__() 特殊方法來控制 copy 與 deepcopy 的行為。

透過別名來共享物件也可以解釋 Python 是如何傳遞參數的，以及使用可變型態作為參數預設值的問題。我們接下來要討論這些主題。

以參考傳遞函式參數

在 Python 中，傳遞參數的模式只有以分享來呼叫（*call by sharing*）。多數的物件導向語言也採取這種模式，包括 JavaScript、Ruby 與 Java（這適用於 Java 參考型態，基本型態是以值呼叫（call by value））。以分享來呼叫的意思是，函式的每個形式參數都會得到每個引數參考的複本，換句話說，函式內的參數會變成實際引數的別名。

這種方案的結果是，函式可以修改作為參數來傳遞的任何可變物件，但無法更改這些物件的 ID（也就是說，它無法將一個物件完全換成另一個物件）。範例 6-11 這個簡單的函式對著它的一個參數使用 +=。當我們傳遞數字、list 與 tuple 給函式時，被傳遞的實際引數會受到不同的影響。

範例 *6-11* 函式可能改變它接收的任何可變物件

```
>>> def f(a, b):
...     a += b
...     return a
...
>>> x = 1
>>> y = 2
>>> f(x, y)
3
>>> x, y  ❶
(1, 2)
>>> a = [1, 2]
>>> b = [3, 4]
>>> f(a, b)
[1, 2, 3, 4]
>>> a, b  ❷
([1, 2, 3, 4], [3, 4])
>>> t = (10, 20)
>>> u = (30, 40)
>>> f(t, u)  ❸
(10, 20, 30, 40)
>>> t, u
((10, 20), (30, 40))
```

❶ 數字 x 不變。

❷ list a 變了。

❸ tuple t 不變。

關於函式參數的另一個問題是使用可變的值作為預設值,我們接著討論。

將可變型態當成參數預設值:糟透了

有預設值的選用參數是 Python 函式定義的好功能,可讓 API 在演變的同時維持回溯相容。但是,你應該避免將可變的物件當成參數的預設值。

為了說明這一點,範例 6-12 使用範例 6-8 的 Bus 類別,並更改它的 __init__ 方法來建立 HauntedBus。我們這次試著賣弄一下小聰明,不使用 passengers=None 預設值,而是使用 passengers=[],試圖避免之前的 __init__ 內的 if。這個「小聰明」會帶來麻煩。

範例 6-12　用這個簡單的類別來說明可變的預設值有多危險

```
class HauntedBus:
    """A bus model haunted by ghost passengers"""

    def __init__(self, passengers=[]):    ❶
        self.passengers = passengers    ❷

    def pick(self, name):
        self.passengers.append(name)    ❸

    def drop(self, name):
        self.passengers.remove(name)
```

❶ 沒有傳遞 passengers 引數時，這個參數會被綁定預設的 list 物件，它最初是空的。

❷ 這個指派會讓 self.passengers 成為 passengers 的別名，passengers 本身是預設 list 的
　別名，在沒有傳遞 passengers 引數的時候使用。

❸ 對著 self.passengers 使用 .remove() 與 .append() 方法其實是在改變預設的 list，它是
　函式物件的一個屬性。

範例 6-13 展示 HauntedBus 的恐怖行為。

範例 6-13　巴士載到鬼了

```
>>> bus1 = HauntedBus(['Alice', 'Bill'])    ❶
>>> bus1.passengers
['Alice', 'Bill']
>>> bus1.pick('Charlie')
>>> bus1.drop('Alice')
>>> bus1.passengers    ❷
['Bill', 'Charlie']
>>> bus2 = HauntedBus()    ❸
>>> bus2.pick('Carrie')
>>> bus2.passengers
['Carrie']
>>> bus3 = HauntedBus()    ❹
>>> bus3.passengers    ❺
['Carrie']
>>> bus3.pick('Dave')
>>> bus2.passengers    ❻
['Carrie', 'Dave']
>>> bus2.passengers is bus3.passengers    ❼
```

```
True
>>> bus1.passengers   ❽
['Bill', 'Charlie']
```

❶ bus1 最初的 list 有兩位乘客。

❷ 現在一切正常，巴士 bus1 沒有發生奇怪的事情。

❸ bus2 最初是空的，所以將預設的空 list 指派給 self.passengers。

❸ bus3 最初也是空的，同樣指派預設 list。

❺ 預設 list 不再是空的了！

❻ 現在 bus3 載到的乘客 Dave 出現在 bus2。

❼ 問題是：bus2.passengers 與 bus3.passengers 參考同一個 list。

❽ 但是 bus1.passengers 是一個獨立的 list。

我們遇到的問題在於，未獲得初始乘客 list 的 HauntedBus 實例，最終卻一起使用同一個乘客 list。

這種 bug 可能不容易發現。如範例 6-13 所示，如果 HauntedBus 使用乘客來進行實例化，它可以正常地工作。當 HauntedBus 最初是空的時，才會發生詭異的事情，因為如此一來，self.passengers 會變成 passengers 參數的預設值的別名。問題在於，當 Python 在定義函式時（通常在載入模組時）會計算每一個預設值，且預設值會變成函式物件的屬性。所以，如果預設值是可變的物件，而且你更改它，這次更改會影響那個函式接下來的每一次呼叫。

在執行範例 6-13 的程式後，檢查 HauntedBus.__init__ 物件可以看到對著 __defaults__ 屬性作祟的鬼學生：

```
>>> dir(HauntedBus.__init__)  # doctest: +ELLIPSIS
['__annotations__', '__call__', ..., '__defaults__', ...]
>>> HauntedBus.__init__.__defaults__
(['Carrie', 'Dave'],)
```

最後，我們可以驗證 bus2.passengers 是被綁定 HauntedBus.__init__.__defaults__ 屬性的第一個元素的別名：

```
>>> HauntedBus.__init__.__defaults__[0] is bus2.passengers
True
```

可變預設值造成的問題解釋了為何 None 經常被當成可接收可變值的參數的預設值。在範例 6-8 裡，__init__ 會檢查 passengers 引數是不是 None，如果是，self.passengers 會被綁定一個新的空 list。如果 passengers 不是 None，正確的程式會將那個引數的複本綁定 self.passengers。下一節會解釋為何複製引數是好辦法。

用可變參數來進行防禦性編程

當你編寫接受可變參數的函數時，你應該仔細考慮呼叫方是否期望所傳遞的引數會被修改。

例如，如果你的函式接收一個 dict，而且需要在處理它時修改它，除了你的函式之外的程式需要知道這個副作用嗎？事實上，這取決於實際的情況。事實上，這個問題與函式的作者和函式的呼叫方如何取得共識有關。

本章的最後一個 bus 範例將展示 TwilightBus 如何因為和呼叫方共享乘客 list 而違反預期行為。在研究這段程式之前，我們先在範例 6-14 中，從 TwilightBus 的使用者角度來理解該類別是怎樣運作的。

範例 6-14　從 TwilightBus 下車的乘客會消失

```
>>> basketball_team = ['Sue', 'Tina', 'Maya', 'Diana', 'Pat']   ❶
>>> bus = TwilightBus(basketball_team)   ❷
>>> bus.drop('Tina')   ❸
>>> bus.drop('Pat')
>>> basketball_team   ❹
['Sue', 'Maya', 'Diana']
```

❶　basketball_team 保存五個學生的名字。

❷　TwilightBus 載了一支球隊。

❸　bus 放下一位學生，接著又放下一個。

❹　被放下的乘客從籃球隊中消失了！

TwilightBus 違反了介面設計的最佳實踐法「最小驚訝原則」[3]。學生從巴士下車導致他們的名字被移出籃球隊名冊是奇怪的事情。

3　見英文維基百科上的 *Principle of least astonishment*（*https://fpy.li/6-5*）。

範例 6-15 是 TwilightBus 的程式，以及問題的解釋。

範例 6-15　這個簡單的類別展示更改收到的引數的危險性

```
class TwilightBus:
    """A bus model that makes passengers vanish"""

    def __init__(self, passengers=None):
        if passengers is None:
            self.passengers = []        ❶
        else:
            self.passengers = passengers  #<2>

    def pick(self, name):
        self.passengers.append(name)

    def drop(self, name):
        self.passengers.remove(name)    ❸
```

❶ 我們在 passengers 是 None 時小心地建立一個新的空 list。

❷ 但是，這個指派使得 self.passengers 成為 passengers 的別名，而 passengers 本身是
被傳給 __init__ 的實際引數的別名（即，範例 6-14 的 basketball_team）。

❸ 對著 self.passengers 使用 .remove() 與 .append() 方法時，其實是在更改建構式收到
的原始 list 引數。

這段程式的問題在於，bus 為傳給建構式的 list 取一個別名，但它應該擁有它自己的
passenger list。修正的方法很簡單：在 __init__ 中，如果有 passengers 參數被傳入，那
就將它當成 self.passengers 的初始值，和我們在範例 6-8 裡的正確做法一樣：

```
    def __init__(self, passengers=None):
        if passengers is None:
            self.passengers = []
        else:
            self.passengers = list(passengers)   ❶
```

❶ 製作 passengers list 的複本，或如果它不是 list，就將它轉換成 list。

現在，在內部對 passenger list 進行處理不會影響用來將 bus 初始化的引數了。這樣做
的額外好處是這種寫法比較靈活：現在被傳給 passengers 參數的引數可以是 tuple 或
任何其他 iterable，例如 set，甚至是查詢資料庫的結果，因為 list 建構式可接收任何
iterable。建立與管理自己的 list 可以確保它支援我們在 .pick() 與 .drop() 方法裡面使用
的 .remove() 與 .append() 操作。

除非方法表明它想更改引數物件，否則不要為了讓引數物件有個別名，而輕率地將它指派給類別裡的實例變數。如果你不知道該怎麼做，那就製作複本，這通常會讓你的使用者更開心。當然，製作複本不是白吃的午餐，你會付出 CPU 和記憶體代價。但是，對 API 來說，相較於速度稍微降低或使用更多資源，產生不易察覺的 bug 通常是更大的問題。

接下來要談談 Python 中最容易被誤解的陳述式之一：del。

del 與記憶體回收

物件絕不會被明確地銷毀，但是當它們無法被你接觸時，它們占用的記憶體可能會被回收（garbage-collected）。

—— *The Python Language Reference* 的「*Data Model*」一章

關於 del 的第一件怪事是，它不是函式，而是陳述式，應該寫成 del x 而不是 del(x)，雖然後者也行，但那只是因為 x 與 (x) 在 Python 裡通常代表同一件事。

第二件怪事是，del 刪除的是參考，不是物件。執行 del 可能間接導致 Python 的記憶體回收器將一個物件從記憶體移除 —— 如果那個被刪除的變數是該物件的最後一個參考的話。將變數綁定別的物件也可能導致物件的參考數量歸零，造成它被銷毀。

```
>>> a = [1, 2]    ❶
>>> b = a         ❷
>>> del a         ❸
>>> b             ❹
[1, 2]
>>> b = [3]       ❺
```

❶ 建立物件 [1, 2]，並將 a 綁定它。

❷ 將 b 綁定同一個 [1, 2] 物件。

❸ 刪除參考 a。

❹ [1, 2] 未受影響，因為 b 仍然指向它。

❺ 將 b 綁定不同的物件會移除 [1, 2] 的最後一個參考。現在記憶體回收器可能移除該物件。

Python 有一種 __del__ 特殊方法，但是它不會導致實例被移除，你的程式
也不應該呼叫它。__del__ 是讓 Python 直譯器在銷毀實例之前呼叫的，以
釋出外部的資源。在自己的程式中實作 __del__ 的機會微乎其微，但有些
Python 初學者卻毫無意義地浪費時間編寫它。__del__ 的正確用法很複
雜。見 *Python Language Reference* 的「Data Model」一章中的 __del__ 特
殊方法文件（*https://fpy.li/6-6*）。

在 CPython 中，記憶體回收器使用的主要演算法是參考計數（reference counting）。實
際上，每一個物件都會計算還有多少個參考指向它。當那個**參考數量**（*refcount*）歸零
時，該物件會立刻被銷毀：CPython 會呼叫物件的 __del__ 方法（如果有定義的話），接
著釋出被配置給該物件的記憶體。CPython 2.0 加入一種分代（generational）回收演算
法，用來檢測涉及參考迴圈的物件群組（如果互相參考的物件都屬於一個群組，即使存
在參考，它們也可能無法被接觸）。其他的 Python 版本可能使用不計算參考數量的記
憶體回收器，這意味著當物件沒有任何參考時，__del__ 方法可能不會被立刻呼叫。關
於 __del__ 的正確和不正確的用法，可參考 A. Jesse Jiryu Davis 所著的「PyPy, Garbage
Collection, and a Deadlock」（*https://fpy.li/6-7*）。

為了展示物件臨終的一刻，範例 6-16 使用 weakref.finalize 來註冊一個當物件被銷毀時
呼叫的回呼（callback）函式。

範例 6-16. 觀察物件沒有參考指向它時的最後一刻

```
>>> import weakref
>>> s1 = {1, 2, 3}
>>> s2 = s1           ❶
>>> def bye():        ❷
...     print('...like tears in the rain.')
...
>>> ender = weakref.finalize(s1, bye)   ❸
>>> ender.alive   ❹
True
>>> del s1
>>> ender.alive   ❺
True
>>> s2 = 'spam'   ❻
...like tears in the rain.
>>> ender.alive
False
```

❶ s1 與 s2 是指向同一個 set {1, 2, 3} 的別名。

❷ 這個函式不可以是即將被銷毀的物件的綁定方法，也不能有參考指向它。

❸ 為 s1 所指的物件註冊 bye 回呼。

❹ 在 finalize 物件被呼叫之前，.alive 屬性是 True。

❺ 如前所述，del 不刪除物件，只刪除它的參考 s1。

❻ 將最後一個參考 s2 綁定別的物件，讓 {1, 2, 3} 無法被接觸。Python 銷毀它，呼叫 bye 回呼，ender.alive 變成 False。

範例 6-16 的主旨是證明 del 不會刪除物件，但是在使用 del 之後，物件可能因為無法被接觸而被刪除。

你可能好奇為何範例 6-16 的 {1, 2, 3} 物件會被銷毀。畢竟，s1 參考被傳給 finalize 函式，為了監視物件與呼叫回呼，函式一定要保存那個參考。它被銷毀是因為 finalize 保存 {1, 2, 3} 的**弱參考**。物件的弱參考不會增加它的參考數量。因此，弱參考無法防止目標物件被記憶體回收。弱參考在快取應用程式（caching application）中很實用，因為你不希望被快取的物件僅因為它被快取參考而永生不死。

弱參考是非常專業的主題，所以我在第二版跳過它，改成在 *fluentpython. com* 放上「Weak References」（*https://fpy.li/weakref*）。

Python 如何巧妙地處理不可變物件

這篇選讀的小節討論一些細節，它們對 Python 的使用者來說不太重要，也可能不適用於其他 Python 版本，甚至 CPython 未來版本。儘管如此，我知道有人偶然發現這些罕見情況，然後開始錯誤地使用 is 運算子，所以我覺得它們值得一提。

當我知道這件事情時，我很驚訝：對 tuple t 而言，t[:] 不會製作複本，而是回傳同一個物件的參考。當你編寫 tuple(t) 時，你也會得到同一個 tuple 的參考。[4]

---

4 這一點被明確地記載，在 Python 主控台輸入 help(tuple) 可以看到這段資訊：「如果引數是 tuple，那麼回傳值是同一個物件。」在寫這本書之前，我以為我已經徹底瞭解 tuple 了。

範例 *6-17* 用別的 *tuple* 建立的 *tuple* 其實是同一個 *tuple*

```
>>> t1 = (1, 2, 3)
>>> t2 = tuple(t1)
>>> t2 is t1  ❶
True
>>> t3 = t1[:]
>>> t3 is t1  ❷
True
```

❶ t1 與 t2 被綁定同一個物件。

❷ t3 也是。

你也可以在 str、bytes 與 frozenset 的實例中看到相同的行為。注意，frozenset 不是 sequence，所以，如果 fs 是 frozenset 的話，fs[:] 是無效的。但是 fs.copy() 有相同的效果：它會作弊，回傳同一個物件的參考，完全不會複製它，如範例 6-18 所示。[5]

範例 *6-18.* 字串常值可能會建立共用的物件

```
>>> t1 = (1, 2, 3)
>>> t3 = (1, 2, 3)  ❶
>>> t3 is t1  ❷
False
>>> s1 = 'ABC'
>>> s2 = 'ABC'  ❸
>>> s2 is s1  ❹
True
```

❶ 從零開始建立一個新 tuple。

❷ t1 與 t3 相等，但不是同一個物件。

❸ 從零開始建立第二個 str。

❹ 神奇的是，a 與 b 指向同一個 str！

共用字串常值是一種稱為 *interning* 的優化技術，CPython 在處理常見的小數字（如 0、1、-1 等）時，會使用類似的技術來避免沒必要地重複建立數字。注意，CPython 不會 intern 所有的字串或整數，而且它的行事規則沒有被明確地記載。

---

5 copy 方法名不符實地不複製任何東西有一個合理的理由：為了實現介面相容性，它可以讓 frozenset 與 set 更相容。無論如何，兩個相等（identical）的不變物件究竟是一樣的（the same）還是複本，對最終使用者來說根本沒差。

絕對不要依賴 str 或 int interning！你一定要使用 == 來比較字串或整數是否相等，而不是使用 is。interning 是 Python 直譯器內部使用的優化功能。

本節討論的技巧都是無害的「謊言」（包括 frozenset.copy() 的行為），目的是節省記憶體，並讓直譯器更快。別擔心它們給你帶來任何麻煩，因為它們只適用於不可變型態。或許這些旁枝末節的最佳使用時機，就是拿來和 Python 鐵粉們打賭取勝。[6]

本章摘要

每一個 Python 物件都有一個 ID，一個型態，與一個值。只有物件的值會隨著時間而改變。[7]

如果兩個變數指向具有相同值（a == b 為 True）的不可變物件，在實務上，它們究竟指向複本還是指向同一個物件的別名並不重要，因為不可變物件的值不會變，但是對 tuple 這種不可變的 collection 而言例外：如果不可變的 collection 保存可變項目的參考，那麼當可變項目的值改變時，它的值可能會改變。在實務上，這種情況並不常見。在不可變的 collection 裡面的物件的 ID 永遠不會改變。frozenset 類別沒有這種問題，因為它只保存 hashable 元素，而且根據定義，hashable 物件的值絕不改變。

「變數保存參考」這件事在 Python 程式設計中有很多實際的後果：

- 簡單的賦值不會製作複本。

- 使用 += 或 *= 來做擴增賦值時，如果左邊的變數被綁定不可變物件，這項操作可能建立新物件，但也可能就地修改可變物件。

- 將新值指派給既有變數不會改變之前與它綁定的物件。這稱為 rebinding（重新綁定）：將變數與不同的物件綁定。如果那個變數是上一個物件的最後一個參考，那個物件會被記憶體回收。

---

6 這項資訊有一種很爛的用途是被拿來當成面試的題目，或「證書」的考題。畢竟除了這件事之外，還有無數更重要且實用的事實，可用來測驗 Python 知識。

7 其實，你只要指派不同的類別給一個物件的 __class__ 屬性就可以改變它的型態，但這是很不好的做法…我好像不應該寫這個注腳？！

- 函式參數是以別名的形式傳遞的，也就是說，函式可能改變任何可變的引數物件。若要避免這件事，我們只能製作區域性複本或使用不可變的物件（例如，傳遞 tuple 而不是 list）。

- 將可變的物件當成函式參數的預設值是危險的行為，因為如果參數被就地更改，預設值也會更改，影響接下來每次使用預設值的呼叫。

在 CPython 裡，只要物件的參考數量歸零，它就會被捨棄。如果它們組成循環參考，而且沒有外部的參考，它們也會被捨棄。

有時保存無法讓物件維持存活的參考是有用的，例如，讓類別追蹤當前的所有實例，此時可以使用弱參考，它是 weakref 模組內比較有用的 WeakValueDictionary、WeakKeyDictionary、WeakSet 與 finalize 函式的底層機制。詳情可參考 *fluentpython.com* 的「Weak References」（*https://fpy.li/weakref*）。

延伸讀物

The Python Language Reference 的「Data Model」一章（*https://fpy.li/dtmodel*）在開頭清楚地解釋物件的 ID 與值。

Core Python 叢書的作者 Wesley Chun 在 EuroPython 2011 上發表題為 Understanding Python's Memory Model, Mutability, and Methods（*https://fpy.li/6-8*）的演說，除了探討本章的主題之外，也討論特殊方法的使用。

Doug Hellmann 的文章「copy – Duplicate Objects」（*https://fpy.li/6-9*）與「weakref —— Garbage-Collectable References to Objects」（*https://fpy.li/6-10*）介紹我們討論過的一些主題。

若要瞭解關於 CPython 分代記憶體回收演算法的其他資訊，可以參考 gc 模組的文件（*https://fpy.li/6-11*），它的第一句話是「這個模組提供一個選用的記憶體回收器介面。」這裡的「選用」一詞或許令人驚訝，不過「Data Model」一章（*https://fpy.li/dtmodel*）也說：

> 在實作中，你可以延遲資源回收或完全省略它，只要物件被回收後無法被接觸，資源回收的實現方式只是一種與實踐品質有關的問題罷了。

Pablo Galindo 在 *Python Developer's Guide*（*https://fpy.li/6-13*）的「Design of CPython's Garbage Collector」（*https://fpy.li/6-12*）裡更深入地討論 Python 的 GC，其目標讀者涵蓋 CPython 的新手和資深貢獻者。

CPython 3.4 的記憶體回收器使用 __del__ 方法來改善物件的處理，見 PEP 442 —— Safe object finalization（*https://fpy.li/6-14*）。

維基百科有一篇探討字串 interning 的文章（*https://fpy.li/6-15*），裡面提到這項技術在許多語言裡的使用情況，包括 Python。

維基百科也有一篇關於「Haddocks' Eyes」的文章（*https://fpy.li/6-16*），裡面有本章引言中的 Lewis Carroll 歌曲。維基百科的編輯們寫道，在邏輯和哲學作品中，這段歌詞被用來「闡述名稱概念的象徵地位：作為識別標記的名稱可被賦予任何事物，包括另一個名稱，形成另一個層次的符號化。」

肥皂箱

平等對待所有物件

我在發現 Python 之前學過 Java。Java 的 == 運算子總是讓我覺得很彆扭。程式設計師比較關心相等，而不是 ID，但是對物件而言（不是基本型態），Java == 比較的是參考，而不是物件值。即使是比較字串這種基本的操作，Java 也強迫你使用 .equals 方法。Java 甚至有另一個問題：如果你寫了 a.equals(b)，且 a 是 null，你會得到一個 null 指標例外（null pointer exception）。既然 Java 設計者認為字串需要多載 + 了，那又何不也多載 ==？

Python 把這件事做對了。它的 == 運算子比較的是物件值，而 is 比較的是參考。因為 Python 有運算子多載，== 可以合理地和標準程式庫中的所有物件一起使用，包括 None，它是一個合適的物件，不像 Java 的 null。

當然，你可以在自己的類別中定義 __eq__ 來決定 == 對你的實例而言代表什麼意思。如果你沒有覆寫 __eq__，從 object 繼承來的方法會比較物件 ID，所以每一個自訂類別的實例都被視為不相同。

以上所言，是使得我在 1998 年 9 月的一個下午讀完 The Python Tutorial 後，立即從 Java 跳槽到 Python 的一些原因。

可變性

如果 Python 的物件都是不可變的，那就不需要這一章了。當你處理不會改變的物件時，變數保存的東西究竟是實際的物件還是共用物件的參考根本無關緊要。如果 a==b 是 true，且兩個物件都不可改變，它們可能也是一樣的。這就是為什麼字串 interning 是安全的。當物件是可變的時，物件的 ID 才有重要性。

在「純」泛函編程（functional programming）中，所有資料都是不可變的：將項目附加到一個 collection 其實會建立一個新的 collection。Elixir 是一種易學、實用的泛函語言，它的內建型態都是不可變的，包括 list。

但是 Python 不是泛函語言，更不是純的泛函語言。在 Python 中，自訂類別的實例是可變的，和大多數的物件導向程式語言一樣。當你建立自己的物件時，如果要讓它不可變的話，你必須格外謹慎地讓它的每一個屬性也都是不可變的，否則你會產生類似 tuple 的東西：如果 tuple 裡面有可變的物件，它的值就可能改變。

可變物件也是執行緒程式很難寫好的主因：當執行緒會更改物件時，未適當地進行同步將毀壞資料。另一方面，過度地進行同步會產生死結。Erlang 語言與平台（包括 Elixir）在設計上是為了將高度並行的分散應用程式（電信交換機）的正常運行時間最大化，所以很自然地，它們在預設情況下選擇不可變的資料。

物件解構與記憶體回收

Python 沒有直接銷毀物件的機制，沒有這個機制其實是很棒的性質：如果物件可被隨時銷毀，那麼指向它的參考會怎樣？

CPython 主要藉著記錄參考的數量來進行的記憶體回收，它很容易實作，但是參考迴圈容易造成記憶體洩漏，所以 2.0 版（2000 年 10 月）使用分代記憶體回收演算法，它可以丟棄參考迴圈中的無法接觸的物件。

但是參考數量仍然是個基準，當物件的參考數量歸零時，CPython 會立即銷毀物件。這意味著，在 CPython 中（至少目前如此），這樣寫是安全的：

```
open('test.txt', 'wt', encoding='utf-8').write('1, 2, 3')
```

這段程式之所以安全，是因為檔案物件的參考數量在 write 方法 return 時會歸零，Python 會立刻關閉檔案，再銷毀在記憶體中代表檔案的物件。但是，同一行程式在使用主機 runtime（Java VM 與 .NET CLR）的 Jython 或 IronPython 裡不安全，它們比較精

密，但不依賴參考的數量，而且可能花更多時間來銷毀物件與關閉檔案。在任何一種直譯器中，包括 CPython，最佳做法是明確地關閉檔案，而且最可靠的做法是使用 with 陳述式，它可以保證檔案的關閉，即使在開啟檔案時出現例外。使用 with 來改寫之前的程式：

```
with open('test.txt', 'wt', encoding='utf-8') as fp:
    fp.write('1, 2, 3')
```

如果你對記憶體回收器的主題有興趣，你可以閱讀 Thomas Perl 的論文「Python Garbage Collector Implementations: CPython, PyPy and GaS」（*https://fpy.li/6-17*），我從這篇論文中瞭解 CPython 裡的 open().write() 的安全問題。

參數傳遞：以分享來呼叫

這句話經常被用來解釋 Python 的參數傳遞如何運作：「參數是以值傳遞的，但是那些值是參考。」雖然這句話沒有錯，但是會造成困惑，因為在舊語言裡，最常見的參數傳遞模式是*以值呼叫*（函式取得引數的複本）和*以參考呼叫*（函式取得引數的指標）。在 Python 裡，函式取得引數的複本，但引數必定是參考。所以若被參考的物件是可變的，它們的值可能改變，但它們的 ID 不會改變。此外，因為函式用引數取得參考的複本，在函式主體內重新指派它不會影響函式的環境。當我看了 Michael L. Scott 所著的 *Programming Language Pragmatics* 第 3 版（Morgan Kauf mann）的「8.3.1: Parameter Modes」之後，決定採用*以分享呼叫*這個說法。

## 第二部分

函式即物件

## 第 7 章

函式是一級物件

> 無論別人怎麼說或怎麼想，我從不認為泛函語言深刻地影響了 Python。我更熟
> 悉 C 與 Algol 68 這種指令式語言，儘管我把函式設計成一級物件，但我並不認
> 為 Python 是一種泛函程式語言。
>
> —— *Guido van Rossum* [1]

函式是 Python 的一級物件。程式語言的研究者將「一級物件」定義成符合以下條件的
程式實體：

- 在執行期建立

- 被指派給變數，或資料結構內的元素

- 當成引數傳給函式

- 當成函式的結果回傳

整數、字串與 dict 都是 Python 一級物件，它們都是很平凡的型態。把函式做成一級物
件是泛函語言的基本特徵，例如 Clojure、Elixir 與 Haskell 都是如此。然而，一級函式
太有用了，所以 JavaScript、Go 與 Java（自 JDK 8 起）都採用它們，但那些語言都不
說自己是「泛函語言」。

本章與第三單元的多數內容都會探討「將函式當成物件」的實際應用。

---

1   摘自 Guido 的 *The History of Python* 部落格的「Origins of Python's 'Functional' Features」（*https://fpy.li/7-1*）。

很多人用「一級函式」來簡稱「本身是一級物件的函式」，這種稱呼不太好，因為它暗示了函式之間存在「精英」。在 Python 裡，所有函式都是一級的。

本章有哪些新內容

第 241 頁的「九種類型的 callable 物件」在第一版的標題是「七種類型的 callable 物件」。新的 callable 是基本的 coroutine 與非同步 generator，它們分別是在 Python 3.5 與 3.6 加入的。第 21 章會討論兩者，但為了完整起見，本章也會連同其他的 callable 一起提到它們。

第 246 頁的「限位置型參數」是新的一節，介紹 Python 3.8 新增的功能。

關於在執行期讀取函式注解的討論被我移到第 546 頁的「在執行期讀取型態提示」。當我撰寫第一版時，PEP 484 —— Type Hints（*https://fpy.li/pep484*）還在考慮中，當時人們用不同的方式來使用注解。自 Python 3.5 起，注解必須符合 PEP 484。因此，最適合介紹它們的時機是在討論型態提示時。

本書的第一版有關於函式物件自檢的小節，但它們太低階了，且偏離本章的主題。我將這些小節合併到 *fluentpython.com*（*https://fpy.li/7-2*）上的「Introspection of Function Parameters」一文。

我們來看看為何 Python 函式是完整且成熟的物件。

函式即物件

範例 7-1 的主控台對話證明 Python 函式是物件。我們建立一個函式，呼叫它，讀取它的 __doc__ 屬性，並確認函式物件本身是 function 類別的實例。

範例 7-1　建立並測試一個函式，然後讀取它的 __doc__ 並檢查它的型態

```
>>> def factorial(n):    ❶
...     """returns n!"""
...     return 1 if n < 2 else n * factorial(n - 1)
...
>>> factorial(42)
1405006117752879898543142606244511569936384000000000
```

```
>>> factorial.__doc__   ❷
'returns n!'
>>> type(factorial)   ❸
<class 'function'>
```

❶ 這是主控台對話，所以我們是在「執行期」建立一個函式。

❷ __doc__ 是函式物件的眾多屬性之一。

❸ factorial 是 function 類別的一個實例。

__doc__ 屬性的用途是產生物件的說明文字。在 Python 主控台中，help(factorial) 命令會顯示圖 7-1 的畫面。

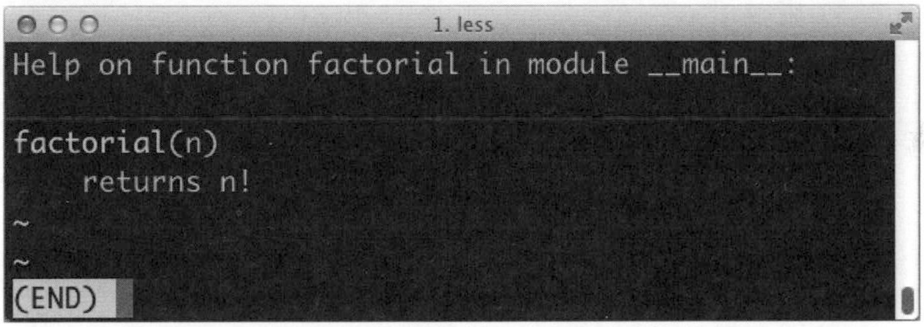

圖 7-1　factorial 函式的說明畫面，這些文字來自函式物件的 __doc__ 屬性。

範例 7-2 展示函式物件的「一級」性質。我們可以將它指派給變數 fact，並用該名稱來呼叫它。我們也可以將 factorial 當成引數傳給 map 函式（*https://fpy.li/7-3*）。呼叫 map(function, iterable) 函式會取回一個 iterable，它裡面的每一個項目都是用第二個引數（一個 iterable，在此例中為 range(11)）的連續元素來呼叫第一個引數（一個函式）的結果。

範例 *7-2*　用不同的名稱來使用 factorial，並將函式當成引數來傳遞

```
>>> fact = factorial
>>> fact
<function factorial at 0x...>
>>> fact(5)
120
>>> map(factorial, range(11))
<map object at 0x...>
>>> list(map(factorial, range(11)))
[1, 1, 2, 6, 24, 120, 720, 5040, 40320, 362880, 3628800]
```

一級函式可讓你用泛函風格來設計程式。泛函編程的特點（*https://fpy.li/7-4*）之一是使用更高階函式，這是下一個主題。

高階函式

高階函式（*higher-order function*）就是可接收函式引數的函式，或可回傳函式結果的函式。範例 7-2 中的 map 就是一個例子。另一個例子是內建函式 sorted，它的選用引數 key 可讓你提供一個函式來處理將要排序的每一個項目，參見第 58 頁的「list.sort vs. sorted 內建函式」。例如，若要按長度排序一個單字 list，你可以將 len 函式當成 key 傳入，如範例 7-3 所示。

範例 7-3　按長度排序單字 *list*

```
>>> fruits = ['strawberry', 'fig', 'apple', 'cherry', 'raspberry', 'banana']
>>> sorted(fruits, key=len)
['fig', 'apple', 'cherry', 'banana', 'raspberry', 'strawberry']
>>>
```

任何單引數函式都可以當成 key 來使用。例如，為了建立一個壓韻字典，我們可以反向拚寫每一個單字並將它們排序。注意範例 7-4 完全沒有改變 list 內的單字，只是用它們的反向拚寫來排序，所以兩個 berry 被放在一起。

範例 7-4　用反向拚寫來排序單字 *list*

```
>>> def reverse(word):
...     return word[::-1]
>>> reverse('testing')
'gnitset'
>>> sorted(fruits, key=reverse)
['banana', 'apple', 'fig', 'raspberry', 'strawberry', 'cherry']
>>>
```

在泛函編程中，最有名的高階函式有 map、filter、reduce 與 apply。apply 函式在 Python 2.3 被廢棄，並且在 Python 3 被移除，因為它沒有用處了。如果你想要在呼叫函式時傳入會改變的引數集合，你可以寫成 fn(*args, **kwargs)，以取代 apply(fn, args, kwargs)。

map、filter 與 reduce 高階函式還在，但它們的多數用例都已經有更好的替代方案了，見下一節的說明。

map、filter 與 reduce 的現代替代方案

泛函語言通常提供 map、filter 與 reduce 高階函式（有時使用不同的名稱）。Python 3 仍然內建 map 與 filter 函式，但自從 listcomp 與 genexp 加入之後，它們沒有那麼重要了。listcomp 或 genexp 可做 map 與 filter 的工作，但更容易閱讀。考慮範例 7-5。

範例 7-5　用 map 與 filter 來產生階乘 list，並與 listcomp 程式比較

```
>>> list(map(factorial, range(6)))     ❶
[1, 1, 2, 6, 24, 120]
>>> [factorial(n) for n in range(6)]     ❷
[1, 1, 2, 6, 24, 120]
>>> list(map(factorial, filter(lambda n: n % 2, range(6))))     ❸
[1, 6, 120]
>>> [factorial(n) for n in range(6) if n % 2]     ❹
[1, 6, 120]
>>>
```

❶　建立一個從 0! 到 5! 的階乘 list。

❷　使用 listcomp 做同一件事。

❸　在 5! 之前的奇數的階乘 list，使用 map 與 filter。

❹　用 listcomp 做同一件事，取代 map 與 fitler，不需要使用 lambda。

在 Python 3，map 與 filter 會回傳 generator（一種 iterator），所以現在它們替代品是 genexp（在 Python 2，這些函式回傳 list，所以最接近它們的替代品是 listcomp）。

reduce 函式在 Python 2 是內建功能，在 Python 3 被貶為 functools 模組。它最常見的用途是求和，但自從 Python 2.3 在 2003 年推出之後，內建的 sum 更適合用來求和。就易讀性和性能而言，這是一個重大的勝利（參見範例 7-6）。

範例 7-6　使用 reduce 與 sum 來將整數累加至 99

```
>>> from functools import reduce     ❶
>>> from operator import add     ❷
>>> reduce(add, range(100))     ❸
4950
>>> sum(range(100))     ❹
4950
>>>
```

❶ reduce 從 Python 3.0 開始就不是內建功能了。

❷ 匯入 add 來避免僅僅為了將兩個數字相加而建立一個函式。

❸ 將整數累加至 99。

❹ 用 sum 來做同一件事，不需要匯入與呼叫 reduce 及 add。

 sum 與 reduce 都是對著序列裡的連續項目執行某種操作，累計之前的結果，從而將一系列的值簡化成一個值。

內建的歸約函式還有 all 與 any：

all(iterable)

　　如果在 iterable 裡沒有相當於 false 的元素，則回傳 True；all([]) 回傳 True。

any(iterable)

　　如果 iterable 的每一個元素都相當於 true，則回傳 True；all([]) 回傳 False。

我會在第 419 頁的「Vector 第 4 幕：雜湊化與更快速的 ==」更完整地討論 reduce，屆時會用連續的範例來為這個函式提供一個有意義的應用背景。當我們在第 639 頁的「可迭代歸約函式」討論 iterable 時，會對歸約函式進行總結。

在使用高階函式時，建立一次性的小函式有時很方便。這就是匿名函式存在的原因。我們接著來討論它們。

匿名函式

lambda 關鍵字可在 Python 運算式中建立一個匿名函式。

但是 Python 的簡單語法使得 lambda 函式的主體只能編寫純運算式。換句話說，主體不能有其他的 Python 陳述式，例如 while、try …等。用 = 來賦值也是陳述式，所以不能在 lambda 裡使用。你可以使用新的賦值運算式語法 :=，但如果你需要它，可能意味著你的 lambda 太複雜且難以閱讀，應該使用 def 來重構成一般的函式。

匿名函式最適合在高階函式的引數列中使用。例如，範例 7-7 用 lambda 來改寫範例 7-4 的壓韻索引範例，這次不需要定義 reverse 函式。

範例 7-7 使用 *lambda* 以反向拼寫來排序單字 *list*

```
>>> fruits = ['strawberry', 'fig', 'apple', 'cherry', 'raspberry', 'banana']
>>> sorted(fruits, key=lambda word: word[::-1])
['banana', 'apple', 'fig', 'raspberry', 'strawberry', 'cherry']
>>>
```

匿名函式除了當成高階函式的引數來使用之外,在 Python 裡幾乎沒有其他用途。語法上的限制使得 lambda 只要稍微複雜一點,往往就得難以閱讀或無法執行。如果 lambda 太難理解,我強烈建議你遵守 Fredrik Lundh 的重構建議。

Fredrik Lundh 的 lambda 重構招式

如果你發現一段程式因為有 lambda 而難以理解,Fredrik Lundh 建議採用這種重構程序:

1. 寫一段注釋來解釋那個 lambda 到底在幹嘛。

2. 研究那段注釋,想出一個可以精準描述該注釋的精神的名稱。

3. 使用那個名稱來將 lambda 轉換成 def 陳述式。

4. 移除注釋。

這些步驟來自必讀的「Functional Programming HOWTO」(*https://fpy.li/7-5*)。

---

lambda 語法只是語法糖,lambda 運算式會建立一個函式物件,和 def 陳述式一樣。它只是 Python 多種 callable(可呼叫)物件之中的一種。下一節將研究 callable。

九種類型的 callable 物件

除了函式之外,呼叫運算子 () 也可以用在其他物件上。你可使用 callable() 內建函式來確定一個物件是不是 callable。在 Python 3.9,資料模型文件(*https://fpy.li/7-6*)列出九種 callable 類型:

自訂函式

　　使用 def 陳述式或 lambda 運算式來建立。

內建函式

用 C（CPython）來寫的函式，如 `len` 或 `time.strftime`。

內建方法

以 C 來寫的方法，如 `dict.get`。

方法

在類別的主體中定義的函式。

類別

當類別被呼叫時，類別會執行它的 `__new__` 方法來建立一個實例，接著用 `__init__` 來將它初始化，最後將實例回傳給呼叫方。因為 Python 沒有 `new` 運算子，呼叫類別就像呼叫函式。[2]

類別實例

如果類別有定義 `__call__` 方法，你就可以像呼叫函式一樣呼叫它的實例，這是下一節的主題。

產生器函式

在主體裡使用 `yield` 關鍵字的函式或方法。當它們被呼叫時，它們會回傳一個 generator 物件。

原生的協同程序函式

用 `async def` 來定義的函式或方法。當它們被呼叫時，它們會回傳一個 coroutine 物件。這是 Python 3.5 新增的功能。

非同步產生器函式

用 `async def` 來定義，而且主體有 `yield` 的函式或方法。當它們被呼叫時，它們會回傳一個非同步產生器，以便和 `async for` 一起使用。這是 Python 3.6 新增的功能。

產生器、原生的協同程序、非同步產生器和其他的 callable 不一樣的地方在於，它們的回傳值不是可以直接拿來用的資料，而是需要進一步處理才能 yield 資料或執行有用工作的物件。產生器函式回傳 iterator，它們兩者都是第 17 章的主題。原生的協同程序函

2　呼叫一個類別通常會建立該類別的實例，但你可以藉著覆寫 `__new__` 來設計其他的行為。我們會在第 855 頁的「使用 `__new__` 來靈活地建立物件」看一個範例。

式及非同步產生器函式都是回傳只能透過非同步程式設計框架（例如 asyncio）來處理的物件。它們是第 21 章的主題。

 由於 Python 有各種 callable 型態，要確定一個物件是不是 callable，最安全的做法是使用內建的 callable()：

```
>>> abs, str, 'Ni!'
(<built-in function abs>, <class 'str'>, 'Ni!')
>>> [callable(obj) for obj in (abs, str, 'Ni!')]
[True, True, False]
```

我們接下來要建構可當成 callable 物件的類別實例。

自訂的 callable 型態

Python 函式不但是如假包換的物件，你也可以讓任何 Python 物件具有函式般的行為，只要實作 __call__ 實例方法就可以了。

範例 7-8 實作一個 BingoCage 類別。它的實例是用任意的 iterable 建構的，每個實例都在內部儲存一個 items list，項目按隨機的順序排列。呼叫它的實例可取出一個項目。[3]

範例 7-8　*bingocall.py*：*BingoCage 會做一件事：從被洗亂的 list 抽出項目*

```
import random

class BingoCage:

    def __init__(self, items):
        self._items = list(items)      ❶
        random.shuffle(self._items)    ❷

    def pick(self):       ❸
        try:
            return self._items.pop()
        except IndexError:
            raise LookupError('pick from empty BingoCage')   ❹
```

3　既然已經有 random.choice 了，為什麼還要建構 BingoCage？ choice 函式可能多次回傳同一個項目，因為抽出來的項目不會被移出給定的集合。只要實例被填入不相同的值，呼叫就 BingoCage 絕對不會得到重複的結果。

```
def __call__(self):  ❺
    return self.pick()
```

❶ `__init__` 接受任何 iterable；建立本地複本可以避免對 list 引數造成意外的副作用。

❷ shuffle 保證可以執行，因為 self._items 是一個 list。

❸ 主方法。

❹ 如果 self._items 是空的，那就發出含有自訂訊息的例外。

❺ bingo.pick() 的捷徑：bingo()。

下面簡單地執行範例 7-8。注意 bingo 實例可被當成函式來呼叫，內建的 callable() 將它視為 callable 物件：

```
>>> bingo = BingoCage(range(3))
>>> bingo.pick()
1
>>> bingo()
0
>>> callable(bingo)
True
```

為類別實作 `__call__` 可以輕鬆地建立類似函式的物件，讓它的一些內部狀態可以在每一次的呼叫之間保留，例如在 BingoCage 裡面保留的剩餘項目。`__call__` 的另一個用法是實作 decorator。decorator 必須是 callable，而且有時我們需要在多次呼叫 decorator 之間「記住」一些事情（例如為了記憶化，也就是將昂貴的計算結果快取起來，以備後用）或將複雜的實作拆成不同的方法。

建立具備內部狀態的泛函做法是使用 closure。closure 和 decorator 都是第 9 章的主題。

接下來要探討 Python 的一種強大的語法，其用途是宣告函式參數，以及將引數傳給函式。

從位置型到限關鍵字型參數

Python 函式有一個很好的特點在於它有非常靈活的參數處理機制，與這種機制密切相關的是，在呼叫函式時，你可以使用 * 與 ** 來將 iterable 與 mapping 拆箱（unpack）成個別的引數。範例 7-9 是這些功能的動作，範例 7-10 用測試程式來展示它的作用。

範例 7-9　tag 可以產生 *HTML* 元素；因為 class 是 *Python* 的關鍵字，所以變通一下，用限關鍵字引數 class_ 來傳遞「*class*」屬性

```
def tag(name, *content, class_=None, **attrs):
    """Generate one or more HTML tags"""
    if class_ is not None:
        attrs['class'] = class_
    attr_pairs = (f' {attr}="{value}"' for attr, value
                    in sorted(attrs.items()))
    attr_str = ''.join(attr_pairs)
    if content:
        elements = (f'<{name}{attr_str}>{c}</{name}>'
                    for c in content)
        return '\n'.join(elements)
    else:
        return f'<{name}{attr_str} />'
```

tag 函式可以用很多種方式來呼叫，如範例 7-10 所示。

範例 7-10　呼叫範例 7-9 的 tag 函式的幾種方法

```
>>> tag('br')  ❶
'<br />'
>>> tag('p', 'hello')  ❷
'<p>hello</p>'
>>> print(tag('p', 'hello', 'world'))
<p>hello</p>
<p>world</p>
>>> tag('p', 'hello', id=33)  ❸
'<p id="33">hello</p>'
>>> print(tag('p', 'hello', 'world', class_='sidebar'))  ❹
<p class="sidebar">hello</p>
<p class="sidebar">world</p>
>>> tag(content='testing', name="img")  ❺
'<img content="testing" />'
>>> my_tag = {'name': 'img', 'title': 'Sunset Boulevard',
...           'src': 'sunset.jpg', 'class': 'framed'}
>>> tag(**my_tag)  ❻
'<img class="framed" src="sunset.jpg" title="Sunset Boulevard" />'
```

❶　傳入一個位置型引數會產生具有該名稱的空 tag。

❷　在第一個引數之後傳入任何數量的引數都會被 *content 接收，做成 tuple。

❸　在 tag 簽章裡未明確定義的關鍵字引數都會被 **attrs 接收，做成 dict。

❹ class_ 參數只能以關鍵字引數來傳遞。

❺ 第一個位置型引數也可以用關鍵字來傳遞。

❻ 在 my_tag dict 前面加上 ** 會將它的所有項目當成個別的引數來傳遞，它們會被指派給指定的參數，其餘的引數會被 **attrs 接收。在這個例子裡，我們可以在引數 dict 裡面放入 'class' 鍵，因為它是字串，不會因為 class 保留字而崩潰。

限關鍵字引數是 Python 3 的新功能。在範例 7-9 中，class_ 參數只能用關鍵字引數來提供，它絕不會接收未指名的位置型引數。若要在定義函式時指定限關鍵字引數，你可以在前綴 * 的引數後面指名它們。如果你不想支援可變位置型（variable positional）引數，但仍然想要提供限關鍵字引數，你可以在簽章中放入一個 * ：

```
>>> def f(a, *, b):
...     return a, b
...
>>> f(1, b=2)
(1, 2)
>>> f(1, 2)
Traceback (most recent call last):
  File "<stdin>", line 1, in <module>
TypeError: f() takes 1 positional argument but 2 were given
```

注意，限關鍵字引數不需要有預設值，它們可以是強制性的，就像上例中的 b 那樣。

限位置型參數

自 Python 3.8 起，自訂函式的簽章可指定 positional-only（限位置型）參數。內建函式一直有這個功能，例如 divmod(a, b) 只能用位置型參數來呼叫，不能寫成 divmod(a=10, b=4)。

若要定義一個要求使用限位置型參數的函式，可在參數列中使用 / 。

下面這個來自「What's New In Python 3.8」（*https://fpy.li/7-7*）的例子展示如何模擬 divmod 內建函式：

```
def divmod(a, b, /):
    return (a // b, a % b)
```

在 / 的左邊的引數都是限位置型的。在 / 之後，你可以指定其他的引數，效果和平常一樣。

在 Python 3.7 之前，於參數列裡使用 / 是錯誤的語法。

例如，考慮範例 7-9 的 tag 函式。如果要讓 name 參數是限位置型的，在函式簽章裡，你可以在它後面加上 / ：

```
def tag(name, /, *content, class_=None, **attrs):
    ...
```

你可以在「What's New In Python 3.8」（*https://fpy.li/7-7*）和 PEP 570（*https://fpy.li/pep570*）裡找到其他限位置型參數的範例。

在深入瞭解 Python 靈活的引數宣告功能之後，本章的其餘內容將介紹可幫助你使用泛函風格來設計程式的標準程式庫程式包。

進行泛函編程的程式包

雖然 Guido 明確地說他無意將 Python 設計成泛函語言，但因為有一級函式、模式比對，以及 operator 和 functools 等程式包的支援，我們依然可以善用泛函編程風格，接下來兩節要討論這個部分。

operator 模組

在泛函編程中，將算術運算子當成函式來使用很方便。例如，假設你想要將一系列的數字相乘，來計算它們的階乘，但不想使用遞迴。你可以使用 sum 來求和，但乘法沒有對應的函式。雖然你可以使用 reduce（第 239 頁的「map、filter 與 reduce 的現代替代方案」），但是這需要用一個函式來將序列中的兩個項目相乘。範例 7-11 展示如何用 lambda 來解決這個問題。

範例 7-11 使用 reduce 與匿名函式來實作階乘

```
from functools import reduce

def factorial(n):
    return reduce(lambda a, b: a*b, range(1, n+1))
```

operator 模組有數十個運算子的等效函式，可以省下編寫瑣碎函式的麻煩，例如 lambda a, b: a*b。使用它可以將範例 7-11 改寫成範例 7-12。

範例 7-12　用 *reduce* 與 *operator.mul* 來編寫階乘

```
from functools import reduce
from operator import mul

def factorial(n):
    return reduce(mul, range(1, n+1))
```

operator 也有一些可從序列中提取項目或從物件中讀取屬性的函式，可以取代一次性的 lambdas，工廠方法 itemgetter 與 attrgetter 可以建構執行這些任務的自訂函式。

範例 7-13 展示 itemgetter 的常見用法：根據一個欄位的值來排序一個 tuple list。這個範例按照國家代碼（第一個欄位）來排序城市並將之印出。基本上，itemgetter(1) 會建立一個函式，當你傳遞一個 collection 給它之後，它會回傳位於索引 1 的項目。這種寫法比編寫等效的 lambda fields: fields[1] 更簡單，也更容易理解。

範例 7-13　用 itemgetter 來排序一個 *tuple list*（資料來自範例 2-8）

```
>>> metro_data = [
...     ('Tokyo', 'JP', 36.933, (35.689722, 139.691667)),
...     ('Delhi NCR', 'IN', 21.935, (28.613889, 77.208889)),
...     ('Mexico City', 'MX', 20.142, (19.433333, -99.133333)),
...     ('New York-Newark', 'US', 20.104, (40.808611, -74.020386)),
...     ('São Paulo', 'BR', 19.649, (-23.547778, -46.635833)),
... ]
>>>
>>> from operator import itemgetter
>>> for city in sorted(metro_data, key=itemgetter(1)):
...     print(city)
...
('São Paulo', 'BR', 19.649, (-23.547778, -46.635833))
('Delhi NCR', 'IN', 21.935, (28.613889, 77.208889))
('Tokyo', 'JP', 36.933, (35.689722, 139.691667))
('Mexico City', 'MX', 20.142, (19.433333, -99.133333))
('New York-Newark', 'US', 20.104, (40.808611, -74.020386))
```

如果你將多個索引引數傳給 itemgetter，它所建立的函式將回傳包含值的 tuple，很適合用來做多鍵排序：

```
>>> cc_name = itemgetter(1, 0)
>>> for city in metro_data:
...     print(cc_name(city))
...
('JP', 'Tokyo')
```

```
('IN', 'Delhi NCR')
('MX', 'Mexico City')
('US', 'New York-Newark')
('BR', 'São Paulo')
>>>
```

因為 itemgetter 使用 [] 運算子，它不僅支援 sequence，也支援 mapping 和實作了 __getitem__ 的任何類別。

attrgetter 是 itemgetter 的近親，它可以建立以名稱來提取物件屬性的函式。如果你將許多屬性名稱當成引數傳給 attrgetter，它也會回傳一個存有值的 tuple。此外，如果有任何引數名稱包含.（句點），attrgetter 會巡覽嵌套的物件來取出屬性。範例 7-14 展示這些行為。這段主控台對話不短，因為我們必須建立嵌套結構來展示 attrgetter 如何處理帶句點的屬性。

範例 7-14　用 attrgetter 來處理 namedtuple list metro_data（與範例 7-13 一樣的 list）

```
>>> from collections import namedtuple
>>> LatLon = namedtuple('LatLon', 'lat lon')          ❶
>>> Metropolis = namedtuple('Metropolis', 'name cc pop coord')    ❷
>>> metro_areas = [Metropolis(name, cc, pop, LatLon(lat, lon))    ❸
...     for name, cc, pop, (lat, lon) in metro_data]
>>> metro_areas[0]
Metropolis(name='Tokyo', cc='JP', pop=36.933, coord=LatLon(lat=35.689722,
lon=139.691667))
>>> metro_areas[0].coord.lat    ❹
35.689722
>>> from operator import attrgetter
>>> name_lat = attrgetter('name', 'coord.lat')    ❺
>>>
>>> for city in sorted(metro_areas, key=attrgetter('coord.lat')):    ❻
...     print(name_lat(city))    ❼
...
('São Paulo', -23.547778)
('Mexico City', 19.433333)
('Delhi NCR', 28.613889)
('Tokyo', 35.689722)
('New York-Newark', 40.808611)
```

❶ 使用 namedtuple 來定義 LatLon。

❷ 也定義 Metropolis。

❸ 使用 Metropolis 實例來建構 metro_areas list；注意我們用嵌套的 tuple unpacking 來提取 (lat, long)，並使用它們來為 Metropolis 的 coord 屬性建構 LatLon。

❹ 從元素 metro_areas[0] 取得它的緯度。

❺ 定義一個 attrgetter 來取出 name 及嵌套屬性 coord.lat。

❻ 再次使用 attrgetter 來以緯度排序城市 list。

❼ 使用 ❺ 定義的 attrgetter 來展示城市名稱與緯度。

這是在 operator 裡面定義的部分函式（省略以 _ 開頭的名稱，因為它們大都是實作細節）：

```
>>> [name for name in dir(operator) if not name.startswith('_')]
['abs', 'add', 'and_', 'attrgetter', 'concat', 'contains',
'countOf', 'delitem', 'eq', 'floordiv', 'ge', 'getitem', 'gt',
'iadd', 'iand', 'iconcat', 'ifloordiv', 'ilshift', 'imatmul',
'imod', 'imul', 'index', 'indexOf', 'inv', 'invert', 'ior',
'ipow', 'irshift', 'is_', 'is_not', 'isub', 'itemgetter',
'itruediv', 'ixor', 'le', 'length_hint', 'lshift', 'lt', 'matmul',
'methodcaller', 'mod', 'mul', 'ne', 'neg', 'not_', 'or_', 'pos',
'pow', 'rshift', 'setitem', 'sub', 'truediv', 'truth', 'xor']
```

以上的 54 個函式幾乎都可以從名稱看出其用途。i 開頭加上其他運算子名稱的族群（例如，iadd、iand …等）都相當於擴增賦值運算子（例如，+=、&= …等）。如果第一個引數是可變的，它們會就地更改它，如果第一個引數不可變，它們的行為就像沒有前綴 i 的函式，只回傳運算的結果。

在 operator 其餘的函式中，我們最後來看 methodcaller。它有點像 attrgetter 與 itemgetter，因為它會動態建立一個函式。它建立的函式會用名稱來呼叫以引數傳入的物件的方法，如範例 7-15 所示。

範例 7-15　展示 methodcaller：第二項測試展示額外引數的綁定

```
>>> from operator import methodcaller
>>> s = 'The time has come'
>>> upcase = methodcaller('upper')
>>> upcase(s)
'THE TIME HAS COME'
>>> hyphenate = methodcaller('replace', ' ', '-')
>>> hyphenate(s)
'The-time-has-come'
```

在範例 7-15 的第一項測試只是為了展示 `methodcaller` 可正常動作，但如果你要將 `str.upper` 當成函式來使用，你可以直接對著 `str` 類別呼叫它，並傳入一個字串引數：

```
>>> str.upper(s)
'THE TIME HAS COME'
```

範列 7-25 的第二項測試展示 `methodcaller` 也可以進行部分應用，以固定（freeze）一些引數，如同 `functools.partial` 的做法。這是我們的下一個主題。

用 functools.partial 來固定引數

`functools` 模組提供了一些高階函式，我們曾經在第 239 頁的「map、filter 與 reduce 的現代替代方案」看過 reduce，另一個高階函式是 partial，當你給它一個 callable 時，它會產生一個新的 callable，並將原始 callable 的一些引數設為預設值。你可以用它來將一個接收一或多個引數的函式改成一個接收回呼（使用較少引數）的 API。範例 7-16 是個簡單的示範。

範例 7-16　利用 `partial` 來使用一個雙引數函式，`partial` 需要一個 callable *引數*

```
>>> from operator import mul
>>> from functools import partial
>>> triple = partial(mul, 3)      ❶
>>> triple(7)      ❷
21
>>> list(map(triple, range(1, 10)))      ❸
[3, 6, 9, 12, 15, 18, 21, 24, 27]
```

❶ 用 `mul` 來建立一個新的 `triple` 函式，將第一個位置型引數設為 3。

❷ 測試它。

❸ 一起使用 `map` 與 `triple`；在這個範例中，`mul` 不與 `map` 合作。

較實用的範例使用第 142 頁的「將 Unicode 正規化，以可靠地進行比較」介紹過的 `unicode.normalize` 函式。如果你要處理許多語言的文字，你可能想在比較或排序任何字串 s 之前，先對它們執行 `unicode.normalize('NFC', s)`。如果你經常做這件事，那麼使用 `nfc` 函式比較方便，如範例 7-17 所示。

範例 7-17　使用 partial 來建構一個方便的 *Unicode* 正規化函式

```
>>> import unicodedata, functools
>>> nfc = functools.partial(unicodedata.normalize, 'NFC')
>>> s1 = 'café'
>>> s2 = 'cafe\u0301'
>>> s1, s2
('café', 'café')
>>> s1 == s2
False
>>> nfc(s1) == nfc(s2)
True
```

partial 用第一個引數來接收一個 callable，接著接收任意數量的位置型與關鍵字引數。

範例 7-18 使用 partial 與範例 7-9 的 tag 函式來固定一個位置型引數與一個關鍵字引數。

範例 7-18　使用 partial 來處理範例 7-9 的 tag 函式

```
>>> from tagger import tag
>>> tag
<function tag at 0x10206d1e0>    ❶
>>> from functools import partial
>>> picture = partial(tag, 'img', class_='pic-frame')    ❷
>>> picture(src='wumpus.jpeg')
'<img class="pic-frame" src="wumpus.jpeg" />'    ❸
>>> picture
functools.partial(<function tag at 0x10206d1e0>, 'img', class_='pic-frame')    ❹
>>> picture.func    ❺
<function tag at 0x10206d1e0>
>>> picture.args
('img',)
>>> picture.keywords
{'class_': 'pic-frame'}
```

❶　匯入範例 7-9 的 tag 並顯示它的 ID。

❷　用 tag 來建立 picture 函式，將第一個位置型引數固定為 'img'，將 class_ 關鍵字引數固定為 'pic-frame'。

❸　picture 正確運作。

❹ partial() 回傳一個 functools.partial 物件。[4]

❺ functools.partial 物件有一些屬性可用來讀取原始函式以及被固定的引數。

functools.partialmethod 函式的功能與 partial 一樣，但它是為了搭配方法一起使用而設計的。

functools 模組也有當成函式 decorator 來使用的高階函式，例如 cache、singledispatch…等。第 9 章會介紹這些函式，並說明如何自製 decorator。

本章摘要

本章的目標是探索 Python 函式的一級性質，這種性質的主要概念在於，你可以將函式指派給變數、傳給其他函式、存在資料結構裡，也可以存取函式屬性，讓框架與工具使用那些資訊。

高階函式是泛函編程的重要功能，它在 Python 裡很常見。sorted、min、max 內建函式以及 functools.partial 都是這種語言中常用的高階函式。因為有 listcomp（與類似的結構，例如 genexp）還有新增的歸約內建函式，像是 sum、all 與 any，所以 map、filter與 reduce 已經不像以前那麼常見了。

自 Python 3.6 起，callable 有九種不同的類型，從使用 lambda 來建立的簡單函式，到實作了 __call__ 的類別的實例。generator 與 coroutine 也是 callable，但它們的行為與其他的 callable 大異其趣。callable 都可以用內建的 callable() 來檢測。callable 提供豐富的語法來宣告合規的參數，包括限關鍵字型參數、限位置型參數和注解。

最後，我們介紹了來自 operator 模組與 functools.partial 的函式，它們讓你儘量避免使用功能有限的 lambda，並協助你進行泛函編程。

4　functools.py 的原始碼（*https://fpy.li/7-9*）展示了 functools.partial 是用 C 寫成的，而且是預設使用的。如果它無法使用，從 Python 3.4 開始有純 Python 的 partial 版本可用。

延伸讀物

接下來幾章將繼續探討如何使用函式物件來編寫程式。第 8 章介紹函式參數與回傳值的型態提示。第 9 章探討函式 decorator（一種特殊的高階函式），以及它們底層的 closure 機制。第 10 章展示一級函式如何簡化一些典型的物件導向設計模式。

The Python Language Reference 的「3.2. The standard type hierarchy」（*https://fpy.li/7-10*）介紹了九種 callable 類型，以及所有其他的內建型態。

David Beazley 與 Brian K. Jones 所著的 *Python Cookbook* 第 3 版（O'Reilly）的第 7 章是這一章和本書第 9 章很好的補充資訊，使用不同的方式來介紹大致相同概念。

如果你對那個功能的原理和用例感興趣，可參考 PEP 3102 —— Keyword-Only Arguments（*https://fpy.li/pep3102*）。

A. M. Kuchling 的「Python Functional Programming HOWTO」（*https://fpy.li/7-5*）是很棒的 Python 泛函編程介紹。但是，這篇文章的重點是 iterator 和 generator 的使用，它們是第 17 章的主題。

經典的 Python in a Nutshell（O'Reilly）一書的作者之一 Alex Martelli 為 StackOverflow 問題「Python: Why is functools.partial necessary?」（*https://fpy.li/7-12*）提供了翔實的回覆（而且很有趣）。

為了回答「Is Python a functional language?」這個問題，我設計了我最喜歡的演說之一「Beyond Paradigms」，並在 PyCaribbean、PyBay 與 PyConDE 上發表。你可以看一下我在 Berlin 演說時使用的投影片（*https://fpy.li/7-13*）和影片（*https://fpy.li/7-14*），我在那裡認識本書的技術校閱 Miroslav Šedivý 和 Jürgen Gmach。

肥皂箱

Python 是泛函語言嗎？

大約在 2000 年，我在美國參加了 Zope Corporation 的 Zope 工作坊，當時 Guido van Rossum 蒞臨我們的教室（他不是老師）。在隨後的問答中，有人問他 Python 有哪些功能借鑒了其他的語言。Guido 回答：「Python 的所有好功能都是從其他語言偷來的。」

Brown 人學的計算機科學教授 Shriram Krishnamurthi 在他的論文「Teaching Programming Languages in a Post-Linnaean Age」（*https://fpy.li/7-15*）的開頭寫道：

> 程式語言的「範式」是舊時代留下來的乏味遺產。既然現代語言的設計者對它們嗤之以鼻，為何我們的課程依然一味地遵循它們？

那篇論文有一段話提到 Python：

> 還有什麼因素造就了 Python、Ruby 或 Perl 這種語言？它們的設計者沒耐心遵守 Linnaean 分類學的細節，他們按照自己的意願借用各種功能，創造了完全無法歸類的混合體。

Krishnamurthi 認為，與其試圖用某種分類法來對語言進行分類，不如將它們視為各種特徵的集合體更為有用。他的想法啟發了我的講座「Beyond Paradigms」，第 254 頁的「延伸讀物」結尾曾經提到它。

讓 Python 擁有一級函式也打開了泛函編程的大門，即使這不是 Guido 的本意。Guido 在他的文章「Origins of Python's Functional Features」（*https://fpy.li/7-1*）裡說 `map`、`filter` 與 `reduce` 是將 `lambda` 加入 Python 的動機。根據 CPython 原始碼中的 Misc/HISTORY（*https://fpy.li/7-17*）所述，這些功能都是由 Amrit Prem 在 1994 年為 Python 1.0 貢獻的。

`map`、`filter` 與 `reduce` 等函式最早出現在最初的泛函語言 Lisp 裡。但是 Lisp 並未限制 `lambda` 可以做的事情，因為 Lisp 的所有東西都是運算式。Python 使用陳述式為主的語法，它的運算式不能包含陳述式，而許多語言的構造都是陳述式 —— 包括 `try/catch`，它們正是我編寫 `lambda` 時最懷念的東西，這是為了在 Python 中實現高易讀性語法而付出的代價。[5] Lisp 有許多優點，但易讀性不是其中一項。

諷刺的是，從另一種函式式語言 Haskell 那裡偷來的 listcomp 語法大大降低了 `map`、`filter` 以及 `lambda` 的魅力。

除了有限的匿名函式語法之外，在 Python 中廣泛採用泛函編程語法的最大障礙是缺乏結尾呼叫消除（tail-call elimination），它是一種優化，可以高效地利用記憶體來執行在主體的「結尾」發出遞迴呼叫的函式。Guido 在另一篇部落格文章「Tail Recursion

---

5　但我個人認為還有一個問題：將程式碼貼到網路論壇時，縮排格式會跑掉。

Elimination」（*https://fpy.li/7-18*）裡提出這種優化不適合 Python 的幾個理由。雖然那篇文章很適合當成技術性論據，但他提出的前三項理由和最重要的理由都與易用性有關。Python 是一種用起來、學起來、教起來令人愉悅的語言並非偶然，那是因為 Gudio 有意為之。

所以，結論是：Python 在設計上並不是泛函語言—無論泛函是什麼意思。它只是從泛函語言借用了一些好點子。

匿名函式的問題

除了 Python 特有的語法限制之外，匿名函式在任何語言裡都有一個嚴重的缺點：它們沒有名字。

我只是半開玩笑。如果函式有名字的話，堆疊追蹤（stack trace）比較容易理解。雖然匿名函式是一種方便的捷徑，用起來很好玩，但有時人們會失去節制 —— 尤其是在鼓勵深度嵌套匿名函式的語言和環境裡，例如在 Node.js 上的 JavaScript。嵌套太多層的匿名函式會令人難以偵錯與處理錯誤。Python 的非同步編程比較結構化，或許是因為 lambda 有限的語法防止了濫用，並強迫人們採取更明確的做法。promise、future 與 deferred 都是現代非同步 API 使用的概念。它們與 coroutine 為所謂的「回呼地獄」提供一條生路。我承諾（promise）以後（in the future）會寫更多關於非同步設計的內容，但這個主題要延（deferred）到第 21 章。

## 第 8 章

函式中的型態提示

應該強調的是，Python 將繼續維持動態定型，作者們並不想讓型態提示成為強制性的，即使只是按照慣例。

—— *Guido van Rossum*、*Jukka Lehtosalo* 與 *Łukasz Langa*。*PEP 484* ——
Type Hints [1]

型態提示（type hint）是自從 2001 年發表的 Python 2.2 統一了型態與類別（*https://fpy.li/descr101*）以來，Python 最大的改變。但是，型態提示並未讓 Python 的所有使用者平等地獲益。這就是為什麼它們應該永遠維持選用（optional）。

PEP 484 —— Type Hints（*https://fpy.li/pep484*）介紹了明確宣告函式引數、回傳值和變數的型態的語法和語義。它的目標是協助開發工具利用統計分析來尋找 Python 碼庫中的 bug，避免使用測試程式來實際執行程式碼。

它的主要受益者是使用 IDE（整合開發環境）和 CI（持續整合）的軟體工程師，導致這些群體喜歡型態提示的成本效益分析並不適用於 Python 的所有使用者。

Python 的用戶群比該群體廣大得多，包括科學家、交易員、記者、藝術家、製造者、分析師，和許多領域的學生⋯等。對多數人來說，學習型態提示的成本應該高很多，除非他們學過的語言具備靜態定型、子型態與泛型功能。由於這些使用者和 Python 互動的方式，以及他們的碼庫和團隊規模較小（通常是一人「團隊」），型態提示這些使用者的

1　PEP 484 —— Type Hints（*https://fpy.li/8-1*），「Rationale and Goals」，粗體字摘自原文。

幫助沒那麼大。當你透過設計程式來探索資料和想法時（例如資料科學、創造性計算和學習），Python 預設的動態定型比較簡單且更有表現力。

本章的重點是 Python 函式簽章中的型態提示。第 15 章探討類別背景下的型態提示，以及其他的 typing 模組功能。

本章的主題有：

- 使用 Mypy 來進行漸進式定型
- 鴨定型和名義定型的互補性觀點
- 可以出現在注解裡的主要型態種類，這個主題占本章大約 60% 的篇幅
- 型態提示 variadic 參數（*args、**kwargs）
- 型態提示與靜態定型的限制與缺點

本章有哪些新內容

這是全新的一章。型態提示是我完成 *Fluent Python* 第一版之後發表的 Python 3.5 加入的。

由於靜態型態系統的限制，PEP 484 的最佳想法是加入一個漸進型態系統（*gradual type system*）。首先，我們來定義它是什麼意思。

關於漸進定型

PEP 484 在 Python 加一個漸近型態系統。使用漸近型態系統的語言還有 Microsoft 的 TypeScript、Dart（Flutter SDK 的語言，由 Google 創造）、Hack（由 Facebook 的 HHVM 虛擬機器支援的 PHP 方言）。Mypy 型態檢查器本身最初是一種語言，它是 Python 的漸進定型方言，有它自己的直譯器。Guido van Rossum 說服了 Mypy 的創造者 Jukka Lehtosalo 把它做成工具，用來檢查加了注解的 Python 程式碼。

漸近型態系統有以下特點：

它是選用的

在預設情況下，型態檢查器不應該因為程式沒有型態提示而發出警告訊息。型態檢查器在無法確定物件的型態時，應該假設它是 Any 型態。Any 型態被視為與所有其他型態相容。

在執行期不抓型態錯誤

型態提示是讓靜態型態檢查器、linter、IDE 用來發出警告訊息的，它們不會防止不一致的值在執行期被傳給函式或指派給變數。

無法改善性能

理論上，型態注解提供的資料可以協助優化生成的 bytecode，但是截至 2021 年 7 月為止，[2] 我所知道的任何 Python runtime 都還沒有實現此優化。

漸進定型最有用的特性是「注解始終是選用的」。

靜態型態系統的絕大多數型態限制都很容易表達，但有一些很繁瑣，有一些很難表達，少數的一些則根本無法表達，[3] 你可能寫了一段很棒的 Python 程式，具有良好的測試覆蓋率，並通過了測試，但仍然無法加入可讓型態檢查器滿意的型態提示，放心，你可以忽略有問題的型態提示，儘管將程式交出去！

型態提示在所有層面上都是選用的：你可以讓整個程式包都沒有型態提示；將這種程式包匯入具有型態提示的模組時，你可以讓型態檢查器閉嘴；你可以加入特殊的註釋來讓型態檢查器忽略程式中的某幾行。

 追求 100% 的型態提示覆蓋率可能會使人們為了滿足該指標，而未經充分思考地使用型態提示，它也會妨礙團隊充分利用 Python 的威力和靈活性。當型態提示會降低 API 的方便性，或是讓實作過度複雜時，你應該自然地接受沒有型態提示的程式碼。

實務上的漸進定型

接著來看看漸進定型是如何實際運作的，我們先從一個簡單的函式開始，並在 Mypy 的引導下，逐漸在裡面加入型態提示。

---

2 即時編譯器（例如 PyPy 裡面的）擁有的資料比型態提示好很多：它可以在 Python 程式執行時監視它、檢測使用中的具體型態，以及為這些具體型態生成優化的機器碼。

3 例如，遞迴型態在 2021 年 7 月時尚未支援，見 typing 模組問題 #182 Define a JSON type（*https://fpy.li/8-2*）與 Mypy 問題 #731 Support recursive types（*https://fpy.li/8-3*）。

與 PEP 484 相容的 Python 型態檢查器包括 Google 的 pytype（*https://fpy.li/8-4*）、Microsoft 的 Pyright（*https://fpy.li/8-5*）、Facebook 的 Pyre（*https://fpy.li/8-6*），此外還有 PyCharm 等 IDE 內嵌的型態檢查器。我選擇 Mypy（*https://fpy.li/mypy*）作為範例是因為它最知名。但是其他的檢查器可能更適合一些專案或團隊。例如，Pytype 在設計上可處理沒有型態提示的碼庫，並提供有用的建議。它比 Mypy 更寬鬆，而且可以為你的程式碼產生注解。

我們將注解 show_count 函式，這個函式回傳一個字串，該字串包含一個數量和一個單數或複數的單字，取決於數量：

```
>>> show_count(99, 'bird')
'99 birds'
>>> show_count(1, 'bird')
'1 bird'
>>> show_count(0, 'bird')
'no birds'
```

範例 8-1 是 show_count 的原始碼，裡面沒有注解。

範例 8-1　messages.py 的 show_count，無型態提示

```
def show_count(count, word):
    if count == 1:
        return f'1 {word}'
    count_str = str(count) if count else 'no'
    return f'{count_str} {word}s'
```

開始使用 Mypy

為了做型態檢查，我對著 *messages.py* 模組執行 mypy 命令：

```
…/no_hints/ $ pip install mypy
[lots of messages omitted...]
…/no_hints/ $ mypy messages.py
Success: no issues found in 1 source file
```

當 Mypy 使用預設的設定時，它無法找出範例 8-1 的問題。

我使用 Mypy 0.910，它是我在 2021 年 7 月校稿至此時的最新版本。Mypy 的「Introduction」（*https://fpy.li/8-7*）警告它「是官方的 beta 軟體，有時會進行破壞回溯相容性的變動。」Mypy 至少給我一份與我在 2020 年 4 月寫這一章時得到的內容不一樣的報告。當你閱讀至此時，你可能會得到與書中不同的結果。

如果函式簽章沒有注解，Mypy 在預設情況下會忽略它，除非你做了其他的設定。

在範例 8-2，我也用 pytest 來做單元測試。這段程式來自 *messages_test.py*。

範例 8-2　*messages_test.py*，無型態提示

```python
from pytest import mark

from messages import show_count

@mark.parametrize('qty, expected', [
    (1, '1 part'),
    (2, '2 parts'),
])
def test_show_count(qty, expected):
    got = show_count(qty, 'part')
    assert got == expected

def test_show_count_zero():
    got = show_count(0, 'part')
    assert got == 'no parts'
```

現在我們要在 Mypy 的引導下加入型態提示。

讓 Mypy 更嚴格

命令列選項 --disallow-untyped-defs 可讓 Mypy 指出參數與回傳值沒有使用型態提示的任何函式定義。

對測試檔使用 --disallow-untyped-defs 會產生三個錯誤（error）與一個說明（note）：

```
…/no_hints/ $ mypy --disallow-untyped-defs messages_test.py
messages.py:14: error: Function is missing a type annotation
messages_test.py:10: error: Function is missing a type annotation
messages_test.py:15: error: Function is missing a return type annotation
messages_test.py:15: note: Use "-> None" if function does not return a value
Found 3 errors in 2 files (checked 1 source file)
```

在漸進定型的前幾步，我比較喜歡使用另一個選項：--disallow-incomplete-defs。最初，它沒有指出任何問題：

```
…/no_hints/ $ mypy --disallow-incomplete-defs messages_test.py
Success: no issues found in 1 source file
```

現在可以為 *messages.py* 的 show_count 加入回傳型態：

```
def show_count(count, word) -> str:
```

這樣就可以讓 Mypy 注意它了。使用與之前一樣的命令來檢查 *messages_test.py* 會讓 Mypy 再次檢查 *messages.py*：

```
…/no_hints/ $ mypy --disallow-incomplete-defs messages_test.py
messages.py:14: error: Function is missing a type annotation
for one or more arguments
Found 1 error in 1 file (checked 1 source file)
```

接下來，我可以一個函式接著一個函式，逐漸加入型態提示，而不會看到關於還沒有被我注解的函式的警告訊息。下面是讓 Mypy 感到滿意的、加入完整注解的簽章：

```
def show_count(count: int, word: str) -> str:
```

 你可以按照 Mypy 組態檔（*https://fpy.li/8-8*）文件的說明來儲存偏好設定，而不需要輸入 --disallow-incomplete- defs 這種命令列選項。你可以使用全域設定，以及各個模組的設定。這個簡單的 *mypy.ini* 可以幫你踏出第一步：

```
[mypy]
python_version = 3.9
warn_unused_configs = True
disallow_incomplete_defs = True
```

預設參數值

範例 8-1 的 show_count 函式只能處理普通的名詞。如果複數不是只要加上一個 's' 即可，我們應該讓使用者提供複數形式，例如：

```
>>> show_count(3, 'mouse', 'mice')
'3 mice'
```

我們來做一些「型態驅動開發」。首先，我們加入測試程式，讓它使用第三個引數。別忘了為測試函式加上回傳型態提示，否則 Mypy 不會檢查它。

```
def test_irregular() -> None:
    got = show_count(2, 'child', 'children')
    assert got == '2 children'
```

Mypy 發現錯誤：

```
···/hints_2/ $ mypy messages_test.py
messages_test.py:22: error:Too many arguments for "show_count"
Found 1 error in 1 file (checked 1 source file)
```

現在我編輯 show_count，在範例 8-3 加入選用的 plural 參數。

範例 8-3　讓 *hints_2/messages.py* 的 showcount 使用選用參數

```
def show_count(count: int, singular: str, plural: str = '') -> str:
    if count == 1:
        return f'1 {singular}'
    count_str = str(count) if count else 'no'
    if not plural:
        plural = singular + 's'
    return f'{count_str} {plural}'
```

現在 Mypy 回報「Success」。

下面有一個無法被 Python 抓到的定型錯誤，你可以發現它嗎？

```
def hex2rgb(color=str) -> tuple[int, int, int]:
```

Mypy 的錯誤報告不太有用：

```
colors.py:24: error:Function is missing a type
annotation for one or more arguments
```

color 引數的型態提示應該是 color: str。我寫成 color=str，它不是注解，而是將 color 的預設值設為 str。

根據我的經驗，它是常見的錯誤，也很容易被忽視，尤其是在複雜的型態提示裡。

接下來的細節被視為良好的型態提示風格：

- 在參數名稱與：之間不加空格，在：後面加一個空格
- 在預設參數值前面的 = 的左右兩邊加上空格

另一方面，PEP 8 說，如果那個特定參數沒有型態提示，那就不要在 = 的左右加上空格。

編寫風格：使用 flake8 與 blue

與其記憶這種愚蠢的規則，不如使用 *flake8*（*https://fpy.li/8-9*）與 *blue*（*https://fpy.li/8-10*）等工具。*flake8* 可回報程式碼風格問題，以及其他問題，而 *bule* 可根據（大部分）*black*（*https://fpy.li/8-11*）程式碼格式化工具的規則來修改原始碼。

如果我們的目標是採用「標準」編寫風格，*blue* 比 *black* 更好，因為它遵守 Python 自己的風格，在預設情況下使用單引號，將雙引號視為替代品：

```
>>> "I prefer single quotes"
'I prefer single quotes'
```

repr() 在內部優先使用單引號，以及 CPython 的其他偏好。*doctest*（*https://fpy.li/doctest*）模組在預設情況下採用 repr()。

Barry Warsaw 是 *blue* 的作者之一（*https://fpy.li/8-12*），他是 PEP 8 的共同作者、自 1994 年起是 Python 核心開發者，自 2019 年至目前（2021 年 7 月）是 Python 的 Steering Council 成員。預設使用單引號可讓你加入很棒的陣營。

如果你必須使用 *black*，那就使用 black -S 選項。它會讓你的引號保持原樣。

將 None 當成預設值

在範例 8-3 裡，參數 plural 被注解成 str，而且其預設值為 ''，所以沒有型態衝突。

雖然我喜歡那個解決方案，但是在其他背景下，None 是更好的預設值。如果選用參數期望收到可變的型態，那麼 None 是唯一合理的預設值，就像我們在第 218 頁的「將可變的型態當成參數預設值：糟透了」看到的那樣。

為了讓 None 成為 plural 參數的預設值，你要這樣編寫簽章：

```
from typing import Optional

def show_count(count: int, singular: str, plural: Optional[str] = None) -> str:
```

我們來拆解它：

- Optional[str] 意味著 plural 可能是 str 或 None。

- 你必須明確地提供預設值 = None。

如果你沒有為 plural 指定預設值，Python runtime 會視它為必需的參數。切記，在執行期，型態提示會被忽略。

注意，我們必須從 typing 模組匯入 Optional。在匯入型態時，你可以使用語法 from typing import X 來縮短函式簽章。

> Optional 這個名字不太好，因為注解不會讓參數變成選用的，會讓參數變成選用的動作是指派一個預設值給它。Optional[str] 的意思只是：這個參數的型態可能是 str 或 NoneType。在 Haskell 與 Elm 語言裡，類似的型態稱為 Maybe。

我們已經初步瞭解漸進定型的實際情況了，讓我們來思考，在實務上，型態這個概念意味著什麼。

型態是以所支援的操作來定義的

> 在文獻中，型態的概念有很多定義，在此，我們假設型態是一組值，以及一組可以處理這些值的函式。
>
> —— PEP483 —— *The Theory of Type Hints*

在實務上，將所支援的操作視為型態的定義特徵更加有用。[4]

例如，從「可應用的操作」的角度來看，下面函式中的 x 的有效型態有哪些？

```
def double(x):
    return x * 2
```

4　Python 沒有控制一個型態可能有哪些值的語法，除了 Enum 型態之外。例如，你不能使用型態提示來定義 Quantity 是一個介於 1 到 1000 之間的整數，或 AirportCode 是一個三個字母組合。NumPy 提供 uint8、int16 與其他機器導向的數字型態，但是在 Python 標準程式庫裡，我們只有具有很少值的型態（NoneType、bool）或具有很多值的型態（float、int、str、所有可能的 tuple …等）。

x 參數型態可能是數值（int、complex、Fraction、numpy.uint32 …等），也可能是個 sequence（str、tuple、list、array）、N 維的 numpy.array，或實作或繼承 __mul__ 方法並讓它接收一個 int 引數的任何其他型態。

然而，考慮這個加上注解的 double，先忽略缺少的回傳型態，我們先把注意力放在參數型態上：

```
from collections import abc

def double(x: abc.Sequence):
    return x * 2
```

型態檢查器將拒絕這段程式。如果你告訴 Mypy x 的型態是 abc.Sequence，它會指出 x * 2 是錯的，因為 Sequence ABC（*https://fpy.li/8-13*）並未實作或繼承 __mul__ 方法。在執行期，這段程式可以處理具體 sequence，例如 str、tuple、list、array …等，以及數字，因為在執行期，型態提示會被忽略。但是型態檢查器只關心被明確地宣告的東西，而 abc.Sequence 沒有 __mul__。

這就是為什麼本節的標題是「型態是以所支援的操作來定義的」。Python runtime 接受 x 引數是任何物件，對兩個 double 版本而言都是如此。x * 2 也許可以執行，但如果這項操作沒有被 x 支援，它也可能發出 TypeError。相較之下，Mypy 在分析有注解的 double 原始碼時會宣告 x * 2 是錯的，因為這項操作對所宣告的型態 x: abc.Sequence 而言是未支援的操作。

在漸近型態系統中，我們看到兩種不同的型態觀點的互動：

鴨定型

Smalltalk（物件導向語言的先驅）、Python、JavaScript 與 Ruby 採用的觀點。物件有型態，但變數（包括參數）沒有型態。在實務上，物件被宣告成什麼型態無關緊要，重要的是它實際支援的操作有哪些。如果我可以呼叫 birdie.quack()，那麼 birdie 在這個背景下就是一隻鴨子。根據定義，鴨定型只在執行期實施，當程式試圖操作物件時。這種觀點比*名義定型*更靈活，代價是在執行期可能有更多錯誤。[5]5

5　鴨定型是一種隱性的結構定型，Python 3.8 起也加入 typing.Protocol 來支援它。本章稍後會討論這個主題（在第 293 頁的「靜態協定」），並在第 13 章更詳細探討。

名義定型

C++、Java 與 C# 採用的觀點，加注解的 Python 也支援它。物件與變數有型態。但物件只在執行期存在，而且型態檢查器只關心被加注型態提示的變數（包括參數）原始碼。如果 Duck 是 Bird 的子類別，你可以將 Duck 實例指派給被注解為 birdie: Bird 的參數。但是在函式的主體內，型態檢查器認為呼叫 birdie.quack() 是非法的，因為 birdie 名義上是 Bird，但那個類別並未提供 .quack() 方法。在執行期的實際引數是不是 Duck 並不重要，因為名義定型是靜態實施的。型態檢查器不會執行程式的任何部分，它只會閱讀原始碼。這種做法比鴨定型更嚴格，好處是它可以讓你在組建管道的早期階段抓到一些 bug，甚至可以在人們於 IDE 中輸入程式碼時抓到。

範例 8-4 這個愚蠢的例子比較了鴨定型與名義定型，以及靜態型態檢查與執行期行為。[6]

範例 8-4　*birds.py*

```
class Bird:
    pass

class Duck(Bird):  ❶
    def quack(self):
        print('Quack!')

def alert(birdie):  ❷
    birdie.quack()

def alert_duck(birdie: Duck) -> None:  ❸
    birdie.quack()

def alert_bird(birdie: Bird) -> None:  ❹
    birdie.quack()
```

❶ Duck 是 Bird 的子類別。

❷ alert 沒有型態提示，所以型態檢查器忽略它。

❸ alert_duck 接收一個 Duck 型態的引數。

❹ alert_duck 接收一個 Bird 型態的引數。

6　繼承在簡單的現實案例中往往被濫用且難以合理化，因此將這個動物例子視為子定型（subtyping）的快速範例。

用 Mypy 來檢查 *birds.py* 的型態可以看到一個問題：

```
…/birds/ $ mypy birds.py
birds.py:16: error: "Bird" has no attribute "quack"
Found 1 error in 1 file (checked 1 source file)
```

Mypy 只要分析原始碼就可以發現 alert_bird 有問題，型態提示宣告 birdie 參數的型態是 Bird，但是函式的主體呼叫 birdie.quack()，而 Bird 類別沒有這個方法。

接著，我們試著在範例 8-5 的 *daffy.py* 中使用 birds 模組。

範例 8-5　*daffy.py*

```
from birds import *

daffy = Duck()
alert(daffy)          ❶
alert_duck(daffy)     ❷
alert_bird(daffy)     ❸
```

❶　有效的呼叫，因為 alert 沒有型態提示。

❷　有效的呼叫，因為 alert_duck 接收一個 Duck 引數，而 daffy 是 Duck。

❸　有效的呼叫，因為 alert_duck 接收一個 Bird 引數，而 daffy 也是 Bird，它是 Duck 的超類別。

用 Mypy 來檢查 *daffy.py* 會發出相同的錯誤，錯誤訊息指出在 *birds.py* 裡定義的 alert_bird 函式裡的 quack 呼叫：

```
…/birds/ $ mypy daffy.py
birds.py:16: error: "Bird" has no attribute "quack"
Found 1 error in 1 file (checked 1 source file)
```

但是 Mypy 沒有發現 *daffy.py* 本身的問題：三個函式呼叫都 OK。

現在執行 *daffy.py* 會得到：

```
…/birds/ $ python3 daffy.py
Quack!
Quack!
Quack!
```

一切都正常運作！鴨定型萬歲！

在執行期，Python 不在乎已宣告的型態。它只使用鴨定型。Mypy 指出 alert_bird 裡有錯誤，但是用 daffy 來呼叫它可在執行期正常執行。這種情況可能會讓很多 Python 鐵粉感到驚訝：靜態型態檢查器有時會發現我們知道可以執行的程式中有錯誤。

但是，如果你在幾個月之後需要擴展笨鳥範例，你應該會很感激 Mypy。考慮範例 8-6 的 *woody.py* 模組，它也使用 birds。

範例 8-6　woody.py

```
from birds import *

woody = Bird()
alert(woody)
alert_duck(woody)
alert_bird(woody)
```

Mypy 在檢查 *woody.py* 時發現兩個錯誤：

```
…/birds/ $ mypy woody.py
birds.py:16: error: "Bird" has no attribute "quack"
woody.py:5: error: Argument 1 to "alert_duck" has incompatible type "Bird";
expected "Duck"
Found 2 errors in 2 files (checked 1 source file)
```

第一個錯誤在 *birds.py* 裡：在 alert_bird 裡的 birdie.quack() 呼叫，我們已經看過它了。第二個錯誤在 *woody.py* 裡：woody 是 Bird 的一個實例，所以呼叫 alert_duck(woody) 是無效的，因為那個函式需要的是 Duck。每一隻 Duck 都是 Bird，但並非每一隻 Bird 都是 Duck。

在執行期，*woody.py* 裡的呼叫都不會成功。範例 8-7 的主控台對話展示這種連續失敗的情況。

範例 8-7　執行期錯誤，及 Mypy 如何提供幫助

```
>>> from birds import *
>>> woody = Bird()
>>> alert(woody)  ❶
Traceback (most recent call last):
  ...
AttributeError: 'Bird' object has no attribute 'quack'
>>>
>>> alert_duck(woody)  ❷
Traceback (most recent call last):
```

```
    ...
AttributeError: 'Bird' object has no attribute 'quack'
>>>
>>> alert_bird(woody)  ❸
Traceback (most recent call last):
    ...
AttributeError:'Bird' object has no attribute 'quack'
```

❶ Mypy 無法偵測這個錯誤，因為在 alert 裡沒有型態提示。

❷ Mypy 回報問題：Argument 1 to "alert_duck" has incompatible type "Bird"; expected "Duck"。

❸ Mypy 從範例 8-4 就開始告訴我們，alert_bird 函式的主體是錯的："Bird" has no attribute "quack"。

這個小實驗說明鴨定型比較容易上手，也比較靈活，但是會讓不被支援的操作在執行期造成錯誤。名義定型可在執行期之前檢測錯誤，但有時可能拒絕其實可執行的程式碼，例如範例 8-5 的 alert_bird(daffy) 呼叫。即使 alert_bird 函式有時可以動作，但它命名不當，它的主體需要一個支援 .quack() 方法的物件，但 Bird 沒有這個方法。

這個蠢範例的函式都只有一行。但是在真的程式裡，它們可能更長，它們可能將 birdie 引數傳給更多函式，而且 birdie 引數的源頭可能是好幾個函式呼叫之前，因此難以找出執行期錯誤的原因。型態檢查器可以防止許多這類的錯誤在執行期發生。

 在適合放入本書的小範例裡，型態提示的價值令人懷疑，但它的好處會隨著碼庫規模的擴增而提升。這就是為什麼擁有上百萬行 Python 程式碼的公司（例如 Dropbox、Google 與 Facebook）投資於團隊和工具來支持整個公司採用型態提示，並且在他們的 CI 管道中，對他們的 Python 碼庫進行大量且越來越高比例的型態檢查。

我們在這一節探討了型態與操作在鴨定型和名義定型中的關係。我們從一個簡單的 double() 函式看起，但最後並未為它加入適當的型態提示。接下來要探討注解函式的重要型態。我們會在第 293 頁的「靜態協定」介紹一種好辦法，來為 double() 加入型態提示。但在那之前，我們要先認識一些比較基本的型態。

可用來注解的型態

幾乎所有 Python 型態都可以在型態提示中使用，但有一些限制和建議。此外，typing 模組加入了一些語義有時令人驚訝的特殊結構。

本節介紹可以和注解一起使用的所有主要型態：

- typing.Any
- 簡單的型態與類別
- typing.Optional 與 typing.Union
- 一般的 collection，包括 tuple 與 mapping
- 抽象基礎類別
- 一般的 itcrable
- 參數化泛型與 TypeVar
- typing.Protocols —— 靜態鴨定型的關鍵
- typing.Callable
- typing.NoReturn —— 很適合放在這份清單的最後

我們將依序介紹它們，從一種奇怪、表面上沒用，但非常重要的型態看起。

Any 型態

Any 型態是漸進型態系統的基石，它也稱為*動態型態*。當型態檢查器看到這種未定型的函式時：

```
def double(x):
    return x * 2
```

它假設它是：

```
def double(x:Any) -> Any:
    return x * 2
```

這意味著 x 引數與回傳型態可能是任何型態，包括不同的型態。我們假設 Any 支援所有可能的操作。

我們來比較 Any 與 object，考慮這個簽章：

```
def double(x: object) -> object:
```

這個函式也接收任何型態的引數，因為每一種型態都是 object 的子型態（*subtype*）。

但是，型態檢查器會拒絕這個函式：

```
def double(x: object) -> object:
    return x * 2
```

原因在於，object 未支援 __mul__ 操作。Mypy 回報：

```
···/birds/ $ mypy double_object.py
double_object.py:2: error:Unsupported operand types for * ("object" and "int")
Found 1 error in 1 file (checked 1 source file)
```

越一般（general）的型態擁有越狹窄的介面，也就是說，它們支援更少的操作。object 類別實作的操作比 abc.Sequence 更少，後者實作的操作比 abc.MutableSequence 更少，後者實作的操作比 list 更少。

但 Any 是一種神奇的型態，處於型態階級的最上層和最底層。它既是最一般的型態（所以 n: Any 接收任何型態的值），也是最具體的型態，支援每一種可能的操作。至少，型態檢查器所認識的 Any 就是如此。

當然，沒有型態能夠支援所有可能的操作，因此使用 Any 會阻止型態檢查器完成其核心任務，也就是在程式因為執行期例外而崩潰之前，找到潛在的非法操作。

subtype-of vs. cosistent-with

傳統的物件導向名義型態系統依靠 *subtype-of*（···的子型態）關係。假設有一個類別 T1 與一個子類別 T2，那麼 T2 是 T1 的子型態。

考慮這段程式：

```
class T1:
    ...

class T2(T1):
    ...

def f1(p: T1) -> None:
    ...
```

```
    o2 = T2()

    f1(o2)  # OK
```

f1(o2) 這個呼叫應用了里氏替換原則（Liskov Substitution Principle —— LSP）。Barbara Liskov [7] 其實是用所支援的操作來定義 *is subtype-of*：如果你可以用型態為 T2 的物件來取代型態為 T1 的物件並讓程式正常執行，那麼 T2 *is subtype-of* T1。

延續之前的程式碼，這段程式違反了 LSP：

```
    def f2(p: T2) -> None:
        ...

    o1 = T1()

    f2(o1)  # 型態錯誤
```

從所支援的操作的角度來看，這個結果很合理：作為子類別的 T2 會繼承並一定支援 T1 的所有操作，所以，你可以在期望接收 T1 實例的任何地方使用 T2。但反過來說不一定正確：T2 可能實作額外的方法，所以 T1 的實例不能在期望接收 T2 實例的每一個地方使用。這種對於所支援的操作的關注可從 *behavioral subtyping*（行為子定型）（*https://fpy.li/8-15*）這個名稱看出來，它也被用來指稱 LSP。

漸進型態系統有另一種關係：*consistent-with*（與…一致），只要 *subtype-of* 成立，它就成立，但 Any 型態有特殊的規則。

consistent-with 的規則是：

1. 給定 T1 與子型態 T2，那麼 T2 *is consistent-with* T1（T2 與 T1 一致）（里氏替換）。

2. 每一個型態都 *is consistent-with* Any：你可以將每一種型態的物件傳給宣告 Any 型態的引數。

3. Any *is consistent-with* 每一種型態：你可以將 Any 型態的物件傳到期望接收其他型態的引數的地方。

7　他是 MIT 教授、程式語言設計者、圖靈獎得主。參見維基百科：Barbara Liskov（*https://fpy.li/8-14*）。

考慮之前的物件 o1 與 o2 的定義，以下這段有效的程式解釋了規則 #2 與 #3：

```
def f3(p: Any) -> None:
    ...

o0 = object()
o1 = T1()
o2 = T2()

f3(o0)  #
f3(o1)  #  全部 OK：規則 #2
f3(o2)  #

def f4():  # 隱性的回傳型態：`Any`
    ...

o4 = f4()  # 推斷（infer）出來的型態：`Any`

f1(o4)  #
f2(o4)  #  全部 OK：規則 #3
f3(o4)  #
```

每一個漸進型態系統都需要 Any 這種萬用型態。

 「推斷」這個動詞是「猜測」的華麗同義詞，通常在型態分析的背景下使用。Python 和其他語言的現代型態檢查器沒有規定要到處使用型態注解，因為它們可以推斷許多運算式的型態。例如，如果我寫出 x = len(s) * 10，型態檢查器不需要透過明確的區域性宣告就可以知道 x 是 int，只要它可以找到內建的 len 的型態提示即可。

我們來看可在注解中使用的其他型態。

簡單的型態與類別

像 int、float、str 與 bytes 這種簡單的型態可以直接在型態提示中使用。標準程式庫、外部程式包，或使用者定義的具體類別（FrenchDeck、Vector2d 與 Duck）都可以在型態提示中使用。

抽象基礎類別也可以在型態提示中使用。我們會在學習 collection 型態時，以及在第 284 頁的「抽象基礎類別」中介紹它們。

在類別之間，*consistent-with* 的定義就像 *subtype-of*：子類別 *consistent-with* 它的所有超類別。

但是，「實用勝於純粹」，所以 Python 有一個重要的例外，見接下來的提示。

int 與 complex 一致

內建型態 int、float 與 complex 之間沒有名義子型態關係，它們都是 object 的直系子類別。但是 PEP 484 聲明（*https://fpy.li/cardxvi*）int *is consistent-with* float，而 float *is consistent-with* complex。在實務上，這是有道理的：int 實作了 float 的所有操作，int 也實作了一個額外的操作 —— &、|、<< …等位元操作，所以，int *is consistent-with* complex。若 i = 3，i.real 是 3，i.imag 是 0。

Optional 與 Union 型態

我們在第 264 頁的「將 None 當成預設值」看過 Optional 特殊型態。它解決了將 None 當成預設值的問題，這是該節的範例：

```
from typing import Optional

def show_count(count: int, singular: str, plural: Optional[str] = None) -> str:
```

Optional[str] 其實是 Union[str, None] 的簡寫，意思是 plural 的型態可能是 str 或 None。

在 Python 3.10 裡，更好的 Optional 和 Union 語法

自 Python 3.10 起，我們可以用 str | bytes 來取代 Union[str, bytes]。這種語法使用的字數比較少，也不需要從 typing 匯入 Optional 或 Union。我們透過 show_count 的 plural 參數的型態提示，來比較新舊語法：

```
plural: Optional[str] = None      # 之前
plural: str | None = None         # 之後
```

我們也可以一起使用 | 運算子和 isinstance 及 issubclass 來建構第二個引數：isinstance(x, int | str)。詳情請參見 PEP 604 —— Complementary syntax for Union[]（*https://fpy.li/pep604*）。

ord 內建函式的簽章是一個簡單的 Union 案例，它接收 str 或 bytes，並回傳一個 int：[8]

```
def ord(c: Union[str, bytes]) -> int: ...
```

下面的函式接收一個 str，但可以回傳 str 或 float：

```
from typing import Union

def parse_token(token: str) -> Union[str, float]:
    try:
        return float(token)
    except ValueError:
        return token
```

盡量不要編寫回傳 Union 型態的函式，因為它們會給使用者帶來額外的負擔，會強迫他們必須在執行期檢查回傳值的型態才能知道如何處理它。但是上述程式中的 parse_token 是合理的用例，因為它使用簡單的運算式來計算。

 我們在第 158 頁的「雙模式的 str 與 bytes API」中看了一些接收 str 或 bytes 引數，但是會在引數是 str 時回傳 str，或是在引數是 bytes 時回傳 bytes 的函式。在這種情況下，回傳型態是由輸入型態決定的，所以 Union 不是正確的解決方案。為了適當地注解這種函式，我們需要使用型態變數（參見第 288 頁的「參數化泛型與 TypeVar」）或多載（第 528 頁的「多載簽章」）。

Union[] 至少需要兩種型態。嵌套的 Union 與扁平的 Union 有相同的效果。所以這個型態提示：

```
Union[A, B, Union[C, D, E]]
```

與這個是相同的：

```
Union[A, B, C, D, E]
```

Union 最適合在元素不一致（not consistent）時使用。例如：Union[int, float] 是多餘的，因為 int *is consistent-with* float。即使只用 float 來注解參數，它也會接受 int 值。

8　更準確地說，ord 只接受 len(s) == 1 的 str 或 bytes。但目前的型態系統無法表達這種限制。

泛型 collection

大多數的 Python collection 都是異質的。例如，你可以把不同型態的任何組合放入 list 裡。但是在實務上，這樣做沒什麼意義，把物件放入 collection 應該是想在以後操作它們，通常這意味著它們至少有一個共用的方法。[9]

你可以用型態參數來宣告泛型型態，以指定它們可以處理的項目型態。

例如，你可以讓 list 接收參數，藉以限制它裡面的元素型態，如範例 8-8 所示。

範例 8-8　使用型態提示的 tokenize（Python 3.9 以上）

```
def tokenize(text: str) -> list[str]:
    return text.upper().split()
```

在 Python 3.9 以上，這段程式意味著 tokenize 回傳的 list 裡面的每個項目都是 str 型態。

注解 stuff: list 與 stuff: list[Any] 代表同一件事：stuff 是任何型態的物件組成的 list。

 使用 Python 3.8 以下時，概念一樣，但你要寫更多程式來實現它，參見第 278 頁的「支援舊程式，以及被廢棄的 collection 型態」。

PEP 585 —— Type Hinting Generics In Standard Collections（*https://fpy.li/8-16*）列出標準程式庫中接收泛型型態提示的 collection。下面僅列出使用最簡單的泛型型態提示（container[item]）的 collection：

list	collections.deque	abc.Sequence	abc.MutableSequence
set	abc.Container	abc.Set	abc.MutableSet
frozenset	abc.Collection		

tuple 與 mapping 型態支援更複雜的型態提示，見討論它們的小節。

在 Python 3.10 裡，我們無法用什麼好方法來注解 array.array 並考慮 typecode 建構式引數，typecode 決定了 array 裡儲存的是整數還是浮點數。更困難的問題是如何對整數範

9　在 ABC 裡（對 Python 的最初設計影響最大的語言），每一個 list 都只能接收一個型態的值，就是被放入的第一個項目的型態。

圍進行型態檢查，以避免在執行期將元素加入陣列時導致 OverflowError。例如，指定 typecode='B' 的 array 只能保存 0 至 255 的 int 值。目前 Python 的靜態型態系統還無法處理這項挑戰。

支援舊程式，以及被廢棄的 collection 型態

（如果你使用 Python 3.9 以上，可跳過這個專欄。）

在 Python 3.7 與 3.8，你要用 __future__ import，來讓 list 等內建的 collection 可以使用 [] 語法，參見範例 8-9。

範例 8-9　使用型態提示的 tokenize（*Python 3.7 以上*）

```
from __future__ import annotations

def tokenize(text: str) -> list[str]:
    return text.upper().split()
```

在 Python 3.6 之前不能使用 __future__ import，範例 8-10 展示如何在 Python 3.5 以上注解 tokenize。

範例 8-10　使用型態提示的 tokenize（*Python 3.5 以上*）

```
from typing import List

def tokenize(text: str) -> List[str]:
    return text.upper().split()
```

為了提供泛型型態提示的初始支援，PEP 484 的作者在 typing 模組中製作了十幾個泛型型態。表 8-1 是其中的幾項。完整的名單見 *typing*（*https://fpy.li/typing*）文件。

表 8-1　一些 collection 型態，及其等效的型態提示

Collection	等效的型態提示
list	typing.List
set	typing.Set
frozenset	typing.FrozenSet
collections.deque	typing.Deque

Collection	等效的型態提示
collections.abc.MutableSequence	typing.MutableSequence
collections.abc.Sequence	typing.Sequence
collections.abc.Set	typing.AbstractSet
collections.abc.MutableSet	typing.MutableSet

PEP 585 —— Type Hinting Generics In Standard Collections（*https://fpy.li/pep585*）啟動了一個為期多年的流程，以改善泛型型態提示的可用性。該流程可以歸納成四個步驟：

1. 在 Python 3.7 加入 from __future__ import 注解。

2. 在 Python 3.9 將那個行為變成預設的：現在不需要 future import 就可以使用 list[str] 了。

3. 將 typing 模組裡的所有多餘的泛型型態廢棄。[10] Python 直譯器不會顯示廢棄警告，因為如果被型態檢查器檢查的程式想使用 Python 3.9 以上的話，型態檢查器應該指出被廢棄的型態。

4. 在 Python 3.9 推出的五年之後推出的第一個 Python 版本移除這些多餘的泛型型態。按照目前的節奏來推算，屆時應該是 Python 3.14，又稱 Python Pi。

我們來看一下如何注解泛型 tuple。

tuple 型態

注解 tuple 型態的做法有三種：

- 將 tuple 當成紀錄

- 將 tuple 當成包含具名欄位的紀錄

- 將 tuple 當成不可變的 sequence

---

10 我對 typing 模組文件做出的貢獻之一，就是在將「Module Contents」（*https://fpy.li/8-17*）的項目重新編排成小節時，在 Guido van Rossum 的監督下，加入十幾條廢棄警告。

將 tuple 當成紀錄

如果你將 tuple 當成紀錄來使用,那就使用內建的 tuple,並在 [] 裡宣告欄位的型態。

例如,若要接收一個包含城市名稱、人口、國家的 tuple ('Shanghai', 24.28, 'China'),型態提示應該是 [str, float, str]。

考慮一個接收一對地理座標並回傳一個 Geohash(*https://fpy.li/8-18*)的函式,它的用法是:

```
>>> shanghai = 31.2304, 121.4737
>>> geohash(shanghai)
'wtw3sjq6q'
```

範例 8-11 展示 geohash 是怎麼定義的,它使用 PyPI 的 geolib 程式包。

範例 8-11　使用 geohash 函式的 coordinates.py

```
from geolib import geohash as gh  # type: ignore  ❶

PRECISION = 9

def geohash(lat_lon: tuple[float, float]) -> str:  ❷
    return gh.encode(*lat_lon, PRECISION)
```

❶ 這個注釋可防止 Mypy 回報 geolib 程式包沒有型態提示。

❷ lat_lon 參數被注解成具有兩個 float 欄位的 tuple。

> 在 Python < 3.9,你要匯入 typing.Tuple 並在型態提示中使用它。雖然它被廢棄了,但是至少在 2024 年之前,仍然會被放在標準程式庫內。

將 tuple 當成包含具名欄位的紀錄

若要注解一個具有很多欄位的 tuple,或是注解在很多地方使用的 tuple 的具體型態,我強烈建議使用第 5 章介紹過的 typing.NamedTuple。範例 8-12 是讓範例 8-11 使用 NamedTuple 的版本。

範例 *8-12* *coordinates_named.py*，使用 NamedTuple Coordinates 與 geohash function 函式

```python
from typing import NamedTuple

from geolib import geohash as gh  # type: ignore

PRECISION = 9

class Coordinate(NamedTuple):
    lat: float
    lon: float

def geohash(lat_lon: Coordinate) -> str:
    return gh.encode(*lat_lon, PRECISION)
```

如第 168 頁的「資料類別建構器概覽」所述，typing.NamedTuple 是 tuple 子類別的工廠，所以 Coordinate *is consistent-with* tuple[float, float]，但反過來說不成立，畢竟，Coordinate 有 NamedTuple 加入的其他方法，例如 ._asdict()，也可能有自訂的方法。

在實務上，這意味著將 Coordinate 實例傳給下面的 display 函式是型態安全的：

```python
def display(lat_lon: tuple[float, float]) -> str:
    lat, lon = lat_lon
    ns = 'N' if lat >= 0 else 'S'
    ew = 'E' if lon >= 0 else 'W'
    return f'{abs(lat):0.1f}°{ns}, {abs(lon):0.1f}°{ew}'
```

將 tuple 當成不可變的 sequence

若要注解被當成不可變的串列來使用且未指定長度的 tuple，你必須指定一個型態，加上一個逗號與 ...（它是 Python 的省略符號，由三個句點組成，不是 Unicode U+2026—HORIZONTAL ELLIPSIS）。

例如，tuple[int, ...] 是包含 int 項目的 tuple。

省略符號代表 >= 1 的元素數量都可以接受。我們無法為任意長度的 tuple 指定不同型態的欄位。

注解 stuff: tuple[Any, ...] 與 stuff: tuple 的意思相同：stuff 是包含任何型態的物件且未指定長度的 tuple。

下面的 columnize 函式可將一個 sequence 轉換成一個包含列（row）與單元格（cell）的表格，其形式為未指定長度的 tuple 組成的 list，適合用來顯示欄（column）裡的項目：

```
>>> animals = 'drake fawn heron ibex koala lynx tahr xerus yak zapus'.split()
>>> table = columnize(animals)
>>> table
[('drake', 'koala', 'yak'), ('fawn', 'lynx', 'zapus'), ('heron', 'tahr'),
 ('ibex', 'xerus')]
>>> for row in table:
...     print(''.join(f'{word:10}' for word in row))
...
drake     koala     yak
fawn      lynx      zapus
heron     tahr
ibex      xerus
```

範例 8-13 是 columnize 的實作。注意回傳型態：

```
list[tuple[str, ...]]
```

範例 8-13   *columnize.py* 回傳一個字串的 *tuple* 組成的 *list*

```python
from collections.abc import Sequence


def columnize(
    sequence: Sequence[str], num_columns: int = 0
) -> list[tuple[str, ...]]:
    if num_columns == 0:
        num_columns = round(len(sequence) ** 0.5)
    num_rows, reminder = divmod(len(sequence), num_columns)
    num_rows += bool(reminder)
    return [tuple(sequence[i::num_rows]) for i in range(num_rows)]
```

通用的 mapping

通用的 mapping 型態應注解成 MappingType[KeyType, ValueType]。在 Python 3.9 以後，內建的 dict，以及 collections 和 collections.abc 裡的 mapping 型態都接受這個寫法。在更早的版本中，你必須使用 typing 模組的 typing.Dict 與其他 mapping 型態，如第 278 頁的「支援舊程式，以及被廢棄的 collection 型態」所述。

範例 8-14 使用一個回傳反向索引（*https://fpy.li/8-19*）的函式來以名稱搜尋 Unicode 字元，它是範例 4-21 的變體，比較適合當成伺服器端程式，我們將在第 21 章介紹。

name_index 接收開始與結束 Unicode 字元碼，回傳一個 dict[str, set[str]]，它是反向的索引，可將每個單字對映到名稱有那個單字的一組字元。例如，在檢索從 32 到 64 的 ASCII 字元之後，我們顯示對映單字 'SIGN' 與 'DIGIT' 的字元，並展示如何找到名為 'DIGIT EIGHT' 字元：

```
>>> index = name_index(32, 65)
>>> index['SIGN']
{'$', '>', '=', '+', '<', '%', '#'}
>>> index['DIGIT']
{'8', '5', '6', '2', '3', '0', '1', '4', '7', '9'}
>>> index['DIGIT'] & index['EIGHT']
{'8'}
```

範例 8-14 是 *charindex.py* 的原始碼，裡面有 name_index 函式。除了 dict[] 型態提示之外，這個例子有三個首次在本書中出現的功能。

範例 8-14 charindex.py

```
import sys
import re
import unicodedata
from collections.abc import Iterator

RE_WORD = re.compile(r'\w+')
STOP_CODE = sys.maxunicode + 1

def tokenize(text: str) -> Iterator[str]:  ❶
    """return iterable of uppercased words"""
    for match in RE_WORD.finditer(text):
        yield match.group().upper()

def name_index(start: int = 32, end: int = STOP_CODE) -> dict[str, set[str]]:
    index: dict[str, set[str]] = {}  ❷
    for char in (chr(i) for i in range(start, end)):
        if name := unicodedata.name(char, ''):  ❸
            for word in tokenize(name):
                index.setdefault(word, set()).add(char)
    return index
```

❶ tokenize 是 generator 函式。第 17 章將介紹 generator。

❷ 注解區域變數 index。如果沒有這個提示，Mypy 會說：Need type annotation for 'index' (hint: "index: dict[<type>, <type>] = ...")。

❸ 我在 if 條件式裡使用海象運算子 :=。它將 unicodedata.name() 的結果指派給 name，整個運算式的執行結果就是那個結果。當結果是 '' 時，它可視為 false，index 不會更新。[11]

 將 dict 當成紀錄來使用時，我們經常讓所有的鍵都使用 str 型態，值則根據鍵而有不同的型態。第 535 頁的「TypedDict」會討論這個主題。

抽象基礎類別

> 對發送的內容要保守，對接受的內容要寬容。
>
> —— *Postel* 定律，亦稱強健性定律

表 8-1 是 collections.abc 的幾個抽象類別。理想情況下，函式應該接受這些抽象型態的引數（或者在 Python 3.9 之前，接受它們的 typing 等效物），而不是具體型態。這可讓呼叫方更有彈性。

考慮這個函式簽章：

```
from collections.abc import Mapping

def name2hex(name: str, color_map: Mapping[str, int]) -> str:
```

使用 abc.Mapping 可讓呼叫方提供 dict、defaultdict、ChainMap 與 UserDict 子類別的實例，或本身是 Mapping 的子型態的任何其他型態。

相較之下，考慮這個簽章：

```
def name2hex(name: str, color_map: dict[str, int]) -> str:
```

現在 color_map 必須是 dict 或它的子型態之一，例如 defaultDict 或 OrderedDict。特別要說的是，collections.UserDict 的子類別無法通過 color_map 的型態檢查，儘管它是建立自訂 mapping 的推薦做法，參見第 100 頁的「製作 UserDict 的子類別而不是 dict 的子

---

11 雖然我在幾個適合使用 := 的範例中使用它，但本書不會介紹它。PEP 572 —— Assignment Expressions（*https://fpy.li/pep572*）有全部的有趣細節。

類別」。Mypy 會拒絕 UserDict 或從它衍生的類別的實例，因為 UserDict 不是 dict 的子類別，它們是同輩，都是 abc.MutableMapping 的子類別。[12]

因此，一般來說，在參數型態提示裡使用 abc.Mapping 或 abc.MutableMapping 比較好，而不是使用 dict（或舊程式裡的 typing.Dict）。如果 name2hex 函式不需要更改收到的 color_map，對 color_map 而言最準確的型態提示是 abc.Mapping。這樣寫的話，呼叫方就不需要提供一個實作 setdefault、pop、update 等方法的物件，它們是 MutableMapping 介面的一部分，而不是 Mapping 的一部分。這與 Postel 定律的第二部分有關：「對接受的內容要寬容。」

Postel 定律也告訴我們「對發送的內容要保守」。函式的回傳值始終是個具體物件，所以 return 的型態提示應該指定具體型態，就像第 277 頁的「泛型 collection」中的範例使用 list[str]：

```
def tokenize(text: str) -> list[str]:
    return text.upper().split()
```

Python 文件在 typing.List 的項目底下說（*https://fpy.li/8-20*）：

> list 的泛型版本。可用來注解 return 型態。若要注解引數，比較好的做法是使用抽象 collection 型態，例如 Sequence 或 Iterable。

typing.Dict（*https://fpy.li/8-21*）與 typing.Set（*https://fpy.li/8-22*）的項目也有類似的建議。

別忘了，從 Python 3.9 開始，collections.abc 的大多數 ABC、collections 的其他具體類別，以及內建的 collection 都支援泛型型態提示注解，例如 collections.deque[str]。對映的 typing collection 只需要在支援使用 Python 3.8 之前寫的程式碼時使用。PEP 585 —— Type Hinting Generics In Standard Collections（*https://fpy.li/ pep585*）的「Implementation」（*https://fpy.li/8-16*）一節有變成泛型的所有類別。

在結束關於型態提示裡的 ABC 的討論之前，我們要來探討 numbers ABC。

12　事實上，dict 是 abc.MutableMapping 的虛擬子類別。第 13 章會介紹虛擬子類別的概念。目前你只要知道，issubclass(dict, abc.MutableMapping) 是 True，儘管 dict 是用 C 來實作的，而且沒有從 abc. MutableMapping 繼承任何東西，而是從 object 繼承。

數字之塔的崩毀

numbers（*https://fpy.li/8-24*）程式包定義了所謂的數字之塔（*numeric tower*），並在 PEP 3141 —— A Type Hierarchy for Numbers（*https://fpy.li/pep3141*）介紹它。這座塔是 ABC 線性等級，最上面的是 Number：

- Number
- Complex
- Real
- Rational
- Integral

這些 ABC 在執行期型態檢查時可以順利運作，但它們不支援靜態型態檢查。PEP 484 的「Numeric Tower」（*https://fpy.li/cardxvi*）一節拒絕 numbers ABC，並規定內建型態 complex、float 與 int 應視為特例，正如第 275 頁的「int 與 complex 一致」中的解釋。

我們會在第 13 章的「numbers ABC 與數字協定」（第 486 頁）回來討論這個議題，該章專門討論協定和 ABC 之間的對比。

在實務上，如果你想要注解數字引數來進行靜態型態檢查，你有以下選項：

1. 使用一種具體型態 int、float 或 complex，正如 PEP 488 的建議。

2. 宣告 union 型態，例如 Union[float, Decimal, Fraction]。

3. 如果你想要避免寫死具體型態，可使用數字協定，例如第 476 頁的「可在執行期檢查的靜態協定」介紹的 SupportsFloat。

第 293 頁的「靜態協定」是瞭解數字協定的前提。

同時，我們來談談對型態提示最有用的 ABC 之一：Iterable。

Iterable

我剛才引用的 typing.List（*https://fpy.li/8-20*）文件建議將 Sequence 與 Iterable 當成函式參數的型態提示。

標準程式庫的 `math.fsum` 函式有一個使用 Iterable 引數的例子：

```
def fsum(__seq: Iterable[float]) -> float:
```

存根檔案與 Typeshed 專案

Python 3.10 的標準程式庫還沒有注解，但 Mypy、PyCharm… 可在 Typeshed（*https://fpy.li/8-26*）專案中找到必要的型態提示，其形式為存根檔（stub files）。存根檔是一種特殊的原始檔，其副檔名為 *.pyi*，裡面有已標準的函式和方法簽章，但沒有實作，很像 C 的標頭檔。

`math.fsum` 的簽章在 */stdlib/2and3/math.pyi*（*https://fpy.li/8-27*）裡面。`__seq` 的前綴底線是 PEP 484 用來表示限位置型（positional-only）參數的慣例，參見第 301 頁的「注解限位置型參數與 variadic 參數」中的解釋。

範例 8-15 是另一個使用 Iterable 參數的例子，它產生 `tuple[str, str]` 的項目：以下是函式的用法：

```
>>> l33t = [('a', '4'), ('e', '3'), ('i', '1'), ('o', '0')]
>>> text = 'mad skilled noob powned leet'
>>> from replacer import zip_replace
>>> zip_replace(text, l33t)
'm4d sk1ll3d n00b p0wn3d l33t'
```

範例 8-15 說明它是怎麼實作的。

範例 *8-15* *placer.py*

```
from collections.abc import Iterable

FromTo = tuple[str, str]  ❶

def zip_replace(text: str, changes: Iterable[FromTo]) -> str:  ❷
    for from_, to in changes:
        text = text.replace(from_, to)
    return text
```

❶ FromTo 是型態別名：我把 `tuple[str, str]` 指派給 FromTo，來讓 `zip_replace` 的簽章更易讀。

❷ changes 必須是 `Iterable[FromTo]`，它與 `Iterable[tuple[str, str]]` 一樣，但更短且更易讀。

Python 3.10 的明確 TypeAlias

PEP 613 —— Explicit Type Aliases（*https://fpy.li/pep613*）加入一種特殊型態 TypeAlias，它可以突顯建立型態別名的賦值式，並協助進行型態檢查。自 Python 3.10 起，這是建立型態別名的首選寫法：

```
from typing import TypeAlias

FromTo: TypeAlias = tuple[str, str]
```

abc.Iterable vs. abc.Sequence

`math.fsum` 和 `replacer.zip_replace` 都必須迭代整個 Iterable 引數來回傳結果。當這些函式收到 `itertools.cycle` generator 等無窮的 iterable 之後，它們會耗盡所有記憶體並導致 Python 程序崩潰。儘管存在潛在的危險，但是現代的 Python 經常設計接收 Iterable 的函式，即使函式必須完全處理那種輸入才能回傳一個結果。它可讓呼叫方選擇以 generator 的形式提供輸入資料，而不是預先建構的 sequence，如果輸入項目很多，或許可以節省大量的記憶體。

另一方面，範例 8-13 中的 `columnize` 函式需要一個 Sequence 參數，而不是一個 Iterable，因為它必須取得輸入的 `len()` 來計算之前的列數。

Iterable 與 Sequence 一樣，最好當成參數型態來使用。將它當成回傳型態太籠統了。函式應該更精準地指出它回傳的具體型態。

Iterator 是與 Iterable 密切相關的型態，範例 8-14 將它當成回傳型態。我們會在第 17 章回來討論它，第 17 章的主題是 generator 與典型的 iterator。

參數化泛型與 TypeVar

參數化泛型是一種泛型型態，寫成 `list[T]`，其中的 T 是型態變數，在每一次使用時，它會被綁定特定的型態，這可讓參數型態反映到結果型態上。

範例 8-16 定義一個接收兩個引數的 `sample` 函式，一個儲存 T 型態元素的 Sequence，與一個 `int`。它回傳一個同樣儲存 T 型態元素的 `list`，元素是從第一個引數隨機選擇的。

範例 8-16 是實作程式。

範例 8-16　*sample.py*

```python
from collections.abc import Sequence
from random import shuffle
from typing import TypeVar

T = TypeVar('T')

def sample(population: Sequence[T], size: int) -> list[T]:
    if size < 1:
        raise ValueError('size must be >= 1')
    result = list(population)
    shuffle(result)
    return result[:size]
```

我用以下兩個例子來解釋為何在 sample 中使用型態變數：

- 如果用 tuple[int, ...] 型態的 tuple 來呼叫（它 *consistent-with* Sequence[int]），那麼型態參數是 int，所以回傳型態是 list[int]。

- 如果用 str 來呼叫（它 *consistent-with* Sequence[str]），那麼型態參數是 str，所以回傳型態是 list[str]。

為何需要 TypeVar？

PEP 484 的作者希望藉著加入 typing 模組來導入型態提示，而不改變語言的其他東西。透過巧妙的超編程，他們可以讓 [] 運算子在 Sequence[T] 這種類別上發揮作用。但是在中括號內的 T 變數的名字必須在某處定義，否則就要深度修改 Python 直譯器，以支援用 [] 來表示泛型型態的特殊用法。這就是為什麼需要 typing.TypeVar 建構式：在當前的名稱空間中導入變數名稱。像 Java、C# 和 TypeScript 這類的語言不需要事先宣告型態變數的名稱，所以它們沒有相當於 Python 的 TypeVar 類別的東西。

另一個例子是標準程式庫的 statistics.mode 函式，它可回傳序列中最常見的資料點。

以下是文件中的使用範例（*https://fpy.li/8-28*）：

```python
>>> mode([1, 1, 2, 3, 3, 3, 3, 4])
3
```

如果不使用 TypeVar，mode 的簽章可能是範例 8-17 的樣子。

範例 8-17 *mode_float.py*：處理 float 與子型態的 mode[13]

```
from collections import Counter
from collections.abc import Iterable

def mode(data: Iterable[float]) -> float:
    pairs = Counter(data).most_common(1)
    if len(pairs) == 0:
        raise ValueError('no mode for empty data')
    return pairs[0][0]
```

mode 的許多用例都涉及 int 和 float 值，但 Python 還有其他數字型態，讓回傳型態與給定的 Iterable 的元素的型態一致比較理想。我們可以使用 TypeVar 來加以改善。我們從一個簡單但錯誤的參數化簽章看起：

```
from collections.abc import Iterable
from typing import TypeVar

T = TypeVar('T')

def mode(data: Iterable[T]) -> T:
```

當型態參數 T 第一次出現在簽章裡時，它可以是任何型態。當它第二次出現時，它的型態與第一次相同。

因此，每一個 iterable 都 *consistent-with* Iterable[T]，包括 collections.Counter 無法處理的 unhashable 型態的 iterable。我們要限制可指派給 T 的型態，接下來的兩節將介紹做法。

限制 TypeVar

TypeVar 接收額外的位置型引數來限制型態參數。我們可以改良 mode 的簽章，來接受特定的數字型態：

```
from collections.abc import Iterable
from decimal import Decimal
from fractions import Fraction
from typing import TypeVar

NumberT = TypeVar('NumberT', float, Decimal, Fraction)

def mode(data: Iterable[NumberT]) -> NumberT:
```

---

13 這裡的程式比 Python 標準程式庫的 statistics（*https://fpy.li/8-29*）模組內的還要簡單。

這樣寫比較好，它也曾經被當成 mode 的簽章，見 2020 年 5 月 25 日的 typeshed 的 *statistics.pyi*（*https:// fpy.li/8-30*）存根檔。

然而，statistics.mode（*https://fpy.li/8-28*）文件裡有這個範例：

```
>>> mode(["red", "blue", "blue", "red", "green", "red", "red"])
'red'
```

為了快一點，我們可能直接將 str 加入 NumberT 的定義：

```
NumberT = TypeVar('NumberT', float, Decimal, Fraction, str)
```

這當然可行，但如果 NumberT 接收 str 的話，它的名稱就非常不合適了。更重要的是，我們不會無止盡地列出型態，因為我們知道 mode 可以處理它們。我們可以用 TypeVar 的另一個功能來做得更好，見接下來的說明。

Bounded TypeVar

看一下範例 8-17 的 mode 的主體，它用 Counter 類別來進行排序。Counter 基於 dict，所以 data iterable 的元素型態必定是 hashable。

這個簽章看似可行：

```
from collections.abc import Iterable, Hashable

def mode(data: Iterable[Hashable]) -> Hashable:
```

但它的問題在於回傳項目的型態是 Hashable，它是只實作了 __hash__ 方法的 ABC。所以型態檢查器只允許我們對著它呼叫 hash()，使其不怎麼有用。

解決之道是 TypeVar 的另一個選用參數：bound 關鍵字型參數。它可以設為可接受的型態的上限。範例 8-18 使用 bound=Hashable，意味著 type 參數可能是 Hashable 或它的任何子型態（*subtype-of* 關係）。[14]

---

14 我把這個解決方案貢獻給 typeshed，在 2020 年 5 月 26 日時，*statistics.pyi*（*https://fpy.li/8-32*）就是這樣注解 mode 的。

範例 8-18　mode_hashable.py：與範例 8-17 一樣，但使用更靈活的簽章

```
from collections import Counter
from collections.abc import Iterable, Hashable
from typing import TypeVar

HashableT = TypeVar('HashableT', bound=Hashable)

def mode(data: Iterable[HashableT]) -> HashableT:
    pairs = Counter(data).most_common(1)
    if len(pairs) == 0:
        raise ValueError('no mode for empty data')
    return pairs[0][0]
```

結論是：

- 受限制的型態變數將被設為 TypeVar 宣告式裡指名的型態之一。

- 被綁定（bounded）的型態變數會被設成運算式的推斷型態，只要是推斷出來的型態 *is consistent-with* TypeVar 的 bound= 關鍵字引數所宣告的界限。

 用來宣告 bounded TypeVar 的關鍵字引數叫做 bound= 不太好，因為動詞「to bind」經常用來代表設定變數的值，但是它在 Python 的參考語義中，最適合用來描述將一個名稱綁定到一個值。將關鍵字引數命名為 boundary= 比較容易理解。

typing.TypeVar 建構式還有其他的選用參數，包括 covariant 與 contravariant，我們將在第 553 頁的「Variance」中介紹它們。

在介紹 TypeVar 的這個小節的最後，我們來看 AnyStr。

預先定義的 AnyStr 型態變數

typing 模組有一個預先定義的 TypeVar，名為 AnyStr。它的定義是：

```
AnyStr = TypeVar('AnyStr', bytes, str)
```

許多接收 bytes 或 str 並回傳給定型態的值的函式都使用 AnyStr。

接著我們來介紹 typing.Protocol，它是 Python 3.8 的新功能，可支援更多型態提示的 Python 風格用法。

靜態協定

 在物件導向語言裡,「協定(protocol)」是一種代表非正式介面的概念,它與 Smalltalk 一樣古老,而且從一開始就是 Python 的重要部分。但是,在型態提示的背景下,protocol 是 typing.Protocol 子類別,用來定義可用型態檢查器來驗證的介面。第 13 章會討論這兩種 protocol。接下來的內容只是在函式注解的背景之下進行簡單的介紹。

PEP 544 —— Protocols: Structural subtyping (static duck typing)(*https://fpy.li/pep544*)所提出的 Protocol 型態類似 Go 的介面:protocol 型態是藉著指定一或多個方法來定義的,型態檢查器會檢查使用 protocol 型態的地方是否實作了那些方法。

在 Python 裡,protocol 的定義寫成 typing.Protocol 子類別。但是,**實作 protocol 的類別不需要繼承定義了** protocol 的類別,或是向它們註冊,或宣告與它們之間的任何關係。型態檢查器必須自己找出可用的 protocol 型態,並強迫使用它們。

以下是一個可以利用 Protocol 與 TypeVar 來解決的問題。假設你想要建立一個函式 top(it, n),讓它回傳 iterable it 最大的 n 個元素:

```
>>> top([4, 1, 5, 2, 6, 7, 3], 3)
[7, 6, 5]
>>> l = 'mango pear apple kiwi banana'.split()
>>> top(l, 3)
['pear', 'mango', 'kiwi']
>>>
>>> l2 = [(len(s), s) for s in l]
>>> l2
[(5, 'mango'), (4, 'pear'), (5, 'apple'), (4, 'kiwi'), (6, 'banana')]
>>> top(l2, 3)
[(6, 'banana'), (5, 'mango'), (5, 'apple')]
```

參數化泛型 top 將長得像範例 8-19 這樣。

範例 8-19　使用未定義的 T 型態參數的 top 函式

```
def top(series: Iterable[T], length: int) -> list[T]:
    ordered = sorted(series, reverse=True)
    return ordered[:length]
```

問題在於如何限制 T?它不能是 Any 或 object,因為 series 必須搭配 sorted。內建的 sorted 其實接收 Iterable[Any],但那是因為選用的參數 key 接收一個函式,該函式從每

個元素計算出一個任意的排序鍵。如果你將一般物件的 list 傳給 sorted，但不提供 key 引數會怎樣？我們來試試：

```
>>> l = [object() for _ in range(4)]
>>> l
[<object object at 0x10fc2fca0>, <object object at 0x10fc2fbb0>,
<object object at 0x10fc2fbc0>, <object object at 0x10fc2fbd0>]
>>> sorted(l)
Traceback (most recent call last):
  File "<stdin>", line 1, in <module>
TypeError: '<' not supported between instances of 'object' and 'object'
```

錯誤訊息指出 sorted 對著 iterable 的元素使用 < 運算子。就這麼簡單？我們來做另一個簡單的實驗：[15]

```
>>> class Spam:
...     def __init__(self, n): self.n = n
...     def __lt__(self, other): return self.n < other.n
...     def __repr__(self): return f'Spam({self.n})'
...
>>> l = [Spam(n) for n in range(5, 0, -1)]
>>> l
[Spam(5), Spam(4), Spam(3), Spam(2), Spam(1)]
>>> sorted(l)
[Spam(1), Spam(2), Spam(3), Spam(4), Spam(5)]
```

我們證實了一件事：我可以 sort（排序）一個 Spam list 是因為 Spam 實作了 __lt__，它是支援 < 運算子的特殊方法。

所以，我們應該將範例 8-19 的 T 型態參數限制為實作了 __lt__ 的型態。在範例 8-18 中，我們需要一個實作了 __hash__ 的型態參數，好讓我們能夠使用 typing.Hashable 作為型態參數的上限。但現在 typing 或 abc 裡沒有適合的型態可以使用，所以我們要建立它。

範例 8-20 是新的 SupportsLessThan 型態，它是一個 Protocol。

範例 8-20　*comparable.py*：SupportsLessThan Protocol 型態的定義

```
from typing import Protocol, Any

class SupportsLessThan(Protocol):    ❶
    def __lt__(self, other: Any) -> bool: ...    ❷
```

15　像剛剛那樣，打開互動式主控台並依靠鴨定型來探索語言功能是多棒的一件事！每當我使用不支援鴨定型的語言時，我都非常想念這種探索方法。

---

❶ protocol 是 typing.Protocol 的子類別。

❷ protocol 的主體有一或多個方法定義，方法的主體裡面有 ... 。

如果型態 T 實作了 P 裡定義的所有方法，那麼 T 就 *consistent-with* P。

有了 SupportsLessThan 之後，我們在範例 8-21 定義 top 的可行版本。

範例 8-21 top.py：使用 TypeVar 與 bound=SupportsLessThan 來定義 top 函式

```
from collections.abc import Iterable
from typing import TypeVar

from comparable import SupportsLessThan

LT = TypeVar('LT', bound=SupportsLessThan)

def top(series: Iterable[LT], length: int) -> list[LT]:
    ordered = sorted(series, reverse=True)
    return ordered[:length]
```

我們來試一下 top。範例 8-22 是與 pytest 搭配的測試套件的一部分。它試著使用可 yield tuple[int, str] 的 genexp 來呼叫 top，然後使用 object 的 list。我們預期使用 object list 會看到 TypeError 例外。

範例 8-22 top_test.py：top 的部分測試套件

```
from collections.abc import Iterator
from typing import TYPE_CHECKING    ❶

import pytest

from top import top

# 省略幾行程式

def test_top_tuples() -> None:
    fruit = 'mango pear apple kiwi banana'.split()
    series: Iterator[tuple[int, str]] = (    ❷
        (len(s), s) for s in fruit)
    length = 3
    expected = [(6, 'banana'), (5, 'mango'), (5, 'apple')]
    result = top(series, length)
    if TYPE_CHECKING:    ❸
```

```
        reveal_type(series)  ❹
        reveal_type(expected)
        reveal_type(result)
    assert result == expected

# 故意使用錯誤的型態
def test_top_objects_error() -> None:
    series = [object() for _ in range(4)]
    if TYPE_CHECKING:
        reveal_type(series)
    with pytest.raises(TypeError) as excinfo:
        top(series, 3)  ❺
    assert "'<' not supported" in str(excinfo.value)
```

❶ typing.TYPE_CHECKING 常數在執行期一定是 False，但型態檢查器在檢查型態時假裝它是 True。

❷ 明確地宣告 series 變數的型態，來讓 Mypy 的輸出更易讀。[16]

❸ 用這個 if 來防止接下來三行在執行測試時執行。

❹ reveal_type() 不能在執行期呼叫，因為它不是常規函式，而是 Mypy 偵錯工具，這就是為什麼沒有 import 它。Mypy 會幫每一個 reveal_type() 虛擬函式呼叫式輸出一個偵錯訊息，展示引數的推斷型態。

❺ Mypy 會指出這一行是錯的。

上面的測試可以通過，但無論在 *top.py* 裡面有沒有型態提示，它們都會通過。更重要的是，用 Mypy 來檢查那個測試檔可以看到 TypeVar 一如預期地運作。參見範例 8-23 的 mypy 命令輸出。

 在 Mypy 0.910（2021 年 7 月）中，在某些情況下，reveal_type 的輸出無法精確地顯示我所宣告的型態，而是輸出相容的型態，例如，我不是使用 typing.Iterator，而是使用 abc.Iterator。請忽略這個細節。Mypy 的輸出仍然有用。當我討論輸出時，我會假裝 Mypy 的問題已經修正了。

---

16 如果沒有這個型態提示，Mypy 會推斷 series 的型態是 Generator[Tuple[builtins.int, buil tins.str*], None, None]，雖然它很冗長，但 *consistent-with* Iterator[tuple[int, str]]，我們將在第 649 頁的「泛型 Iterable 型態」中看到。

範例 8-23　*mypy top_test.py* 的輸出（為了幫助閱讀，我將它分行）

```
…/comparable/ $ mypy top_test.py
top_test.py:32: note:
    Revealed type is "typing.Iterator[Tuple[builtins.int, builtins.str]]" ❶
top_test.py:33: note:
    Revealed type is "builtins.list[Tuple[builtins.int, builtins.str]]"
top_test.py:34: note:
    Revealed type is "builtins.list[Tuple[builtins.int, builtins.str]]" ❷
top_test.py:41: note:
    Revealed type is "builtins.list[builtins.object*]" 3
top_test.py:43: error:
    Value of type variable "LT" of "top" cannot be "object" ❹
Found 1 error in 1 file (checked 1 source file)
```

❶ 在 test_top_tuples 裡，reveal_type(series) 展示它是個 Iterator[tuple[int, str]]，這是我明確宣告的。

❷ reveal_type(result) 確認 top 呼叫回傳型態是我要的：給定 series 型態，結果是 list[tuple[int, str]]。

❸ 在 test_top_objects_error 裡，reveal_type(series) 展示它是 list[object*]。Mypy 在推斷出來的任何型態後面加上一個 *：我在這個測試中，並未注解 series 的型態。

❹ Mypy 指出這個測試故意觸發的錯誤：Iterable series 的元素型態不能是 object（它們必須是 SupportsLessThan 型態）。

與 ABC 相比，protocol 型態的主要優點是型態不需要特別宣告它 *consistent-with* 一種 protocol 型態，這可讓你利用現有的型態來建立 protocol，或是用你無法控制的程式實作的型態來建立 protocol。我不需要衍生或註冊 str、tuple、float、set …等，就可以在期望收到 SupportsLessThan 參數的地方使用它們。它們只需要實作 __lt__ 即可。而且型態檢查器仍然能夠完成它的工作，因為 SupportsLessThan 被明確地定義成一個 Protocol，相較之下，鴨定型經常使用隱性 protocol，型態檢查器無法看見它。

特殊的 Protocols 類別是在 PEP 544 —— Protocols: Structural subtyping (static duck typing)（*https://fpy.li/pep544*）加入的。範例 8-21 展示這個功能為何稱為靜態鴨定型：為 top 的 series 參數加上注解，就是在說：「series 的名義型態並不重要，只要它實作了 __lt__ 方法即可。」Python 的鴨定型允許我們隱性地表達這件事，這會讓靜態型態檢查器失去檢查的依據。型態檢查器無法閱讀 C 寫成的 CPython 原始碼，或執行主控台實驗，來發現 sorted 只要求元素支援 <。

現在我們可以讓靜態型態檢查器明確地認識鴨定型。這就是為什麼「typing.Protocol 為我們提供靜態的鴨定型」這句話有道理。[17]

關於 typing.Protocol 還有一些需要介紹的地方。我們將在第四部分回來討論它，其中的第 13 章將對比結構化定型、鴨定型與 ABC（另一種將 protocol 正式化的方法）。此外，第 528 頁的「多載簽章」（第 15 章）將解釋如何使用 @typing.overload 來宣告多載函式簽章，裡面有一個使用 typing.Protocol 與 bounded TypeVar 的例子。

 我們可以使用 typing.Protocol 來對第 265 頁的「型態是以所支援的操作來定義的」所介紹的 double 函數進行注解，而不會喪失功能。關鍵在於使用 __mul__ 方法來定義一個 protocol 類別。請你把這項任務當成習題。本題的解答在第 474 頁的「有型態的 double 函式」（第 13 章）。

callable

collections.abc 模組提供 Callable 型態來注解回呼參數或更高階的函式回傳的 callable 物件，尚未使用 Python 3.9 的人可在 typing 模組找到它。這是參數化 Callable 型態：

```
Callable[[ParamType1, ParamType2], ReturnType]
```

在參數 list（[ParamType1, ParamType2]）裡面可以有零個以上的型態。

下面是在 repl 函式的背景下的例子，它是第 679 頁的「案例研究：在 lis.py 裡的模式比對」裡的簡單互動式直譯器的一部分：[18]

```
def repl(input_fn: Callable[[Any], str] = input) -> None:
```

在正常的使用期間，repl 函式使用 Python 內建的 input 來讀取使用者提供的運算式。但是，在進行自動化測試，或與其他輸入源整合時，repl 接收一個選用的參數 input_fn，它是一個 Callable，具有與 input 一樣的參數和回傳型態。

在 typeshed 上，內建的 input 的簽章是：

```
def input(__prompt: Any = ...) -> str: ...
```

17　我不知道靜態鴨定型這個詞是誰發明的，但它在 Go 語言裡越來越流行，Go 語言的介面語義比較像 Python 的 protocol，而不是 Java 的名義介面。

18　REPL 是 Read-Eval-Print-Loop 的縮寫，它是互動式直譯器的基本行為。

input *consistent-with* 下面這個 Callable 型態提示：

```
Callable[[Any], str]
```

沒有語法可以注解選用或關鍵字引數型態。typing.Callable 的文件（*https://fpy.li/8-34*）說，「這種函式型態通常不會被當成回呼型態來使用。」如果你需要型態提示來比對函式與靈活的簽章，可將整個參數 list 換成 ...：

```
Callable[..., ReturnType]
```

泛型型態參數與型態階層的互動帶來一個新的定型概念：variance。

callable 型態裡的 variance

假設在空調系統裡有一個簡單的 update 函式，如範例 8-24 所示。update 函式呼叫 probe 函式來取得當前的溫度，並呼叫 display 來顯示溫度。probe 與 display 都被當成引數傳給 update，這只是出於教學上的需要。這個範例的目標是比較兩種 Callable 注解：一個有回傳型態，另一個有參數型態。

範例 8-24. 說明 variance

```
from collections.abc import Callable

def update(           ❶
        probe: Callable[[], float],      ❷
        display: Callable[[float], None]   ❸
    ) -> None:
    temperature = probe()
    # 想像這裡有很多控制程式
    display(temperature)

def probe_ok() -> int:     ❹
    return 42

def display_wrong(temperature: int) -> None:     ❺
    print(hex(temperature))

update(probe_ok, display_wrong)  # 型態錯誤     ❻

def display_ok(temperature: complex) -> None:     ❼
    print(temperature)

update(probe_ok, display_ok)  # OK     ❽
```

❶ update 接收兩個 callable 引數。

❷ probe 必須是不接收引數且回傳一個 float 的 callable。

❸ display 接收一個 float 引數並回傳 None。

❹ probe_ok *consistent-with* Callable[[], float]，因為回傳 int 不會破壞期望收到 float 的程式。

❺ display_wrong 不 *consistent-with* Callable[[], float]，因為期望接收 int 的函式不一定可以處理 float；例如，Python 的 hex 函式接受 int 但拒絕 float。

❻ Mypy 指出這一行有誤，因為 display_wrong 與 update 的 display 參數中的型態提示不相容。

❼ display_ok *consistent-with* Callable[[float]，因為接受 complex 的函式也可以處理 float 引數。

❽ Mypy 很滿意這一行。

總之，當程式碼期望回呼回傳 float 時，提供回傳 int 的回呼是沒問題的，因為 int 值一定可以在期望使用 float 值的地方使用。

正式地說，Callable[[], int] 是 *subtype-of* Callable[[], float]，因為 int 是 *subtype-of* float。這意味著 Callable 與回傳型態是協變的（*covariant*），因為 *int* 與 *float* 在 *subtype-of* 關係中的方向，與使用它們作為回傳型態的 Callable 型態的關係中的方向相同。

另一方面，如果程式需要可處理 float 的回呼，你卻提供一個接收 int 引數的回呼，那就會產生型態錯誤。

正式地說，Callable[[int], None] 不是 *subtype-of* Callable[[float], None]。雖然 int 是 *subtype-of* float，在參數化 Callable 型態裡，關係是反過來的：Callable[[float], None] 是 *subtype-of* Callable[[int], None]。因此，Callable 與所宣告的參數型態是 *contravariant*。

第 15 章的「variance」將更深入地解釋 variance，並提供一些 invariant、covariant、contravariant 型態的範例。

請放心，大多數參數化泛型型態都是 *invariant*，因此比較簡單。例如，如果我宣告了 scores: list[float]，它可以告訴我哪些東西可以指派給 scores。我不能指派被宣告為 list[int] 或 list[complex] 的物件：

- 不能接受 list[int] 物件是因為它無法保存 float 值，但我的程式需要將它放入 scores。
- 不能接受 list[complex] 物件是因為我的程式可能需要排序 scores 來找出中位數，但 complex 不提供 __lt__，因此 list[complex] 不可排序。

接下來是本章的最後一個特殊型態。

NoReturn

這個特殊型態只用來注解絕不回傳物件的函式的回傳型態。通常，它們的存在是為了發出例外。標準程式庫裡有數十個這種函式。

例如，sys.exit() 會發出 SystemExit 來終止 Python 程序。

它在 typeshed 裡的簽章是：

```
def exit(__status: object = ...) -> NoReturn: ...
```

__status 參數是限位置型的，而且有預設值。存根檔不會寫出預設值，而是使用 ...。__status 的型態是 object，這意味著它也可能是 None，所以將它標成 Optional[object] 是多餘的。

第 24 章的範例 24-6 會在 __flag_unknown_attrs 裡使用 NoReturn，該方法的功能是產生方便且詳盡的錯誤訊息，然後發出 AttributeError。

在這史詩級的一章的最後一節裡，我們要來討論位置型參數與 variadic 參數。

注解限位置型參數與 variadic 參數

回想一下範例 7-9 的 tag 函式，我們上一次看到它的簽章的地方是在第 246 頁的「限位置型參數」：

```
def tag(name, /, *content, class_=None, **attrs):
```

下面是加上完整注解的 tag，它有好幾行，這是長簽章的常見寫法，我們採用 *blue*（*https://fpy.li/8-10*）格式化程式的做法來斷行：

```python
def tag(
    name: str,
    /,
    *content: str,
    class_: Optional[str] = None,
    **attrs: str,
) -> str:
```

注意位置型參數的型態提示 *content: str：它的意思是所有這種引數的型態都必須是 str。在函式主體裡的 content 區域變數的型態將是 tuple[str, ...]。

在這個例子裡，關鍵字引數的型態提示是 **attrs: str，因為在函式裡的 attrs 的型態將是 dict[str, str]。對於 **attrs: float 這種型態提示，在函式裡的 attrs 的型態將是 dict[str, float]。

如果 attrs 可接收不同型態的值，你必須使用 Union[] 或 Any: **attrs: Any。

限位置型參數的 / 只能在 Python 3.8 以上使用。在 Python 3.7 之前，它是錯誤的語法。PEP 484 規範（*https://fpy.li/8-36*）要求在每個限位置型參數名稱的開頭加上兩條底線。以下同樣是 tag 的簽章，使用 PEP 484 規範，這次分成兩行：

```python
from typing import Optional

def tag(__name: str, *content: str, class_: Optional[str] = None,
        **attrs: str) -> str:
```

Mypy 認識這兩種宣告限位置型參數的方式，也會檢查它們。

在本章的尾聲，我們來簡單地考慮型態提示的限制，以及它們支援的靜態型態系統。

不完美的定型與強測試

據大型企業碼庫維護者的說法，很多 bug 都是被靜態型態檢查器發現的，和已經在生產環境中執行程式之後才發現的 bug 相比，修正這種 bug 的成本更低。但是必須注意的是，自動化測試是標準做法，而且我認識的公司早在靜態定型被加入之前就已經廣泛地採用自動化測試了。

即使是在靜態定型能夠發揮最大效益的情況下，它們也不能被視為正確性的終極根據。它很不擅長找出：

偽陽性

工具回報正確的程式有錯誤。

偽陰性

工具無法回報不正確的程式有錯誤。

此外，如果我們被迫檢查所有東西的型態，我們將喪失 Python 的一些表現力：

- 有些方便的功能不能靜態檢查，例如 config(**settings) 這種引數 unpacking。
- 型態檢查器未完整地支援屬性、descriptor、metaclass、超編程…等進階功能，或無法理解它們。
- 型態檢查器的版本落後 Python，拒絕分析使用新語言功能的程式碼，甚至在分析時崩潰，有時版本落後超過一年。

常見的資料限制不能用型態系統來表達，即使是簡單的限制條件。例如，型態提示無法確保「數量必須是 > 0 的整數」或「標籤必須是包含 6 至 12 個 ASCII 字母的字串」。一般來說，型態提示無法幫你抓到商業邏輯中的錯誤。

因為有這些注意事項，型態提示不可能成為軟體品質的支柱，強制規定必須使用它們會放大它們的缺點。

你應該將靜態型態檢查器視為現代 CI 管道中的工具之一，和測試執行器、linter…等一起使用。CI 管道的意義是減少軟體故障，而自動化測試可以抓到許多型態提示無法抓到的 bug。可以用 Python 來寫的程式都可以用 Python 來測試，無論是否使用型態提示。

本節的標題與結論都受到 Bruce Eckel 的文章「Strong Typing vs. Strong Testing」（*https://fpy.li/8-37*）的啟發，該文也被放在 Joel Spolsky 編輯的 *The Best Software Writing I* 裡（*https://fpy.li/8-38*）（Apress）。Bruce 是 Python 的粉絲，也是 C++、Java、Scala、Kotlin 等程式書籍的作者。他在那篇文章中講述了他一直是靜態定型的倡導者，直到認識 Python，並做出結論：「如果 Python 程式有足夠的單元測試，它可以和擁有充足的單元測試的 C++、Java、C# 程式一樣健壯（儘管 Python 的測試程式寫起來更快）。」

我們至此結束關於 Python 型態提示的討論。它們也是第 15 章的重點，第 15 章介紹泛型類別、variance、多載簽章、轉型⋯等。型態還會在本書的幾個例子中客串演出。

本章摘要

首先，我們簡單介紹了漸進定型的概念，然後介紹實踐的方法。為了瞭解漸進定型如何運作，我們需要使用能夠讀取型態提示的工具，所以我們在 Mypy 錯誤報告的指引之下，開發了一個加上注解的函式。

回到漸進定型的想法，我們探討了它為何是 Python 的傳統鴨定型以及 Java、C++ 和其他靜態定型語言的使用者比較熟悉的名義定型的混合體。

本章大多數的篇幅都在介紹注解中使用的主要型態。我們介紹的很多型態都與熟悉的 Python 物件型態有關，例如 collection、tuple、callable，並加以擴展，以支援泛型表示法，例如 Sequence[float]。其中的很多型態是 Python 3.9 為了支援泛型而修改標準型態之前，在 typing 模組內實作的臨時替代品。

有些型態是特殊的實體。Any、Optional、Union 與 NoReturn 與記憶體裡的實際物件沒有任何關係，它們只存在於型態系統這個抽象領域。

我們認識了參數化泛型，以及型態變數，它們讓型態提示更靈活，又不犧牲型態安全性。

參數化泛型在你使用 Protocol 時變得更富表現力。因為 Protocol 只出現在 Python 3.8 裡，所以它還沒有被廣泛使用，但它非常重要。Protocol 可讓你使用靜態定型，靜態定型是 Python 的鴨定型核心與名義定型之間的橋樑。名義定型可讓靜態型態檢查器抓到 bug。

在介紹其中的一些型態時，我們用 Mypy 來做實驗，以瞭解型態檢查錯誤，並利用 Mypy 神奇的 reveal_type() 函式來推斷型態。

最後一節討論了如何注解限位置型及 variadic 參數。

型態提示是複雜且持續變化的主題。幸好它們只是選用的功能。我們應該讓 Python 繼續擁抱最廣大的用戶群，停止宣揚「所有 Python 程式碼都必須使用型態提示」這種論調 —— 就像我在定型傳道者的公開傳道會場裡看到的那樣。

我們的 BDFL[19] 榮譽主席領導 Python 型態提示的推動，所以本章應該用他的話來開始和結束：

> 我不希望有個 Python 版本強迫我出於道德義務而添加型態提示。我確實認為型態提示有其適用之處，但它們也有很多不值得使用的時機，所以可以自行決定何時使用它們是很棒的事情。[20]
>
> —— *Guido van Rossum*

延伸讀物

Bernát Gábor 在他的佳文「The state of type hints in Python」（*https://fpy.li/8-41*）中寫道：

> 在值得編寫單元測試的時候，就應該使用型態提示。

我是測試的鐵粉，但我也做了很多探索性編程。在進行探索時，測試與型態提示不太有用，反而是一種累贅。

Gábor 的文章是我所看過最棒的 Python 型態提示介紹文章之一，此外還有 Geir Arne Hjelle 的「Python Type Checking (Guide)」（*https://fpy.li/8-42*）。Claudio Jolowicz 的「Hypermodern Python Chapter 4: Typing」（*https://fpy.li/8-43*）是較短的簡介，但也提到執行期型態檢驗。

若想閱讀更深入的文獻，Mypy 文件（*https://fpy.li/8-44*）是最佳資源。無論你使用哪種型態檢查器，這份文件都很有價值，因為它裡面有關於 Python 定型的教學與參考網頁，而不是只有 Mypy 工具本身而已。你也可以在那裡找到方便的小抄（*https://fpy.li/8-45*）與常見問題和解決方案的網頁（*https://fpy.li/8-46*）。

typing（*https://fpy.li/typing*）模組文件是很棒的快速參考，但沒有太多細節。PEP 483 —— The Theory of Type Hints（*https://fpy.li/pep483*）裡面有關於 variance 的深度解說，並用 Callable 來說明 contravariance。與定型有關的終極參考資料是 PEP 文件，它們已經有超過 20 份了。PEP 的目標受眾是 Python 核心開發者和 Python 的指導委員會，所以它們預設受眾已具備很多知識，看起來當然不輕鬆。

19　「Benevolent Dictator For Life」。見 Guido van van Rossum 在「Origin of BDFL」（*https://fpy.li/bdfl*）的說明。

20　來自 YouTube 影片「Type Hints by Guido van Rossum (March 2015)」（*https://fpy.li/8-39*）。引用內容始於 13'40"（*https://fpy.li/8-40*）。為了更清楚，我做了一些修改。

如前所述，第 15 章會討論更多定型主題，第 564 頁的「延伸讀物」會提供其他的參考資料，包括表 15-1，裡面有截至 2021 年底已核准或正在討論的定型 PEP。

「Awesome Python Typing」（*https://fpy.li/8-47*）裡有許多寶貴的工具和參考文獻的網路連結。

肥皂箱

騎就對了

> 忘了那些超輕盈的、不舒服的自行車、華麗的風衣、夾在小踏板上的笨重鞋子，以及無盡里程的訓練。像你小時候那樣騎車 —— 直接跨上自行車，從中發現騎自行車的純粹樂趣。
>
> —— *Grant Petersen，Just Ride: A Radically Practical Guide to Riding Your Bike*（*Workman Publishing*）

如果編寫程式不是你的工作主軸，而是工作中的一項工具，或只是偶爾拿來進行學習、嘗試、娛樂，你可能不需要型態提示，就好比很多人騎自行車時不需要穿上附帶金屬夾板的硬底自行車鞋一樣。

把程式寫下去就對了。

定型的認知效應

我擔心型態提示會影響 Python 的編寫風格。

我同意大多數 API 的使用者都可以從型態提示獲益。但 Python 吸引我的優點（之一）是它提供的強大函式可以取代整個 API，而且我們可以自己撰寫差不多強大的函式。考慮內建的 max()（*https://fpy.li/8-48*），它很強大，也很容易理解。但是我將在第 530 頁的「Max 多載」裡展示，我們需要 14 行型態提示才能正確地注解它 —— 這不包含 typing. Protocol 和一些支援這些型態提示的 TypeVar 定義。

我擔心程式庫嚴格執行型態提示會讓將來的程式設計師不想編寫這種函式。

根據英文維基百科，「linguistic relativity（語言學相對論）」（又名 Sapir–Whorf 假說）（*https://fpy.li/8-49*）「是一種原則，認為語言的結構會影響使用者的世界觀或認知。」維基進一步解釋道：

- 強勢版本說，語言決定思維，而且語言的範疇會限制並決定認知的範疇。

- 弱勢版本說，語言種類和用法僅影響思考和決策。

語言學家普遍認為強勢版本是錯的，但是有經驗證據支持弱勢版本。

我還沒有看到針對程式語言的具體研究，但根據我的經驗，它們對處理問題的手段有很大的影響力。我的第一種專業程式語言是 8 位元計算機時代的 Applesoft BASIC。BASIC 並未直接支援遞迴，你必須製作自己的 call stack 才能使用它。所以我從未考慮使用遞迴演算法或資料結構。我知道在概念層面上有這種事情，但它們不在我解決問題的工具箱裡。

幾十年後，我開始使用 Elixir，我喜歡用遞迴來解決問題，卻過度使用它 —— 在我發現 Elixir Enum 和 Stream 模組的現成函式可以簡化我的許多解決方案之前。我發現道地的 Elixir 應用級程式碼幾乎沒有明確的遞迴呼叫，而是使用 enum 和 stream 在底層實現遞迴。

語言相對論可以解釋一個普遍的想法（也尚未證實）：學習不同的程式語言會讓你成為更好的程式設計師，特別是那些語言支援不同的程式設計範式時。使用 Elixir 讓我在寫 Python 或 Go 程式時更有可能應用泛函（functional）模式。

現在讓我們回到地球。

如果 Kenneth Reitz 決定（或被上司要求）注解 requests 程式包的所有函式的話，他應該做出一個迥然不同的 API。他的目標是寫一個容易使用、靈活和強大的 API。從 request 的火爆人氣來看，他成功了，在 2020 年 5 月，它在 PyPI Stats（*https://fpy.li/8-50*）上排名第四，每天有 260 萬次下載。排名第一的是 urllib3，它是 request 所依賴的程式庫。

在 2017 年，requests 的維護者決定（*https://fpy.li/8-51*）不花時間編寫型態提示了。其中一位維護者 Cory Benfield 寫了一封電子郵件（*https://fpy.li/8-52*）說：

> 我認為符合 *Python* 風格的 API 程式庫最不可能採用這種型態系統，因為對它們而言，型態系統提供的價值極少。

在那封郵件裡，Benfield 提出這個關於 requests.request() 的 files 關鍵字引數的臨時型態定義（*https://fpy.li/8-53*）的極端例子：

```
     Optional[
       Union[
         Mapping[
           basestring,
           Union[
             Tuple[basestring, Optional[Union[basestring, file]]],
             Tuple[basestring, Optional[Union[basestring, file]],
                   Optional[basestring]],
             Tuple[basestring, Optional[Union[basestring, file]],
                   Optional[basestring], Optional[Headers]]
           ]
         ],
         Iterable[
           Tuple[
             basestring,
             Union[
               Tuple[basestring, Optional[Union[basestring, file]]],
               Tuple[basestring, Optional[Union[basestring, file]],
                     Optional[basestring]],
               Tuple[basestring, Optional[Union[basestring, file]],
                     Optional[basestring], Optional[Headers]]
             ]
           ]
         ]
       ]
     ]
```

它以這個定義為前提：

```
     Headers = Union[
       Mapping[basestring, basestring],
       Iterable[Tuple[basestring, basestring]],
     ]
```

如果維護者堅持型態提示覆蓋率必須達到 100%，你認為 requests 會是現在這樣嗎？
SQLAlchemy 是與型態提示不搭調的另一個重要程式包。

這些程式庫的偉大之處在於它們擁抱了 Python 的動態性質。

型態提示有好處，但也有代價。

首先，瞭解型態系統如何運作需要做出很大的投資，這是一次性的代價。

但也有經常性的代價，而且是永續的。

如果我們堅持檢查所有東西的型態，我們就會喪失 Python 的一些表現力。像引數 unpacking 這種優雅的功能（例如 config(**settings)）是型態檢查器無法理解的。

如果你想檢查 config(**settings) 這種呼叫的型態，你必須指出每一個引數。這讓我想起 35 年前寫過的 Turbo Pascal 程式。

使用超編程的程式庫很難或不可能加以注解。當然，超編程可能被濫用，但它也是很多 Python 程式包如此人性化的主因。

如果大企業從上到下強迫實施型態提示，我敢打賭，很快就會看到有人使用程式碼生成來減少 Python 原始碼裡的樣板碼（boilerplate），這正是使用沒有那麼動態的語言時，常見的做法。

對某一些專案和背景而言，型態提示沒有任何意義。即使是在大部分的型態提示都有意義的情況下，它們也不是百分之百有意義的。與型態提示的用法有關的任何政策，在合理情況下都有例外。

開創物件導向程式設計的圖靈獎得主 Alan Kay 說過：

> 有些人百分之百信奉型態系統，作為一位數學人，我喜歡型態系統的概念，但還沒有人想出足夠全面的型態系統。[21]

感謝 Guido 讓定型是選用的，讓我們按照期望使用它，而不是把所有東西都注解成激似 Java 1.5 的編寫風格。

鴨定型萬歲！

鴨定型符合我的思維方式，而靜態鴨定型是一種很好的妥協，它允許靜態型態檢查，同時不會失去一些名義定型系統所提供的靈活性，這種靈活性是名義定型系統用很多複雜性換來的，如果它有靈活性的話。

在 PEP 544 之前，型態提示的概念對我來說一點都不 Python。我很開心看到 typing. Protocol 降臨 Python。它為原力帶來平衡。

21　來源：「A Conversation with Alan Kay」（*https://fpy.li/8-54*）。

generic（通用）還是 specific（專用）？

從 Python 的角度來看，用「generic（通用、泛）」這個詞來稱呼定型是落伍的做法。「generic」通常是指「適用於整個類別或群體」或「無商標名稱」。

考慮 list vs. list[str]。前者是 generic，它可接受任何物件。後者是 specific，它只接受 str。

但這個詞適合在 Java 裡使用。在 Java 1.5 之前，所有的 Java collection（除了魔術 array 之外）都是「specific」：它們只能容納 Object 參考，所以我們必須將取自 collection 的項目轉型才能使用它們。在 Java 1.5，collection 有了型態參數，因此變成「generic」。

decorator 與 closure

很多人不喜歡這個功能被命名為「decorator（修飾器）」，主要的原因是，這個名稱與四人幫在他們的書 [1] 裡的用法不一致。之所以使用 *decsorator* 這個名稱的原因應該是它在編譯器領域的用途 —— 遍歷和註解語法樹。

— *PEP 318* — *Decorators for Functions and Methods*

函式 decorator 可讓我們在原始碼裡「標記」函式，以某種方式來加強它們的行為。它是一項強大的工具，但是要掌握它必須先了解 closure，也就是當函數捕獲在其主體外定義的變數時所產生的情況。

在 Python 中最晦澀的保留關鍵字是 nonlocal，它是在 Python 3.0 加入的。如果你嚴格地遵守以類別為中心的物件導向設計，你應該不需要使用它就可以過著不錯的 Python 程式設計師生活。然而，如果你想實作自己的函式 decorator，你就要瞭解 closure，如此一來，你對 nonlocal 的需求就顯而易見了。

除了 closure 在 decorator 中的作用之外，它對使用回呼（callback）的任何編程類型而言也不可或缺，編寫泛函風格的程式時，在合理的情況下也會使用它。

本章的最終目標是準確地解釋函式 decorator 的工作原理，從最簡單的註冊 decorator 到相當複雜的帶參數的 decorator。但是，在到達那個目標之前，我們要先瞭解：

1　這是指所謂的四人幫在 1995 年著作的 *Design Patterns* 一書（Gamma 等，Addison-Wesley）。

- Python 如何執行 decorator 語法。

- Python 如何判定變數是不是區域變數。

- 為何有 closure？它們如何動作？

- nonlocal 解決哪些問題？

有了這些基礎之後，我們就可以開始探討進一步的 decorator 主題了：

- 實作正確的 decorator。

- 標準程式庫的強大 decorator：@cache、@lru_cache 與 @singledispatch。

- 實作帶參數的 decorator。

本章有哪些新內容

Python 3.9 新增的快取 decorator functools.cache 比傳統的 functools.lru_cache 更簡單，所以我會先介紹它。後者會在第 332 頁的「使用 lru_cache」裡介紹，包含 Python 3.8 新增的簡化形式。

第 333 頁的「單一分派泛型函式」加入更多內容，現在使用型態提示，這是自 Python 3.7 起，使用 functools.singledispatch 時較好的做法。

第 340 頁的「帶參數的 decorator」加入基於類別的範例 9-27。

為了改善本書的流程，我將第 10 章「用一級函式來實作設計模式」移到第二部分的結尾。現在第 361 頁的「用 decorator 來加強 Strategy 模式」被放入那一章，連同 Strategy 設計模式使用 callable 的其他變體。

我們會先對 decorator 進行平易近人的介紹，再討論本章開頭列舉的其他項目。

Decorators 101

decorator 就是接收作為引數的其他函式（被修飾的函式）的 callable。

decorator 可以對被修飾的函式進行一些處理，並回傳它，或將它換成另一個函式或 callable 物件。[2]

換句話說，假設有一個現有的 decorator，叫做 decorate，這段程式：

```
@decorate
def target():
    print('running target()')
```

的效果與這段程式相同：

```
def target():
    print('running target()')

target = decorate(target)
```

它們的結果都是一樣的：在這兩段程式最後，target 名稱一定綁定 decorate(target) 回傳的函式，它或許是最初名為 target 的函式，或許是不同的函式。

為了證明被修飾的函式已經被換掉了，看一下範例 9-1 的主控台對話。

範例 9-1　*decorator* 通常將函式換成不同的

```
>>> def deco(func):
...     def inner():
...         print('running inner()')
...     return inner      ❶
...
>>> @deco
... def target():      ❷
...     print('running target()')
...
>>> target()  ❸
running inner()
>>> target      ❹
<function deco.<locals>.inner at 0x10063b598>
```

❶ deco 回傳它的 inner 函式物件。

❷ target 被 deco 修飾。

❸ 呼叫被修飾的 target 會執行 inner。

❹ 經檢查可以看到 target 已經參考 inner。

2　將上一句話的「函式」換成「類別」就是類別 decorator 所做的事情。類別 decorator 將在第 24 章討論。

嚴格來說，decorator 只是語法糖。正如剛才看到的，你可以像呼叫一般函式一樣呼叫 decorator 並傳入其他函式。有時這種做法很方便，特別是在做*超編程*（在執行時改變程式的行為）的時候。

decorator 可以用三個基本事實來總結：

- decorator 是個函式或另一個 callable。
- decorator 可以將被修飾的函式換成不同的函式。
- decorator 會在模組被載入時立刻執行。

我們來探討第三點。

Python 何時執行 Decorators

decorator 有一個關鍵特性是它們會在被修飾的函式被定義後立刻執行。這通常是在匯入時（模組被 Python 載入時）。考慮 9-2 的 *registration.py*。

範例 *9-2　registration.py* 模組

```
registry = []  ❶

def register(func):  ❷
    print(f'running register({func})')  ❸
    registry.append(func)  ❹
    return func  ❺

@register  ❻
def f1():
    print('running f1()')

@register
def f2():
    print('running f2()')

def f3():  ❼
    print('running f3()')

def main():  ❽
    print('running main()')
    print('registry ->', registry)
    f1()
```

```
        f2()
        f3()

if __name__ == '__main__':
    main()    ❾
```

❶ registry 將保存被 @register 修飾的函式的參考。

❷ register 接收一個函式引數。

❸ 展示被修飾的函式。

❹ 將 func 放入 registry。

❺ 回傳 func：我們必須回傳一個函式，在此我們回傳以引數接收的同一個函式。

❻ f1 與 f2 被 @register 修飾。

❼ f3 沒有被修飾。

❽ main 先顯示 registry，再呼叫 f1()、f2() 與 f3()。

❾ 將 *registration.py* 當成腳本來執行時，才會呼叫 main()。

將 *registration.py* 當成腳本來執行產生的輸出是：

```
$ python3 registration.py
running register(<function f1 at 0x100631bf8>)
running register(<function f2 at 0x100631c80>)
running main()
registry -> [<function f1 at 0x100631bf8>, <function f2 at 0x100631c80>]
running f1()
running f2()
running f3()
```

注意，register 會在模組的任何其他函式執行之前執行（兩次）。當 register 被呼叫時，它會接收一個被修飾的函式物件作為引數，例如 <function f1 at 0x100631bf8>。

在模組被載入之後，registry list 會保存兩個被修飾的函式的參考：f1 與 f2。這些函式以及 f3，只會在 main 明確地呼叫它們時執行。

如果 *registration.py* 是被匯入的（而不是被當成腳本來執行），它的輸出是：

```
>>> import registration
running register(<function f1 at 0x10063b1e0>)
running register(<function f2 at 0x10063b268>)
```

此時檢查 registry 可以看到：

```
>>> registration.registry
[<function f1 at 0x10063b1e0>, <function f2 at 0x10063b268>]
```

範例 9-2 的重點是強調函式 decorator 會在模組被匯入時立刻執行，但被修飾的函式只會在它們被明確呼叫時執行。這個範例清楚地說明 Python 鐵粉所說的匯入期（*import time*）和執行期（*runtime*）之間的差異。

註冊 Decorator

考慮實際的程式使用 decorator 的方式，範例 7-2 有兩個不尋常之處：

- decorator 函式與被修飾的函式被定義在同一個模組內。現實的 decorator 通常被定義在一個模組，並被用於另一個模組裡的函式。

- register decorator 回傳被當成引數傳來的同一個函式。現實的大多數 decorator 會定義一個內部的函式並回傳它。

雖然範例 9-2 的 register decorator 回傳未經修改的函式，但那種技巧並非一無是處。許多 Python 框架都用類似的 decorator 來將函式加入一些中央註冊表中，例如，用註冊表來將 URL 模式對映到一堆函式，用那些函式來產生 HTTP 回應。這種註冊 decorator 可能改變被修飾的函式，也可能不會。

我們會在第 361 頁的「用 decorator 來加強 Strategy 模式」中看到註冊 decorator 的應用。

大多數的 decorator 都會改變被修飾的函式。它們的做法通常是定義一個內部函式並回傳它，以取代被修飾的函式。使用內部函式的程式幾乎都要使用 closure 才能夠正確運作。為了瞭解 closure，讓我們先後退一步，回顧一下 Python 的變數作用域是如何運作的。

變數作用域規則

在範例 9-3 中，我們定義一個函式並測試它，這個函式讀取一個區域變數 a（定義成函式參數），與一個變數 b（未在函式內的任何地方定義）。

範例 9-3 讀取一個區域變數與一個全域變數的函式

```
>>> def f1(a):
...     print(a)
...     print(b)
...
>>> f1(3)
3
Traceback (most recent call last):
  File "<stdin>", line 1, in <module>
  File "<stdin>", line 3, in f1
NameError: global name 'b' is not defined
```

出現這個錯誤訊息一點都不奇怪。延續範例 9-3，如果我們先指派一個值給全域變數 b
再呼叫 f1，它是可以執行的：

```
>>> b = 6
>>> f1(3)
3
6
```

我們來看一個可能令你大吃一驚的範例。

看一下範例 9-4 的 f2 函式。它的前兩行與範例 9-3 的 f1 一樣，接著它指派一個值給 b。
但它在第二個 print 失敗了，那是在進行賦值之前。

範例 9-4 變數 b 是區域變數，因為它在函式的主體內賦值

```
>>> b = 6
>>> def f2(a):
...     print(a)
...     print(b)
...     b = 9
...
>>> f2(3)
3
Traceback (most recent call last):
  File "<stdin>", line 1, in <module>
  File "<stdin>", line 3, in f2
UnboundLocalError: local variable 'b' referenced before assignment
```

注意，執行後先輸出 3，證明 print(a) 有被執行。但是 print(b) 從未執行。我第一次看
到這段程式時很驚訝，當時以為它會印出 6，因為程式有一個全域變數 b，而且對 b 賦值
是在 print(b) 之後才做的。

但事實上，Python 在編譯函式的主體時已認為 b 是區域變數，因為它是在函式內賦值的。生成的 bytecode 反映了這個決策，並試著從局部作用域中抓取 b。之後，在呼叫 f2(3) 時，f2 的主體會抓到並印出區域變數 a 的值，但是當它試著抓取區域變數 b 的值時，它發現 b 沒有被綁定值。

這不是 bug，而是設計上的選擇：雖然 Python 不要求你宣告變數，但它會預設在函式主體內賦值的變數是區域性的。這種做法比 JavaScript 的還要好，JavaScript 也不需要宣告變數，但是如果你忘記宣告一個變數是區域性的（使用 var），你可以會在無意間破壞一個全域變數。

如果我們希望直譯器將 b 視為全域變數，而且也想在函式內指派新值給它，我們可以使用 global 來宣告：

```
>>> b = 6
>>> def f3(a):
...     global b
...     print(a)
...     print(b)
...     b = 9
...
>>> f3(3)
3
6
>>> b
9
```

從上述範例可以看到兩個作用域發揮作用：

模組全域作用域

由指派給任何類別或函式區塊之外的值的名稱組成。

f3 函式局部作用域

由作為參數指派給值的名稱，或直接在函式的主體內指派的名稱組成。

變數也可能來自另一個作用域，我們稱之為 *nonlocal*（非局部），它是 closure 的基礎，等一下會介紹它。

仔細觀察 Python 的變數作用域如何運作之後，我們要在下一節的「closure」瞭解 closure，在第 313 頁。如果你好奇範例 9-3 與 9-4 的函式的 bytecode 之間的差異，你可以看一下接下來的專欄。

比較 bytecode

dis 模組提供一種簡便的方式來反編譯 Python 函式的 bytecode。範例 9-5 與 9-6 是範例 9-3 與 9-4 的 f1 與 f2 的 bytecode。

範例 9-5　反編譯範例 9-3 的 f1 函式

```
>>> from dis import dis
>>> dis(f1)
  2           0 LOAD_GLOBAL              0 (print)  ❶
              3 LOAD_FAST                0 (a)  ❷
              6 CALL_FUNCTION            1 (1 positional, 0 keyword pair)
              9 POP_TOP

  3          10 LOAD_GLOBAL              0 (print)
             13 LOAD_GLOBAL              1 (b)  ❸
             16 CALL_FUNCTION            1 (1 positional, 0 keyword pair)
             19 POP_TOP
             20 LOAD_CONST               0 (None)
             23 RETURN_VALUE
```

❶　載入全域名稱 print。

❷　載入區域名稱 a。

❸　載入全域名稱 b。

拿範例 9-5 的 f1 bytecode 來與範例 9-6 的 f2 bytecode 做比較。

範例 9-6　反編譯範例 9-4 的 f2 函式

```
>>> dis(f2)
  2           0 LOAD_GLOBAL              0 (print)
              3 LOAD_FAST                0 (a)
              6 CALL_FUNCTION            1 (1 positional, 0 keyword pair)
              9 POP_TOP

  3          10 LOAD_GLOBAL              0 (print)
             13 LOAD_FAST                1 (b)  ❶
             16 CALL_FUNCTION            1 (1 positional, 0 keyword pair)
             19 POP_TOP
```

```
        4            20 LOAD_CONST              1 (9)
                     23 STORE_FAST              1 (b)
                     26 LOAD_CONST              0 (None)
                     29 RETURN_VALUE
```

❶ 載入區域名稱 b。由此可見，編譯器將 b 視為區域變數，即使對 b 賦值後來才發生，
  因為變數的性質（它是不是區域變數）在函式的主體內不會改變。

執行 bytecode 的 CPython 虛擬機器（VM）是一種堆疊機器，所以 LOAD 與 POP 指向
堆疊。Python 的 opcode 不在本書的討論範圍內，但它們與 dis 模組一起被記載在
「dis —— Disassembler for Python bytecode」中（*https://fpy.li/9-1*）。

Closures

很多部落格文章將 closure 與匿名函式混為一談，這種混淆是因為它們的平行歷史：在
匿名函式出現之前，在函式裡面定義函式並不常見，也不太方便。而 closure 在編寫嵌
套函式時才有意義。所以很多人同時學會這兩種概念。

事實上，closure 是一種函式（姑且稱之為 f），它的作用域包含在 f 的主體內參考的非
全域變數，或 f 的區域變數。這種變數一定來自包含 f 的外部函式的局部作用域。

函式是否匿名並不重要，重要的是它可以存取在其主體外定義的非全域變數。

這是一個有挑戰性的概念，最好的講解方式是透過範例。

考慮一個 avg 函式，它的功能是計算一系列不斷增長的值的平均值，比如商品有史以來
的平均收盤價。每天都有一個新值加入，它會用迄今為止的所有價格來計算平均值。

從初始狀態開始使用 avg 的情況是：

```
>>> avg(10)
10.0
>>> avg(11)
10.5
>>> avg(12)
11.0
```

avg 怎麼寫？它又在哪裡儲存之前的值？

初學者可能利用類別來寫出範例 9-7 這種程式。

範例 9-7　*average_oo.py*：計算移動平均值的類別

```python
class Averager():

    def __init__(self):
        self.series = []

    def __call__(self, new_value):
        self.series.append(new_value)
        total = sum(self.series)
        return total / len(self.series)
```

Averager 類別建立可呼叫（callable）的實例：

```python
>>> avg = Averager()
>>> avg(10)
10.0
>>> avg(11)
10.5
>>> avg(12)
11.0
```

範例 9-8 採取泛函設計，使用更高階的函式 make_averager。

範例 9-8　*average.py*：計算移動平均值的高階函式

```python
def make_averager():
    series = []

    def averager(new_value):
        series.append(new_value)
        total = sum(series)
        return total / len(series)

    return averager
```

呼叫 make_averager 時，它會回傳一個 averager 函式物件。每次 averager 被呼叫時，它都會將傳來的引數附加到 series，並計算當前的平均值，如範例 9-9 所示。

範例 9-9　測試範例 9-8

```python
>>> avg = make_averager()
>>> avg(10)
10.0
```

```
>>> avg(11)
10.5
>>> avg(15)
12.0
```

注意這些範例的相似處：我們呼叫 Averager() 或 make_averager() 來取得一個 callable 物件 avg，它會更新歷史序列，並計算當前的平均值。在範例 9-7 中，avg 是 Averager 的實例，而在範例 9-8 中，它是內部函式 averager。無論哪一種方式，我們只要呼叫 avg(n) 就可以將 n 加入序列，並取得最新的平均值。

Averager 類別的 avg 保存歷史記錄的地方很明顯：self.series 實例屬性。但是第二個範例的 avg 函式是在哪裡找到 series 的？

注意，series 是 make_averager 的區域變數，因為賦值 series = [] 發生在函式的主體內。但是在呼叫 avg(10) 時，make_averager 已經 return 了，它的局部作用域已不復存在。

在 averager 裡面，series 是一個自由變數（*free variable*），這個術語是指該變數不會被綁在局部作用域內。參見圖 9-1。

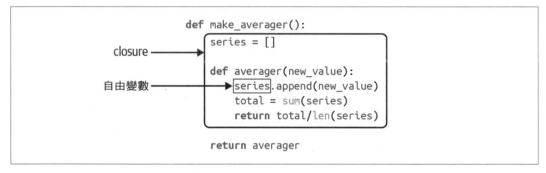

圖 9-1　averager 的 closure 擴大該函式的作用域，包含自由變數 series 的綁定。

檢查回傳的 averager 物件可看到 Python 在 __code__ 屬性裡面保存區域變數與自由變數的名稱。__code__ 屬性代表編譯後的函式主體。參見範例 9-10。

範例 9-10　檢查範例 9-8 的 make_averager 建立的函式

```
>>> avg.__code__.co_varnames
('new_value', 'total')
>>> avg.__code__.co_freevars
('series',)
```

series 的值被保存在回傳的函式 avg 的 __closure__ 屬性裡。在 avg.__closure__ 裡的每一個項目都對應 avg.__code__.co_freevars 裡的一個名稱。這些項目都是 cells，它們有一個 cell_contents 屬性，裡面有實際的值。範例 9-11 展示這些屬性。

範例 9-11 延續範例 9-11

```
>>> avg.__code__.co_freevars
('series',)
>>> avg.__closure__
(<cell at 0x107a44f78: list object at 0x107a91a48>,)
>>> avg.__closure__[0].cell_contents
[10, 11, 12]
```

結論：closure 是一種函式，可保存函式被定義時就存在的自由變數綁定（binding），如此一來，當函式被呼叫，且定義域不復存在時，你可以使用它們。

注意，函式只有在一種情況下可能需要處理非全域的外部變數：該函式被嵌在那一個函式裡面，而且那些變數屬於外面的函式的局部作用域。

nonlocal 宣告

之前寫的 make_averager 沒有效率，範例 9-8 將所有值存入歷史 series，並在每次 averager 被呼叫時計算它們的 sum。較佳的做法是只儲存總數與迄今為止的項目數量，並用這兩個數字來計算平均值。

範例 9-12 不能執行，只是為了說明問題。你可以找出它的錯誤嗎？

範例 9-12. 不能執行的高階移動平均計算函式，不保存所有歷史資料

```
def make_averager():
    count = 0
    total = 0

    def averager(new_value):
        count += 1
        total += new_value
        return total / count

    return averager
```

試著執行範例 9-12 會看到：

```
>>> avg = make_averager()
>>> avg(10)
Traceback (most recent call last):
    ...
UnboundLocalError: local variable 'count' referenced before assignment
>>>
```

問題出在，當 count 是數字或任何不可變型態時，count += 1 與 count = count + 1 的意思相同。所以我們是在 averager 的主體內對 count 賦值，導致它成為區域變數，total 變數也有相同的問題。

範例 9-8 沒有這個問題，因為我們沒有對 series 名稱賦值，只是呼叫 series.append，並用 series 來呼叫 sum 與 len。所以我們利用了「list 是可變的」這件事。

但是在使用不可變的型態時，例如數字、字串、tuple…等，你只能讀取，無法更改。如果你試著重新綁定它們，例如 count = count + 1，你就默默地建立一個區域變數 count 了。它不再是自由變數了，因此未被保存在 closure 裡面。

為了解決這個問題，Python 3 加入了 nonlocal 關鍵字。它可以讓你將一個變數宣告為自由變數，即使它在函式內賦值。如果新值被指派給 nonlocal 變數，被儲存在 closure 裡面的綁定就會改變。範例 9-13 是新的 make_averager 程式，它是正確的寫法。

範例 9-13. 在不保存所有歷史紀錄的情況下計算移動平均值（使用 nonlocal 來修正）

```python
def make_averager():
    count = 0
    total = 0

    def averager(new_value):
        nonlocal count, total
        count += 1
        total += new_value
        return total / count

    return averager
```

在研究 nonlocal 的用法之後，我們來整理一下 Python 的變數查詢是如何運作的。

變數查詢邏輯

有函式被定義時，Python bytecode 編譯器會根據以下的規則來決定如何提取函式內的變數 x：[3]

- 如果有 global x 宣告，那麼 x 來自 x 全域變數模組，並指派給 x 全域變數模組。[4]

- 如果有 nonlocal x 宣告，那麼 x 來自定義 x 且最靠近的外圍函式的 x 區域變數，並指派給它。

- 如果 x 是參數，或是在函式主體內被賦值，那麼 x 是區域變數。

- 如果 x 被引用，但沒有被賦值，也不是參數：
  - — Python 在外圍的函式主體的局部作用域（nonlocal 作用域）中尋找 x。
  - — 如果在外圍的作用域裡找不到，那就從模組全域範圍內讀取。
  - — 如果在全域作用域裡找不到，那就從 __builtins__.__dict__ 讀取。

討論了 Python closure 之後，我們可以開始用嵌套的函式來實作 decorator 了。

實作簡單的 Decorator

範例 9-14 是一個 decorator，每次被它修飾的函式被呼叫時，就會進行計時，並顯示經過的時間、傳入的引數，以及呼叫的結果。

範例 9-14　clockdeco0.py：顯示函式執行時間的簡單 decorator

```
import time


def clock(func):
    def clocked(*args):  ❶
        t0 = time.perf_counter()
        result = func(*args)  ❷
        elapsed = time.perf_counter() - t0
        name = func.__name__
        arg_str = ', '.join(repr(arg) for arg in args)
```

---

3 感謝技術校閱 Leonardo Rochael 提供這個摘要。

4 Python 沒有整個程式（program）的全域作用域，只有模組級全域作用域。

```
        print(f'[{elapsed:0.8f}s] {name}({arg_str}) -> {result!r}')
        return result
    return clocked  ❸
```

❶ 定義內部函式 clocked 來接收任意數量的位置型引數。

❷ 這一行只有在 clocked 的 closure 有 func 自由變數時有效。

❸ 回傳內部函式以取代被修飾的函式。

範例 9-15 展示 clock decorator 的用法。

範例 9-15　使用 clock decorator

```
import time
from clockdeco0 import clock

@clock
def snooze(seconds):
    time.sleep(seconds)

@clock
def factorial(n):
    return 1 if n < 2 else n*factorial(n-1)

if __name__ == '__main__':
    print('*' * 40, 'Calling snooze(.123)')
    snooze(.123)
    print('*' * 40, 'Calling factorial(6)')
    print('6! =', factorial(6))
```

執行範例 9-15 會產生這樣的輸出：

```
$ python3 clockdeco_demo.py
**************************************** Calling snooze(.123)
[0.12363791s] snooze(0.123) -> None
**************************************** Calling factorial(6)
[0.00000095s] factorial(1) -> 1
[0.00002408s] factorial(2) -> 2
[0.00003934s] factorial(3) -> 6
[0.00005221s] factorial(4) -> 24
[0.00006390s] factorial(5) -> 120
[0.00008297s] factorial(6) -> 720
6! = 720
```

它是如何運作的

之前說過，這段程式：

```
@clock
def factorial(n):
    return 1 if n < 2 else n*factorial(n-1)
```

其實在做這件事：

```
def factorial(n):
    return 1 if n < 2 else n*factorial(n-1)

factorial = clock(factorial)
```

所以，在這兩個例子中，clock 用它的 func 引數來取得 factorial 函式（參見範例 9-14），然後建立並回傳 clocked 函式，Python 直譯器再將它指派給 factorial（第一個例子是在幕後）。事實上，如果你匯入 clockdeco_demo 模組並檢查 factorial 的 __name__，你會看到：

```
>>> import clockdeco_demo
>>> clockdeco_demo.factorial.__name__
'clocked'
>>>
```

所以 factorial 現在保存 clocked 函式的參考。從現在開始，每次 factorial(n) 被呼叫時，clocked(n) 就會執行。本質上，clocked 做下面的事情：

1. 記錄初始時間 t0。

2. 呼叫原始的 factorial 函式，儲存結果。

3. 計算經過的時間。

4. 格式化收集到的資料並顯示它。

5. 回傳在第 2 步儲存的結果。

這是典型的 decorator 行為：它將被修飾的函式換成一個新函式，該新函式接收相同的引數，且（通常會）回傳被修飾的函式應該回傳的東西，同時做一些額外的處理。

 在 Gamma 等人所著的 *Design Patterns* 中，decorator 模式的簡介的開篇語是：「將額外的職責動態地附加至物件。」函式 decorator 也符合這項說明。但是在實作層面上，Python 的 decorator 與 Design Patterns 原書所述的典型 decorator 幾乎沒有相似之處。第 346 頁的「肥皂箱」會進一步討論這個主題。

範例 9-14 的 clock decorator 有幾個缺點：它不支援關鍵字引數，而且它會遮蔽被修飾的函式的 __name__ 與 __doc__。範例 9-16 使用 functools.wraps decorator 來將相關屬性從 func 複製到 clocked。這個新版本也正確地處理關鍵字引數。

範例 9-16 *clockdeco.py*：改良後的 clock *decorator*

```python
import time
import functools


def clock(func):
    @functools.wraps(func)
    def clocked(*args, **kwargs):
        t0 = time.perf_counter()
        result = func(*args, **kwargs)
        elapsed = time.perf_counter() - t0
        name = func.__name__
        arg_lst = [repr(arg) for arg in args]
        arg_lst.extend(f'{k}={v!r}' for k, v in kwargs.items())
        arg_str = ', '.join(arg_lst)
        print(f'[{elapsed:0.8f}s] {name}({arg_str}) -> {result!r}')
        return result
    return clocked
```

標準程式庫現成的 decorator 不是只有 functools.wraps 而已。下一節要介紹令人印象深刻的 decorator：functools 提供的 cache。

標準程式庫裡的 decorator

Python 有三種用來修飾方法的內建函式：property、classmethod、staticmethod。我們將在第 869 頁的「使用 property 來檢驗屬性」討論 property，並在第 377 頁的「classmethod vs. staticmethod」討論其他的函式。

我們在範例 9-16 看了另一個重要的 decorator：建構行為正確的 decorator 的幫手，functools.wraps。在標準程式庫裡，最有趣的 decorator 有 cache、lru_cache 與 singledispatch，全都來自 functools 模組。我們接著來討論它們。

用 functools.cache 來做記憶化

functools.cache decorator 可實現記憶化（*memoization*）[5]：這是一種優化技術，藉著保存昂貴函式的呼叫結果，來避免重複使用已經用過的引數來進行計算。

 functools.cache 是在 Python 3.9 加入的。如果你需要在 Python 3.8 執行這些範例，請將 @cache 換成 @lru_cache。如第 332 頁的「使用 lru_cache」所述，在使用之前的 Python 版本時，你必須呼叫 decorator，寫出 @lru_cache()。

為了充分展示 @cache 的功能，我們對著一個產生第 n 個 Fibonacci 序列數字的緩慢遞迴函式套用 @cache，如範例 9-17 所示。

範例 9-17. 計算第 n 個 Fibonacci 序列數字的程式，這是成本極高的遞迴

```
from clockdeco import clock


@clock
def fibonacci(n):
    if n < 2:
        return n
    return fibonacci(n - 2) + fibonacci(n - 1)


if __name__ == '__main__':
    print(fibonacci(6))
```

下面是執行 *fibo_demo.py* 的結果。除了最後一行之外，所有的輸出都是 clock decorator 產生的：

```
$ python3 fibo_demo.py
[0.00000042s] fibonacci(0) -> 0
[0.00000049s] fibonacci(1) -> 1
[0.00006115s] fibonacci(2) -> 1
[0.00000031s] fibonacci(1) -> 1
[0.00000035s] fibonacci(0) -> 0
[0.00000030s] fibonacci(1) -> 1
```

---

5 在此聲明，我沒有拼錯字：*memoization*（*https://fpy.li/9-2*）是計算機科學術語，和「記憶（memorization）」依稀相關，但不相同。

```
[0.00001084s] fibonacci(2) -> 1
[0.00002074s] fibonacci(3) -> 2
[0.00009189s] fibonacci(4) -> 3
[0.00000029s] fibonacci(1) -> 1
[0.00000027s] fibonacci(0) -> 0
[0.00000029s] fibonacci(1) -> 1
[0.00000959s] fibonacci(2) -> 1
[0.00001905s] fibonacci(3) -> 2
[0.00000026s] fibonacci(0) -> 0
[0.00000029s] fibonacci(1) -> 1
[0.00000997s] fibonacci(2) -> 1
[0.00000028s] fibonacci(1) -> 1
[0.00000030s] fibonacci(0) -> 0
[0.00000031s] fibonacci(1) -> 1
[0.00001019s] fibonacci(2) -> 1
[0.00001967s] fibonacci(3) -> 2
[0.00003876s] fibonacci(4) -> 3
[0.00006670s] fibonacci(5) -> 5
[0.00016852s] fibonacci(6) -> 8
8
```

它明顯浪費資源：fibonacci(1) 被呼叫 8 次，fibonacci(2) 被呼叫 5 次⋯等。但是只要加入兩行程式來使用 cache 就可以大幅改善性能。參見範例 9-18。

範例 9-18　使用快取的加速版

```
import functools

from clockdeco import clock


@functools.cache   ❶
@clock   ❷
def fibonacci(n):
    if n < 2:
        return n
    return fibonacci(n - 2) + fibonacci(n - 1)


if __name__ == '__main__':
    print(fibonacci(6))
```

❶ 這一行只能在 Python 3.9 以後使用。對於更早版本的 Python，參見第 332 頁的「使用 lru_cache」。

❷ 這是將 decorator 疊起來的例子，我們將 @cache 套用至 @clock 回傳的函式。

將 decorator 疊起來

要理解疊起來的 decorator，你可以回想一下 @ 是「將 decorator 函式套用到它下面的函式」的語法糖。如果 decorator 不只一個，它們的行為就像嵌套的函式呼叫，這段程式：

```
@alpha
@beta
def my_fn():
    ...
```

與這段程式一樣：

```
my_fn = alpha(beta(my_fn))
```

換句話說，Python 會先套用 beta decorator，然後將它回傳的函式傳給 alpha。

使用範例 9-18 的 cache 的話，計算每一個 n 值都只需要呼叫一次 fibonacci 函式：

```
$ python3 fibo_demo_lru.py
[0.00000043s] fibonacci(0) -> 0
[0.00000054s] fibonacci(1) -> 1
[0.00006179s] fibonacci(2) -> 1
[0.00000070s] fibonacci(3) -> 2
[0.00007366s] fibonacci(4) -> 3
[0.00000057s] fibonacci(5) -> 5
[0.00008479s] fibonacci(6) -> 8
8
```

在另一項測試中，當我計算 fibonacci(30) 時，範例 9-18 用 0.00017 秒來發出所須的 31 次呼叫，而未使用快取的範例 9-17 在 Intel Core i7 筆電上花了 12.09 秒，因為它呼叫了 fibonacci(1) 832,040 次，總共發出 2,692,537 次呼叫。

被修飾的函式接收的所有引數都必須是 *hashable*，因為底層的 lru_cache 使用一個 dict 來儲存結果，且鍵（key）是用呼叫時傳入的位置型引數和關鍵字引數來製作的。

撇開拯救愚蠢的遞迴演算法不談，需要從遠端 API 抓取資訊的應用程式才是能讓 @cache 一展長才之處。

如果有極大量的快取項目，functools.cache 可能用盡所有可用的記憶體，我認為它比較適合在短命的命令列腳本中使用。在長期運行的程序裡，我建議使用 functools.lru_cache 與適當的 maxsize 參數，見下一節的說明。

使用 lru_cache

functools.cache decorator 其實是包著舊函式 functools.lru_cache 的簡單包裝，後者比較靈活，而且與 Python 3.8 及更早版本相容。

@lru_cache 的主要優點在於，它的記憶體使用量被 maxsize 參數限制，該參數的預設值是非常保守的 128，這意味著快取無論何時最多保存 128 個項目。

LRU 是 Least Recently Used 的縮寫，意思是較久未被讀取的項目會被丟棄，為新項目騰出空間。

自 Python 3.8 起，lru_cache 可用兩種方式來應用。這是最簡單的用法：

```
@lru_cache
def costly_function(a, b):
    ...
```

另一種用法（自 Python 3.2 起）是將它當成函式來呼叫，使用 ()：

```
@lru_cache()
def costly_function(a, b):
    ...
```

這兩種用法都使用預設參數，包括：

maxsize=128

設定最多儲存多少項目。當快取被填滿時，最久沒有使用的項目會被丟棄，來為新項目騰出空間。為了獲得更好的性能，maxsize 應設為 2 的次方。傳遞 maxsize=None 將停用 LRU 邏輯，所以快取運作速度較快，但項目不會被丟棄，可能耗用太多記憶體。@functools.cache 就是這樣做的。

typed=False

決定要不要將不同引數型態的結果分開儲存。例如，使用預設的設定時，被視為相等的浮點數與整數型態只會被儲存一次，所以呼叫 f(1) 與 f(1.0) 只儲存一個項目。如果 typed=True，這些引數將產生不同的項目，可能儲存不同的結果。

這是使用非預設參數來呼叫 @lru_cache 的例子：

```
@lru_cache(maxsize=2**20, typed=True)
def costly_function(a, b):
    ...
```

接下來要學習另一種強大的 decorator：functools.singledispatch。

單一分派泛型函式

假如我們要製作一個工具來對網頁應用程式進行偵錯。我們想為不同的 Python 物件型態顯示 HTML 畫面。

我們最初可能寫出這樣的函式：

```
import html

def htmlize(obj):
    content = html.escape(repr(obj))
    return f'<pre>{content}</pre>'
```

它可以處理任何 Python 型態，但現在我們想要擴展它來為一些型態產生自訂的畫面。舉幾個例子：

str

將內嵌的換行字元換成 '
\n' 並使用 <p> 標籤來取代 <pre>。

int

以十進制和十六進制來顯示數字（為 bool 顯示特殊的大小寫）。

lists

輸出 HTML 檔，根據每個項目的型態來將其格式化。

float 與 Decimal

和平常一樣輸出值，但也使用分數的形式（為什麼不呢？）

範例 9-19 展示我們想要的行為。

範例 9-19 *htmlize* 為不同的物件型態量身打造的 *HTML*

```
>>> htmlize({1, 2, 3})  ❶
'<pre>{1, 2, 3}</pre>'
>>> htmlize(abs)
'<pre>&lt;built-in function abs&gt;</pre>'
>>> htmlize('Heimlich & Co.\n- a game')  ❷
'<p>Heimlich &amp; Co.<br/>\n- a game</p>'
>>> htmlize(42)  ❸
'<pre>42 (0x2a)</pre>'
>>> print(htmlize(['alpha', 66, {3, 2, 1}]))  ❹
<ul>
<li><p>alpha</p></li>
<li><pre>66 (0x42)</pre></li>
<li><pre>{1, 2, 3}</pre></li>
</ul>
>>> htmlize(True)  ❺
'<pre>True</pre>'
>>> htmlize(fractions.Fraction(2, 3))  ❻
'<pre>2/3</pre>'
>>> htmlize(2/3)  ❼
'<pre>0.6666666666666666 (2/3)</pre>'
>>> htmlize(decimal.Decimal('0.02380952'))
'<pre>0.02380952 (1/42)</pre>'
```

❶ 原始函式是為物件註冊的，所以它扮演一個 catch-all，處理和其他實作不符的引數型態。

❷ str 物件也換成 HTML 實體，但是被包在 `<p></p>` 裡，並在每個 '\n' 之前插入換行的 `<br/>`。

❸ int 用十進制與十六進制來顯示，放在 `<pre></pre>` 裡。

❹ 根據每個 list 項目的型態將它們格式化，整個序列被轉換成 HTML list。

❺ 雖然 bool 是 int 子型態，但它獲得特殊待遇。

❻ 將 Fraction 顯示成分數。

❼ 顯示 float 與 Decimal 的近似分數值。

函式 singledispatch

因為 Python 沒有 Java 風格的方法多載，我們無法為想用不同方式來處理的每一種資料型態建立不同的 htmlize 簽章。在 Python 裡，有一種潛在的辦法是將 htmlize 轉換成調

派（dispatch）函式，使用一系列的 `if/elif/…` 或 `match/case/…` calling 並呼叫專門的函式，例如 `htmlize_str`、`htmlize_int` …等。但是對模組的使用者來說，這種做法沒有擴展性也很不方便，因為久而久之，`htmlize` 調派程式會變得太大，而且它和專門函式之間的耦合將非常緊密。

`functools.singledispatch` decorator 可讓不同的模組為整體的解決方案做出貢獻，並讓你輕鬆地提供專門的函式，即使對象是你無法編輯的第三方程式包裡的型態。如果你用 `@singledispatch` 來修飾一般的函式，它會變成一個通用函式的入口，通往一群使用不同的做法來執行相同操作的函式，取決於第一個引數的型態。這就是所謂的單一調派（*single dispatch*）的意思。如果用更多引數來選擇專門的函式，那就稱為多調派（*multiple dispatch*）。範例 9-20 是做法。

> `functools.singledispatch` 自 Python 3.4 起就加入了，但它從 Python 3.7
> 起才支援型態提示。範例 9-20 的最後兩個函式使用從 Python 3.4 起的所
> 有版本都可使用的語法。

範例 9-20　@singledispatch 建立一個自訂的 @htmlize.register 來將多個函式網羅到一個通用函式裡

```python
from functools import singledispatch
from collections import abc
import fractions
import decimal
import html
import numbers

@singledispatch  ❶
def htmlize(obj: object) -> str:
    content = html.escape(repr(obj))
    return f'<pre>{content}</pre>'

@htmlize.register  ❷
def _(text: str) -> str:  ❸
    content = html.escape(text).replace('\n', '<br/>\n')
    return f'<p>{content}</p>'

@htmlize.register  ❹
def _(seq: abc.Sequence) -> str:
    inner = '</li>\n<li>'.join(htmlize(item) for item in seq)
    return '<ul>\n<li>' + inner + '</li>\n</ul>'
```

```
@htmlize.register  ❺
def _(n: numbers.Integral) -> str:
    return f'<pre>{n} (0x{n:x})</pre>'

@htmlize.register  ❻
def _(n: bool) -> str:
    return f'<pre>{n}</pre>'

@htmlize.register(fractions.Fraction)  ❼
def _(x) -> str:
    frac = fractions.Fraction(x)
    return f'<pre>{frac.numerator}/{frac.denominator}</pre>'

@htmlize.register(decimal.Decimal)  ❽
@htmlize.register(float)
def _(x) -> str:
    frac = fractions.Fraction(x).limit_denominator()
    return f'<pre>{x} ({frac.numerator}/{frac.denominator})</pre>'
```

❶ 用 @singledispatch 來標記處理 object 型態的基礎函式。

❷ 用 @«base».register 來修飾每一個專門的函式。

❸ 在執行期傳來的第一個引數的型態決定了這個函式定義何時會被使用。專門函式的
名稱無關緊要，_ 是很好的選擇，它可以清楚地表達這件事。[6]

❹ 為每個受到特殊待遇的額外型態，在第一個參數註冊一個新函式，並宣告其型態
提示。

❺ numbers ABC 很適合與 singledispatch 一起使用。[7]

❻ bool 是 *subtype-of* numbers.Integral，但是 singledispatch 邏輯會尋找最符合具體型態
的實作，無論它們在程式碼裡面的順序是怎樣。

❼ 如果你不想要或無法為被修飾的函式加上型態提示，你可以將型態傳給 @«base».
register decorator。這個語法可在 Python 3.4 以後使用。

---

6 很不幸，Mypy 0.770 發現有多個函式使用相同的名稱時會發出報怨。

7 儘管第 286 頁的「數字之塔的崩毀」提出警告，但 number ABC 並未被廢棄，你可以在 Python 3 程式中
   找到它們。

❽ @«base».register decorator 回傳未修飾的函式，所以你可以堆疊它們，在同一個實作上註冊兩個或更多型態。[8]

盡量註冊專門的函式來處理 numbers.Integral 與 abc.MutableSequence 等 ABC（抽象類別），而不是使用 int 與 list 等具體實作。這可以讓你的程式支援更多相容的型態。例如，Python 擴充程式可使用 numbers.Integral 的子類別來提供 int 型態的固定位元長度版本。[9]

連同 @singledispatch 一起使用 ABC 或 typing.Protocol 可讓你的程式支援這些 ABC 現有的或未來的實際或虛擬子類別，或實作這些協定的類別。ABC 的用法和虛擬子類別的概念是第 13 章的主題。

singledispatch 機制有一個顯著特點在於，你可以在系統的任何地方、任何模組中註冊專門的函式。如果你之後加入一個模組，裡面有新的自訂型態，你可以輕鬆地提供一個新的自訂函式來處理那一個型態。你也可以為之前未寫過且無法修改的類別編寫自訂函式。

singledispatch 是經過深思熟慮的標準程式庫新增功能，它的功能不是只有這裡介紹的這些。PEP 443 —— Single-dispatch generic functions（*https://fpy.li/pep443*）是很好的參考資料，但它沒有提到如何使用型態提示，那是後來才加入的。functools 模組的文件已經有所改善，它的 singledispatch（*https://fpy.li/9-4*）項目加入了幾個最新的範例。

設計 @singledispatch 不是為了將 Java 的方法多載風格引入 Python。具有許多多載方法版本的類別，比使用冗長的 if/elif/elif/elif 區塊的函式更好。但是這兩種解決方案都有缺陷，因為它們都把太多責任交給同一個程式單元（類別或函式）。@singledispath 的優點是支援模組化擴充：每一個模組都可以為它支援的每一個型態註冊一個專用函式。在現實的用例中，你不會像範例 9-20 那樣把所有泛型函式的實作都放在同一個模組內。

我們看過一些接收引數的 decorator，例如 @lru_cache() 和範例 9-20 的 @singledispatch 建立的 htmlize.register(float)。下一節將介紹如何建構接收參數的 decorator。

8　也許將來你能夠使用無參數的 @htmlize.register 和 Union 型態提示來表達，只是當我試著這樣做時，Python 發出 TypeError，並指出 Union 不是類別。所以，儘管 @singledispatch 支援 PEP 484 的語法，卻尚未支援其語義。

9　例如，NumPy 實作了幾個機器導向的整數和浮點數（*https://fpy.li/9-3*）型態。

帶參數的 decorator

當 Python 解析原始碼中的 decorator 時，它會接收被修飾的函式，並將它當成第一個引數，傳給 decorator 函式。那麼，如何讓 decorator 接收其他的引數？答案是製作一個 decorator 工廠，讓它接收引數，並回傳一個 decorator，再將 decorator 套用到被修飾的函式。不懂？好吧。我們來看一個例子，範例 9-21 的 register 是在之前的那個最簡單的 decorator 之上設計的。

範例 9-21　範例 9-2 的簡略 *registration.py* 模組，為了方便，在此再次展示

```python
registry = []

def register(func):
    print(f'running register({func})')
    registry.append(func)
    return func

@register
def f1():
    print('running f1()')

print('running main()')
print('registry ->', registry)
f1()
```

註冊帶參數的 decorator

為了輕鬆地啟用或停用 register 執行的函式註冊，我們要讓它可接收選用的 active 參數，如果 active 是 False，那就不註冊被修飾的函式。範例 9-22 是做法。概念上，新的 register 函式不是 decorator，而是 decorator 工廠。當它被呼叫時，它會回傳將套用至目標函式的實際 decorator。

範例 9-22　為了接收參數，新的 register *decorator* 必須當成函式來呼叫

```python
registry = set()  ❶

def register(active=True):  ❷
    def decorate(func):  ❸
        print('running register'
              f'(active={active})->decorate({func})')
        if active:  ❹
            registry.add(func)
```

```
        else:
            registry.discard(func)     ❺

        return func     ❻
    return decorate     ❼

@register(active=False)     ❽
def f1():
    print('running f1()')

@register()     ❾
def f2():
    print('running f2()')

def f3():
    print('running f3()')
```

❶ 現在 registry 是個 set，所以加入函式與移除函式比較快。

❷ register 接收一個選用的關鍵字引數。

❸ 裡面的 decorate 函式是真正的 decorator；注意它如何用引數來接收函式。

❹ 當 active 引數（從 closure 提取）是 True 時才註冊 func。

❺ 如果 not active 且 func in registry，移除它。

❻ 因為 decorate 是 decorator，它必須回傳一個函式。

❼ register 是 decorator 工廠，所以它回傳 decorate。

❽ @register 工廠必須當成函式來呼叫，並使用相用的參數。

❾ 如果沒有傳入參數，register 仍然要當成函式來呼叫（使用 @register()），以回傳實際的 decorator，decorate。

重點在於，register() 會回傳 decorate，然後 decorate 會被套用到被修飾的函式。

範例 9-22 的程式在 *registration_param.py* 模組內。匯入它會看到：

```
>>> import registration_param
running register(active=False)->decorate(<function f1 at 0x10063c1e0>)
running register(active=True)->decorate(<function f2 at 0x10063c268>)
>>> registration_param.registry
[<function f2 at 0x10063c268>]
```

注意只有 f2 函式出現在 registry 裡面，f1 沒有出現的原因是 active=False 被傳入 register decorator 工廠，所以被套用到 f1 的 decorate 並未將它加入 registry。

如果不使用 @ 語法，而是將 register 當成一般的函式使用的話，修飾 f 函式來將 f 加入 registry 的語法是 register()(f)，或不加入它的 register(active=False)(f)（或移除它）。範例 9-23 示範將函式加入或移出 registry 的做法。

範例 9-23　使用範例 9-22 的 *registration_param* 模組

```
>>> from registration_param import *
running register(active=False)->decorate(<function f1 at 0x10073c1e0>)
running register(active=True)->decorate(<function f2 at 0x10073c268>)
>>> registry  ❶
{<function f2 at 0x10073c268>}
>>> register()(f3)  ❷
running register(active=True)->decorate(<function f3 at 0x10073c158>)
<function f3 at 0x10073c158>
>>> registry  ❸
{<function f3 at 0x10073c158>, <function f2 at 0x10073c268>}
>>> register(active=False)(f2)  ❹
running register(active=False)->decorate(<function f2 at 0x10073c268>)
<function f2 at 0x10073c268>
>>> registry  ❺
{<function f3 at 0x10073c158>}
```

❶ 當模組被匯入時，f2 在 registry 內。

❷ register() 運算式回傳 decorate，接著它被套用到 f3。

❸ 上一行將 f3 加入 registry。

❹ 這次呼叫將 f2 移出 registry。

❺ 確認 registry 裡只剩下 f3。

帶參數的 decorator 的工作原理相當複雜，我們剛才討論的 decorator 比大多數的 decorator 都要簡單。帶參數的 decorator 通常會替換被修飾的函式，它們也需要另一層嵌套結構。接下來要探討這種函式金字塔的架構。

帶參數的 clock decorator

在這一節，我們要回到 clock decorator，為它加入一個新功能，讓使用者可以傳遞一個格式字串，來控制函式計時報告的輸出。參見範例 9-24。

為了簡單起見，範例 9-24 是基於範例 9-14 那個最初的 clock 實作，而不是範例 9-16 的改良版，後者使用了 @functools.wraps，增加了另一層函式。

範例 9-24　*clockdeco_param.py* 模組：帶參數的 clock *decorator*

```python
import time

DEFAULT_FMT = '[{elapsed:0.8f}s] {name}({args}) -> {result}'

def clock(fmt=DEFAULT_FMT):                              ❶
    def decorate(func):                                  ❷
        def clocked(*_args):                             ❸
            t0 = time.perf_counter()
            _result = func(*_args)                       ❹
            elapsed = time.perf_counter() - t0
            name = func.__name__
            args = ', '.join(repr(arg) for arg in _args) ❺
            result = repr(_result)                       ❻
            print(fmt.format(**locals()))                ❼
            return _result                               ❽
        return clocked                                   ❾
    return decorate                                      ❿

if __name__ == '__main__':

    @clock()                                             ⓫
    def snooze(seconds):
        time.sleep(seconds)

    for i in range(3):
        snooze(.123)
```

❶ clock 是帶參數的 decorator 的工廠。

❷ decorate 是實際的 decorator。

❸ clocked 包覆被修飾的函式。

❹ _result 是被修飾的函式的實際結果。

❺ _args 保存 clocked 的實際引數，而 args 是用來顯示的 str。

❻ result 是 _result 的 str 表示法，用來顯示。

❼ 在此使用 **locals() 可讓 clocked 的區域變數都可以在 fmt 裡引用。[10]

❽ clocked 會替換被修飾的函式,所以它應該回傳函式回傳的東西。

❾ decorate 回傳 clocked。

❿ clock 回傳 decorate。

⓫ 這個測試在呼叫 clock() 時未使用引數,所以 decorator 使用預設格式 str。

在 shell 執行範例 9-24 可以看到:

```
$ python3 clockdeco_param.py
[0.12412500s] snooze(0.123) -> None
[0.12411904s] snooze(0.123) -> None
[0.12410498s] snooze(0.123) -> None
```

範例 9-25 與 9-26 是實際使用新功能的情況,裡面有另外兩個使用 clockdeco_param 的模組,以及它們產生的輸出。

範例 9-25 *clockdeco_param_demo1.py*

```
import time
from clockdeco_param import clock

@clock('{name}: {elapsed}s')
def snooze(seconds):
    time.sleep(seconds)

for i in range(3):
    snooze(.123)
```

範例 9-25 的輸出:

```
$ python3 clockdeco_param_demo1.py
snooze: 0.12414693832397461s
snooze: 0.1241159439086914s
snooze: 0.12412118911743164s
```

---

10 技術校閱 Miroslav Šedivý 指出:「這也意味著 linter 會針對未使用的變數發出警告,因為它們往往忽略 locals()。」沒錯,這是靜態檢查工具不鼓勵使用動態功能的另一個例子,這個特性就是吸引了我和無數程式設計師加入 Python 陣營的主因。為了讓 linter 滿意,雖然我可以在呼叫式中寫出每個區域變數兩次:fmt.format(elapsed= elapsed, name=name, args=args, result=result),但我不想。如果你使用靜態檢查工具,知道何時該忽略它們非常重要。

範例 9-26　*clockdeco_param_demo2.py*

```
import time
from clockdeco_param import clock

@clock('{name}({args}) dt={elapsed:0.3f}s')
def snooze(seconds):
    time.sleep(seconds)

for i in range(3):
    snooze(.123)
```

範例 9-26 的輸出：

```
$ python3 clockdeco_param_demo2.py
snooze(0.123) dt=0.124s
snooze(0.123) dt=0.124s
snooze(0.123) dt=0.124s
```

第一版的技術校閱 Lennart Regebro 認為 decorator 最好寫成實作了 __call__ 的類別。而不是像這一章的範例裡的函式。我同意那種做法對稍具複雜性的 decorator 來說比較好，但是若要解釋這個語言功能的基本概念，函式比較容易理解。請參考第 345 頁的「延伸讀物」，特別是 Graham Dumpleton 的部落格，以及 wrapt 模組，來瞭解建構 decorator 時使用的業界強度技術。

下一節將展示一個用 Regebro 和 Dumpleton 推薦的風格來撰寫的範例。

用類別來實作 clock decorator

作為最後一個範例，範例 9-27 用類別和 __call__ 來實作帶參數的 colck decorator。比較一下範例 9-24 與 9-27，看看你比較喜歡哪一個？

範例 9-27　模組 *clockdeco_cls.py*：用類別來實作帶參數的 *clock decorator*

```
import time

DEFAULT_FMT = '[{elapsed:0.8f}s] {name}({args}) -> {result}'

class clock:  ❶

    def __init__(self, fmt=DEFAULT_FMT):  ❷
```

```
        self.fmt = fmt

    def __call__(self, func):  ❸
        def clocked(*_args):
            t0 = time.perf_counter()
            _result = func(*_args)  ❹
            elapsed = time.perf_counter() - t0
            name = func.__name__
            args = ', '.join(repr(arg) for arg in _args)
            result = repr(_result)
            print(self.fmt.format(**locals()))
            return _result
        return clocked
```

❶ 這次不使用 clock 外部函式。clock 類別是帶參數的 decorator 的工廠。我用小寫的 c 來命名是為了說明它可以取代範例 9-24 的程式。

❷ 將傳給 clock(my_format) 的引數指派給 fmt 參數。類別建構式回傳 clock 的實例,將 my_format 存放在 self.fmt 裡。

❸ __call__ 使得 clock 實例是 callable。當它被呼叫時,實例會將被修飾的函式換成 clocked。

❹ clocked 包覆被修飾的函式。

以上就是對於函式 decorator 的探討。我們將在第 24 章討論類別 decorator。

本章摘要

我們在這一章討論了一些艱深的主題。我試圖讓旅程盡可能地順利,但我們已經進入超編程的領域了。

我們從沒有內部函式的 @register decorator 看起,最後看了一個接收參數且涉及雙層嵌套函式的 @clock()。

註冊 decorator 雖然在本質上很簡單,但在 Python 框架中有實際的用武之處。我們將在第 10 章的一個 Strategy 設計模式實作中應用註冊的概念。

瞭解 decorator 的動作原理需要探討匯入期與執行期之間的差異,然後理解變數作用域、closure,以及新的 nonlocal 宣告。closure 與 nonlocal 是值得掌握的工具,它們不但可以幫你建構裝飾器,也可以為 GUI 或使用回呼的非同步 I/O 編寫事件導向程式,在合理的情況下,也可以幫你採用泛函風格。

帶參數的 decorator 幾乎都涉及至少兩層的嵌套函式，如果你想要使用 @functools.wraps 來產生一個支援高階技術的 decorator，嵌套層數可能還會更多。我們在範例 9-18 看過的堆疊 decorator 是這種技術的一種。若要製作比較複雜的 decorator，用類別來實作應該更易讀與維護。

在標準程式庫裡，我們看過的 functools 模組的 @cache 與 @singledispatch 都是帶參數的 decorator。

延伸讀物

Brett Slatkin 的 *Effective Python* 第 2 版（*https://fpy.li/effectpy*）（Addison-Wesley）的第 26 項與函式 decorator 的最佳實踐法有關，他建議始終使用 functools.wraps，我們在範例 9-16 中看過它。[11]

Graham Dumpleton 寫了一系列深入的部落格文章（*https://fpy.li/9-5*），他在裡面介紹了編寫正確的 decorator 的技術，始於「How you implemented your Python decorator is wrong」（*https://fpy.li/9-6*）。他對於這個主題的深厚專業知識也被完整地封裝在他編寫的 wrapt（*https://fpy.li/9-7*）模組內，以簡化 decorator 和動態函式包裝器的實作，該模組支援自檢，當它被進一步修飾、被套用到方法、被當成屬性 descriptor 時，都有正確的行為。第三部分的第 23 章將介紹 descriptor。

David Beazley 和 Brian K. Jones 合著的 *Python Cookbook*（O'Reilly）第三版的第 9 章「Metaprogramming」（*https://fpy.li/9-8*）有幾個編程配方，從初階的 decorator 到非常複雜的 decorator，包括一個可以當成普通 decorator 或 decorator 工廠來呼叫的配方，例如 @clock 或 @clock()。那是在「Recipe 9.6. Defining a Decorator That Takes an Optional Argument」。

Michele Simionato 編寫了一程式包，根據文件內容，其目的是「讓普通的程式設計師更容易使用 decorator，並藉著展示各種稍具複雜性的範例來將 decorator 普及化」。它可以在 PyPI 上當成 decorator 程式包來使用（*https://fpy.li/9-9*）。

Python Decorator Library 維基網頁（*https://fpy.li/9-10*）有幾十個例子，該網頁是在 decorator 還是 Python 的一個新功能時建立的。由於該網頁是好幾年前開始寫的，裡面的一些技術已經被取代了，但它還是一個很棒的靈感來源。

11　我想讓程式碼盡可能的簡單，所以未在所有的例子中遵循 Slatkin 的優秀建議。

「Closures in Python」（*https://fpy.li/9-11*）是 Fredrik Lundh 所著的部落格短文，他在裡面解釋了 closure 這個術語。

PEP 3104 —— Access to Names in Outer Scopes（*https://fpy.li/9-12*）敘述 Python 引入 nonlocal 宣告來重新綁定既非局部亦非全域的名稱。它也大略說明其他的動態語言（Perl、Ruby、JavaScript…等）是如何解決這個問題的，以及 Python 可以採用的各種設計選項的利弊。

在更理論的層面上，PEP 227 —— Statically Nested Scopes（*https://fpy.li/9-13*）記載了 Python 2.1 加入辭彙作用域（lexical scoping）作為一個選項，且 Python 2.2 讓它成為標準，解釋 Python 實作 closure 的理由與設計選項。

PEP 443（*https://fpy.li/9-14*）提供單一分派泛型函式的理由和詳細說明。Guido van Rossum 在他的一篇舊文章（2005 年 3 月）「Five-Minute Multimethods in Python」（*https://fpy.li/9-15*）裡講述了使用 decorator 來實現通用函式（又稱多方法）的過程。他的程式支援多調派（即，根據一個以上的位置型引數來調派）。Guido 的多方法（multimethods）程式很有趣，但它是一個教學範例。如果你想看現代、可在生產環境中使用的多調派泛型函式成品，可參考 Martijn Faassen 寫的 Reg（*https://fpy.li/9-16*），Martijn Faassen 是模型驅動且支援 REST 的 Morepath web 框架（*https://fpy.li/9-17*）的作者。

肥皂箱

動態作用域 vs. 辭彙作用域

具備一級函式的任何語言的設計者都要面臨一個問題：作為一級物件的函式是在一個作用域裡定義的，但可能在另一個作用域呼叫。問題在於：如何計算（evaluate）自由變數？第一個也是最簡單的答案是「動態作用域」，意思是自由變數是透過查看呼叫函式的環境來計算的。

如果 Python 有動態作用域，而且沒有 closure，我們可以這樣改善 avg（類似範例 9-8）：

```
>>> ### 這不是真的 Python 主控台對話！ ###
>>> avg = make_averager()
>>> series = []                ❶
>>> avg(10)
10.0
>>> avg(11)                    ❷
```

```
10.5
>>> avg(12)
11.0
>>> series = [1]     ❸
>>> avg(5)
3.0
```

❶ 在使用 avg 之前，我們必須自己定義 series = []，所以我們必須知道 averager（在 make_averager 內）是指一個名為 series 的 list。

❷ 在幕後，series 收集要計算平均值的值。

❸ 當 series = [1] 被執行時，之前的 list 會失去。這可能在同時處理兩個獨立的移動平均值時，發生意外。

函式應該是不透明的，將實作細節隱藏起來，不讓使用者看見。 但是使用動態作用域時，如果函式使用自由變數，程式設計師就必須知道它的內部，以設定環境來讓它可以正確地運作。我和 LaTeX 文件準備語言奮戰多年後，才從 George Grätzer 的傑作 *Practical LaTeX*（Springer）知道，LaTeX 的變數其實使用動態作用域。

Emacs Lisp 也使用動態作用域，至少在預設情況下。在 Emacs Lisp 手冊中的「Dynamic Binding」（*https://fpy.li/9-18*）有概要的解釋。

動態作用域比較容易實作，這應該就是 John McCarthy 在創作 Lisp 時選擇走這條路的原因。Lisp 是第一種具備一級函式的語言。Paul Graham 的文章「The Roots of Lisp」（*https://fpy.li/9-19*）以易懂的方式解釋了 John McCarthy 討論 Lisp 語言的原始論文「Recursive Functions of Symbolic Expressions and Their Computation by Machine, Part I」（*https://fpy.li/9-20*）。McCarthy 的論文是媲美貝多芬的第九號交響曲的偉大傑作。Paul Graham 為我們翻譯它，從數學到英文和可執行的程式碼。

Paul Graham 的評述解釋了動態作用域是多麼有挑戰性。引自「The Roots of Lisp」：

> 即使是第一個高階的 Lisp 函式都因為動態作用域而無法動作，動態作用域的危險性由此可見一班。這可能是因為 McCarthy 在 1960 年時，還沒有充分認識到動態作用域的影響。但是令人驚訝的是，動態作用域在 Lisp 中依然存留很長的一段時間，直到 Sussman 與 Steele 在 1975 開發出 Scheme 為止。辭彙作用域並未讓 eval 的定義複雜太多，但它可能讓編譯器更難以編寫。

時至今日，辭彙作用域已經是一種規範了：程式語言在計算自由變數時，會考慮定義函式的環境。辭彙作用域讓具備一級函式的語言更難實作，因為它需要支援 closure。另一方面，辭彙作用域可讓原始程式更易讀。在 Algol 之後出現的多數語言都具備辭彙作用域。但有一個值得注意的例外是 JavaScript，它的特殊變數 this 令人困惑，因為它可能使用詞彙作用域，也可能使用動態作用域，取決於程式碼的寫法（*https://fpy.li/9-21*）。

Python lambdas 多年一直沒有提供 closure，導致這個功能在泛函編程極客（geek）部落格圈聲名狼藉。Python 2.2（2001 年 12 月）修正這個情況，但部落格圈的看法已經根深蒂固了。從那時起，lambda 的尷尬特質只剩下它那有限的語法。

Python decorator 與 Decorator 設計模式

Python 函式 decorator 大致符合 Gamma 等人在 *Design Patterns* 中對 decorator 的廣義敘述：「動態地將額外的職責附加到一個物件。為了擴展功能，除了製作子類別之外，decorator 是另一種靈活的方案。」

在實作層面上，Python decorator 不像典型的 Decorator 設計模式，但可以類比。

在設計模式中，Decorator 與 Component 是抽象類別。具體 decorator 實例包著具體的 component 實例，來為它增加行為。引自 *Design Patterns*：

> decorator 與被它修飾的組件有一致的介面，所以用戶端不知道它的存在。decorator 會將請求轉發給組件，可能在轉發之前或之後執行額外的動作（例如繪製邊框）。這種透明性可讓你遞迴地嵌套 decorator，從而無限次地添加職責。（p.175）

在 Python 中，decorator 函式扮演具體 Decorator 子類別的角色，它回傳的內部函式是一個 decorator 實例。它回傳的函式包著被修飾的函式，後者相當於設計模式中的 component。被回傳的函式是透明的，因為它接收相同的引數，所以它的介面與 component 的介面一致。它會將呼叫轉發給 component，而且可能在轉發之前或之後執行額外的動作。借用之前的引文，我們可以將最後一句話改成：「透明性可讓你堆疊 decorator，從而讓你無限次地加入行為。」

注意，我沒有建議你在 Python 程式中使用函式 decorator 來實作 decorator 模式。雖然你可以在特定情況下這樣做，但一般來說，decorator 模式最好用類別來實作，用類別來代表 decorator 和它所包覆的 component。

## 第 10 章

用一級函式來實作設計模式

程式是否符合模式並非判斷好壞的標準。

—— *Ralph Johnson*，經典名著 *Design Patterns* 作者之一 [1]

在軟體工程裡，設計模式（*https://fpy.li/10-1*）是解決常見設計問題的一般性配方。閱讀這一章不需要認識設計模式。我會解釋在範例中使用的模式。

在設計程式時使用設計模式是由具里程碑意義的名著 *Design Patterns: Elements of Reusable Object-Oriented Software*（Addison-Wesley）推廣的，這本書的作者是 Erich Gamma、Richard Helm、Ralph Johnson 與 John Vlissides，又名「四人幫（the Gang of Four）」。這本書匯編了 23 種模式，將它們分門別類，並以 C++ 程式為例，但這些模式在其他物件導向語言裡也是有用的。

雖然設計模式和語言是互相獨立的，但這不意味著每一種模式都可以在每一種語言裡使用。例如，你將在第 17 章看到，在 Python 中模仿 Iterator（*https://fpy.li/10-2*）模式的招式沒有意義，因為 Python 已經內建這種模式了，而且可以用現成的 generator 形式來實現，不需要使用類別，所使用的程式碼也比經典招式更少。

1 　來自 Ralph Johnson 在 2014 年 11 月 15 日於聖保羅大學的 IME/CCSL 發表的演說「Root Cause Analysis of Some Faults in Design Patterns」的一張投影片。

Design Patterns 的作者在他們的簡介中承認，語言決定了適用的模式有哪些：

> 選擇程式語言很重要，因為它會影響人的觀點。我們的模式假設使用 Smalltalk/
> C++ 等級的語言功能，這種選擇決定了哪些模式可以輕鬆地實作，哪些不能。
> 如果預設使用程序型（procedural）語言，我們可能會加入名為「繼承」、「封
> 裝」和「多型」的設計模式。類似的情況，有些較不常見的物件導向語言直接
> 支援我們的一些模式。例如，CLOS 有多方法（multi-methods），因此比較不需
> 要 Visitor 這類的模式。[2]

Peter Norvig 在 1996 年的演說「Design Patterns in Dynamic Languages」（*https://fpy.
li/norvigdp*）中提到，在 *Design Patterns* 中的 23 種模式裡的 16 種在動態語言裡已經
「看不見了或更簡單了」（第 9 張投影片）。他說的是 Lisp 和 Dylan 語言，但 Python
也有很多相關的動態功能，特別是，對於具備一級函式的語言，Norvig 建議重新思考
Strategy、Command、Template Method 與 Visitor 等經典模式。

本章的目標是展示（在某些情況下）如何用函式來做類別所做的工作，使用更易讀且簡
明的程式。我們將使用函式作為物件來重構一個 Strategy 的實作，移除大量的樣板碼。
我們也會用類似的做法來簡化 Command 模式。

本章有哪些新內容

我把這一章移到第三部分的結尾是為了在第 361 頁的「用 decorator 來加強 Strategy 模
式」使用註冊 decorator，以及在例子中使用型態提示。本章使用的型態提示大都不複
雜，而且可以提升易讀性。

案例研究：重構 Strategy

Strategy 是設計模式在 Python 裡變得更簡單的一個好例子，如果你將函式當成一級物
件來利用的話。在接下來幾節裡，我們將使用 *Design Patterns* 介紹的「典型」結構來說
明並實作 Strategy。如果你已經很熟悉典型的模式，你可以跳到 355 頁的「使用函式的
Strategy」，我們將在那裡使用函式來重構程式，這可以大幅減少程式行數。

2　引自 *Design Patterns* 的第 4 頁。

典型的 Strategy

圖 10-1 的 UML 類別圖描繪 Strategy 模式的類別架構。

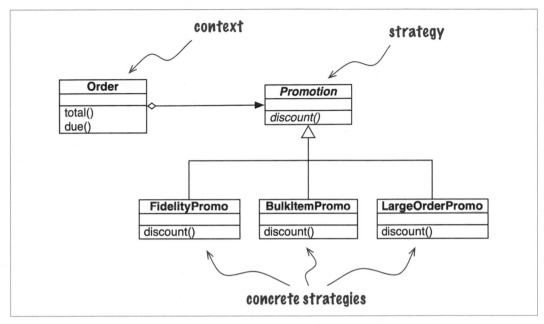

圖 10-1　用 Strategy 設計模式來實作的訂單折扣處理程式的 UML 類別圖

Design Patterns 是這樣總結 Strategy 模式的：

> 定義一系列的演算法，封裝每一個演算法，並且讓它們可以互換。Strategy 可以
> 讓演算法獨立於它的用戶端進行變換。

在電子商務領域中，Strategy 有一個明顯的用例，就是根據顧客的屬性或訂購的項目來
計算訂單的折扣。

假設有一家網路商店有這些折扣規則：

* 若顧客有 1,000 點以上的忠誠點數，他的每一張訂單都享有全部 5% 的折扣。

* 在同一張訂單中，每個訂購 20 單位以上的項目都有 10% 的折扣。

* 如果一張訂單裡至少有 10 個不同的物品，那張訂單全部折扣 7%。

為了簡潔起見，我們假設一張訂單只能享有一項折扣。

圖 10-1 是 Strategy 模式的 UML 類別圖。它的參與者有：

Context

將一些計算委託給可替換的組件，那些組件實作了各種演算法。在電子商務範例中，context 是 Order，可基於幾種演算法中的一種來套用促銷折扣。

Strategy

實作各種演算法的組件的共同介面。在我們的範例中，這個角色是由一個名為 Promotion 的抽象類別扮演的。

Concrete Strategy

Strategy 的具體子類別之一。FidelityPromo、BulkPromo 與 LargeOrderPromo 是這個例子的三個具體 strategy。

範例 10-1 的程式碼是按照圖 10-1 的藍圖寫成的。正如 *Design Patterns* 所述，concrete strategy 是由 context 類別的用戶端選擇的。在我們的範例中，系統在將訂單（order）實例化之前，會選擇一種促銷折扣策略（strategy），並將它傳給 Order 建構式。策略的選擇不屬於這個模式的職責。

範例 10-1　使用可替換的折扣策略來實作 Order 類別

```python
from abc import ABC, abstractmethod
from collections.abc import Sequence
from decimal import Decimal
from typing import NamedTuple, Optional


class Customer(NamedTuple):
    name: str
    fidelity: int


class LineItem(NamedTuple):
    product: str
    quantity: int
    price: Decimal

    def total(self) -> Decimal:
        return self.price * self.quantity


class Order(NamedTuple):  # Context
```

```
        customer: Customer
        cart: Sequence[LineItem]
        promotion: Optional['Promotion'] = None

        def total(self) -> Decimal:
            totals = (item.total() for item in self.cart)
            return sum(totals, start=Decimal(0))

        def due(self) -> Decimal:
            if self.promotion is None:
                discount = Decimal(0)
            else:
                discount = self.promotion.discount(self)
            return self.total() - discount

        def __repr__(self):
            return f'<Order total: {self.total():.2f} due: {self.due():.2f}>'


class Promotion(ABC):   # Strategy：它是個抽象基礎類別
    @abstractmethod
    def discount(self, order: Order) -> Decimal:
        """Return discount as a positive dollar amount"""


class FidelityPromo(Promotion):  # 第一個 Concrete Strategy
    """5% discount for customers with 1000 or more fidelity points"""

    def discount(self, order: Order) -> Decimal:
        rate = Decimal('0.05')
        if order.customer.fidelity >= 1000:
            return order.total() * rate
        return Decimal(0)


class BulkItemPromo(Promotion):  # 第二個 Concrete Strategy
    """10% discount for each LineItem with 20 or more units"""

    def discount(self, order: Order) -> Decimal:
        discount = Decimal(0)
        for item in order.cart:
            if item.quantity >= 20:
                discount += item.total() * Decimal('0.1')
        return discount
```

```
class LargeOrderPromo(Promotion):  # 第三個 Concrete Strategy
    """7% discount for orders with 10 or more distinct items"""

    def discount(self, order: Order) -> Decimal:
        distinct_items = {item.product for item in order.cart}
        if len(distinct_items) >= 10:
            return order.total() * Decimal('0.07')
        return Decimal(0)
```

注意，在範例 10-1 裡，我將 Promotion 寫成抽象基礎類別（ABC），以便使用 @abstractmethod decorator，並讓這個模式更明確。

範例 10-2 使用 doctest 來展示與驗證實作了上述規則的模組的動作。

範例 10-2. 使用 Order 類別並套用不同的促銷規則

```
>>> joe = Customer('John Doe', 0)  ❶
>>> ann = Customer('Ann Smith', 1100)
>>> cart = (LineItem('banana', 4, Decimal('.5')),  ❷
...         LineItem('apple', 10, Decimal('1.5')),
...         LineItem('watermelon', 5, Decimal(5)))
>>> Order(joe, cart, FidelityPromo())  ❸
<Order total: 42.00 due: 42.00>
>>> Order(ann, cart, FidelityPromo())  ❹
<Order total: 42.00 due: 39.90>
>>> banana_cart = (LineItem('banana', 30, Decimal('.5')),  ❺
...                LineItem('apple', 10, Decimal('1.5')))
>>> Order(joe, banana_cart, BulkItemPromo())  ❻
<Order total: 30.00 due: 28.50>
>>> long_cart = tuple(LineItem(str(sku), 1, Decimal(1))  ❼
...                   for sku in range(10))
>>> Order(joe, long_cart, LargeOrderPromo())  ❽
<Order total: 10.00 due: 9.30>
>>> Order(joe, cart, LargeOrderPromo())
<Order total: 42.00 due: 42.00>
```

❶ 兩位顧客：joe 有 0 點忠誠點數，ann 有 1,100 點。

❷ 這一台購物車有三項物品。

❸ FidelityPromo 促銷規則無法為 joe 打折。

❹ ann 獲得 5% 折扣，因為她有 1,000 點以上。

❺ banana_cart 有 30 個單位的 "banana" 產品與 10 個 apple。

❻ 因為 BulkItemPromo，joe 的 banana 獲得 $1.50 的折扣。

❼ long_order 有 10 個不同的項目，每個 $1.00。

❽ 因為 LargerOrderPromo，joe 的整個訂單獲得 7% 折扣。

雖然範例 10-1 完美地運作，但是在 Python 裡將函式當成物件可以用更少程式來實作相同的功能。下一節將展示做法。

使用函式的 Strategy

範例 10-1 的每一個 concrete strategy 都是一個具有單一方法（discount）的類別。此外，strategy 實例沒有狀態（沒有實例屬性）。也許你認為它們看起來就像一般的函式，沒錯。範例 10-3 是重構範例 10-1 的結果，我們將 concrete strategy 換成簡單的函式，並移除 Promo 抽象類別。我們只需要在 Order 類別裡做一些修改。[3]

範例 *10-3.* 將折扣 *strategy* 寫成函式的 Order 類別

```
from collections.abc import Sequence
from dataclasses import dataclass
from decimal import Decimal
from typing import Optional, Callable, NamedTuple


class Customer(NamedTuple):
    name: str
    fidelity: int


class LineItem(NamedTuple):
    product: str
    quantity: int
    price: Decimal

    def total(self):
        return self.price * self.quantity
```

---

3 Mypy 的一個 bug 迫使我用 @dataclass 來重寫 Order。你可以忽略這個細節，因為這個類別也可以使用 NamedTuple，就像範例 10-1 那樣。如果 Order 是 NamedTuple，Mypy 0.910 會在檢查 promotion 的型態提示時崩潰。我試著在那一行加入 # type ignore，但 Mypy 一樣會崩潰。如果 Order 用 @dataclass 來建構，Mypy 可以正確地處理同一個型態提示。截至 2021 年 7 月 19 日，問題 #9397（*https://fpy.li/10-3*）尚未被解決。希望它在你看到這裡時已經被修正了。

```python
@dataclass(frozen=True)
class Order:  # Context
    customer: Customer
    cart: Sequence[LineItem]
    promotion: Optional[Callable[['Order'], Decimal]] = None    ❶

    def total(self) -> Decimal:
        totals = (item.total() for item in self.cart)
        return sum(totals, start=Decimal(0))

    def due(self) -> Decimal:
        if self.promotion is None:
            discount = Decimal(0)
        else:
            discount = self.promotion(self)    ❷
        return self.total() - discount

    def __repr__(self):
        return f'<Order total: {self.total():.2f} due: {self.due():.2f}>'


❸


def fidelity_promo(order: Order) -> Decimal:    ❹
    """5% discount for customers with 1000 or more fidelity points"""
    if order.customer.fidelity >= 1000:
        return order.total() * Decimal('0.05')
    return Decimal(0)


def bulk_item_promo(order: Order) -> Decimal:
    """10% discount for each LineItem with 20 or more units"""
    discount = Decimal(0)
    for item in order.cart:
        if item.quantity >= 20:
            discount += item.total() * Decimal('0.1')
    return discount


def large_order_promo(order: Order) -> Decimal:
    """7% discount for orders with 10 or more distinct items"""
    distinct_items = {item.product for item in order.cart}
    if len(distinct_items) >= 10:
        return order.total() * Decimal('0.07')
    return Decimal(0)
```

❶ 這個型態提示指出：promotion 可以是 None，也可以是接收一個 Order 引數且回傳一個 Decimal 的 callable。

❷ 為了計算折扣，呼叫 self.promotion callable，傳遞引數 self。接下來會說明原因。

❸ 沒有抽象類別。

❹ 每個 strategy 都是一個函式。

為什麼要寫成 self.promotion(self)？

在 Order 類別裡，promotion 不是方法，它是碰巧是 callable 的實例屬性。所以運算式的第一部分 self.promotion 是為了提取那個 callable。為了呼叫它，我們必須提供 Order 的實例，在本例中，它是 self。這就是 self 在運算式裡出現兩次的原因。

第 910 頁的「方法就是 descriptor」會解釋自動將方法綁定實例的機制。它不適用於 promotion，因為它不是方法。

範例 10-3 的程式比範例 10-1 的程式更短。使用新的 Order 也比較簡單，如範例 10-4 的 doctest 所示。

範例 *10-4. 使用將 promotion 寫成函式的* Order *類別*

```
>>> joe = Customer('John Doe', 0)  ❶
>>> ann = Customer('Ann Smith', 1100)
>>> cart = [LineItem('banana', 4, Decimal('.5')),
...        LineItem('apple', 10, Decimal('1.5')),
...        LineItem('watermelon', 5, Decimal(5))]
>>> Order(joe, cart, fidelity_promo)  ❷
<Order total: 42.00 due: 42.00>
>>> Order(ann, cart, fidelity_promo)
<Order total: 42.00 due: 39.90>
>>> banana_cart = [LineItem('banana', 30, Decimal('.5')),
...               LineItem('apple', 10, Decimal('1.5'))]
>>> Order(joe, banana_cart, bulk_item_promo)  ❸
<Order total: 30.00 due: 28.50>
>>> long_cart = [LineItem(str(item_code), 1, Decimal(1))
...              for item_code in range(10)]
>>> Order(joe, long_cart, large_order_promo)
<Order total: 10.00 due: 9.30>
>>> Order(joe, cart, large_order_promo)
<Order total: 42.00 due: 42.00>
```

❶ 與範例 10-1 一樣的測試資料。

❷ 只要將促銷函式當成引數來傳遞，即可對著 Order 套用折扣策略。

❸ 這一個測試與下一個測試使用不同的促銷函式。

注意範例 10-4 的呼叫，我們不需要用新的 order 來實例化一個新的 promotion 物件，因為函式是立即可用的。

有趣的是，在 *Design Patterns* 中，作者建議：「Strategy 物件通常可做出很好的 flyweight。」[4] 該書另一部分的 Flyweight 模式定義指出：「Flyweight 就是可以同時在多個 context 中使用的共用物件」。[5] 如果每一個新 context 都反覆使用同一個 strategy，為了降低建立新的具體 strategy 物件的成本，作者建議共用物件。在我們的例子裡，每一個新 context 就是每一個新的 Order 實例。所以，為了解決 Strategy 模式的缺點（它的執行期成本），作者建議採用另一種模式。與此同時，程式碼的行數和維護成本也在不斷增長。

另一個更複雜的用例涉及具有內部狀態的複雜具體 strategy，可能需要將 Strategy 與 Flyweight 設計模式的所有元素結合起來。但具體 strategy 通常沒有內部狀態，它們只處理來自 context 的資料。若是如此，那就一定要使用純粹的函式，而不是寫一個具有單一方法的類別，並在裡面實作在另一個類別裡宣告的單一方法的介面。函式比自訂類別的實例更輕盈，沒有必要使用 Flyweight，因為每個 strategy 函式都只會在每個 Python 程序載入模組時建立一次。純粹的函式也是可以同時在多個 context 中使用的共用物件。

知道如何使用函式來實作 Strategy 模式之後，我們可以看到其他的可能性。假設我們要建立一個「超策略（metastrategy）」，用來選擇一張 Order 的最佳折扣。在接下來的小節裡，我們將研究其他的重構方法，利用函式和模組作為物件來實現這個需求。

選擇最佳策略：簡單的做法

考慮範例 10-4 的測試中的顧客和購物車，我們在範例 10-5 加入三個額外的測試。

範例 10-5　*best_promo* 函式套用所有折扣並回傳最大的

```
>>> Order(joe, long_cart, best_promo) ❶
<Order total: 10.00 due: 9.30>
```

4　在 *Design Patterns* 的第 323 頁。

5　Ibid，p. 196。

358　第 10 章

```
>>> Order(joe, banana_cart, best_promo)    ❷
<Order total: 30.00 due: 28.50>
>>> Order(ann, cart, best_promo)    ❸
<Order total: 42.00 due: 39.90>
```

❶ best_promo 為顧客 joe 選擇了 larger_order_promo。

❷ joe 獲得 bulk_item_promo 的折扣,因為他訂購很多 banana。

❸ 用簡單的購物車來結帳時,best_promo 給忠實的顧客 ann 提供 fidelity_promo 的折扣。

best_promo 的程式很簡單。參見範例 10-6。

範例 10-6   best_promo 迭代一個函式 list 來找出最大折扣

```
promos = [fidelity_promo, bulk_item_promo, large_order_promo]    ❶


def best_promo(order: Order) -> Decimal:    ❷
    """Compute the best discount available"""
    return max(promo(order) for promo in promos)    ❸
```

❶ promos list 裡面有以函式來實作的 strategy。

❷ best_promo 接收一個 Order 實例引數,其他的 *_promo 函式也是如此。

❸ 使用 genexp 來將 promos 的每一個函式套用到 order,並回傳最大的折扣。

範例 10-6 很簡單:promos 是一個函式的 list。一旦你習慣了「函式是一級物件」這個概念,你就會自然地認為建構包含函式的資料結構通常是有意義的。

雖然範例 10-6 可以執行,而且易讀,但有一些重複的地方可能會造成小 bug:為了加入新的促銷 strategy,我們必須編寫函式,而且要記得將它加入 promos list 裡面,否則雖然明確地將新促銷當成引數傳給 Order 可以使用它,但 best_promotion 不會考慮它。

這個問題的解決方案將在下一節揭曉。

尋找模組內的 strategy

在 Python 中,模組也是一級物件,且標準程式庫提供了一些函式來處理它們。Python 文件是這樣介紹內建的 globals 的:

```
globals()
```

回傳一個字典，代表當前的全域符號表（symbol table）。它一定是當前模組的字典
（在函式或方法內部，當前模組是指定義它們的模組，而不是呼叫它們的模組）。

範例 10-7 以一種略帶 hack 風格的方式來使用 globals 以協助 best_promo 自動尋找其他
可用的 *_promo 函式。

範例 10-7.promos list 是藉著自檢模組全域名稱空間來建構的

```
from decimal import Decimal
from strategy import Order
from strategy import (
    fidelity_promo, bulk_item_promo, large_order_promo    ❶
)

promos = [promo for name, promo in globals().items()       ❷
                if name.endswith('_promo') and             ❸
                    name != 'best_promo'                   ❹
]


def best_promo(order: Order) -> Decimal:                   ❺
    """Compute the best discount available"""
    return max(promo(order) for promo in promos)
```

❶ 匯入促銷函式，讓它們出現在全域名稱空間裡。[6]

❷ 迭代 globals() 回傳的 dict 裡的每個項目。

❸ 只選擇名稱結尾是 _promo 的值，並…

❹ 濾除 best_promo 本身，以免當 best_promo 被呼叫時無止盡地遞迴。

❺ 不用修改 best_promo。

另一種收集促銷方案的做法是建立一個模組，並將 best_promo 之外的所有 strategy 函式
放在那裡。

6　flake8 與 VS Code 都會抱怨名稱被匯入了，卻未被使用。根據定義，靜態分析工具無法理解 Python 的動
　　態特性。如果我們聽從這類工具的每一條建議，我們很快就會用 Python 的語法寫出不優雅、冗長、長
　　得很像 Java 的程式碼。

在範例 10-8，唯一重要的改變就是 strategy 函式 list 是藉著自檢獨立的模組 promotions 來建立的。注意，範例 10-8 需要匯入 promotions 模組與 inspect，inspect 提供高階的自檢函式。

範例 *10-8*.promos *list* 是藉著自檢一個新的 promotions 模組來建立的

```
from decimal import Decimal
import inspect

from strategy import Order
import promotions


promos = [func for _, func in inspect.getmembers(promotions, inspect.isfunction)]


def best_promo(order: Order) -> Decimal:
    """Compute the best discount available"""
    return max(promo(order) for promo in promos)
```

inspect.getmembers 函式回傳物件的屬性，在這個例子中，該物件是 promotions 模組，可用一個條件敘述（布林函式）來篩選。我們使用 inspect.isfunction 來取得模組中的函式。

無論讓函式使用什麼名稱，範例 10-8 都可以執行，需要注意的是 promotions 模組只能包含計算給定訂單折扣的函式。當然，這是程式碼的隱性假設。如果有人在 promotions 模組內建立一個不同簽章的函式，那麼當你試著將它套用到一個訂單時，best_promo 會出問題。

我們可以加入更嚴格的測試來過濾函式，例如檢查它們的引數。範例 10-8 的重點並不是提供完整的解決方案，而是介紹模組自檢的一種用法。

使用簡單的 decorator 來動態收集促銷折扣函式是更明確的替代方案。這是接下來的主題。

用 decorator 來加強 Strategy 模式

範例 10-6 的主要問題是在函式定義中使用重複的名稱，以及 best_promo 函式在確定最佳折扣時使用的 promos list 中有重複的名稱。這種重複性之所以是問題，是因為有人可能加入新的促銷 strategy 函式，卻忘了親手將它加入 promos list，此時，best_promo 會默默地忽略新 strategy，在系統引入一個難以發現的 bug。範例 10-9 使用第 316 頁的「註冊 decorator」介紹過的技術來解決這個問題。

```
Promotion = Callable[[Order], Decimal]

promos: list[Promotion] = []  ❶


def promotion(promo: Promotion) -> Promotion:  ❷
    promos.append(promo)
    return promo


def best_promo(order: Order) -> Decimal:
    """Compute the best discount available"""
    return max(promo(order) for promo in promos)  ❸


@promotion  ❹
def fidelity(order: Order) -> Decimal:
    """5% discount for customers with 1000 or more fidelity points"""
    if order.customer.fidelity >= 1000:
        return order.total() * Decimal('0.05')
    return Decimal(0)


@promotion
def bulk_item(order: Order) -> Decimal:
    """10% discount for each LineItem with 20 or more units"""
    discount = Decimal(0)
    for item in order.cart:
        if item.quantity >= 20:
            discount += item.total() * Decimal('0.1')
    return discount


@promotion
def large_order(order: Order) -> Decimal:
    """7% discount for orders with 10 or more distinct items"""
    distinct_items = {item.product for item in order.cart}
    if len(distinct_items) >= 10:
        return order.total() * Decimal('0.07')
    return Decimal(0)
```

❶ promos list 是模組全域 list，最初是空的。

❷ Promotion 是註冊 decorator，它會將函式附加至 promos list，再將它原封不動地回傳。

❸ 不需要修改 best_promos，因為它依靠 promos list。

❹ 用 @promotion 來修飾的任何函式都會被加入 promos。

比起之前的做法，這個解決方案有幾個優點：

- 促銷 strategy 函式不一定要使用特殊的名稱 —— 不需要後綴 _promo。

- @promotion decorator 彰顯了被修飾的函式的目的，它也可以讓你輕鬆地來取消一項促銷，只要將 decorator 改成注釋即可。

- 你可以在其他模組、系統的任何地方定義促銷折扣 strategy，只要對著它們使用 @promotion decorator 即可。

在下一節，我們要討論 Command，它是另一種設計模式，在使用純粹的函式就可以實現的時候，有時可以使用單一方法的類別來實作。

Command 模式

Command 是另一種可以藉著將函式當成引數來傳遞，以進行簡化的設計模式。圖 10-2 是 Command 模式的類別架構。

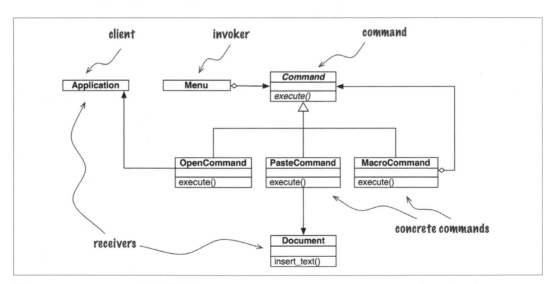

圖 10-2　用 Command 設計模式來實作以選單來趨動的編譯器時的 UML 類別圖。每一個 command 可能有不同的 receiver，receiver 是實作了動作的物件。PasteCommand 的 receiver 是 Document。OpenCommand 的 receiver 是 application。

Command 的目的是將調用操作的物件（Invoker）與實現操作的物件（Receiver）解耦合。在 *Design Patterns* 的範例裡，每一個 invoker 都是圖形應用程式的一個選單項目，receiver 是被編輯的文件或應用程式本身。

這個模式的概念是將一個 Command 物件放在它們兩者之間，實作一個包含單一方法（execute）的介面，讓它呼叫 receiver 的方法來執行想要的操作。如此一來，invoker 不需要認識 receiver 的介面，而且可以透過不同的 Command 子類別來適應（adapt）不同的 receiver。invoker 會被配置一個具體的 command，並呼叫它的 execute 方法來操作它。注意，在圖 10-2 中，MacroCommand 可以儲存一系列的 command，它的 execute() 方法會呼叫它儲存的每個 command 中的相同方法。

引自 *Design Patterns*：「Command 是回呼（callback）的物件導向替代品」。問題是：我們需要回呼的物件導向替代品嗎？有時需要，但並非總是如此。

我們可以直接給 invoker 一個函式，而不是給它一個 Command 實例。invoker 可以直接呼叫 command()，而非呼叫 command.execute()。MacroCommand 可以寫成一個實作了 __call__ 的類別。所以 MacroCommand 的實例是 callable，每一個都保存一個函式 list 以供呼叫，如範例 10-10 所示。

範例 *10-10 MacroCommand 的每一個實例都有一個內部的 command list*

```
class MacroCommand:
    """A command that executes a list of commands"""

    def __init__(self, commands):
        self.commands = list(commands)  ❶

    def __call__(self):
        for command in self.commands:  ❷
            command()
```

❶ 用 commands 引數來建構 list 可以確保它是 iterable，並在每一個 MacroCommand 實例中保存一個 command 參考的本地複本。

❷ 當 MacroCommand 的實例被呼叫時，在 self.commands 裡的每一個 command 都會被依序呼叫。

比較進階的 Command 模式用法（例如支援 undo）可能需要比較複雜的回呼函式。即使如此，Python 也提供了一些值得考慮的替代品：

- 像範例 10-10 的 `MacroCommand` 這種 callable 實例可以保存必要的狀態，並提供 `__call__` 之外的方法。

- 使用 closure 在函式呼叫之間保存函式的內部狀態。

以上就是使用一級函式來重新實作 Command 模式的介紹。在更高層面上，這個做法與我們在 Strategy 中採用的做法類似：將參與類別的實例換成 callable。原本的參與類別實作了單一方法介面。畢竟，每一個 Python callable 都實作了一個單一方法介面，而那個方法稱為 `__call__`。

本章摘要

如同 Peter Norvig 在經典名著 *Design Patterns* 問世幾年之後所說的：「定性地說（qualitatively），23 種模式裡的 16 種模式在 Lisp 或 Dylan 裡的做法比在 C++ 裡的做法還要簡單，至少對每一種模式的幾種用法而言如此。（Norvig 的演說「Design Patterns in Dynamic Languages」的第 9 張投影片（*https://fpy.li/10-4*））。Python 的一些動態功能與 Lisp 及 Dylan 語言一樣，特別是一級函式，也就是本書的這個部分的主題。

摘自本章開頭引用的同一場演講，在回顧 *Design Patterns: Elements of Reusable Object-Oriented Software* 問世 20 周年之際，Ralph Johnson 說道，這本書有一個失敗之處在於：「過於強調模式是終點，而不是設計程過程中的步驟。」[7] 在這一章，我們使用 Strategy 模式作為起點，它是可以用一級函式來簡化的可行解決方案。

在許多情況下，與其模仿 Gamma、Helm、Johnson 與 Vlissides 在 *Design Patterns* 裡介紹的 Strategy 與 Command 模式，Python 的函式或 callable 物件提供更自然的方式來實作回呼。在本章中，對 Strategy 模式的重構和對 Command 模式的探討都是更一般化的洞察性範例：你可能會遇到一些設計模式或 API 要求組件實作只有一個方法的介面，且那個方法使用一個聽起來很籠統的名稱，例如「execute」、「run」或「do_it」。在 Python 中，這種模式或 API 通常可以使用一級物件的函式來實作，使用更少的樣板碼。

---

[7] Johnson 於 2014 年 11 月 15 日在 IME-USP 發表的「Root Cause Analysis of Some Faults in Design Patterns」。

延伸讀物

Python Cookbook 第三版的「Recipe 8.21. Implementing the Visitor Pattern」介紹 Visitor 模式的優雅寫法，讓 `NodeVisitor` 類別將方法當成一級物件來處理。

對於一般性的設計模式主題，Python 程式設計師能夠選擇的參考讀物不像其他語言那麼廣泛。

Gennadiy Zlobin 的 *Learning Python Design Patterns*（Packt）是我看過的唯一一本完全討論 Python 的模式的書籍。但 Zlobin 的作品很短（只有 100 頁），且僅介紹了原始的 23 種設計模式中的 8 種。

Tarek Ziadé 的 *Expert Python Programming*（Packt）是市面上最好的中階 Python 書籍之一，它的最後一章「Useful Design Patterns」從 Python 風格的角度介紹了幾種經典模式。

Alex Martelli 有一些關於 Python 設計模式的演說。*https://fpy.li/10-5* 是他在 EuroPython 2011 發表的演說，他的個人網站也有一些投影片（*https://fpy.li/10-6*）。近年來，我發現了不同的投影片與影片，長度不一，你可以用他的名字和「Python Design Patterns」作為關鍵字來徹底搜尋一下。有一位出版商告訴我，Martelli 正在撰寫一本關於這個主題的書。等他出版時，我一定會買一本。

坊間有很多 Java 背景之下的設計模式書籍，其中我最喜歡的是 Eric Freeman 和 Elisabeth Robson（O'Reilly）的深入淺出設計模式第二版。它解釋了 23 種經典模式中的 16 種。如果你喜歡「深入淺出」系列的搞怪風格，而且需要這個主題的入門書籍，你會愛上這部作品。它以 Java 為主，但第二版已經有所更新，以反映 Java 新增的一級函式，也讓一些範例更接近我們用 Python 來寫的程式碼。

有些動態語言具備鴨定型和一級函式，如果你想從那些動態語言的觀點看待模式，Russ Olsen 所著的 *Design Patterns in Ruby*（Addison- Wesley）有很多見解也適用於 Python。儘管 Python 和 Ruby 的語法有很多差異，但是在語義層面上，它們比 Java 或 C++ 更接近彼此。

Peter Norvig 在 *Design Patterns in Dynamic Languages*（*https://fpy.li/norvigdp*）（投影片）中展示一級函式（及其他動態功能）如何讓一些原始的設計模式變得更簡單，或失去必要性。

在 Gamma 等人的 *Design Patterns* 原著中，光是緒論（introduction）就可以值回「書」價了，裡面有超過 23 種模式，包含各種招式，從非常重要的，到極少用的。被廣泛引用的設計原則「針對介面設計程式，而不是針對實作」和「優先選擇物件組合，而不是類別繼承」都來自這篇緒論。

在設計中採用模式的鼻祖是建築師 Christopher Alexander 等人，他們在 *A Pattern Language*（Oxford University Press）一書中提出這個概念。Alexander 的想法是建立標準的詞彙，讓團隊在設計建築時可以分享共同的設計決策。M. J. Dominus 的「Design Patterns' Aren't」（*https://fpy.li/10-7*）是一份引人深思的投影片，提到 Alexander 關於模式的原始願景更深刻、更人性化，也更適合軟體工程。

肥皂箱

Python 有一級函式與一級型態，它們是 Norvig 說的「將會影響 23 種模式之中的 10 種」的功能（Design Patterns in Dynamic Languages 的第 10 張投影片（*https://fpy.li/norvigdp*））。第 9 章中，我們看到，Python 也有泛型函式（第 333 頁的「單一分派泛型函式」），它是一種有限形式的 CLOS 多方法（multimethod），Gamma 等人建議可作為古典的 Visitor 模式的簡單實作方案。另一方面，Norvig 也提到多方法可以簡化 Builder 模式（第 10 張投影片）。

在世界各地的學校裡，設計模式經常是以 Java 為例來教導的。我不只一次聽過學生說，這種教學方式讓他們誤以為原始的設計模式在任何語言裡都是有用的。事實上，在 *Design Patterns* 中的 23 種「古典」模式都非常適合「古典」的 Java，儘管它們最初大多是在 C++ 的背景下提出的，且書中也有幾個 Smalltalk 的例子。但這不代表每一種模式都同樣地適合每一種語言。作者們在書的開頭說得很明白「有些較不常見的物件導向語言直接支援了我們的一些模式」（本章第一頁的引言是完整的句子）。

與 Java、C++ 或 Ruby 相較之下，Python 的設計模式文獻極少。我在第 366 頁的「延伸讀物」中提到 Gennadiy Zlobin 所著的 *Learning Python Design Patterns* 是在 2013 年 11 月出版的。相較之下，Russ Olsen 的 *Design Patterns in Ruby* 是在 2007 年出版的，而且有 384 頁 —— 比 Zlobin 的著作多 284 頁。

Python 在學術界已經愈來愈流行了，希望以後有更多以這個語言為背景的設計模式書籍。此外，Java 8 引入了方法參考與匿名函式，這些備受期待的功能或許會促使人們採取新做法來設計 Java 的模式。隨著語言的演進，我們也應該調整對於應用古典設計模式的理解。

野性的呼喚

當我們為本書進行最終潤色時,技術校閱 Leonardo Rochael 提出一個問題:

既然函式有一個 __call__ 方法,且方法也是 callable,那麼 __call__ 方法也有 __call__ 方法嗎?

我不知道他的發現有沒有實際的用處,但這是一件有趣的事情:

```
>>> def turtle():
...     return 'eggs'
...
>>> turtle()
'eggs'
>>> turtle.__call__()
'eggs'
>>> turtle.__call__.__call__()
'eggs'
>>> turtle.__call__.__call__.__call__()
'eggs'
>>> turtle.__call__.__call__.__call__.__call__()
'eggs'
>>> turtle.__call__.__call__.__call__.__call__.__call__()
'eggs'
>>> turtle.__call__.__call__.__call__.__call__.__call__.__call__()
'eggs'
>>> turtle.__call__.__call__.__call__.__call__.__call__.__call__.__call__()
'eggs'
```

在每隻烏龜下面永遠有更大的烏龜(*https://fpy.li/10-8*)!

## 第三部分

類別與協定

## 第 11 章

很 Python 的物件

為了讓程式庫或框架符合「很 Python（Pythonic）」的標準，你要盡可能地讓 Python 程式設計師輕鬆且自然地學會如何執行任務。

—— *Martijn Faassen*，多種 *Python* 和 *JavaScript* 框架的作者。[1]

拜 Python Data Model 之賜，你的自訂型態可以表現出像內建型態一樣自然的行為。而且，這可以在不使用繼承的情況下實現，符合鴨定型的精神：你只要實作使物件的行為符合預期所需的方法即可。

在之前的章節裡，我們研究了許多內建物件的行為。接下來，我們要建構自訂的類別，讓它的行為就像真正的 Python 物件。在你的應用程式裡的類別所實作的特殊方法應該不需要也沒必要像本章範例中的那麼多。但是如果你要設計程式庫或框架，那麼你的類別的使用者應該會期望它們的行為和 Python 提供的類別一樣。滿足期望是讓程式「很 Python」的方法之一。

本章從第 1 章結束的地方談起，我們先展示如何實作幾種經常在許多型態的 Python 物件中見到的特殊方法。

這一章要介紹如何：

- 支援將物件轉換成其他型態的內建函式（例如 repr()、bytes()、complex() 等）
- 實作一個替代建構式的類別方法

1　來自 Faassen 的部落格文章「What is Pythonic?」（*https://fpy.li/11-1*）

- 擴展 f-string 使用的格式迷你語言、內建的 format()，及 str.format() 方法
- 讓屬性是唯讀的
- 讓物件成為 hashable，以便在 set 裡使用，以及當成 dict 鍵
- 使用 __slots__ 來節省記憶體

我們會在開發 Vector2d 的過程中做以上的事情，它是一個簡單的二維 Euclidean 向量型態。第 12 章的 N 維向量類別將以這段程式為基礎。

我們會在更改範例的過程中暫停，以討論兩個概念性主題：

- 如何使用 @classmethod 與 @staticmethod decorator，及使用它們的時機
- Python 的 private 與 protected 屬性，包括其用法、規範與限制

本章有哪些新內容

我在本章序言的第二段加入一些新內容來介紹「Python 風格」的概念，第一版在最後才討論它。

第 378 頁的「格式化的資訊」新增 Python 3.6 加入的 f-string。這部分的修改不多，因為 f-string 支援的格式化迷你語言和 format() 及 str.format() 方法一樣，所以之前寫的 __format__ 方法都可以和 f-string 共用。

本章的其餘內容幾乎沒有修改，因為特殊方法自 Python 3.0 以來幾乎維持一致，且核心思想早在 Python 2.2 就出現了。

我們先從物件表示方法開始。

物件表示法

每一種物件導向語言都至少有一種標準的方式可用來取得任何物件的字串表示法。Python 有兩種：

repr()

回傳一個代表物件的字串，讓開發者查看。它就是當 Python 主控台或偵錯器展示物件時顯示的東西。

str()

　　回傳一個代表物件的字串，讓使用者查看。它是你 print() 一個物件時看到的東西。

如第 1 章所述，repr() 與 str() 分別由特殊方法 __repr__ 與 __str__ 支援。

此外有兩個特殊方法支援物件的其他表示法：__bytes__ 與 __format__。__bytes__ 方法類似 __str__：bytes() 會呼叫它來取得以 byte sequence 來表示的物件。而 __format__ 是讓 f-string、內建函式 format() 和 str.format() 方法使用的。它們呼叫 obj.__format__(format_spec) 來以特殊的格式碼取得物件的字串訊息。我們會在下一個範例討論 __bytes__，然後討論 __format__。

> 如果你用過 Python 2，別忘了在 Python 3 中，__repr__、__str__ 與 __format__ 一定回傳 Unicode 字串（str 型態）。只有 __bytes__ 預期回傳 byte sequence（bytes 型態）。

向量類別 Redux

為了展示諸多用來生成物件表示法的方法，我們將使用類似在第 1 章看過的 Vector2d 類別。在這一節和接下來的幾節中，我們會在它之上進行建構。範例 11-1 說明我們期望 Vector2d 實例具備的基本行為。

範例 11-1　Vector2d 實例有幾個表示法

```
>>> v1 = Vector2d(3, 4)
>>> print(v1.x, v1.y)    ❶
3.0 4.0
>>> x, y = v1    ❷
>>> x, y
(3.0, 4.0)
>>> v1    ❸
Vector2d(3.0, 4.0)
>>> v1_clone = eval(repr(v1))    ❹
>>> v1 == v1_clone    ❺
True
>>> print(v1)    ❻
(3.0, 4.0)
>>> octets = bytes(v1)    ❼
>>> octets
b'd\\x00\\x00\\x00\\x00\\x00\\x00\\x08@\\x00\\x00\\x00\\x00\\x00\\x00\\x10@'
>>> abs(v1)    ❽
```

```
5.0
>>> bool(v1), bool(Vector2d(0, 0))   ❾
(True, False)
```

❶ Vector2d 的分量可以直接用屬性來讀取（不需要呼叫 getter 方法）。

❷ Vector2d 可以 unpack 成變數 tuple。

❸ Vector2d 的 repr 可用來模擬建構出實例的原始碼。

❹ 使用 eval 來證明 Vector2d 的 repr 可以忠實地表示它的建構式呼叫。[2]

❺ Vector2d 支援以 == 來進行比較，很適合用來進行檢驗。

❻ print 會呼叫 str，為 Vector2d 產生一個有序成對顯示形式（ordered pair display）。

❼ bytes 使用 __bytes__ 方法來產生二進制表示法。

❽ abs 使用 __abs__ 方法來回傳 Vector2d 的大小。

❾ bool 使用 __bool__ 方法，在 Vector2d 的大小是零時回傳 False，否則回傳 True。

我們將範例 11-1 的 Vector2d 寫在 *vector2d_v0.py* 裡面（範例 11-2）。這段程式大致上是用範例 1-2 來建構的，除了支援 + 與 * 操作的方法之外，我們將在第 16 章看到它們。我們也會加入 == 的方法，因為它在進行檢驗時很有用。現在的 Vector2d 使用了幾個特殊方法，來提供 Python 鐵粉所認為的好物件應該提供的操作。

範例 11-2   vector2d_v0.py：迄今為止的方法都是特殊方法

```
from array import array
import math


class Vector2d:
    typecode = 'd'   ❶

    def __init__(self, x, y):
        self.x = float(x)    ❷
        self.y = float(y)

    def __iter__(self):
```

---

2 我使用 eval 來複製物件是為了說明關於 repr 的問題，若要複製實例，copy.copy 函式比較安全，也比較快。

```
        return (i for i in (self.x, self.y))  ❸

    def __repr__(self):
        class_name = type(self).__name__
        return '{}({!r}, {!r})'.format(class_name, *self)  ❹

    def __str__(self):
        return str(tuple(self))  ❺

    def __bytes__(self):
        return (bytes([ord(self.typecode)]) +  ❻
                bytes(array(self.typecode, self)))  ❼

    def __eq__(self, other):
        return tuple(self) == tuple(other)  ❽

    def __abs__(self):
        return math.hypot(self.x, self.y)  ❾

    def __bool__(self):
        return bool(abs(self))  ❿
```

❶ 我們將使用 typecode 類別屬性來將 Vector2d 實例轉換成 bytes，以及進行逆向轉換。

❷ 在 __init__ 裡面將 x 與 y 轉換成 float 可以盡早抓到錯誤，如果有人使用不適當的引數來呼叫 Vector2d 時很有幫助。

❸ __iter__ 使 Vector2d 成為 iterable，它是實現 unpacking 的方法（例如 x, y = my_vector）。我們的做法是使用 genexp 來 yield 分量，一個接著一個。[3]

❹ __repr__ 用 {!r} 來插入分量的 repr 以組成字串；因為 Vector2d 是 iterable，*self 將 x 與 y 分量傳給 format。

❺ Vector2d 是 iterable，所以可以輕鬆地建構一個 tuple 來顯示有序的配對。

❻ 為了產生 bytes，我們將 typecode 轉換成 bytes，並串接⋯

❼ ⋯從 array 轉換出來的 bytes，array 是藉著迭代實例來建構的。

❽ 為了快速地比較所有的分量，把運算元轉換成 tuple。當運算元是 Vector2d 的實例時可以這樣做，但這種做法有一些問題。見接下來的警告。

3　這一行也可以寫成 yield self.x; yield.self.y。我會在第 17 章進一步討論 __iter__ 特殊方法、genexp 與 yield 關鍵字。

⑨ 大小是 x 和 y 形成的直角三角形的斜邊的長度。

⑩ __bool__ 使用 abs(self) 來計算大小,接著將它轉換成 bool,所以 0.0 變成 False,非零變成 True。

 範例 11-2 的 __eq__ 方法可處理 Vector2d 運算元,但是用它來比較 Vector2d 實例和存有相同數值的其他 iterable 時,也會回傳 True(例如,Vector(3, 4) == [3, 4])。這種情況可以視為一種正常功能,也可以視為一種 bug。進一步的討論必須等到第 16 章,當我們探討運算子多載時。

我們已經完成一套相當完整的基本方法了,但仍需要一種方法,來用 bytes() 產生的二進制形式重建 Vector2d。

另一種建構式

既然我們可以把 Vector2d 轉成 bytes 匯出,我們也需要一個方法從二進制序列匯入 Vector2d。我們在標準程式庫裡尋找靈感時發現 array.array 有一個類別方法 .frombytes 很適合我們的目的,而我們已經在第 61 頁的「array」看過它了。我們在 *vector2d_v1.py* 裡面的 Vector2d 的類別方法中使用它的名稱和功能(範例 11-3)。

範例 *11-3* 部分的 *vector2d_v1.py*:這段程式只有 frombytes 類別方法,我們將它加入 *vector2d_v0.py* 的 Vector2d 定義(範例 *11-2*)

```
@classmethod    ❶
def frombytes(cls, octets):    ❷
    typecode = chr(octets[0])    ❸
    memv = memoryview(octets[1:]).cast(typecode)    ❹
    return cls(*memv)    ❺
```

❶ 用 classmethod decorator 來修改方法,讓我們可以直接對著類別呼叫它。

❷ 沒有 self 引數,而是將類別本身當成第一個引數傳遞,按照慣例,稱之為 cls。

❸ 從第一個 byte 讀取 typecode。

❹ 用 octets 二進位序列來建立一個 memoryview,並使用 typecode 來將它轉型。[4]

❺ 將轉型後的 memoryview unpack 成建構式需要的成對引數。

---

4 我們曾經在第 64 頁的「記憶體視角(memory view)」中簡單地介紹 memoryview,並解釋它的 .cast 方法。

我使用了 classmethod decorator，它是 Python 獨有的功能，所以我們來談一下它。

classmethod vs. staticmethod

Python 官方教學並未提到 classmethod decorator，也沒有提到 staticmethod。用 Java 來學習 OO 的人可能會納悶：「為什麼 Python 要提供這兩個 decorator，而不是只提供其中一個就好了？」

我們從 classmethod 講起。範例 11-3 展示了它的用法：用來定義一個針對類別（而不是實例）進行操作的方法。classmethod 會改變方法被呼叫的方式，所以它用第一個引數來接收類別本身，而不是實例。它最常見的用途是用於替代建構式，就像範例 11-3 的 frombytes 那樣。注意，frombytes 的最後一行是怎麼使用 cls 引數的：藉由呼叫它來建構一個新實例，cls(*memv)。

另一方面，staticmethod decorator 會改變方法，所以它接收的第一個引數很普通。從本質上講，靜態方法（static method）就像一般的函式，只是剛好位於類別的主體內，而不是被定義在模組層級中。範例 11-4 比較 classmethod 與 staticmethod 的操作。

範例 11-4　比較 classmethod 與 staticmethod 的行為

```
>>> class Demo:
...     @classmethod
...     def klassmeth(*args):
...         return args          ❶
...     @staticmethod
...     def statmeth(*args):
...         return args          ❷
...
>>> Demo.klassmeth()             ❸
(<class '__main__.Demo'>,)
>>> Demo.klassmeth('spam')
(<class '__main__.Demo'>, 'spam')
>>> Demo.statmeth()              ❹
()
>>> Demo.statmeth('spam')
('spam',)
```

❶　klassmeth 僅回傳所有的位置型引數。

❷　statmeth 做的是同一件事。

❸ 無論你怎麼呼叫，Demo.klassmeth 都用第一個引數來接收 Demo 類別。

❹ Demo.statmeth 的行為就像一般的函式。

 classmethod decorator 顯然很有用，但根據我的經驗，適合使用 staticmethod 的情況極其罕見。也許這個函式與類別有密切關聯，即使它從未操作類別，你也希望把它放在附近。即使如此，把函式和類別定義在同一個模組內，並將它放在類別的前面或後面，通常也夠近了。[5]

我們已經知道 classmethod 的用處了（也知道 staticmethod 不太有用），讓我們回到物件表示法的問題，看看如何支援格式化的輸出。

格式化的資訊

f-string、format() 內建函式與 str.format() 方法都會將實際的格式化工作委託給各個型態，藉著呼叫它們的 .__format__(format_spec) 方法。format_spec 是格式指定符，它是：

- format(my_obj, format_spec) 的第二個引數，或

- 在 f-string 裡面，用 {} 來指定的替換欄位內的冒號後面的東西，或是在 fmt.str.format() 裡的 fmt 內的冒號後面的東西

例如：

```
>>> brl = 1 / 4.82  # BRL 對 USD 的貨幣匯率
>>> brl
0.20746887966804978
>>> format(brl, '0.4f')  ❶
'0.2075'
>>> '1 BRL = {rate:0.2f} USD'.format(rate=brl)  ❷
'1 BRL = 0.21 USD'
>>> f'1 USD = {1 / brl:0.2f} BRL'  ❸
'1 USD = 4.82 BRL'
```

5　本書的技術校閱 Leonardo Rochael，不同意我貶低 staticmethod 的價值，並推薦 Julien Danjou 的部落格文章「The Definitive Guide on How to Use Static, Class or Abstract Methods in Python」（*https://fpy.li/11-2*），來反駁。雖然 Danjou 寫得很好，我也推薦這篇文章，但它不足以改變我對 staticmethod 的看法。你可以自行判斷。

❶ 格式指定符是 '0.4f'。

❷ 格式指定符是 '0.2f'。在替換欄位裡的 rate 部分不是格式指定符的一部分。它決定了 .format() 的哪一個關鍵字引數應放入那個替換欄位。

❸ 同樣的，指定符是 '0.2f'。1 / brl 運算式不是它的一部分。

第二點和第三點強調一個重點：像 '{0.mass:5.3e}' 這種格式字串其實使用兩種不同的標記法。冒號左邊的 '0.mass' 是替換欄位語法的 field_name 部分，可使用任意的 f-string。在冒號後面的 '5.3e' 是格式指定符。格式指定符使用的標記法稱為 Format Specification Mini- Language（*https://fpy.li/11-3*）。

如果你還不認識 f-string、format() 與 str.format()，教學經驗告訴我，你最好先學習 format() 內建函式，它只使用 Format Specification Mini-Language（*https://fpy.li/fmtspec*）。在瞭解它之後，閱讀「Formatted string literals」（*https://fpy.li/11-4*）與「Format String Syntax」（*https://fpy.li/11-5*）來瞭解 f-string 與 str.format() 方法使用的 {:} 替換欄位標記法（包括 !s、!r 與 !a 轉換旗標）。f-string 並未使得 str.format() 退出歷史舞台，雖然在多數情況下，f-string 可以解決問題，但有時在其他地方指定格式字串而不是在顯示它的地方指定比較好。

有一些內建的型態在 Format Specification Mini-Language 裡有專屬的代碼。例如，int 型態提供 b 與 x 來代表 2 進制與 16 進制輸出，而 float 實作了 f 來代表定點顯示、% 代表百分比顯示：

```
>>> format(42, 'b')
'101010'
>>> format(2 / 3, '.1%')
'66.7%'
```

Format Specification Mini-Language 是可擴充的，因為每一個類別都可以按自己的意思解釋 format_spec 引數。例如 datetime 模組的類別在 strftime() 函式與它們的 __format__ 方法中使用相同的格式碼。以下是一些使用 format() 與 str.format() 方法的範例：

```
>>> from datetime import datetime
>>> now = datetime.now()
>>> format(now, '%H:%M:%S')
'18:49:05'
>>> "It's now {:%I:%M %p}".format(now)
"It's now 06:49 PM"
```

如果類別沒有 __format__，從 object 繼承的方法會回傳 str(my_object)。因為 Vector2d 有一個 __str__，所以下面的程式是有效的：

```
>>> v1 = Vector2d(3, 4)
>>> format(v1)
'(3.0, 4.0)'
```

但是，如果你傳遞一個格式指定符，object.__format__ 會發出 TypeError：

```
>>> format(v1, '.3f')
Traceback (most recent call last):
  ...
TypeError: non-empty format string passed to object.__format__
```

我們將藉著實作自己的格式迷你語言來修正這個問題。第一步是假設使用者提供的格式指定符是為了將向量的每一個 float 分量格式化。這是我們要的結果：

```
>>> v1 = Vector2d(3, 4)
>>> format(v1)
'(3.0, 4.0)'
>>> format(v1, '.2f')
'(3.00, 4.00)'
>>> format(v1, '.3e')
'(3.000e+00, 4.000e+00)'
```

範例 11-5 實作了 __format__ 來產生剛才的結果。

範例 11-15　Vector2d.__format__ 方法，第一幕

```
# 在 Vector2d 類別內

def __format__(self, fmt_spec=''):
    components = (format(c, fmt_spec) for c in self)   ❶
    return '({}, {})'.format(*components)   ❷
```

❶ 使用內建的 format 來將 fmt_spec 套用到每一個向量分量，建立格式化的字串的 iterable。

❷ 將格式化之後的字串插入 '(x, y)'。

接下來要在我們的迷你語言中加入一個自訂的格式碼：如果格式指定符的結尾是 'p'，我們就用極座標來顯示向量：<r, θ>，其中 r 是大小，θ 是角度，單位為弧度。格式指定符的其他部分（在 'p' 之前的東西）按照之前的方式來使用。

在選擇自訂格式碼的字母時，我會避免與其他型態重複。在 Format Specification Mini-Language（*https://fpy.li/11-3*）裡，我們看到整數使用 'bcdoxXn'，浮點數使用 'eEfFgGn%'，而字串使用 's'。所以我讓極座標使用 'p'。因為每一個類別都各自解讀這些代碼，在新型態的自訂格式中重複使用代碼字母不會產生錯誤，但可能誤導使用者。

為了產生極座標，我們已經有產生大小的 **__abs__** 方法了，接下來要編寫一個簡單的 angle 來取得角度，我們使用 math.atan2() 函式。程式如下：

```
# 在 Vector2d 類別內

def angle(self):
    return math.atan2(self.y, self.x)
return math.atan2(self.y, self.x)
```

這樣就可以改進 **__format__** 來產生極座標了。參見範例 11-6。

範例 11-6　Vector2d.__format__ 方法，第二幕，現在有極座標

```
def __format__(self, fmt_spec=''):
    if fmt_spec.endswith('p'):        ❶
        fmt_spec = fmt_spec[:-1]       ❷
        coords = (abs(self), self.angle())   ❸
        outer_fmt = '<{}, {}>'          ❹
    else:
        coords = self                  ❺
        outer_fmt = '({}, {})'          ❻
    components = (format(c, fmt_spec) for c in coords)   ❼
    return outer_fmt.format(*components)    ❽
```

❶ 格式的結尾是 'p'，代表使用極座標。

❷ 移除 fmt_spec 結尾的 'p'。

❸ 建構極座標 tuple：(magnitude, angle)。

❹ 使用角括號來設定外部格式。

❺ 或使用 self 的 x、y 來建立直角座標。

❻ 使用括號來設定外部格式。

❼ 使用分量來產生格式化字串 iterable。

❽ 將格式化字串插入外部格式。

使用範例 11-6 可以得到類似這樣的結果：

```
>>> format(Vector2d(1, 1), 'p')
'<1.4142135623730951, 0.7853981633974483>'
>>> format(Vector2d(1, 1), '.3ep')
'<1.414e+00, 7.854e-01>'
>>> format(Vector2d(1, 1), '0.5fp')
'<1.41421, 0.78540>'
```

如本節所示，擴展 Format Specification Mini-Language 來支援自訂型態並不難。

接下來的主題不僅僅是一個關於外觀的話題：我們要讓 Vector2d 成為 hashable，以便建構向量的 set，或將它們當成 dict 的鍵來使用。

成為 hashable 的 Vector2d

到目前為止，Vector2d 實例不是 hashable，所以無法放入 set：

```
>>> v1 = Vector2d(3, 4)
>>> hash(v1)
Traceback (most recent call last):
  ...
TypeError: unhashable type: 'Vector2d'
>>> set([v1])
Traceback (most recent call last):
  ...
TypeError: unhashable type:'Vector2d'
```

為了讓 Vector2d 成為 hashable，我們必須實作 __hash__（也需要 __eq__，但我們已經完成了）。我們必須讓向量實例是不可變的（immutable），如第 86 頁的「何謂可雜湊化（hashable）？」所述。

現在任何人都可以執行 v1.x = 7，在程式碼中，沒有任何提示指出修改 Vector2d 是禁止的行為。這是我們想要的行為：

```
>>> v1.x, v1.y
(3.0, 4.0)
>>> v1.x = 7
Traceback (most recent call last):
  ...
AttributeError: can't set attribute
```

在範例 11-7 中，我們要讓 x 與 y 分量成為唯讀的 property 來實現它（譯注：property 也可譯為「屬性」，作者用 property 來代表用 @property 來標記的屬性，故接下來 property 皆採原文，而「屬性」是指 attribute）。

範例 11-7　*vector2d_v3.py*：在此僅列出將 Vector2d 改成不可變的程式，完整的程式參見範例 11-11

```python
class Vector2d:
    typecode = 'd'

    def __init__(self, x, y):
        self.__x = float(x)    ❶
        self.__y = float(y)

    @property    ❷
    def x(self):    ❸
        return self.__x    ❹

    @property    ❺
    def y(self):
        return self.__y

    def __iter__(self):
        return (i for i in (self.x, self.y))    ❻

    # 其餘的方法與之前的 Vector2d 一樣
```

❶ 使用兩個前綴底線（與零個或一個後綴底線）來讓屬性是私用的。[6]

❷ 用 @property decorator 來標記 property 的 getter 方法。

❸ getter 方法的名稱來自它所公開的公用 property：x。

❹ 直接回傳 self.__x。

❺ 用相同的方式來處理 y property。

❻ 僅讀取 x、y 分量的方法都可以保持原樣，用 self.x 與 self.y 來讀取公用 property，而不是私用屬性。這個範例省略此類別其餘的程式碼。

6　私用屬性的優缺點是第 390 頁的「Python 的私用（private）與「保護（protected）」屬性」的主題。

Vector.x 與 Vector.y 都是唯讀的 property。第 22 章會討論 property 的讀寫,我們會在哪裡探討 @property。

現在我們的向量可以避免意外的更改了,接著要來實作 __hash__ 方法。該方法應回傳一個 int,在理想情況下,也應該考慮到也在 __eq__ 方法內使用的物件屬性的雜湊,因為相等的物件應該有相同的雜湊。__hash__ 特殊方法文件(*https://fpy.li/11-7*)建議使用 tuple 的元素來計算它的雜湊,所以範例 11-8 這麼做。

範例 11-8 vector2d_v3.py:實作 hash

```
# 在 Vector2d 類別裡:

def __hash__(self):
    return hash((self.x, self.y))
```

加入 __hash__ 方法後,我們有 hashable 向量了:

```
>>> v1 = Vector2d(3, 4)
>>> v2 = Vector2d(3.1, 4.2)
>>> hash(v1), hash(v2)
(1079245023883434373, 1994163070182233067)
>>> {v1, v2}
{Vector2d(3.1, 4.2), Vector2d(3.0, 4.0)}
```

 建立 hashable 型態不一定要實作 property,或使用其他機制來保護實例屬性,唯一的要求是正確地實作 __hash__ 與 __eq__。但是 hashable 物件的值不應該改變,因此這為我們提供一個很好的藉口來討論唯讀 property。

如果你正在建立一個具有合理純量值的型態,你還可以實作 __int__ 與 __float__ 方法來讓 int() 與 float() 建構式呼叫,在某些情況下用來進行強制轉型。Python 也有一個支援 complex() 內建建構式的 __complex__ 方法。或許 Vector2d 也應該提供 __complex__,但我把它當成你的習題。

支援位置模式比對

現在的 Vector2d 實例與關鍵字類別模式相容(參見第 198 頁的「關鍵字類別模式」)。

在範例 11-9 中，這些關鍵字模式都按預期運作。

範例 11-9　Vector2d 主題的關鍵字模式，需要 Python 3.10

```python
def keyword_pattern_demo(v: Vector2d) -> None:
    match v:
        case Vector2d(x=0, y=0):
            print(f'{v!r} is null')
        case Vector2d(x=0):
            print(f'{v!r} is vertical')
        case Vector2d(y=0):
            print(f'{v!r} is horizontal')
        case Vector2d(x=x, y=y) if x==y:
            print(f'{v!r} is diagonal')
        case _:
            print(f'{v!r} is awesome')
```

但是如果你像這樣使用位置模式：

```python
        case Vector2d(_, 0):
            print(f'{v!r} is horizontal')
```

你會得到：

```
TypeError:Vector2d() accepts 0 positional sub-patterns (1 given)
```

為了讓 Vector2d 可以搭配位置模式，我們需要加入名為 `__match_args__` 的類別屬性，按照實例屬性在位置模式比對中的使用順序來列出它們：

```python
class Vector2d:
    __match_args__ = ('x', 'y')

    # 略 ...
```

現在我們可以在編寫模式來比對 Vector2d 目標時節省一些打字次數了，如範例 11-10 所示。

範例 11-10　Vector2d 主題的位置模式，需要 Python 3.10

```python
def positional_pattern_demo(v: Vector2d) -> None:
    match v:
        case Vector2d(0, 0):
            print(f'{v!r} is null')
        case Vector2d(0):
            print(f'{v!r} is vertical')
        case Vector2d(_, 0):
```

```
        print(f'{v!r} is horizontal')
    case Vector2d(x, y) if x==y:
        print(f'{v!r} is diagonal')
    case _:
        print(f'{v!r} is awesome')
```

__match_args__ 類別屬性不需要包含所有公用實例屬性。具體而言，如果類別的 init 方法有必填的和選用的引數，並且這些引數被指派給實例屬性，則在 match_args 中指名必填的引數是合理的做法，但不需指名選用的引數。

讓我們先暫停一下，回顧截至目前為止寫好的 Vector2d。

完整的 Vector2d 程式，第 3 版

我們已經設計 Vector2d 一段時間了，但只展示片段，範例 11-11 是完整的 *vector2d_v3.py*，包括我在開發它時使用的所有 doctest。

範例 11-11　vector2d_v3.py：完整的程式

```
"""
A two-dimensional vector class

    >>> v1 = Vector2d(3, 4)
    >>> print(v1.x, v1.y)
    3.0 4.0
    >>> x, y = v1
    >>> x, y
    (3.0, 4.0)
    >>> v1
    Vector2d(3.0, 4.0)
    >>> v1_clone = eval(repr(v1))
    >>> v1 == v1_clone
    True
    >>> print(v1)
    (3.0, 4.0)
    >>> octets = bytes(v1)
    >>> octets
    b'd\\x00\\x00\\x00\\x00\\x00\\x00\\x08@\\x00\\x00\\x00\\x00\\x00\\x00\\x10@'
    >>> abs(v1)
    5.0
    >>> bool(v1), bool(Vector2d(0, 0))
    (True, False)
```

Test of ``.frombytes()`` class method:

```
>>> v1_clone = Vector2d.frombytes(bytes(v1))
>>> v1_clone
Vector2d(3.0, 4.0)
>>> v1 == v1_clone
True
```

Tests of ``format()`` with Cartesian coordinates:

```
>>> format(v1)
'(3.0, 4.0)'
>>> format(v1, '.2f')
'(3.00, 4.00)'
>>> format(v1, '.3e')
'(3.000e+00, 4.000e+00)'
```

Tests of the ``angle`` method::

```
>>> Vector2d(0, 0).angle()
0.0
>>> Vector2d(1, 0).angle()
0.0
>>> epsilon = 10**-8
>>> abs(Vector2d(0, 1).angle() - math.pi/2) < epsilon
True
>>> abs(Vector2d(1, 1).angle() - math.pi/4) < epsilon
True
```

Tests of ``format()`` with polar coordinates:

```
>>> format(Vector2d(1, 1), 'p')  # doctest:+ELLIPSIS
'<1.414213..., 0.785398...>'
>>> format(Vector2d(1, 1), '.3ep')
'<1.414e+00, 7.854e-01>'
>>> format(Vector2d(1, 1), '0.5fp')
'<1.41421, 0.78540>'
```

Tests of `x` and `y` read-only properties:

```
>>> v1.x, v1.y
```

```
    (3.0, 4.0)
    >>> v1.x = 123
    Traceback (most recent call last):
      ...
    AttributeError: can't set attribute 'x'


Tests of hashing:

    >>> v1 = Vector2d(3, 4)
    >>> v2 = Vector2d(3.1, 4.2)
    >>> len({v1, v2})
    2

"""

from array import array
import math

class Vector2d:
    __match_args__ = ('x', 'y')

    typecode = 'd'

    def __init__(self, x, y):
        self.__x = float(x)
        self.__y = float(y)

    @property
    def x(self):
        return self.__x

    @property
    def y(self):
        return self.__y

    def __iter__(self):
        return (i for i in (self.x, self.y))

    def __repr__(self):
        class_name = type(self).__name__
        return '{}({!r}, {!r})'.format(class_name, *self)

    def __str__(self):
        return str(tuple(self))
```

```python
    def __bytes__(self):
        return (bytes([ord(self.typecode)]) +
                bytes(array(self.typecode, self)))

    def __eq__(self, other):
        return tuple(self) == tuple(other)

    def __hash__(self):
        return hash((self.x, self.y))

    def __abs__(self):
        return math.hypot(self.x, self.y)

    def __bool__(self):
        return bool(abs(self))

    def angle(self):
        return math.atan2(self.y, self.x)

    def __format__(self, fmt_spec=''):
        if fmt_spec.endswith('p'):
            fmt_spec = fmt_spec[:-1]
            coords = (abs(self), self.angle())
            outer_fmt = '<{}, {}>'
        else:
            coords = self
            outer_fmt = '({}, {})'
        components = (format(c, fmt_spec) for c in coords)
        return outer_fmt.format(*components)

    @classmethod
    def frombytes(cls, octets):
        typecode = chr(octets[0])
        memv = memoryview(octets[1:]).cast(typecode)
        return cls(*memv)
```

回顧一下，在這一節和前幾節中，我們看到了一些必要的特殊方法，它們是製作健全的物件時，可能需要實作的方法。

你只需要在應用程式需要特殊方法時實作它們。最終用戶並不在乎應用程式裡的物件是不是「很 Python」。

另一方面，如果你的類別是程式庫的一部分，或是你想讓其他的 Python 程式設計師使用，你無法猜測他們將如何使用你的物件，且他們可能預期看到我們所說的「很 Python」的行為。

範例 11-11 的 Vector2d 是一個教學範例，它列舉了與物件表示法相關的特殊方法，而不是供每一個自訂類別使用的模板。

在下一節，我們要暫別 Vector2d，討論 Python 私用屬性機制（在 self.__x 之中，前綴的雙底線）的設計與缺點。

Python 的私用（private）與「保護（protected）」屬性

在 Python 裡，你無法像 Java 使用 private 來做的那樣建立私用變數。Python 提供簡單的機制來防止意外地改寫子類別裡的「私用」屬性。

考慮這個情節：有人寫了一個名為 Dog 的類別，該類別在內部使用 mood 實例屬性，且不想公開它。你需要製作 Dog 的子類別 Beagle。如果你沒有意識到名稱衝突的情況，建立了自己的 mood 實例屬性，你會破壞從 Dog 繼承來的方法所使用的 mood 屬性。這種 bug 很棘手。

為了防止這個情況，如果你用 __mood 這種格式（前綴兩條底線，後綴零條或最多一條底線）來命名實例屬性 ，Python 會在它前面加上一條底線與一個類別名稱，並將它存入實例 __dict__ 內，所以在 Dog 類別中，__mood 變成 _Dog__mood，在 Beagle 中，它是 _Beagle__mood。這個語言功能有一個可愛的名稱，叫做 *name mangling*（混名）。

範例 11-12 是範例 11-7 的 Vector2d 類別內的結果。

範例 *11-12* 前綴 _ 與類別名稱來將私用屬性名稱「混名」

```
>>> v1 = Vector2d(3, 4)
>>> v1.__dict__
{'_Vector2d__y': 4.0, '_Vector2d__x': 3.0}
>>> v1._Vector2d__x
3.0
```

混名是為了 safety，而不是為了 security ，它的設計是為了防止不小心的存取，而不是惡意的窺探。圖 11-1 是另一種安全（safety）設施。

只要知道私用名稱是怎麼被 mangle 出來的，你就可以直接讀取私用屬性，就像範例 11-12 的最後一行那樣，其實這有助於進行偵錯和序列化。你也可以直接使用 v1._Vector2d__x = 7 來對著 Vector2d 的私用分量賦值。但是在產品程式中這樣做的話，後果自負。

Python 鐵粉都不喜歡混名功能，也不喜歡 self.__x 這種歪七扭八的名稱。有些人為了避免這種語法，只使用一個前綴底線，利用慣例來「保護」屬性（例如，self._x）。批評自動附加雙底線的人認為，我們應該採用命名慣例，來解決意外覆寫屬性的疑慮。pip、virtualenv 和其他專案的作者 Ian Bicking 寫道：

絕對不要前綴兩條底線，這是很惱人的 private。如果擔心名稱衝突，那就明確地改名（例如，_MyThing_blahblah），這實質上與加上雙底線一樣，只是它將雙底線掩蓋的事物透明化。[7]

圖 11-1　在開關上面的保護蓋是 safety 設備，不是 security 設備，它可以防止意外，但無法防止破壞。

在屬性名稱前綴單底線對 Python 直譯器而言沒有特殊意義，但它對 Python 程式設計師而言是非常強烈的規範，代表你不應該在類別的外面存取這種屬性。[8] 當物件幫屬性加上一條 _ 時，我們很容易尊重它的私用性，就像我們很容易尊重「完全使用大寫的變數應視為常數（ALL_CAPS）」一樣。

7　來自「Paste Style Guide」（*https://fpy.li/11-8*）。

8　在模組裡，在最上層的名稱前綴一條 _ 沒有效果：如果你使用 from mymod import *，那麼前綴 _ 的名稱不會從 mymod 匯入。但是，你仍然可以使用 from mymod import _privatefunc。*Python Tutorial* 的第 6.1 節「More on Modules」（*https://fpy.li/11-9*）解釋了這件事。

Python 文件有時將前綴一條 _ 的屬性稱為「受保護的（protected）」。[9]雖然大家廣泛地使用 self._x 這種規範來「保護」屬性，但通常不會說它是「protected（受保護的）」屬性。甚至有人稱之為「private（私用）」屬性。

總結一下：Vector2d 的分量是「私用的」，而我們的 Vector2d 實例是「不可變的」，加引號是因為沒有辦法讓它們真正成為私用的和不可變的。[10]

接著要回到 Vector2d 類別。在下一節，我們要討論一種影響物件內部存儲的特殊屬性（不是方法），它對記憶體的使用可能有巨大的影響，但對其公用介面影響不大，它是 __slots__。

用 __slots__ 來節省記憶體

在預設情況下，Python 會在名為 __dict__ 的 dict 裡儲存每個實例的屬性。正如我們在第 105 頁的「dict 的運作方式造成的實際後果」看過的，dict 的記憶體開銷很大，即使使用該節提到的優化。但是如果你定義一個名為 __slots__ 的類別屬性來保存屬性名稱序列，Python 會讓實例屬性使用另一種儲存模式，被列在 __slots__ 裡面的屬性都會被存入一個隱形陣列或參考，它們使用的記憶體比 dict 少。我們用一個簡單的範例來瞭解它如何運作，從範例 11-13 看起。

範例 11-13　*Pixel* 類別使用 __slots__

```
>>> class Pixel:
...     __slots__ = ('x', 'y')  ❶
...
>>> p = Pixel()  ❷
>>> p.__dict__  ❸
Traceback (most recent call last):
  ...
AttributeError: 'Pixel' object has no attribute '__dict__'
>>> p.x = 10  ❹
>>> p.y = 20
>>> p.color = 'red'  ❺
Traceback (most recent call last):
  ...
AttributeError: 'Pixel' object has no attribute 'color'
```

9　其中一個例子在 gettext 模組的文件裡（*https://fpy.li/11-10*）。

10　如果這個狀況讓你不開心，你希望 Python 的這方面更像 Java，那就跳過我在第 399 頁的「肥皂箱」裡，對於 Java 的 private 的相對強度的看法。

❶ __slots__ 必須在類別被建立時存在，建立後再加入或改變它不會有效果。屬性名稱可以放在 tuple 或 list 裡，但是我比較喜歡使用 tuple，以明確表示沒有必要更改它。

❷ 建立 Pixel 的實例，因為我們要觀察 __slots__ 對實例造成的效果。

❸ 第一個效果：Pixel 的實例沒有 __dict__。

❹ 照常設定 p.x 與 p.y 屬性。

❺ 第二個效果：試著設定未被列在 __slots__ 裡面的屬性會產生 AttributeError。

截至目前為止，一切都很好。接著我們在範例 11-14 中建立 Pixel 的子類別，來看看 __slots__ 違反直覺的一面。

範例 *11-14 OpenPixel 是 Pixel 的子類別*

```
>>> class OpenPixel(Pixel):    ❶
...     pass
...
>>> op = OpenPixel()
>>> op.__dict__    ❷
{}
>>> op.x = 8    ❸
>>> op.__dict__    ❹
{}
>>> op.x    ❺
8
>>> op.color = 'green'    ❻
>>> op.__dict__    ❼
{'color': 'green'}
```

❶ OpenPixel 沒有宣告它自己的屬性。

❷ 奇怪的是，OpenPixel 的實例有 __dict__。

❸ 如果你設定屬性 x（在基礎類別 Pixel 的 __slots__ 裡指名）…

❹ …它不會被儲存在實例的 __dict__ 裡…

❺ … 但會被儲存在實例裡的隱形參考陣列裡。

❻ 如果你設定未在 __slots__ 裡指名的屬性…

❼ …它會被儲存在實例的 __dict__ 裡。

範例 11-14 展示 __slots__ 的效果只有一部分被子類別繼承。為了確定子類別的實例沒有 __dict__，你必須在子類別裡再次宣告 __dict__。

如果你宣告 __slots__ = ()（空的 tuple），那麼子類別的實例將沒有 __dict__，而且只接受在基礎類別的 __slots__ 裡指名的屬性。

如果你想讓子類別有額外的屬性，那就在 __slots__ 裡指名它們，如範例 11-15 所示。

範例 11-15　ColorPixel，Pixel 的另一個子類別

```
>>> class ColorPixel(Pixel):
...     __slots__ = ('color',)  ❶
>>> cp = ColorPixel()
>>> cp.__dict__  ❷
Traceback (most recent call last):
  ...
AttributeError: 'ColorPixel' object has no attribute '__dict__'
>>> cp.x = 2
>>> cp.color = 'blue'  ❸
>>> cp.flavor = 'banana'
Traceback (most recent call last):
  ...
AttributeError: 'ColorPixel' object has no attribute 'flavor'
```

❶ 實質上，超類別的 __slots__ 被加入當前類別的 __slots__。別忘了，只包含一個項目的 tuple 必須在結尾加上一個逗號。

❷ ColorPixel 實例沒有 __dict__。

❸ 你可以設定在這個類別與超類別的 __slots__ 裡宣告的屬性，但不能設定在其他地方宣告的。

你也可以一箭雙雕：如果你將 '__dict__' 名稱加入 __slots__ list，你的實例將在它們各自的參考陣列裡儲存 __slots__ 指名的屬性，但也可以支援動態建立的屬性，它們會被儲存在一般的 __dict__ 裡。如果你想要使用 @cached_property decorator（參見第 867 頁的「第 5 步：用 functools 來快取 property」），這是必要的前提。

當然，在 __slots__ 裡放入 '__dict__' 可能完全違背它的目的，取決於各個實例裡的靜態和動態屬性的數量，以及它們怎麼被使用。草率的優化比過早優化更糟糕，因為你會引入沒有任何好處的複雜性。

__weakref__ 也是你可能想在各個實例中保存的屬性,當物件想支援弱參考時就需要它(在第 223 頁的「del 與記憶體回收」曾經簡單地提到)。在預設情況下,自訂類別的實例都有這個屬性。但是,如果類別定義 __slots__,而且你想讓實例成為弱參考的目標,你就要在 __slots__ 指名的屬性中裡加入 '__weakref__'。

接著來看將 __slots__ 加入 Vector2d 的效果。

簡單測量 __slot__ 節省的記憶體

範例 11-16 展示 Vector2d 裡的 __slots__ 程式。

範例 11-16 vector2d_v3_slots.py:__slots__ 屬性是唯一加入 Vector2d 的東西

```
class Vector2d:
    __match_args__ = ('x', 'y')  ❶
    __slots__ = ('__x', '__y')  ❷

    typecode = 'd'
    # 方法與上一版一樣
```

❶ __match_args__ 列出進行位置模式比對時使用的公用屬性名稱。

❷ 相較之下,__slots__ 列出實例屬性的名稱,在這個例子中,它們是私用屬性。

為了測量節省多少記憶體,我寫了 *mem_test.py* 腳本。它用命令列引數來接收模組的名稱與 Vector2d 類別,並使用 listcomp 來建立具有 10,000,000 個 Vector2d 的實例的 list。在範例 11-17 中,我在第一次執行時使用 vector2d_v3.Vector2d(範例 11-7 的),在第二次執行時使用範例 11-16 的具有 __slots__ 的版本。

範例 11-17 mem_test.py 使用在指定的模組內定義的類別來建立 *1000* 萬個 Vector2d 實例

```
$ time python3 mem_test.py vector2d_v3
Selected Vector2d type: vector2d_v3.Vector2d
Creating 10,000,000 Vector2d instances
Initial RAM usage:      6,983,680
  Final RAM usage:  1,666,535,424

real    0m11.990s
user    0m10.861s
sys     0m0.978s
$ time python3 mem_test.py vector2d_v3_slots
```

```
Selected Vector2d type: vector2d_v3_slots.Vector2d
Creating 10,000,000 Vector2d instances
Initial RAM usage:      6,995,968
  Final RAM usage:    577,839,104

real   0m8.381s
user   0m8.006s
sys    0m0.352s
```

如範例 11-17 所示，當 1000 萬個 Vector2d 實例都使用 __dict__ 實例時，這個腳本使用的 RAM 增長至 1.55 GiB，但是當 Vector2d 有 __slots__ 屬性時，它減少為 551 MiB。

__slots__ 版本也比較快。在這項測試中，*mem_test.py* 腳本的工作基本上是載入模組、檢查記憶體使用量、將結果格式化。你可以在程式存放區的 *fluentpython/example-code-2e* 找到這段原始碼（*https://fpy.li/11-11*）。

 如果你要處理上百萬個具有數值資料的物件，你就應該使用 NumPy 陣列才對（見第 66 頁的「NumPy」），它不但有更好的記憶體效率，也有許多高度優化的數值處理功能，許多功能都可以一次處理整個陣列。我設計 Vector2d 類別只是為了提供一個環境來討論特殊方法，因為我想要盡量避免使用語義不清的 foo 與 bar 範例。

總結 __slots__ 的問題

雖然正確地使用 __slots__ 類別屬性可以節省許多記憶體，但它也有一些注意事項：

- 你必須記得在每一個子類別裡重新宣告 __slots__，以防止它們的實例有 __dict__。
- 實例只能擁有被列入 __slots__ 的屬性，除非你在 __slots__ 內加入 '__dict__'（但是如此一來就無法節省記憶體）。
- 使用 __slots__ 的類別不能使用 @cached_property decorator，除非它們在 __slots__ 裡明確地指定 '__dict__'。
- 實例不能當成弱參考的目標，除非你在 __slots__ 裡加入 '__weakref__'。

本章的最後一個主題是覆寫實例和子類別裡的類別屬性。

覆寫類別屬性

Python 有一個明顯的特點：類別屬性可以當成實例屬性的預設值。Vector2d 有一個 typecode 類別屬性。我們在 __bytes__ 方法裡使用它兩次，但依照設計，我們用 self. typecode 來讀取它。因為 Vector2d 實例沒有它們自己的 typecode 屬性，在預設情況下，self.typecode 會取得 Vector2d.typecode 類別屬性。

但如果你對一個不存在的實例屬性進行寫入，你會建立一個新實例屬性（例如 typecode 實例屬性），同名的類別屬性保持不變。然而，從那時起，每當處理那個實例的程式碼讀取 self.typecode 時，它會讀取實例的 typecode，遮蓋了同名的類別屬性。這使得我們能夠使用不同的 typecode 來自訂個別的實例。

預設的 Vector2d.typecode 是 'd'，代表每一個向量分量在匯出至 bytes 時，會被表示成 8 byte 雙精度浮點數。如果我們在匯出前將 Vector2d 實例的 typecode 設為 'f'，每一個分量都會以 4-byte 單精度浮點數來匯出。參見範例 11-18。

> 我們討論的是加入自訂的實例屬性，因此範例 11-18 使用的 Vector2d 沒有 __slots__，和範例 11-11 一樣。

範例 11-18 藉著設定之前從類別繼承來的 typecode 屬性，來自訂實例

```
>>> from vector2d_v3 import Vector2d
>>> v1 = Vector2d(1.1, 2.2)
>>> dumpd = bytes(v1)
>>> dumpd
b'd\x9a\x99\x99\x99\x99\x99\xf1?\x9a\x99\x99\x99\x99\x99\x01@'
>>> len(dumpd)      ❶
17
>>> v1.typecode = 'f'    ❷
>>> dumpf = bytes(v1)
>>> dumpf
b'f\xcd\xcc\x8c?\xcd\xcc\x0c@'
>>> len(dumpf)      ❸
9
>>> Vector2d.typecode    ❹
'd'
```

❶ 預設的 bytes 表示法是 17 bytes 長。

❷ 將 v1 實例的 typecode 設為 'f'。

❸ 現在 bytes dump 是 9 bytes 長。

❹ Vector2d.typecode 不變，只有 v1 實例使用 typecode 'f'。

現在你應該知道為何 Vector2d 匯出的 bytes 前綴 typecode 了：我們想支援不同的匯出格式。

如果你想要改變類別屬性，你必須直接在類別中設定它，而不是在實例設定。你可以這樣改變（沒有自己的 typecode 的）所有實例的預設 typecode：

```
>>> Vector2d.typecode = 'f'
```

然而，有一種更 Python 的做法可以實現更持久的效果，而且讓改變更顯而易見。因為類別屬性是公用的，它們會被子類別繼承，所以子類別經常直接自訂類別資料屬性。在 Django 裡，以類別為基礎的 view 廣泛地採取這種技術。範例 11-19 是做法。

範例 11-19　ShortVector2d 是 Vector2d 的子類別，它只覆寫預設的 typecode

```
>>> from vector2d_v3 import Vector2d
>>> class ShortVector2d(Vector2d):   ❶
...     typecode = 'f'
...
>>> sv = ShortVector2d(1/11, 1/27)   ❷
>>> sv
ShortVector2d(0.09090909090909091, 0.037037037037037035)   ❸
>>> len(bytes(sv))   ❹
9
```

❶ 把 ShortVector2d 寫成 Vector2d 的子類別，並且只覆寫 typecode 類別屬性。

❷ 建立 ShortVector2d 實例 sv 來示範。

❸ 檢查 sv 的 repr。

❹ 確認匯出的 bytes 長度是 9，而不是之前的 17。

這個範例也解釋了為何我沒有在 Vector2d.__repr__ 內將 class_name 寫死，而是從 type(self).__name__ 讀取它：

```
# 在 Vector2d 類別裡：

def __repr__(self):
    class_name = type(self).__name__
    return '{}({!r}, {!r})'.format(class_name, *self)
```

如果我將 class_name 寫死，像 ShortVector2d 這樣的 Vector2d 的子類別將不得不覆寫 repr 方法才能改變 class_name。藉著從實例的 type 讀取名稱，我讓 __repr__ 的繼承更安全。

我們建立了一個簡單的類別，讓它利用 data model 來和 Python 其餘的功能合作，包括提供不同的物件表示法、提供自訂的格式碼、公開唯讀屬性、支援 hash() 來與 set 和 mapping 整合。

本章摘要

本章的目的是展示特殊方法的用法，以及建構行為正確的 Python 類別時的慣例。

vector2d_v3.py（範例 11-11）比 *vector2d_v0.py*（範例 11-2）更 Python 嗎？雖然 *vector2d_v3.py* 的 Vector2d 類別展示較多的 Python 功能，但第一個 Vector2d 版本比較適合，還是最後一個比較合適，取決於使用它的背景。Tim Peter 的 Zen of Python 說：

> 簡單勝過複雜。

物件應該和需求描述的一樣簡單，而不是羅列許多語言功能。如果你寫的是應用程式的程式碼，它的重點應該是支援最終用戶需要的東西，僅此而已。如果你寫的是程式庫的程式碼，或是讓其他程式設計師使用的程式碼，那麼實作特殊方法來支援 Python 鐵粉預期的行為是合理的策略。例如，在支援商業需求時，應該不需要使用 __eq__，但它可讓類別更容易測試。

我擴展 Vector2d 是為了提供一個討論 Python 特殊方法與編寫規範的環境。本章的範例展示了我們在表 1-1（第 1 章）看過的幾個特殊方法：

- 字串 / bytes 表示方法：__repr__、__str__、__format__ 與 __bytes__
- 將物件歸約成一個數字的方法：__abs__、__bool__ 與 __hash__
- __eq__ 運算子，以支援測試和雜湊化（連同 __hash__）

在支援轉換為 bytes 時，我們也實作了另一個建構式 Vector2d.frombytes()，它提供一個背景來討論 @classmethod（非常方便）與 @staticmethod（不太有用，模組級的函式比較簡單）這兩個 decorator。frombytes 方法的靈感來自 array.array 類別的同名方法。

我們學到 Format Specification Mini-Language（*https://fpy.li/fmtspec*）可以擴充，我們可以實作 __format__ 方法，來解析被傳給內建的 format(obj, format_spec) 的 format_spec，

或 f-string 的替換欄位 '{:«for mat_spec»}' 裡面的 format_spec，或是和 str.format() 方法一起使用的字串。

在讓 Vector2d 實例成為 hashable 時，我們將 x 與 y 屬性寫成私用的，並將它們公開為唯讀 property，來讓它們是不可變的，至少可以防止易外的更改。然後我們 xor 實例屬性的雜湊來實作 __hash__。

接下來，我們討論在 Vector2d 內宣告 __slots__ 屬性可以節省記憶體，以及使用它的注意事項。因為使用 __slots__ 有副作用，在處理極大量的實例時使用它才有意義，我是指上百萬個實例，而不是幾千個。在這種情況下，使用 pandas（*https://fpy.li/pandas*）應該是最佳的選擇。

最後一個主題是透過實例來覆寫類別屬性（即，self.typecode）。我們先建立一個實例屬性，接著製作子類別，並在類別層面上進行覆寫。

我們在這一章的範例中選擇的設計都是基於標準 Python 物件的 API，如果這一章可以歸納成一句話，那就是：

> 欲建構典型 Python 物件，當觀察真實 Python 物件之行為。
>
> —— 中國古諺

延伸讀物

本章討論了幾個 data model 的特殊方法，所以主要的參考資料自然與第 1 章的一樣，第 1 章為同一個主題提供高層的視角。為了方便起見，我重新列出之前推薦過的參考文獻，並加入一些其他的：

The Python Language Reference 的「*Data Model*」一章（*https://fpy.li/dtmodel*）
本章使用的方法大都被寫在「3.3.1. Basic customization」（*https://fpy.li/11-12*）。

Python in a Nutshell 第 *3* 版，*Alex Martelli*、*Anna Ravenscroft* 與 *Steve Holden* 合著
深入探討特殊方法。

David Beazley 與 *Brian K. Jones* 合著的 *Python Cookbook* 第 *3* 版
用配方來展示現代的 Python 實踐法。特別是第 8 章「Classes and Objects」有許多與本章有關的解決方案。

Python Essential Reference 第 4 版，*David Beazley* 著

> 詳細介紹 data model，雖然它只介紹了 Python 2.6 與 3.0（第 4 版）。但基本概念都
> 一樣，而且 Data Model API 自 Python 2.2 統一內建型態和自訂類別以來完全沒變。

Hynek Schlawack 在 2015 年開始製作 attrs 程式包，我在那一年完成 *Fluent Python* 第 1
版。attrs 的文件說：

> attrs 是一種 Python 程式包，它可以把你從實作物件協定（即 dunder 方法）的
> 苦海中解救出來，讓你重拾**編寫類別的樂趣**。

我曾經在第 196 頁提到 attrs 是比 @dataclass 更強大的替代方案。第 5 章介紹的類別建
構器與 attrs 可自動讓你的類別具備幾個特殊方法。但知道如何自己編寫這些特殊方法
對瞭解這些程式包的效果來說很重要，可讓你決定何時真的需要它們，以及在需要時覆
寫它們產生的方法。

本章介紹了幾個與物件表示法有關的特殊方法，但不包含 __index__ 與 __fspath__。第
12 章的「支援 slice 的 ___getitem__」會討論 __index__（第 414 頁），但我不會介紹
__fspath__，若要瞭解它，可閱讀 PEP 519 —— Adding a file system path protocol
（*https://fpy.li/pep519*）。

Smalltalk 是最早意識到物件需要提供不同的字串表示法的語言。Bobby Woolf 在 1996
年的文章「How to Display an Object as a String: print String and displayString」（*https://*
fpy.li/11-13）裡探討該語言的 printString 與 displayString 的寫法。當我在第 372 頁的
「物件表示法」定義 repr() 與 str() 時，我曾經從那篇文章借用「開發者希望看到的方
式」與「使用者希望看到的方式」這兩個精闢的敘述。

肥皂箱

property 可減少前期成本

在 Vector2d 的第一個版本中，x 與 y 屬性是公用的，如同所有預設的 Python 實例與類
別屬性。向量的使用者當然需要讀取它的分量。雖然我們的向量是 iterable，而且可以
unpack 成一對變數，但是編寫 my_vector.x 與 my_vector.y 來取得各個分量比較好。

當我們感到需要避免意外改寫 x 與 y 屬性時，我們實作了 property，但程式碼的其他地
方和 Vector2d 的公用介面並未改變，這一點已經用 doctests 來證實。我們仍然可以存取
my_vector.x 與 my_vector.y。

由此可見，我們始終可以用最簡單的方式來製作類別，並使用公用屬性，因為當（如果）日後需要透過 getter 與 setter 來進行更多控制時，這些需求可以透過 property 來實現，而不需要更改已經透過公用屬性的名稱（例如，x 與 y）來和我們的物件互動的任何程式碼。

這種做法與 Java 語言鼓勵的做法相反：Java 程式設計師無法先使用簡單的公用屬性，然後在需要時再實作 property，因為 Java 本身並不支援 property。因此，編寫 getter 與 setter 是 Java 的常態（即使這些方法沒有什麼有用的邏輯），因為 API 無法從簡單的公用屬性演進到 getter 與 setter 且不破壞使用這些屬性的程式。

此外，正如 Martelli、Ravenscroft 與 Holden 在 *Python in a Nutshell* 第 3 版裡說的，到處編寫 getter/setter 呼叫式很蠢。你必須寫這種東西：

```
>>> my_object.set_foo(my_object.get_foo() + 1)
```

只為了做這件事：

```
>>> my_object.foo += 1
```

維基百科的發明者暨 Extreme Programming 先驅 Ward Cunningham 建議自問：「有沒有什麼最簡單的事物可以奏效？」這個概念把焦點放在目標上。[11] 在前期實作 setter 與 getter 與目標背道而馳。在 Python 裡，我們可以直接使用公用屬性，而且我們知道，以後有需要時可以將它們改成 property。

私用屬性的 safety vs. security

> Perl 不熱衷用強制的手段來保護隱私。它比較希望你因為沒有被邀請而被拒於門外，而不是因為它有一把獵槍。
>
> —— *Larry Wall*，Perl 的創作者

Python 與 Perl 在很多方面都是對立的，但 Guido 與 Larry 對物件的隱私似乎有相同的看法。

在教導許多 Java 程式設計師 Python 多年之後，我發現很多人太信任 Java 提供的隱私保證。事實上，Java 的 `private` 與 `protected` 通常只能防止不小心的行為（也就是 safety）。唯有當應用程式被設置和部署在 Java SecurityManager（*ttps://fpy.li/ 11-15*）

---

11 見「Simplest Thing that Could Possibly Work: A Conversation with Ward Cunningham, Part V」（*https://fpy. li/11-14*）。

之上時，它們才能提供對抗惡意行為的 security，但是這種情況很罕見，即使是在有安全意識的企業環境裡。

我用這個 Java 類別來證明我的說法（範例 11-20）。

範例 11-20 *Confidential.java*：有私用欄位 secret 的 *Java* 類別

```java
public class Confidential {

    private String secret = "";

    public Confidential(String text) {
        this.secret = text.toUpperCase();
    }
}
```

在範例 11-20 中，我先將 text 轉換成大寫再將它存入 secret 欄位，這只是為了表明，無論在欄位內儲存的是什麼，都將以全大寫的形式呈現。

實際的展示使用 Jython 來執行 expose.py。這個腳本使用自檢（Java 的術語是 reflection）來取得私用欄位的值。範例 11-21 是它的程式。

範例 11-21 *expose.py*：讀取其他類別的私用欄位的 *Jython* 程式

```python
#!/usr/bin/env jython
# 注意：Jython 在 2020 年末仍然是 Python 2.7

import Confidential

message = Confidential('top secret text')
secret_field = Confidential.getDeclaredField('secret')
secret_field.setAccessible(True)  # 開鎖！
print 'message.secret =', secret_field.get(message)
```

執行範例 11-21 會得到：

```
$ jython expose.py
message.secret = TOP SECRET TEXT
```

字串 'TOP SECRET TEXT' 是從 Confidential 類別的 secret 私用欄位讀取的。

我並未施展任何黑魔法：*expose.py* 使用 Java reflection API 來取得私用欄位 'secret' 的參考，再呼叫 'secret_field.setAccessible(True)' 來讓它可被讀取。 當然，使用 Java 程式也可以做同一件事（但需要三倍的程式行數，見 *Fluent Python* 程式存放區中的 *Expose.java* 檔案（*https://fpy.li/11-16*））。

只有在 Jython 或 Java 主程式（即 *Expose.class*）在 SecurityManager（*https://fpy.li/11-15*）的監督下執行時，關鍵的呼叫 .setAccessible(True) 才會失敗。但是在現實中，Java 應用程式幾乎不會和 SecurityManager 一起部署，除了 Java applet 之外，當瀏覽器還支援它時。

我的觀點是，在 Java 中，控制存取的關鍵字主要是為了 safety，而不是為了 security，至少實務上如此。所以，放心地享受 Python 提供的強大功能吧！請負責任地使用它。

sequence 的特殊方法

> 不用檢查牠是不是（*is-a*）鴨子，而是要聽聽牠的叫聲像不像鴨子，看看牠走路
> 的樣子像不像鴨子…等等等等，取決於你需要哪些鴨子般的行為來玩你的語言
> 遊戲（comp.lang.python，2000 年 7 月 26 日）。
>
> —— *Alex Martelli*

在這一章，我們要建立一個類別來代表一個多維的 Vector 類別，從第 11 章的二維
的 Vector2d 往前邁開一大步。這個 Vector 的行為將和 Python 的不可變的標準平面
sequence 一樣。它的元素將是浮點數，而且在本章結束時，它將提供以下的功能：

- 基本的 sequence 協定：__len__ 與 __getitem__
- 安全地表示包含許多項目的實例
- 正確地支援 slice，產生新的 Vector 實例
- 彙總雜湊化（aggregate hashing），考慮每一個元素值
- 自訂格式化語言擴展

我們也會使用 __getattr__ 來實作動態屬性存取，以取代在 Vector2d 中使用的唯讀特性，
雖然這不是 sequence 型態的典型做法。

在使用大量的程式來示範的過程中，我們會暫停一下，討論將協定作為非正式介面的概
念。我們會討論協定與鴨定型的關係，以及當你建構自己的型態時，它的實際意義。

本章有哪些新內容

本章沒有太大的改變。在第 409 頁的「協定與鴨定型」的結尾，我加入一個新的小提示，在裡面簡單地討論 typing.Protocol。

在第 414 頁的「支援 slice 的 ___getitem__」裡，因為使用鴨定型和 operator.index，範例 12-6 的 __getitem__ 程式比第一版的還要簡潔和穩健。這項改變延續到本章和第 16 章的 Vector 程式。

讓我們開始吧。

Vector：自訂的 sequence 型態

我們將用組合來實作 Vector，而不是使用繼承。我們會將分量存入浮點數 array，並為 Vector 實作必要的方法，來讓它的行為就像不可變的平面 sequence。

但是在實作 sequence 方法之前，我們先來製作一個與之前的 Vector2d 相容的基本 Vector —— 但不處理與它相容沒有意義之處。

三維以上的向量怎麼用？

誰需要 1,000 維的向量？N 維向量（N 很大）被廣泛地用來提取資訊，此時文件與文字查詢指令都以向量來表示，每個單字有一個維度。這種做法稱為 Vector space model（*https://fpy.li/12-1*）。這個模型的關鍵相關性指標是餘弦相似性（就是代表查詢指令的向量與代表文件的向量之間的角度）。餘弦值會隨著角度的減少而接近最大值 1，文件與查詢的相關性也是如此。

話雖如此，本章的 Vector 類別只是教學範例，我們不會使用太多數學。我們的目標只是在 sequence 型態的背景之下，展示 Python 的一些特殊方法。

NumPy 與 SciPy 是在現實中計算向量數學的工具。Radim Řehůřek, 製作的 PyPI 程式包 gensim（*https://fpy.li/12-2*）使用 NumPy 和 SciPy 來為自然語言處理和資訊提取實作了向量空間建模功能。

Vector 第 1 幕：與 Vector2d 相容

第一版的 Vector 應該盡量與之前的 Vector2d 類別相容。

但是，在設計上，Vector 建構式沒有和 Vector2d 建構式相容。我們可以在 __init__ 使用 *args 來接收任意的引數，來讓 Vector(3, 4) 與 Vector(3, 5, 5) 可以執行，但是 sequence 建構式的最佳做法是在建構式中，以 iterable 引數來接收資料，如同所有內建的 sequence 型態的做法。範例 12-1 是將 Vector 物件實例化的一些寫法

範例 12-1　測試 Vector.__init__ 與 Vector.__repr__

```
>>> Vector([3.1, 4.2])
Vector([3.1, 4.2])
>>> Vector((3, 4, 5))
Vector([3.0, 4.0, 5.0])
>>> Vector(range(10))
Vector([0.0, 1.0, 2.0, 3.0, 4.0, ...])
```

除了新的建構式簽章之外，我也確定使用 Vector2d 來做的每一個測試都有通過（例如 Vector2d(3, 4)），而且產生的結果與使用雙分量時 Vector([3, 4]) 一樣。

 當 Vector 有超過六個分量時，repr() 產生的字串會用 ... 來縮寫，就像範例 12-1 的最後一行那樣。這一點對任何一種可能容納大量項目的 collection 型態而言至關重要，因為 repr 的用途是偵錯，你一定不想在主控台或 log 裡看到大型物件產生的幾千行訊息。你可以使用 reprlib 模組來產生有限長度的表示法，如範例 12-2 所示。reprlib 模組在 Python 2.7 被改名為 repr。

範例 12-2 是第一版的 Vector（這個範例是用範例 11-2 與 11-3 的程式來建構的）。

範例 12-2　vector_v1.py：從 vector2d_v1.py 衍生而來

```python
from array import array
import reprlib
import math


class Vector:
    typecode = 'd'

    def __init__(self, components):
```

```
        self._components = array(self.typecode, components)  ❶

    def __iter__(self):
        return iter(self._components)  ❷

    def __repr__(self):
        components = reprlib.repr(self._components)  ❸
        components = components[components.find('['):-1]  ❹
        return f'Vector({components})'

    def __str__(self):
        return str(tuple(self))

    def __bytes__(self):
        return (bytes([ord(self.typecode)]) +
                bytes(self._components))  ❺

    def __eq__(self, other):
        return tuple(self) == tuple(other)

    def __abs__(self):
        return math.hypot(*self)  ❻

    def __bool__(self):
        return bool(abs(self))

    @classmethod
    def frombytes(cls, octets):
        typecode = chr(octets[0])
        memv = memoryview(octets[1:]).cast(typecode)
        return cls(memv)  ❼
```

❶ self._components 實例的「受保護」屬性將保存一個包含 Vector 分量的 array。

❷ 為了支援迭代，我們用 self._components 來回傳一個 iterator。[1]

❸ 使用 reprlib.repr() 來取得 self._components 的長度有限的表示法（例如 array('d', [0.0, 1.0, 2.0, 3.0, 4.0, ...])）。

❹ 先移除開頭的 array('d' 與結尾的)，再將字串插入 Vector 建構式呼叫式。

❺ 直接用 self._components 來建構一個 bytes 物件。

1　第 17 章會介紹 iter() 函式，以及 __iter__ 方法。

❻ 自 Python 3.8 起，math.hypot 可接收 N 維的點。以前我是這樣寫的：math.sqrt(sum(x * x for x in self))。

❼ frombytes 唯一需要修改的地方在最後一行：我們直接將 memoryview 傳入建構式，而不是像之前一樣使用 * 來做 unpack。

我使用 reprlib.repr 的方式值得仔細說明一下。這個函式藉著限制輸出字串的長度並使用 '...' 來表示切斷的地方來為大型或遞迴結構產生安全的表示法。我希望 Vector 的 repr 看起來像 Vector([3.0, 4.0, 5.0])，而不是 Vector(array('d', [3.0, 4.0, 5.0]))，因為在 Vector 裡面的 array 是一種實作資訊。由於這些建構式呼叫式建立相同的 Vector 物件，我比較喜歡較簡潔的語法，使用 list 引數。

在編寫 __repr__ 時，我也可以用這段程式來產生簡化的 components 資訊：reprlib.repr(list(self._components))，但是這種寫法浪費資源，因為我大費周章地將 self._components 的每一個項目複製到 list，只為了使用 list repr。所以，我直接用 reprlib.repr 來處理 self._components 陣列，再切除 [] 之外的字元。這就是範例 12-2 的 __repr__ 的第二行所做的事情。

 由於 repr() 在偵錯時的作用，對物件呼叫 repr() 不應該引發例外。如果在你實作的 repr 裡面有問題，你必須處理問題，並盡量產生一些有用的輸出，讓使用者有機會識別接收者（self）。

注意，__str__、__eq__ 與 __bool__ 方法與 Vector2d 相同，只有在 frombytes 改變一個字元（移除最後一行的 *）。這是讓原始的 Vector2d 成為 iterable 的好處之一。

順便一提，我們也可以繼承 Vector2d 來製作子類別 Vector，但基於兩個理由，我不這麼做。首先，建構式不相容使得子類別化不合適。雖然我可以在 __init__ 裡面巧妙地處理參數來解決這個問題，但是第二個理由更重要：我想把 Vector 寫成一個獨立的範例，展示一個實作了 sequence 協定的類別。這就是接下來要做的事情，在討論協定這個術語之後。

協定與鴨定型

早在第 1 章我們就知道，我們不需要繼承任何特殊類別就可以建立功能完整的 sequence 型態了，只要實作滿足 sequence 協定的方法即可。但是，我們討論的是哪一種協定？

在物件導向程式設計的背景下，協定是一種非正式的介面，只在文件裡定義，而不是在程式裡定義。例如，Python 的 sequence 協定只包含 __len__ 與 __getitem__ 方法。實作了這些方法，且具有標準的簽章和語義的 Spam 類別，都可以在任何需要 sequence 的地方使用。Spam 是否繼承了特定的類別並不重要，唯一的重點是它提供了必要的方法。我們已經在範例 1-1 看過它了，我將它放到範例 10-3。

範例 12-3　範例 1-1 的程式，為了方便放到這裡

```python
import collections

Card = collections.namedtuple('Card', ['rank', 'suit'])

class FrenchDeck:
    ranks = [str(n) for n in range(2, 11)] + list('JQKA')
    suits = 'spades diamonds clubs hearts'.split()

    def __init__(self):
        self._cards = [Card(rank, suit) for suit in self.suits
                                        for rank in self.ranks]

    def __len__(self):
        return len(self._cards)

    def __getitem__(self, position):
        return self._cards[position]
```

範例 12-3 的 FrenchDeck 類別利用許多 Python 的功能，因為它實作了 sequence 協定，即使在程式碼中並未聲明此事。經驗豐富的 Python 程式設計師一眼就可以看出它是一個 sequence，即使它是 object 的子類別。我們說它是 sequence 是因為它的行為就像 sequence，而這是真正重要的事情。

這被做法稱為鴨定型（*duck typing*），來自本章引言的那篇 Alex Martelli 的文章。

因為協定是非正式的，也是非強制性的，你可以僅實作部分的協定，如果你知道那個類別將在什麼情境下使用的話。例如，如果你要支援迭代，那就只需要 __getitem__，不需要提供 __len__。

PEP 544 —— Protocols: Structural subtyping (static duck typing)（*https://fpy.li/pep544*）使得 Python 3.8 支援協定類別（*protocol class*），即 typing 結構，我們曾經在第 293 頁的「靜態協定」看過它。在 Python 裡，「協定（protocol）」一詞與先前的意義有關，但又有所不同。當我需要區分它們時，我會用靜態協定來稱呼在協定類別內正式定義的協定，動態協定則指傳統意義上的協定。它們之間的一個主要的區別是，靜態協定的實作必須提供在協定類別中定義的所有方法。第 13 章的「兩種協定」（第442 頁）會更詳細地探討這個主題。

接下來，我們要在 Vector 中實作 sequence 協定，先不支援 slicing，以後會加入它。

Vector 第 2 幕：可 slice 的 sequence

正如我們在 FrenchDeck 範例中看到的，如果你的物件可以將任務委託給一個 sequence 屬性，例如我們的 self._components 陣列，支援 sequence 協定就非常容易。這些只有一行內容的 __len__ 與 __getitem__ 是很好的起點：

```
class Vector:
    # 省略很多行
    # ...

    def __len__(self):
        return len(self._components)

    def __getitem__(self, index):
        return self._components[index]
```

加入這些程式後，以下的操作都可以執行了：

```
>>> v1 = Vector([3, 4, 5])
>>> len(v1)
3
>>> v1[0], v1[-1]
(3.0, 5.0)
>>> v7 = Vector(range(7))
>>> v7[1:4]
array('d', [1.0, 2.0, 3.0])
```

如你所見，它甚至支援 slicing，但不太完善。如果 Vector 的 slice 也是 Vector 實例而不是 array 會更好。舊的 FrenchDeck 類別有類似的問題：當你 slice 它時，你會得到一個 list。在 Vector 的例子中，如果執行 slice 產生一般陣列的話，很多功能都會遺失。

考慮內建的 sequence 型態：當它們被 slice 時，它都會產生本身的型態的新實例，而不是其他的型態。

為了讓 Vector 產生 Vector 型態的 slice，我們不能直接將 slicing 委託給 array。我們要在 __getitem__ 裡分析所收到的引數，並做正確的事情。

接下來，我們來看 Python 如何將 my_seq[1:3] 語法轉換成傳給 my_seq.__getitem__(...) 的引數。

slicing 如何運作？

一個示範勝過千言萬語，看看範例 12-4。

範例 *12-4 檢查 __getitem__ 與 slice 的行為*

```
>>> class MySeq:
...     def __getitem__(self, index):
...         return index      ❶
...
>>> s = MySeq()
>>> s[1]   ❷
1
>>> s[1:4]   ❸
slice(1, 4, None)
>>> s[1:4:2]   ❹
slice(1, 4, 2)
>>> s[1:4:2, 9]   ❺
(slice(1, 4, 2), 9)
>>> s[1:4:2, 7:9]   ❻
(slice(1, 4, 2), slice(7, 9, None))
```

❶ 在這個示範中，__getitem__ 僅回傳它收到的東西。

❷ 一個平凡無奇的索引。

❸ 1:4 變成 slice(1, 4, None)。

❹ slice(1, 4, 2) 代表從 1 開始，到 4 為止，每隔 2 個。

❺ 很意外：在 [] 裡面的逗號代表 __getitem__ 接收一個 tuple。

❻ tuple 裡面甚至可能有幾個 slice 物件。

接下來，在範例 12-5，我們要進一步觀察 slice 本身。

範例 12-5　檢查 slice 類別的屬性

```
>>> slice    ❶
<class 'slice'>
>>> dir(slice)    ❷
['__class__', '__delattr__', '__dir__', '__doc__', '__eq__',
 '__format__', '__ge__', '__getattribute__', '__gt__',
 '__hash__', '__init__', '__le__', '__lt__', '__ne__',
 '__new__', '__reduce__', '__reduce_ex__', '__repr__',
 '__setattr__', '__sizeof__', '__str__', '__subclasshook__',
 'indices', 'start', 'step', 'stop']
```

❶　slice 是內建型態（我們在第 48 頁第一次看到它）。

❷　檢查 slice 可以看到資料屬性 start、stop 與 step，還有 indices 方法。

在範例 12-5 中，呼叫 dir(slice) 可看到 indices 屬性，它其實是一種非常有趣，但鮮為人知的方法。以下是 help(slice.indices) 顯示的訊息：

S.indices(len) -> (start, stop, stride)

　　假設有一個長度為 len 的 sequence，計算 S 所描述的擴展 slice 的 start 與 stop 索引，以及 stride 長度。超出範圍的索引會像正常的 slice 那樣被切除。

換句話說，indices 揭示了內建 sequence 所實作的複雜邏輯，可以優雅地處理缺失或負數索引，以及比原始 sequence 更長的 slice。這個方法為給定長度的 sequence 量身訂製「標準化」的 tuple，包含非負的 start、stop 與 stride 整數值。

我們來看兩個範例，假設有一個 len == 5 的 sequence 'ABCDE'：

```
>>> slice(None, 10, 2).indices(5)    ❶
(0, 5, 2)
>>> slice(-3, None, None).indices(5)    ❷
(2, 5, 1)
```

❶　'ABCDE'[:10:2] 與 'ABCDE'[0:5:2] 一樣。

❷　'ABCDE'[-3:] 與 'ABCDE'[2:5:1] 一樣。

我們的 Vector 程式不需要 slice.indices() 方法，因為當我們收到一個 slice 引數時，我們會將處理它的工作委託給 _components array。但是如果無法依賴底層 sequence 提供的服務，這種方法可以節省大量的時間。

知道如何處理 slice 之後，我們來看改良過的 Vector.__getitem__。

支援 slice 的 __getitem__

範例 12-6 是讓 Vector 的行為和 sequence 一樣的兩個方法：__len__ 與 __getitem__（後者可以正確地處理 slicing 了）。

範例 12-6　部分的 vector_v2.py：將 __len__ 與 __getitem__ 方法加入 vector_v1.py 的 Vector 類別（參見範例 12-2）

```python
def __len__(self):
    return len(self._components)

def __getitem__(self, key):
    if isinstance(key, slice):      ❶
        cls = type(self)            ❷
        return cls(self._components[key])    ❸
    index = operator.index(key)     ❹
    return self._components[index]  ❺
```

❶ 如果 key 引數是個 slice⋯

❷ ⋯取得實例的類別（即 Vector），並且⋯

❸ ⋯呼叫類別來建構另一個 Vector，使用 _components 陣列的一個 slice。

❹ 如果可以從 key 取得一個 index ⋯

❺ ⋯回傳 _components 的特定項目。

operator.index() 函式呼叫 __index__ 特殊方法。函式與特殊方法都被定義在 PEP 357 —— Allowing Any Object to be Used for Slicing（*https://fpy.li/pep357*）裡，它是 Travis Oliphant 提出的，目的是讓 NumPy 的各種整數型態都可以當成索引和 slice 引數來使用。operator.index() 與 int() 之間的主要差異在於前者是為了這個目的而設計的。例如，int(3.14) 回傳 3，但是 operator.index(3.14) 會發出 TypeError，因為 float 不應該當成索引來使用。

 雖然過度使用 isinstance 可能意味著不良的 OO 設計，但是在 __getitem__ 裡面處理 slice 是一種合理的用法。在第一版裡，我也使用 isinstance 來檢查 key，看看它是不是整數。使用 operator.index 可以免除這項檢查，如果我們無法從 key 取得 index 的話，也會出現資訊豐富的 TypeError。參見範例 12-7 的最後一個錯誤訊息。

將範例 12-6 的程式加入 Vector 類別之後，我們做出適當的 slicing 行為，如範例 12-7 所示。

範例 *12-7* 測試範例 *12-6* 的改進版 Vector.__getitem__

```
>>> v7 = Vector(range(7))
>>> v7[-1]    ❶
6.0
>>> v7[1:4]   ❷
Vector([1.0, 2.0, 3.0])
>>> v7[-1:]   ❸
Vector([6.0])
>>> v7[1,2]   ❹
Traceback (most recent call last):
  ...
TypeError: 'tuple' object cannot be interpreted as an integer
```

❶ 使用一個整數索引只會提取一個 float 分量值。

❷ 使用一個 slice 索引會建立一個新 Vector。

❸ 使用一個 len == 1 的 slice 也會建立一個 Vector。

❹ Vector 不支援多維索引，所以索引或 slice 的 tuple 會引發錯誤。

Vector 第 3 幕：存取動態屬性

在從 Vector2d 演變成 Vector 的過程中，我們失去用名稱來存取向量分量的功能（例如 v.x、v.y）。雖然我們現在處理的向量可能有大量的分量，但能夠使用縮寫字母來存取前幾個分量仍然很方便，例如使用 x、y、z 來取代 v[0]、v[1] 與 v[2]。

我們想要提供下面的語法來讀取向量的前四個分量：

```
>>> v = Vector(range(10))
>>> v.x
0.0
>>> v.y, v.z, v.t
(1.0, 2.0, 3.0)
```

在 Vector2d 裡，我們使用 @property decorator 來提供唯讀的 x 與 y（範例 11-7）。雖然我們可以在 Vector 裡面寫四個 property，但是這種做法很枯燥。__getattr__ 特殊方法提供更好的辦法。

當查詢屬性失敗時，直譯器會呼叫 __getattr__ 方法，簡單地說，假設有 my_obj.x，Python 會檢查 my_obj 實例有沒有屬性叫做 x，如果沒有，就搜尋類別（my_obj.__class__），然後沿著繼承關係往上尋找。[2] 如果找不到 x 屬性，Python 會使用 self 與屬性名稱字串（例如 'x'）來呼叫在 my_obj 的類別裡面定義的 __getattr__ 方法。

範例 12-8 是我們的 __getattr__ 方法。基本上，它會檢查要尋找的屬性是不是字母 xyzt 之一，若是，則回傳相應的向量分量。

範例 12-8　部分的 *vector_v3.py*：加入 Vector 類別的 __getattr__ 方法

```
__match_args__ = ('x', 'y', 'z', 't')  ❶

def __getattr__(self, name):
    cls = type(self)  ❷
    try:
        pos = cls.__match_args__.index(name)  ❸
    except ValueError:  ❹
        pos = -1
    if 0 <= pos < len(self._components):  ❺
        return self._components[pos]
    msg = f'{cls.__name__!r} object has no attribute {name!r}'  ❻
    raise AttributeError(msg)
```

❶ 設定 __match_args__，來支援 __getattr__ 對動態屬性進行位置模式比對。[3]

❷ 取得 Vector 類別備用。

❸ 在 __match_args__ 裡試著取得 name 的位置。

❹ 當 .index(name) 找不到 name 時會發出 ValueError，將 pos 設為 -1。（在這裡，我很想使用 str.find 這種方法，但 tuple 沒有實作它。）

❺ 如果 pos 在可用分量的範圍內，回傳分量。

❻ 如果超出範圍，發出 AttributeError 並顯示標準訊息文字。

2　屬性查詢比這裡所說的還要複雜，我們會在第五部分看到血淋淋的細節。現在先瞭解這個簡單的說法即可。

3　雖然 __match_args__ 在 Python 3.10 出現，以支援模式比對，但是在 Python 之前的版本設定這個屬性不會造成傷害。在本書的第一版裡，我將它命名為 shortcut_names。使用新名稱的它有雙重任務：在 case 子句裡支援位置模式，以及保存 __getattr__ 與 __setattr__ 裡的特殊邏輯支援的動態屬性的名稱。

__getattr__ 寫起來不難，但是在這個例子裡，它還不夠完整。考慮範例 12-9 這個奇怪的互動。

範例 *12-9 不適當的行為：對著 v.x 賦值沒有產生錯誤，但是會導致不一致*

```
>>> v = Vector(range(5))
>>> v
Vector([0.0, 1.0, 2.0, 3.0, 4.0])
>>> v.x    ❶
0.0
>>> v.x = 10    ❷
>>> v.x    ❸
10
>>> v
Vector([0.0, 1.0, 2.0, 3.0, 4.0])    ❹
```

❶ 用 v.x 來讀取元素 v[0]。

❷ 將新值指派給 v.x。這應該要發出例外。

❸ 讀取 v.x 會顯示新值，10。

❹ 但是，向量分量不變。

你可以解釋發生了什麼事情嗎？具體來說，為什麼第二次的 v.x 回傳 10，而那個值不在向量分量陣列裡？如果你無法立刻知道答案，請回去研究一下範例 12-8 之前關於 __getattr__ 的解釋。它不太容易理解，但它是看懂後續內容的重要基礎。

在你仔細思考之後，繼續看下去，我將解釋事情的來龍去脈。範例 12-9 中的不一致來自 __getattr__ 的工作方式：當物件沒有你指定的屬性時，Python 只將那個方法當成回呼來呼叫。但是，在我們指派 v.x = 10 之後，v 物件有一個 x 屬性，所以 Python 不再呼叫 __getattr__ 來取得 v.x，直譯器會直接回傳被設給 v.x 的值 10。另一方面，我們的 __getattr__ 裡不理會 self._components 之外的實例屬性，它會在那裡取出被列在 __match_args__ 裡面的「虛擬屬性」的值。

我們要自訂 Vector 類別內的設定屬性的邏輯，來避免這種不一致性。

在第 11 章的最後一個 Vector2d 範例中，試著賦值給 .x 或 .y 實例屬性會導致 AttributeError。在 Vector 裡，為了避免造成疑惑，我們希望當有人試著對單一小寫字母名稱的屬性賦值時，會引發相同的例外。因此，我們要實作 __setattr__，參見範例 12-10。

範例 12-10　部分的 *vector_v3.py*：Vector 類別裡的 __setattr__ 方法

```python
def __setattr__(self, name, value):
    cls = type(self)
    if len(name) == 1:                                           ❶
        if name in cls.__match_args__:                           ❷
            error = 'readonly attribute {attr_name!r}'
        elif name.islower():                                     ❸
            error = "can't set attributes 'a' to 'z' in {cls_name!r}"
        else:
            error = ''                                           ❹
        if error:                                                ❺
            msg = error.format(cls_name=cls.__name__, attr_name=name)
            raise AttributeError(msg)
    super().__setattr__(name, value)                             ❻
```

❶ 用特殊的方式處理單一字元屬性名稱。

❷ 如果 name 是 __match_args__ 之一，設定特定的錯誤訊息。

❸ 如果 name 是小寫，設定關於所有單一字母名稱的錯誤訊息。

❹ 否則，設定空白的錯誤訊息。

❺ 如果有非空白的錯誤訊息，發出 AttributeError。

❻ 預設情況：呼叫超類別的 __setattr__ 來產生標準的行為。

 super() 函式可讓你動態地使用超類別的方法，它是 Python 這種支援多重繼承的動態語言必備的功能，它的用途是將子類別的方法裡的某項工作委託給超類別的適當方法，如範例 12-10 所示。第 502 頁的「多重繼承與方法解析順序」會進一步討論 super。

在選擇錯誤訊息來和 AttributeError 一起顯示時，我先檢查內建的 complex 型態的行為，因為它們是不變的，並且有一對資料屬性 real 與 imag。試著改變 complex 實例的任何一個屬性都會引發 AttributeError，並顯示訊息 "can't set attribute"。另一方面，像我們在第 382 頁的「hashable 的 Vector2d」所做的那樣，試著設定被 property 保護的唯讀屬性，會產生訊息 "readonly attribute"。我從這兩個措辭中汲取靈感，在 __setitem__ 內設置錯誤字串，但更明確地指出被禁止的屬性。

注意，我們並沒有禁止設定所有的屬性，只有單一小寫字母的屬性，以避免與支援的唯讀屬性 x、y、z 與 t 混淆。

知道在類別層面上宣告 __slots__ 可以防止設定新的實例屬性之後，很容易讓人想要使用那個功能，而不是像我們一樣實作 __setattr__。但是，由於第 396 頁的「總結 __slots__ 的問題」提到的所有注意事項，我不建議僅僅為了防止建立實例屬性而使用 __slots__。__slots__ 只應該用來節省記憶體，而且只有在記憶體確實出問題的時候。

即使這個例子不支援寫入 Vector 分量，它也帶來一個重要的啟示：當你實作 __getattr__ 時，通常你也要編寫 __setattr__，以避免物件之間有不一致的行為。

如果想要支援改變分量，我們可以實作 setitem__ 來讓 v[0] = 1.1 可以執行，或實作 __setattr__ 來讓 v.x = 1.1 可以執行。但是 Vector 將維持不可變，因為下一節要讓它 hashable。

Vector 第 4 幕：雜湊化與更快速的 ==

我們又要編寫 __hash__ 方法了。它和現有的 __eq__ 可以讓 Vector 實例成為 hashable。

Vector2d 的 __hash__（範例 11-8）可計算一個 tuple 的雜湊，該 tuple 是兩個分量組成的，即 self.x 與 self.y。現在我們可能要處理成千上萬個分量，所以建構 tuple 可能太昂貴了。我們將依次對著每一個分量的雜湊值使用 ^（xor）運算子，像這樣：v[0] ^ v[1] ^ v[2]。這就是 functools.reduce 函式的作用。我說過，reduce 不像以前那樣流行了，[4] 但是它非常適合用來計算所有向量分量的雜湊。圖 12-1 是 reduce 函式的總體思路。

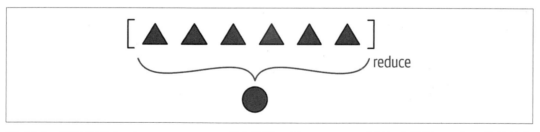

圖 12-1　歸約函式（reduce、sum、any、all）可將一個 sequence 或任何有限的 iterable 物件轉化成一個彙總結果

4　sum、any 與 all 涵蓋了 reduce 的大部分用途。參見第 239 頁的「map、filter 與 reduce 的現代替代方案」的討論。

我們已經知道 functools.reduce() 可以換成 sum() 了，但現在要解釋它是怎麼運作的。重點是將一系列的值歸約成一個值。reduce() 的第一個引數是一個雙引數函式，第二個引數是一個 iterable。假設我們有一個雙引數函式 fn 與一個 list lst。當你呼叫 reduce(fn, lst) 時，fn 會被用來處理第一對元素（fn(lst[0], lst[1])），產生第一個結果 r1。然後 fn 會被用來處理 r1 與下一個元素（fn(r1, lst[2])），產生第二個結果 r2。接著呼叫 fn(r2, lst[3]) 來產生 r3 …，以此類推，直到最後一個元素為止，回傳結果 rN。

以下是使用 reduce 來計算 5!（5 的階乘）的寫法：

```
>>> 2 * 3 * 4 * 5 # 我們想要的結果：5! == 120
120
>>> import functools
>>> functools.reduce(lambda a,b: a*b, range(1, 6))
120
```

回到雜湊問題，範例 12-11 用三種做法來計算彙總的 xor：使用 for 迴圈，以及兩個 reduce 呼叫式。

範例 12-11　對整數 0 至 5 計算累計的 xor 的三種做法

```
>>> n = 0
>>> for i in range(1, 6):  ❶
...     n ^= i
...
>>> n
1
>>> import functools
>>> functools.reduce(lambda a, b: a^b, range(6))  ❷
1
>>> import operator
>>> functools.reduce(operator.xor, range(6))  ❸
1
```

❶ 用一個 for 迴圈與一個累計變數來彙總 xor。

❷ 使用 functools.reduce 和匿名函式。

❸ 使用 functools.reduce，並將自訂的 lambda 換成 operator.xor。

在範例 12-11 的各種方案中，我最喜歡的是最後一個，第二喜歡的是 for 迴圈。你呢？

正如第 247 頁的「operator 模組」所述，operator 以函式形式提供 Python 的所有中綴運算子的功能，減少我們對 lambda 的需求。

為了用找喜歡的風格來編寫 Vector.__hash__，我們要匯入 functools 與 operator 模組。範例 12-12 是相關的修改。

範例 12-12　*vector_v4.py* 的一部分：兩個 *import*，以及要加入 *vector_v3.py* 的 Vector 類別的 __hash__ 方法

```
from array import array
import reprlib
import math
import functools    ❶
import operator      ❷


class Vector:
    typecode = 'd'

    # 省略多行程式…

    def __eq__(self, other):    ❸
        return tuple(self) == tuple(other)

    def __hash__(self):
        hashes = (hash(x) for x in self._components)    ❹
        return functools.reduce(operator.xor, hashes, 0)    ❺

    # 省略多行程式…
```

❶ 匯入 functools 來使用 reduce。

❷ 匯入 operator 來使用 xor。

❸ __eq__ 不變。之所以展示它是因為把 __eq__ 與 __hash__ 放在一起很好，因為它們需要互相搭配。

❹ 建立 genexp 來惰性地（lazily）計算每一個分量的雜湊。

❺ 將 hashes 傳給 reduce，並使用 xor 函式來計算彙總的雜湊碼；第三個引數 0 是初始值（見接下來的警告）。

在使用 reduce 時，你應該提供第三個引數，reduce(function, iterable, initializer)，來避免這個例外：TypeError: reduce() of empty sequence with no initial value（很棒的訊息，它解釋了問題與解決方法）。當 sequence 是空的時候，initializer 是回傳值，而且會被當成歸約迴圈的第一個引數，所以 initializer 應該是操作的恆等值（identity value）。例如，對於 +、|、^，initializer 應為 0，但是對於 *、&，它應該是 1。

在範例 12-12 裡的 __hash__ 方法是個完美的 map-reduce 計算範例（圖 12-2）。

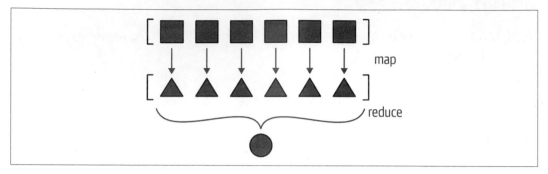

圖 12-2　map-reduce：對每一個項目執行函式來產生新的序列（map），接著計算彙總值（reduce）。

map 步驟為每個分量產生一個雜湊，reduce 步驟用 xor 運算子來彙總所有的雜湊。使用 map 來取代 *genexp* 可讓 map 步驟更明顯：

```
def __hash__(self):
    hashes = map(hash, self._components)
    return functools.reduce(operator.xor, hashes)
```

使用 map 的做法在 Python 2 比較低效，因為在 Python 2 裡，map 函式會建立一個新 list 來儲存結果。但是在 Python 3 裡，map 是惰性的（lazy）：它會建立一個 generator，可以在需要時即時 yield 結果，因此可節省記憶體 —— 如同我們在範例 12-8 的 __hash__ 裡面使用的 genexp。

雖然我們在討論 reduce 函式的主題，但我們可以將簡易的 __eq__ 換成處理成本和記憶體成本較低的版本，至少在處理龐大的向量時可以如此。範例 11-2 使用這個非常精簡的 __eq__ 版本：

```
def __eq__(self, other):
    return tuple(self) == tuple(other)
```

這段程式對 Vector2d 與 Vector 都是有效的—它甚至將 Vector([1, 2]) 與 (1, 2) 視為相等，雖然這可能會帶來一些問題，但我們暫時忽略它。[5] 但是對可能有上千個分量的

5　我們會在第 571 頁的「運算子多載 101」裡認認真地探討 Vector([1, 2]) == (1, 2) 的問題。

Vector 實例來說，它非常低效。它建立兩個 tuple，僅僅為了使用 tuple 型態的 __eq__ 方法，而完全複製運算元的內容。對 Vector2d（只有兩個分量）來說，它是一種便利的做法，但是對大型的多維向量來說並非如此。若要拿一個 Vector 與另一個 Vector 或 iterable 相比，範例 12-13 是比較好的做法。

範例 12-13　Vector.__eq__ 在 for 迴圈中使用 zip 來進行更高效的比較

```python
def __eq__(self, other):
    if len(self) != len(other):      ❶
        return False
    for a, b in zip(self, other):    ❷
        if a != b:      ❸
            return False
    return True     ❹
```

❶　如果物件的 len 不同，它們就不相等。

❷　zip 用各個 iterable 引數的項目來製作一個 tuple 的 generator。如果你不認識 zip，可參考第 424 頁的「厲害的 zip」。之所以需要在 ❶ 比較 len 是因為 zip 會在其中一個輸入沒有剩餘的項目時立刻停止產生值，且不發出警告。

❸　只要兩個分量不同就退出，並回傳 False。

❹　否則，物件相等。

> zip 函式的名稱來自 zipper fastener（拉鍊），拉鍊會將兩邊的齒狀物交錯互扣，所以很適合用來比喻 zip(left, right) 的做法。它的名稱與壓縮檔沒有任何關係。

範例 12-13 很有效率，但是 all 函式只要一行就可以產生 for 迴圈的彙總計算：如果運算元的相應分量的所有比較結果都是 True，結果就是 True。只要有一個比較結果是 False，all 就回傳 False。範例 12-14 是在 __eq__ 中使用 all 的情形。

範例 12-14　Vector.__eq__ 程式使用 zip 與 all，其邏輯和範例 12-13 相同

```python
def __eq__(self, other):
    return len(self) == len(other) and all(a == b for a, b in zip(self, other))
```

注意，我們先檢查運算元的長度是否相同，因為 zip 會在最短的運算元停止。

範例 12-14 是我們為 *vector_v4.py* 的 __eq__ 選擇的寫法。

厲害的 zip

使用 for 迴圈來迭代項目而不需要處理索引變數是很棒的概念，可以避免很多 bug，但同時也需要一些特殊的工具函式。其中一種是內建的 zip，它可以對著兩個以上的 iterable 進行平行迭代，並回傳可 unpack 為變數的 tuple，每個變數對應平行輸入中的一個項目。參見範例 12-15。

範例 *12-15* zip 內建函式的工作情況

```
>>> zip(range(3), 'ABC')  ❶
<zip object at 0x10063ae48>
>>> list(zip(range(3), 'ABC'))  ❷
[(0, 'A'), (1, 'B'), (2, 'C')]
>>> list(zip(range(3), 'ABC', [0.0, 1.1, 2.2, 3.3]))  ❸
[(0, 'A', 0.0), (1, 'B', 1.1), (2, 'C', 2.2)]
>>> from itertools import zip_longest  ❹
>>> list(zip_longest(range(3), 'ABC', [0.0, 1.1, 2.2, 3.3], fillvalue=-1))
[(0, 'A', 0.0), (1, 'B', 1.1), (2, 'C', 2.2), (-1, -1, 3.3)]
```

❶ zip 會回傳一個 generator，來隨需即時產生 tuple。

❷ 建立 list 只是為了顯示結果，我們通常會迭代 generator。

❸ 當一個 iterable 沒有剩餘的項目時，zip 會停止，不會發出警告。

❹ itertools.zip_longest 函式有不同的行為：它使用一個選用的 fillvalue（預設為 None）來填補遺缺值，所以它可以持續產生 tuple，直到最後一個 iterable 沒有項目為止。

在 Python 3.10 裡的新 zip() 選項

我在本書的第一版寫道，zip 在最短的 iterable 結束時默默停止是一種出人意料的行為，對 API 來說不是好事。默默地忽略部分的輸入可能導致難尋的 bug。相反，zip 應該在 iterable 的長度不相同時發出 ValueError，這正是在將一個 iterable unpack 成不同長度的變數的 tuple 時的做法，這種做法符合 Python 的 *fail fast*（快速失敗）策略。PEP 618 —— Add Optional Length-Checking To zip（*https://fpy.li/pep618*）為 zip 加入一個選用的 strict 引數來讓它具備這種行為。它已經在 Python 3.10 中實現了。

zip 函式也可以用來轉置以嵌套的 iterable 來表示的矩陣。例如：

```
>>> a = [(1, 2, 3),
...      (4, 5, 6)]
>>> list(zip(*a))
[(1, 4), (2, 5), (3, 6)]
>>> b = [(1, 2),
...      (3, 4),
...      (5, 6)]
>>> list(zip(*b))
[(1, 3, 5), (2, 4, 6)]
```

如果你想要徹底搞懂 zip，你可以花點時間釐清這些範例是怎麼運作的。

內建的 enumerate 是另一個經常在 for 迴圈裡使用的 generator 函式，用來避免直接處理索引變數。如果你不熟悉 enumerate，務必閱讀「Built-in functions」文件（*https://fpy.li/12-3*）。第 628 頁的「標準程式庫的 generator 函式」會探討內建的 zip 與 enumerate，以及標準程式庫的幾個其他的 generator。

在本章的最後，我們要將 Vector2d 的 __format__ 方法加入 Vector。

Vector 第 5 幕：格式化

Vector 的 __format__ 方法將類似 Vector2d 的，但是 Vector 將要使用球面座標（也稱為「超球面（hyperspherical）」座標，由於我們現在支援 n 維，且 4D 以上的球面是「超球面」）[6]，而不是極座標。因此，我們也會將自訂格式的後綴從 'p' 改成 'h'。

我們在第 378 頁的「格式化的資訊」中看過，在擴充 Format Specification Mini-Language（*https://fpy.li/fmtspec*）時，最好避免重覆使用內建型態支援的格式碼。特別是，我們擴展的迷你語言也使用了浮點格式碼 'eEfFgGn%' 的原始含義，因此我們絕對要避免使用這些格式碼。整數使用 'bcdoxXn'，字串使用 's'。我選擇用 'p' 來代表 Vector2d 的極座標。用代碼 'h' 來代表超球面座標是個不錯的選擇。

6　Wolfram Mathworld 網站有一篇關於超球面的文章（*https://fpy.li/12-4*），在維基百科，「hypersphere」會被轉到「n-sphere」項目（*https://fpy.li/nsphere*）。

例如，假設在 4D 空間（len(v) == 4）裡面有一個 Vector 物件，'h' 代碼將產生 <r，Φ_1，Φ_2，Φ_3> 這種資訊，其中的 r 是大小（abs(v)），其餘的數字是角度分量 Φ_1，Φ_2，Φ_3。

以下是一些 4D 的球面座標格式的範例，它們來自 *vector_v5.py* 的 doctest（參見範例 12-16）：

```
>>> format(Vector([-1, -1, -1, -1]), 'h')
'<2.0, 2.0943951023931957, 2.186276035465284, 3.9269908169872414>'
>>> format(Vector([2, 2, 2, 2]), '.3eh')
'<4.000e+00, 1.047e+00, 9.553e-01, 7.854e-01>'
>>> format(Vector([0, 1, 0, 0]), '0.5fh')
'<1.00000, 1.57080, 0.00000, 0.00000>'
```

在微幅修改 __format__ 之前，我們必須編寫兩個支援方法，一個是 angle(n)，用來計算角座標之一（例如 Φ1），另一個是 angles()，用來回傳所有角座標的 iterable。我不會在此講解數學，如果你想要知道，維基的「n-sphere」主題（*https://fpy.li/ nsphere*）有一個公式，我用它來將 Vector 元件分量內的直角座標換算成球面座標。

範例 12-16 是完整的 *vector_v5.py*，整合了我們從第 407 頁的「Vector 第 1 幕：與 Vector2d」開始編寫的所有程式，並加入自訂格式化。

範例 12-16　*vector_v5.py*：最終的 Vector 類別的 *doctest* 與所有程式；為了支援 __format__ 而新增的程式會另外說明

```
"""
A multidimensional ``Vector`` class, take 5

A ``Vector`` is built from an iterable of numbers::

    >>> Vector([3.1, 4.2])
    Vector([3.1, 4.2])
    >>> Vector((3, 4, 5))
    Vector([3.0, 4.0, 5.0])
    >>> Vector(range(10))
    Vector([0.0, 1.0, 2.0, 3.0, 4.0, ...])


Tests with two dimensions (same results as ``vector2d_v1.py``)::

    >>> v1 = Vector([3, 4])
    >>> x, y = v1
    >>> x, y
    (3.0, 4.0)
```

```
>>> v1
Vector([3.0, 4.0])
>>> v1_clone = eval(repr(v1))
>>> v1 == v1_clone
True
>>> print(v1)
(3.0, 4.0)
>>> octets = bytes(v1)
>>> octets
b'd\\x00\\x00\\x00\\x00\\x00\\x00\\x08@\\x00\\x00\\x00\\x00\\x00\\x00\\x10@'
>>> abs(v1)
5.0
>>> bool(v1), bool(Vector([0, 0]))
(True, False)
```

Test of ``.frombytes()`` class method:

```
>>> v1_clone = Vector.frombytes(bytes(v1))
>>> v1_clone
Vector([3.0, 4.0])
>>> v1 == v1_clone
True
```

Tests with three dimensions::

```
>>> v1 = Vector([3, 4, 5])
>>> x, y, z = v1
>>> x, y, z
(3.0, 4.0, 5.0)
>>> v1
Vector([3.0, 4.0, 5.0])
>>> v1_clone = eval(repr(v1))
>>> v1 == v1_clone
True
>>> print(v1)
(3.0, 4.0, 5.0)
>>> abs(v1)  # doctest:+ELLIPSIS
7.071067811...
>>> bool(v1), bool(Vector([0, 0, 0]))
(True, False)
```

Tests with many dimensions::

```
>>> v7 = Vector(range(7))
>>> v7
Vector([0.0, 1.0, 2.0, 3.0, 4.0, ...])
>>> abs(v7)  # doctest:+ELLIPSIS
9.53939201...
```

Test of ``.__bytes__`` and ``.frombytes()`` methods::

```
>>> v1 = Vector([3, 4, 5])
>>> v1_clone = Vector.frombytes(bytes(v1))
>>> v1_clone
Vector([3.0, 4.0, 5.0])
>>> v1 == v1_clone
True
```

Tests of sequence behavior::

```
>>> v1 = Vector([3, 4, 5])
>>> len(v1)
3
>>> v1[0], v1[len(v1)-1], v1[-1]
(3.0, 5.0, 5.0)
```

Test of slicing::

```
>>> v7 = Vector(range(7))
>>> v7[-1]
6.0
>>> v7[1:4]
Vector([1.0, 2.0, 3.0])
>>> v7[-1:]
Vector([6.0])
>>> v7[1,2]
Traceback (most recent call last):
  ...
TypeError: 'tuple' object cannot be interpreted as an integer
```

Tests of dynamic attribute access::

```
>>> v7 = Vector(range(10))
>>> v7.x
0.0
```

```
>>> v7.y, v7.z, v7.t
(1.0, 2.0, 3.0)
```

Dynamic attribute lookup failures::

```
>>> v7.k
Traceback (most recent call last):
  ...
AttributeError: 'Vector' object has no attribute 'k'
>>> v3 = Vector(range(3))
>>> v3.t
Traceback (most recent call last):
  ...
AttributeError: 'Vector' object has no attribute 't'
>>> v3.spam
Traceback (most recent call last):
  ...
AttributeError: 'Vector' object has no attribute 'spam'
```

Tests of hashing::

```
>>> v1 = Vector([3, 4])
>>> v2 = Vector([3.1, 4.2])
>>> v3 = Vector([3, 4, 5])
>>> v6 = Vector(range(6))
>>> hash(v1), hash(v3), hash(v6)
(7, 2, 1)
```

Most hash codes of non-integers vary from a 32-bit to 64-bit CPython build::

```
>>> import sys
>>> hash(v2) == (384307168202284039 if sys.maxsize > 2**32 else 357915986)
True
```

Tests of ``format()`` with Cartesian coordinates in 2D::

```
>>> v1 = Vector([3, 4])
>>> format(v1)
'(3.0, 4.0)'
>>> format(v1, '.2f')
'(3.00, 4.00)'
>>> format(v1, '.3e')
'(3.000e+00, 4.000e+00)'
```

Tests of ``format()`` with Cartesian coordinates in 3D and 7D::

```
>>> v3 = Vector([3, 4, 5])
>>> format(v3)
'(3.0, 4.0, 5.0)'
>>> format(Vector(range(7)))
'(0.0, 1.0, 2.0, 3.0, 4.0, 5.0, 6.0)'
```

Tests of ``format()`` with spherical coordinates in 2D, 3D and 4D::

```
>>> format(Vector([1, 1]), 'h')  # doctest:+ELLIPSIS
'<1.414213..., 0.785398...>'
>>> format(Vector([1, 1]), '.3eh')
'<1.414e+00, 7.854e-01>'
>>> format(Vector([1, 1]), '0.5fh')
'<1.41421, 0.78540>'
>>> format(Vector([1, 1, 1]), 'h')  # doctest:+ELLIPSIS
'<1.73205..., 0.95531..., 0.78539...>'
>>> format(Vector([2, 2, 2]), '.3eh')
'<3.464e+00, 9.553e-01, 7.854e-01>'
>>> format(Vector([0, 0, 0]), '0.5fh')
'<0.00000, 0.00000, 0.00000>'
>>> format(Vector([-1, -1, -1, -1]), 'h')  # doctest:+ELLIPSIS
'<2.0, 2.09439..., 2.18627..., 3.92699...>'
>>> format(Vector([2, 2, 2, 2]), '.3eh')
'<4.000e+00, 1.047e+00, 9.553e-01, 7.854e-01>'
>>> format(Vector([0, 1, 0, 0]), '0.5fh')
'<1.00000, 1.57080, 0.00000, 0.00000>'
"""

from array import array
import reprlib
import math
import functools
import operator
import itertools    ❶


class Vector:
    typecode = 'd'

    def __init__(self, components):
        self._components = array(self.typecode, components)
```

```python
    def __iter__(self):
        return iter(self._components)

    def __repr__(self):
        components = reprlib.repr(self._components)
        components = components[components.find('['):-1]
        return f'Vector({components})'

    def __str__(self):
        return str(tuple(self))

    def __bytes__(self):
        return (bytes([ord(self.typecode)]) +
                bytes(self._components))

    def __eq__(self, other):
        return (len(self) == len(other) and
                all(a == b for a, b in zip(self, other)))

    def __hash__(self):
        hashes = (hash(x) for x in self)
        return functools.reduce(operator.xor, hashes, 0)

    def __abs__(self):
        return math.hypot(*self)

    def __bool__(self):
        return bool(abs(self))

    def __len__(self):
        return len(self._components)

    def __getitem__(self, key):
        if isinstance(key, slice):
            cls = type(self)
            return cls(self._components[key])
        index = operator.index(key)
        return self._components[index]

    __match_args__ = ('x', 'y', 'z', 't')

    def __getattr__(self, name):
        cls = type(self)
        try:
            pos = cls.__match_args__.index(name)
```

```
        except ValueError:
            pos = -1
        if 0 <= pos < len(self._components):
            return self._components[pos]
        msg = f'{cls.__name__!r} object has no attribute {name!r}'
        raise AttributeError(msg)

    def angle(self, n):  ❷
        r = math.hypot(*self[n:])
        a = math.atan2(r, self[n-1])
        if (n == len(self) - 1) and (self[-1] < 0):
            return math.pi * 2 - a
        else:
            return a

    def angles(self):  ❸
        return (self.angle(n) for n in range(1, len(self)))

    def __format__(self, fmt_spec=''):
        if fmt_spec.endswith('h'):  # hyperspherical coordinates
            fmt_spec = fmt_spec[:-1]
            coords = itertools.chain([abs(self)],
                                     self.angles())  ❹
            outer_fmt = '<{}>'  ❺
        else:
            coords = self
            outer_fmt = '({})'  ❻
        components = (format(c, fmt_spec) for c in coords)  ❼
        return outer_fmt.format(', '.join(components))  ❽

    @classmethod
    def frombytes(cls, octets):
        typecode = chr(octets[0])
        memv = memoryview(octets[1:]).cast(typecode)
        return cls(memv)
```

❶ 匯入 itertools，以便在 __format__ 裡使用 chain 函式。

❷ 計算角座標之一，使用 n-sphere 文章裡面的公式（*https://fpy.li/nsphere*）。

❸ 建立 genexp 來隨需即時計算所有的角座標。

❹ 使用 itertools.chain 來產生 *genexp*，以無縫地迭代大小與角座標。

❺ 用角括號來設定球面座標的資訊。

❻ 用小括號來設定直角座標的資訊。

❼ 建立 genexp 來隨需即時格式化各個座標項目。

❽ 用逗號分開格式化的分量,並插入角括號或小括號。

 我們在 __format__、angle 與 angles 裡大量地使用 genexp,但這裡的重點是提供 __format__,來讓 Vector 的品質與 Vector2d 相同。當我們在第 17 章討論 generator 時,我們會以 Vector 的一些程式碼為例,並詳細解釋 generator 的使用技巧。

本章的任務到此結束。我們會在第 16 章使用中綴運算子來改善 Vector 類別,本章的目標是研究特殊方法的編寫技術,它們在各種 collection 類別裡都很有用。

本章摘要

本章的 Vector 範例是為了與 Vector2d 相容而設計的,但它使用不同的建構式簽章,可接收一個 iterable 引數,就像內建的 sequence 型態那樣。只要實作 __getitem__ 與 __len__ 就可以讓 Vector 的行為和 sequence 一樣引發了對於協定的探討,它是在鴨定型語言裡使用的非正式介面。

接著我們研究 my_seq[a:b:c] 語法幕後的做法,藉由建立一個 slice(a, b, c) 物件,並將它傳給 __getitem__。具備這項知識之後,我們讓 Vector 正確地回應 slicing,做法是回傳新的 Vector 實例,如同很 Python 的 sequence 應有的行為。

下一步是使用 my_vec.x 這種標記法來讓 Vector 的前幾個分量是唯讀的。我們藉由實作 __getattr__ 來做到這一點。這麼做可能誘導使用者寫出 my_vec.x = 7 來對這些特殊分量賦值,進而導致 bug。我們實作 __setattr__ 來修正它,以禁止對著單一字母屬性賦值。當你編寫 __getattr__ 時,往往也需要加入 __setattr__,以避免不一致的行為。

實作 __hash__ 函式提供了使用 functools.reduce 的完美背景,因為我們需要依次對 Vector 的所有分量雜湊執行 xor 運算子 ^,來產生整個 Vector 的彙總雜湊碼。在 __hash__ 中應用 reduce 之後,我們使用內建的 all 歸約函式來製作更高效的 __eq__ 方法。

我們為 Vector 進行的最後一次改善是改編 Vector2d 的 __format__ 方法，以提供球面座標，而不是預設的直角座標。我們使用一些數學和幾個 generator 來編寫 __format__ 與它的輔助函式，但它們都是實作細節，我們會在第 17 章回來討論 generator。最後一節的目標是支援自訂格式，以實現我們的承諾：Vector 除了可以做 Vector2d 能夠做的所有事情之外，還可以做很多其他的事情。

如同我們在第 11 章所做的，我們經常觀察標準的 Python 物件有什麼行為，並模仿它們，讓 Vector 具備「很 Python」的外觀與感覺。

在第 16 章，我們將為 Vector 實作幾個中綴運算子，屆時使用的數學會比這裡的 angle() 方法更簡單，探索 Python 的中綴運算子如何運作是一堂很棒的 OO 設計課程。但是在討論運算子多載之前，我們要暫時從製作單一類別跳出來，看看如何使用介面與繼承來架構多個類別，這是第 13 章與第 14 章的主題。

延伸讀物

在 Vector 範例中使用的特殊方法也幾乎都出現在第 11 章的 Vector2d 範例中，所以第 400 頁的「延伸讀物」列舉的參考也適用於此。

強大的 reduce 高階函式也被稱為折疊（fold）、累計（accumulate）、彙總（aggregate）、壓縮（compress）與注入（inject）。想瞭解更多資訊，可參考維基的文章「Fold (higher-order function)」（*https://fpy.li/12-5*），裡面有那個高階函式的應用，特別強調在泛函編程中的遞迴資料結構。該文也有一張表格，列出數十種程式語言中的類 fold 函式。

「What's New in Python 2.5」（*https://fpy.li/12-6*）簡單地解釋 __index__，它的設計是為了支援 __getitem__ 方法，正如我們在第 414 頁的「支援 slice 的 ___getitem__」看過的。PEP 357 —— Allowing Any Object to be Used for Slicing（*https://fpy.li/pep357*）從 C 的擴展程式製作者 Travis Oliphant（也是 NumPy 的主要作者）的角度詳細介紹為何需要它。Oliphant 對 Python 的諸多貢獻使 Python 成為科學計算語言的龍頭，進而使 Python 在機器學習應用領域處於領導地位。

肥皂箱

協定是非正式的介面

協定不是 Python 發明的。創造「物件導向」一詞的 Smalltalk 團隊也將「protocol」當成所謂的介面（interface）的同義詞。有一些 Smalltalk 程式設計環境可讓你將一群方法標記成協定，但那只是文件和導覽的輔助工具，不會被語言本身強制執行。這就是為什麼當我與比較熟悉正式介面（且被編譯器強制執行）的聽眾交流時，我認為「非正式介面」可以簡單且合理地解釋「協定」。

在任何動態定型的語言裡，已建立的協定會自然而然地演化。動態定型就是在執行期進行型態檢查，因為方法簽章和變數沒有靜態型態資訊。Ruby 是另一種具備動態定型且使用協定的重要物件導向語言。

當你在 Python 文件中看到諸如「類檔案物件（a file-like object）」之類的說法時，通常可以認定它就是在討論協定。它其實一種簡潔的說法，指的是：「該物件藉著實作與上下文有關的部分檔案介面，來讓它以類似檔案的方式運作」。

也許你認為僅實作一部分的協定是馬虎的行為，但它有一個優點：保持簡單。「Data Model」一章的第 3.3 小節（*http://bit.ly/pydocs-smn*）建議：

> 當你模仿任何內建型態來製作一個類別時，模仿的程度只需要對新類別的物件而言有意義就可以了。例如，有些 sequence 可以正確地提取個別的元素，但提取一個 slice 沒有意義。

當我們不需要為了履行一些過度設計的介面合約以及為了讓編譯器開心而撰寫沒意義的方法時，遵守 KISS 原則就很簡單了（*https://fpy.li/12-8*）。

另一方面，如果你想要使用型態檢查器來驗證你的協定實作，你就需要更嚴格的協定定義。這就是 typing.Protocol 提供的東西。

我會在第 13 說明協定與介面，它們是那一章的主題。

鴨定型的起源

我認為 Ruby 社群是捧紅「鴨定型」一詞的主要群體，當他們向 Java 群眾傳道時。但是這個說法在 Ruby 或 Python 變「紅」之前，就已經在 Python 的討論中使用了。根據維基百科，在物件導向領域中使用鴨子來比喻的案例始於 Alex Martelli 在 2000 年 7 月 26 日

於 Python-list 張貼的一封訊息:「polymorphism (was Re: Type checking in python?)」
(*https://fpy.li/12-9*)。本章開頭的引言就是來自這篇文章。如果你很好奇「鴨定型」的
文學淵源,以及這個 OO 概念在許多語言中的應用,可查看維基的「Duck typing」項目
(*https://fpy.li/12-10*)。

安全且提升可用性的 __format__

在實作 __format__ 時,我沒有限制包含大量分量的 Vector 實例,就像我們在 __repr__
裡使用 reprlib 的做法。原因在於,repr() 的用途是偵錯與記錄,所以它必須產生一些
可用的輸出,而 __format__ 的用途是顯示訊息給最終的使用者看,他們應該想看整個
Vector。如果你認為這樣做很危險,那麼進一步擴充 Format Specifier Mini-Language 是
很棒的事情。

我可能會這樣做:在預設情況下,讓被格式化的 Vector 都顯示合理但數量有限的分量,
例如 30 個。如果元素超出這個數量,預設的行為將類似 reprlib 的做法:將多餘的切
除,並在它的位置放上 ...。但是,如果格式指定符的結尾有特殊的 *,代表「全部」,那
就取消大小限制。這可避免未意識到極冗長的訊息帶來的問題的使用者遇到意外的麻煩。
但是如果預設的限制令人困擾,那麼 ... 可以提醒使用者查看文件,並找到 * 格式碼。

尋求「很 Python」的 sum

「Pythonic(本書譯為『很 Python』)到底是什麼?」這個問題沒有唯一的答案,就
像「美是什麼?」沒有唯一的答案一樣。把 Pythonic 解釋成「道地風格的 Python」無
法令人完全滿意(雖然我也是這樣解釋的),因為每個人所認為的「道地風格」都不一
樣。但我知道一件事,「道地風格」不意味著使用最晦澀難懂的語言功能。

在 Python-list(*https://fpy.li/12-11*)裡,有一道議題的標題是「Pythonic Way to Sum
n-th List Element?」,於 2003 年 4 月張貼(*https://fpy.li/12-12*)。它與本章討論的
reduce 有關。

貼文者 Guy Middleton 說他不喜歡使用 lambda,尋求改善它的做法:[7]

```
>>> my_list = [[1, 2, 3], [40, 50, 60], [9, 8, 7]]
>>> import functools
```

---

7 為了在此展示,我修改了這段程式:在 2003 年,reduce 是內建的,但是在 Python 3,我們必須匯入
   它;另外,我將名稱 x 與 y 換成 my_list 與 sub,代表 sub-list。

```
>>> functools.reduce(lambda a, b: a+b, [sub[1] for sub in my_list])
60
```

那段程式可能會在人氣調查裡吊車尾，因為它同時冒犯了討厭 lambda 的族群和藐視 listcomp 的族群，但它們基本上是對立的族群。

如果你要使用 lambda，那應該沒有理由使用 listcomp —— 除非你要做篩選，但這裡不需要。

這是我的解決方案，它可以取悅 lambda 粉：

```
>>> functools.reduce(lambda a, b: a + b[1], my_list, 0)
60
```

我並未參加原始的討論，而且我不會在實際的程式中使用它，因為我本身不太喜歡 lambda，只是想要展示一種不使用 listcomp 的寫法。

這個問題的第一個答案是 IPython 的創作者 Fernando Perez 回覆的，他提醒大家，NumPy 支援 *n* 維 array 與 n 維 slicing：

```
>>> import numpy as np
>>> my_array = np.array(my_list)
>>> np.sum(my_array[:, 1])
60
```

我認為 Perez 的解決方案很酷，但 Guy Middleton 稱讚下一個解決方案，它是 Paul Rubin 與 Skip Montanaro 提出的：

```
>>> import operator
>>> functools.reduce(operator.add, [sub[1] for sub in my_list], 0)
60
```

Evan Simpson 問「這段程式錯在哪裡？」：

```
>>> total = 0
>>> for sub in my_list:
...     total += sub[1]
...
>>> total
60
```

很多人認為它很 Python。Alex Martelli 甚至認為，它應該是 Guido 的做法。

我喜歡 Evan Simpson 的程式，但我也喜歡 David Eppstein 對它的評論：

> 如果你想要計算一個 list 的項目的總和，那就要把它寫得像「一個 list 的項目的總和」，而不是「迭代這些項目、使用另一個變數 t、執行一系列的加法」。都在使用高階語言了，何不用高階的方式表達意圖，讓語言負責實現所需的低階操作就好了呢？

然後 Alex Martelli 回來建議：

> 「『sum』是常用的功能，我完全不介意 Python 把它做成內建的功能。但是我個人認為用『reduce(operator.add, …』來表達它不太好（而且作為一個資深的 APL 人、FP 粉，我應該要喜歡它才對，但我沒有）。

Alex 繼續建議加入 sum() 函式，並貢獻了它。它在 Python 2.3 成為內建函式，Python 2.3 在這場討論發生之後的三個月釋出。所以 Alex 喜歡的語法成為一個標準：

```
>>> sum([sub[1] for sub in my_list])
60
```

具備 genexp 的 Python 2.4 在下一年的年終（2004 年 11 月）發表，它提供了我認為對 Guy Middleton 的原始問題而言，最 Python 的解答：

```
>>> sum(sub[1] for sub in my_list)
60
```

這種寫法不僅比 reduce 更易讀，也避免空 sequence 的陷阱：sum([]) 是 0，就這麼簡單。

在同一次討論中，Alex Martelli 提到 Python 2 內建的 reduce 弊大於利，因為它會鼓勵難以解釋的編寫風格。他是最有說服力的人，該函式在 Python 3 被貶為 functools 模組。

不過，functools.reduce 仍有其用武之處。它幫助我用我認為「很 Python」的寫法解決了 Vector.__hash__ 的問題。

## 第 13 章

介面、協定與 ABC

針對介面寫程式，而不是針對實作。

—— *Gamma、Helm、Johnson、Vlissides。First Principle of Object-Oriented Design*[1]

物件導向程式設計的一切都與介面有關。若要瞭解 Python 的型態，最好的辦法是知道它提供哪些方法（也就是它的介面），正如第 265 頁的「型態是以所支援的操作來定義的」（第 8 章）所述。

取決於程式語言，我們可以用一種或多種方式來定義和使用介面。自 Python 3.8 起，我們有四種方式，它們被畫在 Typing Map 裡（圖 13-1）。我們將它們總結如下：

鴨定型（*Duck typing*）

Python 最初的預設定型方法。我們從第 1 章就開始學習鴨定型了。

鵝定型（*Goose typing*）

自 Python 2.6 起用抽象基礎類別（ABC）支援的方法，在執行期拿 ABC 來檢查物件。**鵝定型**是本章的主題。

1　*Design Patterns: Elements of Reusable Object-Oriented Software*，"Introduction," p. 18。

靜態定型（*Static typing*）

C 和 Java 等靜態定型語言的傳統做法。Python 從 3.5 開始用 typing 模組來支援，並用符合 PEP 484 —— Type Hints（*https://fpy.li/pep484*）的外部型態檢查器來強制實施。這不是本章的主題。第 8 章和第 15 章的內容大都與靜態定型有關。

靜態鴨定型

這是 Go 語言推廣的做法。Python 用 typing.Protocol 的子類別來支援（在 Python 3.8 新增），並用外部型態檢查器來強制實施。我們曾經在第 293 頁的「靜態協定」（第 8 章）看過它。

Typing Map

圖 13-1 描述的四種定型方法是互補的，它們各有不同的優缺點。貶低任何一種都沒有意義。

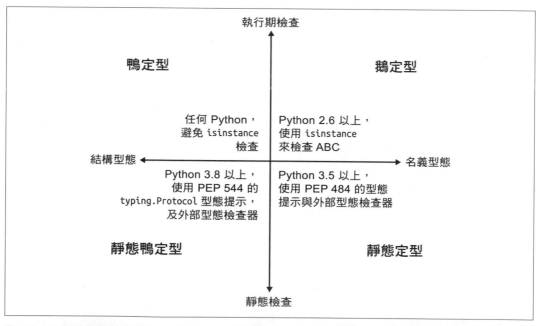

圖 13-1　上半部是執行期型態檢查方法，僅使用 Python 直譯器；下半部需要外部靜態型態檢查器，例如 Mypy，或 PyCharm 等 IDE。左半部是基於物件結構的定型，也就是基於物件所提供的方法，無論其類別或子類別的名稱為何；右半部基於具有明確指名的型態的物件，也是物件的類別的名稱，或其超類別的名稱。

這四種方法都依賴介面來運作，但靜態定型可以只用具體型態來（差勁地）完成，而不需要使用協定和抽象基礎類別之類的介面抽象。本章的主題是鴨定型、鵝定型、靜態鴨定型，它們都是圍繞著介面的定型方法。

本章分成四個主要的小節，將討論 Typing Map（圖 13-1）的四個象限中的三個：

- 第 442 頁的「兩種協定」比較結構定型的兩種形式，也就是 Typing Map 的左半邊。

- 第 444 頁的「編寫鴨子」深入討論 Python 常用的鴨定型，包括如何兼顧其安全性及其主要優點：靈活性。

- 第 450 頁的「鵝定型」解釋如何使用 ABC 來進行更嚴格的執行期型態檢查。這是最長的一節，但不是因為它比較重要，而是因為本書的其他地方會用更多小節來討論鴨定型、靜態鴨定型、靜態定型。

- 第 474 頁的「靜態協定」討論 typing.Protocol 子類別的用法、實作與設計，適合進行靜態與執行期型態檢查。

本章有哪些新內容

本章經過大幅增訂，比 *Fluent Python* 第一版的同一章還要長 24% 左右。雖然有一些小節和許多段落是相同的，但是也有很多新內容，主要有：

- 本章的前言和 Typing Map（圖 13-1）都是新的。它是本章大多數新內容的關鍵，也是與 Python 3.8 以上的定型有關的所有其他各章的關鍵。

- 第 442 頁的「兩種協定」解釋了動態和靜態協定的相似處與不同處。

- 第 448 頁的「防禦性編程與『快速失敗』」主要沿用第一版的內容，但有所修改，讓它擁有小節標題，以強調其重要性。

- 第 474 頁的「靜態協定」是全新的。它是基於第 293 頁的「靜態協定」的最初介紹。

- 修改圖 13-2、13-3 與 13-4 的 collections.abc 的類別圖，加入 Python 3.6 的 Collection ABC。

Fluent Python 第一版有一節鼓勵使用 numbers ABC 來做鵝定型。我會在第 486 頁的「numbers ABC 與數字協定」中解釋為何你要改用 typing 模組的數字靜態協定，如果你在鵝定型風格中打算使用靜態型態檢查器以及執行期檢查的話。

兩種協定

協定（*protocol*）在計算機科學的各種背景下有不同的意義。像 HTTP 這種網路協定規定了用戶端可以送給伺服器的命令，例如 GET、PUT 與 HEAD。我們在第 409 頁的「協定與鴨定型」中看過，物件協定定義了物件為了履行其職責而必須提供的方法。第 1 章的 FrenchDeck 範例展示了一種物件協定 —— sequence 協定，也就是讓 Python 物件具有 sequence 般的行為的一組方法。

實作完整的協定可能需要多個方法，但僅實作部分的方法通常是 OK 的。考慮範例 13-1 的 Vowels 類別。

範例 13-1　使用 __getitem__ 來實作部分的 sequence 協定

```
>>> class Vowels:
...     def __getitem__(self, i):
...         return 'AEIOU'[i]
...
>>> v = Vowels()
>>> v[0]
'A'
>>> v[-1]
'U'
>>> for c in v: print(c)
...
A
E
I
O
U
>>> 'E' in v
True
>>> 'Z' in v
False
```

只要實作 __getitem__ 就足以讓使用者用索引來提取項目了，也可以支援迭代與 in 運算子。__getitem__ 特殊方法事實上是 sequence 協定的關鍵。看一下 *Python/C API Reference Manual* 的「Sequence Protocol」一節（*https://fpy.li/13-2*）裡的這個項目：

int PySequence_Check(PyObject *o)

> 若物件提供 sequence 協定則回傳 1，否則 0。注意，它為具有 __getitem__() 方法的 Python 類別回傳 1，除非它們是 dict 子類別 […]。

我們預期 sequence 也支援 len()，透過實作 __len__。雖然 Vowels 沒有 __len__ 方法，但它在一些背景下仍然有 sequence 般的行為，這對我們的目的來說可能足夠了。這就是為什麼我喜歡說協定是「非正式的介面」。這也是 Smalltalk 對協定的理解方式。Smalltalk 是第一個使用該術語的物件導向程式設計環境。

除了關於網路程式設計的文章之外，Python 文件提到的「協定」都是指這些非正式的介面。

自 Python 3.8 採用 PEP 544 —— Protocols: Structural subtyping (static duck typing)（*https://fpy.li/pep544*）以來，「協定」一詞在 Python 裡有另一個含義，雖然新含義與原本的含義有密切的關係，但兩者卻不同。正如我們在第 293 頁的「靜態協定」（第 8 章）看到的，PEP 544 可讓我們建立 typing.Protocol 的子類別來定義一或多個類別必須實作（或繼承）的方法，以滿足靜態型態檢查器的要求。

接下來當我需要具體地區分時，我會使用這兩個術語：

動態協定

Python 一直都有的非正式協定。動態協定是隱性的、根據慣例定義的，也是在文件中描述的。Python 最重要的動態協定是直譯器本身支援的，被記載在 The Python Language Reference 的「Data Model」一章（*https://fpy.li/dtmodel*）。

靜態協定

自 Python 3.8 起，PEP 544 —— Protocols: Structural subtyping (static duck typing) 定義的協定（*https://fpy.li/pep544*）。靜態協定有明確的定義：typing.Protocol 子類別。

它們之間有兩個主要的差異：

- 物件可能僅實作部分的動態協定卻仍然有用；但是為了滿足靜態協定，物件必須提供在協定類別裡宣告的每一個方法，即使你的程式完全不需要它們。
- 靜態協定可以用靜態型態檢查器來驗證，但動態協定不行。

這兩種協定有一個基本的特性：類別不需要用名稱（也就是用繼承）來宣告它支援某個協定。

除了靜態協定外，Python 也提供在程式碼中定義明確的介面的做法：抽象基礎類別（ABC）。

本章接下來的內容將討論動態與靜態協定，以及 ABC。

編寫鴨子

我們從 Python 的兩個最重要的動態協定開始討論：sequence 與 iterable 協定。直譯器會善盡職責地處理提供這些協定的物件，即使只提供一小部分協定，見下一節的解釋。

Python 挖掘序列

Python Data Model 的哲學是盡可能地與基本動態協定合作。Python 試著努力地與 sequence 實作合作，即使是最簡單的實作。

圖 13-2 展示如何將 Sequence 介面定義成 ABC。Python 直譯器與內建的 sequence（例如 list、str …等）完全不依賴這個 ABC。在此只是用它來介紹功能齊全的 Sequence 應該支援什麼功能。

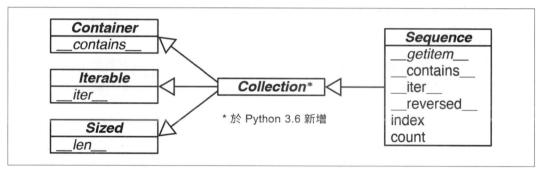

圖 13-2　Sequence ABC 與相關的 collections.abc 抽象類別的 UML 類別圖。繼承箭頭是從子類別指向它的超類別。斜體代表抽象方法。在 Python 3.6 之前沒有 Collection ABC，Sequence 是 Container、Iterable 與 Sized 的直系子類別。

 在 collections.abc 模組裡的 ABC 的目的，大都是為了將內建物件所實作且被直譯器暗中支援的介面正式化，這兩件事都比 ABC 本身更早出現。ABC 非常適合用來創造新類別、在執行期支援顯性的型態檢查（又名鵝定型），以及當成靜態型態檢查器的型態提示。

從圖 13-2 可以看到，正確的 Sequence 的子類別必須實作 __getitem__ 與 __len__（來自 Sized）。在 Sequence 裡的所有其他方法都是具體的，所以子類別可以繼承它們的實作，或提供更好的實作。

接下來，回顧範例 13-1 的 Vowels 類別。它並未繼承 abc.Sequence，僅實作了 __getitem__。

儘管沒有 __iter__ 方法，Vowels 實例仍然是 iterable，（作為一個候補方案）因為當 Python 發現 __getitem__ 方法時，它會試著從 0 開始使用整數來呼叫那個方法以迭代物件。因為 Python 可以聰明地迭代 Vowels 實例，即使沒有 __contains__ 方法，它也可以讓 in 運算子正常運作：它會依序掃描，以檢查項目是否存在。

總之，鑑於類似 sequence 的資料結構的重要性，在沒有 __iter__ 與 __contains__ 的情況下，Python 會藉著呼叫 __getitem__ 來讓迭代和 in 運算子可以正確運作。

第 1 章的原始 FrenchDeck 也沒有繼承 abc.Sequence，但它實作了 sequence 協定的兩個方法：__getitem__ 與 __len__。參見範例 13-2。

範例 13-2　以撲克牌 *sequence* 來製作牌組（與範例 *1-1* 一樣）

```python
import collections

Card = collections.namedtuple('Card', ['rank', 'suit'])

class FrenchDeck:
    ranks = [str(n) for n in range(2, 11)] + list('JQKA')
    suits = 'spades diamonds clubs hearts'.split()

    def __init__(self):
        self._cards = [Card(rank, suit) for suit in self.suits
                                        for rank in self.ranks]

    def __len__(self):
        return len(self._cards)

    def __getitem__(self, position):
        return self._cards[position]
```

第 1 章的幾個範例之所以可以執行，是因為 Python 會給貌似 sequence 的任何物件特殊待遇。Python 的 iterator 協定是一種極端的鴨定型：直譯器會試著使用兩個不同的方法來迭代物件。

明確地說，這一節介紹的行為是在直譯器本身裡面實作的，大部分是使用 C。它們不依賴 Sequence ABC 的方法。例如，Sequence 類別的具體方法 __iter__ 與 __contains__ 模仿了 Python 直譯器的內建行為。如果你感到好奇，你可以檢查這些方法的原始碼，在 *Lib/_collections_abc.py* 裡（*https://fpy.li/13-3*）。

接下來要研究另一個範例，這個範例強調協定的動態性質，以及為何靜態型態檢查器無法處理它們。

Monkey Patching：在執行期實作協定

monkey patching 就是在執行期動態修改模組、類別或函式，以加入功能或修正 bug。例如，gevent 網路程式庫 monkey patch 了 Python 標準程式庫的一部分，以提供無執行緒和 async/await 的輕量並行功能。[2]

範例 13-2 的 FrenchDeck 類別缺少一個重要的功能：它不能洗牌。好幾年前，當我第一次撰寫 FrenchDeck 範例時，我有實作 shuffle 方法。後來，我獲得一個很 Python 的見解：如果 FrenchDeck 的行為很像 sequence，那它就不需要 shuffle 方法，因為已經有 random. shuffle 了，文件說它可以「就地洗亂 sequence x」（https://fpy.li/13-6）。

標準函式 random.shuffle 是這樣使用的：

```
>>> from random import shuffle
>>> l = list(range(10))
>>> shuffle(l)
>>> l
[5, 2, 9, 7, 8, 3, 1, 4, 0, 6]
```

 拜鴨定型之賜，遵循既定的協定可使你更有機會利用現有的標準程式庫和第三方程式碼。

但是，試著洗亂 FrenchDeck 實例會得到例外，參見範例 13-3。

範例 *13-3*　random.shuffle 無法處理 FrenchDeck

```
>>> from random import shuffle
>>> from frenchdeck import FrenchDeck
>>> deck = FrenchDeck()
>>> shuffle(deck)
Traceback (most recent call last):
  File "<stdin>", line 1, in <module>
  File ".../random.py", line 265, in shuffle
    x[i], x[j] = x[j], x[i]
TypeError: 'FrenchDeck' object does not support item assignment
```

2　維基百科上的「Monkey patch」文章（https://fpy.li/13-4）有一個有趣的 Python 範例。

錯誤訊息講得很清楚：`'FrenchDeck' object does not support item assign ment`。問題出在 shuffle 是就地操作的，藉著對調 collection 裡面的項目，而 FrenchDeck 僅實作了不可變的 sequence 協定。可變的 sequence 也必須提供 `__setitem__` 方法。

因為 Python 是動態的，我們可以在執行階段修正這個問題，甚至在互動式主控台中。參見範例 13-4 的做法。

範例 13-4 *monkey patch* FrenchDeck 來讓它變成可變，並與 `random.shuffle` 相容（續範例 13-3）

```
>>> def set_card(deck, position, card):   ❶
...     deck._cards[position] = card
...
>>> FrenchDeck.__setitem__ = set_card   ❷
>>> shuffle(deck)   ❸
>>> deck[:5]
[Card(rank='3', suit='hearts'), Card(rank='4', suit='diamonds'), Card(rank='4',
suit='clubs'), Card(rank='7', suit='hearts'), Card(rank='9', suit='spades')]
```

❶ 建立一個接收 deck、position 與 card 引數的函式。

❷ 將該函式指派給 FrenchDeck 類別的 `__setitem__` 屬性。

❸ deck 可以洗亂了，因為我加入可變 sequence 協定需要的方法。

`__setitem__` 特殊方法的簽章定義位於 *The Python Language Reference* 的「3.3.6. Emulating container types」（*ttps://fpy.li/13-7*）。在此，我將引數稱為 deck、position、card，而不是語言參考文獻中的 self、key、value，這是為了說明每一個 Python 方法最初都是普通的函式，將第一個引數稱為 self 只是一個習慣。在主控台對話裡這樣做無妨，但是在 Python 原始碼檔案裡，使用與文件一樣的 self、key、value 比較好。

重點在於，set_card 知道 deck 物件有一個屬性叫做 _cards，而 _cards 必須有個可變的 sequence。接著我們將 set_card 函式指派給 FrenchDeck 類別作為 `__setitem__` 特殊方法。這是一個 *monkey patching* 案例：在執行期改變類別或模組，但不改變原始程式。monkey patching 威力強大，但實際進行修補（patching）的程式與被修補的程式之間會非常緊密地耦合，通常會處理私用和未被記載的屬性。

範例 13-4 除了是一個 monkey patching 的例子之外，也突顯了動態鴨定型裡的協定的動態性質：random.shuffle 不在乎引數的類別是什麼，只要求物件實作了可變 sequence 協定中的方法。它甚至不在乎物件究竟是「天生」就有必要的方法，還是後來才以某種手段獲得的。

鴨定型不需要寫得極度危險，或難以偵錯。下一節將介紹一些實用的編寫模式，可檢測動態協定，而不需要借助明確的檢查。

防禦性編程與『快速失敗』

防禦性編程就像防禦性駕駛：就算遇到魯莽的程式設計師或司機，你也可以透過一系列的實踐法來提升安全性。

很多 bug 只能在執行期抓到 —— 即使是在主流的靜態定型語言裡。[3] 在動態定型語言裡，「快速失敗（fail fast）」是很棒的建議，可讓程式更安全且更容易維護。快速失敗的意思是盡早發出執行期錯誤，例如，在函式主體的開頭就拒絕無效的引數。

舉一個例子：當你的程式需要接收一系列的項目，並在內部當成 list 來處理時，不要用型態檢查來強迫對方傳送 list 引數，而是接收引數，並立刻用它來建立一個 list。在本章稍後的範例 13-10 裡的 __init__ 方法就是這種編寫模式的例子：

```
def __init__(self, iterable):
    self._balls = list(iterable)
```

這種寫法可讓你的程式更靈活，因為 list() 建構式可處理記憶體可容納的任何 iterator。如果引數不是 iterable，呼叫將快速失敗，並發出非常明確的 TypeError 例外，就在物件被初始化時。如果你想要更明確，你可以把 list() 呼叫放在 try/except 裡面，來自訂錯誤訊息，但我只會對著外部的 API 使用額外的程式碼，因為碼庫的維護者很容易看到問題。無論如何，違規的呼叫會出現在 traceback 的結尾附近，所以修正起來很容易。如果你在類別建構式中沒有捕捉無效的引數，當該類別的其他方法需要處理 self._balls，但它不是 list 時，程式就會崩潰。根本原因將更難找到。

當然，如果資料不應該被複製，例如資料量太大，或者函式的設計需要直接原地修改資料以利呼叫方，像 random.shuffle 一樣，那麼用引數來呼叫 list() 就會出問題。此時，你可以使用執行期檢查，例如 isinstance(x, abc.MutableSequence)。

如果你擔心得到無窮的 generator（但這種問題不常見），你可以先用引數來呼叫 len()。這可以拒絕 iterator，但可以安全地處理 tuple、array 與其他完整實作 Sequence 介面的現有或未來類別。呼叫 len() 的成本通常很低，而且無效的引數通常會立刻引發錯誤。

3　這就是為什麼需要自動測試。

另一方面，如果可以接收 iterable，那就在取得 iterator 時盡快呼叫 iter(x)，正如我們即將在第 604 頁的「為何 Sequence 是 iterable：iter 函式」看到的。同樣的，如果 x 不是 iterable，它會快速地失敗，並顯示容易除錯的例外。

在剛才提到的例子裡，型態提示可以盡早抓到一些問題，但不是所有問題。還記得嗎，Any 型態 *consistent-with* 所有其他型態。型態推斷可能導致變數被標記為 Any 型態。若是如此，型態檢查器就無法洞悉情況。此外，型態提示在執行期不會被強制執行。快速失敗是最後一道防線。

利用鴨定型的防禦性程式也可以加入邏輯來處理不同的型態，而不需要使用 isinstance() 或 hasattr() 測試。

有一個例子是模仿 collections.namedtuple 處理 field_names 引數的方式（*https://fpy.li/13-8*）：field_names 可以是一個以空格或逗號分隔的代號字串，或是代號組成的 sequence。範例 13-5 是使用鴨定型的做法。

範例 13-5　用鴨定型來處理字串或字串的 *iterable*

```
try:  ❶
    field_names = field_names.replace(',', ' ').split()  ❷
except AttributeError:  ❸
    pass  ❹
field_names = tuple(field_names)  ❺
if not all(s.isidentifier() for s in field_names):  ❻
    raise ValueError('field_names must all be valid identifiers')
```

❶　假設它是個字串（EAFP = it's easier to ask forgiveness than permission，請求原諒比獲得許可更容易）（譯注：就是「先做再說」）。

❷　將逗號換成空格，並將結果拆成名稱的 list。

❸　抱歉，field_names 不會像 str 一樣呱呱叫：它沒有 .replace，或是它回傳無法 .split 的東西。

❹　如果出現 AttributeError，那麼 field_names 就不是 str，我們假設它已經是名稱（names）的 iterable 了。

❺　為了確定它是個 iterable，並且保留我們自己的副本，我們用現有的東西建立一個 tuple。tuple 比 list 更緊湊，也可以防止我們的程式錯誤地改變名稱（names）。

❻　使用 str.isidentifier 來確保每一個名稱都是有效的。

範例 13-5 展示了鴨定型比靜態型態提示更富表現力的一種情況。我們沒辦法用型態提示來表示:「field_names 必須是用空格或逗號來分隔的代號字串」。這是在 namedtuple 的簽章中,與 typeshed 有關的部分(完整的原始碼位於 *stdlib/3/collections/__init__.pyi*(*https://fpy.li/13-9*)):

```
def namedtuple(
    typename: str,
    field_names: Union[str, Iterable[str]],
    *,
    # 省略其餘的簽章
```

如你所見,field_names 被注解為 Union[str, Iterable[str]],就目前而言,這是可以接受的,但它不足以抓到所有可能的問題。

在回顧動態協定之後,我們要討論更明確的執行期型態檢查:鵝定型。

鵝定型

> 一個抽象類別代表一個介面。
>
> —— *Bjarne Stroustrup*,*C++* 的作者 [4]

Python 沒有 interface 關鍵字。我們用抽象基礎類別(ABC)來定義介面,以便在執行期進行明確的型態檢查 —— 靜態型態檢查器也支援它。

Python Glossary 的 abstract base class 項目(*https://fpy.li/13-10*)詳細地解釋了它們為鴨定型語言帶來的價值:

> 抽象基礎類別補充了鴨定型的不足,可在其他技術(例如 hasattr())顯得彆扭或是有微妙的錯誤時,提供一種定義介面的辦法。ABC 引入虛擬子類別的概念,這種類別不繼承其他類別,但仍然被 isinstance() 和 issubclass() 認可;見 abc 模組文件。[5]

鵝定型是一種利用 ABC 的執行期型態檢查方法。我請 Alex Martell 在第 451 頁的「水禽與 ABC」中解釋它。

---

4   Bjarne Stroustrup,*The Design and Evolution of C++*,p. 278(Addison-Wesley)。

5   於 2020 年 10 月 18 日摘錄。

很感謝我的朋友 Alex Martelli 與 Anna Ravenscroft。我在 OSCON 2013 請他們看看 *Fluent Python* 的第一份大綱,他們鼓勵我交給 O'Reilly 出版,後來,他們兩位都很認真地擔任本書的技術校閱。Alex 原本就是本書最常引用高論的對象了,他又主動提出想寫這篇文章。接下來交給你了,Alex!

水禽與 ABC

Alex Martelli 著

維基百科稱讚我協助傳播了「鴨定型」這個有用的迷音和朗朗上口的名詞(*https://fpy.li/13-11*)(鴨定型就是忽略物件實際型態,確保該物件為其預期用途實作了所需的方法名稱、簽章和語意)。

在 Python 裡,這在多數的情況下可以總結為避免使用 isinstance 來檢查物件的型態(遑論更糟糕的檢查方式,例如,type(foo) is bar —— 這是完全不應該寫出來的東西,因為它會阻礙最基本的繼承形式!)。

整體而言,鴨定型在許多情況下仍然相當有用,然而,對許多其他情況而言,隨著時間的過去已經出現有更好的做法。近幾代以來,屬與種的分類學(包括但不限於稱為 Anatidae 的水禽家族)都是基於表現學(*phenetics*),也就是關注形態和行為的相似性,主要是可看到的特徵。「鴨定型」這個比喻很有說服力。

但是,實際上不相干的物種經過一段平行的演化過程之後,往往會產生相似的特徵,包括形態和行為,牠們只是碰巧演化成相似的(但獨立的)生態位(ecological niches)。類似的「意外相似性」也會在程式設計領域發生,例如,考慮這個典型的物件導向程式設計範例:

```
class Artist:
    def draw(self): ...

class Gunslinger:
    def draw(self): ...

class Lottery:
    def draw(self): ...
```

顯然,僅僅存在一個名為 draw 的方法(無引數的 callable)遠遠不足以使我們確信可供呼叫 x.draw() 與 y.draw() 的兩個物件 x 與 y 在任何情況下都是可互換的或抽象等價的,

我們無法從這種呼叫產生的語意相似性中，推斷出任何有關的相似性。相反，我們需要一位熟悉程式的人以某種方式明確地斷言這種等價在某個層面上存在！

在生物學（與其他學科）裡，這個問題導致一種取代表現學的方法出現（而且在許多方面占主導地位），這種方法稱為演化支序學（cladistics），它將分類的焦點放在繼承自共同祖先的特徵上，而不是獨立演化的特徵上。（近年來，廉價且快速的 DNA 測序使得演化支序學在更多情況下變得非常實用。）

例如，sheldgeese（珍珠鴨屬，曾經被認為比較接近其他的鵝類）與 shelduck（麻鴨屬，曾經被認為比較接近其他的鴨類）現在都被歸類為 Tadornidae 亞科（暗示牠們彼此之間比其他的 Anatidae 還要相似，因為牠們有較近的共同祖先）。此外，DNA 分析顯示，white-winged wood duck（白翅棲鴨）與 Muscovy duck（疣鼻棲鴨，牠是麻鴨屬）的關係並不像長期以來認為的那樣接近，僅管牠們有相似的外觀與行為，所以 wood duck 已被重新歸類為牠們自己的屬，完全脫離亞科！

這件事很重要嗎？取決於實際狀況。例如，如果你想知道水禽的最佳煮法，那麼特定的可見特徵（並非所有特徵 —— 例如羽毛在這個情況下就沒那麼重要），主要是口感與味道（老派的分類學！），應該遠比遺傳分類學重要。但是關於其他的問題，例如對不同病原體的抵抗性（也許你想圈養水禽，或是想在野外保育牠們），那麼 DNA 的密切程度應該比較重要。

所以，用這些水禽領域的分類學革命來做非常不嚴謹的類比，我建議在老牌的鴨定型之外，輔以（不是完全取代，鴨定型在某些情況下仍然有其用途）…鵝定型！

鵝定型的意思是：現在使用 isinstance(obj, cls) 沒問題…只要 cls 是抽象基礎類別即可，換句話說，cls 的 metaclass 是 abc.ABCMeta。

你可以在 collections.abc 裡面找到許多有用的抽象類別（也可以在 *The Python Standard Library* 的 numbers 模組中找到其他的抽象類別）。[6]

在 ABC 優於具體類別的諸多概念性優勢中（例如 Scott Meyer 的「所有非葉節點的類別都應該是抽象的」，見他的著作 *More Effective C++*，Addison-Wesley 的 Item 33

6　當然，你也可以定義自己的 ABC，但是除了最高階的 Python 鐵粉之外，我不鼓勵其他人走這條路，就像我不鼓勵他們定義自己的 metaclass 一樣…即使是所謂的「最高階的 Python 鐵粉」，對我們這種熟悉此語言的任何細節的人而言，ABC 也不是常用的工具。這種「深度超編程」，如果適合做的話，是為那些打算製作可讓大量的獨立開發團隊分別擴展的廣大框架的人準備的，只有不到 1% 的「最高階的 Python 鐵粉」可能需要它！　—— A.M （*https://fpy.li/13-12*）），Python 的 ABC 加入一種主要的實際優勢：register 類別方法，它可讓最終使用者「宣告」某個類別成為一個 ABC 的「虛擬」子類別（為此，被註冊的類別必須滿足 ABC 的方法名稱和簽章要求，更重要的是，滿足底層的語義合約 —— 但是在開發時不需要意識到 ABC，尤其是不需要繼承它！）。這有助於打破繼承的僵化和強耦合性。僵化和強耦合性是大多數的物件導向程式設計師必須小心翼翼地使用繼承的主因。

有時你甚至不需要為 ABC 註冊一個類別就可以讓它被視為一個子類別！

這種情況適用於那些本質上只需要幾個特殊方法的 ABC。例如：

```
>>> class Struggle:
...     def __len__(self): return 23
...
>>> from collections import abc
>>> isinstance(Struggle(), abc.Sized)
True
```

如你所見，abc.Sized 承認 Struggle 是「一個子類別」，不需要認冊，只要實作特殊方法 __len__ 就可以了（該方法應按照正確的語法（無引數的 callable）和語義（回傳非負整數來表示物件的「長度」）來實作。使用隨興的、不符合規範的語法和語義來實作特殊名稱方法（例如 __len__）的任何程式碼本身就有更嚴重的問題。）。

所以，我最後的叮嚀是，當你想實作一個類別，讓它體現 numbers、collections.abc 或其他框架內的 ABC 的任何概念時，務必（在必要時）讓它從相應的 ABC 繼承，或將它註冊到相應的 ABC 裡。如果在程式的開頭使用的程式庫或框架定義了忽略這一點的類別，請自己執行註冊，然後，當你必須檢查（最常見的情況）一個引數是不是「sequence」時，那就檢查是否：

```
isinstance(the_arg, collections.abc.Sequence)
```

而且，不要在生產程式中定義自己的 ABC（或 metaclass）。如果你很想做這件事，我敢打賭，那應該意味著有一位剛拿到一把新錘子的人罹患了「所有的問題都長得像釘子」症候群，以後你（和維護者）會很開心當初堅持撰寫直接了當且簡單的程式，讓你可以避開深奧難懂的東西。珍重再見！

總之，鵝定型需要：

- 製作 ABC 的子類別來表明你要實作一個已定義的介面。

- 使用 ABC 來做執行期型態檢查，而不是將具體類別當成 isinstance 與 issubclass 的第二個引數。

Alex 指出，繼承 ABC 不僅僅是為了實作所需的方法，也是為了表明開發者的意圖。該意圖也可以藉由註冊一個虛擬子類別來明確表達。

 本章稍後的第 468 頁的「ABC 的虛擬子類別」會介紹 register 的使用細節。現在先讓你看一個簡單的例子：有一個 FrenchDeck 類別，如果我想讓它通過 issubclass(FrenchDeck, Sequence) 這類的檢查，我可以用這幾行來讓它成為 Sequence ABC 的虛擬子類別：

```
from collections.abc import Sequence
Sequence.register(FrenchDeck)
```

使用 isinstance 與 issubclass 來檢查類別是否為 ABC 而不是它是否為具體類別，是比較可以接受的用法。用它們來檢查具體類別會限制多型，但多型是物件導向程式設計的重要特性。用來檢查 ABC 的話，這些測驗更具彈性。畢竟，如果組件沒有透過子類別化（subclassing）來實作 ABC（但有實作所需的方法），它事後始終可被註冊，進而通過這些明確的型態檢查。

但是，即使使用 ABC，你也應該注意，過度使用 isinstance 來檢查可能是一種程式碼異味，也就是不良的 OO 設計的徵候。

使用一連串的 if/elif/elif 和 insinstance 來根據物件的型態執行不同的動作通常是不好的做法，你應該使用多型，也就是設計類別來讓直譯器將呼叫指派給適當的方法，而不是用 if/elif/elif 將指派邏輯寫死。

另一方面，如果你必須強制執行 API 合約，對一個 ABC 執行 insinstance 檢查是 OK 的：「兄弟，如果你要 call 我，你就必須先實作這個」技術較閱 Lennart Regebro 如是說。這在具有插件架構的系統裡特別有用。在框架外，鴨定型通常比型態檢查更簡單且更靈活。

最後，Alex 在文章中一再強調應克制建構 ABC 的衝動。過度使用 ABC（抽象基礎類別）會在這個因為實用和務實而廣受歡迎的語言中引入繁瑣的細節。Alex 在為 *Fluent Python* 校稿時，寫了一封 email：

ABC 旨在封裝由框架引入的極為通用的概念和抽象，例如「sequence」和「精確數字」之類的事物。大多數讀者不需要編寫任何新的 ABC，只需要正確地使用現有的 ABC，即可獲得 99.9% 的好處，並避免嚴重的設計錯誤風險。

接著我們來看實務上的鵝定型。

製作 ABC 的子類別

我們先聽 Martelli 的話，好好地利用現有的 ABC —— collections.MutableSequence，再大膽發明自己的 ABC。在範例 13-6 裡，FrenchDeck2 被明確地宣告成 collections.MutableSequence 的子類別。

範例 *13-6*　*frenchdeck2.py*：FrenchDeck2，collections.MutableSequence 的子類別

```python
from collections import namedtuple, abc

Card = namedtuple('Card', ['rank', 'suit'])

class FrenchDeck2(abc.MutableSequence):
    ranks = [str(n) for n in range(2, 11)] + list('JQKA')
    suits = 'spades diamonds clubs hearts'.split()

    def __init__(self):
        self._cards = [Card(rank, suit) for suit in self.suits
                                        for rank in self.ranks]

    def __len__(self):
        return len(self._cards)

    def __getitem__(self, position):
        return self._cards[position]

    def __setitem__(self, position, value):      ❶
        self._cards[position] = value

    def __delitem__(self, position):      ❷
        del self._cards[position]

    def insert(self, position, value):      ❸
        self._cards.insert(position, value)
```

❶ 我們只需要 __setitem__ 就可以洗牌了…

❷ …但是繼承 MutableSequence 迫使我們實作 __delitem__，它是該 ABC 的一個抽象方法。

❸ 我們也必須實作 insert，即 MutableSequence 的第三個抽象方法。

Python 不會在匯入期檢查抽象方法是否被實作（當 Python 載入與編譯 *frenchdeck2.py* 模組時），只會在執行期，當我們試著實例化 FrenchDeck2 時檢查。那麼，如果我們沒有實作任何一個抽象方法，我們會得到 TypeError 例外，並看到 "Can't instantiate abstract class FrenchDeck2 with abstract methods __delitem__, insert" 這類的訊息。這就是我們必須實作 __delitem__ 與 insert 的原因，即使我們的 FrenchDeck2 範例並不需要這些行為：MutableSequence ABC 要求實作它們。

如圖 13-3 所示，並非 Sequence 與 MutableSequence ABC 的所有方法都是抽象的。

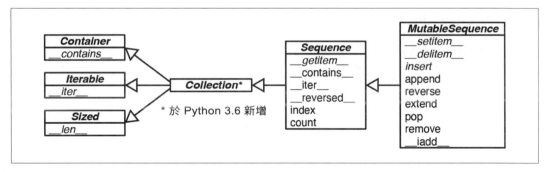

圖 13-3　MutableSequence ABC 和 collections.abc 的超類別的 UML 類別圖（繼承箭頭由子類別指向超類別；斜體代表抽象類別與抽象方法）

為了將 FrenchDeck2 寫成 MutableSequence 的子類別，我必須付出代價實作 __delitem__ 與 insert，但我的範例不需要它們。作為回報，FrenchDeck2 從 Sequence 繼承五個具體方法：__contains__、__iter__、__reversed__、index、count。它從 MutableSequence 獲得另外的六個方法：append、reverse、extend、pop、remove、__iadd__，它支援 += 運算子，以進行就地串接。

在每一個 collections.abc ABC 裡面的具體方法都是基於類別的公用介面來實作的，所以它們在工作時不需要瞭解實例的內部結構。

作為具體子類別的設計者，你或許可以覆寫從 ABC 繼承的方法，讓它更高效。例如，__contains__ 的做法是依序掃描 sequence，但如果你的具體 sequence 需要一直依序排列項目，你可以寫一個更快的 __contains__，並使用標準程式庫的 bisect 函式（*https://fpy.li/13-13*）來做二分搜尋。詳情見 *fluentpython.com* 的「Managing Ordered Sequences with Bisect"」（*https://fpy.li/bisect*）。

為了善用 ABC，你必須知道有哪些可以使用。我們來看一下 collections 的 ABC。

標準程式庫的 ABC

自 Python 2.6 起，標準程式庫提供了幾個 ABC。它們大多被定義在 collections.abc 模組內，但其他的模組也有，例如，你也可以在 io 與 numbers 程式包中找到 ABC。但 collections.abc 裡面的是最常用的。

標準程式庫有兩個名為 abc 的模組。我們在此討論的是 collections.abc。為了縮短載入時間，Python 3.4 將該模組移出 collections 程式包，並放入 *Lib/_collections_abc.py*（*https://fpy.li/13-14*），所以可以和 collections 分開匯入。另一個 abc 模組是定義 abc.ABC 類別的 abc（即 *Lib/abc.py*（*https://fpy.li/13-15*））。每一個 ABC 都依賴 abc 模組，但我們不需要自己匯入它，除非你要建立全新的 ABC。

圖 13-4 是 collections.abc 定義的 17 種 ABC 的 UML 類別圖（不含屬性名稱）。collections.abc 的文件有一張很棒的表格（*https://fpy.li/13-16*），整理了 ABC、它們的關係、它們的抽象和具體方法（稱為 mixin methods）。圖 13-4 有很多多重繼承。第 14 章會用大部分的內容來討論多重繼承，現在你只要先知道，在涉及 ABC 時，它通常不是問題。[7]

7　多重繼承被 Java 視為有害的並排除在外，但 Java 有介面多重繼承：Java 的介面可以擴充多個介面，且 Java 類別可以實作多個介面。

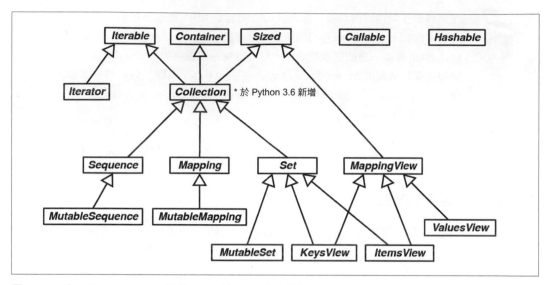

圖 13-4　在 collections.abc 裡的 ABC 的 UML 類別圖

我們來看一下圖 11-3 裡面的組別：

Iterable, Container, Sized

每一個 collection 都應該繼承 ABC 或至少實作相容的協定。Iterable 用 __iter__ 來支援迭代，Container 用 __contains__ 來支援 in 運算子，Sized 用 __len__ 來支援 len()。

Collection

這個 ABC 沒有自己的方法，但 Python 3.6 將它加入，讓我們更容易繼承 Iterable、Container 與 Sized。

Sequence, Mapping, Set

它們是主要的不可變的 collection 型態，各自有一個可變的子類別。圖 13-3 是 MutableSequence 的詳細圖表，MutableMapping 與 MutableSet 的圖表在第 3 章的圖 3-1 與圖 3-2。

MappingView

在 Python 3 裡，從 mapping 方法 .items()、.keys() 與 .values() 回傳的物件分別實作了在 ItemsView、KeysView 與 ValuesView 裡定義的介面。前兩個介面也實作了 Set 的豐富介面，以及第 110 頁的「set 的操作」的所有運算子。

Iterator

iterator 繼承 Iterable。我們會在第 17 章進一步討論它。

Callable, Hashable

它們不是 collection，但 collections.abc 是標準程式庫中第一個定義 ABC 的程式包，這兩個 ABC 被視為足夠重要，應該將它們納入。它們支援必須是 callable 或 hashable 的型態檢查物件。

若要檢查是不是 callable，callable(obj) 內建函式比 insinstance(obj, Callable) 更方便。

如果 insinstance(obj, Hashable) 回傳 False，你就可以確定 obj 不是 hashable。但是如果它回傳 True，它可能是偽陽（false positive）。見接下來的專欄。

用 isinstance 來測試 Hashable 與 Iterable 可能產生誤導

用 isinstance 與 issubclass 來檢查 Hashable 與 Iterable ABC 可能產生誤導性的結果。

isinstance(obj, Hashable) 回傳 True 僅僅意味著 obj 的類別實作或繼承了 __hash__。但是如果 obj 是包含非 hashable 項目的 tuple，那麼 obj 就不是 hashable，儘管 isinstance 產生陽性結果。技術校閱 Jürgen Gmach 指出，鴨定型提供最準確的辦法來確定一個實例是不是 hashable：呼叫 hash(obj)。如果 obj 不是 hashable，那個呼叫會發出 TypeError。

另一方面，即使 isinstance(obj, Iterable) 回傳 False，Python 可能依然可以使用 __getitem__ 來迭代 obj，使用從 0 開始的索引，如第 1 章與第 444 頁的「Python 挖掘序列」所述。collections.abc.Iterable 的文件（*https://fpy.li/13-17*）說：

> 要確定一個物件是不是 iterable，唯一可靠的手段是呼叫 iter(obj)。

看了一些現有的 ABC 之後,我們要從零開始寫一個 ABC 並使用它,來練習鵝定型。這個練習不是要鼓勵所有人隨意編寫 ABC,而是為了教你閱讀 ABC 的原始碼。你可以在標準程式庫和其他程式包裡找到它們。

定義與使用 ABC

第一版的 *Fluent Python* 的「介面」一章有這段警告:

> ABC 和 descriptor 與 metaclass 一樣,是一種建構框架的工具,因此,只有極少數的 Python 開發者能夠在創作 ABC 時,不給其餘的程式設計師帶來不合理的限制和沒必要的工作。

現在 ABC 在型態提示裡有更多潛在的用例,以支援靜態定型。如第 284 頁的「抽象基礎類別」所述,在函式引數型態提示裡使用 ABC 來取代具體型態可讓呼叫方更有彈性。

為了找一個製作 ABC 的理由,我們必須設想一個背景,把 ABC 當成框架的一個擴充點。我們的背景是:假設你要在網站上或行動 app 上,以隨機的順序顯示廣告,但是在顯示所有的庫存廣告之前,不能重覆顯示廣告。假設我們要建立一個廣告管理框架,稱為 ADAM。其中一個需求是支援使用者提供的類別,它會隨機挑選彼此不重覆的項目。[8] 為了讓 ADAM 的使用者明白「隨機挑選不重覆項目」組件是什麼意思,我們要定義一個 ABC。

在關於資料結構的文獻裡,「堆疊(stack)」與「佇列(queue)」以物件的物理排列方式來描述抽象介面。接下來我會用現實世界的比喻來命名 ABC:賓果籠與樂透機都是從有限的集合中隨機抽出物品的機器,它們不會重覆抽出物品,一直抽到沒有物品為止。

我們的 ABC 稱為 Tombola,來自賓果與混合數字的翻滾容器的義大利名稱。

Tombola ABC 有四個方法,其中的兩個抽象方法是:

.load(⋯)

　　將項目放入容器。

.pick()

　　隨機從容器移除一個項目,回傳它。

8　也許客户需要對隨機挑選程式碼進行審核,或者機構想要提供作弊的程式。天曉得他們想幹嘛⋯

具體方法是：

`.loaded()`

如果容器有一個以上的項目，回傳 True。

`.inspect()`

回傳一個以容器內的項目組成的 tuple，不改變容器的內容（不保留內部順序）。

圖 13-5 是 Tombola ABC 與三個具體實作。

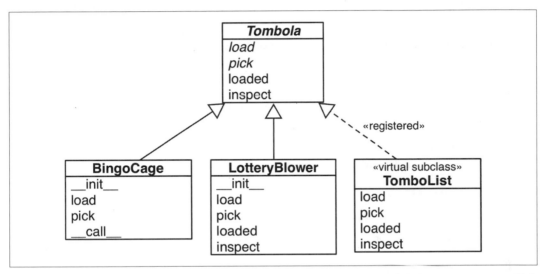

圖 13-5　ABC 與三個子類別的 UML 圖。按照 UML 的慣例，我們用斜體來表示 Tombola ABC 與它的抽象方法的名稱。虛線箭頭用代表介面實作，在此，我用它來代表 TomboList 不只實作了 Tombola 介面，也註冊成 Tombola 的虛擬子類別，本章稍後會解釋這個部分。[9]

範例 13-7 是 Tombola ABC 的定義。

9　«registered» 與 «virtual subclass» 都不是標準的 UML 術語。我用它們來表示 Python 特有的類別關係。

範例 13-7 *tombola.py*：Tombola 是一個具有兩個抽象方法與兩個具體方法的 *ABC*

```python
import abc

class Tombola(abc.ABC):  ❶

    @abc.abstractmethod
    def load(self, iterable):  ❷
        """Add items from an iterable."""

    @abc.abstractmethod
    def pick(self):  ❸
        """Remove item at random, returning it.

        This method should raise `LookupError` when the instance is empty.
        """

    def loaded(self):  ❹
        """Return `True` if there's at least 1 item, `False` otherwise."""
        return bool(self.inspect())  ❺

    def inspect(self):
        """Return a sorted tuple with the items currently inside."""
        items = []
        while True:  ❻
            try:
                items.append(self.pick())
            except LookupError:
                break
        self.load(items)  ❼
        return tuple(items)
```

❶ 定義一個 ABC，abc.ABC 的子類別。

❷ 用 @abstractmethod decorator 來修飾抽象方法，它的主體通常是空的，除了 docstring 之外。[10]

❸ docstring 指示實作者：如果沒有項目可挑了，就要發出 LookupError。

❹ ABC 可以擁有具體方法。

---

10 在 ABC 被加入之前，抽象方法會發出 NotImplementedError 來提示子類別要負責它們的實作。在 Smalltalk-80 裡，抽象方法主體會呼叫 subclassResponsibility，它是從 object 繼承的方法，會產生一個錯誤，並提示這段訊息：「My subclass should have overridden one of my messages」。

---

❺ 在 ABC 裡的具體方法只能依賴 ABC 定義的介面（即 ABC 的其他具體或抽象方法或屬性）。

❻ 我們無法知道具體子類別將會如何儲存項目，但是我們可以這樣子建構 inspect 結果：連續呼叫 .pick() 來清空 Tombola⋯

❼ ⋯然後使用 .load(⋯) 來把所有項目放回去。

> 抽象方法實際上可以擁有實作（implementation）。即使如此，Python 仍然會強迫子類別覆寫它，但子類別可以用 super() 來呼叫抽象方法，為它增添功能，而不是從零實作一個。關於 @abstractmethod 的使用細節，見 abc 模組文件（*https://fpy.li/13-18*）。

範例 13-7 的 .inspect() 方法的程式碼很荒謬，但它展示了我們可以用 .pick() 與 .load(⋯) 來檢查 Tombola 裡面有什麼，它先取出所有項目，再將它們裝回去，而不需要知道項目實際上是如何儲存的。這個範例是為了強調一件事：在 ABC 裡提供具體方法是 OK 的，但它們只能依賴介面裡的其他方法。由於 Tombola 的具體子類別知道它們的內部資料結構，它們應該可以用更聰明的實作碼來覆寫 .inspect()，但它們不一定要如此。

範例 13-7 的 .loaded() 方法有一行程式，但它執行成本很高：它呼叫 .inspect() 來建構 tuple，僅僅為了對它套用 bool()。雖然這種做法可行，但具體子類別可以採取好很多的做法，等一下會展示。

注意，迂迴的 .inspect() 需要捕捉 self.pick() 丟出來的 LookupError。「self.pick() 可能發出 LookupError」這件事也是它的介面的一部分，但是無法在 Python 裡明確地告知，只能在文件裡說明（參見範例 13-7 的抽象 pick 方法的 docstring）。

之所以選擇 LookupError 例外是因為它在 Python 例外層次結構中與 IndexError 及 KeyError 相關，它們兩者是實作具體 Tombola 所使用的資料結構最有可能引發的例外。因此，實作可以發出符合要求的 LookupError、IndexError、KeyError 或 LookupError 的自訂子類別。參見圖 13-6。

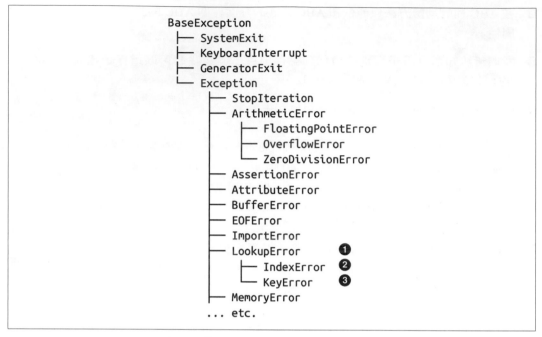

```
BaseException
  ├── SystemExit
  ├── KeyboardInterrupt
  ├── GeneratorExit
  └── Exception
          ├── StopIteration
          ├── ArithmeticError
          │       ├── FloatingPointError
          │       ├── OverflowError
          │       └── ZeroDivisionError
          ├── AssertionError
          ├── AttributeError
          ├── BufferError
          ├── EOFError
          ├── ImportError
          ├── LookupError              ❶
          │       ├── IndexError        ❷
          │       └── KeyError          ❸
          ├── MemoryError
      ... etc.
```

圖 13-6　部分的 Exception 類別階級 [11]

❶ LookupError 是我們在 Tombola.inspect 裡處理的例外。

❷ IndexError 是 LookupError 的子類別，它會在我們試著用最後一個位置以外的索引從 sequence 取出項目時引發。

❸ KeyError 會在你使用不存在的鍵從 mapping 取出項目時引發。

現在我們有自己的 Tombola ABC 了。為了觀察 ABC 所執行的介面檢查，我們試著用範例 13-8 中的有缺陷的程式來欺騙 Tombola。

範例 *13-8*　假的 Tombola 無法躲過檢查

```
>>> from tombola import Tombola
>>> class Fake(Tombola):     ❶
...     def pick(self):
...         return 13
...
```

11　完整的樹狀結構在 *The Python Standard Library* 文件的「5.4. Exception hierarchy」。

```
>>> Fake  ❷
<class '__main__.Fake'>
>>> f = Fake()  ❸
Traceback (most recent call last):
  File "<stdin>", line 1, in <module>
TypeError: Can't instantiate abstract class Fake with abstract method load
```

❶ 宣告 Fake 是 Tombola 的子類別。

❷ 建立類別，目前還沒有錯誤。

❸ 在試著實例化 Fake 時引發 TypeError。錯誤訊息很清楚：Fake 被視為抽象的，因為它沒有實作 load，load 是 Tombola ABC 宣告的抽象方法之一。

我們定義了第一個 ABC，並且用它來驗證一個類別。接著我們要製作 Tombola ABC 的子類別，但在那之前，我們先討論一些 ABC 的編寫規則。

ABC 語法細節

宣告 ABC 的標準寫法是繼承 abc.ABC 或任何其他 ABC。

除了 ABC 基礎類別與 @abstractmethod decorator 外，abc 模組也定義 @abstractclassmethod、@abstractstaticmethod 與 @abstractproperty 等 decorator。但是，後三個在 Python 3.3 被廢棄了，因為在那個版本，你可以在 @abstractmethod 上使用其他的 decorator，使得其他的 decorator 變成多餘的。例如，宣告抽象類別方法的首選方式是：

```
class MyABC(abc.ABC):
    @classmethod
    @abc.abstractmethod
    def an_abstract_classmethod(cls, ...):
        pass
```

 函式 decorator 的堆疊順序很重要，就 @abstractmethod 而言，文件清楚地寫道：

> 當你同時使用 abstractmethod() 與其他方法 *descriptor* 時，它應該是最裡面的 *decorator*…[12]

換句話說，在 @abstract 方法與 def 陳述式之間，不能有其他的 decorator。

---

12 abc 模組文件（*https://fpy.li/13-20*）的 @abc.abstractmethod（*https://fpy.li/13-19*）項目。

討論了這些 ABC 語法主題之後，我們要實作 Tombola 的兩個具體後代來使用它。

製作 ABC 的子類別

有了 Tombola ABC 之後，接下來開發兩個滿足其介面的具體子類別。圖 13-5 描繪了這兩個類別以及下一節要討論的虛擬子類別。

範例 13-9 的 BingoCage 類別是範例 7-8 的改版，它使用更好的 randomizer（亂數器）。BingoCage 實作了所需的抽象方法 load 與 pick。

範例 *13-9* *bingo.py*：BingoCage 是 Tombola 的具體子類別

```python
import random

from tombola import Tombola


class BingoCage(Tombola):  ❶

    def __init__(self, items):
        self._randomizer = random.SystemRandom()  ❷
        self._items = []
        self.load(items)  ❸

    def load(self, items):
        self._items.extend(items)
        self._randomizer.shuffle(self._items)  ❹

    def pick(self):  ❺
        try:
            return self._items.pop()
        except IndexError:
            raise LookupError('pick from empty BingoCage')

    def __call__(self):  ❻
        self.pick()
```

❶ BingoCage 類別明確地繼承 Tombola。

❷ 假設我們要在網路遊戲中使用它。random.SystemRandom 用 os.urandom(…) 函式來實作 random API，根據 os 模組文件（*https://fpy.li/ 13-21*），os.urandom(…) 提供了「適合用來加密」的隨機 bytes。

❸ 將最初的載入工作委託給 .load(…) 方法。

❹ 使用 SystemRandom 實例的 .shuffle() 方法，而不是一般的 random.shuffle() 函式。

❺ pick 的寫法與範例 7-8 一樣。

❻ __call__ 也和範例 7-8 一樣。它不需要滿足 Tombola 介面，但加入額外的方法不會造成不良影響。

BingoCage 從 Tombola 繼承了昂貴的 loaded 與愚蠢的 inspect 方法。我們可以用更快速的單行程式來覆寫它們，如範例 13-10 所示。重點是，我們可以懶惰一點，只從 ABC 繼承次優的具體方法即可。從 Tombola 繼承來的方法對 BingoCage 來說並不像應有的那樣快，但對於任何正確實作 pick 與 load 的 Tombola 子類別，它們確實提供正確的結果。

範例 13-10 是一個非常不同，但同樣可執行的 Tombola 介面實作。LotteryBlower 不是將「球」洗亂再 pop 出最後一個，而是從隨機位置 pop 出來。

範例 13-10　*lotto.py*：LotteryBlower 是一個具體子類別，它覆寫了 Tombola 的 inspect 與 loaded 方法

```python
import random

from tombola import Tombola


class LottoBlower(Tombola):

    def __init__(self, iterable):
        self._balls = list(iterable)    ❶

    def load(self, iterable):
        self._balls.extend(iterable)

    def pick(self):
        try:
            position = random.randrange(len(self._balls))    ❷
        except ValueError:
            raise LookupError('pick from empty LottoBlower')
        return self._balls.pop(position)    ❸

    def loaded(self):    ❹
        return bool(self._balls)

    def inspect(self):    ❺
        return tuple(self._balls)
```

❶ 初始化方法接收任意 iterable，用這個引數來建立一個 list。

❷ 如果範圍是空的，random.randrange(…) 函式會發出 ValueError，我們可以捕捉它，改成丟出 LookupError，這樣就可以和 Tombola 相容了。

❸ 否則，從 self._balls pop 出隨機選擇的項目。

❹ 覆寫 loaded，以免呼叫 inspect（如同範例 13-7 的 Tombola.loaded 的做法）。我們可以直接使用 self._balls 來讓它更快，而不需要建立全新的 tuple。

❺ 用只有一行程式的方法來覆寫 inspect。

範例 13-10 展示一種值得一提的習慣：在 __init__ 裡，self._balls 儲存 list(iterable)，而非只是指向 iterable 的參考（也就是說，我們不是僅指派 self._balls = iterable，為引數取一個別名）。正如第 448 頁的「防禦性編程與『快速失敗』」所述，這讓我們的 LottoBlower 具有彈性，因為 iterable 引數可能是任何一種 iterable 型態。同時，我們確保將它的項目存入 list，這樣就可以 pop 出項目。而且，即使我們總是以 iterable 引數取得 list，list(iterable) 也會產生引數的複本，鑑於我們會從它裡面移除項目，且用戶端可能沒有想到他們提供的 list 會被更改，這是一種很好的做法。[13]

接下來要討論鵝定型的關鍵動態功能：使用 register 方法來宣告虛擬子類別。

ABC 的虛擬子類別

鵝定型有一個基本特徵（這也是它值得取一個水禽名稱的理由之一）：它可將一個類別註冊為 ABC 的虛擬子類別，即使前者並未繼承後者。這樣做時，我們就是在承諾該類別忠實地實作 ABC 所定義的介面，而 Python 會相信我們，不做檢查。如果我們說謊，我們會被一般的執行期例外逮到。

註冊是藉由呼叫 ABC 的 register 方法來進行的，被註冊的類別會變成 ABC 的一個虛擬子類別，且 issubclass 也會認為如此，但它不會從 ABC 繼承任何方法或屬性。

 虛擬子類別不繼承它們的註冊對象 ABC，且無論何時都不會被檢查它是否符合 ABC 介面，即使是它們被實例化時也不會。此外，靜態型態檢查

13　第 221 頁的「用可變參數來進行防禦性編程」專門討論了我們在此成功避免的別名問題。

器此時不能處理虛擬子類別。詳情見 Mypy 問題 2922 —— ABCMeta. register support（*https://fpy.li/13-22*）。

register 方法通常被當成一般函式來呼叫（參見第 471 頁的「register 的實際應用」），但它也可以當成 decorator 來使用。我們在範例 13-11 中使用 decorator 語法並實作了 TomboList，它是圖 13-7 中的 Tombola 的虛擬子類別。

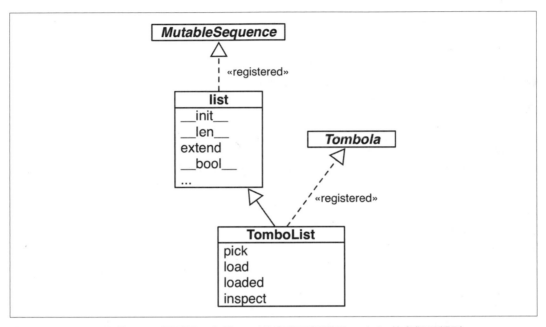

圖 13-7　TomboList 的 UML 類別圖，它是 list 的真實子類別及 Tombola 的虛擬子類別。

範例 *13-11　tombolist.py*：TomboList 是 *Tombola* 的虛擬子類別

```
from random import randrange

from tombola import Tombola

@Tombola.register   ❶
class TomboList(list):   ❷

    def pick(self):
        if self:   ❸
            position = randrange(len(self))
            return self.pop(position)   ❹
```

```
    else:
        raise LookupError('pop from empty TomboList')

load = list.extend   ❺

def loaded(self):
    return bool(self)   ❻

def inspect(self):
    return tuple(self)

# Tombola.register(TomboList)   ❼
```

❶ 將 Tombolist 註冊為 Tombola 的虛擬子類別。

❷ Tombolist 繼承 list。

❸ Tombola 從 list 繼承布林行為，如果 list 不是空的，它回傳 True。

❹ 我們的 pick 呼叫 self.pop，並將一個隨機的項目索引傳給它。self.pop 是從 list 繼承來的。

❺ Tombolist.load 與 list.extend 一樣。

❻ loaded 將工作委託給 bool。[14]

❼ 你可以這樣子呼叫 register，當你需要註冊一個你不負責維護，但滿足介面的類別時，這樣做很有幫助。

注意，由於使用註冊，函式 issubclass 與 isinstance 把 TomboList 當成 Tombola 的子類別：

```
>>> from tombola import Tombola
>>> from tombolist import TomboList
>>> issubclass(TomboList, Tombola)
True
>>> t = TomboList(range(100))
>>> isinstance(t, Tombola)
True
```

---

14 我在 load() 裡使用的技巧不能在 loaded() 裡使用，因為 list 型態未實作 __bool__ 這個我要綁定（bind）loaded 的方法。內建的 bool() 不需要 __bool__，因為它也可以使用 __len__。見 Python 文件的「Built-in Types」一章中的「4.1. Truth Value Testing」(*https://fpy.li/13-23*)。

然而，繼承是由特殊類別屬性 `__mro__`（Method Resolution Order）引導的。它基本上按照 Python 搜尋方法的順序來列出類別及其超類別。[15] 檢查 TomboList 的 `__mro__` 可以看到，它只列出「真的」超類別，list 與 object：

```
>>> TomboList.__mro__
(<class 'tombolist.TomboList'>, <class 'list'>, <class 'object'>)
```

Tombola 不在 Tombolist.`__mro__` 裡，所以 Tombolist 沒有從 Tombola 繼承任何方法。

以上就是關於 Tombola ABC 的案例研究。在下一節，我們將討論外界如何實際使用 register ABC 函式。

register 的實際應用

在範例 13-11，我們將 Tombola.register 當成類別 decorator 來使用。在 Python 3.3 之前，register 不能這樣子使用，你必須在定義類別之後，將它當成一般的函式來使用，就像範例 13-11 結尾的注釋那樣。然而，即使現在，它也被廣泛地當成函式來註冊在別處定義的類別。例如，在 collections.abc 模組的原始碼中（*https://fpy.li/13-24*），內建型態 tuple、str、range 與 memoryview 都被註冊成 Sequence 的虛擬子類別：

```
Sequence.register(tuple)
Sequence.register(str)
Sequence.register(range)
Sequence.register(memoryview)
```

在 *_collections_abc.py* 裡也有幾個其他的內建型態被註冊至 ABC。這些註冊只會在該模組是「被匯入（imported）」時發生，這是 OK 的，因為無論如何，你都必須匯入 ABC 才能使用它們。例如，你必須從 collections.abc 匯入 MutableMap ping 來執行 isinstance(my_dict, Mutable Mapping) 之類的檢查。

製作 ABC 的子類別或向 ABC 註冊都是明確地讓類別通過 issubclass 檢查的方式—還有通過 isinstance 檢查，它也依靠 issubclass。但是有一些 ABC 也支援結構定型。見下一節的說明。

15　我們會在第 502 頁的「多重繼承與方法解析順序」用一整節來解釋 `__mro__` 類別屬性。現在先知道這段簡單的解釋即可。

使用 ABC 來進行結構性定型

ABC 幾乎都被用來進行名義定型。當類別 Sub 明確地繼承 AnABC 或註冊 AnABC 時，AnABC 這個名稱就與 Sub 類別連繫起來了，這就是為什麼在執行期，issubclass(AnABC, Sub) 回傳 True。

相較之下，結構定型是以物件的公用介面的結構來確定其型態，當物件實作了在某型態裡定義的方法時，它就 *consistent-with* 那個型態。[16] 動態與靜態鴨定型是結構定型的兩種做法。

其實有一些 ABC 也支援結構定型。Alex 在第 451 頁的「水禽和 ABC」裡展示：即使不使用註冊，你也可以讓類別被視為 ABC 的子類別。我們重新列出他的例子，並加入 issubclass 來測試：

```
>>> class Struggle:
...     def __len__(self): return 23
...
>>> from collections import abc
>>> isinstance(Struggle(), abc.Sized)
True
>>> issubclass(Struggle, abc.Sized)
True
```

issubclass 函式將 Struggle 類別視為 abc.Sized 的子類別（所以 isinstance 也是如此），因為 abc.Sized 實作了特殊方法 __subclasshook__。

Sized 的 __subclasshook__ 會檢查類別引數有沒有名為 __len__ 的屬性，若有，它就被視為 Sized 的虛擬子類別。參見範例 13-12。

範例 13-12　Sized 的定義，來自 Lib/_collections_abc.py 的原始碼（https://fpy.li/13-25）

```
class Sized(metaclass=ABCMeta):

    __slots__ = ()

    @abstractmethod
    def __len__(self):
```

---

[16] 型態一致性的概念參見第 272 頁的「subtype-of vs. cosistent-with」。

```
        return 0

    @classmethod
    def __subclasshook__(cls, C):
        if cls is Sized:
            if any("__len__" in B.__dict__ for B in C.__mro__):    ❶
                return True    ❷
        return NotImplemented    ❸
```

❶ 如果 C.__mro__（即 C 及其超類別）裡面有任何類別的 __dict__ 裡面有名為 __len__ 的屬性…

❷ …回傳 True，指出那個 C 是 Sized 的虛擬子類別。

❸ 否則回傳 NotImplemented，來讓子類別檢查繼續執行。

> 如果你對子類別檢查的細節有興趣，可參考 Python 3.6 的 ABCMeta.__subclasscheck__ 方法的原始碼：*Lib/abc.py*（*https://fpy.li/13-26*）。注意：它有很多 if 和兩個遞迴呼叫。在 Python 3.7 裡，Ivan Levkivskyi 與 Inada Naoki 將 abc 模組的大多數邏輯改寫成 C，為了獲得更好的性能。見 Python 問題 #31333（*https://fpy.li/13-27*）。當前的 ABCMeta.__subclasscheck__ 實作僅呼叫 _abc_subclasscheck。相關的 C 原始碼在 *cpython/Modules/_abc.c#L605*（*https://fpy.li/13-28*）。

這就是 __subclasshook__ 讓 ABC 支援結構定型的做法。你可以用 ABC 來定義一個介面，你可以用 isinstance 來檢查那個 ABC，並讓完全無關的類別通過 issubclass 檢查，只因為它實作了某個方法（或因為它不惜一切代價說服 __subclasshook__ 來為它擔保）。

我們適合在自己的 ABC 裡面實作 __subclasshook__ 嗎？應該不適合。我在 Python 原始碼裡看到的 __subclasshook__ 程式碼都被寫在 Sized 這種只宣告一個特殊方法的 ABC 裡，而且它們僅檢查那個特殊方法名稱。由於它們的「特殊」狀態，你可以相當確定名為 __len__ 的任何方法可會做你預期的事情。但是即使是在特殊方法與基礎 ABC 的領域中，這種預期也可能有危險。例如，mapping 實作了 __len__、__getitem__ 與 __iter__，但它們未被視為 Sequence 的子型態，因為你不能使用整數偏移量或 slice 來取出項目。這就是為什麼 abc.Sequence（*https://fpy.li/13-29*）類別沒有實作 __subclasshook__。

在你我可能撰寫的 ABC 裡，__subclasshook__ 可能更不可靠。我不相信名為 Spam 且實作或繼承了 load、pick、inspect 與 loaded 的類別都一定具有 Tombola 的行為。較好的做法

是讓程式設計師從 Tombola 製作子類別 Spam 或是用 Tombola.register(Spam) 來註冊它。當然，你的 __subclasshook__ 也可以檢查方法簽章與其他功能，但我不認為值得這樣做。

靜態協定

 第 293 頁的「靜態協定」（第 8 章）曾經介紹靜態協定。我原本考慮在本章再來討論協定，後來認為初次介紹函式內的型態提示時，也必須介紹協定，因為鴨定型是 Python 的重要元素，而沒有協定的靜態型態檢查無法妥善地處理「很 Python」的 API。

在本章的最後，我們用兩個簡單的例子來說明靜態協定，並討論數字 ABC 與協定。首先要介紹靜態協定如何讓你可以注解與檢查 double() 函式的型態，我們曾經在第 265 頁的「型態是以所支援的操作來定義的」初次看到 double() 函式。

有型態的 double 函式

當我向習慣使用靜態定型語言的程式設計師介紹 Python 時，這個簡單的 double 函式是我最喜歡的例子之一：

```
>>> def double(x):
...     return x * 2
...
>>> double(1.5)
3.0
>>> double('A')
'AA'
>>> double([10, 20, 30])
[10, 20, 30, 10, 20, 30]
>>> from fractions import Fraction
>>> double(Fraction(2, 5))
Fraction(4, 5)
```

在靜態協定被加入之前，將型態提示加入 double 勢必限制它的用途。[17]

---

17 OK，double() 除了當成範例之外沒有太多用途，但 Python 標準程式庫有很多函式在 Python 3.8 加入靜態協定之前無法妥善地注解，我曾經使用協定來加入型態提示，為 *typeshed* 修正好幾個 bug。例如，修正「Should Mypy warn about potential invalid arguments to max?」（*https://fpy.li/shed4051*）的 pull request 利用了 _SupportsLessThan 協定，我曾經用它來加強對於 max、min、sorted 與 list.sort 的注解。

因為有鴨定型，double 甚至可以處理未來的型態，例如我們將在第 576 頁（第 16 章）的「多載 * 以執行純量乘法」看到的加強版 Vector 類別：

```
>>> from vector_v7 import Vector
>>> double(Vector([11.0, 12.0, 13.0]))
Vector([22.0, 24.0, 26.0])
```

Python 最初的型態提示是名義定型系統，也就是說，在注解裡的型態名稱必須與實際引數的型態名稱相符，或與超類別之一的名稱相符。由於無法藉著提供所需的操作來列出實作了某協定的所有型態，所以在 Python 3.8 之前，型態提示無法描述鴨定型。

現在有了 typing.Protocol，我們可以告訴 Mypy：double 接收一個支援 x * 2 的引數。參見範例 13-13 的寫法。

範例 13-13 double_protocol.py：使用 Protocol 來定義 double

```
from typing import TypeVar, Protocol

T = TypeVar('T')    ❶

class Repeatable(Protocol):
    def __mul__(self: T, repeat_count: int) -> T: ...    ❷

RT = TypeVar('RT', bound=Repeatable)    ❸

def double(x: RT) -> RT:    ❹
    return x * 2
```

❶ 我們將在 __mul__ 簽章裡使用這個 T。

❷ __mul__ 是 Repeatable 協定的精髓。我們通常不會注解 self 參數，因為我們假設它的型態就是類別。我們在此使用 T 來確保結果型態與 self 的型態一樣。此外，注意 repeat_count 在這個協定裡被限制成 int。

❸ 將 RT 型態變數綁定（bound）Repeatable 協定：型態檢查器會要求實際的型態實作 Repeatable。

❹ 現在型態檢查器能夠確認 x 參數是可以乘以整數的物件，且回傳值的型態與 x 一樣。

這個範例展示了為何 PEP 544（*https://fpy.li/pep544*）的標題是「Protocols: Structural subtyping (static duck typing)」。實際引數 x 的名義型態被定義成 double 沒有關係，只要它會呱呱叫 —— 意思是，只要它實作了 __mul__ 即可。

可在執行期檢查的靜態協定

在 Typing Map（圖 13-1）裡，typing.Protocol 屬於靜態檢查區域，也就是圖表的下半部。然而，在定義 typing.Protocol 子類別時，你可以使用 @runtime_checkable decorator 來讓那個協定支援執行期的 isinstance/issubclass 檢查，能夠如此是因為 typing. Protocol 是 ABC，因此，它支援第 472 頁的「使用 ABC 來進行結構性定型」提到的 __subclasshook__。

在 Python 3.9 中，typing 模組有 7 個現成協定可在執行期檢查。以下是其中的兩個，我直接引用 typing 文件的內容（*https://fpy.li/13-30*）：

class typing.SupportsComplex

具有一個抽象方法（__complex__）的 ABC。

class typing.SupportsFloat

具有一個抽象方法（__float__）的 ABC。

這些協定是為了檢查數字型態的「可轉換性」：如果物件 o 實作了 __complex__，那麼你就可以呼叫 complex(o) 來取得一個 complex，因為有 __complex__ 特殊方法可以支援 complex() 內建函式。

範例 13-14 是 typing.SupportsComplex 協定的原始碼（*https://fpy.li/13-31*）。

範例 13-14　typing.SupportsComplex 協定原始碼

```
@runtime_checkable
class SupportsComplex(Protocol):
    """An ABC with one abstract method __complex__."""
    __slots__ = ()

    @abstractmethod
    def __complex__(self) -> complex:
        pass
```

關鍵是 __complex__ 抽象方法。[18] 在檢查靜態型態期間，如果一個物件實作了僅接收 self 且回傳 complex 的 __complex__ 方法，它就被視為 *consistent-with* SupportsComplex 協定。

18　__slots__ 屬性與現在的討論無關，它是我們在第 392 頁的「用 __slots__ 來節省記憶體」中討論的優化。

因為對著 SupportsComplex 使用 @runtime_checkable 類別 decorator，那個協定也可以支援 isinstance 檢查，參見範例 13-15。

範例 13-15　*Using SupportsComplex at runtime*

```
>>> from typing import SupportsComplex
>>> import numpy as np
>>> c64 = np.complex64(3+4j)      ❶
>>> isinstance(c64, complex)      ❷
False
>>> isinstance(c64, SupportsComplex)   ❸
True
>>> c = complex(c64)      ❹
>>> c
(3+4j)
>>> isinstance(c, SupportsComplex) 5
False
>>> complex(c)
(3+4j)
```

❶ complex64 是 NumPy 提供的五個複數型態之一。

❷ NumPy 複數型態都沒有繼承內建的 complex。

❸ 但是 NumPy 的複數型態實作了 __complex__，所以它們符合 SupportsComplex 協定。

❹ 因此，你可以用它們來建立內建的 complex 物件。

❺ 可惜的是，complex 內建型態未實作 __complex__，儘管當 c 是複數時，complex(c) 可正常執行。

基於最後一點，如果你想要檢查物件 c 是 complex 還是 SupportsComplex，你可以將一個型態 tuple 當成第二個引數傳給 isinstance：

```
isinstance(c, (complex, SupportsComplex))
```

另一種做法是使用 numbers 模組定義的 Complex ABC。內建的 complex 型態與 NumPy complex64 和 complex128 型態都被註冊為 numbers.Complex 的虛擬子類別，所以這段程式可以執行：

```
>>> import numbers
>>> isinstance(c, numbers.Complex)
True
>>> isinstance(c64, numbers.Complex)
True
```

我在第一版的 *Fluent Python* 裡建議使用 numbers ABC，但是現在並非如此，因為靜態型態檢查器不認識這些 ABC，第 486 頁的「numbers ABC 與數字協定」會說明這一點。

在這一節，我原本想展示一個可用 isinstance 來做執行期檢查的協定，但這個例子不是 isinstance 的好用例，見接下來的「鴨定型是你的好朋友」中的解釋。

 如果你使用外部的型態檢查器，用 isinstance 來明確地進行檢查有一個好處：當你編寫一個 if 陳述式，而且條件是 isinstance(o, MyType) 時，Mypy 可以判斷在 if 區塊裡，o 物件的型態是 *consistent-with* MyType。

鴨定型是你的好朋友

在執行期，鴨定型通常是做型態檢查的最佳手段，你不需要呼叫 isinstance 或 hasattr，只需要直接試著對物件進行所需的操作，再視情況處理例外即可。接下來有一個具體的範例。

沿續之前的討論，有一個需要當成複數來使用的物件 o，以下是一種做法：

```
if isinstance(o, (complex, SupportsComplex)):
    # 做一些需要將 `o` 轉換成複數的事情
else:
    raise TypeError('o must be convertible to complex')
```

鵝定型的辦法是使用 numbers.Complex ABC：

```
if isinstance(o, numbers.Complex):
    # 用 `o` 來做事，`o` 是 `Complex` 的實例
else:
    raise TypeError('o must be an instance of Complex')
```

但是，我比較喜歡利用鴨定型，並使用 EAFP（先做再說）原則來做這件事：

```
try:
    c = complex(o)
except TypeError as exc:
    raise TypeError('o must be convertible to complex') from exc
```

如果我只想要引發 TypeError，我會省略 try/except/raise 陳述式，直接寫成這樣：

```
c = complex(o)
```

> 對最後一個例子而言，如果 o 不是可接受的型態，Python 會發出例外，並顯示清楚的訊息。例如，當 o 是 tuple 時，我看到這段訊息：
>
> ```
> TypeError: complex() first argument must be a string or a number, not 'tuple'
> ```
>
> 我認為鴨定型對這個案例而言好很多。

看了如何在執行期同時使用靜態協定和現有的型態（例如 complex 與 numpy.complex64）後，接下來要討論可在執行期檢查的協定有哪些限制。

在執行期檢查協定的限制

我們知道，型態提示在執行期通常被忽略，這也會影響使用 isinstance 或 issubclass 來檢查靜態協定的結果。

例如，具有 __float__ 方法的任何類別（在執行期）都會被視為 SupportsFloat 的虛擬子類別，即使 __float__ 方法不回傳 float。

看一下這段主控台對話：

```
>>> import sys
>>> sys.version
'3.9.5 (v3.9.5:0a7dcbdb13, May  3 2021, 13:17:02) \n[Clang 6.0 (clang-600.0.57)]'
>>> c = 3+4j
>>> c.__float__
<method-wrapper '__float__' of complex object at 0x10a16c590>
>>> c.__float__()
Traceback (most recent call last):
  File "<stdin>", line 1, in <module>
TypeError: can't convert complex to float
```

在 Python 3.9 裡，complex 型態有 __float__ 方法，但它僅用來引發帶有明確錯誤訊息的 TypeError。如果 __float__ 方法有注解，回傳型態將是 NoReturn，如第 301 頁的「NoReturn」所述。

但是在使用 *typeshed* 時，型態提示 complex.__float__ 無法解決這個問題，因為 Python 的執行期通常忽略型態提示—而且無法存取 *typeshed* stub 檔。

延續之前的 Python 3.9 對話：

```
>>> from typing import SupportsFloat
>>> c = 3+4j
>>> isinstance(c, SupportsFloat)
True
>>> issubclass(complex, SupportsFloat)
True
```

因此，我們得到了具有誤導性的結果：針對 SupportsFloat 的執行期檢查表明你可以將
complex 轉換為 float，但實際上這會引發型態錯誤。

Python 3.10.0b4 已經藉著移除 complex.__float__ 方法來修正 complex 型
態的問題了。

但整體的問題還在：isinstance/issubclass 只藉著檢查方法的存在與否來
進行檢查，而不檢查它們的簽章，更不用說它們的型態注解了。而且這種
情況不會改變，因為在執行期做這種型態檢查有無法承受的性能成本。[19]

我們接著來看如何在自訂的類別裡實作靜態協定。

支援靜態協定

回想一下我們在第 11 章製作的 Vector2d 類別。因為 complex 數字與 Vector2d 實例都是由
一對浮點數構成的，所以支援從 Vector2d 轉換成 complex 是合理的決定。

範例 13-16 中的 __complex__ 方法改善了範例 11-11 中的上一版 Vector2d。為了完整起
見，我們可以加入 fromcomplex 類別方法，來用 complex 建立 Vector2d，以支援逆轉換。

範例 13-16　*vector2d_v4.py*：將 complex 轉換為其他型態，和從其他型態轉換
為 complex 的方法

```
def __complex__(self):
    return complex(self.x, self.y)

@classmethod
```

19　感謝 PEP 544（*https://fpy.li/pep544*）（於 Protocols）的作者之一 Ivan Levkivskyi 指出型態檢查不僅僅是檢
　　查 x 的型態是不是 T，它也檢查 x 的型態是否 *consistent-with* T，這項工作代價高昂。難怪 Mypy 即使是
　　處理很短的 Python 腳本也需要用幾秒的時間來檢查型態。

```
    def fromcomplex(cls, datum):
        return cls(datum.real, datum.imag)    ❶
```

❶ 這段程式假設 datum 有 .real 與 .imag 屬性。範例 13-17 有更好的寫法。

上面的程式與 Vector2d 範例 11-11 裡的 __abs__ 方法提供以下的功能：

```
>>> from typing import SupportsComplex, SupportsAbs
>>> from vector2d_v4 import Vector2d
>>> v = Vector2d(3, 4)
>>> isinstance(v, SupportsComplex)
True
>>> isinstance(v, SupportsAbs)
True
>>> complex(v)
(3+4j)
>>> abs(v)
5.0
>>> Vector2d.fromcomplex(3+4j)
Vector2d(3.0, 4.0)
```

範例 13-16 可以做執行期型態檢查了，但若要獲得更好的 Mypy 靜態覆蓋率和錯誤報告，__abs__、__complex__ 與 fromcomplex 方法應該加上型態提示，如範例 13-17 所示。

範例 13-17　vector2d_v5.py：幫方法加上注解

```
    def __abs__(self) -> float:    ❶
        return math.hypot(self.x, self.y)

    def __complex__(self) -> complex:    ❷
        return complex(self.x, self.y)

    @classmethod
    def fromcomplex(cls, datum: SupportsComplex) -> Vector2d:    ❸
        c = complex(datum)    ❹
        return cls(c.real, c.imag)
```

❶ 必須將回傳值注解為 float，否則 Mypy 會推斷出 Any，且不檢查方法的主體。

❷ 即使沒有這個注解，Mypy 也可以推斷它回傳 complex。注解可防止警告訊息，取決於你的 Mypy 設定。

❸ SupportsComplex 確保 datum 是可轉換的。

❹ 這個明確的轉換是必須的，因為 SupportsComplex 型態未宣告 .real 與 .imag 屬性，但下一行會使用它們。例如，Vector2d 沒有這些屬性，但實作了 __complex__。

如果在模組的頂部有 from __future__ import annotations，fromcomplex 的回傳型態可以是 Vector2d。該 import 會導致型態提示被存為字串，不會在匯入時計算（evaluate），而是在計算函式定義時計算。如果沒有從 annotations 匯入 __future__，此時的 Vector2d 是無效的參考（類別還沒有被完整定義），且應該被寫成字串：'Vector2d'，彷彿它是個前向（forward）參考一般。這個 __future__ import 是在 PEP 563 —— Postponed Evaluation of Annotations（*https://fpy.li/pep563*）引入，在 Python 3.7 實現的。該行為原本計畫在 3.10 會變成預設行為，但延後至以後的版本，[20] 屆時，import 將是多餘的，但使用它也無妨。

接著，我們來看看如何建立新的靜態協定，以及如何擴展它。

設計靜態協定

在研討鵝定型時，我們在第 460 頁的「定義與使用 ABC」看過 Tombola ABC。我們來看看如何使用靜態協定來定義一個類似的介面。

Tombola ABC 指定兩個方法：pick 與 load。我們也可以用這兩個方法來定義靜態協定，但我從 Go 社群學到，單方法的協定可讓靜態鴨子定型更實用且更靈活。Go 標準程式庫有幾個類似 Reader 的介面，Reader 是 I/O 介面，只需要一個 read 方法。一段時間後，如果你認為需要更完整的協定，你可以結合兩個以上的協定，來定義一個新的。

使用隨機選取項目的容器可能需要也可能不需要重新載入容器，但一定需要一個方法來執行實際的選取動作，因此，它是我為最精簡的 RandomPicker 協定選擇的方法。範例 13-18 是該協定的程式，範例 13-19 以測試程式來展示它的用法。

範例 13-18　randompick.py：RandomPicker 的定義

```
from typing import Protocol, runtime_checkable, Any

@runtime_checkable
class RandomPicker(Protocol):
    def pick(self) -> Any: ...
```

20　參考 python-dev 上的 Python Steering Council 決定（*https://fpy.li/13-32*）。

pick 方法回傳 Any。第 561 頁的「實作通用的靜態協定」將展示如何將
RandomPicker 做成泛型型態，屆時會使用一個參數來讓協定的使用者指定
pick 方法的回傳型態。

範例 13-19　randompick_test.py：使用 RandomPicker

```python
import random
from typing import Any, Iterable, TYPE_CHECKING

from randompick import RandomPicker  ❶

class SimplePicker:  ❷
    def __init__(self, items: Iterable) -> None:
        self._items = list(items)
        random.shuffle(self._items)

    def pick(self) -> Any:  ❸
        return self._items.pop()

def test_isinstance() -> None:  ❹
    popper: RandomPicker = SimplePicker([1])  ❺
    assert isinstance(popper, RandomPicker)  ❻

def test_item_type() -> None:  ❼
    items = [1, 2]
    popper = SimplePicker(items)
    item = popper.pick()
    assert item in items
    if TYPE_CHECKING:
        reveal_type(item)  ❽
    assert isinstance(item, int)
```

❶ 我們不需要匯入靜態協定來定義一個實作它的類別。在此匯入 RandomPicker 僅僅是為了在 test_isinstance 裡使用它。

❷ SimplePicker 實作了 RandomPicker，但它不繼承它。這是實際應用靜態鴨定型。

❸ Any 是預設的回傳型態，所以這個注解不是必要的，但它可以表明我們正在實作範例 13-18 定義的 RandomPicker 協定。

❹ 別忘了在測試中加入 -> None 提示，如果你想讓 Mypy 檢查它們的話。

❺ 我為 popper 變數加入型態提示，以展示 Mypy 瞭解 SimplePicker 是 *consistent-with*。

❻ 這個測試證明 SimplePicker 的實例也是 RandomPicker 的實例。之所以如此是因為 RandomPicker 被加上 @runtime_checkable decorator，也因為 SimplePicker 有一個所要求的 pick 方法。

❼ 這個測試呼叫 SimplePicker 的 pick 方法，確認它回傳 SimplePicker 收到的項目之一，然後對著回傳的項目進行靜態與執行期檢查。

❽ 這一行在 Mypy 的輸出中產生一個注釋。

如範例 8-22 所示，reveal_type 是 Mypy 認可的「神奇」函式。這就是為什麼它沒有被匯入，且我們只能在 typing.TYPE_CHECKING 所保護的 if 區塊內呼叫它，它在靜態型態檢查器的眼裡是 True，在執行期是 False。

範例 13-19 的兩個測試都可以通過。Mypy 在程式裡也找不到錯誤，並顯示 pick 回傳的 item 的 reveal_type 結果：

```
$ mypy randompick_test.py
randompick_test.py:24: note: Revealed type is 'Any'
```

在建立了我們的第一個協定之後，我們來研究一下關於這個主題的一些建議。

設計協定的最佳做法

當我使用了靜態鴨定型的 Go 語言 10 年後，我明確地知道，狹隘的協定更有用，通常這些協定只有一個方法，很少超過兩個方法。Martin Fowler 寫了一篇定義（角色介面）*role interface*（*https://fpy.li/13-33*）的文章，裡面的概念在設計協定時很有幫助。

而且，有時你會看到協定被定義在使用它的函式附近，也就是說，被定義在「用戶端程式碼」內，而不是被定義在程式庫中。這可以方便我們用新型態來呼叫該函式，對擴展性和使用 mock 來進行測試而言非常有利。

狹隘的協定和用戶端協定可避免沒必要的緊耦合，符合介面隔離原則（Interface Segregation Principle）（*https://fpy.li/13-34*），該原則可以總結為「用戶端不應該被迫依賴它們不使用的介面」。

網頁「Contributing to typeshed」（*https://fpy.li/13-35*）推薦採取以下的規範來為靜態協定命名（以下三點完全引用原文）：

- 代表明確概念的協定使用簡單的名稱（例如 Iterator、Container）

- 提 供 callable 方 法 的 協 定 使 用 SupportsX（ 例 如 SupportsInt、SupportsRead、
  SupportsReadSeek）。[21]

- 有 readable 或 writable 屬性或 getter / setter 方法的協定使用 HasX（例如 HasItems、
  HasFileno）。

Go 標準程式庫有一個我很喜歡的命名規範：對單方法協定而言，如果方法名稱是動
詞，則附加「-er」或「-or」來將它變成名詞。例如將 SupportsRead 換成 Reader，其
他的例子包括 Formatter、Animator、Scanner。若要汲取靈感，見 Asuka Kenji 的「Go
(Golang) Standard Library Interfaces (Selected)」（*https://fpy.li/13-36*）。

建立精簡協定的理由之一是以後可以視需要擴展它們。接下來你會看到，加入額外的方
法來建立衍生的協定並不難。

擴展協定

正如我在上一節的開頭所說的，Go 開發者在定義介面（Go 用介面來稱呼靜態協定）時
崇尚極簡風。許多廣泛使用的 Go 介面都只有一個方法。

當你發現一個具有多個方法的協定很有用時，與其在原始的協定中加入方法，更好的做
法是從原始協定衍生出新的協定。在 Python 中，擴展靜態協定有幾個注意事項，如範
例 13-20 所示。

範例 *13-20 randompickload.py*：擴展 RandomPicker

```
from typing import Protocol, runtime_checkable
from randompick import RandomPicker

@runtime_checkable    ❶
class LoadableRandomPicker(RandomPicker, Protocol):    ❷
    def load(self, Iterable) -> None: ...    ❸
```

---

21 每一個方法都是 callable，所以這一條準則沒有太多內容。也許可以改成「提供一個或兩個方法」？無論
如何，這是準則，不是嚴格規則。

❶ 如果你想讓衍生的協定可在執行期檢查，你必須再次套用 decorator ── 它的行為不會被繼承。[22]

❷ 除了聲明我們要擴展的協定之外，任何協定都必須明確地聲明 typing.Protocol 是它的基礎類別之一。這與 Python 的繼承不同。[23]

❸ 回到「常規」的物件導向程式設計：我們只需要在這個衍生的協定裡宣告新方法即可。pick 方法會從 RandomPicker 繼承。

以上就是本章定義和使用靜態協定的最後一個例子。

在本章的最後，我們要討論數字 ABC，以及可取代它們的數字協定。

numbers ABC 與數字協定

正如第 286 頁的「數字之塔的崩毀」所述，在 numbers 程式包裡的 ABC 在執行期可以正確地檢查型態。

如果你需要檢查整數，你可以使用 isinstance(x, numbers.Integral) 來接收 int、bool（繼承 int）或由外部程式庫提供的其他整數型態（它們將型態註冊為 numbers ABC 的虛擬子類別）。例如，NumPy 有 21 種整數型態（*https://fpy.li/13-39*）以及幾個被註冊為 numbers.Real 的浮點型態變體，還有註冊為 numbers.Complex 且具有各種 bit 寬度的複數。

 有點令人驚訝的是，decimal.Decimal 沒有被註冊為 numbers.Real 的虛擬子類別。這是因為，如果你在程式中需要 Decimal 的精度，你就要避免意外混合使用精度較低的浮點數。

可悲的是，數字之塔不是為靜態型態檢查而設計的。ABC 之根 ── numbers.Number 沒有方法，所以如果你宣告 x: Number，Mypy 不會允許你對 x 進行任何算術，或呼叫任何方法。

numbers ABC 不被支援，我們還有哪些選項？

22　關於詳情和理由，見 PEP 544 ── Protocols: Structural subtyping (static duck typing) 的 @runtime_checkable 一節（*https://fpy.li/13-37*）。

23　同樣的，詳情和理由見 PEP 544 的「Merging and extending protocols」（*https://fpy.li/13-38*）。

typeshed 專案是尋找定型解決方案的好地方。作為 Python 標準庫的一部分，statistics 模組有一個相應的 *statistics.pyi*（*https://fpy.li/13-40*）stub 檔案，裡面有關於 *typehed* 的型態提示。你可以在那裡找到以下的定義，它們被用來注解幾個函式：

```
_Number = Union[float, Decimal, Fraction]
_NumberT = TypeVar('_NumberT', float, Decimal, Fraction)
```

雖然那個辦法是正確的，但效果有限。它不支援標準程式庫以外的數字型態，但是 numbers ABC 在執行期支援它們 —— 當數字型態被註冊為虛擬子類別時。

目前的趨勢是推薦由 typing 模組提供的數字協定，我們在第 476 頁的「可在執行期檢查的靜態協定」討論過它們。

不幸的是，在執行期，數字協定可能讓你失望。如第 479 頁的「在執行期檢查協定的限制」所述，Python 3.9 的 complex 型態實作了 __float__，但該方法存在的目的，只是為了發出 TypeError 與一個清楚的訊息「can't convert complex to float」。出於同一個理由，它也實作了 __int__。這些方法的存在導致 isinstance 在 Python 3.9 回傳具誤導性的結果。Python 3.10 將 complex 內無條件引發 TypeError 的方法移除了。[24]

另一方面，NumPy 複數型態實作了正確的 __float__ 與 __int__ 方法，它們只會在它們被第一次使用時發出一條警告訊息：

```
>>> import numpy as np
>>> cd = np.cdouble(3+4j)
>>> cd
(3+4j)
>>> float(cd)
<stdin>:1: ComplexWarning: Casting complex values to real
discards the imaginary part
3.0
```

相反的問題也存在：內建的 complex、float 與 int，以及 numpy.float16 和 numpy.uint8 沒有 __complex__ 方法，所以 isinstance(x, SupportsComplex) 檢查它們時會回傳 False。[25] NumPy 的複數型態（例如 np.complex64）有實作 __complex__，以轉換成內建的 complex。

24　見問題 #41974 —— Remove complex.__float__,complex.__floordiv__, etc（*https://fpy.li/13-41*）。

25　我沒有測試 NumPy 提供的其他浮點數和整數變體。

但是，在實務上，complex() 內建建構式可處理以上所有型態的實例而不會產生錯誤或警告訊息：

```
>>> import numpy as np
>>> from typing import SupportsComplex
>>> sample = [1+0j, np.complex64(1+0j), 1.0, np.float16(1.0), 1, np.uint8(1)]
>>> [isinstance(x, SupportsComplex) for x in sample]
[False, True, False, False, False, False]
>>> [complex(x) for x in sample]
[(1+0j), (1+0j), (1+0j), (1+0j), (1+0j), (1+0j)]
```

用 isinstance 來檢查 SupportsComplex 的結果指出將它們轉換成 complex 的結果都會失敗，但它們都成功了。在 typing-sig mailing list 裡，Guido van Rossum 指出，內建的 complex 接收一個引數，這就是這些轉換有效的原因。

另一方面，Mypy 接受你呼叫下面的 to_complex() 函式時傳入那六種型態的引數：

```
def to_complex(n: SupportsComplex) -> complex:
    return complex(n)
```

當我寫到這裡時，NumPy 沒有型態提示，所以它的數字型態都是 Any。[26] 另一方面，Mypy 在某種程度上「意識到」內建的 int 和 float 可以轉換為 complex，儘管在 *typehed* 上，只有內建的 complex 類別有 __complex__ 方法。[27]

總之，儘管檢查數字型態不應該如此困難，但目前的情況是這樣的：型態提示 PEP 484 避免了數字之塔（*https://fpy.li/cardxvi*），並隱性地建議型態檢查器將內建的 complex、float 與 int 之間的子型態關係寫死（hardcode）。Mypy 採取這種做法，並務實地接受 int 與 float *consistent-with* SupportsComplex，即使它們並未實作 __complex__。

 我只有在實驗 complex 與其他型態之間的轉換，並使用 isinstance 和數字 Supports* 協定來做檢查時看到意外的結果。如果你不使用複數，你可以使用這些協定，而不是 numbers ABC。

---

26 NumPy 的數字型態都註冊適當的 numbers ABC，而 Mypy 忽略它。

27 對 *typeshed* 而言，這是善意的謊言：自 Python 3.9 起，內建的 complex 型態其實沒有 __complex__ 方法。

本節的重點是：

- numbers ABC 適合執行期型態檢查，但不適合靜態定型。

- 數字靜態協定 SupportsComplex、SupportsFloat …等適合靜態定型，但牽涉複數時，執行期型態檢查的結果不可靠。

我們來快速回顧一下本章的內容。

本章摘要

Typing Map（圖 13-1）是理解本章的關鍵。在簡單地介紹四種定型方法之後，我們比較了動態與靜態協定，它們分別支援鴨定型和靜態鴨定型。這兩種協定都有一個基本特徵：類別永遠不需要明確地宣告它支援任何特定的協定。類別只需要實作必要的方法，即可支援一個協定。

下一個主要的小節是第 444 頁的「編寫鴨子」，我們在那裡探討了 Python 直譯器為了讓 sequence 和 iterable 動態協定可以運作做了哪些事情，包括部分實作兩者。然後，我們看了如何透過 monkey patching 來為類別加入額外的方法，在執行期讓該類別實作協定。在鴨定型小節的最後，我們介紹了防禦性編程技巧，包括使用 try/except 與快速失敗來檢測結構型態，而不是明確地使用 isinstance 或 hasattr。

Alex Martelli 在第 451 頁的「水禽與 ABC」介紹了鵝型態，之後，我們看了如何繼承現有的 ABC，研究標準程式庫的重要 ABC，並從零開始建立一個 ABC，然後我們用傳統的子類別化和註冊來實作它。在這一節的結尾，我們看到了 __subclass hook__ 特殊方法如何讓 ABC 支援結構型態，它可以認出無關卻具備滿足 ABC 介面的方法的類別。

第 474 頁的「靜態協定」是最後一個主要的小節，我們在那裡延續第 8 章，第 293 頁的「靜態協定」，繼續探討靜態鴨定型。我們看了 @runtime_checkable decorator 如何利用 __subclasshook__ 來支援執行期的結構定型，即使靜態協定最好與靜態型態檢查器一起使用，但它可以考慮型態提示，來讓結構定型更可靠。接著我們討論靜態協定的設計和編程，以及如何擴展它。本章的最後一節是第 486 頁的「numbers ABC 與數字協定」，本節講述了數字之塔進入荒廢狀態的悲劇，以及替代方案的現有缺陷。替代方案包括 SupportsFloat 與 Python 3.8 加入 typing 模組的其他工具。

本章的重點是，在現代 Python 中，我們有四種互補的介面編程法，它們都有不同的優缺點。你應該可以在任何稍具規模的現代 Python 碼庫中為每一種定型方案找到合適的用例。拒絕任何一種方案都會讓你這位 Python 程式設計師的工作更困難。

話雖如此，Python 在只支援鴨定型的時候就廣受歡迎了。其他的流行語言都是藉著利用鴨定型威力和簡單性而發揮巨大的影響力，例如 JavaScript、PHP、Ruby，以及 Lisp、Smalltalk、Erlang 和 Clojure（雖不流行但很有影響力）。

延伸讀物

若要快速瞭解定型的利弊，以及 `tying.protocol` 對於靜態檢查碼庫之健康的重要性，我強烈推薦 Glyph Lefkowitz 的文章「I Want A New Duck: typing.Protocol and the future of duck typing」（*https://fpy.li/13-42*）。他的「Interfaces and Protocols」（*https://fpy.li/13-43*）一文也讓我獲益匪淺，該文比較了 `typing.Protocol` 與 `zope.interface`，後者是一種早期的機制，可定義和插件系統鬆耦合的介面，使用它的系統有 Plone CMS（*https://fpy.li/13-44*）、Pyramid web（*https://fpy.li/13-45*），及 Twisted（*https://fpy.li/13-46*）非同步編程框架，它是 Glyph 創立的專案。[28]

介紹 Python 的好書（顧名思義）都詳細地介紹鴨定型。我最喜歡的兩本 Python 書都已經推出新版了：Naomi Ceder 的 *Fluent Python: The Quick Python Book* 第 3 版（Manning），以及 Alex Martelli、Anna Ravenscroft 和 Steve Holden 的 *Python in a Nutshell*（O'Reilly）第 3 版。

關於動態定型的優缺點，可參考 Bill Venners 和 Guido van Rossum 的對談，「Contracts in Python: A Conversation with Guido van Rossum, Part IV」（*https://fpy.li/13-47*）。Martin Fowler 的文章「Dynamic Typing」（*https://fpy.li/13-48*）為這場辯論提出深刻且平衡的觀點。他也寫了「Role Interface」（*https://fpy.li/13-33*），我曾經在第 484 頁的「設計協定的最佳做法」提到這個主題。雖然這篇文章與鴨定型無關，但它與 Python 的協定設計密切相關，因為他比較了狹窄的角色介面與廣泛的類別公用介面。

Mypy 文件通常是與 Python 靜態定型有關的任何事情的最佳資訊來源，包括於「Protocols and structural subtyping」一章討論的靜態鴨定型（*https://fpy.li/13-50*）。

28　感謝技術校閱 Jürgen Gmach 推薦「Interfaces and Protocols」一文。

其餘的參考資料都是關於鵝定型。Beazley 與 Jones 的 *Python Cookbook* 第 3 版（O'Reilly）有一節討論 ABC 的定義（Recipe 8.12）。這本書是在 Python 3.4 之前寫的，所以他們並未使用現在的最佳語法，也就是製作 abc.ABC 的子類別來宣告 ABC（他們使用 metaclass 關鍵字，我們只有在第 24 章才真正需要它）。除了這個小細節之外，該配方也詳細地探討了 ABC 的主要功能。

Doug Hellmann 的 *Python Standard Library by Example*（Addison-Wesley）有一章探討 abc 模組。你也可以在 Doug 的網站 PyMOTW —— Python Module of the Week（*https:// fpy.li/13-51*）找到它。Hellmann 也使用舊式的 ABC 宣告：PluginBase(metaclass=abc. ABCMeta) 而非自 Python 3.4 起更簡單的 PluginBase(abc.ABC)。

在使用 ABC 時，多重繼承不僅常見，實際上也是不可避免的，因為每個基本的 collection ABC，包括 Sequence、Mapping 與 Set，都繼承 Collection，而 Collection 又繼承多個 ABC（參見圖 13-4）。因此，第 14 章是本章的重要後續文獻。

PEP 3119 —— Introducing Abstract Base Classes（*https://fpy.li/13-52*）提供使用 ABC 的理由。PEP 3141 —— A Type Hierarchy for Numbers（*https://fpy.li/13-53*）展示了 numbers 模組的 ABC（*https://fpy.li/13-54*），在 Mypy 問題 #3186「int is not a Number?」（*https:// fpy.li/13-55*）的討論中，有一些關於為何數字之塔不適合靜態型態檢查的論述。Alex Waygood 在 StackOverflow 的一篇回答中詳細地探討注解數字型態的方法（*https://fpy. li/13-56*）。我會在 Mypy 問題 #3186（*https://fpy.li/ 13-55*）持續關注這一個傳奇故事的新篇章，希望它的結局是讓靜態定型和鵝定型相容，因為它們本該如此。

肥皂箱

Python 靜態定型的 MVP 旅程

我曾經在 Thoughtworks 工作，那是一家領先全球的敏捷（Agile）軟體開發公司。在 Thoughtworks 時，我們經常建議顧客製作和部署 MVP（minimal viable product，最小可行產品），我的同事 Paulo Caroli 在 Martin Fowler 的部落格（*https://fpy.li/13-59*）發表的「Lean Inception」（*https://fpy.li/13-58*）說，MVP 就是「提供給用戶的簡單版產品，目的是驗證關鍵的商業假設」。

Guido van Rossum 和設計及實作靜態定型的核心開發人員從 2006 年起一直遵循 MVP 策略。首先，Python 3.0 實作的 PEP 3107 —— Function Annotations（*https://fpy.li/pep3107*）的語義很有限，只有將注解附加至函式參數與回傳值的語法。這樣做顯然是為了進行實驗和收集回饋，這正是 MVP 的主要好處。

八年後，PEP 484 —— Type Hints（*https://fpy.li/pep484*）被提出並獲得批准。它在 Python 3.5 裡的實作除了加入 typing 模組之外不需要改變語言和標準程式庫，且標準程式庫的其他部分都不依賴該模組。PEP 484 只支援帶泛型的名義型態，類似 Java，但實際的靜態檢查由外部的工具完成。它缺少重要的功能，例如變數注解、通用的內建型態，和協定。儘管有這些限制，但這個 typing MVP 的價值足以吸引具備龐大 Python 碼庫的公司對它的投資和採用，例如 Dropbox、Google 與 Facebook，以及專業 IDE 的支援，例如 PyCharm（*https://fpy.li/13-60*）、Wing（*https://fpy.li/13-61*）與 VS Code（*https://fpy.li/13-62*）。

PEP 526 —— Syntax for Variable Annotations（*https://fpy.li/pep526*）是第一個需要改變 Python 3.6 的直譯器的演進步驟。後來的 Python 3.7 直譯器做了更多修改，以支援 PEP 563 —— Postponed Evaluation of Annotations（*https://fpy.li/pep563*）與 PEP 560 —— Core support for typing module and generic types（*https://fpy.li/pep560*），它讓內建的和標準程式庫的 collection 在 Python 3.9 可以接收泛型型態提示，因為有 PEP 585 —— Type Hinting Generics In Standard Collections（*https://fpy.li/pep585*）。

在這幾年裡，有一些 Python 使用者（包括我）對定型支援感到失望。在我學了 Go 之後，Python 缺少靜態鴨定型令我難以理解，因為鴨定型一直是這種語言的核心優勢。

但這就是 MVP 的本質：也許 MVP 無法滿足每一位潛在的使用者，但 MVP 可以用更少的精力來實現，並且讓你透過實際使用帶來的回饋來引導進一步的發展。

如果說我們從 Python 3 中學到一件事，那就是漸進式的發展比大爆發式的發表更安全。很高興我們不必等待 Python 4（如果它會出現的話）就可以讓 Python 更受大型企業青睞，因為靜態定型的好處值得用它增加的複雜性來換取。

流行語言的定型方法

圖 13-8 是 Typing Map（圖 13-1）的變體，上面有支援各種定型方法的流行語言。

在這一小群任意選擇的樣本中，只有 TypeScript 與 Python >= 3.8 是支援四種方法的語言。

Go 顯然遵循 Pascal 傳統，是一種靜態定型語言，但它開創了靜態鴨定型，至少是現今流行的語言的先驅。我也把 Go 放在鵝定型的象限裡，因為它的型態斷言（type assertion）可讓你在執行期檢查和調整不同的型態。

如果我在 2000 年畫出這張圖表的話，在這張圖裡只有鴨定型和靜態定型象限裡面有程式語言。我不清楚 20 年前有什麼語言支援靜態鴨定型和鵝定型。從每一個象限都至少有三種流行的語言來看，現在已經有很多人看到這四種定型方法的價值了。

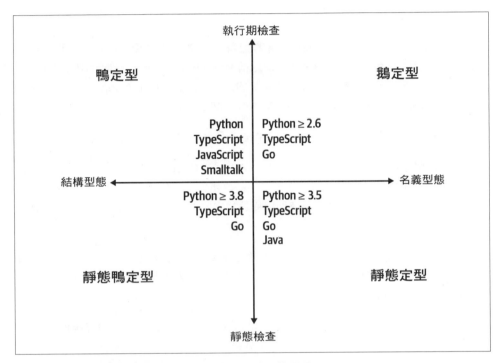

圖 13-8　四種型態檢查方法，以及支援它們的一些語言。

monkey patching

monkey patching 的名聲不太好，濫用它會讓系統難以理解與維護。patch（補丁）通常和它的目標緊密耦合，導致目標易脆。另一個問題是，兩個採用 monkey patch 的程式庫可能會互相干擾，導致第二個程式庫執行時，破壞第一個的補丁。

但是 monkey patching 有時也很有用，例如，讓類別在執行期實作協定。Adapter 設計模式是藉著實作全新的類別來解決同一個問題。

為 Python 程式碼加上 monkey patch 很簡單，但有一些限制。與 Ruby 和 JavaScript 不同的是，Python 不讓你 monkey patch 內建的型態。我認為這其實是一項優點，因為你可以確信 str 物件必然具有相同的方法。這個限制可以降低外部程式庫使用帶來衝突的補丁的機會。

介面中的隱喻與習慣用法

隱喻可清晰地描述限制和可用性來幫助理解。這就是「堆疊（stack）」和「佇列（queue）」這兩個單字為這兩種基本資料結構帶來的價值，它們清楚地說明了你可以採取哪些動作，亦即，項目是如何加入和移除的。另一方面，Alan Cooper 等人在 *About Face, the Essentials of Interaction Design* 第 4 版（Wiley）中寫道：

> 嚴格地遵守隱喻，會將介面和現實世界的工作沒必要地緊密捆綁。

他指的是使用者介面，但他的告誡也適用於 API。但 Cooper 承認，當「真正適當」的隱喻「無意間出現」時，我們可以使用它（他之所以寫「無意間出現」是因為找到合適的隱喻非常困難，我們不應該花時間積極尋找它們）。我堅信本章的賓果機是合適的形象。

About Face 是我所讀過的最棒的 UI 設計書籍（我看了不少這類書籍）。從 Cooper 的著作中，我學到的最有價值的事情是：放棄將「隱喻」當成設計範式，將它換成「慣用介面（idiomatic interfaces）」。

Cooper 在 *About Face* 裡沒有談到 API，但我越是思考他的觀點，就越能看到它們該如何應用在 Python 裡。這個語言的基本協定就是 Cooper 所說的「idiom」。一旦我們瞭解「sequence」是什麼，我們就可以以將在不同的情境中運用這個知識。這就是 *Fluent Python* 的宗旨：強調語言的基本慣用法，使你的程式簡潔、高效、易讀，適合給熟練的 Python 鐵粉使用。

## 第 14 章

繼承：更好還是更糟

[...] 當時我們需要更好的繼承相關理論（目前仍然需要）。例如，繼承與實例化（實例化是一種繼承）混淆了實用性（例如重構程式碼來節省空間）和語義（用於過多任務，例如：特化、泛化、分類⋯等）。

—— *Alan Kay*，「*The Early History of Smalltalk*」[1]

本章討論繼承與子類別化。我假設你對這些概念有基本的瞭解，你可以藉由閱讀 *The Python Tutorial*（*https://fpy.li/14-2*）或從其他主流的物件導向語言（例如 Java、C#、C ++）瞭解它們。在此，我們把焦點放在 Python 的四個主要特點上：

- super() 函式
- 由內建型態進行子類別化的陷阱
- 多重繼承與方法解析順序
- mixin 類別

多重繼承是讓一個類別擁有超過一個基礎類別的功能。C++ 支援它，Java 與 C# 不支援。很多人認為多重繼承弊大於利。由於早期的 C++ 碼庫濫用它，所以 Java 故意將它排除在外。

1　Alan Kay，「The Early History of Smalltalk」，於 SIGPLAN Not. 28, 3（1993 年 3 月），69–95。此文也可以在網路上找到（*https://fpy.li/14-1*）。感謝我的好友 Christiano Anderson 在我寫這一章時分享這份參考文獻。

本章為那些未曾使用多重繼承的讀者提供一些指導，並介紹如何應對單繼承或多重繼承，如果你必須使用它的話。

截至 2021 年，因為超類別和子類別之間緊密耦合，人們普遍對於繼承的濫用（不僅僅是多重繼承）有明顯的反感。緊密耦合意味著修改程式的一個部分可能對其他部分造成意想不到的深遠影響，讓系統變得易脆且難以理解。

然而，我們不得不維護採用複雜類別層次結構的現有系統，或使用強制使用繼承的框架，有時甚至需要使用多重繼承。

我將使用標準程式庫、Django 網路框架和 Tkinter GUI 工具組來說明多重繼承的實際用途。

本章有哪些新內容

Python 沒有新增與本章的主題有關的功能，但第二版的技術校閱提供的回饋讓我大幅修改本章，尤其是 Leonardo Rochael 與 Caleb Hattingh。

我加入探討 super() 內建函式的第一節，並修改第 502 頁的「多重繼承與方法解析順序」裡面的範例，以更深入地探討 super() 如何支援合作式多重繼承。

第 508 頁的「mixin 類別」也是新的一節。我重新編排第 510 頁的「現實的多重繼承」，並在介紹複雜的 Django 和 Tkinter 階層之前，先介紹標準程式庫中較簡單的 mixin 範例。

如本章標題所述，繼承的注意事項一直是本章的主題之一。但是有越來越多的開發者認為它有問題，所以我在第 522 頁的「本章摘要」和第 523 頁的「延伸讀物」的結尾加入幾段關於避免繼承的內容。

我們先來瞭解神秘的 super() 函式。

super() 函式

在編寫容易維護的物件導向 Python 程式時，始終如一地使用 super() 內建函式非常重要。

當子類別複寫超類別的方法時，子類別的方法通常需要呼叫超類別的相應方法。以下是建議的寫法，這個例子來自 *collections* 模組文件的「OrderedDict Examples and Recipes」（*https://fpy.li/14-3*）一節：[2]

```
class LastUpdatedOrderedDict(OrderedDict):
    """Store items in the order they were last updated"""

    def __setitem__(self, key, value):
        super().__setitem__(key, value)
        self.move_to_end(key)
```

LastUpdatedOrderedDict 為了完成其工作而覆寫 __setitem__，以：

1. 使用 super().__setitem__ 來呼叫超類別的那個方法，讓它插入或更新鍵 / 值。

2. 呼叫 self.move_to_end 來確保更新後的 key 在最後一個位置。

呼叫被覆寫的 __init__ 方法特別重要，以便讓超類別在初始化實例時完成其部分工作。

 如果你學過 Java 的物件導向設計，你應該記得 Java 建構方法（constructor method）會自動呼叫超類別的無引數建構式。Python 不這樣做。你必須習慣這種寫法：

```
        def __init__(self, a, b):
            super().__init__(a, b)
            ... # 其他的初始化程式
```

你應該看過不使用 super()，而是直接對著超類別呼叫方法的寫法，例如：

```
class NotRecommended(OrderedDict):
    """This is a counter example!"""

    def __setitem__(self, key, value):
        OrderedDict.__setitem__(self, key, value)
        self.move_to_end(key)
```

雖然這種寫法在這個例子裡可行，但不推薦使用，原因有二，首先，它把基礎類別寫死了。OrderedDict 出現在 class 陳述式裡，也出現在 __setitem__ 裡。如果將來有人修改 class 陳述式來修改基礎類別或加入另一個，他們可能會忘記修改 __setitem__ 的主體，導致 bug。

2　我只修改這個範例的 docstring，因為原本的會造成誤解。它說：「Store items in the order the keys were last added」，但從名稱可以知道，這不是 LastUpdatedOrderedDict 做的事情。

第二個原因是 super 的實作邏輯能夠處理多重繼承類別階層。 我們會在第 502 頁的「多重繼承與方法解析順序」討論這個部分。在結束關於 super 的復習之前，我們要來回顧一下它在 Python 2 裡是呼叫的，舊簽章有兩個引數：

```python
class LastUpdatedOrderedDict(OrderedDict):
    """This code works in Python 2 and Python 3"""

    def __setitem__(self, key, value):
        super(LastUpdatedOrderedDict, self).__setitem__(key, value)
        self.move_to_end(key)
```

當今 super 的兩個引數都是選用的。當你在一個方法裡呼叫 super() 時，Python 3 bytecode 編譯器會檢查上下文並自動提供引數。這兩個引數是：

type

從哪裡開始搜尋哪個超類別實作了所需的方法。在預設情況下，它是呼叫 super() 的方法所屬的類別。

object_or_type

方法呼叫的接收物件（實例方法呼叫）或接收類別（類別方法呼叫）。在預設情況下，如果 super() 呼叫發生在實例方法裡，它是 self。

無論這些引數是你提供的，還是編譯器提供的，super() 呼叫都會回傳一個動態代理物件，可在 type 參數的超類別裡尋找方法（例如本例中的 __setitem__），並將它綁定至 object_or_type，所以我們呼叫該方法時，不需要明確地傳遞接收者（self）。

在 Python 3 裡，你仍然可以明確地提供第一個引數與第二個引數給 super()。[3] 但只有在特殊情況下才需要，例如在測試或偵錯時，跳過 MRO 的一部分，或處理超類別中不希望看到的行為。

接下來要討論製作內建型態的子類別時的注意事項。

---

[3] 你也可以只提供第一個引數，但這沒什麼實際用處，在 super() 最初創造者 Guido van Rossum 的支持之下，這個功能可能即將被廢棄。見「Is it time to deprecate unbound super methods?」（*https://fpy.li/14-4*）的討論。

建立內建型態的子類別很麻煩

在早期的 Python 版本裡，我們無法製作內建型態的子類別，例如 list 或 dict。自 Python 2.2 起，我們可以這樣做，但有一個重要的注意事項：內建型態的程式碼（用 C 寫成的）通常不會呼叫被自訂類別覆寫的方法。在 PyPy 的文件中，有一個很棒的短文說明這一個問題，在「Subclasses of built-in types」的「Differences between PyPy and CPython」小節（*https://fpy.li/pypydif*）：

> CPython 沒有確切的官方規則指明何時會私下呼叫內建型態的子類別所覆寫的方法，大致來說，這些方法絕不會被同一個物件的其他內建方法呼叫。例如，被 dict 的子類別覆寫的 __getitem__() 不會被內建的 get() 方法呼叫。

範例 14-1 說明這個問題。

範例 14-1　內建的 dicl 的 __init__ 及 __update__ 方法忽略了我們覆寫的 __setitem__

```
>>> class DoppelDict(dict):
...     def __setitem__(self, key, value):
...         super().__setitem__(key, [value] * 2)    ❶
...
>>> dd = DoppelDict(one=1)    ❷
>>> dd
{'one': 1}
>>> dd['two'] = 2    ❸
>>> dd
{'one': 1, 'two': [2, 2]}
>>> dd.update(three=3)    ❹
>>> dd
{'three': 3, 'one': 1, 'two': [2, 2]}
```

❶ DoppelDict.__setitem__ 會重複儲存值（沒有特殊理由，只是為了展示效果）。它將工作委託給超類別。

❷ 從 dict 繼承的 __init__ 方法顯然忽略 __setitem__ 被覆寫了：'one' 的值沒有重複。

❸ [] 運算子呼叫我們的 __setitem__，並一如預期地工作：'two' 對應至重複的值 [2, 2]。

❹ dict 的 update 方法也沒有使用我們的 __setitem__ 版本：'three' 的值沒有重複。

這個內建的行為違反了物件導向程式設計的一條基本規則：方法的搜尋，一定要從接收者（self）的類別開始，即使呼叫發生在超類別所實作的方法內。這就是所謂的「late binding（晚期綁定）」，Alan Kay（Samlltalk 名人）認為它是物件導向程式設計的關鍵特徵：在使用 x.method() 這種形式的任何呼叫中，被呼叫的確切方法必須在執行期根據接收者 x 的類別來決定 [4]。這種令人沮喪的情況導致了我們在第 96 頁的「標準程式庫並未一致地使用 __missing__」裡看到的問題。

這個問題不限於實例內部的呼叫（即 self.get() 呼叫 self.__getitem__()），也會在其他類別所覆寫的方法被內建方法呼叫時發生。範例 14-2 改自 PyPy 文件（*https://fpy.li/14-5*）。

範例 *14-2* AnswerDict 的 __getitem__ 被 dict.update 忽略了

```
>>> class AnswerDict(dict):
...     def __getitem__(self, key):  ❶
...         return 42
...
>>> ad = AnswerDict(a='foo')  ❷
>>> ad['a']  ❸
42
>>> d = {}
>>> d.update(ad)  ❹
>>> d['a']  ❺
'foo'
>>> d
{'a': 'foo'}
```

❶ AnswerDict.__getitem__ 始終回傳 42，無論 key 是什麼。

❷ ad 是包含鍵值 ('a', 'foo') 的 AnswerDict。

❸ ad['a'] 回傳 42，一如預期。

❹ d 是一般的 dict 的實例，我們用 ad 來更新它。

❺ dict.update 方法忽略我們的 AnswerDict.__getitem__。

4　有趣的是，C++ 有虛擬和非虛擬方法的概念。虛擬方法是晚期綁定，但非虛擬方法在編譯期綁定。雖然可以用 Python 寫出來的每一個方法都像虛擬方法一樣是晚期綁定的，但是使用 C 編寫的內建物件似乎在預設情況下有非虛擬方法，至少在 CPython 中是如此。

直接繼承 dict 或 list 或 str 之類的內建型態很容易出錯，因為內建方法幾乎都會忽略自訂的覆寫。與其繼承內建型態，不如從 collections 模組（*https://fpy.li/14-6*）使用 UserDict、UserList 與 UserString 來衍生你自己的類別，它們是為了讓你輕鬆地擴展而設計的。

繼承 collections.UserDict 而不是 dict 可同時修正範例 14-1 與 14-2 的錯誤。參見範例 14-13。

範例 14-3   DoppelDict2 與 AnswerDict2 如預期地工作，因為它們繼承 UserDict，而不是 dict

```
>>> import collections
>>>
>>> class DoppelDict2(collections.UserDict):
...     def __setitem__(self, key, value):
...         super().__setitem__(key, [value] * 2)
...
>>> dd = DoppelDict2(one=1)
>>> dd
{'one': [1, 1]}
>>> dd['two'] = 2
>>> dd
{'two': [2, 2], 'one': [1, 1]}
>>> dd.update(three=3)
>>> dd
{'two': [2, 2], 'three': [3, 3], 'one': [1, 1]}
>>>
>>> class AnswerDict2(collections.UserDict):
...     def __getitem__(self, key):
...         return 42
...
>>> ad = AnswerDict2(a='foo')
>>> ad['a']
42
>>> d = {}
>>> d.update(ad)
>>> d['a']
42
>>> d
{'a':42}
```

為了測量子類別化內建物件需要多費多少工夫，我將範例 3-9 的 StrKeyDict 類別改成子類別化 dict 而不是 UserDict。但是為了讓它通過同一套測試，我不得不實作 __init__、get 與 update，因為從 dict 繼承來的版本拒絕與覆寫出來的 __missing__、__contains__ 及 __setitem__ 合作。範例 3-9 的 UserDict 子類別有 16 行，而實驗的 dict 子類別有 33 行。[5]

澄清一下：本節的問題僅適用於內建型態的 C 語言程式碼中的方法委託，而且只影響直接從這些型態衍生的類別。如果你繼承以 Python 編寫的基礎類別，例如 UserDict 或 MutableMapping，你不會遇到這種麻煩。[6]

接下來要看一個多重繼承帶來的問題：如果一個類別有兩個超類別，如果我們呼叫 super().attr，而兩個超類別都有那個名稱的屬性，Python 如何決定該使用哪個屬性？

多重繼承與方法解析順序

具有多重繼承的語言都必須處理超類別實作相同名稱的方法時，可能導致的名稱衝突。這個問題稱為「鑽石問題」，參見圖 14-1 與範例 14-4。

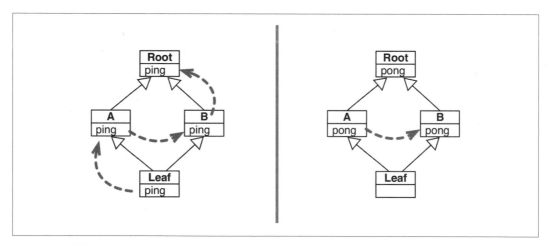

圖 14-1　左圖：leaf1.ping() 呼叫的啟動順序。右圖：leaf1.pong() 呼叫的啟動順序。

5　如果你好奇，這個實驗在 *fluentpython/example-code-2e*（*https://fpy.li/code*）程式存放區的 *14-inheritance/strkeydict_dictsub.py*（*https://fpy.li/14-7*）檔案裡。

6　順便一提，PyPy 在這方面的行為比 CPython 更「正確」，代價是有一些不相容性。詳情見「Differences between PyPy and CPython」（*https://fpy.li/14-5*）。

範例 *14-4 diamond.py*：圖 *14-1* 的類別 Leaf、A、B、Root

```python
class Root:  ❶
    def ping(self):
        print(f'{self}.ping() in Root')

    def pong(self):
        print(f'{self}.pong() in Root')

    def __repr__(self):
        cls_name = type(self).__name__
        return f'<instance of {cls_name}>'


class A(Root):  ❷
    def ping(self):
        print(f'{self}.ping() in A')
        super().ping()

    def pong(self):
        print(f'{self}.pong() in A')
        super().pong()


class B(Root):  ❸
    def ping(self):
        print(f'{self}.ping() in B')
        super().ping()

    def pong(self):
        print(f'{self}.pong() in B')


class Leaf(A, B):  ❹
    def ping(self):
        print(f'{self}.ping() in Leaf')
        super().ping()
```

❶ Root 提供 ping、pong 與 __repr__ 來讓輸出更易讀。

❷ 類別 A 的 ping 與 pong 方法都呼叫 super()。

❸ 只有類別 B 的 ping 方法呼叫 super()。

❹ 類別 Leaf 僅實作 ping，它呼叫 super()。

我們來看看對著 Leaf 的實例呼叫 ping 與 pong 方法的效果（範例 14-5）。

範例 14-5　對著 Leaf 物件呼叫 ping 與 pong 的 *doctest*

```
>>> leaf1 = Leaf()   ❶
>>> leaf1.ping()     ❷
<instance of Leaf>.ping() in Leaf
<instance of Leaf>.ping() in A
<instance of Leaf>.ping() in B
<instance of Leaf>.ping() in Root

>>> leaf1.pong()     ❸
<instance of Leaf>.pong() in A
<instance of Leaf>.pong() in B
```

❶ leaf1 是 Leaf 的一個實例。

❷ 呼叫 leaf1.ping() 會觸發 Leaf、A、B 與 Root 裡的 ping 方法，因為在前三個類別裡的 ping 方法皆呼叫 super().ping()。

❸ 呼叫 leaf1.pong() 會透過繼承，啟動 A 裡的 pong，然後呼叫 super.pong()，啟動 B.pong。

範例 14-5 與圖 14-1 中的啟動順序是由兩個因素決定的：

- Leaf 類別的方法解析順序。

- 在各個方法裡使用的 super()。

每一個類別都有一個稱為 __mro__ 的屬性，它儲存一個 tuple，按照方法解析順序保存指向超類別的參考，從當前的類別一直到 object 類別。[7] Leaf 類別的 __mro__ 是：

```
>>> Leaf.__mro__ # doctest:+NORMALIZE_WHITESPACE
(<class 'diamond1.Leaf'>, <class 'diamond1.A'>, <class 'diamond1.B'>,
<class 'diamond1.Root'>, <class 'object'>)
```

從圖 14-1 來看，你可能認為 MRO 描述廣度優先搜尋（*https://fpy.li/14-9*），但是那只是那個特定類別階層造成的巧合。MRO 是用公開的 C3 演算法來計算的。Michele Simionato 的「The Python 2.3 Method Resolution Order」（*https://fpy.li/14-10*）詳述了它在 Python 裡的用途。這篇文章有挑戰性，但 Simionato 寫道：「除非你重度使用多重繼承，而且具有略為微雜的階層結構，否則你不需要理解 C3 演算法，可以放心跳過這篇論文。」

7　類別也有 .mro() 方法，但它是 metaclass 程式設計的進階功能，參見第 920 頁的「類別即物件」。__mro__ 屬性的內容在正常使用類別的過程中很重要。

MRO 只決定觸發順序，但是在各個類別裡，特定方法是否被觸發，則取決於各個實作是否呼叫了 super()。

考應用 pong 方法來做的實驗。Leaf 類別未覆寫它，因此呼叫 leaf1.pong() 會啟動 Leaf.__mro__ 的下一個類別裡的程式：A 類別。方法 A.pong 呼叫 super().pong()。B 類別在 MRO 裡是下一個，因此 B.pong 會被觸發。但是該方法沒有呼叫 super().pong()，所以啟動序列在此結束。

MRO 不僅考慮繼承圖，也考慮超類別在子類別的宣告裡的順序。換句話說，如果在 *diamond.py*（範例 14-4）裡，Leaf 類別被宣告成 Leaf(B, A)，那麼在 Leaf.__mro__ 裡，類別 B 會在 A 之前，這將影響 ping 方法的觸發順序，也會導致 leaf1.pong() 藉由繼承觸發 B.pong，但 A.pong 與 Root.pong 絕不執行，因為 B.pong 沒有呼叫 super()。

呼叫 super() 的方法是合作方法（*cooperative method*）。合作方法可實現合作多重繼承。這些術語是有意選用的，意思是在 Python 裡，涉及多重繼承的方法必須主動合作，才能讓多重繼承正確運作。在 B 類別裡，ping 參與合作，但 pong 沒有。

> 非合作方法可能是微妙的 bug 的根源。很多人看了範例 14-4 之後可能認為，當方法 A.pong 呼叫 super.pong() 後，最終會觸發 Root.pong。但如果 B.pong 已經觸發過了，它就不會繼續呼叫 Root.pong。這就是為什麼一般建議非根類別的每一個方法 m 都應該呼叫 super().m()。

合作方法必須有相容的簽章，因為你不知道 A.ping 會在 B.ping 之前呼叫還是之後呼叫。觸發順序取決於 A 與 B 在繼承兩者的每個子類別裡的宣告順序。

Python 是動態語言，所以 super() 與 MRO 的互動也是動態的。範例 14-6 展示這個動態行為令人驚訝的結果。

範例 *14-6 diamond2.py*：以這些類別來展示 super() 的動態性質

```python
from diamond import A  ❶

class U():  ❷
    def ping(self):
        print(f'{self}.ping() in U')
        super().ping()  ❸

class LeafUA(U, A):  ❹
    def ping(self):
```

```
        print(f'{self}.ping() in LeafUA')
        super().ping()
```

❶ 類別 A 來自 *diamond.py*（範例 14-4）。

❷ 類別 U 與 diamond 模組的 A 或 Root 無關。

❸ super().ping() 會怎麼做？答案是依狀況而定。我們繼續看下去。

❹ LeafUA 依序繼承 U 與 A。

如果你建立 U 的實例，並試著呼叫 ping，你會看到錯誤訊息：

```
>>> u = U()
>>> u.ping()
Traceback (most recent call last):
  ...
AttributeError: 'super' object has no attribute 'ping'
```

super() 回傳的 'super' object 沒有屬性 'ping'，因為 U 的 MRO 有兩個類別：U 與 object，後者沒有名為 'ping' 的屬性。

但是，U.ping 方法並非一無是處。我們來試一下：

```
>>> leaf2 = LeafUA()
>>> leaf2.ping()
<instance of LeafUA>.ping() in LeafUA
<instance of LeafUA>.ping() in U
<instance of LeafUA>.ping() in A
<instance of LeafUA>.ping() in Root
>>> LeafUA.__mro__   # doctest:+NORMALIZE_WHITESPACE
(<class 'diamond2.LeafUA'>, <class 'diamond2.U'>,
 <class 'diamond.A'>, <class 'diamond.Root'>, <class 'object'>)
```

在 LeafUA 裡的 super().ping() 觸發 U.ping，U.ping 也藉著呼叫 super().ping() 來進行合作，觸發 A.ping，最終觸發 Root.ping。

注意，LeafUA 的基礎類別依序是 (U, A)。如果基礎類別是 (A, U)，那麼 leaf2.ping() 將不會到達 U.ping，因為在 A.ping 裡的 super().ping() 會觸發 Root.ping，而那個方法不會呼叫 super()。

在真實的程式裡，像 U 這種類別是 *mixin 類別*，意思是為了在多重繼承中與其他類別一起使用而設計來提供額外功能的類別。我們將在第 508 頁的「mixin 類別」中簡單地認識它。

在結束 MRO 的討論之前，圖 14-2 是 Python 標準程式庫的 Tkinter GUI 工具組的多重繼承圖的一部分。

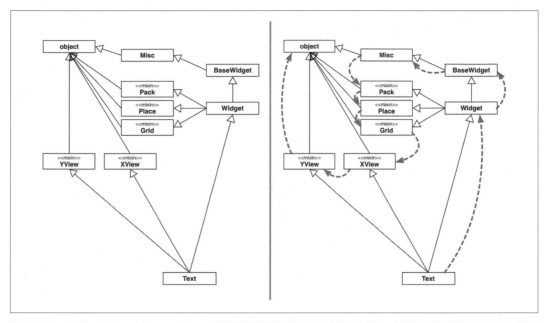

圖 14-2　左圖：Tkinter Text widget 類別與超類別的 UML 圖。右圖：虛線的箭頭是漫長且曲折的 Text.__mro__ 的路徑。

我們從最下面的 Text 類別開始研究這張圖。Text 類別實作一個功能完整、可編輯多行文字的 widget。它本身提供豐富的功能，但也從其他類別繼承許多方法。左圖是一般的 UML 類別圖。右圖加上箭頭來展示 MRO，我們在範例 14-7 中，使用方便的 print_mro 函式來列出 MRO。

範例 14-7　tkinter.Text 的 MRO

```
>>> def print_mro(cls):
...     print(', '.join(c.__name__ for c in cls.__mro__))
>>> import tkinter
>>> print_mro(tkinter.Text)
Text, Widget, BaseWidget, Misc, Pack, Place, Grid, XView, YView, object
```

接下來要討論 mixin。

mixin 類別

mixin 類別的設計是為了在多重繼承結構中,與至少一個其他類別一起被子類別化。mixin 不應該當成具體類別的唯一基礎類別,因為它不為具體物件提供所有功能,而是為子類別或同輩類別增加行為或訂做行為。

 mixin 類別是一種慣例,Python 與 C++ 沒有明確地提供語言支援。Ruby 可讓你明確地定義和使用與 mixin 有相同行為的模組,它們是可以 include 的一群方法,讓你將功能加入類別。C#、PHP 與 Rust 實作了 trait,它們也是 mixin 的一種明確的形式。

我們來看一個簡單且方便的 mixin 類別範例。

不分大小寫的 mapping

範例 14-8 是 UpperCaseMixin,這個類別的設計是為了讓你使用字串鍵來不分大小寫地存取 mapping,它會在你加入或查詢這些鍵時,將它們改成大寫。

範例 14-8　uppermixin.py:UpperCaseMixin 支援不分大小寫的 mapping

```python
import collections

def _upper(key):        ❶
    try:
        return key.upper()
    except AttributeError:
        return key

class UpperCaseMixin:        ❷
    def __setitem__(self, key, item):
        super().__setitem__(_upper(key), item)

    def __getitem__(self, key):
        return super().__getitem__(_upper(key))

    def get(self, key, default=None):
        return super().get(_upper(key), default)

    def __contains__(self, key):
        return super().__contains__(_upper(key))
```

❶ 這個輔助函式接收任意型態的 key，並試著回傳 key.upper()，如果失敗，則原封不動地回傳 key。

❷ 此 mixin 實作了 mapping 的四個基本方法，它總是呼叫 super()，可以的話，使用大寫的 key。

由於 UpperCaseMixin 的每一個方法都呼叫 super()，所以這個 mixin 需要依賴一個實作了或繼承了具有相同簽章的方法的同輩類別。為了讓 mixin 發揮作用，在使用 mixin 的子類別的 MRO 裡，mixin 通常要放在其他的類別之前。這意味著在類別宣告中，mixin 必須放在基礎類別的 tuple 的第一位。範例 14-9 展示兩個例子。

範例 14-9　uppermixin.py：使用 UpperCaseMixin 的兩個類別

```
class UpperDict(UpperCaseMixin, collections.UserDict):  ❶
    pass

class UpperCounter(UpperCaseMixin, collections.Counter):  ❷
    """Specialized 'Counter' that uppercases string keys"""  ❸
```

❶ UpperDict 不需要有自己的實作，但 UpperCaseMixin 必須是第一個基礎類別，否則會變成呼叫 UserDict 的方法。

❷ UpperCaseMixin 也與 Counter 合作。

❸ 與其 pass，更好的做法是提供一個 docstring 來滿足 class 陳述式語法需要主體的需求。

以下是來自 *uppermixin.py*（*https://fpy.li/14-11*），針對 UpperDict 的一些 doctest：

```
>>> d = UpperDict([('a', 'letter A'), (2, 'digit two')])
>>> list(d.keys())
['A', 2]
>>> d['b'] = 'letter B'
>>> 'b' in d
True
>>> d['a'], d.get('B')
('letter A', 'letter B')
>>> list(d.keys())
['A', 2, 'B']
```

快速地展示 UpperCounter：

```
>>> c = UpperCounter('BaNanA')
>>> c.most_common()
[('A', 3), ('N', 2), ('B', 1)]
```

UpperDict 與 UpperCounter 看起來很神奇，但我必須仔細研究 UserDict 與 Counter 的程式碼，才能讓 UpperCaseMixin 與它們正常合作。

例如，我的第一版 UpperCaseMixin 沒有提供 get 方法。那一版可以和 UserDict 合作，但不能和 Counter 合作。UserDict 從 collections.abc.Mapping 繼承 get，那個 get 呼叫 __getitem__，我實作了 __getitem__。但是當 UpperCounter 在 __init__ 裡面被載入時，鍵並未被改成大寫。這是因為 Counter.__init__ 使用 Counter.update，而 Counter.update 依賴從 dict 繼承來的 get 方法。但是，在 dict 類別裡的 get 方法沒有呼叫 __getitem__。這是我們在第 96 頁的「標準程式庫並未一致地使用 __missing__」中探討的問題之核心，這也強烈提醒我們，即使在小規模的程式中，利用繼承的程式，本質上也是脆弱和令人困惑的。

下一節要展示多重繼承的幾個範例，通常使用 mixin 類別。

現實的多重繼承

在 *Design Patterns* 一書[8] 裡的程式幾乎都是 C++，但唯一的多重繼承案例是 Adapter 模式。在 Python 裡，多重繼承也不是常態，但我要在這一節討論一些重要的範例。

ABC 也是 mixin

在 Python 標準程式庫中，collections.abc 是最明顯使用多重繼承的程式包。這個事實不具爭議性，畢竟，即使是 Java 也支援介面多重繼承，而且 ABC 是介面宣告，可以選擇性地提供具體方法的實作。[9]

Python collections.abc 的官方文件（*https://fpy.li/14-13*）使用 *mixin method* 這個術語來表示在許多 collection ABC 裡實作的具體方法。提供 mixin 方法的 ABC 扮演兩個角色：它們是介面定義，也是 mixin 類別。例如，collections.UserDict 的實作（*https://fpy.li/14-14*）依賴 collections.abc.MutableMapping 所提供的幾個 mixin 方法。

8　Erich Gamma、Richard Helm、Ralph Johnson　與 John Vlissides，*Design Patterns: Elements of Reusable Object-Oriented Software*（Addison-Wesley）。

9　如前所述，Java 8 也允許介面提供方法實作。在 Java 官方教學中，這種新功能稱為「Default Method」（*https://fpy.li/14-12*）。

ThreadingMixIn 與 ForkingMixIn

http.server（*https://fpy.li/14-15*）程式包提供 `HTTPServer` 與 `ThreadingHTTPServer` 類別。後者是在 Python 3.7 加入的。它的文件寫道：

class `http.server.ThreadingHTTPServer`*(server_address, RequestHandlerClass)*

> 這個類別與 `HTTPServer` 完全相同，但使用執行緒來處理請求，它使用了 `ThreadingMixIn`。它適合用來處理預開通訊端（pre-opening sockets）的網頁瀏覽器，`HTTPServer` 在上面會無限期地等待。

下面是 `ThreadingHTTPServer` 類別在 Python 3.10 裡的完整原始碼（*https://fpy.li/14-16*）：

```
class ThreadingHTTPServer(socketserver.ThreadingMixIn, HTTPServer):
    daemon_threads = True
```

`socketserver.ThreadingMixIn` 的原始碼（*https://fpy.li/14-17*）有 38 行，包括註釋和 docstring。範例 14-10 是它的實作的摘要。

範例 14-10　在 Python 3.10 裡的部分 Lib/socketserver.py

```
class ThreadingMixIn:
    """Mixin class to handle each request in a new thread."""

    # 在書中省略 8 行

    def process_request_thread(self, request, client_address):   ❶
        ... # 在書中省略 6 行

    def process_request(self, request, client_address):   ❷
        ... # 在書中省略 8 行

    def server_close(self):   ❸
        super().server_close()
        self._threads.join()
```

❶ `process_request_thread` 未呼叫 `super()`，因為它是新方法，不是覆寫的。它的實作呼叫 `HTTPServer` 提供或繼承的三個實例方法。

❷ 它覆寫 `HTTPServer` 從 `socketserver.BaseServer` 繼承來的 `process_request` 方法，啟動一個執行緒並將實際的工作委託給在該執行緒上執行的 `process_request_thread`。它沒有呼叫 `super()`。

❸ server_close 呼叫 super().server_close() 來停止接收請求，然後等待 process_request 啟動的執行緒完成它們的工作。

在 socketserver 模組文件（*https://fpy.li/14-18*）中，ThreadingMixIn 被列在 ForkingMixin 的後面。後者的設計是為了支援基於 os.fork()（*https://fpy.li/14-19*）的並行伺服器，os.fork() 是啟動子程序的 API，可在符合 POSIX（*https://fpy.li/14-20*）標準的類 Unix 系統中找到。

Django Generic Views Mixins

 在閱讀本節時，你不需要知道 Django。我使用這個框架的一小部分來作為多重繼承的具體範例，而且我會試著提供所有必要的背景知識，並假設你曾經用任何語言或框架來進行伺服器端 web 開發。

在 Django 裡，view 是一種可呼叫的（callable）物件，它接收一個 request 引數（代表 HTTP 請求的物件），並回傳一個代表 HTTP 回應的物件。在這個討論中，我們感興趣的是各種不同的回應。它們可能很簡單，例如沒有內容主體的轉址回應，也可能很複雜，例如商店的目錄網頁，用 HTML 模板來顯示，並列出許多商品及按鈕，可在上面購買商品或連接詳細說明的網頁。

Django 最初提供一組函式，稱為 generic view，它們實作了一些常見的用例。例如，許多網站都需要顯示搜尋結果，裡面有許多項目的資訊，且這份清單跨越好幾頁，裡面的每一個項目都連接到一個網頁，以詳細說明該項目的資訊。在 Django 裡，list view 與 detail view 在設計上是為了互相合作來解決這個問題的：list view 顯示搜尋結果，detail view 產生各個項目的網頁。

但是，原始的 generic view 都是函式，所以它們無法擴展。如果你需要做類似 generic list view 但不完全相同的東西，你就必須從頭開始寫起。

Django 1.3 加入「以類別為基礎的 view」，以及做成基礎類別、mixin、現成具體類別的一組 generic view 類別。在 Django 3.2，基礎類別與 mixin 都被放在 django.views. generic 程式包的 base 模組裡，如圖 14-3 所示。在圖表的上方，我們可以看到兩個類別負責非常不同的職責：View 與 TemplateResponseMixin。

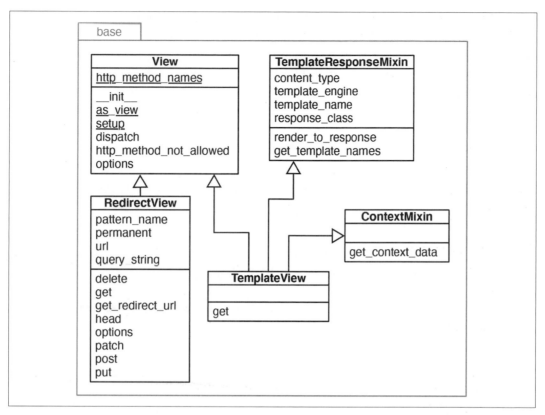

圖 14-3　django.views.generic.base 模組的 UML 類別圖

Classy Class-Based Views（*https://fpy.li/14-21*）網站是學習這些類別的好
地方，你可以在那裡輕鬆地巡覽它們，看看每一個類別內的所有方法（繼
承來的、自行覆寫的與新加入的方法），查看圖表、瀏覽它們的文件，或
跳到 GitHub 上的原始碼（*https://fpy.li/14-22*）。

View 是所有 view（它可能是個 ABC）的基礎類別，它提供一些核心的功能，例如
dispatch 方法可將工作委託給 get、head、post …等「handler」方法，由具體子類別實
作，以處理不同的 HTTP 動詞。[10] RedirectView 類別只繼承 View，你可以看到它實作了
get、head、post …等。

10　Django 程式設計師知道 as_view 類別方法是 View 介面最明顯的部分，但是在這裡，它與我們無關。

具體的 View 子類別應該實作 handler 方法，這些方法為何不是 View 介面的一部分？理由是：子類別可以自由地實作它們想要支援的 handler。TemplateView 的用途只有顯示內容，所以它只實作 get。如果有一個 HTTP POST 請求被送到 TemplateView，繼承來的 View.dispatch 方法會檢查並發現沒有 post handler，產生一個 HTTP 405 Method Not Allowed 回應。[11]

TemplateResponseMixin 提供的功能只對需要使用模板（template）的 view 有意義。例如 RedirectView 沒有內容主體，所以不需要模板，未繼承這個 mixin。TemplateResponseMixin 提供行為給 TemplateView 和其他顯示模板的 view，例如 ListView、DetailView … 等在 django.views.generic 裡定義的 view。圖 14-4 是 django.views.generic.list 模組與部分的 base 模組。

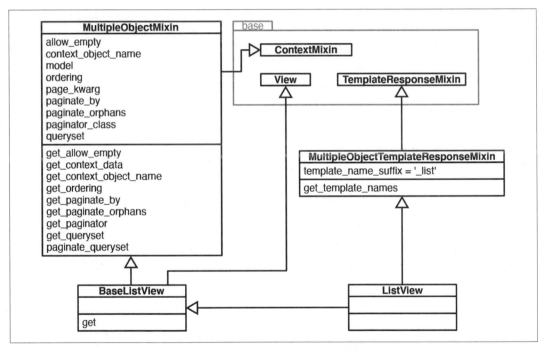

圖 14-4　django.views.generic.list 模組的 UML 類別圖。本圖將 base 模組的三個類別摺疊起來（參見圖 14-3）。ListView 類別沒有方法或屬性，它是聚合類別。

11　如果你對設計模式感興趣，你可以看出 Django 的調派（dispatch）機制是 Template Method 模式（*https://fpy.li/14-23*）的動態版本。它是動態的原因是，View 類別未強迫子類別實作所有的 handler，而是當特定請求有具體 handler 可用時，在執行期 dispatch 檢查。

對 Django 使用者來說，在圖 14-4 中最重要的類別是 ListView，它是一個聚合（aggregate）類別，完全沒有程式碼（它的主體只是 docstring）。ListView 被實例化時，它有一個 object_list 實例屬性，模板可以迭代它來顯示網頁內容，那些內容通常是查詢資料庫得到的多個物件。與產生這個物件的 iterable 有關的所有功能都來自 MultipleObjectMixin。這個 mixin 也提供複雜的分頁邏輯 —— 在一個網頁中顯示部分的結果，並連結到更多網頁。

如果你想要建立一個不顯示模板，而是產生一串 JSON 格式物件的 view，這就是 BaseListView 存在的初衷。它提供容易使用的擴展點來整合 View 與 MultipleObjectMixin 的功能，且沒有模板機制的開銷。

Django 的基於類別的 view API 是比 Tkinter 更好的多重繼承案例，尤其是，它的 mixin 類別很容易理解：每一個 mixin 都準確地定義目的，而且名稱都加上 ...Mixin 後綴。

並非所有 Django 使用者都接受基於類別的 view。很多人只是把它們當成不透明的容器來使用，但是當需要創建新東西時，許多 Django 開發者仍會繼續編寫龐大的 view 函式來處理所有任務，而不是嘗試再利用 base view 與 mixin。

學習如何利用類別 view 和如何擴展它們來滿足特定應用需求需要花一些時間，但我認為學習它們是有價值的。它們可以移除大量的樣板碼（boilerplate code），使解決方案更容易再利用，甚至可以改善團隊溝通，例如，為模板定義標準名稱，以及為模板環境接收的變數定義標準名稱。以類別為基礎的 view 是 Django view「on rails」。

Tkinter 的多重繼承

Python 標準程式庫裡的 Tkinter GUI 工具組（*https://fpy.li/14-24*）是多重繼承的極端案例。我在圖 14-2 中使用了部分的 Tkinter widget 階層來說明 MRO。圖 14-5 是在 tkinter 程式包裡的所有 widget 類別（在 tkinter.ttk 子程式包（*https://fpy.li/14-25*）裡有更多 widget）。

當我寫到這裡時，Tkinter 已經 25 歲了。它不是當前的最佳做法。但是它展示了當程式員不瞭解多重繼承的缺點時會如何使用它們。而且，當我們在下一節討論一些好方法時，它可以當成負面教材。

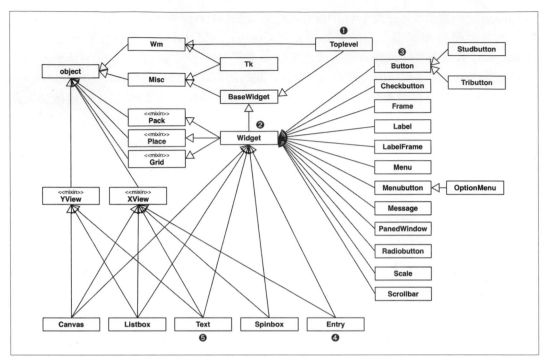

圖 14-5　Tkinter GUI 類別階層的 UML 圖。被標上 «mixin» 的類別是為了透過多重繼承來提供具體方法給其他類別而設計的。

考慮圖 14-5 的類別：

❶　Toplevel：Tkinter 應用程式的頂層視窗的類別。

❷　Widget：可放在視窗上的每一個可見物件的超類別。

❸　Button：一般的按鈕 widget。

❹　Entry：單行的可編輯文字欄位。

❺　Text：多行的可編輯文字欄位。

以下是這些類別的 MRO，以範例 14-7 的 print_mro 函式來顯示：

```
>>> import tkinter
>>> print_mro(tkinter.Toplevel)
Toplevel, BaseWidget, Misc, Wm, object
>>> print_mro(tkinter.Widget)
```

```
Widget, BaseWidget, Misc, Pack, Place, Grid, object
>>> print_mro(tkinter.Button)
Button, Widget, BaseWidget, Misc, Pack, Place, Grid, object
>>> print_mro(tkinter.Entry)
Entry, Widget, BaseWidget, Misc, Pack, Place, Grid, XView, object
>>> print_mro(tkinter.Text)
Text, Widget, BaseWidget, Misc, Pack, Place, Grid, XView, YView, object
```

 就當前的標準而言，Tkinter 的類別階層非常深。在 Python 標準程式庫中，具體類別超過三四層的部分不多，Java 類別階層也是如此。但是，有趣的是，在 Java 類別程式庫裡，一些最深的階層都可以在 GUI 設計相關程式包裡找到，例如 java.awt（*https://fpy.li/ 14-26*）與 *javax.swing*（*https://fpy.li/14-27*）。Squeak（*https://fpy.li/14-28*）是免費版的現代 Smalltalk，它有一個強大且創新的 Morphic GUI 工具組，該工具組也有很深的類別階層。根據我的經驗，GUI 工具組是最適合使用繼承的地方。

注意這些類別彼此的關係：

- Toplevel 是唯一未繼承 Widget 的圖形類別，因為它是頂層的視窗，而且行為和 widget 不同，例如，它無法附加至視窗或框架。Toplevel 繼承 Wm，後者提供直接操作 host 視窗管理器的功能，例如設定視窗標題與設定邊框。

- Widget 直接繼承 BaseWidget，以及 Pack、Place 與 Grid。後三個類別是形狀管理器，負責在視窗或框架內排列 widget。它們都封裝了不同的排版策略及 widget 放置 API。

- Button 與多數的 widget 一樣，只繼承 Widget，但間接繼承 Misc，後者提供數十種方法給每一種 widget。

- Entry 繼承 Widget 與 XView，後者支援水平捲動。

- Text 繼承 Widget、XView 與支援垂直捲動的 YView。

接下來要討論多重繼承的一些好做法，並看看 Tkinter 是否採取這些做法。

應對繼承

Alan Kay 在本章序言所說的話仍然成立：目前仍然沒有一般化的繼承理論，可以指引程式設計師的日常實踐。我們只有經驗法則、設計模式、「最佳實踐法」、巧妙的首字母縮寫、禁忌…等，雖然其中有些提供了有用的準則，但沒有一個是被普遍接受或一體適用的。

即使不使用多重繼承，光是使用繼承也很容易做出難以理解的、易脆的設計。因為我們沒有全面性的理論，接下來的提示可以避免做出像一團麵條一樣糾纏不清的類別圖。

優先使用物件組合而不是類別繼承

這一小節的標題是 *Design Patterns*[12] 一書中關於物件導向設計的第二條原則，也是我能夠提供的最佳建議。熟悉繼承後，你很容易濫用它。把物件放在整齊的階層結構裡可以滿足我們的整理癖好，有些程式設計師會出於興趣而這樣做。

優先使用組合可帶來更靈活的設計。例如，在 tkinter.Widget 類別的例子裡，相較於從所有幾何管理器（geometry manager）繼承方法，你可以在 widget 實例內保存指向幾何管理器的參考，並呼叫它的方法。畢竟，Widget 不應該「是」幾何管理器，但可以透過委託來使用它的服務。如此一來，你可以加入一個新的幾何管理器而不需要接觸 widget 類別階層，也不用擔心名稱衝突。即使是使用單繼承，這一條原則也可以提升靈活性，因為繼承是一種緊耦合，而高聳的繼承樹狀結構往往比較易脆。

組合與委託可以取代 mixin 來讓行為被不同的類別使用，但無法取代「使用介面繼承來定義型態階層」這件事。

瞭解每一個情況為何使用繼承

在處理多重繼承時，清楚地知道每一個情況為何使用繼承很有幫助。主要的理由有：

- 介面的繼承是為了創造子型態，意味著「is-a」關係。最好用 ABC 來做。
- 程式中的繼承是為了透過再利用來避免重複的程式碼。mixin 可以提供幫助。

---

12 這條原則位於該書的介紹的第 20 頁。

在實務上，這兩種用法通常同時出現，但如果你可以表明意圖，那就這樣做。為了再利用程式碼而繼承是一種實作細節，通常可以用組合與委託來取代。另一方面，介面繼承是框架的骨幹。可以的話，介面繼承應該只用 ABC 作為基礎類別。

用 ABC 來彰顯介面

在現代 Python 裡，如果類別的目的是為了定義介面，它就應該寫成明顯的 ABC 或 typing.Protocol 子類別。ABC 只應該繼承 abc.ABC 或其他 ABC。ABC 的多重繼承沒有問題。

使用明確的 mixin 來再利用程式碼

如果類別在設計上是為了提供方法的實作來讓多個沒有 is-a 關係的子類別再利用，它就要做成明顯的 mixin 類別。從概念上說，mixin 不定義新型態，只將方法包在一起，以方便再利用。mixin 永遠不該實例化，且具體類別不應該僅繼承一個 mixin。每一個 mixin 應該只提供一個具體的行為，實作少數且非常密切相關的方法。mixin 應避免保存任何內部狀態，也就是說，mixin 類別不應該有實例屬性。

Python 無法正式地宣告一個類別是 mixin，所以強烈建議為它們的名稱後綴 Mixin。

提供聚合類別給使用者

> 聚合類別就是透過繼承 mixin 來建立，且不加入自己的結構或行為的類別。
> —— *Booch* 等。[13]

如果有一些 ABC 或 mixin 的組合對使用端的程式碼來說特別實用，你可以將它們整合成一個合理的類別。

例如，下面是圖 14-4 右下角的 Django ListView 類別的完整原始碼（*https://fpy.li/14-29*）：

```
class ListView(MultipleObjectTemplateResponseMixin, BaseListView):
    """
    Render some list of objects, set by `self.model` or `self.queryset`.
    `self.queryset` can actually be any iterable of items, not just a queryset.
    """
```

---

13 Grady Booch 等，*Object-Oriented Analysis and Design with Applications* 第 3 版。（Addison-Wesley），p.109。

另一個例子是 tkinter.Widget（*https://fpy.li/14-30*），它有四個基礎類別，沒有自己的方法或屬性，只有 docstring。因為有 Widget 類別，我們才可以使用所需的 mixin 來建立新的 widget，而不需要確認它們該以什麼順序來宣告才能正常工作。

注意，聚合類別不一定是完全空的，但它們通常如此。

僅繼承為了被繼承而設計的類別

技術校閱 Leonardo Rochael 在對於本章的一則評論中，提出以下的警告。

繼承複雜的類別與覆寫它的方法很容易出錯，因為超類別方法可能沒有考慮到子類別會以意想不到的方式來覆寫。盡量避免覆寫方法，至少約束自己只繼承那些被設計成易於擴展的類別，而且只按照它們的設計來進行擴展。

這是很棒的建議，但如何知道類別是否為了被擴展而設計的？

第一個答案是透過文件（有時是 docstring，甚至是程式裡的注釋）。例如，Python 的 socketserver（*https://fpy.li/14-31*）程式包被稱為「網路伺服器的框架」。它的 BaseServer 類別（*https://fpy.li/14-32*）是為了被繼承而設計的，這從它的名稱就可以看出來。更重要的是，文件與類別原始碼裡的 docstring（*(https://fpy.li/14-33)*）明確地指出它的哪些方法是要讓子類別覆寫的。

在 Python 3.8 以上，PEP 591 —— Adding a final qualifier to typing（*https://fpy.li/pep591*）提供了表明這些設計限制的新方法。這個 PEP 加入 @final（*https://fpy.li/14-34*）decorator，可套用至類別或個別方法，讓 IDE 或型態檢查器可以回報錯誤地繼承這些類別或覆寫這些方法的行為。[14]

避免繼承具體類別

繼承具體類別比繼承 ABC 與 mixin 更危險，因為具體類別的實例通常有內部狀態，當你覆寫依賴那個狀態的方法時很容易破壞它們。即使你的方法藉著呼叫 super() 來合作，而且使用 __x 語法來將部狀態保存在私用屬性裡，覆寫方法仍然會產生無數種可能引入 bug 的因素。

14　PEP 591 也加入 Final（*https://fpy.li/14-35*），可用來注解不應該重新指派或覆寫的變數或屬性。

Alex Martelli 在第 451 頁的「水禽與 ABC」裡引用 Scott Meyer 在 *More Effective C++* 裡的一句話:「所有非葉節點的類別都應該是抽象的」。換句話說,Meyer 建議只有抽象類別可以繼承。

如果你必須透過子類別化來進行程式碼再利用,意圖被再利用的程式碼應該放在 ABC 的 mixin 方法裡,或被明確地命名的 mixin 類別裡。

我們接下來要從這些建議的角度來分析 Tkinter。

Tkinter:好的、不好的、醜陋的

Tkinter 並未遵守上一節的多數建議,第 519 頁的「提供聚合類別給使用者」是明顯的例外。即使如此,它也不是個好範例,因為如第 518 頁的「優先使用物件組合而不是類別繼承」所述,組合比較適合用來將幾合管理器(geometry managers)整合到 Widget 裡。

別忘了,Tkinter 從 Python 1.1 在 1994 年發表以來就在標準程式庫裡面了。Tkinter 是在 Tcl 語言的 Tk GUI 工具組之上的軟體層。原始的 Tcl/Tk 組合不是物件導向的,所以 Tk API 基本上是龐大的函式目錄。然而,該工具組在設計上是物件導向的。

tkinter.Widget 的 docstring 的開頭是「Internal class」。這意味著 Widget 應該是個 ABC。雖然 Widget 本身沒有方法,但它定義了一個介面。它的訊息是:「你可以指望每一個 Tkinter widget 都提供基本的 widget 方法(__init__、destroy 與幾十個 Tk API 函式),以及全部的三個幾何管理器的方法。」或許我們認為這不是好的介面定義(太廣泛了),但它是一個介面,且 Widget 將它「定義」成它的超類別的介面的聯集。

封裝了 GUI 應用邏輯的 Tk 類別繼承了 Wm 與 Misc,兩者都不是抽象或 mixin(Wm 不是適當的 mixin,因為 TopLevel 子類別只繼承它)。Misc 類別的名稱(本身)帶有一股強烈的程式碼異味。Misc 有超過 100 個方法,且所有 widget 都繼承它。何必讓每一個 widget 都有處理剪貼簿、文字選取、時間管理…等的方法?你無法將東西貼到按鈕上,或從捲軸選取文字。Misc 應該拆成許多專門的 mixin 類別,而不是讓所有的 widget 都繼承這些 mixin 的每一個。

平心而論,身為一位 Tkinter 使用者,你完全不需要知道或使用多重繼承。它是隱藏在你所實例化或繼承的 widget 類別背後的實作細節。但是當你輸入 dir(tkinter.Button),並試圖在所列出的 214 個屬性中找到你需要的方法時,你將承受過度使用多重繼承帶來的苦果。如果你決定實作一個新的 Tk widget,你就會面對這個複雜性。

儘管有這些問題，但如果你打算使用 tkinter.ttk 程式包和它的主題 widget，Tkinter 很穩定，很靈活，並提供現代的外觀和感覺。此外，有一些原始的 widget 都非常強大，例如 Canvas 和 Text。你可以在幾個小時內將 Canvas 物件改成一個簡單的拖放式繪圖應用程式。如果你對 GUI 設計有興趣，Tkinter 與 Tcl/Tk 決對值得研究。

峰迴路轉的繼承旅程到此結束。

本章摘要

本章首先回顧了單繼承背景下的 super() 函式。然後討論了繼承內建型態的問題，除了極少數特殊情況之外，內建型態以 C 語言來實作的方法不會呼叫子類別覆寫的方法。這就是當我們需要自製 list、dict 或 str 型態時，繼承 UserList、UserDict 或 UserString 比較容易的原因 —— 它們都被定義在 collections 模組（*https://fpy.li/collec*）內，這個模組包含對應的內建型態，並將工作委託給它們，這三個型態是「優先使用組合而不是繼承」的案例。如果你想要的行為與內建程式提供的行為有很大的差異，比較簡單的做法應該是從 collections.abc（*https://fpy.li/14-13*）繼承適當的 ABC，並編寫你自己的實作。

本章其餘的內容都在討論多重繼承雙面刃。首先，我們看了方法的解析順序，它被寫在 __mro__ 類別屬性裡面，它可以處理在繼承來的方法裡可能發生的名稱衝突問題。我們也看了內建的 super() 在多重繼承階層中的行為有時會出乎意外。super() 的行為在設計上是為了支援 mixin 類別，然後我們研究了支援不分大小寫 mapping 的 UpperCaseMixin。

我們看了 Python 的 ABC 如何使用多重繼承與 mixin 方法，以及 socketserver 執行緒和 forking mixin 如何使用它們。然後以 Django 的類別 view 和 Tkinter GUI 工具組為例，展示較複雜的多重繼承用法。雖然 Tkinter 不是現代最佳實踐典範，但它是過於複雜的類別階層的案例，我們可能在舊系統中看到這種類別階層。

在本章的最後，我提出了處理繼承的七個建議，並用其中的幾條建議來評論 Tkinter 類別階層。

拒絕繼承（甚至是單繼承）是現代的趨勢。Go 是 21 世紀創造出來的成功語言之一，它沒有叫做「類別」的結構，但你可以建立型態（type），它是封裝欄位的結構，而且你可以把方法附加到這些結構上。Go 可用結構定型（又名靜態鴨定型）來讓編譯器檢查介面的定義，很像我們從 Python 3.8 開始使用的協定型態。Go 有特殊的語法可以讓你用組合來建構型態和介面，但它不支援繼承，甚至不支援介面之間的繼承。

因此，對於繼承，最好建議也許是：可以的話，避免它。但我們往往沒得選，因為我們選擇的框架強迫我們使用它們的設計。

延伸讀物

說到閱讀的清晰度，適當的組合比繼承更好。由於程式碼被閱讀的次數遠多於被編寫的次數，在一般情況下應避免繼承，尤其是不要混合各種類型的繼承，也不要使用繼承來分享程式碼。

—— *Hynek Schlawack，Subclassing in Python Redux*

在本書的最終校稿期間，技術校閱 Jürgen Gmach 推薦了 Hynek Schlawack 的文章「Subclassing in Python Redux」（*https://fpy.li/14-37*），也就是上面那段話的來源。Schlawack 是流行的 attrs 程式包的作者，也是 Twisted 非同步程式設計框架的核心貢獻者，該專案是 Glyph Lefkowitz 在 2002 年啟動的。Schlawack 說，隨著時間的過去，核心團隊意識到他們在設計中過度使用了繼承。他的文章很長，並引用了其他重要的文獻和談話。我強烈推薦這一篇文章。

在同一結論中，Hynek Schlawack 寫道：「別忘了，很多時候，你需要的只是一個函式。」我同意，這也是為什麼 *Fluent Python* 在討論類別和繼承之前，先深入地介紹了函式。我希望讓你知道，在建立自己的類別之前，你可以撰寫函式來利用標準程式庫的現有類別來完成多少事情。

Guido van Rossum 在論文「Unifying types and classes in Python 2.2」（*https://fpy.li/descr101*）裡介紹了如何繼承內建類別、超級函式（super function）以及 descriptor 和 metaclass 等高級功能。從那時起，這些功能就沒有什麼重大的變化了。Python 2.2 是這個語言的進化過程中的重要里程碑，它在一個連貫的整體中加入幾個強大的新功能，且沒有破壞回溯相容性。它的新功能是 100% 自主選擇加入的。若要使用它們，我們必須明確地繼承 object（直接或間接地），以建立一個所謂的「new style class」。在 Python 3，每一個類別都繼承 object。

David Beazley 與 Brian K. Jones 合著的 *The Python Cookbook* 第 3 版有幾個配方展示了 super() 與 mixin 類別的配方。你可以從啟發性的「8.7. Calling a Method on a Parent Class」看起（*https://fpy.li/14-38*），並從那裡依循內部參考。

Raymond Hettinger 的文章 Python's super() considered super!（*https://fpy.li/14-39*）從正面的角度解釋了 Python 的 super 與多重繼承的運作方式。該文是為了回應 James Knight 的「Python's Super is nifty, but you can't use it (Previously: Python's Super Considered Harmful)」（*https://fpy.li/14-40*）而寫的。Martijn Pieters 對於「How to use super() with one argument?」（*https://fpy.li/14-41*）這個問題的回答，扼要且深入地解釋 super，包括它與 descriptor 的關係，這是我們只在第 23 章學習的概念。那就是 super 的本質。它在基本的用例裡很容易使用，但它是一個強大且複雜的工具，觸及 Python 的一些最進階且在其他語言裡很罕見的動態功能。

儘管這些文章的標題有 super，但問題其實不是出在 super —— 它在 Python 3 裡不像它在 Python 2 裡那麼醜陋。真正的問題是天生就複雜且棘手的多重繼承。Michele Simionato 在他的「Setting Multiple Inheritance Straight」（*https://fpy.li/14-42*）裡實際提供一個解決方案，他實作了 trait，這是一種明確形式的 mixin，起源於 Self 語言。Simionato 有一系列部落格文章討論 Python 的多重繼承，包括「The wonders of cooperative inheritance, or using super in Python 3」（*https://fpy.li/14-43*）、「Mixins considered harmful」第 1 部分（*https://fpy.li/14-44*）與第 2 部分（*https://fpy.li/14-45*）；以及「Things to Know About Python Super」第一部分（*https://fpy.li/14-46*）、第 2 部分（*https://fpy.li/14-47*）、第 3 部分（*https://fpy.li/14-48*）。最舊的文章使用 Python 2 super 語法，但仍有其意義。

我讀了 Grady Booch 等人的 *Object-Oriented Analysis and Design* 第 3 版的初版，強烈推薦它可當成物件導向思維的一般入門讀物，無論你使用何種程式語言。它是少數不帶偏見地討論多重繼承的書籍。

現在是有史以來最流行避免使用繼承的時刻，以下有兩份關於如何避免使用繼承的參考資料。Brandon Rhodes 的「The Composition Over Inheritance Principle」（*https://fpy.li/14-49*），這是他的傑作 *Python Design Patterns*（*https://fpy.li/14-50*）指南的一部分。Augie Fackler 與 Nathaniel Manista 在 PyCon 2013 上簡報了「The End Of Object Inheritance & The Beginning Of A New Modularity」（*https://fpy.li/14-51*）。Fackler 與 Manista 談到圍繞著介面和函式來組織系統，用那些函式來處理實作介面的物件，以避免緊耦合及類別和繼承的失敗模式。這讓我想起 Go 的做法，但他們宣傳的是 Python。

肥皂箱

考慮你真正需要的類別

> [我們] 開始推動繼承的想法，來讓新手用專家設計的框架來建構程式。
>
> —— *Alan Kay, "The Early History of Smalltalk"* [15]

絕大多數的程式設計師寫的是應用程式，不是框架。即使是編寫框架的程式設計師也應該會花很多（可能是大部分的）時間來編寫應用程式。當我們編寫應用程式時，通常不需要編寫類別階層。我們編寫的類別頂多是從 ABC 或框架所提供的其他類別繼承的類別。身為應用程式開發者，寫一個類別來作為其他類別的超類別並不常見。我們寫的類別大部分都是葉類別（即，繼承樹的葉結點）。

如果你在開發應用程式時，發現自己正在建構多層的類別，你可能遇到以下的一或多個情況：

- 你正在重新發明輪子。找一下有沒有框架或程式庫提供可讓你的應用程式再利用的組件。

- 你正在使用一個設計不良的框架。去尋找替代方案。

- 你過度設計了。別忘了 KISS 原則。

- 你不想編寫應用程式了，決定開始做一個新框架。恭喜你，並祝你好運！

你也可能同時遇到以上的所有情況：你感到厭煩，決定重新發明輪胎，所以自行建構過度設計且設計不良的框架，使得你編寫一個又一個類別，以解決雞毛蒜皮的小問題。希望你可以從中得到樂趣，至少可以獲得酬勞。

內建型態的不良行為：是 bug 還是功能？

內建的 dict、list 與 str 型態都是 Python 本身的基本元素，所以它們必須夠快，在它們本身發生的性能問題都會嚴重地影響其他地方。正因為如此，CPython 採用了一些簡便的方法，導致內建方法無法與子類別所覆寫的方法合作，進而導致行為異常。要脫離這種困境，有一個可能的辦法是為這些型態提供兩種實作：一種是「內部的」，經過優化供直譯器使用，一種是「外部的」，可輕鬆擴充的。

15　Alan Kay，「The Early History of Smalltalk」，於 SIGPLAN Not. 28, 3（1993 年 3 月），69–95。也可以在網路上找到（*https://fpy.li/14-1*）。感謝我的好友 Christiano Anderson 在我寫這一章時分享這份參考文獻。

不過，先等一下，我們已經有這些東西了：UserDict、UserList 與 UserStrin 都沒有內建的型態那麼快，但容易擴充。CPython 採取這種務實的做法，意味著我們也可以在自己的應用程式中使用高度優化且不容易子類別化的實作。考慮到我們不常自訂 mapping、list 或字串，但我們每天都使用 dict、list 與 str，這種做法很合理。我們只要意識到其中的權衡即可。

不同語言的繼承

Alan Kay 創造了「物件導向」這個術語，Smalltalk 只有單繼承，儘管有一些支系支援各種形式的多繼承，包括支援 trait 的現代 Squeak 和 Pharo Smalltalk 方言。trait 是一種語言結構，可以實現 mixin 類別的功能，同時避免了多重繼承的一些問題。

第一個實現多重繼承的流行語言是 C++，這個功能被濫用得很厲害，以至於 Java（企圖取代 C++）被設計成不支援多重繼承實作（也就是沒有 mixin 類別）。然而，Java 8 加入預設方法（default method），使得介面（interface）非常類似 C++ 和 Python 用來定義介面的抽象類別。在 Java 之後，Scala 應該是部署得最廣泛的 JVM 語言，它實作了 trait。

支援 trait 的其他語言有最新穩定版的 PHP 與 Groovy，以及 Rust 與 Raku，這個語言之前稱為 Perl 6。[16] 所以，我們可以說 trait 在 2021 年是一個趨勢。

Ruby 提供一種獨創的多重繼承方式：它不支援多重繼承，但引入 mixin 作為一種語言功能。Ruby 類別可以在它的主體中 include 模組，所以在模組裡定義的方法會成為類別實作的一部分。這是「純」的 mixin，沒有涉及任何繼承，顯然 Ruby mixin 不會影響使用它的類別的型態。這提供了 mixin 的優點，同時避免它的許多常見問題。

有兩種備受矚目的新物件導向語言嚴重地限制了繼承：Go 與 Julia。它們都是關於設計「物件」並支援多型（*https://fpy.li/14-53*），但它們避免「類別」這個詞。

Go 完全沒有繼承。Julia 有型態階層，但子型態無法繼承結構，只能繼承行為，而且只有抽象型態可以用來製作子型態。此外，Julia 的方法是用多調派來實作的 —— 這是第 333 頁的「單一分派泛型函式」機制的進階形式。

---

16 我的好友和技術校閱 Leonardo Rochael 解釋得比我好：「Perl 6 的持續存在，卻一直未能出現，使得 Perl 本身的演進動力逐漸消耗殆盡。現在，Perl 被視為一個獨立的語言持續進行開發（目前已經更新到 5.34 版了），擺脫了被那個曾經名為 Perl 6 的語言取代的陰影。」

## 第 15 章

再談型態提示

我從中學到一個痛苦的教訓：對於小型程式來說，動態定型非常適用；但是對於大型程式需要用更有紀律的方法。如果語言能夠提供這種紀律，而不是告訴你「好吧，隨你怎麼做」，它將對你有所幫助。

—— *Guido van Rossum*，*Monty Python* 的粉絲 [1]

本章延續第 8 章，進一步討論 Python 的漸進型態系統，本章的主題有：

- 多載函式簽章

- 用 typing.TypedDict 來提示 dicts 紀錄的型態

- cast 型態

- 在執行期讀取型態提示

- 泛型

  —— 宣告泛型類別

  —— variance：invariant、covariant、contravariant 型態

  —— 通用的靜態協定

---

1 來自 YouTube 影片「A Language Creators' Conversation: Guido van Rossum, James Gosling, Larry Wall, and Anders Hejlsberg」，於 2019 年 4 月 2 日直播。這句話在 1:32:05（*https://fpy.li/15-1*），為了簡潔，我稍微修改。完整的文字紀錄可在 *https://github.com/fluentpython/language-creators* 找到。

本章有哪些新內容

本章是 *Fluent Python* 第二版新增的一章，我們從多載看起。

多載簽章

Python 函式可以接收不同的引數組合。`@typing.overload` decorator 可以用來注解這些不同的組合。當函式的回傳型態取決於兩個以上的參數型態時，它特別重要。

考慮 `sum` 內建函式。這是 `help(sum)` 顯示的文字：

```
>>> help(sum)
sum(iterable, /, start=0)
    Return the sum of a 'start' value (default: 0) plus an iterable of numbers

    When the iterable is empty, return the start value.
    This function is intended specifically for use with numeric values and may
    reject non-numeric types.
```

內建的 `sum` 是用 C 寫成的，但 *typeshed* 有它的多載型態提示，在 *builtins.pyi* 裡（*https://fpy.li/15-2*）：

```
@overload
def sum(__iterable: Iterable[_T]) -> Union[_T, int]: ...
@overload
def sum(__iterable: Iterable[_T], start: _S) -> Union[_T, _S]: ...
```

我們先來看一下多載的整體語法。以上是在 stub 檔（*.pyi*）裡關於 `sum` 的所有程式。它的實作程式位於不同的檔案內。省略符號 `...` 只是為了滿足函式主體的語法需求，類似跳過（pass）。所以 *.pyi* 檔是有效的 Python 檔。

第 301 頁的「注解限位置型參數與 variadic 參數」說過，在 `__iterable` 前面的兩條底線是 PEP 484 對於限位置型引數的規範，而且會被 Mypy 執行。它的意思是你可以呼叫 `sum(my_list)`，但不能呼叫 `sum(__iterable = my_list)`。

型態檢查器會試著依序比對收到的引數與每一個多載的簽章。`sum(range(100), 1000)` 不符合第一個多載，因為那個簽章只有一個參數。但它符合第二個。

你也可以在常規的 Python 模組裡使用 `@overload`，在函式的實際簽章與實作的前面編寫多載簽章。範例 15-1 展示 `sum` 在 Python 模組裡如何注解與實作。

範例 *15-1 mysum.py*：用多載簽章來定義 sum 函式

```
import functools
import operator
from collections.abc import Iterable
from typing import overload, Union, TypeVar

T = TypeVar('T')
S = TypeVar('S')    ❶

@overload
def sum(it: Iterable[T]) -> Union[T, int]: ...    ❷
@overload
def sum(it: Iterable[T], /, start: S) -> Union[T, S]: ...    ❸
def sum(it, /, start=0):    ❹
    return functools.reduce(operator.add, it, start)
```

❶ 在第二個多載裡，我們需要第二個 TypeVar。

❷ 這個簽章針對簡單情況：sum(my_iterable)。結果的型態可能是 T（由 my_iterable 產出（yield）的元素的型態），或者，如果 iterable 是空的，它可能是 int，因為 start 參數的預設值是 0。

❸ 如果有提供 start，它可能是任何型態 S，所以結果的型態是 Union[T, S]。這就是為什麼我們需要 S。如果我們重複使用 T，那麼 start 的型態必須與 Iterable[T] 的元素的型態相同。

❹ 實際函式實作的簽章沒有型態提示。

我們用了好幾行程式來注解只有一行的函式。我知道這好像有點矯枉過正了，但至少它不是 foo 函式。

如果你想要藉由閱讀程式碼來學習 @overload，*typeshed* 有上百個範例。在 *typeshed* 上，Python 內建型態的 stub 檔（*https://fpy.li/15-3*）有 186 個多載，比標準程式庫的任何其他檔案還要多。

利用漸進定型

為 100% 的程式碼加上注解可能會導致型態提示增加許多沒有價值的雜訊。如果你為了簡化型態提示而進行重構，你可能寫出冗長的 API。有時較實用的做法，是不為一些程式碼加上型態提示。

我們認為「很 Python」的方便 API 通常難以注解。在下一節，我們要來看一個例子，靈活的 max 內建函式需要六個多載才能適當地注解。

max 多載

Python 有強大的動態功能，為利用那些功能的函式加上型態提示很難。

我在研究 typeshed 時，發現 bug 報告 #4051（*https://fpy.li/shed4051*）：Mypy 不會警告將 None 當成引數傳給 max() 內建函式是不合法的，或傳送一個會 yield None 的 iterable 給它是不合法的。這些情況都會在執行期產生這個例外：

```
TypeError: '>' not supported between instances of 'int' and 'NoneType'
```

max 文件的第一句話是：

回傳 iterable 裡的最大項目，或兩個以上的引數中，最大的那一個。

對我而言，這是很直覺的敘述。

但如果我們要為上述的函式加上注解，我們必須確定：它是哪一種情況？是 iterable 還是兩個以上的引數？

現實的情況更複雜，因為 max 也接收兩個選用的關鍵字引數：key 與 default。

我用 Python 來編寫 max，讓你更容易看到它的做法和多載注解之間的關係（內建的 max 是用 C 來寫的），參見範例 15-2。

範例 15-2 mymax.py：用 Python 來改寫 max 函式

```python
# 省略 import 與定義

MISSING = object()
EMPTY_MSG = 'max() arg is an empty sequence'

# 省略多載的型態提示

def max(first, *args, key=None, default=MISSING):
    if args:
        series = args
        candidate = first
    else:
        series = iter(first)
        try:
```

```
            candidate = next(series)
        except StopIteration:
            if default is not MISSING:
                return default
            raise ValueError(EMPTY_MSG) from None
    if key is None:
        for current in series:
            if candidate < current:
                candidate = current
    else:
        candidate_key = key(candidate)
        for current in series:
            current_key = key(current)
            if candidate_key < current_key:
                candidate = current
                candidate_key = current_key
    return candidate
```

這個範例的重點不是 max 的邏輯，所以除了解釋 MISSING 之外，不會花時間在它的實作上。MISSING 常數是獨一無二的 object 物件，被當成哨符（sentinel）來使用。它是 default= 關鍵字引數的預設值，所以 max 可以接收 default=None，也可以區分以下兩種情況：

1. 使用者沒有提供 default= 的值，所以它是 MISSING，如果 first 是空的 iterable，max 會發出 ValueError。

2. 使用者提供 default= 的值，包括 None，所以如果 first 是空的 iterable，max 回傳那個值。

為了修正問題 #4051（*https://fpy.li/shed4051*），我寫了範例 15-3 的程式。[2]

範例 15-3　*mymax.py*：模組的最上面，包括 *import*、定義和多載

```
from collections.abc import Callable, Iterable
from typing import Protocol, Any, TypeVar, overload, Union

class SupportsLessThan(Protocol):
    def __lt__(self, other: Any) -> bool: ...

T = TypeVar('T')
LT = TypeVar('LT', bound=SupportsLessThan)
```

2　很感謝 *typeshed* 的維護者 Jelle Zijlstra 教我一些東西，包括如何將原本的九個多載減為六個。

```
DT = TypeVar('DT')

MISSING = object()
EMPTY_MSG = 'max() arg is an empty sequence'

@overload
def max(__arg1: LT, __arg2: LT, *args: LT, key: None = ...) -> LT:
    ...
@overload
def max(__arg1: T, __arg2: T, *args: T, key: Callable[[T], LT]) -> T:
    ...
@overload
def max(__iterable: Iterable[LT], *, key: None = ...) -> LT:
    ...
@overload
def max(__iterable: Iterable[T], *, key: Callable[[T], LT]) -> T:
    ...
@overload
def max(__iterable: Iterable[LT], *, key: None = ...,
        default: DT) -> Union[LT, DT]:
    ...
@overload
def max(__iterable: Iterable[T], *, key: Callable[[T], LT],
        default: DT) -> Union[T, DT]:
    ...
```

我的 max 程式大約和這些定型 import 及宣告一樣長。由於鴨定型的存在，我的程式中沒
有 isinstance 檢查，並且提供了與那些型態提示相同的錯誤檢查，但只在執行期進行。

@overload 的主要好處是盡可能準確地宣告回傳型態，根據引數的型態。我們接下來要研
究 max 的多載來瞭解那個好處，每次研究一兩個。

引數實作了 SupportsLessThan，但未提供 key 與 default

```
@overload
def max(__arg1: LT, __arg2: LT, *_args: LT, key: None = ...) -> LT:
    ...
# ... 省略幾行程式 ...
@overload
def max(__iterable: Iterable[LT], *, key: None = ...) -> LT:
    ...
```

在這些情況下，輸入若不是實作了 SupportsLessThan 的 LT 型態的單獨引數，就是這種項目的一個 Iterable。max 的回傳型態與實際的引數或項目的型態一樣，如第 291 頁的「bound TypeVar」所述。

符合這些多載的範例如下：

```
max(1, 2, -3)  # 回傳 2
max(['Go', 'Python', 'Rust'])  # 回傳 'Rust'
```

提供 key，但沒有 default

```
@overload
def max(__arg1: T, __arg2: T, *_args: T, key: Callable[[T], LT]) -> T:
    ...
# ... lines omitted ...
@overload
def max(__iterable: Iterable[T], *, key: Callable[[T], LT]) -> T:
    ...
```

輸入可以是任何型態 T 的單獨項目，或一個 Iterable[T]，且 key= 必須是接收相同型態 T 的引數並回傳一個實作了 SupportsLessThan 的值的 callable。max 的回傳型態與實際的引數一樣。

符合這些多載的範例如下：

```
max(1, 2, -3, key=abs)  # 回傳 -3
max(['Go', 'Python', 'Rust'], key=len)  # 回傳 'Python'
```

提供 default，但沒有 key

```
@overload
def max(__iterable: Iterable[LT], *, key: None = ...,
        default: DT) -> Union[LT, DT]:
    ...
```

輸入是型態為 LT 且實作了 SupportsLessThan 的 iterable。當 Iterable 是空的時，default= 引數是回傳值。因此，max 的回傳型態必須是 LT 型態與 default 引數的型態的 Union。

符合這些多載的範例如下：

```
max([1, 2, -3], default=0)  # 回傳 2
max([], default=None)  # 回傳 None
```

提供 key 與 default

```
@overload
def max(__iterable: Iterable[T], *, key: Callable[[T], LT],
        default: DT) -> Union[T, DT]:
    ...
```

輸入是：

- 任意 T 型態的項目的 Iterable

- 接收 T 型態的引數且回傳 LT 型態且實作了 SupportsLessThan 的值的 callable。

- 任意 DT 型態的預設值。

max 的回傳型態必須是 T 型態或 default 引數的型態的 Union：

```
max([1, 2, -3], key=abs, default=None)  # 回傳 -3
max([], key=abs, default=None)  # 回傳 None
```

從多載 max 得到的教訓

型態提示可讓 Mypy 檢測到像 max([None, None]) 這樣的呼叫，並提供以下錯誤訊息：

```
mymax_demo.py:109: error: Value of type variable "_LT" of "max"
  cannot be "None"
```

另一方面，為了支援型態檢查器而必須撰寫這麼多行程式可能令人不想編寫 max 這種方便且靈活的函式。如果我必須重新發明 min 函式，我可以重構並重複使用 max 的大多數實作。但是我將不得不複製和貼上所有多載的宣告，即使對於 min 函式來說，它們除了函式名稱之外都是相同的。

我的朋友 João S. O. Bueno（我認為最天才的 Python 開發者之一）在推特上說（*https:// fpy.li/15-4*）：

> 雖然表達 max 的簽章如此困難，但它非常容易瞭解。我的理解是，與 Python 的相比，注釋性標記（annotation marking）的表達能力非常有限。

接著要來研究 TypedDict 定型結構。它可能不如我們最初想像的那麼有用，但仍然有其用途。用 TypedDict 來實驗可以展示以靜態定型來處理動態結構（例如 JSON 資料）的侷限性。

TypedDict

 在處理動態資料結構（例如 JSON API 回應）時，使用 TypedDict 來防止錯誤是個誘人的做法，但是接下來的範例清楚展示，正確地處理 JSON 必須在執行期完成，而不是使用靜態型態檢查。若要使用型態提示在執行期檢查 JSON 結構，你可以研究 PyPI 的 pydantic 程式包（*https://fpy. li/15-5*）。

Python 字典有時被當成紀錄來使用，用它的鍵來作為欄名與不同型態的欄值。

例如，考慮這個描述關於 JSON 或 Python 書籍的紀錄：

```
{"isbn": "0134757599",
 "title": "Refactoring, 2e",
 "authors": ["Martin Fowler", "Kent Beck"],
 "pagecount": 478}
```

在 Python 3.8 之前沒有什麼好辦法可以注解這種紀錄，因為我們在第 282 頁的「通用的 mapping」裡看過的 mapping 型態規定所有值都必須有相同的型態。

下面試著用兩種拙劣的方式來注解上述的 JSON 紀錄物件：

Dict[str, Any]

值可能是任何型態。

Dict[str, Union[str, int, List[str]]]

難讀，而且沒有保留欄名及對應的欄位型態之間的關係，title 應該是 str，不能是 int 或 List[str]。

PEP 589 —— TypedDict: Type Hints for Dictionaries with a Fixed Set of Keys（*https://fpy. li/pep589*）解決了這個問題。範例 15-4 是一個簡單的 TypedDict。

範例 *15-4　books.py*：BookDict 的定義

```
from typing import TypedDict

class BookDict(TypedDict):
    isbn: str
    title: str
    authors: list[str]
    pagecount: int
```

乍看之下，typing.TypedDict 很像資料類別建構器，類似第 5 章介紹的 typing.NamedTuple。

相似的語法有誤導性。TypedDict 非常不同，它只是為了幫助型態檢查器而存在，沒有執行期效果。

TypedDict 提供兩樣東西：

- 用類似類別（class-like）的語法來注解 dcit，使用型態提示來注解每一個「欄位」的值。

- 用一個建構器（constructor）來通知型態檢查器這裡應該有一個具有指定的鍵與值的 dict。

在執行期，像 BookDict 這種 TypedDict 建構器是一種安慰劑，它的效果與使用相同的引數來呼叫 dict 建構式一樣。

BookDict 建立一般的 dict 也意味著：

- 在虛擬類別定義裡的「欄位」不會建立實例屬性。

- 你不能用「欄位」的預設值來編寫初始化程式。

- 不能定義方法。

我們來研究 BookDict 在執行期的行為（範例 15-5）。

範例 15-5　使用 BookDict，但不完全符合原意

```
>>> from books import BookDict
>>> pp = BookDict(title='Programming Pearls',    ❶
...               authors='Jon Bentley',    ❷
...               isbn='0201657880',
...               pagecount=256)
>>> pp    ❸
{'title': 'Programming Pearls', 'authors': 'Jon Bentley', 'isbn': '0201657880',
 'pagecount': 256}
>>> type(pp)
<class 'dict'>
>>> pp.title    ❹
Traceback (most recent call last):
  File "<stdin>", line 1, in <module>
AttributeError: 'dict' object has no attribute 'title'
>>> pp['title']
'Programming Pearls'
>>> BookDict.__annotations__    ❺
```

```
{'isbn': <class 'str'>, 'title': <class 'str'>, 'authors': typing.List[str],
 'pagecount': <class 'int'>}
```

❶ 你可以像呼叫 dict 建構式一樣，使用關鍵字引數來呼叫 BookDict，或傳入 dict 引數，包括 dict 常值。

❷ 哎呀…我忘記 authors 接收 list 了。但是漸進定型意味著在執行期不檢查型態。

❸ 呼叫 BookDict 會得到一般的 dict …

❹ …因此，你不能使用 object.field 語法來讀取資料。

❺ 型態提示在 BookDict.__annotations__ 裡，不是在 pp 裡。

如果沒有型態檢查器的話，TypedDict 不會比一般的注釋更好，充其量只能協助閱讀程式。相較之下，即使你不使用型態檢查器，第 5 章的類別建構器也很有用，因為它們在執行期可產生或加強一個可實例化的自訂類別。它們也提供一些有用的方法或函式，參見表 5-1。

範例 15-6 建立一個有效的 BookDict，並試著對它做一些操作。這個例子展示 TypedDict 如何幫助 Mypy 抓到錯誤，參見範例 15-7。

範例 *15-6 demo_books.py*：合法與非法地操作 BookDict

```
from books import BookDict
from typing import TYPE_CHECKING

def demo() -> None:      ❶
    book = BookDict(     ❷
        isbn='0134757599',
        title='Refactoring, 2e',
        authors=['Martin Fowler', 'Kent Beck'],
        pagecount=478
    )
    authors = book['authors']  ❸
    if TYPE_CHECKING:    ❹
        reveal_type(authors)   ❺
    authors = 'Bob'      ❻
    book['weight'] = 4.2
    del book['title']


if __name__ == '__main__':
    demo()
```

❶ 記得加上回傳型態，以免 Mypy 忽略這個函式。

❷ 這是有效的 BookDict：所有鍵都有，值有正確的型態。

❸ Mypy 可從 BookDict 裡的 'authors' 鍵的注解推斷出 authors 的型態。

❹ typing.TYPE_CHECKING 只有在程式被檢查型態時才是 True。在執行期，它一定是 false。

❺ 上面的 if 陳述式可防止 reveal_type(authors) 在執行期被呼叫。reveal_type 不是執行期 Python 函式，而是 Mypy 提供的偵錯工具。這就是為什麼不需要 import 它。範例 15-7 是它的輸出。

❻ demo 函式的最後三行是非法的。它們會造成範例 15-7 的錯誤訊息。

對範例 15-6 的 *demo_books.py* 函式進行型態檢查會得到範例 15-7。

範例 *15-7　Type checking demo_books.py*

```
…/typeddict/ $ mypy demo_books.py
demo_books.py:13: note: Revealed type is 'built-ins.list[built-ins.str]'   ❶
demo_books.py:14: error: Incompatible types in assignment
                  (expression has type "str", variable has type "List[str]")   ❷
demo_books.py:15: error: TypedDict "BookDict" has no key 'weight'   ❸
demo_books.py:16: error: Key 'title' of TypedDict "BookDict" cannot be deleted   ❹
Found 3 errors in 1 file (checked 1 source file)
```

❶ 這個 note 是 reveal_type(authors) 的結果。

❷ authors 變數的型態是從初始化它的 book['authors'] 運算式的型態推斷出來的。你不能將 str 指派給 List[str] 型態的變數。型態檢查器通常不允許變數的型態改變。[3]

❸ 不能指派給不屬於 BookDict 定義的鍵。

❹ 不能刪除屬於 BookDict 定義的鍵。

我們來看看如何在函式簽章中使用 BookDict 來檢查函式呼叫的型態。

3　在 2020 年 5 月，pytype 允許這件事，但它的 FAQ（*https://fpy.li/15-6*）說，將來會不允許。見 pytype FAQ 裡的問題「Why didn't pytype catch that I changed the type of an annotated variable?」（*https://fpy.li/15-6*）。

假設你要用書籍紀錄來產生 XML，類似這樣：

```
<BOOK>
  <ISBN>0134757599</ISBN>
  <TITLE>Refactoring, 2e</TITLE>
  <AUTHOR>Martin Fowler</AUTHOR>
  <AUTHOR>Kent Beck</AUTHOR>
  <PAGECOUNT>478</PAGECOU
</BOOK>
```

如果你要編寫 MicroPython 碼來嵌入微控制器，你可能會寫出範例 15-8 這樣的函式。[4]

範例 15-8　*books.py*：to_xml 函式

```
AUTHOR_ELEMENT = '<AUTHOR>{}</AUTHOR>'

def to_xml(book: BookDict) -> str:      ❶
    elements: list[str] = []      ❷
    for key, value in book.items():
        if isinstance(value, list):      ❸
            elements.extend(
                AUTHOR_ELEMENT.format(n) for n in value)      ❹
        else:
            tag = key.upper()
            elements.append(f'<{tag}>{value}</{tag}>')
    xml = '\n\t'.join(elements)
    return f'<BOOK>\n\t{xml}\n</BOOK>'
```

❶ 這個例了的重點：在函式簽章裡使用 BookDict。

❷ 通常需要對最初為空的 collection 進行注解，否則 Mypy 無法推斷元素的型態。[5]

❸ Mypy 理解 isinstance，並在這個區塊裡將 value 視為 list。

❹ 當我使用 key == 'authors' 作為防衛這個區塊的 if 的條件時，Mypy 發現這一行有錯誤：`"object" has no attribute "__iter__"`，因為它推斷 book.items() 回傳的 value 的型態是 object，它不支援 genexp 需要的 __iter__ 方法。使用 isinstance 來檢查是可行的，因為 Mypy 知道 value 在這個區塊裡是 list。

4　我較喜歡使用 lxml（*https://fpy.li/15-8*）程式包來產生和解析 XML，它比較容易入門、功能完整，也比較快。不幸的是，lxml 與 Python 自己的 *ElementTree*（*https://fpy.li/15-9*）無法放入我所假設的微控制器的有限 RAM 裡。

5　Mypy 文件在它的「Common issues and solutions」網頁（*https://fpy.li/15-10*）裡討論這一點，位於「Types of empty collections」（*https://fpy.li/15-11*）一節。

範例 15-9 是解析 JSON str 並回傳 BookDict 的函式。

範例 *15-9* *books_any.py*：`from_json` 函式

```
def from_json(data: str) -> BookDict:
    whatever = json.loads(data)    ❶
    return whatever    ❷
```

❶ `json.loads()` 的回傳型態是 `Any`。[6]

❷ 我可以回傳 `whatever`（`Any` 型態），因為 `Any` *consistent-with* 每一個型態，包括我們宣告的回傳型態 `BookDict`。

範例 15-9 的第二點很重要，必須記住：Mypy 不會舉報這段程式裡的任何問題，但是在執行期，在 `whatever` 裡的值可能不符合 `BookDict` 結構，事實上，它也許根本不是 `dict`！

如果你用 `--disallow-any-expr` 來執行 Mypy，它會抱怨 `from_json` 的主體裡的兩行程式：

```
…/typeddict/ $ mypy books_any.py --disallow-any-expr
books_any.py:30: error: Expression has type "Any"
books_any.py:31: error: Expression has type "Any"
Found 2 errors in 1 file (checked 1 source file)
```

在上一段訊息裡的第 30 行與第 31 行是 `from_json` 函式的主體。我們可以在設定 `whatever` 變數的初始值時加入型態提示來消除這個型態錯誤，參見範例 15-10。

範例 *15-10* *books.py*：注解 `from_json` 函式的變數

```
def from_json(data: str) -> BookDict:
    whatever: BookDict = json.loads(data)    ❶
    return whatever    ❷
```

❶ 立即將一個 `Any` 型態的運算式指派給一個有型態提示的變數時，`--disallow-any-expr` 不會造成錯誤。

❷ 現在 `whatever` 的型態是 `BookDict`，它是所宣告的回傳型態。

 不要被範例 15-10 的型態安全假象迷惑！型態檢查器無法從靜態的程式碼中預測 `json.loads()` 將回傳任何類似 `BookDict` 的東西。只有執行期驗證才能保證這一點。

---

6 Brett Cannon、Guido van Rossum 和其他人自 2016 年起在 Mypy 問題 #182: Define a JSON type（*https://fpy.li/15-12*）中討論如何對 `json.loads()` 進行型態提示。

靜態型態檢查無法防止實質動態的程式碼中的錯誤，例如 json.loads()，它會在執行期建立不同型態的 Python 物件，如範例 15-11、15-12 與 15-13 所示。

範例 15-11　*demo_not_book.py*：from_json 回傳無效的 BookDict，to_xml 接受它

```python
from books import to_xml, from_json
from typing import TYPE_CHECKING

def demo() -> None:
    NOT_BOOK_JSON = """
        {"title": "Andromeda Strain",
         "flavor": "pistachio",
         "authors": true}
    """
    not_book = from_json(NOT_BOOK_JSON)    ❶
    if TYPE_CHECKING:    ❷
        reveal_type(not_book)
        reveal_type(not_book['authors'])

    print(not_book)    ❸
    print(not_book['flavor'])    ❹

    xml = to_xml(not_book)    ❺
    print(xml)    ❻


if __name__ == '__main__':
    demo()
```

❶ 這一行不會產生有效的 BookDict，看一下 NOT_BOOK_JSON 的內容。

❷ 讓 Mypy 揭示一些型態。

❸ 這不應該是問題：print 可以處理 object 與每一個其他型態。

❹ BookDict 沒有 'flavor' 鍵，但是 JSON 原始碼有⋯會發生什麼情況呢？

❺ 別忘了簽章：def to_xml(book: BookDict) -> str:。

❻ XML 的輸出會長怎樣？

接著來用 Mypy 檢查 *demo_not_book.py*（範例 15-12）。

範例 15-12　用 *Mypy* 來檢查 *demo_not_book.py* 產生的報告，為了清楚稍做排列

```
…/typeddict/ $ mypy demo_not_book.py
demo_not_book.py:12: note: Revealed type is
   'TypedDict('books.BookDict', {'isbn': built-ins.str,
                                 'title': built-ins.str,
                                 'authors': built-ins.list[built-ins.str],
                                 'pagecount': built-ins.int})'   ❶
demo_not_book.py:13: note: Revealed type is 'built-ins.list[built-ins.str]'   ❷
demo_not_book.py:16: error: TypedDict "BookDict" has no key 'flavor'   ❸
Found 1 error in 1 file (checked 1 source file)
```

❶　被揭示的型態是名義型態，不是 not_book 的執行期內容。

❷　同樣，這是 not_book['authors'] 的名義型態，是在 BookDict 定義的，不是執行期型態。

❸　這是 print(not_book['flavor']) 的錯誤訊息：在名義型態裡沒有那個鍵。

接下來要執行 *demo_not_book.py*，展示範例 15-13 的輸出。

範例 15-13　執行 *demo_not_book.py* 的輸出

```
…/typeddict/ $ python3 demo_not_book.py
{'title': 'Andromeda Strain', 'flavor': 'pistachio', 'authors': True}   ❶
pistachio   ❷
<BOOK>   ❸
        <TITLE>Andromeda Strain</TITLE>
        <FLAVOR>pistachio</FLAVOR>
        <AUTHORS>True</AUTHORS>
</BOOK>
```

❶　這其實不是 BookDict。

❷　not_book['flavor'] 的值。

❸　to_xml 接收 BookDict 引數，但沒有執行期檢查：garbage in，garbage out（輸入垃圾就會輸出垃圾）。

從範例 15-13 可以看到 *demo_not_book.py* 輸出垃圾，但沒有執行期錯誤。在處理 JSON 資料時使用 TypedDict 無法帶來太多型態安全性。

用鴨定型的視角來看一下範例 15-8 中的 to_xml 程式碼，引數 book 必須提供一個 .items() 方法，且該方法必須回傳一個像 (key, value) 這樣子的 tuple iterable，其中：

- key 必須有 .upper() 方法

- value 可以是任何東西

這次展示的重點是，在處理具有動態結構的資料時，例如 JSON 或 XML，TypedDict 絕對無法取代執行期資料驗證，此時，你應該使用 *pydantic*（*https://fpy.li/15-5*）。

TypedDict 有更多功能，包括支援選用的鍵、有限的繼承形式，以及另一種宣告語法。如果你想要進一步瞭解，可以參考 PEP 589 —— TypedDict: Type Hints for Dictionaries with a Fixed Set of Keys（*https://fpy.li/pep589*）。

下一個主題是最好可以避免，但有時無法避免的函式：typing.cast。

cast 型態

沒有型態系統是完美的，靜態型態檢查器、*typeshed* 專案的型態提示，或第三方程式包裡的型態提示也是如此。

typing.cast() 特殊函式可用來處理型態檢查出錯的情況，以及處理在無法修復的程式裡的錯誤型態提示。Mypy 0.930 文件解釋道（*https://fpy.li/15-14*）：

> cast 的用途是消除不必要的型態檢查器警告，並且在型態檢查器無法完全瞭解情況時，提供一些幫助。

在執行期，typing.cast 完全沒有作用。這是它的實作（*https://fpy.li/15-15*）：

```
def cast(typ, val):
    """Cast a value to a type.
    This returns the value unchanged.  To the type checker this
    signals that the return value has the designated type, but at
    runtime we intentionally don't check anything (we want this
    to be as fast as possible).
    """
    return val
```

PEP 484 要求型態檢查器「盲目地相信」在 cast 裡聲稱的型態。PEP 484 的「Casts」一節（*https://fpy.li/15-16*）有一個範例需要用 cast 來指引型態檢查器：

```
from typing import cast

def find_first_str(a: list[object]) -> str:
```

```
index = next(i for i, x in enumerate(a) if isinstance(x, str))
# 至少有一個字串時，我們才會到這裡
return cast(str, a[index])
```

對著 genexp 呼叫 next() 若不是得到 str 項目的索引，就是發出 StopIteration。因此，如果沒有例外發出，find_first_str 始終回傳 str，且 str 被宣告成回傳型態。

但如果最後一行只是 return a[index]，Mypy 會推斷回傳型態是 object，因為 a 引數被宣告為 list[object]。所以需要用 cast() 來指引 Mypy。[7]

下面是另一個使用 cast 的例子，這一次是為了修正 Python 標準程式庫的一個過期的型態提示。在範例 21-12 中，我建立一個 *asyncio* Server 物件，我想要取得伺服器所監聽的位址，寫了這行程式：

```
addr = server.sockets[0].getsockname()
```

但 Mypy 回報這個錯誤：

```
Value of type "Optional[List[socket]]" is not indexable
```

在 *typeshed* 上，Server.sockets 的型態提示在 2021 年 5 月的 Python 3.6 是有效的，當時 sockets 屬性可設為 None。但是在 Python 3.7，sockets 變成一個有 getter 的 property，而且始終回傳 list，如果伺服器沒有通訊端，它可能是空的。而且自 Python 3.8 起，getter 會回傳一個 tuple（當成不可變的 sequence 來使用）。

因為現在我無法修正 *typeshed*，[8] 所以我加入 cast：

```
from asyncio.trsock import TransportSocket
from typing import cast

# ... 省略多行程式 ...

    socket_list = cast(tuple[TransportSocket, ...], server.sockets)
    addr = socket_list[0].getsockname()
```

---

7 在範例中使用 enumerate 是為了迷惑型態檢查器。Mypy 可以正確地分析直接 yield 字串，而不是遍歷 enumerate 索引的寫法，此時不需要 cast()。

8 我回報了 *typeshed* 問題 #5535（*https://fpy.li/15-17*）「Wrong type hint for asyncio.base_events.Server sockets attribute」，它很快就被 Sebastian Rittau 修正了。但是我決定保留這個範例，因為它展示了 cast 的常見用例，而且我寫的 cast 是無害的。

在這個例子中使用 cast 必須花幾個小時來瞭解程式與閱讀 *asyncio* 原始碼，以找出 socket 的正確型態：它是無文件的 asyncio.trsock 模組的 TransportSocket 類別。我也必須加入兩個 import 與另一行程式來提升易讀性。[9] 但程式會更安全。

細心的讀者可能會注意到，如果 sockets 是空的，sockets[0] 可能引發 IndexError。但是，根據我對 asyncio 的瞭解，這件事在範例 21-12 裡不會發生，因為 server 在我讀取它的 sockets 屬性時，已經準備好接受連線了，所以它不會是空的。無論如何，IndexError 是執行期錯誤。Mypy 無法發現問題，即使是在很簡單的情況下，例如 print([][0])。

 不要過度依賴 cast 來讓 Mypy 不顯示錯誤訊息，因為當 Mypy 回報錯誤時，它通常是對的。太常使用 cast 是一種程式碼異味（*https://fpy.li/15-20*）。那可能代表你的團隊亂用型態提示，或你的碼庫裡有低品質的依賴關係。

儘管有這些缺點，但 cast 也有正確的用途。Guido van Rossum 寫道：

> 偶爾使用 cast() 或 # type: ignore 注釋又何妨？[10]

完全禁用 cast 是不聰明的做法，特別是因為其他的變通方法更糟：

- # type: ignore 揭露的資訊更少。[11]

- Any 的使用有傳染性：因為 Any *consistent-with* 所有型態，濫用它可能透過型態推斷造成連漪效應，妨礙型態檢查器檢查其他部分的錯誤的能力。

當然，並非所有定型錯誤都可以用 cast 來修正。有時我們需要 #type: ignore，有時需要 Any，甚至讓函式不使用型態提示。

接下來，我們要討論在執行期使用注解。

9　坦白說，我原本在有 server.sockets[0] 的那一行加上 # type: ignore 注釋，因為在稍微研究之後，我在 *asyncio* 文件（*https://fpy.li/15-18*）與測試案例（*https://fpy.li/15-19*）中發現類似的程式，所以我懷疑問題不在我的程式裡。

10　來自他在 2020 年 5 月 19 日回覆 typing-sig mailing list 的內容（*https://fpy.li/15-21*）。

11　# type: ignore[code] 可讓你指定想忽略的 Mypy 錯誤代碼，但這些代碼不一定是容易解釋的。見 Mypy 文件裡的「Error codes」（*https://fpy.li/15-22*）。

在執行期讀取型態提示

在匯入期，Python 會讀取函式、類別與模組內的型態提示，並將它們存入名為 __annotations__ 的屬性。例如，考慮範例 15-14 的 clip 函式。[12]

範例 15-14　clipannot.py：帶注解的 clip 函式簽章

```
def clip(text: str, max_len: int = 80) -> str:
```

型態提示以 dict 形式被存入函式的 __annotations__ 屬性：

```
>>> from clip_annot import clip
>>> clip.__annotations__
{'text': <class 'str'>, 'max_len': <class 'int'>, 'return': <class 'str'>}
```

'return' 鍵對應到範例 15-14 的 -> 符號後面的回傳型態提示。

注意，直譯器會在匯入期計算注解，就像參數的預設值也會被計算一樣。這就是為什麼在注解裡的值是 Python 類別 str 與 int，而不是字串 'str' 與 'int'。在匯入期計算注解在 Python 3.10 是標準做法，但如果 PEP 563（*https://fpy.li/pep563*）或 PEP 649（*https://fpy.li/pep649*）成為標準行為，它可能會改變。

在執行期使用注解的問題

增加型態提示的使用頻率會帶來兩個問題：

- 使用許多型態提示時，模組的匯入會使用更多 CPU 與記憶體。
- 引用尚未定義的型態需要使用字串，而不是實際的型態。

這兩個問題都很重要。第一個問題的原因是剛才說的：直譯器會在匯入期計算注解，並將它存入 __annotations__ 屬性。我們來看第二個問題。

由於「前向參考（forward reference）」問題（型態提示需要引用在同一個模組下定義的類別），我們有時需要將注解存為字串。但是，在原始碼裡，這個問題經常表現得不像是前向參考，當方法回傳同一個類別的新物件時。因為類別物件在 Python 完全計算類別主體之前不會被定義，所以型態提示必須以字串來使用類別名稱。舉個例子：

12　我不討論 clip 的實作，但如果你好奇，你可以在 *clip_annot.py*（*https://fpy.li/15-23*）閱讀整個模組。

```
class Rectangle:
    # ... 省略幾行程式 ...
    def stretch(self, factor: float) -> 'Rectangle':
        return Rectangle(width=self.width * factor)
```

將前向參考型態提示寫成字串在 Python 3.10 是標準且規定的做法。靜態型態檢查器的設計是為了在最初就處理那個問題。

但是在執行期，如果你為 stretch 編寫 return 注解，你將得到字串 'Rectangle'，而不是指向實際型態 Rectangle 的參考，所以你的程式必須知道該字串是什麼意思。

typing 模組有三個函式與一個類別被分類為 Introspection helpers（*https://fpy.li/15-24*），其中最重要的是 typing.get_type_hints。它的文件說：

get_type_hints(obj, globals=None, locals=None, include_extras=False)

[…] 它通常與 obj.__annotations__ 一樣，此外，被編碼成字串常值的前向參考是藉著在 globals 與 locals 名稱空間裡計算它們來處理的。[…]

 自 Python 3.10 起，你應該用新的 inspect.get_annotations(…)（*https://fpy.li/15-25*）函式來取代 typing.get_type_hints。但是，有些讀者可能還沒使用 Python 3.10，所以我在範例裡使用 typing.get_type_hints，它從 typing 被加入 Python 3.5 之後就可使用了。

PEP 563 —— Postponed Evaluation of Annotations（*https://fpy.li/pep563*）已被批准，因此不需要將注解寫成字串了，它也可以減少型態提示的執行期成本。它的主要想法被寫在「Abstract」（*https://fpy.li/15-26*）的這兩句話：

本 PEP 建議修改函式注解與變數注解，讓它們不在函式定義期計算。它們會以字串形式保留在 *annotations* 裡。

自 Python 3.7 起，開頭為下面這段 import 陳述式的任何模組就是這樣子處理注解的：

```
from __future__ import annotations
```

為了展示它的效果，我把範例 15-14 的同一個 clip 函式放入 *clip_annot_post.py* 模組，並在模組最上面加入那行 __future__ import。

當我匯入模組並從 clip 讀取 annotations 時，主控台顯示這段訊息：

```
>>> from clip_annot_post import clip
>>> clip.__annotations__
{'text': 'str', 'max_len': 'int', 'return': 'str'}
```

如你所見，現在所有型態提示都是一般的字串，儘管它們在 clip 的定義裡沒有被寫成帶引號的字串（範例 15-14）。

typing.get_type_hints 函式可以解析許多型態提示，包括在 clip 裡的那些：

```
>>> from clip_annot_post import clip
>>> from typing import get_type_hints
>>> get_type_hints(clip)
{'text': <class 'str'>, 'max_len': <class 'int'>, 'return': <class 'str'>}
```

呼叫 get_type_hints 可得到真實的型態，即使有時原始的型態提示被寫成帶引號的字串。它是在執行期讀取型態提示的推薦方法。

PEP 563 的行為已計畫在 Python 3.10 成為預設的行為，不需要匯入 __future__。但是，*FastAPI* 與 *pydantic* 的維護者提出警告：這個修改可能破壞他們的程式中，在執行期依賴型態提示的部分，而且無法可靠地使用 get_type_hints。

在之後的 python-dev mailing list 的討論中，Łukasz Langa（PEP 563 的作者）指出該函式的一些限制：

> [⋯] 事實證明，typing.get_type_hints() 有其侷限性，使用它在執行期有很高的成本，更重要的是它無法分辨所有的型態。最常見的例子涉及在非全域環境（例如內部類別、在函式內的類別⋯等）中生成型態的情況。但是，如果使用類別生成器（generator），typing.get_type_hints() 也無法妥善地處理前向參考最具代表性的案例之一：類別的方法接收或回傳它們自己的型態的物件。有一些技巧可以處理它們，但整體而言不是理想的解決方案。[13]

Python 的指導委員會決定延後讓 PEP 563 成為預設行為，至少在 Python 3.11 之前不會如此，讓開發者有時間想出解決方案來處理 PEP 563 試著解決的問題，而不破壞型態提示在執行期的廣泛用途。PEP 649 —— Deferred Evaluation Of Annotations Using Descriptors（*https://fpy.li/pep649*）已被視為可能的解決方案並正在考慮中，但可能達成不同的妥協。

---

13 訊息「PEP 563 in light of PEP 649」（*https://fpy.li/15-27*），於 2021 年 4 月 16 日張貼。

總之，在執行期讀取型態提示在 Python 3.10 時還不是 100% 可靠，而且可能在 2022 年改變。

 大規模使用 Python 的公司希望獲得靜態定型的好處，但又不想付出在匯入期計算型態提示的代價。靜態檢查發生在開發者的工作站和專門的 CI 伺服器上，但在生產容器裡，模組的載入頻率和數量都高很多，這種成本在大規模部署的情境下是不可忽視的。

這在 Python 社群裡引起一些矛盾，有一方希望將型態提示存為字串以減少載入成本，另一方則想在執行期使用型態提示，例如 *pydantic* 與 *FastAPI* 的創作者和使用者，他們比較想要儲存型態物件，而不是計算這些注解，這是一項具挑戰性的任務。

處理問題

鑑於目前的不穩定情況，如果你需要在執行期讀取注解，我建議：

- 避免直接讀取 __annotations__，而是使用 inspect.get_annotations（Python 3.10）或 typing.get_type_hints（Python 3.5 起）。

- 寫一個自訂的函式來將 spect.get_annotations 或 typing.get_type_hints 包起來，並讓碼庫的其他部分呼叫那個自訂的函式，將未來的改變控制在一個函式內。

為了展示第二點，以下是第 24 章的範例 24-5 所定義的 Checked 類別的前幾行：

```
class Checked:
    @classmethod
    def _fields(cls) -> dict[str, type]:
        return get_type_hints(cls)
    # ... 其他程式 ...
```

Checked._fields 類別方法可防止模組的其他部分直接依賴 typing.get_type_hints。如果以後 get_type_hints 改變了，需要額外的邏輯，或你想要將它換成 inspect.get_annotations，這些修改都只限於 Checked._fields，不會影響程式的其他部分。

鑑於還在進行的討論，以及針對執行期型態檢查的修改建議，官方的「Annotations Best Practices」（*https://fpy.li/15-28* 是必讀的文件，它可能在升級為 Python 3.11 的過程中更改。那個 how-to 是由 Larry Hastings 撰寫的，他是 PEP 649 —— Deferred Evaluation Of Annotations Using Descriptors（*https://fpy.li/pep649*）的作者，PEP 649 是另一個提議，目的是處理 PEP 563 —— Postponed Evaluation of Annotations（*https://fpy.li/pep563*）引起的執行期問題。

本章接下來的內容將討論泛型，從如何定義可被使用者參數化的泛型類別開始談起。

實作泛型類別

我們在範例 13-7 定義了 Tombola ABC，它是類似賓果籠的介面，用來定義具有相同行為的類別。範例 13-10 的 LottoBlower 類別是具體實作。接下來，我們要研究泛型版的 LottoBlower，範例 15-15 是它的用法。

範例 15-15　generic_lotto_demo.py：使用泛型樂透開獎機類別

```
from generic_lotto import LottoBlower

machine = LottoBlower[int](range(1, 11))  ❶

first = machine.pick()  ❷
remain = machine.inspect()  ❸
```

❶　為了實例化泛型類別，我們必須給它一個實際的型態參數，例如這裡的 int。

❷　Mypy 會正確地推斷 first 是 int …

❸　… 也會正確地推斷 remain 是整數的 tuple。

此外，Mypy 會用有幫助的訊息來回報「違反參數化型態」的情況，如範例 15-16 所示。

範例 15-16　generic_lotto_errors.py：Mypy 回報的錯誤

```
from generic_lotto import LottoBlower

machine = LottoBlower[int]([1, .2])
## error: List item 1 has incompatible type "float";  ❶
##        expected "int"
```

```
machine = LottoBlower[int](range(1, 11))

machine.load('ABC')
## error: Argument 1 to "load" of "LottoBlower"      ❷
##          has incompatible type "str";
##          expected "Iterable[int]"
## note:  Following member(s) of "str" have conflicts:
## note:      Expected:
## note:          def __iter__(self) -> Iterator[int]
## note:      Got:
## note:          def __iter__(self) -> Iterator[str]
```

❶ 在實例化 LottoBlower[int] 時，Mypy 舉報 float。

❷ 在呼叫 .load('ABC') 時，Mypy 解釋為何 str 不合適：str.__iter__ 回傳 Iterator[str]，但是 LottoBlower[int] 需要的是 Iterator[int]。

範例 15-17 是實作。

範例 15-17　generic_lotto.py：泛型的樂透開獎機類別

```
import random

from collections.abc import Iterable
from typing import TypeVar, Generic

from tombola import Tombola

T = TypeVar('T')

class LottoBlower(Tombola, Generic[T]):      ❶

    def __init__(self, items: Iterable[T]) -> None:      ❷
        self._balls = list[T](items)

    def load(self, items: Iterable[T]) -> None:      ❸
        self._balls.extend(items)

    def pick(self) -> T:      ❹
        try:
            position = random.randrange(len(self._balls))
        except ValueError:
            raise LookupError('pick from empty LottoBlower')
        return self._balls.pop(position)

    def loaded(self) -> bool:      ❺
```

```
        return bool(self._balls)

    def inspect(self) -> tuple[T, ...]:  ❻
        return tuple(self._balls)
```

❶ 宣告泛型類別通常使用多重繼承，因為我們需要繼承 Generic 來宣告形式化（formal）型態參數，在此為 T。

❷ 在 __init__ 裡的 items 引數的型態是 Iterable[T]，當實例被宣告成 LottoBlower[int] 時，它會變成 Iterable[int]。

❸ load 方法也受到相應的限制。

❹ T 的回傳型態在 LottoBlower[int] 裡變成 int。

❺ 這裡沒有型態變數。

❻ 最後，T 設定回傳的 tuple 裡的項目的型態。

 typing 模組的「User-defined generic types」（*https://fpy.li/15-29*）小節很短，裡面有很好的例子，並提供一些在此未介紹的細節。

看了如何實作泛型類別之後，為了討論泛型，我們先來定義一些術語。

泛型型態的基本術語

以下是我發現在學習泛型時有用的定義：[14]

泛型型態（*generic type*）
　　用一或多個型態變數來宣告的型態。

　　例如：LottoBlower[T]、abc.Mapping[KT, VT]

形式型態參數（*formal type parameter*）
　　出現在泛型型態宣告裡的型態變數。

　　例如：在上述範例 abc.Mapping[KT, VT] 裡的 KT 與 VT

---

14 這些詞彙來自 Joshua Bloch 的經典書籍 *Effective Java* 第 3 版（Addison-Wesley）。它們的定義和範例是我寫的。

參數化型態（*parameterized type*）

用實際的型態參數來宣告的型態。

例如：LottoBlower[int]、abc.Mapping[str, float]

實際型態參數（*actual type parameter*）

在宣告參數化型態時，以參數來提供的實際型態。

例如，在 LottoBlower[int] 裡的 int。

下一個主題是如何讓泛型型態更靈活，將介紹 covariance、contravariance 和 invariance 的概念。

Variance

 本節可能是本書最有挑戰性的一節，取決於你在其他語言裡使用泛型的經驗。variance 是抽象的概念，嚴謹的表達方式使本節讀起來就像數學書籍一樣枯燥。

在實務上，與 variance 最有關係的人是想要提供新泛型容器型態或提供回呼式 API 的程式庫作者。即使如此，你可以僅提供 invariant 容器來避免這種複雜性，在 Python 程式庫裡幾乎都是這種容器。所以，如果這是你第一遍閱讀本書，你可以跳過整節，或只閱讀關於 invariant 型態的小節。

我們曾經在第 299 頁的「callable 型態裡的 variance」第一次看到 *variance* 的概念，當時將此概念應用在參數化泛型 Callable 型態上。在此，我們將延伸那裡的概念，討論泛型 collection 型態，並使用「現實的」比喻來讓這個抽象的概念更具體。

想像有一間學校的餐廳（cafeteria）規定只能設置果汁機，[15] 不能設置普通的飲料機（dispenser），因為它們可能提供汽水，而學校董事會禁止提供汽水。[16]

15　我在 Erik Meijer 在 Gilad Bracha 所著的 *The Dart Programming Language*（Addison-Wesley）裡的前言中第一次看到餐廳的比喻。

16　比封殺書籍好多了！

invariant 的飲料機

我們試著用一個泛型的 `BeverageDispenser` 類別來模擬餐廳的情況。這個類別可以用參數來設定飲料的類型。參見範例 15-18。

範例 15-18　*invariant.py*：型態定義與 install 函式

```python
from typing import TypeVar, Generic

class Beverage:     ❶
    """Any beverage."""

class Juice(Beverage):
    """Any fruit juice."""

class OrangeJuice(Juice):
    """Delicious juice from Brazilian oranges."""

T = TypeVar('T')     ❷

class BeverageDispenser(Generic[T]):     ❸
    """A dispenser parameterized on the beverage type."""
    def __init__(self, beverage: T) -> None:
        self.beverage = beverage

    def dispense(self) -> T:
        return self.beverage

def install(dispenser: BeverageDispenser[Juice]) -> None:     ❹
    """Install a fruit juice dispenser."""
```

❶ Beverage、Juice 與 OrangeJuice 組成一個型態階層。

❷ 簡單地宣告 TypeVar。

❸ BeverageDispenser 接收飲料類型參數。

❹ install 是模組全域函式。它的型態提示執行一條規則：只接受果汁機。

使用範例 15-18 的定義後，下面的程式是合法的：

```python
juice_dispenser = BeverageDispenser(Juice())
install(juice_dispenser)
```

但這是不合法的：

```
beverage_dispenser = BeverageDispenser(Beverage())
install(beverage_dispenser)
## mypy: Argument 1 to "install" has
## incompatible type "BeverageDispenser[Beverage]"
##          expected "BeverageDispenser[Juice]"
```

可提供任何 Beverage 的飲料機都是不可接受的，因為餐廳要求飲料機只能提供 Juice。

令人驚訝的是，這段程式也不合法：

```
orange_juice_dispenser = BeverageDispenser(OrangeJuice())
install(orange_juice_dispenser)
## mypy: Argument 1 to "install" has
## incompatible type "BeverageDispenser[OrangeJuice]"
##          expected "BeverageDispenser[Juice]"
```

它也不允許專門提供 OrangeJuice 的飲料機，只有 BeverageDispenser[Juice] 可以。用型態術語來說，當 BeverageDispenser[OrangeJuice] 與 BeverageDispenser[Juice] 不相容時，我們說 BeverageDispenser(Generic[T]) 是 invariant，儘管事實上 OrangeJuice 是 *subtype-of* Juice。

Python 的可變的 collection 型態，例如 list 與 set 是 invariant。範例 15-17 的 LottoBlower 類別也是 invariant。

covariant 的飲料機

如果你想要用泛型類別來靈活地模擬飲料機，讓它可以接受某種飲料及其子型態，你就要把它寫成 covariant。範例 15-19 是宣告 BeverageDispenser 的寫法。

範例 15-19　*covariant.py*：型態定義與 install 函式

```
T_co = TypeVar('T_co', covariant=True)  ❶


class BeverageDispenser(Generic[T_co]):  ❷
    def __init__(self, beverage: T_co) -> None:
        self.beverage = beverage

    def dispense(self) -> T_co:
        return self.beverage

def install(dispenser: BeverageDispenser[Juice]) -> None:  ❸
    """Install a fruit juice dispenser."""
```

❶ 在宣告型態變數時，設定 covariant=True；*typeshed* 習慣後綴 _co 來表示 covariant 型態參數。

❷ 使用 T_co 來將 Generic 特殊類別參數化。

❸ install 的型態提示與範例 15-18 一樣。

下面的程式可以執行，因為現在 Juice 飲料機與 Orange 飲料機在 covariant BeverageDispenser 裡都是可接受的：

```
juice_dispenser = BeverageDispenser(Juice())
install(juice_dispenser)

orange_juice_dispenser = BeverageDispenser(OrangeJuice())
install(orange_juice_dispenser)
```

但是提供任意飲料的 Beverage 飲料機被拒絕了：

```
beverage_dispenser = BeverageDispenser(Beverage())
install(beverage_dispenser)
## mypy: Argument 1 to "install" has
## incompatible type "BeverageDispenser[Beverage]"
##          expected "BeverageDispenser[Juice]"
```

這就是 covariance：參數化的飲料機之間的子型態關係和型態參數的子型態關係有相同的方向。

contravariant 的垃圾桶

接下來我們要模擬餐廳放置垃圾桶的規則。假設餐廳的食物和飲料的包裝是可生物分解的，剩菜和一次性餐具也是可生物分解的。垃圾桶必須適用於可生物分解垃圾。

我們為這個教學用範例做一些簡化的假設，把垃圾整理成一個清晰的分級結構：

- Refuse 是最普通的垃圾種類。所有垃圾都是 refuse。
- Biodegradable 是特定種類的垃圾，它們可以被生物長期分解。有些 Refuse 不是 Biodegradable。
- Compostable 是一種特別的 Biodegradable，可以倒在堆肥箱裡高效地轉換成有機肥料。在我們的定義裡，並非所有 Biodegradable 垃圾都是 Compostable。

為了模擬餐廳接受垃圾的規則，我們要用一個使用它的範例來介紹「contravariance」的概念，參見範例 15-20。

範例 *15-20 contravariant.py*：型態定義與 install 函式

```python
from typing import TypeVar, Generic

class Refuse:      ❶
    """Any refuse."""

class Biodegradable(Refuse):
    """Biodegradable refuse."""

class Compostable(Biodegradable):
    """Compostable refuse."""

T_contra = TypeVar('T_contra', contravariant=True)      ❷

class TrashCan(Generic[T_contra]):      ❸
    def put(self, refuse: T_contra) -> None:
        """Store trash until dumped."""

def deploy(trash_can: TrashCan[Biodegradable]):
    """Deploy a trash can for biodegradable refuse."""
```

❶ refuse 的型態階層：Refuse 是最普遍的型態，Compostable 是最具體的。

❷ T_contra 是 contravariant 型態變數的常規名稱。

❸ TrashCan 與 refuse 的型態有 contravariant 關係。

根據這些定義，以下的垃圾類型是可接受的：

```python
bio_can:TrashCan[Biodegradable] = TrashCan()
deploy(bio_can)

trash_can:TrashCan[Refuse] = TrashCan()
deploy(trash_can)
```

比較一般性的 TrashCan[Refuse] 可被接受是因為它可以裝任何類型的 refuse，包括 Biodegradable。但是，TrashCan[Compostable] 不行，因為它不能裝 Biodegradable：

```python
compost_can:TrashCan[Compostable] = TrashCan()
deploy(compost_can)
## mypy: Argument 1 to "deploy" has
## incompatible type "TrashCan[Compostable]"
##          expected "TrashCan[Biodegradable]"
```

我們來總結之前的概念。

總結 variance

variance 是一種微妙的特性（property）。接下來的小節將復習 invariant、covariant 與 contravariant 型態的概念，並提供一些理解它們的經驗法則。

invariant 型態

有個泛型型態 L，無論實際的參數之間有什麼關係，如果兩個參數化（parameterized）的型態之間沒有超型態或子型態的關係，它就是 invariant。換句話說，若 L 是 invariant，則 L[A] 不是 L[B] 的超型態或子型態。它們之間的兩個方向都不是 consistent。

如前所述，Python 的可變 collection 在預設情況下是 invariant。list 型態是很好的例子：ist[int] 不 *consistent-with* list[float]，反之亦然。

一般來說，如果在方法引數的型態提示裡有一般的型態參數，而且同樣的參數出現在方法的回傳型態裡，那個參數一定是 invariant，以確保在修改與讀取 collection 時的型態安全性。

例如，這是在 *ypeshed* 上（*https://fpy.li/15-30*），內建的 list 的型態提示的一部分：

```
class list(MutableSequence[_T], Generic[_T]):
    @overload
    def __init__(self) -> None: ...
    @overload
    def __init__(self, iterable: Iterable[_T]) -> None: ...
    # ... 略 ...
    def append(self, __object: _T) -> None: ...
    def extend(self, __iterable: Iterable[_T]) -> None: ...
    def pop(self, __index: int = ...) -> _T: ...
    # 等 ...
```

注意，_T 出現在 __init__、append、extend 的引數裡，而且它是 pop 的回傳型態。如果這個類別型態對 _T 而言是 covariant 或 contravariant，我們就無法使其型態安全。

covariant 型態

考慮兩個型態 A 與 B，其中 B *consistent-with* A，且它們都不是 Any。有些作者使用 <: 與 :> 來表示型態間的關係：

A :> B

> A 是 *supertype-of* B，或與 B 相同。

B <: A

> B 是 *subtype-of* A，或與 A 相同。

若 A :> B，則當 C[A] :> C[B] 時，型態 C 為 covariant。

注意，A 在 B 的左邊的兩個例子裡的 :> 符號的方向是相同的。covariant 泛型型態之間的關係與實際型態參數的子型態關係一樣。

不可變的容器可能是 covariant。例如，typing.FrozenSet 類別的文件（*https://fpy.li/15-31*）使用傳統的名稱 T_co 來描述一個型態變數是 covariant：

```
class FrozenSet(frozenset, AbstractSet[T_co]):
```

我們用 :> 來表示參數化的型態：

```
        float :> int
frozenset[float] :> frozenset[int]
```

iterator 是另一個 covariant 泛型的例子：它們不是像 frozenset 那種唯讀的 collection，它們只會產生輸出。期望接收 abc.Iterator[float]（yield 浮點數）的任何程式碼都可以安全地使用 abc.Iterator[int]（yield 整數）。出於類似的原因，Callable 型態對回傳型態而言也是 covariant。

contravariant 型態

設 A :> B，若 K[A] <: K[B]，則泛型型態 K 是 contravariant。

contravariant 泛型型態之間的子型態關係與實際型態參數的子型態關係相反。

TrashCan 類別就是這樣的例子：

```
        Refuse :> Biodegradable
TrashCan[Refuse] <: TrashCan[Biodegradable]
```

contravariant 容器通常是唯讀資料結構，也稱為「sink」。在標準程式庫裡沒有這種 collection 的例子，但有一些型態有 contravariant 型態參數。

Callable[[ParamType, …], ReturnType] 與參數型態有 contravariant 關係，但與 ReturnType 有 covariant 關係，如第 299 頁的「callable 型態裡的 variance」所述。此外，Generator（ *https://fpy.li/15-32* ）、Coroutine（ *https://fpy.li/typecoro* ）、AsyncGenerator（ *https://fpy. li/15-33* ）都有一個 contravariant 型態參數。關於 Generator 型態的介紹參見第 660 頁的「古典 coroutine 的泛型型態提示」，關於 Coroutine 與 AsyncGenerator 的介紹在第 21 章。

關於我們目前討論的 variance，重點在於 contravariant 形式參數定義了用來呼叫或發送資料給物件的引數的型態，而不同的 covariant 形式參數定義了物件產生的輸出的型態，例如 yield 型態或 return 型態，實際型態取決於物件本身。「send」與「yield」的意思會在第 651 頁的「古典的 coroutine」中解釋。

我們可以從這些對於 covariant 輸出和 contravariant 輸入的觀察中得出有用的準則。

關於 variance 的經驗法則

最後，這裡有幾條經驗法則，可在你思考 variance 的時候協助推理：

- 如果形式型態參數定義了從物件裡送出去的資料的型態，它可能是 covariant。
- 如果形式型態參數定義了在初步建構物件之後傳入該物件的資料的型態，它可能是 contravariant。
- 如果形式型態參數定義了被物件送出去的資料的型態，且同樣的參數定義了被送入物件的資料的型態，它一定是 invariant。
- 為了安全起見，讓形式型態參數是 invariant。

Callable[[ParamType, …], ReturnType] 展示了規則 1 與 2：ReturnType 是 covariant，且每個 ParamType 都是 contravariant。

在預設情況下，TypeVar 會建立 invariant 形式參數，那也是在標準程式庫裡，可變的 collection 的標注方式。

第 660 頁的「古典的 coroutine 的泛型型態提示」會延續現在關於 variance 的討論。

接下來，我們來看看如何定義通用的靜態協定，將 covariance 的想法應用在一些新例子裡。

實作通用的靜態協定

Python 3.10 標準程式庫提供了一些通用的靜態協定，其中一個是 SupportsAbs，在 *typing* 模組裡（*https://fpy.li/15-34*），它是這樣實作的：

```
@runtime_checkable
class SupportsAbs(Protocol[T_co]):
    """An ABC with one abstract method __abs__ that is covariant in its
        return type."""
    __slots__ = ()

    @abstractmethod
    def __abs__(self) -> T_co:
        pass
```

T_co 是按照命名慣例來宣告的：

```
T_co = TypeVar('T_co', covariant=True)
```

因為有 SupportsAbs，Mypy 可認出這段程式是有效的，如範例 15-21 所示。

範例 *15-21 abs_demo.py*：使用泛型 SupportsAbs 協定

```
import math
from typing import NamedTuple, SupportsAbs

class Vector2d(NamedTuple):
    x: float
    y: float

    def __abs__(self) -> float:      ❶
        return math.hypot(self.x, self.y)

def is_unit(v: SupportsAbs[float]) -> bool:      ❷
    """'True' if the magnitude of 'v' is close to 1."""
    return math.isclose(abs(v), 1.0)      ❸

assert issubclass(Vector2d, SupportsAbs)      ❹

v0 = Vector2d(0, 1)      ❺
sqrt2 = math.sqrt(2)
v1 = Vector2d(sqrt2 / 2, sqrt2 / 2)
v2 = Vector2d(1, 1)
v3 = complex(.5, math.sqrt(3) / 2)
v4 = 1      ❻
```

```
assert is_unit(v0)
assert is_unit(v1)
assert not is_unit(v2)
assert is_unit(v3)
assert is_unit(v4)

print('OK')
```

❶ 定義 __abs__ 使得 Vector2d *consistent-with* SupportsAbs。

❷ 以 float 參數化 SupportsAbs，確保…

❸ …Mypy 接受 abs(v) 是 math.isclose 的第一個引數。

❹ 因為在 SupportsAbs 的定義裡有 @runtime_checkable，所以這是有效的執行期斷言。

❺ 其餘的程式都通過 Mypy 檢查與執行期斷言。

❻ int 型態也 *consistent-with* SupportsAbs。根據 *typeshed*（*https://fpy.li/15-35*），int.__abs__ 回傳 int，它 *consistent-with* v 引數的 is_unit 型態提示中宣告的 float 型態參數。

類似地，我們可以編寫範例 13-18 中的 RandomPicker 協定的泛型版本，它是用一個回傳 Any 的 pick 方法來定義的。

範例 15-22 展示如何讓泛型的 RandomPicker 與回傳型態 pick 有 covariant 關係。

範例 *15-22 generic_randompick.py*：泛型 RandomPicker 的定義

```
from typing import Protocol, runtime_checkable, TypeVar

T_co = TypeVar('T_co', covariant=True)   ❶

@runtime_checkable
class RandomPicker(Protocol[T_co]):   ❷
    def pick(self) -> T_co: ...   ❸
```

❶ 將 T_co 宣告為 covariant。

❷ 這讓 RandomPicker 是泛型，有一個 covariant 形式型態參數。

❸ 使用回傳型態 T_co。

泛型 RandomPicker 協定可能是 covariant，因為它的唯一形式參數在回傳型態內。

以上就是本章的內容。

本章摘要

本章從一個使用 @overload 的簡單範例開始，然後是一個更複雜的範例：它是需要正確地注解 max 內建函式的多載簽章。我們對此範例做了詳細的探討。

接著討論 typing.TypedDict 特殊結構。我選擇在此討論它，而不是在介紹 typing.NamedTuple 的第 5 章的原因是，TypedDict 不是類別建構器，它僅僅是一種為變數或特定的 dict 引數添加型態提示的方式，該 dict 必須具有特定的字串鍵集合，且每個鍵都必須是特定的型態，當我們使用 dict 作為紀錄時就會發生這種情況，通常發生在處理 JSON 資料時。該節有點長，因為使用 TypedDict 會給人錯誤的安全感，我想展示，當你試著用本質上動態的 mapping 來製作靜態結構的紀錄時，執行期檢查和錯誤處理是不可避免的。

接著我們討論 typing.cast，它是為了讓我們指引型態檢查器的行為而設計的函式。仔細考慮使用 cast 的時機很重要，因為過度使用它會阻礙型態檢查器。

接著討論執行期讀取型態提示。重點是使用 typing.get_type_hints，而不是直接讀取 __annotations__ 屬性。然而，使用某些注解的函式可能不可靠，我們也看到，Python 的核心開發者仍在努力試圖讓型態提示可在執行期使用，同時減少它們對 CPU 和記憶體的使用造成的影響。

最後一節的主題是泛型，從 LottoBlower 泛型類別看起，後來我們知道它是個 invariant 泛型類別。在那個範例之後，我們定義四個基本術語：泛型、形式型態參數、參數化型態、實際的型態參數。

接著討論 variance 的主題，使用餐廳飲料機和垃圾桶作為「現實」的 invariant、covariant、contravariant 泛型型態範例。接著我們回顧形式化，並進一步將這些概念應用在 Python 的標準程式庫裡的例子。

最後，我們看了通用的靜態協定如何定義，首先考慮 typing.SupportsAbs 協定，然後將同一個想法應用在 RandomPicker 範例，讓它比第 13 章的原始協定更嚴謹。

 Python 的型態系統是龐大且快速發展的主題。本章並不詳盡。我選擇把重點放在廣泛適用的、特別有挑戰性的、概念上很重要，因此在很長一段時間內都和你有關的主題。

延伸讀物

Python 的靜態型態系統的初始設計原本就很複雜了，接下來又一年比一年複雜。表 15-1 列出我在 2021 年 5 月時關注的所有 PEP。涵蓋所有內容可能需要一本完整的書籍。

表 15-1　關於型態提示的 PEP，其標題包含連結。編號有 * 的 PEP 非常重要，所以在 typing 文件的開頭就提到它們（*https://fpy.li/typing*）。Python 欄的問號代表正在討論中或尚未實作的。n/a 代表它是不屬於特定 Python 版本的資訊性 PEP。

PEP	標題	Python	年
3107	Function Annotations（*https://fpy.li/pep3107*）	3.0	2006
483*	The Theory of Type Hints（*https://fpy.li/pep483*）	n/a	2014
484*	Type Hints（*https://fpy.li/pep484*）	3.5	2014
482	Literature Overview for Type Hints（*https://fpy.li/pep482*）	n/a	2015
526*	Syntax for Variable Annotations（*https://fpy.li/pep526*）	3.6	2016
544*	Protocols: Structural subtyping (static duck typing)（*https://fpy.li/pep544*）	3.8	2017
557	Data Classes（*https://fpy.li/pep557*）	3.7	2017
560	Core support for typing module and generic types（*https://fpy.li/pep560*）	3.7	2017
561	Distributing and Packaging Type Information（*https://fpy.li/pep561*）	3.7	2017
563	Postponed Evaluation of Annotations（*https://fpy.li/pep563*）	3.7	2017
586*	Literal Types（*https://fpy.li/pep586*）	3.8	2018
585	Type Hinting Generics In Standard Collections（*https://fpy.li/pep585*）	3.9	2019
589*	TypedDict: Type Hints for Dictionaries with a Fixed Set of Keys（*https://fpy.li/pep589*）	3.8	2019
591*	Adding a final qualifier to typing（*https://fpy.li/pep591*）	3.8	2019
593	Flexible function and variable annotations（*https://fpy.li/pep593*）	?	2019
604	Allow writing union types as X | Y（*https://fpy.li/pep604*）	3.10	2019
612	Parameter Specification Variables（*https://fpy.li/pep612*）	3.10	2019
613	Explicit Type Aliases（*https://fpy.li/pep613*）	3.10	2020
645	Allow writing optional types as x?（*https://fpy.li/pep645*）	?	2020
646	Variadic Generics（*https://fpy.li/pep646*）	?	2020

PEP	標題	Python	年
647	User-Defined Type Guards（*https://fpy.li/pep647*）	3.10	2021
649	Deferred Evaluation Of Annotations Using Descriptors（*https://fpy.li/pep649*）	?	2021
655	Marking individual TypedDict items as required or potentially-missing（*https://fpy.li/pep655*）	?	2021

Python 的官方文件很難跟上所有的最新情況，所以 Mypy 的文件（*https://fpy.li/mypy*）是很重要的參考資料。據我所知，Patrick Viafore 所著的 *Robust Python*（O'Reilly）是第一本廣泛涵蓋 Python 靜態型態系統的書籍，於 2021 年 8 月出版。你現在讀的可能是第二本這種書籍。

variance 這個微妙的主題在 PEP 484 裡有它自己的一節（*https://fpy.li/15-37*），Mypy 也在「Generics」（*https://fpy.li/15-38*）和寶貴的「Common Issues」（*https://fpy.li/15-39*）介紹它。

如果你想使用補充 `typing.get_type_hints` 函式的 `inspect` 模組，PEP 362 —— Function Signature Object（*https://fpy.li/pep362*）值得一讀。

如果你對 Python 的歷史有興趣，Guido van Rossum 在 2004 年 11 月 23 日貼出「Adding Optional Static Typing to Python」（*https://fpy.li/15-40*）。

「Python 3 Types in the Wild: A Tale of Two Type Systems」（*https://fpy.li/15-41*）是 Ingkarat Rak-amnouykit 和 Rensselaer Polytechnic Institute 與 IBM TJ Watson Research Center 的其他人員一起撰寫的研究論文。這一篇論文調查了 GitHub 上的開放原始碼專案裡的型態提示的使用情況，展示大多數的專案都沒有使用它們，而且有型態提示的大多數專案顯然也不使用型態檢查器。我發現最有趣的是關於 Mypy 與 Google 的 *pytype* 的不同語義的討論，他們的結論是，「它們是兩種本質上不同的型態系統」。

Gilad Bracha 的「Pluggable Type Systems」（*https://fpy.li/15-42*）與 Eric Meijer 和 Peter Drayton 的「Static Typing Where Possible, Dynamic Typing When Needed: The End of the Cold War Between Programming Languages」（*https://fpy.li/15-43*）是兩篇關於漸進定型的開創性論文。[17]

---

17 你應該記得在之前的注腳裡，我把餐廳的比喻歸功於 Erik Meijer。我們曾經用餐廳來解釋 variance。

有些語言實作了一些相同的概念，我從介紹那些語言的書籍中學到很多：

- *Atomic Kotlin*（*https://fpy.li/15-44*），Bruce Eckel 與 Svetlana Isakova 著（Mindview）

- *Effective Java* 第 3 版（*https://fpy.li/15-45*），Joshua Bloch 著（Addison-Wesley）

- *Programming with Types: TypeScript Examples*（*https://fpy.li/15-46*），Vlad Riscutia 著（Manning）

- *Programming TypeScript*（*https://fpy.li/15-47*），Boris Cherny 著（O'Reilly）

- *The Dart Programming Language*（*https://fpy.li/15-48*），Gilad Bracha 著（Addison-Wesley）[18]

若要瞭解一些針對型態系統的批評，我推薦 Victor Youdaiken 的文章「Bad ideas in type theory」（*https://fpy.li/15-49*）與「Types considered harmful II」（*https://fpy.li/15-50*）。

最後，看到 Ken Arnold 寫了「Generics Considered Harmful」（*https://fpy.li/15-51*）讓我很驚訝，Ken Arnold 是 Java 一直以來的核心貢獻者，也是 *The Java Programming Language* 一書（Addison-Wesley）的前四版的共同作者，該書的作者還有 James Gosling，即 Java 的首席設計師。

可悲的是，Arnold 的批評也適用於 Python 的靜態定型系統。當我閱讀定型 PEP 的許多規則和特例時，我不斷想起 Gosling 在文章中說的這句話：

> 這就帶來了我常說的 C++ 問題：我稱之為「例外規則的第 N 階例外」。它聽起就像：「你可以做 x，除非遇到 y 的情況，除非 y 做了 z，此時如果⋯的話，你可以⋯」

幸好，Python 相較於 Java 和 C++ 有一個關鍵優勢：它有選用的型態系統。我們可以叫型態檢查器閉嘴，並在型態提示變得過於麻煩時省略它們。

---

18 那本書是為 Dart 1 寫的。Dart 2 有明顯的改變，包括型態系統。儘管如此，Bracha 是程式語言設計領域的重要學者，我認為這是一本寶貴的書籍，因為裡面有他對於 Dart 設計的觀點。

肥皂箱

型態兔子洞

在使用型態檢查器時，有時我們被迫尋找和匯入我們不需要瞭解，且程式碼不需要參考的類別，目的只是為了編寫型態提示。這種類別沒有文件，或許是因為它們被程式包的作者視為實作細節。以下是標準程式庫裡的兩個例子。

為了在第 543 頁的「cast 型態」的 server.sockets 範例裡使用 cast()，我被迫翻閱大量的 *asyncio* 文件，並且瀏覽程式包裡的幾個模組，一切都是為了在無文件的 asyncio. trsock 模組裡尋找同樣無文件的 TransportSocket 類別。根據原始碼裡的 docstring（*https://fpy.li/15-52*），使用 socket.socket 而非 TransportSocket 是錯的，因為後者不是前者的子型態。

當我為範例 19-13 加入型態提示時，我跳入類似的兔子洞，該範例簡單地展示 multiprocessing，它使用 SimpleQueue 物件，你要藉著呼叫 multiprocessing.SimpleQueue() 來取得它。但是，我不能在型態提示裡使用那個名稱，因為 multiprocessing.SimpleQueue 不是類別！它是無文件的 multiprocessing.BaseContext 類別的綁定（bound）方法，建立與回傳無文件的 multiprocessing.queues 模組定義的 SimpleQueue 類別的實例。

在這些例子裡，僅僅為了寫一個型態提示，我必須花好幾個小時來找出正確的無文件類別來匯入。在寫書時，這種研究是工作的一部分。但是在編寫應用程式時，我應該會避免進行這種尋寶遊戲，直接寫 # type: ignore 就好。有時這是唯一有成本效益的解決方案。

其他語言的 variance 表示法

variance 是一個困難的主題，Python 的型態提示語法不盡如人意。我直接引用 PEP 484 的這句話來證明這一點：

> covariance 或 contravariance 不是型態變數的特性（property），而是使用該變數來定義的泛型類別的特性。[19]

若是如此，為何 covariance 與 contravariance 用 TypeVar 來宣告，而不是在泛型類別上宣告它們？

---

19 見 PEP 484 的「Covariance and Contravariance」（*https://fpy.li/15-37*）一節的最後一段。

PEP 484 的作者們做了非常嚴格的自我限制，也就是他們必須在不對解譯器做任何更改的情況下支援型態提示。這需要加入 TypeVar 來定義型態變數，也要濫用 [] 來提供 Klass[T] 泛型語法，而不是使用其他流行語言所使用的 Klass<T> 代號，包括 C#、Java、Kotlin 與 TypeScript。這些語言都不需要在使用型態變數之前宣告它。

此外，Kotlin 與 C# 的語法明確展示型態參數是 covariant、contravariant 還是 invariant，而且在有意義的地方展示：在類別或介面的宣告裡。

在 Kotlin 裡，我們可以這樣宣告 BeverageDispenser：

```
class BeverageDispenser<out T> {
    // 略 ...
}
```

在形式形態參數裡的 out 意味著 T 是個「輸出」型態，因此 BeverageDispenser 是 covariant。

你應該可以猜到 TrashCan 該如何宣告：

```
class TrashCan<in T> {
    // 略 ...
}
```

由於 T 是形式型態參數的「輸入」，所以 TrashCan 是 contravariant。

如果沒有 in 和 out，那麼這個類別對參數而言是 invariant。

這讓人想起第 560 頁的「關於 variance 的經驗法則」中，形式型態參數使用了 out 與 in。

由此可見，在 Python 裡，covariant 與 contravariant 型態變數的命名規範應該是：

```
T_out = TypeVar('T_out', covariant=True)
T_in = TypeVar('T_in', contravariant=True)
```

然後，我們可以這樣定義類別：

```
class BeverageDispenser(Generic[T_out]):
    ...
class TrashCan(Generic[T_in]):
    ...
```

我們還有機會改變 PEP 484 確立的命名規範嗎？

## 第 16 章

運算子多載

有一些事情讓我很糾結，例如運算子多載。我把運算子多載排除在外是我個人的選擇，因為我在 C++ 中，看過太多人濫用它了。

—— *James Gosling*，*Java* 的作者[1]

在 Python 裡，你可以用這樣的公式來計算複利：

```
interest = principal * ((1 + rate) ** periods - 1)
```

在運算元之間的運算子，例如 `1 + rate`，稱為中綴運算子（*infix operator*）。在 Python 裡，中綴運算子可處理任意型態。所以，如果你要處理真正的金額，你可以確定 `principal`、`rate` 與 `periods` 都是精確的數字（Python `decimal.Decimal` 類別的實例），而且那個公式可以照所寫的方式運作，產生精確的結果。

但是在 Java 裡，如果你將 `float` 換成 `BigDecimal` 來取得精確的結果，你就無法使用中綴運算子了，因為它們只能處理原始型態。這是在 Java 裡，使用 `BigDecimal` 數字來編寫的同一個方程式：

```
BigDecimal interest = principal.multiply(BigDecimal.ONE.add(rate)
                            .pow(periods).subtract(BigDecimal.ONE));
```

1　來源：「The C Family of Languages: Interview with Dennis Ritchie, Bjarne Stroustrup, and James Gosling」（*https://fpy.li/16-1*）。

中綴運算子顯然可讓公式更易讀。若要用中綴運算子來處理自訂的或擴展的型態（例如 NumPy 陣列），運算子多載是必要元素。在高階、易用的語言中提供運算子多載應該是 Python 在資料科學領域（包括金融和科學應用）獲得巨大成功的關鍵因素之一。

在第 10 頁的「模擬數值型態」（第 1 章）中，我們在基本的 Vector 類別裡看了運算子的一些簡單實作。在範例 1-2 裡的 __add__ 與 __mul__ 方法是為了展示特殊方法如何支援運算子多載而寫的，但當時的寫法有一些被忽略的細節。此外，在範例 11-2 裡，我們看到 Vector2d.__eq__ 方法認為這個運算式的結果是 True：Vector(3, 4) == [3, 4] —— 這個結果可能合理，也可能不合理。本章將討論這些問題，以及：

- 中綴運算子方法如何回報它無法處理一個運算元
- 使用鴨定型或鵝定型來處理各種型態的運算元
- 豐富比較運算子的特殊行為（例如 ==、>、<= …等）。
- 擴增賦值運算子（例如 +=）的預設行為，及如何多載它們

本章有哪些新內容

鵝定型是 Python 的關鍵元素，但 numbers ABC 在靜態定型裡不支援，所以我將範例 6-11 改成使用鴨定型，而不是對 numbers.Real 做明確的 isinstance 檢查。[2]

我在 *Fluent Python* 的第 1 版說 @ 矩陣乘法運算子將在不久後進行修改，當時 Python 3.5 仍處於 alpha 版。當時是在專欄裡討論它，這一版將它整合到本章的流程，位於第 582 頁的「將 @ 當成中綴運算子來使用」。我利用鵝定型來讓 __matmul__ 的實作比第 1 版的更安全，同時又不降低其靈活性。

第 594 頁的「延伸讀物」加入一些新的參考資料，包括 Guido van Rossum 的部落格文章。我也會提到兩個在數學領域之外有效應用運算多載的程式庫：pathlib 與 Scapy。

---

[2] 在 Python 標準程式庫裡的其餘 ABC 對鴨定型和靜態定型而言仍然很有價值。第 486 頁的「numbers ABC 與數字協定」解釋了 numbers ABC 的問題。

運算子多載 101

運算子多載可讓自訂的物件與中綴運算子合作，中綴運算子的例子有 + 與 |，或一元運算子，例如 - 與 ~。更普遍的，函式呼叫（()）、屬性存取（.）與項目存取 / slicing（[]）也是 Python 的運算子，但本章僅討論一元與中綴運算子。

運算子多載在某些圈子裡的名聲不太好。它是一種可能被濫用的語言功能（也已經被濫用了），導致程式設計師摸不著頭緒、產生 bug，與意外的性能瓶頸。但是如果你善用它，它可以產生令人愉悅的 API 與易讀的程式碼。Python 藉由施加一些限制，讓它在靈活性、可用性與安全性之間取得很好的平衡：

- 我們無法改變內建型態的運算子的含義。

- 我們不能建立新運算子，只能多載既有的。

- 有些運算子不能多載，包括 is、and、or、not（但位元 &、|、~ 可以）。

我們已經在第 12 章看過 Vector 裡的一個中綴運算子了：==，它是用 __eq__ 來支援的。在這一章，我們將改善 __eq__，以更妥善地處理 Vector 型態之外的運算元。然而，豐富比較運算子（==、!=、>、<、>=、<=）是運算子多載的特殊案例，所以我們要先多載 Vector 的四個算術運算子：一元的 - 與 +，然後是中綴的 + 與 *。

我們從最簡單的主題開始：一元運算子。

一元運算子

The Python Language Reference 的「6.5. Unary arithmetic and bitwise operations」（*https://fpy.li/16-2*）列出三個一元運算子，茲列舉如下，包括相關的特殊方法：

-，用 __neg__ 來實作

算術一元邏輯反（negation）。若 x 為 -2，則 -x == 2。

+，用 __pos__ 來實作

算術一元加法。通常寫成 x == +x，但有時不是如此。如果你好奇，可參見第 573 頁的「x 與 +x 何時不相等」。

~，用 __invert__ 來實作

> 位元 not，或整數的逐位元取逆（inverse），其定義為 ~x == -(x+1)。若 x 為 2 則
> ~x == -3。[3]

The Python Language Reference 的「Data Model」一章（*https://fpy.li/16-3*）也將 abs() 內
建函式列為一元運算子。它的相關特殊方法是 __abs__，我們已經看過了。

支援一元運算子很簡單，只要實作適當的特殊方法，讓它只接收一個引數即可：self。
你可以在你的類別中使用合理的邏輯，但是要遵守運算子的基本規則：一定要回傳一個
新物件。換句話說，你不能修改接收方（self），而是要建立並回傳一個合適型態的新
實例。

對 - 與 + 而言，結果可能是與 self 同一個類別的實例。對一元 + 而言，如果接收方是不
可變的，你應該回傳 self，否則回傳 self 的複本。就 abs() 而言，結果應該是一個純量
數字。

至於 ~，如果你處理的不是整數內的位元，我們很難說什麼是合理的結果。在 *pandas*
（*https://fpy.li/pandas*）資料分析程式包裡，~ 會取布林過濾條件的邏輯反，範例見
pandas 文件的「Boolean indexing」（*https://fpy.li/16-4*）。

之前承諾過，我們將為第 12 章的 Vector 類別實作幾個新的運算子。範例 16-1 是範例
12-16 的 __abs__ 方法，與新增的 __neg__ 與 __pos__ 一元運算子方法。

範例 16-1　vector_v6.py：加入範例 12-16 的一元運算子 - 與 +

```python
def __abs__(self):
    return math.hypot(*self)

def __neg__(self):
    return Vector(-x for x in self)  ❶

def __pos__(self):
    return Vector(self)  ❷
```

❶ 為了計算 -v，將 self 的每一個分量都取邏輯反，用來建立一個新的 Vector。

❷ 為了計算 +v，使用 self 的每一個分量來建立一個新的 Vector。

3　關於逐位元取 not 的解釋，見 *https://en.wikipedia.org/wiki/Bitwise_operation#NOT*。

之前說過，Vector 實例是 iterable，且 Vector.__init__ 接收一個 iterable 引數，所以 __neg__ 與 __pos__ 的寫法很精簡。

我們不實作 __invert__，所以如果使用者試著對 Vector 實例執行 ~v，Python 會發出 TypeError 與明確的訊息：「bad operand type for unary ~: 'Vector'」。

接下來的專欄將探討一件新鮮事，或許你可以用一元 + 來打賭贏錢。

---

x 與 +x 何時不相等

大家都以為 x == +x，在 Python 裡，絕大多數情況下都是如此，但我在標準程式庫裡發現兩個 x != +x 的案例。

第一個案例與 decimal.Decimal 類別有關。如果 x 是在數學背景下建立的 Decimal 實例，然後你在不同的環境下計算 +x，你將得到 x != +x。例如，在具備一定精度的環境中計算 x，然後改變環境的精度，再計算 +x。參見範例 16-2 的示範。

範例 16-2　改變算術環境的精度可能讓 x 與 +x 不同

```
>>> import decimal
>>> ctx = decimal.getcontext()     ❶
>>> ctx.prec = 40     ❷
>>> one_third = decimal.Decimal('1') / decimal.Decimal('3')     ❸
>>> one_third     ❹
Decimal('0.3333333333333333333333333333333333333333')
>>> one_third == +one_third     ❺
True
>>> ctx.prec = 28     ❻
>>> one_third == +one_third     ❼
False
>>> +one_third     ❽
Decimal('0.3333333333333333333333333333')
```

❶　取得當前的全域算術環境的參考。

❷　將算術環境的精度設為 40。

❸　用當前的精度來計算 1/3。

❹　檢查結果；在小數點後面有 40 位數。

---

❺ one_third == +one_third 是 True。

❻ 將精度較低為 28，它是 Decimal 算術的預設值。

❼ 現在 one_third == +one_third 是 False。

❽ 檢查 +one_third，在 '.' 後面有 28 位數。

事實上，每一個 +one_third 都會用 one_third 的值產生一個新的 Decimal 實例，但它會使用當前算術環境的精度。

你可以在 collections.Counter 文件（*https://fpy.li/16-5*）裡找到第二個 x != +x 案例。Counter 類別實作了幾個算術運算子，其中，中綴的 + 可將兩個 Counter 實例的計數相加。但是，出於實務上的理由，Counter 的加法會將計數為負數和零的任何項目從結果中排除。而且，前綴的 + 是「加入一個空 Counter」的捷徑，因此它會產生一個新的 Counter，裡面只保留大於零的計數。參見範例 16-3。

範例 *16-3* 一元的 + 產生新的 Counter，裡面沒有零或負數的計數

```
>>> ct = Counter('abracadabra')
>>> ct
Counter({'a': 5, 'r': 2, 'b': 2, 'd': 1, 'c': 1})
>>> ct['r'] = -3
>>> ct['d'] = 0
>>> ct
Counter({'a': 5, 'b': 2, 'c': 1, 'd': 0, 'r': -3})
>>> +ct
Counter({'a': 5, 'b': 2, 'c': 1})
```

如你所見，+ct 回傳一個所有計數都大於零的 counter。

我們回去原本的程式設計流程。

多載 + 來做 Vector 加法

Vector 類別是 sequence 型態，官方 Python 文件的「Data Model」一章的「3.3.6. Emulating container types」（*https://fpy.li/16-6*）說，sequence 應支援串接用的 + 運算子，和重複用的 *。但是，我們要將 + 與 * 做成算術向量運算子，這樣做的難度比較高，但是對 Vector 型態而言更有意義。

如果使用者想要串接或重複 Vector 實例，他們可以將它轉換成 tuple 或 list，使用運算子，再轉換回去，這是因為 Vector 是 iterable，而且可以從 iterable 建構：

```
>>> v_concatenated = Vector(list(v1) + list(v2))
>>> v_repeated = Vector(tuple(v1) * 5)
```

將兩個 Euclidean 向量相加會產生一個新向量，它的分量是原本的兩個向量的分量的配對總和。舉例說明：

```
>>> v1 = Vector([3, 4, 5])
>>> v2 = Vector([6, 7, 8])
>>> v1 + v2
Vector([9.0, 11.0, 13.0])
>>> v1 + v2 == Vector([3 + 6, 4 + 7, 5 + 8])
True
```

試著將兩個長度不同的 Vector 實例相加會怎樣？可能會引發錯誤，但考慮實際的應用程式（例如資訊檢索），比較好的做法是用零來填補最短的 Vector。這是我們要的結果：

```
>>> v1 = Vector([3, 4, 5, 6])
>>> v3 = Vector([1, 2])
>>> v1 + v3
Vector([4.0, 6.0, 5.0, 6.0])
```

基於這些基本需求，我們可以寫出範例 16-4 中的 __add__。

範例 16-4　Vector.__add__ 方法，第 1 幕

```
# 在 Vector 類別裡

def __add__(self, other):
    pairs = itertools.zip_longest(self, other, fillvalue=0.0)  ❶
    return Vector(a + b for a, b in pairs)  ❷
```

❶ pairs 是產生 tuple (a, b) 的 generator，其中 a 來自 self，b 來自 other。如果 self 與 other 有不同的長度，fillvalue 為最短的 iterable 提供遺缺的值。

❷ 用 genexp 來建立新 Vector，為 pairs 的每一個 (a, b) 產生一個和。

注意，__add__ 回傳一個新的 Vector 實例，而不是改變 self 或 other。

實作一元或中綴運算子的特殊方法絕不能改變運算元的值。使用這種運算子的運算式應藉著建立新物件來產生結果。只有擴增賦值運算子可以改變第一個運算元（self），如第 589 頁的「擴增賦值運算子」所述。

範例 16-4 可將 Vector 加到 Vector2d，以及將 Vector 加到 tuple 或是可產生數字的任何 iterable，範例 16-5 證明這一點。

範例 *16-5*　Vector.__add__ 第 *1* 幕也支援非 Vector 物件

```
>>> v1 = Vector([3, 4, 5])
>>> v1 + (10, 20, 30)
Vector([13.0, 24.0, 35.0])
>>> from vector2d_v3 import Vector2d
>>> v2d = Vector2d(1, 2)
>>> v1 + v2d
Vector([4.0, 6.0, 5.0])
```

在範例 16-5 裡的兩種用法都可行，因為 __add__ 使用了 zip_longest(...)，它可以接收任何 iterable，且建構新 Vector 的 genexp 僅使用 zip_longest(...) 產生的成對項目來執行 a + b，所以可產生任何數字項目的 iterable 都可使用。

但是，如果我們將運算元對調（範例 16-6），這種混合型態的加法會失效了。

範例 *16-6*　Vector.__add__ 第 *1* 幕無法處理非 Vector 的左運算元

```
>>> v1 = Vector([3, 4, 5])
>>> (10, 20, 30) + v1
Traceback (most recent call last):
  File "<stdin>", line 1, in <module>
TypeError: can only concatenate tuple (not "Vector") to tuple
>>> from vector2d_v3 import Vector2d
>>> v2d = Vector2d(1, 2)
>>> v2d + v1
Traceback (most recent call last):
  File "<stdin>", line 1, in <module>
TypeError: unsupported operand type(s) for +: 'Vector2d' and 'Vector'
```

為了支援涉及各種型態的物件的運算元，Python 為中綴運算元的特殊方法實作一種特殊的調派機制。假設有一個運算式 a + b，直譯器將執行以下的步驟（參見圖 16-1）：

1. 如果 a 有 __add__，那就呼叫 a.__add__(b) 並回傳結果，除非它是 NotImplemented。

2. 如果 a 沒有 __add__，或呼叫它得到 NotImplemented，那就檢查 b 有沒有 __radd__，然後呼叫 b.__radd__(a) 並回傳結果，除非它是 NotImplemented。

3. 如果 b 沒有 __radd__，或呼叫它得到 NotImplemented，那就發出 TypeError，以及 *unsupported operand types* 訊息。

 __radd__ 方法稱為「reflected」或「reversed」版的 __add__。我喜歡將它們稱為「reversed」特殊方法。[4]

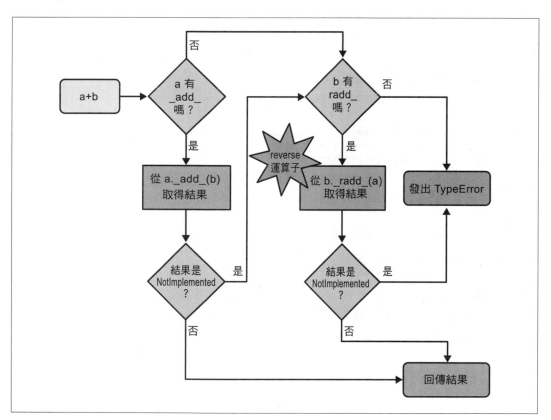

圖 16-1　使用 __add__ 與 __radd__ 來計算 a + b 的流程圖

4　Python 文件使用這兩個詞。「Data Model」一章（*https://fpy.li/dtmodel*）使用「reflected」，但是 numbers 模組文件裡的「9.1.2.2. Implementing the arithmetic operations」（*https://fpy.li/16-7*）提到「forward（順向）」與「reverse（反向）」方法，我認為第二種說法比較好，因為「forward」與「reversed」清楚地指出方向，但「reflected」沒有明顯的反向含義。

因此，為了讓範例 16-6 中的混合型態加法可以執行，我們必須實作 Vector.__radd__ 方法作為後備方案，當左運算元沒有實作 __add__，或實作它了，卻回傳 NotImplemented 以表示它無法處理右運算元時，Python 將呼叫它。

 不要把 NotImplemented 與 NotImplementedError 混為一談。NotImplemented 是特殊的單例值（singleton value），其用途是讓中綴運算子的特殊方法告訴直譯器它無法處理指定的運算元。另一方面，NotImplementedError 是一種例外，其用途是讓抽象類別的 stub 方法引發，以提醒子類別必須實作它們。

範例 16-7 是最簡單且可運行的 __radd__ 實作。

範例 16-7　Vector 方法 __add__ 與 __radd__

```
# 在 Vector 類別裡

def __add__(self, other):  ❶
    pairs = itertools.zip_longest(self, other, fillvalue=0.0)
    return Vector(a + b for a, b in pairs)

def __radd__(self, other):  ❷
    return self + other
```

❶　未修改範例 16-4 的 __add__，列在這裡是因為 __radd__ 使用它。

❷　__radd__ 只是將工作委託給 __add__。

通常 __radd__ 可以寫得很簡單，只要呼叫適當的運算子就可以了，在這個例子中，它將工作委託給 __add__。這適用於任何可交換運算子（commutative operator），+ 在處理數字或向量時是可交換的，但是用它來串接 Python sequence 時是不可交換的。

如果要讓 __radd__ 直接呼叫 __add__，你也可以這樣寫，它有相同的效果：

```
def __add__(self, other):
    pairs = itertools.zip_longest(self, other, fillvalue=0.0)
    return Vector(a + b for a, b in pairs)

__radd__ = __add__
```

範例 16-7 的方法可處理 Vector 物件，或具有數字項目的任何 iterable，例如 Vector2d、整數 tuple，或浮點數 array。但是如果提供非 iterable 物件，__add__ 會發出例外，並顯示不太有用的訊息，如範例 16-8 所示。

範例 *16-8*　Vector.__add__ 方法需要 *iterable* 運算元

```
>>> v1 + 1
Traceback (most recent call last):
  File "<stdin>", line 1, in <module>
  File "vector_v6.py", line 328, in __add__
    pairs = itertools.zip_longest(self, other, fillvalue=0.0)
TypeError: zip_longest argument #2 must support iteration
```

更糟的是，如果運算元是 iterable，但它的項目無法與 Vector 的 float 項目相加，你會看到有誤導性的訊息。參見範例 16-9。

範例 *16-9*　Vector.__add__ 方法需要具有數字項目的 *iterable*

```
>>> v1 + 'ABC'
Traceback (most recent call last):
  File "<stdin>", line 1, in <module>
  File "vector_v6.py", line 329, in __add__
    return Vector(a + b for a, b in pairs)
  File "vector_v6.py", line 243, in __init__
    self._components = array(self.typecode, components)
  File "vector_v6.py", line 329, in <genexpr>
    return Vector(a + b for a, b in pairs)
TypeError: unsupported operand type(s) for +: 'float' and 'str'
```

我試著將 Vector 與 str 相加，但訊息抱怨的是 float 與 str。

範例 16-8 與 16-9 的問題其實比晦澀的錯誤訊息還要深入：如果運算子特殊方法由於型態不相容而無法回傳有效的結果，它應該回傳 NotImplemented，而不是發出 TypeError。回傳 NotImplemented 可以為其他運算元型態的實作者留下機會，讓他們可以在 Python 嘗試呼叫 reversed 方法時執行操作。

基於鴨定型的精神，我們應避免測試另一個運算元的型態，或它的元素的型態。我們應該捕捉例外，並回傳 NotImplemented。如果直譯器還沒有將運算元對調（reversed），它會試這麼做。如果呼叫 reverse 方法得到 NotImplemented，Python 會發出 TypeError 和標準的錯誤訊息，例如「unsupported operand type(s) for +:*Vector* and *str*」。

範例 16-10 是 Vector 加法的特殊方法的最終版本。

範例 16-10　*vector_v6.py*：可放入 *vector_v5.py* 的 + 運算子的方法（範例 12-16）

```
def __add__(self, other):
    try:
        pairs = itertools.zip_longest(self, other, fillvalue=0.0)
        return Vector(a + b for a, b in pairs)
    except TypeError:
        return NotImplemented

def __radd__(self, other):
    return self + other
```

注意，現在 __add__ 抓到 TypeError 並回傳 NotImplemented。

 如果中綴運算子方法發出例外，它會中止運算子調派演算法。對
TypeError 這個案例而言，捕捉它並回傳 NotImplemented 通常是較好的做
法。這可以讓直譯器試著呼叫 reversed 運算子方法，如果運算元有不相
同的型態，該方法或許可以藉著對調運算元來正確地進行計算。

此時，我們已經藉由編寫 __add__ 與 __radd__ 來安全地多載 + 運算子了。接下來要處理
另一個中綴運算子：*。

多載 * 以執行純量乘法

Vector([1, 2, 3]) * x 是什麼意思？如果 x 是數字，它就是純量乘法，計算的結果將是
一個新的 Vector，裡面的每一個分量都被乘上 x，這也稱為逐元素乘法：

```
>>> v1 = Vector([1, 2, 3])
>>> v1 * 10
Vector([10.0, 20.0, 30.0])
>>> 11 * v1
Vector([11.0, 22.0, 33.0])
```

 與 Vecor 運算元有關的另一種乘法就是兩個向量的內積，或稱矩陣乘
法 —— 如果你將一個 1 × N 矩陣的向量與一個 N × 1 矩陣相乘的話。
我們會第 582 頁的「將 @ 當成中綴運算子來使用」裡，為 Vector 類別實
作那個運算子。

回到我們的純量積，讓我們同樣從最簡單、可執行的 __mul__ 與 __rmul__ 方法開始：

```
# 在 Vector 類別裡

def __mul__(self, scalar):
    return Vector(n * scalar for n in self)

def __rmul__(self, scalar):
    return self * scalar
```

這些方法可以執行，除非你提供不相容的運算元。如果將 scalar 引數乘以 floats 會產生另一個 float 的話（因為我們的 Vector 類別在內部使用浮點數 array），scalar 引數必須是數字。所以不能使用 complex 數字，但純量可能是 int、bool（因為 bool 是 int 的子類別），甚至是 fractions.Fraction 實例。在範例 16-11 裡，__mul__ 方法沒有對 scalar 進行明確的型態檢查，而是將它轉換成 float，並在失敗時回傳 NotImplemented。這就是一個明顯的鴨定型例子。

範例 16-11 vector_v7.py：加入運算子 * 方法

```
class Vector:
    typecode = 'd'

    def __init__(self, components):
        self._components = array(self.typecode, components)

    # 省略許多方法，參見 vector_v7.py
    # 位於 https://github.com/fluentpython/example-code-2e

    def __mul__(self, scalar):
        try:
            factor = float(scalar)
        except TypeError:           ❶
            return NotImplemented   ❷
        return Vector(n * factor for n in self)

    def __rmul__(self, scalar):
        return self * scalar        ❸
```

❶ 如果 scalar 不能轉換成 float …

❷ …我們不知道如何處理它，所以回傳 NotImplemented 來讓 Python 對著 scalar 運算元嘗試 __rmul__

❸ 在這個例子裡，__rmul__ 只要執行 self * scalar，將工作委託給 __mul__ 方法即可正確執行。

使用範例 16-11 可以將 Vectors 乘以一般卻又沒那麼普通的數字型態的純量值：

```
>>> v1 = Vector([1.0, 2.0, 3.0])
>>> 14 * v1
Vector([14.0, 28.0, 42.0])
>>> v1 * True
Vector([1.0, 2.0, 3.0])
>>> from fractions import Fraction
>>> v1 * Fraction(1, 3)
Vector([0.3333333333333333, 0.6666666666666666, 1.0])
```

我們可以將 Vector 乘以純量了，接著來看看如何實作 Vector 乘以 Vector。

在 *Fluent Python* 的第 1 版裡，我在範例 16-11 中使用鵝定型：我用 isinstance(scalar, numbers.Real) 來檢查 __mul__ 的 scalar 引數。現在我避免使用 numbers ABC，因為 PEP 484 不支援它們，而且在執行期使用不能被靜態檢查的型態對我來說似乎不是一個好主意。

另外，我本來可以檢查 typing.SupportsFloat 協定，像第 476 頁的「可在執行期檢查的靜態協定」說的那樣，我在範例中選擇鴨定型是因為我認為流暢的 Python 鐵粉應該習慣那種編寫模式。

另一方面，範例 16-12 的 __matmul__ 是鵝定型的好例子，該範例是這本第二版的新內容。

將 @ 當成中綴運算子來使用

大家都知道 @ 符號是函式 decorator 的前綴符號，但是從 2015 年起，它也可以當成中綴運算子。多年來，NumPy 都將內積寫成 numpy.dot(a, b)，但是這種呼叫函式的寫法會讓人難以將較長的數學公式轉換成 Python，[5] 所以數值計算社群推薦 PEP 465 —— A dedicated infix operator for matrix multiplication（*https://fpy.li/pep465*），並在 Python 3.5 裡實作出來。現在你可以用 a @ b 來計算兩個 NumPy 陣列的內積了。

@ 運算子是用特殊方法 __matmul__、__rmatmul__ 與 __imatmul__ 來支援的，它們的名稱是「matrix multiplication（矩陣乘法）」的縮寫。目前標準程式庫尚未廣泛地使用這些方法，但是 Python 3.5 以上的直譯器認識它們，所以 NumPy 團隊（以及我們這些其他

5　關於這個問題的討論，參見第 596 頁的「肥皂箱」。

人）都可以在自訂型態中支援 @ 運算子。Python 也修改解析器來處理新的運算子（a @ b 在 Python 3.4 是語法錯誤）。

這些簡單的測試展示 @ 與 Vector 實作是怎麼互動的：

```
>>> va = Vector([1, 2, 3])
>>> vz = Vector([5, 6, 7])
>>> va @ vz == 38.0  # 1*5 + 2*6 + 3*7
True
>>> [10, 20, 30] @ vz
380.0
>>> va @ 3
Traceback (most recent call last):
...
TypeError: unsupported operand type(s) for @: 'Vector' and 'int'
```

範例 16-12 是相關特殊方法的程式碼。

範例 16-12　vector_v7.py：運算子 @ 的方法

```
class Vector:
    # 為了節省篇幅，省略許多方法

    def __matmul__(self, other):
        if (isinstance(other, abc.Sized) and         ❶
            isinstance(other, abc.Iterable)):
            if len(self) == len(other):     ❷
                return sum(a * b for a, b in zip(self, other))   ❸
            else:
                raise ValueError('@ requires vectors of equal length.')
        else:
            return NotImplemented

    def __rmatmul__(self, other):
        return self @ other
```

❶ 兩個運算元都必須實作 __len__ 與 __iter__ …

❷ …而且有相同的長度，以便…

❸ …完美地應用 sum、zip 與 genexp。

Python 3.10 新增的 zip() 功能

自 Python 3.10 起，zip 內建函式接收 strict 限關鍵字型（keyword-only）
選用引數。當 strict=True 時，函式會在 iterable 的長度不相同時發出
ValueError。它的預設值是 False。這個新的 strict 行為符合 Python 的快
速失敗（*https://fpy.li/16-8*）哲學。在範例 16-12 裡，我應該將內部的 if
換成 try/except ValueError，並在 zip 呼叫裡加入 strict=True。

範例 16-12 是實際應用鵝定型的好例子。如果我們測試 other 運算元是不是 Vector，
我們就會剝奪使用者使用 list 或 array 作為 @ 的運算元的彈性。只要有一個運算元是
Vector，我們的 @ 實作就支援本身是 abc.Sized 與 abc.Iterable 的實例的另一個運算元。
這些 ABC 都實作了 __subclasshook__，因此提供 __len__ 與 __iter__ 的任何物件都滿足
我們的測試，不需要實際繼承這些 ABC，甚至註冊它們，如第 472 頁的「使用 ABC 來
進行結構性定型」所述。具體來說，我們的 Vector 類別不是 abc.Sized 和 abc.Iterable
的子類別，但是它可以成功地通過針對那些 ABC 的 isinstance 檢查，因為它有必要的
方法。

在進入第 585 頁的「豐富比較運算子」的特殊種類之前，我們來回顧 Python 支援的算
術運算子。

總結算術運算子

我們藉著實作 +、* 與 @ 來瞭解中綴運算子的常見編寫模式。我們剛才討論的技術適用於
表 16-1 的所有運算子（就地運算子將在第 589 頁的「擴增賦值運算子」中討論）。

表 16-1　中綴運算子的方法名稱（就地運算子用於擴增賦值，比較運算子在表 16-2）

運算子	順向	反向	就地	說明
+	__add__	__radd__	__iadd__	加法或串接
-	__sub__	__rsub__	__isub__	減法
*	__mul__	__rmul__	__imul__	乘法或重複
/	__truediv__	__rtruediv__	__itruediv__	true 除法
//	__floordiv__	__rfloordiv__	__ifloordiv__	floor 除法
%	__mod__	__rmod__	__imod__	模

運算子	順向	反向	就地	說明
divmod()	__divmod__	__rdivmod__	__idivmod__	回傳 floor 除法的商和模數的 tuple
**, pow()	__pow__	__rpow__	__ipow__	指數 a
@	__matmul__	__rmatmul__	__imatmul__	矩陣乘法
&	__and__	__rand__	__iand__	位元 and
|	__or__	__ror__	__ior__	位元 or
^	__xor__	__rxor__	__ixor__	位元 xor
<<	__lshift__	__rlshift__	__ilshift__	位元左移
>>	__rshift__	__rrshift__	__irshift__	位元右移

[a]　pow 可接收第三個選用的引數 modulo：pow(a, b, modulo)，它也有特殊方法支援直接呼叫
（例如 a.__pow__(b, modulo)）。

豐富比較運算子使用不同的規則。

豐富比較運算子

Python 直譯器處理豐富比較運算子 ==、!=、>、<、>=、<= 的方式與剛才看到的很像，但有兩個重要的層面不同：

- 同一組方法也用於順向和反向運算子呼叫。表 16-2 整理了這些規則。例如，在處理 == 時，順向與反向呼叫都會呼叫 __eq__，只是將引數對調；在順向呼叫 __gt__ 之後，會將引數對調並反向呼叫 __lt__。

- 在處理 == 與 != 時，如果沒有反向方法，或回傳 NotImplemented，Python 會比較物件的 ID，而不是發出 TypeError。

表 16-2　豐富比較運算子：當最初的方法呼叫回傳 NotImplemented 時，Python 會呼叫反向方法

群組	中綴運算子	順向方法呼叫	反向方法呼叫	候補方案
相等	a == b	a.__eq__(b)	b.__eq__(a)	回傳 id(a) == id(b)
	a != b	a.__ne__(b)	b.__ne__(a)	回傳 not (a == b)
比較	a > b	a.__gt__(b)	b.__lt__(a)	發出 TypeError
	a < b	a.__lt__(b)	b.__gt__(a)	發出 TypeError
	a >= b	a.__ge__(b)	b.__le__(a)	發出 TypeError
	a <= b	a.__le__(b)	b.__ge__(a)	發出 TypeError

知道這些規則後，我們來回顧並改善 Vector.__eq__ 方法的行為，見接下來這段在 *vector_v5.py*（範例 12-16）裡的程式碼：

```python
class Vector:
    # 省略多行

    def __eq__(self, other):
        return (len(self) == len(other) and
                all(a == b for a, b in zip(self, other)))
```

那個方法產生範例 16-13 的結果。

範例 *16-13*　拿 Vector 來與 Vector、Vector2d 和 tuple 比較

```
>>> va = Vector([1.0, 2.0, 3.0])
>>> vb = Vector(range(1, 4))
>>> va == vb     ❶
True
>>> vc = Vector([1, 2])
>>> from vector2d_v3 import Vector2d
>>> v2d = Vector2d(1, 2)
>>> vc == v2d    ❷
True
>>> t3 = (1, 2, 3)
>>> va == t3     ❸
True
```

❶ 當兩個 Vector 實例的數值分量相等時，它們的比較結果相等。

❷ 如果 Vector 與 Vector2d 的分量相等，它們也相等。

❸ 如果 Vector 和 tuple 或任何 iterable 的數值項目相等，它們也被視為相等。

範例 16-13 的結果應該不理想，我們真的想把 Vector 與包含相同數字的 tuple 視為相等嗎？這種情況沒有硬性規則，它取決於應用場景。「Zen of Python」說：

> 在模糊的情況下拒絕妄加猜測。

在對運算元進行計算時過度寬容可能導致令人驚訝的結果，程式設計師不喜歡出乎意外的事情。

從 Python 本身的線索可以看到 [1,2] == (1, 2) 是 False。所以，讓我們保守一點，做一些型態檢查。如果第二個運算元是 Vector 實例（或 Vector 子類別的實例），那就使用與當前的 __eq__ 一樣的邏輯。否則，回傳 NotImplemented，讓 Python 處理它。參見範例 16-14。

範例 *16-14*　*vector_v8.py*：改善 Vector 類別的 __eq__

```python
def __eq__(self, other):
    if isinstance(other, Vector):    ❶
        return (len(self) == len(other) and
                all(a == b for a, b in zip(self, other)))
    else:
        return NotImplemented    ❷
```

❶　如果 other 運算元是 Vector 的實例（或 Vector 的子類別），與之前一樣做比較。

❷　否則回傳 NotImplemented。

使用範例 16-14 的新 Vector.__eq__ 來執行範例 16-13 的測試會得到範例 16-15 的結果。

範例 *16-15*　與範例 *16-13* 相同的比較：最後一個結果不同了

```python
>>> va = Vector([1.0, 2.0, 3.0])
>>> vb = Vector(range(1, 4))
>>> va == vb    ❶
True
>>> vc = Vector([1, 2])
>>> from vector2d_v3 import Vector2d
>>> v2d = Vector2d(1, 2)
>>> vc == v2d    ❷
True
>>> t3 = (1, 2, 3)
>>> va == t3    ❸
False
```

❶　與之前一樣的結果，一如預期。

❷　與之前一樣的結果，為什麼呢？接下來會解釋。

❸　不同的結果，這是我們要的。但為何它有效？請繼續看下去⋯

在範例 16-15 的三個結果中，第一個沒有什麼特別的，但後兩個是範例 16-14 的 __eq__ 回傳 NotImplemented 造成的。以下是在範例中使用一個 Vector 與一個 Vector2d，執行 vc == v2d 時發生的事情，我們逐步解說：

1.　為了計算 vc == v2d，Python 呼叫 Vector.__eq__(vc, v2d)。

2.　Vector.__eq__(vc, v2d) 確定 v2d 不是 Vector，並回傳 NotImplemented。

3.　Python 取得 NotImplemented 結果，嘗試 Vector2d.__eq__(v2d, vc)。

4. Vector2d.__eq__(v2d, vc) 將兩個運算元轉換成 tuple，並比較它們，結果是 True（Vector2d.__eq__ 的程式碼在範例 11-11 裡）。

關於在範例 16-15 中，Vector 與 tuple 之間的比較，也就是 va == t3，實際的步驟為：

1. 為了計算 va == t3，Python 呼叫 Vector.__eq__(va, t3)。

2. Vector.__eq__(va, t3) 確認 t3 不是 Vector，並回傳 NotImplemented。

3. Python 取得 NotImplemented 結果，所以它嘗試 tuple.__eq__(t3, va)。

4. tuple.__eq__(t3, va) 不知道什麼是 Vector，所以回傳 NotImplemented。

5. 在 == 這個特殊情況中，如果反向呼叫回傳 NotImplemented，作為最後的手段，Python 會比較物件的 ID。

我們不需要為 != 實作 __ne__，因為 __ne__ 從 object 繼承來的候補行為適合我們：當 __eq__ 有被定義，而且沒有回傳 NotImplemented 時，__ne__ 會回傳邏輯否的結果。

換句話說，如果使用範例 16-15 的同一組物件，!= 的結果是一致的：

```
>>> va != vb
False
>>> vc != v2d
False
>>> va != (1, 2, 3)
True
```

從 object 繼承的 __ne__ 的運作方式就像下面的程式，只不過原始程式是用 C 寫成的：[6]

```
def __ne__(self, other):
    eq_result = self == other
    if eq_result is NotImplemented:
        return NotImplemented
    else:
        return not eq_result
```

在介紹中綴運算子多載的要點之後，我們來討論另一種運算子：擴增賦值運算子。

---

6 object.__eq__ 與 object.__ne__ 的邏輯在 CPython 原始碼的 *Objects/typeobject.c* 裡的 object_richcompare 函式內（*https://fpy.li/16-9*）。

擴增賦值運算子

Vector 類別已經支援擴增賦值運算子 += 與 *= 了。那是因為擴增賦值在處理不可變的接收方時，會建立新實例，並重新綁定左邊的變數。

範例 16-16 展示它們的動作。

範例 16-16　使用 Vector 實例與 += 和 *=

```
>>> v1 = Vector([1, 2, 3])
>>> v1_alias = v1    ❶
>>> id(v1)    ❷
4302860128
>>> v1 += Vector([4, 5, 6])    ❸
>>> v1    ❹
Vector([5.0, 7.0, 9.0])
>>> id(v1)    ❺
4302859904
>>> v1_alias    ❻
Vector([1.0, 2.0, 3.0])
>>> v1 *= 11    ❼
>>> v1    ❽
Vector([55.0, 77.0, 99.0])
>>> id(v1)
4302858336
```

❶ 建立別名，以便稍後檢查 Vector([1, 2, 3]) 物件。

❷ 記住最初綁定 v1 的 Vector 的 ID。

❸ 執行擴增加法。

❹ 預期的結果…

❺ …但建立了新的 Vector。

❻ 檢查 v1_alias 來確認原始 Vector 沒有被修改。

❼ 執行擴增乘法。

❽ 同樣得到預期的結果，但建立了新的 Vector。

如果類別沒有實作表 16-1 的就地運算子，擴增賦值運算子的行為就像語法糖，a += b 的算法會與 a = a + b 一樣。對不可變的型態而言，這是預期的行為，而且如果你有 __add__，那麼 += 不需要額外的程式就可以動作。

但是，如果你實作了就地運算子方法，例如 __iadd__，Python 就呼叫那個方法來計算 a += b 的結果。顧名思義，這些運算子應該就地改變左運算元，而不建立新的物件來作為結果。

 不要為不可變的型態（例如我們的 Vector 類別）實作就地特殊方法。雖然這件事再明顯不過了，但還是要提一下。

為了展示就地運算子的程式碼，我們將擴充範例 13-9 的 BingoCage 類別，實作 __add__ 與 __iadd__。

我們將子類別稱為 AddableBingoCage。範例 16-17 是我們想讓 + 運算子展現的行為。

範例 16-17 + 運算子建立一個新的 AddableBingoCage 實例

```
>>> vowels = 'AEIOU'
>>> globe = AddableBingoCage(vowels)   ❶
>>> globe.inspect()
('A', 'E', 'I', 'O', 'U')
>>> globe.pick() in vowels   ❷
True
>>> len(globe.inspect())   ❸
4
>>> globe2 = AddableBingoCage('XYZ')   ❹
>>> globe3 = globe + globe2
>>> len(globe3.inspect())   ❺
7
>>> void = globe + [10, 20]   ❻
Traceback (most recent call last):
  ...
TypeError: unsupported operand type(s) for +: 'AddableBingoCage' and 'list'
```

❶ 建立一個具有五個項目（各個 vowels（母音））的 globe 實例。

❷ 取出一個項目，並確定它是 vowels 之一。

❸ 確定 globe 減為四個項目。

❹ 建立第二個實例，它有三個項目。

❺ 將之前的兩個實例相加，以建立第三個實例。這個實例有七個項目。

❻ 試著將一個 AddableBingoCage 加到 list 會失敗並產生 TypeError。這個錯誤訊息是當我們的 __add__ 方法回傳 NotImplemented 時，Python 直譯器產生的。

因為 AddableBingoCage 是不可變的，範例 16-18 展示當我們實作 __iadd__ 時，它如何工作。

範例 16-18　你可以用 += 來載入現有的 AddableBingoCage（延續範例 16-17）

```
>>> globe_orig = globe  ❶
>>> len(globe.inspect())  ❷
4
>>> globe += globe2  ❸
>>> len(globe.inspect())
7
>>> globe += ['M', 'N']  ❹
>>> len(globe.inspect())
9
>>> globe is globe_orig  ❺
True
>>> globe += 1  ❻
Traceback (most recent call last):
  ...
TypeError: right operand in += must be 'Tombola' or an iterable
```

❶　建立別名，以便稍後檢查物件的身分。

❷　globe 有四個項目。

❸　AddableBingoCage 實例可從相同類別的其他實例接收項目。

❹　+= 右邊的運算元也可以是任意的 iterable。

❺　在這個範例中，globe 引用的物件始終與 globe_orig 相同。

❻　試著將非 iterable 加入 AddableBingoCage 會失敗，並產生適當的錯誤訊息。

注意，+= 運算子的第二個運算元比 + 的更自由。在使用 + 時，我們希望兩個運算元的型態相同（在這個例子中，那個型態是 AddableBingoCage），因為如果接收不同的型態，可能會對結果的型態造成混淆。使用 += 時，情況比較明確：左邊的物件會被就地更新，所以結果的型態沒有任何疑問。

 我藉著觀察 list 內建型態如何工作來驗證 + 與 += 的對比行為。編寫 my_list + x 只能將一個 list 串接到另一個 list，但編寫 my_list += x 可以用右邊的任意 iterable x 的項目來擴展左邊的 list。這就是 list.extend() 方法的運作方式：它接受任何 iterable 引數。

現在我們已經明白 AddableBingoCage 的期望行為了，接下來要透過範例 16-18，看一下它的實作。還記得嗎？範例 13-9 的 BingoCage 是範例 13-7 的 Tombola ABC 的具體子類別。

範例 16-19 bingoaddable.py：AddableBingoCage 繼承 BingoCage 來支援 + 與 +=

```python
from tombola import Tombola
from bingo import BingoCage


class AddableBingoCage(BingoCage):  ❶

    def __add__(self, other):
        if isinstance(other, Tombola):  ❷
            return AddableBingoCage(self.inspect() + other.inspect())
        else:
            return NotImplemented

    def __iadd__(self, other):
        if isinstance(other, Tombola):
            other_iterable = other.inspect()  ❸
        else:
            try:
                other_iterable = iter(other)  ❹
            except TypeError:  ❺
                msg = ('right operand in += must be '
                        "'Tombola' or an iterable")
                raise TypeError(msg)
        self.load(other_iterable)  ❻
        return self  ❼
```

❶ AddableBingoCage 繼承 BingoCage。

❷ __add__ 的第二個運算元必須是 Tombola 的實例。

❸ 在 __iadd__ 裡，如果 other 是 Tombola 的實例的話，從 other 取得項目。

❹ 否則，試著取得迭代 other 的 iterable。[7]

❺ 如果失敗，發出例外，說明使用者該做些什麼。可能的話，錯誤訊息應明確地指導使用者解決之道。

---

7 下一章會介紹 iter 內建函式。在此也可以使用 tuple(other)，雖然它也可以動作，但是當 .load(...) 方法只需要迭代引數時，你就必須建立新的 tuple。

❻ 如果成功到達這裡，我們就可以將 other_iterable 載入 self。

❼ 非常重要：可變物件的擴增賦值特殊方法必須回傳 self，它是使用者期望的東西。

我們可以比較範例 13-18 的 __add__ 與 __iadd__ 中產生結果的 return 陳述式來總結就地運算子的概念：

__add__

　　結果是藉著呼叫建構式 AddableBingoCage 來建立新實例產生的。

__iadd__

　　結果是回傳 self 產生的，在它被修改之後。

我們最後一次觀察範例 16-19 來總結這個例子：在設計上，AddableBingoCage 沒有 __radd__，因為沒有必要。順向方法 __add__ 只處理相同型態的右運算元，所以如果 Python 試著計算 a + b，其中 a 是 AddableBingoCage，b 不是，我們回傳 NotImplemented —— b 的類別也許可以正確處理。但如果運算式是 b + a，且 b 不是 AddableBingoCage，而且它回傳 NotImplemented，比較好的做法是讓 Python 放棄並發出 TypeError，因為我們無法處理 b。

 一般來說，如果順向中綴運算子方法（例如 __mul__）的設計只是為了處理與 self 相同型態的運算元，實作對應的反向方法（例如 __rmul__）是多餘的，因為根據定義，Python 只會在處理不同型態的運算元時呼叫它。

關於 Python 運算子多載的討論到此告一段落。

本章摘要

我們在本章的開頭回顧了 Python 對運算子多載施加的一些限制：不能在內建型態本身中重新定義運算子、只能對現有運算子多載、其中一些運算子排除在外（is、and、or、not）。

接下來，我們開始討論一元運算子，實作 __neg__ 與 __pos__。接著討論中綴運算子，從使用 __add__ 方法來支援的 + 開始談起。我們看到，一元與中綴運算子應該藉著建立新物件來產生結果，而且不能修改它們的運算元。為了支援其他型態的運算，我們回傳 NotImplemented 特殊值（它不是例外），讓直譯器再試一次，對調運算元，並呼叫該運算子的反向特殊方法（例如 __radd__）。我們將 Python 處理中綴運算子的演算法整理成圖 16-1 的流程圖。

在使用不相同的運算元型態時，我們要檢測我們無法處理的運算元。在這一章，我們採取兩種做法，第一種是使用鴨定型，此時我們直接嘗試計算，在發生 TypeError 例外時捕捉它，第二種是在 __mul__ 與 __matmul__ 裡面使用明確的 isinstance 測試。這兩種做法各有其優缺點：鴨定型比較靈活，但明確地檢查型態比較可預測。

一般來說，程式庫應採取鴨定型，為物件保留機會，無論它們的型態是什麼，只要它們支援必要的操作即可。但是在結合鴨定型時，Python 的運算子調派演算法可能產生具誤導性的錯誤訊息或意外的結果。因此，在為運算子多載撰寫特殊方法時，使用 isinstance 來檢查型態通常很有用。這就是 Alex Martelli 所謂的鵝定型技術，參見第 450 頁的「鵝定型」。鵝定型可在靈活性和安全性之間取得很好的平衡，因為現有或未來的自訂型態可能被宣告成 ABC 的實際或虛擬的子類別。此外，如果 ABC 實作了 __subclasshook__，提供所需方法的物件可通過 isinstance 針對該 ABC 的檢查，不需要進行子類別化或註冊。

下一個主題是豐富比較運算子。我們用 __eq__ 來實作 ==，並發現 Python 在從 object 基礎類別繼承來的 __ne__ 裡提供了方便的 != 實作。Python 計算這些運算子的方式和 >、<、>= 與 <= 有些微的差異，它使用特殊的邏輯來選擇反向方法及 == 與 != 的候補方案，它絕不會產生錯誤，因為比較物件 ID 是 Python 的最終手段。

最後一節的主題是擴增賦值運算子。我們看到在預設情況下，Python 將它們當成一般運算子加上賦值來處理，也就是說，a += b 的計算方式與 a = a + b 完全一樣。這樣做一定會建立新物件，所以它適用於可變的或不可變的型態。對於可變的型態，我們可以實作就地特殊方法，例如用 __iadd__ 來支援 +=，並更改左運算元的值。為了觀察實際的動作，我們離開不可變的 Vector 類別，著手實作 BingoCage 子類別來支援 +=，讓它在隨機池中加入項目，類似內建的 list 提供 += 作為 list.extend() 方法的捷徑。在做這件事時，我們討論 + 對待它所接收的型態為何比 += 更嚴格。對於 sequence 型態，+ 通常要求兩個運算元有相同的型態，而 += 通常接受右運算元可以是任何 iterable。

延伸讀物

Guido van Rossum 在「Why operators are useful」（*https://fpy.li/16-10*）為運算子多載寫了一篇很好的辯護文。Trey Hunner 在部落格發表「Tuple ordering and deep comparisons in Python」（*https://fpy.li/16-11*），認為 Python 的豐富比較運算子比使用其他語言的程式設計師所認為的還要靈活且強大。

運算子多載是在 Python 程式設計領域中，經常做 isinstance 測試的地方。這種測試的最佳做法是鵝定型，參見第 450 頁的「鵝定型」。如果你跳過那一節，務必回去閱讀。

運算子特殊方法的主要參考文獻是 Python 文件的「Data Model」一章（*https://fpy.li/dtmodel*）。另一份相關的讀物是 The Python Standard Library 的 numbers 模組裡的「9.1.2.2. Implementing the arithmetic operations」（*https://fpy.li/16-7*）。

在 Python 3.4 加入的 pathlib（*https://fpy.li/16-13*）程式包裡，有一個關於運算子多載的巧妙範例。它的 Path 類別多載了 / 運算子來用字串建構檔案系統路徑，就像這段來自文件的範例：

```
>>> p = Path('/etc')
>>> q = p / 'init.d' / 'reboot'
>>> q
PosixPath('/etc/init.d/reboot')
```

運算子多載的另一個非算術範例在 Scapy（*https://fpy.li/16-14*）程式庫裡，該程式庫的用途是「發送、嗅探、剖析和偽造網路封包。」在 Scapy 裡，/ 運算子藉著堆疊來自不同網路層的欄位來建構封包。詳情見「Stacking layers」（*https://fpy.li/16-15*）。

如果你想要實作比較運算子，可研究 functools.total_ordering。它是一個類別 decorator，可以在任何一個定義多個豐富比較運算子的類別裡，自動為所有豐富比較運算子生成方法。見 functools 模組文件（*https://fpy.li/16-16*）。

如果你想知道動態定型語言的運算子方法調派機制，你可以參考兩篇開創性的讀物：Dan Ingalls（原始 Smalltalk 團隊的成員）的「A Simple Technique for Handling Multiple Polymorphism」（*https://fpy.li/16-17*），與 Kurt J. Hebel 和 Ralph Johnson 的 "Arithmetic and Double Dispatching in Smalltalk-80"（*https://fpy.li/16-18*）（Johnson 是 *Design Patterns* 的作者之一）。這兩篇論文對於動態定型語言（例如 Smalltalk、Python 與 Ruby）的多型功能有深入的見解。Python 沒有像這些文章所述的那樣使用雙重調派（double dispatching）來處理運算子。比起雙重調派，自訂的類別比較容易支援「使用順向與反向運算子的 Python 演算法」，但需要直譯器做特殊的處理。相較之下，典型的雙重調派是常見的技術，在 Python 或任何物件導向語言中，你可以在中綴運算子以外的背景中使用，事實上，Ingalls、Hebel 與 Johunson 使用了非常不同的範例來說明它。

我從「The C Family of Languages: Interview with Dennis Ritchie, Bjarne Stroustrup, and James Gosling」（*https://fpy.li/16-1*）引用了本章的開篇文，這篇文章可在 *Java Report*，5(7)，2000 年 7 月，和 *C++ Report*，12(7)，2000 年 7 月 / 8 月中找到，裡面也有我在

本章的「肥皂箱」（在下面）裡使用的兩段文字。如果你喜歡設計程式語言，那就為自己行行好，讀一下這篇訪談。

肥皂箱

運算子多載：利與弊

本章引言的作者 James Gosling 在設計 Java 時，有意識地決定不使用運算子多載。在同一場訪談裡（「The C Family of Languages: Interview with Dennis Ritchie, Bjarne Stroustrup, and James Gosling」（*https://fpy.li/16-20*）），他說：

> 大約有 20% 到 30% 的人認為運算子多載是妖魔鬼怪，有人用運算子多載做了讓他們非常生氣的事情，因為它們用 + 來做串列插入，導致混亂的結果。該問題的主因是：你可以合理地多載的運算子大概只有半打，但人們想定義的運算子卻有幾百萬個，所以你必須做出選擇，而且那些選擇往往和你的直覺互相衝突。

Guido van Rossum 在支援運算子多載方面選擇中間路線：他沒有門戶洞開，讓使用者任意建立 <=> 或 :-) 之類的新運算子，避免了自訂運算子的巴別塔（Tower of Babel），讓 Python 解析器變得簡單。Python 也不允許你多載內建型態的運算子，這是為了促進易讀性與性能可預測性而做的限制。

Gosling 接著說：

> 另外，大約有 10% 的群體正確地使用運算子多載，他們真正關心它，對他們來說，它真的很重要。他們幾乎都是數字工作者，在這個領域中，用符號來引發直覺非常重要，因為人們可以直覺地知道 + 的含義，並且能夠使用類似「a + b」的表達方式，其中的 a 與 b 可能是複數、矩陣或其他有意義的東西。

當然，語言不允許運算子多載也有好處。我看過有人說，C 語言比 C++ 更適合用來設計系統，因為 C++ 的運算子多載可能讓昂貴的操作看似無足輕重。有兩種成功的、可編譯為二進制可執行檔的現代語言做出相反的選擇：Go 沒有運算子多載，但 Rust 有（*https://fpy.li/16-21*）。

但合理地使用多載的運算子確實可讓程式碼更容易閱讀與編寫。在現代高階語言裡，這是一個很棒的功能。

惰性計算略說

如果你仔細地看一下範例 16-9，你會看到 genexp 進行惰性計算（lazy evaluation）的證據。範例 16-20 是同一段 traceback，現在有 callout。

範例 16-20　與範例 16-9 一樣

```
>>> v1 + 'ABC'
Traceback (most recent call last):
  File "<stdin>", line 1, in <module>
  File "vector_v6.py", line 329, in __add__
    return Vector(a + b for a, b in pairs)    ❶
  File "vector_v6.py", line 243, in __init__
    self._components = array(self.typecode, components)    ❷
  File "vector_v6.py", line 329, in <genexpr>
    return Vector(a + b for a, b in pairs)    ❸
TypeError: unsupported operand type(s) for +: 'float' and 'str'
```

❶ Vector 呼叫式用它的 components 引數來取得 genexp。這個階段沒有問題。

❷ 將 components genexp 傳給 array 建構式。在 array 建構式裡面，Python 試著迭代 genexp，因而計算第一個項目 a + b。此時發生 TypeError。

❸ 例外被傳到 Vector 建構式，它在這裡被回報。

這個例子展示了 genexp 是在最後一刻才計算的，而不是在原始碼定義它的位置。

相較之下，如果 Vector 建構式以 Vector([a + b for a, b in pairs]) 來呼叫，那麼例外會在那裡發生，因為 listcomp 會試著建構一個 list，當成引數傳給 Vector() 呼叫式。程式完全不會跑到 Vector.__init__ 的主體。

第 17 章會詳細討論 genexp，但我不希望你忽視這個意外的惰性行為示範。

## 第四部分

控制流程

iterator、generator 與古典的 coroutine

當我在我的程式裡看到模式（pattern）時，我將它視為麻煩的象徵。程式的形（shape）只應反映它需要解決的問題。在程式碼裡的任何其他規律性都是一種跡象（至少對我而言），象徵我所使用的抽象不夠強大，通常意味著我將原本可以用巨集來編寫的程式展開了。

— *Paul Graham*，*Lisp* 黑客與風險投資家 [1]

迭代是資料處理的基礎，資料處理就是用程式對資料序列（series）進行計算，資料序列包羅萬象，包括像素和核苷酸。如果資料無法放入記憶體，我們要惰性地（*lazily*）抓取項目，也就是隨需一次抓一個，這就是 iterator（迭代器）的工作。本章要介紹 Python 語言內建的 *Iterator* 模式，所以在使用這種語言時，你完全不需要親手實作它。

Python 的每一個標準 collection 都是 *iterable*（可迭代物件）。*iterable* 是提供 *iterator* 的物件，Python 用 iterator 來支援這些操作：

- for 迴圈

- list、dict、set 生成式

---

1 來自部落格文章「Revenge of the Nerds」（*https://fpy.li/17-1*）。

- unpack 賦值式

- 建構 collection 實例

本章介紹以下的主題：

- Python 如何使用 `iter()` 內建函式來處理 iterable 物件

- 如何在 Python 裡實作典型的 Iterator 模式

- 如何將典型的 Iterator 模式換成 generator 函式或 genexp

- 逐行解釋 generator 函式的運作細節

- 利用標準程式庫的通用 generator 函式

- 使用 `yield from` 來結合 generator

- 為何 generator 與古典的 coroutine 長得很像，但用法全然不同，而且不應該混用

本章有哪些新內容

第 641 頁的「使用 `yield from` 來製作 subgenerator」從 1 頁增加到 6 頁。現在包含更簡單的實驗，使用 `yield from` 來展示 generator 的行為，並加入一個遍歷樹狀資料結構的例子，我們將逐步開發它。

我加入新的小節來解釋 `Iterable`、`Iterator` 與 `Generator` 型態的型態提示。

本章的最後一個主要小節，第 651 頁的「古典的 coroutine」，用 9 頁的篇幅來介紹第一版用了 40 頁（一章）來介紹的主題。我修改了「古典的 coroutine」一章並將它移到本書的網站上（*https://fpy.li/oldcoro*），因為它對讀者來說是最有挑戰性的內容，但它的主題在 Python 3.5 加入原始的 coroutine 之後已經沒那麼重要了，我們將在第 21 章學習 coroutine。

我們將開始學習 `iter()` 內建函式如何讓 sequence 可迭代。

單字序列

首先，我們要藉著製作一個 Sentence 類別來探索 iterable：將一個文本字串傳給它的建構式之後，你就可以一個單字一個單字地迭代。第一版將實作 sequence 協定，它是 iterable，因為第 1 章說過，所有 sequence 都是 iterable。現在我們要來看看為何如此。

範例 17-1 是一個 Sentence 類別，它可以用索引來取出一段文本裡的單字。

範例 17-1　*sentence.py*：單字序列構成的 Sentence

```python
import re
import reprlib

RE_WORD = re.compile(r'\w+')


class Sentence:

    def __init__(self, text):
        self.text = text
        self.words = RE_WORD.findall(text)      ❶

    def __getitem__(self, index):
        return self.words[index]       ❷

    def __len__(self):      ❸
        return len(self.words)

    def __repr__(self):
        return 'Sentence(%s)' % reprlib.repr(self.text)      ❹
```

❶ .findall 回傳一個字串 list，裡面有符合正規表達式的所有非重疊匹配。

❷ 用 self.words 保存 .findall 的結果，所以我們只要回傳指定的索引處的單字即可。

❸ 為了完成 sequence 協定，我們實作了 __len__，但製作 iterable 時不需要它。

❹ reprlib.repr 是一個工具函式，可產生縮寫的字串，用來代表可能很大的資料結構。[2]

在預設情況下，reprlib.repr 會將生成的字串限制為 30 個字元。範例 17-2 的主控台對話展示 Sentence 的用法。

範例 17-2　用 Sentence 的實例來測試迭代

```python
>>> s = Sentence('"The time has come," the Walrus said,')      ❶
>>> s
Sentence('"The time ha... Walrus said,')      ❷
>>> for word in s:      ❸
```

2　我們在第 407 頁的「Vector 第一幕：與 Vector2d 相容」中初次使用 reprlib。

```
...       print(word)
The
time
has
come
the
Walrus
said
>>> list(s)  ❹
['The', 'time', 'has', 'come', 'the', 'Walrus', 'said']
```

❶ 用字串來建立一個句子（sentence）。

❷ 注意，__repr__ 的輸出使用 reprlib.repr 產生的 ...。

❸ Sentence 實例是 iterable，等一下會說明原因。

❹ 因為是 iterable，所以 Sentence 物件可當成輸入，用來建構 list 與其他 iterable 型態。

在接下來幾頁裡，我們會開發其他的 Sentence 類別，並讓它們通過範例 17-2 的測試。但是，範例 17-1 的實作與其他的不一樣，因為它也是 sequence，所以可以用索引來取出單字：

```
>>> s[0]
'The'
>>> s[5]
'Walrus'
>>> s[-1]
'said'
```

Python 程式設計師都知道 sequence 是 iterable，我們來瞭解為何如此。

為何 Sequence 是 iterable：iter 函式

當 Python 需要迭代物件 x 時，它會自動呼叫 iter(x)。

iter 內建函式的行為是：

1. 檢查物件是否實作了 __iter__，並呼叫它來取得 iterator。

2. 如果物件沒有實作 __iter__，但是有實作 __getitem__，iter() 會建立一個 iterator 來試著以索引取出項目，從 0 開始。

3. 如果失敗，Python 發出 TypeError，通常指出 'C' object is not iterable，裡面的 C 是目標物件的類別。

這就是為何所有 Python sequence 都是 iterable：根據定義，它們都實作了 __getitem__。事實上，標準的 sequence 也實作了 __iter__，你自己的也應該如此。由於使 __getitem__ 來迭代是為了回溯相容，未來可能會被取消，雖然它在 Python 3.10 還沒有被廢棄，我開始懷疑它是否會被移除。

正如第 444 頁的「Python 挖掘序列」所述，這是鴨定型的終極形式：一個物件之所以被視為 iterable，可能是因為它實作了特殊方法 __iter__，也可能是因為它實作了 __getitem__。我們來看一下：

```
>>> class Spam:
...     def __getitem__(self, i):
...         print('->', i)
...         raise IndexError()
...
>>> spam_can = Spam()
>>> iter(spam_can)
<iterator object at 0x10a878f70>
>>> list(spam_can)
-> 0
[]
>>> from collections import abc
>>> isinstance(spam_can, abc.Iterable)
False
```

如果類別提供 __getitem__，iter() 內建函式會以 iterable 接收該類別的實例，並用該實例建立一個 iterator。Python 的迭代機制將以索引來呼叫 __getitem__，索引從 0 開始，並使用 IndexError 來作為沒有其他項目的訊號。

注意，雖然 spam_can 是 iterable（它的 __getitem__ 可以提供項目），但用 isinstance 來檢查它是不是 abc.Iterable 時，isinstance 不認為它是。

在鵝定型的做法中，iterable 的定義比較簡單，但沒那麼靈活：只要物件實作了 __iter__ 方法，它就可視為 iterable。不需要繼承或註冊，因為 abc.Iterable 實作了 __subclasshook__，參見第 472 頁的「使用 ABC 來進行結構性定型」。見以下的展示：

```
>>> class GooseSpam:
...     def __iter__(self):
...         pass
...
```

```
>>> from collections import abc
>>> issubclass(GooseSpam, abc.Iterable)
True
>>> goose_spam_can = GooseSpam()
>>> isinstance(goose_spam_can, abc.Iterable)
True
```

 在 Python 3.10，檢查物件 x 是不是 iterable 最準確的方法是呼叫 iter(x)，並在它不是時，處理 TypeError 例外。這比使用 isinstance(x, abc.Iterable) 更準確，因為 iter(x) 也考慮舊的 __getitem__ 方法，但 Iterable ABC 不會。

如果你要在檢查之後就立刻迭代物件，那麼明確地檢查物件是不是 iterable 可能不值得做。畢竟當你試著迭代非 iterable 時，Python 會發出明確的例外：TypeError: 'C' object is not iterable。如果你可以做得比僅僅發出 TypeError 錯誤更好，那就在 try/except 區塊裡面處理，而不是進行明確的檢查。如果你要先把物件保存起來，以後再迭代，那麼明確的檢查可能比較有意義，在這種情況下，盡早抓到錯誤可幫助偵錯。

Python 本身使用 iter() 的頻率比你自己的程式使用它的頻率更高。它有第二種用法，但鮮為人知。

一起使用 iter 與 Callable

我們可以用兩個引數來呼叫 iter()，來使用一個函式或任何 callable 物件來建立一個 iterator。在這種用法裡，第一個引數必須是一個用來反覆呼叫（不使用引數）以產生值的 callable，第二個引數是個哨符（sentinel，*https://fpy.li/17-2*），它是一個標記值，當 callable 回傳它時，會導致 iterator 發出 StopIteration，而不是 yield 哨符。

接下來的範例展示如何使用 iter 來丟一顆六面骰子，直到丟出 1 為止：

```
>>> def d6():
...     return randint(1, 6)
...
>>> d6_iter = iter(d6, 1)
>>> d6_iter
<callable_iterator object at 0x10a245270>
>>> for roll in d6_iter:
...     print(roll)
...
```

```
4
3
6
3
```

注意，這裡的 iter 函式會回傳一個 callable_iterator。範例中的 for 迴圈可能執行非常久，但它永遠不會顯示 1，因為那是哨符值。和一般的迭代器一樣的是，這個範例的 d6_iter 物件一旦用盡將毫無用處。若要重頭開始，你必須再次呼叫 iter() 來重建 iterator。

iter 的文件（*https://fpy.li/17-3*）包含接下來的解釋與範例程式：

> iter() 的第二種形式有一個應用是建構區塊讀取器。例如，從二進制資料庫檔案讀取固定寬度的區塊，直到抵達檔案結尾為止：
>
> ```
> from functools import partial
>
> with open('mydata.db', 'rb') as f:
>     read64 = partial(f.read, 64)
>     for block in iter(read64, b''):
>         process_block(block)
> ```

為了清楚起見，我加入 read64 賦值，原始範例沒有這一段（*https://fpy.li/17-3*）。partial() 函式是必要的，因為傳給 iter() 的 callable 不能接受引數。在這個例子裡，空的 bytes 物件是哨符，因為當 f.read 沒有 bytes 可讀時會回傳它。

下一節將說明 iterable 與 iterator 之間的關係。

iterable vs. iterator

根據第 604 頁的「為何 Sequence 是 iterable：iter 函式」裡面的解釋，我們可以推導出一個定義：

iterable

> iter 內建函式可以從中獲得 iterator 的任何物件。實作了回傳 iterator 的 __iter__ 方法的物件是 iterable。sequence 一定是 iterable，如果物件實作了接收從 0 開始的索引的 __getitem__ 方法，那個物件也是 iterable。

釐清 iterable 和 iterator 之間的關係很重要：Python 從 iterable 取得 iterator。

下面是一個迭代 str 的簡單 for 迴圈。這裡的 str 'ABC' 是 iterable。幕後有一個 iterator，儘管你看不到：

```
>>> s = 'ABC'
>>> for char in s:
...     print(char)
...
A
B
C
```

如果沒有 for 陳述式，而且我們必須用 while 迴圈來模擬 for 的機制，我們可以這樣寫：

```
>>> s = 'ABC'
>>> it = iter(s)   ❶
>>> while True:
...     try:
...         print(next(it))   ❷
...     except StopIteration:   ❸
...         del it   ❹
...         break   ❺
...
A
B
C
```

❶ 用 iterable 來建立 iterator it。

❷ 對著 iterator 反複呼叫 next 來取得下一個項目。

❸ 沒有項目時，iterator 發出 StopIteration。

❹ 釋出 it 的參考，丟棄 iterator 物件。

❺ 退出迴圈。

StopIteration 提示 iterator 沒有項目可迭代了。這個例外是由內建函式 iter() 在內部處理的，iter() 是 for 迴圈與其他迭代環境（例如 listcomp、iterable unpacking⋯等）的部分邏輯。

Python iterator 的標準介面有兩個方法：

__next__

回傳序列的下一個項目，如果沒有項目，則發出 StopIteration。

`__iter__`

回傳 self，可讓 iterator 在期望使用 iterable 的地方使用，例如在 for 迴圈裡。

Python 在 collections.abc.Iterator ABC 裡定義該介面，它宣告了 `__next__` 抽象方法，並繼承 Iterable，`__iter__` 方法是在那裡宣告的。參見圖 17-1。

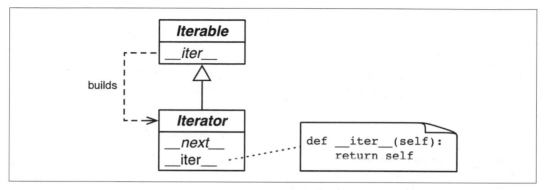

圖 17-1　Iterable 與 Iterator ABC。斜體的方法是抽象的。具體的 Iterable.`__iter__` 應回傳一個新的 Iterator 實例。具體的 Iterator 必須實作 `__next__`。Iterator.`__iter__` 方法僅回傳實例本身。

範例 17-3 是 collections.abc.Iterator 的原始碼。

範例 *17-3*　abc.Iterator 類別，摘自 *Lib/_collections_abc.py*（*https://fpy.li/17-5*）

```python
class Iterator(Iterable):

    __slots__ = ()

    @abstractmethod
    def __next__(self):
        'Return the next item from the iterator. When exhausted, raise StopIteration'
        raise StopIteration

    def __iter__(self):
        return self

    @classmethod
    def __subclasshook__(cls, C):          ❶
        if cls is Iterator:
            return _check_methods(C, '__iter__', '__next__')    ❷
        return NotImplemented
```

❶ __subclasshook__ 使用 isinstance 與 issubclass 來支援結構型態檢查。我們曾經在第 472 頁的「使用 ABC 來進行結構性定型」看過它。

❷ _check_methods 遍歷類別的 __mro__ 來檢查它的基礎類別有沒有實作這些方法。它的定義在同一個 *Lib/_collections_abc.py* 模組裡。如果方法已被實作，C 類別會被視為 Iterator 的虛擬類別。也就是說，issubclass(C, Iterable) 將回傳 True。

> Iterator ABC 抽象方法在 Python 3 是 it.__next__()，在 Python 2 是 it.next()。一如往常，請勿直接呼叫特殊方法，而是使用 next(it)：這個內建函式在 Python 2 與 3 裡都可以做正確的事情，如果你要將碼庫從 2 遷移到 3，它是很有用的函式。

Python 3.9 的 *Lib/types.py*（*https://fpy.li/17-6*）模組的原始碼有一段注釋說道：

```
# Python 的 iterator 不是型態而是協定。大量的、
# 不斷演變的內建型態實作了某些 iterator
# 版本。不要檢查型態！ 而是使用 hasattr 來檢查
# "__iter__" 與 "__next__" 屬性。
```

事實上，那就是 abc.Iterator ABC 的 __subclasshook__ 方法所做的事情。

> 有了 *Lib/types.py* 的建議，以及在 *Lib/_collections_abc.py* 裡實作的邏輯之後，檢查物件 x 是不是 iterator 的最佳手段是呼叫 isinstance(x, abc.Iterator)。因為有 Iterator.__subclasshook__，即使 x 的類別不是 Iterator 的實際或虛擬子類別，這個測試也有效。

回到範例 17-1 的 Sentence 類別，你可以在 Python 主控台清楚地看到 iter() 如何建構 iterator，以及 next() 如何使用它：

```
>>> s3 = Sentence('Life of Brian')  ❶
>>> it = iter(s3)  ❷
>>> it  # doctest: +ELLIPSIS
<iterator object at 0x...>
>>> next(it)  ❸
'Life'
>>> next(it)
'of'
>>> next(it)
'Brian'
>>> next(it)  ❹
Traceback (most recent call last):
```

```
    ...
    StopIteration
    >>> list(it)  ❺
    []
    >>> list(iter(s3))  ❻
    ['Life', 'of', 'Brian']
```

❶ 用 3 個單字來建立句子 s3。

❷ 從 s3 取得 iterator。

❸ 用 next(it) 取得下一個單字。

❹ 沒有單字了，所以 iterator 發出 StopIteration 例外。

❺ 沒有單字時，iterator 一定會發出 StopIteration，讓它看起來是空的。

❻ 要再次迭代句子就必須建立新 iterator。

因為 iterator 只需要具有 __next__ 與 __iter__ 方法，若要檢查是否還有剩餘項目，除了呼叫 next() 並捕捉 StopInteration 之外，沒有別的手段。此外，你也無法「重置」iterator。如果你要重新開始，你就要對著當初建構 iterator 的 iterable 呼叫 iter()。對著 iterator 本身呼叫 iter() 沒有幫助，因為（如前所述）Iterator.__iter__ 回傳 self，不會重置耗盡項目的 iterator。

那個極簡單的介面很合理，因為在現實中，並非所有 iterator 都是可重置的。例如，如果有一個讀取網路封包的 iterator，你根本無法將它倒帶。[3]

範例 17-1 的 Sentence 的第一版之所以是 iterable，是因為 iter() 內建函式為 sequence 提供的特殊處理。接下來，我們要製作 Sentence 的變體，將實作 __iter__ 來回傳 iterator。

有 __iter__ 的 Sentence 類別

Sentence 的下一個版本將實作標準的 iterable 協定，我們先實作 Iterator 設計模式，然後使用 generator 函式。

3　感謝技術校閱 Leonardo Rochael 提供這個好例子。

Sentence 第 2 幕：典型的 Iterator

接下來的 Sentence 遵循 *Design Patterns* 中的經典 Iterator 設計模式藍圖。注意，這不是道地的 Python 寫法，後續的重構會清楚展示這一點。但是，它有助於展示 iterator collection 和與之配合的 iterator 之間的區別。

範例 17-4 中的 Sentence 是一個 iterable，因為它實作了 __iter__ 特殊方法，該方法建立和回傳一個 SentenceIterator。這就是 iterable 和 iterator 的關係。

範例 17-4　*sentence_iter.py*：使用 *Iterator* 模式來實作 *Sentence*

```
import re
import reprlib

RE_WORD = re.compile(r'\w+')


class Sentence:

    def __init__(self, text):
        self.text = text
        self.words = RE_WORD.findall(text)

    def __repr__(self):
        return f'Sentence({reprlib.repr(self.text)})'

    def __iter__(self):          ❶
        return SentenceIterator(self.words)    ❷


class SentenceIterator:

    def __init__(self, words):
        self.words = words       ❸
        self.index = 0           ❹

    def __next__(self):
        try:
            word = self.words[self.index]    ❺
        except IndexError:
            raise StopIteration()    ❻
        self.index += 1          ❼
        return word              ❽
```

```
def __iter__(self):  ❾
    return self
```

❶ 我們只在之前的 Sentence 裡新增 __iter__ 方法。這一版沒有 __getitem__，以清楚地展示這個類別之所以是 iterable，是因為它實作了 __iter__。

❷ __iter__ 藉著實例化與回傳一個 iterator 來滿足 iterable 協定。

❸ SentenceIterator 保存一個指向 words list 的參考。

❹ self.index 決定下一個要抓取的 word。

❺ 取得在 self.index 的 word。

❻ 如果在 self.index 沒有 word，發出 StopIteration。

❼ 遞增 self.index。

❽ 回傳 word。

❾ 實作 self.__iter__。

範例 17-4 的程式可通過範例 17-2 的測試。

注意，要讓這個範例可以執行不一定要在 SentenceIterator 裡面實作 __iter__，但這是正確的做法：iterable 應該實作 __next__ 與 __iter__ 兩者，這樣做可以確保我們的 iterator 通過 issubclass(SentenceIterator, abc.Iterator) 測試。如果我們從 abc.Iterator 繼承 SentenceIterator，我們就會繼承 abc.Iterator.__iter__ 具體方法。

這個範例用了大量的程式碼（對我們這些被寵壞了的 Python 使用者來說）。注意，SentenceIterator 的程式碼大部分都是為了管理 iterator 的內部狀態。我們很快就會看到如何避免這種事情。但是在那之前，我們先偏離一下主題，處理一個誘人但錯誤的實作捷徑。

不要讓 iterable 是它自己的 iterator

在建構 iterable 與 iterator 時，混淆它們兩者是常見的錯誤根源。務必明白：iterable 有一個 __iter__ 方法，該方法每次都實例化一個新的 iterator。iterator 實作了一個 __next__ 方法，可回傳個別的項目，還有一個 __iter__ 方法，回傳 self。

因此，iterator 也是 iterable，但 iterable 不是 iterator。

有人可能想在 Sentence 類別裡實作 __iter__ 以及 __next__，讓 Sentence 實例既是 iterable，也是迭代自己的 iterator。但是這種做法不好，根據 Alex Martelli 的說法，它也是常見的反模式。Alex Martelli 在 Google 有很多審查 Python 程式碼的經驗。

Design Patterns 的 Iterator 設計模式的「Applicability」小節說：

> 使用 Iterator 模式
>
> - 來讀取聚合（*aggregate*）物件的內容，而不暴露它的內部表示形式。
> - 來支援聚合物件的多次遍歷。
> - 來提供統一的介面，用來遍歷不同的聚合結構（也就是用來支援多型（*polymorphic*）迭代）。

為了「多次遍歷」，它必須能夠從同一個 iterable 實例中，取出多個獨立的 iterator，而且每一個 iterator 都必須保存它自己的內部狀態，所以若要正確地實作這個模式，你就要讓每次的 iter(my_iterable) 呼叫都建立新的、獨立的 iterator。這就是為什麼這個範例需要 SentenceIterator 類別。

正確地展示典型的 Iterator 模式之後，我們可以請它離開了。Python 有 yield 關鍵字，所以我們不需要「手動生成」程式碼來實作 iterator。yield 關鍵字來自 Barbara Liskov 的 CLU 語言（*https://fpy.li/17-7*）。

接下來幾節將展示更道地的 Sentence 版本。

Sentence 第 3 幕：generator 函式

「很 Python」的實作方式是使用 generator 來實現相同的功能，可省下實作 SentenceIterator 類別的所有工作。在看了範例 17-5 之後，我們會解釋 generator。

範例 *17-5*　*sentence_gen.py*：使用 *generator* 來實作 Sentence

```python
import re
import reprlib

RE_WORD = re.compile(r'\w+')


class Sentence:

    def __init__(self, text):
```

```
        self.text = text
        self.words = RE_WORD.findall(text)

    def __repr__(self):
        return 'Sentence(%s)' % reprlib.repr(self.text)

    def __iter__(self):
        for word in self.words:   ❶
            yield word   ❷
        ❸
```

\# 完成！

❶ 迭代 self.words。

❷ yield 當前的 word。

❸ 不需要明確地使用 return；函式可以直接「穿透（fall through）」並自動 return。無論哪一種做法，generator 函式都不會發出 StopIteration，它只會在完成產生值之後退出。[4]

❹ 不需要獨立的 iterator 類別！

在這裡，我們再次用不同的 Sentence 實作來通過範例 17-2 的測試。

回到範例 17-4 的 Sentence 程式，__iter__ 呼叫 SentenceIterator 建構式來建立一個 iterator 並回傳它。範例 17-5 的 iterator 事實上是個 generator 物件，當 __iter__ 方法被呼叫時，Python 會自動建立它，因為這裡的 __iter__ 是個 generator 函式。

接下來要完整說明 generator。

generator 的工作方式

在主體裡面有 yield 關鍵字的 Python 函式都是 generator 函式，當這種函式被呼叫時，會回傳一個 generator 物件。換句話說，generator 函式是 generator 工廠。

4　Alex Martelli 在校閱這段程式時，建議這個方法的主體可以直接寫成 return iter(self.words)。他是對的，呼叫 self.words.__iter__() 的結果也將是個 iterator，正如應該的那樣。但是我在這裡使用 yield 來介紹 generator 函式的語法，下一節會介紹，generator 函式需要使用 yield 關鍵字。在校閱第二版時，Leonardo Rochael 建議 __iter__ 主體的另一個簡寫：yield from self.words。稍後也會介紹 yield from。

一般函式與 generator 函式語法差異只在於後者的主體裡面有 yield 關鍵字。有人主張宣告 generator 應該使用新的關鍵字，例如使用 gen，而不是 def，但是 Guido 不同意。他的論點在 PEP 255 —— Simple Generators（*https://fpy.li/pep255*）。[5]

範例 17-6 是簡單的 generator 函式的行為。[6]

範例 17-6　yield 3 個數字的 generator 函式

```
>>> def gen_123():
...     yield 1  ❶
...     yield 2
...     yield 3
...
>>> gen_123  # doctest: +ELLIPSIS
<function gen_123 at 0x...>  ❷
>>> gen_123()   # doctest: +ELLIPSIS
<generator object gen_123 at 0x...>  ❸
>>> for i in gen_123():  ❹
...     print(i)
1
2
3
>>> g = gen_123()  ❺
>>> next(g)  ❻
1
>>> next(g)
2
>>> next(g)
3
>>> next(g)  ❼
Traceback (most recent call last):
  ...
StopIteration
```

❶ generator 函式的主體通常把 yield 放在迴圈裡，但不一定要如此，我在此只重複 yield 3 次。

❷ 仔細看，gen_123 是一個 function（函式）物件。

---

[5] 有時我為 generator 函式命名時會加上 gen 前綴或後綴，但這不是常見的做法。如果你要實作 iterable，你不能這樣做，必要的特殊方法必須命名為 __iter__。

[6] 感謝 David Kwast 提供這個例子。

❸ 但是當 gen_123() 被呼叫時，它會回傳一個 generator 物件。

❹ generator 物件實作了 Iterator 介面，所以它們也是 iterable。

❺ 我們將這個新 generator 物件指派給 g，以便用它來做實驗。

❻ 因為 g 是 iterator，呼叫 next(g) 會抓取 yield 產生的下一個項目。

❼ 當 generator 函式 return 時，generator 物件會發出 StopIteration。

generator 函式建構一個包裝函式主體的 generator 物件。當我們對著 generator 物件呼叫 next() 時，程式會跑到函式主體的下一個 yield，而且當函式主體被暫停時，next() 呼叫會執行到 yield 值的地方。最後，Python 建立的圍封（enclosing）generator 物件會在函式主體 return 時發出 StopIteration，遵守 Iterator 協定。

 我發現在討論 generator 產生的值時，採取嚴謹的態度是有幫助的。說 generator「return」值會造成困惑。函式回傳（return）值。呼叫 generator 函式會回傳（return）generator。generator yield 值。generator 不會像一般方式「return」值，在 generator 主體內的 return 陳述式會造成 generator 物件發出 StopIteration。如果你在 generator 裡 return x，呼叫方可從 StopIteration 例外取得 x 的值，但通常可以使用 yield from 語法來自動完成這件事，參見第 655 頁的「從 coroutine 回傳值」。

範例 17-7 明確地展示 for 迴圈與函式主體之間的互動。

範例 17-7　在執行時印出訊息的 generator 函式

```
>>> def gen_AB():
...     print('start')
...     yield 'A'            ❶
...     print('continue')
...     yield 'B'            ❷
...     print('end.')        ❸
...
>>> for c in gen_AB():       ❹
...     print('-->', c)      ❺
...
start          ❻
--> A          ❼
continue       ❽
--> B          ❾
end.           ❿
>>>            ⓫
```

❶ 在 ❹ 的 for 迴圈裡第一次隱性呼叫 next() 會印出 'start'，並在第一個 yield 處停止，產生值 'A'。

❷ 在 for 迴圈裡的第二次隱性呼叫 next() 會印出 'continue'，並在第二個 yield 處停止，產生值 'B'。

❸ 第三次呼叫 next() 會印出 'end'，並穿透至函式主體的結尾，造成 generator 物件發出 StopIteration。

❹ 為了迭代，for 機制會做相當於 g = iter(gen_AB()) 的動作來取得 generator 物件，然後在每次迭代時執行 next(g)。

❺ 迴圈印出 --> 與 next(g) 回傳的值。這個輸出只會出現在 generator 函式裡的 print 的輸出之後。

❻ start 來自 generator 主體內的 print('start')。

❼ 在 generator 主體裡面的 yield 'A' 會 yield 被 for 迴圈耗用的值，它會被指派給 c 變數，以及 --> A 裡的結果。

❽ 迭代因為第二次呼叫 next(g) 而繼續進行，在 generator 主體內從 yield 'A' 跑到 yield 'B'。在 generator 主體內的第二個 print 輸出 continue。

❾ yield 'B' yield 被 for 迴圈耗用的值 B，它被指派給 c 迴圈變數，所以迴圈印出 --> B。

❿ 繼續迭代，第三次呼叫 next(it)，跑到函式主體的結尾。在輸出裡面有 end. 是因為 generator 主體的第三個 third。

⓫ 當 generator 函式跑到結尾時，generator 物件發出 StopIteration。for 迴圈機制抓到那個例外，迴圈乾淨地終止。

希望你可以明白範例 17-5 的 Sentence.__iter__ 是如何運作的：__iter__ 是一個 generator 函式，當它被呼叫時，它會建立一個實作了 iterator 介面的 generator 物件，所以不需要 SentenceIterator 類別了。

第二版的 Sentence 比第一版簡潔，但它沒有該有的那麼惰性（lazy）。現在惰性被視為一種很好的特質，至少在程式語言和 API 裡如此。惰性的做法會盡可能地延遲產生值，直到最後一刻才產生。這可以節省記憶體，或許也可以避免浪費 CPU 週期。

接下來，我們要來建立惰性的 Sentence 類別。

惰性的 Sentence

最後一版 Sentence 是惰性的，利用 re 模組裡的惰性函式。

Sentence 第 4 幕：惰性的 generator

Iterator 介面的設計是惰性的：next(my_iterator) 一次 yield 一個項目。惰性的相反是急切（eager）：惰性計算與急切計算是程式語言理論的術語。

我們的 Sentence 實作到目前為止還不是惰性的，因為 __init__ 會急切地建立包含文本所有單字的 list，將它指派給 self.words 屬性。這需要處理整個文本，而且 list 使用的記憶體可能與文本本身一樣多（也許更多，取決於文本裡有多少非字（nonword）字元）。如果使用者只迭代前幾個字，那麼大部分的工作都是白工。如果你在想「在 Python 裡是否有一種惰性的方式可以做這件事？」答案通常是「有」。

re.finditer 函式是 re.findall 的惰性版本。re.finditer 會回傳一個 generator 而不是回傳一個 list，那個 generator 會按需求 yield re.MatchObject 實例。如果有很多相符的項目，re.finditer 可節省許多記憶體。使用它的第三版 Sentence 是惰性的，它只會在需要時從文本讀取下一個單字。參見範例 17-8 的程式。

範例 17-8 sentence_gen.py：讓 generator 函式呼叫 re.finditer generator 函式來製作 Sentence

```
import re
import reprlib

RE_WORD = re.compile(r'\w+')


class Sentence:

    def __init__(self, text):
        self.text = text        ❶

    def __repr__(self):
        return f'Sentence({reprlib.repr(self.text)})'

    def __iter__(self):
        for match in RE_WORD.finditer(self.text):    ❷
            yield match.group()    ❸
```

❶ 不需要有 words list。

❷ finditer 建立一個 iterator，可迭代 self.text 中符合 RE_WORD 的項目，yield MatchObject 實例。

❸ match.group() 從 MatchObject 實例取出匹配的文本。

generator 是很棒的捷徑，但使用 genexp 還可以讓程式更簡潔。

Sentence 第 5 幕：惰性的 genexp

我們可以把上一個 Sentence 類別（範例 17-8）裡的那種簡單的 generator 函式換成 genexp。listcomp 會建立 list，而 genexp 會建立 generator 物件。範例 17-9 比較它們的行為。

範例 17-9 讓 *listcomp* 使用 gen_AB *generator* 函式，然後讓 *genexp* 使用它

```
>>> def gen_AB():   ❶
...     print('start')
...     yield 'A'
...     print('continue')
...     yield 'B'
...     print('end.')
...
>>> res1 = [x*3 for x in gen_AB()]   ❷
start
continue
end.
>>> for i in res1:   ❸
...     print('-->', i)
...
--> AAA
--> BBB
>>> res2 = (x*3 for x in gen_AB())   ❹
>>> res2
<generator object <genexpr> at 0x10063c240>
>>> for i in res2:   ❺
...     print('-->', i)
...
start   ❻
--> AAA
continue
--> BBB
end.
```

❶ 這個 gen_AB 函式與範例 17-7 的一樣。

❷ listcomp 急切地迭代 gen_AB() 回傳的 generator 物件 yield 的項目：'A' 與 'B'。注意接下來幾行的輸出：start、continue、end。

❸ 這個 for 迴圈迭代 listcomp 建立的 res1 list。

❹ genexp 回傳 res2，它是一個 generator 物件。這裡的 generator 不會被耗用。

❺ 當 for 迴圈迭代 res2 時，這個 generator 才會從 gen_AB 取出項目。for 迴圈的每一次迭代都隱性地呼叫 next(res2)，進而對著 gen_AB() 回傳的 generator 物件呼叫 next()，讓它執行到下一個 yield。

❻ 注意 gen_AB() 的輸出與 for 迴圈內的 print 的輸出互相交錯的情況。

我們可以使用 genexp 來進一步減少 Sentence 類別裡的程式碼。參見範例 17-10。

範例 17-10　sentence_genexp.py：使用 generator 來實作 Sentence

```
import re
import reprlib

RE_WORD = re.compile(r'\w+')


class Sentence:

    def __init__(self, text):
        self.text = text

    def __repr__(self):
        return f'Sentence({reprlib.repr(self.text)})'

    def __iter__(self):
        return (match.group() for match in RE_WORD.finditer(self.text))
```

這個例子與範例 17-8 唯一的差異是 __iter__ 方法，它在這裡不是 generator 函式（它沒有 yield），而是使用 genexp 來建立 generator 並回傳它。最終的結果是相同的：__iter__ 的呼叫方會得到一個 generator 物件。

genexp 是語法糖，它們始終可以被 generator 函式取代，但有時比較方便。下一些要討論 genexp 的用法。

使用 genexp 的時機

當我在範例 10-16 實作 Vector 類別時,使用了一些 genexp。這些方法都有 genexp:__eq__、__hash__、__abs__、angle、angles、format、__add__ 與 __mul__。在這些方法裡也可以使用 listcomp,但是會使用更多記憶體來儲存中間 list 值。

在範例 17-10 裡,我們看到 genexp 是一種語法捷徑,不需要定義與呼叫函式就可以建立 generator。另一方面,generator 函式比較靈活:我們可以使用多個陳述式來編寫複雜的邏輯,甚至可以將它們當成 *coroutine* 來使用,詳情參見第 651 頁的「古典的coroutine」。

對簡單的案例而言,genexp 比較容易閱讀,從 Vector 範例可以看到這一點。

在選擇使用哪種語法時,我的規則很簡單:如果 genexp 需要好幾行程式,那麼為了易讀性,我比較喜歡編寫 generator 函式。

語法提示

當 genexp 被當成唯一引數傳給函式或建構式時,你不需要為函式呼叫式編寫一組括號,也不需要把 genexp 放在另一組括號裡。你只要使用一組括號就可以了,就像範例 12-16 的 __mul__ 方法內的 Vector 呼叫式:

```
def __mul__(self, scalar):
    if isinstance(scalar, numbers.Real):
        return Vector(n * scalar for n in self)
    else:
        return NotImplemented
```

但是,如果在 genexp 後面有更多函式引數,你就要把它們放在括號內,以免產生 SyntaxError。

Sentence 範例展示了 generator 發揮典型 Iterator 模式的作用,也就是從 collection 裡取出項目。但是我們也可以使用 generator 來 yield 值,無論資料源為何。下一節會展示一個例子。

但在那之前,我們先來簡單地討論 iterator 與 generator 這兩個重疊的概念。

比較 iterator 與 generator

在 Python 官方文件和碼庫裡，圍繞著 iterator 與 generator 的術語是不一致的，而且不斷變化。我採用以下的定義：

iterator

> 泛指實作了 __next__ 方法的任何物件。iterator 在設計上是為了產生被 client 程式耗用的資料，client 就是驅動 iterator 的程式碼，它可能透過 for 迴圈或其他迭代功能，或明確地對著 iterator 呼叫 next(it)，但這種明確的用法比較罕見。在實務上，我們在 Python 裡使用的 iterator 大都是 *generator*。

generator

> Python 編譯器建立的 iterator。建立 generator 不需要實作 __next__，而是要使用 yield 關鍵字來製作 *generator* 函式，它是 *generator* 物件的工廠。*genexp* 是建立 generator 物件的另一種手段。generator 物件提供 __next__，所以它們是 iterator。自 Python 3.5 起，我們也可以用 async def 來宣告非同步 *generator*。我們將在第 21 章「非同步設計」學習它們。

Python Glossary（*https://fpy.li/17-8*）最近加入 *generator iterator* 這個術語（*https://fpy.li/17-9*），它是指 generator 函式建立的 generator 物件，而 *generator expression*（*https://fpy.li/17-10*）的項目說它回傳一個「iterator」。

但是它們兩個回傳的物件都是 generator 物件，根據 Python：

```
>>> def g():
...     yield 0
...
>>> g()
<generator object g at 0x10e6fb290>
>>> ge = (c for c in 'XYZ')
>>> ge
<generator object <genexpr> at 0x10e936ce0>
>>> type(g()), type(ge)
(<class 'generator'>, <class 'generator'>)
```

等差級數 generator

經典的 Iterator 模式主要關注遍歷，也就是巡覽某個資料結構。但是當項目是即時產生的時，與其從 collection 提取項目，使用基於方法的標準介面來抓取級數的下一個項目也很有用。例如，內建的 range 可產生一個有界的整數等差級數（AP）。如果你需要生成任意型態的數字 AP，而不僅僅是整數呢？

範例 17-11 展示一些主控台測試，示範我們即將看到的 ArithmeticProgression 類別的用法。範例 17-11 裡的建構式的簽章是 Arithmetic Progression(begin, step[, end])。內建的 range 的完整簽章是 ange(start, stop[, step])。我決定實作不同的簽章是因為 step 在等差級數中是必要的，但 end 是選用的。我也把引數名稱從 start/stop 改成 begin/end 來強調我選擇了不同的簽章。在範例 17-11 的每一項測試裡，我都對著結果呼叫 list() 來檢查生成的值。

範例 17-11　展示 ArithmeticProgression 類別

```
>>> ap = ArithmeticProgression(0, 1, 3)
>>> list(ap)
[0, 1, 2]
>>> ap = ArithmeticProgression(1, .5, 3)
>>> list(ap)
[1.0, 1.5, 2.0, 2.5]
>>> ap = ArithmeticProgression(0, 1/3, 1)
>>> list(ap)
[0.0, 0.3333333333333333, 0.6666666666666666]
>>> from fractions import Fraction
>>> ap = ArithmeticProgression(0, Fraction(1, 3), 1)
>>> list(ap)
[Fraction(0, 1), Fraction(1, 3), Fraction(2, 3)]
>>> from decimal import Decimal
>>> ap = ArithmeticProgression(0, Decimal('.1'), .3)
>>> list(ap)
[Decimal('0'), Decimal('0.1'), Decimal('0.2')]
```

注意，生成的等差級數裡的數字型態遵循 begin + step 的型態，根據 Python 算術的數字協同規則（numeric coercion rule）進行轉型。在範例 17-11 中，你可以看到 int、float、Fraction 與 Decimal 數字的 list。範例 17-12 是 ArithmeticProgression 類別的實作。

範例 *17-12 ArithmeticProgression 類別*

```
class ArithmeticProgression:

    def __init__(self, begin, step, end=None):        ❶
        self.begin = begin
        self.step = step
        self.end = end  # None -> "infinite" series

    def __iter__(self):
        result_type = type(self.begin + self.step)    ❷
        result = result_type(self.begin)              ❸
        forever = self.end is None                    ❹
        index = 0
        while forever or result < self.end:           ❺
            yield result                              ❻
            index += 1
            result = self.begin + self.step * index   ❼
```

❶ __init__ 需要兩個引數：begin 與 step；end 是選用的，如果它是 None，級數將是無限的。

❷ 取得 self.begin 與 self.step 相加的型態，例如，如果其中一個是 int，另一個是 float，result_type 將是 float。

❸ 這一行使用 self.begin 的數值來製作 result，轉型成後續加法的型態。[7]

❹ 為了幫助閱讀，如果 self.end 屬性是 None，forever 旗標為 True，產生一個無限級數。

❺ 這個迴圈會 forever（無限）執行或直到結果等於或超過 self.end 為止。當這個迴圈退出時，函式也退出。

❻ 產生當前的 result。

❼ 計算下一個潛在的結果，它可能永遠不會被 yield，因為 while 迴圈可能終止。

---

7   Python 2 有個 coerce() 內建函式，但 Python 3 拿掉它了，Python 認為不需要它的原因是，數字協同規則已經在算術運算子方法裡隱性地定義了。所以，要讓初始值的型態與級數的其餘項目一樣，我能想到的最佳做法就是執行加法，並使用它的型態來轉換結果。我在 Python-list 中問了這件事，並從 Steven D'Aprano 那裡得到很棒的回饋（*https://fpy.li/17-11*）。

在範例 17-12 的最後一行，我並不是將 self.step 加入之前的 result，而是忽略之前的 result，將 self.begin 加上 self.step 乘以 index 來算出新的 result。這可以避免連續的加法產生的浮點數誤差累積效應。這些簡單的實驗可以清楚展示差異：

```
>>> 100 * 1.1
110.00000000000001
>>> sum(1.1 for _ in range(100))
109.99999999999982
>>> 1000 * 1.1
1100.0
>>> sum(1.1 for _ in range(1000))
1100.0000000000086
```

範例 17-12 的 ArithmeticProgression 類別按預期工作，它是使用 generator 函式來實作 __iter__ 特殊方法的另一個例子。但是，如果類別的唯一目的只是藉著實作 __iter__ 來建立 generator，我們可以用 generator 函式來替代這種類別。畢竟，generator 函式是 generator 工廠。

範例 17-13 是名為 aritprog_gen 的 generator 函式，它做的事情與 ArithmeticProgression 相同，但使用較少的程式碼。如果你只是呼叫 aritprog_gen，而不是 ArithmeticProgression，範例 17-11 的測試都會通過。[8]

範例 17-13 aritprog_gen generator 函式

```
def aritprog_gen(begin, step, end=None):
    result = type(begin + step)(begin)
    forever = end is None
    index = 0
    while forever or result < end:
        yield result
        index += 1
        result = begin + step * index
```

範例 17-13 很優雅，但切記，標準程式庫有很多現成的 generator，下一節將使用 itertools 模組來展示一個更短的寫法。

8　在 *Fluent Python* 程式存放區（*https://fpy.li/code*）的 *17-it-generator/* 目錄裡有一些 doctest 與一個 *aritprog_runner.py* 腳本，它可對 *aritprog*.py* 腳本的所有版本執行測試。

使用 itertools 來計算等差級數

Python 3.10 的 itertools 模組有 20 個 generator 函式，可以用各種有趣的方式來結合。

例如，itertools.count 函式回傳一個可以 yield 數字的 generator。如果沒有引數，它會 yield 一個整數級數，從 0 開始。但是你可以提供選用的 start 與 step 值來得到很像我們的 aritprog_gen 函式的結果：

```
>>> import itertools
>>> gen = itertools.count(1, .5)
>>> next(gen)
1
>>> next(gen)
1.5
>>> next(gen)
2.0
>>> next(gen)
2.5
```

 itertools.count 絕不停止，所以如果你呼叫 list(count())，Python 會嘗試建立一個可以填滿有史以來所有記憶體晶片的 list。實際上，在呼叫失敗之前，你的機器就會非常緩慢。

此外，有一個函式叫做 itertools.takewhile，它回傳一個 generator，該 generator 會耗用另一個 generator，並在給定的條件為 False 時停止。我們可以結合兩者，寫出這段程式：

```
>>> gen = itertools.takewhile(lambda n: n < 3, itertools.count(1, .5))
>>> list(gen)
[1, 1.5, 2.0, 2.5]
```

利用 takewhile 與 count 的範例 17-14 更加簡潔。

範例 17-14　*aritprog_v3.py*：它的動作與之前的 *aritprog_gen* 函式一樣

```
import itertools


def aritprog_gen(begin, step, end=None):
    first = type(begin + step)(begin)
    ap_gen = itertools.count(first, step)
    if end is None:
        return ap_gen
    return itertools.takewhile(lambda n: n < end, ap_gen)
```

注意，範例 17-14 的 `aritprog_gen` 不是 generator 函式，它的主體裡面沒有 `yield`。但是它回傳一個 generator，就像 generator 函式的行為。

然而，之前說過，`itertools.count` 會反覆加上 `step`，所以它產生的浮點級數不像範例 17-13 的那麼精準。

範例 17-14 的重點在於，在實作 generator 時，你要知道標準程式庫裡面有哪些可以使用，否則你可能重新發明輪子。所以，下一節要介紹一些現成的 generator 函式。

標準程式庫的 generator 函式

標準程式庫提供許多 generator，從提供逐行迭代的純文字檔案物件，到很棒的 os.walk （*https://fpy.li/17-12*）函式，它會在遍歷目錄樹時 yield 檔案名稱，使得遞迴地搜尋檔案系統就像一個簡單的 for 迴圈一樣。

雖然 os.walk generator 函式令人印象深刻，但是這一節要把重心放在通用的函式上，它們接收任意 iterable 引數，並回傳 generator，那些 generator 可以 yield 選取的、計算後的、或重新排列的項目。我在接下來的表格裡歸納了其中的二十幾個，它們來自內建的、`itertools` 與 `functools` 模組。為了方便起見，我根據高階的功能來為它們分組，不考慮它們是在哪裡定義的。

第一組是提供篩選功能的 generator 函式，它們會用輸入的 iterable 來產生部分的項目並 yield 它們，而不改變項目本身。

如同 `takewhile`，表 17-1 的函式大都接收條件敘述，它是一個單引數的布林函式，將會被套用到輸入的每一個項目，來決定是否將該項目放入輸出。

表 17-1　執行過濾的 generator 函式

模組	函式	說明
itertools	compress(it, selector_it)	平行耗用兩個 iterable，當 it 的項目在 selector_it 裡的對應項目可視為 true 時，yield it 的項目。
itertools	dropwhile(predicate, it)	耗用 it，當 predicate 的計算結果可視為 true 時，跳過項目，然後 yield 每一個其餘的項目（不做後續檢查）。

模組	函式	說明
（內建）	filter(predicate, it)	將 predicate 套用到 iterable 的每個項目，若 predicate(item) 可視為 true，則 yield 項目；若 predicate 是 None，只 yield 可視為 ture 的項目。
itertools	filterfalse(predicate, it)	與 filter 一樣，但 predicate 邏輯相反，若 predicate 可視為 false，則 yield 項目。
itertools	islice(it, stop) or islice(it, start, stop, step=1)	從 it 的 slice yield 項目，類似 s[:stop] 或 s[start:stop:step]，但 it 可以是任何 iterable，且操作是惰性的。
itertools	takewhile(predicate, it)	若 predicate 的結果可視為 ture，則 yield 項目，然後停止，不做後續檢查。

範例 17-15 的主控台訊息展示表 17-1 的所有函式的用法。

範例 17-15　示範過濾的 *generator* 函式

```
>>> def vowel(c):
...     return c.lower() in 'aeiou'
...
>>> list(filter(vowel, 'Aardvark'))
['A', 'a', 'a']
>>> import itertools
>>> list(itertools.filterfalse(vowel, 'Aardvark'))
['r', 'd', 'v', 'r', 'k']
>>> list(itertools.dropwhile(vowel, 'Aardvark'))
['r', 'd', 'v', 'a', 'r', 'k']
>>> list(itertools.takewhile(vowel, 'Aardvark'))
['A', 'a']
>>> list(itertools.compress('Aardvark', (1, 0, 1, 1, 0, 1)))
['A', 'r', 'd', 'a']
>>> list(itertools.islice('Aardvark', 4))
['A', 'a', 'r', 'd']
>>> list(itertools.islice('Aardvark', 4, 7))
['v', 'a', 'r']
>>> list(itertools.islice('Aardvark', 1, 7, 2))
['a', 'd', 'a']
```

下一組是 mapping generator：它們用輸入 iterable 裡的每個獨立項目來計算並 yield 項目，或是用多個輸入 iterable，對 map 與 starmap 而言。[9] 表 17-2 的 generator 為輸入 iterable 裡的每個項目 yield 一個結果。如果輸入來自多個 iterable，輸出會在第一個輸入 iterable 耗盡時停止。

表 17-2　mapping generator 函式

模組	函式	說明
itertools	accumulate(it, [func])	yield 累計和；如果有提供 func，yield 將它套用到第一對項目的結果，然後 yield 將它套用到第一個結果與下一個項目的結果，以此類推。
（內建）	enumerate(iterable, start=0)	將 func 套用到 it 的每一個項目，yield 結果；如果提供 N 個 iterable，func 必須接收 N 個引數，且 iterable 會被平行耗用。
（內建）	map(func, it1, [it2, …, itN])	產生 (index, item) 形式的 2-tuple，其中 index 從 start 算起，item 取自 iterable。
itertools	starmap(func, it)	將 func 套用到 it 的每一個項目，yield 結果；若輸入的 iterable 應 yield iterable 項目 iit，且 func 應該用 func(*iit) 來執行。

範例 17-16 是 itertools.accumulate 的一些用法。

範例 17-16　*itertools.accumulate generator 函式範例*

```
>>> sample = [5, 4, 2, 8, 7, 6, 3, 0, 9, 1]
>>> import itertools
>>> list(itertools.accumulate(sample))   ❶
[5, 9, 11, 19, 26, 32, 35, 35, 44, 45]
>>> list(itertools.accumulate(sample, min))   ❷
[5, 4, 2, 2, 2, 2, 2, 0, 0, 0]
>>> list(itertools.accumulate(sample, max))   ❸
[5, 5, 5, 8, 8, 8, 8, 8, 9, 9]
>>> import operator
>>> list(itertools.accumulate(sample, operator.mul))   ❹
[5, 20, 40, 320, 2240, 13440, 40320, 0, 0, 0]
>>> list(itertools.accumulate(range(1, 11), operator.mul))
[1, 2, 6, 24, 120, 720, 5040, 40320, 362880, 3628800]   ❺
```

9　這裡的「mapping」與 dict 無關，但與內建的 map 有關。

① 移動（running）和。

② 移動最小值。

③ 移動最大值。

④ 移動積。

⑤ 從 1! 到 10! 的階乘。

範例 17-17 是表 17-2 中的其餘函式。

範例 17-17　*mapping generator 函式*

```
>>> list(enumerate('albatroz', 1))  ❶
[(1, 'a'), (2, 'l'), (3, 'b'), (4, 'a'), (5, 't'), (6, 'r'), (7, 'o'), (8, 'z')]
>>> import operator
>>> list(map(operator.mul, range(11), range(11)))  ❷
[0, 1, 4, 9, 16, 25, 36, 49, 64, 81, 100]
>>> list(map(operator.mul, range(11), [2, 4, 8]))  ❸
[0, 4, 16]
>>> list(map(lambda a, b: (a, b), range(11), [2, 4, 8]))  ❹
[(0, 2), (1, 4), (2, 8)]
>>> import itertools
>>> list(itertools.starmap(operator.mul, enumerate('albatroz', 1)))  ❺
['a', 'll', 'bbb', 'aaaa', 'ttttt', 'rrrrrr', 'ooooooo', 'zzzzzzzz']
>>> sample = [5, 4, 2, 8, 7, 6, 3, 0, 9, 1]
>>> list(itertools.starmap(lambda a, b: b / a,
...     enumerate(itertools.accumulate(sample), 1)))  ❻
[5.0, 4.5, 3.6666666666666665, 4.75, 5.2, 5.333333333333333,
5.0, 4.375, 4.888888888888889, 4.5]
```

❶ 幫單字裡的字母編號，從 1 開始。

❷ 計算整數的平方，從 0 至 10。

❸ 將兩個 iterable 的數字平行相乘，當較短的 iterable 結束時停止產生結果。

❹ 這是 zip 內建函式做的事情。

❺ 以字母在單字內的位置作為次數來重複顯示該字母，從 1 開始。

❻ 移動平均。

接下來是合併 generator，它們都從多個 iterable yield 項目。chain 與 chain.from_iterable 都依序耗用 iterable（一個接著一個），而 product、zip 與 zip_longest 平行耗用所有 iterable。見表 17-3。

表 17-3　合併多個 iterable 的 generator 函式

模組	函式	說明
itertools	chain(it1, …, itN)	先 yield it1 的所有項目，然後 it2 的，以此類推，以無縫的方式。
itertools	chain.from_iterable(it)	從 it 產生的每個 iterable yield 所有項目，無縫地一個接著一個；它將是個 iterable，裡面的項目也是 iterable，例如 tuple 組成的 list。
itertools	product(it1, …, itN, repeat=1)	笛卡兒積：結合各個 iterable 的項目來 yield N-tuple，很像嵌套的 for 迴圈產生的東西；repeat 可讓 iterable 被耗用不只一次。
（內建）	zip(it1, …, itN, strict=False)	從 iterable 平行取出項目，並用它們來建立和 yield N-tuple，當第一個 iterable 被用完時默默地停止，除非提供 strict=True。[a]
itertools	zip_longest(it1, …, itN, fillvalue=None)	從 iterable 平行取出項目，並用它們來建立和 yield N-tuple，當最後一個 iterable 被耗盡時才會停止，用 fillvalue 來填補空缺。

[a]　限關鍵字引數 strict 是在 Python 3.10 新增的。若 strict=True，而且有任何 iterable 有不同的長度，則發出 ValueError。為了回溯相容，它的預設值是 False。

範例 17-18 是 itertools.chain 與 zip generator 函式及其近親的用法。之前說過，zip 函式的名稱來自拉鍊（與壓縮沒關係）。第 424 頁的「厲害的 zip」曾經介紹 zip 與 itertools.zip_longest。

範例 17-18　提供合併功能的 *generator*

```
>>> list(itertools.chain('ABC', range(2)))    ❶
['A', 'B', 'C', 0, 1]
>>> list(itertools.chain(enumerate('ABC')))    ❷
[(0, 'A'), (1, 'B'), (2, 'C')]
>>> list(itertools.chain.from_iterable(enumerate('ABC')))    ❸
[0, 'A', 1, 'B', 2, 'C']
>>> list(zip('ABC', range(5), [10, 20, 30, 40]))    ❹
[('A', 0, 10), ('B', 1, 20), ('C', 2, 30)]
>>> list(itertools.zip_longest('ABC', range(5)))    ❺
[('A', 0), ('B', 1), ('C', 2), (None, 3), (None, 4)]
>>> list(itertools.zip_longest('ABC', range(5), fillvalue='?'))    ❻
[('A', 0), ('B', 1), ('C', 2), ('?', 3), ('?', 4)]
```

❶ 在呼叫 chain 時，通常提供兩個以上的 iterable。

❷ 用一個 iterable 來呼叫 chain 時，它不會執行任何有用的操作。

❸ 但是 chain.from_iterable 可以從 iterable 取出每一個項目，將它們串成一個 sequence，只要每一個項目本身都是 iterable 即可。

❹ 無論多少個 iterable 都會被 zip 平行耗用，但只要第一個 iterable 結束，generator 一定停止。在 Python 3.10 以上，如果提供 strict=True 引數，而且有 iterable 先結束，ValueError 就會發出。

❺ itertools.zip_longest 的行為很像 zip，但是它會耗用所有輸入的 iterable 直到結束，並在需要時，用 None 來填補輸出的 tuple。

❻ 用 fillvalue 關鍵字引數來指定填補值。

itertools.product generator 是計算笛卡兒積的惰性做法，我們曾經在第 28 頁的「笛卡兒積」中使用 listcomp 與超過一個 for 來建構它。你也可以使用具有多個 for 的 genexp 來惰性地產生笛卡兒積。範例 17-19 展示 itertools.product。

範例 17-19 *itertools.product generator* 函式範例

```
>>> list(itertools.product('ABC', range(2)))  ❶
[('A', 0), ('A', 1), ('B', 0), ('B', 1), ('C', 0), ('C', 1)]
>>> suits = 'spades hearts diamonds clubs'.split()
>>> list(itertools.product('AK', suits))  ❷
[('A', 'spades'), ('A', 'hearts'), ('A', 'diamonds'), ('A', 'clubs'),
('K', 'spades'), ('K', 'hearts'), ('K', 'diamonds'), ('K', 'clubs')]
>>> list(itertools.product('ABC'))  ❸
[('A',), ('B',), ('C',)]
>>> list(itertools.product('ABC', repeat=2))  ❹
[('A', 'A'), ('A', 'B'), ('A', 'C'), ('B', 'A'), ('B', 'B'),
('B', 'C'), ('C', 'A'), ('C', 'B'), ('C', 'C')]
>>> list(itertools.product(range(2), repeat=3))
[(0, 0, 0), (0, 0, 1), (0, 1, 0), (0, 1, 1), (1, 0, 0),
(1, 0, 1), (1, 1, 0), (1, 1, 1)]
>>> rows = itertools.product('AB', range(2), repeat=2)
>>> for row in rows: print(row)
...
('A', 0, 'A', 0)
('A', 0, 'A', 1)
('A', 0, 'B', 0)
('A', 0, 'B', 1)
('A', 1, 'A', 0)
```

```
('A', 1, 'A', 1)
('A', 1, 'B', 0)
('A', 1, 'B', 1)
('B', 0, 'A', 0)
('B', 0, 'A', 1)
('B', 0, 'B', 0)
('B', 0, 'B', 1)
('B', 1, 'A', 0)
('B', 1, 'A', 1)
('B', 1, 'B', 0)
('B', 1, 'B', 1)
```

❶ 一個包含三個字元的 str，以及一個包含兩個整數的 range 的笛卡兒積是六個 tuple（因為 3 * 2 等於 6）。

❷ 兩個卡片大小（'AK'）與四種花色的積是一個包含八個 tuple 的序列。

❸ 提供一個 iterable 給 product 會產生一系列的 1-tuple，不太有用。

❹ 用 repeat=N 關鍵字引數來指示 product 耗用每個 iterable N 次。

有些 generator 函式為每一個輸入項目 yield 不只一個值，來擴展輸入，見表 17-4。

表 17-4　將每個輸入項目擴展成多個輸出項目的 generator 函式

模組	函式	說明
itertools	combinations(it, out_len)	用 it yield 的項目來 yield out_len 項目的組合。
itertools	combinations_with_replacement(it, out_len)	用 it yield 的項目來 yield out_len 項目的組合，包括有重複項目的組合。
itertools	count(start=0, step=1)	無限地從 start 開始 yield 數字，每次遞增 step。
itertools	cycle(it)	無限地從 it yield 項目，儲存每一個項目的複本，然後重複 yield 整個 sequence。
itertools	pairwise(it)	連續從 iterable 取出重疊的兩個項目並 yield 它們。[a]
itertools	permutations(it, out_len=None)	用 it yield 的項目來 yield out_len 個項目的排列（permutation）；在預設情況下，out_len 是 len(list(it))。
itertools	repeat(item, [times])	反覆 yield 收到的項目，除非收到 times，否則無限地執行。

[a]　itertools.pairwise 是在 Python 3.10 加入的。

itertools 的 count 與 repeat 函式回傳可憑空變出項目的 generator：它們都不接收 iterable。我們曾經在第 627 頁的「使用 itertools 來計算等差級數」看過 itertools.count。cycle generator 會備份輸入 iterable，並重複 yield 它的項目。範例 17-20 說明 count、cycle、pairwise 與 repeat 的用法。

範例 17-20　count、cycle、pairwise 與 repeat

```
>>> ct = itertools.count()  ❶
>>> next(ct)  ❷
0
>>> next(ct), next(ct), next(ct)  ❸
(1, 2, 3)
>>> list(itertools.islice(itertools.count(1, .3), 3))  ❹
[1, 1.3, 1.6]
>>> cy = itertools.cycle('ABC')  ❺
>>> next(cy)
'A'
>>> list(itertools.islice(cy, 7))  ❻
['B', 'C', 'A', 'B', 'C', 'A', 'B']
>>> list(itertools.pairwise(range(7)))  ❼
[(0, 1), (1, 2), (2, 3), (3, 4), (4, 5), (5, 6)]
>>> rp = itertools.repeat(7)  ❽
>>> next(rp), next(rp)
(7, 7)
>>> list(itertools.repeat(8, 4))  ❾
[8, 8, 8, 8]
>>> list(map(operator.mul, range(11), itertools.repeat(5)))  ❿
[0, 5, 10, 15, 20, 25, 30, 35, 40, 45, 50]
```

❶ 建立 count generator ct。

❷ 從 ct 取出第一個項目。

❸ 我無法用 ct 來建構 list，因為 ct 永不停止，所以我抓取下三個項目。

❹ 如果使用 islice 或 takewhile 對 count generator 進行限制，我可以用它來建構一個 list。

❺ 用 'ABC' 來建構 cycle generator，並抓取它的第一個項目 'A'。

❻ 用 islice 來進行限制才能建立 list，抓取下七個項目。

❼ 對於輸入中的每個項目，pairwise 用該項目與下一個項目來 yield 一個 2-tuple，如果有下一個項目的話。

❽ 建立一個無限地 yield 數字 7 的 repeat generator。

❾ 我們可以傳遞 times 引數來限制 repeat generator，這裡的數字 8 被產生 4 次。

❿ repeat 的常見用法：在 map 裡提供固定的引數，在此提供乘數 5。

combinations、combinations_with_replacement 與 permutations generator 函式 —— 以 及 product —— 在 itertools 文件網頁上（*https://fpy.li/17-13*）都被稱為 *combinatoric*（組 合 式）*generators*。itertools.product 與其餘的 *combinatoric* 函式也有密切的關係，如範例 17-21 所示。

範例 *17-21 combinatoric generator* 函式為每一個輸入項目 *yield* 多個值

```
>>> list(itertools.combinations('ABC', 2))  ❶
[('A', 'B'), ('A', 'C'), ('B', 'C')]
>>> list(itertools.combinations_with_replacement('ABC', 2))  ❷
[('A', 'A'), ('A', 'B'), ('A', 'C'), ('B', 'B'), ('B', 'C'), ('C', 'C')]
>>> list(itertools.permutations('ABC', 2))  ❸
[('A', 'B'), ('A', 'C'), ('B', 'A'), ('B', 'C'), ('C', 'A'), ('C', 'B')]
>>> list(itertools.product('ABC', repeat=2))  ❹
[('A', 'A'), ('A', 'B'), ('A', 'C'), ('B', 'A'), ('B', 'B'), ('B', 'C'),
('C', 'A'), ('C', 'B'), ('C', 'C')]
```

❶ 'ABC' 的項目在 len()==2 時的所有組合；在生成的 tuple 裡的項目排序沒有意義（它 們可能是集合）。

❷ 'ABC' 的項目在 len()==2 時的所有組合；包括有重覆項目的組合。

❸ 'ABC' 的項目在 len()==2 時的所有排列組合；在生成的 tuple 裡面的項目順序有 意義。

❹ 'ABC' 與 'ABC' 的笛卡兒積（那是 repeat=2 的效果）。

本節要討論的最後一組 generator 函式可以 yield iterable 的所有項目，但以某種方式來 重新安排。其中的兩個函式可回傳多個 generator：itertools.groupby 與 itertools.tee。 這一組的另一個 generator 函式是內建的 reversed，它是在這一節中，唯一不接收任何 iterable，而是接收 sequence 的函式。這是有道理的，由於 reversed 從最後一個項目開 始往第一個項目逐個 yield 項目，所以它適用於長度已知的 sequence。但是它藉著按需 yield 每一個項目，來節省製作 sequence 的反向複本的開銷。我把 itertools.product 函 式與合併 generator 一起放在表 17-3 裡的原因是，它們都耗用不只一個 iterable，而表 17-5 的 generator 都最多接收一個 iterable。

表 17-5　可進行重新排列的 generator 函式

模組	函式	說明
itertools	groupby(it, key=None)	yield (key, group) 形式的 2-tuple，其中 key 是分組標準，group 是 generator，可 yield 群組內的項目。
（內建）	reversed(seq)	以反向順序 yield seq 內的項目，從結尾到開頭；seq 必須是個 sequence，或實作了 __reversed__ 特殊方法。
itertools	tee(it, n=2)	yield 一個包含 n 個 generator 的 tuple，每一個 generator 都可以獨立 yield 輸入 iterable 的項目。

注意，itertools.groupby 假設輸入的 iterable 已根據分組標準進行了排序，或者即使沒有完全排序，至少按照標準將項目聚在一起。技術校閱 Miroslav Šedivý 建議這個用例：你可以將 datetime 物件按照時間順序排序，然後使用 groupby 按星期分組，得到星期一的資料組、星期二的資料組，以此類推，然後再次按照下一週的星期一分組，以此類推。

範例 17-22　*itertools.groupby*

```
>>> list(itertools.groupby('LLLLAAGGG'))    ❶
[('L', <itertools._grouper object at 0x102227cc0>),
 ('A', <itertools._grouper object at 0x102227b38>),
 ('G', <itertools._grouper object at 0x102227b70>)]
>>> for char, group in itertools.groupby('LLLLAAGGG'):    ❷
...     print(char, '->', list(group))
...
L -> ['L', 'L', 'L', 'L']
A -> ['A', 'A',]
G -> ['G', 'G', 'G']
>>> animals = ['duck', 'eagle', 'rat', 'giraffe', 'bear',
...            'bat', 'dolphin', 'shark', 'lion']
>>> animals.sort(key=len)    ❸
>>> animals
['rat', 'bat', 'duck', 'bear', 'lion', 'eagle', 'shark',
'giraffe', 'dolphin']
>>> for length, group in itertools.groupby(animals, len):    ❹
...     print(length, '->', list(group))
...
3 -> ['rat', 'bat']
4 -> ['duck', 'bear', 'lion']
5 -> ['eagle', 'shark']
7 -> ['giraffe', 'dolphin']
>>> for length, group in itertools.groupby(reversed(animals), len):    ❺
...     print(length, '->', list(group))
```

```
...
7 -> ['dolphin', 'giraffe']
5 -> ['shark', 'eagle']
4 -> ['lion', 'bear', 'duck']
3 -> ['bat', 'rat']
>>>
```

❶ groupby yield (key, group_generator) tuple。

❷ 處理 groupby generator 需要使用嵌套迭代，在這個例子裡就是外部的 for 迴圈與內部的 list 建構式。

❸ 按長度排列 animals。

❹ 同樣的，遍歷 key 與 group 來顯示 key，並將 group 加入 list。

❺ 這個 reverse generator 從右到左迭代 animals。

這一組的最後一種 generator 是 iterator.tee，它的行為很特別：它會用一個 iterable 來 yield 多個 generator，每一個 generator 都會 yield 輸入的每一個項目。這些 generator 可以獨立地耗用，如範例 17-23 所示。

範例 *17-23　* itertools.tee *yield 多個* generator *，每一個* generator *都* yield *輸入* generator *的每一個項目*

```
>>> list(itertools.tee('ABC'))
[<itertools._tee object at 0x10222abc8>, <itertools._tee object at 0x10222ac08>]
>>> g1, g2 = itertools.tee('ABC')
>>> next(g1)
'A'
>>> next(g2)
'A'
>>> next(g2)
'B'
>>> list(g1)
['B', 'C']
>>> list(g2)
['C']
>>> list(zip(*itertools.tee('ABC')))
[('A', 'A'), ('B', 'B'), ('C', 'C')]
```

注意，本節的許多範例都使用多個 generator 函式。這些函式的一個優點是，它們接收 generator 引數並回傳 generator，因此可以用許多不同的方式組合使用。

接下來要介紹標準程式庫的另一組善用 iterable 的函式。

可迭代歸約函式

表 17-6 的函式都接收一個 iterable，並回傳一個結果。它們都稱為「歸約（reducing）」、「合攏（folding）」或「積累（accumulating）」函式。我們可以用 functools.reduce 來實作以下的每一個內建函式，但它們之所以是內建的，是因為它們可以幫你更輕鬆地處理一些常見用例。關於 functools.reduce 的詳細解說，參見第 419 頁的「Vector 第 4 幕：雜湊化與更快速的 ==」。

在使用 all 與 any 時，functools.reduce 不支援一種重要的優化：all 與 any 的短路。亦即，一旦結果確定，它們就停止耗用 iterator。參見範例 17-24 裡，最後一個使用 any 的測試。

表 17-6　讀取 iterable 並回傳一個值的內建函式

模組	函式	說明
（內建）	all(it)	如果在 it 內的所有項目都可視為 true，則回傳 Ture，否則回傳 False；all([]) 回傳 True。
（內建）	any(it)	如果在 it 內的所有項目都可視為 true，則回傳 Ture，否則回傳 False；any([]) 會回傳 False。
（內建）	max(it, [key=,] [default=])	回傳 it 內的最大值項目[a]；key 是排序函式，和在 sorted 裡一樣；如果 iterable 是空的，回傳 default。
（內建）	min(it, [key=,] [default=])	回傳 it 的最小值項目[b]；key 是排序函式，和在 sorted 裡一樣；如果 iterable 是空的，則回傳 default。
functools	reduce(func, it, [initial])	將 func 套用到第一對項目，然後將它套用到結果和第三個項目…以此類推，並回傳結果；如果提供 initial，它和第一個項目組成第一對。
（內建）	sum(it, start=0)	在 it 裡的所有項目的總合，可加上選用的 start 值（加總浮點數時，可使用 math.fsum 來獲得更精確的結果）。

[a]　你也可以呼叫 max(arg1, arg2, …, [key=?])，此時會回傳最大的引數值。
[b]　你也可以呼叫 min(arg1, arg2, …, [key=?])，此時會回傳最小的引數值。

範例 17-24 是 all 與 any 的操作示範。

範例 17-24　用 all 與 any 來處理一些 *sequence* 的結果

```
>>> all([1, 2, 3])
True
>>> all([1, 0, 3])
False
>>> all([])
True
>>> any([1, 2, 3])
True
>>> any([1, 0, 3])
True
>>> any([0, 0.0])
False
>>> any([])
False
>>> g = (n for n in [0, 0.0, 7, 8])
>>> any(g)    ❶
True
>>> next(g)   ❷
8
```

❶ any 迭代 g，直到 g yield 7 為止；然後 any 停止，並回傳 True。

❷ 這就是剩下 8 的原因。

另一種接收 iterable 並回傳其他東西的內建函式是 sorted。與 generator 函式 reversed 不同的是，sorted 會建構並回傳一個新的 list。畢竟，iterable 的每一個項目都必須被讀取才可以被排序，而且排序發生在 list 內，因此 sorted 完成工作後會直接回傳那一個 list。之所以在此提到 sorted 是因為它可以耗用任意的 iterable。

當然，sorted 與歸約函式只能處理最終會停止的 iterable。否則，它們會持續收集項目，永遠不會回傳結果。

如果你一路看到這裡，你已經看了本章最重要且最實用的內容了，接下來的小節將介紹進階的 generator 功能，多數人都不常看到它們，或很少需要它們，例如 yield from 構造和古典的 coroutine。

接下來也會用幾節來討論型態提示 iterable、iterator 與古典的 coroutine。

yield from 語法提供結合 generator 的新方法。這是接下來的主題。

使用 yield from 來製作 subgenerator

yield from 運算式語法是在 Python 3.3 加入的，可讓 generator 將工作委託給 subgenerator（副 generator）。

在 Python 加入 yield from 之前，當 generator 需要 yield 另一個 generator 產生的值時，我們會使用 for 迴圈：

```
>>> def sub_gen():
...     yield 1.1
...     yield 1.2
...
>>> def gen():
...     yield 1
...     for i in sub_gen():
...         yield i
...     yield 2
...
>>> for x in gen():
...     print(x)
...
1
1.1
1.2
2
```

我們可以用 yield from 來獲得相同的結果，參見範例 17-25。

範例 17-25　試用 yield from

```
>>> def sub_gen():
...     yield 1.1
...     yield 1.2
...
>>> def gen():
...     yield 1
...     yield from sub_gen()
...     yield 2
...
>>> for x in gen():
...     print(x)
...
1
1.1
1.2
2
```

在範例 17-25 裡，for 迴圈是用戶端程式碼，gen 是委託工作的 *generator*，sub_gen 是 *subgenerator*。注意，yield from 會暫停執行 gen，讓 sub_gen 接下工作，直到它被耗盡為止。sub_gen yield 的值會透過 gen 直接傳給用戶端 for 迴圈。同時，gen 是暫停的，無法看見經過它的值。當 sub_gen 完成工作時，gen 才會恢復執行。

當 subgenerator 包含一個帶值的 return 陳述式時，你可以在進行委託（delegating）的 generator 裡面使用 yield from 作為運算式的一部分來捕捉那個值。參見範例 17-26 的示範。

範例 17-26 用 yield from 來取得 *subgenerator* 的回傳值

```
>>> def sub_gen():
...     yield 1.1
...     yield 1.2
...     return 'Done!'
...
>>> def gen():
...     yield 1
...     result = yield from sub_gen()
...     print('<--', result)
...     yield 2
...
>>> for x in gen():
...     print(x)
...
1
1.1
1.2
<-- Done!
2
```

我們已經知道 yield from 的基本知識了，接下來要研究一些簡單但實用的使用範例。

重新發明 chain

我們在表 17-3 看過 itertools 提供一個 chain generator，它可以從幾個 iterable yield 項目，按照順序迭代每個 iterable，直到最後一個。這是 chain 的手工版本，使用 Python 的 for 迴圈：[10]

---

10 chain 與大多數的 itertools 都是用 C 寫成的。

```
>>> def chain(*iterables):
...     for it in iterables:
...         for i in it:
...             yield i
...
>>> s = 'ABC'
>>> r = range(3)
>>> list(chain(s, r))
['A', 'B', 'C', 0, 1, 2]
```

上述的 chain generator 藉著在內部的 for 迴圈裡驅動每一個 it，來依序將工作委託給每一個 iterable it。那個內部迴圈可以換成 yield from 運算式，如下面的主控台訊息所示：

```
>>> def chain(*iterables):
...     for i in iterables:
...         yield from i
...
>>> list(chain(s, t))
['A', 'B', 'C', 0, 1, 2]
```

雖然這個例子使用 yield from 的方式是正確的，而且程式碼讀起來更清晰，但它只是語法糖，沒有實際益處。我們來開發一個更有趣的範例。

遍歷樹狀結構

在這一節，我們要在一個腳本裡用 yield from 來遍歷一個樹狀結構。我將逐步建構它。

這個範例中的樹狀結構是 Python 的例外階層（*https://fpy.li/17-14*）。但這個模式可以改編，以展示目錄樹或任何其他樹狀結構。

例外階層從第 0 層的 BaseException 開始，在 Python 3.10 時，它有五層深。我們的第一個步驟是展示第 0 層。

有了根類別之後，範例 17-27 的 tree generator 會 yield 它的名稱與停止點。

範例 *17-27   tree/step0/tree.py：yield 根類別的名稱與停止點*

```python
def tree(cls):
    yield cls.__name__


def display(cls):
    for cls_name in tree(cls):
        print(cls_name)


if __name__ == '__main__':
    display(BaseException)
```

範例 17-27 的輸出只有一行：

```
BaseException
```

下一個步驟將前往第 1 層。tree generator 會 yield 根類別的名稱和各個直系子類別的名稱。我們將子類別的名稱縮排，以展示階層。這是我們想要的輸出。

```
$ python3 tree.py
BaseException
    Exception
    GeneratorExit
    SystemExit
    KeyboardInterrupt
```

範例 17-28 可產生這個輸出。

範例 *17-28   tree/step1/tree.py：yield 根類別與直系子類別的名稱*

```python
def tree(cls):
    yield cls.__name__, 0                    ❶
    for sub_cls in cls.__subclasses__():     ❷
        yield sub_cls.__name__, 1            ❸


def display(cls):
    for cls_name, level in tree(cls):
        indent = ' ' * 4 * level             ❹
        print(f'{indent}{cls_name}')


if __name__ == '__main__':
    display(BaseException)
```

❶ 為了支援縮排的輸出，yield 類別的名稱，以及它在階層裡的層數。

❷ 使用 __subclasses__ 特殊方法來取得子類別的 list。

❸ yield 子類別與第 1 層的名稱。

❹ 建立縮排字串，它是 4 個空格乘以 level。在第 0 層，它將是個空字串。

在範例 17-29 裡，我重構 tree 來將根類別這個特例與子類別分開，在 sub_tree generator 裡處理子類別。在 yield from，tree generator 會暫停，sub_tree 會接手並 yield 值。

範例 17-29   tree/step2/tree.py：tree *yield* 根類別名稱，然後將工作委託給 sub_tree

```python
def tree(cls):
    yield cls.__name__, 0
    yield from sub_tree(cls)          ❶


def sub_tree(cls):
    for sub_cls in cls.__subclasses__():
        yield sub_cls.__name__, 1     ❷


def display(cls):
    for cls_name, level in tree(cls):     ❸
        indent = ' ' * 4 * level
        print(f'{indent}{cls_name}')


if __name__ == '__main__':
    display(BaseException)
```

❶ 委託給 sub_tree 來 yield 子類別的名稱。

❷ yield 各個子類別的名稱與第 1 層。因為 yield from sub_tree(cls) 在 tree 裡，這些值完全繞過 tree generator 函式⋯

❸ ⋯並在這裡直接被接收。

為了進行深度優先的樹遍歷（*https://fpy.li/17-15*），我想要在 yield 第 1 層的各個節點之後，yield 該節點在第 2 層的子節點，然後回到第 1 層。我可以用一個嵌套的 for 迴圈來處理這件事，參見範例 17-30。

範例 *17-30*　*tree/step3/tree.py*：sub_tree 以深度優先來遍歷第 *1* 層與第 *2* 層

```python
def tree(cls):
    yield cls.__name__, 0
    yield from sub_tree(cls)


def sub_tree(cls):
    for sub_cls in cls.__subclasses__():
        yield sub_cls.__name__, 1
        for sub_sub_cls in sub_cls.__subclasses__():
            yield sub_sub_cls.__name__, 2


def display(cls):
    for cls_name, level in tree(cls):
        indent = ' ' * 4 * level
        print(f'{indent}{cls_name}')


if __name__ == '__main__':
    display(BaseException)
```

這是執行範例 17-30 的 *step3/tree.py* 的結果：

```
$ python3 tree.py
BaseException
    Exception
        TypeError
        StopAsyncIteration
        StopIteration
        ImportError
        OSError
        EOFError
        RuntimeError
        NameError
        AttributeError
        SyntaxError
        LookupError
        ValueError
        AssertionError
        ArithmeticError
        SystemError
        ReferenceError
        MemoryError
        BufferError
        Warning
```

```
GeneratorExit
SystemExit
KeyboardInterrupt
```

或許你已經知道接下來要做什麼了，但我們還是按步進行，藉著新增另一個嵌套的 for 迴圈來到達第 3 層。其餘的程式不變，所以範例 17-31 只展示 sub_tree generator。

範例 17-31   *tree/step4/tree.py* 裡的 sub_tree *generator*

```python
def sub_tree(cls):
    for sub_cls in cls.__subclasses__():
        yield sub_cls.__name__, 1
        for sub_sub_cls in sub_cls.__subclasses__():
            yield sub_sub_cls.__name__, 2
            for sub_sub_sub_cls in sub_sub_cls.__subclasses__():
                yield sub_sub_sub_cls.__name__, 3
```

範例 17-31 有一個明顯的模式。我們寫一個 for 迴圈來取得第 N 層的子類別。在每次執行迴圈時，我們 yield 第 N 層的一個子類別，然後開始另一個 for 迴圈，來造訪第 N+1 層。

第 642 頁的「重新發明 chain」裡，我們看了如何使用 yield from 來取代趨動 generator 的 for 迴圈。我們可以在這裡應用那個概念，讓 sub_tree 接收一個 level 參數，並遞迴地 yield from 它，將當前的子類別當成新的根類別，和下一層的層數一起傳給 sub_tree。參見範例 17-32。

範例 17-32   *tree/step5/tree.py*：遞迴的 sub_tree 可以跑得和記憶體允許的一樣深

```python
def tree(cls):
    yield cls.__name__, 0
    yield from sub_tree(cls, 1)


def sub_tree(cls, level):
    for sub_cls in cls.__subclasses__():
        yield sub_cls.__name__, level
        yield from sub_tree(sub_cls, level+1)


def display(cls):
    for cls_name, level in tree(cls):
        indent = ' ' * 4 * level
        print(f'{indent}{cls_name}')
```

```
if __name__ == '__main__':
    display(BaseException)
```

範例 17-32 可以遍歷任何深度的樹狀結構，其上限就是 Python 的遞迴限制。預設的限制允許 1,000 個待執行的函式。

任何一堂介紹遞迴的好課程都會強調設定基本情況（base case）的重要性，以避免無窮遞迴。基本情況就是一個條件分支，它會 return 並且不做遞迴呼叫。基本情況通常是用 if 陳述式來寫的。在範例 17-32 裡，sub_tree 沒有 if，但是在 for 迴圈裡有一個隱性的條件：如果 cls.__subclasses__() 回傳空 list，迴圈的主體不會執行，因此不會發生遞迴呼叫。基本情況就是 cls 類別沒有子類別的時候。此時，sub_tree 不 yield 東西，它會直接 return。

範例 17-32 按原計畫工作，但我們可以讓它更簡潔，回顧我們在到達第 3 層時觀察到的模式（範例 17-31）：我們 yield 一個子類別與第 N 層，然後開始執行一個嵌套的 for 迴圈來訪問第 N+1 層。在範例 17-32 裡，我們將嵌套的迴圈換成 yield from。現在我們可以將 tree 與 sub_tree 合併到一個 generator 裡。範例 17-33 是這個範例的最後一步。

範例 17-33　tree/step6/tree.py：遞迴呼叫 tree 並傳遞一個遞增的 level 引數

```python
def tree(cls, level=0):
    yield cls.__name__, level
    for sub_cls in cls.__subclasses__():
        yield from tree(sub_cls, level+1)


def display(cls):
    for cls_name, level in tree(cls):
        indent = ' ' * 4 * level
        print(f'{indent}{cls_name}')


if __name__ == '__main__':
    display(BaseException)
```

在第 641 頁的「使用 yield from 來製作 subgenerator」的開頭，我們看到 yield from 將 subgenerator 直接連接到用戶端程式碼，繞過委託工作的 generator。當 generator 被當成 coroutine 時，它不僅僅產生值，還會耗用用戶端程式碼的值，此時該連接變得非常重要，我們將在第 651 頁的「古典的 coroutine」看到。

在初次接觸 yield from 之後，我們來討論型態提示 iterable 與 iterator。

泛型 Iterable 型態

Python 的標準程式庫有很多接收 iterable 引數的函式。在你的程式裡，這種函式可以像範例 8-15 的 zip_replace 函式那樣注解，使用 collections.abc.Iterable（或者，如果你必須支援 Python 3.8 以前的版本，那就使用 typing.Iterable，如第 278 頁的「支援舊程式，以及被廢棄的 collection 型態」所述）。參見範例 17-34。

範例 *17-34* *replacer.py* 回傳字串 *tuple* 的 *iterator*

```
from collections.abc import Iterable

FromTo = tuple[str, str]  ❶

def zip_replace(text: str, changes: Iterable[FromTo]) -> str:  ❷
    for from_, to in changes:
        text = text.replace(from_, to)
    return text
```

❶ 定義型態別名，非必要，但可讓下一個型態提示更易讀。自 Python 3.10 起，FromTo 應該使用 typing.TypeAlias 的型態提示，以闡明此行的原因：FromTo: TypeAlias = tuple[str, str]。

❷ 注解 changes，以接收一個 FromTo tuple 的 Iterable。

Iterator 型態不像 Iterable 型態那麼常見，但編寫它們同樣簡單。範例 17-35 展示熟悉的 Fibonacci generator，加上注解。

範例 *17-35* *fibo_gen.py*：fibonacci 回傳一個整數的 *generator*

```
from collections.abc import Iterator

def fibonacci() -> Iterator[int]:
    a, b = 0, 1
    while True:
        yield a
        a, b = b, a + b
```

注意，型態 Iterator 用於以函式寫成的 generator（使用 yield），以及「手工」寫成的 iterator 類別（使用 __next__）。Python 也有 collections.abc.Generator 型態（及其對應的、已被廢棄的 typing.Generator），可以用來注解 generator 物件，但是對於被當成 iterator 來使用的 generator 來說，這種寫法過於冗長。

用 Mypy 來檢查範例 17-36 可看到 Iterator 型態其實是 Generator 型態的簡化特例。

範例 *17-36*　*itergentype.py*：注解 *iterator* 的兩種方式

```python
from collections.abc import Iterator
from keyword import kwlist
from typing import TYPE_CHECKING

short_kw = (k for k in kwlist if len(k) < 5)  ❶

if TYPE_CHECKING:
    reveal_type(short_kw)  ❷

long_kw: Iterator[str] = (k for k in kwlist if len(k) >= 4)  ❸

if TYPE_CHECKING:  ❹
    reveal_type(long_kw)
```

❶ 這個 genexp 可以 yield 小於 5 個字元的 Python 關鍵字。

❷ Mypy 推斷：`typing.Generator[builtins.str*, None, None]`。[11]

❸ 這也 yield 字串,但我加入明確的型態提示。

❹ 揭示型態:`typing.Iterator[builtins.str]`。

`typing.Iterator[builtins.str]` *consistent-with* `abc.Generator[str, None, None]`,所以在範例 17-36 裡,用 Mypy 來檢查型態沒有錯誤。

`Iterator[T]` 是 `Generator[T, None, None]` 的簡寫。這兩個注解的意思都是「這個 generator 會 yield `T` 型態的項目,但不耗用值或 return 值。」會耗用和 return 值的 generator 都是 coroutine,這是下一個主題。

11　在 0.910 版時,Mypy 仍然使用被廢棄的定型型態。

古典的 coroutine

PEP 342 —— Coroutines via Enhanced Generators（*https://fpy.li/pep342*）
加入 .send() 與其他功能，讓我們可以將 generator 當成 coroutine 來使用。在 PEP 342 裡，「coroutine」的意思和這裡的一樣。

不幸的是，Python 的官方文件和標準程式庫現在都使用不一致的術語來稱呼被當成 coroutine 來使用的 generator，讓我不得不採用「古典的 coroutine」來與新的「原生的 coroutine」物件對比。

在 Python 3.5 出現之後的趨勢是將「coroutine」當成「原生的 coroutine」的同義詞。但是 PEP 342 沒有被廢棄，而且古典的 coroutine 仍然像原始的設計一樣運作，只不過 asyncio 不再支援它們了。

在 Python 裡的古典 coroutine 不好理解，因為它們其實是以不同方式使用的 generator。所以，讓我們後退一步，考慮 Python 的另一種可以用兩種方式來使用的功能。

我們曾經在第 31 頁的「tuple 不僅僅是不可變的 list」看過，我們可以將 tuple 實例當成紀錄，或不可變的序列來使用。把它當成紀錄時，我們預期 tuple 有特定數量的項目且每個項目可能有不同的型態。把它當成不可變的序列來使用時，tuple 可能有任意長度，而且所有項目都有相同的型態。這就是為什麼用型態提示來注解 tuple 的寫法有兩種：

```
# 包含名稱、國家、人口數的城市紀錄：
city: tuple[str, str, int]

# 包含域名的不可變序列：
domains: tuple[str, ...]
```

generator 也有類似的情況。它們通常被當成 iterator 來使用，但它們也可以當成 coroutine 來使用。*coroutine* 其實是 generator 函式，是在主體內使用 yield 關鍵字來編寫的。*coroutine* 物件在物理上是個 generator 物件。儘管 Python 的 generator 和 coroutine 有相同的底層 C 程式，但它們的用例全然不同，所以它們有兩種型態提示的寫法：

```
# `readings` 變數可綁定 yield `float` 項目的
# iterator 或 generator 物件：
readings:Iterator[float]

# `sim_taxi` 變數可以綁定離散事件模擬程式中
# 代表計程車的 coroutine。
# 它 yield 事件，接收 `float` 時戳，
# 並回傳模擬期間的旅行次數：
```

```
sim_taxi:Generator[Event, float, int]
```

更令人困惑的是，typing 模組的作者決定將那個型態命名為 Generator，但實際上，它描述的是 generator 物件的 API，打算當成 coroutine 來使用，而 generator 經常當成簡單的 iterator 來使用。

typing 文件（*https://fpy.li/17-17*）如此描述 Generator 的形式型態參數：

```
Generator[YieldType, SendType, ReturnType]
```

當 generator 被當成 coroutine 來使用時，才需要使用 SendType。那個型態參數是在呼叫 gen.send(x) 時，x 的型態。如果 generator 的行為被寫成 iterator 而不是 coroutine，那麼對著它呼叫 .send() 是錯誤的。同樣的，用 ReturnType 來注解 coroutine 才有意義，因為 iterator 不像一般的函式那樣回傳值。被當成 iterator 來使用的 generator 唯一合理的用法是直接呼叫 next(it)，或透過 for 迴圈與其他形式的迭代來間接呼叫。YieldType 是呼叫 next(it) 得到的值。

Generator 型態的型態參數與 typing.Coroutine 一樣（*https://fpy.li/typecoro*）。

```
Coroutine[YieldType, SendType, ReturnType]
```

其實 typing.Coroutine 文件（*https://fpy.li/typecoro*）說道：「型態變數的變體與順序，和 Generator 的互相對應。」但 typing.Coroutine（已廢棄）與 collections.abc. Coroutine（自 Python 3.9 起是通用的）的用途是注解原生的 coroutine，而不是古典的 coroutine。如果你想要對著古典的 coroutine 使用型態提示，你就要忍受將它們注解為 Generator[YieldType, SendType, ReturnType] 帶來的混亂。

David Beazley 有一些關於古典 coroutine 的出色演說和研討會，在他的 PyCon 2009 課程講義（*https://fpy.li/17-18*）裡，有一張題為「Keeping It Straight」的投影片，其內容是：

- generator 產生迭代用資料

- coroutine 是資料的耗用者

- 如果你不想讓頭腦炸裂，不要混合兩個概念

- coroutine 與迭代無關

- 注意：在 coroutine 裡有一種使用 `yield` 來產生值的用法，但它與迭代無關。[12]

12　「A Curious Course on Coroutines and Concurrency」的第 33 張投影片「Keeping It Straight」（*https://fpy. li/17-18*）。

接著我們來看看古典的 coroutine 如何運作。

範例：用 coroutine 來計算移動平均

當我們在第 9 章討論 closure 時，我們研究了計算移動平均的物件。範例 9-7 展示了一個類別，範例 9-13 展示一個更高階的函式，它回傳一個函式，該函式在 closure 裡保存多次呼叫之間的 total 與 count 變數。範例 17-37 說明如何用 coroutine 來做同一件事。[13]

範例 17-37   coroaverager.py：用 coroutine 來計算移動平均

```python
from collections.abc import Generator

def averager() -> Generator[float, float, None]:   ❶
    total = 0.0
    count = 0
    average = 0.0
    while True:   ❷
        term = yield average   ❸
        total += term
        count += 1
        average = total/count
```

❶ 這個函式回傳一個 yield float 值的 generator，它透過 .send() 接收 float 值，且不回傳有用的值。[14]

❷ 這個無窮迴圈意味著只要 client 傳送值，coroutine 就會持續 yield 平均值。

❸ 這裡的 yield 陳述式會暫停 coroutine，yield 結果給用戶端，並（稍後）取得呼叫方傳給 coroutine 的值，再開始無窮迴圈的另一次迭代。

在 coroutine 裡，total 與 count 可寫成區域變數：在 coroutine 暫停並等待下一個 .send() 時，不需要使用實例屬性或 closure 來保存 context。這就是為什麼 coroutine 在非同步程式設計裡是有吸引力的回呼（callback）替代方案，它們可以在不同的觸發（activation）之間保存局部狀態（local state）。

---

13 這個範例的靈感來自 Jacob Holm 在 Python-ideas 清單裡的一段程式，該文的標題是「Yield-From: Finalization guarantees」（*https://fpy.li/17-20*）。在那一條討論緒還有一些變體，Holm 在 message 003912 進一步解釋他的想法（*https://fpy.li/17-21*）。

14 事實上，除非有例外中斷迴圈，否則它絕不會 return。Mypy 0.910 接受 None 與 typing.NoReturn 作為 generator 回傳型態參數，但它也接受那個位置使用 str，所以顯然它現在還無法完全分析 coroutine 程式碼。

範例 17-38 執行 doctest 來展示 averager coroutine 的行為。

範例 17-38　coroaverager.py：範例 17-37 的移動平均 coroutine 的 doctest

```
>>> coro_avg = averager()    ❶
>>> next(coro_avg)   ❷
0.0
>>> coro_avg.send(10)    ❸
10.0
>>> coro_avg.send(30)
20.0
>>> coro_avg.send(5)
15.0
```

❶ 建立 coroutine 物件。

❷ 開始 coroutine。這會 yield average 的初始值：0.0。

❸ 開工了：每次呼叫 .send() 都會 yield 當前的平均值。

在範例 17-38 裡，呼叫 next(coro_avg) 會讓 coroutine 執行到 yield，yield average 的初始值。你也可以藉著呼叫 coro_avg.send(None) 來啟動 coroutine，這事實上就是內建的 next() 所做的事情。但你不能傳送 None 之外的任何值，因為 coroutine 只能在一行 yield 處暫停時，接收發送的值。呼叫 next() 或 .send(None) 以前往第一個 yield 位置稱為「prime coroutine」。

在每次觸發之後，coroutine 都會在 yield 關鍵字的地方暫停，等待值被傳送。coro_avg.send(10) 提供那個值，造成 coroutine 觸發。yield 運算式被解析成 10，並且被指派給 term 變數。迴圈其餘的部分更新 total、count 與 average 變數。在 while 迴圈裡的下一次迭代 yield average，coroutine 再次在 yield 關鍵字暫停。

細心的讀者可能很想知道 averager 實例（例如 coro_avg）的執行如何終止，因為它的主體是一個無窮迴圈。通常你不需要終止 generator，因為只要沒有有效的參考指向它，它就會被資源回收。如果你需要明確地終止它，你可以使用 .close() 方法，參見範例 17-39。

範例 17-39　coroaverager.py：延續範例 17-38

```
>>> coro_avg.send(20)    ❶
16.25
>>> coro_avg.close()    ❷
>>> coro_avg.close()    ❸
```

```
>>> coro_avg.send(5)    ❹
Traceback (most recent call last):
   ...
StopIteration
```

❶ coro_avg 是在範例 17-38 裡建立的實例。

❷ .close() 方法在暫停的 yield 處發出 GeneratorExit。如果例外沒有在 coroutine 函式
裡處理，它會終止它。GeneratorExit 會被包住 coroutine 的 generator 物件抓到，這
就是我們沒有看到它的原因。

❸ 對之前已關閉的 coroutine 呼叫 .close() 沒有效果。

❹ 試著對已關閉的 coroutine 執行 .send() 會發出 StopIteration。

除了 .send() 方法之外，PEP 342 —— Coroutines via Enhanced Generators（*https://fpy.li/pep342*）也提出一種讓 coroutine 回傳值的方式。下一節將展示做法。

從 coroutine 回傳值

接下來要學習另一種用 coroutine 來計算平均值的寫法。這一版不會 yield 部分的結果，
而是回傳（return）一個 tuple，裡面有項目的數量與平均值。我將程式分成兩個部分：
範例 17-40 與範例 17-41。

範例 17-40　coroaverager2.py：檔案的上半部

```
from collections.abc import Generator
from typing import Union, NamedTuple

class Result(NamedTuple):    ❶
    count: int  # type: ignore    ❷
    average: float

class Sentinel:    ❸
    def __repr__(self):
        return f'<Sentinel>'

STOP = Sentinel()    ❹

SendType = Union[float, Sentinel]    ❺
```

❶ 範例 17-41 的 averager2 coroutine 將回傳 Result 的實例。

❷ Result 其實是 tuple 的子類別，它有一個我不需要的 .count() 方法。# type: ignore 注釋可防止 Mypy 為 count 欄位發出警告訊息。[15]

❸ 這個類別使用可讀性較高的 __repr__ 來製作哨符值。

❹ 我將用哨符值來讓 coroutine 停止收集資料並回傳結果。

❺ 我將使用這個型態別名作為 coroutine Generator 回傳型態的第二個型態參數，也就是 SendType 參數。

SendType 定義也可以在 Python 3.10 裡使用，但如果你不需要支援早期的版本，最好按照以下方式進行編寫，先從 typing 匯入 TypeAlias：

```
SendType:TypeAlias = float | Sentinel
```

使用 | 來取代 typing.Union 既簡明且易讀，所以我應該不會製作那個型態別名，而是像這樣編寫 averager2 的簽章：

```
def averager2(verbose: bool=False) -> Generator[None, float | Sentinel, Result]:
```

接下來，我們來研究 coroutine 程式碼本身（範例 17-41）。

範例 17-41　coroaverager2.py：回傳結果值的 coroutine

```
def averager2(verbose: bool = False) -> Generator[None, SendType, Result]:  ❶
    total = 0.0
    count = 0
    average = 0.0
    while True:
        term = yield  ❷
        if verbose:
            print('received:', term)
        if isinstance(term, Sentinel):  ❸
            break
        total += term  ❹
        count += 1
        average = total / count
    return Result(count, average)  ❺
```

---

15 我曾經考慮換一個欄位名稱，但 count 是 coroutine 中，區域變數的最佳名稱，在書中的類似範例也採用這個名稱，所以在 Result 欄位使用相同的名稱是有意義的。如果提交給工具會使程式碼變得更糟或沒必要的複雜化，我會毫不猶豫地使用 # type: ignore 來避免靜態型態檢查器的限制和麻煩。

❶ 對這個 coroutine 而言，yield 型態是 None，因為它沒有 yield 資料。它接收 SendType 資料，並在完成時回傳 Result tuple。

❷ yield 只適合在 coroutine 裡這樣使用，coroutine 在設計上可耗用資料。這會 yield None，但從 .send(term) 接收一個 term。

❸ 如果 term 是 Sentinel，從迴圈離開。因為有這個 isinstance 檢查…

❹ …Mypy 允許我將 term 加入 total 中，而不會發出錯誤訊息，抱怨我不能將 float 加入可能是 float 或 Sentinel 的物件。

❺ 程式只會在 Sentinel 被送到 coroutine 時跑到這一行。

接著來看看如何使用這個 coroutine，從一個簡單的例子看起，它其實不會產生結果（範例 17-42）。

範例 17-42　*coroaverager2.py*：用 *doctest* 來展示 .cancel()

```
>>> coro_avg = averager2()
>>> next(coro_avg)
>>> coro_avg.send(10)    ❶
>>> coro_avg.send(30)
>>> coro_avg.send(6.5)
>>> coro_avg.close()    ❷
```

❶ 之前說過，averager2 不會 yield 部分的結果。它 yield None，Python 的主控台會省略它。

❷ 在這個 coroutine 裡呼叫 .close() 會讓它停止，但不會回傳結果，因為在 coroutine 裡的 yield 處會發出 GeneratorExit 例外，所以程式不會到達 return 陳述式。

接下來，我們在範例 17-43 中讓它產生結果。

範例 17-43　*coroaverager2.py*：使用 Result 來展示 StopIteration 的 *doctest*

```
>>> coro_avg = averager2()
>>> next(coro_avg)
>>> coro_avg.send(10)
>>> coro_avg.send(30)
>>> coro_avg.send(6.5)
>>> try:
...     coro_avg.send(STOP)    ❶
... except StopIteration as exc:
...     result = exc.value    ❷
```

```
...
>>> result ❸
Result(count=3, average=15.5)
```

❶ 傳送 STOP 哨符會讓 coroutine 離開迴圈，並回傳 Result。然後包著 coroutine 的 generator 物件會發出 StopIteration。

❷ StopIteration 實例有一個 value 屬性綁定終止 coroutine 的 return 陳述式的值。

❸ 信不信由你！

將回傳值包在 StopIteration 例外裡面，從 coroutine「偷運」出去是一種奇怪的 hack 手段。儘管如此，這個怪異的 hack 是 PEP 342 —— Coroutines via Enhanced Generators（*https://fpy.li/pep342*）的一部分，並且被寫在 StopIteration exception 文件（*https://fpy.li/17-22*）和 *Python Language Reference*（*https://fpy.li/17-24*）第 6 章的「Yield expressions」（*https://fpy.li/17-23*）一節裡。

委託工作的 generator 可以使用 yield from 語法來直接取得 coroutine 的回傳值，如範例 17-44 所示。

範例 *17-44* *coroaverager2.py*：使用 *doctest* 來展示 StopIteration 與 Result

```
>>> def compute():
...     res = yield from averager2(True)  ❶
...     print('computed:', res)  ❷
...     return res  ❸
...
>>> comp = compute()  ❹
>>> for v in [None, 10, 20, 30, STOP]:  ❺
...     try:
...         comp.send(v)  ❻
...     except StopIteration as exc:  ❼
...         result = exc.value
received: 10
received: 20
received: 30
received: <Sentinel>
computed: Result(count=3, average=20.0)
>>> result  ❽
Result(count=3, average=20.0)
```

❶ res 將收集 averager2 的回傳值；yield from 機制會在處理代表 coroutine 終止的 StopIteration 例外時取出回傳值。當 verbose 為 True 時，它會讓 coroutine 印出收到的值，以顯示它的操作。

❷ 當 generator 執行時，注意這一行的輸出。

❸ 回傳結果。這也會被包在 StopIteration 裡。

❹ 建立委託工作的 coroutine 物件。

❺ 這個迴圈將驅動委託工作的 coroutine。

❻ 第一個發送的值是 None，用來啟動 coroutine；最後一個值是哨符，以停止它。

❼ 捕捉 StopIteration 來取出 compute 的回傳值。

❽ 在 averager2 與 compute 輸出結果後，我們得到 Result 實例。

這些例子做的事情不多，但程式很難理解。用 .send() 來驅動 coroutine 並提取結果很複雜，除非使用 yield from，但我們只能在委託工作的 generator / coroutine 裡面使用這個語法，而 generator / coroutine 最終一定要用一些稍具複雜性的程式來驅動，如範例 17-44 所示。

從之前的例子可以看到，直接使用 coroutine 很麻煩也混亂。加入例外處理和 coroutine .throw() 方法之後的範例變得更加複雜。我不會在這本書裡討論 .throw()，因為它只能用來「手動」驅動 coroutine（和 .send() 一樣），但我不建議這樣做，除非你要從零開始製作一個以 coroutine 為基礎的新框架。

 如果你想深入瞭解古典 coroutine（包括 .throw() 方法），可參考 *fluentpython.com* 上的「Classic Coroutines」（*https://fpy.li/oldcoro*）。那篇文章裡面有類似 Python 的虛擬碼，詳細說明 yield from 如何驅動 generator 與 coroutine，裡面也有一個小型的離散事件模擬程式，展示一種在沒有非同步設計框架之下使用 coroutine 的並行（concurrency）形式。

在實務上，有效地使用 coroutine 必須利用專門的框架。這就是 Python 3.3 的 asyncio 為古典的 coroutine 提供的功能。隨著 Python 3.5 原生 coroutine 的出現，Python 核心開發者逐漸取消 asyncio 對古典 coroutine 的支援。但底層的機制非常相似。async def 語法讓原生的 coroutine 在程式碼中更明顯，這有很大的好處。原生的 coroutine 在內部使用 await 取代 yield from 來將工作委託給其他的 coroutine。第 21 章會討論它。

接下來，我們用一個關於 coroutine 的型態提示裡的 covariance 和 contravariance 的燒腦小節來結束這一章。

古典的 coroutine 的泛型型態提示

我曾經在第 559 頁的「contravariant 型態」中說過，typing.Generator 是少數具有 contravariant 型態參數的標準程式庫型態之一。現在我們學過古典 coroutine 了，所以可以開始認識這個泛型型態了。

這是 typing.Generator 在 Python 3.6 的 *typing.py* 模組裡的宣告方式（*https://fpy.li/17-25*）：[16]

```
T_co = TypeVar('T_co', covariant=True)
V_co = TypeVar('V_co', covariant=True)
T_contra = TypeVar('T_contra', contravariant=True)

# 省略多行

class Generator(Iterator[T_co], Generic[T_co, T_contra, V_co],
                extra=_G_base):
```

那個泛型型態宣告意味著 Generator 型態提示需要這三個之前看過的型態參數：

```
my_coro : Generator[YieldType, SendType, ReturnType]
```

從形式參數裡的型態變數可以看到，YieldType 與 ReturnType 是 covariant，但 SendType 是 contravariant。為了瞭解原因，設 YieldType 與 ReturnType 是「輸出」型態。它們都描述 coroutine 物件（也就是當成 coroutine 物件來使用的 generator 物件）送出去的資料。

它們都是 covariant 是合理的，因為期望使用 yield 浮點數的 coroutine 的程式碼都可以使用 yield 整數的 coroutine。這就是 Generator 與它的 YieldType 有 covariant 關係的原因。同樣的推理也適用於 ReturnType 參數，它也是 covariant。

使用第 558 頁的「covariant 型態」介紹的表示法，第一個與第三個參數的 covariance 可以用指向同一個方向的 :> 來表示：

```
                    float :> int
Generator[float, Any, float] :> Generator[int, Any, int]
```

---

16 自 Python 3.7 起，typing.Generator 和對應 collections.abc 內的 ABC 的型態都被重構為包著所對應的 ABC 的包裝，所以在 typing.py 原始檔裡面看不到它們的泛型參數。這就是我在這裡引用 Python 3.6 原始碼的原因。

YieldType 與 ReturnType 都是第 560 頁的「關於 variance 的經驗法則」裡的第一條規則的例子：

1. 如果形式型態參數定義了從物件裡送出去的資料的型態，它可能是 covariant。

另一方面，SendType 是「輸入」參數，它是 coroutine 物件的 .send(value) 方法的 value 引數的型態。需要傳送浮點數給 coroutine 的 client 程式碼不能像 SendType 那樣用 int 來使用 coroutine，因為 float 不是 int 的子型態。換句話說，float 不 *consistent-with* int。但是 client 可以像 SendType 一樣用 complex 來使用 coroutine，因為 float 是 complex 的子型態，所以 float *consistent-with* complex。

:> 表示法可以展現第二個參數的 contravariance：

$$float :> int$$
$$Generator[Any, float, Any] <: Generator[Any, int, Any]$$

這是 variance 經驗法則的第二條規則的案例：

2. 如果形式型態參數定義了在初步建構物件之後傳入該物件的資料的型態，它可能是 contravariant。

本書最長的一章就在這個關於 variance 的愉快討論中結束。

本章摘要

由於迭代被深植於語言中，所以我喜歡說 Python 摸透了 iterator。[17] Python 的語義整合了 Iterator 模式就是一個典型的例子，它讓我們看到設計模式並非一體適用於所有程式語言。在 Python 裡，像範例 17-4 的那個「手工」的古典 Iterator 沒有實際的用途，只能當成一個教學範例。

在這一章，我們製作了幾個版本的類別來迭代可能很長的文本檔案裡的個別單字。我們看了 Python 如何使用 iter() 內建函式，來將類似 sequence 的物件轉換成 iterator。我們用 __next__() 來編寫類別形式的典型 iterator，然後使用 generator 來逐漸重構 Sentence 類別，讓它更簡潔且更易讀。

---

17 根據 Jargon 檔案（*https://fpy.li/17-26*），*grok* 不僅僅是學習某件事，也要吸收它，讓它「變成你的一部分，你身分的一部分」。

然後我們編寫等差級數 generator，並展示如何使用 itertools 模組來讓它更簡單。接著概覽標準程式庫裡最通用的 generator 函式。

然後我們以 chain 和 tree 為例，在簡單的 generator 環境中研究 yield from 運算式。

最後一個重要的部分是關於古典 coroutine，這個主題在 Python 3.5 引入原生 coroutine 之後已經不再那麼重要了。雖然古典的 coroutine 很難實際應用，但它們是原生 coroutine 的基礎，而且 yield from 運算式是 await 的直系前身。

我們也討論了 Iterable、Iterator 與 Generator 型態的型態提示，後者提供了具體且罕見的 contravariant 型態參數範例。

延伸讀物

The Python Language Reference 的「6.2.9. Yield expressions」（*https://fpy.li/17-27*）在技術面詳細地解釋了 generator。定義 generator 函式的 PEP 是 PEP 255 —— Simple Generators（*https://fpy.li/pep255*）。

itertools 模組文件（*https://fpy.li/17-28*）很棒，因為裡面有許多範例。雖然該模組的函式都是用 C 寫成的，但這個文件展示了如何用 Python 來編寫它們，通常利用該模組的其他函式。它的使用範例也很棒，例如，裡面有一段程式展示如何使用 accumulate 函式來連本帶利地償還貸款。它也有一個「Itertools Recipes」（*https://fpy.li/17-29*）小節，裡面有使用 itertools 函式作為設計元素的其他高性能函式。

除了 Python 的標準程式庫之外，我推薦 More Itertools（*https://fpy.li/17-30*）程式包，它繼承了 itertools 的優良傳統，提供了強大的 generator，以及大量的範例和一些有用的配方。

David Beazley 與 Brian K. Jones 合著的 *Python Cookbook* 第 3 版（O'Reilly）的第 4 章「Iterators and Generators」有 16 個配方，從多個不同角度介紹了實際的應用。它有一些使用 yield from 的啟發性配方。

Sebastian Rittau 是 *typeshed* 的頂級貢獻者，他解釋了為什麼 iterator 應該是 iterable，見他在 2006 年寫的「Java: Iterators are not Iterable」（*https://fpy.li/17-31*）。

PEP 380 —— Syntax for Delegating to a Subgenerator 的「What's New in Python 3.3」一節解釋了 yield from 語法（*https://fpy.li/17-32*）。我在 *fluentpython.com* 發表的文章「Classic Coroutines」（*https://fpy.li/oldcoro*）深入解釋 yield from，裡面有它的 C 實作的 Python 虛擬碼。

David Beazley 是 Python generator 與 coroutine 的終極作者。他與 Brian Jones 合著的 *Python Cookbook, 3rd ed.,*（O'Reilly）有許多使用 coroutine 的配方。Beazley 在 PyCon 對於這個主題的講座因其深度和廣度而聞名。他的第一場講座是 PyCon US 2008：「Generator Tricks for Systems Programmers」（*https://fpy.li/17-33*）。PyCon US 2009 有傳奇的「A Curious Course on Coroutines and Concurrency」（難以找到全部三個部分的連結：第 1 部分（*https://fpy.li/17-35*），第 2 部分（*https://fpy.li/17-36*），第 3 部分（*https://fpy.li/17-37*））。他在 Montréal 的 PyCon 2014 上的講座是「Generators: The Final Frontier」（*https://fpy.li/17-38*），他在裡面探討較多並行範例，所以比較偏向第 21 章的主題。Dave 總是讓人在他的講座中絞盡腦汁，所以在「The Final Frontier」的最後部分，他在一個算術運算式計算器中，用 coroutine 來取代古典的 Visitor 模式。

coroutine 可讓你用新寫法來組織程式碼，就像使用遞迴或多型（動態調派）那樣，你需要花一點時間來適應它們的可能性。James Powell 的文章「Greedy algorithm with coroutines」（*https://fpy.li/17-39*）有一個有趣的範例，裡面用 coroutine 來改寫經典的演算法。

Brett Slatkin 的 *Effective Python* 第 1 版（*https://fpy.li/17-40*）（Addison-Wesley）有一篇很棒的短章，標題是「Consider Coroutines to Run Many Functions Concurrently」。該章沒有被放入 *Effective Python* 的第 2 版，但仍然可以在網路上找到（*https://fpy.li/17-41*）。Slatkin 用令我大開眼界的手法展示使用 yield from 來驅動 coroutine 的最佳範例：他在 John Conway 的 Game of Life 程式中，用 coroutine 來管理遊戲執行時每一格的狀態。我重構了 Game of Life 範例，將遊戲的函式與類別及 Slatkin 的原始程式所使用的測試片段分開。我也將測試重寫為 doctest，讓你不需要執行腳本就可以看到各個 coroutine 與類別的輸出。重構的範例（*https://fpy.li/17-43*）被放在 GitHub gist 上（*https://fpy.li/17-44*）。

肥皂箱

Python 的極簡 iterator 介面

四人幫在 Interator 模式的「Implementation」[18] 一節中寫道：

> Iterator 最簡單的介面包含 First、Next、IsDone 與 CurrentItem 操作。

但是，那一句話有一個注腳：

> 我們可以讓這個介面更簡單，將 Next、IsDone 與 CurrentItem 合併成
> 一個操作來遍歷至下一個物件並回傳它。如果遍歷結束，這項操作會
> 回傳一個特殊值（例如，0），來代表迭代的結束。

這與 Python 提供的機制很接近：用 __next__ 方法來完成工作。但 Python 用
StopIteration 例外來提示迭代的結束，而不是使用容易被錯誤地忽略的哨符。既簡單且
正確，這就是 Python 的風格。

可插入的 generator

管理大型資料組的人都看過很多 generator 的用例。以下是我第一次圍繞著 generator
建立一個實用解決方案的故事。

幾年前，我在 BIREME 工作，那是由 PAHO/WHO（泛美衛生組織 / 世界衛生組織）在
巴西聖保羅運營的數位圖書館。BIREME 建立的書目資料組包括 LILACS（拉丁美洲和加
勒比衛生科學索引）和 SciELO（線上科學電子圖書館），它們是全方位的資料庫，可檢
索該地區產出的衛生科學研究文獻。

自 1980 年代以來，用來管理 LILACS 的資料庫系統是 CDS/ISIS，這是一個由 UNESCO
建立的非關聯性文件資料庫。我的工作之一是研究可將 LILACS（最終是更大規模的
SciELO）遷移到現代的、開源的文件資料庫（例如 CouchDB 或 MongoDB）的替代
方案。當時，我寫了一篇論文解釋半結構化資料模型，以及用類 JSON 的紀錄來表示
CDS/ISIS 資料的不同方法：「From ISIS to CouchDB: Databases and Data Models for
Bibliographic Records」（*https://fpy.li/17-45*）。

---

18 Gamma 等人，*Design Patterns: Elements of Reusable Object-Oriented Software*，第 261 頁。

在研究中，我寫了一個 Python 腳本來讀取 CDS/ISIS 檔案，並寫了一個適合匯入 CouchDB 或 MongoDB 的 JSON 檔案。最初，腳本讀取 CDS/ISIS 匯出的 ISO-2709 格式的檔案。我必須漸進地進行讀取與寫入，因為完整資料組比主記憶體大非常多。這非常簡單，我讓 for 主迴圈的每一次迭代從 .iso 檔讀取一筆記錄，處理它，再將它寫入 .json 輸出。

然而，考慮到運營需求，人們認為有必要讓 *isis2json.py* 支援另一種 CDS/ISIS 資料格式：BIREME 在生產環境中使用的二進制 .mst 檔，以避免匯出高昂的 ISO-2709。現在我有一個問題：用來讀取 ISO-2709 與 .mst 檔案的程式庫有全然不同的 API。而且編寫 JSON 的流程本來就很複雜，因為腳本需要接收各種命令列選項來重組每一筆輸出紀錄。在產生 JSON 的同一個 for 迴圈裡使用不同的 API 來讀取資料很不方便。

我的解決辦法是將讀取邏輯放到兩個 generator 函式，讓它們分別支援不同的輸入格式。最後，我將 *isis2json.py* 腳本分成四個函式。你可以在 GitHub 的 *fluentpython/ isis2json* 版本庫（*https://fpy.li/17-46*）看到 Python 2 原始碼和依賴項目。[19]

以下是腳本的高階結構概述：

main

　　main 函式使用 argparse 來讀取命令列選項，那些選項用來設定輸出紀錄的結構。我根據輸入檔案的副檔名來選擇合適的 generator 函式來讀取資料與 yield 紀錄，一個接著一個。

iter_iso_records

　　這個 generator 函式讀取 .iso 檔（假設是 ISO-2709 格式）。它接收兩個引數：檔名與 isis_json_type，isis_json_type 是與紀錄結構相關的選項之一。它的 for 迴圈的每次迭代都讀取一筆紀錄，建立一個空 dict，對它填入欄位資料，並 yield dict。

---

19 程式碼用 Python 2 來寫是因為它的一個選用依賴項目是一個名為 *Bruma* 的 Java 程式庫，我們可以在使用 Jython 來執行腳本時匯入它，但 Python 3 還不支援 Jython。

iter_mst_records

另一個讀取 *.mst* 檔的 generator 函式。[20] 在 *isis2json.py* 的原始碼裡，你可以看到它不像 iter_iso_records 那麼簡單，但它的介面與整體結構是相同的：它接收一個檔名與一個 *isis_json_type* 引數並進入一個 for 迴圈，for 迴圈的每次迭代都建立與 yield 一個 dict，代表一筆紀錄。

write_json

這個函式會實際寫入 JSON 紀錄，每次一個。它接收多個引數，但第一個（input_gen）是指向 generator 函式的參考，可能是 iter_iso_records 或 iter_mst_records。write_json 的主要 for 迴圈迭代 input_gen generator yield 的字典，根據命令列選項以各種方式重構它，並將 JSON 紀錄附加到輸出檔。

我利用 generator 函式來將讀取和寫入解耦。當然，將它們解耦最簡單的手段是將所有記錄讀入記憶體，再將它們寫回磁碟。但是由於資料組的規模龐大，這個方案並不可行。使用 generator 時，讀取和寫入是交錯的，所以腳本可以處理任何大小的檔案。此外，從不同輸入格式中讀取紀錄的特殊邏輯與重構每一筆紀錄來寫入的邏輯是分開的。

如果我們要讓 *isis2json.py* 支援其他的輸入格式（例如 MARCXML，它是 U.S. Library of Congress 用來表示 ISO-2709 資料的 DTD），我可以輕鬆地加入第三個 generator 函式來實作讀取邏輯，而不需要改變複雜的 write_json 函式裡的任何東西。

我的做法不是高深的火箭科學，這個實際的案例說明 generator 可提供高效且靈活的解決方案來將資料庫處理成紀錄串流，無論資料多大都只需要使用少量的記憶體。

---

20 用來讀取複雜的 *.mst* 二進制檔的程式庫其實是用 Java 寫成的，所以這個功能只能在使用 Jython 2.5 以上的版本來執行 *isis2json.py* 時使用。細節請參考版本庫的 *README.rst*（*https://fpy.li/17-47*）檔。依賴項目是在需要它們的 generator 函式裡面匯入的，所以即使只有其中一個外部程式庫可用，腳本也可以執行。

with、match 與 else 區塊

context manager 可能變得和副程序（subroutine）本身一樣重要。我們只是初步接觸它們。[...] Basic 有 with 陳述式，許多語言也有 with 陳述式。但它們的功能不相同，它們都只是做一些很簡單的事情，例如幫助你避免使用句點屬性查找，且不涉及設置和拆卸操作。名稱相同並不代表它們是相同的東西。with 是非常重要的陳述式。[1]

—— *Raymond Hettinger*，孜孜不倦的 *Python* 傳道士

本章討論一些在其他語言裡不常見，因此在 Python 中往往被忽視或少用的控制流功能。這些功能是：

- with 陳述式與 context manager 協定
- 使用 match/case 來做模式比對
- 在 for、while 與 try 陳述式裡的 else 子句

with 陳述式可設置一個臨時的 context（環境、背景、脈絡），並可在 context manager 物件的控制下，安全地將它卸除。這可以防止錯誤，並減少樣板碼，同時讓 API 更安全且更容易使用。除了自動關閉檔案之外，Python 程式設計師還發現很多 with 區塊的用法。

1　PyCon US 2013 的主題演講：「What Makes Python Awesome」（*https://fpy.li/18-1*），關於 with 的部分在 23:00 到 26:15。

我們已經在前幾章看了模式比對，但在這一章，我們要來看如何將語言的語法表示成 sequence 模式。你將瞭解，為何 match/case 可以有效地建立易於理解和擴充的語言處理程式。我們將研究一個完整的直譯器，用來處理一個小型但功能豐富的 Scheme 語言子集合。同樣的想法可以用來開發模板（template）語言或 DSL（Domain-Specific Language），將商業規則整合到大型系統裡。

else 子句沒有那麼重要，但當它與 for、while 和 try 正確搭配時，可協助傳達意圖。

本章有哪些新內容

第 679 頁的「案例研究：在 lis.py 裡的模式比對」是新的一節。

我修改了第 673 頁的「contextlib 工具程式」來討論 Python 3.6 起加入的 contextlib 模組的一些功能，以及 Python 3.10 加入的帶括號 context manager 語法。

我們從強大的 with 陳述式談起。

context manager 與 with 區塊

context manager 物件的存在是為了控制 with 陳述式，如同 iterator 的存在是為了控制 for 陳述式。

with 陳述式的設計是為了簡化 try/finally 的常見用法，它可以確保在執行一個區塊之後執行一些操作，即使該程式區塊因為 return、例外或 sys.exit() 呼叫而終止。在 finally 子句裡的程式碼通常會釋出關鍵的資源，或者恢復暫時改變的狀態。

Python 社群正在為 context manager 尋找新的、具創造性的用途。在標準程式庫裡的例子有：

- 在 sqlite3 模組裡管理交易 —— 見「Using the connection as a context manager」（*https://fpy.li/18-2*）。
- 安全地處理鎖、條件與 semaphore（旗號）—— 見 threading 模組的文件（*https://fpy.li/18-3*）。
- 為使用 Decimal 物件的算術操作設定自訂的環境，見 decimal.localcontext 文件（*https://fpy.li/18-4*）。
- 幫物件打補丁以進行測試 —— 見 unittest.mock.patch 函式（*https://fpy.li/18-5*）。

context manager 介面有 __enter__ 與 __exit__ 方法。在 with 的開頭,Python 會呼叫 context manager 物件的 __enter__ 方法。當 __exit__ 區塊完成執行,或因為任何原因終止時,Python 對著 context manager 物件呼叫 __exit__。

最常見的例子是確保檔案物件被關閉。範例 18-1 詳細展示使用 with 來關閉檔案的做法。

範例 *18-1*   將當成物件當成 *context manager*

```
>>> with open('mirror.py') as fp:    ❶
...     src = fp.read(60)    ❷
...
>>> len(src)
60
>>> fp    ❸
<_io.TextIOWrapper name='mirror.py' mode='r' encoding='UTF-8'>
>>> fp.closed, fp.encoding    ❹
(True, 'UTF-8')
>>> fp.read(60)    ❺
Traceback (most recent call last):
  File "<stdin>", line 1, in <module>
ValueError: I/O operation on closed file.
```

❶ 將 fp 綁定打開的文字檔,因為檔案的 __enter__ 方法回傳 self。

❷ 從 fp 讀取 60 個 Unicode 字元。

❸ fp 變數仍然可用,with 區塊沒有定義新作用域,像函式那樣。

❹ 我們可以讀取 fp 物件的屬性。

❺ 但是我們不能從 fp 讀取更多文字,因為在 with 區塊的結尾,Python 呼叫了 TextIOWrapper.__exit__,這會將檔案關閉。

範例 18-1 的第一點指出一個微妙但關鍵的重點:context manager 物件是計算 (evaluate) with 後面的運算式得到的結果,但被綁定目標變數(在 as 子句裡)的值是 context manager 物件的 __enter__ 方法回傳的結果。

碰巧的是,open() 函式回傳 TextIOWrapper 的實例,而它的 __enter__ 方法回傳 self。但是在不同的類別裡,__enter__ 方法也可能回傳其他的物件,而不是 context manager 實例。

當控制流程以任何方式退出 with 區塊時，__exit__ 方法是對著 context manager 物件呼叫的，而不是對著 __enter__ 回傳的東西。

with 陳述式的 as 子句是選用的。在 open 的情況下，我們一定要取得檔案的參考，這樣才能對著它呼叫方法。但有一些 context manager 回傳 None，因為它們沒有有用的物件可以回傳給使用者。

範例 18-2 展示一個毫無意義的 context manager 的操作，該 context manager 的設計是為了強調它與它的 __enter__ 方法回傳的物件之間的區別。

範例 *18-2* 測試 LookingGlass *context manager* 類別

```
>>> from mirror import LookingGlass
>>> with LookingGlass() as what:    ❶
...     print('Alice, Kitty and Snowdrop')    ❷
...     print(what)
...
pordwonS dna yttiK ,ecilA
YKCOWREBBAJ
>>> what    ❸
'JABBERWOCKY'
>>> print('Back to normal.')    ❹
Back to normal.
```

❶ context manager 是 LookingGlass 的實例；Python 對著 context manager 呼叫 __enter__，並將結果綁定 what。

❷ 印出 str，然後印出目標變數 what 的值。每一個 print 都會反過來輸出。

❸ with 區塊結束。我們可以看到 what 保存的 __enter__ 的回傳值是字串 'JABBERWOCKY'。

❹ 程式的輸出沒有被反過來了。

範例 18-3 是 LookingGlass 的實作。

範例 *18-3* *mirror.py*：*LookingGlass context manager* 類別的程式碼

```
import sys

class LookingGlass:

    def __enter__(self):    ❶
        self.original_write = sys.stdout.write    ❷
        sys.stdout.write = self.reverse_write    ❸
```

```
        return 'JABBERWOCKY'  ❹

    def reverse_write(self, text):  ❺
        self.original_write(text[::-1])

    def __exit__(self, exc_type, exc_value, traceback):  ❻
        sys.stdout.write = self.original_write  ❼
        if exc_type is ZeroDivisionError:  ❽
            print('Please DO NOT divide by zero!')
            return True  ❾
    ❿
```

❶ Python 僅用 self 引數來呼叫 __enter__。

❷ 保存原始的 sys.stdout.write 方法，以便稍後可以復原。

❸ monkey-patch sys.stdout.write，將它換成我們自己的方法。

❹ 回傳 'JABBERWOCKY' 字串，這樣就有東西可以放入目標變數 what 裡了。

❺ sys.stdout.write 的替代品將 text 引數反過來，並呼叫原始的程式。

❻ 如果一切順利，Python 用 None, None, None 來呼叫 __exit__。如果引發例外，這三個引數將獲得例外資料，見這個範例之後的說明。

❼ 將原始的方法復原成 sys.stdout.write。

❽ 如果例外不是 None，而且它的型態是 ZeroDivisionError，印出訊息⋯

❾ ⋯並回傳 True 來告訴直譯器例外已經被處理了。

❿ 如果 __exit__ 回傳 None 或可視為 *false* 的值，那麼在 with 區塊內發出的例外都會被傳播出去。

> 當實際的應用程式接管標準輸出時，它們通常會暫時將 sys.stdout 替換成另一個類似檔案的物件，然後切換回原始物件。contextlib.redirect_stdout（*https://fpy.li/18-6*）可以做這件事，你只需要將一個替換 sys.stdout 的類檔案物件傳給它即可。

當直譯器呼叫 __enter__ 方法時，除了隱性的 self 之外，不會傳遞任何引數。被傳給 __exit__ 的三個引數是：

exc_type

例外類別（例如 ZeroDivisionError）。

exc_value

例外實例。有時可在 exc_value.args 裡找到被傳給例外建構式的參數（例如錯誤訊息）。

traceback

traceback 物件。[2]

範例 18-4 詳細展示了 context manager 如何運作，它在 with 區塊外面使用 LookingGlass，讓我們可以手動呼叫它的 __enter__ 與 __exit__ 方法。

範例 18-4　在不使用 block 區塊的情況下試驗 LookingGlass

```
>>> from mirror import LookingGlass
>>> manager = LookingGlass()  ❶
>>> manager  # doctest: +ELLIPSIS
<mirror.LookingGlass object at 0x...>
>>> monster = manager.__enter__()  ❷
>>> monster == 'JABBERWOCKY'  ❸
eurT
>>> monster
'YKCOWREBBAJ'
>>> manager  # doctest: +ELLIPSIS
>... ta tcejbo ssalGgnikooL.rorrim<
>>> manager.__exit__(None, None, None)  ❹
>>> monster
'JABBERWOCKY'
```

❶ 實例化與檢查 manager 實例。

❷ 呼叫 manager 的 __enter__ 方法，並將結果存入 monster。

❸ monster 是字串 'JABBERWOCKY'。True 被反過來拚寫，因為透過 stdout 輸出的內容都會經過我們在 __enter__ 裡 patch（打補丁）的 write 方法。

❹ 呼叫 manager.__exit__ 來復原之前的 stdout.write。

2　如果你在 try/finally 陳述式的 finally 區塊內呼叫 sys.exc_info()（*https://fpy.li/18-7*），你就會得到 self 接收的三個引數。這是合理的，考慮到 with 陳述式旨在取代大多數的 try/finally 用例，而且通常需要呼叫 sys.exc_info() 來確定所需的清理動作。

在 Python 3.10 裡的帶括號 context manager

Python 3.10 採用全新的、更強大的解析器（*https://fpy.li/pep617*），支援舊的 LL(1) 解析器（*https://fpy.li/18-8*）不支援的新語法。其中一個語法改進是支援帶括號的 context manager，例如：

```
with (
CtxManager1() as example1,
CtxManager2() as example2,
CtxManager3() as example3,
):
...
```

在 3.10 之前，我們要把它寫在嵌套的 with 區塊裡。

標準程式庫的 contextlib 程式包有很方便的函式、類別與 decorator，可讓你用來建構、組合和使用 context manager。

contextlib 工具程式

如果你要設計自己的 context manager 類別，你應該先看一下 contextlib，Python 文件寫道，它是處理 with 陳述式環境（context）的工具（*https://fpy.li/18-9*）。也許你想要設計的東西已經在裡面了，或裡面有可以幫助你的類別或 callable。

除了範例 18-3 後面提到的 redirect_stdout context manager 之外，Python 3.5 也加入 redirect_stderr，它的功能與前者相同，但輸出指向 stderr。

contextlib 程式包也有：

closing

　　將一個具有 close() 方法但未實作 __enter__/__exit__ 介面的物件轉換成 context manager。

suppress

　　它是 context manager，可暫時忽略以引數來指定的例外。

nullcontext

　　不執行任何操作的 context manager，當物件可能未實作合適的 context manager 時，可用來簡化圍繞著它們的條件邏輯。當 with 區塊之前的條件式可能為 with 陳述式提

供 context manager 或不提供 context manager 時，可以當成替代物。這是 Python 3.7 新增的功能。

contextlib 模組提供的類別和 decorator 比上述的 decorator 更通用：

@contextmanager

這個函式可讓你用簡單的 generator 函式來建立 decorator，而不是建立一個類別並實作介面。參見第 674 頁的「使用 @contextmanager」。

AbstractContextManager

定義 context manager 的 ABC，並讓你更容易藉由子類別化來建立 context manager。於 Python 3.6 新增。

ContextDecorator

用來定義類別型 context manager 的基礎類別，它也可以當成函式 decorator 來使用，在受管理的的環境（managed context）中執行整個函式。

ExitStack

這個 context manager 可讓你進入可變數量的 context manager。當 with 區塊結束時，ExitStack 會按照 LIFO（後進先出）順序來呼叫堆疊裡的 context manager 的 __exit__ 方法。如果你事先不知道需要在 with 區塊裡進入多少個 context manager，你可以使用這個類別，例如，當你同時開啟一個檔案清單裡的所有檔案時。

在 Python 3.7，contextlib 加 入 AbstractAsyncContextManager、@asynccontextmanager 與 AsyncExitStack。它們類似名稱裡沒有 async，但設計上是為了與新的 async with 陳述式一起使用的工具，參見第 21 章。

在這些工具裡，最常用的是 @contextmanager decorator，所以它值得更多關注，該 decorator 也很有趣，因為它展示了 yield 的一種與 iterator 無關的用法。

使用 @contextmanager

@contextmanager decorator 是一種典雅且實用的工具，它具備三種不同的 Python 功能：函式 decorator、generator 與 with 陳述式。

@contextmanager 可以減少建構 context manager 時使用的樣板碼，你不需要編寫一整個包含 __enter__/__exit__ 方法的類別，只要實作一個包含一個 yield 的 generator 來產生你想讓 __enter__ 方法回傳的東西即可。

在使用 @contextmanager 來修飾的 generator 中，yield 將函式的主體拆成兩個部分：在 yield 之前的東西都會在直譯器呼叫 __enter__ 時，於 with 區塊的開頭執行；在 yield 之後的程式碼會在區塊結尾的 __exit__ 被呼叫時執行。

範例 18-5 將範例 18-3 的 LookingGlass 類別換成 generator 函式。

範例 18-5 *mirror_gen.py*：用 *generator* 來實作的 *context manager*

```python
import contextlib
import sys


@contextlib.contextmanager    ❶
def looking_glass():
    original_write = sys.stdout.write    ❷

    def reverse_write(text):    ❸
        original_write(text[::-1])

    sys.stdout.write = reverse_write    ❹
    yield 'JABBERWOCKY'    ❺
    sys.stdout.write = original_write    ❻
```

❶ 套用 contextmanager decorator。

❷ 保留原始的 sys.stdout.write 方法。

❸ 稍後 reverse_write 可以呼叫 original_write，因為它可在其 closure 內使用。

❹ 將 sys.stdout.write 換成 reverse_write。

❺ yield 值，在 with 陳述式的 as 子句中，該值會被指派給目標變數。當 with 的主體執行時，generator 會在這裡暫停。

❻ 當控制退出 with 區塊時，程式繼續在 yield 之後執行，在此會復原原始的 sys.stdout.write。

範例 18-6 是 looking_glass 函式的動作。

範例 18-6　測試 looking_glass *context manager* 函式

```
>>> from mirror_gen import looking_glass
>>> with looking_glass() as what:   ❶
...         print('Alice, Kitty and Snowdrop')
...         print(what)
...
pordwonS dna yttiK ,ecilA
YKCOWREBBAJ
>>> what
'JABBERWOCKY'
>>> print('back to normal')
back to normal
```

❶ 本例與範例 18-2 之間的差異只有 context manager 的名稱，這裡是 looking_glass()
而不是 LookingGlass。

contextlib.contextmanager decorator 將函式包在一個實作了 __enter__ 與 __exit__ 方法的
類別裡。[3]

該類別的 __enter__ 方法會：

1.　呼叫 generator 來取得 generator 物件，我們稱之為 gen。

2.　呼叫 next(gen) 來讓它執行到 yield 關鍵字。

3.　回傳 next(gen) yield 的值，來讓使用者以 with/as 形式來將它指派給一個變數。

當 block 區塊結束時，__exit__ 方法會：

1.　檢查程式有沒有用 exc_type 來傳出例外，如果有，呼叫 gen.throw(excep tion)，讓
例外在 generator 函式主體內的 yield 行發出。

2.　否則呼叫 next(gen)，在 yield 之後恢復執行 generator 函式主體。

範例 18-5 有一個缺陷：如果在 with 區塊的主體內有例外被發出，Python 直譯器會捕捉
它，並在 looking_glass 裡的 yield 運算式裡再次發出它。但是那裡沒有做錯誤處理，所
以 looking_glass generator 在未復原原始的 sys.stdout.write 方法的情況下終止，導致系
統處於無效狀態。

3　實際的類別名為 _GeneratorContextManager。如果你想要看它的運作細節，可閱讀它的原始碼，在
　　Python 3.10 裡，位於 *Lib/contextlib.py*（*https://fpy.li/18-10*）。

範例 18-7 加入處理 ZeroDivisionError 例外的特殊程式,讓它的行為與使用類別的範例 18-3 一樣。

範例 *18-7　mirror_gen_exc.py*:使用 *generator* 並實作例外處理機制的 *context manager*,它的外部行為與範例 *18-3* 一樣

```python
import contextlib
import sys

@contextlib.contextmanager
def looking_glass():
    original_write = sys.stdout.write

    def reverse_write(text):
        original_write(text[::-1])

    sys.stdout.write = reverse_write
    msg = ''                                      ❶
    try:
        yield 'JABBERWOCKY'
    except ZeroDivisionError:                     ❷
        msg = 'Please DO NOT divide by zero!'
    finally:
        sys.stdout.write = original_write         ❸
        if msg:
            print(msg)                            ❹
```

❶ 為可能的錯誤訊息建立一個變數,這是與範例 18-5 相關的第一個更改。

❷ 設定錯誤訊息來處理 ZeroDivisionError。

❸ 撤銷針對 sys.stdout.write 的 monkey-patching。

❹ 顯示錯誤訊息,如果它有被設定的話。

之前看過,__exit__ 方法藉著回傳可視為 true 的值來告訴直譯器它已經處理例外了,在那個情況下,直譯器會蓋住例外。另一方面,如果 __exit__ 沒有明確地回傳一個值,直譯器會得到一般的 None,並把例外傳出去。使用 @contextmanager 時,預設行為相反:decorator 提供的 __exit__ 方法假定任何傳入 generator 的例外都已處理,而且應該被抑制。

在 yield 外面包上 try/finally（或 with 區塊）是使用 @contextmanager 時的必要代價，因為你無法知道 context manager 的使用者會在 with 區塊裡面做什麼。[4]

@contextmanager 有一個鮮為人知的特點是，用它來修飾的 generator 本身也可以當成 decorator 來使用，[5] 這是因為 @contextmanager 是用 contextlib.ContextDecorator 類別來實作的。

範例 18-8 將範例 18-5 的 looking_glass decorator 當成 decorator 來使用。

範例 *18-8*　looking_glass *context manager 也可以當成 decorator 來使用*

```
>>> @looking_glass()
... def verse():
...     print('The time has come')
...
>>> verse()   ❶
emoc sah emit ehT
>>> print('back to normal')   ❷
back to normal
```

❶ looking_glass 在 verse 的主體執行之前和之後執行它的工作。

❷ 確認原始的 sys.write 被復原了。

相較於範例 18-8，範例 18-6 將 looking_glass 當成 context manager 來使用。

在標準程式庫之外，@contextmanager 有一個有趣的實際案例出現在 Martijn Pieters 寫的就地改寫檔案的程式裡（*https://fpy.li/18-11*），該程式使用 context manager。範例 18-9 是他的用法。

範例 *18-9*　用 *context manager* 就地改寫檔案

```
import csv

with inplace(csvfilename, 'r', newline='') as (infh, outfh):
    reader = csv.reader(infh)
```

4　這個小提示摘自 Leonardo Rochael 的注釋，他也是本書的技術校閱。說得好，Leo！

5　至少我和其他的技術校閱在 Caleb Hattingh 告訴我們之後才知道這件事。謝啦，Caleb！

```
    writer = csv.writer(outfh)

    for row in reader:
        row += ['new', 'columns']
        writer.writerow(row)
```

inplace 函式是 context manager，它為同一個檔案提供兩個句柄（handle）—— infh 與 outfh，讓你的程式可以同時對它進行讀取與寫入。它比標準程式庫的 fileinput.input 函式（*https://fpy.li/18-12*）更方便（它也提供一個 context manager）。

如果你想要學習 Martijn 的 inplace 原始碼（在文章裡（*https://fpy.li/18-11*），可搜尋 yield 關鍵字：在它之前的所有程式都是為了設定環境，包括建立一個備份檔，然後開啟和 yield 指向可讀與可寫檔案的句柄的參考，__enter__ 呼叫會回傳那些句柄。在 yield 後面的 __exit__ 程序會關閉檔案句柄，如果出錯，也會用備份來還原檔案。

以上就是關於 with 陳述式和 context manager 的討論。接下來要以完整範例來討論 match/case。

案例研究：在 lis.py 裡的模式比對

我們在第 44 頁的「在直譯器裡的模式比對 sequence」裡，看了從 Peter Norvig 的 *lis.py* 直譯器的 evaluate 函式中提取的 sequence 模式範例，該直譯器已被移植到 Python 3.10。在這一節，我想更廣泛地討論 *lis.py* 如何運作，並探討 evaluate 的所有 case 子句，我不但會解釋模式，也會說明直譯器在每一個 case 裡做什麼。

除了展示更多模式比對案例之外，我撰寫這一節有三個原因：

1. Norvig 的 *lis.py* 是優雅且道地的 Python 程式案例。

2. Scheme 的簡潔性是語言設計的楷模。

3. 學習直譯器的工作原理讓我更深入地瞭解 Python 和一般的程式語言，無論是直譯的語言，還是編譯的語言。

在看 Python 程式碼之前，我們先稍微認識一下 Scheme，讓你可以瞭解這個案例研究 —— 如果你還沒有看過 Scheme 或 Lisp 的話。

Scheme 的語法

在 Scheme 中，運算式（expression）和陳述式（statement）沒有區別，就像在 Python 裡那樣。此外，它沒有中綴運算子。所有運算式都使用 + x 13 這種前綴運算子，而不是 x + 13。函式呼叫也使用前綴寫法（例如 (gcd x 13)）與特殊形式（例如 (define x 13)）），在 Python 裡，(define x 13) 寫成賦值式 x = 13。Scheme 與大多數 Lisp 方言使用的寫法稱為 *S-expression*。[6]

範例 18-10 是一個簡單的 Scheme 範例。

範例 18-10　用 *Scheme* 來計算最大公因數

```
(define (mod m n)
    (- m (* n (quotient m n))))

(define (gcd m n)
    (if (= n 0)
        m
        (gcd n (mod m n))))

(display (gcd 18 45))
```

在範例 18-10 裡面有三個 Scheme 運算式，包括兩個函式，mod 與 gcd，以及一次呼叫 display，它會輸出 9，也就是 (gcd 18 45) 的結果。範例 18-11 是用 Python 寫的同一段程式（比遞迴的 *Euclidean algorithm*（*https://fpy.li/18-14*）的英文寫法還要短）。

範例 18-11　與範例 18-10 一樣的 *Python* 程式

```python
def mod(m, n):
    return m - (m // n * n)

def gcd(m, n):
    if n == 0:
        return m
    else:
        return gcd(n, mod(m, n))

print(gcd(18, 45))
```

6　很多人抱怨 Lisp 用太多括號了，但合理的縮排和良好的編輯器通常可以解決這個問題。它們在易讀性方面的主要問題是使用同一種 (f …) 寫法來表示函式呼叫與 (define …)、(if …) 與 (quote …) 等行為與函式呼叫完全不同的特殊形式。

在道地的 Python 裡，我會使用 %，而不是重新發明 mod，而且使用 while 迴圈比使用遞迴更有效率。但我想要展示兩個函式定義，並讓範例盡可能地簡單，以協助你閱讀 Scheme 碼。

Scheme 沒有 while 或 for…等迭代控制流程命令。它的迭代是用遞迴來完成的。注意，在 Scheme 與 Python 範例裡沒有賦值。大量使用遞迴，鮮少使用賦值是泛函設計的特點。[7]

我們接著來回顧 Python 3.10 版的 *lis.py* 的程式碼。你可以在 GitHub 版本庫 *fluentpython/example-code-2e*（*https://fpy.li/code*）的 *18-with-match/lispy/py3.10/*（*https://fpy.li/18-15*）目錄找到完整的原始碼和測試程式。

匯入與型態

範例 18-12 是 *lis.py* 的第前幾行。TypeAlias 與 | 型態聯集運算子在 Python 3.10 才能使用。

範例 18-12　lis.py：檔案的前幾行

```
import math
import operator as op
from collections import ChainMap
from itertools import chain
from typing import Any, TypeAlias, NoReturn

Symbol: TypeAlias = str
Atom: TypeAlias = float | int | Symbol
Expression: TypeAlias = Atom | list
```

它定義的型態有：

Symbol

　　str 的別名。在 *lis.py* 裡，Symbol 是代號；沒有字串資料型態有 slice、split（拆分）等操作。[8]

---

[7]　為了有成效且高效地透過遞迴來迭代，Scheme 與其他泛函語言實作了 *proper tail calls*。詳情參見第 703 頁的「肥皂箱」。

[8]　但是 Norvig 的第二個直譯器 *lispy.py*（*https://fpy.li/18-16*）支援字串資料型態，以及句法巨集（syntactic macro）、continuation 與 proper tail calls 等功能。但是，*lispy.py* 最多不超過 *lis.py* 的三倍長。

Atom

簡單的句法元素，例如數字或 Symbol。與之相反的是由不同的部分組成的複合結構，例如 list。

Expression

Scheme 程式的基本元素是由 atom 與 list 組成的運算式，可能有嵌套結構。

解析器

Norvig 的解析器有 36 行，它展示了 Python 如何高效地處理 S- 運算式（S-expression）的簡單遞迴語法，且不涉及字串資料、註釋、巨集，和其他使解析更複雜的標準 Scheme 功能（範例 18-13）。

範例 18-13 lis.py：主要的多析函式

```
def parse(program: str) -> Expression:
    "Read a Scheme expression from a string."
    return read_from_tokens(tokenize(program))

def tokenize(s: str) -> list[str]:
    "Convert a string into a list of tokens."
    return s.replace('(', ' ( ').replace(')', ' ) ').split()

def read_from_tokens(tokens: list[str]) -> Expression:
    "Read an expression from a sequence of tokens."
    # 受限於篇幅，省略其他的解析程式碼
```

這一組的主函式是 parse，它用字串來接收 S-expression，並回傳一個 Expression 物件，就像範例 18-12 所定義的，它是可能包含更多 atom 與嵌套的 list 的 Atom 或 list。

Norvig 在 tokenize 裡使用一個巧妙的技巧：它在輸入裡的每一個括號前面和後面加上空格，然後拆開它，產生一個句法 token 串列，裡面的 '(' 與 ')' 是分隔 token。這個捷徑之所以奏效，是因為在 *lis.py* 裡的迷你 Scheme 沒有字串型態，所以每一個 '(' 或 ')' 都是一個運算式分隔符號。這個遞迴解析程式在 read_from_tokens 裡，它是一個 14 行的函式，你可以在 *fluentpython/example-code-2e*（*https://fpy.li/18-17*）版本庫裡看到。我跳過它，因為我想把重點放在直譯器的其他部分上。

這是來自 *lispy/py3.10/examples_test.py*（*https://fpy.li/18-18*）的一些 doctest：

```
>>> from lis import parse
>>> parse('1.5')
```

```
1.5
>>> parse('ni!')
'ni!'
>>> parse('(gcd 18 45)')
['gcd', 18, 45]
>>> parse('''
... (define double
...     (lambda (n)
...         (* n 2)))
... ''')
['define', 'double', ['lambda', ['n'], ['*', 'n', 2]]]
```

這部分的 Scheme 的解析規則很簡單：

1. 將看起來像數字的 token 解析成 float 或 int。

2. 將不是 '(' 或 ')' 的任何東西都解析成 Symbol（當成代號的 str）這包括像 +、set! 與 make-counter 這種在 Scheme 裡是有效代號，但是在 Python 裡不是的原始文本。

3. 將 '(' 與 ')' 裡的運算式遞迴地解析成包含 atom 的 list，或可能包含 atom 與其他嵌套 list 的嵌套 list。

套用 Python 直譯器的說法，parse 的輸出是 AST（Abstract Syntax Tree，抽象語法樹），它可以將 Scheme 程式表示成方便的嵌套狀 list，形成一個樹狀結構，其中最外面的 list 是主幹，裡面的 list 是分支，atom 是葉節點（圖 18-1）。

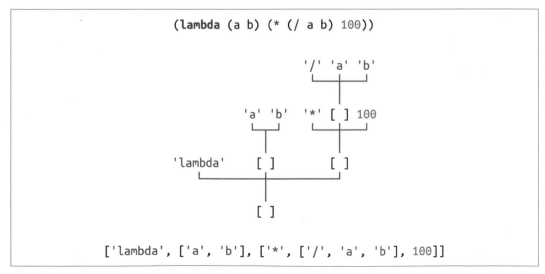

圖 18-1　用原始碼（具體語法）、樹狀結構、Python 物件 sequence（抽象語法）來表達 Scheme lambda 運算式。

Environment

Environment 類別繼承 collections.ChainMap，並加入一個 change 方法，來更新串接起來（chained）的 dict 之一的值，ChainMap 實例將字典保存在 mapping list 裡，也就是 self. maps 屬性。支援 Scheme 的 (set! ⋯) 形式需要 change 方法，等一下會介紹 (set! ⋯)。參見範例 18-14。

範例 *18-14*   *lis.py*：Environment 類別

```python
class Environment(ChainMap[Symbol, Any]):
    "A ChainMap that allows changing an item in-place."

    def change(self, key: Symbol, value: Any) -> None:
        "Find where key is defined and change the value there."
        for map in self.maps:
            if key in map:
                map[key] = value  # type: ignore[index]
                return
        raise KeyError(key)
```

注意，change 方法僅更改既有的鍵。[9] 試著更改找不到的鍵會引發 KeyError。

這個 doctest 展示 Environment 如何運作：

```
>>> from lis import Environment
>>> inner_env = {'a': 2}
>>> outer_env = {'a': 0, 'b': 1}
>>> env = Environment(inner_env, outer_env)
>>> env['a']    ❶
2
>>> env['a'] = 111    ❷
>>> env['c'] = 222
>>> env
Environment({'a': 111, 'c': 222}, {'a': 0, 'b': 1})
>>> env.change('b', 333)    ❸
>>> env
Environment({'a': 111, 'c': 222}, {'a': 0, 'b': 333})
```

---

9   這裡有 # type: ignore[index] 注釋是因為 *typeshed* 問題 #6042（*https://fpy.li/18-19*），當我校稿至此時，它尚未被解決。ChainMap 被標注 MutableMapping，但是在 maps 屬性裡的型態提示說它是 Mapping list，從 Mypy 的角度看，這間接使得整個 ChainMap 是不可變的。

❶ 在讀值時，Environment 的動作與 ChainMap 一樣，都在嵌套的 mapping 裡從左到右搜尋鍵。這就是為什麼在 outer_env 裡的 a 值被 inner_env 中的值遮蔽。

❷ 用 [] 來賦值會覆寫或插入新項目，但始終在第一個 mapping 裡，在這個例子是 inner_env。

❸ env.change('b', 333) 尋找 'b' 鍵並就地指派新值給它，在 outer_env 裡。

接下來是 standard_env() 函式，它建構並回傳一個包含預先定義的函式的 Environment，類似在 Python 中始終可用的 __builtins__ 模組（範例 18-15）。

範例 18-15 lis.py：standard_env() 建立並回傳全域環境

```python
def standard_env() -> Environment:
    "An environment with some Scheme standard procedures."
    env = Environment()
    env.update(vars(math))   # sin, cos, sqrt, pi, ...
    env.update({
            '+': op.add,
            '-': op.sub,
            '*': op.mul,
            '/': op.truediv,
            # 省略：其他的運算子定義
            'abs': abs,
            'append': lambda *args: list(chain(*args)),
            'apply': lambda proc, args: proc(*args),
            'begin': lambda *x: x[-1],
            'car': lambda x: x[0],
            'cdr': lambda x: x[1:],
            # 省略：其他的運算子定義
            'number?': lambda x: isinstance(x, (int, float)),
            'procedure?': callable,
            'round': round,
            'symbol?': lambda x: isinstance(x, Symbol),
    })
    return env
```

總之，env mapping 被填入：

- Python 的 math 模組的所有函式

- Python 的 os 模組的一些運算子

- 用 Python 的 lambda 來建構的簡單且強大的函式

- 改名後的 Python 內建功能，例如將 callable 改成 procedure?，或直接對映，例如 round。

REPL

Norvig 的 REPL（read-eval-print-loop）很容易瞭解，但不方便（參見範例 18-16）。如果沒有為 *lis.py* 提供命令列引數，定義於模組結尾的 main() 會呼叫 repl() 函式。我們必須在 lis.py> 提示詞後面輸入正確且完整的運算式，如果我們忘記加上一個結束的括號，*lis.py* 就會崩潰。[10]

範例 18-16 REPL 函式

```
def repl(prompt: str = 'lis.py> ') -> NoReturn:
    "A prompt-read-eval-print loop."
    global_env = Environment({}, standard_env())
    while True:
        ast = parse(input(prompt))
        val = evaluate(ast, global_env)
        if val is not None:
            print(lispstr(val))

def lispstr(exp: object) -> str:
    "Convert a Python object back into a Lisp-readable string."
    if isinstance(exp, list):
        return '(' + ' '.join(map(lispstr, exp)) + ')'
    else:
        return str(exp)
```

以下是這兩個函式的簡介：

repl(prompt: str = 'lis.py> ') -> NoReturn

呼叫 standard_env() 來為全域環境提供內建函式，然後進入無窮迴圈，讀取並解析每一行輸入，在全域環境裡計算它，並顯示結果 —— 除非它是 None。global_env 可能被 evaluate 修改。例如，當使用者定義新的全域變數或具名函式時，它會被存入

---

10 當我研究 Norvig 的 *lis.py* 與 *lispy.py* 時，我做了一個名為 *mylis*（*https://fpy.li/18-20*）的分支（fork）來加入一些功能，包括收到部分的 S-expression 時提示繼續輸入的 REPL，類似 Python 的 REPL 知道我們尚未完成，於是顯示 ...，直到我們輸入完整的、可計算的運算式或陳述式為止。*mylis* 也可以優雅地處理一些錯誤，但它仍然容易崩潰。它的穩健程度遠不及 Python 的 REPL。

環境的第一個 mapping，也就是在 repl 的第一行呼叫的 Environment 建構式裡的空 dict。

lispstr(exp: object) -> str

parse 的逆函式，當 parse 收到一個代表運算式的 Python 物件時，它會回傳它的 Scheme 原始碼。例如，收到 ['+', 2, 3] 時，結果是 '(+ 2 3)'。

計算程式

現在要來欣賞 Norvig 運算式計算程式之美了，使用 match/case 使它變得更加優雅。範例 18-17 的 evaluate 函式接收一個 parse 建構的 Expression，與一個 Environment。

evaluate 的主體是一個 match 陳述式，裡面有一個作為對象的運算式 exp。case 模式以驚人的清晰度表達了 Scheme 的語法與語義。

範例 18-17　evaluate 接收運算式並計算它的值

```
KEYWORDS = ['quote', 'if', 'lambda', 'define', 'set!']

def evaluate(exp: Expression, env: Environment) -> Any:
    "Evaluate an expression in an environment."
    match exp:
        case int(x) | float(x):
            return x
        case Symbol(var):
            return env[var]
        case ['quote', x]:
            return x
        case ['if', test, consequence, alternative]:
            if evaluate(test, env):
                return evaluate(consequence, env)
            else:
                return evaluate(alternative, env)
        case ['lambda', [*parms], *body] if body:
            return Procedure(parms, body, env)
        case ['define', Symbol(name), value_exp]:
            env[name] = evaluate(value_exp, env)
        case ['define', [Symbol(name), *parms], *body] if body:
            env[name] = Procedure(parms, body, env)
        case ['set!', Symbol(name), value_exp]:
            env.change(name, evaluate(value_exp, env))
        case [func_exp, *args] if func_exp not in KEYWORDS:
            proc = evaluate(func_exp, env)
```

```
        values = [evaluate(arg, env) for arg in args]
        return proc(*values)
    case _:
        raise SyntaxError(lispstr(exp))
```

我們來研究每一個 case 子句，以及它在做什麼。我在一些 case 裡加入注釋，來展示符合該模式的 S-expression。我從 *examples_test.py*（*https://fpy.li/18-21*）提取 doctest 來展示各個 case。

計算數字

```
    case int(x) | float(x):
        return x
```

對象：

  int 或 float 的實例。

動作：

  按原樣回傳值。

範例：

```
>>> from lis import parse, evaluate, standard_env
>>> evaluate(parse('1.5'), {})
1.5
```

計算符號

```
    case Symbol(var):
        return env[var]
```

對象：

  Symbol 的實例，也就是當成代號的 str。

動作：

  在 env 裡查詢 var 並回傳它的值。

範例：

```
>>> evaluate(parse('+'), standard_env())
<built-in function add>
>>> evaluate(parse('ni!'), standard_env())
Traceback (most recent call last):
    ...
KeyError: 'ni!'
```

(quote ⋯)

quote 特殊形式將 atom 與 list 視為資料，而不是需要計算的運算式。

```
# (quote (99 bottles of beer))
case ['quote', x]:
    return x
```

對象：

開頭為 'quote' 且接下來有一個運算式 x 的 list。

動作：

回傳 x 而不計算它。

範例：

```
>>> evaluate(parse('(quote no-such-name)'), standard_env())
'no-such-name'
>>> evaluate(parse('(quote (99 bottles of beer))'), standard_env())
[99, 'bottles', 'of', 'beer']
>>> evaluate(parse('(quote (/ 10 0))'), standard_env())
['/', 10, 0]
```

如果沒有 quote，在測試裡的每一個運算式都會發出錯誤：

- 在環境裡查詢 no-such-name，發出 KeyError

- (99 bottles of beer) 不能計算，因為數字 99 不是指出特殊形式、運算子或函式的 Symbol

- (/ 10 0) 會發出 ZeroDivisionError

為什麼語言有保留的關鍵字

雖然 quote 很簡單,但它在 Scheme 裡不能實作成函式。它的特殊能力是防止直譯器在 (quote (f 10)) 裡計算 (f 10),(quote (f 10)) 的結果是一個包含 Symbol 與 int 的 list。相較之下,在 (abs (f 10)) 這種函式呼叫裡,直譯器會先計算 (f 10) 再呼叫 abs。這就是為什麼 reserved 是保留的關鍵字:它必須作為特殊形式來處理。

一般來說,之所以需要保留的關鍵字,是為了:

- 加入專門的計算規則,例如 quote 與 lambda —— 它們不計算它們的任何子運算式。

- 改變控制流程,就像在 if 與函式呼叫裡,它也有特殊的計算規則

- 管理環境,就像在 define 與 set 裡

這也是 Python 與一般的程式語言需要保留的關鍵字的原因。你可以想一下 Python 的 def、if、yield、import、del 與它們的功能。

(if ⋯)

```python
# (if (< x 0) 0 x)
case ['if', test, consequence, alternative]:
    if evaluate(test, env):
        return evaluate(consequence, env)
    else:
        return evaluate(alternative, env)
```

對象:

開頭為 'if' 接下來有三個運算式 test、consequence 與 alternative 的 list。

動作:

計算 test:

- 若 true,計算 consequence 並回傳其值。

- 否則,計算 alternative 並回傳其值。

範例:

```
>>> evaluate(parse('(if (= 3 3) 1 0))'), standard_env())
1
>>> evaluate(parse('(if (= 3 4) 1 0))'), standard_env())
0
```

consequence 與 alternative 分支必須是一個運算式。如果需要在分支裡使用超過一個運算式,你可以用 (begin exp1 exp2…) 來結合它們,用 *lis.py* 裡的函式來提供,參見範例 18-15。

(lambda …)

Scheme 的 lambda 形式可定義匿名函式。它沒有 Python 的 lambda 的限制:可以在 Scheme 裡編寫的函式都可以用 (lambda …) 語法來編寫。

```
# (lambda (a b) (/ (+ a b) 2))
case ['lambda' [*parms], *body] if body:
    return Procedure(parms, body, env)
```

對象:

開頭為 'lambda',接下來是:

- 以零個或更多個參數名稱組成的 list。

- 在 body 中的一個或更多個運算式(用防衛句來確保那個 body 不是空的)。

動作:

建立並回傳一個新的 Procedure 實例,該實例包含參數名稱、作為主體的運算式 list,以及當前的環境。

範例:

```
>>> expr = '(lambda (a b) (* (/ a b) 100))'
>>> f = evaluate(parse(expr), standard_env())
>>> f # doctest: +ELLIPSIS
<lis.Procedure object at 0x...>
>>> f(15, 20)
75.0
```

Procedure 類別實作了 closure 的概念:用一個 callable 物件來保存參數名稱、函式主體、定義函式的環境的參考。等一下就會研究 Procedure 的程式碼。

(define …)

define 關鍵字被用於兩種不同的語法形式。最簡單的是：

```
# (define half (/ 1 2))
case ['define', Symbol(name), value_exp]:
    env[name] = evaluate(value_exp, env)
```

對象：

開頭為 'define'，接下來有一個 Symbol 與一個運算式的 list。

動作：

計算運算式，並將它的值放入 env，以 name 為鍵。

範例：

```
>>> global_env = standard_env()
>>> evaluate(parse('(define answer (* 7 6))'), global_env)
>>> global_env['answer']
42
```

這個 case 的 doctest 建立一個 global_env，讓我們可以確認 evaluate 將 answer 放入 Environment。

我們可以使用那個簡單的 define 形式來建立變數，或將 (lambda …) 當成 value_exp 來將名稱綁定匿名函式。

標準的 Scheme 提供一個定義具名函式的捷徑。這是第二種定義形式：

```
# (define (average a b) (/ (+ a b) 2))
case ['define', [Symbol(name), *parms], *body] if body:
    env[name] = Procedure(parms, body, env)
```

對象：

開頭是 'define'，接下來是以下元素組成的 list：

- 開頭是 Symbol(name)，接下來有零個或多個項目，那些項目都被放在一個名為 params 的 list 裡面。

- 在 body 內的一個以上的運算式（用防衛句來確保那個 body 不是空的）。

動作：

- 用參數名稱、運算式 list（作為主體）、當前的環境來建立 Procedure 新實例。

- 將 Procedure 放入 env，使用 name 作為鍵。在範例 18-18 裡的 doctest 定義一個名為 % 的函式，該函式計算一個百分比，並將它加入 global_env。

範例 18-18　定義一個名為 % 的函式來計算百分比

```
>>> global_env = standard_env()
>>> percent = '(define (% a b) (* (/ a b) 100))'
>>> evaluate(parse(percent), global_env)
>>> global_env['%']  # doctest: +ELLIPSIS
<lis.Procedure object at 0x...>
>>> global_env['%'](170, 200)
85.0
```

在呼叫 evaluate 之後，我們檢查 % 有被綁定 Procedure，它接收兩個數字引數，並回傳一個百分比。

第二個 define case 的模式並不強制要求 parms 內的項目都是 Symbol 實例。在建構 Procedure 實例之前應該檢查這件事，但是為了保持程式碼與 Norvig 的原始程式碼一致且易於理解，我並沒有進行檢查。

(set! …)

set! 形式可改變之前定義的變數的值。[11]

```
# (set! n (+ n 1))
case ['set!', Symbol(name), value_exp]:
    env.change(name, evaluate(value_exp, env))
```

對象：

開頭為 'set!' 接著有一個 Symbol 與一個運算式的 list。

動作：

將 env 裡的 name 的值改成運算式的計算結果。

---

11 賦值（assignment）是許多程式設計課程最早教導的功能之一，但 set! 只出現在最著名的 Scheme 書籍 *Structure and Interpretation of Computer Programs* 第 2 版（MIT Press）的第 220 頁（*https://fpy.li/18-22*），此書也被稱為 SICP 和「Wizard Book」，作者是 Abelson 等人。採取泛函風格可以在不改變狀態的情況下取得很大的進展，而這是典型的命令式和物件導向的特點。

`Environment.change` 方法從局部（local）到全域（global）遍歷串接的環境，並將第一個出現的 `name` 改成新值。如果我們沒有實作 `'set!'` 關鍵字，我們可以在這個直譯器裡四處使用 Python 的 `ChainMap` 作為 `Environment` 型態。

Python 的 nonlocal 與 Scheme 的 set! 處理的是同一個問題

`set!` 形式的使用與 Python 的 `nonlocal` 關鍵字的使用有關：宣告 `nonlocal x` 會使得 `x = 10` 修改在之前的局部作用域之外定義的 `x` 變數。如果沒有宣告 `nonlocal x`，在 Python 裡，`x = 10` 始終建立區域變數，如第 323 頁的「nonlocal 宣告」所述。

類似地，`(set! x 10)` 會修改之前在函式的局部環境之外定義的 `x`。相較之下，在 `(define x 10)` 裡的變數 `x` 始終是局部變數，在局部環境裡建立或更新。

更新 closure 內的變數所保存的程式狀態需要 `nonlocal` 與 `(set! …)` 兩者。範例 9-13 使用 `nonlocal` 來實作函式來計算移動平均值，在 closure 裡保存項目 `count` 與 `total`。下面是用 *lis.py* 的部分 Scheme 來寫的同一個概念：

```
(define (make-averager)
    (define count 0)
    (define total 0)
    (lambda (new-value)
        (set! count (+ count 1))
        (set! total (+ total new-value))
        (/ total count)
    )
)
(define avg (make-averager))    ❶
(avg 10)    ❷
(avg 11)    ❸
(avg 15)    ❹
```

❶ 使用 lambda 定義的內部函式來建立一個新 closure，將變數 count 與 total 的初始值設為 0，將 closure 指派給 avg。

❷ 回傳 10.0。

❸ 回傳 10.5。

❹ 回傳 12.0。

上面的程式是 *lispy/py3.10/examples_test.py*（ *https://fpy.li/18-18* ）裡的測試之一。

接著來看函式呼叫。

函式呼叫

```
# (gcd (* 2 105) 84)
case [func_exp, *args] if func_exp not in KEYWORDS:
    proc = evaluate(func_exp, env)
    values = [evaluate(arg, env) for arg in args]
    return proc(*values)
```

對象：

有一個或更多項目的 list。

用防衛句來確保 func_exp 不是 ['quote', 'if', 'define', 'lambda', 'set!'] 之一，它們被寫在範例 18-17 的 evaluate 前面。

這個模式可找到具有一個以上的運算式的 list，將第一個運算式指派給 func_exp，其餘的以 list 的形式指派給 args，它可能是空的。

動作：

- 計算 func_exp 來取得函式 proc。

- 計算 args 裡的每個項目，來建立引數值 list。

- 使用引數值來呼叫 proc，回傳結果。

範例：

```
>>> evaluate(parse('(% (* 12 14) (- 500 100))'), global_env)
42.0
```

這個 doctest 延續範例 18-18：它假設 global_env 有個名為 % 的函式。傳給 % 的引數是算術運算式，以強調引數會在函式被呼叫之前計算。

在 case 裡的防衛句是必要的，因為 [func_exp, *args] 可匹配具有一個以上的項目的任何 sequence 物件。但是，如果 func_exp 是關鍵字，而且主詞和之前的所有 case 不符，它就是語法錯誤。

捕捉語法錯誤

如果對象 exp 不符合任何之前的 case，那麼 catch-all case 會發出 SyntaxError：

```
case _:
    raise SyntaxError(lispstr(exp))
```

一個錯誤的 (lambda …) 被回報 SyntaxError：

```
>>> evaluate(parse('(lambda is not like this)'), standard_env())
Traceback (most recent call last):
    ...
SyntaxError: (lambda is not like this)
```

如果函式呼叫的 case 沒有那個拒絕關鍵字的保護機制，(lambda is not like this) 就會被當成函式呼叫來處理，並引發 KeyError，因為 'lambda' 不是環境的一部分，就像 lambda 不是 Python 內建函式的一部分。

Procedure：實作 closure 的類別

Procedure 類別也可以命名為 Closure，因為這正是它所代表的東西：一個函式定義，以及一個環境。函式定義包含參數的名稱，以及組成函式主體的運算式。當函式被呼叫時，環境被用來提供自由變數的值。自由變數就是出現在函式主體中，但不是參數、區域變數或全域變數的變數。我們曾經在第 320 頁的「closure」看過 *closure* 與*自由變數*的概念。

我們在 Python 裡學會如何使用 closure，但現在我們可以更深一層，看看 closure 在 *lis.py* 裡是怎麼實現的：

```
class Procedure:
    "A user-defined Scheme procedure."

    def __init__(     ❶
        self, parms: list[Symbol], body: list[Expression], env: Environment
    ):
        self.parms = parms     ❷
        self.body = body
        self.env = env

    def __call__(self, *args: Expression) -> Any:     ❸
        local_env = dict(zip(self.parms, args))     ❹
        env = Environment(local_env, self.env)     ❺
```

```
        for exp in self.body:    ❻
            result = evaluate(exp, env)
        return result    ❼
```

❶ 在使用 lambda 或 define 形式來定義函式時呼叫。

❷ 儲存參數名稱、主體運算式與環境，以備後用。

❸ 被 case [func_exp, *args] 子句的最後一行裡的 proc(*values) 呼叫。

❹ 建立 local_env，將 self.parms 對映到區域變數名稱，將收到的 args 對映到值。

❺ 建立新的 env 組合，先放入 local_env，再放入 self.env，它是在定義函式時儲存的環境。

❻ 在 self.body 裡迭代每一個運算式，在組合的 env 裡計算它。

❼ 回傳最後一個運算式的計算結果。

在 *lis.py*（*https://fpy.li/18-24*）裡的 evaluate 後面有一些簡單的函式：run 讀取完整的 Scheme 程式並執行它，main 呼叫 run 或 repl，取決於命令列，類似 Python 的做法。我不介紹這些函式，因為在它們裡面沒有什麼特別的。我的目標是與你分享 Norvig 的迷你直譯器之美，讓你更瞭解 closure 如何運作，並展示 match/case 為何是很棒的 Python 新功能。

在總結這個關於模式比對的延伸主題之前，讓我們來定義「OR 模式」的概念。

使用 OR 模式

用 | 隔開的一系列模式就是 *OR 模式*（*https://fpy.li/18-25*）：如果裡面有任何子模式成功，它就成功。在第 688 頁的「計算數字」是一種 OR 模式：

```
case int(x) | float(x):
    return x
```

在 OR 模式裡的所有子模式都必須使用相同的變數。這個限制是必要的，以確保變數可讓守衛句和 case 主體使用，無論相符的子模式是什麼。

在 case 子句的環境裡，| 運算子有特殊意義。它不會觸發 __or__ 特殊方法，該特殊方法在其他的環境裡負責處理 a | b 之類的運算式，在那裡，它會被多載，以執行集合聯集或整數位元 or 之類的操作，取決於運算元。

OR 模式不一定出現在模式的頂層。你也可以在子模式裡使用 | 。例如，如果我們想讓 *lis.py* 接受希臘字母 λ（lambda）[12]，以及 lambda 關鍵字，我們可以把模式改寫成：

```
# (λ (a b) (/ (+ a b) 2) )
case ['lambda' | 'λ', [*parms], *body] if body:
    return Procedure(parms, body, env)
```

接下來要討論本章的第三個與最後一個主題：在 Python 裡，else 子句可能出現在哪些不尋常的地方。

做這個，然後那個：沒有和 if 一起出現的 else 區塊

這並不是什麼秘密，但這是一個被忽視的語言功能：else 子句不僅可以在 if 陳述式裡使用，也可以在 for、while 和 try 陳述式裡使用。

for/else、while/else、try/else 的語義密切相關，但與 if/else 相當不同。最初，else 這個字阻礙了我對這些功能的理解，但最終我習慣了它。

規則如下：

for

　　當 for 迴圈執行完成時（也就是 for 沒有被 break 中斷），else 區塊才會執行。

while

　　當 while 迴圈因為條件變成 *false* 而退出時（也就是，不是因為 while 被 break 中斷時），else 區塊才會執行。

try

　　else 區塊只會在 try 區塊裡面沒有例外被發出時執行。官方文件（*https://fpy.li/18-27*）也說：「在 else 子句內的例外不會被前面的 except 子句處理。」

在所有情況下，如果控制權因為例外、return、break 或 continue 陳述式而跳出複合陳述式的主區塊，else 子句也會被跳過。

12　λ（U+03BB）的官方 Unicode 名稱是 GREEK SMALL LETTER LAMDA。我沒有打錯字，在 Unicode 資料庫裡，這個字元的名稱是沒有「b」的「lamda」。根據英文維基百科文章「Lambda」（*https://fpy.li/18-26*），Unicode Consortium 這樣拚是因為「希臘國家機構傳達的偏好」。

我認為 else 這個字對 if 之外的所有情況而言都是很糟糕的選擇。它意味著一種排除性的選擇，例如「執行這個迴圈，否則執行那個」，但是在迴圈裡，else 的語義是相反的：「執行這個迴圈，然後執行那個」。這表明 then 是更好的關鍵字，這個結論在 try 環境裡也很適用：「試一下這個，然後做那個」。然而，加入新關鍵字對語言而言是一種破壞性修改，這是艱難的決定。

連同這些陳述式一起使用 else 通常可讓程式更易讀，而且可以免去設定控制旗標或編寫額外的 if 陳述式的麻煩。

在迴圈中使用 else 通常遵循這段程式的模式：

```
for item in my_list:
    if item.flavor == 'banana':
        break
else:
    raise ValueError('No banana flavor found!')
```

在 try/except 區塊案例中，else 乍看之下是多餘的。畢竟，下面的程式裡的 after_call() 只會在 dangerous_call() 沒有發出例外時執行，不是嗎？

```
try:
    dangerous_call()
    after_call()
except OSError:
    log('OSError...')
```

然而，這樣把 after_call() 放在 try 區塊裡沒有任何意義。為了使程式清晰與正確，try 區塊的主體只應該有可能產生預期例外的陳述式。這樣寫比較好：

```
try:
    dangerous_call()
except OSError:
    log('OSError...')
else:
    after_call()
```

現在可以清楚地知道，使用 try 區塊是為了防備可能在 dangerous_call() 裡發生的錯誤，而不是在 after_call() 裡的錯誤。它也表明，after_call() 只會在 try 區塊裡沒有例外發出時執行。

在 Python 裡，try/except 通常用來控制流程，而不僅僅是處理錯誤。在 Python 的官方詞彙表中甚至有一個縮寫／口號（*https://fpy.li/18-28*）：

EAFP

請求寬恕比請求同意更容易（Easier to ask for forgiveness than permission）。這種常見的 Python 撰寫風格假設存在有效的鍵或屬性，並在假設證實為錯誤時，捕捉例外。這種簡潔且快速的風格的特徵是有許多 try 與 except 陳述式。這種技術與許多其他語言（例如 C）常見的 LBYL 風格形成鮮明的對比。

詞彙表接著定義 LBYL：

LBYL

先看再跳（Look before you leap）。這種編寫風格在進行呼叫或查詢之前，先明確地測試預設條件。這種風格與 EAFP 形成對比，它的特點是有許多 if 陳述式。在多執行緒環境裡，LBYL 方法可能在「看」與「跳」之間引入競態條件（race condition）。例如，如果在 mapping 裡有 key，那麼在你進行測試之後但是在進行查詢之前，有另一個執行緒將 mapping 裡的 key 移除的話，回傳 mapping[key] 可能失敗。這個問題可以用軟體鎖或是 EAFP 方法解決。

EAFP 風格讓我們應該瞭解如何在 try/except 陳述式裡善用 else 區塊。

 當初在討論 match 陳述式時，有人（包括我）認為它也應該有一個 else 句子。最終大家認為不需要它，因為 case _: 有相同的功能。[13]

接下來是本章的摘要。

本章摘要

本章首先討論 context manager 與 with 陳述式的意義，並快速地介紹它最常見的用法──自動關閉已開啟的檔案。我們實作了一個自訂的 context manager：包含 __enter__／__exit__ 方法的 LookingGlass 類別，並看了如何在 __exit__ 方法裡處理例外。

13　根據 python-dev mailing list 的討論，我認為 else 被拒絕的原因之一是大家對於它在 match 裡如何縮排沒有共識：else 到底要縮到與 match 同一排，還是與 case 同一排？

Raymond Hettinger 在 PyCon US 2013 演講中提到一個重點：with 不是只能管理資源而已，它也是一種工具，可將用來進行設置與拆卸的程式碼（或必須在其他程序之前與之後執行的操作對（pair of operation））分解出來。[14]

我們回顧了 contextlib 標準程式庫模組裡面的函式。其中一項是 @contextmanager decorator，它可以讓你用簡單的 generator 與一個 yield 來實作 context manager，這種解決方案比編寫一個至少包含兩個方法的類別更精簡。我們將 LookingGlass 重製成 looking_glass generator 函式，並討論在使用 @contextmanager 時如何處理例外。

然後我們研究了 Peter Norvig 優雅的 *lis.py*，它是用道地的 Python 寫成的 Scheme 直譯器，經過重構，在 evaluate 裡使用 match/case。evaluate 是任何直譯器的核心中的函式。瞭解 evaluate 如何運作需要稍微瞭解 Scheme，它是用來解析 S-expressions 的解析器、簡單的 REPL，也是透過 collection.ChainMap 的子類別 Environment 來建構的嵌套環境結構。最後，*lis.py* 變成一個探索很多事情的工具，遠非只是進行模式比對。它展示了直譯器的不同部分如何一起工作，闡明 Python 本身的核心功能：為什麼一定要保留關鍵字、作用域規則如何運作，以及 closure 如何建立和使用。

延伸讀物

The Python Language Reference 第 8 章「Compound Statements」（*https://fpy.li/18-27*）幾乎涵蓋了關於 if、for、while 與 try 陳述式裡的 else 子句的所有內容。關於 Python 的 try/except 的用法，無論是否使用 else，Raymond Hettinger 在 StackOverflow 上針對「在 Python 中使用 try-except-else 是優質的寫法嗎？」這個問題提出很棒的回答（*https://fpy.li/18-31*）。在 Martelli 等人的 *Python in a Nutshell* 第 3 版裡，討論例外的那一章詳細地討論了 EAFP 風格，認為計算領域的先驅 Grace Hopper 創造了「It's easier to ask forgiveness than permission」這句話。

Python Standard Library 的第 4 章「Built-in Types」有一節專門討論「Context Manager Types」（*https://fpy.li/18-32*）。*The Python Language Reference* 的「With Statement Context Managers」（*https://fpy.li/18-33*）也記載了 __enter__/__exit__ 特殊方法。context manager 是在 PEP 343 —— The「with」Statement（*https://fpy.li/pep343*）加入的。

---

14 見「Python is Awesome」（*https://fpy.li/18-29*）的第 21 張投影片。

Raymond Hettinger 在 PyCon US 2013 演說中，說 with 陳述式是「成功的語言功能」（*https://fpy.li/18-29*）。他也在同一場研討會的「Transforming Code into Beautiful, Id iomatic Python」這場演說中，展示 context manager 的一些有趣應用（*https://fpy.li/18-35*）。

Jeff Preshing 的部落格文章「The Python with Statement by Example」（*https://fpy.li/18-36*）有一些使用 context manager 與 pycairo 圖形程式庫的有趣範例。

contextlib.ExitStack 類別來自 Nikolaus Rath 的原始想法，他寫了一篇短文解釋了為什麼它有用：「On the Beauty of Python's ExitStack」（*https://fpy.li/18-37*）。在該文裡，Rath 指出 ExitStack 與 Go 的 defer 相似，但更靈活，我認為它是該語言中最好的概念之一。

Beazley 和 Jones 在他們的 Python Cookbook 第 3 版中，為非常不同的目的設計了 context manager。他們在「Recipe 8.3. Making Objects Support the ContextManagement Protocol」製作了 LazyConnection 類別，它的實例是可在 with 區塊內自動開啟與關閉網路連結的 context manager。在「Recipe 9.22. Defining Context Managers the Easy Way」裡，他們介紹一種供計時程式使用的 context manager，以及另一種針對 list 物件進行交易性改變的 context manager，他們在 with 區塊內製作 list 實例的工作複本，並且將所有改變都應用在那一個複本上。唯有當 with 區塊完成執行且沒有發生例外時，他們才會用工作複本來取代原始的 list。這是一種簡單且巧妙的設計。

Peter Norvig 在他的文章「How to Write a (Lisp) Interpreter (in Python)」（*https://fpy.li/18-38*）與「An ((Even Better) Lisp) Interpreter (in Python)」（*https://fpy.li/18-39*）裡介紹了他的迷你 Scheme 直譯器。*lis.py* 與 *lispy.py* 的程式在 *norvig/pytudes*（*https://fpy.li/18-40*）版本庫裡。我的版本庫 *fluentpython/lispy*（*https://fpy.li/18-41*）裡面有 *lis.py* 的 *mylis* 分支，已更新至 Python 3.10，它具備更好的 REPL、命令列整合、範例、更多測試，以及關於學習更多 Scheme 相關知識的參考資料。Racket（*https://fpy.li/18-42*）是最適合用來研究與試驗的 Scheme 方言與環境。

肥皂箱

取出麵包

Raymond Hettinger 在 PyCon US 2013 的演說「What Makes Python Awesome」裡（*https://fpy.li/18-1*）提到，當他第一次看到 with 陳述式的提案時，覺得它「有點玄」。我最初也有類似的反應。PEP 通常都很深奧，PEP 343 尤其如此。

然後，Hettinger 告訴我們，他有一個領悟：subroutine（子程序）是計算機語言有史以來最重要的發明。如果你有一系列的操作，例如 A;B;C 與 P;B;Q，你可以將 B 取出，把它做成子程序。這就像是把三明治的餡拿出來一樣：把魚肉包在不同的麵包裡。但如果你想要取出麵包，用小麥麵包來做三明治，每次使用不同的餡料時，該怎麼做？這就是 with 陳述式提供的功能。它是子程序的互補品。Hettinger 接著說：

> with 陳述式是一個非常重要的功能。我鼓勵你從這個冰山的一角開始鑽研。也許你可以透過 with 陳述式來做出卓越的事情。它的最佳用途還沒有被發現。我預期，如果你善加利用它，它將被複製到其他的語言裡，未來的所有語言都將具備這個功能。你可以成為發現卓越事物的人，它的卓越程度，可能堪比子程序本身的發明。

Hettinger 承認他對 with 陳述式的陳述有所誇大。儘管如此，它是非常實用的功能。他用三明治來解釋 with 是子程序的互補品讓我想出許多可能性。

如果你想要說服別人 Python 很棒，你應該聽一下 Hettinger 的演說。關於 context manager 的部分是在 23:00 到 26:15。不過整個演說都很出色。

使用 proper tail calls 的高效遞迴

標準的 Scheme 實作需要提供 *proper tail calls*（PTC），使得透過遞迴進行迭代成為實際的替代方案，可以取代命令式語言中的 while 迴圈。有些作者將 PTC 稱為 *tail call optimization*（TCO），但有人用 TCO 來代表不同的東西。詳情見維基百科的「Tail call」（*https://fpy.li/18-44*）與「Tail call optimization in ECMAScript 6」（*https://fpy.li/18-45*）。

tail call（尾呼叫）是指函式回傳一個函式呼叫的結果，那個函式可能是同一個函式，也可能不是。範例 18-10 與範例 18-11 的 gcd 軌例在 if 的 false 分支發出（遞迴的）tail call。

另一方面，這個 factorial 沒有發出 tail call：

```
def factorial(n):
    if n < 2:
        return 1
    return n * factorial(n - 1)
```

在最後一行呼叫 factorial 卻不是 tail call 的原因是 return 值不是遞迴呼叫的結果，因為我們先將結果乘以 n 再將它回傳。

這是另一段使用 tail call 的程式，所以它也是 *tail recursive*（尾遞迴）：

```
def factorial_tc(n, product=1):
    if n < 1:
        return product
    return factorial_tc(n - 1, product * n)
```

Python 沒有 PTC，所以編寫 tail recursive 函式沒有任何優勢。我認為在這個例子裡，第一版比較短，也比較易讀。在實際使用時，別忘了 Python 有 math.factorial，它是用無遞迴的 C 寫成的。重點在於，即使在實作了 PTC 的語言裡，PTC 也無法讓每一個遞迴函式受益，唯有經過精心設計，發出 tail call 的函式才會受益。

如果語言支援 PTC，當直譯器看到 tail call 時，它會跳到被呼叫的函式的主體裡面，而不會建立新的堆疊框（stack frame），這可以節省記憶體。有一些複雜的語言也實作了 PTC，有時將它做成可以切換的優化功能。

大家對於 TCO 在最初不是純泛函語言的語言中（例如 Python 或 JavaScript）的定義和價值還沒有普遍共識。在泛函語言裡，PTC 是一種預期的功能，而不僅僅是一種好用的優化。如果一種語言除了遞迴之外沒有其他的迭代機制，那麼在實際使用時，PTC 是必要的。Norvig 的 *lis.py*（*https://fpy.li/18-46*）沒有實作 PTC，但他更精心設計的 *lispy.py*（*https://fpy.li/18-16*）直譯器有。

在 Python 與 JavaScript 裡反對 proper tail calls 的案例

CPython 並未實作 PTC，且應該永遠不會實作它。Guido van Rossum 在「Final Words on Tail Calls」（*https://fpy.li/18-48*）解釋了原因。總之，這是他的文章的重點：

就個人而言，它對一些語言來說是很好的功能，但我不認為它適合 Python。取消某些呼叫的堆疊追蹤而不取消其他的，必然會讓很多使用者摸不著頭緒，因為他們可能不知道 tail call 的理念，可能藉著在偵錯器中追蹤一些呼叫來學習呼叫語義。

PTC 在 2015 年被納入 JavaScript 的 ECMAScript 6 標準。在 2021 年 10 月，WebKit 的直譯器實作它（*https://fpy.li/18-49*）。Safari 使用 WebKit。在每一個其他主流瀏覽器裡的 JS 直譯器沒有 PTC，Node.js 也沒有，因為它依賴 Google 為 Chrome 維護的 V8 引擎。根據這張「ECMAScript 6 相容性表格」（*https://fpy.li/18-50*），針對 JS 的轉譯器（transpiler）與 polyfill（例如 TypeScript、ClojureScript 與 Babel）也不支援 PTC。

關於實作者拒絕 PTC 的理由，我看過幾種解釋，最常見的是 Guido van Rossum 提到的那一種：PTC 會讓所有人更難除錯，而且只會讓少數人受益（寧可使用遞迴來進行迭代的人）。詳情見 Graham Marlow 的「What happened to proper tail calls in JavaScript?」（*https://fpy.li/18-51*）。

但有時遞迴是最佳解，即使是在沒有 PTC 的 Python 裡。Guido 在討論這個主題的一篇文章裡（*https://fpy.li/18-52*）寫道：

> [⋯] 典型的 Python 程式允許 1000 個遞迴，這對不使用遞迴來設計的程式，以及那些需要遍歷（舉例）典型的解析樹的程式來說是夠的，但是對那些使用遞迴迴圈來處理大型 list 的程式來說不夠。

我同意 Guido 和大多數 JS 實現者的觀點：PTC 並不適合 Python 和 JavaScript。缺乏 PTC 是以泛函風格來編寫 Python 程式的主要限制，其程度甚至超過 Python 有限的 lambda 語法。

如果你想看一下 PTC 在功能比 Norvig 的 *lispy.py* 更少（程式碼更少）的直譯器裡是如何運作的，可看一下 *mylis_2*（*https://fpy.li/18-53*）。它的做法是先在 evaluate 裡使用無窮迴圈，以及在 case 裡呼叫函式，這個組合讓直譯器跳入下一個 Procedure 的主體，而不需要在 tail call 期間遞迴地呼叫 evaluate。這些迷你的直譯器展示了抽象的威力：即使 Python 沒有實作 PTC，你也可以編寫一個實作了 PTC 的直譯器，而且不難。我是藉著閱讀 Peter Norvig 的程式碼來知道怎麼做這件事的。教授，謝謝你的分享！

Norvig 對使用模式比對的 evaluate() 的看法

我請 Peter Norvig 幫我看 Python 3.10 版的 *lis.py*。他喜歡使用模式比對的範例，但提出不同的解決方案，他將我的防衛句改成讓每個關鍵字使用一個 case，並在每一個 case 裡加入測試程式，以提供更具體的 SyntaxError 訊息，例如，當主體是空的時。這也會讓 case [func_exp, *args] if func_exp not in KEYWORDS: 裡的防衛句失去效用，因為每一個關鍵字都會在函式呼叫的 case 之前處理。

當我為 *mylis* 加入更多功能時（ *https://fpy.li/18-54* ），我應該會採納 Norvig 的建議。但是我在範例 18-17 裡建構的 evaluate 對本書而言有一些教學方面的好處：這個例子與使用 if/elif/… 的例子（範例 2-11 ）相仿，而 case 子句展示了模式比對的更多功能，同時讓程式碼更簡潔。

## 第 19 章

Python 的並行模型

並行（concurrency）是一次應付（dealing with）很多事情。

平行（parallelism）是一次做（doing）很多事情。

兩者不同但有關聯。

一個與結構有關，另一個與執行有關。

並行提供一種方式來架構解決方案，以處理或許能夠（但不一定可以）平行化的問題。

—— *Rob Pike*，*Go* 語言的創作者之一 [1]

本章的主題是如何讓 Python「同時處理很多事情」。這可能涉及並行或平行設計（即使是鑽研行話的學者，也對於這兩個術語的用法有不同的意見。）我在本章的序言中採用 Rob Pike 的非正式定義，但請注意，我發現有些論文和書籍聲稱它們討論的是平行計算，但絕大多數都與並行有關。[2]

就 Pike 的觀點而言，平行是並行的特例。所有平行系統都是並行，但並非所有並行系統都是平行。我們在 2000 年代初期使用的單核心機器只能在 GNU Linux 上並行處理 100 個程序。但具備 4 顆 CPU 核心的現代筆電在正常、隨意使用的情況下，隨時都可以執

1　在「Concurrency Is Not Parallelism」這場演說的第 8 張投影片（*https://fpy.li/19-1*）。

2　我曾經跟隨 Imre Simon 教授一起學習和工作，他喜歡說科學有二宗罪：用不同的詞彙來表示同一件事，以及用同一個詞彙來表示不同的事情。Imre Simon（1943–2009）是巴西電腦科學的先驅，他為自動理論做出開創性的貢獻，並開創了熱帶幾何領域。他也是自由軟體與自由文化的倡導者。

行超過 200 個程序。平行執行 200 個任務需要 200 顆核心。因此，在實務上，大多數的計算都是並行的，不是平行的。OS 可以管理數百個程序，確保每一個程序都有機會取得進展，即使 CPU 本身無法同時做四件以上的事情。

本章不假設讀者已經具備並行或平行程式設計的任何知識。在進行簡單的概念介紹之後，我們會透過一些簡單的例子來介紹和比較 Python 的並行設計核心程式包：threading、multiprocessing 與 asyncio。

本章最後的 30% 篇幅將從高階視角介紹第三方工具、程式庫、應用伺服器和分散式任務佇列，它們都可以提高 Python 應用程式的性能和擴展性。它們都是重要的主題，但已經超出這本關注 Python 核心功能的書籍的討論範圍。儘管如此，我認為在這本 *Fluent Python* 第 2 版裡討論這些主題很重要，因為 Python 在並行和平行計算方面的潛力，不僅僅局限於標準程式庫所提供的功能。這就是為什麼 YouTube、DropBox、Instagram、Reddit 和其他公司雖然在初創期將 Python 當成主要的語言，卻能夠實現網路規模 —— 儘管一直有人說「Python 沒有擴展性」。

本章有哪些新內容

本章是 *Fluent Python* 第二版新增的一章。第 705 頁「並行的 Hello World」裡的旋轉動畫例子在上版被放在關於 *asyncio* 的章節中。這一版對它們進行了改進，並第一次說明 Python 的三種並行做法：執行緒、程序和原生的 coroutine。

除了原本被放在 concurrent.futures 和 *asyncio* 章節裡的幾段內容之外的內容都是全新的。

第 738 頁的「在多核心世界裡的 Python」與本書的其他部分不同：它沒有範例程式。該節的目標是介紹一些重要的工具，當你希望實現高效的並行化和平行化，超越 Python 標準庫所能實現的範圍時，可供你研究。

大局觀

有很多因素會讓並行程式設計變難，但我想討論最基本的因素：啟動執行緒或程序很簡單，但該如何追蹤它們？[3]

3　這一節是我的朋友 Bruce Eckel 建議的，他是 Kotlin、Scala、Java 和 C++ 書籍的作者。

當你呼叫函式時，呼叫方的程式碼會暫停，直到函式 return 為止。所以你可以知道函式何時完成，並輕鬆地取得它回傳的值。如果函式引發例外，呼叫方的程式碼可以把呼叫包在 try/except 裡面，來捕捉錯誤。

這些熟悉的選項在啟動執行緒或程序時無法使用，你無法自動知道它什麼時候完成，而且你必須建立溝通管道來取得結果或錯誤，例如訊息佇列。

此外，啟動執行緒或程序並不便宜，所以你不會在啟動它們之後，只進行一次計算就退出。一般來說，為了分攤啟動成本，你會把每一個執行緒或程序寫成一個「工人（worker）」，進入一個迴圈，等待輸入來進行處理。這讓溝通更加複雜，並帶來更多問題。如何在不需要工人時讓它退出？還有，如何在不中斷作業的情況下結束它，以免留下未完成的資料和未釋出的資源，例如未關閉的檔案？同樣的，答案通常涉及訊息和佇列。

coroutine 的啟動成本很低。如果你用 await 關鍵字來啟動 coroutine，你可以輕鬆地取得它回傳的值，可以安全地取消它，而且你有明確的地點可捕捉例外。但是，coroutine 通常是由非同步框架啟動的，可能使它們像執行緒或程序一樣難以監控。

最後，Python 的 coroutine 和執行緒不適合 CPU 密集型任務，等一下就會看到。

這就是為什麼並行程式設計需要學習新概念和編寫模式。首先，我們先對一些核心概念取得共識。

術語

以下是我在本章接下來的內容和下兩章中使用的術語。

並行（*concurrency*）

> 處理多個待執行的任務的能力，逐一或平行（若可以的話）取得進展，以便讓每一個任務最終成功或失敗。如果單核心 CPU 執行 OS 調度器（scheduler）來交錯執行待執行的任務的話，也可以實現並行。並行也稱為多工（multitasking）。

平行（*parallelism*）

> 同時執行多個計算的能力。這需要多核心 CPU、多顆 CPU、GPU（*https://fpy.li/19-2*）或叢集（cluster）裡的多台電腦。

執行單元（*execution unit*）

並行執行程式碼的物件的總稱，每一物件都有獨立的狀態與呼叫堆疊。Python 原生
支援三種執行單元：*程序*（*process*）、*執行緒*（*thread*）、*coroutine*。

程序（*process*）

一個計算機程式實例，當它執行時會使用記憶體與一段 CPU 時間。現代桌上作業
系統通常同時管理數百個程序，每個程序都被隔離在自己的私有記憶體空間中。程
序透過管道（pipe）、通訊端（socket）或記憶體對映檔案來進行通訊，它們都只能
承載原始的 bytes。Python 物件必須被序列化（轉換）成原始的 bytes，才能從一個
程序傳到另一個程序。這個操作的成本很高，而且不是所有的 Python 物件都可以
序列化。程序可以產生副程序（subprocess），每個副程序都稱為一個子程序（child
process）。這些子程序也互相隔離，並與母體隔離。程序允許搶占式多工：OS 調度
器會定期*搶占*（preempt，即暫停）每一個正在執行的程序，來讓其他的程序執行。
這意味著凍結的程序不會造成整個系統凍結 —— 理論上如此。

執行緒（*thread*）

在一個程序裡的一個執行單元。當程序啟動時，它使用一個執行緒：主執行緒。一
個程序可以藉著呼叫作業系統的 API 來建立更多執行緒，並且並行執行。一個程序
裡的執行緒共用相同的記憶體空間，該空間保存活躍的 Python 物件。這可讓執行緒
之間輕鬆地共用資料，但如果有超過一個執行緒同時更新同一個物件的話，資料也
可能被破壞。如同程序，執行緒也能在作業系統調度器的監督下實現*搶占式多工*。
執行緒消耗的資源比做同樣工作的程序更少。

coroutine

可以讓自己暫停並在稍後恢復執行的函式。在 Python 裡，古典的 coroutine 是用
generator 函式來建構的，而原生的 coroutine 是用 async def 來定義的。第 651 頁的
「古典的 coroutine」會介紹它的概念，第 21 章會介紹如何使用原生的 coroutine。
Python 的 coroutine 通常在*事件迴圈*的監督下，在一個執行緒裡執行，事件迴圈通
常在同一個執行緒裡。非同步程式設計框架（例如 *asyncio*、*Curio* 與 *Trio*）為非阻
塞的、基於 coroutine 的 I/O 提供了事件迴圈和支援程式庫。coroutine 支援*合作式
多工*：每一個 coroutine 都必須使用 yield 或 await 關鍵字來明確地交出控制權，讓
其他的 coroutine 可以並行地進行（但不是平行地）。這意味著在 coroutine 裡的任何
阻塞的程式碼都會阻塞事件迴圈和所有其他程式的執行 —— 與程序和執行緒支援的
*搶占式多工*形成對比。另一方面，與做同樣工作的執行緒或程序相比，coroutine 消
耗的資源更少。

佇列（*queue*）

可讓我們可以放入和取出項目的資料結構，通常是按照 FIFO（先進先出）的順序。佇列可讓獨立的執行單元交換應用資料和控制訊息，如錯誤碼和終止訊號。佇列的實作根據底層的並行模型而不同：Python 標準程式庫的 queue 程式包提供支援執行緒的佇列類別，而 multiprocessing 與 asyncio 程式包則實作了它們自己的佇列類別。queue 和 asyncio 程式包也有非 FIFO 的佇列：LifoQueue 與 PriorityQueue。

鎖（*lock*）

這是讓執行單元用來同步它們的行動並避免破壞資料的物件。在更新共享的資料結構時，正在執行的程式碼應持有一個相關的鎖，以提醒程式的其他部分必須等待鎖被釋出，才能造訪同一個資料結構。最簡單的鎖也稱為 mutex（代表互斥）。鎖的實作取決於底層的並行模型。

爭用（*contention*）

爭奪有限資源。資源的爭用發生在多個執行單元試著使用一個共享的資源時，例如鎖或儲存空間。此外也有 CPU 爭用，當計算密集型程序或執行緒必須等待 OS 調度器分配 CPU 時間給它們時。

接下來，我們要用這些術語來瞭解 Python 的並行支援。

程序、執行緒與惡名昭彰的 Python GIL

以下用 10 個重點來說明如何應用剛才的概念來設計 Python 程式：

1. 每一個 Python 直譯器實例都是一個程序。你可以使用 multiprocessing 或 concurrent.futures 程式庫來啟動額外的 Python 程序。Python 的 subprocess 是為了啟動程序來執行外部程式而設計的，無論它們是用哪種語言寫成的。

2. Python 直譯器使用一個執行緒來執行使用者的程式與記憶體資源回收器。你可以使用 threading 或 concurrent.futures 程式庫來啟動額外的 Python 執行緒。

3. 物件參考數量與其他內部直譯器狀態是用 Global Interpreter Lock（GIL）這種鎖來控制讀取的，只有一個 Python 執行緒可以在任何時候持有 GIL。這意味著只有一個執行緒可以在任何時候執行 Python 程式碼，無論有多少 CPU 核心。

4. 為了防止 Python 執行緒無限期地持有 GIL，Python 的 bytecode 直譯器在預設情況下，會每 5 ms 暫停當前的 Python 執行緒，[4] 釋出 GIL。然後，執行緒可以試著重新獲得 GIL，但如果有其他執行緒正在等待它，OS 調度器可能選擇其中一個來進行。

5. 當我們編寫 Python 程式時，我們對 GIL 沒有控制權。但是用 C 寫成的內建函式或擴展程式（或是在 Python/C API 層對接的任何語言）可以在執行耗時的任務時釋出 GIL。

6. 每一個發出系統呼叫[5] 的 Python 標準程式庫函式都會釋出 GIL。這包括執行磁碟 I/O、網路 I/O、`time.sleep()` 的所有函式。很多在 NumPy/SciPy 程式庫裡的 CPU 密集型函式，以及 `zlib` 與 `bz2` 模組內的壓縮 / 解壓縮函式也會釋出 GIL。[6]

7. 在 Python/C API 層整合的擴展程式也可以啟動其他的非 Python 執行緒，它們不會被 GIL 影響。這種不受 GIL 影響的執行緒通常無法改變 Python 物件，但它們可以對著支援緩衝區協定的物件底下的記憶體進行讀取和寫入（*https://fpy.li/pep3118*），例如 `bytearray`、`array.array` 與 *NumPy*array。

8. GIL 對使用 Python 執行緒的網路程式的影響相對較小，因為 I/O 函式釋出 GIL，而且針對網路進行讀寫一向意味著高延遲 —— 相較於讀寫記憶體。因此，每個單獨的執行緒無論如何都會花費大量的時間來等待，所以它們可以交錯執行，而不致於對整體產出量造成重大影響。所以 David Beazley 說：「Python 執行緒很擅長什麼都不做。」[7]

9. 爭用 GIL 會降低計算密集型 Python 執行緒的速度。用循序的、單執行緒的程式碼來處理這種任務更簡單且更快速。

10. 要在多核心上執行 CPU 密集型 Python 程式碼，你必須使用多個 Python 程序。

4　呼叫 `sys.getswitchinterval()`（*https://fpy.li/19-3*）來取得間隔時間，用 `sys.setswitchinterval(s)` 來改變它（*https://fpy.li/19-4*）。

5　syscall 是來自使用者的程式碼的呼叫，其呼叫的對象是作業系統核心（kernel）函式。詳情見維基百科的「System call」文章（*https://fpy.li/19-5*）。

6　為 Python 3.2 貢獻了時間切割 GIL 邏輯的 Antoine Pitrou 在 python-dev message 裡特別指名 `zlib` 與 `bz2` 模組（*https://fpy.li/19-6*）。

7　來源：Beazley 的「enerators: The Final Frontier」教學的第 106 張投影片（*https://fpy.li/19-7*）。

這段很棒的總結來自 threading 文件：[8]

> **CPython 的實作細節**：在 CPython 中，由於 GIL 的存在，一次只能有一個執行緒執行 Python 程式碼（儘管某些性能導向的程式庫可能會突破這個限制）。如果你想讓你的應用程式更充分地利用多核心機器的計算資源，建議你使用 multiprocessing 或 concurrent.futures.ProcessPoolExecutor。然而，如果你想同時執行多個 I/O 密集型任務，threading 仍然是合適的模型。

上一段以「CPython 的實作細節」開頭的原因是 GIL 不是 Python 語言定義的一部分。Jython 與 IronPython 都沒有 GIL，很遺憾的是，它們都沒有跟上最新進展，還在追蹤 Python 2.7。高效能的 PyPy 直譯器（*https://fpy.li/19-9*）的 2.7 和 3.7 版也有 GIL，3.7 版是 2021 年 6 月時的最新版本。

> 本節不會提到 coroutine，因為預設情況下，它們之間，以及它們和非同步框架所提供的監督事件迴圈之間，都共用同一個 Python 執行緒，所以 GIL 不影響它們。你可以在同一個非同步程式中使用多個執行緒，但最好的做法是使用一個執行緒來執行事件迴圈和所有的 coroutine，使用其他的執行緒來執行特定的任務。第 809 頁的「將任務委託給執行器」會解釋這個部分。

知道以上的概念就夠了，我們來看一些程式。

並行的 Hello World

Python 貢獻者 Michele Simionato 在一場關於執行緒及如何避免 GIL 的討論中（*https://fpy.li/19-10*）提出一個例子，它就像一個並行的「Hello World」，用最簡單的程式來展示 Python 如何「邊走邊嚼口香糖」（同時做多件事）。

Simionato 的程式使用了 multiprocessing，但我對它進行修改，也加入 threading 和 asyncio。我們從 threading 版本看起，如果你曾經學過 Java 或 C 的執行緒，你應該覺得很眼熟。

8　來源：「Thread objects」一節的最後一段（*https://fpy.li/19-8*）。

使用執行緒來製作 spinner

接下來的幾個例子的想法很簡單：啟動一個函式，暫停 3 秒鐘並在終端機顯示字元動畫，讓使用者知道程式在「思考」，而非停滯不前。

這個腳本會製作一個旋轉動畫，在同一個螢幕位置顯示字串 "\|/-" 裡的每一個字元。[9] 當緩慢的計算完成時，旋轉動畫會被清除，並顯示結果：Answer: 42。

圖 19-1 是兩個旋轉動畫範例的輸出：第一個使用執行緒，第二個使用 coroutine。如果你不在電腦前，可想像最後一行的 \ 正在旋轉。

```
$ python3 spinner_thread.py                              19-concurrency — Python spinner_async.py — 88×9
spinner object: <Thread(Thread-1 (spin), initial)>
Answer: 42
$ python3 spinner_async.py
spinner object: <Task pending name='Task-2' coro=<spin() running at /Users/luciano/flupy
/example-code-2e/19-concurrency/spinner_async.py:11>>
- thinking!
```

圖 19-1　spinner_thread.py 與 spinner_async.py 產生相似的輸出，包含 spinner 物件的 repr 與文字「Answer: 42」。在螢幕截圖中，spinner_ async.py 還在執行，顯示動畫訊息 "/ thinking!"，3 秒後，那一行會換成 "Answer: 42"。

我們先看 *spinner_thread.py* 腳本。範例 19-1 是腳本的前兩個函式，範例 19-2 是其餘的程式。

範例 *19-1　spinner_thread.py*：spin 與 slow 函式

```python
import itertools
import time
from threading import Thread, Event


def spin(msg: str, done: Event) -> None:        ❶
    for char in itertools.cycle(r'\|/-'):        ❷
        status = f'\r{char} {msg}'               ❸
        print(status, end='', flush=True)
        if done.wait(.1):                        ❹
            break                                ❺
    blanks = ' ' * len(status)
```

9　Unicode 有很多適合製作簡單動畫的字元，例如盲人點字圖案（*https://fpy.li/19-11*）。我用 ASCII 字元 "\|/-" 是為了讓範例保持簡單。

```
        print(f'\r{blanks}\r', end='')   ❻

def slow() -> int:
    time.sleep(3)   ❼
    return 42
```

❶ 這個函式會在單獨的執行緒裡執行。done 引數是 threading.Event 的實例，是一個將執行緒同步化的簡單物件。

❷ 寫成無窮迴圈的原因是 itertools.cycle 每次 yield 一個字元，不停地循環顯示字串。

❸ 文字模式動畫的技巧：使用回車 return ASCII 控制字元（'\r'）將游標移回行首。

❹ 當事件被另一個執行緒設定時，Event.wait(timeout=None) 方法回傳 True，當 timeout（時限）到期時，它會回傳 False。1 秒的時限將動畫的「幀率」設為 10 FPS。如果你想要轉得更快，可使用更小的時限。

❺ 退出無窮迴圈。

❻ 使用空格來清除狀態列，並將游標移回開頭。

❼ slow() 將被主執行緒呼叫，你可以把它想成透過網路呼叫的緩慢 API。呼叫 sleep 會暫停主執行緒，但 GIL 會被釋出，讓 spinner 執行緒可繼續執行。

 這個例子的第一個重要啟示是，time.sleep() 會暫停呼叫方執行緒，但釋出 GIL，讓其他的 Python 執行緒可以執行。

spin 與 slow 函式將並行地執行。主執行緒（當程式開始時的唯一執行緒）將啟動一個新執行緒來執行 spin，然後呼叫 slow。在設計上，Python 沒有終止執行緒的 API。你必須傳訊息給它來停止它。

threading.Event 類別是 Python 中最簡單的執行緒協調傳訊機制。Event 實例有一個內部的布林旗標，它的初始值是 False。呼叫 Event.set() 會將旗標設為 True。當旗標是 false，且執行緒呼叫 Event.wait() 時，它會暫停，直到另一個執行緒呼叫 Event.set() 為止，此時 Event.wait() 回傳 True。如果將以秒為單位的時限傳給 Event.wait(s)，這個呼叫會在到期時回傳 False，或是當 Event.set() 被另一個執行緒呼叫時立刻回傳 True。

範例 19-2 的 supervisor 函式使用 Event 來提示 spin 函式退出。

範例 19-2 *spinner_thread.py*：supervisor 與 main 函式

```
def supervisor() -> int:  ❶
    done = Event()  ❷
    spinner = Thread(target=spin, args=('thinking!', done))  ❸
    print(f'spinner object: {spinner}')  ❹
    spinner.start()  ❺
    result = slow()  ❻
    done.set()  ❼
    spinner.join()  ❽
    return result

def main() -> None:
    result = supervisor()  ❾
    print(f'Answer: {result}')

if __name__ == '__main__':
    main()
```

❶ supervisor 將回傳 slow 的結果。

❷ threading.Event 實例是協調 main 執行緒與 spinner 執行緒之活動的關鍵，稍後解釋。

❸ 為了建立新 Thread，我們用 target 關鍵字引數來提供一個函式，並用 args 來傳入一個作為 target 的位置型引數的 tuple。

❹ 顯示 spinner 物件。輸出是 <Thread(Thread-1, initial)>，其中的 initial 是執行緒的狀態，代表它還沒有啟動。

❺ 啟動 spinner 執行緒。

❻ 呼叫 slow，它會暫停 main 執行緒。與此同時，次級執行緒正在執行旋轉動畫。

❼ 將 Event 旗標設為 True，這會終止在 spin 函式裡的 for 迴圈。

❽ 等待 spinner 執行緒結束。

❾ 執行 supervisor 函式。我把 main 與 supervisor 函式分開寫，來讓這個範例看起來更像範例 19-4 的 asyncio 版本。

當 main 執行緒設定 done 事件時，spinner 執行緒會注意到，並乾淨地退出。

接著來看一個使用 multiprocessing 程式包的類似範例。

用程序來製作 spinner

multiprocessing 程式包支援在單獨的 Python 程序裡執行並行任務，而不是在執行緒裡。當你建立 multiprocessing.Process 實例時，Python 會在背景啟動一個全新的 Python 直譯器作為子程序。因為每一個 Python 程序都有自己的 GIL，這可讓你的程式使用所有可用的 CPU 核心，但最終仍由作業系統的調度器決定。第 728 頁的「自製程序池」會展示實際的效果，但是對這個簡單的程式而言，它不會造成真正的差異。

本節的重點是介紹 multiprocessing，並展示它的 API 模仿了 threading API，讓你可以輕鬆地將簡單的程式從執行緒轉換成程序，如 *spinner_proc.py* 所示（範例 19-3）。

範例 *19-3　spinner_proc.py*：只顯示修改的部分，其餘的所有程式都與 *spinner_thread.py* 相同

```
import itertools
import time
from multiprocessing import Process, Event      ❶
from multiprocessing import synchronize         ❷

def spin(msg: str, done: synchronize.Event) -> None:    ❸

# 其餘的 spin 與 slow 函式與 spinner_thread.py 相同

def supervisor() -> int:
    done = Event()
    spinner = Process(target=spin,                      ❹
                      args=('thinking!', done))
    print(f'spinner object: {spinner}')                ❺
    spinner.start()
    result = slow()
    done.set()
    spinner.join()
    return result

# 主函式也相同
```

❶ 基本的 multiprocessing API 模仿了 threading API，但型態提示和 Mypy 顯示了它們之間的差異：multiprocessing.Event 是函式（而不是像 threading.Event 那樣的類別），它回傳一個 synchronize.Event 實例…

❷ …使我們必須匯入 multiprocessing.synchronize …

❸ … 來編寫這個型態提示。

---

❹ Process 類別的基本用法類似 Thread。

❺ spinner 物件被顯示成 <Process name='Process-1' parent=14868 initial>，裡面的 14868 是執行 *spinner_proc.py* 的 Python 實例的程序 ID。

threading 與 multiprocessing 的基本 API 很相似，但它們的實作非常不同，而且 multiprocessing 提供大很多的 API 來處理多程序編程的額外複雜性。例如，將執行緒轉換成程序時面臨的挑戰之一是如何在被作業系統隔離且無法共享 Python 物件的程序之間進行通訊。這意味著跨越程序邊界的物件必須經過序列化和反序列化，進而帶來額外的開銷。在範例 19-3 裡，跨越程序邊界的資料只有 Event 狀態，它是在 multiprocessing 模組底層的 C 程式碼中，使用低階 OS semaphore 來實現的。

> 自 Python 3.8 起，標準程式庫加入 multiprocessing.shared_memory 程式包（ *https://fpy.li/19-12* ），但它不支援自訂類別的實例。除了原始的 bytes 之外，這個程式包也允許程序共用 ShareableList，它是一種可變的 sequence 型態，可保存固定數量的項目，項目的型態可為 int、float、bool 與 None，以及 str 與 bytes，每個項目最多可以有 10 MB。詳情見 ShareableList 的文件（ *https://fpy.li/19-13* ）。[10]

接著來看看如何用 coroutine 來取代執行緒和程序，以實現同樣的行為。

使用 coroutine 來製作 spinner

> 第 21 章會用完整的一章來討論使用 coroutine 的非同步設計。本節只是高層次的介紹，目的是比較這種方法與執行緒和程序並行模式。因此，我們會省略很多細節。

作業系統的調度器的工作是分配時間來驅動執行緒和程序。相較之下，coroutine 是由應用層的事件迴圈來驅動的，該迴圈管理一個待執行的 coroutine 的佇列，一個接著一個驅動它們，監視由 coroutine 發起的 I/O 操作所觸發的事件，並在事件發生時，將控制權回傳至相應的 coroutine。事件迴圈與程式庫的 coroutine 和使用者的 coroutine 都在同一

---

10 semaphore 是可以用來實作其他同步機制的基本元素。Python 提供各種不同的 semaphore 類別，可搭配執行緒、程序和 coroutine 一起使用。第 801 頁的「使用 asyncio.as_completed 與執行緒」將介紹 asyncio.Semaphore。

個執行緒裡執行。因此，在一個 coroutine 中消耗的時間都會讓事件迴圈以及所有其他的 coroutine 變慢。

如果我們從 main 函式看起，再研究 supervisor，coroutine 版的 spinner 程式比較容易理解。範例 19-4 就是用這種方式來展示的。

*範例 19-4　spinner_async.py：*main *函式與* supervisor *coroutine*

```python
def main() -> None:  ❶
    result = asyncio.run(supervisor())  ❷
    print(f'Answer: {result}')

async def supervisor() -> int:  ❸
    spinner = asyncio.create_task(spin('thinking!'))  ❹
    print(f'spinner object: {spinner}')  ❺
    result = await slow()  ❻
    spinner.cancel()  ❼
    return result

if __name__ == '__main__':
    main()
```

❶ main 是這個程式定義的唯一常規函式，其他的都是 coroutine。

❷ asyncio.run 啟動事件迴圈來驅動最終會讓其他的 coroutine 開始工作的 coroutine。main 迴圈將維持暫停，直到 supervisor return 為止。supervisor 的回傳值將是 asyncio.run 的回傳值。

❹ 原生的 coroutine 是用 async def 來定義的。

❹ 用 asyncio.create_task 來安排 spin 的最終執行，就在回傳 asyncio.Task 的實例之後。

❺ spinner 物件的 repr 長得像 <Task pending name='Task-2' coro=<spin() running at /path/to/spinner_async.py:11>>。

❻ await 關鍵字呼叫 slow，暫停 supervisor，直到 slow return 為止。slow 的回傳值將被指派給 result。

❼ Task.cancel 方法在 spin coroutine 裡發出 CancelledError 例外，我們將在範例 19-5 看到這一點。

範例 19-4 展示了執行 coroutine 的三種主要方式：

```
asyncio.run(coro())
```

從常規函式呼叫，以驅動一個 coroutine 物件，它通常是程式中的所有非同步程式碼的入口點，就像本例中的 supervisor。這個呼叫會阻塞（暫停），直到 coro 的主體 return 為止。run() 的回傳值是 coro 的主體回傳的東西。

```
asyncio.create_task(coro())
```

從 coroutine 中呼叫，以安排另一個 coroutine 在適當的時候執行。這個呼叫不會暫停當前的 coroutine。它會回傳一個 Task 實例，這種實例是包著 coroutine 物件並提供方法來控制和查詢其狀態的物件。

```
await coro()
```

從 coroutine 中呼叫，將控制權轉移到 coro() 回傳的 coroutine 物件。它會暫停當前的 coroutine，直到 coro 的主體 return 為止。await 運算式的值是 coro 的主體回傳的東西。

 記住：用 coro() 來呼叫 coroutine 會立即回傳一個 coroutine 物件，但不會執行 coro 函式的主體。驅動 coroutine 的主體是事件迴圈的工作。

接下來要研究範例 19-5 裡的 spin 與 slow coroutine。

範例 19-5   *spinner_async.py*：spin 與 slow *coroutine*

```python
import asyncio
import itertools

async def spin(msg: str) -> None:        ❶
    for char in itertools.cycle(r'\|/-'):
        status = f'\r{char} {msg}'
        print(status, flush=True, end='')
        try:
            await asyncio.sleep(.1)       ❷
        except asyncio.CancelledError:    ❸
            break
    blanks = ' ' * len(status)
    print(f'\r{blanks}\r', end='')

async def slow() -> int:
    await asyncio.sleep(3)                ❹
    return 42
```

❶ 不需要使用在 *spinner_thread.py*（範例 19-1）裡用來提示 slow 已完成其工作的 Event 引數。

❷ 使用 await asyncio.sleep(.1) 而不是 time.sleep(.1) 來暫停且不停止其他的 coroutine。見本例之後的實驗。

❸ 對著控制這個 coroutine 的 Task 呼叫 cancel 方法會引發 asyncio.CancelledError。此時會退出迴圈。

❹ slow coroutine 也使用 await asyncio.sleep 而非 time.sleep。

實驗：中斷 spinner 來獲得啟示

下面是我推薦的實驗，它可以讓你瞭解 *spinner_async.py* 的工作原理。匯入 time 模組，然後在 slow coroutine 裡將 await asyncio.sleep(3) 換成 time.sleep(3)，如範例 19-6 所示。

範例 19-6　spinner_async.py：將 await asyncio.sleep(3) 換成 time.sleep(3)

```
async def slow() -> int:
    time.sleep(3)
    return 42
```

觀察行為比閱讀文字更容易留下深刻的印象。執行它吧，我等你。

當你執行實驗時，你會看到：

1. 畫面顯示 spinner 物件，類似：<Task pending name='Task-2' coro=<spin() running at /path/to/spinner_async.py:12>>

2. spinner 從未出現，程式暫停 3 秒。

3. 程式結束時顯示 Answer: 42。

為了瞭解發生了什麼事情，別忘了，使用 asyncio 的 Python 程式只有一個執行流，除非你明確地啟動額外的執行緒或程序。這意味著任何時刻都只有一個 coroutine 在執行。並行是藉著從一個 coroutine 跳到另一個 coroutine 來實現的。在範例 19-7 中，我們來關注一下在實驗的過程中，supervisor 和 slow coroutine 所發生的事情。

範例 *19-7 spinner_async_experiment.py*：supervisor 與 slow *coroutine*

```
async def slow() -> int:
    time.sleep(3)  ❹
    return 42

async def supervisor() -> int:
    spinner = asyncio.create_task(spin('thinking!'))  ❶
    print(f'spinner object: {spinner}')  ❷
    result = await slow()  ❸
    spinner.cancel()  ❺
    return result
```

❶ 建立 spinner 任務，以最終驅動 spin 的執行。

❷ 畫面顯示 Task「待執行」。

❸ await 運算式將控制權轉移給 slow coroutine。

❹ time.sleep(3) 暫停 3 秒，因為主執行緒被暫停了，而且它是唯一的執行緒，所以程式不會發生其他的事情。作業系統會繼續做其他的事情。3 秒後，sleep 解除暫停，slow return。

❺ 在 slow return 後，spinner 任務被取消。控制流程從未到達 spin coroutine 的主體。

spinner_async_experiment.py 讓我們學會一個重要的教訓，見接下來的警告中的解釋。

 除非你想暫停整個程式，否則不要在 asyncio coroutine 裡使用 time.sleep(…)。如果 coroutine 需要花一些時間什麼都不做，它應該 await asyncio.sleep(DELAY)。這會把控制權還給 asyncio 事件迴圈，讓它可以驅動其他待執行的 coroutine。

Greenlet 與 gevent

在討論用 coroutine 來執行並行時，我們不得不提到 *greenlet*（*https://fpy.li/19-14*）程式包，它已經出現多年，並被大規模使用。[11] 該程式包透過輕量級的 coroutine（名為

---

11 感謝技術校閱 Caleb Hattingh 和 Jürgen Gmach 避免我忽略 *greenlet* 和 *gevent*。

---

greenlets）來支援合作式多工，不需要任何特殊的語法，如 yield 或 await，因此更容易整合到現有的、循序式的碼庫中。SQL Alchemy 1.4 ORM 在內部使用 greenlets（*https://fpy.li/19-15*）來實現新的非同步 API（*https://fpy.li/19-16*），此 API 與 *asyncio* 相容。

gevent（*https://fpy.li/19-17*）網路程式庫 monkey patch Python 的標準 socket 模組，藉著將它的一些程式碼換成 greenlets 來讓它非阻塞（nonblocking）。*gevent* 對周圍的程式碼來說幾乎是透明的，讓它更容易適應循序的應用程式和程式庫（例如資料庫驅動程式）以執行並行的網路 I/O。許多開源專案（*https://fpy.li/19-18*）都使用 *gevent*，包括廣泛部署的 *Gunicorn*（*https://fpy.li/gunicorn*），第 743 頁的「WSGI 應用伺服器」會提到它。

比較各種 supervisor

spinner_thread.py 與 *spinner_async.py* 的行數幾乎相同。supervisor 函式是這些範例的核心。我們來仔細比較它們。範例 19-8 僅列出範例 19-2 的 supervisor。

範例 19-8　*spinner_thread.py*：執行緒版本的 supervisor 函式

```
def supervisor() -> int:
    done = Event()
    spinner = Thread(target=spin,
                     args=('thinking!', done))
    print('spinner object:', spinner)
    spinner.start()
    result = slow()
    done.set()
    spinner.join()
    return result
```

為了進行比較，範例 19-9 展示範例 19-4 的 supervisor coroutine。

範例 19-9　*spinner_async.py*：非同步的 supervisor *coroutine*

```
async def supervisor() -> int:
    spinner = asyncio.create_task(spin('thinking!'))
    print('spinner object:', spinner)
    result = await slow()
    spinner.cancel()
    return result
```

以下是這兩個版本的 supervisor 之間的差異和相似處：

- asyncio.Task 大致上相當於 threading.Thread。

- Task 驅動 coroutine 物件，Thread 呼叫 callable。

- coroutine 用 await 關鍵字來明確地交出控制權。

- 你不需要自己實例化 Task 物件，只要藉著傳遞一個 coroutine 給 asyncio.create_task(⋯) 來取得它們。

- 當 asyncio.create_task(⋯) 回傳 Task 物件時，它已經被安排好執行了，但你必須呼叫 Thread 實例的 start 方法來明確地叫它執行。

- 在執行緒版的 supervisor 裡，slow 是一般的函式，且直接被主執行緒呼叫。在非同步的 supervisor 裡，slow 是 await 驅動的 coroutine。

- 沒有 API 可以在外面終止執行緒，你必須傳送訊號，例如設定 done Event 物件。對任務（task）而言，有一個 Task.cancel() 實例方法可用，它會在 coroutine 主體目前暫停處的 await 運算式發出 CancelledError。

- supervisor coroutine 必須在 main 函式裡用 asyncio.run 來啟動。

以上的比較應該可以幫助你瞭解 *asyncio* 如何協調並行工作，並和你應該比較熟悉的 Threading 模組做比較。

關於執行緒 vs. coroutine 的最後一點是，如果你用執行緒寫過稍具複雜性的程式，你就知道由於調度器隨時可以中斷一個執行緒，所以理解程式的執行方式是多麼具有挑戰性。你必須記得持有鎖來保護程式中的重要部分，以避免在多步驟的操作進行到一半時被中斷，因為這可能導致資料處於無效狀態。

使用 coroutine 時，你的程式碼在預設情況下受到保護，不會被中斷。你必須明確地await，才能讓程式的其他部分執行。與使用鎖來同步多個執行緒的操作不同的是，coroutine 在定義上是「同步的」—在任何時候只有一個 coroutine 在執行。當你想要放棄控制權時，你就要用 await 來將控制權交還給調度器。這就是為什麼你可以安全地取消 coroutine：根據定義，唯有當 coroutine 在 await 運算式處暫停時才能被取消，所以你可以藉著處理 CancelledError 例外來進行清理。

呼叫 time.sleep() 會阻塞（暫停），但不執行任何操作。接下來，我們要用 CPU 密集型呼叫來做實驗，來進一步瞭解 GIL，以及 CPU 密集型函式在非同步程式裡的效果。

GIL 的實際影響

在執行緒版的程式裡（範例 19-1），你可以將 slow 函式裡的 time.sleep(3) 換成你喜歡的程式庫發出來的 HTTP 用戶端請求，旋轉動畫仍會轉動。那是因為優秀的網路程式庫會在等待網路時釋出 GIL。

你也可以將 slow coroutine 裡的 asyncio.sleep(3) 運算式換成 await（等待）優秀的非同步網路程式庫傳來的回應，因為這種程式庫提供的 coroutine 可在等待網路時將控制權交還給事件迴圈。與此同時，旋轉動畫將持續轉動。

在編寫 CPU 密集型程式時的情況不一樣。考慮範例 19-10 的 is_prime，它在引數是質數時回傳 True，不是質數時回傳 False。

範例 19-10　*primes.py*：易讀的質數檢查，來自 *Python* 的 ProcessPoolExecutor 範例（*https://fpy.li/19-19*）

```python
def is_prime(n: int) -> bool:
    if n < 2:
        return False
    if n == 2:
        return True
    if n % 2 == 0:
        return False

    root = math.isqrt(n)
    for i in range(3, root + 1, 2):
        if n % i == 0:
            return False
    return True
```

is_prime(5_000_111_000_222_021) 呼叫在我的公司筆電上花了大約 3.3 秒。[12]

快問快答

根據截至目前為止的內容，花一點時間想一下接下來這個包含三個部分的問題。有一個部分答案很難（至少對我來說如此）。

12　它是 15" MacBook Pro 2018，配備 6 核心，2.2 GHz Intel Core i7 CPU。

如果你做了以下的修改，旋轉動畫會發生什麼事，假設 n = 5_000_111_000_222_021，我的機器花了 3.3 秒來驗證那個質數：

1. 在 *spinner_proc.py* 裡，將 time.sleep(3) 換成呼叫 is_prime(n)？
2. 在 *spinner_thread.py* 裡，將 time.sleep(3) 換成呼叫 is_prime(n)？
3. 在 *spinner_async.py* 裡，將 await asyncio.sleep(3) 換成呼叫 is_prime(n)？

建議你先自己想出答案，再執行程式並繼續閱讀。然後，你可以要按照建議複製並修改 *spinner_*.py* 範例。

下面是答案，從最簡單的到最難的。

1. multiprocessing 的答案

旋轉動畫是由子程序控制的，所以它會在父程序檢查質數時繼續轉動。[13]

2. threading 的答案

旋轉動畫是由次級執行緒控制的，所以它在主執行緒進行主檢驗時繼續轉動。

我第一次沒有答對：我以為旋轉動畫會暫停，因為我高估了 GIL 的影響。

在這個例子裡，旋轉動畫會繼續旋轉，因為 Python 每隔 5ms（在預設情況下）就會暫停正在執行的執行緒，讓其他待執行的執行緒可獲得 GIL。因此，執行 is_prime 的主執行緒每隔 5ms 被中斷一次，讓次級執行緒醒來，並迭代 for 迴圈一次，直到它呼叫 done 事件的 wait 方法為止，此時它將釋出 GIL。主執行緒會抓到 GIL，is_prime 的計算會繼續執行另一個 5ms。

上述的過程對這個例子的執行時間沒有明顯的影響，因為 spin 函式快速地迭代一次，並在等待 done 事件時釋出 GIL，所以沒有太多針對 GIL 的爭用。執行 is_prime 的主執行緒大部分的時間都持有 GIL。

---

13 這是當今的情況，因為你可能正在使用具有搶占式多工的現代 OS。在 NT 時代之前的 Windows 以及在 OSX 時代之前的 macOS 都不是「搶占式」的，所以任何程序都可以占用 100% 的 CPU，並讓整個系統停滯。現在我們還沒有完全擺脫這個問題，但相信我這位前輩：這個問題困擾著 1990 年代的每一位使用者，且硬重置是唯一的解決辦法。

在這個簡單的實驗中，我們使用執行緒來擺脫計算密集型任務，因為執行緒只有兩個：一個占用 CPU，另一個每秒僅醒來 10 次，以更新旋轉動畫。

但如果你有兩個或更多的執行緒爭奪大量的 CPU 時間，你的程式會比循序的程式還要慢。

3. asyncio 的答案

如果你在 *spinner_async.py* 範例的 slow coroutine 裡呼叫 is_prime(5_000_111_000_222_021)，旋轉動畫將不會出現。你看到的效果會與範例 19-6 的一樣，當時我們將 await asyncio. sleep(3) 換成 time.sleep(3)，完全看不到旋轉動畫。控制流程會從 supervisor 傳給 slow，然後傳給 is_prime。當 is_prime return 時，slow 也 return，supervisor 恢復執行，先取消 spinner 任務，再執行一次。程式看起來卡住大約 3 秒，然後顯示答案。

使用 sleep(0) 來進行強力打盹

要讓 spinner 持續活躍，有一種方法是把 is_prime 改寫成 coroutine，並在 await 運算式裡定期呼叫 asyncio.sleep(0)，來將控制權交還給事件迴圈，如範例 19-11 所示。

範例 *19-11*　*spinner_async_nap.py*：現在 is_prime 是 *coroutine*

```
async def is_prime(n):
    if n < 2:
        return False
    if n == 2:
        return True
    if n % 2 == 0:
        return False

    root = math.isqrt(n)
    for i in range(3, root + 1, 2):
        if n % i == 0:
            return False
        if i % 100_000 == 1:
            await asyncio.sleep(0)    ❶
    return True
```

❶　每隔 50,000 次（因為在 range 裡的 step 是 2）迭代睡一次。

在 asyncio 版本庫裡的問題 #284（*https://fpy.li/19-20*）有一系列關於 asyncio.sleep(0) 的用法的詳盡討論。

但是，請注意，這會讓 is_prime 變慢，而且更重要的是，這仍然會讓事件迴圈和你的整個程式變慢。當我每 100,000 次迭代使用一次 await asyncio.sleep(0) 時，旋轉動畫很順暢，但程式在我的機器上執行了 4.9s，比使用相同引數（5_000_111_000_222_021）的原始 primes.is_prime 函式本身多了 50% 的時間。

你應該把 await asyncio.sleep(0) 當成一種權宜之計，在重構非同步程式碼來將 CPU 密集型計算委託給其他程序之前使用。第 21 章將展示一種使用 asyncio.loop.run_in_executor（*https://fpy.li/19-21*）來做這件事的方法。另一個選項是任務佇列（task queue），我們將在第 745 頁的「分散式任務佇列」中簡單地討論它。

到目前為止，我們的實驗只呼叫一次 CPU 密集型函式，下一節將並行執行多個 CPU 密集型呼叫。

自製程序池

 我寫這一節是為了展示如何使用多個程序來執行 CPU 密集型任務，以及使用佇列來分散任務和收集結果。第 20 章會展示將任務分配給程序的簡便做法：concurrent.futures 程式包的 ProcessPoolExecutor，它在內部使用佇列。

在這一節，我們要計算 20 個整數樣本是不是質數，從 2 到 9,999,999,999,999,999，也就是 $10^{16} - 1$，或超過 2^{53}。這個樣本包括小質數與大質數，以及具有大小質因數的合數。

sequential.py 程式是性能基準，這是執行範例：

```
$ python3 sequential.py
               2  P  0.000001s
  142702110479723  P  0.568328s
  299593572317531  P  0.796773s
 3333333333333301  P  2.648625s
 3333333333333333     0.000007s
 3333335652092209     2.672323s
 4444444444444423  P  3.052667s
```

```
4444444444444444      0.000001s
4444444488888889      3.061083s
5555553133149889      3.451833s
5555555555555503  P   3.556867s
5555555555555555      0.000007s
6666666666666666      0.000001s
6666666666666719  P   3.781064s
6666667141414921      3.778166s
7777777536340681      4.120069s
7777777777777753  P   4.141530s
7777777777777777      0.000007s
9999999999999917  P   4.678164s
9999999999999999      0.000007s
Total time: 40.31
```

程式顯示的結果有三行：

- 被檢查的數字。

- 如果它是質數，顯示 P，否則空白。

- 檢查該數字是不是質數所花費的時間。

在這個例子裡，總時間大約是每一次檢查的時間之和，但它是分別計算的，如範例 19-12 所示。

範例 19-12 　 *sequential.py*：依序檢查小資料組是否為質數

```python
#!/usr/bin/env python3

"""
sequential.py: baseline for comparing sequential, multiprocessing,
and threading code for CPU-intensive work.
"""

from time import perf_counter
from typing import NamedTuple

from primes import is_prime, NUMBERS

class Result(NamedTuple):      ❶
    prime: bool
    elapsed: float

def check(n: int) -> Result:      ❷
    t0 = perf_counter()
```

```
        prime = is_prime(n)
        return Result(prime, perf_counter() - t0)

def main() -> None:
    print(f'Checking {len(NUMBERS)} numbers sequentially:')
    t0 = perf_counter()
    for n in NUMBERS:      ❸
        prime, elapsed = check(n)
        label = 'P' if prime else ' '
        print(f'{n:16}  {label} {elapsed:9.6f}s')

    elapsed = perf_counter() - t0      ❹
    print(f'Total time: {elapsed:.2f}s')

if __name__ == '__main__':
    main()
```

❶ check 函式（見下一點）回傳 Result tuple，包含 is_prime 產生的布林值與經過時間。

❷ check(n) 呼叫 is_prime(n) 並計算經過時間，以回傳 Result。

❸ 為樣本中的每個數字呼叫 check 並顯示結果。

❹ 計算並顯示總經過時間。

使用程序的做法

下一個例子 *procs.py* 使用多個程序來將質數檢查工作分配給多個 CPU 核心。下面是用 *procs.py* 來獲得的時間：

```
$ python3 procs.py
Checking 20 numbers with 12 processes:
               2  P  0.000002s
3333333333333333     0.000021s
4444444444444444     0.000002s
5555555555555555     0.000018s
6666666666666666     0.000002s
 142702110479723  P  1.350982s
7777777777777777     0.000009s
 299593572317531  P  1.981411s
9999999999999999     0.000008s
3333333333333301  P  6.328173s
3333335652092209     6.419249s
4444444488888889     7.051267s
```

```
4444444444444423  P  7.122004s
5555553133149889     7.412735s
5555555555555503  P  7.603327s
6666666666666719  P  7.934670s
6666667141414921     8.017599s
7777777536340681     8.339623s
7777777777777753  P  8.388859s
9999999999999917  P  8.117313s
20 checks in 9.58s
```

從輸出的最後一行可以看到 *procs.py* 比 *sequential.py* 快 4.2 倍。

瞭解經過的時間

注意，在第一行的經過時間是檢查那個特定數字所花費的時間。例如，is_prime (7777777777777753) 花了大約 8.4s 來回傳 True。同時，其他的程序也在平行地檢查其他數字。

有 20 個數字要檢查。我寫的 *procs.py* 啟動了與 CPU 核心數量一樣的工人程序，CPU 核心數量是用 multiprocessing.cpu_count() 取得的。

這個例子的總時間比個別檢查的時間的總和少很多。啟動程序與程序間的溝通需要一些額外開銷，所以多程序的最終結果只比循序版本快大約 4.2 倍。結果看起來不錯，但考慮到程式啟動 12 個程序來使用這台筆電的所有核心，這個結果有點令人失望。

 在我用來編輯這一章的 MacBook Pro 上，multiprocessing.cpu_count() 函式回傳 12。它事實上是 6-CPU Core-i7，但 OS 因為超執行緒（hyperthreading）技術而回報 12 顆 CPU，超執行緒是 Intel 的技術，可在每一顆核心上執行 2 個執行緒。然而，在同一顆核心中，當其中一個執行緒不像另一個執行緒那麼努力工作時，超執行緒技術的效果更好。也許是第一個執行緒因為 cache miss 而在等待資料，另一個執行緒則在處理數字運算。無論如何，天下沒有白吃的午餐，對於不需要太多記憶體的計算密集型工作（例如簡單的質數檢查），這台筆電的性能相當於一台擁有 6 顆 CPU 的機器。

多核心質數檢查程式

當我們把計算工作委託給執行緒或程序時,我們的程式不會直接呼叫工人函式,所以我們無法直接取得回傳值。相反,工人是由執行緒或程序程式庫驅動的,它最終會產生一個需要儲存在某處的結果。在並行編程和分散式系統中,佇列經常被用來協調工人和收集結果。

procs.py 大多數的新程式都與設定和使用佇列有關。範例 19-13 是檔案的上半部。

 SimpleQueue 在 Python 3.9 加入 multiprocessing。如果你使用更早的 Python 版本,你可以將範例 19-13 裡的 SimpleQueue 換成 Queue。

範例 19-13　procs.py:多程序質數檢查;import、型態與函式

```python
import sys
from time import perf_counter
from typing import NamedTuple
from multiprocessing import Process, SimpleQueue, cpu_count   ❶
from multiprocessing import queues   ❷

from primes import is_prime, NUMBERS

class PrimeResult(NamedTuple):   ❸
    n: int
    prime: bool
    elapsed: float

JobQueue = queues.SimpleQueue[int]   ❹
ResultQueue = queues.SimpleQueue[PrimeResult]   ❺

def check(n: int) -> PrimeResult:   ❻
    t0 = perf_counter()
    res = is_prime(n)
    return PrimeResult(n, res, perf_counter() - t0)

def worker(jobs: JobQueue, results: ResultQueue) -> None:   ❼
    while n := jobs.get():   ❽
        results.put(check(n))   ❾
    results.put(PrimeResult(0, False, 0.0))   ❿

def start_jobs(
    procs: int, jobs: JobQueue, results: ResultQueue   ⓫
```

```
) -> None:
    for n in NUMBERS:
        jobs.put(n)  ⑫
    for _ in range(procs):
        proc = Process(target=worker, args=(jobs, results))  ⑬
        proc.start()  ⑭
        jobs.put(0)  ⑮
```

❶ 為了模擬執行緒，multiprocessing 提供了 multiprocessing.SimpleQueue，但它是一個方法，被綁定到 BaseContext 低階類別的預先定義實例。我們必須呼叫這個 SimpleQueue 來建構佇列，且不能在型態提示裡使用它。

❷ multiprocessing.queues 具有型態提示需要的 SimpleQueue 類別。

❸ PrimeResult 包含檢查過的數字。將 n 與其他結果欄位一起保存，可以簡化顯示結果的工作。

❹ 這是 SimpleQueue 的型態別名，main 函式（範例 19-14）會使用它來將數字送給將要執行工作的程序。

❺ 第二個 SimpleQueue 的型態別名，它會在 main 裡收集結果。在佇列裡的值是兩個 tuple：由被測試的數字組成的 tuple，以及 Result tuple。

❻ 這段程式類似 *sequential.py*。

❼ worker 取得一個包含待測試數字的佇列，以及另一個放置結果的佇列。

❽ 在這段程式裡，我使用數字 0 作為毒丸（*poison pill*）：提示工人完成工作的訊號。如果 n 不是 0，那就繼續執行迴圈。[14]

❾ 呼叫質數檢查，並將 PrimeResult 放入佇列。

❿ 將 PrimeResult(0, False, 0.0) 送回，來讓主迴圈知道這個工人完成工作了。

⓫ procs 是平行執行質數檢查的程序數量。

⓬ 將待檢查的數字放入 jobs 佇列。

⓭ 為每一個工人分出一個子程序。每一個子程序都會在自己的 worker 函式實例裡執行迴圈，直到它從 jobs 佇列抓到 0 為止。

---

14 在這個例子裡，0 是方便的哨符。None 也經常在此使用。使用 0 可以簡化 PrimeResult 的型態提示與 worker 的程式碼。

⓮ 啟動每個子程序。

⓯ 為每個程序放一個 0 到佇列裡，以終止它們。

迴圈、哨符與毒丸

範例 19-13 的 worker 函式採用並行程式設計常用的模式：使用無限迴圈從佇列取出項目，並用一個實際執行工作的函式來處理每一個項目。迴圈會在佇列產生哨符值時終止。在這種模式裡，停止工人的哨符通常稱為「毒丸」。

None 通常被當成哨符值，但如果它可能出現在資料串流裡就不適合使用。我們經常呼叫 object() 來取得獨一無二的值來當成哨符。但是，在程序之間採取這種做法行不通，因為 Python 物件必須被序列化才能在程序之間用來通訊，而且當你 pickle.dump 與 pickle.load 一個 object 的實例時，被反 pickle 的實例與原始的不同，它們並不相等。Ellipsis 內建物件（也就是 ...）很適合用來取代 None，它可以在序列化的過程中存活下來，而不失去其身分。[15]

Python 的標準程式庫使用許多不同的值作為哨符（*https://fpy.li/19-22*），PEP 661 —— Sentinel Values（*https://fpy.li/pep661*）提出一種標準的哨符型態。在 2021 年 9 月時，它還只是草稿。

接下來要研究 *procs.py* 的 main 函式，參見範例 19-14。

範例 19-14　*procs.py*：多程序質數檢查；main 函式

```
def main() -> None:
    if len(sys.argv) < 2:     ❶
        procs = cpu_count()
    else:
        procs = int(sys.argv[1])

    print(f'Checking {len(NUMBERS)} numbers with {procs} processes:')
    t0 = perf_counter()
    jobs: JobQueue = SimpleQueue()     ❷
    results: ResultQueue = SimpleQueue()
```

---

[15] 在序列化的過程中存活下來，而不失去我們的身分是很好的生活目標。

```
        start_jobs(procs, jobs, results)   ❸
        checked = report(procs, results)   ❹
        elapsed = perf_counter() - t0
        print(f'{checked} checks in {elapsed:.2f}s')   ❺

def report(procs: int, results: ResultQueue) -> int:   ❻
    checked = 0
    procs_done = 0
    while procs_done < procs:   ❼
        n, prime, elapsed = results.get()   ❽
        if n == 0:   ❾
            procs_done += 1
        else:
            checked += 1   ❿
            label = 'P' if prime else ' '
            print(f'{n:16}  {label} {elapsed:9.6f}s')
    return checked

if __name__ == '__main__':
    main()
```

❶ 如果沒有命令列引數，就將程序數量設為 CPU 核心數量，否則建立以第一個引數指定的程序數量。

❷ jobs 與 results 是範例 19-13 裡的佇列。

❸ 啟動 proc 程序來耗用 jobs 與發布 results。

❹ 取得結果並顯示它們；report 的定義在 ❻。

❺ 顯示檢查了多少數字，以及總經過時間。

❻ 引數是 procs 的數量，以及用來發布結果的佇列。

❼ 執行迴圈，直到所有程序都完成為止。

❽ 取得一個 PrimeResult。對著佇列區塊呼叫 .get()，直到在佇列裡有項目為止。我們也可以讓它是 nonblocking（非阻塞），或設定時限。詳情見 SimpleQueue.get（*https://fpy.li/19-23*）。

❾ 如果 n 是零，那就有一個程序退出了，遞增 procs_done 計數。

❿ 否則，遞增 checked 計數（追蹤已檢查的數字），並顯示結果。

結果不會按照工作被送出去的順序返回，這就是我在每一個 PrimeResult tuple 裡放入 n 的原因。否則，我就無法知道哪個結果屬於哪個數字。

如果主程序在所有子程序都完成之前退出，你可能會看到混亂的 traceback 訊息，它們是 multiprocessing 的內部鎖造成的 FileNotFoundError 例外所導致的。對並行程式進行偵錯一向很難，對 multiprocessing 進行偵錯更難，因為在類似執行緒的外表下隱藏很多複雜的東西。幸好，我們將在第 20 章學習的 ProcessPoolExecutor 很容易使用，而且更穩健。

 感謝讀者 Michael Albert 發現早期版本的範例 19-14 裡有競態條件（*https://fpy.li/19-24*）。競態條件是可能會發生也可能不會發生的 bug，取決於並行執行單元所執行的動作順序。如果「A」在「B」之前發生，一切正常，但如果「B」先發生，就會出事，這就是「競態（race）」。

如果你好奇，這個 diff 展示了 bug 以及我如何修正它：*example-code-2e/commit/2c123057*（*https://fpy.li/19-25*），但我之後重構了範例，將部分的 main 委託給 start_jobs 與 report 函式。在同一個目錄裡有一個 *README.md*（*https://fpy.li/19-26*）檔，解釋這個問題與解方。

用更多或更少程序來做實驗

你可以執行 *procs.py* 並傳遞引數來設定工人程序的數量。例如，這個命令…

```
$ python3 procs.py 2
```

…將啟動兩個工人程序，它們產生結果的速度比 *sequential.py* 快兩倍左右，如果你的機器至少有兩顆核心，而且沒有忙著執行其他程式的話。

我用 1 個到 20 個程序來執行 *procs.py*12 次，總共執行 240 次。然後計算使用相同程序數量的所有次數的中位數時間，並畫出圖 19-2。

在這台 6 核心的筆電上，中位數時間最少的是 6 個程序的 10.39s，在圖 19-2 裡的虛線處。我預期在 6 個程序後，由於 CPU 爭用，執行時間會增加，並在 10 個程序時達到 12.51s 的局部最大值。但我沒有想到也無法解釋為什麼性能在 11 個程序時會提高，並在 13 到 20 個程序時幾乎持平，中位數時間只比 6 個程序時的最低中位數時間略高。

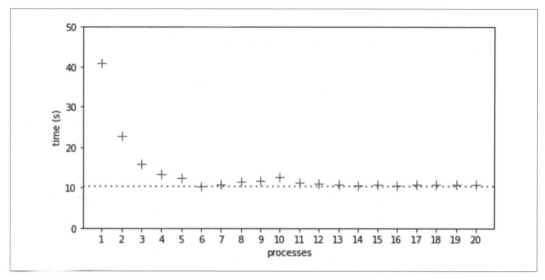

圖 19-2　從 1 個程序到 20 個程序的執行時間中位數。最高的中位數時間是 1 個程序的 40.81s。最低的中位數時間是 6 個程序的 10.39s，以虛線表示。

使用執行緒的非解決方案（Nonsolution）

我也寫了 *threads.py*，它是使用 threading 來取代 multiprocessing 的 *procs.py* 版本。兩個版本的程式很相似 —— 將使用其中一個 API 的簡單範例轉換成使用另一個 API 時，通常是這種情況。[16] 由於 GIL 和 is_prime 的計算密集性質，執行緒版本比範例 19-12 的循序程式更慢，由於 CPU 爭用以及環境切換的成本，隨著執行緒的增加而提升的速度也比較慢。為了切換到新執行緒，OS 需要儲存 CPU 暫存器並更新程式計數器和堆疊指標，進而觸發昂貴的副作用，例如使 CPU 快取失效，甚至可能替換記憶體分頁。[17]

接下來的兩章將進一步介紹 Python 的並行設計，屆時會使用高階的 *concurrent.futures* 程式庫來管理執行緒與程序（第 20 章），以使用 *asyncio* 程式庫來做非同步設計（第 21 章）。

16　見 *Fluent Python* 程式存放區（*https://fpy.li/code*）的 *19-concurrency/primes/threads.py*（*https://fpy.li/19-27*）。

17　若要進一步瞭解，請參考英文維基百科的「Context switch」（*https://fpy.li/19-28*）。

本章接下來的內容將回答這個問題：

鑑於目前為止討論的限制，Python 如何在多核心世界裡茁壯成長？

在多核心世界裡的 Python

Herb Sutter 寫的「The Free Lunch Is Over: A Fundamental Turn Toward Concurrency in Software」（*https://fpy.li/19-29*）是一篇被廣泛引用的文章，它的引言寫道：

> 主要的處理器製造商和架構，從 Intel 和 AMD 到 Sparc 和 PowerPC，所採用的傳統方法都已經沒有太多提升 CPU 性能的空間了。他們再也不藉著提升時脈速度和直線指令的產出量來提升性能，而是大規模地轉而設計超執行緒和多核心架構。2005 年 3 月。可於網路上閱讀。

Sutter 所謂的「免費午餐」是指軟體不需要開發人員付出額外努力就可以變得更快的趨勢，因為 CPU 每年都以更快的速度執行循序程式碼。自 2004 年以來，情況不再如此：時脈速度和執行優化已到達瓶頸，要顯著地提升性能，就必須仰賴多核心或超執行緒技術，上述的進展只對並行執行的程式碼有益。

Python 的故事始於 1990 年代，當時 CPU 執行循序程式碼的速度仍在成倍增長。除了超級計算機領域之外，沒有人討論多核 CPU 的主題。當時，決定採用 GIL 是很簡單的事情。GIL 可讓直譯器在單核心的執行速度更快，而且實作也比較簡單。[18] GIL 也可以方便我們透過 Python/C API 來編寫簡單的擴展程式。

 我之前提到「簡單的擴展程式」是因為擴展程式並不需要處理 GIL。用 C 或 Fortran 來寫的函式應該比用 Python 來寫的等效程式還要快幾百倍。[19] 因此，在很多情況下都不需要如此麻煩地釋出 GIL 來利用多核心 CPU。所以我們可以感謝 GIL 讓 Python 有許多擴展程式可用，這當然是 Python 語言當今如此受歡迎的關鍵原因之一。

18　這些可能性也是促使 Ruby 語言的創造者 Yukihiro Matsumoto 在其直譯器中使用 GIL 的原因。

19　在大學時，為了練習，我曾經用 C 來實作 LZW 壓縮演算法。但最初我用 Python 來撰寫，那是為了檢驗我對規格的理解程度。C 版本大約快 900 倍。

儘管有 GIL，Python 在需要並行或平行執行的應用領域中仍然很興盛，這要歸功於那些繞過 CPython 的限制的程式庫和軟體架構。

接下來要討論在 2021 年的多核心、分散式計算世界中，系統管理、資料科學和伺服器端應用開發領域是怎麼使用 Python 的。

系統管理

Python 被廣泛地用來管理大型的伺服器群、路由器、負載平衡器和網路附接儲存體（NAS）。它也是軟體定義網路（SDN）和道德黑客領域的優先選項之一。主流的雲端服務供應商透過供應商本身或龐大的 Python 使用者社群所編寫的程式庫和教學來支援 Python。

在這個領域裡，Python 腳本藉著向遠端機器發出命令來將配置任務自動化，所以很少需要做 CPU 密集型操作。執行緒或 coroutine 很適合這種工作。特別是第 20 章將介紹的 `concurrent.futures` 程式包可以同時在許多遠端機器上執行相同的操作，而不需要做太複雜的事情。

除了標準程式庫之外，現在也有一些管理伺服器叢集的 Python 專案很受歡迎，例如 *Ansible*（*https://fpy.li/19-30*）與 *Salt*（*https://fpy.li/19-31*）等工具，以及 *Fabric*（*https://fpy.li/19-32*）等程式庫。

此外也有越來越多系統管理程式庫支援 coroutine 和 `asyncio`。在 2016 年，Facebook 的 Production Engineering 團隊報告（*https://fpy.li/19-33*）：「我們越來越依賴 Python 3.4 加入的 AsyncIO，將碼庫從 Python 2 遷出之後，我們也看到巨大的性能提升。」

資料科學

Python 很適合處理資料科學（包括人工智慧）與科學計算。這些領域的應用都是計算密集型的，但 Python 使用者可受惠於 C、C++、Fortran、Cython 等寫成的數值計算程式庫的龐大系統，裡面的許多程式庫也可以利用多核心機器、GPU 與異質叢集裡的分散式平行計算。

在 2021 年時，Python 的資料科學生態系統有這些令人印象深刻的工具：

Jupyter 專案（*https://fpy.li/19-34*）

Jupyter Notebook 與 JupyterLab 這兩個基於瀏覽器的介面可讓使用者執行和記錄分析程式，且那些程式可以跨越網路在遠端機器上執行。兩者都是 Python/JavaScript 的混合應用，支援用不同語言編寫的計算核心，它們都是用 ZeroMQ 來整合的，ZeroMQ 是一種分散式應用程式的非同步訊息傳遞程式庫。*Jupyter* 這個名字來自 Julia、Python 和 R，它們是 Notebook 支援的前三種語言。用 Jupyter 工具組來建立的豐富生態系統包括 Bokeh（*https://fpy.li/19-35*），它是一種強大的互動式視覺化程式庫，拜現代 JavaScript 引擎和瀏覽器的性能之賜，使用者可以瀏覽大型的資料組或持續更新的串流資料，並與它們互動。

TensorFlow（*https://fpy.li/19-36*）與 *PyTorch*（*https://fpy.li/19-37*）

根據 O'Reilly 在 2021 年 1 月發表的一份關於他們的學習資源在 2020 年的使用情況報告（*https://fpy.li/19-38*），這兩個專案是最重要的深度學習框架，它們都是用 C++ 編寫的，並且能夠利用多核心、GPU 和叢集。它們也支援其他語言，但 Python 是它們的重點，且大多數的使用者也使用 Python。TensorFlow 是由 Google 創造並在內部使用的，PyTorch 則由 Facebook 創造。

Dask（*https://fpy.li/dask*）

這是一種平行計算程式庫，可以將工作分配給本地程序或機器叢集，它的首頁（*https://fpy.li/dask*）說它「在世界最大的超級計算機測試過」。Dask 提供的 API 仔細地模仿 NumPy、pandas 和 scikit-learn，它們都是當今資料科學和機器學習領域最流行的程式庫。Dask 可以在 JupyterLab 或 Jupyter Notebook 中使用，並且利用 Bokeh 來做資料視覺化以及製作互動式儀表板，以近乎實時的方式，顯示程序 / 機器間的資料流和計算。Dask 非常令人印象深刻，建議你看這段 15 分鐘的展示影片（*https://fpy.li/19-39*），Matthew Rocklin（這個專案的維護者）在裡面展示了 Dask 在 AWS 的 8 台 EC2 機器的 64 顆核心中計算資料的過程。

以上只是說明資料科學界如何利用 Python 的優點並克服 CPython 執行期的限制來創造解決方案的一些案例。

伺服器端網路 / 行動開發

Python 被廣泛地用於網路應用程式和支援行動應用程式的後端 API。Google、YouTube、Dropbox、Instagram、Quora 和 Reddit 等公司如何建立 Python 伺服器端應用程式，來為數億使用者提供全天候的服務？同樣的，答案遠遠超出 Python 所提供的「開箱即用」功能。

在討論大規模支援 Python 的工具之前，我必須引用 Thoughtworks *Technology Radar* 的告誡：

高性能羨忌和網路規模羨忌

我們看到很多團隊因為「可能需要擴展規模」而選擇複雜的工具、框架或架構，進而遇到麻煩。像 Twitter 和 Netflix 這樣的公司需要支援極端的負載，所以需要這些架構，但他們也有極其熟練的開發團隊，能夠處理複雜的問題。這種浩大的工程在絕大多數的情況下是不需要的，團隊應該按捺他們對網路規模的羨忌，選擇更簡單且依然可以完成工作的解決方案。[20]

在網路規模上，關鍵的因素是支持橫向擴展的架構，所有的系統都是分散式系統，沒有一種語言適用於解決方案的每一個部分。

分散式系統是一門學術研究領域，但幸運的是，有一些實踐者已經在堅實的研究和實踐經驗基礎上，寫出容易理解的書籍。其中一位實踐者是 Martin Kleppmann，他是 *Designing Data-Intensive Applications*（O'Reilly）的作者。

考慮圖 19-3，它是 Kleppmann 的書裡的第一張架構圖。以下是我在一些 Python 專案中看過的元件，我參與過那些專案，或是對它們有第一手的理解：

- 應用程式快取（application cache）[21]：*memcached*、*Redis*、*Varnish*

- 關聯資料庫（relational database）：*PostgreSQL*、*MySQL*

- 文件資料庫：*Apache CouchDB*、*MongoDB*

- 全文索引：*Elasticsearch*、*Apache Solr*

- 訊息佇列：*RabbitMQ*、*Redis*

20　來源：Thoughtworks Technology Advisory Board, Technology Radar —— 2015 年 11 月（*https://fpy.li/19-40*）。

21　比較應用程式快取（被你的應用程式直接使用）與 HTTP 快取，後者會被放在圖 19-3 的上緣，以提供圖像、CSS、JS 檔案等靜態資產。Content Delivery Networks（CDN）提供另一種類型的 HTTP 快取，它們被部署在離你的應用程式的最終使用者較近的資料中心裡。

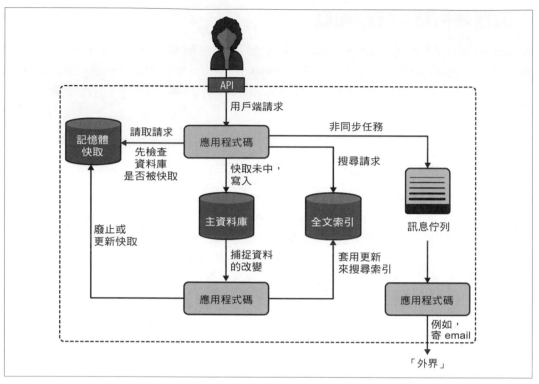

圖 19-3　結合幾個元件的系統架構之一 [22]

在每個類別裡，還有其他成熟的開源產品。主要的雲端供應商也提供他們自己的專屬替代品。

Kleppmann 的圖表是通用的，與語言無關，和他的書一樣。Python 伺服器端應用程式通常部署兩種特定的元件：

- 應用伺服器，將負載分給幾個 Python 應用程式實例。應用伺服器會出現在圖 19-3 裡靠近頂部的位置，在用戶端請求到達應用程式碼之前處理它們。

- 圍繞圖 19-3 右側的訊息佇列建立的任務佇列，以提供更高級的、更容易使用的 API，來將任務分配給其他機器的程序。

接下來的兩節將探討這些元件，它們是 Python 伺服器端部署中推薦的最佳實踐。

---

22 本圖改編自 Martin Kleppmann 所著的 *Designing Data-Intensive Applications*（O'Reilly）的圖 1-1。

WSGI 應用伺服器

WSGI（Web Server Gateway Interface）（*https://fpy.li/pep3333*）是一種標準的 API，可讓 Python 框架或應用程式從 HTTP 伺服器接收請求及對其發送回應。[23] WSGI 應用伺服器管理一個以上執行你的應用程式的程序，最大限度地利用可用的 CPU。

圖 19-4 是典型的 WSGI 部署。

 如果我們想要合併上述的兩張圖，你要將圖 19-3 頂部的「應用程式碼」矩形換成圖 19-4 的虛線矩形的內容。

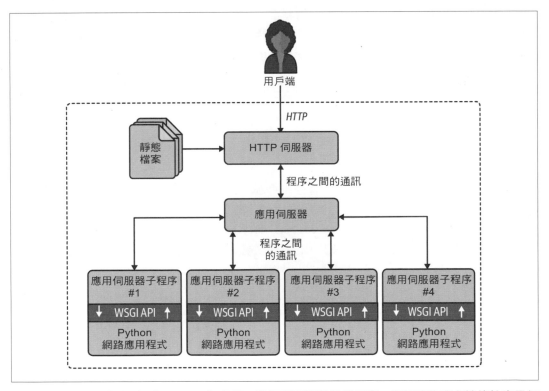

圖 19-4　用戶端連接到一個 HTTP 伺服器，該伺服器提供靜態檔案，並將其他請求轉傳給應用伺服器，該伺服器分出子程序，利用多顆 CPU 核心來執行應用程式碼。WSGI API 是應用伺服器和 Python 應用程式碼之間的黏合劑。

23　有些演說者會讀出 WSGI 的字母，有些人則把它唸成類似「whisky」的發音。

在 Python 網路專案中最著名的應用伺服器有：

- *mod_wsgi (https://fpy.li/19-41)*
- *uWSGI (https://fpy.li/19-42)*[24]
- *Gunicorn (https://fpy.li/gunicorn)*
- *NGINX Unit (https://fpy.li/19-43)*

對 Apache HTTP 伺服器的使用者而言，*mod_wsgi* 是最佳選項。它和 WSGI 本身一樣久遠，但一直被積極維護，而且現在還提供了一個名為 `mod_wsgi-express` 的命令列啟動器，使其更容易配置、更適合在 Docker 容器中使用。

據我所知，*uWSGI* 和 *Gunicorn* 是最近的專案的首選。兩者經常與 NGINX HTTP 伺服器一起使用。*uWSGI* 提供很多額外的功能，包括應用程式快取、任務佇列、類似 cron 的定期任務，以及很多其他功能。反過來說，*uWSGI* 比 *Gunicorn* 更難以正確設置。[25]

NGINX Unit 於 2018 年發表，它的製作商也推出過著名的 NGINX HTTP 伺服器和反向代理。

mod_wsgi 與 *Gunicorn* 僅支援 Python 網路應用程式，而 *uWSGI* 與 *NGINX* 也可以和其他語言一起使用。詳情請參考它們的文件。

重點是：這些應用伺服器都可以藉著分出多個 Python 程序來執行以 Django、Flask、Pyramid 等老式循序程式碼編寫的傳統網路應用程式，從而使用伺服器的所有 CPU 核心。這解釋了為什麼不需要學習 `threading`、`multiprocessing` 或 `asyncio` 模組就可以成為 Python 網路開發者並以此謀生：應用伺服器能夠透明地處理並行。

---

24 *uWSGI* 的拚寫有小寫的「u」，但讀成希臘字母「μ」，所以整個名稱聽起來就像「micro-whisky」，裡面的「k」換成「g」。

25 彭博社工程師 Peter Sperl 與 Ben Green 寫了「Configuring uWSGI for Production Deployment」（*https://fpy.li/19-44*），解釋了 uWSGI 的許多預設設定並不適合許多常見的部署場景。Sperl 在 2019 年的 EuroPython 會議上提出了他們的建議摘要（*https://fpy.li/19-45*）。強烈建議 uWSGI 的使用者看一下這部影片。

ASGI —— Asynchronous Server Gateway Interface

WSGI 是同步 API。它不支援以 async/await 來編寫 coroutine（在 Python 中，實作 WebSocket 或 HTTP 長輪詢的最高效寫法）ASGI 規格（*https://fpy.li/19-46*）是 WSGI 的後繼者，它是為非同步 Python 網路框架設計的，例如 *aiohttp*、*Sanic*、*FastAPI*…等，以及 *Django* 與 *Flask*，它們正逐漸地加入非同步功能。

現在，我們來看看另一種繞過 GIL，讓伺服器端 Python 應用程式具備更高性能的另一種做法。

分散式任務佇列

當應用伺服器向執行你的程式的 Python 程序之一發送請求時，你的應用程式必須快速做出回應，因為你希望該程序能夠盡快處理下一個請求。然而，某些請求可能需要較長時間的操作，例如發送電子郵件或生成 PDF 文件。這就是分散式任務佇列試圖解決的問題。

Celery（*https://fpy.li/19-47*）和 RQ（*https://fpy.li/19-48*）是提供 Python API 的開源任務佇列中最著名的兩個。雲端供應商也提供它們自己的專屬任務佇列。

這些產品包著一個訊息佇列，並提供高階的 API，來將任務委託給可能在不同機器上運行的工人。

在任務佇列的背景下，我們用 *producer* 和 *consumer* 這兩個術語來取代傳統的用戶端／伺服器術語。例如，*Django*view handler 生產（*produce*）工作請求，它們會被放入佇列，以供一或多個 PDF 算繪程序耗用（*consume*）。

以下是一些典型的用例，來自 *Celery* 的 FAQ（*https://fpy.li/19-49*）：

- 在背景執行某些東西。例如，盡快完成網路請求，然後逐步更新使用者的網頁。這可以讓使用者感受到良好的性能和快速的回應，即使實際工作可能需要一些時間。

- 在網路請求完成之後執行某些東西。

- 確保某件事情的完成，藉著非同步地執行它，並使用重試。

- 安排周期性的工作。

除了解決這些即時的問題外，任務佇列也支援橫向擴展。它將 producer 與 consumer 解耦，producer 不能呼叫 consumer，而是將請求放入佇列。consumer 不需要知道關於 producer 的任何事情（但請求可能包含關於 producer 的資訊，如果需要進行確認的話）。最重要的是，隨著需求的增長，你可以輕鬆地增加更多的工人來處理任務。這就是為什麼 Celery 和 RQ 被稱為分散式任務佇列。

之前的那個簡單的 *procs.py*（範例 19-13）使用了兩個佇列：一個用於工作請求，另一個用於收集結果。*Celery* 和 *RQ* 的分散式架構也採用類似的模式。它們都支援使用 *Redis*（*https://fpy.li/19-50*）NoSQL 資料庫作為訊息佇列和結果儲存體。Celery 也支援其他訊息佇列，例如 *RabbitMQ* 和 *Amazon SQS*，以及支援以其他資料庫來儲存結果。

以上就是關於 Python 的並行的介紹。接下來的兩章將延續這個主題，重點討論標準程式庫的 concurrent.futures 和 asyncio 程式包。

本章摘要

在介紹一點理論知識之後，本章展示了以 Python 的三種原生並行設計模式來實作的旋轉動畫腳本：

- 執行緒，使用 threading 程式包
- 程序，使用 multiprocessing
- 非同步 coroutine，使用 asyncio

然後我們用一個實驗來探討 GIL 的實際影響：將旋轉動畫範例改成計算大整數是否為質數，並觀察產生的行為。這個範例清楚地展示在 asyncio 裡必須避免使用 CPU 密集型函式，因為它們會塞住事件迴圈。這個實驗的執行緒版本可以執行，儘管有 GIL，因為 Python 會定期中斷執行緒，且這個範例僅使用兩個執行緒：一個負責進行計算密集工作，另一個負責每秒驅動動畫 10 次。multiprocessing 版本繞過 GIL，啟動一個只為了處理動畫的新程序，讓主程序檢查是否為質數。

下一個範例是計算多個質數，該實驗突顯了 multiprocessing 與 threading 之間的差異，證明只有程序可讓 Python 受惠於多核心 CPU。Python 的 GIL 使得執行緒的性能比處理重度計算的循序程式更糟糕。

雖然 GIL 主導了關於 Python 並行和平行計算的討論，但我們不應該高估它的影響力。這正是第 738 頁的「在多核心世界裡的 Python」中的重點所在。舉例來說，GIL 並不影

響 Python 在系統管理領域中的許多用例。另一方面，資料科學和伺服器端開發社群已經圍繞著 GIL 開展工作，為他們的需求量身打造了產業級的解決方案。最後兩節提到支援大規模的 Python 伺服器端應用的兩個常見元素：WSGI 應用伺服器與分散式任務佇列。

延伸讀物

本章有大量的參考文獻，所以我分成幾個小節來介紹。

用執行緒和程序來並行執行

第 20 章介紹的 *concurrent.futures* 程式庫在底層使用執行緒、程序、鎖和佇列，但你不會看到它們的實例，它們是用 ThreadPoolExecutor 與 ProcessPoolExecutor 的高階抽象來打包與管理的。如果你想要進一步瞭解使用那些低階物件的並行程式設計法，Jim Anderson 寫的「An Intro to Threading in Python」（*https://fpy.li/19-51*）是很好的入門書籍。Doug Hellmann 在他的網站（*https://fpy.li/19-52*）與書籍 *The Python 3 Standard Library by Example*（*https://fpy.li/19-53*）（Addison-Wesley）中，放了名為「Concurrency with Processes, Threads, and Coroutines」的一章。

Brett Slatkin 的 *Effective Python*（*https://fpy.li/effectpy*）第 2 版（Addison-Wesley），David Beazley 的 *Python Essential Reference* 第 4 版（Addison-Wesley）與 Martelli 等人的 *Python in a Nutshell* 第 3 版（O'Reilly）是大量介紹 threading 與 multiprocessing 的一般性 Python 參考書。內容豐富的 multiprocessing 官方文件的「Programming guidelines」一節有實用的建議（*https://fpy.li/19-54*）。

Jesse Noller 與 Richard Oudkerk 為 multiprocessing 程式包做出貢獻，提出 PEP 371 —— Addition of the multiprocessing package to the standard library（*https://fpy.li/pep371*）。該程式包的官方文件是一個 93 KB 的 *.rst* 檔（*https://fpy.li/19-55*），大約有 63 頁，它是 Python 標準程式庫裡最長的一章。

Micha Gorelick 和 Ian Ozsvald 在他們的著作 *High Performance Python* 第 2 版（O'Reilly）裡，用一章來介紹 multiprocessing，裡面有一個範例採用與我們的 *procs.py* 不同的策略來檢查質數。他們為每一個數字將可能的因數範圍（從 2 到 sqrt(n)）分成子範圍，然後讓每一個工人迭代其中一個子範圍。他們的分治法是科學計算應用領域的典型手法，在資料組很龐大，且工作站（或叢集）的 CPU 核心比使用者多時使用。在處理許多使用者送來的請求的伺服器端系統上，比較簡單且高效的做法是讓每一個程序從頭到尾處理

一個計算，以減少程序之間的通訊和協調造成的額外負擔。除了 `multiprocessing` 之外，Gorelick 與 Ozsvald 也介紹了開發和部署高性能資料科學應用程式，並利用多核心、GPU、叢集、解析器、Cython 與 Numba 等編譯器的方法。他們的最後一章「Lessons from the Field」收集了寶貴且簡短的案例研究，它們是由 Python 高性能計算領域的其他實踐者貢獻的。

Matthew Wilkes 的 *Advanced Python Development*（*https://fpy.li/19-57*）（Apress）是一本稀有的書籍，用簡短的範例來解釋概念，同時展示如何建立一個實際的、可投入生產的應用程式，它是一個資料整合器，類似 DevOps 監控系統或 IoT 分散式感測器的資料收集器。*Advanced Python Development* 用兩章來介紹使用 `threading` 與 `asyncio` 的並行程式設計。

Jan Palach 的 *Parallel Programming with Python*（*https://fpy.li/19-58*）（Packt，2014）解釋了並行與平行背後的核心概念，涵蓋 Python 的標準程式庫與 *Celery*。

「The Truth About Threads」是 Caleb Hattingh 的 *Using Asyncio in Python*（O'Reilly）第 2 章的標題。[26] 該章引用幾個權威且令人信服的說法來介紹執行緒的優缺點，明確地指出執行緒的基本挑戰與 Python 或 GIL 無關。以下逐字引用 *Using Asyncio in Python* 的第 14 頁：

這些主題不斷重覆出現：

- 執行緒讓程式碼難以理解。

- 執行緒對大規模並行系統（有幾千個並行任務）而言是低效的模式。

如果你想要瞭解執行緒和鎖有多難理解（而且不想讓工作承受風險），不妨試試 Allen Downey 的工作手冊 *The Little Book of Semaphores*（*https://fpy.li/19-59*）（Green Tea Press）。Downey 書裡的練習包含簡單的、非常困難的、無解的題目，但即使是簡單的練習也令人大開眼界。

GIL

如果你對 GIL 感興趣，切記，我們無法用 Python 程式來控制它，所以可靠的參考資料位於 C-API 文件中：*Thread State and the Global Interpreter Lock*（*https://fpy.li/19-60*）。*Python Library and Extension FAQ* 回答了：「Can't we get rid of the Global Interpreter Lock?」（*https://*

---

26 Caleb 是這一版的 *Fluent Python* 的技術校閱之一。

fpy.li/19-61）。Guido van Rossum 與 Jesse Noller（`multiprocessing` 程式包的貢獻者）的文章也值得一讀，分別是：「It isn't Easy to Remove the GIL」（*https://fpy.li/19-62*）與「Python Threads and the Global Interpreter Lock」（*https://fpy.li/19-63*）。

Anthony Shaw 的 *CPython Internals*（*https://fpy.li/19-64*）（Real Python）在 C 程式設計的層面上解釋了 CPython 3 直譯器的實作。Shaw 最長的一章是「Parallelism and Concurrency」，深入研究 Python 對執行緒和程序的原生支援，包括使用 C/Python API 在擴充程式中管理 GIL。

最後，David Beazley 在「Understanding the Python GIL」（*https://fpy.li/19-65*）裡進行了詳細的探索。[27] Beazley 在第 54 張投影片（*https://fpy.li/19-66*）說道，Python 3.2 加入的 GIL 演算法在特定的基準測試中增加了處理時間。在 Beazley 回報的 bug 裡：Python issue #7946（*https://fpy.li/19-68*），Antoine Pitrou（新 GIL 演算法的作者）說道，對於實際的工作負載，這個問題並不重大（*https://fpy.li/19-67*）。

標準程式庫之外的並行

Fluent Python 討論的主題是核心語言功能和標準程式庫的核心部分。*Full Stack Python*（*https://fpy.li/19-69*）是很棒的補充書籍，它討論的是 Python 的生態系統，裡面有題為「Development Environments」、「Data」、「Web Development」與「DevOps」等小節。

我已經介紹了兩本教你使用 Python 標準程式庫來設計並行的書籍，它們也有關於第三方程式庫和工具的重要內容：*High Performance Python* 第 2 版與 *Parallel Programming with Python*。Francesco Pierfederici 的 *Distributed Computing with Python*（*https://fpy.li/19-72*）（Packt）涵蓋了標準程式庫，以及雲端供應商和 HPC（High-Performance Computing）叢集的用法。

Matthew Rocklin 的「Python, Performance, and GPUs」（*https://fpy.li/19-73*）是「使用 Python 的 GPU 加速器的最新狀態報告」，於 2019 年 6 月發表。

「Instagram 目前部署全世界最大的 Django 網路框架，那個框架是完全用 Python 編寫的。」這是 Instagram 的軟體工程師 Min Ni 撰寫的部落格文章「Web Service Efficiency at Instagram with Python」（*https://fpy.li/19-74*）的開篇語。該文介紹 Instagram 用來優

---

[27] 感謝 Lucas Brunialti 提供這個演講的連結。

化 Python 碼庫效率的指標和工具，以及檢測和診斷性能回歸的技術，因為它每天部署後端「30-50 次」。

Harry Percival 與 Bob Gregory 合著的 *Architecture Patterns with Python: Enabling Test-Driven Development, Domain-Driven Design, and Event-Driven Microservices*（*https://fpy.li/19-75*）（O'Reilly）為 Python 伺服器端應用程式提出一些架構模式。作者也在 *https://www.cosmicpython.com/* 免費分享這本書。

João S. O. Bueno 的 *lelo*（*https://fpy.li/19-77*）和 Nat Pryce 的 *python-parallelize*（*https://fpy.li/19-78*）是兩個優雅且容易使用的平行化程式庫。*lelo* 程式包定義了 `@parallel` decorator，它可以套用到任何函式，神奇地把函式變成非阻塞：當你呼叫被修飾的函式時，它會在另一個程序開始執行。Nat Pryce 的 *python-parallelize* 程式包提供 `parallelize` generator 可以將 for 迴圈的執行分配給多顆 CPU。這兩個程式包都是用 *multiprocessing* 程式庫來建立的。

Python 核心開發者 Eric Snow 維護了 Multicore Python（*https://fpy.li/19-79*）wiki，記錄了他和別人為了改善 Python 對於平行執行的支援所做的努力。Snow 是 PEP 554 —— Multiple Interpreters in the Stdlib（*https://fpy.li/pep554*）的作者。如果 PEP 554 被批准和實作，它可以為未來的改善奠定基礎，最終或許可讓 Python 使用多個核心，免去 *multiprocessing* 的額外開銷。此事最大的阻礙之一，是多個活躍的子直譯器之間的複雜交互作用，以及預設只有一個直譯器的擴展程式之間的互動。

Mark Shannon（也是 Python 的維護者）製作了一張有用的表格（*https://fpy.li/19-80*），比較了 Python 的並行模型。他、Eric Snow 和其他開發者在 python-dev（*https://fpy.li/19-81*）的 mailing list 裡討論子直譯器時曾經引用這張表格。在 Shannon 的表格裡，「Ideal CSP」一欄指的是 Tony Hoare 在 1978 年提出的理論性 communicating sequential processes（*https://fpy.li/19-82*）模型。Go 也允許共享物件，這違反 CSP 的一條基本限制：執行單元應透過通道（channel）來傳遞訊息以進行溝通。

Stackless Python（*https://fpy.li/19-83*）（又名 Stackless）是實作微執行緒的 CPython 分支，相對於 OS 執行緒，微執行緒是應用級的輕量執行緒。大型多人線上遊戲 EVE Online（*https://fpy.li/19-84*）就是用 Stackless 來建立的，且遊戲公司 CCP（*https://fpy.li/19-85*）的員工曾經維護 Stackless 一段時間（*https://fpy.li/19-86*）。Pypy（*https://fpy.li/19-87*）直譯器與 *greenlet*（*https://fpy.li/19-14*）程式包重新實作了 Stackless 的一些功能，greenlet 是 *gevent*（*https://fpy.li/19-17*）網路程式庫的核心技術，而 gevent 是 *Gunicorn*（*https://fpy.li/gunicorn*）應用程式伺服器的基礎。

並行程式設計的 actor 模型是高度可擴展的 Erlang 與 Elixir 語言的核心，也是 Scala 與 Java 的 Akka 框架的模型。如果你想要在 Python 裡嘗試 actor 模型，可參考 *Thespian*（*https://fpy.li/19-90*）與 *Pykka*（*https://fpy.li/19-91*）程式庫。

接下來的推薦很少或根本沒有提到 Python，但是如果你對本章的主題感興趣，它們也跟你有關。

非 Python 的並行與擴展性

Alvaro Videla 與 Jason J. W. Williams 合著的 *RabbitMQ in Action*（*https://fpy.li/19-92*）（Manning）是很棒的 *RabbitMQ* 和 Advanced Message Queuing Protocol（AMQP）的入門書籍，裡面有 Python、PHP 與 Ruby 的範例。無論你的技術層（tech stack）的其他部分是什麼，即使你打算在底層使用 *Celery* 與 *RabbitMQ*，我也推薦這本書，因為它涵蓋了分散式訊息佇列的概念、動機與模式，以及如何大規模地操作和調整 RabbitMQ。

Paul Butcher 的 *Seven Concurrency Models in Seven Weeks*（*https://fpy.li/19-93*）（*Pragmatic Bookshelf*）讓我學到很多東西，它的副標題很有說服力：「When Threads Unravel」。該書的第 1 章介紹在 Java 中使用執行緒和鎖來設計程式的核心概念和挑戰。[28] 其餘六章專門討論作者認為比並行和平行程式設計更好的替代方案，這些方案由不同的語言、工具和程式庫支援。這些範例使用了 Java、Clojure、Elixir 和 C（在介紹使用 OpenCL 框架的平行程式設計的章節（*https://fpy.li/19-94*））。CSP 模型以 Clojure 程式碼為例，儘管 Go 語言對於這種方法的普及化也功不可沒。Elixir 是介紹 actor 模型的範例所使用的語言。該書有一篇免費的、關於 actor 的替代性額外章節（*https://fpy.li/19-95*），裡面使用了 Scala 和 Akka 框架。除非你已經學會 Scala，否則 Elixir 是方便的語言，可讓你學習和實驗 actor 模型和 Erlang/OTP 分散式系統平臺。

Thoughtworks 的 Unmesh Joshi 為 Martin Fowler 的部落格貢獻了幾頁「分散式系統的模式」（*https://fpy.li/19-96*）。他的第一頁（*https://fpy.li/19-97*）精心介紹這個主題，並提供各個模式的連結。Joshi 仍在逐漸加入模式，但已經存在的模式是多年來在關鍵任務系統中累積的寶貴經驗精華。

Martin Kleppmann 的 *Designing Data-Intensive Applications*（O'Reilly）是一本稀有難得的書籍，作者是一位具有豐富業界經驗和高階學術背景的實踐者。作者曾在 LinkedIn 和

---

28 Python 的 threading 與 concurrent.futures API 深深地被 Java 標準程式庫影響。

兩家初創公司從事大規模數據基礎設施工作，後來成為劍橋大學的分散式系統研究員。在 Kleppmann 的書中，每一章的結尾都有一份廣泛的參考文獻清單，包括最新的研究成果。該書也有大量富啟發性的圖表和漂亮的概念圖。

我有幸參與 Francesco Cesarini 在 2016 年的 OSCON 關於可靠分散式系統架構的演說，主題是：「Designing and architecting for scalability with Erlang/OTP」（影片位於 O'Reilly Learning Platform（*https://fpy.li/19-99*））。儘管取那樣的標題，Cesarini 在影片的 9:35 處解釋道：

> 接下來要說的內容幾乎都不是只與 Erlang 有關 [⋯]。事實上，Erlang 將消除許多偶然的困難，使系統具備韌性，從不故障，而且可以擴展。因此，如果你使用 Erlang，或使用在 Erlang 虛擬機器上執行的語言，你將輕鬆許多。

那次研討會是基於 Francesco Cesarini 和 Steve Vinoski 撰寫的 *Designing for Scalability with Erlang/OTP*（*https://fpy.li/19-100*）（O'Reilly）的最後四章。

設計分散式系統很有挑戰性也令人興奮，但要留意網路規模謬忌（*https://fpy.li/19-40*）。KISS 原則（*https://fpy.li/19-102*）仍然是堅實的工程建議。

Frank McSherry、Michael Isard 與 Derek G. Murray 的論文「Scalability! But at what COST?」（*https://fpy.li/19-103*）值得一看。作者們找出在學術研討會上介紹的平行圖形處理系統，這些系統需要使用數百顆核心才能超越「一個能勝任工作的單執行緒系統」的性能。他們也發現有一些系統「在所有被提出來的配置中的表現都不如單執行緒」。

這些發現讓我想起一個經典的黑客俏皮話：

> 我的 Perl 腳本比你的 Hadoop 叢集還要快。

肥皂箱

為了管理複雜性，我們必須施加限制

我是在 TI-58 計算機上學習程式的。它的「語言」類似組合語言。在那個層面上，所有的「變數」都是全域的，沒有結構化的控制流陳述式這種奢侈的工具。你可以使用條件跳轉：根據 CPU 暫存器或旗標的值，讓程式直接跑到任意的位置執行，可能在當前位置的前面或後面。

基本上，你可以在組合語言裡做任何事情，這就是挑戰所在：幾乎沒有任何限制可以防止你犯錯，以及協助人們在進行修改時瞭解程式碼。

我學的第二種語言是 8-bit 計算機附帶的非結構性 BASIC，它與後來出現的 Visual Basic 完全不同。BASIC 有 FOR、GOSUB 和 RETURN 陳述式，但仍然沒有區域變數的概念。GOSUB 不支援參數傳遞，它只是一個花哨的 GOTO，做法是在堆疊裡放入一個返回行號，好讓 RETURN 有一個目標可以跳回去。子程序可以幫助自己取得全域資料，並把結果也放在那裡。我們不得不用 IF 與 GOTO 搭配其他形式的控制流程，而這個組合同樣可讓你跳到程式的任何一行。

在使用跳躍和全域性變數來設計程式幾年後，我開始學習 Pascal，當時辛苦地重新調整思緒來適應「結構化設計」的情況還令我歷歷在目。現在我不得不在只有單一入口的程式區塊周圍使用控制流程陳述式。我不能跳到我喜歡的任何指令。在 BASIC 裡，全域性變數是不可避免的，但現在它們是禁忌。我得重新思考資料流，並明確地將引數傳給函式。

對我來說，下一個挑戰是學習物件導向程式設計。物件導向實際上是具備更多限制條件和多型的結構化設計。資訊隱藏迫使人們再次重新思考資料的生存環境。我還記得，我不只一次被迫重構程式碼，好讓我正在設計的方法能夠取得被封裝在我的方法無法接觸的物件裡的資訊。

泛函語言加入其他的限制條件，但在經歷了幾十年的指令式程式設計和物件導向程式設計之後，不可變性（immutability）是最令人難以接受的。當我們習慣了這些限制之後，我們把它們視為福音，因為它們使程式碼更容易推理。

缺少限制條件是並行程式設計的「執行緒和鎖」模式的主要問題。Paul Butcher 在總結 *Seven Concurrency Models in Seven Weeks* 的第 1 章時寫道：

> 然而，這種方法的最大弱點是執行緒和鎖很難設計。對語言設計者來說，將它們加入語言或許很容易，但它們並沒有為我們這些可憐的程式設計師帶來多大的幫助。

在該模式裡，毫無約束的行為包括：

- 執行緒可以共享訪問可變的任意資料結構的權利。

- 調度器幾乎可以在任何時候中斷執行緒，包括在一個簡單的操作的過程中，例如 +=1。在原始碼運算式的層面上，原子性的操作極少。

- 鎖通常是建議性的（advisory）。advisory 是一個技術術語，意思是你必須記得在更新共享的資料結構之前明確地持有鎖。如果你忘了拿鎖，那麼當另一個執行緒忠實地保持鎖定並更新相同的資料的同時，你的程式碼可能會搞亂資料，沒有任何機制可以防止這種情況發生。

相較之下，考慮 actor 模型強制施加的限制，在這種模型裡，執行單元稱為 actor：[29]

- actor 可以擁有內部狀態，但不能與其他的 actor 共享狀態。

- actor 只能藉著發送和接收訊息來進行交流。

- 訊息只保存資料的副本，而不是指向可變的資料的參考。

- actor 一次只能處理一個訊息。在單一 actor 裡面沒有並行執行。

當然，你可以藉著遵守這些規則，在任何語言中採取 actor 編寫風格。你也可以在 C 語言中使用物件導向慣例，甚至在組合語言中使用結構化程式設計模式。但這些做法需要接觸程式碼的所有人達成很多共識和遵守紀律。

在 Erlang 和 Elixir 實作的 actor 模型中不需要管理鎖，因為所有的資料型態都是不可變的。

執行緒與鎖不會消失。我只是認為，在編寫應用程式（相對於 kernel 模組或資料庫）時處理這種低階的東西很浪費時間。

我始終保留改善想法的權利。但現在的我相信 actor 模型是最合理的、通用的、可用的並行程式設計模型。CSP（Communicating Sequential Processes）也很合理，但它的 Go 實作遺漏了一些限制條件。CSP 的理念是，coroutine（或 Go 裡的 *goroutine*）使用佇列（在 Go 裡稱為 *channel*）來交換資料和進行同步。但 Go 也支援記憶體共享和鎖。有一本關於 Go 的書籍出於性能的理由，提倡使用共享記憶體和鎖，而不是通道。唉，舊習難改！

---

29 Erlang 社群使用「process」這個詞來代表 actor。在 Erlang 裡，每個 process 都是在本身的迴圈裡的一個函式，所以它們非常輕量，可在一台機器上同時啟動幾百萬個 actor，它與本章的其他地方談到的重量級 OS 程序（process）無關。所以，這是 Simon 教授提到二宗罪的一個案例：用不同的詞彙來表示同一件事，以及用同一個詞彙來表示不同的事情。

## 第 20 章

並行執行器

抨擊執行緒的人通常是系統程式設計師,在他們心目中的用例是典型的應用程
式設計師一輩子都不會遇到的。[...] 在應用程式設計師可能遇到的 99% 用例中,
他們只需要知道一種簡單的模式:產生一堆獨立的執行緒,並收集佇列中的
結果。

　　—— *Michele Simionato*,*Python* 深層思考者 [1]

本章重點介紹 concurrent.futures.Executor 類別,它封裝了 Michele Simionato 所述的模
式:產生一堆獨立的執行緒,並收集佇列中的結果。並行執行器(concurrent executor)
讓這種模式用起來毫不費力,不僅使用執行緒,也使用程序,對計算密集型任務來說很
有幫助。

在此我也會介紹 *future* 的概念,這種物件代表一項操作的非同步執行,類似於
JavaScript 的 promise。這個原始的概念不僅是 concurrent.futures 的基礎,也是第 21 章
的主題 asyncio 程式包的基礎。

1　來自 Michele Simionato 的文章「Threads, processes and concurrency in Python: some thoughts」(*https://fpy.
li/20-1*),它的摘要是:「推翻過度吹捧的多核心(非)革命,並(希望)對於執行緒和其他形式的並行
提供一些明智的評論。」

本章有哪些新內容

我把本章的標題從「使用 future 來設計並行」改成「並行執行器」，因為執行器（executor）是本章最重要的高階功能。future 是低階的物件，它是第 763 頁的「future 在哪裡？」的主題，但在本章的其他內容裡幾乎都看不到。

現在所有的 HTTP 用戶端案例都使用新的 *HTTPX*（*https://fpy.li/httpx*）程式庫，該程式庫提供了同步和非同步的 API。

由於 Python 3.7 的 http.server（*https://fpy.li/20-2*）程式包新增了多執行緒伺服器，第 773 頁的「在下載時顯示進度和處理錯誤」裡的設定和實驗在這一版更簡單了。之前，標準程式庫只有單執行緒的 BaseHttpServer，對實驗並行用戶端沒有幫助，所以在第一版裡，我被迫使用外部工具。

第 766 頁的「使用 concurrent.futures 來啟動程序」展示執行器如何簡化第 732 頁的「多核心質數檢查程式」裡的程式。

最後，我把大部分的理論移到第 19 章「Python 的並行模型」。

並行網路下載

並行對實現高效的網路 I/O 來說非常重要，應用程式不應該閒著等待遠端機器，而是要做一些其他的事情，直到回應被傳回來。[2]

為了用程式碼來展示，我寫了三段簡單的程式，從網路下載 20 張國旗圖片。第一個程式 *flags.py* 是循序執行的，當上一張圖像被下載並儲存在本地時，才會請求下一張圖像。另外兩個腳本執行並行下載，它們實際上在同一時間請求幾張圖像，並在圖像到達時儲存它們。*flags_threadpool.py* 腳本使用 current.futures 程式包，而 *flags_asyncio.py* 使用 asyncio。

範例 20-1 是執行三個腳本的結果，每個腳本執行三次。我也在 YouTube 上放了一部 73 秒的影片（*https://fpy.li/20-3*），展示當它們執行時，macOS Finder 視窗顯示被儲存的國旗的情況。這些腳本從 *fluentpython.com* 下載圖像，該網站在 CDN 後面，所以第一次執行可能看到較慢的結果。範例 20-1 是先執行幾次，將 CDN 快取暖機之後取得的結果。

---

[2] 特別是當你的雲端供應商按秒出租機器，無論 CPU 有多忙時。

範例 20-1　*flags.py*、*flags_threadpool.py* 與 *flags_asyncio.py* 腳本的三次典型執行情況

```
$ python3 flags.py
BD BR CD CN DE EG ET FR ID IN IR JP MX NG PH PK RU TR US VN  ❶
20 flags downloaded in 7.26s  ❷
$ python3 flags.py
BD BR CD CN DE EG ET FR ID IN IR JP MX NG PH PK RU TR US VN
20 flags downloaded in 7.20s
$ python3 flags.py
BD BR CD CN DE EG ET FR ID IN IR JP MX NG PH PK RU TR US VN
20 flags downloaded in 7.09s
$ python3 flags_threadpool.py
DE BD CN JP ID EG NG BR RU CD IR MX US PH FR PK VN IN ET TR
20 flags downloaded in 1.37s  ❸
$ python3 flags_threadpool.py
EG BR FR IN BD JP DE RU PK PH CD MX ID US NG TR CN VN ET IR
20 flags downloaded in 1.60s
$ python3 flags_threadpool.py
BD DE EG CN ID RU IN VN ET MX FR CD NG US JP TR PK BR IR PH
20 flags downloaded in 1.22s
$ python3 flags_asyncio.py  ❹
BD BR IN ID TR DE CN US IR PK PH FR RU NG VN ET MX EG JP CD
20 flags downloaded in 1.36s
$ python3 flags_asyncio.py
RU CN BR IN FR BD TR EG VN IR PH CD ET ID NG DE JP PK MX US
20 flags downloaded in 1.27s
$ python3 flags_asyncio.py
RU IN ID DE BR VN PK MX US IR ET EG NG BD FR CN JP PH CD TR  ❺
20 flags downloaded in 1.42s
```

❶　每一次執行都會先輸出被下載的國旗的國碼，最後顯示執行時間。

❷　*flags.py* 平均用 7.18 秒來下載 20 張圖像。

❸　*flags_threadpool.py* 的平均時間是 1.40 秒。

❹　*flags_asyncio.py* 的平均時間是 1.35 秒。

❺　注意國碼的順序，每次執行並行腳本時，下載的順序都不一樣。

兩個並行腳本的性能沒有明顯的差異，但是它們都比循序腳本快 5 倍，但這只是一個微不足道的小任務，下載 20 個只有幾 KB 的檔案。如果你把任務擴大成幾百次下載，並行腳本可能比循序腳本快 20 倍以上。

當你用公共網路伺服器來測試並行的 HTTP 用戶端時，你可能會在無意間發起阻斷服務（DoS）攻擊，或被懷疑你在做這件事。在範例 20-1 裡做這件事沒問題，因為這些腳本只發出 20 次請求。本章稍後會使用 Python 的 http.server 程式包來執行測試。

接下來要研究範例 20-1 測試的兩個腳本的實作：*flags.py* 與 *flags_threadpool.py*。我把第三個腳本 *flags_asyncio.py* 留到第 21 章，把這三個腳本放在一起展示是為了說明兩件事：

1. 無論你使用哪種並行結構（執行緒還是 coroutine），你都會看到它們的網路 I/O 操作的產出量比循序程式高很多，如果你正確地編寫的話。

2. 對於能夠控制自己發出多少個請求的 HTTP 用戶端來說，執行緒和 coroutine 的性能沒有明顯的差異。[3]

我們來看程式碼。

循序下載腳本

範例 20-2 是 *flags.py* 的實作程式，它是範例 20-1 執行的第一個腳本。它有點無聊，但我們將再利用它的大多數程式碼和設定來實作並行腳本，所以它值得關注。

為了清楚起見，範例 20-2 不處理錯誤。稍後會處理例外，但是在這裡，我們先關注程式碼的基本結構，以便拿這個腳本與並行的腳本進行比較。

範例 20-2　flags.py：循序下載腳本，有一些函式會在其他的腳本裡重複使用

```
import time
from pathlib import Path
from typing import Callable

import httpx  ❶

POP20_CC = ('CN IN US ID BR PK NG BD RU JP '
            'MX PH VN ET EG DE IR TR CD FR').split()  ❷
```

3　對可能被許多用戶端接觸的伺服器而言有一個差異：coroutine 的擴展性較佳，因為它們使用的記憶體比執行緒少很多，也可以減少環境切換的成本，我曾經在第 737 頁的「使用執行緒的非解決方案（Nonsolution）案」說過這件事。

```
BASE_URL = 'https://www.fluentpython.com/data/flags'    ❸
DEST_DIR = Path('downloaded')                           ❹

def save_flag(img: bytes, filename: str) -> None:       ❺
    (DEST_DIR / filename).write_bytes(img)

def get_flag(cc: str) -> bytes:    ❻
    url = f'{BASE_URL}/{cc}/{cc}.gif'.lower()
    resp = httpx.get(url, timeout=6.1,         ❼
                     follow_redirects=True)    ❽
    resp.raise_for_status()    ❾
    return resp.content

def download_many(cc_list: list[str]) -> int:    ❿
    for cc in sorted(cc_list):                   ⓫
        image = get_flag(cc)
        save_flag(image, f'{cc}.gif')
        print(cc, end=' ', flush=True)           ⓬
    return len(cc_list)

def main(downloader: Callable[[list[str]], int]) -> None:    ⓭
    DEST_DIR.mkdir(exist_ok=True)                            ⓮
    t0 = time.perf_counter()                                ⓯
    count = downloader(POP20_CC)
    elapsed = time.perf_counter() - t0
    print(f'\n{count} downloads in {elapsed:.2f}s')

if __name__ == '__main__':
    main(download_many)    ⓰
```

❶ 匯入 httpx 程式庫。它不是標準程式庫的一部分,所以按照慣例,我們在匯入標準程
式庫模組再空一行之後匯入它。

❷ 人口最多的 20 個國家的 ISO 3166 國碼清單,按人口數遞減順序排列。

❸ 有國旗圖像的目錄。[4]

❹ 儲存圖像的本地目錄。

❺ 將 img bytes 存入 DEST_DIR 內的 filename。

---

4   這些圖像來自美國政府公共領域出版物 CIA World Factbook (*https://fpy.li/20-4*),我把它們複製到我的網
    站,以免對 *cia.gov* 發動 DOS 攻擊。

❻ 收到國碼後，建立 URL 並下載圖像，回傳回應的二進制內容。

❼ 幫網路操作加入合理的時限是很好的做法，可以避免沒來由地暫停幾分鐘。

❽ 在預設情況下，*HTTPX* 跟隨轉址（follow redirect）。[5]

❾ 這個腳本不處理錯誤，但如果 HTTP 狀態不在 2XX 範圍內，此腳本會發出例外，強烈建議這樣做，以免悄悄失敗。

❿ download_many 是比較並行實作的主要函式。

⓫ 按字母順序遍歷國碼清單，以方便我們看到輸出會保留排序；回傳已下載的國碼數量。

⓬ 在同一行一次顯示一個國碼，讓我們在每次下載發生時看到進度。end=' ' 引數在每一行的結尾用一個空格字元來取代常用的換行符號，讓所有國碼都逐步顯示在同一行。flush=True 引數是必要的，因為在預設情況下，Python 的輸出是行緩衝的（line buffered），也就是說，Python 只在換行後顯示列印的字元。

⓭ main 必須用進行下載的函式來呼叫，如此一來，我們可以把 main 當成程式庫函式，與 threadpool 和 ascyncio 範例裡的其他 download_many 方法實作放在一起。

⓮ 如果需要，建立 DEST_DIR；如果目錄已經存在，不引發錯誤。

⓯ 記錄並回報執行 downloader 函式後經過多少時間。

⓰ 用 download_many 函式來呼叫 main。

 HTTPX（*https://fpy.li/httpx*）程式庫的靈感來自很 Python 的 *requests*（*https://fpy.li/20-5*）程式包，但它建立在更現代的基礎上。關鍵之處在於，*HTTPX* 提供了同步和非同步的 API，所以我們可以在本章和下一章的所有 HTTP 用戶端範例中使用它。Python 的標準程式庫提供了 urllib.request 模組，但它的 API 只是同步的，而且對使用者不方便。

flags.py 沒什麼特別的。它是用來比較其他腳本的基準，我將它當成程式庫來使用，以避免在實作它們時撰寫重複的程式碼。接下來要用 concurrent.futures 來重新實作。

5　這個範例不需要設定 follow_redirects=True，但我想強調 *HTTPX* 與 *requests* 之間的這個重要差異。此外，在這個範例裡設定 follow_redirects=True 可讓我靈活地在別處提供圖像檔案。我認為 *HTTPX* 預設 follow_redirects=False 是明智的設定，因為意外的轉址會掩蓋沒必要的請求，讓偵錯錯誤的工作更複雜。

使用 concurrent.futures 來下載

concurrent.futures 程式包的主要功能是 ThreadPoolExecutor 和 ProcessPoolExecutor 類別，它們實作了 API 來提交 callable，讓它（分別）在不同的執行緒或程序中執行。這些類別透明地管理一個工人執行緒池或程序池，以及用來分配工作和收集結果的佇列。但這個介面非常高階，在下載國旗這個簡單的用例中，我們不需要知道它的任何細節。

範例 20-3 是最簡單的並行下載寫法，它使用 ThreadPoolExecutor.map 方法。

範例 20-3　flags_threadpool.py：使用 futures.ThreadPoolExecutor 和執行緒的下載腳本

```
from concurrent import futures

from flags import save_flag, get_flag, main    ❶

def download_one(cc: str):    ❷
    image = get_flag(cc)
    save_flag(image, f'{cc}.gif')
    print(cc, end=' ', flush=True)
    return cc

def download_many(cc_list: list[str]) -> int:
    with futures.ThreadPoolExecutor() as executor:          ❸
        res = executor.map(download_one, sorted(cc_list))    ❹

        return len(list(res))                                ❺

if __name__ == '__main__':
    main(download_many)    ❻
```

❶ 重複使用 flags 模組的一些函式（範例 20-2）。

❷ 下載一張圖像的函式，這是每一個工人將執行的工作。

❸ 將 ThreadPoolExecutor 實例化成 context manager，executor.__exit__ 方法將呼叫 executor.shutdown(wait=True)，它會暫停，直到所有執行緒都完成為止。

❹ 這個 map 方法類似內建的 map，但是 download_one 函式被多個執行緒並行地呼叫；它回傳一個 generator，你可以迭代它來取出每一個函式回傳的值，在這個例子裡，每次呼叫 download_one 都回傳一個國碼。

❺ 回傳所獲得的結果的數量。如果有任何執行緒呼叫引發例外，當 list 建構式裡的隱性呼叫 next() 試著從 executor.map 回傳的 iterator 取得相應的回傳值時，那個例外會在這裡引發。

❻ 呼叫 flags 模組的 main 函式，傳入當前的 download_many 版本。

留意範例 20-3 的 download_one 函式實質上是範例 20-2 的 download_many 函式內的 for 迴圈的主體。這是在編寫並行程式時常用的重構方法：將循序的 for 迴圈的主體改成一個函式，以並行的方式呼叫它。

> 範例 20-3 非常簡短，因為我能夠重複使用循序的 *flags.py* 腳本裡的大部分函式。concurrent.futures 最棒的特點是，它可以讓你輕鬆地在傳統的循序程式之上加入並行執行。

ThreadPoolExecutor 建構式接收幾個未展示的引數，但第一個也是最重要的引數是 max_workers，其功能是設定將要執行的工人執行緒的最大數量。當 max_workers 是 None（預設值）時，ThreadPoolExecutor 使用這個算式來決定它的值（自 Python 3.8 起）：

    max_workers = min(32, os.cpu_count() + 4)

ThreadPoolExecutor 文件解釋了使用它的理由（*https://fpy.li/20-6*）：

> 這個預設值至少保留了 5 個工人來處理 I/O 密集型任務。對於 CPU 密集型任務，它最多使用 32 個 CPU 核心並釋出 GIL。並且它在多核心機器上會避免私下使用非常大的資源。
>
> ThreadPoolExecutor 在啟動 max_workers 工人執行緒之前，也會再利用閒置的工人執行緒。

總之，用公式算出來的 max_workers 預設值是合理的，ThreadPoolExecutor 會避免沒必要地啟動新的工人。瞭解 max_workers 背後的邏輯或許可以幫助你決定何時及如何自己設定它。

這個程式庫稱為 *concurrency.futures*，但是在範例 20-3 裡沒有任何 future，你可能在想，它們到底在哪裡。見下一節的解釋。

futures 在哪裡？

future 是 concurrent.futures 與 asyncio 的核心元件，但我們使用這些程式庫時，不一定看得到它們。範例 20-3 在幕後利用 future，但我寫的程式沒有直接接觸它們。本節將簡介 future，並用一個範例來展示它們的行為。

自 Python 3.4 起，在標準程式庫裡有兩個名為 Future 的類別：concurrent.futures.Future 與 asyncio.Future。它們的目的是一樣的，這兩種 Future 類別的實例都代表一個可能已完成也可能未完成的延遲計算，有點類似 Twisted 的 Deferred 類別、Tornado 的 Future 類別以及現代 JavaScript 的 Promise。

future 封裝了待處理的操作，讓我們可以將它們放在佇列中，檢查它們是否已經完成，並在它們可用時取回結果（或例外）。

關於 future 有一件重要事情是，你我都不應該建立它們，它們只能由並行框架實例化，無論是 concurrent.futures 還是 asyncio。原因在於，Future 代表最終會執行的東西，所以必須安排它的執行，這正是框架的工作。尤其是，concurrent.futures.Future 的實例只有在使用 concurrent.futures.Executor 子類別來提交 callable 來執行時才會被建立。例如，Executor.submit() 方法接收一個 callable，安排它執行，並回傳 Future。

應用程式碼不應該改變 future 的狀態：並行框架會在 future 代表的計算完成時改變其狀態，我們無法控制發生的時間。

兩種 Future 都有一個 .done() 方法，該方法是非阻塞的，它會回傳一個布林值，告訴你該 future 包裝的 callable 是否已經執行。然而，用戶端程式碼通常想要獲得 future 完成的通知，而不是反覆詢問 future 是否完成，這就是兩種 Future 類別都有一個 .add_done_callback() 方法的原因，你要給它一個 callable，當 future 完成時，Python 會呼叫該 callable，並將 future 當成唯一的引數。注意，callback callable 會在執行 future 內的函式的同一個工人執行緒或程序上執行。

它們也有一個 .result() 方法，當 future 完成時，兩種類別的這個方法都會做同樣的事情：回傳 callable 的結果，或是重新發出當 callable 執行時曾經發出的例外。但是，當 future 沒有完成時，兩種 Future 的 result 方法的行為有很大的不同。在 concurrency.futures.Future 實例裡，呼叫 f.result() 會阻塞呼叫方的執行緒，直到結果就緒為止。你可以傳入選用的 timeout 引數，如果 future 沒有在指定的時間完成，result 方法會發出 TimeoutError 例外。asyncio.Future.result 不支援時限，而且在 asyncio 裡，await 是取得 future 的結果的首選方式，但 await 不能與 concurrency.futures.Future 實例一起使用。

這兩種程式庫有一些函式回傳 future，其他函式則在它們自己的實作中，以使用者不需要關心的方式使用 future。範例 20-3 的 Executor.map 就是第二種函式的案例，它回傳一個 iterator，iterator __next__ 會呼叫每一個 future 的 result 方法，所以我們會得到 future 的結果，而不是 future 本身。

為了實際瞭解 future，我們可以改寫範例 20-3 來使用 concurrent.futures.as_completed（*https://fpy.li/20-7*）函式，它接收一個 future 的 iterable，並回傳一個 iterator，在 future 完成時 yield future。

要使用 futures.as_completed，你只要修改 download_many 函式。我們將較高階的 executor.map 呼叫換成兩個 for 迴圈：一個用來建立並安排 future，另一個用來取得它們的結果。我們加入 print 呼叫式，在每一個 future 完成工作之前與之後顯示它們。範例 20-4 是新的 download_many 函式。雖然 download_many 的程式從 5 行增加到 17 行，但現在我們可以觀察神秘的 future 了。其餘的函式與範例 20-3 一樣。

範例 20-4　*flags_threadpool_futures.py*：將 *download_many* 函式內的 *executor.map* 換成 *executor.submit* 與 *futures.as_completed*

```
def download_many(cc_list: list[str]) -> int:
    cc_list = cc_list[:5]  ❶
    with futures.ThreadPoolExecutor(max_workers=3) as executor:  ❷
        to_do: list[futures.Future] = []
        for cc in sorted(cc_list):  ❸
            future = executor.submit(download_one, cc)  ❹
            to_do.append(future)  ❺
            print(f'Scheduled for {cc}: {future}')  ❻

        for count, future in enumerate(futures.as_completed(to_do), 1):  ❼
            res: str = future.result()  ❽
            print(f'{future} result: {res!r}')  ❾

    return count
```

❶ 在這次的展示中，我們只使用人口最多的五個國家。

❷ 將 max_workers 設為 3，以便在輸出中觀察待執行的 future。

❸ 按字母順序迭代國碼，以清楚地展示結果不會按照順序到達。

❹ executor.submit 安排待執行的 callable，並回傳一個 future 代表這個待執行的操作。

❺ 儲存每一個 future，讓我們稍後可以用 as_completed 來取出它們。

❻ 顯示一則訊息，裡面有國碼與各自的 future。

❼ as_completed 在 future 完成時 yield 它們。

❽ 取得這個 future 的結果。

❾ 顯示 future 與它的結果。

注意，在這個範例中，future.result() 絕對不會阻塞，因為 future 出自 as_completed。範例 20-5 是執行一次範例 20-4 的輸出。

範例 20-5　flags_threadpool_futures.py 的輸出

```
$ python3 flags_threadpool_futures.py
Scheduled for BR: <Future at 0x100791518 state=running>    ❶
Scheduled for CN: <Future at 0x100791710 state=running>
Scheduled for ID: <Future at 0x100791a90 state=running>
Scheduled for IN: <Future at 0x101807080 state=pending>    ❷
Scheduled for US: <Future at 0x101807128 state=pending>
CN <Future at 0x100791710 state=finished returned str> result: 'CN'    ❸
BR ID <Future at 0x100791518 state=finished returned str> result: 'BR'    ❹
<Future at 0x100791a90 state=finished returned str> result: 'ID'
IN <Future at 0x101807080 state=finished returned str> result: 'IN'
US <Future at 0x101807128 state=finished returned str> result: 'US'

5 downloads in 0.70s
```

❶ future 不是按照字母順序來安排執行的，future 的 repr() 展示它的狀態，前三個 future 是 running，因為有三個工人執行緒。

❷ 後兩個 future 是 pending，等待工人執行緒。

❸ 開頭的 CN 是工人執行緒裡的 download_one 的輸出，其餘的訊息是 download_many 的輸出。

❹ 在主執行緒內的 download_many 之前有兩個執行緒輸出國碼，在此可以顯示第一個執行緒的結果。

我建議用 *flags_threadpool_futures.py* 來做實驗。如果你執行它幾次，你會看到結果的順序不相同。將 max_workers 增加到 5 會將增加結果順序的變化程度。把它降為 1 會讓這個腳本循序執行，產生的順序必然是提交呼叫的順序。

我們看了兩種使用 concurrent.futures 的下載腳本：一個在範例 20-3 裡，使用 ThreadPoolExecutor.map，另一個在範例 20-4 裡，使用 futures.as_completed。如果你想看 *flags_asyncio.py* 的程式碼，你可以看一下第 21 章的範例 21-3，那裡也有該程式的解釋。

接下來要看看如何使用 concurrent.futures 來為 CPU 密集型工作處理 GIL。

使用 concurrent.futures 來啟動程序

concurrent.futures 文件網頁（*https://fpy.li/20-8*）的副標題是 "Launching parallel tasks"。該程式包能夠在多核心機器上進行平行計算，因為它可以讓你使用 ProcessPoolExecutor 類別來將工作分配給多個 Python 程序。

ProcessPoolExecutor 和 ThreadPoolExecutor 都實作了 Executor（*https://fpy.li/20-9*）介面，所以很容易使用 concurrent.futures 來從執行緒解決方案切換到程序解決方案。

對於國旗下載範例或任何 I/O 密集型工作而言，使用 ProcessPoolExecutor 沒有什麼優勢。驗證這件事很簡單，只要將範例 20-3 中的這幾行：

```
def download_many(cc_list: list[str]) -> int:
    with futures.ThreadPoolExecutor() as executor:
```

改成：

```
def download_many(cc_list: list[str]) -> int:
    with futures.ProcessPoolExecutor() as executor:
```

ProcessPoolExecutor 的建構式也有 max_workers 參數，它的預設值是 None。在那個例子裡，執行器將工人的數量設為 os.cpu_count() 回傳的數量。

程序比執行緒使用更多記憶體，啟動時間也更長，所以 ProcessPoolExecutor 在 CPU 密集型工作裡才能發揮真正的價值。讓我們回到第 728 頁的「自製程序池」的主要測試範例，用 concurrent.futures 來改寫它。

重現多核心質數檢查程式

我們曾經在第 732 頁的「多核心質數檢查程式」研究了 *procs.py*，它是使用 multiprocessing 來檢查一些大數字是否為質數的腳本。在範例 20-6 中，我們使用 ProcessPoolExecutor 來解決 *proc_pool.py* 程式裡的相同問題。從第一個 import 到最後的 main() 呼叫，*procs.py* 有 43 行非空行的程式碼，而 *proc_pool.py* 有 31 行，短了 28%。

範例 20-6　*proc_pool.py*：用 ProcessPoolExecutor 來改寫 *procs.py*

```python
import sys
from concurrent import futures          ❶
from time import perf_counter
from typing import NamedTuple

from primes import is_prime, NUMBERS

class PrimeResult(NamedTuple):          ❷
    n: int
    flag: bool
    elapsed: float

def check(n: int) -> PrimeResult:
    t0 = perf_counter()
    res = is_prime(n)
    return PrimeResult(n, res, perf_counter() - t0)

def main() -> None:
    if len(sys.argv) < 2:
        workers = None                  ❸
    else:
        workers = int(sys.argv[1])

    executor = futures.ProcessPoolExecutor(workers)   ❹
    actual_workers = executor._max_workers  # type: ignore   ❺

    print(f'Checking {len(NUMBERS)} numbers with {actual_workers} processes:')

    t0 = perf_counter()

    numbers = sorted(NUMBERS, reverse=True)   ❻
    with executor:                            ❼
        for n, prime, elapsed in executor.map(check, numbers):   ❽
            label = 'P' if prime else ' '
            print(f'{n:16}  {label} {elapsed:9.6f}s')

    time = perf_counter() - t0
    print(f'Total time: {time:.2f}s')

if __name__ == '__main__':
    main()
```

❶ 有 concurrent.futures 就不需要匯入 multiprocessing、SimpleQueue …等。

❷ PrimeResult tuple 與 check 函式與我們在 *procs.py* 裡看到的一樣,但是我們不需要佇列與 worker 函式了。

❸ 如果沒有提供命令列引數,我們不再自行決定使用多少工人,而是將 workers 設為 None 來讓 ProcessPoolExecutor 決定。

❹ 我在 ❼ 的 with 區塊之前建立 ProcessPoolExecutor,這樣就可以在下一行顯示實際的工人數量。

❺ _max_workers 是 ProcessPoolExecutor 的實例屬性,它沒有被寫在文件裡。我決定當 workers 變數是 None 時,用它來顯示工人的數量。當我讀取它時,*Mypy* 正確地發出抱怨,所以我用 type: ignore 注釋來讓它閉嘴。

❻ 將要檢查的數字降序排列。這會揭露 *proc_pool.py* 與 *procs.py* 的行為差異。見本範例之後的解釋。

❼ 使用 executor 作為 context manager。

❽ executor.map 回傳 check 所回傳的 PrimeResult 實例,按照 numbers 引數的順序。

當你執行範例 20-6 時,你會看到結果按照嚴格的降序順序出現,如範例 20-7 所示。相較之下,影響 *procs.py*(在第 730 頁的「使用程序的做法」)的輸出順序的主因是檢查各個數字是否為質數的困難程度。例如,*procs.py* 在靠近最上面的地方顯示 7777777777777777 的結果,因為它有很小的因數 7,所以 is_prime 很快就判定它不是質數。

相較之下,7777777536340681 是 88191709^2,所以 is_prime 花更多的時間來確定它是合數,甚至花更多時間來發現 7777777777777753 是質數,因此這兩個數字都出現在 *procs.py* 輸出的最底下附近。

執行 *proc_pool.py* 時,你不僅可以看到結果降序排序,也可以看到程式在顯示 9999999999999999 的結果之後出現卡頓。

範例 20-7 *proc_pool.py* 的輸出

```
$ ./proc_pool.py
Checking 20 numbers with 12 processes:
9999999999999999      0.000024s  ❶
9999999999999917  P   9.500677s  ❷
```

```
7777777777777777      0.000022s   ❸
7777777777777753  P   8.976933s
7777777536340681      8.896149s
6666667141414921      8.537621s
6666666666666719  P   8.548641s
6666666666666666      0.000002s
5555555555555555      0.000017s
5555555555555503  P   8.214086s
5555553133149889      8.067247s
4444444488888889      7.546234s
4444444444444444      0.000002s
4444444444444423  P   7.622370s
3333335652092209      6.724649s
3333333333333333      0.000018s
3333333333333301  P   6.655039s
 299593572317531  P   2.072723s
 142702110479723  P   1.461840s
               2  P   0.000001s
Total time: 9.65s
```

❶ 這一行非常快速地出現。

❷ 這一行花了超過 9.5 秒才出現。

❸ 其餘各行都幾乎立刻出現。

以下是 *proc_pool.py* 有這種行為的原因：

- 如前所述，executor.map(check, numbers) 回傳結果的順序與收到的 numbers 一樣。

- 在預設情況下，*proc_pool.py* 使用的工人與 CPU 一樣多，這是 ProcessPoolExecutor 在 max_workers 是 None 時的做法。在這台筆電上，那是 12 個程序。

- 因為我們按降序順序來提交數字，第一個是 9999999999999999，它有 9 這個因數，所以快回 return。

- 第二個數字是 9999999999999917，它是這個範例裡的最大質數。檢查它的時間比檢查其他的數字還要長很多。

- 與此同時，其餘的 11 程序將檢查其他的數字，那些數字若不是質數，就是有大因數的合數，或是有非常小的因數的合數。

- 當負責 9999999999999917 的工人終於確定它是質數時，其他的程序都完成了它們最後一個工作，所以結果立刻緊接著出現。

儘管 *proc_pool.py* 的進度不像 *procs.py* 那樣明顯，但它的整體執行時間與圖 19-2 描繪的相同，因為它使用一樣多的工人和 CPU 核心。

瞭解並行程式的行為並不容易，接下來的第二個實驗應該可以幫助你直觀地瞭解 Executor.map 的操作。

用 Executor.map 來做實驗

我們來研究一下 Executor.map，接下來會使用一個 ThreadPoolExecutor 與三個工人來執行五個 callable，這些 callable 會輸出具有時戳的訊息。程式在範例 20-8，輸出在範例 20-9。

範例 20-8 demo_executor_map.py：簡單地展示 ThreadPoolExecutor 的 map 方法

```python
from time import sleep, strftime
from concurrent import futures

def display(*args):  ❶
    print(strftime('[%H:%M:%S]'), end=' ')
    print(*args)

def loiter(n):  ❷
    msg = '{}loiter({}): doing nothing for {}s...'
    display(msg.format('\t'*n, n, n))
    sleep(n)
    msg = '{}loiter({}): done.'
    display(msg.format('\t'*n, n))
    return n * 10  ❸

def main():
    display('Script starting.')
    executor = futures.ThreadPoolExecutor(max_workers=3)  ❹
    results = executor.map(loiter, range(5))  ❺
    display('results:', results)  ❻
    display('Waiting for individual results:')
    for i, result in enumerate(results):  ❼
        display(f'result {i}: {result}')

if __name__ == '__main__':
    main()
```

❶ 這個函式直接印出它收到的引數，並且在前面加上一個時戳，時戳的格式是 [HH:MM:SS]。

❷ loiter 在開始時顯示一個訊息，沉睡 n 秒，然後在結束時顯示一個訊息；根據 n 的值用 tab 來將訊息縮排。

❸ loiter 回傳 n * 10，讓我們可以觀察如何收集結果。

❹ 建立有三個執行緒的 ThreadPoolExecutor。

❺ 提交五個任務給 executor。因為只有三個執行緒，所以只有三個任務會立刻啟動：呼叫 loiter(0)、loiter(1) 與 loiter(2)，這是非阻塞呼叫。

❻ 立刻顯示呼叫 executor.map 的 results，它是 generator，如範例 20-9 的輸出所示。

❼ 在 for 迴圈裡的 enumerate 會私下呼叫 next(results)，進而對著（內部的）_f future 呼叫 _f.result()，該 future 代表第一個呼叫，loiter(0)。result 方法會暫停，直到 future 完成為止，因此這個迴圈的每次迭代都必須等待下一個結果就緒。

鼓勵你執行範例 20-8，並看一下逐步更新的畫面。你可以調整一下 ThreadPoolExecutor 的 max_workers 引數，以及為 executor.map 產生引數的 range 函式 —— 或將它換成一系列精心挑選的值來產生不同的延遲。

範例 20-9 是執行範例 20-8 的結果。

範例 20-9 執行範例 20-8 的 demo_executor_map.py

```
$ python3 demo_executor_map.py
[15:56:50] Script starting. ❶
[15:56:50] loiter(0): doing nothing for 0s... ❷
[15:56:50] loiter(0): done.
[15:56:50]      loiter(1): doing nothing for 1s... ❸
[15:56:50]              loiter(2): doing nothing for 2s...
[15:56:50] results: <generator object result_iterator at 0x106517168> ❹
[15:56:50]                      loiter(3): doing nothing for 3s... ❺
[15:56:50] Waiting for individual results:
[15:56:50] result 0: 0 ❻
[15:56:51]      loiter(1): done. 7
[15:56:51]                              loiter(4): doing nothing for 4s...
[15:56:51] result 1: 10 ❽
[15:56:52]              loiter(2): done.  ❾
[15:56:52] result 2: 20
[15:56:53]                      loiter(3): done.
```

```
[15:56:53] result 3: 30
[15:56:55]                              loiter(4): done.   ❿
[15:56:55] result 4: 40
```

❶ 這次執行始於 15:56:50。

❷ 第一個執行緒執行 loiter(0)，因為它會沉睡 0 秒，甚至在第二個執行緒啟動之前就 return，但 YMMV。[6]

❸ loiter(1) 與 loiter(2) 立刻開始執行（因為執行緒池有三個工人，所以它可以並行地執行三個函式）。

❹ 從這裡可以看出 executor.map 回傳的 results 是個 generator；到目前為止沒有東西會阻塞，無論任務有多少個，與 max_workers 如何設定。

❺ 因為 loiter(0) 完成了，第一個工人可以啟動第四個執行緒，處理 loiter(3)。

❻ 這是執行可能阻塞的地方，取決於 loiter 呼叫式收到的參數：results generator 的 __next__ 方法必須等待第一個 future 完成。在這個例子裡，它不會阻塞，因為 loiter(0) 在這個迴圈開始之前就完成了。請注意，到目前為止的一切都發生在同一秒內：15:56:50。

❼ 一秒後，loiter(1) 完成，於 15:56:51。執行緒有空處理 loiter(4) 了。

❽ 顯示 loiter(1) 的結果：10。現在 for 迴圈會暫停，等待 loiter(2) 的結果。

❾ 模式重複：loiter(2) 完成，顯示結果；loiter(3) 也一樣。

❿ 在 loiter(4) 完成前有 2 秒的延遲，因為它在 15:56:51 開始，並閒置 4 秒。

Executor.map 函式很容易使用，但一般來說，最好在結果就緒時取得它們，無論它們的提交順序如何。為此，我們必須結合 Executor.submit 方法和 futures.as_completed 函式，如範例 20-4 所示。我們會在第 781 頁的「使用 futures.as_completed」回來討論這項技術。

---

6 Your mileage may vary（結果可能因人而異）的縮寫：在使用執行緒時，你絕對無法知道應該幾乎同時發生的事件的確切發生順序，也許在另一台機器上，你看到 loiter(1) 在 loiter(0) 完成之前就啟動了，特別是因為 sleep 總是釋出 GIL，所以 Python 可能切換到另一個執行緒，即使你沉睡 0 秒。

executor.submit 和 futures.as_completed 的組合比 executor.map 更靈活，因為你可以提交不同的 callable 和引數，而 executor.map 的設計是用不同的引數來執行同一個 callable。此外，你傳給 futures.as_completed 的 future 集合可能來自不只一個 executor，可能有一些是 ThreadPoolExecutor 實例建立的，其他的則來自 ProcessPoolExecutor。

在下一節，我們要再次使用國旗下載範例，並加入新的需求，迫使我們迭代 futures.as_completed 的結果，而不是使用 executor.map。

在下載時顯示進度和處理錯誤

第 756 頁的「並行網路下載」腳本為了方便閱讀和比較三種做法的結構，而沒有加入錯誤處理機制。三種做法是：循序、執行緒與非同步。

為了測試各種錯誤情況的處理，我建立了 flags2 範例：

flags2_common.py

這個模組包含所有 flags2 範例所使用的函式與設定，包括 main 函式，它負責解析命令列、計時與回報結果。這是支援程式，與本章的主題沒有直接的關係，所以我不在此列出原始碼，你可以在 *fluentpython/example-code-2e* 版本庫找到它：*20-executors/getflags/flags2_common.py*（*https://fpy.li/20-10*）。

flags2_sequential.py

循序的 HTTP 用戶端，具備適當的錯誤處理與進度條畫面。它的 download_one 也被 flags2_threadpool.py 使用。

flags2_threadpool.py

基於 futures.ThreadPoolExecutor 的並行 HTTP 用戶端，展示錯誤處理和進度條的整合。

flags2_asyncio.py

功能與之前的範例相同，但用 asyncio 與 httpx 來實作。第 800 頁的「改良 asyncio 下載器」（第 21 章）會討論它。

在測試並行用戶端時要很小心

當你在公共網路伺服器上測試並行 HTTP 用戶端時，你可能每秒產生許多
請求，這也是阻斷服務攻擊（DoS）攻擊的手法。在造訪公共伺服器時，
請謹慎地節制你的用戶端。在測試時，應設置一個本地的 HTTP 伺服器。
做法參見第 776 頁的「設定測試伺服器」。

flags2 範例最明顯的特徵是它們有一條會動的文字模式進度條，它是用 tqdm 程式包
（*https://fpy.li/20-11*）來做的。我在 YouTube 放了一部 108 秒的影片（*https://fpy.li/20-12*）以展示進度條，並比較三個 flags2 腳本的速度。在影片中，我先執行循序下載，但
在 32 秒後中斷它，因為它花了超過 5 分鐘來造訪 676 個 URL 以取得 194 張國旗。然後
我執行執行緒和 asyncio 腳本各三次，它們每次都在 6 秒內完成工作（快 60 倍以上）。
圖 20-1 有兩張螢幕截圖，分別取自執行 *flags2_threadpool.py* 期間與之後。

```
● ● ●                              3. Python
(.venv34) lontra:countries luciano$ python3 flags2_threadpool.py -s ERROR -e -m 10
ERROR site: http://localhost:8003/flags
Searching for 676 flags: from AA to ZZ
10 concurrent connections will be used.
|####------| 300/676  44% [elapsed: 00:08 left: 00:10, 36.17 iters/sec]

              ● ● ●                              3. bash
              (.venv34) lontra:countries luciano$ python3 flags2_threadpool.py -s ERROR -e -m 10
              ERROR site: http://localhost:8003/flags
              Searching for 676 flags: from AA to ZZ
              10 concurrent connections will be used.
              --------------------
              147 flags downloaded.
              360 not found.
              169 errors.
              Elapsed time: 18.10s
              (.venv34) lontra:countries luciano$
```

圖 20-1　左上：在執行 flags2_threadpool.py 時，顯示 tqdm 產生的進度條；右下：同一個終端機
視窗在腳本完成時的畫面。

在專案的 *README.md*（*https://fpy.li/20-13*）裡的動態 *.gif* 是最簡單的 *tqdm* 範例。如果
你先安裝 tqdm 程式包，然後在 Python 主控台裡輸入下面的程式碼，你將在注釋的地方
看到動態進度條：

```
>>> import time
>>> from tqdm import tqdm
>>> for i in tqdm(range(1000)):
...     time.sleep(.01)
...
>>> # -> 進度條出現在此 <-
```

tqdm 函式除了有簡潔的效果之外，在概念上也很有趣：它會耗用任何 iterable，並產生一個 iterator，當它被耗用時會顯示進度條，並估計完成所有迭代還需要多少時間。為了計算估計時間，tqdm 需要獲得一個有 len 的 iterable，或者額外收到 total= 引數傳來的預期項目數量。將 tqdm 與我們的 flags2 範例整合起來，可讓我們更深入地觀察並行腳本的實際行為，迫使我們使用 futures.as_completed（*https://fpy.li/20-7*）與 asyncio.as_completed（*https://fpy.li/20-15*）函式來讓 tqdm 可以在每一個 future 完成時顯示進度。

flags2 範例的另一個特徵是命令列介面。三個腳本都接收相同的選項，你可以在執行任何腳本時，使用 -h 選項來顯示它們。範例 20-10 是說明（help）文字。

範例 20-10　flags2 系列腳本的說明畫面

```
$ python3 flags2_threadpool.py -h
usage: flags2_threadpool.py [-h] [-a] [-e] [-l N] [-m CONCURRENT] [-s LABEL]
                            [-v]
                            [CC [CC ...]]

Download flags for country codes. Default: top 20 countries by population.

positional arguments:
  CC                    country code or 1st letter (eg. B for BA...BZ)

optional arguments:
  -h, --help            show this help message and exit
  -a, --all             get all available flags (AD to ZW)
  -e, --every           get flags for every possible code (AA...ZZ)
  -l N, --limit N       limit to N first codes
  -m CONCURRENT, --max_req CONCURRENT
                        maximum concurrent requests (default=30)
  -s LABEL, --server LABEL
                        Server to hit; one of DELAY, ERROR, LOCAL, REMOTE
                        (default=LOCAL)
  -v, --verbose         output detailed progress info
```

所有引數都是選用的。但是要測試的話，必須使用 -s/--server，它可以讓你選擇在測試時使用的 HTTP 伺服器與連接埠。你可以傳遞這些不分大小寫的標籤之一，來告訴腳本該在哪裡尋找國旗：

LOCAL

使用 http://localhost:8000/flags，這是預設值。你應該設置一個本地的 HTTP 伺服器來回應連接埠 8000。見接下來的說明。

REMOTE

使用 `http://fluentpython.com/data/flags`；這是我的公用網站，放在共用的伺服器上。拜託不要對它發送太多並行請求。*fluentpython.com* 網域是由 Cloudflare（*https://fpy.li/20-16*）CDN（ontent Delivery Network）處理的，所以你應該會看到第一次下載比較慢，但是 CDN 快取暖機之後就會變快。

DELAY

使用 `http://localhost:8001/flags`，會故意延遲 HTTP 回應的伺服器應監聽連接埠 8001。我寫了 `slow_server.py` 來方便實驗。你可以在 *Fluent Python* 版本庫的 *20-futures/getflags/* 目錄裡找到它（*https://fpy.li/code*）。見接下來的說明。

ERROR

使用 `http://localhost:8002/flags`；會回傳一些 HTTP 錯誤的伺服器應監聽連接埠 8002。見接下來的說明。

設定測試伺服器

如果你沒有本地的 HTTP 伺服器可以進行測試，我在 *fluentpython/example-code-2e*（*https://fpy.li/code*）版本庫的 *20- executors/getflags/README.adoc*（*https://fpy.li/20-17*）裡，寫了使用 Python 3.9 以上（無外部程式庫）時的設定說明。簡言之，*README.adoc* 介紹如何使用：

`python3 -m http.server`
在連接埠 8000 的 `LOCAL` 伺服器

`python3 slow_server.py`
在連接埠 8001 的 `DELAY` 伺服器，它會在每次回應之前隨機延遲 0.5 秒至 5 秒。

`python3 slow_server.py 8002 --error-rate .25`
在連接埠 8002 的 `ERROR` 伺服器，它會額外加入延遲時間，有 25% 的機率回傳「418 I'm a teapot」（*https://fpy.li/20-18*）錯誤回應

在預設情況下，每一個 `flags2*.py` 腳本都會使用預設的並行連結數量，從 `LOCAL` 伺服器（`http://localhost:8000/flags`）抓取人口最多的 20 個國家的國旗。並行連結數量依腳本而異。範例 20-11 使用所有的預設值來執行 *flags2_sequential.py* 腳本。為了執行它，你要使用本地伺服器，參見第 774 頁的「在測試並行用戶端時要很小心」中的說明。

範例 20-11　使用所有預設值來執行 *flags2_sequential.py*：LOCAL site、人口最多的前 *20* 個國家的國旗、*1* 個並行連結

```
$ python3 flags2_sequential.py
LOCAL site: http://localhost:8000/flags
Searching for 20 flags: from BD to VN
1 concurrent connection will be used.
--------------------
20 flags downloaded.
Elapsed time: 0.10s
```

你可以用幾種方法來選擇想要下載哪些國旗。範例 20-12 展示如何下載國碼開頭為 A、B 與 C 的國家的國旗。

範例 20-12　執行 *flags2_threadpool.py* 從 *DELAY* 伺服器下載國碼開頭為 *A*、*B* 與 *C* 的所有國家的國旗

```
$ python3 flags2_threadpool.py -s DELAY a b c
DELAY site: http://localhost:8001/flags
Searching for 78 flags: from AA to CZ
30 concurrent connections will be used.
--------------------
43 flags downloaded.
35 not found.
Elapsed time: 1.72s
```

無論你如何選擇國碼，你都可以用 -l/--limit 選項來限制要抓取的國旗數量。範例 20-13 展示如何執行 100 個請求，結合 -a 選項來取得所有國旗，並使用 -l 100。

範例 20-13　執行 *flags2_asyncio.py* 來從 ERROR 伺服器取得 *100* 張國旗（ -al 100 ），使用 *100* 個並行請求（ -m 100 ）

```
$ python3 flags2_asyncio.py -s ERROR -al 100 -m 100
ERROR site: http://localhost:8002/flags
Searching for 100 flags: from AD to LK
100 concurrent connections will be used.
--------------------
73 flags downloaded.
27 errors.
Elapsed time: 0.64s
```

以上是 flags2 範例的使用者介面。我們來看看如何實作它們。

flags2 範例中的錯誤處理

這三個例子用同一個策略來處理 HTTP 錯誤：404 錯誤（未找到）由負責下載單一檔案的函式（download_one）來處理，其他的例外都會傳播出去，由 download_many 函式或（在 asyncio 例子裡）supervisor coroutine 處理。

我們同樣從循序程式開始研究，因為循序程式更容易理解，而且大部分的內容都會被執行緒池腳本再利用。範例 20-14 是在 *flags2_sequential.py* 與 *flags2_threadpool.py* 腳本裡實際進行下載的函式。

範例 20-14 *flags2_sequential.py*：負責下載的基本函式，兩者都會在 *flags2_threadpool.py* 裡重複使用

```python
from collections import Counter
from http import HTTPStatus

import httpx
import tqdm  # type: ignore   ❶

from flags2_common import main, save_flag, DownloadStatus   ❷

DEFAULT_CONCUR_REQ = 1
MAX_CONCUR_REQ = 1

def get_flag(base_url: str, cc: str) -> bytes:
    url = f'{base_url}/{cc}/{cc}.gif'.lower()
    resp = httpx.get(url, timeout=3.1, follow_redirects=True)
    resp.raise_for_status()   ❸
    return resp.content

def download_one(cc: str, base_url: str, verbose: bool = False) -> DownloadStatus:
    try:
        image = get_flag(base_url, cc)
    except httpx.HTTPStatusError as exc:   ❹
        res = exc.response
        if res.status_code == HTTPStatus.NOT_FOUND:
            status = DownloadStatus.NOT_FOUND   ❺
            msg = f'not found: {res.url}'
        else:
            raise   ❻
    else:
        save_flag(image, f'{cc}.gif')
        status = DownloadStatus.OK
```

```
        msg = 'OK'

    if verbose:    ❼
        print(cc, msg)

    return status
```

❶ 匯入 tqdm 進度條顯示程式庫,並要求 Mypy 不要檢查它。[7]

❷ 從 flags2_common 模組匯入一些函式與 Enum。

❸ 當 HTTP 狀態碼不在 range(200, 300) 之內時,發出 HTTPStetusError。

❹ download_one 捕捉 HTTPStatusError 來專門處理 HTTP 碼 404…

❺ …將它的區域變數 status 設為 DownloadStatus.NOT_FOUND;DownloadStatus 是從 *flags2_common.py* 匯入的 Enum。

❻ 重新引發其他的 HTTPStatusError 例外,以轉傳給呼叫方。

❼ 如果 -v/--verbose 命令列選項有設定,那就顯示國碼與狀態訊息,它可以讓你在 verbose 模式下看到進度。

範例 20-15 是循序版的 download_many 函式,這段程式很簡單,但值得研究,以便與接下來的並行版本進行比較。特別注意它是怎麼回報進度、處理錯誤與統計下載次數的。

範例 20-15　flags2_sequential.py:download_many 的循序實作

```
def download_many(cc_list: list[str],
                  base_url: str,
                  verbose: bool,
                  _unused_concur_req: int) -> Counter[DownloadStatus]:
    counter: Counter[DownloadStatus] = Counter()    ❶
    cc_iter = sorted(cc_list)    ❷
    if not verbose:
        cc_iter = tqdm.tqdm(cc_iter)    ❸
    for cc in cc_iter:
        try:
            status = download_one(cc, base_url, verbose)    ❹
        except httpx.HTTPStatusError as exc:    ❺
            error_msg = 'HTTP error {resp.status_code} - {resp.reason_phrase}'
```

7　在 2021 年 9 月時,tdqm 的版本還沒有型態提示。沒關係,世界不會因此而停止運轉,感謝 Guido 讓定型(typing)不是必要的!

```
            error_msg = error_msg.format(resp=exc.response)
        except httpx.RequestError as exc:    ❻
            error_msg = f'{exc} {type(exc)}'.strip()
        except KeyboardInterrupt:    ❼
            break
        else:    ❽
            error_msg = ''

        if error_msg:
            status = DownloadStatus.ERROR    ❾
        counter[status] += 1               ❿
        if verbose and error_msg:          ⓫
            print(f'{cc} error: {error_msg}')

    return counter    ⓬
```

❶ 這個 Counter 將統計不同的下載結果：DownloadStatus.OK、DownloadStatus.NOT_FOUND 或 DownloadStatus.ERROR。

❷ cc_iter 保存以引數來接收的國碼清單，按字母順序排列。

❸ 如果不是執行 verbose 模式，cc_iter 會被傳給 tqdm 函式，該函式會回傳一個 iterator，iterator 會 yield cc_iter 的項目，同時驅動進度條。

❹ 連續地呼叫 download_one。

❺ 在這裡處理 get_flag 引發，且沒有被 download_one 處理的 HTTP 狀態碼例外。

❻ 在這裡處理其他網路相關例外。任何其他例外都會中止腳本，因為呼叫 download_many 的 flags2_common.main 函式沒有 try/except。

❼ 在使用者按下 Ctrl-C 時退出迴圈。

❽ 如果沒有例外跳脫 download_one，清除錯誤訊息。

❾ 如果有錯誤，相應地設定區域變數 status。

❿ 遞增那個 status 的數量。

⓫ 在 verbose 模式裡，為當前的國碼顯示錯誤訊息，若有的話。

⓬ 回傳 counter，讓 main 可以在最終報告裡顯示數字。

接下來要研究重構的執行緒池範例，*flags2_threadpool.py*。

使用 futures.as_completed

為了整合 *tqdm* 進度條與處理每個請求的錯誤，*flags2_threadpool.py* 腳本使用之前看過的 futures.ThreadPoolExecutor 與 futures.as_completed 函式。範例 20-16 是完整的 *flags2_threadpool.py*。它只實作了 download_many 函式，其他函式都用 flags2_common 與 flags2_sequential 的。

範例 20-16　flags2_threadpool.py：完整程式

```
from collections import Counter
from concurrent.futures import ThreadPoolExecutor, as_completed

import httpx
import tqdm  # type: ignore

from flags2_common import main, DownloadStatus
from flags2_sequential import download_one        ❶

DEFAULT_CONCUR_REQ = 30    ❷
MAX_CONCUR_REQ = 1000      ❸


def download_many(cc_list: list[str],
                  base_url: str,
                  verbose: bool,
                  concur_req: int) -> Counter[DownloadStatus]:
    counter: Counter[DownloadStatus] = Counter()
    with ThreadPoolExecutor(max_workers=concur_req) as executor:   ❹
        to_do_map = {}    ❺
        for cc in sorted(cc_list):    ❻
            future = executor.submit(download_one, cc,
                                     base_url, verbose)    ❼
            to_do_map[future] = cc    ❽
        done_iter = as_completed(to_do_map)    ❾
        if not verbose:
            done_iter = tqdm.tqdm(done_iter, total=len(cc_list))    ❿
        for future in done_iter:    ⓫
            try:
                status = future.result()    ⓬
            except httpx.HTTPStatusError as exc:    ⓭
                error_msg = 'HTTP error {resp.status_code} - {resp.reason_phrase}'
                error_msg = error_msg.format(resp=exc.response)
            except httpx.RequestError as exc:
                error_msg = f'{exc} {type(exc)}'.strip()
```

```
        except KeyboardInterrupt:
            break
        else:
            error_msg = ''

        if error_msg:
            status = DownloadStatus.ERROR
        counter[status] += 1
        if verbose and error_msg:
            cc = to_do_map[future]    ⑭
            print(f'{cc} error: {error_msg}')

    return counter


if __name__ == '__main__':
    main(download_many, DEFAULT_CONCUR_REQ, MAX_CONCUR_REQ)
```

❶ 再利用 flags2_sequential（範例 20-14）的 download_one。

❷ 如果沒有指定 -m/--max_req 命令列選項，這是最大的並行請求數量，當成執行緒池的大小；如果要下載的國旗數量比較少，實際的數字可能會比較小。

❸ 用 MAX_CONCUR_REQ 來限制並行請求的最大數量，無論要下載的國旗有多少個，或 -m/--max_req 命令列選項怎麼設。它是種個安全預防措施，以避免啟動太多的執行緒，使用大量的記憶體。

❹ 將 max_workers 設為 concur_req 來建立 executor，concur_req 是由 main 函式算出的，它是 MAX_CONCUR_REQ、cc_list 的長度，與 -m/--max_req 命令列選項的中最小的值。這可以防止建立超乎需求的執行緒。

❺ 這個 dict 將每個 Future 實例（代表一次下載）對應到相應的國碼，用來回報錯誤。

❻ 按字母順序迭代國碼串列。結果的順序主要取決於 HTTP 回應的時間，但如果執行緒池的大小（用 concur_req 來設定）遠小於 len(cc_list)，你會看到下載是按字母順序排列的。

❼ 每一次呼叫 executor.submit 都會安排一個 callable 的執行，並回傳一個 Future 實例。第一個引數是 callable，其餘的是它將接收的引數。

❽ 將 future 和國碼存入 dict。

❾ futures.as_completed 回傳一個 iterator，它會每個任務完成時 yield future。

❿ 如果不是以 verbose 模式執行，那就用 tqdm 函式來包住 as_completed 的結果，以顯示進度條；因為 done_iter 沒有 len，我們要用 total= 引數來告訴 tqdm 預計有多少項目，讓 eqdm 可以估計還有多少工作。

⓫ 當 future 完成時，迭代它們。

⓬ future 的 result 方法會回傳 callable 回傳的值，或發出執行 callable 時抓到的例外。這個方法可能為了等待解析而暫停，但是在這個範例不會發生這個情況，因為 as_completed 只回傳完成的 future。

⓭ 處理可能的例外。除了下一處之外，這個函式剩餘的部分與循序版的 download_many（範例 20-15）一樣。

⓮ 為了提供錯誤訊息的環境（context），使用當前的 future 作為鍵，從 to_do_map 取出國碼。循序版本不需要做這件事，因為當時我們迭代的是國碼串列，所以我們知道當前的 cc。在這裡迭代的是 future。

範例 20-16 採取一種在使用 futures.as_completed 時非常有幫助的做法：建立一個 dict 來將每一個 future 對應到 future 完成時有用的其他資料。在這裡，to_do_map 將每一個 future 對應到它的國碼。這可以方便我們用 future 的結果進行後續的處理，即使它們沒有按照順序產生。

Python 執行緒非常適用於 I/O 密集型應用，而 concurrent.futures 程式包讓它們在某些用案中相對容易使用。使用 ProcessPoolExecutor 也可以在多核心上處理 CPU 密集型問題 —— 如果那種計算是「embarrassingly parallel（尷尬平行）」（*https://fpy.li/20-19*）的話。以上就是關於 concurrent.futures 的基本介紹。

本章摘要

我們在本章開始時，拿兩個並行的 HTTP 用戶端與一個循序的用戶端來做比較，證明並行解決方案的性能比循序的腳本優越許多。

在研究了第一個使用 concurrent.futures 的範例之後，我們進一步瞭解 future 物件，包括 concurrent.futures.Future 與 asyncio.Future 的實例，關注這些類別的共通點（第 21

章會關注它們的差異）。我們看了如何藉著呼叫 Executor.submit 來建立 future，以及使用 concurrent.futures.as_completed 來迭代已完成的 future。

接下來，我們用 concurrent.futures.ProcessPoolExecutor 類別來設計多程序，以繞過 GIL 並使用多顆 CPU 核心來簡化在第 19 章首次看到的多核心質數檢查器。

在接下來小節裡，我們進一步觀察 concurrent.futures.ThreadPoolExecutor 的做法，使用一個教學範例，啟動一些不做任何事情只顯示狀態和時戳的任務。

然後回到國旗下載範例。我們加入進度條與適當的錯誤處理機制來改良它們，以進一步探索 future.as_completed generator 函式。我們看了一種常見的模式：將 future 存入 dict 來將它們與被提交時的其他資訊連結起來，以便在 future 被取出 as_completed iterator 時使用那些資訊。

延伸讀物

concurrent.futures 程式包是 Brian Quinlan 貢獻的，他在 PyCon Australia 2010 進行了一場出色的演說，題目是「The Future Is Soon!」（*https://fpy.li/20-20*）。Quinlan 的演設沒有投影片，他直接在 Python 主控台輸入程式來展示程式庫的功能。作為一個引人入勝的範例，這場演說有一段簡短的影片，在裡面 XKCD 漫畫家 / 程式設計師 Randall Munroe 對 Google Maps 做一次非故意的 DoS 攻擊，以建立一張在他的城市周圍的行駛時間彩色地圖。這個程式庫的正式介紹是 PEP 3148 - futures - execute computations asynchronously（*https://fpy.li/pep3148*）。在這個 PEP 裡，Quinlan 寫道 concurrent.futures 程式庫「被 Java 的 java.util.concurrent 程式包深深地影響」。

關於涉及 concurrent.futures 的其他資源，請參考第 19 章。在第 747 頁的「用執行緒和程序來並行執行」中涉及 Python threading 和 multiprocessing 的所有參考資料也涵蓋 concurrent.futures。

肥皂箱

避免執行緒

> 並行：電腦科學最困難的主題之一（通常最好避免）。
>
> —— *David Beazley*，*Python* 講師和瘋狂科學家 [8]

我同意 David Beazley 的引文，以及 Michele Simionato 在本章開頭的引文，儘管它們顯然互相矛盾。

我修過一堂關於並行的大學課程，在課程中，我寫的全是 POSIX 執行緒（*https://fpy.li/20-22*）程式。我學到的教訓是：我不想要自己管理執行緒和鎖，原因和我不想管理記憶體配置和解除配置一樣。這些工作最好讓具備專業知識、熱情和時間的系統程式設計師來完成 —— 但願有這種人。我領的是開發應用程式的薪水，不是開發作業系統。我不需要對執行緒、鎖、malloc 和 free 進行任何細膩的控制，關於上述的名詞，可參考「C dynamic memory allocation」（*https://fpy.li/20-23*）。

這就是為什麼我認為 concurrent.futures 程式包很有趣：它把執行緒、程序和佇列視為服務的基礎設施，而不是你必須直接處理的東西。當然，它的設計考慮了簡單的工作，即所謂的 embarrassingly parallel（尷尬平行）問題，但它占了我們編寫應用程式時面臨的並行問題中的絕大部分 —— 相對於作業系統或資料庫伺服器，正如 Simionato 在那句引言裡所講的。

對「非尷尬」的並行問題而言，執行緒與鎖都不是解決方案。執行緒在作業系統層面上絕對不會消失，但過去幾年來，我認為令人期待的程式語言都提供更高層次的、更容易正確使用的並行抽象，正如 Paul Butcher 的傑作「Seven Concurrency Models in Seven Weeks」（*https://fpy.li/20-24*）所展示的那樣。Go、Elixir 與 Clojure 都是那種語言。Erlang 是 Elixir 的實作語言，它是典型的例子，從一開始就考慮了並行的設計。Erlang 並未讓我興奮，原因很簡單：我覺得它的語法太醜了。Python 把我寵壞了。

---

[8] PyCon 2009 的「A Curious Course on Coroutines and Concurrency」課程的第 9 張投影片（*https://fpy.li/20-21*）。

José Valim 以前是 Ruby on Rails 的核心貢獻者，他設計的 Elixir 具備令人愉快的現代語法。Elixir 和 Lisp 與 Clojure 一樣實作了語法巨集，這是一把雙面刃。語法巨集可實現強大的 DSL，但子語言的氾濫會導致碼庫的不相容和社群的分裂。Lisp 被淹沒在大量的巨集中，因為每個 Lisp 分店都使用自己的神秘方言。圍繞 Common Lisp 的標準化導致了臃腫的語言。我希望 José Valim 能夠激勵 Elixir 社群避免類似的結果，目前看起來還行。Ecto（*https://fpy.li/20-25*）資料庫包裝器和查詢產生器使用起來非常方便，這個很好的例子使用巨集來建立一個靈活且方便的 DSL（Domain-Specific Language），來與關聯式和非關聯資料庫進行互動。

如同 Elixir，Go 是蘊涵新思想的現代語言。但是在某些方面，與 Elixir 相較之下，它是一種保守的語言。Go 沒有巨集，且它的語法比 Python 更簡單。Go 不支援繼承或運算子多載，而且它所提供的超編程（metaprogramming）的機會比 Python 更少。這些限制都被視為它的特點，可以導致更可預測的行為與表現。這在高度並行且任務關鍵型環境中是很大的優勢，Go 企圖在這種環境裡取代 C++、Java 與 Python。

雖然 Elixir 與 Go 在高度並行領域中是直接競爭的對手，但它們的設計理念吸引了不同的族群，兩者都可望茁壯成長。但是在程式語言的歷史上，保守的語言往往吸引更多程式設計者。

## 第 21 章

非同步編程

一般的非同步編程的問題在於它們只有全有和全無兩個選擇。如果你沒有改寫所有的程式讓它們都不阻塞，你就是在浪費時間。

Alvaro Videla 與 *Jason J. W. Williams*，*RabbitMQ in Actio*[1]

本章探討三個密切相關的主題：

* Python 的 `async def`、`await`、`async with` 與 `async for` 結構

* 支援這些結構的物件：原生的 coroutine 與 context manager 的非同步變體、iterable、generator 與生成式

* *asyncio* 與其他的非同步程式庫

本章的基礎是以下的概念：iterable 與 generator（第 17 章，尤其是第 651 頁的「古典的 coroutine」）、context manager（第 18 章）、並行程式設計的一般概念（第 19 章）。

我們將研究類似第 20 章展示的並行 HTTP 用戶端，使用原生的 coroutine 和非同步 context manager 來重寫，和以前一樣使用 *HTTPX* 程式庫，但現在使用它的非同步 API。我們也會學習如何將慢速的操作委託給執行緒或程序執行器來避免事件迴圈阻塞。

1　Videla & Williams，*RabbitMQ in Action*（Manning），第 4 章，「Solving Problems with Rabbit: coding and patterns」，p. 61。

在看了幾個 HTTP 用戶端的例子之後，我們要看兩個簡單的非同步伺服器端應用程式，其中一個使用越來越流行的 *FastAPI* 框架。接下來我們會介紹使用 async/await 關鍵字的其他語言結構：非同步 generator 函式、非同步生成式和非同步 genexp。為了強調這些語言功能與 *asyncio* 無關，我們會看一個改用 *Curio* 的例子。*Curio* 是 David Beazley 發明的一種優雅且創新的非同步框架。

在本章的最後，我寫了一篇關於非同步程式設計的優勢和缺陷的小節。

這一章要談的內容很多。我們的篇幅只能展示基本的範例，但它們能夠說明每一種想法最重要的特性。

> *asyncio* 的文件（*https://fpy.li/21-1*）被 Yury Selivanov[2] 改編之後改善很多，他將應用程式開發者使用的少數功能與 web 框架及資料庫驅動程式之類的程式包的創作者使用的低階 API 分開。
>
> 關於 *asyncio* 的書籍，我推薦 Caleb Hattingh 寫的 *Using Asyncio in Python*（O'Reilly）。公開聲明：Caleb 是本書的技術校閱之一。

本章有哪些新內容

當我寫第一版 *Fluent Python* 時，*asyncio* 程式庫還是臨時性的，而且當時還沒有 async/await 關鍵字。因此，我不得不更新本章的所有例子。我也創造了新的範例：域名探測腳本，它是一種 FastAPI 網路服務，以及使用 Python 新的非同步主控台模式來進行的實驗。

新的小節涵蓋了當時還不存在的語言功能，例如原生的 async with、async for 以及支援這些結構的物件。

在第 838 頁的「async 何時可用？何時無用？」 裡的看法是我認為使用非同步程式設計的人都必須閱讀的經驗教訓，它們可能為你省去很多麻煩，無論你是使用 Python 還是 Node.js。

最後，我刪除幾段關於 asyncio.Futures 的內容，它現在被視為低階 *asyncio*API 的一部分。

2　Selivanov 實作了 Python 的 async/await，並寫了相關的 PEP 492（*https://fpy.li/pep492*）、525（*https://fpy.li/pep525*）與 530（*https://fpy.li/pep530*）。

一些定義

第 651 頁的「古典的 coroutine」開頭提到 Python 3.5 之後的版本提供了三種 coroutine：

原生的 *coroutine*

> 用 async def 來定義的 coroutine。你可以使用 await 關鍵字來將工作從原生的 coroutine 委託給另一個原生的 coroutine，類似古典的 coroutine 使用 yield from。async def 陳述式必然定義原生的 coroutine，即使在它的主體裡沒有 await 關鍵字。await 關鍵字不能在原生的 coroutine 之外使用。[3]

古典的 *coroutine*

> 這種 generator 函式會耗用透過 my_coro.send(data) 呼叫式傳來的資料，並在運算式裡使用 yield 來讀取那些資料。古典的 coroutine 可以使用 yield from 來將工作委託給其他的古典 coroutine。古典的 coroutine 不能用 await 來驅動，而且不再被 *asyncio* 支援。

基於 *generator* 的 *coroutine*

> 用 @types.coroutine 來修飾的 generator 函式，在 Python 3.5 加入。那個 decorator 讓 generator 與新的 await 關鍵字相容。

在這一章，我們的重點是原生的 coroutine 與非同步 *generator*：

非同步 *generator*

> 使用 async def 來定義，並在主體內使用 yield 的 generator 函式。它回傳一個非同步 generator 物件，該物件提供 __anext__，它是取得下一個項目的 coroutine 方法。

> ### @asyncio.coroutine 沒有未來（future）[4]
>
> 根據報告 43216（*https://fpy.li/21-2*），古典 coroutine 與基於 generator 的 coroutine 所使用的 @asyncio.coroutine decorator 在 Python 3.8 被廢棄了，預計在 Python 3.11 移除。相較之下，根據報告 36921（*https://fpy.li/21-3*），@types.coroutine 應該會被保留。asyncio 再也不支援它了，但 Curio 與 Trio 非同步框架的低階程式碼仍使用它。

3　這條規則有一個例外：如果你用 -m asyncio 選項來執行 Python，你可以在 >>> 提示詞處直接使用 await 來驅動一個原生的 coroutine。第 824 頁的「用 Python 的 async 主控台來做實驗」會解釋這一點。

4　歹勢，我控制不住這個衝動。

asyncio 範例：探測域名

想像一下，你想做一個關於 Python 的新部落格，你打算使用 Python 關鍵字和 *.DEV* 網址後綴來註冊一個域名，例如：*AWAIT.DEV*。範例 21-1 是使用 *asyncio* 來並行地檢查幾個域名的腳本。這是它產生的輸出：

```
$ python3 blogdom.py
  with.dev
+ elif.dev
+ def.dev
  from.dev
  else.dev
  or.dev
  if.dev
  del.dev
+ as.dev
  none.dev
  pass.dev
  true.dev
+ in.dev
+ for.dev
+ is.dev
+ and.dev
+ try.dev
+ not.dev
```

注意，這些域名看起來是無序的。當你執行這個腳本時，你會看到它們一個接著一個出現，並且有不同的延遲。+ 號表示你的機器能夠透過 DNS 來解析域名。否則，該域名沒有被解析，也許可以使用。[5]

在 *blogdom.py* 裡，DNS 是用原生的 coroutine 物件來探測的。由於非同步操作是交錯進行的，檢查 18 個域名所需的時間比循序檢查要少得多。事實上，總時間與單一最慢的 DNS 回應的時間一樣，不是所有回應時間的總和。

範例 21-1 是 *blogdom.py* 的程式碼。

5　在我寫到這裡時，true.dev 的使用費是 360 美元／年。我看到 for.dev 已被註冊，但沒有設置 DNS。

範例 21-1　*blogdom.py*：幫 *Python* 部落格搜尋域名

```python
#!/usr/bin/env python3
import asyncio
import socket
from keyword import kwlist

MAX_KEYWORD_LEN = 4   ❶


async def probe(domain: str) -> tuple[str, bool]:   ❷
    loop = asyncio.get_running_loop()   ❸
    try:
        await loop.getaddrinfo(domain, None)   ❹
    except socket.gaierror:
        return (domain, False)
    return (domain, True)


async def main() -> None:   ❺
    names = (kw for kw in kwlist if len(kw) <= MAX_KEYWORD_LEN)   ❻
    domains = (f'{name}.dev'.lower() for name in names)   ❼
    coros = [probe(domain) for domain in domains]   ❽
    for coro in asyncio.as_completed(coros):   ❾
        domain, found = await coro   ❿
        mark = '+' if found else ' '
        print(f'{mark} {domain}')


if __name__ == '__main__':
    asyncio.run(main())   ⓫
```

❶ 為域名設定關鍵詞的最大長度，因為越短越好。

❷ probe 回傳一個 tuple，裡面有域名與一個布林，True 代表域名已被解析。回傳域名可以方便我們顯示結果。

❸ 取得 asyncio 事件迴圈的參考，以便稍後使用。

❹ loop.getaddrinfo(⋯)（*https://fpy.li/21-4*）coroutine 方法回傳一個參數的 5-tuple（*https://fpy.li/21-5*），用來以通訊端連接到指定的位址。在這個例子裡，我們不需要結果。如果取得它，代表域名已被解析，否則未解析。

❺ main 必須是個 coroutine，這樣我們就可以在裡使用 await。

❻ 這個 generator yield 長度不超過 MAX_KEYWORD_LEN 的 Python 關鍵字。

❼ 這個 generator yield 後綴 .dev 的域名。

❽ 使用 domain 引數來呼叫 probe coroutine，以建立一個 coroutine 物件 list。

❾ asyncio.as_completed 是 yield coroutine 的 generator，那些 coroutine 會回傳被傳給它的 coroutine 的執行結果，按照 coroutine 完成的順序，而不是按照它們被提交的順序。它很像我們在第 20 章的範例 20-4 看過的 futures.as_completed。

❿ 此時，我們知道 coroutine 已經完成了，因為 as_completed 就是這樣運作的。因此，await 運算式不會塞住，但我們需要它來從 coro 取得結果。如果 coro 發出未處理的例外，它會在這裡被重新發出。

⓫ asyncio.run 啟動事件迴圈，它在事件迴圈退出時才會 return。這是使用 asyncio 的腳本常見的寫法：將 main 寫成 coroutine，並在 if __name__ == '__main__': 區塊裡用 asyncio.run 來驅動它。

asyncio.get_running_loop 函式是在 Python 3.7 加入的，用於 coroutine 內部，如 probe 中所示。如果沒有運行中的迴圈，asyncio.get_running_loop 會發出 RuntimeError。它的實作比 asyncio.get_event_loop 更簡單且更快，asyncio.get_event_loop 可能在必要時啟動一個事件迴圈。自 Python 3.10 起，asyncio.get_event_loop 被廢棄了（*https://fpy.li/21-6*），最終會變成 asyncio.get_running_loop 的別名。

Guido 建議的非同步程式碼閱讀訣竅

在 *asyncio* 中有許多新概念需要掌握，但採用 Guido van Rossum 建議的訣竅的話，範例 21-1 的整體邏輯很容易理解：眯著眼，假裝 async 與 await 關鍵字不存在。當你這樣做時，你會意識到 coroutine 讀起來就像普通的循序函式。

例如，想像這個 coroutine 的主體…

```python
async def probe(domain: str) -> tuple[str, bool]:
    loop = asyncio.get_running_loop()
    try:
        await loop.getaddrinfo(domain, None)
    except socket.gaierror:
        return (domain, False)
    return (domain, True)
```

…就像下面的函式，只是它很神奇地從不阻塞：

```
def probe(domain: str) -> tuple[str, bool]:  # 沒有 async
    loop = asyncio.get_running_loop()
    try:
        loop.getaddrinfo(domain, None)  # 沒有 await
    except socket.gaierror:
        return (domain, False)
    return (domain, True)
```

使用 await loop.getaddrinfo(...) 語法可以避免阻塞，因為 await 會暫停當前的 coroutine 物件。例如，在執行 probe('if.dev') coroutine 的過程中，有一個新的 coroutine 物件被 getaddrinfo('if.dev', None) 建立出來了。等待它會啟動低階的 addrinfo 查詢，並將控制權交回給事件迴圈，而不是交給暫停的 probe('if.dev') coroutine。事件迴圈可以驅動其他待執行的 coroutine 物件，例如 probe('or.dev')。

當事件迴圈得到 getaddrinfo('if.dev', None) 查詢的回應時，那個特定的 coroutine 物件恢復執行，並將控制權交回給 probe('if.dev')（它之前在 await 處暫停），現在可以處理可能的例外，與回傳結果 tuple。

到目前為止，我們只看了用於 coroutine 的 asyncio.as_completed 和 await。但它們可以處理任何 *awaitable*（可等待的）物件。接下來要解釋這個概念。

新概念：awaitable

for 關鍵字用於 *iterable*。await 關鍵字則用於 *awaitable*。

作為 *asyncio* 的最終使用者，以下是你每天都會看到的 awaitable：

- 原生的 *coroutine* 物件，藉著呼叫原生的 *coroutine* 函式來取得

- asyncio.Task，通常藉著傳遞 coroutine 物件給 asyncio.create_task() 來取得

但是，最終使用者的程式碼不一定要 await on a Task（等待任務）。我們使用 asyncio.create_task(one_coro()) 來安排 one_coro 的並行執行，而不需要等待其 return。這就是我們在 *spinner_ async.py*（範例 19-4）中，對 spinner coroutine 所做的操作（範例 19-4）。如果你不打算取消任務或等待它完成，那就無需保留 create_task 回傳的 Task 物件。只要建立任務就足以安排 coroutine 執行了。

相較之下，我們使用 await other_coro() 來立刻執行 other_coro 並等待它的完成，因為我們需要它的結果才能繼續進行。在 *spinner_async.py* 裡，supervisor coroutine 用 res = await slow() 來執行 slow 並取得它的結果。

在實作非同步程式庫，或對 *asyncio* 本身做出貢獻時，或許你也會處理這些低階的 awaitable：

- 具有 __await__ 方法的物件，且該方法回傳 iterator，例如 asyncio.Future 實例（asyncio.Task 是 asyncio.Future 的子類別）

- 透過 Python/C API 以其他語言寫成的物件，該物件使用 tp_as_async.am_await 函式，並回傳一個 iterator（類似 __await__ 方法）

現有的碼庫可能還有一種 awaitable：基於 *generator* 的 *coroutine* 物件 —— 它正處於被廢棄的過程中。

 PEP 492 指出（*https://fpy.li/21-7*），await 運算式「使用 yield from 的實作，並額外加入一個驗證引數的步驟」，而且「await 只接受一個 awaitable」。PEP 沒有詳細解釋那個實作，但提到 PEP 380（*https://fpy.li/pep380*），yield from 就是它提出的。我在 *fluentpython.com* 的「Classic Coroutines」（*https://fpy.li/oldcoro*）的「The Meaning of yield from」（*https://fpy.li/21-8*）一節中做了詳細的解釋。

接下來要研究下載固定的一組國旗圖片的 *asyncio* 版腳本。

用 asyncio 與 HTTPX 來下載

flags_asyncio.py 腳本從 *fluentpython.com* 下載一組固定的 20 個國旗。我們曾經在第 756 頁的「並行網路下載」第一次提到它，但現在要詳細研究它，應用剛才提到的概念。

從 Python 3.10 開始，*asyncio* 只直接支援 TCP 和 UDP，在標準程式庫裡沒有非同步的 HTTP 用戶端和伺服器程式包。我在所有的 HTTP 用戶端範例中使用 *HTTPX*（*https://fpy.li/httpx*）。

我們將由下而上地探索 *flags_asyncio.py*，先看範例 21-2 裡的設定動作的函式。

為了讓程式碼更易讀，*flags_asyncio.py* 沒有錯誤處理機制。當我們介紹 async/await 時，先關注「快樂路徑」可以幫你瞭解常規的函式和 coroutine 在程式中是如何安排的。從第 800 頁的「改良 asyncio 下載器」起，範例會加入錯誤處理機制和更多功能。

本章和第 20 章的 *flags_.py* 範例共用程式碼和資料，所以它們被一起放在 *example-code-2e/20-executors/getflags*（*https://fpy.li/21-9*）目錄裡。

範例 21-2　*flags_asyncio.py*：起始函式

```
def download_many(cc_list: list[str]) -> int:       ❶
    return asyncio.run(supervisor(cc_list))         ❷

async def supervisor(cc_list: list[str]) -> int:
    async with AsyncClient() as client:             ❸
        to_do = [download_one(client, cc)
                    for cc in sorted(cc_list)]       ❹
        res = await asyncio.gather(*to_do)          ❺

    return len(res)                                 ❻

if __name__ == '__main__':
    main(download_many)
```

❶ 這個函式必須是一般的函式，而不是 coroutine，這樣才能夠被 *flags.py* 模組（範例 20-2）中的 main 函式傳遞並呼叫。

❷ 執行驅動 supervisor(cc_list) coroutine 物件的事件迴圈，直到它 return 為止。當事件迴圈執行時，它會暫停。這一行的結果是 supervisor 回傳的結果。

❸ 在 httpx 裡的非同步 HTTP 用戶端操作是 AsyncClient 的方法，它也是個非同步 context manager，這種 context manager 有非同步設定和拆卸方法（詳情參見第 798 頁的「非同步 context manager」）。

❹ 為每個待提取的國旗呼叫一次 download_one coroutine 來建構 coroutine 物件 list。

❺ 等待 asyncio.gather coroutine，它接收一個以上的 awaitable 引數，並等待它們全部完成，回傳由收到的 awaitable 的結果組成的 list，按照它們被提交的順序。

❻ supervisor 回傳 asyncio.gather 所回傳的 list 的長度。

接著來看 *flags_asyncio.py* 的上半部（範例 21-3）。我重新組織 coroutine，以便按照它們被事件迴圈啟動的順序讀取它們。

範例 *21-3* *flags_asyncio.py*：匯入與下載函式

```python
import asyncio

from httpx import AsyncClient  ❶

from flags import BASE_URL, save_flag, main  ❷

async def download_one(client: AsyncClient, cc: str):  ❸
    image = await get_flag(client, cc)
    save_flag(image, f'{cc}.gif')
    print(cc, end=' ', flush=True)
    return cc

async def get_flag(client: AsyncClient, cc: str) -> bytes:  ❹
    url = f'{BASE_URL}/{cc}/{cc}.gif'.lower()
    resp = await client.get(url, timeout=6.1,
                                follow_redirects=True)  ❺
    return resp.read()  ❻
```

❶ 必須安裝 httpx，它不在標準程式庫裡。

❷ 重複使用 *flags.py* 的程式碼（範例 20-2）。

❸ download_one 必須是原生的 coroutine，所以它可以 await 發出 HTTP 請求的 get_flag。然後顯示已下載的國旗的國碼，並儲存圖像。

❹ get_flag 需要接收 AsyncClient 來發出請求。

❺ httpx.AsyncClient 實例的 get 方法回傳一個 ClientResponse 物件，它也是個非同步 context manager。

❻ 將網路 I/O 操作做成 coroutine 方法，讓它們可以被 asyncio 事件迴圈非同步地驅動。

> 為了獲得很好的性能，在 get_flag 裡的 save_flag 呼叫應該是非同步的，以避免塞住事件迴圈。但目前 *asyncio* 沒有像 Node.js 那樣提供非同步的檔案系統 API。
>
> 第 801 頁的「使用 asyncio.as_completed 與執行緒」將介紹如何將 save_flag 委託給執行緒。

你的程式碼明確地透過 await 或隱性地透過非同步 context manager 的特殊方法來將工作委託給 httpx coroutine。特殊方法的例子包括 AsyncClient 與 ClientResponse，第 798 頁的「非同步 context manager」會介紹它們。

原生 coroutine 的秘密：平凡的發電機（generator）

第 651 頁的「古典的 coroutine」所展示的古典 coroutine 範例與 *flags_asyncio.p* 有一個關鍵的差異：後者沒有可見的 .send() 呼叫或 yield 運算式。你的程式碼位於 *asyncio* 程式庫與你所使用的非同步程式庫（例如 *HTTPX*）之間，如圖 21-1 所示。

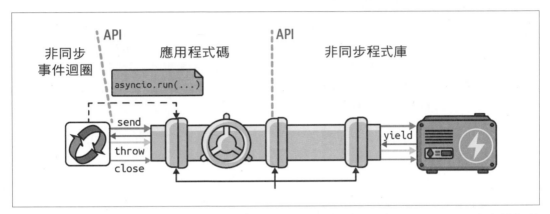

圖 21-1　在非同步程式裡，使用者的函式會啟動事件迴圈，並使用 asyncio.run 來安排初始 coroutine。每個使用者的 coroutine 都使用 await 運算式來驅動下一個，為 *HTTPX* 這種程式庫與事件迴圈之間搭起溝通管道。

在底層，asyncio 事件迴圈發出驅動你的 coroutine 的 .send 呼叫，你的 coroutine await 其他的 coroutine，包括程式庫 coroutine。如前所述，await 借用了 yield from 的大部分實作，它也發出 .send 呼叫來驅動 coroutine。

await 鏈最終到達低階的 awaitable，它回傳一個 generator，事件迴圈可驅動它來回應計時器或網路 I/O 等事件。在這些 await 鏈結尾的低階 awaitable 與 generator 是在程式庫的深處實現的，不是它們的 API 的一部分，可能是 Python/C 擴展程式。

使用 asyncio.gather 與 asyncio.create_task 等函式可以啟動多個並行的 await 通道，可在一個執行緒裡用一個事件迴圈來並行執行多個 I/O 操作。

全有或全無的問題

注意，在範例 21-3 中，我不能重複使用 *flags.py* 的 get_flag 函式（範例 *20-2*。）我必須將它改寫成 coroutine 來使用 *HTTPX* 的非同步 API。為了讓 *asyncio* 的性能達到頂峰，我們必須將每一個處理 I/O 的函式換成非同步版本的函式，並用 await 或 asyncio. create_task 來啟動它們，如此一來，在函式等待 I/O 的時候，控制權就可以交還給事件迴圈。如果你不能把會阻塞的函式改寫成 coroutine，你就要在一個單獨的執行緒或程序裡執行它，正如我們將在第 809 頁的「將任務委託給執行器」中看到的那樣。

這就是為什麼我為這一章選擇那個序言，它裡面有這個建議：「如果你沒有改寫所有的程式讓它們都不阻塞，你就是在浪費時間。」

出於同樣的原因，我也不能重複使用 *flags_threadpool.py*（範例 20-3）中的 download_one 函式。在範例 21-3 裡的程式用 await 來驅動 get_flag，所以 download_one 必須也是個 coroutine。對每一個請求而言，download_one coroutine 物件是在 supervisor 裡建立的，它們都被 asyncio.gather coroutine 驅動。

接下來要研究出現在 supervisor（範例 21-2）與 get_flag（範例 21-3）裡的 async with 陳述式。

非同步 context manager

在第 668 頁的「context manager 與 with 區塊」裡，我們看了如何在 with 區塊的主體之前與之後使用物件來執行程式碼，如果它的類別提供了 __enter__ 與 __exit__ 方法的話。

現在看一下範例 21-4，它來自與 *asyncio* 相容的 PostgreSQL 驅動程式 *asyncpg* 文件（*https://fpy.li/21-10*）的 transactions 部分（*https://fpy.li/21-11*）。

範例 *21-4* 來自 *asyncpg PostgreSQL* 驅動程式文件的範例程式

```
tr = connection.transaction()
await tr.start()
try:
    await connection.execute("INSERT INTO mytable VALUES (1, 2, 3)")
except:
    await tr.rollback()
    raise
else:
    await tr.commit()
```

資料庫交易（transaction）非常適合使用 context manager 協定：交易需要啟動，資料用 connection.execute 來修改，然後根據修改的結果進行還原（rollback）或提交。

在像 *asyncpg* 這樣的非同步驅動程式中，設定和結束必須是 coroutine，以便其他操作可以並行執行。然而，典型的 with 陳述式的實作並不支援 coroutine 做 __enter__ 或 __exit__ 的工作。

這就是為什麼 PEP 492 —— Coroutines with async and await syntax（*https://fpy.li/pep492*）提出 async with 陳述式，它可以和非同步 context manager 一起使用，也就是實作了 __aenter__ 與 __aexit__ coroutine 方法的物件。

我們可以使用 async with 來將範例 21-4 寫成類似這個來自 *asyncpg* 文件的另一個片段（*https://fpy.li/21-11*）：

```
async with connection.transaction():
    await connection.execute("INSERT INTO mytable VALUES (1, 2, 3)")
```

在 asyncpg.Transaction 類別（*https://fpy.li/21-13*）裡，__aenter__ coroutine 方法執行 await self.start()，__aexit__ coroutine 等待私用的 __rollback 或 __commit coroutine 方法，取決於例外是否發生。使用 coroutine 來將 Transaction 寫成非同步 context manager 可讓 *asyncpg* 並行地處理許多交易。

Caleb Hattingh 對 asyncpg 的看法

asyncpg 另一件很棒的事情在於，它也解決了 PostgreSQL 未支援高度並行的問題（它讓每一個連結使用一個伺服器端程序），其做法是為連至 Postgres 本身的內部連結實作一個連結池。

這意味著你不需要使用額外的工具，例如 *asyncpg* 文件中解釋的 *pgbouncer*（*https://fpy.li/21-14*）。[6]

回到 *flags_asyncio.py*，httpx 的 AsyncClient 類別是非同步 context manager，所以它可以在它的 __aenter__ 與 __aexit__ 特殊 coroutine 方法裡使用 awaitable。

6　這段話逐字引用自技術校閱 Caleb Hattingh 的評論。謝啦，Caleb！

第 829 頁的「將非同步 generator 當成 context manager」介紹如何使用 Python 的 `contextlib` 來建立非同步 context manager 而不需要編寫類別。那段介紹被放在這一章後面是因為它有一個前提主題：第 823 頁的「非同步 generator 函式」。

現在我們要來改良具有進度條的 asyncio 國旗下載範例，在過程中，我們將對 *asyncio* API 進行更多的探索。

改良 asyncio 下載器

在第 773 頁的「在下載時顯示進度和處理錯誤」裡，flags2 系列範例共用同樣的命令列介面，它們在進行下載時顯示一個進度條。它們也有錯誤處理機制。

 我鼓勵你執行一下 *flags2* 範例來直覺地瞭解並行 HTTP 用戶端如何運作。你可以使用 -h 選項來查看範例 20-10 的 help 畫面，使用 -a、-e 與 -l 命令列選項來控制下載的數量，用 -m 選項來設定並行下載數量。請對著 LOCAL、REMOTE、DELAY 與 ERROR 伺服器執行測試。找出最好的並行下載數量，來將每個伺服器的產出量最大化。參考第 776 頁的「設定測試伺服器」中的說明來調整測試伺服器的選項。

例如，範例 21-5 試著從 ERROR 伺服器取得 100 張國旗（-al 100），使用 100 個並行請求（-m 100）。在結果裡的 48 errors 是 HTTP 418 或逾時錯誤，它們是 *slow_server.py* 的預期（錯誤）行為。

範例 21-5 執行 flags2_asyncio.py

```
$ python3 flags2_asyncio.py -s ERROR -al 100 -m 100
ERROR site: http://localhost:8002/flags
Searching for 100 flags: from AD to LK
100 concurrent connections will be used.
100%|████████████████████████████| 100/100 [00:03<00:00, 30.48it/s]
--------------------
 52 flags downloaded.
 48 errors.
Elapsed time: 3.31s
```

在測試並行用戶端時約束自己

即使使用執行緒和 *asyncio* HTTP 用戶端時的整體下載時間相差不大，但 *asyncio* 可以用更快的速度發送請求，導致伺服器更有可能認為它受到 DoS 攻擊。為了真正全速執行這些並行用戶端，請使用本地 HTTP 伺服器來進行測試，如第 776 頁的「設定測試伺服器」所述。

接下來要看 *flags2_asyncio.py* 如何實作。

使用 asyncio.as_completed 與執行緒

在範例 21-3 裡，我們將幾個 coroutine 傳給 asyncio.gather，它回傳一個 list，裡面有 coroutine 的結果，按照它們被送出去的順序排列。這意味著 asyncio.gather 只能在所有的 awaitable 都完成工作時 return。但是，為了更新進度條，我們必須在它們完成時取得結果。

幸好，我們在具有進度條的執行緒池範例（範例 20-16）中使用的 as_completed generator 函式有 asyncio 的等效工具。

範例 21-6 是 *flags2_asyncio.py* 腳本定義 get_flag 與 download_one coroutine 的部分。範例 21-7 列出其餘的原始碼，裡面有 supervisor 與 download_many。因為這個腳本包含錯誤處理機制，所以它比 *flags_asyncio.py* 更長。

範例 21-6　flags2_asyncio.py：腳本的上半部，其餘的程式在範例 21-7

```
import asyncio
from collections import Counter
from http import HTTPStatus
from pathlib import Path

import httpx
import tqdm  # type: ignore

from flags2_common import main, DownloadStatus, save_flag

# 使用低並行預設值，以避免遠端網站的錯誤，
# 例如 503 - Service Temporarily Unavailable
DEFAULT_CONCUR_REQ = 5
MAX_CONCUR_REQ = 1000

async def get_flag(client: httpx.AsyncClient,    ❶
```

```
                        base_url: str,
                        cc: str) -> bytes:
    url = f'{base_url}/{cc}/{cc}.gif'.lower()
    resp = await client.get(url, timeout=3.1, follow_redirects=True)    ❷
    resp.raise_for_status()
    return resp.content

async def download_one(client: httpx.AsyncClient,
                       cc: str,
                       base_url: str,
                       semaphore: asyncio.Semaphore,
                       verbose: bool) -> DownloadStatus:
    try:
        async with semaphore:    ❸
            image = await get_flag(client, base_url, cc)
    except httpx.HTTPStatusError as exc:    ❹
        res = exc.response
        if res.status_code == HTTPStatus.NOT_FOUND:
            status = DownloadStatus.NOT_FOUND
            msg = f'not found: {res.url}'
        else:
            raise
    else:
        await asyncio.to_thread(save_flag, image, f'{cc}.gif')    ❺
        status = DownloadStatus.OK
        msg = 'OK'
    if verbose and msg:
        print(cc, msg)
    return status
```

❶ get_flag 很像範例 20-14 裡的循序版。第一個差異：它需要 client 參數。

❷ 第二個與第三個差異：.get 是 AsyncClient 方法，且它是 coroutine，所以我們需要 await 它。

❸ 使用 semaphore 作為非同步 context manager，讓整個程式不會被塞住；當 semaphore 計數器為零時，只有這個 coroutine 會暫停。詳情參見第 803 頁的「Python 的 semaphore」。

❹ 錯誤處理邏輯與範例 20-14 的 download_one 裡的一樣。

❺ 儲存圖像是一種 I/O 操作。為了避免塞住事件迴圈，在執行緒裡執行 save_flag。

所有的網路 I/O 都是用 *asyncio* 裡的 coroutine 來做的，但檔案 I/O 不是如此。然而，檔案 I/O 也是「阻塞的」，因為讀取 / 寫入檔案的時間比讀取 / 寫入 RAM 還要長好幾千倍

（*https://fpy.li/21-15*）。如果你使用 Network-Attached Storage（*https://fpy.li/21-16*），它甚至可能在底層涉及網路 I/O。

自 Python 3.9 起，asyncio.to_thread coroutine 可讓你輕鬆地將檔案 I/O 委託給 *asyncio* 提供的執行緒池。如果你需要支援 Python 3.7 或 3.8，第 809 頁的「將任務委託給執行器」將介紹如何將加入幾行程式來做。但在那之前，我們要完成 HTTP 用戶端程式碼的研究。

使用 semaphore 來節制

網路用戶端應該受到節制（throttle，也就是限制），就像我們這在研究的這一個，以免它們對伺服器發出過多的並行請求。

semaphore（*https://fpy.li/21-17*）是一種同步基本元素，它比鎖更靈活。一個 semaphore 可被多個 coroutine 持有，而且可以設定最大數量。所以它很適合用來限制活躍的並行 coroutine 的數量。第 803 頁的「Python 的 semaphore」有更多資訊。

在 *flags2_threadpool.py*（範例 20-16）裡，限制數量是在 download_many 函式裡面做的，藉著將 max_workers 引數設為 concur_req 來實例化 ThreadPoolExecutor。在 *flags2_asyncio.py* 裡，asyncio.Semaphore 是 supervisor 函式（在範例 21-7）建立的，並且被當成 semaphore 引數，傳給範例 21-6 的 download_one。

Python 的 semaphore

計算機科學家 Edsger W. Dijkstra 在 1960 年代早期發明了 semaphore（*https://fpy.li/21-17*）。它是一個簡單的想法，但它很靈活，所以大多數的其他同步物件（例如鎖與 barrier）都可以用 semaphore 來建立。Python 的標準程式庫有三個 Semaphore 類別：一個在 threading 裡，另一個在 multiprocessing 裡，第三個在 asyncio 裡。在此介紹最後一個。

asyncio.Semaphore 有一個內部計數器，它會在我們每次 await（等待）.acquire() coroutine 方法時遞減，並在我們呼叫 .release() 方法時遞增，.release() 不是 coroutine，因為它絕不阻塞。計數器的初始值是在 Semaphore 實例化時設定的：

```
semaphore = asyncio.Semaphore(concur_req)
```

當計數器大於零時，等待 .acquire() 不會導致延遲，但如果計數器是零，.acquire() 會暫停等待中的 coroutine，直到其他的 coroutine 對著同一個 Semaphore 呼叫 .release() 為止，此時會遞增計數器。與其直接使用這些方法，更安全的做法是使用 semaphore 作為非同步 context manager，就像我在範例 21-6 的函式 download_one 做的那樣：

```
async with semaphore:
    image = await get_flag(client, base_url, cc)
```

Semaphore.__aenter__ coroutine 方法等待 .acquire()，且它的 __aexit__ coroutine 方法呼叫 .release()。那段程式保證無論何時都不會有超過 concur_req 個 get_flags coroutine 實例處於活動狀態。

標準程式庫的每個 Semaphore 類別都有一個 BoundedSemaphore 子類別，它會施加一條額外的限制條件：當 .release() 比 .acquire() 操作更多時，內部計數器永遠不會大於初始值。[7]

接著來看範例 21-7 裡的其餘的腳本。

範例 21-7 *flags2_asyncio.py*：延續範例 21-6 的腳本

```
async def supervisor(cc_list: list[str],
                     base_url: str,
                     verbose: bool,
                     concur_req: int) -> Counter[DownloadStatus]:  ❶
    counter: Counter[DownloadStatus] = Counter()
    semaphore = asyncio.Semaphore(concur_req)  ❷
    async with httpx.AsyncClient() as client:
        to_do = [download_one(client, cc, base_url, semaphore, verbose)
                 for cc in sorted(cc_list)]  ❸
        to_do_iter = asyncio.as_completed(to_do)  ❹
        if not verbose:

            to_do_iter = tqdm.tqdm(to_do_iter, total=len(cc_list))  ❺
        error: httpx.HTTPError | None = None  ❻
        for coro in to_do_iter:  ❼
            try:
                status = await coro  ❽
            except httpx.HTTPStatusError as exc:
```

---

[7] 感謝 Guto Maia 在閱讀本章的第一版草案時指出我忘了解釋 semaphore 的概念。

```
                    error_msg = 'HTTP error {resp.status_code} - {resp.reason_phrase}'
                    error_msg = error_msg.format(resp=exc.response)
                    error = exc        ❾
            except httpx.RequestError as exc:
                error_msg = f'{exc} {type(exc)}'.strip()
                error = exc        ❿
            except KeyboardInterrupt:
                break

            if error:
                status = DownloadStatus.ERROR    ⓫
                if verbose:
                    url = str(error.request.url)    ⓬
                    cc = Path(url).stem.upper()    ⓭
                    print(f'{cc} error: {error_msg}')
            counter[status] += 1

    return counter

def download_many(cc_list: list[str],
                  base_url: str,
                  verbose: bool,
                  concur_req: int) -> Counter[DownloadStatus]:
    coro = supervisor(cc_list, base_url, verbose, concur_req)
    counts = asyncio.run(coro)    ⓮

    return counts

if __name__ == '__main__':
    main(download_many, DEFAULT_CONCUR_REQ, MAX_CONCUR_REQ)
```

❶ supervisor 接收的引數和 download_many 函式一樣,但它不能從 main 直接呼叫,因為它是 coroutine,而不是像 download_many 那樣的一般函式。

❷ 建立 asyncio.Semaphore,不允許超過 concur_req 個活躍的 coroutine 使用這個 semaphore。concur_req 的值是用 *flags2_common.py* 的 main 函式來計算的,根據命令列選項與各個範例設定的常數。

❸ 建立一個 coroutine 物件 list,每個 coroutine 物件對映一個針對 download_one coroutine 的呼叫。

❹ 取得一個 iterator,它會在 coroutine 物件完成時回傳它們。我沒有把這個 as_completed 呼叫直接放在下面的 for 迴圈裡,因為我可能需要使用進度條的 tqdm iterator 來包裝它,根據使用者選擇的 verbose。

❺ 用 tqdm generator 函式來包裝 as_completed iterator，以顯示進度。

❻ 用 None 來宣告與初始化 error；這個變數將用來保存 try/except 陳述式之外的例外，如果有這種例外被引發的話。

❼ 迭代完成的 coroutine 物件，這個迴圈類似範例 20-16 的 download_many 裡的那一個。

❽ await coroutine 以取得其結果。這不會阻塞，因為 as_completed 只產生完成的 coroutine。

❾ 這個賦值是必要的，因為 exc 變數的作用域僅限於這個 except 子句，但我需要保留它的值備用。

❿ 與之前一樣。

⓫ 如果有錯誤，設定 status。

⓬ 在 verbose 模式中，從引發的例外提取 URL…

⓭ …並提取檔名，以便稍後顯示國碼。

⓮ download_many 實例化 supervisor coroutine 物件，並使用 asyncio.run 來將它傳給事件迴圈，在事件迴圈結束時，收集計數器 supervisor 的回傳值。

在範例 21-7 裡，我們不能使用範例 20-16 的那個將 future 對應到國碼的 mapping，因為 asyncio.as_completed 回傳的 awaitable 與我們傳給 as_completed 的 awaitable 相同。在內部，*asyncio* 機制可能將我們提供的 awaitable 換成終將產生相同結果的其他 awaitable。[8]

 因為在失敗時，我不能以 awaitable 為鍵，從 dict 提取國碼，所以我必須從例外（exception）裡提取國碼。為此，我將例外保存在 error 變數裡，以便在 try/except 陳述式之外提取。Python 不是區塊作用域（block-scoped）語言：諸如迴圈與 try/except 等陳述式不會在它們管理的區塊內建立局部作用域。但如果 except 子句將例外與一個變數綁定，例如我們剛才看到的 exc 變數，那個綁定只存在於那一個特定的 except 子句裡的區塊內。

8　關於這個主題的詳細討論可以在我於 python-tulip 群組發起的一個討論緒中找到，題為「Which other futures may come out of asyncio.as_completed?」（*https://fpy.li/21-19*）。Guido 在那裡做出回應，並對於 as_completed 的實作，以及 future 與 coroutine 在 *asyncio* 裡的緊密關係提出他的觀點。

以上就是功能相當於 *flags2_threadpool.py* 的 *asyncio* 範例。

下一個範例展示一個簡單的模式:使用 coroutine 在執行一個非同步任務之後執行另一個。這個模式值得關注的原因是,有 JavaScript 經驗的人都知道執行一個又一個非同步函式是 *pyramid of doom*(末日金字塔)(*https://fpy.li/21-20*)這種嵌套狀模式形成的原因。await 關鍵字可以破解這個詛咒。這就是為什麼 await 現在是 Python 與 JavaScript 的一部分。

為每一次下載發出多個請求

假如你想用國名和國碼來儲存每一張國旗,而不是只用國碼。現在你要為每一張國旗發出兩個 HTTP 請求:一個用來取得國旗圖像本身,另一個用來取得 *metadata.json* 檔案,該檔案記錄了國名,位於圖像檔的同一個目錄內。

在執行緒腳本裡,在同一個任務中協調多個請求很簡單:你只要發出一個請求,然後發出下一個,阻塞執行緒兩次,並將兩份資料(國碼與國名)放在區域變數裡,準備在儲存檔案時使用即可。如果你需要在一個帶有回呼的非同步腳本中做同一件事,你就要使用嵌套狀函式,把國碼和國名保留在它們的 closure 裡,直到你可以儲存檔案為止,因為每個回呼都在不同的局部作用域裡執行。await 關鍵字是個救星,可讓你一個接著一個驅動非同步請求,共享驅動 coroutine 的局部作用域。

 如果你在現代 Python 裡使用許多回呼來編寫非同步應用程式,你可能會採用不適合現代 Python 的舊模式。如果你正在編寫一個程式庫,打算讓不支援 coroutine 的舊程式或低階程式使用,這是合理的做法。總之,StackOverflow Q&A「What is the use case for future.add_done_callback()?」(*https://fpy.li/21-21*)解釋了為何回呼對低階程式碼而言是必須的,但近來在 Python 應用級程式中不太有用。

asyncio 國旗下載腳本的第三個版本有幾項改變:

get_country

　　這個新的 coroutine 將抓取 *metadata.json* 檔來取得國碼,並從裡面取得國名。

download_one

　　這個 coroutine 使用 await 來將工作委託給 get_flag 與新的 get_country coroutine,使用後者的結果來建立儲存時使用的檔名。

我們從 get_country 的程式看起（範例 21-8）。注意，它很像範例 21-6 的 get_flag。

範例 21-8 flags3_asyncio.py：get_country coroutine

```python
async def get_country(client: httpx.AsyncClient,
                      base_url: str,
                      cc: str) -> str:        ❶
    url = f'{base_url}/{cc}/metadata.json'.lower()
    resp = await client.get(url, timeout=3.1, follow_redirects=True)
    resp.raise_for_status()
    metadata = resp.json()    ❷
    return metadata['country']    ❸
```

❶ 這個 coroutine 回傳一個包含國名的字串，如果一切順利的話。

❷ metadata 將獲得一個用回應的 JSON 內容建立的 Python dict。

❸ 回傳國名。

下面的範例 21-9 是修改後的 download_one，它只修改範例 21-6 的同一個 coroutine 裡的幾行。

範例 21-9 flags3_asyncio.py：download_one coroutine

```python
async def download_one(client: httpx.AsyncClient,
                       cc: str,
                       base_url: str,
                       semaphore: asyncio.Semaphore,
                       verbose: bool) -> DownloadStatus:
    try:
        async with semaphore:   ❶
            image = await get_flag(client, base_url, cc)
        async with semaphore:   ❷
            country = await get_country(client, base_url, cc)
    except httpx.HTTPStatusError as exc:
        res = exc.response
        if res.status_code == HTTPStatus.NOT_FOUND:
            status = DownloadStatus.NOT_FOUND
            msg = f'not found: {res.url}'
        else:
            raise
    else:
        filename = country.replace(' ', '_')   ❸
        await asyncio.to_thread(save_flag, image, f'{filename}.gif')
        status = DownloadStatus.OK
        msg = 'OK'
```

```
    if verbose and msg:
        print(cc, msg)
    return status
```

❶ 保存 semaphore 以 awiat（等待）get_flag …

❷ …並同樣等待 get_country。

❸ 使用國名來建立檔名。身為命令列使用者的我不喜歡檔名有空格。

這比嵌套狀的回呼好多了！

我把 get_flag 與 get_country 的呼叫放在不同的 with 區塊，以 semaphore 來控制它們，因為盡量縮短持有 semaphore 與鎖的時間是一種好習慣。

雖然我可以使用 asyncio.gather 來平行地調度 get_flag 與 get_country，但如果 get_flag 發出例外，那就沒有圖像可儲存，所以執行 get_country 沒意義。但在某些情況下，使用 asyncio.gather 同時對幾個 API 發出請求，而不是等待回應再發出下一個請求是合理的做法。

在 *flags3_asyncio.py* 裡，await 語法出現六次。希望你已經掌握 Python 非同步程式設計的技巧了。判斷使用 await 與不使用它的時機是一項挑戰。原則上，答案很簡單：你要 await coroutine 與其他 awaitable，例如 asyncio.Task 實例。但有些 API 比較麻煩，看似隨興地混合 coroutine 與一般的函式，例如範例 21-14 即將展示的 StreamWriter 類別。

國旗範例系列在範例 21-9 告一段落。接下來，我們要討論如何在設計非同步程式時，使用執行緒或程序執行器。

將任務委託給執行器

與 Python 相比，Node.js 在非同步程式設計方面有一個重要優勢：它的標準程式庫為所有的 I/O 提供了非同步 API，而不僅僅是網路 I/O。在 Python 裡，如果你不夠謹慎，檔案 I/O 會嚴重降低非同步程式的性能，因為在主執行緒中讀寫儲存體會阻塞事件迴圈。

在範例 21-6 的 *download_one*coroutine 裡，我用這一行程式來將下載的圖像存入磁碟：

```
await asyncio.to_thread(save_flag, image, f'{cc}.gif')
```

如前所述，asyncio.to_thread 是在 Python 3.9 加入的。如果你需要支援 3.7 或 3.8，那就將那一行換成範例 21-10 裡的程式碼。

範例 *21-10* 取得 await asyncio.to_thread 的程式碼

```
loop = asyncio.get_running_loop()          ❶
loop.run_in_executor(None, save_flag,       ❷
                     image, f'{cc}.gif')     ❸
```

❶ 取得事件迴圈的參考。

❷ 第一個引數是想使用的執行器，傳入 None 會選取預設的 ThreadPoolExecutor，它在 asyncio 事件迴圈裡一定可用。

❸ 你可以傳遞位置型引數給函式來執行，但如果你需要傳遞關鍵字引數，你就要使用 functool.partial，見 run_in_executor 文件（*https://fpy.li/21-22*）。

新的 asyncio.to_thread 函式比較容易使用且靈活，因為它也接收關鍵字引數。

asyncio 本身的實作在底層的許多地方使用 run_in_executor。例如，範例 21-1 的 loop.getaddrinfo(⋯) coroutine 是藉著呼叫 socket 模組的 getaddrinfo 函式來實作的，它是阻塞型函式，可能要花幾秒來執行，因為它依賴 DNS 解析。

非同步 API 經常在內部使用 run_in_executor 來將會阻塞的呼叫（屬於實作細節）包在 coroutine 裡。如此一來，你可以提供一致的 coroutine 介面，使用 await 來驅動它們，同時隱藏了實際需要使用的執行緒。Motor（*https://fpy.li/21-23*）是一個用於 MongoDB 的非同步驅動程式，它具有與 async/await 相容的 API，實際上是一個門面（façade），包著與資料庫伺服器溝通的執行緒核心。Motor 的主要開發者 A. Jesse Jiryu Davis 在「Response to 'Asynchronous Python and Databases'」（*https://fpy.li/21-24*）裡解釋了他的理由。Davis 發現在資料庫驅動程式的用例中，執行緒池的性能更強，儘管有人認為對網路 I/O 而言，非同步方法一定比執行緒更快。

傳遞明確的 Executor 給 loop.run_in_executor 的主要原因，是為了在待執行的函式是 CPU 密集型時採用 ProcessPoolExecutor，讓它在不同的 Python 程序中執行，避免 GIL 爭用。因為啟動成本很高，所以在 supervisor 裡啟動 ProcessPoolExecutor 並將它傳給需要使用它的 coroutine 比較好。

Using Asyncio in Python（O' Reilly）的作者 Caleb Hattingh 是本書的技術校閱之一，他建議我加入接下來這段關於執行器與 *asyncio* 的警告。

Caleb 關於 run_in_executors 的警告

使用 run_in_executor 可能產生難以偵錯的問題，因為取消（cancellation）並不像人們預期的那樣運作。使用了執行器的 coroutine 僅僅提供取消的假象：底層的執行緒（如果它是 ThreadPoolExecutor）沒有取消機制。例如，在 run_in_executor 呼叫裡建立的長壽執行緒可能阻礙你的 *asyncio* 程式乾淨地關閉，asyncio.run 會等待執行器完全關閉再 return，且如果執行器工作沒有自行停止，它將永遠等待。久歷沙場的我，希望該函式被命名為 run_in_executor_uncancellable。

接下來，我們要告別用戶端腳本，用 asyncio 來編寫伺服器。

編寫 asyncio 伺服器

關於 TCP 伺服器，有一個經典的玩具例子是回聲伺服器（*https://fpy.li/21-25*）。我們將建立比較有趣的玩具：伺服器端 Unicode 字元搜尋工具，先使用 HTTP 和 *FastAPI*，然後僅使用一般的 TCP 和 asyncio。

這些伺服器可讓你使用第 154 頁的「Unicode 資料庫」中的 unicodedata 模組的標準名稱內的單字來查詢 Unicode 字元。圖 21-2 是執行 *web_mojifinder.py* 的對話，它是我們建立的第一個伺服器。

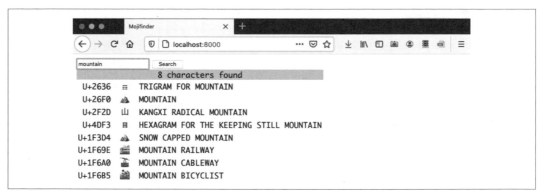

圖 21-2　這個瀏覽器視窗顯示搜尋「mountain」後，web_mojifinder.py 伺服器產生的結果。

在這些範例裡的 Unicode 搜尋邏輯位於 *Fluent Python* 程式存放區的 *charindex.py* 模組的 InvertedIndex 類別內（*https://fpy.li/code*）。在那個小模組裡沒有並行的程式，所以我只

在下面的選讀專欄裡簡單地介紹它。你可以跳過這個專欄，直接看第 813 頁的「FastAPI 網路服務」裡的 HTTP 伺服器實作。

認識反向索引

反向索引（inverted index）通常將單字對映到包含它們的文件。在 *mojifinder* 範例裡，各個「文件」都是一個 Unicode 字元。charindex.InvertedIndex 類別會檢索 Unicode 資料庫中的每個字元名稱裡的每個單字，並建立一個反向索引，存放在 defaultdict 裡。例如，為了檢索字元 U+0037 —— DIGIT SEVEN，InvertedIndex 初始化程式會將字元 '7' 附加到鍵 'DIGIT' 與 'SEVEN' 之下的項目。在檢索與 Python 3.9.1 同捆的 Unicode 13.0.0 資料後，'DIGIT' 對映到 868 個字元，'SEVEN' 對映到 143 個，包括 U+1F556 —— CLOCK FACE SEVEN OCLOCK 與 U+2790 —— DINGBAT NEGATIVE CIRCLED SANS-SERIF DIGIT SEVEN（它出現在本書的許多程式碼中）。

圖 21-3 是使用 'CAT' 與 'FACE' 的項目的情況。[9]

```
>>> from charindex import InvertedIndex
>>> idx.entries['CAT']
{'🐱', '🐈', '礼', '▨', '🐯', '🐆', '🐅', '🐾', '🐃', '🐄', '🐎', '🐐', '😺', '🐮'}
>>> len(idx.entries['FACE'])
171
>>> idx.entries['FACE'] & idx.entries['CAT']
{'🐱', '🐈', '🐯', '😸', '😻', '😹', '😼', '😽', '😾', '🙀'}
>>> idx.search('cat face')
{'🐱', '🐈', '🐯', '😸', '😻', '😹', '😼', '😽', '😾', '🙀'}
>>>
```

圖 21-3　用 Python 主控台來探索 InvertedIndex 屬性 entries 與 search 方法

InvertedIndex.search 方法將查詢拆成單字，並回傳每個單字的項目的交集，這就是搜尋「face」找到 171 個結果，「cat」找到 14 個，但「cat face」只有 10 個的原因。

這就是反向索引背後的優雅概念，它是資訊檢索的基本元素，也是在搜索引擎背後的理論。詳情見英文的維基百科文章「Inverted Index」（*https://fpy.li/21-27*）。

---

[9] 在螢幕截圖中，方塊內的問號不是你所看的這本書或電子書的缺陷。它是 U+101EC —— PHAISTOS DISC SIGN CAT 字元，我使用的終端機沒有它的字體。在字元名稱中的 Phaistos disc（*https://fpy.li/21-26*）是刻有象形文字的古文物，發現於 Crete 島。

FastAPI 網路服務

我使用 *FastAPI*（*https://fpy.li/21-28*）來編寫下一個範例，*web_mojifinder.py*。*FastAPI* 是第 745 頁的「ASGI —— Asynchronous Server Gateway Interface」提到的 Python ASGI 網路框架之一。圖 21-2 是前端的螢幕截圖。它是一個超級簡單的 SPA（Single Page Application，單頁應用程式），在下載最初的 HTML 之後，用戶端的 JavaScript 會與伺服器進行溝通，並更新 UI。

FastAPI 的設計是為了實現 SPA 和行動 APP 的後端，這些應用程式大多是由網路 API 的端點（會回傳 JSON 回應）構成的，而不是由伺服器算繪的 HTML 構成。FastAPI 利用 decorator、型態提示和程式碼自檢來消除網路 API 的大量樣板碼，並為我們建立的 API 自動發表互動式 OpenAPI 文件（又名 Swagger（*https://fpy.li/21-29*））。圖 21-4 是為 *web_mojifinder.py* 自動生成的 **/docs** 網頁。

圖 21-4　為 /search 端點自動生成的 OpenAPI 資料結構

範例 21-11 是 *web_mojifinder.py* 的程式碼，但它只是後端程式。當你接觸根 URL **/** 時，伺服器會發送 *form.html* 檔，裡面有 81 行程式，包括 54 行 JavaScript，用來和伺服器溝通，並將結果填入表格。如果你想要閱讀無框架的 JavaScript，你可以在 *Fluent Python* 程式存放區（*https://fpy.li/code*）的 *21-async/mojifinder/static/form.html* 裡找到它。

為了執行 *web_mojifinder.py*，你必須安裝兩個程式包和它們的依賴項目：*FastAPI* 與 *uvicorn*。[10] 下面是使用 *uvicorn* 在開發模式執行範例 21-11 的命令：

```
$ uvicorn web_mojifinder:app --reload
```

命令的參數有：

web_mojifinder:app

程式包名稱，一個冒號，與它裡面定義的 ASGI 應用程式的名稱，app 是常規名稱。

--reload

讓 *uvicorn* 監視應用程式原始檔的改變，並自動重新載入它們。僅在開發期間有用。

接著來研究 *web_mojifinder.py* 的原始碼：

範例 21-11　web_mojifinder.py：完整的原始碼

```python
from pathlib import Path
from unicodedata import name

from fastapi import FastAPI
from fastapi.responses import HTMLResponse
from pydantic import BaseModel

from charindex import InvertedIndex

STATIC_PATH = Path(__file__).parent.absolute() / 'static'     ❶

app = FastAPI(     ❷
    title='Mojifinder Web',
    description='Search for Unicode characters by name.',
)

class CharName(BaseModel):     ❸
    char: str
    name: str

def init(app):     ❹
    app.state.index = InvertedIndex()
    app.state.form = (STATIC_PATH / 'form.html').read_text()
```

10　你可以使用其他的 ASGI 伺服器而不是 *uvicorn*，例如 *hypercorn* 或 *Daphne*。詳情見 ASGI 官方文件中關於實作的網頁（*https://fpy.li/21-30*）。

```
init(app)  ❺

@app.get('/search', response_model=list[CharName])  ❻
async def search(q: str):  ❼
    chars = sorted(app.state.index.search(q))
    return ({'char': c, 'name': name(c)} for c in chars)  ❽

@app.get('/', response_class=HTMLResponse, include_in_schema=False)
def form():  ❾
    return app.state.form

# 沒有 main 函式  ❿
```

❶ 與本章的主題無關，但值得注意：pathlib 優雅地使用多載運算子 /。[11]

❷ 這一行定義 ASGI APP。它最簡單的寫法是 app = FastAPI()。所顯示的參數是自動生成的文件的詮釋資料。

❸ JSON 回應的 *pydantic* 資料結構，裡面有 char 與 name 欄位。[12]

❹ 建立 index 並載入靜態的 HTML 表單，將兩者指派給 app.state 備用。

❺ 當這個模組被 ASGI 伺服器載入時執行 init。

❻ /search 端點的路由（route）。response_model 使用 CharName *pydantic* 模型來描述回應格式。

❼ *FastAPI* 假定出現在函式或 coroutine 簽章裡，但不在路由路徑裡的參數都放在 HTTP 查詢字串裡傳遞，例如 /search?q=cat。因為 q 沒有預設值，所以如果查詢字串沒有 q，*FastAPI* 將回傳 422（Unprocessable Entity）狀態。

❽ 回傳與 response_model 資料結構相容的 dicts 的 iterable 可讓 *FastAPI* 根據 @app.get decorator 裡的 response_model 建立 JSON 回應。

❾ 一般的函式（也就是非 async 的）也可以用來產生回應。

❿ 這個模組沒有 main 函式。它是由 ASGI 伺服器（本例是 *uvicorn*）載入並驅動的。

---

11 感謝技術校閱 Miroslav Šedivý 提示適合在範例中使用 pathlib 的地方。

12 如第 8 章所述，*pydantic*（*https://fpy.li/21-31*）在執行期實施型態提示，以驗證資料。

範例 21-11 沒有直接呼叫 asyncio。*FastAPI* 是用 *Starlette*ASGI 工具組來建立的，而 *Starlette* 使用 asyncio。

注意，search 的主體沒有使用 await、async with 或 async for，因此它可以是一個純粹的函式。我將 search 定義成 coroutine 只是為了展示 *FastAPI* 知道如何處理它。在實際的 APP 裡，大多數的端點都會查詢資料庫或接觸其他的遠端伺服器，所以 *FastAPI*（與一般的 ASGI 框架）的關鍵優勢在於，它支援可利用非同步網路 I/O 程式庫的 coroutine。

 我寫來載入與提供靜態 HTML 表單的 init 與 form 函式是一種 hack，目的是讓範例更簡單且容易執行。建議的最佳做法是在 ASGI 伺服器的前面使用代理 / 負載平衡器來處理所有的靜態資源，可以的話，也使用 CDN（Content Delivery Network）。*Traefik* 就是這種代理 / 負載平衡器（*https://fpy.li/21-32*），它自稱是「邊緣（edge）路由器」，可以「代表你的系統接收請求，並找出哪些組件負責處理它們。」*FastAPI* 有專案生成（*https://fpy.li/21-33*）腳本，可為你的程式碼做好準備。

定型愛好者可能會發現在 search 與 form 中沒有回傳型態的型態提示。*FastAPI* 依賴路由 decorator 裡的 response_model= 關鍵字引數。*FastAPI* 文件的「Response Model」（*https://fpy.li/21-34*）網頁解釋道：

> 回應模型（response model）在這個參數裡宣告，而不是寫成函式回傳型態注解，因為路徑函式實際上不會回傳該回應模型，而是回傳一個 dict、資料庫物件或其他模型，然後使用 response_model 來執行欄位限定（field limiting）或序列化。

例如，在 search 裡，我回傳了 dict 項目的 generator，而不是 CharName 物件的 list，但它們已經足以讓 *FastAPI* 與 *pydantic* 驗證我的資料並建立適當的 JSON 回應，讓它與 response_model=list[Char Name] 相容了。

接下來要討論在圖 21-5 中回應查詢的 *tcp_mojifinder.py* 腳本。

asyncio TCP 伺服器

tcp_mojifinder.py 程式使用一般的 TCP 來與 Telnet 或 Netcat 等用戶端溝通，所以我可以使用 asyncio 來編寫它，而不需要使用外部的依賴項目，而且不需要重新發明 HTTP。參見圖 21-5 的文字型 UI。

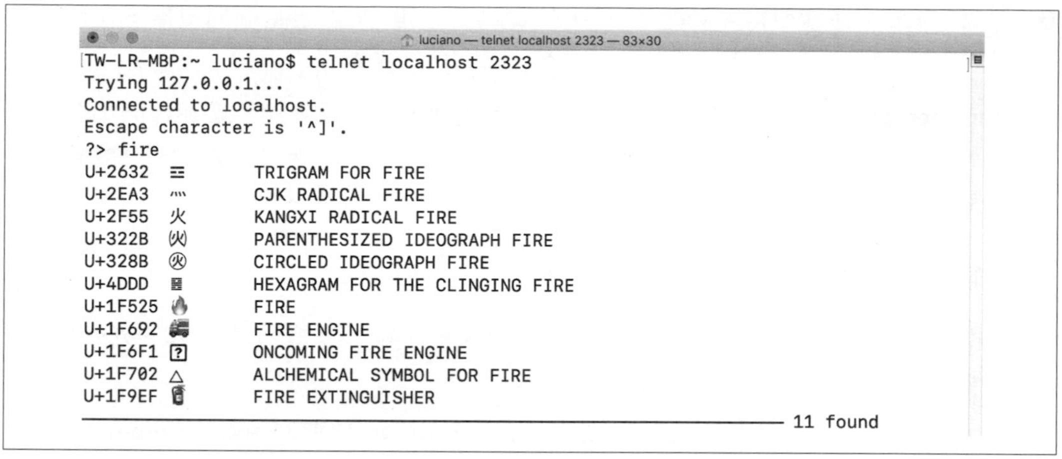

```
● ● ●                    ⬆ luciano — telnet localhost 2323 — 83×30
TW-LR-MBP:~ luciano$ telnet localhost 2323
Trying 127.0.0.1...
Connected to localhost.
Escape character is '^]'.
?> fire
U+2632  ☲        TRIGRAM FOR FIRE
U+2EA3  ⺣        CJK RADICAL FIRE
U+2F55  火       KANGXI RADICAL FIRE
U+322B  ㈫        PARENTHESIZED IDEOGRAPH FIRE
U+328B  ㊋        CIRCLED IDEOGRAPH FIRE
U+4DDD  ䷝        HEXAGRAM FOR THE CLINGING FIRE
U+1F525 🔥       FIRE
U+1F692 🚒       FIRE ENGINE
U+1F6F1 🛱       ONCOMING FIRE ENGINE
U+1F702 🜂       ALCHEMICAL SYMBOL FOR FIRE
U+1F9EF 🧯       FIRE EXTINGUISHER
                                              ─── 11 found
```

圖 21-5　使用 tcp_mojifinder.py 伺服器的 Telnet 對話：查詢「fire」

這個程式比 *web_mojifinder.py* 還要長兩倍，所以我把它分成三個部分來解釋：範例 21-12、
範例 21-14 與範例 21-15。範例 21-14 是 *tcp_mojifinder.py* 的上半部，包括 import 陳述
式，但我會先介紹 supervisor coroutine 與驅動程式的 main 函式。

範例 21-12　*tcp_mojifinder.py*：簡單的 *TCP* 伺服器，它的後續程式在範例 21-14

```python
async def supervisor(index: InvertedIndex, host: str, port: int) -> None:
    server = await asyncio.start_server(            ❶
        functools.partial(finder, index),          ❷
        host, port)                                 ❸

    socket_list = cast(tuple[TransportSocket, ...], server.sockets)  ❹
    addr = socket_list[0].getsockname()
    print(f'Serving on {addr}. Hit CTRL-C to stop.')   ❺
    await server.serve_forever()    ❻


def main(host: str = '127.0.0.1', port_arg: str = '2323'):
    port = int(port_arg)
    print('Building index.')
    index = InvertedIndex()                  ❼
    try:
        asyncio.run(supervisor(index, host, port))   ❽
    except KeyboardInterrupt:                 ❾
        print('\nServer shut down.')


if __name__ == '__main__':
    main(*sys.argv[1:])
```

❶ 這個 await 快速地取得 asyncio.Server 的實例，它是 TCP 通訊端伺服器。在預設情況下，start_server 會建立並啟動伺服器，讓它做好準備接受連接。

❷ start_server 的第一個引數是 client_connected_cb，它是當新用戶端連線開始時執行的回呼。回呼可以是個函式或 coroutine，但必須接收兩個引數：asyncio.StreamReader 與 asyncio.StreamWriter。但是，我的 finder coroutine 也需要取得索引，所以我使用 functools.partial 來綁定那個參數，並取得接收 reader 與 writer 的 callable。把使用者的函式調整為回呼 API 是 functools.partial 的常見用法。

❸ host 與 port 是 start_server 的第二個與第三個引數。完整的簽章見 asyncio 文件（*https://fpy.li/21-35*）。

❹ 之所以需要這個 cast，是因為在 *typeshed* 裡，Server 類別的 sockets property 的型態提示已過時了（在 2021 年 5 月的時候）。見 *typeshed* 的問題 #5535（*https://fpy.li/21-36*）。[13]

❺ 顯示位址，及伺服器的第一個通訊端的連接埠。

❻ 儘管 start_server 已經將伺服器作為並行任務啟動，但我需要 await serve_forever 方法，以在那裡暫停 supervisor。如果沒有這一行，supervisor 會立刻 return，結束以 asyncio.run(supervisor(⋯)) 啟動的迴圈，並退出程式。Server.serve_forever 的文件（*https://fpy.li/21-37*）說：「如果伺服器已經接收連結了，這個方法可以呼叫。」

❼ 建立反向索引。[14]

❽ 啟動事件迴圈，執行 supervisor。

❾ 捕捉 KeyboardInterrupt，以免在執行伺服器的終端機按下 Ctrl-C 來停止伺服器時，產生煩人的 traceback。

研究一下 *tcp_mojifinder.py* 在伺服器主控台產生的輸出，將幫助你瞭解控制流程的運作方式，參見範例 21-13。

13　問題 #5535 在 2021 年 10 月關閉了，但 Mypy 從那個時候就沒有新版本，所以這個錯誤一直存在。

14　技術校閱 Leonardo Rochael 指出，我們可以在 supervisor coroutine 裡使用 loop.run_with_executor() 來將建構索引的工作委託給另一個執行緒，如此一來，伺服器就可以在建立請求的同時準備好接收請求。他說得對，不過這個伺服器的任務只是查詢索引，所以他的寫法在這個例子中不會帶來多大的改善。

範例 21-13　*tcp_mojifinder.py*：這是圖 *21-5* 的伺服器端對話

```
$ python3 tcp_mojifinder.py
Building index.  ❶
Serving on ('127.0.0.1', 2323). Hit Ctrl-C to stop.  ❷
 From ('127.0.0.1', 58192): 'cat face'    ❸
   To ('127.0.0.1', 58192): 10 results.
 From ('127.0.0.1', 58192): 'fire'        ❹
   To ('127.0.0.1', 58192): 11 results.
 From ('127.0.0.1', 58192): '\x00'        ❺
Close ('127.0.0.1', 58192).               ❻
^C ❼
Server shut down.  ❽
$
```

❶ main 的輸出。在建立索引時，我在我的機器上看到 0.6 秒的延遲才出現下一行。

❷ supervisor 的輸出。

❸ 在 finder 內的 while 迴圈的第一次迭代。TCP/IP 技術層指派連接埠 58192 給我的 Telnet 用戶端。如果你讓多個用戶端連到伺服器，你會在輸出看到它們的連接埠。

❹ 在 finder 內的 while 迴圈的第二次迭代。

❺ 我在用戶端終端機按下 Ctrl-C，在 finder 內的 while 迴圈退出。

❻ finder coroutine 顯示這條訊息，然後退出。與此同時，伺服器仍然運行，可服務另一個用戶端。

❼ 我在伺服器終端機按下 Ctrl-C；server.serve_forever 被取消，結束 supervisor 與事件迴圈。

❽ main 的輸出。

在 main 建立索引並啟動事件迴圈之後，supervisor 快速地顯示 Serving on…訊息，並在 await server.serve_forever() 那一行暫停。當時，控制流進入事件迴圈並待在那裡，偶爾回到 finder coroutine，當 finder 需要等待網路傳送或接收資料時，它會將控制權交還給事件迴圈。

當事件迴圈是活躍的時，對於連接到伺服器的每個用戶端，將啟動一個新的 finder coroutine 實例。如此一來，這個簡單的伺服器就可以並行地處理許多用戶端。這種情況會維持到伺服器發生 KeyboardInterrupt，或它的程序被 OS 刪除為止。

接著來看 *tcp_mojifinder.py* 的上半部，裡面有 finder coroutine。

範例 21-14　*tcp_mojifinder.py*：延續範例 21-12

```python
import asyncio
import functools
import sys
from asyncio.trsock import TransportSocket
from typing import cast

from charindex import InvertedIndex, format_results   ❶

CRLF = b'\r\n'
PROMPT = b'?> '

async def finder(index: InvertedIndex,                  ❷
                 reader: asyncio.StreamReader,
                 writer: asyncio.StreamWriter) -> None:
    client = writer.get_extra_info('peername')   ❸
    while True:   ❹
        writer.write(PROMPT)  # 不能 await!   ❺
        await writer.drain()  # 必須 await!   ❻
        data = await reader.readline()   ❼
        if not data:   ❽
            break
        try:
            query = data.decode().strip()   ❾
        except UnicodeDecodeError:   ❿
            query = '\x00'
        print(f' From {client}: {query!r}')   ⓫
        if query:
            if ord(query[:1]) < 32:   ⓬
                break
            results = await search(query, index, writer)   ⓭
            print(f'   To {client}: {results} results.')   ⓮

    writer.close()   ⓯
    await writer.wait_closed()   ⓰
    print(f'Close {client}.')   ⓱
```

❶ format_results 很適合用在文字 UI（例如命令列或 Telnet 對話）裡顯示 InvertedIndex.search 的結果。

❷ 為了將 finder 傳給 asyncio.start_server，我把它包在 functools.partial 裡，因為伺服器期望收到一個僅接收 reader 與 writer 引數的 coroutine 或函式。

❸ 取得通訊端連接的遠端用戶端的位址。

❹ 這個迴圈處理一個對話，一直到從用戶端收到控制字元為止。

❺ StreamWriter.write 方法不是 coroutine，而是一般的函式；這一行傳送 ?> 提示詞。

❻ 用 StreamWriter.drain 來清空 writer 緩衝區，它是個 coroutine，所以它必須用 await
   來驅動。

❼ StreamWriter.readline 是回傳 bytes 的 coroutine。

❽ 如果沒有收到 bytes，用戶端關閉連線，於是退出迴圈。

❾ 將 bytes 解碼成 str，使用預設的 UTF-8 編碼。

❿ UnicodeDecodeError 可能在使用者按下 Ctrl-C 與 Telnet 用戶端傳送控制 bytes 時發
   生。如果它發生了，將查詢換成空字元，這是為了簡單起見。

⓫ 將查詢顯示至伺服器主控台。

⓬ 在收到控制字元或 null 字元時退出迴圈。

⓭ 執行實際的 search，等一下會展示程式碼。

⓮ 將回應顯示到伺服器主控台。

⓯ 關閉 StreamWriter。

⓰ 等待 StreamWriter 關閉。這是 .close() 方法的文件建議的做法（ *https://fpy.li/21-38* ）。

⓱ 將這個用戶端對話的結束顯示到伺服器主控台。

這個範例的最後一個部分是 search coroutine，參見範例 21-15。

範例 21-15　*tcp_mojifinder.py*：search *coroutine*

```python
async def search(query: str,       ❶
                 index: InvertedIndex,
                 writer: asyncio.StreamWriter) -> int:
    chars = index.search(query)    ❷
    lines = (line.encode() + CRLF for line    ❸
                in format_results(chars))
    writer.writelines(lines)       ❹
    await writer.drain()           ❺
    status_line = f'{"─" * 66} {len(chars)} found'    ❻
```

```
writer.write(status_line.encode() + CRLF)
await writer.drain()
return len(chars)
```

❶ search 必須是 coroutine，因為它對著 StreamWriter 進行寫入，且必須使用它的 .drain() coroutine 方法。

❷ 查詢反向索引。

❸ 這個 genexp 將 yield 以 UTF-8 編碼的 byte 字串，包含 Unicode 碼位、實際的字元、它的名稱，及 CRLF sequence（例如 b'U+0039\t9\tDIGIT NINE\r\n'）。

❹ 傳送 lines。令人意外的是，writer.writelines 不是 coroutine。

❺ 但 writer.drain() 是 coroutine。別忘了 await！

❻ 建立狀態列，然後傳送它。

注意，在 *tcp_mojifinder.py* 裡的所有網路 I/O 都使用 bytes，我們必須將來自網路的 bytes 解碼，以及將字串編碼再將它們送出去。Python 3 的預設編碼是 UTF-8，它也是我在這個範例裡的所有 encode 與 decode 呼叫裡未公開使用的編碼。

 注意，有些 I/O 方法是 coroutine，且必須用 await 來驅動，有些則是簡單的函式。例如，StreamWriter.write 是一般的函式，因為它對著緩衝區進行寫入。另一方面，清空緩衝區並執行網路 I/O 的 StreamWriter.drain 是 coroutine，StreamReader.readline 也是，但 StreamWriter.writelines 不是！當我編寫本書的第一版時，asyncio API 文件已被改進，明確地如此標示 coroutine（*https://fpy.li/21-39*）。

tcp_mojifinder.py 程式碼利用了高階的 asyncio Streams API（*https://fpy.li/21-40*），該 API 提供現成的伺服器，讓你只需要實作處理函式（handler function）即可，該函式可以是一般的回呼或 coroutine。此外也有低階的 Transports 與 Protocols API（*https://fpy.li/21-41*），其靈感來自 *Twisted* 框架中的傳輸和協定抽象。更多資訊請參考 asyncio 文件，裡面有使用那個低階 API 來實作的 TCP 和 UDP 回聲伺服器和用戶端（*https://fpy.li/21-42*）。

我們的下一個主題是 async for 與讓它可以運作的物件。

非同步迭代與非同步 iterable

我們曾經在第 798 頁的「非同步 context manager」看了 async with 如何與實作了 __aenter__ 和 __aexit__ 方法的物件合作。那兩個方法回傳 awaitable，通常以 coroutine 物件的形式。

類似的情況，async for 可以和非同步 iterable 合作，也就是實作了 __aiter__ 的物件。但是，__aiter__ 必須是常規的方法，而不是 coroutine 方法，而且它必須回傳一個非同步 *iterator*。

非同步 iterator 提供一個 __anext__ coroutine 方法，該方法回傳一個 awaitable，通常是個 coroutine 物件。它們也應該實作 __aiter__，__aiter__ 通常回傳 self。這反映了我們在第 613 頁的「不要讓 iterable 是它自己的 iterator」中討論的 iterable 和 iterator 的重要區別。

aiopg 非同步 PostgreSQL 驅動程式文件（*https://fpy.li/21-43*）有一個範例說明如何使用 async for 來迭代資料庫指標（cursor）的資料列：

```python
async def go():
    pool = await aiopg.create_pool(dsn)
    async with pool.acquire() as conn:
        async with conn.cursor() as cur:
            await cur.execute("SELECT 1")
            ret = []
            async for row in cur:
                ret.append(row)
            assert ret == [(1,)]
```

在這個範例裡，查詢會回傳一個資料列，但在實際的情況下，一個 SELECT 查詢可能會回應上千列。在大型的回應中，cursor 不會一次被放入所有資料列。因此，async for row in cur: 不能在 cursor 等待額外的資料列時阻塞事件迴圈。藉著把 cursor 做成非同步 iterator，*aiopg* 可在每次 __anext__ 被呼叫時，把控制權交給事件迴圈，等到 PostgreSQL 送來更多資料列時恢復執行。

非同步 generator 函式

你可以藉著編寫一個包含 __anext__ 與 __aiter__ 的類別來實作非同步 iterator，但有一種更簡單的做法：用 async def 來宣告函式，並在它的主體內使用 yield。這與 generator 函式簡化典型的 Iterator 模式相仿。

我們來研究一個使用 async for 的簡單範例，並實作非同步 generator。我們在範例 21-1 看過 *blogdom.py*，它是探測域名的腳本。假設我們發現之前定義的探測 coroutine 有其他的用途，決定把它與新的 multi_probe 非同步 generator 一起放入新模組 *domainlib.py* 裡。新的 generator 接收一個域名 list，並在探測完成後，立刻 yield 結果。

我們很快就會看到 *domainlib.py* 的實作，但我們先來看看如何在 Python 的新非同步主控台中使用它。

用 Python 的 async 主控台來做實驗

自 Python 3.8 起（*https://fpy.li/21-44*），你可以用 -m asyncio 命令列選項來執行直譯器，以獲得「async REPL」，它是一種 Python 控制台，已將 asyncio 模組匯入，提供執行中的事件迴圈，並接受在頂層提示詞輸入 await、async for 與 async with。原本在原生的 coroutine 之外使用這些指令是錯誤的語法。[15]

為了實驗 *domainlib.py*，前往你的 *Fluent Python* 程式存放區（*https://fpy.li/code*）的本地副本的 *21-async/domains/asyncio/* 目錄，然後執行：

```
$ python -m asyncio
```

你會看到主控台啟動，出現類似這樣的訊息：

```
asyncio REPL 3.9.1 (v3.9.1:1e5d33e9b9, Dec  7 2020, 12:10:52)
[Clang 6.0 (clang-600.0.57)] on darwin
Use "await" directly instead of "asyncio.run()".
Type "help", "copyright", "credits" or "license" for more information.
>>> import asyncio
>>>
```

注意訊息中提到的，你可以使用 await 來驅動 coroutine 和其他的 awaitable，而不是使用 asyncio.run()。此外，我並未輸入 import asyncio，asyncio 是自動匯入的，那一行指令是為了提醒使用者。

接下來，我們要匯入 *domainlib.py*，並試用它的兩個 coroutine：probe 與 multi_probe（範例 21-16）。

---

15 這很適合用來實驗，就像 Node.js 主控台。感謝 Yury Selivanov 對非同步 Python 的另一個出色的貢獻。

範例 21-16　在執行 python3 -m asyncio 之後試驗 *domainlib.py*

```
>>> await asyncio.sleep(3, 'Rise and shine!')  ❶
'Rise and shine!'
>>> from domainlib import *
>>> await probe('python.org')  ❷
Result(domain='python.org', found=True)  ❸
>>> names = 'python.org rust-lang.org golang.org no-lang.invalid'.split()  ❹
>>> async for result in multi_probe(names):  ❺
...     print(*result, sep='\t')
...
golang.org      True  ❻
no-lang.invalid False
python.org      True
rust-lang.org   True
>>>
```

❶ 嘗試簡單的 await 來看一下非同步主控台的行為。小提示：asyncio.sleep() 接收選用的第二個引數，當你 await 它時，它會被回傳。

❷ 驅動 probe coroutine。

❸ domainlib 版的 probe 回傳名為 Result 的 tuple。

❹ 製作域名串列。.invalid 頂層域名是為測試而保留的。針對這類域名的 DNS 查詢一定得到 DNS 伺服器的 NXDOMAIN 回應，意思是「該網域不存在」。[16]

❺ 用 async for 迭代 multi_probe 非同步 generator，來顯示結果。

❻ 注意結果的順序與傳給 multiprobe 的域名順序不同。它們在各個 DNS 回應返回時出現。

範例 21-16 展示 multi_probe 是個非同步 generator，因為它與 async for 相容。接著我們來做更多實驗，範例 21-17 延續這個例子。

範例 21-17　更多實驗，延續範例 21-16

```
>>> probe('python.org')  ❶
<coroutine object probe at 0x10e313740>
>>> multi_probe(names)  ❷
<async_generator object multi_probe at 0x10e246b80>
>>> for r in multi_probe(names):  ❸
```

16　見 RFC 6761 —— Special-Use Domain Names（*https://fpy.li/21-45*）。

```
...      print(r)
...
Traceback (most recent call last):
   ...
TypeError: 'async_generator' object is not iterable
```

❶ 呼叫原生的 coroutine 可得到一個 coroutine 物件。

❷ 呼叫非同步的 generator 可得到一個 async_generator 物件。

❸ 我們不能使用常規的 for 迴圈來迭代非同步 generator，因為它們實作了 __aiter__，
而不是 __iter__。

非同步 generator 是由 async for 驅動的，它可能是個阻塞的陳述式（如範例 21-16 所
示），而且它也出現在非同步生成式裡，等一下會介紹。

實作非同步 generator

接下來，我們要研究 *domainlib.py* 的程式碼，裡面有 multi_probe 非同步 generator（範例
21-18）。

範例 *21-18 domainlib.py*：探測域名的函式

```
import asyncio
import socket
from collections.abc import Iterable, AsyncIterator
from typing import NamedTuple, Optional


class Result(NamedTuple):    ❶
    domain: str
    found: bool


OptionalLoop = Optional[asyncio.AbstractEventLoop]    ❷


async def probe(domain: str, loop: OptionalLoop = None) -> Result:    ❸
    if loop is None:
        loop = asyncio.get_running_loop()
    try:
        await loop.getaddrinfo(domain, None)
    except socket.gaierror:
        return Result(domain, False)
```

```
    return Result(domain, True)


async def multi_probe(domains: Iterable[str]) -> AsyncIterator[Result]:  ❹
    loop = asyncio.get_running_loop()
    coros = [probe(domain, loop) for domain in domains]  ❺
    for coro in asyncio.as_completed(coros):  ❻
        result = await coro  ❼
        yield result  ❽
```

❶ NamedTuple 使 probe 的結果更易讀與偵錯。

❷ 這種型態別名是為了避免讓下一行太長，而無法在書裡列出。

❸ probe 收到一個選用的 loop 引數，以避免當這個 coroutine 被 multi_probe 驅動時重複呼叫 get_running_loop。

❹ 這個非同步 generator 函式產生一個非同步 generator 物件，它可以注解為 AsyncIterator[SomeType]。

❺ 建立 probe coroutine 物件的 list，每一個都有不同的 domain。

❻ 這不是 async for，因為 asyncio.as_completed 是典型的 generator。

❼ 等待（await）coroutine 物件以取得結果。

❽ yield result。這一行使 multi_probe 成為非同步 generator。

範例 21-18 的 for 迴圈可以更簡潔：

```
for coro in asyncio.as_completed(coros):
    yield await coro
```

Python 將它解析成 yield (await coro)，所以它可以執行。

我認為在本書的第一個非同步 generator 的例子中使用這種簡寫可能造成混淆，所以把它分成兩行。

有了 *domainlib.py*，我們在 *domaincheck.py* 裡展示 multi_probe 非同步 generator 的用法。這個腳本接收一個網域後綴，並搜尋由 Python 關鍵字組成的域名。

這是 *domaincheck.py* 的輸出範例：

```
$ ./domaincheck.py net
FOUND           NOT FOUND
=====           =========
in.net
del.net
true.net
for.net
is.net
                none.net
try.net
                from.net
and.net
or.net
else.net
with.net
if.net
as.net
                elif.net
                pass.net
                not.net
                def.net
```

因為有 *domainlib*，*domaincheck.py* 的程式碼很簡單，如範例 21-19 所示。

範例 *21-19*　*domaincheck.py*：使用 *domainlib* 來編寫探測網域的工具

```
#!/usr/bin/env python3
import asyncio
import sys
from keyword import kwlist

from domainlib import multi_probe


async def main(tld: str) -> None:
    tld = tld.strip('.')
    names = (kw for kw in kwlist if len(kw) <= 4)    ❶
    domains = (f'{name}.{tld}'.lower() for name in names)    ❷
    print('FOUND\t\tNOT FOUND')    ❸
    print('=====\t\t=========')
    async for domain, found in multi_probe(domains):    ❹
        indent = '' if found else '\t\t'    ❺
        print(f'{indent}{domain}')


if __name__ == '__main__':
```

```
    if len(sys.argv) == 2:
        asyncio.run(main(sys.argv[1]))    ❻
    else:
        print('Please provide a TLD.', f'Example: {sys.argv[0]} COM.BR')
```

❶ 產生長度不超過 4 的關鍵字。

❷ 產生後綴為 TLD 的域名。

❸ 格式化標頭，用於輸出表格。

❹ 非同步地迭代 multi_probe(domains)。

❺ 將 indent 設為零或兩個 tab 來將結果放入適當的欄（column）。

❻ 用指定的命令列引數來執行 main coroutine。

generator 還有一個與迭代無關的用途：它們可以做成 context manager。這也適用於非同步 generator。

將非同步 generator 當成 context manager

編寫自己的非同步 context manager 不是常見的工作，但如果你需要寫一個，可考慮使用 @asynccontextmanager（*https://fpy.li/21-46*）decorator，它是在 Python 3.7 加入 contextlib 模組的。它很像第 674 頁的「使用 @contextmanager」介紹過的 @contextmanager decorator。

在 Caleb Hattingh 的書籍 *Using Asyncio in Python*（*https://fpy.li/hattingh*）裡面有一個有趣的範例結合了 @asynccontextmanager 與 loop.run_in_executor。範例 21-20 是 Caleb 的程式，我修改了一個地方，並加入說明。

範例 21-20 使用 @asynccontextmanager 與 loop.run_in_executor 的範例

```
from contextlib import asynccontextmanager

@asynccontextmanager
async def web_page(url):                    ❶
    loop = asyncio.get_running_loop()       ❷
    data = await loop.run_in_executor(      ❸
        None, download_webpage, url)
    yield data                              ❹
    await loop.run_in_executor(None, update_stats, url)   ❺

async with web_page('google.com') as data:  ❻
    process(data)
```

❶ 被修飾的函式必須是非同步 generator。

❷ 對 Caleb 的程式做的小修改：使用輕量的 get_running_loop 而不是 get_event_loop。

❸ 假設 download_webpage 是個使用 *requests* 程式庫的阻塞函式，我們在單獨的執行緒裡執行它，以避免阻塞事件迴圈。

❹ 在 yield 運算式之前的所有程式都會變成 decorator 所建立的非同步 context manager 的 __aenter__ coroutine 方法。在下面的 async with 陳述式內的 as 子句之後，data 的值會被綁定 data 變數。

❺ 在 yield 之後的程式將變成 __aexit__ coroutine 方法。在此，將另一個會阻塞的呼叫委託給執行緒執行器。

❻ 一起使用 web_page 與 async with。

這很像循序的 @contextmanager decorator。詳情參見第 674 頁的「使用 @contextmanager」，包括 yield 行的錯誤處理。若要參考 @asynccontextmanager 的其他範例，可閱讀 contextlib 文件（*https://fpy.li/21-46*）。

我們來總結一下關於非同步 generator 函式的內容，並拿它們與原生的 coroutine 進行對比。

非同步 generator vs. 原生的 coroutine

以下是原生的 coroutine 與非同步 generator 函式之間的主要異同點：

• 它們都用 async def 來宣告。

• 非同步 generator 的主體內一定有 yield 運算式，yield 是讓它成為 generator 的因素。原生的 coroutine 絕對沒有 yield。

• 原生的 coroutine 可能回傳 None 之外的值。非同步 generator 只能使用空的 return 陳述式。

• 原生的 coroutine 是 awaitable：它們可以用 await 運算式來驅動，或傳給接收 awaitable 引數的諸多 asyncio 函式之一，例如 create_task。非同步 generator 不是 awaitable，它們是非同步 iterable，用 async 或用非同步生成式來驅動。

接下來要討論非同步生成式。

非同步生成式與非同步 genexp

PEP 530 —— Asynchronous Comprehensions（*https://fpy.li/pep530*）在生成式與 genexp 的語法裡加入 async for 與 await，從 Python 3.6 開始。

在 PEP 530 所定義的內容中，唯一可以出現在 async def 之外的結構是非同步 genexp。

定義和使用非同步 genexp

根據範例 21-18 中的 multi_probe 非同步 generator，我們可以撰寫另一個僅回傳找到的域名的非同步 generator。寫法如下所示，同樣使用以 -m asyncio 啟動的非同步主控台：

```
>>> from domainlib import multi_probe
>>> names = 'python.org rust-lang.org golang.org no-lang.invalid'.split()
>>> gen_found = (name async for name, found in multi_probe(names) if found)   ❶
>>> gen_found
<async_generator object <genexpr> at 0x10a8f9700>   ❷
>>> async for name in gen_found:   ❸
...     print(name)
...
golang.org
python.org
rust-lang.org
```

❶ 使用 async for 來讓它成為非同步 genexp。它可以在 Python 模組裡的任何地方定義。

❷ 非同步 genexp 建立一個 async_generator 物件，它的型態與 multi_probe 等非同步 generator 函式回傳的物件一樣。

❸ 非同步 generator 物件是用 async for 陳述式來驅動的，async for 只能出現在 async def 主體裡面，或這個例子使用的非同步主控台裡。

總之，非同步 genexp 可以在程式裡的任何地方定義，但它只能在原生的 coroutine 或非同步 generator 函式裡耗用（consumed）。

PEP 530 加入的其餘結構只能在原生的 coroutine 或非同步 generator 函式裡面定義和使用。

非同步生成式

PEP 530 的作者 Yury Selivanov 用下面的三段短程式來證明非同步生成式的必要性。

我們都認同,我們應該能夠將這段程式:

```
result = []
async for i in aiter():
    if i % 2:
        result.append(i)
```

改寫成這樣:

```
result = [i async for i in aiter() if i % 2]
```

此外,給定原生的 coroutine fun,我們應該要能夠寫出:

```
result = [await fun() for fun in funcs]
```

 在 listcomp 裡使用 await 與使用 asyncio.gather 類似。但 gather 的選用引數 return_exceptions 可以讓你更仔細地控制例外處理。Caleb Hattingh 建議維持設定 return_exceptions=True(預設值是 False)。詳情見 asyncio. gather 文件(*https://fpy.li/21-48*)。

回到神奇的非同步主控台:

```
>>> names = 'python.org rust-lang.org golang.org no-lang.invalid'.split()
>>> names = sorted(names)
>>> coros = [probe(name) for name in names]
>>> await asyncio.gather(*coros)
[Result(domain='golang.org', found=True),
Result(domain='no-lang.invalid', found=False),
Result(domain='python.org', found=True),
Result(domain='rust-lang.org', found=True)]
>>> [await probe(name) for name in names]
[Result(domain='golang.org', found=True),
Result(domain='no-lang.invalid', found=False),
Result(domain='python.org', found=True),
Result(domain='rust-lang.org', found=True)]
>>>
```

請注意,我對 names list 進行排序,以展示在這兩種案例中,結果都按照提交的順序產生出來。

PEP 530 允許我們在 listcomp 與 dict 生成式和 set 生成式裡使用 async for 與 await。例如，這是在非同步主控台裡儲存 multi_probe 的結果的 dict 生成式：

```
>>> {name: found async for name, found in multi_probe(names)}
{'golang.org': True, 'python.org': True, 'no-lang.invalid': False,
'rust-lang.org': True}
```

我們可以在 for 或 async for 子句之前的運算式裡使用 await 關鍵字，也可以在 if 子句之後的運算式裡使用它。下面是非同步主控台裡的 set 生成式，它僅收集找到的網域：

```
>>> {name for name in names if (await probe(name)).found}
{'rust-lang.org', 'python.org', 'golang.org'}
```

我們必須在 await 運算式的前後加上額外的括號，因為 __getattr__ 運算子 .（句點）有更高的優先權。

同樣的，這些生成式都只能出現在 async def 主體，或神奇的非同步主控台裡。

接下來要討論 async 陳述式、async 運算式和它們所建立的物件的重要功能。這些結構通常與 *asyncio* 一起使用，但它們其實與任何程式庫無關。

在 asyncio 之外的 async：Curio

Python 的 async/await 語言結構並未綁定任何特定的事件迴圈或程式庫。[17] 由於特殊方法提供的可擴展 API，任何一位有足夠動機的人都可以撰寫自己的非同步執行環境和框架，以驅動原生的 coroutine、非同步 generator…等。

這就是 David Beazley 在他的 *Curio* 專案（*https://fpy.li/21-49*）裡做的事情。他喜歡重新思考如何在一個從零開始製作的框架中使用這些新語言功能。之前說過，asyncio 是在 Python 3.4 發表的，它使用了 yield from 而不是 await，所以它的 API 不能利用非同步 context manager、非同步 iterator，以及 async/await 關鍵字帶來的一切。因此，與 asyncio 相比，*Curio* 有更簡潔的 API 和更簡單的實作。

範例 21-21 是用 *Curio* 來改寫的 *blogdom.py* 腳本（範例 21-1）。

17　這一點與 JavaScript 不同，JavaScript 的 async/await 與內建的事件迴圈和執行期環境（即瀏覽器、Node. js、Deno）綁死。

範例 21-21　*blogdom.py*：使用 *Curio* 的範例 21-1

```python
#!/usr/bin/env python3
from curio import run, TaskGroup
import curio.socket as socket
from keyword import kwlist

MAX_KEYWORD_LEN = 4


async def probe(domain: str) -> tuple[str, bool]:    ❶
    try:
        await socket.getaddrinfo(domain, None)    ❷
    except socket.gaierror:
        return (domain, False)
    return (domain, True)

async def main() -> None:
    names = (kw for kw in kwlist if len(kw) <= MAX_KEYWORD_LEN)
    domains = (f'{name}.dev'.lower() for name in names)
    async with TaskGroup() as group:    ❸
        for domain in domains:
            await group.spawn(probe, domain)    ❹
        async for task in group:    ❺
            domain, found = task.result
            mark = '+' if found else ' '
            print(f'{mark} {domain}')

if __name__ == '__main__':
    run(main())    ❻
```

❶　probe 不需要取得事件迴圈，因為⋯

❷　⋯getaddrinfo 是 curio.socket 的頂層函式，不是 loop 物件的方法，因為它在 asyncio 裡。

❸　TaskGroup 是 *Curio* 的核心概念，其功能是監控幾個 coroutine，並確保它們都被執行和清理。

❹　coroutine 是用 TaskGroup.spawn 來啟動的，它由特定的 TaskGroup 實例進行管理。coroutine 被包成一個 Task。

❺　用 async for 來迭代 TaskGroup 時，每當完成一個任務，就會 yield 一個 Task 實例。這相當於範例 21-1 中使用 for ⋯ as_completed(⋯): 的那一行。

❻　*Curio* 開創了這種在 Python 中啟動非同步程式的明智做法。

補充一下最後一點：在第一版的 *Fluent Python* 的 asyncio 範例程式裡，你可以看到這幾行程式反覆出現：

```
loop = asyncio.get_event_loop()
loop.run_until_complete(main())
loop.close()
```

Curio TaskGroup 是一個非同步 context manager，它取代了 asyncio 的幾個臨時性的 API 和編寫模式。我們剛才看到，迭代 TaskGroup 使得 asyncio.as_completed(⋯) 函式變得沒必要。舉另一個例子：這段來自「Task Groups」文件（*https://fpy.li/21-50*）的程式可收集群組裡的所有任務的結果，可取代特殊的 gather 函式：

```
async with TaskGroup(wait=all) as g:
    await g.spawn(coro1)
    await g.spawn(coro2)
    await g.spawn(coro3)
print('Results:', g.results)
```

它是一種並行設計形式，將一組非同步任務的所有活動限制在單一的進入點和退出點。這種做法與結構化設計類似，結構化設計避免使用 GOTO 命令，並加入區塊語句來限制迴圈和子程序的進入點和退出點。將 TaskGroup 當成非同步 context manager 來使用時，它會確保在退出封閉區塊時，於內部產生（spawn）的任務都被完成或取消，且任何例外都被發出。

 結構化並行可能會在即將發表的 Python 版本中被 asyncio 採用。PEP 654–Exception Groups and except*（*https://fpy.li/pep654*）強烈地暗示這件事，該 PEP 已被批准用於 Python 3.11（*https://fpy.li/21-52*）。它的「Motivation」一節（*https://fpy.li/21-53*）提到 *Trio* 的「nurseries」，他們用這個詞來稱乎 task groups：「在 *asyncio* 中實作更好的任務產生 API 是這個 PEP 的主要動機。靈感來自 Trio nurseries。」

Curio 的另一個重要特點是，它進一步支援在同一個碼庫中使用 coroutine 和執行緒來設計程式，這在大多數複雜的非同步程式中是必須的。用 await spawn_thread(func, ⋯) 來啟動執行緒會回傳一個具有類似 Task 介面的 AsyncThread 物件。因為有特殊的 AWAIT(coro) 函式（*https://fpy.li/21-54*），執行緒可以呼叫 coroutine，AWAIT 全部使用大寫是因為 await 現在是關鍵字了。

Curio 也提供了 `UniversalQueue`，它可以用來協調執行緒、*Curio* coroutine 和 `asyncio` coroutine 之間的工作。沒錯，*Curio* 有一些功能可以讓它在同一個程序內，於一個執行緒裡和在另一個執行緒裡的 `asyncio` 一起執行，透過 `UniversalQueue` 和 `UniversalEvent` 進行溝通。這些「通用」類別的 API 在 coroutine 內部和外部都一樣，但在 coroutine 裡，你要在呼叫前加上 `await`。

當我在 2021 年 10 月行文至此時，*HTTPX* 是第一個與 *Curio* 相容的 HTTP 用戶端程式庫（*https://fpy.li/21-55*），但我不知道還有什麼非同步資料庫程式庫支援它。在 *Curio* 版本庫裡有一組令人印象深刻的網路程式設計範例（*https://fpy.li/21-56*），裡面有一個使用 *WebSocket* 的範例，以及另一個實作了 RFC 8305 —— Happy Eyeballs（*https://fpy.li/21-57*）並行演算法的範例，它可以連接到 IPv6 端點，並在需要時快速退回 IPv4。

Curio 的設計一直很有影響力。Nathaniel J. Smith 開創的 *Trio* 框架（*https://fpy.li/21-58*）大部分的靈感來自 *Curio*。*Curio* 可能也促使 Python 貢獻者改善 `asyncio` API 的易用性。例如，在 `asyncio` 最早的版本中，使用者往往需要獲取並傳遞 `loop` 物件，因為有一些重要的函式若不是 `loop` 方法，就是需要 `loop` 引數。在最近的 Python 版本中，直接使用迴圈的頻率已經沒那麼高了，事實上，一些接收選用 `loop` 的函式已經放棄該引數。

接下來的主題是型態提示非同步物件。

型態提示非同步物件

原生的 coroutine 的回傳型態描述了當你 `await` 該 coroutine 時獲得的東西，也就是在原生的 coroutine 函式主體內的 `return` 陳述式中出現的物件型態。[18]

本章已經展示許多加上注解的原生 coroutine 案例，包括範例 21-21 的 `probe`：

```
async def probe(domain: str) -> tuple[str, bool]:
    try:
        await socket.getaddrinfo(domain, None)
    except socket.gaierror:
        return (domain, False)
    return (domain, True)
```

18　這與古典的 coroutine 的注解不同，如第 660 頁的「古典的 coroutine 的泛型型態提示」所述。

如果你需要注解一個接收 coroutine 物件的參數，那麼泛型型態是：

```
class typing.Coroutine(Awaitable[V_co], Generic[T_co, T_contra, V_co]):
    ...
```

那個型態與接下來的型態是在 Python 3.5 與 3.6 加入的，用來注解非同步物件：

```
class typing.AsyncContextManager(Generic[T_co]):
    ...
class typing.AsyncIterable(Generic[T_co]):
    ...
class typing.AsyncIterator(AsyncIterable[T_co]):
    ...
class typing.AsyncGenerator(AsyncIterator[T_co], Generic[T_co, T_contra]):
    ...
class typing.Awaitable(Generic[T_co]):
    ...
```

在 Python 3.9 以上，它們相當於使用 collections.abc。

我想要強調這些泛型型態的三個層面。

首先：它們都與第一個型態參數有 covariant 關係，它是這些物件所 yield 的項目的型態。回顧第 560 頁的「關於 variance 的經驗法則」的規則 1：

> 如果形式型態參數定義了從物件裡送出去的資料的型態，它可能是 covariant。

第二：AsyncGenerator 與 Coroutine 與倒數第二個參數有 contravariant 關係。它是低階方法 .send() 的引數的型態，事件迴圈會呼叫這個方法來驅動非同步 generator 與 coroutine。因此，它是個「輸入」型態。所以，它可能是 contravariant，根據「關於 variance 的經驗法則」第 2 條：

> 如果形式型態參數定義了在初步建構物件之後傳入該物件的資料的型態，它可能是 contravariant。

第三：相較於第 660 頁的「古典的 coroutine 的泛型型態提示」中的 typing.Generator，AsyncGenerator 沒有回傳型態。藉著引發 StopIteration(value) 來回傳值，是使得 generator 能夠作為 coroutine 來運作，以及支援 yield from 的 hack 手法之一，如第 651 頁的「古典的 coroutine」所述。在非同步物件之間不存在這種重疊：AsyncGenerator 物件不回傳值，並且與原生的 coroutine 物件完全分開，後者是用 typing.Coroutine 來注解的。

最後，我們要簡單地討論一下非同步程式設計的優勢和挑戰。

async 何時可用？何時無用？

本章的最後一節將討論與非同步程式設計有關的高階概念，無論你使用哪一種語言或程式庫。

我們先來解釋非同步程式設計吸引人的首要原因，再來討論一種流行的迷思，以及如何處理它。

阻塞性呼叫的執行週期

Node.js 的發明者 Ryan Dahl 在介紹他的專案的理念時說道：「我們把 I/O 完全做錯了。」[19] 他把執行檔案或網路 I/O 的函式定義成阻塞函式（blocking function），並認為我們不能像對待非阻塞函式那樣對待它們。為了解釋原因，他展示了表 21-1 的第二欄中的數據。

表 21-1　現代計算機從不同設備讀取資料的延遲時間，第三行是比例時間，為了方便我們這些遲鈍的人類理解。

設備	CPU 週期	對應的「人類」尺度
L1 快取	3	3 秒
L2 快取	14	14 秒
RAM	250	250 秒
磁碟	41,000,000	1.3 年
網路	240,000,000	7.6 年

為了理解表 21-1，別忘了，具有 GHz 時脈的現代 CPU 每秒可以執行數十億個週期。假設有一顆 CPU 每秒執行 10 億個週期，那顆 CPU 可以在 1 秒鐘內執行超過 3.33 億次的 L1 快取讀取，或者在同一時間內進行 4 次（對，四次！）網路讀取。表 21-1 的第三行將第二行的數字乘以一個常數，方便我們用不同的角度來看待它們。所以，在另一個平行宇宙裡，如果一顆 CPU 每次讀取 L1 快取需要 3 秒，那麼讀取網路就需要 7.6 年！

表 21-1 解釋了為什麼有紀律地編寫非同步程式可以實現高性能的伺服器。我們的挑戰在於實踐這種紀律。第一步是承認「I/O 密集型系統」只是一種幻想。

19　影片：「Introduction to Node.js」（*https://fpy.li/21-59*），於 4:55 處。

I/O 密集型系統的迷思

有一個經常反覆出現的迷思是，非同步程式設計對「I/O 密集型系統」有好處。我經歷了艱辛的過程才學到沒有所謂的「I/O 密集型系統」。你可能會有 I/O 密集型函式，也許在你的系統裡的函式大都是 I/O 密集型的，也就是說，它們等待 I/O 的時間比計算資料的時間還要多。在等待的過程中，它們將控制權交給事件迴圈，讓它可以驅動其他的待執行任務。但不可避免的是，任何稍具複雜性的系統都有一些部分是 CPU 密集型的。即使是非常簡單的系統，在承受壓力時，也是 CPU 密集型的。我會在第 843 頁的「肥皂箱」說一個關於兩個非同步程式的故事，它們在處理 CPU 密集型函式時，導致事件迴圈嚴重放緩，對性能造成嚴重影響。

因為任何稍具複雜性的系統都有 CPU 密集型函式，所以處理它們是成功設計非同步程式的關鍵。

避免 CPU 密集陷阱

如果你大規模地使用 Python，你應該會特別設計一些自動化的測試，在發生性能退步時立刻發現它們。這種測試對非同步程式來說非常重要，但對使用執行緒的 Python 程式也是如此 —— 因為 GIL。如果你等到速度變慢開始困擾開發團隊，那就太晚了，此時可能需要進行大幅度的改造才行。

當你尋找占用 CPU 的瓶頸時，可參考以下的選項：

- 將任務委託給 Python 程序池。
- 將任務委託給外部任務佇列。
- 用 Cython、C、Rust 或其他可編譯成機器碼並與 Python/C API 對接的語言來改寫相關的程式碼，最好可釋出 GIL。
- 決定承擔性能損失且不做任何處理，但要記錄這個決定，以便稍後更容易回到這個決策點。

在專案開始時，儘快選擇和整合外部任務佇列，好讓團隊在需要時毫不猶豫地使用它。

最後一個選項（什麼都不做）屬於技術債務的範疇（*https://fpy.li/21-60*）。

並行程式設計是迷人的話題，我很想多談一些關於它的內容，但它不是本書的重點，而且這一章已經是最長的一章了，所以，是時候總結一下了。

本章摘要

> 一般的非同步程式設計的問題在於它們只有全有和全無兩個選擇。意思是說，
> 如果你沒有改寫所有的程式讓它們都不阻塞，你就是在浪費時間。
>
> —— *Alvaro Videla 與 Jason J. W. Williams，RabbitMQ in Action1*

我為本章選擇這個引言有兩個原因。在高層次上，它提醒我們將慢速的任務委託給不同的處理單元（包括簡單的執行緒到分散式任務佇列）來避免塞住事件迴圈。在較低的層次上，這也是一個警告：一旦你寫了第一個 async def，你的程式就不可避免地會有越來越多的 async def、await、async with 和 async for。使用非非同步（non-asynchronous）程式庫會突然變成一個挑戰。

在第 19 章的那個簡單的*旋轉動畫*範例之後，我們在這一章的重點是使用原生的 coroutine 來設計非同步程式，我們從 *blogdom.py*DNS 探測範例子開始看起，接下來討論 *awaitable* 的概念。在閱讀 *flags_asyncio.py* 的原始碼時，我們發現了第一個非同步 *context manager* 的例子。

國旗下載程式的高階變體採用兩個強大的函式：asyncio.as_completed generator 和 loop.run_in_executor coroutine。我們也看了 semaphore 的概念，並用它來限制並行下載的數量，這也是正確運作的 HTTP 用戶端期望看到的。

我們用 *mojifinder* 範例來介紹伺服器端的非同步程式設計：*FastAPI 網路服務*和 *tcp_mojifinder.py*。後者僅使用 asyncio 和 TCP 協定。

下一個主題是非同步迭代與非同步 iterable，我們用了幾節討論 async for、Python 的非同步主控台、非同步 generator、非同步 genexp、非同步生成式。

本章的最後一個範例是用 *Curio* 框架來改寫的 *blogdom.py*，以展示 Python 的非同步功能並非綁定 *asyncio* 程式包。*Curio* 也展示了結構化並行的概念，它可能對整個業界造成廣大的影響，使並行程式碼更清晰。

最後，第 838 頁的「async 何時有用？何時無用？」討論了非同步程式設計的主要吸引力，對於「I/O 密集型系統」的誤解，以及如何處理程式中不可避免的 CPU 密集型部分。

延伸讀物

David Beazley 在 PyOhio 2016 的主題演講「Fear and Awaiting in Async」(*https://fpy.li/21-61*)中，藉著現場編寫程式，對 Yury Selivanov 為 Python 3.5 貢獻的 async/await 帶來的語言潛力做了精彩的介紹。Beazley 曾經抱怨 await 不能在 listcomp 裡使用，但 Selivanov 在 PEP 530 —— Asynchronous Comprehensions (*https://fpy.li/pep530*) 裡修復它，並在同年於 Python 3.6 實現。除此之外，Beazley 在演講中的其他內容也是不朽的，因為他展示了本章介紹的非同步物件是如何運作的，他不依靠任何框架，只用一個簡單的 run 函式，在裡面使用 .send(None) 來驅動 coroutine。Beazley 直到最後一刻才展示 *Curio* (*https://fpy.li/21-62*)，他在那一年把 *Curio* 當成一個實驗專案，開始製作它，想看看在沒有回呼或 future 的基礎之下，只用 coroutine 可以讓非同步程式設計走多遠。*Curio* 的演變和 Nathaniel J. Smith 後來創作的 *Trio* (*https://fpy.li/21-58*) 證明了你可以走很遠。*Curio* 的文件有 Beazley 探討這個主題的其他演說的連結 (*https://fpy.li/21-64*)。

除了開創 *Trio* 之外，Nathaniel J. Smith 還寫了兩篇有深度的部落格文章，我強烈推薦它們：「Some thoughts on asynchronous API design in a post-async/await world」(*https://fpy.li/21-65*) 比較了 *Curio* 與 *asyncio* 的設計；「Notes on structured concurrency, or: Go statement considered harmful」(*https://fpy.li/21-66*) 介紹結構化並行。Smith 也為 StackOverflow 上的這個問題提供了充實的長篇回答：「What is the core difference between asyncio and trio?」(*https://fpy.li/21-67*)。

為了深入瞭解 *asyncio* 程式包，我在本章開頭提到了我所知道的最佳資源：Yury Selivanov 在 2018 年帶領進行出色的大修改 (*https://fpy.li/21-69*) 之後的官方文件 (*https://fpy.li/21-1*)，以及 Caleb Hattingh 的「Using Asyncio in Python」(O'Reilly)。務必閱讀官方文件中的「Developing with asyncio」(*https://fpy.li/21-70*)，裡面有 *asyncio* 的偵錯模式，並討論了常見的錯誤和陷阱，以及如何避免它們。

Miguel Grinberg 在 PyCon 2017 上發表的 30 分鐘演說「Asynchronous Python for the Complete Beginner」(*https://fpy.li/21-71*) 以非常容易理解的方式介紹一般的非同步程式設計和 asyncio。另一個很棒的介紹是 Michael Kennedy 的「Demystifying Python's Async and Await Keywords」(*https://fpy.li/21-72*)，我從那裡認識了 *unsync* 程式庫 (*https://fpy.li/21-73*)，它提供一種 decorator，可以根據需要將 coroutine、I/O 密集型函式和 CPU 密集型函式的執行委託給 asyncio、threading 或 multiprocessing。

PyLadies（*https://fpy.li/21-74*）的全球領導者 Lynn Root 在 EuroPython 2019 發表了精彩的「Advanced asyncio: Solving Real-world Production Problems」（*https://fpy.li/21-75*），分享她在 Spotify 擔任工程師時使用 Python 的經驗。

Łukasz Langa 在 2020 年錄製了一系列關於 *asyncio* 的精彩影片，第一部是「Learn Python's AsyncIO #1 —— The Async Ecosystem」（*https://fpy.li/21-76*）。Langa 也為 PyCon 2020 製作了超酷的影片「AsyncIO + Music」（*https://fpy.li/21-77*），不僅展示了 *asyncio* 在非常具體的事件導向領域中的應用，也從基礎開始解釋它。

另一個事件導向程式設計主導的領域是嵌入式系統。這就是為什麼 Damien George 在他的 MicroPython（*https://fpy.li/21-78*）微控制器直譯器中支援 `async`/`await`。Matt Trentini 在 PyCon Australia 2018 展示了 *uasyncio* 程式庫（*https://fpy.li/21-79*），它是 *asyncio* 的一個子集合，也是 MicroPython 的標準程式庫的一部分。

關於 Python 非同步程式設計的高階思想，可閱讀 Tom Christie 的部落格文章「Python async frameworks —— Beyond developer tribalism」（*https://fpy.li/21-80*）。

最後，我推薦 Bob Nystrom 的「What Color Is Your Function?」（*https://fpy.li/21-81*），該文探討了純函式與非同步函式（也稱為 coroutine）在 JavaScript、Python、C# 和其他語言中的不相容執行模式。爆雷警告：Nystrom 的結論是，在這方面做得最好的語言是 Go，它的所有函式都沒有分別。我喜歡 Go 的這一點。但我認為 Nathaniel J. Smith 寫的「Go statement considered harmful」（*https://fpy.li/ 21-66*）也有道理。世上沒有完美的東西，何況設計並行程式一向很困難。

肥皂箱

一個緩慢的函式幾乎毀了 uvloop 的性能評測

Yury Selivanov 在 2016 年發表了 *uvloop*（*https://fpy.li/21-83*），「它是內建的 asyncio 事件迴圈的快速替代品」。Selivanov 在 2016 年發表該程式庫時的部落格文章（*https://fpy.li/21-84*）裡展示的性能評測令人印象深刻。他寫道：「它比 nodejs、gevent 以及任何其他的 Python 非同步框架還要快 2 倍以上。建立在 uvloop 之上的 asyncio 的性能接近 Go 程式的性能。」

然而，該文指出，*uvloop* 必須滿足兩個條件才能與 Go 的性能並駕齊驅：

1. 將 Go 設為單執行緒。這使得 Go 的執行期行為類似 *asyncio*：用事件迴圈來驅動多個 corouline 來實現並行，全部都在同一個執行緒裡。[20]

2. Python 3.5 程式使用 *httptools*（*https://fpy.li/21-85*）與 *uvloop* 本身。

Selivanov 解釋道，他是用 *aiohttp*（*https://fpy.li/21-86*）來對 *uvloop* 進行性能評測之後，才寫 *httptools* 的。*aiohttp* 是最早建立在 asyncio 之上的全功能 HTTP 程式庫之一。

> 然而，*aiohttp* 的性能瓶頸是它的 HTTP 解析器，它實在太慢了，以致於底層 I/O 程式庫的速度根本無足輕重。更有趣的是，我們為 *http-parser*（Node.js HTTP 解析器 C 程式庫，最初是為 *NGINX* 開發的）建立了一個 Python 綁定。這個程式庫稱為 *httptools*，可在 Github 與 PyPI 取得。

考慮一下：Selivanov 的 HTTP 性能評測使用一個以不同的語言／程式庫來編寫的簡單回聲伺服器，用 *wrk*（*https://fpy.li/21-87*）性能評測工具來測試它。大多數的開發者都認為簡單的回聲伺服器是「I/O 密集型系統」吧？但事實上，解析 HTTP 標頭是 CPU 密集型的任務，當 Selivanov 在 2016 年進行性能評測時，它在 *aiohttp* 裡有一個緩慢的 Python 實作。每當 Python 函式解析標頭檔案時，事件迴圈就會塞住。這件事的影響太大了，以致於 Selivanov 不惜花費額外的精力來編寫 *httptools*。如果不優化 CPU 密集型程式碼，你就會失去更快速的事件迴圈所提升的性能。

---

20 在 Go 1.5 發表之前，使用單執行緒是預設設定。多年前，Go 已被視為實現高並行網路系統的佼佼者。這再次證明了並行不需要多執行緒或多 CPU 核心。

亡於千刀萬剮

先忘了簡單的回聲伺服器，想像有一個複雜且不斷演進的 Python 系統，它有幾萬行非同步程式，而且與許多外部程式庫對接。幾年前，有人請我幫忙診斷這種系統的性能問題。它是用 Python 2.7 和 *Twisted* 框架（*https://fpy.li/21-88*）編寫的，*Twisted* 是一種堅實的程式庫，在很多方面都是 asyncio 本身的先驅。

Python 被用來製作網路 UI 的門面（façade），整合現有程式庫和其他語言撰寫的命令列工具所提供的功能，但它們不是為並行執行而設計的。

這個專案有遠大的抱負，它開發了一年多，卻尚未投入生產。[21] 隨著時間過去，開發人員發現整個系統的性能正在下降，他們難以找到瓶頸所在。

當時的情況是，他們每增加一個功能，就會有更多的 CPU 密集型程式拖慢 *Twisted* 的事件迴圈。Python 被當成膠水語言意味著有存在大量的資料解析和格式轉換工作。瓶頸不是只有一個：問題分散在幾個月以來開發的無數小函式中。為了解決這個問題，我們要重新考慮系統的架構，重寫大量的程式碼，可能要利用任務佇列，也許還要使用微服務，或使用更適合 CPU 密集型並行處理的語言來編寫自訂的程式庫。利益關係人不打算進行額外的投資，所以那個專案不久之後就被取消了。

當我把這個故事說給 *Twisted* 專案的創始人 Glyph Lefkowitz 聽時，他說，當他啟動非同步程式設計專案時，他會優先決定他將使用哪些工具來分擔 CPU 密集型任務。與 Glyph 的這次談話是第 839 頁的「避免 CPU 密集陷阱」的靈感來源。

---

21 無論選擇哪些技術，這應該是此專案的最大錯誤：利益關係人未採用 MVP 策略，也就是儘快交付最小可行產品，再以穩定的節奏加入功能。

超編程

第 22 章

動態屬性與 property

property 的重中之重在於，它們的存在可讓你安全且明智地將公用資料屬性當成類別的公用介面的一部分來公開。

—— *Martelli*、*Ravenscroft* 與 *Holden*，「*Why properties are important*」[1]

在 Python 裡，資料屬性與方法一起被稱為屬性（*attribute*）。方法是可呼叫的（*callable*）屬性。動態屬性的介面與資料屬性（即 obj.attr）一樣，但它是根據需要進行計算的。這遵循了 Bertrand Meyer 的統一存取原則（*Uniform Access Principle*）：

模組提供的服務都必須透過統一的表示法來提供，且不透露它是從儲存體取出，還是透過計算來提供的。[2]

在 Python 裡有幾種實作動態屬性的做法。本章介紹最簡單的做法：@property decorator 與 __getattr__ 特殊方法。

實作了 __getattr__ 的自訂類別可以實現我稱之為虛擬屬性（*virtual attribute*）的動態屬性變體：這種屬性並未在類別的原始碼中的任何地方明確地宣告，而且不在實例的 __dict__ 裡，但是當使用者試著讀取不存在的屬性，例如 obj.no_such_attr 時，可以在別處提取，或即時計算出來。

---

1 Alex Martelli、Anna Ravenscroft 與 Steve Holden，*Python in a Nutshell*，第 3 版，（O'Reilly），p. 123。

2 Bertrand Meyer，*Object-Oriented Software Construction*，第 2 版，（Pearson），p. 57。

847

編寫動態與虛擬屬性是框架作者所做的超編程（metaprogramming）。但是，在 Python 裡，基本技術很直覺，所以我們可以在日常的資料處理工作中使用它們。本章的開頭就是要做這件事。

本章有哪些新內容

本章大部分的更新都是關於對 `@functools.cached_property`（於 Python 3.8 加入）的討論，以及 `@property` 與 `@functools.cache`（於 3.9 加入）的結合使用，這也影響第 857 頁的「計算出來的 property」中的 Record 與 Event 類別的程式碼，我也進行重構，以利用 PEP 412 —— Key-Sharing Dictionary（*https://fpy.li/pep412*）優化。

為了突顯更多相關的功能，同時維持範例的易讀性，我刪除了一些不重要的程式碼，將舊的 `DbRecord` 類別併入 `Record`、將 `shelve.Shelve` 換成 `dict`、刪除下載 OSCON 資料組的邏輯 —— 現在範例改成讀取 *Fluent Python* 程式存放區內的本地檔案（*https://fpy.li/code*）。

使用動態屬性來處理資料

在接下來的幾個例子中，我們將利用動態屬性來處理由 O'Reilly 為 OSCON 2014 會議發布的 JSON 資料組。範例 22-1 是該資料組的紀錄。[3]

範例 22-1 osconfeed.json 的紀錄，有些欄位內容被改成縮寫

```
{ "Schedule":
  { "conferences": [{"serial": 115 }],
    "events": [
      { "serial": 34505,
        "name": "Why Schools Don't Use Open Source to Teach Programming",
        "event_type": "40-minute conference session",
        "time_start": "2014-07-23 11:30:00",
        "time_stop": "2014-07-23 12:10:00",
        "venue_serial": 1462,
        "description": "Aside from the fact that high school programming...",
        "website_url": "http://oscon.com/oscon2014/public/schedule/detail/34505",
```

---

[3]　OSCON（O'Reilly Open Source Conference）是 COVID-19 疫情的受害者。截至 2021 年 1 月 10 日，這些範例使用的 744 KB JSON 檔案已不再網路上。你可以在範例程式存放區（*https://fpy.li/22-1*）裡找到 *osconfeed.json* 的副本。

```
        "speakers": [157509],
        "categories": ["Education"] }
    ],
    "speakers": [
      { "serial": 157509,
        "name": "Robert Lefkowitz",
        "photo": null,
        "url": "http://sharewave.com/",
        "position": "CTO",
        "affiliation": "Sharewave",
        "twitter": "sharewaveteam",
        "bio": "Robert ' r0ml '  Lefkowitz is the CTO at Sharewave, a startup..." }
    ],
    "venues": [
      { "serial": 1462,
        "name": "F151",
        "category": "Conference Venues" }
    ]
  }
}
```

範例 22-1 是 JSON 檔裡面的 895 筆紀錄中的 4 筆。整個資料組是一個 JSON 物件，它有一個鍵 "Schedule"，該鍵的值是另一個 mapping，它有四個鍵："conferences"、"events"、"speakers" 與 "venues"。這四個鍵分別對應到一個紀錄 list。在完整的資料組裡，"events"、"speakers" 與 "venues" list 有幾十筆或上百筆紀錄，而 "conferences" 只有一筆紀錄，如範例 22-1 所示。每一筆紀錄都有一個 "serial" 欄位，它是 list 裡的紀錄的專屬代碼。

我使用 Python 的主控台來探索資料組，如範例 22-2 所示。

範例 22-2　以互動的方式探索 osconfeed.json

```
>>> import json
>>> with open('data/osconfeed.json') as fp:
...     feed = json.load(fp)     ❶
>>> sorted(feed['Schedule'].keys())     ❷
['conferences', 'events', 'speakers', 'venues']
>>> for key, value in sorted(feed['Schedule'].items()):
...     print(f'{len(value):3} {key}')     ❸
...
  1 conferences
484 events
357 speakers
 53 venues
```

```
>>> feed['Schedule']['speakers'][-1]['name']   ❹
'Carina C. Zona'
>>> feed['Schedule']['speakers'][-1]['serial']  ❺
141590
>>> feed['Schedule']['events'][40]['name']
'There *Will* Be Bugs'
>>> feed['Schedule']['events'][40]['speakers']  ❻
[3471, 5199]
```

❶ feed 是一個 dict，裡面有嵌套的 dict 與 list，存有字串與整數值。

❷ 列出 "Schedule" 裡的四筆紀錄。

❸ 顯示每一個 collection 的紀錄數量。

❹ 檢索嵌套的 dict 與 list，取得最後一個 speaker 的名字。

❺ 取得那一位 speaker 的序號。

❻ 每一個 event 都有一個 'speakers' list，裡面有零個以上的 speaker 序號。

使用動態屬性來探索類 JSON 資料

範例 22-2 很簡單，但是 feed['Schedule']['events'][40] ['name'] 這種語法很複雜。在 JavaScript 裡，你可以用 feed.Schedule.events[40].name 來取得同一個值。在 Python 裡實作類似 dict 的類別也很容易，在網路上有很多範例。[4] 我寫了 FrozenJSON，它比大多數的程式都要簡單，因為它只支援讀取 —— 它只能用來探索資料。FrozenJSON 也是遞迴的，可自動處理嵌套的 mapping 和 list。

範例 22-3 是 FrozenJSON 的展示，範例 22-4 是原始碼。

範例 22-3　範例 22-4 的 FrozenJSON 可讓你讀取 name 等屬性，和呼叫 .keys() 與 .items() 等方法

```
>>> import json
>>> raw_feed = json.load(open('data/osconfeed.json'))
>>> feed = FrozenJSON(raw_feed)        ❶
>>> len(feed.Schedule.speakers)        ❷
357
>>> feed.keys()
```

4　AttrDict（*https://fpy.li/22-2*）與 addict（*https://fpy.li/22-3*）是其中兩個例子。

```
dict_keys(['Schedule'])
>>> sorted(feed.Schedule.keys())     ❸
['conferences', 'events', 'speakers', 'venues']
>>> for key, value in sorted(feed.Schedule.items()):     ❹
...     print(f'{len(value):3} {key}')
...
  1 conferences
484 events
357 speakers
 53 venues
>>> feed.Schedule.speakers[-1].name     ❺
'Carina C. Zona'
>>> talk = feed.Schedule.events[40]
>>> type(talk)     ❻
<class 'explore0.FrozenJSON'>
>>> talk.name
'There *Will* Be Bugs'
>>> talk.speakers     ❼
[3471, 5199]
>>> talk.flavor     ❽
Traceback (most recent call last):
  ...
KeyError: 'flavor'
```

❶ 用 raw_feed（由嵌套的 dict 和 list 構成）來建立 FrozenJSON 實例。

❷ FrozenJSON 可讓你使用屬性表示法來遍歷嵌套的 dict；我們在此展示 speakers list 的長度。

❸ 你也可以使用底層的 dict 的方法（例如 .keys()）來取出紀錄集合的名稱。

❹ 使用 items() 可以取出紀錄集合的名稱及其內容，以顯示每一個集合的 len()。

❺ list（例如 feed.Schedule.speakers）仍然是 list，但如果它們是 mapping，裡面的項目會轉換成 FrozenJSON。

❻ 在 events list 裡的第 40 個項目本來是 JSON 物件，現在它是 FrozenJSON 實例。

❼ 事件紀錄有一個 speakers list，裡面有 speaker 的序號。

❽ 試著讀取不存在的屬性會引發 KeyError，而不是一般的 AttributeError。

FrozenJSON 類別的基礎是 __getattr__ 方法，我們曾經在第 415 頁的「Vector 第 3 幕：存取動態屬性」中使用它，用字母 v.x、v.y、v.z …等來取出 Vector 的分量。切記，

__getattr__ 特殊方法只會在一般的程序無法讀取屬性時被直譯器呼叫（也就是當那個具名屬性在實例裡找不到，在類別和它的超類別裡也找不到時）。

範例 22-3 的最後一行揭露了我的程式的一個小問題：試著讀取不存在的屬性應該引發 AttributeError，而不是所示的 KeyError。當我編寫錯誤處理程式來修正它時，__getattr__ 方法變成兩倍長，分散了我想展示的重要邏輯。考慮到使用者知道 FrozenJSON 是用 mapping 和 list 來建構的，我認為 KeyError 不會帶來太多困惑。

範例 22-4 *explore0.py*：將 *JSON* 資料組轉換成 FrozenJSON，它裡面有嵌套的 FrozenJSON 物件、*list* 與簡單的型態

```python
from collections import abc


class FrozenJSON:
    """A read-only façade for navigating a JSON-like object
       using attribute notation
    """

    def __init__(self, mapping):
        self.__data = dict(mapping)     ❶

    def __getattr__(self, name):     ❷
        try:
            return getattr(self.__data, name)     ❸
        except AttributeError:
            return FrozenJSON.build(self.__data[name])     ❹

    def __dir__(self):     ❺
        return self.__data.keys()

    @classmethod
    def build(cls, obj):     ❻
        if isinstance(obj, abc.Mapping):     ❼
            return cls(obj)
        elif isinstance(obj, abc.MutableSequence):     ❽
            return [cls.build(item) for item in obj]
        else:     ❾
            return obj
```

❶ 用 mapping 引數來建立 dict。這可以確保我們得到一個 mapping，或可以轉換成 mapping 的東西。在 __data 開頭的雙底線使它成為私用屬性。

❷ 只有當沒有屬性有那個 name（名稱）時，__getattr__ 才會被呼叫。

❸ 如果 name 符合實例 __data dict 的一個屬性，回傳它。這就是 Python 處理 feed.keys() 之類的呼叫的做法：keys 方法是 __data dict 的屬性。

❹ 否則，使用 name 鍵從 self.__data 取出項目，用它來呼叫 FrozenJSON.build() 並回傳結果。[5]

❺ 實作 __dir__ 以支援內建的 dir()，進而支援 Python 標準主控台與 IPython、Jupyter Notebook…等的自動完成功能。這段簡單的程式可以根據 self.__data 的鍵來實現遞迴自動完成功能，因為 __getattr__ 能夠即時建立 FrozenJSON 實例。這個功能可以協助我們用互動的方式探索資料。

❻ 這是備用的建構式，它是 @classmethod decorator 常見的用法。

❼ 如果 obj 是 mapping，用它來建構 FrozenJSON。這是一個鵝定型案例，如果你需要復習，參見第 450 頁的「鵝定型」。

❽ 如果它是 MutableSequence，它一定是 list，[6] 所以我們將 obj 的每一個項目遞迴地傳給 .build() 來建立一個 list。

❾ 如果它不是 dict 或 list，按原樣回傳該項目。

FrozenJSON 實例有 __data 私用實例屬性，它是用 _FrozenJSON__data 這個名稱來儲存的，參見第 390 頁的「Python 的私用（private）與「保護（protected）」屬性」中的說明。試著用其他名稱來讀取屬性會觸發 __getattr__，這個方法會先檢查 self.__data dict 有沒有該名稱的屬性（不是鍵！）。這可讓 FrozenJSON 實例處理 items 等 dict 的方法，藉著將工作委託給 self.__data.items()。如果 self.__data 沒有指定名稱的屬性，__getattr__ 會將名稱當成鍵，從 self.__data 讀取一個項目，並將該項目傳給 FrozenJSON.build。這可讓你巡覽 JSON 資料的嵌套結構，因為每一個嵌套的 mapping 都被 build 類別方法轉換成另一個 FrozenJSON 實例。

注意，FrozenJSON 並未轉換或快取原始的資料組。當我們遍歷資料時，__getattr__ 會一次又一次地建立 FrozenJSON 實例。對這種大小的資料組而言，這種策略是可行的，對一個只被用來探索或轉換資料的腳本來說也是如此。

5　運算式 self.__data[name] 是可能發生 KeyError 例外的地方。理想情況下，你應該處理它並改成引發 AttributeError，因為 __getattr__ 應該這樣做。勤勞的讀者可以當成習題，寫一下錯誤處理機制。

6　資料的來源是 JSON，在 JSON 資料中的 collection 型態只有 dict 和 list。

從任意來源產生或模擬動態屬性名稱的腳本都必須處理一個問題:在原始資料裡的鍵可能不適合當成屬性名稱。下一節要處理這個問題。

無效的屬性名稱問題

FrozenJSON 程式碼無法處理本身是 Python 關鍵字的屬性名稱。例如,如果你建立這種物件:

```
>>> student = FrozenJSON({'name': 'Jim Bo', 'class': 1982})
```

你將無法讀取 student.class,因為 class 是 Python 的保留字:

```
>>> student.class
  File "<stdin>", line 1
    student.class
           ^
SyntaxError: invalid syntax
```

當然,你一定可以這樣做:

```
>>> getattr(student, 'class')
1982
```

但是 FrozenJSON 的理念是提供方便的資料讀取,所以更好的解決方案是檢查傳給 FrozenJSON.__init__ 的 mapping 裡的鍵是不是關鍵字,如果是,就幫它附加一個 _,讓屬性可以這樣讀取:

```
>>> student.class_
1982
```

我們可以將範例 22-4 裡只有一行的 __init__ 換成範例 22-5 的版本來實現。

範例 22-5 將本身是 Python 關鍵字的屬性名稱加上一個 _

```
def __init__(self, mapping):
    self.__data = {}
    for key, value in mapping.items():
        if keyword.iskeyword(key):    ❶
            key += '_'
        self.__data[key] = value
```

❶ keyword.iskeyword(…) 函式正是我們需要的,為了使用它,你必須匯入 keyword 模組,這段程式沒有展示這個匯入。

當 JSON 紀錄裡的鍵不是有效的 Python 代號時也會產生類似的問題：

```
----
>>> x = FrozenJSON({'2be':'or not'})
>>> x.2be
  File "<stdin>", line 1
    x.2be
        ^
SyntaxError: invalid syntax
```

Python 3 可以輕鬆地找到有這種問題的鍵名，因為 str 類別提供了 s.isidentifier() 方法，可以告訴你根據語法，s 是否為有效的 Python 代號。但是把一個無效的代號轉換成有效的屬性名稱並不容易。有一種做法是實作 __getitem__，來讓人們可以使用 x['2be'] 這種表示法來存取屬性。為了簡化起見，我不費心處理這個問題。

對動態屬性名稱進行一些討論之後，我們來看 FrozenJSON 的另一個基本功能：建構類別方法的邏輯。__getattr__ 用 Frozen.JSON.build 來回傳不同型態的物件，根據被讀取的屬性值：嵌套結構會被轉換成 FrozenJSON 實例，或 FrozenJSON 實例的 list。

同樣的邏輯可以做成 __new__ 特殊方法，而不是類別方法，我們接著來看。

使用 __new__ 來靈活地建立物件

我們通常將 __init__ 稱為建構方法（constructor method），但那是其他語言的術語。在 Python 裡，__init__ 接收的第一個引數是 self，因此當 __init__ 被直譯器呼叫時，物件已經存在了。此外，__init__ 不能不回傳東西。所以它其實是個 initializer（初始化方法），不是 constructor（建構方法）。

當你呼叫一個類別來建立一個實例時，Python 為了建構實例而在那個類別裡呼叫的特殊方法是 __new__。它是個類別方法，但獲得特殊待遇，所以 @classmethod decorator 對它無效。Python 接收 __new__ 回傳的實例，然後將它當成 __init__ 的第一個引數 self 來傳遞。我們需要編寫 __new__ 的機會很少，因為從 object 繼承來的實作足以應付絕大多數的用例。

如果需要編寫 __new__ 方法，它也可以回傳不同類別的實例。若是如此，直譯器不會呼叫 __init__。換句話說，Python 建構物件的邏輯類似這段虛擬碼：

```
# 建構物件的虛擬碼
def make(the_class, some_arg):
    new_object = the_class.__new__(some_arg)
```

```
        if isinstance(new_object, the_class):
            the_class.__init__(new_object, some_arg)
        return new_object

# 下面的陳述式大致相同
x = Foo('bar')
x = make(Foo, 'bar')
```

範例 22-6 是 FrozenJSON 的變體，它將之前的 build 類別方法的邏輯移到 __new__。

範例 22-6 *explore2.py*：使用 __new__ 來取代 build 以建構新物件，該物件可能是 FrozenJSON 的實例，也可能不是

```
from collections import abc
import keyword

class FrozenJSON:
    """A read-only façade for navigating a JSON-like object
       using attribute notation
    """

    def __new__(cls, arg):          ❶
        if isinstance(arg, abc.Mapping):
            return super().__new__(cls)     ❷
        elif isinstance(arg, abc.MutableSequence):    ❸
            return [cls(item) for item in arg]
        else:
            return arg

    def __init__(self, mapping):
        self.__data = {}
        for key, value in mapping.items():
            if keyword.iskeyword(key):
                key += '_'
            self.__data[key] = value

    def __getattr__(self, name):
        try:
            return getattr(self.__data, name)
        except AttributeError:
            return FrozenJSON(self.__data[name])    ❹

    def __dir__(self):
        return self.__data.keys()
```

❶ 作為類別方法，__new__ 取得的第一個引數是類別本身，除了 self 之外，其餘的引數與 __init__ 收到的一樣。

❷ 預設的行為是將工作委託給超類別的 __new__。此時，我們呼叫 object 基礎類別的 __new__，傳遞唯一的引數 FrozenJSON。

❸ __new__ 的其餘部分與舊的 build 方法一樣。

❹ 之前在這裡呼叫 FrozenJSON.build，現在我們直接呼叫 FrozenJSON 類別，Python 藉著呼叫 FrozenJSON.__new__ 來處理它。

__new__ 方法用第一個引數來接收類別，因為建構出來的物件通常是那個類別的實例。所以，在 FrozenJSON.__new__ 裡，當運算式 super().__new__(cls) 有效地呼叫 object.__new__ (FrozenJSON) 時，object 類別建構的實例其實是 FrozenJSON 的實例。新實例的 __class__ 屬性將保存 FrozenJSON 的參考，即使實際的建構是由 object.__new__ 執行的。object. __new__ 是用 C 來寫的，程式碼位於直譯器內部。

OSCON JSON 資料組的結構無法協助進行互動式探索。例如索引 40 的 event（活動），它的標題是 'There *Will* Be Bugs'，有兩位 speaker（演說者），3471 與 5199。我們不容易找出演說者的名字，因為它們是序號，而 Schedule.speakers list 不是使用它們作為索引。為了取得每一位演說者，我們必須迭代該 list，直到找到序號相符的紀錄為止。我們的下一個任務是重組資料，為自動提取鏈結（linked）紀錄預做準備。

計算出來的 property

我們在第 382 頁的「hashable 的 Vector2d」（第 11 章）中第一次見到 @property decorator。在範例 11-7 裡，我在 Vector2d 中用了兩個 property 來讓 x 與 y 屬性是唯讀的。接下來要介紹計算值的 property，進而討論如何快取這種值。

在 OSCON 的 JSON 資料中，'events' list 的紀錄包含整數序號，指向 'speakers' 和 'venues' list 的紀錄。例如，這是會議演講的紀錄（description 省略其餘的部分）：

```
{ "serial": 33950,
  "name": "There *Will* Be Bugs",
  "event_type": "40-minute conference session",
  "time_start": "2014-07-23 14:30:00",
  "time_stop": "2014-07-23 15:10:00",
  "venue_serial": 1449,
  "description": "If you're pushing the envelope of programming...",
```

```
      "website_url": "http://oscon.com/oscon2014/public/schedule/detail/33950",
      "speakers": [3471, 5199],
      "categories": ["Python"] }
```

我們將使用 venue 與 speakers property 來實作一個 Event 類別，來自動回傳鏈結資料，也就是「解參考」序號。給定 Event 實例，範例 22-7 是我們想要的行為。

範例 22-7　讀取 venue 與 speakers 會回傳 Record 物件

```
>>> event ❶
<Event 'There *Will* Be Bugs'>
>>> event.venue ❷
<Record serial=1449>
>>> event.venue.name ❸
'Portland 251'
>>> for spkr in event.speakers: ❹
...     print(f'{spkr.serial}: {spkr.name}')
...
3471: Anna Martelli Ravenscroft
5199: Alex Martelli
```

❶ 給它一個 Event 實例…

❷ …讀取 event.venue 會回傳一個 Record 物件，而不是序號。

❸ 現在可以輕鬆地取出 venue 的名稱。

❹ event.speakers property 回傳 Record 實例的 list。

和往常一樣，我們將逐步建構程式，從 Record 類別和一個函式開始。該函式將讀取 JSON 資料並回傳一個包含 Record 實例的 dict。

第 1 步：用資料來建立屬性

範例 22-8 是用來引導第一步的 doctest。

範例 22-8　測試 *schedule_v1.py*（於範例 22-9）

```
>>> records = load(JSON_PATH) ❶
>>> speaker = records['speaker.3471'] ❷
>>> speaker ❸
<Record serial=3471>
>>> speaker.name, speaker.twitter ❹
('Anna Martelli Ravenscroft', 'annaraven')
```

❶ load 一個儲存 JSON 資料的 dict。

❷ 在 records 裡的鍵是用紀錄類型和序號來建立的字串。

❸ speaker 是範例 22-9 定義的 Record 類別的實例。

❹ 我們可以用 Record 實例屬性來提取原始的 JSON 的欄位。

範例 22-9 是 *schedule_v1.py* 的程式。

範例 *22-9* *schedule_v1.py*：重組 *OSCON* 時間表資料

```python
import json

JSON_PATH = 'data/osconfeed.json'

class Record:
    def __init__(self, **kwargs):
        self.__dict__.update(kwargs)  ❶

    def __repr__(self):
        return f'<{self.__class__.__name__} serial={self.serial!r}>'  ❷

def load(path=JSON_PATH):
    records = {}  ❸
    with open(path) as fp:
        raw_data = json.load(fp)  ❹
    for collection, raw_records in raw_data['Schedule'].items():  ❺
        record_type = collection[:-1]  ❻
        for raw_record in raw_records:
            key = f'{record_type}.{raw_record["serial"]}'  ❼
            records[key] = Record(**raw_record)  ❽
    return records
```

❶ 這是常見的捷徑：建立一個實例，並用關鍵字引數來建立它的屬性（詳情見下文）。

❷ 使用 serial 欄位來建立範例 22-8 所示的自訂 Record 表示法。

❸ load 最終將回傳一個 Record 實例構成的 dict。

❹ 解析 JSON，回傳原生的 Python 物件：list、dict、字串、數字…等。

❺ 迭代四個頂層的 list，'conferences'、'events'、'speakers'、'venues'。

❻ record_type 是沒有最後一個字元的 list 名稱，所以 speakers 變成 speaker。在 Python 3.9 以上，我們可以用 collection.removesuffix('s') 來更明確地做這件事，見 PEP 616 —— String methods to remove prefixes and suffixes (*https://fpy.li/pep616*)。

❼ 用 'speaker.3471' 這種格式來建立 key。

❽ 建立 Record 實例，並用 key 來將它存入 records。

Record.__init__ 方法展示了 Python 的一個古老的 hack 手法。物件的 __dict__ 是保存它的屬性的地方 —— 除非類別宣告了 __slots__，如第 392 頁的「用 __slots__ 來節省記憶體」所述。因此，用 mapping 來更新實例的 __dict__ 是在那個實例裡建構一堆屬性的快速手段。[7]

> 根據應用程式的不同，Record 類別可能需要處理不是有效屬性名稱的鍵，就像我們在第 854 頁的「無效的屬性名稱問題」中看到的那樣。處理這種問題會分散這個範例的主題，而且我們正在讀取的資料組沒有這個問題。

範例 22-9 的 Record 的定義是如此簡單，以致於你可能會納悶，為什麼我以前不使用它，而是使用更複雜的 FrozenJSON。原因有二。第一，FrozenJSON 的做法是遞迴地轉換嵌套的 mapping 與 list，Record 不需要那樣做，因為轉換過的資料組沒有 mapping 被嵌套在 mapping 或 list 裡。在紀錄的裡面的型態只有字串、整數、字串 list 與整數 list。第二個原因：FrozenJSON 可讓你存取內嵌的 __data dict 屬性，我們曾經用它來呼叫 .keys() 等方法，現在我們也不需要那個功能。

> Python 標準程式庫有一些類似 Record 的類別，其中的每一種類別都有一組屬性是用 __init__ 收到的關鍵字引數來建構的：types.SimpleNamespace (*https://fpy.li/22-5*)、argparse.Namespace (*https://fpy.li/22-6*) 與 multiprocessing.managers.Namespace (*https://fpy.li/22-7*)。我寫了這個比較簡單的 Record 類別是為了強調一個重要的概念：__init__ 會更新實例的 __dict__。

在重組時間表資料組後，我們可以改良 Record 類別，來自動檢索 event 紀錄中引用的 venue 和 speaker 紀錄。在接下來的範例中，我們將使用 property 來做這件事。

7　順道一提，Bunch 是 Alex Martelli 在 2001 年的一道配方中，用來分享這個小提示的類別名稱，該配方的標題是「The simple but handy 'collector of a bunch of named stuff' class」(*https://fpy.li/22-4*)。

第 2 步：提取鏈結紀錄的 property

下一個版本的目標是：給定一個 event 紀錄，讀取它的 venue property 會得到一個 Record。這類似 Django ORM 在你讀取 ForeignKey 欄位時的做法：你不會得到鍵，而是得到鏈結的模型物件。

我們從 venue property 開始看起。範例 22-10 是部分的互動範例。

範例 22-10　摘自 schedule_v2.py 的 doctest

```
>>> event = Record.fetch('event.33950')  ❶
>>> event  ❷
<Event 'There *Will* Be Bugs'>
>>> event.venue  ❸
<Record serial=1449>
>>> event.venue.name  ❹
'Portland 251'
>>> event.venue_serial  ❺
1449
```

❶ Record.fetch 靜態方法從資料組取得 Record 或 Event。

❷ 注意，event 是 Event 類別的實例。

❸ 讀取 event.venue 會得到一個 Record 實例。

❹ 現在可以輕鬆地找到 event.venue 的名稱。

❺ Event 實例也有 venue_serial 屬性，來自 JSON 資料。

Event 是 Record 的子類別，它加入一個 venue 來提取鏈結紀錄，並加入一個專門的 __repr__ 方法。

本節的程式碼在 *Fluent Python* 程式存放區（*https://fpy.li/code*）的 *schedule_v2.py*（*https://fpy.li/22-8*）模組內。這個範例有將近 60 行程式，所以我會分成幾個部分解說，我們從改良的 Record 類別看起。

範例 22-11　schedule_v2.py：加入新方法 fetch 的 Record 類別

```
import inspect  ❶
import json

JSON_PATH = 'data/osconfeed.json'
```

```
class Record:

    __index = None ❷

    def __init__(self, **kwargs):
        self.__dict__.update(kwargs)

    def __repr__(self):
        return f'<{self.__class__.__name__} serial={self.serial!r}>'

    @staticmethod ❸
    def fetch(key):
        if Record.__index is None:     ❹
            Record.__index = load()
        return Record.__index[key]     ❺
```

❶ 我們將在範例 22-13 的 load 中使用 inspect。

❷ __index 私用類別屬性最終將保存 load 回傳的 dict 的參考。

❸ fetch 是 staticmethod，表明它的效果不受呼叫它的實例或類別影響。

❹ 在必要時填寫 Record.__index。

❺ 用給定的 key 來提取紀錄。

 這是一個適合使用 staticmethod 的案例。fetch 方法始終處理 Record.__index 類別屬性，即使它是從子類別呼叫的，例如 Event.fetch()，等一下會探討這個部分。把它寫成類別方法有誤導性，因為第一個引數 cls 不會被使用。

現在我們要開始使用 Event 類別的 property 了，參見範例 22-12。

範例 22-12　*schedule_v2.py*：*Event 類別*

```
class Event(Record):  ❶

    def __repr__(self):
        try:
            return f'<{self.__class__.__name__} {self.name!r}>'  ❷
        except AttributeError:
            return super().__repr__()

    @property
```

```
    def venue(self):
        key = f'venue.{self.venue_serial}'
        return self.__class__.fetch(key)    ❸
```

❶ Event 繼承 Record。

❷ 如果實例有 name 屬性，它會被用來產生自訂的表示法，否則，委託給 Record 的
  __repr__。

❸ venue property 用 venue_serial 屬性來建立 key，並將它傳給繼承自 Record 的 fetch 類
  別方法（等一下會解釋使用 self.__class__ 的理由）。

範例 22-12 的 venue 方法的第二行回傳 self.__class__.fetch(key)。何不呼叫 self.
fetch(key) 就好？較簡單的形式適用於特定的 OSCON 資料組，因為沒有 event 紀錄包
含 'fetch' 鍵。但是，如果 event 紀錄包含名為 'fetch' 的鍵，那麼在那個 Event 實例
中，self.fetch 將取出該欄位的值，而不是 Event 從 Record 繼承來的 fetch 類別方法。
這是微妙的 bug，在測試中很容易被忽視，因為它是否發生取決於資料組。

 用資料來建立實例屬性名稱時，總有可能由於類別屬性（例如方法）的遮
蔽而引起 bug，或因為意外覆蓋現有實例屬性，而導致資料丟失。這些問
題或許可以解釋為什麼 Python dict 不像 JavaScript 的物件。

如果 Record 類別的行為比較像 mapping，實作動態的 __getitem__ 而不是動態的
__getattr__ 就不會有覆寫或遮蔽造成的 bug。自訂 mapping 來實作 Record 是符合 Python
風格的做法，但如果我這樣做，我們就無法學習動態屬性設計的技巧和陷阱了。

這個範例的最後一個部分是範例 22-13 的新版 load 函式。

範例 22-13　schedule_v2.py：load 函式

```
def load(path=JSON_PATH):
    records = {}
    with open(path) as fp:
        raw_data = json.load(fp)
    for collection, raw_records in raw_data['Schedule'].items():
        record_type = collection[:-1]    ❶
        cls_name = record_type.capitalize()    ❷
        cls = globals().get(cls_name, Record)    ❸
        if inspect.isclass(cls) and issubclass(cls, Record):    ❹
            factory = cls    ❺
        else:
```

```
                factory = Record  ❻
        for raw_record in raw_records:  ❼
            key = f'{record_type}.{raw_record["serial"]}'
            records[key] = factory(**raw_record)  ❽
    return records
```

❶ 到這裡為止都與 *schedule_v1.py*（範例 22-9）裡的 load 一樣。

❷ 將 record_type 改成首字大寫，以取得可能的類別名稱，例如將 'event' 改成 'Event'。

❸ 從模組全域作用域取得該名稱的物件，如果沒有這種物件，取得 Record 類別。

❹ 如果剛才取得的物件是一個類別，而且它是 Record 的子類別…

❺ …將它綁定 factory 名稱。這意味著 factory 可能是 Record 的任意子類別，取決於 record_type。

❻ 否則，將 factory 名稱綁定 Record。

❼ 製作 key 與儲存紀錄的 for 迴圈與之前一樣，只是…

❽ …被儲存在 records 內的物件是由 factory 建構的，它可能是 Record 或 Event 之類的子類別，根據 record_type 來選擇。

注意，唯一具有自訂類別的 record_type 是 Event，但如果有名為 Speaker 或 Venue 的類別，load 會在建構與儲存記錄時自動使用這些類別，而不是使用預設的 Record 類別。

接下來要將同樣的概念應用在 Events 類別的新 property speakers 上。

第 3 步：覆寫既有屬性的 property

在範例 22-12 裡，venue property 的名稱與 "events" collection 的紀錄裡的欄位名稱不相符。它的資料來自 venue_serial 欄名。相較之下，在 events collection 裡的每一筆紀錄都有一個 speakers 欄位，帶有一個序號 list。我們想要在 Event 實例裡，用 speakers property 來公開那項資訊，讓它回傳一個 Record 實例的 list。這種名稱衝突需要特別注意，如範例 22-14 所示。

範例 22-14　*schedule_v3.py*：speakers *property*

```python
@property
def speakers(self):
    spkr_serials = self.__dict__['speakers']    ❶
    fetch = self.__class__.fetch
    return [fetch(f'speaker.{key}')
            for key in spkr_serials]    ❷
```

❶ 我們需要的資料在 speakers 屬性內，但我們必須直接從實例的 __dict__ 提取它，以避免遞迴呼叫 speakers property。

❷ 回傳符合條件的紀錄：它的鍵對應 spkr_serials 內的數字。

在 speakers 方法裡，試著讀取 self.speakers 會呼叫 property 本身，快速引發 RecursionError。然而，如果我們用 self.__dict__['speakers'] 來讀取相同的資料，我們將繞過 Python 提取屬性的一般演算法，不會呼叫 property，並避免遞迴。因此，直接對著物件的 __dict__ 進行讀取或寫入資料是常見的 Python 超編程技巧。

 直譯器在計算 obj.my_attr 時，會先查詢 obj 的類別。如果類別有 property 的名稱是 my_attr，那個 property 會遮蔽同名的實例屬性。第 873 頁的「覆寫實例屬性的 property」裡的範例將展示這一點，第 23 章將揭露一件事：property 被實作為 descriptor，這是更強大且更通用的抽象。

當我編寫範例 22-14 中的 listcomp 時，身為程式設計師的我的直接反應是：「這可能代價高昂。」事實並非如此，因為 OSCON 資料組裡的 event 的 speaker 很少，所以編寫更複雜的程式，就是太早進行優化。但是，快取 property 是常見的需求，而且有一些注意事項。接下來的範例將展示怎麼做。

第 4 步：打造 property 快取

快取 property 是常見的需求，因為人們預期像 event.venue 這樣的運算式的成本應該不高。[8] 如果 Event property 背後的 Record.fetch 方法需要查詢資料庫或網路 API，我們就要做某種形式的快取。

8　這其實是 Meyer 的統一存取原則的缺點，我曾經在本章開頭提到該原則。如果你對這個討論有興趣，可閱讀第 887 頁的選讀專欄「肥皂箱」。

在 *Fluent Python* 第一版,我為 speakers 方法寫了自訂的快取邏輯,參見範例 22-15。

範例 22-15　使用 hasattr 的自訂快取邏輯會停用鍵共享優化

```
@property
def speakers(self):
    if not hasattr(self, '__speaker_objs'):   ❶
        spkr_serials = self.__dict__['speakers']
        fetch = self.__class__.fetch
        self.__speaker_objs = [fetch(f'speaker.{key}')
                for key in spkr_serials]
    return self.__speaker_objs   ❷
```

❶ 如果實例沒有名為 __speaker_objs 的屬性,那就抓取 speaker 物件,並將它儲存在那裡。

❷ 回傳 self.__speaker_objs。

範例 22-15 中的手工快取做法很直接,但是在初始化實例之後建立屬性會破壞 PEP 412 —— Key-Sharing Dictionary(*https://fpy.li/pep412*)優化,參見第 105 頁的「dict 的運作方式造成的實際後果」中的解釋。根據資料組的大小,記憶體使用量的差異可能很重要。

有一種類似的手動解決方案,可以良好地配合鍵共享優化,這種方案需要為 Event 類別編寫一個 init 方法,以建立所需的 __speaker_objs,並將其初始化為 None,然後在 speakers 方法中進行檢查。參見範例 22-16。

範例 22-16　在 __init__ 裡定義儲存體來利用鍵共享優化

```
class Event(Record):

    def __init__(self, **kwargs):
        self.__speaker_objs = None
        super().__init__(**kwargs)

# 省略 15 行…
    @property
    def speakers(self):
        if self.__speaker_objs is None:
            spkr_serials = self.__dict__['speakers']
            fetch = self.__class__.fetch
            self.__speaker_objs = [fetch(f'speaker.{key}')
                    for key in spkr_serials]
        return self.__speaker_objs
```

範例 22-15 與 22-16 展示了在舊 Python 碼庫中常見的簡單快取技術。但是，在多執行緒程式裡，這種手工快取會引入競態條件，可能導致資料損毀。如果有兩個執行緒正在閱讀沒有被快取的 property，第一個執行緒需要為快取屬性計算資料（在範例中為 __speaker_objs），第二個執行緒可能會讀取尚未完成的快取值。

幸好 Python 3.8 加入 @functools.cached_property decorator，它是執行緒安全的。但不幸的是，它有一些注意事項，見接下來的說明。

第 5 步：用 functools 來快取 property

functools 模組提供三個用來進行快取的 decorator。我們曾經在第 329 頁的「用 functools.cache 來做記憶化」（第 9 章）看過 @cache 與 @lru_cache。Python 3.8 加入 @cached_property。

functools.cached_property decorator 可將方法的結果快取在相同名稱的實例屬性裡。例如，在範例 22-17 裡，venue 方法算出來的值會被儲存在 self 的 venue 屬性裡。接下來，當用戶端程式碼試著讀取 venue 時，會使用新建立的 venue 實例屬性，而不是方法。

範例 22-17　簡單地使用 @cached_property

```
@cached_property
def venue(self):
    key = f'venue.{self.venue_serial}'
    return self.__class__.fetch(key)
```

在第 864 頁的「第 3 步：覆寫既有屬性的 property」裡，我們知道 property 會遮蔽同名的實例屬性，若是如此，為什麼 @cached_property 有效？如果 property 覆寫實例屬性，那麼 venue 屬性將被忽略，且 venue 方法將一直被呼叫，每次都會計算 key 並執行 fetch！

答案有點令人遺憾：cached_property 是一個錯誤的名稱。@cached_property decorator 沒有建立完整的 property，而是建立一個 *nonoverriding*（非覆寫的）*descriptor*。descriptor 是負責管理針對其他類別的一個屬性所做的存取的物件。我們將在第 23 章研究 descriptor。property decorator 是建立 *overriding*（覆寫的）*descriptor* 的高階 API。第 23 章會解釋 *overriding* vs. *nonoverriding* descriptor。

我們暫時把底層的實作放在一邊，從使用者的角度出發，專心討論 cached_property 和 property 之間的差異。Raymond Hettinger 在 Python 文件裡詳細地解釋它們（*https://fpy. li/22-9*）：

cached_property() 的機制和 property() 有些不同。除非你定義了 setter，否則常規的 property 會阻止屬性寫入。相較之下，cached_property 允許寫入。

cached_property decorator 只在查詢時執行，而且只在同名的屬性不存在時執行。當 cached_property 執行時，它會寫至同名的屬性。後續的屬性讀寫的優先權高於 cached_property 方法，且它的功能就像普通的屬性。

你可以藉著刪除屬性來清除快取的值。這可讓 cached_property 方法再次執行。[9]

回到我們的 Event 類別，@cached_property 的具體行為使其不適合用來修飾 speakers，因為那個方法依賴同樣名為 speakers 的既有屬性，裡面有活動演說者的序號。

@cached_property 有一些重要的限制：

- 如果被修飾的方法已經依賴一個同名的實例屬性，它就不能用來取代 @property。
- 它不能在定義了 __slots__ 的類別裡使用。
- 它會破壞實例 __dict__ 的鍵共享優化，因為它會在 __init__ 之後建立一個實例屬性。

儘管有這些限制，但 @cached_property 以一種簡單的方式解決一種常見的需求，而且它是執行緒安全的。它的 Python 碼（*https://fpy.li/22-13*）是一個使用 *reentrant lock*（重入鎖）（*https://fpy.li/22-14*）的案例。

@cached_property 文件（*https://fpy.li/22-15*）推薦另一種解決方案，可以和 speakers 一起使用：將 @property 與 @cache decorator 疊起來，如範例 22-18 所示。

範例 22-18　將 @property 疊在 @cache 上面

```
@property     ❶
@cache        ❷
def speakers(self):
    spkr_serials = self.__dict__['speakers']
    fetch = self.__class__.fetch
```

9　來源：@functools.cached_property（*https://fpy.li/22-9*）文件。我之所以知道這個解釋是由 Raymond Hettinger 撰寫的，是因為他為了回應我的問題而寫了這個解釋：bpo42781 —— functools.cached_property docs should explain that it is non-overriding（*https://fpy.li/22-11*）。Hettinger 是 Python 官方文件和標準程式庫的主要貢獻者。他也寫了出色的「Descriptor HowTo Guide」（*https://fpy.li/22-12*），該文是第 23 章的重要來源。

```
        return [fetch(f'speaker.{key}')
                for key in spkr_serials]
```

❶ 順序很重要：@property 要放在⋯

❷ ⋯ @cache 的上面。

第 331 頁的「將 decorator 疊起來」曾經提過該語法的意義。範例 22-18 的前三行類似：

```
speakers = property(cache(speakers))
```

@cache 會被應用至 speakers，回傳一個新函式。然後用 @property 來修飾那個函式，將它換成一個新建構的 property。

以上就是在探索 OSCON 資料組時使用唯讀 property 與快取 decorator 的討論。在下一節，我們要開始一系列的新範例，展示如何建立讀取 / 寫入 property。

使用 property 來檢驗屬性

property 除了可以用來計算屬性值之外，也可以用來執行商業規則，做法是將公用屬性改成一個用 getter 和 setter 來保護的屬性，而不影響用戶端程式碼。我們用一個延伸的範例來進行研究。

LineItem 第 1 幕：訂單項目類別

想像一下，我們要為一家有機食品的零售商店開發一個應用程式，讓顧客可以按重量訂購堅果、乾果或穀類食品。在該系統中，每個訂單將保存一個 line item（行項目）sequence，每個 line item 都可以用一個類別實例來表示，如範例 22-19 所示。

範例 22-19　*bulkfood_v1.py*：最簡單的 *LineItem* 類別

```python
class LineItem:

    def __init__(self, description, weight, price):
        self.description = description
        self.weight = weight
        self.price = price

    def subtotal(self):
        return self.weight * self.price
```

這段程式很精簡，或許太簡單了。範例 22-20 揭露一個問題。

範例 22-20　負的重量導致負的小計

```
>>> raisins = LineItem('Golden raisins', 10, 6.95)
>>> raisins.subtotal()
69.5
>>> raisins.weight = -20  # 輸入垃圾 ...
>>> raisins.subtotal()    # 輸出垃圾 ...
-139.0
```

雖然這是一個玩具範例，但它不像你所想像的那麼不切實際。下面是 Amazon.com 早期的故事：

> 我們發現顧客可以訂購負數數量的書籍！而且我們會用該價格賒帳給他們的信用卡，並等待他們寄送書籍。
>
> —— *Jeff Bezos*，*Amazon.com 的創辦人暨 CEO*[10]

如何修正這個問題？我們可以更改 LineItem 的介面，使用 getter 與 setter 來存取 weight 屬性。這是 Java 的做法，沒有不對。

另一方面，藉著對項目的 weight 進行賦值來設定它是很自然的做法；也許系統已經在生產環境中，其他的部分已經直接存取 item.weight 了。在這種情況下，Python 的做法是將資料屬性替換成 property。

LineItem 第 2 幕：驗證 property

實作 property 可讓我們使用 getter 與 setter，但 LineItem 的介面不會改變（也就是說，設定 LineItem 的 weight 仍然寫成 raisins.weight = 12）。

範例 22-21 是讀 / 寫 weight property 的程式。

範例 22-21　bulkfood_v2.py：具有 weight property 的 LineItem

```
class LineItem:

    def __init__(self, description, weight, price):
```

10　Jeff Bezos 在華爾街日報的故事「Birth of a Salesman」（*https://fpy.li/22-16*）（2011 年 10 月 15 日）中直接引用這件事。注意，在 2021 年時，你必須訂閱才能閱讀文章。

```
            self.description = description
            self.weight = weight      ❶
            self.price = price

        def subtotal(self):
            return self.weight * self.price

        @property      ❷
        def weight(self):      ❸
            return self.__weight      ❹

        @weight.setter      ❺
        def weight(self, value):
            if value > 0:
                self.__weight = value      ❻
            else:
                raise ValueError('value must be > 0')      ❼
```

❶ 這裡已經在使用 property setter 了，以確保不會建立 weight 為負的實例。

❷ 用 @property 來修飾 getter 方法。

❸ 實作 property 的方法都共用公用屬性的名稱：weight。

❹ 實際的值被儲存在私用屬性 __weight 裡。

❺ 被修飾的 getter 有一個 .setter 屬性，它也是 decorator，這會將 getter 與 setter 綁在一起。

❻ 如果值大於零，就設定私用的 __weight。

❼ 否則，發出 ValueError。

注意，現在不能建立重量不合法的 LineItem 了：

```
>>> walnuts = LineItem('walnuts', 0, 10.00)
Traceback (most recent call last):
    ...
ValueError: value must be > 0
```

現在我們已經保護 weight，讓它不能被使用者設為負值了。雖然買方通常不能設定項目的價格，但文書錯誤或 bug 可能產生具備負數 price 的 LineItem。為了防止這種情況，我們也可以把 price 轉換成 property，但這會導致一些重複的程式碼。

第 17 章的引言引用 Paul Graham 的一句話：「當我在我的程式裡看到模式（pattern）時，我將它視為麻煩的象徵。」對付重複的方法是抽象化。將 property 的定義抽象化的做法有兩種：使用 property 工廠或 descriptor 類別。descriptor 類別比較靈活，我們將在第 23 章完整地討論它。事實上，property 本身就是被做成 descriptor 類別。但是在這裡，我們要將 property 工廠做成一個函式，來繼續探討 property。

但是在實作 property 工廠之前，我們必須更深入地瞭解 property。

正確地看待 property

雖然內建的 property 經常當成 decorator 來使用，但它其實是個類別。在 Python 裡，函式與類別通常可以互相交換，因為它們都是 callable，而且沒有用來實例化物件的 new 運算子，所以呼叫建構式與呼叫工廠函式沒有什麼不同。此外，它們都可以當成 decorator 來使用，只要它們可以回傳一個新的 callable，適合用來取代被修飾的 callable 即可。

這是 property 建構式的完整簽章：

```
property(fget=None, fset=None, fdel=None, doc=None)
```

所有參引都是選用的，如果其中一個引數沒有被指定函數，那麼在生成的 property 物件中，對應的操作將不被允許使用。

property 型態是在 Python 2.2 加入的，但是 @ decorator 語法在 Python 2.4 才出現，所以有幾年的時間，property 是藉著使用前兩個引數來傳入存取函式（accessor function）來定義的。

範例 22-22 是不使用 decorator 來定義 property 的「古典」語法。

範例 22-22　bulkfood_v2b.py：與範例 22-21 相同，但不使用 decorator

```python
class LineItem:

    def __init__(self, description, weight, price):
        self.description = description
        self.weight = weight
        self.price = price

    def subtotal(self):
        return self.weight * self.price
```

```
    def get_weight(self):     ❶
        return self.__weight

    def set_weight(self, value):     ❷
        if value > 0:
            self.__weight = value
        else:
            raise ValueError('value must be > 0')

    weight = property(get_weight, set_weight)     ❸
```

❶   一般的 getter。

❷   一般的 setter。

❸   建立 property，並將它指派給一個公用的類別屬性。

這個古典的形式有時比 decorator 語法更好，等一下要討論的 property 工廠程式就是其中一個例子。另一方面，在具備許多方法的類別主體內，decorator 可以指明哪些是 getter 與 setter，不需要依賴規範，在名稱的前面加上 get 與 set。

類別有 property 會導致該類別的實例中的屬性可用一種令人驚訝的方式找到。見下一節的說明。

覆寫實例屬性的 property

property 始終是類別屬性，但它們其實負責管理類別的實例的屬性存取。

第 397 頁的「覆寫類別屬性」提到，當實例與它的類別有名稱相同的資料屬性時，實例屬性會覆寫或遮蔽類別屬性 —— 至少在透過那個實例來讀取的時候。範例 22-23 說明這一點。

範例 22-23　實例屬性遮蔽類別 data 屬性

```
>>> class Class:     ❶
...     data = 'the class data attr'
...     @property
...     def prop(self):
...         return 'the prop value'
...
>>> obj = Class()
>>> vars(obj)     ❷
{}
```

```
>>> obj.data  ❸
'the class data attr'
>>> obj.data = 'bar'  4
>>> vars(obj)  ❺
{'data': 'bar'}
>>> obj.data  ❻
'bar'
>>> Class.data  ❼
'the class data attr'
```

❶ 定義 Class，裡面有兩個類別屬性：data 屬性與 prop property。

❷ vars 回傳 obj 的 __dict__，展示它沒有實例屬性。

❸ 讀取 obj.data 會取得 Class.data 的值。

❹ 寫入 obj.data 會建立一個實例屬性。

❺ 檢查實例有哪些實例屬性。

❻ 現在讀取 obj.data 會取出實例屬性的值。讀取 obj 實例時，實例 data 會遮蔽類別 data。

❼ Class.data 屬性完好無損。

接著，我們試著覆寫 obj 實例的 prop 屬性。恢復之前的主控台對話，我們得到範例 22-24。

範例 22-24 實例屬性未遮蔽類別 *property*（延續範例 22-23）

```
>>> Class.prop  ❶
<property object at 0x1072b7408>
>>> obj.prop  ❷
'the prop value'
>>> obj.prop = 'foo'  ❸
Traceback (most recent call last):
  ...
AttributeError: can't set attribute
>>> obj.__dict__['prop'] = 'foo'  ❹
>>> vars(obj)  ❺
{'data': 'bar', 'prop': 'foo'}
>>> obj.prop  ❻
'the prop value'
>>> Class.prop = 'baz'  ❼
>>> obj.prop  ❽
'foo'
```

❶ 直接從 Class 讀取 prop 會取出 property 物件本身，不會執行它的 getter 方法。

❷ 讀取 obj.prop 會執行 property getter。

❸ 試著設定實例 prop 屬性會失敗。

❹ 可以將 'prop' 直接放入 obj.__dict__。

❺ 我們可以看到，現在 obj 有兩個實例屬性：data 與 prop。

❻ 但是，讀取 obj.prop 仍然會執行 property getter。property 沒有被實例屬性遮蔽。

❼ 覆寫 Class.prop 會銷毀 property 物件。

❽ 現在 obj.prop 可取出實例屬性。Class.prop 不再是個 property，所以它不再覆寫 obj.prop 了。

在最後的展示中，我們要為 Class 加入一個新的 property，並觀察它覆寫一個實例屬性。範例 22-25 延續範例 22-24 的內容。

範例 22-25　新類別 property 遮蔽既有的實例屬性（延續範例 22-24）

```
>>> obj.data  ❶
'bar'
>>> Class.data  ❷
'the class data attr'
>>> Class.data = property(lambda self: 'the "data" prop value')  ❸
>>> obj.data  ❹
'the "data" prop value'
>>> del Class.data  ❺
>>> obj.data  ❻
'bar'
```

❶ obj.data 提取實例 data 屬性。

❷ Class.data 提取類別 data 屬性。

❸ 使用新 property 來覆寫 Class.data。

❹ 現在 obj.data 被 Class.data property 遮蔽了。

❺ 刪除 property。

❻ 現在 obj.data 再次讀取實例的 data 屬性。

這一節的重點在於，`obj.dat` 這種運算式不會開始搜尋 `obj` 裡的 `data`。搜尋其實始於 `obj.__class__`，而且當類別裡沒有名為 `data` 的 property 時，Python 才會在 `obj` 實例本身裡尋找。這適用於一般的 *overriding descriptor*，屬性只是它的例子之一。我們要等到第 23 章才會進一步討論 descriptor。

現在回到 property。每一個 Python 程式碼單元（模組、函式、類別、方法）都可以有一個 docstring。下一個主題是如何將文件指派給 property。

property 文件

當主控台的 `help()` 函式或 IDE 需要顯示一個 property 的文件時，它們會從該 property 的 `__doc__` 屬性提取資訊。

如果你用古典的呼叫語法來使用 property，它可以用 `doc` 引數來取得文件字串：

```
weight = property(get_weight, set_weight, doc='weight in kilograms')
```

getter 方法的 docstring（帶有 `@property` decorator 本身的方法）被當成整個 property 的文件來使用。圖 22-1 是範例 22-26 的程式產生的 help 畫面。

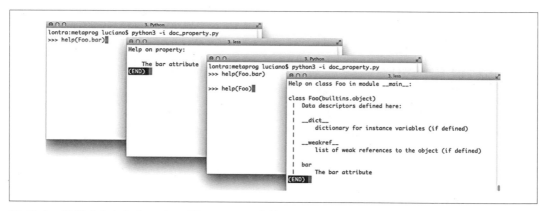

圖 22-1　執行命令 `help(Foo.bar)` 與 `help(Foo)` 時的 Python 主控台畫面。原始碼在範例 22-26。

範例 *22-26*　*property* 的文件

```
class Foo:

    @property
    def bar(self):
        """The bar attribute"""
```

```
            return self.__dict__['bar']

        @bar.setter
        def bar(self, value):
            self.__dict__['bar'] = value
```

我們已經掌握這些 property 的要點了，接下來要回到之前的問題：保護 LineItem 的 weight 與 price 屬性，讓它們只接受大於 0 的值 —— 但不需要手動實作兩對幾乎一模一樣的 getter/setter。

編寫 property 工廠

我們將建立一個工廠來建立 quantity property，使用這個名稱是因為受管理的屬性在應用程式裡代表不能是負數或零的數量（quantity）。範例 22-27 展示使用兩個 quantity property 實例的 LineItem 類別的簡潔外觀。那兩個實例一個用來管理 weight 屬性，另一個用來管理 price。

範例 22-27　*bulkfood_v2prop.py*：使用 quantity *property* 工廠

```
class LineItem:
    weight = quantity('weight')  ❶
    price = quantity('price')  ❷

    def __init__(self, description, weight, price):
        self.description = description
        self.weight = weight  ❸
        self.price = price

    def subtotal(self):
        return self.weight * self.price  ❹
```

❶ 使用工廠來將第一個自訂的 property weight 定義成類別屬性。

❷ 第二個呼叫建立另一個自訂 property，price。

❸ property 在此已經啟動，確保負的或 0 的 weight 會被拒絕。

❹ 這裡也使用 property，提取被儲存在實例中的值。

之前說過，property 是類別屬性。在建構各個 quantity property 時，我們要傳遞將被特定的 property 管理的 LineItem 屬性的名稱。在這一行必須輸入兩次 weight 不太方便：

```
    weight = quantity('weight')
```

但避免這種重複很麻煩，因為 property 無法知道哪個類別屬性名稱會綁定它。記住：賦值式的右邊會先計算，所以當 quantity() 被呼叫時，weight 類別屬性甚至還不存在。

 改善 quantity property 來讓使用者不需要重新輸入屬性名稱是個有難度的超編程問題。我們將在第 23 章處理這個問題。

範例 22-28 是 quantity property 工廠的實作。[11]

範例 22-28　bulkfood_v2prop.py：quantity property 工廠

```python
def quantity(storage_name):  ❶

    def qty_getter(instance):  ❷
        return instance.__dict__[storage_name]  ❸

    def qty_setter(instance, value):  ❹
        if value > 0:
            instance.__dict__[storage_name] = value  ❺
        else:
            raise ValueError('value must be > 0')

    return property(qty_getter, qty_setter)  ❻
```

❶ storage_name 引數決定了每個 property 的資料存在哪裡；對 weight 而言，儲存體的名稱是 'weight'。

❷ qty_getter 的第一個引數可以命名為 self，但使用它有點奇怪，因為這不是類別的主體，instance 引用的是將會儲存屬性的 LineItem 實例。

❸ qty_getter 參考 storage_name，所以它會被保存在這個函式的 closure 裡；我們會直接從 instance.__dict__ 取出值，繞過 property 並避免無窮遞迴。

❹ 定義 qty_setter，也以第一個引數來接收 instance。

❺ value 被直接存入 instance.__dict__，同樣繞過 property。

❻ 建立自訂的 property 物件，並回傳它。

---

11 這段程式改自 David Beazley 與 Brian K. Jones 合著的 *Python Cookbook* 第 3 版（O'Reilly）的「Recipe 9.21. Avoiding Repetitive Property Methods」。

在範例 22-28 中，值得仔細研究的部分圍繞著 storage_name 變數。當你用傳統的方式來編寫每一個 property 時，用來儲存值的屬性名稱會寫死在 getter 與 setter 方法裡。但在這裡，qty_getter 與 qty_setter 函式是通用的，它們依靠 storage_name 變數來知道該在實例 __dict__ 中的哪裡取得 / 設定受管理的屬性。每次你呼叫 quantity 工廠來建構 property 時，storage_name 就必須被設為一個獨特的值。

qty_getter 與 qty_setter 函式將被工廠函式的最後一行建立的 property 物件包起來。當這些函式被呼叫來執行它們的工作時，它們會從它們的 closure 裡讀取 storage_name，來確定該去哪裡提取 / 儲存受管理的屬性值。

在範例 22-29 裡，我建立並檢查一個 LineItem 實例，以展示儲存體屬性。

範例 22-29　*bulkfood_v2prop.py*：探索 *property* 與儲存體屬性

```
>>> nutmeg = LineItem('Moluccan nutmeg', 8, 13.95)
>>> nutmeg.weight, nutmeg.price   ❶
(8, 13.95)
>>> nutmeg.__dict__   ❷
{'description': 'Moluccan nutmeg', 'weight': 8, 'price': 13.95}
```

❶ 透過 property 來讀取 weight 與 price，這些 property 會遮蔽同名實例屬性。

❷ 使用 vars 來檢查 nutmeg 實例，我們看到實際的實例屬性被用來儲存值。

注意我們的工廠所建立的 property 是如何使用第 873 頁的「覆寫實例屬性的 property」所描述的行為的：weight property 覆寫 weight 實例屬性，所以每一次引用 self.weight 或 nutmeg.weight 都是由 property 函式處理的，繞過 property 邏輯的唯一辦法是直接存取實例 __dict__。

範例 22-28 的程式或許有點難以理解，但它很簡潔：它的長度與範例 22-21 中，使用 decorator 來定義 weight property 的 getter/setter 一樣長。範例 22-27 裡的 LineItem 定義沒有雜亂的 getter/setter，看起來簡潔多了。

在實際的系統中，同樣的檢核可能出現在許多欄位裡、跨越幾個類別，且 quantity 工廠會被放在工具模組裡，不斷被重覆使用。最終那個簡單的工廠可以重組成更靈活的 descriptor 類別，可使用專門的子類別來執行不同的檢核。我們會在第 23 章做這件事。

接下來，我們用「屬性刪除」問題來結束 property 的討論。

處理屬性刪除

del 陳述式不僅可以用來刪除變數，也可以用來刪除屬性：

```
>>> class Demo:
...     pass
...
>>> d = Demo()
>>> d.color = 'green'
>>> d.color
'green'
>>> del d.color
>>> d.color
Traceback (most recent call last):
  File "<stdin>", line 1, in <module>
AttributeError: 'Demo' object has no attribute 'color'
```

在實務上，刪除屬性在 Python 裡並不常見，用 property 來處理它更是罕見。但 Python 支援這個動作，我舉個愚蠢的例子來展示它。

在 property 定義裡，@my_property.deleter decorator 會將一個方法包起來，該方法負責刪除被 property 管理的屬性。就像我所說的，愚蠢範例 22-30 的靈感來自電影 *Monty Python and the Holy Grail*（聖杯傳奇）中的黑騎士場景。[12]

範例 22-30　*blackknight.py*

```
class BlackKnight:

    def __init__(self):
        self.phrases = [
            ('an arm', "'Tis but a scratch."),
            ('another arm', "It's just a flesh wound."),
            ('a leg', "I'm invincible!"),
            ('another leg', "All right, we'll call it a draw.")
        ]

    @property
    def member(self):
        print('next member is:')
        return self.phrases[0][0]
```

---

12 當我在 2021 年 10 月校稿至此時，這個血腥的片段可在 YouTube 找到（*https://fpy.li/22-17*）。

```
@member.deleter
def member(self):
    member, text = self.phrases.pop(0)
    print(f'BLACK KNIGHT (loses {member}) -- {text}')
```

範例 22-31 是 *blackknight.py* 的 doctest。

範例 *22-31 blackknight.py*：範例 *22-30* 的（黑騎士永不言敗）

```
>>> knight = BlackKnight()
>>> knight.member
next member is:
'an arm'
>>> del knight.member
BLACK KNIGHT (loses an arm) -- 'Tis but a scratch.
>>> del knight.member
BLACK KNIGHT (loses another arm) -- It's just a flesh wound.
>>> del knight.member
BLACK KNIGHT (loses a leg) -- I'm invincible!
>>> del knight.member
BLACK KNIGHT (loses another leg) -- All right, we'll call it a draw.
```

fdel 引數使用典型的呼叫語法而不是 decorator 來設置 deleter 函式。例如，你可以在 BlackKnight 類別的主體內這樣編寫 member property：

```
member = property(member_getter, fdel=member_deleter)
```

如果你不想使用 property，你也可以實作低階的 __delattr__ 特殊方法來刪除屬性，第 883 頁的「處理屬性的特殊方法」會介紹它。用 __delattr__ 來編寫愚蠢的類別就當成給讀者的練習。

property 是強大的功能，但有時簡單的或低階的替代方案比較實用。在本章的最後一節，我們要回顧 Python 為動態屬性程式設計提供的一些核心 API。

處理屬性的重要屬性與函式

在本章中，甚至在本書之前的內容中，我們用了 Python 支援動態屬性處理的一些內建函式與特殊方法。這一節將一起回顧它們，因為它們的文件被分散在許多官方文件裡。

影響屬性處理的特殊屬性

接下來的幾節所列的許多函式與特殊函式的行為都與三個特殊屬性有關:

__class__

指向物件的類別的參考 (即,obj.__class__ 與 type(obj) 一樣)。Python 只在物件的類別裡尋找 __getattr__ 這種特殊方法,而不是在實例本身裡。

__dict__

用來儲存可被寫入的物件屬性或類別屬性的 mapping。有 __dict__ 的物件可在任何時候設定任意的新屬性。如果類別有 __slots__ 屬性,它的實例可能沒有 __dict__。見 __slots__ (下一個)。

__slots__

可在類別中定義以節省記憶體的屬性。__slots__ 是個字串 tuple,用來指出允許的屬性。[13] 如果 '__dict__' 的名字不在 __slots__ 裡,那麼該類別的實例將沒有自己的 __dict__,只有被列在 __slots__ 裡的屬性可以出現在實例裡。參見第 392 頁的「用 __slots__ 來節省記憶體」。

處理屬性的內建函式

這五個內建的函式可執行物件屬性的讀取、寫入與自檢:

dir([object])

列出物件大部分的屬性。官方文件 (*https://fpy.li/22-18*) 說,dir 用於互動性用途 (interactive use),所以它不提供詳盡的屬性清單,而是提供一組「有趣」的名稱。dir 可以檢查實作了 __dict__ 或未實作它的物件。__dict__ 屬性本身不會被 dir 列出來,但 __dict__ 鍵會被列出來。dir 也不會列出一些特殊的類別屬性,例如 __mro__、__bases__ 與 __name__。你可以藉著實作 __dir__ 特殊方法來自訂 dir 的輸出,如範例 22-4 所示。如果你沒有提供選用的 object 引數,dir 會列出當前的作用域內的名稱。

---

13 Alex Martelli 指出,雖然 __slots__ 可以寫成 list,但更好的做法是始終明確地使用 tuple,因為在類別主體被處理之後更改 __slots__ 裡的 list 沒有效果,所以使用可變的 sequence 有誤導性。

getattr(object, name[, default])

從 object 取出用 name 字串來識別的屬性。它的主要用例是提取事前不知道名稱的屬性（或方法）。它可能會從物件的類別或超類別提出屬性。如果這種屬性不存在，getattr 會發出 AttributeError 或回傳 default 值，如果你有傳入該值的話。在標準程式庫的 cmd 程式包的 Cmd.onecmd 方法（*https://fpy.li/22-19*）裡有一個使用 gettatr 的好例子，它在那裡被用來取得與執行一個使用者定義的命令。

hasattr(object, name)

如果在 object 裡有指定的屬性，或可以透過它來獲得（例如透過繼承），則回傳 True。文件解釋道（*https://fpy.li/22-20*）：「它的實作是藉著呼叫 getattr(object, name) 並檢查有沒有引發 AttributeError。」

setattr(object, name, value)

如果 object 允許，將 value 指派給 object 的指定屬性。它可能建立一個新屬性，或覆寫既有的屬性。

vars([object])

回傳 object 的 __dict__；vars 無法處理那些定義了 __slots__ 但沒有 __dict__ 的類別的實例（相較之下，dir 可以處理這種實例）。如果沒有引數，vars() 的行為與 locals() 一樣：回傳一個代表局部作用域的 dict。

處理屬性的特殊方法

在自訂的類別裡實作以下的特殊方法的話，它們可以處理屬性提取、設定、刪除與羅列。

使用句點或內建函式 getattr、hasattr 與 setattr 來存取屬性會觸發這裡列出的特殊方法。直接在實例的 __dict__ 裡面讀取和寫入屬性不會觸發這些特殊方法—這是繞過它們的常見手法。

「Data model」一章的「3.3.11. Special method lookup」小節（*https://fpy.li/22-21*）警告道：

對自訂類別而言，當特殊方法被定義於物件的型態內，而不是在物件的實例字典內時，隱性呼叫特殊方法才能正確運作。

換句話說，Python 假設特殊方法將在類別本身上檢索，即使操作的目標是實例。因此，特殊方法不會被同名的實例屬性遮蔽。

在接下來的範例中，我們假設有一個名為 Class 的類別，obj 是 Class 的實例，而 attr 是 obj 的屬性。

對以下的每個特殊方法而言，無論是用句點來存取屬性，還是用第 883 頁的「處理屬性的特殊方法」裡的內建函式之一都無所謂。例如，obj.attr 與 getattr(obj, 'attr', 42) 都會觸發 Class.__getattribute__(obj, 'attr')。

__delattr__(self, name)

　　試著使用 del 陳述式來刪除屬性一定會呼叫它。例如 del obj.attr 會觸發 Class.__delattr__(obj, 'attr')。如果 attr 是個 property，而且類別實作了 __delattr__，它的刪除方法就絕不會被呼叫。

__dir__(self)

　　對著物件呼叫 dir 來取得屬性清單就會呼叫它，例如，dir(obj) 會觸發 Class.__dir__(obj)。現代 Python 主控台的 tab 完成功能都會使用它。

__getattr__(self, name)

　　嘗試檢索指定的屬性失敗時才會呼叫它，在搜尋 obj、Class 與它的超類別之後呼叫。運算式 obj.no_such_attr、getattr(obj, 'no_such_attr') 與 hasattr(obj, 'no_such_attr') 可能觸發 Class.__getattr__(obj, 'no_such_attr')，但只會在指定的屬性無法在 obj 或 Class 與它的超類別找到時觸發。

__getattribute__(self, name)

　　試著直接用 Python 程式碼來提取指定屬性時就會呼叫它（直譯器可能繞過它（舉例）來取得 __repr__ 方法）。句點與內建的 getattr 和 hasattr 都會觸發這個方法。__getattr__ 只會在 __getattribute__ 之後呼叫，而且只會在 __getattribute__ 發出 AttributeError 時呼叫。若要提取 obj 實例的屬性而不觸發無窮遞迴，__getattribute__ 的實作應使用 super().__getattribute__(obj, name)。

__setattr__(self, name, value)

　　試著設定指定的屬性時一定呼叫它。句點與內建的 settattr 都會觸發這個方法，例如，obj.attr = 42 與 setattr(obj, 'attr', 42) 都會觸發 Class.__setattr__(obj, 'attr', 42)。

在實務上，因為 __getattribute__ 與 __setattr__ 特殊方法都被無條件地呼叫，並且幾乎影響每一個屬性的存取，所以它們都比 __getattr__ 更難以正確地使用。__getattr__ 僅只處理不存在的屬性名稱。比起定義這些特殊方法，使用 property 或 descriptor 較不容易出錯。

關於 property、特殊方法，與編寫動態屬性的其他技術的討論到此結束。

本章摘要

我們先探討動態屬性，用一個實際範例來展示如何用簡單的類別來讓 JSON 資料組的處理更簡單。第一個範例是 FrozenJSON 類別，它可以將嵌套的 dict 與 list 轉換成嵌套的 FrozenJSON 實列與它們組成的 list。FrozenJSON 程式使用 __getattr__ 特殊方法在它們的屬性被讀取時即時轉換資料結構。最後一版的 FrozenJSON 展示 __new__ 建構方法的用法，將一個類別轉換成靈活的物件工廠，而不只是實例本身。

然後我們將 JSON 資料組轉換成一個儲存 Record 類別的實例的 dict。第一版的 Record 只有幾行程式，並使用「bunch」寫法：使用 self.__dict__.update(**kwargs) 和傳給 __init__ 的關鍵字引數來建構任意的屬性。第二版加入 Event 類別，用 property 來自動提取鏈結的紀錄。計算出來的 property 值有時需要快取，我們介紹了一些做法。

在認識到 @functools.cached_property 不一定適用之後，我們學習一種替代方案：在 @functools.cache 的上面使用 @property，必須按照這個順序。

我們繼續用 LineItem 類別來探討 property，部署一個 property 來防止 weight 屬性被設為毫無商業意義的負值或零值。深入討論 property 語法與語義之後，我們建立一個 property 工廠，來對 weight 與 price 進行同樣的檢驗，避免編寫多個 getter 與 setter。property 工廠用了一些微妙的概念（例如 closure，以及用 property 來覆寫實例屬性）來提供優雅且通用的解決方案，且行數與手動編寫 property 定義相同。

最後，我們簡單地看了如何用 property 來處理屬性刪除，並簡介一些重要的特殊屬性、內建函式與特殊方法，它們都是在 Python 語言的核心中，支援屬性超編程的元素。

延伸讀物

The Python Standard Library 的第 2 章,「Built-in Functions」(*https://fpy.li/22-22*)是介紹屬性處理和自檢內建函式的官方文件。相關的特殊方法和 __slots__ 特殊屬性可在 *The Python Language Reference* 的「3.3.2. Customizing attribute access」(*https://fpy.li/22-23*)中找到。「3.3.9. Special method lookup」(*https://fpy.li/22-24*)解釋了繞過實例來呼叫特殊方法的語義。*The Python Standard Library* 的第 4 章「Built-in Types」中的「4.13. Special Attributes」(*https://fpy.li/22-25*)介紹了 __class__ 與 __dict__ 屬性。

David Beazley 與 Brian K. Jones 合著的 *Python Cookbook* 第 3 版(O'Reilly)有一些探討本章主題的配方,裡面有三個特別出色的配方:「Recipe 8.8. Extending a Property in a Subclass」處理一個棘手的問題:覆寫從超類別繼承來的 property 內的方法。「Recipe 8.15. Delegating Attribute Access」實作了一個代理類別,展示本書第 883 頁的「處理屬性的特殊方法」中的多數特殊方法。出色的「Recipe 9.21. Avoiding Repetitive Property Methods」是範例 22-28 的 property 工廠函式的基礎。

Alex Martelli、Anna Ravenscroft 和 Steve Holden 合著的 *Python in a Nutshell* 第 3 版(O'Reilly)既嚴謹且客觀。他們只用三頁來討論 property,但那是因為該書採用公理演繹(axiomatic)風格。他們用前 15 頁左右來徹底介紹 Python 的類別語義,包括 descriptor。descriptor 是在內部實現 property 的元素。因此,當 Martelli 等作者開始討論 property 時,他們在這三頁裡濃縮了很多見解,包括我為本章選擇的引言。

Bertrand Meyer(我曾經在本章開頭的統一存取原則的定義中引用他的話)開創了 Design by Contract 方法論,設計了 Eiffel 語言,並撰寫了出色的 *Object-Oriented Software Construction* 第二版(Pearson)。該書的前六章是我認為對 OO 分析和設計最棒的概念性介紹之一。第 11 章介紹 Design by Contract,第 35 章提供 Meyer 對一些有影響力的物件導向語言的評估:Simula、Smalltalk、CLOS(Common Lisp Object System)、Objective-C、C++ 和 Java,以及對一些其他語言的簡要評論。他直到該書的最後一頁才透露,他用來當成虛擬碼的高度易讀「表示法」是 Eiffel。

肥皂箱

Meyer 的統一存取原則很有美感。作為一位使用 API 的程式設計師，我不需要關心 product.price 究竟只是抓取一個資料屬性，還是執行一項計算。但是作為一個消費者和公民，我很關心這件事。在當今的電子商務中，product.price 的值往往取決於詢問的人是誰，所以它絕對不僅僅是個資料屬性。事實上，一般來說，如果查詢來自商店之外，例如來自比價引擎，價格會比較低。但我想說的是，這實際上是在懲罰那些喜歡在特定商店內瀏覽商品的忠實顧客。

前面的題外話帶出一個與程式設計有關的問題：儘管統一存取原則在理想的世界中絕對有意義，但在現實中，API 的使用者可能需要知道讀取 product.price 是否可能太高昂或太費時。這是程式設計抽象的普遍問題：它使人難以推理計算運算式的執行期成本。另一方面，抽象可讓使用者用更少的程式碼完成更多的工作。這是一種權衡。如同軟體工程方面的慣例，Ward Cunningham 的原始 wiki（*https://fpy.li/22-26*）上面有關於統一存取原則的優點的精辟論述（*https://fpy.li/22-27*）。

在物件導向程式語言中，應用 vs. 違背統一存取原則往往與「讀取公用資料屬性的語法 vs. 呼叫 getter/setter 方法的語法」有關。

Smalltalk 與 Ruby 用簡單且優雅的方式來解決這個問題：它們根本不支援公用資料屬性。這些語言的每一個實例屬性都是私用的，所以存取它們必須透過方法。但它們的語法讓這一切變得簡單，在 Ruby 中，product.price 會呼叫 price getter，在 Smalltalk 中，它就是 product price。

在光譜的另一端，Java 語言允許程式設計師選擇四種存取等級的 modifier 之一，包括無名的預設選項，Java Tutorial（*https://fpy.li/22-28*）稱之為「package-private」。

不過，一般慣例並不遵循 Java 設計者建立的語法。在 Java 領域裡，每個人都同意屬性應該是 private，你每次都要把它寫出來，因為它不是預設的。當所有屬性都是私用的時候，從類別的外面存取它們必須透過存取方法（accessor）。Java IDE 有一些自動產生存取方法的簡便工具。不幸的是，當你必須在六個月之後閱讀程式碼時，IDE 沒那麼好用。你必須在一堆不做事的存取方法中，努力找出可實作某些商業邏輯來提升價值的存取方法。

Alex Martelli 為 Python 社群的絕大多數用戶發聲，將存取方法稱為「滑稽的慣例（goofy idiom）」，並提出這些看起來截然不同，實際上卻做同樣事情的範例：[14]

```
someInstance.widgetCounter += 1
# 而非…
someInstance.setWidgetCounter(someInstance.getWidgetCounter() + 1)
```

在設計 API 時，有時我不禁會想，是否每一個不接收引數（除了 self）、回傳一個值（除了 None），而且本身是純函式（即，沒有副作用）的方法都要換成唯讀的 property 特性。在這一章，LineItem.subtotal 方法（如範例 22-27）就是改成唯讀 property 的候選對象。當然，這不包括設計來改變物件的方法，例如 my_list.clear()。將它們改成 property 是糟糕的想法，因為如此一來，只要存取 my_list.clear 就會刪除 list 的內容！

在 *Pingo*（*https://fpy.li/22-29*）GPIO 程式庫裡（在第 94 頁的「__missing__ 方法」提過），大多數的使用者層級的 API 都基於 property。例如，若要讀取類比接腳的值，使用者必須編寫 pin.value，設定數位接腳模式則寫成 pin.mode = OUT。在幕後，讀取類比接腳值或設定數位接腳模式可能涉及許多程式碼，取決於特定的電路板驅動程式。我們決定在 Pingo 中使用 property 是因為，我們希望 API 即使在 Jupyter notebook 這種互動式環境中也能舒適地使用，而且我們認為，相較於 pin.set_mode(OUT)，pin.mode = OUT 對眼睛和手指比較友善。

雖然我認為 Smalltalk 與 Ruby 的解決方案比較簡潔，但我認為 Python 的做法比 Java 的更合理。我們可以從簡單的開始做起，把資料成員寫成公用屬性，因為我們知道它們可以用 property（或 descriptor，下一章討論）來包裝。

__new__ 比 new 更好

統一存取元則（或它的變體）的另一個案例就是 Python 用同一種語法來呼叫函式與實例化物件：my_obj = foo()，foo 可能是個類別或其他的 callable。

被 C++ 語法影響的其他語言都使用 new 運算子來讓實例化看起來和呼叫不一樣。多數情況下，API 的使用者不在乎 foo 究竟是函式還是類別。多年來，我一直認為 property 是一種函式。在一般的使用下，它沒有什麼不同。

14　Alex Martelli，*Python in a Nutshell* 第 2 版（O'Reilly），p. 101。

將 constructor（建構式）換成工廠有許多很好的理由，[15] 有一個流行的動機是藉著回傳先前建構的實例來限制實例的數量（如 Singleton 模式）。另一種相關的用法是將昂貴的物件結構快取起來。此外，有時根據傳來的引數來回傳不同型態的物件也很方便。

編寫 constructor 比較簡單，用工廠來提升彈性需要編寫更多程式碼。在具備 new 運算子的語言中，API 的設計者必須事先決定究竟要持續使用簡單的 constructor，還是把資源投資在工廠上。如果在一開始做錯決定，修改它的代價可能很高，一切都因為 new 是個運算子。

有時採取另一種做法可能比較方便：將簡單的函式換成類別。

在 Python 裡，類別與函式在很多情況下可以互換。這不僅僅是因為 Python 沒有 new 運算子，也因為它有 __new__ 特殊方法，可將類別轉換成製作不同種類的物件的工廠（如同第 855 頁的「使用 __new__ 來靈活地建立物件」所述），或回傳預先建構的實例，而不是每次都建立新實例。

如果 PEP 8 —— Style Guide for Python Code（*https://fpy.li/22-31*）沒有建議類別的名稱採用 CamelCase 格式，這種函式與類別的二元關係將更方便。另一方面，標準程式庫有數十種類別使用小寫的名稱（例如 property、str、defaultdict …等）。所以也許使用小寫的類別名稱是一種特性，而不是 bug。但無論我們怎麼看，Python 標準程式庫的類別大小寫格式不一致會導致可用性問題。

雖然呼叫函式和呼叫類別沒有什麼不同，但知道它們是什麼仍然是件好事，因為我們可以對類別做另一件事：製作子類別。所以我個人寫的每一個類別都使用 CamelCase，而且我希望 Python 標準程式庫的所有類別都採用相同的規範。collections.OrderedDict 和 collections.defaultdict，我正盯著你們。

15　接下來要講的理由來自 Dr. Dobbs Journal 雜誌的文章「Java's new Considered Harmful」（*https://fpy.li/22-30*）其作者為 Jonathan Amsterdam，以及「Consider static factory methods instead of constructors」它是 Joshua Bloch 所著的獲獎書籍 *Effective Java* 第 3 版（Addison-Wesley）的 Item 1。

## 第 23 章

屬性 descriptor

學習 descriptor 不但可以讓你掌握更多工具，也可以讓你更瞭解 Python 的工作原理，並體會其設計的優雅。

—— *Raymond Hettinger*，*Python* 核心開發者與大師[1]

descriptor 是在多個屬性裡重複使用相同的存取邏輯的手段。例如，在 ORM（例如 Django ORM 與 SQLAlchemy）裡的欄位型態是 descriptor，其功能是管理從資料庫紀錄裡的欄位到 Python 物件屬性（及反向）的資料流。

descriptor 是實作了一種動態協定的類別，該協定由 __get__、__set__ 與 __delete__ 方法構成。property 類別實作了完整的 descriptor 協定。就像在動態協定中常見的那樣，你也可以部分實作它。事實上，實際的程式中的 descriptor 大部分都只實作 __get__ 與 __set__，而且很多都只實作其中一種方法。

descriptor 是 Python 的獨家功能，它不僅被部署在應用層，也被部署在語言基礎架構裡。自訂的函式是 descriptor。我們將看到 descriptor 協定如何讓方法作為 bound 方法與 unbound 方法來運作，取決於它們如何被呼叫。

瞭解 descriptor 是精通 Python 的關鍵。它是本章的主題。

---

1   Raymond Hettinger，*Descriptor HowTo Guide*（*https://fpy.li/descrhow*）。

在本章中，我們將重構第 869 頁的「使用 property 來檢驗屬性」初次展示的零售食品範例，用 descriptor 來取代 property。這可讓你更容易在不同的類別中重複使用屬性檢驗邏輯。我們將討論覆寫和非覆寫 descriptor 的概念，並瞭解 Python 函式就是 descriptor。最後，我們要來看一些實作 descriptor 的小提示。

本章有哪些新內容

由於 Python 3.6 在 descriptor 協定中加入 __set_name__ 方法，第 899 頁的「LineItem 第 4 幕：自動命名儲存屬性」中的 Quantity descriptor 範例被大幅簡化。

我移除了上一版放在第 899 頁的「LineItem 第 4 幕：自動命名儲存屬性」裡的 property 工廠範例，因為它變得不重要了，當時，它的重點是展示處理 Quantity 問題的另一種做法，但隨著 __set_name__ 的加入，descriptor 解決方案變得簡單許多。

曾經出現在第 901 頁的「LineItem 第 5 幕：新 descriptor 型態」裡的 AutoStorage 類別也被移除，因為 __set_name__ 把它淘汰了。

descriptor 範例：屬性檢驗

如同我們在第 877 頁的「編寫 property 工廠」中看到的，property 工廠是避免重複編寫 getter 與 setter 的手段，其做法是採用泛函編程模式。property 工廠是更高階的函式，它建立一組參數化的存取函式，並用它們來建立一個自訂的 property 實例，該實例具有保存 storage_name 等設定的 closure。descriptor 類別是用物件導向的做法來處理同一個問題的手段。

我們將延續第 877 頁的「編寫 property 工廠」中的 LineItem 系列範例，將 quantity property 工廠重構成 Quantity descriptor 類別。這將讓它更容易使用。

LineItem 第 3 幕：簡單的 descriptor

正如本章的簡介所述，descriptor 就是實作了 __get__、__set__ 或 __delete__ 方法的類別。使用 descriptor 的方法是將它的實例宣告成另一個類別的類別屬性。

我們將建立一個 Quantity descriptor，LineItem 類別將使用兩個 Quantity 的實例：一個用來管理 weight 屬性，另一個用來管理 price。使用圖表可以幫助理解，所以看一下圖 23-1。

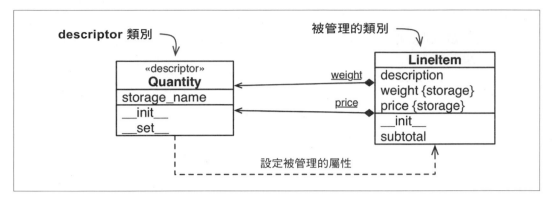

圖 23-1　LineItem 的 UML 類別圖使用名為 Quantity 的 descriptor 類別。在 UML 裡，帶底線的屬性是類別屬性。注意，weight 與 price 是被附加到 LineItem 類別的 Quantity 實例，但 LineItem 實例也有它們自己的 weight 與 price 屬性，用來儲存這些值。

注意，weight 這個字在圖 23-1 中出現兩次，因為圖中有兩個不同的屬性都叫做 weight：一個是 LineItem 的類別屬性，另一個是每個 LineItem 物件都有的實例屬性。price 也一樣。

用來理解 descriptor 的術語

實作與使用 descriptor 涉及幾個元件，準確地稱呼這些元件很有幫助。在解說本章的範例時，我將使用下面的術語和定義。它們其實在看了程式碼之後比較容易理解，但我想先介紹定義，讓你在需要時，可以回來參考。

descriptor 類別

實作了 descriptor 協定的類別。在圖 23-1 中，它是 Quantity。

被管理的類別

將 descriptor 實例宣告成類別屬性的類別。在圖 23-1 中，LineItem 是被管理的類別。

descriptor 實例

descriptor 類別的每一個實例，由「被管理的類別」宣告成類別屬性。在圖 23-1 中，每一個 descriptor 實例都用一個組合箭頭來表示，並將其名稱加上底線（在 UML 裡，底線代表類別屬性），黑色菱形連接 LineItem 類別，類別裡面有 descriptor 實例。

被管理的實例

被管理的類別的實例。在這個例子裡，LineItem 實例是被管理的實例（它們沒有被顯示在類別圖裡）。

儲存屬性

它是被管理的實例的屬性，保存該特定實例的被管理的屬性的值。在圖 23-1 中，LineItem 實例屬性 weight 與 price 是儲存屬性。它們與 descriptor 實例不同，descriptor 實例一定是類別屬性。

被管理的屬性

在被管理的類別中，使用 descriptor 實例來處理的公用屬性，其值儲存於儲存屬性中。換句話說，descriptor 實例與儲存屬性是被管理的屬性的基礎元素。

瞭解 Quantity 實例是 LineItem 的類別屬性很重要。圖 23-2 用軋機（mill）和小玩意兒（gizmo）來強調這個重點。

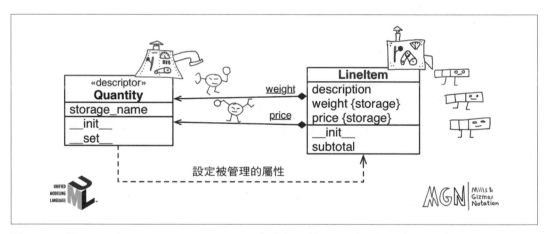

圖 23-2　用 MGN（Mills & Gizmos Notation）來標記的 UML 類別圖：類別是產生小玩意兒（實例）的軋機。Quantity 軋機產生兩個圓頭的小玩意兒，它們被附加到 LineItem 工廠，成為 weight 與 price。LineItem 軋機產生矩形的小玩意兒，它們有自己的 weight 和 price 屬性，用來儲存值。

Mills & Gizmos 表示法簡介

在多次解釋 descriptor 之後，我意識到 UML 不太適合用來展示涉及類別和實例的關係，例如，被管理的類別與 descriptor 實例之間的關係。[2] 於是，我發明了我自己的「語言」，Mills & Gizmos Notation（MGN），用來注解 UML 圖。

MGN 的設計非常清楚地說明類別和實例之間的區別。參見圖 23-3。在 MGN 裡，類別畫成「軋機」，它是製作小玩意兒的複雜機器。類別 / 軋機一定是帶有槓桿和轉盤的機器。小玩意兒是實例，它們看起來簡單許多。如果這是一本彩色的書，小玩意兒與製作它的軋機有一樣的顏色。

圖 23-3　這張 MGN 圖展示 LineItem 類別製作三個實例，Quantity 製作兩個實例。Quantity 的一個實例正在提取被儲存在 LineItem 實例裡的值。

在這個例子裡，我把 LineItem 實例畫成表格式發票中的一列（row），三個格子代表三個屬性（description、weight 與 price）。因為 Quantity 實例是 descriptor，所以它們有 __get__ 值的放大鏡，和 __set__ 值的爪子。當我們談到 metaclass 時，你將感謝我繪製的塗鴉。

先不談塗鴉了。程式如下所示：範例 23-1 是 Quantity descriptor 類別，範例 23-2 是使用兩個 Quantity 實例的新類別 LineItem。

2　類別和實例在 UML 類別圖裡被畫成矩形。它們看起來不同，但實例很少出現在類別圖裡，所以開發人員可能不知道它們長那樣。

範例 23-1　*bulkfood_v3.py*：Quantity *descriptor* 不接受負值

```python
class Quantity:  ❶

    def __init__(self, storage_name):
        self.storage_name = storage_name  ❷

    def __set__(self, instance, value):  ❸
        if value > 0:
            instance.__dict__[self.storage_name] = value  ❹
        else:
            msg = f'{self.storage_name} must be > 0'
            raise ValueError(msg)

    def __get__(self, instance, owner):  ❺
        return instance.__dict__[self.storage_name]
```

❶ descriptor 是基於協定的功能，實作它不需要進行子類別化。

❷ 各個 Quantity 實例將有一個 storage_name 屬性，它是在被管理的實例裡保存值的儲存屬性的名稱。

❸ 試著對被管理的屬性賦值會呼叫 __set__。這裡的 self 是 descriptor 實例（即 LineItem.weight 或 LineItem.price），instance 是被管理的實例（LineItem 實例），value 是被指派的值。

❹ 我們必須將屬性在直接存入 __dict__；呼叫 set attr (instance, self.storage_name) 會再次觸發 __set__ 方法，導致無窮遞迴。

❺ 我們必須實作 __get__，因為被管理的屬性的名稱可能與 storage_name 不同。等一下會解釋 owner 引數。

實作 __get__ 是必要的，因為使用者可能寫出這種程式：

```python
class House:
    rooms = Quantity('number_of_rooms')
```

在 House 類別裡，被管理的屬性是 rooms，但儲存屬性是 number_of_rooms。如果有一個 House 實例名為 chaos_manor，讀取和寫入 chaos_manor.rooms 會通過被附加至 rooms 的 Quantity descriptor 實例，但讀取和寫入 chaos_manor.number_of_rooms 會繞過 descriptor。

注意 __get__ 接收三個引數：self、instance 與 owner。owner 引數是指向被管理的類別（例如 LineItem）的參考，當你希望 descriptor 支援類別屬性的提取時，它很有用。也許是為了模擬 Python 的預設行為，當名稱無法在實例裡找到時，提取類別屬性。

如果被管理的屬性（例如 weight）透過類別來進行提取（例如 LineItem.weight），descriptor __get__ 方法會收到 None 這個 instance 引數值。

為了支援自檢和使用者的其他超編程技巧，如果被管理的屬性是透過類別來存取的，讓 __get__ 回傳 descriptor 實例是一種好辦法。為此，我們將 __get__ 寫成這樣：

```
def __get__(self, instance, owner):
    if instance is None:
        return self
    else:
        return instance.__dict__[self.storage_name]
```

範例 23-2 是 Quantity 在 LineItem 裡的用法。

範例 23-2　*bulkfood_v3.py*：Quantity *descriptor* 管理 LineItem 的屬性

```
class LineItem:
    weight = Quantity('weight')   ❶
    price = Quantity('price')     ❷

    def __init__(self, description, weight, price):   ❸
        self.description = description
        self.weight = weight
        self.price = price

    def subtotal(self):
        return self.weight * self.price
```

❶ 第一個 descriptor 實例將管理 weight 屬性。

❷ 第二個 descriptor 實例將管理 price 屬性。

❸ 類別主體的其餘程式與 *bulkfood_ v1.py* 裡的原始程式一樣簡潔（範例 22-19）。

範例 23-2 的程式正常運作，阻止松露（truffles）用 \$0 的售價售出：[3]

```
>>> truffle = LineItem('White truffle', 100, 0)
Traceback (most recent call last):
    ...
ValueError: value must be > 0
```

---

[3]　白松露的價格是每磅數千美元。禁止以 0.01 美元的價格出售松露的操作留給有進取心的您練習。我知道有一個人因為網路商店（不是亞馬遜網站）的錯誤，居然用 18 美元買到一本 1800 美元的統計學百科全書。

在編寫 descriptor __get__ 與 __set__ 方法時，別忘了 self 與 instance 引數的含義：self 是 descriptor 實例，instance 是被管理的實例。管理實例屬性的 descriptor 應在被管理的實例內儲存值。這就是為什麼 Python 讓 descriptor 方法有 instance 引數。

將每一個被管理的屬性的值儲存在 descriptor 實例本身裡面是很誘人的做法，但不對。換句話說，在 __set__ 方法裡，本來要這樣寫：

```
instance.__dict__[self.storage_name] = value
```

很誘人但不對的寫法是：

```
self.__dict__[self.storage_name] = value
```

為了瞭解為何這是錯的，思考一下 __set__ 的前兩個引數 self 與 instance 的含義。self 是 descriptor 實例，它其實是被管理的類別的類別屬性。也許你的記憶體裡面有幾千個 LineItem 實例，但你只有兩個 descriptor 實例：類別屬性 LineItem.weight 與 LineItem.price。儲存在 descriptor 實例裡面的任何東西本身都是 LineItem 類別屬性的一部分，因此，它是 LineItem 的所有實例共享的。

範例 23-2 有一個缺點是在被管理的類別的主體內實例化 descriptor 時，需要重複輸入屬性的名稱。如果 LineItem 類別可以這樣宣告就好了：

```
class LineItem:
    weight = Quantity()
    price = Quantity()

    # 其餘的方法一樣
```

目前範例 23-2 需要明確地指名各個 Quantity，這既不方便又危險。如果程式設計師在複製和貼上程式碼時忘記了編輯這兩個名稱，而寫出像 price = Quantity('weight') 這種的東西，程式將嚴重錯誤，在設定 price 時，蓋掉 weight 的值。

問題在於，如第 6 章所述，賦值式的右邊會在變數存在之前執行。Python 會計算 Quantity() 來建立 descriptor 實例，而 Quantity 類別內的程式碼無法猜出 descriptor 將被綁定什麼名稱的變數（例如 weight 或 price）。

幸好，現在 descriptor 協定支援名字取得很好的 __set_name__ 特殊方法。接下來會介紹如何使用它。

為 descriptor 儲存屬性自動命名曾經是一個棘手的問題。在 *Fluent Python* 的第一版，我在這一章和下一章用了幾頁和幾行程式來介紹各種解決方案，包括使用類別 decorator，然後使用第 24 章的 metaclass。這在 Python 3.6 裡大大地簡化了。

LineItem 第 4 幕：自動命名儲存屬性

為了避免在 descriptor 實例裡重複輸入屬性名稱，我們將實作 __set_name__ 來設定每個 Quantity 實例的 storage_name。__set_name__ 特殊方法在 Python 3.6 被加入 descriptor 協定。直譯器會對著它在類別主體裡找到的每個 descriptor 呼叫 __set_name__ —— 如果 descriptor 有實作它的話。[4]

在範例 23-3 裡，LineItem descriptor 類別不需要 __init__。它的 __set_item__ 保存儲存屬性的名稱。

範例 23-3　bulkfood_v4.py：__set_name__ 設定各個 Quantity descriptor 實例的名稱

```python
class Quantity:

    def __set_name__(self, owner, name):    ❶
        self.storage_name = name            ❷

    def __set__(self, instance, value):    ❸
        if value > 0:
            instance.__dict__[self.storage_name] = value
        else:
            msg = f'{self.storage_name} must be > 0'
            raise ValueError(msg)

    # 不需要 __get__    ❹

class LineItem:
    weight = Quantity()    ❺
    price = Quantity()

    def __init__(self, description, weight, price):
        self.description = description
```

4　更精確地說，__set_name__ 被 type.__new__ 呼叫，後者是代表類別的物件的建構式。內建的 type 其實是個 metaclass，是自訂類別的預設類別。這件事最初很難理解，但別擔心，第 24 章會專門討論類別的動態配置，包括 metaclass 的概念。

```
        self.weight = weight
        self.price = price

    def subtotal(self):
        return self.weight * self.price
```

❶ self 是 descriptor 實例（不是被管理的實例），owner 是被管理的類別，name 是 owner 的屬性的名稱，這個 descriptor 實例在 owner 的類別主體裡被指派給它。

❷ 這是 __init__ 在範例 23-1 裡做的事情。

❸ 這裡的 __set__ 方法與範例 23-1 裡的完全一樣。

❹ 不一定要實作 __get__，因為儲存屬性的名稱與被管理的屬性的名稱相符。運算式 product.price 直接從 LineItem 實例取得 price 屬性。

❺ 現在不需要將被管理的屬性的名稱傳給 Quantity 建構式了，這就是這一版的目的。

在範例 23-3 裡，你可能會認為，區區幾個屬性需要用這麼多程式來管理嗎？但重點在於，descriptor 的邏輯已經被抽象化，成為一個獨立的程式單元了：Quantity 類別。通常我們不會在使用 descriptor 模組裡定義它，而是在別的工具模組裡定義，且該模組的設計是為了在不同的應用程式之間使用的，甚至在許多應用程式裡使用，如果你要開發程式庫或框架的話。

明白這一點之後，範例 23-4 進一步展示 descriptor 的典型用法。

範例 23-4　*bulkfood_v4c.py*：整潔的 LineItem 定義；現在 Quantity *descriptor* 類別位於匯入的 model_v4c 模組內

```
import model_v4c as model   ❶


class LineItem:
    weight = model.Quantity()   ❷
    price = model.Quantity()

    def __init__(self, description, weight, price):
        self.description = description
        self.weight = weight
        self.price = price

    def subtotal(self):
        return self.weight * self.price
```

❶ 匯入實作 Quantity 的模組 model_v4c。

❷ 使用 model.Quantity。

Django 使用者會認為範例 23-4 看起來很像模型（model）定義。這不是巧合：Django 模型的欄位就是 descriptor。

因為 descriptor 被做成類別，我們可以利用繼承，讓新 descriptor 重複使用現有的程式碼。這就是我們要在下一節做的事情。

LineItem 第 5 幕：新 descriptor 型態

虛構的有機食品店遇到麻煩：不知為何，有一個行項目（line item）實例的敘述是空的，使得訂單無法履行。為了防止這個問題，我們要建立一個新的 descriptor，NonBlank。當我們設計 NonBlank 時，我們意識到它將非常像 Quantity descriptor，除了檢驗邏輯之外。

這提示我們應該進行重構，製作 Validated 這個抽象類別，讓它覆寫 __set__ 方法，呼叫一個必須由子類別實作的 validate 方法。

然後我們會重寫 Quantity，繼承 Validated 並實作 NonBlank，而且只編寫 validate 方法。

Validated、Quantity 與 NonBlank 之間的關係就是經典 *Design Patterns* 裡的模板方法（*template method*）：

模板方法用抽象操作來定義演算法，讓子類覆寫那些抽象操作，以提供具體的行為。[5]

在範例 23-5 裡，Validated.__set__ 是模板方法，self.validate 是抽象操作。

範例 23-5   *model_v5.py*：Validated *ABC*

```
import abc

class Validated(abc.ABC):

    def __set_name__(self, owner, name):
        self.storage_name = name
```

---

5   Gamma 等人，*Design Patterns: Elements of Reusable Object-Oriented Software*，第 326 頁。

```
def __set__(self, instance, value):
    value = self.validate(self.storage_name, value)  ❶
    instance.__dict__[self.storage_name] = value  ❷

@abc.abstractmethod
def validate(self, name, value):  ❸
    """ 回傳已驗證的值或引發 ValueError """
```

❶ __set__ 將檢驗工作委託給 validate 方法…

❷ …然後將儲存的值換成回傳的 value。

❸ validate 是抽象方法,它是模板方法。

Alex Martelli 喜歡把這種設計模式稱為 *Self-Delegation*,我同意這是更具敘述性的名稱:__set__ 在第一行將自我(self)委託給 validate。[6]

在這個範例裡,Validated 的具體子類別是 Quantity 與 NonBlank,如範例 23-6 所示。

範例 23-6　model_v5.py:Quantity 與 NonBlank 是 Validated 的具體子類別

```
class Quantity(Validated):
    """a number greater than zero"""

    def validate(self, name, value):  ❶
        if value <= 0:
            raise ValueError(f'{name} must be > 0')
        return value


class NonBlank(Validated):
    """ 至少包含一個空格字元的字串 """

    def validate(self, name, value):
        value = value.strip()
        if not value:  ❷
            raise ValueError(f'{name} cannot be blank')
        return value  ❸
```

❶ 實作模板方法是 Validated.validate 抽象方法要求的。

❷ 如果移除開頭和結尾的空格之後沒有剩下任何東西,那就拒絕該值。

6　Alex Martelli 的「Python Design Patterns」演說的第 50 張投影片(*https://fpy.li/23-1*)。我強烈推薦它們。

❸ 要求具體的 validate 方法回傳驗證過的 value，可給予它們清理、轉換或正規化接收到的資料的機會。這個例子回傳沒有開頭與結尾空格的 value。

model_v5.py 的使用者不需要知道所有的細節。重要的是，它們可以使用 Quantity 與 NonBlank 來自動驗證實例屬性。參見範例 23-7 的最後一個 LineItem 類別。

範例 23-2　*bulkfood_v5.py*：使用 Quantity 與 NonBlank *descriptor* 的 LineItem

```python
import model_v5 as model    ❶

class LineItem:
    description = model.NonBlank()    ❷
    weight = model.Quantity()
    price = model.Quantity()

    def __init__(self, description, weight, price):
        self.description = description
        self.weight = weight
        self.price = price

    def subtotal(self):
        return self.weight * self.price
```

❶ 匯入 model_v5 模組，幫它取更友善的名稱。

❷ 使用 model.NonBlank。其餘的程式保持不變。

本章的 LineItem 範例展示了 descriptor 的典型用法：使用它來管理資料屬性。Quantity 這種 descriptor 稱為 overriding descriptor（覆寫的描述器），因為它的 __set__ 方法會覆寫（即攔截和覆蓋）和被管理的實例的屬性同名的實例屬性的設定。但是也有 nonoverriding descriptor（非覆寫的描述器）。我們將在下一節詳細討論差異。

覆寫的 vs.. 非覆寫的描述器

回想一下，Python 處理屬性的方式有一種重要的不對稱性。透過實例來讀取屬性通常會回傳在實例裡定義的屬性，但如果在實例裡沒有那個屬性，就會提取類別屬性。另一方面，對著實例中的屬性賦值通常會在實例中建立屬性，完全不影響類別。

這種不對稱性也會影響 descriptor，實際上，它創造兩大類的 descriptor，取決於是否實作了 __set__ 方法。如果有 __set__，類別就是 overriding descriptor，否則它就是

nonoverriding descriptor。在接下來研究 descriptor 的行為的過程中,你將更瞭解這些術語的意義。

為了觀察不同的 descriptor 種類,我們需要使用幾個類別,所以我將使用範例 23-8 的程式來作為接下來幾節的測試平台。

 在範例 23-8 裡的每一個 __get__ 與 __set__ 方法都會呼叫 print_args,這是為了用易讀的方式來顯示它們被呼叫的情況。你不一定要分心去瞭解 print_args 與輔助函式 cls_name 和 display,它們沒那麼重要。

範例 23-8　*descriptorkinds.py*:研究 *descriptor* 覆寫行為的簡單類別

```
### 僅用來顯示訊息的輔助函式 ###

def cls_name(obj_or_cls):
    cls = type(obj_or_cls)
    if cls is type:
        cls = obj_or_cls
    return cls.__name__.split('.')[-1]

def display(obj):
    cls = type(obj)
    if cls is type:
        return f'<class {obj.__name__}>'
    elif cls in [type(None), int]:
        return repr(obj)
    else:
        return f'<{cls_name(obj)} object>'

def print_args(name, *args):
    pseudo_args = ', '.join(display(x) for x in args)
    print(f'-> {cls_name(args[0])}.__{name}__({pseudo_args})')


### 這個範例的重要類別 ###

class Overriding:            ❶
    """a.k.a. data descriptor or enforced descriptor"""

    def __get__(self, instance, owner):
        print_args('get', self, instance, owner)      ❷
```

```python
    def __set__(self, instance, value):
        print_args('set', self, instance, value)


class OverridingNoGet:    ❸
    """an overriding descriptor without ``__get__``"""

    def __set__(self, instance, value):
        print_args('set', self, instance, value)


class NonOverriding:    ❹
    """a.k.a. non-data or shadowable descriptor"""

    def __get__(self, instance, owner):
        print_args('get', self, instance, owner)


class Managed:    ❺
    over = Overriding()
    over_no_get = OverridingNoGet()
    non_over = NonOverriding()

    def spam(self):    ❻
        print(f'-> Managed.spam({display(self)})')
```

❶ 有 __get__ 與 __set__ 的 overriding descriptor 類別。

❷ 在這個例子裡，print_args 函式會被每一個 descriptor 方法呼叫。

❸ 沒有 __get__ 方法的 overriding descriptor。

❹ 沒有 __set__ 方法，所以它是 nonoverriding descriptor。

❺ 被管理的類別，使用每一個 descriptor 類別的一個實例。

❻ 這裡的 spam 方法是用來比較的，因為方法也是 descriptor。

在接下來的幾節裡，我們要檢查 Managed 類別的屬性讀取和寫入行為，以及它的一個實例，使用之前定義的各種 descriptor。

覆寫 descriptor

實作了 __set__ 方法的 descriptor 稱為 *overriding descriptor*，因為雖然 __set__ 是類別屬性，但實作了 __set__ 的 descriptor 將覆寫針對實例屬性進行賦值的動作。這就是範例 23-3 的做法。property 也是 overriding descriptor：如果你沒有提供 setter 函式，property 類別預設的 __set__ 會引發 AttributeError 來提示屬性是唯讀的。範例 23-9 使用範例 23-8 的程式來實驗 overriding descriptor。

 Python 的貢獻者們和作者們在討論這些概念時使用不同的術語。我採用來自 *Python in a Nutshell* 的「overriding descriptor」。Python 官方文件使用「data descriptor」，但「overriding descriptor」可以強調特殊的行為。overriding descriptor 也被稱為「enforced descriptor」。nonoverriding descriptor 的同義詞有「nondata descriptor」和「shadowable descriptor」。

範例 23-9　overriding descriptor 的行為

```
>>> obj = Managed()  ❶
>>> obj.over  ❷
-> Overriding.__get__(<Overriding object>, <Managed object>, <class Managed>)
>>> Managed.over  ❸
-> Overriding.__get__(<Overriding object>, None, <class Managed>)
>>> obj.over = 7  ❹
-> Overriding.__set__(<Overriding object>, <Managed object>, 7)
>>> obj.over  ❺
-> Overriding.__get__(<Overriding object>, <Managed object>, <class Managed>)
>>> obj.__dict__['over'] = 8  ❻
>>> vars(obj)  ❼
{'over': 8}
>>> obj.over  ❽
-> Overriding.__get__(<Overriding object>, <Managed object>, <class Managed>)
```

❶ 建立 Managed 物件以供測試。

❷ obj.over 觸發 descriptor __get__ 方法，將被管理的實例 obj 當成第二個引數傳遞。

❸ Managed.over 觸發 descriptor __get__ 方法，將 None 當成第二個引數（instance）傳遞。

❹ 對著 obj.over 賦值會觸發 descriptor __set__ 方法，將 7 當成最後一個引數傳遞。

❺ 讀取 obj.over 依然呼叫 descriptor __get__ 方法。

❻ 繞過 descriptor，直接將值設給 obj.__dict__。

❼ 確定值在 obj.__dict__ 裡，在 over 鍵之下。

❽ 但是，即使有名為 over 的實例屬性，Managed.over descriptor 依然覆寫試圖讀取 obj.over 的行為。

沒有 __get__ 的 overriding descriptor

property 與其他的 overriding descriptor，例如 Django 模型欄位，都實作 __set__ 與 __get__ 兩者，但也可以僅實作 __set__，就像我們在範例 23-2 中看到的那樣。在這種情況下，只有寫入是由 descriptor 來處理。透過實例來讀取 descriptor 會回傳 descriptor 物件本身，因為沒有 __get__ 可處理該讀取動作。如果有人藉著直接操作實例 __dict__，以新值來建立同名的實例屬性，__set__ 方法仍然會覆寫設定那個屬性的行為，但讀取那個屬性會從實例回傳新值，而不是回傳 descriptor 物件。換句話說，實例屬性會遮蔽 descriptor，但只有在讀取時。參見範例 23-10。

範例 23-10 沒有 __get__ 的 overriding descriptor

```
>>> obj.over_no_get    ❶
<__main__.OverridingNoGet object at 0x665bcc>
>>> Managed.over_no_get    ❷
<__main__.OverridingNoGet object at 0x665bcc>
>>> obj.over_no_get = 7    ❸
-> OverridingNoGet.__set__(<OverridingNoGet object>, <Managed object>, 7)
>>> obj.over_no_get    ❹
<__main__.OverridingNoGet object at 0x665bcc>
>>> obj.__dict__['over_no_get'] = 9    ❺
>>> obj.over_no_get    ❻
9
>>> obj.over_no_get = 7    ❼
-> OverridingNoGet.__set__(<OverridingNoGet object>, <Managed object>, 7)
>>> obj.over_no_get    ❽
9
```

❶ 這個 overriding descriptor 沒有 __get__ 方法，所以讀取 obj.over_no_get 會從類別提取 descriptor 實例。

❷ 直接從被管理的類別提取 descriptor 實例也會發生同樣的事情。

❸ 試著對 obj.over_no_get 設值會呼叫 __set__ descriptor 方法。

❹ 因為我們的 __set__ 沒有改變，再次讀取 obj.over_no_get 會從被管理的類別裡提取 descriptor 實例。

⑤ 透過實例 __dict__ 來設定一個名為 over_no_get 的實例屬性。

⑥ 現在 over_no_get 實例屬性會遮蔽 descriptor，但只有在讀取時如此。

⑦ 試著對 obj.over_no_get 賦值仍然會透過 descriptor 的 set 來進行。

⑧ 但在讀取時，只要有同名的實例屬性，descriptor 就會被遮蔽。

Nonoverriding Descriptor

未實作 __set__ 的 descriptor 就是 nonoverriding descriptor。設定同名的實例屬性將遮蔽 descriptor，讓它無法處理那個實例裡的屬性。方法與 @functools.cached_property 都被實作為 nonoverriding descriptor。範例 23-11 是 nonoverriding descriptor 的行為。

範例 23-11　nonoverriding descriptor 的行為

```
>>> obj = Managed()
>>> obj.non_over  ❶
-> NonOverriding.__get__(<NonOverriding object>, <Managed object>, <class Managed>)
>>> obj.non_over = 7  ❷
>>> obj.non_over  ❸
7
>>> Managed.non_over  ❹
-> NonOverriding.__get__(<NonOverriding object>, None, <class Managed>)
>>> del obj.non_over  ❺
>>> obj.non_over  ❻
-> NonOverriding.__get__(<NonOverriding object>, <Managed object>, <class Managed>)
```

❶ obj.non_over 觸發 descriptor __get__ 方法，將 obj 當成第二個引數來傳遞。

❷ Managed.non_over 是 nonoverriding descriptor，所以沒有干擾這個賦值的 __set__。

❸ 現在 obj 是名為 non_over 的實例屬性，它會遮蔽 Managed 類別內的同名 descriptor 屬性。

❹ Managed.non_over descriptor 還在，並透過類別抓到這次存取動作。

❺ 如果刪除 non_over 實例屬性⋯

❻ ⋯那麼讀取 obj.non_over 會觸發類別中的 descriptor 的 __get__ 方法，但注意，第二個引數是被管理的實例。

在之前的範例中，我們看了多個針對名稱與 descriptor 相同的實例屬性所進行的賦值，並根據 descriptor 是否有 __set__ 方法，而得到不同的結果。

要在類別中設定屬性，你不能用附加到同一個類別的 descriptor 來控制。特別是，這意味著 descriptor 屬性本身可能被覆蓋，見下一節的解釋。

覆寫類別內的 descriptor

無論 descriptor 是不是 overriding，它都可能會因為你對類別進行賦值而被覆寫。這是一種 monkey-patching 技術，但是在範例 23-12 裡，descriptor 被換成整數了，這將破壞需要依賴 descriptor 正確運作的任何類別。

範例 23-12 任何 descriptor 都可以在類別本身上覆寫

```
>>> obj = Managed()  ❶
>>> Managed.over = 1  ❷
>>> Managed.over_no_get = 2
>>> Managed.non_over = 3
>>> obj.over, obj.over_no_get, obj.non_over  ❸
(1, 2, 3)
```

❶ 建立新實例以供測試。

❷ 覆寫類別的 descriptor 屬性。

❸ descriptor 真的不見了。

範例 23-12 揭示了關於讀取和寫入屬性的另一個不對稱性：儘管我們可以透過被附加到被管理的類別的 descriptor 的 __get__ 來控制類別屬性的讀取，卻無法透過被附加到同一個類別的 descriptor 的 __set__ 來處理類別屬性的寫入。

為了控制類別屬性的設定，你必須將 descriptor 附加到類別的類別 —— 也就是 metaclass。在預設情況下，自訂類別的 metaclass 是 type，而且你無法在 type 中加入屬性。但在第 24 章，我們將建立自己的 metacalss。

接下來的重點是在 Python 中，如何使用 descriptor 來實作方法。

方法就是 descriptor

對著一個實例呼叫類別內的函式會讓該函式成為綁定方法（bound method），因為所有自訂函式都有 __get__ 方法，所以當它們被附加到類別時，它們就像 descriptor 一樣運作。範例 23-13 展示讀取範例 23-8 的 Managed 類別的 spam 方法的情況。

範例 23-13　方法是 *nonoverriding descriptor*

```
>>> obj = Managed()
>>> obj.spam  ❶
<bound method Managed.spam of <descriptorkinds.Managed object at 0x74c80c>>
>>> Managed.spam  ❷
<function Managed.spam at 0x734734>
>>> obj.spam = 7  ❸
>>> obj.spam
7
```

❶ 讀取 obj.spam 來提取綁定方法物件。

❷ 但讀取 Managed.spam 會取得一個函式。

❸ 將值指派給 obj.spam 會遮蔽類別屬性，導致無法從 obj 實例使用 spam 方法。

函式未實作 __set__，因此它們是 nonoverriding descriptor，如範例 23-13 的最後一行所示。

範例 23-13 的另一個重點在於，obj.spam 與 Managed.spam 取出不同的物件。和 descriptor 一樣，當你透過被管理的類別來進行存取時，函式的 __get__ 會回傳指向它自己的參考。但是當你透過實例來存取時，函式的 __get__ 會回傳一個綁定方法物件，它是一個包裝了函式的 callable，將被管理的實例（例如 obj）綁定函式的第一個引數（即 self），如同 functools.partial 的做法（參見第 251 頁的「用 functools.partial 來固定引數」）。為了更深入地瞭解這個機制，我們來看範例 23-14。

**範例 23-14　** *method_is_descriptor.py*：由 UserString 衍生的 Text 類別

```
import collections


class Text(collections.UserString):

    def __repr__(self):
        return 'Text({!r})'.format(self.data)
```

```
def reverse(self):
    return self[::-1]
```

接著來研究 Text.reverse 方法，參見範例 23-15。

範例 23-15　用方法來做實驗

```
>>> word = Text('forward')
>>> word                                    ❶
Text('forward')
>>> word.reverse()                          ❷
Text('drawrof')
>>> Text.reverse(Text('backward'))          ❸
Text('drawkcab')
>>> type(Text.reverse), type(word.reverse)  ❹
(<class 'function'>, <class 'method'>)
>>> list(map(Text.reverse, ['repaid', (10, 20, 30), Text('stressed')]))   ❺
['diaper', (30, 20, 10), Text('desserts')]
>>> Text.reverse.__get__(word)              ❻
<bound method Text.reverse of Text('forward')>
>>> Text.reverse.__get__(None, Text)        ❼
<function Text.reverse at 0x101244e18>
>>> word.reverse                            ❽
<bound method Text.reverse of Text('forward')>
>>> word.reverse.__self__                   ❾
Text('forward')
>>> word.reverse.__func__ is Text.reverse   ❿
True
```

❶ Text 實例的 repr 看起來就像呼叫 Text 建構式，會產生相等的實例。

❷ reverse 方法回傳反向拼寫的文字。

❸ 對著類別呼叫方法的效果和函式一樣。

❹ 注意型態不同，一個是 function，一個是 method。

❺ Text.reverse 的行為和函式一樣，即使和非 Text 的實例一起使用也是如此。

❻ 所有函式都是 nonoverriding descriptor。呼叫它的 __get__ 並傳入一個實例會取得綁定該實例的方法。

❼ 呼叫函式的 __get__ 並傳入實例引數 None 會取得函式本身。

❽ 運算式 word.reverse 實際上呼叫 Text.reverse.__get__(word)，回傳綁定方法。

❾ 綁定方法物件有一個 __self__ 屬性，保存被呼叫的方法所屬的實例的參考。

❿ 綁定方法的 __func__ 屬性是被附加至被管理的類別的原始函式的參考。

綁定方法物件也有 __call__ 方法，負責處理實際的呼叫。這個方法會呼叫在 __func__ 裡參考的原始函式，將方法的 __self__ 屬性當成第一個引數傳入。這就是常規的 self 引數的隱性綁定方式。

從函式如何被轉換成綁定方法可以看出這個語言是怎麼將 descriptor 當成基本元素來使用的。

在深入討論 descriptor 與方法的工作原理之後，我們來看一些實際使用的建議。

descriptor 的使用技巧

以下是剛才介紹的 descriptor 特性造成的影響：

使用 *property* 來保持簡單

內建的 property 會建立 overriding descriptor，它實作了 __set__ 與 __get__，即使你沒有定義 setter 方法。[7] property 預設的 __set__ 會引發 AttributeError: can't set attribute，所以要建立唯讀屬性，使用 property 是最簡單的手段，可避免接下來提到的問題。

唯讀的 *descriptor* 需要 __set__

如果你使用 descriptor 類別來實作唯讀屬性，你必須記得編寫 __get__ 與 __set__ 兩者，否則在實例中設定同名屬性會遮蔽 descriptor。唯讀屬性的 __set__ 方法只應發出 AttributeError 及合適的訊息。[8]

檢驗 *descriptor* 只能與 __set__ 搭配使用

在只為了進行檢驗而設計的 descriptor 裡，__set__ 方法應檢查它收到的 value 引數，如果它是有效的，就直接在實例的 __dict__ 內，以 descriptor 實例名稱為鍵設

7　property decorator 也提供 __delete__ 方法，即使你沒有定義刪除方法。

8　Python 的這種訊息並不一致。試著改變 complex 數字的 c.real 屬性會得到 AttributeError: readonly attribute，但試著改變 c.conjugate（complex 的方法）會導致 AttributeError: 'complex' object attribute 'conjugate' is read-only。它們就連 read-only 的拚法都不同。

定它。如此一來，你就可以用最快的速度從實例中讀取同名屬性，因為它將不需要 __get__。參見範例 23-3 的程式。

只要使用 __get__ 就可以高效地快取

如果你只寫了 __get__ 方法，你就有一個 nonoverriding descriptor。你可以在進行昂貴的計算後，藉著設定實例的同名屬性來將結果快取起來。[9] 同名的實例屬性將遮蔽 descriptor，所以接下來存取那個屬性會直接從實例 __dict__ 進行提取，不再觸發 descriptor __get__。@functools.cached_property decorator 實際上會產生 nonoverriding descriptor。

非特殊方法可能被實例屬性遮蔽

因為函式與方法只實作了 __get__，所以它們是 nonoverriding descriptor。像 my_obj.the_method = 7 這種簡單的賦值，意味著接下來透過那個實例來讀取 the_method 都會得到數字 7，而不影響類別或其他實例。但是，這個問題不會影響特殊方法。直譯器只在類別本身裡尋找特殊方法，換句話說，repr(x) 的執行方式是 x.__class__.__repr__(x)，所以在 x 內定義的 __repr__ 屬性不影響 repr(x)。出於同樣的原因，在實例裡有個名為 __getattr__ 的屬性不會破壞一般的屬性存取演算法。

非特殊方法在實例中如此容易被覆寫似乎既脆弱且易錯，但我個人在超過 20 年的 Python 編寫經驗中從未遇過它帶來的麻煩。另一方面，如果你正在建立大量的動態屬性，且屬性名稱來自你無法控制的資料（就像我們在本章之前的部分做的那樣），那麼你應該意識到這一點，並且可能要對動態屬性名稱進行一些過濾或轉義，以避免混淆。

 範例 22-5 的 FrozenJSON 類別沒有實例屬性遮蔽方法的問題，因為它只有特殊方法與 build 類別方法。只要類別方法透過類別來使用，它們就是安全的，正如我在範例 22-5 對 FrozenJSON.build（之後在範例 22-6 換成 __new__）採取的做法。第 857 頁的「計算出來的 property」中的 Record 與 Event 類別也是安全的，它們只實作特殊方法、靜態方法與 property。property 是 overriding descriptor，所以它們不被實例屬性遮蔽。

9　但是，正如第 105 頁的「dict 的運作方式造成的實際後果」所述，在 __init__ 方法執行之後建立實例屬性會破壞鍵共享記憶體優化。

在本章的最後，我們將探討在 property 中看過，但還沒有在 descriptor 的背景下討論的兩個功能：文件，以及處理試圖刪除被管理的屬性的情況。

descriptor docstring 與覆寫刪除

descriptor 類別的 docstring 是用來記錄被管理的類別裡的每一個 descriptor 實例的。圖 23-4 是範例 23-6 與範例 23-7 中，具有 Quantity 與 NonBlank descriptor 的 LineItem 類別的 help 畫面。

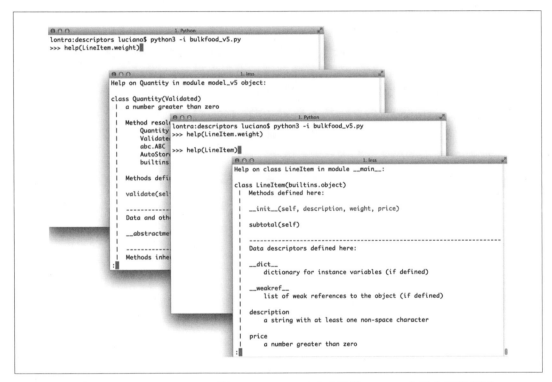

圖 23-4　發出 help(LineItem.weight) 與 help(LineItem) 命令時的 Python 主控台螢幕截圖

這個結果不盡如人意。就 LineItem 而言，加入（舉例）「weight 必須是公斤」這個資訊比較好。對 property 來說，這件事很簡單，因為每一個 property 都處理一個特定的被管理的屬性。但是對 descriptor 來說，同樣的 Quantity descriptor 類別被用來處理 weight 與 price。[10]

我們在 property 中討論過，但還沒有用 descriptor 來處理的第二個細節，就是如何處理被管理的屬性被試圖刪除的情況。這可以藉著在 descriptor 類別中實作 __delete__ 方法來完成，它可以和常規的 __get__ 和 / 或 __set__ 方法一起使用，也可以替代它們。我故意省略對 __delete__ 的討論，因為我認為它很少被實際使用。如果你想瞭解它，可參考 Python Data Model 文件（*https://fpy.li/dtmodel*）的「mplementing Descriptors」（*https://fpy.li/23-2*）一節。編寫具備 __delete__ 的愚蠢 descriptor 類別就當成給悠閒讀者的練習。

本章摘要

本章的第一個範例延續第 22 章的 LineItem 範例。在範例 23-2 裡，我們將 property 換成 descriptor。我們看到，descriptor 是一種類別，其功用是提供實例來部署成被管理的類別的屬性。討論這種機制需要使用特殊的術語，所以本章介紹了**被管理的實例**和**儲存屬性**等術語。

在第 899 頁的「LineItem 第 4 幕：自動命名儲存屬性」裡，我們排除了「明確地使用 storage_name 來宣告 Quantity descriptor」的需求，這不僅多餘，也容易出錯。我們的解決方案是在 Quantity 裡實作 __set_name__ 特殊方法，來將被管理的 property 的名稱存為 self.storage_name。

第 901 頁的「LineItem 第 5 幕：新 descriptor 型態」展示了如何繼承抽象的 descriptor 類別來共用程式碼，並建立具備共同功能的專門 descriptor。

然後我們看了具備和沒有 __set__ 方法的 descriptor 的不同行為，它是 overriding 和 nonoverriding descriptor（又名 data 與 nondata descriptor）的關鍵差異。透過詳細的測試，我們瞭解何時 descriptor 掌握控制權，何時被遮蔽、繞過或覆寫。

---

10 為每一個 descriptor 實例量身訂作說明文字非常困難。其中一種做法是為每個 descriptor 實例動態建立一個包裝類別。

接下來，我們學了特殊的 nonoverriding descriptor 種類：方法（method）。透過主控台上的實驗，我們發現透過實例來執行時，被附加到類別的函式會經由 descriptor 協定變成方法。

在本章的最後，第 912 頁的「descriptor 的使用技巧」介紹了實用的技巧，第 914 頁的「descriptor docstring 與覆寫刪除」簡要地介紹如何製作 descriptor 文件。

 正如第 892 頁的「本章有哪些新內容」所述，由於 Python 3.6 的 descriptor 協定加入 __set_name__ 特殊方法，本章的幾個例子都變得簡單多了。這是語言的進化！

延伸讀物

除了必讀的「Data Model」（*https://fpy.li/dtmodel*）一章之外，在 Python 官方文件的 HowTo 系列（*https://fpy.li/23-4*）中，Raymond Hettinger 的「Descriptor HowTo Guide」（*https://fpy.li/23-3*）也是寶貴的資源。

和 Python 物件模型主題一樣，Alex Martelli、Anna Ravenscroft 與 Steve Holden 的 *Python in a Nutshell* 第 3 版（O'Reilly）既權威且客觀。Martelli 也有一場題為「Python's Object Model」的演說，在裡面探討 property 與 descriptor（投影片（*https://fpy.li/23-5*），影片（*https://fpy.li/23-6*））。

 請注意，在 Python 於 2016 年採納 PEP 487 之前寫出來的或記錄下來的任何 descriptor 文獻都可能包含已不合時宜的複雜範例，因為在 3.6 前的 Python 不支援 __set_name__。

如果想看更實際的例子，David Beazley 與 Brian K. Jones 合著的 *Python Cookbook* 第 3 版（O'Reilly）有許多配方介紹 descriptor，其中，我特別推薦「6.12. Reading Nested and Variable-Sized Binary Structures」、「8.10. Using Lazily Computed Properties」、「8.13. Implementing a Data Model or Type System」與「9.9. Defining Decorators As Classes」。最後一個配方處理一個很深的問題：函式 decorator、descriptor 和方法之間的互動，解釋了當函式 decorator 是個具有 __call__ 的類別時，如果它想要與被修飾的方法和函式合作的話，也需要實作 __get__。

PEP 487 —— Simpler customization of class creation（*https://fpy.li/pep487*）介紹了 __set_name__ 特殊方法，並加入一個檢驗 descriptor 的例子（*https://fpy.li/23-7*）。

肥皂箱

self 的設計

Python 規定在方法的第一個引數明確地宣告 self，這是一種有爭議性的設計決策。使用這種語言 23 年之後，我已經習慣它了。我認為那個決策是「更差即更好」的例子，它是電腦科學家 Richard P. Gabriel 在「The Rise of Worse is Better」（*https://fpy.li/23-8*）裡描述的設計哲學。這個哲學的首要任務是「簡化」，Gabriel 這麼說：

> 設計必須簡單，包括實作和介面。簡單的實作比簡單的介面更重要。
>
> 在設計中，簡單是最重要的考慮因素。

Modula-3 使用相同 self 來定義這種規範。它的實作很簡單（甚至很優雅），卻犧牲了使用者介面，像 zfill(self, width): 這類的方法簽章看起來與 pobox.zfill(8) 呼叫不相符。

Modula-3 使用同樣的代號 self 來引入那個規範。但它們之間有一個重要的差異：在 Modula-3 裡，介面與它的實作是分開宣告的，而且在介面的宣告裡，self 引數被省略，所以從使用者的觀點來看，在介面的宣告內的方法的參數，與呼叫它們時使用的參數一致。

隨著時間的推移，與方法引數有關的錯誤訊息變得越來越明確。對於除了 self 之外只有一個引數的自訂方法，如果使用者呼叫 obj.meth()，Python 2.7 會發出：

```
TypeError: meth() takes exactly 2 arguments (1 given)
```

Python 3 不會提到令人困惑的引數數量，並指出遺漏的引數：

```
TypeError: meth() missing 1 required positional argument: 'x'
```

除了明確地使用 self 引數之外，在每次存取實例屬性都需要前綴 self 也是 Python 為人詬病的一點。例如，參見 A. M. Kuchling 的著名文章「Python Warts」（已歸檔（*https://fpy.li/23-9*）），雖然 Kuchling 本人不太在意 self，但他仍然提到這一點，或許是在回覆 comp.lang.python 群組的意見時。我個人不介意輸入 self，因為這有助於區分區域變數和屬性。我的問題是在 def 陳述式中使用 self 的方式。

不喜歡在 Python 裡明確地使用 self 的人只要想一下 JavaScript 隱性地使用 this 這種令人費解的語義（*https://fpy.li/23-10*）就會舒服許多。Guido 為 self 的工作方式提出幾個很好的理由，寫在他的部落格 *The History of Python* 的文章「Adding Support for User-Defined Classes」（*https://fpy.li/23-11*）裡。

## 第 24 章

類別超編程

所有人都知道偵錯比最初寫程式還要困難兩倍。如果你在寫程式時費盡心思，
那又何須對它進行偵錯？

—— *Brian W. Kernighan* 與 *P. J. Plauger*，*The Elements of Programming Style*[1]

類別超編程（metaprogramming）是在執行期建立或自訂類別的技術。在 Python 裡，類
別是一級物件，所以函式隨時可以被用來建立新類別，不需要使用 class 關鍵字。類別
decorator 也是函式，但設計上用來檢查、更改被修飾的類別，甚至將它換成其他的類
別。 最後，metaclass 是最先進的類別超編程工具：它們可讓你建立具備特殊性質的全
新類別，例如我們看過的抽象基礎類別。（譯注：meta 字根源自希臘文，意指之後、之
外，引申的意思包括超越、變化…等，本書將 metaprogramming 譯為「超編程」，照此
規則，metaclass 原應譯為「超類別」，但超類別一般指 super class，故本書沿用原文。）

metaclass 很強大，但很難解釋它們的用法，也很難正確使用它們。類別 decorator 可以
解決許多相同的問題，也更容易瞭解。此外，Python 3.6 實作了 PEP 487 —— Simpler
customization of class creation（*https://fpy.li/pep487*），提供特殊的方法來支援以前需要
使用 metaclass 或類別 decorator 的任務。[2]

本章按照複雜程度由低至高介紹類別超編程技術。

1　引自 *The Elements of Programming Style* 第 2 版（McGraw-Hill）的第 2 章「Expression」，第 10 頁。

2　這不是說 PEP 487 會破壞使用這些功能的程式碼，而是說，在 Python 3.6 之前使用類別 decorator 或
　　metaclass 的一些程式碼現在可以用一般的類別來重構成更簡單，或許更高效的程式碼。

這是一個令人興奮的話題，也很容易讓人失去理智。所以我必須提出這個建議。

為了方便閱讀和維護，請避免在應用程式碼裡使用本章介紹的技術。

另一方面，如果你打算寫出下一個偉大的框架，它們是必須掌握的工具。

本章有哪些新內容

在 *Fluent Python* 第一版的「類別超編程」一章裡的所有程式碼都還可以正確執行。但是，有一些之前的範例在 Python 3.6 加入一些新功能之後，已經不是最簡單的解決方案了。

我把那些範例換成別的，以強調 Python 的新超編程功能，或加入更多需求，來增加使用進階技術的必要性。有些新範例利用型態提示來提供類似 @dataclass decorator 與 typing.NamedTuple 的類別建構器。

第 960 頁的「現實世界的 metaclass」是新的一節，對於 metaclass 的應用性提出一些高階的想法。

最好的重構方法包括使用更新、更簡單，而且可以解決同樣問題的做法來刪除多餘的程式碼。這些方法適用於生產程式碼和書籍。

首先，我們來回顧 Python Data Model 為所有類別定義的屬性和方法。

類別即物件

如同 Python 大多數的程式實體，類別也是物件。每一個類別都有一些屬性是 Python Data Model 定義的，根據 *The Python Standard Library* 的「Built-in Types」一章的「4.13. Special Attributes」（*https://fpy.li/24-1*）。其中的三個屬性已經在本書中出現多次了：__class__、__name__、__mro__。其他的類別標準屬性有：

cls.__bases__

　　該類別的基礎類別 tuple。

cls.__qualname__

類別或函式的全名，它是一個使用句點的路徑，從模組的全域範圍到類別定義。如果類別是在另一個類別裡面定義的，這個屬性很重要。例如，在 Ox 這種 Django 模型類別（*https://fpy.li/24-2*）裡有一個稱為 Meta 的內部類別。Meta 的 __qualname__ 是 Ox.Meta，但它的 __name__ 只是 Meta。這個屬性的規範是 PEP 3155 —— Qualified name for classes and functions（*https://fpy.li/24-3*）。

cls.__subclasses__()

這個方法回傳該類別的直系子類別 list。它的實作使用弱參考來避免超類別和它的子類別之間發生循環參考。子類別在它的 __bases__ 屬性中儲存超類別的強參考。這個方法會列出當前在記憶體內的子類別。在尚未被匯入的模組裡的子類別不會出現在結果裡。

cls.mro()

直譯器在建構類別時會呼叫這個方法，以取得儲存在該類別的 __mro__ 屬性裡的超類別 tuple。metaclass 可以覆寫這個方法，來自訂所建構的類別的方法解析讀序。

 本節提到的屬性都不會被 dir(...) 函式列出。

既然類別是物件，那麼類別的類別是什麼？

type：內建的類別工廠

我們通常將 type 想成一個回傳物件的類別的函式，因為 type(my_object) 做的就是這件事，它會回傳 my_object.__class__。

但是，用三個引數來呼叫 type 時，它是一個建立新類別的類別。

考慮這個簡單的類別：

```
class MyClass(MySuperClass, MyMixin):
    x = 42

    def x2(self):
        return self.x * 2
```

你可以使用下面的程式在執行期用 type 建構式來建立 MyClass：

```
MyClass = type('MyClass',
               (MySuperClass, MyMixin),
               {'x': 42, 'x2': lambda self: self.x * 2},
          )
```

這個 type 呼叫的功能相當於之前的 class MyClass…區塊陳述式。

當 Python 讀到 class 陳述式時，它會呼叫 type 並用這些參數來建構類別物件：

name

出現在 class 關鍵字後面的代號，例如 MyClass。

bases

超類別的 tuple，放在類別代號後面的括號裡，或者 (object,)，當 class 陳述式沒有提到超類別時。

dict

將屬性名稱對映到值的 mapping。如第 910 頁的「方法就是 descriptor」所述，callable 成為方法。其他的值成為類別屬性。

 type 建構式接收選用的關鍵字引數，它會被 type 本身忽略，但會被原封不動地傳入必須接收它們的 __init_subclass__。我們將在第 926 頁的「__init_subclass__ 簡介」學習那個特殊方法，但我不會討論關鍵字引數的用法。詳情可閱讀 PEP 487 —— Simpler customization of class creation（*https://fpy.li/pep487*）。

type 類別是 *metaclass*：建構類別的類別。換句話說，type 類別的實例是類別。標準程式庫還有幾個其他的 metaclass，但 type 是預設的：

```
>>> type(7)
<class 'int'>
>>> type(int)
<class 'type'>
>>> type(OSError)
<class 'type'>
>>> class Whatever:
...     pass
...
>>> type(Whatever)
<class 'type'>
```

我們將在第 943 頁的「metaclass 101」建立自訂的 metaclass。

接下來，我們要使用內建的 type 來製作一個建構類別的函式。

類別工廠函式

標準程式庫有一個已經在本書中出現多次的類別工廠函式：collections.namedtuple。我們也在第 5 章看過 typing.NamedTuple 與 @dataclass。它們都是利用本章介紹的技術的類別建構函式。

我們從一個超級簡單的工廠看起，它可以製作可變物件的類別，是 @dataclass 最簡單的替代方案。

假設我要設計一個寵物店應用程式，想要將狗的資料存為簡單的紀錄。但我不想要寫出這種樣板碼：

```
class Dog:
    def __init__(self, name, weight, owner):
        self.name = name
        self.weight = weight
        self.owner = owner
```

這種程式很無聊，它的每個欄位名稱都出現三次，而且這種樣板甚至無法產生好的 repr：

```
>>> rex = Dog('Rex', 30, 'Bob')
>>> rex
<__main__.Dog object at 0x2865bac>
```

根據 collections.namedtuple 的提示，我們來建立一個 record_factory，讓它可以即時建立 Dog 這種簡單的類別。範例 24-1 是它的運作方式。

範例 24-1　測試簡單的類別工廠 record_factory

```
>>> Dog = record_factory('Dog', 'name weight owner')    ❶
>>> rex = Dog('Rex', 30, 'Bob')
>>> rex    ❷
Dog(name='Rex', weight=30, owner='Bob')
>>> name, weight, _ = rex    ❸
>>> name, weight
('Rex', 30)
>>> "{2}'s dog weighs {1}kg".format(*rex)    ❹
```

```
"Bob's dog weighs 30kg"
>>> rex.weight = 32        ❺
>>> rex
Dog(name='Rex', weight=32, owner='Bob')
>>> Dog.__mro__           ❻
(<class 'factories.Dog'>, <class 'object'>)
```

❶ 工廠可以像呼叫 namedtuple 一樣呼叫，傳入類別名稱，然後用一個字串來傳入屬性名稱，在屬性之間用空格分隔。

❷ 很棒的 repr。

❸ 實例是 iterable，所以它們可以方便地用賦值來 unpack⋯

❹ ⋯或是在傳給 format 這種函式時 unpack。

❺ 紀錄實例是不可變的。

❻ 新建立的類別繼承 object，與我們的工廠沒有關係。

範例 24-2 是 record_factory 的程式碼。[3]

範例 24-2　record_factory.py：簡單的類別工廠

```python
from typing import Union, Any
from collections.abc import Iterable, Iterator

FieldNames = Union[str, Iterable[str]]        ❶

def record_factory(cls_name: str, field_names: FieldNames) -> type[tuple]:        ❷

    slots = parse_identifiers(field_names)        ❸

    def __init__(self, *args, **kwargs) -> None:        ❹
        attrs = dict(zip(self.__slots__, args))
        attrs.update(kwargs)
        for name, value in attrs.items():
            setattr(self, name, value)

    def __iter__(self) -> Iterator[Any]:        ❺
        for name in self.__slots__:
            yield getattr(self, name)
```

3　感謝我的朋友 J. S. O. Bueno 貢獻這個範例。

```python
    def __repr__(self):  ❻
        values = ', '.join(f'{name}={value!r}'
            for name, value in zip(self.__slots__, self))
        cls_name = self.__class__.__name__
        return f'{cls_name}({values})'

    cls_attrs = dict(  ❼
        __slots__=slots,
        __init__=__init__,
        __iter__=__iter__,
        __repr__=__repr__,
    )

    return type(cls_name, (object,), cls_attrs)  ❽


def parse_identifiers(names: FieldNames) -> tuple[str, ...]:
    if isinstance(names, str):
        names = names.replace(',', ' ').split()  ❾
    if not all(s.isidentifier() for s in names):
        raise ValueError('names must all be valid identifiers')
    return tuple(names)
```

❶ 使用者可以用單字串或字串的 iterable 來提供欄名。

❷ 像 collections.namedtuple 的前兩個引數那樣接收引數；回傳一個型態 —— 也就是行為像 tuple 的類別。

❸ 建立屬性名稱的 tuple，這將是新類別的 __slots__ 屬性。

❹ 這個函式將成為新類別的 __init__ 方法。它接收位置型和（或）關鍵字引數。[4]

❺ 按照 __slots__ 給出的順序來 yield 欄位值。

❻ 產生優質的 repr，迭代 __slots__ 與 self。

❼ 組建一個類別屬性的字典。

❽ 建立並回傳新類別，呼叫 type 建構式。

❾ 將 names 轉換成 str 的 list。其中 names 以空格或逗號分隔。

---

[4] 我沒有為引數添加型態提示，因為實際的型態是 Any。我幫 return 添加型態提示是因為若非如此，Mypy 不會在方法裡面檢查。

範例 24-2 是我們第一次在型態提示裡看到 type。如果注解只是 -> type，那就代表 record_factory 回傳一個類別，這也沒錯。但注解 -> type[tuple] 更精確，它指出回傳類別將是 tuple 的子類別。

範例 24-2 的 record_factory 的最後一行建立一個類別，使用 cls_name 的值來命名，以 object 作為它的唯一直系基礎類別，並使用以 __slots__、__init__、__iter__ 與 __repr__ 來載入的名稱空間，其中的最後三個是實例方法。

雖然我們可以將 __slots__ 類別屬性命名為其他名稱，但如此一來，我們就要實作 __setattr__ 來驗證被指派的屬性的名稱，因為在紀錄型的類別裡，我們希望屬性組合保持不變，且順序相同。但是，回想一下，__slots__ 的主要功能是在處理數以百萬計的實例時節省記憶體，而使用 __slots__ 有一些缺點，如第 392 頁的「用 __slots__ 來節省記憶體」所述。

> record_factory 建立的類別的實例不可以序列化，也就是說，它們不能用 pickle 模組的 dump 函式來進行匯出。這個問題的解決辦法不在本範例的討論範圍內，本範例的目的是展示 type 類別在簡單的用例時的行為。若要知道完整的解決方案，可以研究 collections.nameduple（*https://fpy. li/24-4*）的原始碼，在裡面搜尋「pickling」。

接著來看如何模擬更多現代類別建構器，例如 typing.NamedTuple，它接收一個自訂的類別（寫成 clsaa 陳述式），並自動為它加入更多功能。

__init_subclass__ 簡介

__init_subclass__ 與 __set_name__ 都是 PEP 487 —— Simpler customization of class creation（*https://fpy.li/pep487*）提出的。我們在第 899 頁的「LineItem 第 4 幕：自動命名儲存屬性」第一次看到 descriptor 的 __set_name__ 特殊方法。接下來要研究 __init_subclass__。

在第 5 章，我們看到 typing.NamedTuple 與 @dataclass 可讓程式設計師使用 class 陳述式來指定新類別的屬性，然後，類別建構器可以自動加入基本的方法來加強該類別，基本的方法包括 __init__、__repr__、__eq__ …等。

這些類別建構器都讀取使用者的 class 陳述式裡的型態提示來加強類別。這些型態提示也可以讓靜態型態檢查器檢驗設定或讀取這些屬性的程式碼。但是，NamedTuple 與 @dataclass 不會在執行期利用型態提示來檢驗屬性。下一個範例中的 Checked 類別可以這樣做。

我們無法支援每一種可能的靜態型態提示以進行執行期型態檢查,這也許是 typing.NamedTuple 與 @dataclass 完全不嘗試這樣做的原因。但是,有一些本身也是具體類別的型態可以和 Checked 一起使用,這包括經常用於欄位內容的簡單型態,例如 str、int、float 與 bool,以及這些型態的 list。

範例 24-3 展示如何使用 Checked 來建構 Movie 類別。

範例 24-3 initsub/checkedlib.py:建立 Checked 的子類別 Movie 的 *doctest*

```
MOVIE_DEFINITION[]

    >>> class Movie(Checked):  ❶
    ...     title: str  ❷
    ...     year: int
    ...     box_office: float
    ...
    >>> movie = Movie(title='The Godfather', year=1972, box_office=137)  ❸
    >>> movie.title
    'The Godfather'
    >>> movie  ❹
    Movie(title='The Godfather', year=1972, box_office=137.0)
```

❶ Movie 繼承 Checked,我們將在範例 24-5 中定義 Checked。

❷ 每一個屬性都用一個建構式來注解。我在這裡使用內建的型態。

❸ Movie 實例必須用關鍵字引數來建立。

❹ 作為回報,我們得到不錯的 __repr__。

作為屬性型態提示的建構式可以寫成滿足以下條件的任何 callable:接收零個或一個引數,且回傳一個適合預期欄位型態的值,或藉著引發 TypeError 或 ValueError 來拒絕該引數。

範例 24-3 使用內建型態來注解,意味著值必須可被型態的建構式接受。對 int 而言,這意味著可讓 int(x) 回傳一個 int 的任何 x。對 str 而言,在執行期任何東西都可以,因為 Python 的 str(x) 可處理任何 x。[5]

5　對任何物件而言確實如此。除非它的類別覆寫了繼承自不良 object 的 __str__ 或 __repr__ 方法。

如果在呼叫建構式時沒有傳入引數，它應該回傳其型態的預設值。[6]

這是 Python 的內建建構式的標準行為：

```
>>> int(), float(), bool(), str(), list(), dict(), set()
(0, 0.0, False, '', [], {}, set())
```

在 Checked 的子類別裡，例如 Movie，如果缺少參數，則會使用欄位建構式回傳的預設值
來建立實例。例如：

```
>>> Movie(title='Life of Brian')
Movie(title='Life of Brian', year=0, box_office=0.0)
```

在實例化期間，以及直接對著實例設定屬性時，建構式被用來進行驗證：

```
>>> blockbuster = Movie(title='Avatar', year=2009, box_office='billions')
Traceback (most recent call last):
  ...
TypeError: 'billions' is not compatible with box_office:float
>>> movie.year = 'MCMLXXII'
Traceback (most recent call last):
  ...
TypeError: 'MCMLXXII' is not compatible with year:int
```

已檢查的子類別與靜態型態檢查

在具有 Movie 的 movie 實例的 *.py* 原始檔裡，如範例 24-3 的定義，Mypy
將此賦值標記為型態錯誤：

```
movie.year = 'MCMLXXII'
```

但是，Mypy 無法檢測這個建構式呼叫裡的型態錯誤：

```
blockbuster = Movie(title='Avatar', year='MMIX')
```

因為 Movie 繼承了 Checked.__init__，且該方法的簽章必須接收任何關鍵字
引數來支援任意的自訂類別。

另一方面，如果你用型態提示 list[float] 來宣告 Checked 子類別欄位，
Mypy 可以指出以不相容的內容來對 list 賦值的情況，但 Checked 會忽略型
態參數，並將它視為與 list 相同。

---

6   這個解決案避免將 None 當成預設值。避免 null 值是個好主義（*https://fpy.li/24-5*）。通常它們很難避免，
    但在某些情況下很容易。在 Python 和 SQL 裡，我喜歡使用空字串來表示文字欄位的遺漏資料，而不是
    使用 None 或 NULL。學習 Go 讓我更堅定這個想法：Go 的變數與原始型態的結構欄位在預設情況下都用
    「零值」來初始化。如果你好奇，可參考 *Tour of Go* 裡的「Zero values」（*https://fpy.li/24-6*）。

接著來看 *checkedlib.py* 的實作。第一個類別是 Field descriptor，如範例 24-4 所示。

範例 *24-4*　*initsub/checkedlib.py*：Field *descriptor* 類別

```python
from collections.abc import Callable   ❶
from typing import Any, NoReturn, get_type_hints


class Field:
    def __init__(self, name: str, constructor: Callable) -> None:   ❷
        if not callable(constructor) or constructor is type(None):   ❸
            raise TypeError(f'{name!r} type hint must be callable')
        self.name = name
        self.constructor = constructor

    def __set__(self, instance: Any, value: Any) -> None:
        if value is ...:   ❹
            value = self.constructor()
        else:
            try:
                value = self.constructor(value)   ❺
            except (TypeError, ValueError) as e:   ❻
                type_name = self.constructor.__name__
                msg = f'{value!r} is not compatible with {self.name}:{type_name}'
                raise TypeError(msg) from e
        instance.__dict__[self.name] = value   ❼
```

❶ 自 Python 3.9 起，注解用的 Callable 型態是 collections.abc 裡的 ABC，而不是被廢棄的 typing.Callable。

❷ 這是最精簡的 Callable 型態提示，constructor 的參數型態與回傳型態都是隱性的 Any。

❸ 為了進行執行期檢查，我們使用內建的 callable。[7] 檢查是否為 type(None) 是必須的，因為 Python 將 type 裡的 None 視為 NoneType，也就是 None 的類別（所以是 callable），而不是僅回傳 None 的無用建構式。

❹ 如果 Checked.__init__ 將 value 設為 ...（Ellipsis 內建物件），我們不使用引數來呼叫 constructor。

7　我認為 Python 應該讓 callable 適用於型態提示。在 2021 年 5 月 6 日時，這是一個未決問題（*https://fpy.li/24-7*）。

❺ 否則，用 value 來呼叫 constructor。

❻ 如果 constructor 發出其中一個例外，我們發出 TypeError 並附上有用的訊息，包括欄名與建構式，例如 'MMIX' is not compatible with year:int。

❼ 如果沒有引發例外，將 value 存入 instance.__dict__。

在 __set__ 裡，我們需要捕捉 TypeError 與 ValueError，因為內建的建構式可能發出它們之一，取決於引數。例如，float(None) 引發 TypeError，但 float('A') 引發 ValueError。另一方面，float('8') 不引發錯誤並回傳 8.0。提醒你，這是一個功能，不是這個玩具範例的 bug。

> 在第 899 頁的「LineItem 第 4 幕：自動命名儲存屬性」裡，我們看了方便的 descriptor 特殊方法 __set_name__。在 Field 類別裡，我們不需要它，因為 descriptor 不會在用戶端原始碼裡實例化。使用者宣告的是本身是建構式的型態，如 Movie 類別所示（範例 24-3）。相反，Field descriptor 實例是在執行期由 Checked.__init_subclass__ 方法建立的，我們將在範例 24-5 看到。

接著把焦點放在 Checked 類別上。我把它分成兩個範例。範例 24-5 是類別的上半部，包括這個範例最重要的方法。範例 24-6 是其餘的方法。

範例 24-5 *initsub/checkedlib.py*：Checked 類別最重要的方法

```python
class Checked:
    @classmethod
    def _fields(cls) -> dict[str, type]:        ❶
        return get_type_hints(cls)

    def __init_subclass__(subclass) -> None:    ❷
        super().__init_subclass__()             ❸
        for name, constructor in subclass._fields().items():    ❹
            setattr(subclass, name, Field(name, constructor))   ❺

    def __init__(self, **kwargs: Any) -> None:
        for name in self._fields():             ❻
            value = kwargs.pop(name, ...)        ❼
            setattr(self, name, value)           ❽
        if kwargs:                               ❾
            self.__flag_unknown_attrs(*kwargs)   ❿
```

❶ 我寫這個類別來隱藏針對 typing.get_type_hints 的呼叫，使它不出現在類別的其餘部分中。如果我只需要支援 Python 3.10 以上，我會改成呼叫 inspect.get_annotations。關於這些函式的問題，參見第 546 頁的「在執行期使用注解的問題」。

❷ 在定義當前類別的子類別時呼叫 __init_subclass__。它用第一個引數來接收新的子類別，這就是我將該引數命名為 subclass 而不是一般的 cls 的原因。詳情參見第 932 頁的「__init_subclass__ 不是典型的類別方法」。

❸ super().__init_subclass__() 不是嚴格必要的，但應該呼叫，以配合同一個繼承圖裡可能實作 .__init_subclass__() 的其他類別。參見第 502 頁的「多重繼承與方法解析順序」。

❹ 迭代各個欄位 name 與 constructor …

❺ … 在 subclass 建立一個屬性，使用那個綁定 Field descriptor 的 name。Field 有 name 與 constructor 參數。

❻ 對於類別欄位裡的每個 name …

❼ …從 kwargs 取得對應的 value，並將它從 kwargs 移除。使用 …（Ellipsis 物件）這個預設值可讓我們辨別收到的是 None 引數，還是沒有收到引數。[8]

❽ 這個 setattr 呼叫觸發 Checked.__setattr__，如範例 24-6 所示。

❾ 如果 kwargs 裡沒有項目了，代表它們的名稱與任何已宣告的欄位都不相符，__init__ 將失敗。

❿ 用 __flag_unknown_attrs 來回報錯誤，參見範例 24-6。它接收一個 *names 引數，裡面有未知的屬性名稱。我在 *kwargs 裡使用一個星號來用引數 sequence 來傳遞它的鍵。

8　如第 734 頁的「迴圈、哨符與毒丸」所述，Ellipsis 物件是一種方便且安全的哨符值。它已經存在很久了，但最近大家發現它有更多用途，正如我們在型態提示和 NumPy 中看到的那樣。

__init_subclass__ 不是典型的類別方法

@classmethod decorator 從不搭配 __init_subclass__ 一起使用，但這件事沒有太大意義，因為即使沒有 @classmethod，__new__ 特殊方法也表現得像是類別方法。Python 傳給 __init_subclass__ 的第一個引數是一個類別。但它絕不是實作了 __init_subclass__ 的類別：它是該類別的新定義子類別。它不像 __new__ 與我所知道的每一個其他類別方法。因此，我認為 __init_subclass__ 不是一般意義上的類別方法，而且把第一個引數命名為 cls 有誤導性。__init_suclass__ 文件（*https://fpy.li/24-8*）把引數命名為 cls，但解釋道：「…當所包含的類別被子類別化時呼叫。cls 現在是新的子類別。」

接著來看 Checked 類別其餘的方法，延續範例 24-5。注意，我幫 _fields 與 _asdict 方法名稱前綴 _，理由於 collections.namedtuple API 一樣：為了降低名稱與使用者定義的欄位名稱衝突的機會。

範例 24-6　initsub/checkedlib.py：Checked 類別的其餘方法

```
def __setattr__(self, name: str, value: Any) -> None:  ❶
    if name in self._fields():                          ❷
        cls = self.__class__
        descriptor = getattr(cls, name)
        descriptor.__set__(self, value)                 ❸
    else:                                               ❹
        self.__flag_unknown_attrs(name)

def __flag_unknown_attrs(self, *names: str) -> NoReturn:  ❺
    plural = 's' if len(names) > 1 else ''
    extra = ', '.join(f'{name!r}' for name in names)
    cls_name = repr(self.__class__.__name__)
    raise AttributeError(f'{cls_name} object has no attribute{plural} {extra}')

def _asdict(self) -> dict[str, Any]:  ❻
    return {
        name: getattr(self, name)
        for name, attr in self.__class__.__dict__.items()
        if isinstance(attr, Field)
    }

def __repr__(self) -> str:  ❼
    kwargs = ', '.join(
```

```
            f'{key}={value!r}' for key, value in self._asdict().items()
        )
        return f'{self.__class__.__name__}({kwargs})'
```

❶ 攔截試圖設定實例屬性的所有動作。我們必須這樣做以防止設定未知的屬性。

❷ 如果屬性 name 已知，抓取對應的 descriptor。

❸ 通常不需要明確地呼叫 descriptor 的 __set__，但是在這個例子裡必須這樣做，因為 __setattr__ 會攔截試圖設定實例屬性的所有動作，包括在 Field 這種 overriding descriptor 裡面。[9]

❹ 否則，屬性 name 是未知的，用 __flag_unknown_attrs 來發出例外。

❺ 建立有用的錯誤訊息，列出所有意外的引數，並發出 AttributeError。這是第 301 頁的「NoReturn」介紹過的 NoReturn 特殊型態的罕見案例。

❻ 用 Movie 物件的屬性來建立一個 dict。我本來要把這個方法命名為 _as_dict，但我決定遵守從 collections.namedtuple 的 _asdict 方法開始的慣例。

❼ 實作良好的 __repr__ 是在這個例子裡加入 _asdict 的主要理由。

Checked 範例展示了如何在實作 __setattr__ 時，處理 overriding descriptor，以防止在實例化之後，對任意屬性進行設定。在這個例子裡實作 __setattr__ 到底有沒有價值是值得商榷的。如果沒有它，設定 movie.director = 'Greta Gerwig' 可以成功，但是 director 屬性就不會被檢查、不會出現在 __repr__ 裡，也不會被納入 _asdict 回傳的 dict 裡 —— 兩者都是在範例 24-6 定義的。

在 *record_factory.py*（範例 24-2）裡，我使用 __slots__ 類別屬性來解決這個問題。但是，這種較簡單的解決方案對這個例子而言不可行，見接下來的解釋。

為什麼 __init_subclass__ 無法設置 __slots__

__slots__ 屬性只有在它是傳給 type.__new__ 的類別名稱空間裡的項目之一時才有效。將 __slots__ 加入現有的類別沒有效。Python 只會在類別建立之後呼叫 __init_subclass__，但此時設置 __slots__ 就太晚了。類別 decorator 也不能設置 __slots__，因為它被應用

9　第 906 頁的「覆寫 descriptor」會解釋 overriding descriptor 的微妙概念。

的時間甚至比 __init_subclass__ 更晚。我們將在第 937 頁的「何時發生什麼事？匯入期 vs. 執行期」討論這些時機問題。

為了在執行期設置 __slots__，你自己的程式必須建構類別名稱空間，來當成最後一個引數，傳給 type.__new__。為此，你可以編寫一個類似 *record_factory.py* 的類別工廠函式，或採取終極方案，實作超類別。第 943 頁的「metaclass 101」將介紹如何動態地設定 __slots__。

在 PEP 487（*https://fpy.li/pep487*）於 Python 3.7 使用 __init_subclass__ 來簡化自訂類別的建立之前，類似的功能必須用類別 decorator 來實現。這是下一節的主題。

用類別 decorator 來加強類別

類別 decorator 是一種 callable，其行為類似函式 decorator，它接收被修飾的類別，並回傳一個替代原先被修飾的類別的類別。類別 decorator 通常透過屬性指派（attribute assignment），在被修飾的類別裡面注入更多方法之後回傳它。

選擇類別 decorator 而不是更簡單的 __init_subclass__ 最常見的理由是為了避免干擾其他的類別功能，例如繼承與 metaclass。[10]

在這一節，我們將研究 *checkeddeco.py*，它提供與 *checkedlib.py* 一樣的服務，但使用類別 decorator。和之前一樣，我們先看一個使用範例，它來自 *checkeddeco.py* 的 doctest（範例 24-7）。

範例 *24-7 checkeddeco.py*：建立一個 Movie 類別，用 @checked 來修飾它

```
>>> @checked
... class Movie:
...     title: str
...     year: int
...     box_office: float
...
>>> movie = Movie(title='The Godfather', year=1972, box_office=137)
>>> movie.title
'The Godfather'
>>> movie
Movie(title='The Godfather', year=1972, box_office=137.0)
```

---

10 你可以在 PEP 557–Data Classes（*https://fpy.li/24-9*）的摘要裡找到這個理由，PEP 用它來解釋為何它被實作成類別 decorator。

範例 24-7 與範例 24-3 的差異只有 Movie 類別的宣告方式：它被 @checked 修飾，而不是繼承 Checked。除此之外，外部的行為是相同的，包括第 926 頁的「__init_subclass__ 簡介」的範例 24-3 之後展示的型態檢驗和預設值指派。

接著來看 *checkeddeco.py* 的實作。它的 import 和 Field 類別與 *checkedlib.py* 的一樣，列於範例 24-4。我們沒有其他的類別，只有 *checkeddeco.py* 裡的函式。

之前在 __init_subclass__ 裡實作的邏輯現在屬於 checked 函式，它是範例 24-8 的類別 decorator。

範例 *24-8* *checkeddeco.py*：類別 *decorator*

```
def checked(cls: type) -> type:        ❶
    for name, constructor in _fields(cls).items():        ❷
        setattr(cls, name, Field(name, constructor))        ❸

    cls._fields = classmethod(_fields)  # type: ignore        ❹

    instance_methods = (        ❺
        __init__,
        __repr__,
        __setattr__,
        _asdict,
        __flag_unknown_attrs,
    )
    for method in instance_methods:        ❻
        setattr(cls, method.__name__, method)

    return cls        ❼
```

❶ 類別是 type 的實例。這些型態提示強烈表明這是一個類別 decorator，它接收一個類別，並回傳一個類別。

❷ _fields 是頂級函式，它的定義在模組的後面（範例 24-9）。

❸ 將 _fields 回傳的每個屬性換成 Field descriptor 實例就是範例 24-5 的 __init_subclass__ 做的事情。在這裡有更多工作要做⋯

❹ 用 _fields 來建立類別方法，並將它加入被修飾的類別。type: ignore 注釋是必要的，因為 Mypy 報怨 type 沒有 _fields 屬性。

❺ 這些模組級的函式將變成被修飾的類別的實例方法。

❻ 將每個 instance_methods 加入 cls。

❼ 回傳被修飾的 cls，履行類別 decorator 的基本合約。

除了 checked decorator 之外，在 *checkeddeco.py* 裡的每一個頂級函式都前綴一個底線。這個命名規範是合理的，原因有二：

- checked 是 *checkeddeco.py* 模組的公用介面的一部分，但其他函式不是。

- 在範例 24-9 裡的函式將被注入 decorator 類別，且前綴的 _ 可降低名稱與被修飾的類別的自訂屬性和方法衝突的機會。

範例 24-9 是 *checkeddeco.py* 的其餘程式。這些模組級函式的程式碼與 *checkedlib.py* 的 Checked 類別的對應方法一樣。範例 24-5 與 24-6 已解釋它們了。

注意，在 *checkeddeco.py* 裡的 _fields 函式肩負兩項任務。它在 checked decorator 的第一行裡被當成常規的函式來使用，它也被當成類別方法，注入被修飾的類別。

範例 24-9　checkeddeco.py：將被注入被修飾的類別的方法

```python
def _fields(cls: type) -> dict[str, type]:
    return get_type_hints(cls)

def __init__(self: Any, **kwargs: Any) -> None:
    for name in self._fields():
        value = kwargs.pop(name, ...)
        setattr(self, name, value)
    if kwargs:
        self.__flag_unknown_attrs(*kwargs)

def __setattr__(self: Any, name: str, value: Any) -> None:
    if name in self._fields():
        cls = self.__class__
        descriptor = getattr(cls, name)
        descriptor.__set__(self, value)
    else:
        self.__flag_unknown_attrs(name)

def __flag_unknown_attrs(self: Any, *names: str) -> NoReturn:
    plural = 's' if len(names) > 1 else ''
    extra = ', '.join(f'{name!r}' for name in names)
    cls_name = repr(self.__class__.__name__)
    raise AttributeError(f'{cls_name} has no attribute{plural} {extra}')
```

```
def _asdict(self: Any) -> dict[str, Any]:
    return {
        name: getattr(self, name)
        for name, attr in self.__class__.__dict__.items()
        if isinstance(attr, Field)
    }

def __repr__(self: Any) -> str:
    kwargs = ', '.join(
        f'{key}={value!r}' for key, value in self._asdict().items()
    )
    return f'{self.__class__.__name__}({kwargs})'
```

checkeddeco.py 模組實作一個簡單但實用的類別 decorator。Python 的 @dataclass 做了更多事情。它支援許多組態選項、為被修飾的類別加入更多方法、處理或警告使用者自訂的方法在被修飾的類別裡造成的衝突，甚至遍歷 __mro__，來收集使用者在被修飾的類別的超類別裡宣告的屬性。Python 3.9 的 dataclasses 程式包的原始碼（*https://fpy.li/24-10*）超過 1,200 行。

在使用超編程來設計類別時，我們必須注意 Python 直譯器在建構類別的過程中，何時計算各個區塊。這是接下來的主題。

何時發生什麼事：匯入期 vs. 執行期

Python 程式設計師習慣使用術語「匯入期」vs.「執行期」，但是這些術語沒有嚴謹的定義，且它們之間有灰色地帶。

在匯入期，直譯器會：

1. 從最上面到最下面解析 *.py* 模組的原始碼一次。SyntaxError 可能在這個階段發生。

2. 編譯要執行的 bytecode。

3. 執行被編譯的模組的頂層程式碼。

如果在本地的 __pycache__ 裡有最新的 *.pyc* 檔，那就跳過解析和編譯，因為 bytecode 可執行了。

雖然解析和編譯絕對屬於「匯入期」的活動，但該階段可能發生其他事情，因為幾乎每條 Python 陳述式都是可執行的，這意味著它們可能執行使用者的程式碼，並可能改變使用者的程式的狀態。

特別是，import 陳述式不僅僅是個宣告，[11] 當程序第一次匯入它時，它實際上執行了模組的所有頂層程式碼。接下來從同一個模組進行匯入將使用快取，屆時唯一的效果是在用戶端模組內將被匯入的物件綁定到名稱。那個頂層程式碼可能做任何事情，包括「執行期」的典型行為，例如寫 log，或連接資料庫。[12] 這就是為什麼「匯入期」和「執行期」的界限很模糊：import 陳述式可能觸發各種「執行期」行為。反過來說，「匯入期」也可能在執行期的深處發生，因為 import 陳述式與內建的 __import__() 可在任何一般函式內使用。

以上內容相當抽象和微妙，所以接下來要透過一些實驗，來看看何時發生什麼事情。

執行時間實驗

我們有一個 *evaldemo.py* 腳本，它是用類別 decorator、descriptor 與基於 __init_subclass__ 的類別建構器來設計的，全部都定義在一個 *builderlib.py* 模組內。為了展示底層發生的事情，模組裡面有幾個 print 呼叫。除此之外，它們不執行任何有意義的事情。這些實驗的目的是為了觀察這些 print 呼叫發生的順序。

 在同一個類別中同時使用類別 decorator 與具有 __init_subclass__ 的類別建構器很可能是過度設計或無助的跡象。這個不尋常的組合在這些實驗裡很有用，可以展示類別 decorator 和 __init_subclass__ 對類別進行改變的時間點。

我們先來看一下 *builderlib.py*，它被分成兩個部分：範例 24-10 與範例 24-11。

範例 *24-10* *builderlib.py*：模組的上半部

```
print('@ builderlib module start')

class Builder:  ❶
    print('@ Builder body')

    def __init_subclass__(cls):  ❷
        print(f'@ Builder.__init_subclass__({cls!r})')
```

---

11 相較之下，Java 的 import 陳述式只是一個宣告，目的是讓編譯器知道需要某些程式包。

12 我的意思不是只因為模組被匯入而打開資料庫連結是件好事，我只是指出這件事可以做到。

```
        def inner_0(self):    ❸
            print(f'@ SuperA.__init_subclass__:inner_0({self!r})')

        cls.method_a = inner_0

    def __init__(self):
        super().__init__()
        print(f'@ Builder.__init__({self!r})')


def deco(cls):    ❹
    print(f'@ deco({cls!r})')

    def inner_1(self):    ❺
        print(f'@ deco:inner_1({self!r})')

    cls.method_b = inner_1
    return cls    ❻
```

❶ 這是個類別建構器，實作了⋯

❷ ⋯__init_subclass__ 方法。

❸ 定義一個將在下面的賦值中加入子類別的函式。

❹ 類別 decorator。

❺ 要被加入被修飾的類別的函式。

❻ 回傳用引數來接收的類別。

範例 24-11 是 *builderlib.py* 接下來的內容⋯

範例 *24-11 builderlib.py*：模組的下半部

```
class Descriptor:    ❶
    print('@ Descriptor body')

    def __init__(self):    ❷
        print(f'@ Descriptor.__init__({self!r})')

    def __set_name__(self, owner, name):    ❸
        args = (self, owner, name)
        print(f'@ Descriptor.__set_name__{args!r}')

    def __set__(self, instance, value):    ❹
```

```
        args = (self, instance, value)
        print(f'@ Descriptor.__set__{args!r}')

    def __repr__(self):
        return '<Descriptor instance>'


print('@ builderlib module end')
```

❶ 用這個 descriptor 類別來展示⋯

❷ ⋯descriptor 實例何時建立，以及⋯

❸ ⋯__set_name__ 在 owner 類別建構過程中何時被呼叫。

❹ 如同其他方法，這個 __set__ 僅顯示其引數，此外不做任何事情。

在 Python 主控台匯入 *builderlib.py* 會看到：

```
>>> import builderlib
@ builderlib module start
@ Builder body
@ Descriptor body
@ builderlib module end
```

注意，*builderlib.py* 印出來的內容都前綴 @。

接著來看 *evaldemo.py*，它會觸發 *builderlib.py* 裡的特殊方法（範例 24-12）。

範例 *24-12*　*evaldemo.py*：和 *builderlib.py* 一起進行實驗的腳本

```
#!/usr/bin/env python3

from builderlib import Builder, deco, Descriptor

print('# evaldemo module start')

@deco                              ❶
class Klass(Builder):              ❷
    print('# Klass body')

    attr = Descriptor()            ❸

    def __init__(self):
        super().__init__()
        print(f'# Klass.__init__({self!r})')
```

```
    def __repr__(self):
        return '<Klass instance>'


def main():  ❹
    obj = Klass()
    obj.method_a()
    obj.method_b()
    obj.attr = 999

if __name__ == '__main__':
    main()

print('# evaldemo module end')
```

❶ 應用 decorator。

❷ 繼承 Builder 來觸發其 __init_subclass__。

❸ 實例化 descriptor。

❹ 當模組被當成主程式（main program）來執行時，它才會被呼叫。

在 *evaldemo.py* 裡的 print 呼叫都會顯示 # 前綴。再次打開主控台並匯入 *evaldemo.py* 可看到範例 24-13 的輸出。

範例 *24-13* 在主控台用 *evaldemo.py* 來做實驗

```
>>> import evaldemo
@ builderlib module start  ❶
@ Builder body
@ Descriptor body
@ builderlib module end
# evaldemo module start
# Klass body  ❷
@ Descriptor.__init__(<Descriptor instance>)  ❸
@ Descriptor.__set_name__(<Descriptor instance>,
      <class 'evaldemo.Klass'>, 'attr')          ❹
@ Builder.__init_subclass__(<class 'evaldemo.Klass'>)  ❺
@ deco(<class 'evaldemo.Klass'>)  ❻
# evaldemo module end
```

❶ 前四行是 from builderlib import…的結果。如果你完成之前的實驗之後沒有關閉主控台，它們不會被顯示出來，因為 *builderlib.py* 已經載入了。

❷ 這代表 Python 開始讀取 Klass 的主體了。此時，類別物件還不存在。

❸ 建立 descriptor 實例，並將它綁定 attr，Python 會將 attr 的名稱空間傳給預設類別物件建構式 type.__new__。

❹ 此時，Python 內建的 type.__new__ 已建立 Klass 物件，並呼叫 descriptor 類別的各個 descriptor 實例的 __set_name__，將 Klass 作為 owner 引數來傳遞。

❺ type.__new__ 呼叫 Klass 的超類別的 __init_subclass__，將 Klass 當成單一引數來傳遞。

❻ 當 type.__new__ 回傳類別物件時，Python 應用 decorator。在這個例子裡，deco 回傳的類別被綁定模組名稱空間中的 Klass。

type.__new__ 的實作是用 C 寫成的。我剛才敘述的行為可在 Python 的「Data Model」（*https://fpy.li/dtmodel*）參考文獻的「Creating the class object」（*https://fpy.li/24-11*）一節中找到。

注意，*evaldemo.py*（範例 24-12）的 main() 函式在主控台對話裡沒有執行（範例 24-13），所以 Klass 的實例並未建立。我們剛才看到的動作都是「匯入期」操作觸發的，也就是匯入 builderlib 與定義 Klass。

如果你將 *evaldemo.py* 當成腳本來執行，除了範例 24-13 的相同輸出之外，你還會在結尾之前看到幾行訊息，那幾行是執行 main() 的結果（範例 24-14）。

範例 *24-14* 將 *evaldemo.py* 當成程式來執行

```
$ ./evaldemo.py
[... 9 lines omitted ...]
@ deco(<class '__main__.Klass'>)   ❶
@ Builder.__init__(<Klass instance>)   ❷
# Klass.__init__(<Klass instance>)
@ SuperA.__init_subclass__:inner_0(<Klass instance>)   ❸
@ deco:inner_1(<Klass instance>)   ❹
@ Descriptor.__set__(<Descriptor instance>, <Klass instance>, 999)   ❺
# evaldemo module end
```

❶ 前 10 行（包括這一行）與範例 24-13 的一樣。

❷ 這是 Klass.__init__ 裡的 super().__init__() 觸發的。

❸ 這是 main 裡的 obj.method_a() 觸發的，method_a 是 SuperA.__init_subclass__ 注入的。

❹ 這是 main 裡的 obj.method_b() 觸發的，method_b 是 deco 注入的。

❺ 這是 main 裡的 obj.attr = 999 觸發的。

具有 __init_subclass__ 的基礎類別與類別 decorator 是強大的工具，但它們只能用於已在底層使用 type.__new__ 來建立的類別。在罕見的情況下，當你需要調整傳給 type.__new__ 的引數時，你就需要 metaclass。metaclass 是本章（也是本書）的最終目的地。

Metaclasses 101

[metaclasses] 是比 99% 的使用者應該關心的主題還要深奧的祕法。如果你懷疑自己是否需要它們，那就代表不需要（那些確實需要它們的人，都明白為何需要它們，不需要額外解釋。）

—— *Tim Peters*，*Timsort 演算法的發明者暨多產的 Python 貢獻者* [13]

metaclass 是一種類別工廠。相較於範例 24-2 的 record_factory，metaclass 被寫成類別。換句話說，metaclass 是實例為類別的類別。圖 24-1 使用 Mills & Gizmos Notation 來繪製 metaclass，它是生產軋機的軋機。

圖 24-1　metaclass 是建構類別的類別

考慮 Python 物件模型：類別是物件，所以每一個類別都一定是某個其他類別的實例。在預設情況下，Python 類別是 type 的實例。換句話說，type 是大多數內建與自訂類別的 metaclass：

13　在 comp.lang.python 上的一則留言，其標題為：「Acrimony in c.l.p.」（*https://fpy.li/24-12*）。這句話是本書前言所引用的那則 2002 年 12 月 23 日留言的另一部分。TimBot 的想法是在當日啟發的。

```
>>> str.__class__
<class 'type'>
>>> from bulkfood_v5 import LineItem
>>> LineItem.__class__
<class 'type'>
>>> type.__class__
<class 'type'>
```

為了避免無限回歸（infinite regress），type 的類別是 type，如最後一行所示。

注意，我沒有說 str 或 LineItem 是 type 的子類別。而是說，str 與 LineItem 是 type 的實例。它們都是 object 的子類別。圖 24-2 或許可以幫你面對這個奇怪的現實。

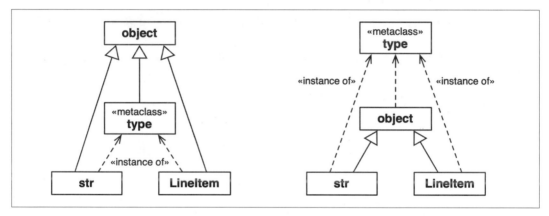

圖 24-2　這兩張圖都是對的。左圖強調 str、type 與 LineItem 都是 object 的子類別。右圖表明 str、object 與 LineItem 是 type 的實例，因為它們都是類別。

 object 與 type 類別有獨特的關係：object 是 type 的實例，而 type 是 object 的子類別。這種關係很「奇幻」：它不能在 Python 裡描述，因為在定義任何一個類別之前，另一個類別都必須存在。type 是它自己的實例這件事也很奇幻。

下一段程式展示 collections.Iterable 的類別是 abc.ABCMeta。注意，Iterable 是抽象類別，但 ABCMeta 是具體類別，畢竟，Iterable 是 ABCMeta 的實例：

```
>>> from collections.abc import Iterable
>>> Iterable.__class__
<class 'abc.ABCMeta'>
>>> import abc
```

```
>>> from abc import ABCMeta
>>> ABCMeta.__class__
<class 'type'>
```

最終，ABCMeta 的類別也是 type。每個類別都是 type 的實例，無論是直接的，還是間接的，但只有 metaclass 也是 type 的子類別。這個關係在瞭解 metaclass 時非常重要：像 ABCMeta 這種 metaclass 會從 type 繼承建造類別的能力。圖 24-3 說明這種重要的關係。

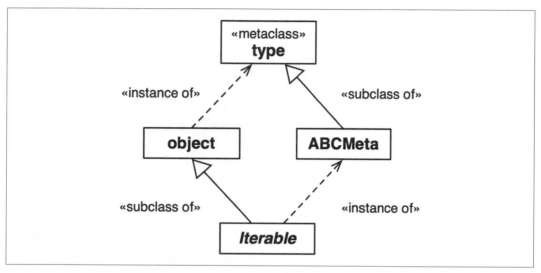

圖 24-3　Iterable 是 object 的子類別，也是 ABCMeta 的實例。object 與 ABCMeta 都是 type 的實例，但最關鍵的關係是 ABCMeta 也是 type 的子類別，因為 ABCMeta 是 metaclass。在這張圖裡，Iterable 是唯一的抽象類別。

這張圖的重點在於，metaclass 是 type 的子類別，這也是它們之所以是類別工廠的原因。metaclass 可以藉著實作特殊方法來訂製它的實例，見下一節的說明。

metaclass 如何訂製類別

要使用 metaclass 就必須瞭解 __new__ 對任何類別的作用，第 855 頁的「使用 __new__ 來靈活地建立物件」已經介紹這個主題了。

當 metaclass 要建立新實例（它是個類別）時，同樣的機制也會在「meta」層面上發生。考慮這個宣告：

```
class Klass(SuperKlass, metaclass=MetaKlass):
    x = 42
    def __init__(self, y):
        self.y = y
```

為了處理那個 class 陳述式，Python 會用這些引數來呼叫 MetaKlass.__new__：

meta4_cls

metaclass 本身（MetaKlass），因為 __new__ 作為類別方法來運作。

cls_name

字串 Klass。

bases

單元素 tuple (SuperKlass,)，在多重繼承時有更多元素。

cls_dict

長這樣的 mapping：

```
{x:42, `__init__`: <function __init__ at 0x1009c4040>}
```

當你實作 MetaKlass.__new__ 時，你可以先檢查與修改這些屬性，再將它們傳給 super().__new__，super().__new__ 最終會呼叫 type.__new__ 來建立新類別物件。

在 super().__new__ return 之後，你也可以進一步處理新建立的類別，再將它回傳給 Python。然後，Python 會呼叫 SuperKlass.__init_subclass__，傳遞你建立的類別，然後對它應用類別 decorator，如果有的話。最後，Python 將類別物件綁定到其周圍名稱空間中的名稱，如果 class 陳述式是頂層的陳述式，通常是模組的全域名稱空間。

在 metaclass __new__ 裡最常做的處理是在 cls_dict 中加入項目或替換它的項目，cls_dict 是代表所建構的類別的名稱空間的 mapping。例如，在呼叫 super().__new__ 之前，你可以藉著將函式加入 cls_dict，來將方法注入要建構的類別。然而，請注意，加入方法也可以在建構類別後進行，這就是為什麼我們能夠使用 __init_subclass__ 或類別 decorator 來做這件事。

__slots__ 是你必須在 type.__new__ 執行之前加入 cls_dict 的屬性，如第 933 頁的「為什麼 __init_subclass__ 無法設置 __slots__」所述。metaclass 的 __new__ 方法是設置 __slots__ 的理想處所。下一節要介紹怎麼做。

很好的 metaclass 範例

接下來要展示的 MetaBunch metaclass 來自 Alex Martelli、Anna Ravenscroft 和 Steve Holden 所著的 *Python in a Nutshell* 第 3 版,它是第 4 章的最後一個範例的變體,作者們撰寫的程式是在 Python 2.7 和 3.5 執行的。[14] 如果使用的是 Python 3.6 以上的版本,我能進一步簡化這段程式碼。

首先,我們來看看 Bunch 基礎類別提供了什麼:

```
>>> class Point(Bunch):
...     x = 0.0
...     y = 0.0
...     color = 'gray'
...
>>> Point(x=1.2, y=3, color='green')
Point(x=1.2, y=3, color='green')
>>> p = Point()
>>> p.x, p.y, p.color
(0.0, 0.0, 'gray')
>>> p
Point()
```

別忘了,Checked 根據類別變數型態提示將名稱指派給子類別裡的 Field descriptor,它們實際上不會變成類別的屬性,因為它們沒有值。

另一方面,Bunch 使用實際的類別屬性和值,那些值會變成實例屬性的預設值。生成的 __repr__ 省略等於預設值的屬性的引數。

MetaBunch(Bunch 的 metaclass)以使用者的類別中宣告的類別屬性來為新類別產生 __slots__。這阻礙實例化,以及之後的未宣告屬性賦值:

```
>>> Point(x=1, y=2, z=3)
Traceback (most recent call last):
    ...
AttributeError: No slots left for: 'z'
>>> p = Point(x=21)
```

---

14 作者們好心地允許我使用他們的範例。MetaBunch 最早出現在 Martelli 於 2007 年 7 月 7 日在 comp.lang. python 群組張貼的一則留言裡,該留言的主題是「a nice metaclass example (was Re: structs in python)」 (*https://fpy.li/24-13*),接下來有一段關於 Python 紀錄型資料結構的討論。Martelli 在 Python 2.2 寫的原始碼程式碼在修改一個地方之後仍可執行:若要在 Python 3 裡使用 metaclass,你必須在類別宣告裡使用 metaclass 關鍵字引數,例如 unch(metaclass=MetaBunch),而不是像以前那樣加入一個 __metaclass__ 類別級屬性。

```
>>> p.y = 42
>>> p
Point(x=21, y=42)
>>> p.flavor = 'banana'
Traceback (most recent call last):
    ...
AttributeError: 'Point' object has no attribute 'flavor'
```

接著，我們來看範例 24-15 中，優雅的 MetaBunch 程式碼。

範例 24-15　metabunch/from3.6/bunch.py：MetaBunch metaclass 與 Bunch 類別

```python
class MetaBunch(type):  ❶
    def __new__(meta_cls, cls_name, bases, cls_dict):  ❷

        defaults = {}  ❸

        def __init__(self, **kwargs):  ❹
            for name, default in defaults.items():  ❺
                setattr(self, name, kwargs.pop(name, default))
            if kwargs:  ❻
                extra = ', '.join(kwargs)
                raise AttributeError(f'No slots left for: {extra!r}')

        def __repr__(self):  ❼
            rep = ', '.join(f'{name}={value!r}'
                            for name, default in defaults.items()
                            if (value := getattr(self, name)) != default)
            return f'{cls_name}({rep})'

        new_dict = dict(__slots__=[], __init__=__init__, __repr__=__repr__)  ❽

        for name, value in cls_dict.items():  ❾
            if name.startswith('__') and name.endswith('__'):  ❿
                if name in new_dict:
                    raise AttributeError(f"Can't set {name!r} in {cls_name!r}")
                new_dict[name] = value
            else:  ⓫
                new_dict['__slots__'].append(name)
                defaults[name] = value
        return super().__new__(meta_cls, cls_name, bases, new_dict)  ⓬


class Bunch(metaclass=MetaBunch):  ⓭
    pass
```

❶ 為了建立新的 metaclass，繼承 type。

❷ __new__ 是類別方法，但類別是 metaclass，所以我把第一個引數命名為 meta_cls（mcs 是另一種常見的名稱）。其餘的三個引數與直接呼叫 type() 來建立類別時使用的三引數簽章一樣。

❸ defaults 將保存屬性名稱及其預設值的 mapping。

❹ 這將被注入新類別。

❺ 讀取 defaults，並從 kwargs pop 值或使用預設值來設定對應的實例屬性。

❻ 如果在 kwargs 裡面還有任何項目，這意味著沒有剩餘的槽位（slot）可以放置它們。我們認為快速失敗（*failing fast*）是最佳做法，所以我們不默默地忽略額外的項目。快速且有效的做法是從 kwargs pop 一個項目，並試著在實例上設定它，故意觸發 AttributeError。

❼ __repr__ 回傳一個長得像建構方法呼叫式的字串，例如 Point(x=3)，省略有預設值的關鍵字引數。

❽ 迭代新類別的名稱空間。

❾ 迭代使用者的類別的名稱空間。

❿ 如果找到帶 dunder 的 name，將項目複製到新類別名稱空間，除非它已經在那裡了。這可以防止使用者覆寫 __init__、__repr__ 與 Python 設定的其他屬性，例如 __qualname__ 與 __module__。

⓫ 如果沒有帶 dunder 的 name，附加至 __slots__，並將它的 value 存入 defaults。

⓬ 建立並回傳新類別。

⓭ 提供基礎類別，讓使用者不需要看 MetaBunch。

MetaBunch 有效的原因是它可以在呼叫 super().__new__ 之前設置 __slots__ 來建構最終類別。和往常一樣，在進行超編程時，瞭解動作的順序是關鍵所在。我們再來做一次執行時間實驗，這次使用 metaclass。

metaclass 執行時間實驗

這是第 938 頁的「執行時間實驗」的變體，在程式中加入 metaclass。我們使用與之前一樣的 *builderlib.py* 模組，但這次的主腳本是 *evaldemo_meta.py*，參見範例 24-16。

範例 24-16   *evaldemo_meta.py*：使用 *metaclass* 來做實驗

```python
#!/usr/bin/env python3

from builderlib import Builder, deco, Descriptor
from metalib import MetaKlass   ❶

print('# evaldemo_meta module start')

@deco
class Klass(Builder, metaclass=MetaKlass):   ❷
    print('# Klass body')

    attr = Descriptor()

    def __init__(self):
        super().__init__()
        print(f'# Klass.__init__({self!r})')

    def __repr__(self):
        return '<Klass instance>'


def main():
    obj = Klass()
    obj.method_a()
    obj.method_b()
    obj.method_c()   ❸
    obj.attr = 999


if __name__ == '__main__':
    main()

print('# evaldemo_meta module end')
```

❶ 從 *metalib.py* 匯入 MetaKlass（於範例 24-18）。

❷ 宣告 Klass 是 Builder 的子類別，與 MetaKlass 的實例。

❸ 這個方法是 MetaKlass.__new__ 注入的，等一下會看到。

為了進行研究，範例 24-16 違背理性地在 Klass 中使用三種不同的超編程技術：decorator、使用 __init_subclass__ 的基礎類別，及自訂的 metaclass。如果你在生產程式碼裡這樣做，不要把責任推到我身上。再次強調，我們的目標，是觀察這三種技術在類別建構過程中的介入順序。

與上一個執行時間實驗一樣，這個範例除了印出訊息來顯示執行的流程之外不做任何事情。範例 24-17 是 *metalib.py* 的上半部的程式碼，其餘的程式碼在範例 24-18。

範例 *24-17* *metalib.py*：*NosyDict* 類別

```python
print('% metalib module start')

import collections

class NosyDict(collections.UserDict):
    def __setitem__(self, key, value):
        args = (self, key, value)
        print(f'% NosyDict.__setitem__{args!r}')
        super().__setitem__(key, value)

    def __repr__(self):
        return '<NosyDict instance>'
```

我寫了 NosyDict 類別來覆寫 __setitem__，在每個 key 與 value 被設定時顯示它們。metaclass 將使用 NosyDict 實例來保存正在建構的類別的名稱空間，以揭露更多 Python 的內部作業。

metalib.py 的主要亮點是範例 24-18 中的 metaclass。它實作了 __prepare__ 特殊方法，Python 只會對著 metaclass 呼叫的這個類別方法。__prepare__ 方法提供在建立新類別的過程中最早進行干預的機會。

 在編寫 metaclass 時，我發現採用以下的命名慣例來命名特殊方法的引數很有幫助：

- 使用 cls 而不是 self 來代表實例方法，因為實例是類別。
- 使用 meta_cls 而不是 cls 來代表類別方法，因為類別是 metaclass。我們知道，__new__ 的行為就像類別方法，即使沒有 @classmethod decorator。

範例 *24-18* *metalib.py*：MetaKlass

```python
class MetaKlass(type):
    print('% MetaKlass body')

    @classmethod           ❶
    def __prepare__(meta_cls, cls_name, bases):    ❷
        args = (meta_cls, cls_name, bases)
```

```
        print(f'% MetaKlass.__prepare__{args!r}')
        return NosyDict()  ❸

    def __new__(meta_cls, cls_name, bases, cls_dict):  ❹
        args = (meta_cls, cls_name, bases, cls_dict)
        print(f'% MetaKlass.__new__{args!r}')
        def inner_2(self):
            print(f'% MetaKlass.__new__:inner_2({self!r})')

        cls = super().__new__(meta_cls, cls_name, bases, cls_dict.data)  ❺

        cls.method_c = inner_2  ❻

        return cls  ❼

    def __repr__(cls):  ❽
        cls_name = cls.__name__
        return f"<class {cls_name!r} built by MetaKlass>"

print('% metalib module end')
```

❶ __prepare__ 應宣告成類別方法。它不是實例方法,因為當 Python 呼叫 __prepare__ 時,要建構的類別還不存在。

❷ Python 對著 metaclass 呼叫 __prepare__ 來取得一個 mapping,來保存要建構的類別的名稱空間。

❸ 回傳當成名稱空間來使用的 NosyDict 實例。

❹ cls_dict 是 __prepare__ 回傳的 NosyDict 實例。

❺ type.__new__ 需要一個真實的 dict 作為最後一個引數,所以我給它 NosyDict 的 data 屬性,它是從 UserDict 繼承來的。

❻ 將方法注入新建立的類別。

❼ 與之前一樣,__new__ 必須回傳剛建立的物件,在這個例子中,它是新類別。

❽ 在 metaclass 定義 __repr__ 可支援自訂類別物件的 repr()。

在 Python 3.6 之前,__prepare__ 的主要用例,是提供 OrderedDict,用來保存所建構的類別的屬性,以便 metaclass __new__ 可以按照那些屬性在使用者類別定義的原始碼中出現的順序來處理它們。因為現在 dict 保留了插入順序,所以 __prepare__ 很少使用了。第 962 頁的「使用 __prepare__ 的 metaclass hack 手法」展示它的一種創意的用法。

在 Python 主控台裡匯入 *metalib.py* 沒什麼特別的，注意，我們用 % 來前綴這個模組的
輸出訊息：

```
>>> import metalib
% metalib module start
% MetaKlass body
% metalib module end
```

匯入 *evaldemo_meta.py* 發生很多事情，如範例 24-19 所示。

範例 24-19　在主控台實驗 *evaldemo_meta.py*

```
>>> import evaldemo_meta
@ builderlib module start
@ Builder body
@ Descriptor body
@ builderlib module end
% metalib module start
% MetaKlass body
% metalib module end
# evaldemo_meta module start ❶
% MetaKlass.__prepare__(<class 'metalib.MetaKlass'>, 'Klass', ❷
                        (<class 'builderlib.Builder'>,))
% NosyDict.__setitem__(<NosyDict instance>, '__module__', 'evaldemo_meta') ❸
% NosyDict.__setitem__(<NosyDict instance>, '__qualname__', 'Klass')
# Klass body
@ Descriptor.__init__(<Descriptor instance>) ❹
% NosyDict.__setitem__(<NosyDict instance>, 'attr', <Descriptor instance>) ❺
% NosyDict.__setitem__(<NosyDict instance>, '__init__',
                        <function Klass.__init__ at ⋯>) ❻
% NosyDict.__setitem__(<NosyDict instance>, '__repr__',
                        <function Klass.__repr__ at ⋯>)
% NosyDict.__setitem__(<NosyDict instance>, '__classcell__', <cell at ⋯: empty>)
% MetaKlass.__new__(<class 'metalib.MetaKlass'>, 'Klass',
                    (<class 'builderlib.Builder'>,), <NosyDict instance>) ❼
@ Descriptor.__set_name__(<Descriptor instance>,
                            <class 'Klass' built by MetaKlass>, 'attr') ❽
@ Builder.__init_subclass__(<class 'Klass' built by MetaKlass>)
@ deco(<class 'Klass' built by MetaKlass>)
# evaldemo_meta module end
```

❶　在這行之前的訊息是匯入 *builderlib.py* 與 *metalib.py* 造成的。

❷　Python 呼叫 __prepare__ 來開始處理 class 陳述式。

❸ 在解析類別主體之前，Python 在要建構的類別的名稱空間裡加入 __module__ 與 __qualname__ 項目。

❹ descriptor 實例已建立…

❺ …並綁定類別名稱空間裡的 attr。

❻ 定義 __init__ 與 __repr__ 方法並將它們加入名稱空間。

❼ Python 完成處理類別主體後，呼叫 MetaKlass.__new__。

❽ 在 metaclass 的 __new__ 方法回傳新建立的類別之後，依序呼叫 __set_name__、__init_subclass__ 與 decorator。

將 *evaldemo_meta.py* 當成腳本來執行會發生更多事情（範例 24-20）。

範例 24-20　將 *evaldemo_meta.py* 當成腳本來執行

```
$ ./evaldemo_meta.py
[... 20 lines omitted ...]
@ deco(<class 'Klass' built by MetaKlass>)    ❶
@ Builder.__init__(<Klass instance>)
# Klass.__init__(<Klass instance>)
@ SuperA.__init_subclass__:inner_0(<Klass instance>)
@ deco:inner_1(<Klass instance>)
% MetaKlass.__new__:inner_2(<Klass instance>)    ❷
@ Descriptor.__set__(<Descriptor instance>, <Klass instance>, 999)
# evaldemo_meta module end
```

❶ 前 21 行（包括這一行）與範例 24-19 展示的一樣。

❷ 這是 main 裡的 obj.method_c() 觸發的；method_c 是 MetaKlass.__new__ 注入的。

接下來，我們回到使用 Checked 類別和 Field descriptor 來實作執行期型態檢驗的概念，看看如何用 metaclass 來做這件事。

Checked 的 metaclass 解決方案

我不鼓勵過早進行優化和過度設計，所以在此提供一個虛擬情境，想一個正當的理由來重寫 *checkedlib.py* 並使用 __slots__，這需要應用 metaclass。你可以跳過這段前情提要。

我們的 *checkedlib.py* 在公司內取得巨大的成功，它使用了 __init_subclass__。我們的生產伺服器在記憶體中同時保存數百萬個 Checked 子類別的實例。

分析概念驗證（proof-of-concept）後，我們發現使用 __slots__ 可以降低雲端主機的費用，原因有二：

- 使用更少記憶體，因為 Checked 實例不需要擁有自己的 __dict__

- 藉著移除 __setattr__ 來獲得更高性能，這個方法僅用來阻止意外的屬性設定，但它會在實例化時觸發，也會在呼叫 Field.__set__ 以進行其工作前的所有屬性設定時觸發

我們接下來要研究的 *metaclass/checkedlib.py* 模組可以直接取代 *initsub/checkedlib.py*。它們裡面的 doctest 和 *pytest* 的 *checkedlib_ test.py* 檔案完全相同。

在 *checkedlib.py* 裡的複雜性已經為使用者抽象化了。以下是使用程式包的腳本：

```
from checkedlib import Checked

class Movie(Checked):
    title: str
    year: int
    box_office: float

if __name__ == '__main__':
    movie = Movie(title='The Godfather', year=1972, box_office=137)
    print(movie)
    print(movie.title)
```

這個簡潔的 Movie 類別利用了三個 Field 檢驗 descriptor 實例、一個 __slots__ 設置、五個繼承自 Checked 的方法，以及一個將它們組合起來的 metaclass。checkedlib 可見的部分只有 Checked 基礎類別。

考慮圖 24-4。Mills & Gizmos Notation 藉著展示類別和實例之間的關係來補充 UML 類別圖。

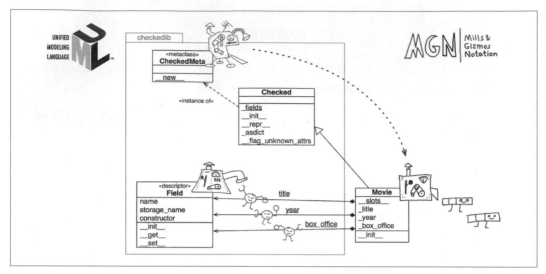

圖 24-4 以 MGN 標注的 UML 類別圖：CheckedMeta meta 軋機建構 Movie 軋機。Field 軋機建構 title、year 與 box_office descriptor，它們是 Movie 的類別屬性。各個實例的欄位資料被儲存在 Movie 的 _title、_year 與 _box_office 實例屬性裡。注意 checkedlib 程式包的邊界。Movie 的開發者不需要深入瞭解 *checkedlib.py* 裡的所有機制。

例如，使用 *checkedlib.py* 的 Movie 類別是 CheckedMeta 的實例，及 Checked 的子類別。此外，Movie 的 title、year 與 box_office 類別屬性是三個不同的 Field 實例。每個 Movie 實例都有它自己的 _title、_year 與 _box_office 屬性，用來儲存對應欄位的值。

我們來研究程式碼，從範例 24-21 Field 類別看起。

現在 Field descriptor 類別有點不同。在之前範例裡，每個 Field descriptor 實例都在一個被管理的實例裡使用同名的屬性來儲存它的值。例如，在 Movie 類別裡，title descriptor 將欄位值儲存在被管理的實例的 title 屬性中，所以 Field 不需要提供 __get__ 方法。

但是，當 Movie 這種類別使用 __slots__ 時，它不能同時具有相同名稱的類別屬性和實例屬性。每一個 descriptor 實例都是一個類別屬性，而現在我們要讓實例有它們的儲存屬性。程式使用前綴 _ 的 descriptor 名稱。因此，Field 實例有單獨的 name 與 storage_name 屬性，我們要實作 Field.__get__。

範例 24-21 是 Field 的原始碼，在程式碼之後的講解僅說明這個版本的變更之處。

範例 *24-21* *metaclass/checkedlib.py*：具備 storage_name 與 __get__ 的 Field *descriptor*

```python
class Field:
    def __init__(self, name: str, constructor: Callable) -> None:
        if not callable(constructor) or constructor is type(None):
            raise TypeError(f'{name!r} type hint must be callable')
        self.name = name
        self.storage_name = '_' + name    ❶
        self.constructor = constructor

    def __get__(self, instance, owner=None):
        if instance is None:    ❷
            return self
        return getattr(instance, self.storage_name)    ❸

    def __set__(self, instance: Any, value: Any) -> None:
        if value is ...:
            value = self.constructor()
        else:
            try:
                value = self.constructor(value)
            except (TypeError, ValueError) as e:
                type_name = self.constructor.__name__
                msg = f'{value!r} is not compatible with {self.name}:{type_name}'
                raise TypeError(msg) from e
        setattr(instance, self.storage_name, value)    ❹
```

❶ 用 name 引數來計算 storage_name。

❷ 如果 __get__ 收到的 instance 引數是 None，代表 descriptor 是從被管理的類別本身讀取的，不是被管理的實例。所以我們回傳 descriptor。

❸ 否則，回傳被存在 storage_name 屬性裡的值。

❹ 現在 __set__ 使用 setattr 來設定或更改被管理的屬性。

範例 24-22 是驅動這個範例的 metaclass 的程式碼。

範例 *24-22* *metaclass/checkedlib.py*：CheckedMeta *metaclass*

```python
class CheckedMeta(type):

    def __new__(meta_cls, cls_name, bases, cls_dict):    ❶
        if '__slots__' not in cls_dict:    ❷
            slots = []
            type_hints = cls_dict.get('__annotations__', {})    ❸
```

```
        for name, constructor in type_hints.items():    ❹
            field = Field(name, constructor)    ❺
            cls_dict[name] = field    ❻
            slots.append(field.storage_name)    ❼

        cls_dict['__slots__'] = slots    ❽

    return super().__new__(
            meta_cls, cls_name, bases, cls_dict)    ❾
```

❶ __new__ 是 CheckedMeta 唯一實作的方法。

❷ 只在類別的 cls_dict 裡面沒有 __slots__ 時才增強類別。如果 __slots__ 已經存在，
    我們假設它是 Checked 基礎類別，不是使用者定義的子類別，並按原樣建構類別。

❸ 在之前範例裡，為了取得型態提示，我們使用 typing.get_type_hints，但那需要將
    既有的類別當成第一個引數。在此，我們正在設置的類別尚不存在，所以要直接從
    cls_dict 提取 __annotations__，cls_dict 是正在建構的類別的名稱空間，Python 將它
    當成最後一個引數傳給 metaclass __new__。

❹ 迭代 type_hints，來⋯

❺ ⋯為每一個被注解的屬性建立一個 Field ⋯

❻ ⋯用 Field 來覆寫 cls_dict 裡的對應項目⋯

❼ ⋯並將欄位的 storage_name 附加至我們將使用的 list，來⋯

❽ ⋯填寫 cls_dict 的 __slots__ 項目，cls_dict 是正在建構的類別的名稱空間。

❾ 最後，呼叫 super().__new__。

metaclass/checkedlib.py 的最後一個部分是 Checked 基礎類別，這個程式庫的使用者將繼
承它來加強他們的類別，就像 Movie 那樣。

這一版的 Checked 的程式碼與 *initsub/checkedlib.py* 裡的 Checked 幾乎一樣（參見範例
24-5 與 24-6），只有三處修改：

1. 加入一個空的 __slots__，以向 CheckedMeta.__new__ 表明，此類別不需要進行特殊
    處理。

2. 移除 __init_subclass__。現在它的工作由 CheckedMeta.__new__ 處理。

3. 移除 __setattr__。不需要它是因為在使用者定義的類別中加入 __slots__ 可以防止設定未宣告的屬性。

範例 24-23 是最終版的 Checked 的完整程式。

範例 24-23 *metaclass/checkedlib.py*：Checked 基礎類別

```python
class Checked(metaclass=CheckedMeta):
    __slots__ = ()  # skip CheckedMeta.__new__ processing

    @classmethod
    def _fields(cls) -> dict[str, type]:
        return get_type_hints(cls)

    def __init__(self, **kwargs: Any) -> None:
        for name in self._fields():
            value = kwargs.pop(name, ...)
            setattr(self, name, value)
        if kwargs:
            self.__flag_unknown_attrs(*kwargs)

    def __flag_unknown_attrs(self, *names: str) -> NoReturn:
        plural = 's' if len(names) > 1 else ''
        extra = ', '.join(f'{name!r}' for name in names)
        cls_name = repr(self.__class__.__name__)
        raise AttributeError(f'{cls_name} object has no attribute{plural} {extra}')

    def _asdict(self) -> dict[str, Any]:
        return {
            name: getattr(self, name)
            for name, attr in self.__class__.__dict__.items()
            if isinstance(attr, Field)
        }

    def __repr__(self) -> str:
        kwargs = ', '.join(
            f'{key}={value!r}' for key, value in self._asdict().items()
        )
        return f'{self.__class__.__name__}({kwargs})'
```

以上就是使用檢驗 descriptor 的類別建構器的第三版。

下一節要探討與 metaclass 有關的一般性問題。

現實世界的 metaclass

metaclass 很強大，但很棘手。在決定實作 metaclass 之前，請先考慮以下幾點。

可簡化或取代 metaclass 的現代功能

隨著時間過去，有一些新的語言功能使得 metaclass 的幾個常見用例變得多餘：

類別 *decorator*

 比 metaclass 更容易瞭解，而且比基礎類別與 metaclass 更不容易造成衝突。

__set_name__

 可避免自訂 metaclass 邏輯來自動設定 descriptor 的名稱。[15]

__init_subclass__

 提供一種建立自訂類別的方式，用戶不需要瞭解它或意識到它的存在，它甚至比 decorator 更簡單，但可能在複雜的類別階層裡引發衝突。

保留鍵的插入順序的內建 dict

 它消除了使用 __prepare__ 的首要理由：為所建構的類別提供一個 OrderedDict 來儲存名稱空間。Python 只對著 metaclass 呼叫 __prepare__，所以如果你需要按照類別名稱空間在原始碼中出現的順序來處理它們，在 Python 3.6 之前，你必須使用 metaclass。

在 2021 年時，每一個受到積極維護的 CPython 版本都支援上述的所有功能。

我一直提倡這些功能，因為我在我的工作環境中看過太多沒必要的複雜性，而 metaclass 是複雜性的大門。

metaclass 是穩定的語言功能

metaclass 是在 2002 年於 Python 2.2 加入的，同時加入的還有所謂的「新式類別」、descriptor 和 property。

---

15 在 *Fluent Python* 的第一版裡，進階版的 LineItem 類別之所以使用 metaclass，只是為了設定屬性的儲存體名稱。參見第一版的程式存放區中的 bulkfood metaclass 程式碼（*ttps://fpy.li/24-14*）。

值得注意的是，Alex Martelli 在 2002 年 7 月貼出來的 MetaBunch 範例在 Python 3.9 還可以執行，唯一需要改變的是指定 metaclass 的方式，在 Python 3 要使用語法 class Bunch(metaclass=MetaBunch):。

我在第 960 頁的「可簡化或取代 metaclass 的現代功能」中提到的新增內容都不會破壞已使用 metaclass 的程式。但使用 metaclass 的舊程式通常可以利用這些功能來簡化，尤其是當你可以放棄對 Python 3.6 之前的版本的支援時（它們已經不再被維護了）。

一個類別只能有一個 metaclass

如果你的類別宣告涉及兩個以上的 metaclass，你會看到這個令人費解的錯誤訊息：

```
TypeError: metaclass conflict: the metaclass of a derived class
must be a (non-strict) subclass of the metaclasses of all its bases
```

即使沒有多重繼承，這種事情也可能發生。例如，這樣子的宣告可能觸發上面的 TypeError：

```
class Record(abc.ABC, metaclass=PersistentMeta):
    pass
```

我們知道，abc.ABC 是 abc.ABCMeta metaclass 的實例，如果那個 Persistent metaclass 本身不是 abc.ABCMeta 的子類別，你會得到 metaclass 衝突。

處理這個錯誤的方法有兩個：

- 尋求其他手段來做你想做的事情，同時避免涉及其中的至少一個 metaclass。

- 寫你自己的 PersistentABCMeta metaclass，讓它成為 abc.ABCMeta 與 PersistentMeta 兩者的子類別，並將它當成 Record 的唯一 metaclass 來使用。[16]

 我可以想像使用兩個基礎 metaclass 來製作一個 metaclass 在最後期限迫在眉睫時的情況。根據我的經驗，設計 metaclass 所花費的時間總是比預期的還要長，所以在硬性規定的最終期限將屆之前採取這種做法有很大的風險。如果你在最後期限之前做完，你的程式可能暗藏 bug。即使沒有已知的 bug，你也要把這種做法視為技術債務，因為它很難理解和維護。

---

16 如果你在思考使用 metaclass 來進行多重繼承可能造成什麼影響時感到頭昏腦漲，這對你是好事。我也對這種解決方案敬而遠之。

metaclass 應該是實作細節

除了 type 之外，整個 Python 3.9 標準程式庫只有 6 個 metaclass。比較著名的 metaclass 是 abc.ABCMeta、typing.NamedTupleMeta 與 enum.EnumMeta。它們都不是為了明確地出現在使用者的程式中而設計的，可以視為實作細節。

雖然你可以用 metaclass 來做一些稀奇古怪的超編程，但最佳做法是遵守最不驚奇原則（*https://fpy.li/24-15*），讓大多數的使用者確實將 metaclass 視為實作細節。[17]

近年來，在 Python 標準程式庫裡的一些 metaclass 已被其他機制取代，而不會破壞其程式包的公用 API。要讓這種 API 經得起考驗，最簡單的做法是提供一般的類別，讓使用者繼承，來使用 metaclass 提供的功能，如像我們的範例所做的那樣。

在類別超編程這個主題的最後，我想分享一個最酷的 metaclass 小例子，它是我研究本章時發現的。

使用 __prepare__ 的 metaclass hack 手法

當我為第二版更新這一章時，我需要尋找簡單但具啟發性的範例，來取代自 Python 3.6 起就再也不需要 metaclass 的 *bulkfood* LineItem 程式碼。

最簡單且最有趣的 metaclass 觀念是 João S. O. Bueno（巴西 Python 社群稱他為 JS）給我的。他的想法的應用之一，就是建立一個自動產生數字常數的類別：

```
>>> class Flavor(AutoConst):
...     banana
...     coconut
...     vanilla
...
>>> Flavor.vanilla
2
>>> Flavor.banana, Flavor.coconut
(0, 1)
```

沒錯，程式按照所示的方式運作！它實際上是 *autoconst_demo.py* 裡的 doctest。

17　我依靠撰寫 Django 程式為生好幾年之後，才決定學習如何實作 Django 的模型欄位（model field），一直到那個時候，我才開始學習 descriptor 與 metaclass。

下面是人性化的 AutoConst 基礎類別，以及它背後的 metaclass，可在 *autoconst.py* 裡面找到：

```
class AutoConstMeta(type):
    def __prepare__(name, bases, **kwargs):
        return WilyDict()

class AutoConst(metaclass=AutoConstMeta):
    pass
```

就這樣。

訣竅在於 WilyDict。

當 Python 處理使用者類別的名稱空間並讀取 banana 時，它會在 __prepare__ 提供的 mapping 裡尋找那個名稱：一個 WilyDict 的實例。WilyDict 實作了 __missing__，第 94 頁的「__missing__ 方法」曾經介紹它。WilyDict 實例最初沒有 'banana' 鍵，所以 __missing__ 方法被觸發。它用鍵 'banana' 和值 0 來即時製作一個項目，並回傳那個值。Python 對此滿意，然後試著提取 'coconut'。WilyDict 立刻用值 1 來加入那個項目，回傳它。提取 'vanilla' 的情況也是如此，它被對映至 2。

我們已經看過 __prepare__ 與 __missing__。真正的創新在於 JS 將它們組合起來的做法。

下面是 WilyDict 的原始碼，同樣來自 *autoconst.py*：

```
class WilyDict(dict):
    def __init__(self, *args, **kwargs):
        super().__init__(*args, **kwargs)
        self.__next_value = 0

    def __missing__(self, key):
        if key.startswith('__') and key.endswith('__'):
            raise KeyError(key)
        self[key] = value = self.__next_value
        self.__next_value += 1
        return value
```

在實驗中，我發現 Python 在所建構的類別的名稱空間裡查詢 __name__，導致 WilyDict 加入一個 __name__ 項目，並遞增 __next_value 值。所以我在 __missing__ 裡加入 if 陳述式來為看似 dunder 屬性的鍵引發 KeyError。

autoconst.py 既需要創作者精通 Python 的動態類別建構機制，也展示了作者的熟練程度。

我很開心為 AutoConstMeta 和 AutoConst 增加了更多功能，但我不打算分享我的實驗，而是讓你盡情地享受 JS 的巧妙 hack 技巧。

給你幾個點子：

- 如果你有值，讓它可以用來提取常數名稱。例如，可讓 Flavor[2] 回傳 'vanilla'。你可以在 AutoConstMeta 裡實作 __getitem__ 來做到這件事。自 Python 3.9 起，你可以在 AutoConst 本身裡實作 __class_getitem__（*https://fpy.li/24-16*）。

- 在 metaclass 實作 __iter__ 來支援迭代類別。我會讓 __iter__ 以 (name, value) 的形式 yield 常數。

- 實作新的 Enum 變體。這是重大的任務，因為 enum 程式包充滿小技巧，包括具有上百行程式和複雜 __prepare__ 方法的 EnumMeta metaclass。

好好享受這個過程吧！

 __class_getitem__ 特殊方法於 Python 3.9 加入，以支援泛型型態，它是 PEP 585 —— Type Hinting Generics In Standard Collections（*https://fpy.li/pep585*）的一部分。因為有 __class_getitem__，Python 的核心開發者不需要為內建型態編寫新 metaclass 來實作 __getitem__，讓我們可以編寫 list[int] 這種型態提示。這是一種具體的功能，但也代表了 metaclass 的一種廣泛應用：用來實現於類別層面上運作的運算子和其他特殊方法，例如使類別本身是 iterable，就像 Enum 子類別一樣。

總結

metaclass 和類別 decorator 及 __init_subclass__ 適用於：

- 子類別註冊
- 子類別結構檢驗
- 一次將多個 decorator 應用至多個方法
- 物件序列化
- 物件關係對映
- 物件持久保存

- 但類別層面上實作特殊方法

- 實作其他語言的類別功能,例如 trait(*https://fpy.li/24-17*)與剖面導向程式設計
  (*https://fpy.li/24-18*)。

類別超編程有時也可以處理性能問題,做法是在匯入期執行將在執行期反覆執行的
任務。

作為總結,讓我們回顧一下 Alex Martelli 在第 451 頁的「水禽與 ABC」一文中提出的
最終建議:

> 而且,不要在產品程式中定義自己的 ABC(或 metaclass)⋯如果你很想做這件
> 事,我敢打賭,那應該意味著有一位剛拿到一把新錘子的人罹患了「所有的問
> 題都長得像釘子」症候群,以後你(和維護者)會很開心當初堅持撰寫直接了
> 當且簡單的程式,讓你可以避開深奧難懂的東西。

我相信 Martelli 的建議不僅適用於 ABC 和 metaclass,也適用於類別階層、運算子多載、
函式 decorator、descriptor、類別 decorator,和使用 __init_subclass__ 的類別建構器。

這些強大工具的主要目的是為了支援程式庫和框架的開發。應用程式使用這些工具天經
地義,例如 Python 標準程式庫或外部程式包提供的工具。但是在應用程式碼裡實作它
們通常是不成熟的抽象(premature abstraction)。

> 出色的框架是提煉出來的,不是創造出來的。[18]
>
> —— *David Heinemeier Hansson*,*Ruby on Rails* 的作者

本章摘要

本章先概述類別物件裡的屬性,例如 __qualname__ 與 __subclasses__() 方法。接下來,我
們看了如何用內建的 type 在執行期建構類別。

我們介紹了 __init_subclass__ 特殊方法。並設計了 Checked 基礎類別的第一個版本,這
個類別的目的,是將使用者定義的子類別中的屬性型態提示換成 Field 實例。Field 實例
會應用建構函數,在執行期強制執行屬性的型態。

---

18 這句話被廣泛引用。我發現 DHH 早在 2005 年的一篇部落格文章裡就引用它了(*https://fpy.li/24-19*)。

我們用 @checked 類別 decorator 來實作同樣的想法，為使用者定義的類別添加功能，類似 __init_subclass__ 所允許的做法。我們看到，無論是 __init_subclass__ 還是類別 decorator 都不能動態地配置 __slots__，因為它們只在類別被建立之後起作用。

我們透過一場實驗來釐清「匯入期」和「執行期」的概念，在實驗中，我們展示了涉及模組、descriptor、類別 decorator 和 __init_subclass__ 的 Python 程式碼的執行順序。

在討論 metaclass 時，我們先整體性地解釋本身是 metaclass 的型態，以及使用者定義的 metaclass 如何實作 __new__ 來訂作類別。然後，我們看了第一個自訂的 metaclass，它是使用 __slots__ 的典型 MetaBunch。接下來，我們用另一次執行時間實驗來展示 Python 呼叫 metaclass 的 __prepare__ 與 __new__ 方法的時間點比 __init_subclass__ 與類別 decorator 還要早，可讓我們做更深入的類別自訂。

第三版的 Checked 類別建構式使用 Field descriptor 和自訂的 __slots__ 設置，接下來我們討論了關於 metaclass 實際用法的一般注意事項。

最後，我們看了 João S. O. Bueno 創作的巧妙 AutoConst hack，他讓一個具有 __prepare__ 的 metaclass 回傳一個實作了 __missing__ 的 mapping。*autoconst.py* 用不到 20 行的程式展示了 Python 超編程技術的威力。

迄今為止，我尚未看過其他語言可以像 Python 一樣，同時讓初學者容易上手、讓專業人士實際應用、讓駭客充滿激情。感謝 Guido van Rossum 和讓它具備這些特質的所有人。

延伸讀物

本書的技術校閱 Caleb Hattingh 寫了 *autoslot*（*https://fpy.li/24-20*）程式包，裡面有一個 metaclass 可以在使用者定義的類別裡自動建立 __slots__ 屬性，其做法是檢查 __init__ 的 bytecode 並找出針對 self 的屬性的所有賦值。它是很有幫助且很出色的範例，值得研究，它在 *autoslot.py* 裡只有 74 行程式，包括 20 行解釋最困難的部分的注釋。

在 Python 文件中，對本章而言最重要的參考資料是 *The Python Language Reference* 的「Data Model」一章裡的「3.3.3. Customizing class creation」（*https://fpy.li/24-21*），它介紹了 __init_subclass__ 與 metaclass。在「Built-in Functions」網頁裡的 type 類別文件（*https://fpy.li/24-22*），以及 *The Python Standard Library*「Built-in Types」一章的「4.13. Special Attributes」（*https://fpy.li/24-1*）都是重要的讀物。

在 *The Python Standard Library* 裡，`types` 模組文件（*https://fpy.li/24-24*）介紹兩個在 Python 3.3 加入的函式，簡化了類別超編程：`types.new_class` 與 `types.prepare_class`。

類別 decorator 是由 PEP 3129 —— Class Decorators（*https://fpy.li/24-25*）定義的，其作者是 Collin Winter，裡面有 Jack Diederich 撰寫的參考實作。Jack Diederich 也在 PyCon 2009 發表了演說「Class Decorators: Radically Simple」（影片 *https://fpy.li/24-26*），簡單地介紹它的功能。除了 `@dataclass` 之外，在 Python 標準程式庫裡有一個有趣（但簡單很多）的類別 decorator 範例：`functools.total_ordering`（*https://fpy.li/24-27*），它可以產生特殊方法來進行物件比較。

至於 metaclass，Python 文件的主要參考資料是 PEP 3115 —— Metaclasses in Python 3000（*https://fpy.li/pep3115*），它提出 `__prepare__` 特殊方法。

Alex Martelli、Anna Ravenscroft 與 Steve Holden 合著的 *Python in a Nutshell* 第 3 版很權威，但它是在 PEP 487 —— Simpler customization of class creation（*https://fpy.li/pep487*）問世之前寫的。該書的主要 metaclass 範例（`MetaBunch`）仍然有意義，因為它無法使用更簡單的機制來實現。Brett Slatkin 的 *Effective Python* 第 2 版（Addison-Wesley）有幾個最新的類別建構技術範例，包括 metaclass。

若要深入瞭解 Python 的類別超編程的起源，我推薦 Guido van Rossum 的 2003 年論文「Unifying types and classes in Python 2.2」（*https://fpy.li/24-28*）。他的內容也適用於現代 Python，因為他介紹了當時所謂的「新式」類別語義（在 Python 3 裡的預設語義），包括 descriptor 與 metaclass。Guido 引用了 Ira R. Forman 與 Scott H. Danforth 合著的 *Putting Metaclasses to Work: a New Dimension in Object-Oriented Programming*（Addison-Wesley），他在 *Amazon.com* 給這本書五顆星的評價，並加入以下的書評：

> **這是為 Python 2.2 的 metaclass 設計做出貢獻的一本書**
>
> 非常遺憾這本書已經絕版了。我一直認為它是「合作式多重繼承」這個困難主題的最佳教材。Python 透過 `super()` 函式來支援該功能。[19]

如果你熱衷於超編程，你可能希望 Python 有終極超編程功能：語法巨集，就像 Lisp 系列語言和最近的 Elixir 和 Rust 所提供的。與 C 語言的原始程式碼巨集相比，語法巨集的功能更強大，也更不容易出錯。它們是一群特殊的函式，在編譯步驟開始之前，使用自訂語法來將原始碼重寫成標準程式碼，讓開發者能夠在不改變編譯器的情況下

---

19 我買了一本二手書，發現它讀起來很有挑戰性。

加入新的語言結構。語法巨集和運算子多載一樣可能被亂用。但只要社群可以理解並管理這些缺點,它們就能夠支援強大的、人性化的抽象,例如 DSL(Domain- Specific Languages)。Python 核心開發者 Mark Shannon 在 2020 年 9 月提出 PEP 638 —— Syntactic Macros(*https://fpy.li/pep638*)來倡導這個功能。在 PEP 638 發表一年後,它仍然處於草案階段,而且沒有相關的後續討論,顯然它不是 Python 核心開發者的首要任務。我希望看到 PEP 638 被進一步討論,最終獲得批准。語法巨集可以幫助 Python 社群先針對具爭議性的新功能進行實驗,再對核心語言進行永久更改,例如海象運算子(PEP 572(*https://fpy.li/pep572*))、模式比對(PEP 634(*https://fpy.li/pep634*))、計算型態提示的替代規則(PEP 563(*https://fpy.li/pep563*)與 649(*https://fpy.li/pep649*))。與此同時,你可以用 MacroPy 程式包(*https://fpy.li/24-29*)來淺嘗一下語法巨集。

肥皂箱

本書的最後一個肥皂箱先引用 Brian Harvey 與 Matthew Wright 的一段話,他們是加州大學(Berkeley 與 Santa Barbara)的計算機科學教授。Brian Harvey 與 Matthew Wright 在他們的書籍 *Simply Scheme: Introducing Computer Science*(MIT Press)中寫道:

> 關於計算機科學的教導有兩個思維流派。我們可以用誇張的方式來描述這兩個流派:
>
> 1. 保守派的觀點:計算機程式已經變得過於龐大且複雜,人腦根本無涵蓋它們。因此,計算機科學教育的工作,是教導人們如何有紀律地做事,讓 500 位平庸的程式設計師可以聯合起來,生產一個符合規範的程式。
>
> 2. 激進派的觀點:計算機程式已經變得過於龐大且複雜,人腦根本無涵蓋它們。因此,計算機科學教育的工作,是教導人們如何擴展他們的思維,用更龐大、強大、靈活的思想語彙來思考,以創造能夠解決問題的程式,而不是停留在顯而易見的解決方案上。每一個單位的想法都必須對程式的功能付出很大的貢獻。
>
> —— *Brian Harvey* 與 *Matthew Wright*,*Simply Scheme* 的序言 [20]

---

20 見 p. xvii。全文在 Berkeley.edu(*https://fpy.li/24-30*)。

Harvey 與 Wright 的誇張敘述是在講計算機科學的教學，但也適用於程式語言設計。現在你應該已經猜到我贊同「激進派」的觀點，而且我相信 Python 是本著這種精神設計出來的。

Java 要求從一開始就使用存取器，並透過 Java IDE 和快捷鍵來產生 getter/setter，與 Java 相較之下，property 的想法是一個很大的進步。property 的主要優點是讓我們以簡單的方式開始編寫程式，只要將屬性公開為公用即可，符合「保持簡單」（KISS）的原則，而且我們知道，公用屬性隨時可以輕鬆地轉變為 property。但是 descriptor 的想法遠不止於此，它提供一個框架來將重複的存取器邏輯抽象化。那個框架太有效了，使得 Python 的基本結構私下也使用它。

另一個強大的概念是將函式視為一級物件，為高階函式鋪平了道路。事實證明，descriptor 與高階函式的組合促成了函式與方法的統一。函式的 __get__ 藉著綁定實例和 self 引數，來動態產生方法物件。這是優雅的做法。[21]

最後，我們有了「類別就是一級物件」的概念。一個為初學者設計的語言能夠提供如此強大的抽象是卓越的設計壯舉。強大的抽象包括類別建構器、類別 decorator、可自訂的成熟 metaclass。最重要的是，把這些高級功能整合在一起，不會使 Python 在非正式的編程中變得更複雜（事實上，在幕後它們提供實際的幫助）。metaclass 是 Django 和 SQLAlchemy 等框架如此便利和成功的關鍵。多年來，Python 中的超編程已變得越來越簡單，至少對常見的用例來說如此。最好的語言功能是那些能夠利益每個人的功能，即使有些 Python 使用者還不熟悉它們，他們總是能夠學習並創造下一個偉大的程式庫。

期待看到你對 Python 社群和生態系統的貢獻！

---

21 David Gelernter 的 *Machine Beauty: Elegance and the Heart of Technology*（Basic Books）的開頭以有趣的方式討論了工程作品中的優雅和美學，從橋樑到軟體。雖然後面的章節沒那麼出色，但開頭絕對物超所值。

後記

Python 是成熟的人使用的語言。

—— *Alan Runyan*，*Plone* 的共同創辦人

Alan 精辟的定義表達了 Python 很棒的特質：它不加干涉，讓你做你該做的事情。這也意味著它不提供限制別人對你的程式碼及程式碼所建立的物件進行操作的工具。

在 Python 年屆 30 之時，它受歡迎的程度仍在持續成長。當然，它不是完美的。我最沒辦法接受的是它的標準程式沒有一致地使用 CamelCase、snake_case 與 joinedwords 格式。但是語言的定義與標準程式庫只是生態系統的一部分。使用者與貢獻者社群是 Python 生態系統中最棒的部分。

有一個例子可以證明 Python 的有多好：當我為本書的第一版撰寫關於 *asyncio* 的內容時，我備感挫折，因為 API 有很多函式，其中有幾十個是 coroutine，你必須用 yield from（現在是 await）來呼叫 coroutine，但你不能用普通的函式來做那件事。雖然 *asyncio* 的網頁有詳細的紀錄，但有時你必須先看好幾個段落才知道特定的函式是不是 coroutine。於是我在 python-tulip 貼了一則留言，標題是「Proposal: make coroutines stand out in the*asyncio*docs」（*https://fpy.li/a-1*）。*asyncio* 的核心開發者 Victor Stinner、*aiohtpp* 的主要作者 Andrew Svetlov、Tornado 的開發主管 Ben Darnell 與 *Twisted* 的發明者 Glyph Lefkowitz 都加入那場討論。Darnell 提出一個方案，Alexander Shorin 解釋如何在 Sphinx 裡實作它，Stinner 加入必要的設置與標記。在我提出問題後的不到 12 個小時，整個 *asyncio* 網路文件就被更新了，被加上你現在可以看到的 *coroutine* 標籤（*https://fpy.li/a-2*）。

這個故事並不是發生在一家獨家俱樂部裡面。任何人都可以加入 python-tulip，而且，當時尋求協助的我只貼過幾次文章。這個故事說明這個社群真的對新想法和新成員表現出開放的態度。Guido van Rossum 以前也經常在 python-tulip 閒逛，並回答基本的問題。

舉另一個 Python 社群有多麼開放的例子：Python Software Foundation（PSF）一直致力於提升 Python 社群的多樣性，並且已經實現一些令人鼓舞的成果。2013–2014 PSF 董事會出現了第一批女性董事當選人：Jessica McKellar 與 Lynn Root。Diana Clarke 在 2015 年主持了 PyCon North America in Montréal，在那場會議上，大約有三分之一的講者是女性。PyLadies 成為真正的全球運動，我為巴西有這麼多 PyLadies 分會感到自豪。

如果你是 Python 鐵粉，但還沒有加入社群，建議你快點加入，你可以尋找你的地區的 PyLadies or Python Users Group（PUG）。如果沒有，那就創辦一個。Python 無處不在，所以你並不孤獨。如果可以的話，去參加各種活動。你也可以參加線上活動。在 Covid-19 流行期，我在線上會議的「hallway tracks」裡學到很多。歡迎參加 PythonBrasil 會議，多年來，我們一直定期邀請世界各地的講者。除了分享知識之外，與 Python 夥伴們交流還有其他的好處，例如實際的工作，和真誠的友誼。

我知道，如果沒有多年來在 Python 社群中結識的朋友們的幫忙，我不可能完成這本書。

我的父親 Jairo Ramalho 常說「Só erra quem trabalha」，這句葡萄牙良言的意思是「只有實踐者才會犯錯」，可以避免我們被犯錯的恐懼束縛。在寫這本書時，我當然也犯了不少錯誤。校閱、編輯和早期版本的讀者幫我找到很多問題。在第一個早期版本發表的幾個小時之內，就有讀者回報本書勘誤網頁中的錯別字。其他的讀者也提供許多報告，還有一些朋友直接與我聯絡，提供他們的建議與校正。O'Reilly 的文字編輯在製作過程中幫我抓到其他的錯誤，他們在我停止寫書時立刻啟動。如果還有沒被找到的錯誤和不理想的措辭，我對此負責並道歉。

很開心能夠完成第二版的內容，包括錯誤的和所有的內容，非常感謝一路上提供協助的所有人。

希望很快會在會議中看到你，如果你遇到我，記得過來跟我說聲 hi！

延伸讀物

Pythonic 是本書想要處理的主要議題。接下來要藉著介紹一些「很 Python（Pythonic）」的參考文獻來結束這本書。

Brandon Rhodes 是一位了不起的 Python 教師，他的演說「A Python Æsthetic: Beauty and Why I Python」（*https://fpy.li/a-3*）很精采，他從標題中的 Unicode U+00C6（`LATIN CAPITAL LETTER AE`）開始，就展現其美感。另一位了不起的教師 Raymond Hettinger 在 PyCon US 2013 介紹 Python 之美：「Transforming Code into Beautiful, Idiomatic Python」（*https://fpy.li/a-4*）。

Ian Lee 在 Python-ideas 發起的「Evolution of Style Guides」討論緒（*https://fpy.li/a-5*）值得一讀。Lee 是 pep8（*https://fpy.li/a-6*）程式包的維護者，它的功能是檢查 Python 原始碼是否符合 PEP 8。為了檢查這本書的程式，我使用了 `flake8`（*https://fpy.li/a-7*），它包裝了 `pep8`、`pyflakes`（*https://fpy.li/a-8*）與 Ned Batchelder 的 McCabe 繁複外掛（*https://fpy.li/a-9*）。

除了 PEP 8 之外，有影響力的風格指南還有 *Google Python Style Guide*（*https://fpy.li/a-10*）與 *Pocoo Styleguide*（*https://fpy.li/a-11*），來自 Flake、Sphinx、Jinja 2 與其他偉大的 Python 程式庫的製作團隊。

The Hitchhiker's Guide to Python!（*https://fpy.li/a-12*）是關於編寫 Python 程式碼的統整作品。它最多產的貢獻者是 Kenneth Reitz，他製作了優美的程式包 `requests`，使他成為社群的英雄。David Goodger 在 PyCon US 2008 有一個題為「Code Like a Pythonista: Idiomatic Python」的課程（*https:// fpy.li/a-13*）。課程的筆記列印出來有 30 頁之多。Goodger 創作了 reStructuredText 和 `docutils`，後者是 Sphinx 的基礎，它是 Python 的傑出文件系統（順道一提，它也是 MongoDB 和其他許多專案的官方文件系統（*https://fpy.li/a-14*））。

Martijn Faassen 正面回應了「What is Pythonic?」這個問題（*https://fpy.li/a-15*）。在 python-list 裡有一條討論緒有相同的標題（*https://fpy.li/a-16*）。Martijn 的文章是在 2005 寫的，那一條討論緒是 2003 年發起的，但是 Pythonic 的理想沒有改變多少，無論是對語言而言，還是對那個概念而言。在標題有「Pythonic」的討論緒裡，「Pythonic way to sum n-th list element?」是很出色的一則（*https://fpy.li/a-17*），我在第 435 頁的「肥皂箱」裡大量引用它的內容。

PEP 3099 —— Things that will Not Change in Python 3000（*https://fpy.li/pep3099*）解釋了為什麼許多事物在 Python 3 進行重大改革後仍然保持原狀。長久以來，Python 3 被戲稱為 Python 3000，但它提早好幾個世紀問世，讓一些人很不習慣。Georg Brandl 寫的 PEP3099 整理了 BDFL（終身仁慈獨裁者）Guido van Rossum 的許多意見。「Python Essays」（*https://fpy.li/a-18*）網頁有 Guido 本人撰寫的幾篇文章。

索引

※ 提醒您：由於翻譯書排版的關係，部分索引名詞的對應頁碼會和實際頁碼有一頁之差。

A

G

N

O

T

關於作者

Luciano Ramalho 在 1995 年 Netscape 首次公開募股之前是一名網路開發者，他在 1988 年從 Perl 跳槽到 Java，再跳槽到 Python。他在 2015 年加入 Thoughtworks，於 São Paulo 辦公室擔任首席顧問。他曾經在美洲、歐洲和亞洲的 Python 活動中發表主題演講、講座和課程，也曾經在 Go 和 Elixir 會議上發表演講，專門探討語言設計主題。Ramalho 是 Python Software Foundation 的成員，也是巴西的第一個黑客空間 Garoa Hacker Clube 的創始人之一。

出版記事

在 *Fluent Python* 封面上的動物是 Namaqua 沙蜥（*Pedioplanis namaquensis*），於納米比亞各地的乾旱草原和半沙漠地居出沒。

Namaqua 沙蜥的身體是黑色的，背上有四條白色的條紋，棕色的腿上有白色的斑點，腹部是白色的，有一條粉褐色的長尾巴。牠是白天行動速度最快的蜥蜴之一，以小昆蟲為食，棲息於植被稀少的沙礫堆。雌性 Namaqua 沙蜥在 11 月產下 3 至 5 顆蛋，並在灌木叢根部挖掘洞穴，在裡面進入休眠狀態過冬。

Namaqua 沙蜥目前的保育狀態是「暫無危機（Least Concern）」。O'Reilly 書籍封面上的許多動物都面臨瀕臨絕種的危機，牠們都是這個世界重要的一份子。

封面插圖的作者是 Karen Montgomery，根據 Wood 的 *Natural History* 裡的一幅黑白版畫。

流暢的 Python｜清晰、簡潔、高效的程式設計 第二版

作　　者：Luciano Ramalho
譯　　者：賴屹民
企劃編輯：蔡彤孟
文字編輯：詹祐甯
特約編輯：袁若喬
設計裝幀：陶相騰
發 行 人：廖文良

發 行 所：碁峰資訊股份有限公司
地　　址：台北市南港區三重路 66 號 7 樓之 6
電　　話：(02)2788-2408
傳　　真：(02)8192-4433
網　　站：www.gotop.com.tw
書　　號：A664
版　　次：2023 年 09 月二版
建議售價：NT$1,200

國家圖書館出版品預行編目資料

流暢的 Python：清晰、簡潔、高效的程式設計 / Luciano Ramalho
原著；賴屹民譯. -- 二版. -- 臺北市：碁峰資訊，2023.09
　　面；　　公分
譯自：Fluent Python: clear, concise, and effective programming,
2nd Edition
　　ISBN 978-626-324-633-1(平裝)
　　1.CST：Python(電腦程式語言)
312.32P97　　　　　　　　　　　　　　　112014849

讀者服務

- 感謝您購買碁峰圖書，如果您對本書的內容或表達上有不清楚的地方或其他建議，請至碁峰網站：「聯絡我們」\「圖書問題」留下您所購買之書籍及問題。(請註明購買書籍之書號及書名，以及問題頁數，以便能儘快為您處理)
http://www.gotop.com.tw

- 售後服務僅限書籍本身內容，若是軟、硬體問題，請您直接與軟體廠商聯絡。

- 若於購買書籍後發現有破損、缺頁、裝訂錯誤之問題，請直接將書寄回更換，並註明您的姓名、連絡電話及地址，將有專人與您連絡補寄商品。